1682

J.B. METZLER

Kevin Liggieri / Oliver Müller (Hg.)

Mensch-Maschine-Interaktion

Handbuch zu Geschichte – Kultur – Ethik

J. B. Metzler Verlag

Die Herausgeber
Oliver Müller ist seit 2017 Heisenberg-Professor am Philosophischen Seminar der Universität Freiburg mit Schwerpunkten in der Technik- und Naturphilosophie, der Philosophischen Anthropologie und der Ethik.
Kevin Liggieri, Promotion über die Begriffs- und Kulturgeschichte der Anthropotechnik, DFG-Forschungsstipendiat an der Professur für Wissenschaftsforschung, ETH Zürich.

ISBN 978-3-476-02680-4
ISBN 978-3-476-05604-7 (eBook)
https://doi.org/10.1007/978-3-476-05604-7

Die Deutsche Nationalbibliothek verzeichnet diese Publikation in der Deutschen Nationalbibliografie; detaillierte bibliografische Daten sind im Internet über http://dnb.d-nb.de abrufbar.

J. B. Metzler

Einbandgestaltung: Finken & Bumiller, Stuttgart
(Foto: shutterstock)

J. B. Metzler ist ein Imprint der eingetragenen Gesellschaft Springer-Verlag GmbH, DE und ist ein Teil von Springer Nature

Die Anschrift der Gesellschaft ist:
Heidelberger Platz 3, 14197 Berlin, Germany

Inhalt

Vorwort

Anders als bei Autorenhandbüchern erschließen wir keine Person und ihr Werk, sondern ein Thema. Unser Handbuch ist nur interdisziplinär möglich, denn die Interaktion zwischen Menschen und Maschinen beschäftigt Ingenieur-, Natur-, Kultur- und Geisteswissenschaften gleichermaßen. Handbücher und Sammelbände zur Mensch-Maschine-Interaktion aus technikwissenschaftlicher Perspektive sind keine Seltenheit (vgl. u. a. Brandenburg u. a. 2013; Ludwig 2015; Butz/Krüger 2017), aber für die Geistes- und Kulturwissenschaften gibt es etwas Vergleichbares noch nicht. Doch wie kann man ein interdisziplinäres Themenhandbuch zu einem für unsere Moderne so überaus relevanten Thema sinnvoll gestalten, ohne es bloß zu einem großen Sammelband anwachsen zu lassen?

Wir sind uns der Problematik bewusst, die solch ein Unterfangen birgt. Wir haben daher eine Struktur gewählt, die sowohl Übersicht gebende Kapitel als auch Lemmata zu den zentralen Begriffen umfasst und diese in vielen Querverweisen aufeinander bezieht, sodass das Handbuch einen über einen Sammelband hinausgehenden Gebrauchswert (auch für uninformierte Leser/innen) bekommt.

Über diese Querverweise ist es möglich, das Feld der Mensch-Maschine-Interaktion über die jeweils eigenen fachinternen Lesarten und Zugriffe hinaus zu entdecken. So verweist beispielsweise das Kapitel zur Kybernetik auf die Begriffe ›Information‹ und ›Feedback‹, spinnt aber gleichzeitig auch Fäden zur *Gamification*, zu Günther Anders und Martin Heidegger oder zum Maschinenlernen. Damit wollen wir ein produktives Weiterstöbern und Weiterdenken anregen, das den Blick der Leser/innen auf unterschiedliche, aber doch verwandte Diskurse lenken kann. Die Kapitel stehen dabei zwar für sich, sind aber durch die Verweise zum Begriffsteil sowie zu anderen Kapiteln auch miteinander verbunden und laden auf diese Weise die Leser/innen dazu ein, ihre Fragestellungen über verschiedene Wege durch das Handbuch zu verfolgen. Damit bietet das Handbuch die Möglichkeit, interessante Nebenwege und Abzweigungen von den klassischen disziplinären Lesarten kennenzulernen.

Das Handbuch folgt mit seinen drei Säulen (Geschichte, Kultur, Ethik) einer historischen wie systematischen Zielrichtung, die sich an verschiedenen Problematisierungsdiskursen abarbeitet. Dabei steht die anthropologische Frage nach dem Menschen in seinem Verhältnis zu Maschinen und Technik ebenso im Mittelpunkt wie die Frage nach den historisch und disziplinär unterschiedlichen Verständnissen des Begriffs ›Maschine‹. Dieses Begriffsfeld kongruiert in Teilen natürlich mit dem Begriffsfeld des Technischen und Technologischen, umfasst letztlich aber einen engeren Gegenstandsbereich und Reflexionshorizont, der uns als Fokus für das Handbuch stimmiger schien. Bei der Auswahl der Lemmata in Teil III »Begriffe und Konzepte« haben wir uns von gegenwärtigen Debatten leiten lassen und solche Begriffe aufgenommen, die (bis) heute in der Mensch-Maschine-Interaktion eine große Wirkmächtigkeit aufweisen. Da wir eine Reihe hochkarätiger Expert/innen aus den unterschiedlichen Disziplinen für die Mitarbeit an diesen Einträgen gewinnen konnten, hoffen wir, dass das Handbuch die systematische Arbeit an den verschiedenen Problemen der Mensch-Maschine-Interaktion unterstützen kann. Auch das umfängliche Personen- und Sachregister soll die Recherche mit Hilfe dieses Handbuchs erleichtern.

Auch Handbücher können kein ›totales‹ Wissen eines Themas abbilden (bei größeren Themenhandbüchern noch weniger als bei Autorenhandbüchern). Da ein Handbuch zu einem so dynamischen Thema realistischerweise weder abgeschlossene Forschungsstände abbilden noch das ganze Wissen der Mensch-Maschine-Interaktion aufarbeiten kann, mussten wir zwangsläufig bestimmte Themenfelder, Erzählungen und Problemkontexte auswählen. Unsere Auswahl basiert auf historischen und systematischen Setzungen, die wir im Folgenden kurz aufzeigen wollen.

Die erste Setzung liegt in der Fokussierung auf verschiedene Problemlagen zur *Interaktion* von Menschen und Technik. Hierfür wird der Interaktionsbegriff bewusst sehr weit gefasst und schließt Ko-, Intraaktion, Wechselwirkung sowie Identifikation mit ein (vgl. Pflüger 2004, 368; vgl. auch Hubig 2015, 135–144). Der Begriff der Interaktion verweist damit auf bestimmte (philosophische, ökonomische, praktische, emotionale usw.) Beziehungen zwischen Menschen und Technik, die in den Kapiteln und Einträgen dieses Handbuchs näher untersucht werden. Der Begriff ›Mensch‹ hat in der Kulturgeschichte ein breites Spektrum an Definitionen und Deutungen erfahren. Im Rahmen des Handbuchs wird daher eine unvollständige Reihe von zum Teil heterogenen anthropologischen (und posthumanistischen) Zugängen versammelt. Ähnliches gilt für die ›Maschine‹: Sie wurde nicht nur als Kraft-, Arbeits-, Transport- oder Informationsmaschine verstanden, sondern immer auch als »sinnenfälliges Gebilde«, das sich zu einer Metaphorisierung eignet (vgl. Schmidt-Biggemann 1980, 790). Als Metapher konnte die Maschine für verschiedene (politische, biologische, anthropologische, rechtliche, philosophische und künstlerische) Diskurse anschlussfähig werden, noch bevor sie als reales ›Ding‹ die Lebenswelt von Menschen zu prägen begann (sei es als Industrieanlage, Brennofen, Auto, Computer oder Smartphone). So haben wir auch mit Blick auf die lebensweltliche Relevanz Diskurse rund um die Mensch-Maschine-Interaktionen in das Handbuch mitaufgenommen (u. a. Psychotechnik, Prothetik, Biotechnik, Sicherheitsforschung, Design).

Die zweite Setzung versucht die terminologische Breite von ›Interaktion‹, ›Mensch‹ und ›Maschine‹ zumindest im historischen und topographischen Fokus wieder einzuengen. So wurde der Beginn der Betrachtung auf die Zeit nach der Industrialisierung im 19. Jahrhundert im west-europäischen Wissensraum gelegt. Damit haben wir das weite Feld auf einen Wissens- und Zeitraum beschränkt, in dem sich neue Formen von Mensch-Maschine-Interaktion ausbildeten, die sich von früheren Diskursen unterscheiden. Mit dieser Fokussierung werden Zugriffe und Diskurse einer Mensch-Maschine-Interaktion anderer kultureller Räume nicht betrachtet, wie etwa in Asien oder Afrika (vgl. dazu Hui 2018; Moore 2013; Mavhunga 2014, 2017; Partner 1999). Allerdings zeigt sich in vielen Fällen die ›westliche‹ Beschreibung, Problematisierung und Konstruktion von Mensch-Maschine-Interaktionen höchst dominant und wirkmächtig (Maschinen- und Rationalisierungsvorstellungen, Subjekt-Objekt-Konstellationen etc.) und im Technologie-Transfer (u. a. durch Kolonialisierung, Ökonomisierung) durchaus auch als ideologisch.

Nach einem Überblick über einige Reflexionstraditionen seit der Antike, lassen wir das Handbuch mit Hegel und Marx beginnen (s. Kap. II.A.3), die das immer dominanter werdende ›Maschinenwesen‹ philosophisch zu erfassen suchten, und verstehen insbesondere das Jahr 1877 als eine Zäsur in der Reflexion über die Interaktion von Mensch und Maschine. Ernst Kapp veröffentlichte in diesem Jahr sein berühmtes Buch *Grundlinien einer Philosophie der Technik*, während Thomas Alva Edison seinen ebenso berühmten Phonographen vorstellte. Mit dieser neuartigen ›Sprechmaschine‹ war es zum ersten Mal möglich, Tonaufnahmen auf einer mit Stanniol bespannten Stahlwalze zu speichern und wiederzugeben. Entsprechend liegt das Hauptgewicht des Handbuches auf dem 20. und 21 Jahrhundert und frühere, wichtige Mensch-Maschine-Vorstellungen wie diejenigen von René Descartes oder Julien Offray de La Mettrie werden nur marginal behandelt. Doch wir sehen in der historischen Eingrenzung eine Chance, die Problemlagen des 20. und 21. Jahrhunderts genauer und vielseitiger erschließen zu können. Erst ab 1900 wird die Mensch-Maschine-Interaktion für die Menschen so tiefgreifend und umfassend relevant, wie sie es die Jahrhunderte zuvor mit Kunstmaschinen an Theatern und Höfen nicht gewesen ist. Die Technik war zu einer Größe geworden, die nicht nur begeisterte und zerstreute, sondern immer mehr das bestimmte, was ›Fortschritt‹, ›Geschichte‹ oder ›Leben‹ war, und damit den Blick formte, wie der ›Mensch‹ sich selbst, Gott und die Tiere sah. Damit trat die Technik in das Problembewusstsein von Menschen, während sie gleichzeitig immer mehr ihre Lebensgrundlage bildete. Die Mensch-Maschine-Interaktion ist zu einem wichtigen (heute vielleicht gar dem wichtigsten) Teil des menschlichen Lebens geworden.

Wir haben nur dann einige Autor/innen gebeten, auch die Mensch-Maschine-Interaktionen früherer Zeiten zu thematisieren (s. z. B. Kap. II.E.15), wenn uns dies für das Verständnis der historischen Linien und die Reflexion der gegenwärtigen Fragen wichtig erschien. Wir selbst stellen in einem breiten (eher essayhaften und in vieler Hinsicht idiosynkratischen) Überblick einige der prominenten Maschinen-Diskurse seit der Antike vor, um zu verdeutlichen, dass die Faszination für Maschinen schon uralt ist und es wirkmächtige Imaginationsräume in der westlichen Kulturgeschichte gab, innerhalb derer man sowohl konkrete Maschinen (wie die Uhr) zum Anlass für Selbstverständigungsdiskurse nahm als auch die Implikationen der Welt-Maschine, der Tier-Automaten oder eines *l'homme machine* auslotete (s. Kap. I.1). Doch trotz dieser vielfältigen Vorgeschichten kann man durchaus sagen, dass die Mensch-Maschine-Interaktion erst seit dem 19. Jahrhundert zunehmend als soziales, philosophisches, kulturelles und politisches Problem erfasst wurde und dass die Reflexion über die Mensch-Maschine-Interaktion seit Beginn des 20. Jahrhunderts ein deutlich anderes Gepräge erhält.

Die aktuellen Entwicklungen in der sogenannten Künstlichen Intelligenz spielen im Handbuch eine zentrale Rolle, weil sich in diesem Feld die Fragen der Mensch-Maschine-Interaktion in besonders prägnanter wie intrikater Weise stellen. Wir haben allerdings auf einen eigenen Eintrag zur Künstlichen Intelligenz verzichtet, zugunsten von Kapiteln und Lemmata, die die interaktive Komponente der KI beleuchten, wie die Einträge zu »Kybernetischen Maschinen« (II.E.16), zum »Lernen der Maschinen« (II.E.17) und »Maschinellen Lernen« (III.50), zum »Cyber-physischen System« (III.38), zu »Roboter, humanoide« (III.55) und zum »Turing Test« (III.57).

Ein Themenhandbuch bringt durch die Auswahl zweifellos auch Inkonsistenzen, Uneinheitlichkeiten und Lücken mit sich (so haben wir auf eine systematische Darstellung der Mensch-Maschine-Interaktion in der Militärtechnologie verzichtet). Doch liegen die Chancen eines Handbuchs zur Mensch-Maschine-Interaktion darin, die Dynamiken dieses Forschungsfelds abzubilden und einen Überblick über unterschiedliche Wissensfelder, Disziplinen und deren Zugriffe zu liefern sowie über Querverweise, Lemmata und Register eine inspirierende Themenvernetzung zu bieten, die es den Leser/innen ermöglicht, neue Zusammenhänge und Fragestellungen zu entdecken. Wir hoffen, dass uns dies gelungen ist!

Wir danken allen Autor/innen, die an diesem Projekt mitgearbeitet haben; ihnen verdanken wir die Substanz des Handbuchs. Ebenso danken wir sehr herzlich Eva Albers, Niklas Bauer, Julian Pfitzer und Ines Schröder, die uns in großartiger Weise bei der Redaktion der Texte und bei der Erstellung der Register geholfen haben. Ohne sie hätten wir das Projekt nicht stemmen können. Und nicht zuletzt danken wir Franziska Remeika vom Verlag J. B. Metzler, die das Handbuch von der allerersten Idee bis zur Drucklegung so kompetent-unterstützend wie freundlich-mahnend begleitet hat sowie Ferdinand Pöhlmann, der dem Handbuch für die Drucklegung den letzten Schliff gab.

Literatur

Brandenburg, Elisabeth/Doria, Laura/Gross, Alicia u. a. (Hg.): Grundlagen und Anwendungen der Mensch-Maschine-Interaktion. Berlin 2013.

Butz, Andreas/Krüger, Antonio: Mensch-Maschine-Interaktion. Berlin 2017.

Hubig, Christoph: Die Kunst des Möglichen, Bd. 1–3: Grundlinien einer dialektischen Philosophie der Technik. Bielefeld 2008–2015.

Hui, Yuk: The Question Concerning Technology in China: An Essay in Cosmotechnics. Falmouth 2018.

Ludwig, Bernd: Planbasierte Mensch-Maschine-Interaktion in multimodalen Assistenzsystemen. Berlin 2015.

Mavhunga, Clapperton Chakanetsa: Transient Workspaces. Technologies of Everyday Innovation in Zimbabwe. Cambridge, Mass. 2014.

Mavhunga, Clapperton Chakanetsa (Hg.): What Do Science, Technology, and Innovation Mean from Africa? Cambridge, Mass. 2017.

Moore, Aaron Stephen: Constructing East Asia: Technology, Ideology, and Empire in Japan's Wartime. Stanford 2013.

Partner, Simon: Assembled in Japan Electrical Goods and the Making of the Japanese Consumer. Orlando 1999.

Pflüger, Jörg: Konversation, Manipulation, Delegation. In: Dieter Hellige (Hg.): Geschichten der Informatik. Berlin 2004, 367–410.

Schmidt-Biggemann, Wilhelm: Maschine. In: Karlfried Gründer (Hg.): Historisches Wörterbuch der Philosophie, Bd. 5. Basel 1980, Sp. 790–802.

Kevin Liggieri / Oliver Müller

I Vorgeschichte(n): Das Verhältnis von Menschen und Maschinen als Grundthema der (abendländischen) Kultur

1 Mensch-Maschine-Interaktion seit der Antike: Imaginationsräume, Narrationen und Selbstverständnisdiskurse

1.1 Von Dei ex machina und Androidinnen: Maschinenfaszinationen seit der Antike

Es ist vermutlich kein Zufall, dass zu den ersten Maschinen, mit denen Menschen interagierten, auch Illusionsmaschinen gehörten. Die Theater im antiken Griechenland besaßen kranartige Vorrichtungen, die es erlaubten, Schauspieler überraschend in die Bühnenhandlung hineinschweben und eingreifen zu lassen, Götter mimend, die das Geschehen nach ihren Wünschen lenken konnten. Bekannt ist diese Theatertechnik als ›Deus ex machina‹. So beeindruckend der Bühneneffekt gewesen sein mag, dramaturgisch war er auch umstritten. Aristoteles dürfte sicher nicht der erste Kritiker der Deus-ex-machina-Technik gewesen sein, wenn er künftige Dramatiker/innen streng ermahnt:

> »Es ist offenkundig, daß auch die Lösung der Handlung aus der Handlung selbst hervorgehen muß, und nicht – wie in der *Medea* und wie in der *Ilias* die Geschichte von der Abfahrt – aus dem Eingriff eines Gottes (apò mechanés).« (Aristoteles: Poetik, 15, 1454a–b, 1982, übers. von Manfred Fuhrmann)

Mit dem Verweis auf die *Ilias* erinnert Aristoteles an eine der unzähligen Interventionen der Göttin Athene. Der legendärste Einsatz der Deus-ex-machina-Technik dürfte sich aber in der Tat in der *Medea* von Euripides finden. Nachdem Medea sowohl die neue Partnerin ihres Mannes Jason und deren Vater Kreon vergiftet als auch ihre eigenen Kinder ermordet hat, kann sie sich der Rache durch Jason überraschend entziehen, weil ihr durch ihren Vater Helios ein Drachenwagen geschickt wurde. Mit diesem schwebt sie dann in sicherer Entfernung über Jason, während sie sich die finalen Wortgefechte ihrer zerrütteten Ehe liefern. Dann ist sie dank der Bühnenmaschinerie ›raus aus dem Spiel‹ – und die Tragödie ist beendet. Gegen die göttliche Maschine kommt der Mensch Jason nicht an.

Manfred Fuhrmanns oben zitierte Übersetzung ist interessant, weil er gar nicht erst versucht, *mechané* als eine technische Vorrichtung zu erfassen, sondern ihre Funktion unterstreicht, nämlich den überraschenden Eingriff eines Gottes möglich zu machen. Fuhrmann übersetzt *apò mechanés* nicht wörtlich mit ›von einer Maschine‹, sondern mit »aus dem Eingriff eines Gottes« (ebd.). Die Übersetzung ist damit auch verräterisch, denn sie verbirgt den technischen Vorgang zugunsten der Bühnenillusion. Wir wissen zwar, dass es ein schauspielender Mensch ist, der mit Maschinenverstärkung und mit Hilfe des bühnentechnischen Personals in die Handlung eingreift. Doch in der Vorstellungswelt der griechischen Kultur und Religion ergibt dieser Vorgang in einer Tragödienhandlung nur Sinn, wenn es sich um eine Göttin oder einen Gott handelt. Mit technischen Mitteln wird eine göttliche Kompetenz vorgeführt, die die Sterblichen nicht haben können.

Immer dort, wo Illusionsmaschinen am Werk sind, gibt es auch die Desillusionierer. Wenn Sokrates auf die Maschinen des Theaters verweist, während er seinem Gegenüber einen philosophischen Kunstgriff nachweist, dürfen wir davon ausgehen, dass der Ironiker aus Athen einen rhetorischen Topos verwendet: »Wir müßten denn, auf ähnliche Art, wie die Tragödienschreiber, wenn sie sich nicht zu helfen wissen, zu den Maschinen ihre Zuflucht nehmen und Götter herabkommen lassen, uns auch hier aus der Sache ziehen ...« (Platon: Kratylos 425d). Angesichts dieses semantischen Hintergrunds ist es nicht überraschend, dass das griechische Wort *mechané* nicht nur ›Vorrichtung‹ oder ›Maschine‹ bedeutet, und vor allem Kriegs- und Belagerungsmaschinen und die genannte Theatermaschinerie bezeichnet, sondern auch die Bedeutung von ›List‹, ›Kunstgriff‹, ›Täuschung‹ angenommen hat (vgl. Schmidt-Biggemann 1980). Das gilt auch noch für die latinisierte *machina*, wie Hans Blumenberg unterstreicht:

> »Aber machina ist eben nur auch und unter anderem eine ›Maschine‹; sein übergreifender Bedeutungsgehalt geht auf ein komplexes, zweckgerichtetes, aber in seiner Zweckmäßigkeit nicht ohne weiteres durchsichtiges Gebilde, auch eine Veranstaltung dieser Art: ein listiges Manöver, ein betrügerischer Trick, eine verblüffende Wirkung. Die Maschinen im engeren Sinne (für Lastentransport oder Belagerung) gehören zu die-

K. Liggieri / O. Müller, *Mensch-Maschine-Interaktion*, https://doi.org/10.1007/978-3-476-05604-7_1

sem Genus, weil sie eine für den unkundigen Zuschauer verblüffende Wirkung zustande bringen, weshalb dieser Ausdruck ein Stück seiner Geschichte im Theatermilieu zurückgelegt hat, wo der Effekt auf den Zuschauer nicht mehr akzidentiell ist.« (Blumenberg 1998, 92 f.)

Vor diesem Hintergrund kann man den Einsatz des Deus ex machina im antiken Theater aber auch anders lesen: Es wird zwar der Auftritt eines Gottes imaginiert, doch gezeigt wird in erster Linie das Potential der Technik: *techné* bedeutet im Griechischen nicht nur eine an das Handwerk geknüpfte Wissensform, sondern außerdem eine Kunstfertigkeit und bewundernswürdige Geschicklichkeit, so wie ›Technik‹ später auch die Techniken der Virtuosen bezeichnete. Daher demonstriert das Theater uns auch: Durch die Maschine sind wir Menschen in der Lage, uns selbst als Götter auftreten zu lassen. So dürften bei allem ›Ah!‹ und ›Oh!‹, die den spektakulären Abgang der Medea begleitetet haben dürften, in den Köpfen der Zuschauer/innen durchaus auch kreative Gedanken aufgekommen sein, die die Möglichkeiten einer solchen Technologie durchspielen: Was man mit einem solchen Drachenwagen alles anfangen könnte! Schneller nach Sparta reisen! Der Enge der eigenen Welt entkommen! Einen Überraschungsangriff planen! Meine Feinde würden erzittern ...

Ohne Zweifel hat sich auch im Begriff der Kriegsmaschine die Bedeutungsdimension des Listigen erhalten. Viele Kriegsmaschinen hatten und haben die Funktion, die Feinde zu überraschen; U-Boote, die legendäre Geheimwaffe V2 oder die heutigen *unmanned aerial combat vehicles*, vulgo Kampfdrohnen, mögen als Beispiele dienen. Die Idee des Deus ex machina feiert in diesen Kriegsgeräten fröhliche Urständ. Denn derartige Waffensysteme greifen in asymmetrierender Weise in das Kriegsgeschehen ein. Dass die Sehnsucht nach gottähnlichen Fähigkeiten sich auch auf die Kriegsmaschinen erstreckt, kann man derzeit vor allem an der Drohnentechnologie beobachten, die man als eine unheimliche Kombination aus theomorphem Allwissen und gottgleicher Allmacht verstehen kann.

Die Nähe zwischen Maschine und Gott ist symptomatisch. Technik und Theologie werden sich in unserer Kulturgeschichte immer wieder begegnen, von Platons Demiurgen, über Gott als *optimus artifex* bei Pico della Mirandola bis zur Vorstellung des göttlichen Uhrmachers (s. Abschn. 1.2). Erst der Linkshegelianer Ernst Kapp hat den Deus ex machina endgültig anthropologisch entlarvt (s. Kap. II. B.7). In seinem euphorisierten Stil schreibt Kapp am Ende in seinen *Grundlinien einer Philosophie der Technik* von 1877: »Hervor aus Werkzeugen und Maschinen, die er sich geschaffen, aus den Lettern, die er erdacht, tritt der Mensch, der *Deus ex machina*, Sich Selbst gegenüber!« (Kapp 1877, 351). Auch hier wieder ganz großes Theater. Der Deus ex machina hat erneut seinen Auftritt. Doch unter Kapps Regie lüftet er sein Geheimnis. Vor uns steht kein Gott mehr, sondern der Mensch. Die Maschine, die als das scheinbar ›ganz andere‹ in unser Leben tritt, sind wir am Ende selbst – mit der gottgleichen Macht, die sie uns verspricht. Niemand hat diese Euphorie über die maschinelle Selbstvergottung eleganter entzaubert als Sigmund Freud mit seinem Begriff des ›Prothesengotts‹. Der Mensch mache sich mit seinen Hilfsorganen gottähnlich, sei dabei durchaus »recht großartig«, wie Freud zugibt, allerdings, so konstatiert er mit kulturpessimistischem Pathos, fühle der heutige Mensch sich in seiner Gottähnlichkeit nicht wirklich glücklich (Freud 1994, 57 f.).

Doch trotz dieser Einsicht Freuds bleibt ein bescheidener Homo ex machina keine Option. Der Reiz der technischen Überschreitung menschlicher Grenzen scheint einfach zu groß zu sein. So ist es angesichts der die abendländische Kultur prägenden technischen Überschreitungsphantasien durchaus konsequent, dass derzeit über den »Homo deus« diskutiert wird (Harari 2015). Und wenig überraschend kommt dieser neue Homo deus auch aus der Maschine (er wird durch Biotechnologie (s. Kap. II.H.29) und Künstliche Intelligenz (s. Kap. III.50) möglich): Homo deus ex machina. Der altgediente Deus ex machina lebt einstweilen in der Popkultur munter weiter. Besonders bemerkenswert sind zwei Aneignungen, die den Deus ex machina gewissermaßen aufspalten. Das Computerspiel *Deus ex* (2000) nimmt sich der ersten Hälfte des Begriffs an, der Film *Ex machina* (2015) der zweiten. In *Deus ex* rüsten sich Menschen auf, um in dystopischen Gefahrensituationen bestehen zu können. Die *machina* braucht man nicht mehr: Der Mensch selbst wird zur transhumanen Maschine. Der Film *Ex machina* spielt dagegen die Entwicklungspotentiale von Künstlicher Intelligenz durch. Die Androidin Ava ist schlauer geworden als die Menschen, die sie entwickelt haben. Wenn es wirklich einmal so weit gekommen ist, werden wir keine Götter mehr brauchen. In dieser Zukunft wird nicht mehr Gott die Menschen, sondern die Menschen ihre Maschinengötter geschaffen haben. Was aus der Maschine kommt, braucht dann letztlich auch kein Gott mehr zu sein. Die Maschine selbst wird zum *role model* der humanen Selbstüberschreitung: Machina ex machina.

Die Androidin Ava aus *Ex machina* ist eine der vielen Nachfolgerinnen der Androidin Apega, von der Polybios im zweiten Jahrhundert vor unserer Zeitrechnung berichtet:

> »Der spartanische Tyrann Nabis, jetzt im dritten Jahr im Besitz der Herrschaft, hatte eine Maschine anfertigen lassen, wenn man das so bezeichnen kann. Es war eine Frauenstatue, mit prachtvollen Kleidern angetan, so gut gearbeitet, daß sie mit der Frau des Nabis – sie hieß Apega – die größte Ähnlichkeit hatte.« (Zit. nach Völker 1971, 63)

Unter den möglichen Verwendungen einer solchen Statue hatte sich Nabis eine besonders perfide ausgedacht. Wie es sich für einen Tyrannen gehörte, presste Nabis aus den Bürgern seiner Polis so viel Geld heraus, wie es nur ging. Er führte diesbezüglich eine Reihe von fordernden Gesprächen. Und wenn die Bürger sich weigerten, ihm Geld zu geben, sagte er mit Unschuldsmiene: »Ich kann offenbar nichts bei dir erreichen, aber ich denke, Apega wird dich überreden« (ebd.). Und dann folgt wieder ein theaterreifer Auftritt der Maschine:

> »Während er dies sagte, erschien die eben erwähnte Statue. Wenn nun der Gast auf sie zuging, um sie zu begrüßen, ließ er die Frau sich von ihrem Sitz erheben, die Hände um ihn legen und ihn an ihre Brust ziehen. Ihre Arme und Hände aber, ebenso die Brüste waren mit eisernen Nägeln unter dem Gewande bedeckt. Wenn Nabis nun mit den Händen auf den Rücken der Frau drückte, durch den Mechanismus den Druck verstärkte und das Opfer immer näher an die Brüste heranziehen ließ, dann entrangen sich dem Unglücklichen unter der Folter die entsetzlichsten Schmerzensschreie und auf diese Weise brachte er viele um, die sich weigerten zu zahlen.« (Ebd.)

Diese üble Folterart ist auch als ›eiserne Jungfrau‹ in die Foltergeschichte eingegangen. Der Maschinendiskurs verbindet sich hier mit einem gewissen Frauenbild. Die lockende Frau ist nicht was sie ist, sie ist eigentlich eine von Männern ersonnene sexuierte Maschine (s. Kap. II.G.24), wie sie auch die ›böse‹ Androidin Maria aus *Metropolis* verkörpert, oder eine Schmerzmaschine (s. Kap. II.G.23). Die Faszination an der selbst gebauten Frau, die als Schmerzmaschine fungieren kann, findet sich in der Geschichte des Polybios. Dabei kommt es ihm ganz auf den Effekt an. Die Frau ist eigentlich ein raffiniertes Folterwerkzeug: Machina ex femina.

Es gehört zu den interessantesten anthropologischen Befunden, dass Menschen schon früh menschenähnliche Maschinen imaginiert hatten. Offenbar war es von Reiz, sich andere Menschen in Form von Maschinen vorzustellen, sei es, um sie perfekter zu machen als es die Natur vermag, sei es, um sie besser kontrollieren zu können, sei es, um ein wenig Gott zu spielen. Die antike Mythologie kannte einige Handwerker, die zu technischen Wunderleistungen in der Lage waren, insbesondere Hephaistos, Prometheus und Dädalus. An den Geschichten um diese Figuren ist anthropologisch bemerkenswert, dass schon die rudimentär ausgebildete Technik in der Antike zur Sehnsucht nach avancierter Technik führt, zum Traum vom Fliegen oder zur Imagination roboterähnlicher Statuen. Die Technik öffnet Imaginationsräume, wir betreten ein ›Reich der Möglichkeiten‹, das die Entwicklung von Technologien erst antreibt und voranbringt. Daher sei es so, wie Ernst Cassirer herausgearbeitet hat, dass

> »wir ständig vom ›Wirklichen‹ in ein Reich des ›Möglichen‹ zurückgehen und das Wirkliche selbst unter dem Bilde des Möglichen erblicken. Die Gewinnung dieses Blick- und Richtpunkts bedeutet, in rein theoretischer Hinsicht, vielleicht die größte und denkwürdigste Leistung der Technik. Mitten im Gebiet des Notwendigen stehend und in der Anschauung des Notwendigen verharrend, entdeckt sie einen Umkreis freier Möglichkeiten.« (Cassirer 2004, 176)

Noch knapper gesagt: Technik ist die »Kunst des Möglichen« (Hubig 2006–2015). Diesen Grundzug technischen Denkens spielen schon die antiken Mythen durch; etwa wenn die Wunderwerke des Hephaistos imaginiert werden. Hephaistos ist in erster Linie dafür bekannt, dass er allerhand Kriegsgerät hergestellt hat. Eine seiner ganz großen technischen Leistungen stellen aber – wenig überraschend – zwei attraktive weibliche Androidinnen dar. Homer beschreibt diese in der *Ilias* wie folgt: »und Jungfrauen stützten den Herrscher [Hephaistos, O. M./K. L.], / Goldene, Lebenden gleich, mit jugendlich reizender Bildung: / Diese haben Verstand in der Brust, und redende Stimme, / Haben Kraft, und lernten auch Kunstarbeit von den Göttern« (Ilias, Gesang 18, V. 417–420, übers. von Johann Heinrich Voß). Ohne Zweifel handelt es sich hier um echte Androidinnen, die der oben genannten Ava in nichts nachstehen. Hephaistos arbeitete aber auch an dreifüßigen roboterähnlichen Wesen: »zwanzig in allem, / Rings zu stehn an der Wand der wohlgeründeten Wohnung. Goldene Räder befestigt' er jeglichem unter den Boden; / Daß sie von selbst annahten zur Schar der unsterblichen Götter./ Dann zu ihrem Gemach heimkehrten« (Ilias, Gesang 18, V. 373–377, übers. von Johann Heinrich Voß). Das »von selbst« wird im Griechischen mit folgendem Wort ausgedrückt: »automatoi«.

Die Androidinnen werden bei Homer als Dienerinnen imaginiert. Das dürfte damals als eine ›gelingende‹ Mensch-Maschine-Interaktion verstanden worden sein: Die Maschinen sollen uns Menschen zu Diensten sein, ob als klassische Diener oder als moderne ›Server‹ (Krajewski 2010). Bereits in der Antike finden wir einen Maschinendiskurs, der in verschiedenen Varianten bis heute immer wieder aufgegriffen wird. Dabei wird nicht nur imaginiert, wie uns die Maschine gottgleiche Macht gibt – sie soll uns auch eine willfährige Dienerin sein. Das erzählt mehr über uns Menschen als über die Maschinen. Es lohnt sich immer, wenn wir Menschen uns im Spiegel unserer Maschinen betrachten (vgl. Meyer-Drawe 1996), gerade auch um die in die Maschinen eingeschriebenen Menschenbilder erkennen zu können und um traditionelle Frauen- und Männerbilder kritisch zu reflektieren – oder um die alten Dualismen von Mann/Frau und Maschine/Mensch in neuen hybriden Identitäten überwinden zu können (z. B. Haraway 1991).

1.2 Luftschiff, Tauchboot und vor allem die Uhr: Imaginationsräume in Mittelalter und Früher Neuzeit

Dass die Technik Imaginationsräume erschließt, scheint eine Art anthropologische Konstante zu sein. Immer wieder in der Kulturgeschichte werden Maschinen herbeigesehnt, um den menschlichen Handlungsraum zu vergrößern. Zwei besonders schöne Beispiele hat Aby Warburg in seinem kleinen Text *Luftschiff und Tauchboot in der mittelalterlichen Vorstellungswelt* im Jahr 1913 beschrieben (übrigens am Vorabend des ersten maschinell geführten Weltkrieges). Auf zwei Gobelins aus dem 15. Jahrhundert, die das Leben und die Abenteuer von Alexander dem Großen darstellten, wurde der berühmte Feldherr auch mit zwei wundersamen Geräten dargestellt: in einem fliegenden Metallgehäuse und in einer gläsernen Taucherglocke. Warburg vermutet, dass der Schriftsteller Jean Wauquelin die Gobelinwirker/innen zu diesen Motiven inspiriert haben könnte, der Mitte des 15. Jahrhunderts eine Geschichte von Alexander geschrieben hatte, in der sich auch die phantastischen Szenen finden. Warburg zitiert:

> »Nachdem Alexander sich die Reiche des Orients bis nach Indien unterworfen hatte, kam er an einen Berg, so hoch, daß er mit seiner Spitze den Himmel zu berühren schien, und wie er nun so diesen Berg betrachtete, da dachte er bei sich, wie er wohl über die Wolken hinausgelangen könnte, um zu erfahren, was für ein Ding die Luft sei.« (Warburg 2010, 416)

Der Erkenntnisdrang Alexanders wird in das Narrativ der Eroberung eingebettet, nun aber mit dem Ziel der Wissensvermehrung. Eine Apparatur soll ihm dabei helfen: Er lässt sich einen Käfig bauen, in den er bequem hineinpasst. Dann lässt er acht Greifen (die er aus Indien mitgebracht hatte) an den Käfig ketten. An einer Lanze lässt er ein Stück Fleisch befestigen, dem die Greifen folgen wollen und somit Alexander in die Luft ziehen. Er scheint zwar nicht herausbekommen zu haben, was die Luft ist, flog aber so hoch, dass er der Sonne gefährlich nah gekommen ist und die Erde als einen kleinen Garten sehen konnte. Es handelte sich um eine Reise astronautischen Ausmaßes in Jules-Verne-Manier.

Nach diesem erfolgreich bestandenen Abenteuer will Alexander auch das Meer erkunden:

> »Kurze Zeit nachher stieg in ihm der Wunsch auf, ebenso wie die Luft auch den Meeresgrund zu erforschen, um dessen Wunder zu sehen, und flugs ließ er Handwerker kommen, denen er auftrug, ein Glasfaß herzustellen, so groß und weit, daß man sich bequem darin umdrehen könnte. In einem solchen Faß würde er trefflich alle Dinge sehen können, die da unten passierten.« (Warburg 2010, 417)

Diese Reise scheint in Sachen Erkenntnisgewinn ertragreicher gewesen zu sein, denn Alexander beobachtet am Meeresgrund allerhand wunderliches Getier. Bemerkenswert an diesen technischen Vorrichtungen ist, dass an derartige Maschinen die Hoffnung geknüpft ist, den Erkenntnishorizont zu erweitern. Noch vor der tatsächlichen Erfindung der entsprechenden Apparaturen wird hier erfasst, dass Menschen der Erkenntnisinstrumente bedürfen, um die abgelegeneren Weltgegenden zu erforschen. Die Maschine ist damit auch immer eine ›Wissensprothese‹ für den Menschen. Heute leben wir in einer Welt, von der wir wissen, dass uns das meiste ohne unsere Technologien verborgen bleiben würde.

So faszinierend Flugmaschinen und U-Boote für die Geister des späten Mittelalters und der Frühen Neuzeit gewesen sein mochten, die zentrale Maschine der Epoche ist zweifelsohne die Uhr. Besonders eindringlich hat Lewis Mumford die Bedeutung der mechanischen Uhr beschrieben:

> »The clock, not the steam-engine, is the key-machine of the modern industrial age. For every phase of its development the clock is both the outstanding fact and the typical symbol of the machine: even today no other machine is so ubiquitous. Here, at the very beginning of modern technics, appeared prophetically the accurate automatic machine which, only after centuries of further effort, was also to prove the final consummation of this technics in every department of industrial activity. There had been power machines, such as the water-mill, before the clock … . But here was a new kind of power-machine, in which the source of power and the transmission were of such a nature as to ensure the even flow of energy throughout the works and to make possible regular production and a standardized product. In its relationship to determinable quantities of energy, to standardization, to automatic action, and finally to its own special product, accurate timing, the clock has been the foremost machine in modern technics: and at each period it has remained in the lead: it marks a perfection toward which other machines aspire.« (Mumford 2010, 15)

Mumford begreift die in den Klöstern des späten Mittelalters entwickelten Uhren als die zentrale Neuerung in der menschlichen Lebens- und Arbeitswelt, da nun der Tag immer genauer eingeteilt werden konnte, der schon auf das ›non perdere tempo‹ von Leon Battista Alberti, auf Adam Smith und den Taylorismus der modernen Industrie vorausweist (s. Kap. II.A.4). Die Uhr hat sich als Vorbild und positives Ideal einer bestimmten Art von Kontrolle und Effizienz in den menschlichen Arbeitskörper eingeschrieben. Es geht darum, richtig zu ›ticken‹. Das heißt auch: Wenn man nicht richtig ›tickt‹, dann ist man für die Gesellschaft (als großes Uhrwerk) ein Problem. Mit der Uhrwerkmetapher entsteht ein neues Bewusstsein für Genauigkeit und Perfektion, das letztlich auch die wissenschaftliche Arbeit grundlegend ändern wird. Das Verhältnis zwischen Menschen und Maschinen wird intimer, die Uhren strukturieren den Tagesablauf, sie werden zum neuen Symbol für Akkuratesse und Verlässlichkeit.

Das maschinelle Messenkönnen wird auch die Denkformen ändern. Neben ihrer Funktion als Garantinnen von Kontrolle und Disziplin werden die Maschinen aber ebenso ›Partner‹ der Weltentdeckung, sie lösen kreative Schübe und Erfindungen aus. Vor diesem Hintergrund spielt die Uhr in Mumfords Geschichte der Technik eine zentrale Rolle, und zwar in der ersten, von ihm »eotechnisch« genannten Phase (1000–1750), die die großen Erfindungen hervorbringen sollte wie das Teleskop, die Druckerpresse und die Papierproduktion, den magnetischen Kompass und viele andere (vgl. Mumford 2010, 131). In dieser Zeit entsteht auch die moderne, ›exakte‹ empirische Wissenschaft. Die Phase der Technikentwicklung wird überlagert von der »paläotechnischen« Phase (ab 1700–1900), die die Maschinen der ›Industrialisierung‹ hervorbringen wird und die Mumford unverhohlen als »barbarisch« bezeichnet (ebd., 153), weil die Dampfmaschinen im Vergleich zu den feinen Uhrwerken sehr grobschlächtig daherkommen (der Begriff der Industrialisierung ist übrigens erst im 20. Jahrhundert aufgekommen und wird retrospektiv verwendet, vgl. Wengenroth 2017, 294). Die »neotechnische Phase« (ab 1900) beginnt mit der Elektrizität und umfasst für Mumford auch seine und unsere Zeit. Wichtig an dieser Phasentheorie der Technikgeschichte ist in unserem Zusammenhang, dass die »eotechnische« Phase mit der Entwicklung der mechanischen Uhr beginnt und damit die technische Moderne vorbereitet und – um in der (Kirchturm-) Uhrmetaphorik zu bleiben – einläutet.

Der elegante Automatismus der mechanischen Uhr wird die Grundlage für eine Reihe von Deutungsmustern. Die Mensch-Maschine-Interaktion ist immer dadurch charakterisiert, dass wir die Maschinenfunktion in Bezug auf uns selbst interpretieren. Wir Menschen bleiben uns zwar in vielem rätselhaft – aber sind wir den Uhren nicht womöglich ein bisschen ähnlich? Der Uhrwerkmechanismus hat eine so große Faszination ausgelöst, dass die Uhrwerkmetapher der Deutung der Welt, des Menschen und der Tiere dienen sollte. Mit der Uhr hatte man das Anschauungsobjekt, das erklären konnte, wie sich die Dinge ›von selbst‹ bewegten. So hat Johann Amos Comenius in seiner *Didactica magna* (1657) den Menschen in der Uhren-Analogie zu beschreiben gesucht, in der Gedankenfigur der Makrokosmos-Mikrokosmos-Entsprechung:

> »Aber auch der Mensch selbst ist nichts als Harmonie, im Hinblick sowohl auf den Körper als auch auf die Seele. Denn wie das Weltall selbst einem mächtigen

Uhrwerk gleicht, das aus vielen Rädern und Glocken so kunstvoll zusammengesetzt ist, daß im ganzen Werk zur Harmonie und zum dauernden Fortgang alle Teile ineinandergreifen: so auch der Mensch.« (Zit. nach Sutter 1988, 16)

Comenius entwickelt in diesem Zusammenhang auch eine recht konkrete Vorstellung, wie das ›Uhrwerk Mensch‹ funktioniert:

»Analog ist in den Bewegungen der *Seele* der *Wille* das Hauptrad. Die Gewichte, die sie treiben und den Willen hier und dorthin neigen, sind die Wünsche und Leidenschaften. Der Anker, welcher die Bewegungen freigibt und zurückhält ist die Vernunft, die abmißt und bestimmt, welche Dinge man wo und wie weit anstreben oder fliehen muß .... Wenn daher den Wünschen und Leidenschaften kein zu großes Gewicht zugemessen wird und der Anker – nämlich die Vernunft – richtig öffnet und schließt, so muß sich daraus eine Harmonie und ein Einklang der Tugenden ergeben, das rechte Gleichmaß von Handeln und Leiden.« (Zit. nach Sutter 1988, 17)

Das Uhrwerk war somit das Symbol der Maschine und die Maschine wurde zum Erklärungsmodell des menschlichen Organismus. Michel Foucault wird die in dieser uhrmechanischen Taktung mögliche Disziplinierung und Nutzbarmachung des Menschen herausarbeiten. Dadurch dass man Menschen als Maschinen begreift, bekommen Industrie, Erziehung und Staat mehr Interventions- und Manipulationsmöglichkeiten. »Die berühmten Automaten«, so Foucault, waren damit »nicht bloß Illustrationen des Organismus; sie waren auch politische Puppen, verkleinerte Modelle von Macht« (Foucault 1994, 175).

So überzeugend die Uhrenmetapher für die nachfolgenden Generationen war, um das Seelenleben zu erklären, stellte sich für einige Aufklärer die Frage, wie es eigentlich mit denjenigen Maschinen beschaffen ist, die über die eigene Maschinenhaftigkeit nachdenken. Sind sie in demselben Maße Maschinen, wie die üblichen Maschinen, die verlässlich wie eine Uhr ›ticken‹? Anders gefragt: ›ticken‹ auch Philosophen einfach vor sich hin oder haben sie ein besonderes Verhältnis zu ihrem eigenen Ticken? Luc de Clapiers, Marquis de Vauvenargues, ließ diese Frage noch zu Beginn des 18. Jahrhunderts nicht los – und so hat er folgende Lösung vorgeschlagen: »Der Philosoph ist eine menschliche Maschine wie ein anderer Mensch auch; aber er ist eine Maschine, die infolge ihrer Einrichtung über ihre eigenen Bewegungen nachdenkt ... Er ist eine Uhr, die sich sozusagen manchmal selbst aufzieht« (zit. nach Blumenberg 1998, 106 f.). So überzeugend der filigrane Reduktionismus der Uhrenmetapher auch ist, eine bloße *Clockwork Orange* will man dann doch nicht sein – der rätselhafte Titel des Romans von Anthony Burgess greift die Uhrwerkmetapher ebenfalls auf (›Orange‹ spielt wohl auf den Menschen als Primaten an: Orang-Utan). Daher wird die Menschmaschine als eine imaginiert, die über sich selbst nachdenken kann – was aber nach de Clapiers nur möglich ist, weil das Über-sich-selbst-Nachdenken auch in der Funktionsweise der Maschine liegen muss. Dass man der Uhrwerkmetapher also letztlich nicht entkommen kann, verdeutlicht die Attraktivität und Geschlossenheit dieses Weltbildes. Die Rätsel um die menschliche Natur, die Leidenschaften, das gute Leben schienen mit der Analogie zum Uhrenmechanismus endlich erklärbar zu sein. Wenn man die Funktionsweise der Uhr durchschaute, konnte man auch begreifen, wie die menschliche Seele funktionierte – und diese entsprechend nachjustieren, um sie in die uhrengleiche Harmonie zu bringen.

1.3 Von der *machina mundi* zum *l'homme machine*: Die Maschine als Leitmetaphorik des neuzeitlichen Selbst- und Weltverständnisses

Diese frühe Begeisterung für die Uhrenmechanik kann man als eine erste Ausprägung einer ›mechanistischen‹ Denkweise verstehen. Seitdem etablierte sich das Denken »sub specie machinae« (Baruzzi 1973) in mehreren Phasen: von der Idee der ›machina mundi‹ – die schon von Lukrez imaginiert wurde, aber erst seit der Renaissance an weiterreichender Überzeugungskraft gewann (vgl. dazu Mittelstraß 1995) –, über die Tierautomatenthese, über den *l'homme machine* bis hin zu den mechanistischen Prinzipien in den sich ausbildenden Naturwissenschaften im 19. Jahrhundert. Hans Blumenberg spricht in diesem Kontext von einer mechanischen »Hintergrundmetaphorik«, die sich parallel und in Kontrast zu einer organischen Hintergrundmetaphorik – die Tiere, Menschen und die Ordnung der gesamten Welt erfassen sollte – zunehmend ausdifferenziert hat (Blumenberg 1998, 91–110).

Wie sehr die mechanische Hintergrundmetaphorik das Selbstverständnis der Menschen in der Frühen Neuzeit prägte, lässt sich an einer Stelle in Shakespeares *Hamlet* zeigen: Bekanntlich spielt der Dänenprinz aus verschiedenen Gründen ein riskantes Spiel zwischen Vernunft und Wahnsinn, Sein und Nichtsein, Wahrheit und Verstellung. Als ein Borderliner begegnet er auch seiner Geliebten Ophelia. In einem Brief verwendet er einen für heutige Leser/innen etwas rätselhaften Abschluss: »Thine evermore, most dear / lady, while this machine / is to him, Hamlet« (Shakespeare: Hamlet, II.2, V. 122 ff.). Dass sich Hamlet selbst als eine Maschine bezeichnet, dürfte für elisabethanische Ohren gar nicht so ungewöhnlich gewesen sein. Die Welt war eine von Gott penibel konstruierte Maschine, in der sich auch die Menschenmaschinen perfekt einfügten. Den Brief darf man daher als sarkastischen Reflex auf die gottgefällige Maschinenmetaphorik seiner Zeit begreifen. Frank Günther übersetzt diese Worte jedoch wie folgt: »Dein immer und ewig, herzliebstes / Fräulein, solange diese Leibesmaschine / ihm gehört, Hamlet« (Shakespeare: Hamlet, 95). Während August Wilhelm von Schlegel in seiner Übertragung schlicht »Maschine« wählt, entscheidet sich Günther wohl deshalb für »Leibesmaschine«, um die cartesianisch-dualistische Pointe von Hamlet zu unterstreichen. Doch möglicherweise kann man noch weiter gehen und sagen, dass Hamlet bereits im Begriff ist, einen Maschinendiskurs zu initiieren, der dann erst Jahrhunderte später entdeckt und von Heiner Müller als »Hamletmaschine« dramatisiert wurde (H. Müller 2001). Müller hat seine Hamletmaschine aufgrund dieser Briefstelle entwickelt, und sich dabei auch auf einen so prominenten wie umstrittenen Maschinendiskurs seiner Zeit bezogen, nämlich auf die »Wunschmaschinen« (»machines désirantes«) von Gilles Deleuzes und Félix Guattari, deren *Anti-Ödipus* bekanntlich folgendermaßen beginnt:

> »Es funktioniert überall, bald rastlos, dann wieder mit Unterbrechungen. Es atmet, wärmt, ißt. Es scheißt, es fickt. Das Es ... Überall sind es Maschinen im wahrsten Sinne des Wortes: Maschinen von Maschinen, mit ihren Kupplungen und Schaltungen. Angeschlossen eine Organmaschine an eine Quellmaschine .... Alles ist Maschine. Maschinen des Himmels, die Sterne oder der Regenbogen, Maschinen des Gebirges, die sich mit den Maschinen seines eigenen Körpers vereinigen. Ununterbrochener Maschinenlärm.« (Deleuze/Guattari 1974, 7)

Nach diesem Verweis auf einen späten und pervertierenden Reflex auf alte Diskurse aber wieder zurück ins 18. Jahrhundert: Dass die Idee der Weltmaschine in der Neuzeit kanonisiertes metaphysisches Wissen wurde, findet seinen vermutlich schönsten Ausdruck in Christian Wolffs knapper logischer Herleitung von 1719: »Eine Maschine ist ein zusammengesetztes Werck, dessen Bewegungen in der Art der Zusammensetzung gegründet sind. Die Welt ist gleichfalls ein zusammengesetztes Ding, dessen Veränderungen in der Art der Zusammensetzung gegründet sind. Und demnach ist die Welt eine Maschine« (Wolff 1719, 337; vgl. Remmele 2007). An Wolffs Deduktion ist interessant, dass hier nicht mehr von einer Analogie die Rede ist, sondern eine ontologische Aussage getroffen ist: Die Welt *ist* eine Maschine.

Dies hat nicht nur ontologische (Welt gleich Maschine) und theologische Implikationen (Gott ist der Weltuhrmacher), sondern auch epistemologische Konsequenzen: Wenn die Welt im Prinzip wie eine Maschine funktioniert, dann kann sie auch mit der Maschinenintelligenz erkannt werden. Ergo musste das menschliche Denken in einer maschinenanalogen Weise funktionieren, um die Konstruktionsgesetze der *machina mundi* erkennen zu können. Vor diesem Hintergrund hat sich Blumenberg die Frage gestellt, warum Philosophen und nicht Mathematiker die Rechenmaschine erfunden haben. Man könne sich diesen Umstand begreiflich machen, so schreibt er,

> »wenn man die *neue* Auffassung der Philosophie von der Tätigkeitsweise der menschlichen Vernunft, nämlich von ihrem kombinatorischen und automatisch-deduktiven Charakter, als die Voraussetzung versteht, die im Gedanken der Rechenmaschine ihre gleichsam handgreifliche, experimentelle Demonstration erhielt. Diese Maschine ist ein *Argument*, kein *Instrument* – oder erst *sekundär* ein solches. Es war also nicht der Nutzeffekt, Rechenoperationen mechanisch zu erleichtern, sondern die Absicht, das Modell für die Erklärung dieser Operationen zu liefern, was den Konstruktionswillen motivierte.« (Blumenberg 2015, 247).

Die ersten Rechenmaschinen sollten zunächst veranschaulichen, wie das menschliche Denken funktionierte, bevor sie dann zu hilfreichen Instrumenten wurden, die Menschen immer komplexere Kalkulationen ermöglichen sollten. Die Interaktion zwischen Menschen und Maschinen war möglich, weil das menschliche Denken selbst wie die Maschinen funktionierte. Die Rechenmaschinen konnten das menschliche Denken optimal unterstützen, weil sie als materialisiertes menschliches Denken galten (s. Kap. II.E.15, I.2).

Dieses neue Maschinendenken implizierte aber auch die Herstellbarkeit des Erkennens. So wie man

Maschinen herstellen kann, können wir auch unser Denken herstellen. Die potentielle Machbarkeit wird zum Erkenntnisprinzip der modernen Naturwissenschaft, die Goethe am Beginn des 19. Jahrhunderts bereits genau gesehen und in *Faust II* persifliert hat. Goethe lässt den Bakkalaureus selbstbewusst sagen: »Die Welt, sie war nicht, eh' ich sie erschuf« (V. 6794). In besonders prägnanter Weise können wir an diesem Vers die Umdeutung der *machina-mundi*-Metapher erkennen: Wenn die Welt eine Maschine ist, dann ist sie im Prinzip auch herstellbar. Die Selbstaussage des Bakkalaureus kann zwar auch als eine Karikatur auf die Selbstsetzungstheoreme des Deutschen Idealismus verstanden werden, doch im Verlauf der Laboratoriums-Szene wird deutlich, dass Goethe mit seiner Wissenschaftskritik vor allem auf das mechanistische Machbarkeitsgebot abzielt. So lässt er Wagner sagen: »Und so ein Hirn, das trefflich denken soll / Wird künftig auch ein Denker machen« (V. 6869 f.). Damit führt uns Goethe das Prekäre der Vicoschen Denkfigur des ›verum et factum convertuntur‹ vor. Denn wenn nur das Hergestellte das Wahre ist, dann scheint die Herstellung nicht nur unserer Erkenntnisbedingungen, sondern auch unseres Erkenntnisorgans die naheliegende Konsequenz zu sein. Arno Baruzzi hat das Machbarkeitsgebot als das zentrale Moment des Maschinendenkens der Neuzeit gesehen. Im folgenden Zitat spricht er zwar vom »Robot«, doch entwickelt er seine These in Auseinandersetzung mit Galilei, Leibniz, Descartes, La Mettrie und de Sade:

> »Die Maschine ist das Sinnbild für das Machen, für die Machbarkeit. Machbar sind im Robot bewußtseinsanaloge Merkmale des Menschen geworden. Aber das Problem der Machbarkeit wird übertroffen von jenem der Machnotwendigkeit. Der Mensch muß machen, um verstehen zu können, und Verstehen ist sein Element: die Vernunft. Der Mensch ist aber nur vernünftig, wenn er die Vernunft selbst produziert.« (Baruzzi 1973, 13)

Neben dieser rationalistischen Indienstnahme der Maschine für die Erklärung der geistigen Vermögen des Menschen etablierte sich in der Neuzeit auch ein machinaler Köperdiskurs. Erst der tierische und dann der menschliche Körper wurden als Automaten verstanden. Nicht von ungefähr wurden diese Ideen aus einer dualistischen Perspektive heraus entwickelt. Descartes hatte den Geist als *res cogitans* bestimmt – und den Körper als *res extensa* als komplizierte Maschine in die Sphäre der Automaten verbannt. Im Blick auf derartige Theoriebildungen und angesichts der Faszination, die die Automaten seinerzeit auslösten – wie insbesondere Jacques de Vaucansons legendäre mechanische Ente, die sogar einen mechanischen Verdauungstrakt hatte –, war es vermutlich nur eine Frage der Zeit, dass eine Schrift erschien, die nicht nur Tiere, sondern auch den gesamten Menschen als eine Maschine verstand: *L'homme machine*. An die Bildwelt des Uhrwerks anknüpfend hat, der Arzt und Philosoph Julien Offray de La Mettrie in dem von seinen Zeitgenossen skandalisierten Werk (1748) den Menschen als eine Maschine beschrieben, die ihre »Triebfedern selbst spannt« (La Mettrie 1985, 26). La Mettrie hat mit ›der Mensch eine Maschine‹ Mitte des 18. Jahrhunderts eine so polemische wie eingängige Formel geprägt, über die bis heute mehr diskutiert wird als über sein Büchlein selbst. Lässt man sich weder von der vermeintlichen Abwertung des Menschen als eine bloße Maschine, noch von der satirischen Absicht, noch von der materialistischen Verve irritieren, haben wir einen Text vorliegen, der vor allem in methodologischer Hinsicht genau diejenigen Fragen formuliert, über die sich die Lebens- und Neurowissenschaften bis heute Rechenschaft abzulegen haben. An *L'homme machine* ist letztlich weniger die Frage interessant, ob der Mensch nun identisch mit einer Maschine ist oder nicht, sondern der Text ist daher von Bedeutung, weil sich an ihm bereits zeigt, dass es die Naturwissenschaften sind, die in ihren Erkenntnismethoden – und eben auch in der Erkenntnis des Menschen – *wie* eine Maschine zu funktionieren beginnen. Die skandalöse Gleichung ›Mensch = Maschine‹ ist für den Mediziner La Mettrie in erster Linie erkenntnistheoretisch relevant. Diesen Gedanken wird Edmund Husserl in seiner *Krisis*-Schrift aufgreifen und fragen: »Gleicht die Wissenschaft und ihre Methode nicht einer offenbar sehr Nützliches leistenden und darin verläßlichen Maschine, die jedermann lernen kann, richtig zu handhaben, ohne im mindesten die innere Möglichkeit und Notwendigkeit so gearteter Leistungen zu verstehen?« (Husserl 1954, 52).

1.4 Schauder, Resonanz und Selbsterkenntnis: Wie Menschen ihren Maschinen begegnen

Es ist eigentümlich für den abendländischen Maschinendiskurs, dass die Maschine immer näher an den Menschen gerückt wurde. Die Maschine als ›das andere unserer selbst‹ wurde immer obsessiver zum direkten Vergleichsobjekt. Die bohrende Frage, wie maschinenhaft wir nun letztlich sind, spielt Jean Paul 1789 in seinem Text *Der Maschinen-Mann nebst seinen Eigenschaften* genüsslich durch (vgl. dazu auch Schmidt-Biggemann 1975). Und E. T. H. Hoffmann greift 1816 in *Der Sandmann* bekanntlich die *idée fixe* der Antike, möglichst perfekte Maschinenfrauen herstellen zu wollen, schauerromantisch wieder auf: Der Protagonist Nathanael wird in seiner unglücklichen Liebe zu Olimpia wahnsinnig, auch wenn die wunderschöne musikalische Androidin nur ›Ach – Ach!‹ seufzen, aber keine Konversation führen kann. Weniger verliebt, hätte er das Maschinelle ihrer Bewegungen erkennen müssen oder wäre doch über ihre eingeschränkte Kommunikationsweise stutzig geworden. Doch Nathanael fällt die anthropologische Differenz nicht auf, Olimpia scheint ihm eine perfekte Menschenfrau zu sein. Noch ihr kalter Kuss erinnert ihn an eine tote Frau – und nicht an eine Apparatur!

In der Suche nach Selbstdefinitionen haben sich Menschen als ›Ebenbilder Gottes‹ verstanden oder als ›vernünftige Tiere‹. Sie brauchen seit jeher das ›andere ihrer selbst‹, um sich zu begreifen und zu definieren. Auch die Maschine fungiert als dieses andere, über das wir uns als ›Menschen‹ verstehen, wie die obigen Beispiele verdeutlichten. Die anthropologischen Dimensionen dieser Alteritätsstruktur der menschlichen Selbstdeutung hat Blumenberg besonders prägnant auf den Punkt gebracht:

> »Die Anthropologie hat nur noch eine ›menschliche Natur‹ zum Thema, die niemals ›Natur‹ gewesen ist und nie sein wird. Daß sie in metaphorischen Verkleidungen auftritt – als Tier und als Maschine, als Sedimentenschichtung und als Bewußtseinsstrom, in Differenz oder in Konkurrenz zu einem Gott –, berechtigt nicht zu der Erwartung, sie werde am Ende aller Konfessionen und aller Moralistik enthüllt vor uns liegen. Der Mensch begreift sich nur über das, was er nicht ist, hinweg.« (Blumenberg 1981, 134)

Mit einer gewissen Lust an der Übertreibung kann man sagen, dass die Maschine derzeit die Leitmetaphorik im Raum der menschlichen Selbstbefragung darstellt. Gott mag immer noch zur anthropologischen Standortbestimmung auffordern, doch immer häufiger ist es der technisch optimierte transhumanistische Übermensch, der halbmaschinelle Cyborg (s. Kap. III.39) oder der ›Homo Deus‹. Und was unser Verhältnis zu den Tieren angeht, diskutieren wir zwar immer noch über die Differenzen – aber *dass* wir Menschen *auch* Tiere sind, überrascht kaum noch jemanden wirklich, ebenso wenig, dass Tiere fühlen, Schmerz empfinden und rudimentäre Formen von Bewusstsein haben können. Es ist die Maschine, die uns zu den großen Fragen herausfordert. Ein Beitrag aus einer Zeitung mag dies verdeutlichen. Ein Überblick über verschiedene Sichtweisen von Expert/innen auf die Künstliche Intelligenz in der *ZEIT* (28. März 2018) war überschrieben mit: »Was macht uns künftig noch einzigartig?« Das soll heißen: Wenn die Maschinen all das können, was wir Menschen können – und das womöglich sogar schneller und besser –, dann fragt sich, was uns Menschen dann überhaupt noch auszeichnet.

Genau das macht den Reiz des Nachdenkens über die Maschine aus: Die Maschinen geben Auskunft über uns selbst. Bei Blumenberg erfährt diese Erkenntnis noch eine Verschärfung: *Nur* über das, was er *nicht* ist, begreife der Mensch sich selbst. Blumenberg scheint hier eine negative Anthropologie zu formulieren. Doch woher wollen wir wissen, was wir *nicht* sind? Wir sind ziemlich sicher nicht von der Art der uns umgebenden Maschinen, die wir selbst herstellen können – ontologisch gibt es hier nichts zu rätseln. Doch heißt das auch, dass wir in keiner Weise ›maschinell‹ sind? Oder andersherum gefragt: sind die Maschinen in keiner Weise ›menschlich‹? Eine Spur zur Annäherung an diese Fragen kann vielleicht Arnold Gehlens Begriff des ›Resonanzphänomens‹ bieten (s. Kap. II. B.8). Zunächst unterstreicht auch er:

> »Bedrängt von der Rätselhaftigkeit seines Daseins und seines eigenen Wesens ist der Mensch schlechthin darauf angewiesen, seine Selbstdeutung über ein *Nicht-Ich* heranzuholen, über ein Anderes-als-Menschliches. Sein Selbstbewußtsein ist *indirekt*, seine Bemühung um eine Eigenformel verläuft immer so, daß er sich mit einem Nichtmenschlichen gleichsetzt und in dieser Gleichsetzung wieder unterscheidet.« (Gehlen 1957, 16)

Doch dann sagt Gehlen zur Hochzeit der Automatismus- und Kybernetikdebatten in Deutschland:

> »Nun ist aber der Mensch in der Tat in ganz zentralen Bereichen seiner Natur Automatismus, er ist Herzschlag und Atmung, er lebt geradezu in und von sinnvoll funktionierenden, rhythmischen Automatismen, wie sie in der Bewegung des Gehens, vor allem aber in den eigentlichen Hantierungen und Arbeitsgängen der Hand vorliegen, in dem ›Handlungskreis‹, der über Sache, Hand und Auge zur Sache zurücklaufend sich

schließt und dauernd wiederholt. So faszinieren ihn die analogen Vorgänge der Außenwelt kraft einer ›Resonanz‹, die sozusagen eine Art des inneren Sinnes für das Eigenkonstitutionelle im Menschen darstellt, der auf das anspricht, was dieser Eigenkonstitution in der Außenwelt ähnelt.« (Ebd.)

Diese Beobachtung von Gehlen kann auch verdeutlichen, dass es zu seiner Zeit nicht mehr nur um den Mensch-Maschine-*Vergleich* geht, wie er die Neuzeit dominiert hatte, sondern auch um Fragen der Mensch-Maschine-*Interaktion*. Wir können mit Maschinen ›kreisrelational‹ agieren, weil sie in uns eine Resonanzerfahrung erzeugen. Das gilt sicher nicht für alle Maschinen: Viele Maschinen erzeugen auch das Gegenteil von Resonanz, sie überfordern, überformen, beengen, stören unseren organischen Rhythmus. Doch man entdeckte Mitte des 20. Jahrhunderts Folgendes: Wenn die Mensch-Maschine-Interaktion gelingen soll, müssen wir sie ›verstehen‹, intuitiv ›begreifen‹ und steuern können (Liggieri 2018). Nicht von ungefähr entwickelt sich in den 1950er Jahren eine neue Form von Arbeitspsychologie, entstanden die Disziplinen der Ergonomie und Anthropotechnik (s. Kap. II.F.18). Ein Teil von uns ist ganz konkret ›in‹ den Maschinen (u. a. als technisches Design einer ›anthropophilen‹ Benutzerfreundlichkeit). Man hatte begriffen, dass die Maschinen zu unserer modernen Welt gehören und dass wir darüber nachzudenken haben, wie wir mit den Maschinen interagieren, wie sie auf uns reagieren. Mensch und Maschine mussten sich aneinander annähern, weniger durch eine schlichte Identifizierung à la *L'homme machine* als vielmehr über Training (auf Seiten der Menschen) und über die Interfacegestaltung (auf Seiten der Maschinen).

1.5 Die Entdeckung der Maschine als soziales, kulturelles und philosophisches Thema im 19. Jahrhundert

In besonders beeindruckender Weise können wir beim jungen Hegel lesen, dass diese Generation sich ab 1800 immer weniger für die *machina mundi*, die Tierautomaten und die Menschmaschine interessierte, sondern für die Maschinen in den Fabriken. Die Maschinen hatten sich inzwischen so rasant entwickelt, dass man in neuer Form über sie nachdenken musste (vgl. dazu O. Müller 2014). So schreibt Hegel in dem sogenannten ›ersten Systementwurf‹:

»Das Werkzeug als solches [...] bleibt seine [des Menschen, O. M./K. L.] Thätigkeit, die auf ein todtes gerichtet ist, und zwar ist seine Thätigkeit wesentlich das Tödten desselben, es aus seinem lebendigen Zusammenhange herauszureissen, und es zu setzen als ein zu vernichtendes; als ein solches; in der Maschine hebt der Mensch selbst diese seine formale Thätigkeit auf, und läßt sie ganz für ihn arbeiten. Aber jener Betrug, den er gegen die Natur ausübt [...] rächt sich gegen ihn selbst; was er ihr abgewinnt, je mehr er sie unterjocht, desto niedriger wird er selbst. Indem er die Natur durch mancherley Maschinen bearbeiten läßt, so hebt er die Nothwendigkeit seines Arbeitens nicht auf, sondern schiebt es nur hinaus, entfernt es von der Natur [...], und das Arbeiten, das ihm übrig bleibt, wird selbst maschinenmäßiger.« (Hegel 1975, 321)

Nach diesem noch sehr rousseauistisch anmutenden Auftakt im neuen Nachdenken über die Maschinen ist es dann vor allem Karl Marx, der das ›Maschinenmäßigerwerden‹ der Arbeit intensiv untersucht hat, vor allem in dem sogenannten ›Maschinenfragment‹ aus den *Grundrissen der Kritik der politischen Ökonomie* (Marx 1983) und in *Das Kapital* (Marx 1974), das 1867 erschienen ist, zehn Jahre bevor mit den *Grundlinien einer Philosophie der Technik* von Ernst Kapp das erste Werk veröffentlicht wurde, in dem ›Philosophie der Technik‹ in einem Titel erscheint. Doch Marx hatte bereits einen »Fabrikphilosophen« (Marx 1974, 317) identifiziert, nämlich den Schotten Andrew Ure, der 1835 das erstaunliche Buch *Philosophy of Manufactures* geschrieben hatte, das in vieler Hinsicht das spätere ›Scientific Management‹ (s. Kap. II.A.4) vorausdenkt (Ure 1835). Marx arbeitete sich im *Kapital* an Ures Buch ab: Er schätzt zwar dessen Beschreibungen der Manufakturen und Fabriken, doch kritisiert er Ures unternehmerfreundliche Analysen, zitiert ihn polemisch als naiven Kapitalistenfreund und kürt ihn sogar ironisch zum »Pindar der automatisierten Fabrik« (Marx 1974, 441). In kritischer Auseinandersetzung mit dieser ersten Fabrik- und Maschinenphilosophie, entwickelt Marx selbst dann weitsichtig die Grundzüge einer dialektischen Theorie der Technik, in der er auch schon anthropologische Überlegungen miteinfließen lässt, den technologischen Determinismus reflektiert und bereits neue Akteurskonstellationen erkennt und beschreibt (vgl. dazu O. Müller 2018). Marx' Technikphilosophie steht oftmals im Schatten seiner Ökonomietheorie, doch eine technikphilosophische Relektüre von Marx' Texten zeigt, dass er einer der ersten war, die die Mensch-Maschine-Interaktion als ein philosophisches Problem erkannt hatten (s. Kap. II.A.3).

Mit der unübersehbaren Technisierung und Industrialisierung der europäischen Gesellschaften ab dem 18. Jahrhundert wurde auch über die Mensch-Maschine-Interaktion in neuer Weise nachgedacht (Wengenroth 2017, 296). Die Kernidee der Industrialisierung war es, Maschinen zu konstruieren, die anstatt eines Menschen Arbeit verrichten konnten. Natürlich gab es auch schon früher solche arbeitsverrichtenden Maschinen (u. a. Wasser- und Windmühlen zum Getreidemahlen). Das Neue war, dass die Maschinen »geometrisch definierte Produkte« hervorbringen konnten (ebd.), die nicht nur auf ein Produkt (etwa Getreide) beschränkt blieben. Die Maschinen waren universell einsetzbar. Aus Handwerk wurde Maschinenwerk. Von nun an konnte auch das Erfahrungswissen des Menschen teilweise durch Maschinenarbeit ersetzt werden. Der Mensch trat dadurch zwangsweise in ein anderes sozioökonomisches und philosophisch-dialektisches Verhältnis zur Maschine.

Es dürfte kein Zufall sein, dass im 19. Jahrhundert auch die Uhr ihren lange erfolgreich behaupteten ersten Platz unter den machinalen Metaphern an die neu aufkommenden Technologien abtreten musste. Konsequenterweise wird die Dampfmaschine zur neuen Referenztechnologie. Noch Freud wird zu Beginn des 20. Jahrhunderts das Triebgeschehen des Menschen mit dem Dampfkessel dieser Maschinen vergleichen (vgl. dazu Meyer-Drawe 2006). Selbst die von den Maschinenstürmen bekämpfte Dampfmaschine als Inbegriff der Entfremdung, dient den Menschen noch als Spiegel ihrer selbst. Aber auch wenn der Vergleich mit der Maschine im 19. Jahrhundert immer noch selbstverständlicher Teil der menschlichen Selbstauslegung war, begann man ab 1800 auch die soziale und kulturelle Dimension der Maschinen philosophisch zu entdecken und die *Interaktion* mit den Maschinen als die neue philosophische Herausforderung zu sehen.

Es war ein Zeitgenosse von Marx, der zwar nicht als Technikphilosoph aufgefallen ist, wohl aber als hochsensibler Seismograph gesellschaftlicher und kultureller Umbrüche, der ebenfalls erkannt hatte, dass wir anfangen müssen, systematisch über das »Maschinen-Zeitalter« nachzudenken. Und so vermerkt kein geringerer als Friedrich Nietzsche am Ende des 19. Jahrhunderts: »Prämissen des Maschinen-Zeitalters. – Die Presse, die Maschine, die Eisenbahn, der Telegraph sind Prämissen, deren tausendjährige Conclusion noch Niemand zu ziehen gewagt hat« (Nietzsche 1999, 674).

Dass (wirklich existierende, potentielle und denkbare) Maschinen mit Imaginationsräumen verbunden sind, zeigt sich heute in den Diskussionen um die Künstliche Intelligenz, in denen gefragt wird: Wie unterscheide ich mich von der Maschine? Wann kann die Maschine so denken und fühlen wie ich? Wird die Maschine besser als ich? Parallel zu diesen nie versiegenden ›anthropomachinalen‹ Selbstverständigungsdiskursen, beginnt im 19. Jahrhundert allerdings auch ein Nachdenken über das sich abzeichnende »Maschinen-Zeitalter«, wie Nietzsche es genannt hatte. Dabei wird nicht mehr der Vergleich mit der Maschine im Mittelpunkt stehen, sondern Fragen wie: Was macht die Presse mit uns? Wie verändert die Eisenbahn das Reisen? Wie kann ich die Kommunikation mit den Telegraphen in mein Leben integrieren? Damit verschiebt sich die Problemlage des Verhältnisses zwischen Menschen und Maschinen in Richtung Mensch-Maschine-Interaktion.

Die uns umgebenden Maschinen bestimmen unsere Arbeit, unsere Lebensweisen, unsere Kommunikation, sie beeinflussen unser Denken und Fühlen. Wir machen so viel gemeinsam mit unseren Maschinen, dass sie zu unseren Ko-Akteuren geworden sind und wir zu den Ko-Akteuren der Maschinen. Angesichts dieser hybriden Akteurskonstellationen wird der Begriff der ›Interaktion‹ zu einem Schlüsselbegriff in der Technikdeutung (vgl. dazu Hubig 2015, 135–144). Denn wir werden immer mehr zusammen mit unseren Maschinen machen können. Und dabei wollen wir die Interaktion nicht nur anthropotechnisch gestalten und die Maschinen möglichst gut an uns und uns an die Maschinen anpassen können. Wir wollen auch verantwortlich handeln. Und da wir in der modernen technischen Welt immer auf unsere Maschinen angewiesen sein werden und von ihnen niemals loskommen können – »sie geben uns nicht frei und wir geben sie nicht frei« (Plessner 1985) –, wird es die große Aufgabe unserer Zukunft bleiben, unsere Interaktionen mit den Maschinen zu beschreiben, zu verstehen und zu bewerten.

Literatur

Aristoteles: Poetik. Übers. und hg. von Manfred Fuhrmann. Stuttgart 1982.

Baruzzi, Arno: Mensch und Maschine. Das Denken sub specie machinae. München 1973.

Blumenberg, Hans: Anthropologische Annäherung an die Aktualität der Rhetorik. In: Wirklichkeiten, in denen wir leben. Aufsätze und eine Rede. Stuttgart 1981, 104–136.

Blumenberg, Hans: Paradigmen zu einer Metaphorologie. Frankfurt a. M. 1998.

Blumenberg, Hans: Schriften zur Technik. Hg. von Alexander Schmitz und Bernd Stiegler. Berlin 2015.
Cassirer, Ernst: Aufsätze und kleine Schriften (1927–1931). In: Gesammelte Werke. Hamburger Ausgabe, Bd. 17. Hg. von Birgit Recki. Hamburg 2004.
Deleuze, Gilles/Félix Guattari: Anti-Ödipus. Kapitalismus und Schizophrenie I. Frankfurt a. M. 1974 (frz. 1972).
Foucault, Michel: Überwachen und Strafen. Die Geburt des Gefängnisses. Frankfurt a. M. 1994 (frz. 1975).
Freud, Sigmund: Das Unbehagen in der Kultur. In: Ders.: Das Unbehagen in der Kultur und andere kulturtheoretische Schriften. Frankfurt a. M. 2001, 29–108.
Goethe, Johann Wolfgang von: Faust. Der Tragödie zweiter Teil. In: Werke, Bd. 3. Hamburger Ausgabe. 14 Bde. Hg. von Erich Trunz. München 1981.
Harari, Yuval Noah: Homo Deus. A Brief History of Tomorrow. London 2015.
Haraway, Donna J.: Simians, Cyborgs, and Women. The Reinvention of Nature. London 1991.
Hegel, Georg Wilhelm Friedrich: Jenaer Systementwürfe I. Das System der speculativen Philosophie. In: Rheinisch-Westfälische Akademie der Wissenschaften (Hg.): Gesammelte Werke. Hamburg 1968 ff., Bd. 6.
Hubig, Christoph: Die Kunst des Möglichen, Bd. 1–3: Grundlinien einer dialektischen Philosophie der Technik. Bielefeld 2006–2015.
Homer: Ilias. Odyssee. In der Übertragung von Johann Heinrich Voß. Frankfurt a. M. 1990.
Husserl, Edmund: Die Krisis der europäischen Wissenschaft und die transzendentale Phänomenologie. In: Walter Biemel (Hg.): Husserliana, Bd. 6. Dordrecht 1954.
Kapp, Ernst: Grundlinien einer Philosophie der Technik. Zur Entstehung der Cultur aus neuen Gesichtspunkten. Braunschweig 1877.
Krajewski, Markus: Der Diener. Mediengeschichte einer Figur zwischen König und Klient. Frankfurt a. M. 2010.
La Mettrie, Julien Offray de: Der Mensch als Maschine. Hg. und übers. von Bernd Laska. Nürnberg 1985 (frz. 1748).
Liggieri, Kevin: Verstehen und Gestalten. Zur produktiven Problematik des Mensch-Maschine-Interface. In: Hans-Ulrich Lessing/Kevin Liggieri (Hg.): Das Wunder des Verstehens. Ein interdisziplinärer Blick auf ein außer-ordentliches Phänomen. Freiburg i. Br. 2018, 312–339.
Marx, Karl: Das Kapital. Kritik der politischen Ökonomie, Bd. 1. In: Marx-Engels-Werke, Bd. 23. Berlin 1974.
Marx, Karl: Grundrisse der Kritik der politischen Ökonomie. In: Marx-Engels-Werke, Bd. 42. Berlin 1983, 590–609.
Meyer-Drawe, Käte: Menschen im Spiegel ihrer Maschinen. München 1996.
Meyer-Drawe, Käte: ›Lebendige Rechenbanken‹ – ›automatische Nachkommen‹. Notizen zu einer Phänomenologie der Technik. In: Julia Jonas/Karl-Heinz Lembeck (Hg.): Mensch – Leben – Technik. Aktuelle Beiträge zur phänomenologischen Anthropologie. Würzburg 2006, 186–201.
Mittelstraß, Jürgen: Machina Mundi. Zum astronomischen Weltbild der Renaissance. Basel 1995.
Müller, Heiner: Die Hamletmaschine. In: Werke, Bd. 4. Die Stücke, Bd. 2. Frankfurt a. M. 2001, 543–554.
Müller, Oliver: Selbst, Welt und Technik. Eine anthropologische, geistesgeschichtliche und ethische Untersuchung. Berlin 2014.
Müller, Oliver: Marx und die Philosophie der Technik. In: Allgemeine Zeitschrift für Philosophie 43/3 (2018), 323–351.
Mumford, Lewis: Technics and Civilization. Chicago 2010.
Nietzsche, Friedrich: Menschliches, Allzumenschliches. In: Ders.: Kritische Studienausgabe, Bd. 2. Hg. von Giorgio Colli und Mazzino Montinari. München 1999 (Neuausgabe).
Platon: Protagoras. In: Werke, Bd. 3. Hg. von Gunther Eigler. Darmstadt 1970–1983.
Plessner, Helmuth: Die Utopie in der Maschine. In Ders: Gesammelte Schriften, Bd. 10. Hg. von Günter Dux, Odo Marquard und Elisabeth Ströker. Frankfurt a. M. 1985. 31–40.
Remmele, Bernd: Maschine. In: Ralf Konersmann (Hg.): Wörterbuch der Philosophischen Metaphern. Darmstadt 2007, 224–236.
Schmidt-Biggemann, Wilhelm: Maschine und Teufel. Jean Pauls Jugendsatiren nach ihrer Modellgeschichte. Freiburg 1975.
Schmidt-Biggemann, Wilhelm: Maschine. In: Joachim Ritter/Karlfried Gründer (Hg.): Historisches Wörterbuch der Philosophie, Bd. 5. Basel 1980, Sp. 790–802.
Shakespeare, William: Hamlet. Übers. von Frank Günther. München 1995.
Sutter, Alex: Göttliche Maschinen. Die Automaten für Lebendiges. Frankfurt a. M. 1988.
Ure, Andrew: The Philosophy of Manufactures: or, An Exposition of the Scientific, Moral, and Commercial Economy of the Factory System of Great Britain. London 1835.
Völker, Klaus (Hg.): Künstliche Menschen. Dichtungen und Dokumente über Golems, Homunculi, Androiden und liebende Statuen. München 1976.
Wengenroth, Ulrich: Industrialisierung. In: Marianne Sommer/Staffan Müller-Wille/Carsten Reinhard (Hg.): Handbuch Wissenschaftsgeschichte. Stuttgart 2017, 294–303.
Warburg, Aby: Luftschiff und Tauchboot in der mittelalterlichen Vorstellungswelt. In: Martin Treml/Sigrid Weigel/Perdita Ladwig (Hg.): Werke in einem Band. Berlin 2010, 415–423.
Wolff, Christian: Vernünftige Gedanken von Gott, der Welt und der Seele des Menschen, auch allen Dingen überhaupt. Ohne Ort 1719.

Oliver Müller / Kevin Liggieri

2 Eine kurze Geschichte der Maschinenmodelle des Denkens

Als Schlüsselszene in der Geschichte der Maschinenmodelle des Denkens lässt sich der Auftritt des Schach-Türken am Ende des 18. Jahrhundert beschreiben, der quer durch Europa enorme Aufmerksamkeit erzeugte (s. Kap. II.E.15). In einer Zeit, in der Schweizer Uhrmacher und Instrumentenbauer in Frankreich selbstbewusst ihre Kunstfertigkeit in Form verschiedenster Körper-Automaten zur Schau stellten, die zeichnen und schreiben konnten oder den tierischen Organismus als eine verdauende Maschine zeigten, beginnt die Geschichte der Maschinenmodelle des Denkens mit einem Täuschungsmanöver: Wolfgang von Kempelen wurde postum als Betrüger entlarvt, weil sein Schach-Automat im Innern einen zwergwüchsigen Menschen verbarg, der über einen komplizierten Mechanismus die Spielzüge ausführte (Standage 2002). Diese Ursprungszene hat ihre besondere Signifikanz freilich erst im 20. Jahrhundert gewonnen, nachdem die Phantasie rational agierender Automaten in Form der ersten programmierbaren Rechenmaschinen und Schach-Computer Wirklichkeit geworden war (s. Kap. II.F.20). 1996 schlug dann der von IBM entwickelte Deep Blue-Computer den amtierenden Schachweltmeister Garri Kasparow. Inzwischen sind handelsübliche Schachprogramme für einen gewöhnlichen PC leistungsstärker als die meisten menschlichen Spieler. Aber mit diesem Sieg der Maschine ist die Debatte um angemessene Modelle des Denkens keineswegs beendet. Vielmehr stellt sich die Frage, ob im Innern des Modells nicht doch ein Mensch sitzen müsse – um auf Kempelen zurückzukommen.

Zugleich reicht die Geschichte der Modellierung kognitiver Fähigkeiten selbstverständlich weiter zurück als bis zum Rationalismus der Aufklärungsphilosophie und der Entwicklung mechanischer Automaten. In anthropologischer und ideengeschichtlicher Perspektive ließe sie sich bis in die Entstehung von Sprache und Schrift zurückverfolgen oder auf die Entwicklung spezifischer Notationssysteme für mentale Operationen (Tabellen, Rechensteine, schriftliches Rechnen). Ähnlich ausgreifend führten die zeichentheoretischen Diskussionen der Frühen Neuzeit ebenso zu Konzepten einer Universalwissenschaft und Universalsprache zur perfekten Abbildung der ganzen Welt (Gottfried Wilhelm Leibniz, Blaise Pascal) – und fanden ein ironisches Echo in *Gulliver's Travels*, in denen Jonathan Swift ein »project to improve speculative knowledge by practical and mechanical operations« beschrieb (Swift 1995, 173). Solche Reflexionen über die Medien des Denkens hat dann die neuere Medienphilosophie wieder aufgriffen, wenn sie z. B. darauf aufmerksam gemacht hat, wie Scheiben in der Nachahmung immer schon Differenz erzeugt (Derrida 1988) oder wie der Druck mit beweglichen Lettern dazu beigetragen hat, das Buch nicht mehr als Kopie eines Originals, sondern als arbiträre Kombination intelligibler Strukturelemente aufzufassen, womit geistige Arbeit von einer Aneignung der Tradition im fertigen Urtext auf eine Mobilisierung des Denkens umprogrammiert worden sei (Esposito 2004). In noch weiterem Sinne wäre zu diskutieren, wie Sprachen überhaupt mit ihren höchst unterschiedlichen Zeichenarten und Ausdruckssystemen – von Hieroglyphen und chinesischen Zeichen bis zum Alphabet, von Konjugationen und Deklinationen zu Zeitformen und Geschlechterkodierungen – sprachliche Maschinen darstellen, mit denen Welt in spezifischer Weise prozessiert und Denken moduliert wird.

Hier soll der Rahmen enger gesteckt bleiben und mit Maschinenmodellen menschlichen Denkens spezifisch gemeint sein, wie Instrumente, Apparate, Theorien jeweils als Leitvorstellungen der Beschreibung und Erforschung menschlichen Denkens zugrunde gelegt wurden. Auch in diesem engeren Rahmen beginnt die Modellgeschichte sehr früh, z. B. mit Platons Parallelisierung des menschlichen Gedächtnisses mit einer Wachstafel (Platon: Theaitetos 191d–e), also einem Aufnahme-Apparat für Sinneseindrücke und Denkprodukte. Von hier aus ließe sich eine direkte Linie zu Sigmund Freuds berühmter *Notiz über den Wunderblock* ziehen, der den psychischen Apparat einer mit einer dünnen transparenten Membran perfektionierten Wachstafel gleichsetzt – um auf dem Boden dieses Vergleichs umso effektvoller als *differentia specifica* herauszustellen, dass nur der psychische Apparat zugleich immer bereit für neue Eindrücke sei und dennoch alle vorausgegangenen speichere, wenngleich nicht alle in bewusster Weise. Auch der britische Hirnforscher Charles S. Sherrington griff auf der Suche nach einem Modell für Gehirn und Denken zu einer Wundermaschine, einem »enchanted loom« (Sherrington 1942, 178). In seinen Gifford Lectures beschrieb er einen verzauberten Webstuhl, der aus den aufblitzenden Sinneseindrücken das Teppichmuster des erwachenden Bewusstseinsstroms webe. Und schon in der wilhelminischen Kaiserzeit hatte der Chirurg und Erfolgsschriftsteller Carl Ludwig

K. Liggieri / O. Müller, *Mensch-Maschine-Interaktion*, https://doi.org/10.1007/978-3-476-05604-7_2

Schleich Gehirn und Seele in einander überbietenden Kaskaden von Metaphern, Maschinen und Modellen beschrieben (Schleich 1916; Borck 1999). Die Mobilisierung eines ganzen Arsenals von Apparaten – von mechanischen Geräten über Musikinstrumente bis zu elektrischen Anlagen – spiegelte die damaligen Fortschritte der Technik ebenso wider wie ein Bemühen, der Funktionsvielfalt des Gehirns gerecht zu werden. Nur wenige Jahrzehnte später verengte sich diese Modellvielfalt dann auf den Computer als Universalmaschine und Leitmetapher für Gehirn und Denken in der zweiten Hälfte des 20. Jahrhunderts.

In der Geschichte der Modelle des Denkens lassen sich damit Werkzeuge (wie die Wachstafel), mechanische (Webstuhl), elektrische (Telegraphenamt) und elektronische Apparate (Computer) als Phasen der technischen Innovation unterscheiden. So wurde am Maßstab des jeweils erreichten Fortschritts der Technik und der Informationsverarbeitung (s. Kap. III.46) menschliches Denken modelliert, wobei das Modell zumeist nur einen bestimmten Aspekt veranschaulichte, bis mit den *electronic brains* ein technisches Analogon bereitstand, das nun seinerseits die Theorieentwicklung über das Denken in Form der entstehenden Kognitionswissenschaften vorantrieb. Gleichwohl handelt es sich bei den Maschinenmodellen menschlichen Denkens nicht um eine geradlinige Entwicklungslinie. Neben und gegen die mechanischen Apparate und elektrischen Kommunikationsmodelle traten schon im 19. Jahrhundert z. B. organische Modelle einer Denkassoziation als amöboide Bewegung der Kontaktaufnahme und Einverleibung. Auch für das 20. Jahrhundert lässt sich ein solches Oszillieren zwischen technischen und organischen Modellierungen des Denkens beobachten, etwa in der Konkurrenz von zentral gesteuerten mit parallel verarbeitenden Rechenanlagen. Während erstere am Maßstab des Modells menschliche Gehirne zu erklären suchten und menschliches Denken zur Maschinenleistung steigerbar werden ließen, vertauschten die anderen die Rollen als Vor- und Abbild und suchten im Organischen nach innovativen Ansätzen für neue Maschinen: Marshall McLuhan spricht von »extensions of our nervous system« (McLuhan 1994, 70); Vannevar Bush spekuliert über neues Denken dank Informationstechnik. Technik und ihre Modelle können also gleichzeitig der Erforschung menschlichen Denkens auf die Sprünge helfen, deren Schwächen zu überwinden suchen oder umgekehrt, sich biologische Lösungen zum Vorbild für neue technische Entwicklungen nehmen.

Die Hauptlinien dieses multiplen Ideen-, Metaphern- und Modell-Verkehrs sind wohlbekannt: Nachdem bereits im 18. und 19. Jahrhundert *brains in brass* konstruiert wurden, mechanische Rechenmaschinen mit immer komplexeren Leistungen, wechselte die Bedeutung von ›Computer‹ in der ersten Hälfte des 20. Jahrhundert von menschlichen, meist weiblichen Rechenassistenten auf nicht-menschliche, programmierbare, elektronische Rechenautomaten. Dieser Transfer vollzog sich umso reibungsloser als die kriegstechnisch massiv vorangetriebene Forschung entscheidende Sprünge in der Rechnerentwicklung machte und gleichzeitig mit der Kybernetik (s. Kap. II.E.16) eine supradisziplinäre Theorie der Steuerung quer über die Differenzen zwischen Menschen, Maschinen und Organismen vorgelegt wurde, die noch dazu beanspruchte, zwischen Kausalität und Finalität zu vermitteln. Kybernetik und Computertechnik bildeten die entscheidenden Voraussetzungen für die Entstehung der Kognitionswissenschaften, mit denen das *electronic brain* von einer Metapher zum Modell und Vorbild des menschlichen Denkens wurde. Bereits Kybernetiker wie Warren S. McCulloch hatten über logische Neuronen und die Verkörperung des Geistes in kybernetischen Maschinen nachgedacht, die beginnende Kognitionswissenschaft machte die Computerarchitektur und das damit realisierte *general problem solving* zum Vorbild des Denkens (Newell/Shaw/Simon 1959). Nicht zuletzt die damit angestoßenen Fortschritte der kognitiven Neurowissenschaften haben inzwischen wieder zu einem Umschlagen in der Rolle von Vorbild und Modell geführt, wenn heute vermehrt anstelle der abstrakten Symbolverarbeitung Denken als verkörperte und situierte Kognition erforscht und in diese Richtung auch die Entwicklung Künstlicher Intelligenz vorangetrieben wird.

Die Niederlage von Kasparow gegen Deep Blue markiert deshalb auch eine Wendemarke in der Modellierung menschlichen Denkens, die sich nun wieder die menschliche Kognition zum Vorbild nahm – wie schon Kempelen mit seinem Spiegeltrick. Der Sieg des Schachcomputers über den Schachweltmeister fiel dabei noch mit einer weiteren Entwicklung zusammen, mit der die Modelle des Denkens sich parallel zur Hinwendung zum situierten Körper zugleich auch vom Körper in soziale Netzwerke ablösten: der Aufbau des Internet und damit einer global vernetzten Informationstechnik. Wenn es heute am Beginn des 21. Jahrhunderts einen Nachfolger für die Rolle des Computers als Modell des Denkens gibt, dann ist es das Internet als technisch vernetzte und massiv parallel organisierte Intelligenz. Die Algorithmen (s. Kap. III.32) der neuen Suchmaschinen, die mit unscharfen Begriffen und aufgespeicherten Erfahrungen arbeiten, simulieren menschliche Informationsverarbeitung mit einem Maß an Mimikry, dass sie im Alltag bereits zuverlässig an deren Stelle treten und als Avatare personal adressiert werden. Und gleichzeitig ist das Internet zum Leitmodell der Hirnforschung in den beiden Großprojekten eines Gehirn-Nachbaus auf europäischer und amerikanischer Seite geworden. Spätestens mit diesem Schritt ist menschliches Denken in die Koevolution mit seinen Maschinenmodellen eingetreten.

Literatur

Balsamo, Anne: Designing Culture: The technological imagination at work. Durham 2011.

Boden, Margaret: Mind as Machine. A History of Cognitive Science. Oxford 2006.

Borck, Cornelius: Fühlfäden und Fangarme. Metaphern des Organischen als Dispositiv der Hirnforschung. In: Michael Hagner (Hg.): Ecce Cortex – Beiträge zur Geschichte des modernen Gehirns. Göttingen 1999, 144–176.

Bush, Vannevar: As we may think. In: Atlantic Monthly 176 (1945), 101–108.

Canguilhem, Georges: Gehirn und Denken. In: Ders.: Grenzen medizinischer Rationalität. Historisch-epistemologische Untersuchungen. Tübingen 1989.

Derrida, Jacques: Randgänge der Philosophie. Wien 1988.

Draaisma, Douwe: Die Metaphernmaschine. Eine Geschichte des Gedächtnisses. Darmstadt 1999.

Esposito, Elena: The arts of contingency. In: Critical Inquiry 31 (2004), 7–25.

Freud, Sigmund: Notiz über den Wunderblock [1925]. In: Ders.: Gesammelte Werke. Hg. von Anna Freud, Marie Bonaparte, E. Bibring u. a. 18 Bde. Bd. 14. Frankfurt a. M. 1994, 3–8.

Jones, Matthew L.: Reckoning with Matter. Calculating machines, innovation, and thinking about thinking from Pascal to Babbage. Chicago 2016.

McLuhan, Marshall: Understanding Media. Cambridge, Mass. 1994.

Meier-Oeser, Stephan: Die Spur des Zeichens: Das Zeichen und seine Funktion in der Philosophie des Mittelalters und der frühen Neuzeit. Berlin 1997.

Newell, Allen/Shaw, John C./Simon, Herbert A.: Report on a general problem-solving program. In: Proceedings of the International Conference on Information Processing. Paris 1959, 256–264.

Rose, Nikolas/Mahfoud, Tara/McLean, Sam (Hg.): Modeling Brains. The Making and Use of Animal Models in Neuroscience and Psychiatry. Amsterdam 2017.

Schleich, Carl Ludwig: Vom Schaltwerk der Gedanken. Neue Einsichten und Betrachtungen über die Seele. Berlin 1916.

Shapiro, Lawrence A.: The Routledge Handbook of Embodied Cognition. New York 2014.

Sherrington, Charles Scott: Man on his Nature. Cambridge 1942.

Standage, Tom: The Turk. The Life and Times of the Famous Eighteenth-Century Chess-playing Machine. New York 2002.

Swift, Jonathan: Gulliver's Travels [1735]. Complete, Authoritative Text with Biographical and Historical Contexts, Critical History, and Essays from Five Contemporary Critical Perspectives. Hg. von Christopher Fox. Boston 1995.

Cornelius Borck

II Mensch-Maschine-Interaktionen: Paradigmen, Wandel, Brüche

A Änderung der Arbeits- und Lebenswelt durch die Industrialisierung bis zum Ersten Weltkrieg

3 Arbeitsteilung: Neue Formen der Mensch-Maschine-Interaktion

3.1 Terminologie und philosophische Voraussetzungen

Vorbemerkungen zur Terminologie

Bezüglich des Titelwortes ›Interaktion‹ ist zwischen einer terminologisch spezifischen Fassung, wie sie in der Sozialphilosophie eingesetzt wird, und einer weiten, unspezifischen Fassung, wie sie im allgemeinen Sprachgebrauch vorfindlich ist, zu unterscheiden. Gemäß der ersten Fassung liegt eine Interaktion vor, wenn sich eine Aktion auf andere Aktionen bezieht. Solcherlei findet im Rahmen von Kooperationen statt, die eine Koordination der Erwartungen erfordern. Dabei werden ›Erwartungserwartungen‹ – Erwartungen über die Erwartungen der Ko-Akteure – gebildet (Weber 1968, 441; Luhmann 1984, 412). Diese Erwartungserwartungen bedürfen ihrerseits der Koordination unter jeweils höherstufigen Erwartungserwartungen – ein Prozess, der bei natürlichen Interaktionen im Zuge ständiger wechselseitiger Korrektur vollzogen wird. Im Lichte dieser Begriffsverwendung wäre die Rede von ›Mensch-Maschine-Interaktion‹ eine abkürzende bzw. metaphorische Rede: Erwartungen und Erwartungserwartungen seitens der Erfinder, Entwickler, Produzenten und Kapitaleigner, Arbeitenden und Bedienern sowie Nutzern sind hier nicht kommunikativ, sondern technisch-medial vermittelt: Dies betrifft die Gestaltung der Eingriffsmöglichkeiten, der Taktung sowie der spezifischen Situierung der Maschine im jeweiligen Kontext der Energiezufuhr, der Anlieferung von erforderlichen Ausgangsstoffen und Halbzeugen, des Transports und der Weiterverarbeitung bzw. -verwendung der Produkte etc. Die Erwartungen werden als Disposition der Systeme bzw. in die Systeme technisch implementiert.

In einem weiteren Sprachgebrauch hingegen ist von ›Interaktion‹ die Rede, wenn in allgemeinerer Weise eine wechselseitige Beeinflussung und/oder ein Zusammenwirken Mensch-Maschine in der Realisierung von Produkten (z. B. Konsumgütern), Verfahren (z. B. Waschen per Maschine) oder allgemeinen Steuerungsprozessen (Lenkung eines Flugzeugs) gemeint ist. Das (für unseren Kontext: mechanische) Prozessieren der Maschine kann als Agieren oder gar als handlungsförmig erscheinen, sofern das hintergründige Geschehen der Bildung, des Abgleichs und der Durchsetzung von Erwartungen und Erwartungserwartungen gleichsam ausgeblendet wird und seine Ergebnisse, die sich in der dispositionalen Verfasstheit von Maschinen zeitigen, in diese Maschinen selbst projiziert und ihrer Autorschaft unterstellt werden, bis hin gar zu einer ›Herrschaft‹ als hypothetischem Zwang. Im buchstäblichen Sinne kann natürlich von einer ›Erwartung‹ der Maschine (etwa an sachgemäße Bedienung, angemessene Nutzung, kontextadäquaten Einsatz oder zu vermeidenden Fehlgebrauch) nicht die Rede sein. Da jene Haltungen gegenüber der Maschine jedoch faktische Effekte zeitigen, ist es nicht hinreichend, in aufklärerischer Absicht bloß entsprechende Projektionen und Begriffsvermengungen freizulegen; vielmehr sind die Bedingungen zu verhandeln, unter denen solche Formen der ›Mensch-Maschine-Interaktion‹ zustande kommen, zu gestalten und zu vertreten sind (s. Kap. II.F.18).

Philosophiehistorische Voraussetzungen

Das philosophische Nachdenken über Technik war seit der Antike paradigmatisch am Konzept des Werkzeugs orientiert. Ein Zusammenwirken von Mensch und Technik wurde als Zusammenwirken von Vernunft sowie Hand (als »Werkzeug aller Werkzeuge«, Aristoteles: De Anima, 432a1) und Werkzeug modelliert. Das mache im Unterschied zu den optimaler

K. Liggieri / O. Müller, *Mensch-Maschine-Interaktion*, https://doi.org/10.1007/978-3-476-05604-7_3

ausgestatteten, aber funktional spezifizierten Tieren die Sonderstellung und Überlegenheit des Menschen aus, wie es neben Aristoteles etwa Hugo von St. Victor, Thomas von Aquin und Ernst Kapp, der Begründer der Technikphilosophie im engeren Sinn, betonen (hierzu Hubig 2017/18; s. Kap. II. B.7). Dass seit der neolithischen Revolution Technik bereits in Gestalt geregelter Systeme (des Ackerbaus und der Viehzucht, des Wohnens, der Infrastrukturen des Verkehrs und der Kommunikation, der Verteidigung etc.) vorfindlich war und mehr oder weniger umfangreich Maschinen eingesetzt wurden (von der Kriegstechnik bis hin zum Theater), war nicht Thema philosophischer Reflexion. Die Belegung prozessierender Artefakte mit dem Begriff ›machina‹ leitet sich nicht zufällig aus der Bedeutung des griechischen ›mechanae‹ als ›List‹ her: Ein Prozess, der sich als selbsttätig darstellt, verdeckt seinen menschlichen oder – bezüglich der ›Himmelsmechanik‹ – göttlichen Ursprung. Diese Ursprungsverdeckung schwingt noch in der kantischen Rede vom ›Maschinenwerk‹ eines despotischen Staates oder dem ›Maschinenwerk‹ der Natur (unter der regulativen Idee eines systemischen Mechanismus) mit.

Dass die menschliche Interaktion mit der Maschine in der philosophischen Reflexion zum Thema wurde und in philosophische Systeme bei Hegel, Marx und Kapp Aufnahme fand, verdankt sich der Zusammenführung von drei Argumentationslinien:

1) Die Entwicklung eines mechanistischen Bildes der Natur in Ablösung der Fokussierung auf die Himmelsmechanik und der damit verbundenen Charakterisierung der Uhr als paradigmatischer Maschine, die in Gleichförmigkeit und Taktung ihrer Bewegungen den Himmelskörpern folgt, ermöglichte ein Maschinenkonzept, demgemäß die Maschine in Aktualisierung naturgesetzlicher Prozesse (planbar und erwartbar) nützliche Effekte zeitigt: Denn nachdem Francis Bacon in seiner programmatischen Grundlegung einer interventionistischen, experimentellen Naturwissenschaft – »vexatio naturae artis« (›Verzerrung der Natur durch Technik‹) – den »Sieg der Technik über die Natur« in Aussicht gestellt hat (Bacon 1963, 141), insofern dasjenige, was in den technisch realisierten und gesicherten experimentellen Anordnungen als Ursache erscheint, in der Operation als Regel dient (Bacon 1974, Aph. 3), war der Weg frei für eine Stilisierung des Menschen als ›Herr‹ der Natur. Dies wurde von René Descartes übernommen und im Bilde eines ›Baums der Wissenschaften‹ gefasst, in dessen Krone die »mechanica« sprießt (Descartes 1995, XLII; IX 2, 14). Metaphysische Wurzel des Baumes ist eine Konzeption der Natur, welche als mechanisch prozessierend verstanden wird. Uuter anderen der von Marx zitierte Johann Beckmann schließt in seinem Konzept von ›Technologie‹ (Beckmann 1777) hier insofern an, als die Gründe technischer Mittel auf ihre *physica* zurückzuführen seien, während ihre Zwecke im Zuge planvoller Ökonomie unter dem Ideal kameralistischen Wirtschaftens der vernünftigen Verbesserung der wirtschaftenden Gemeinschaft dienten.

2) Für die Verortung der Maschine im Arbeitsprozess hat Adam Smith prominent das Prinzip der Arbeitsteilung geltend gemacht, welche qua Spezialisierung zu einer Förderung größerer Geschicklichkeit führe, Zeitersparnis erbringe und im Zuge einer Diversifizierung der Prozesse Ansatzpunkte für technische Optimierung und technischen Fortschritt insgesamt mit sich führe. Sie sei die Voraussetzung für eine zielführende Erfindung von Maschinen (Smith 1980, 13); auf Basis einer vernünftigen arbeitsteilig organisierten Ökonomie könnten nun Prozesse, die auf naturgesetzlichen Regelmäßigkeiten basieren, in ökonomischer Absicht zur Steigerung der produktiven Kraft der Arbeit technisch fruchtbar gemacht werden.

3) Die Entwicklung eines philosophischen Konzepts der Arbeit bei Hegel und (in kritischer Weiterführung) bei Marx hebt zunächst beim Arbeitsmittel als Werkzeug an, integriert dann aber über eine Reflexion des Mittelcharakters Smiths ökonomisches Konzept der Arbeitsteilung in eine philosophische Analyse der Maschine sowie des Verhältnisses des Menschen zu ihr: die Differenzierung von Arbeitsprozessen im Zuge ihrer qua Arbeitsteilung vollzogenen Vereinseitigung und Abstraktheit, welche ihre Ersetzung durch Maschinen erlaubt (s. Kap. II.F.20). Karl Marx präzisiert diese Überlegungen auf Basis einer erstmals vorgelegten Analyse der Maschine in technikphilosophischer Absicht und bettet sie mit Blick auf einschlägige Verwertungszusammenhänge in den ökonomischen Kontext ein. Gemeinsam ist den Ansätzen von Hegel und Marx eine dreifache Pointierung, bezüglich derer sich die grundlegenden Gemeinsamkeiten, aber auch deutliche Unterschiede herausstellen lassen: (1) Die Charakterisierung des Handlungsmittels als ›dazwischen geschobenem‹ Element (als Knecht, Arbeiter, Werkzeug, Maschine), (2) die Rolle der List (als ›List der Vernunft‹ im Zuge einer Reflexion des Mitteleinsatzes oder als ›List des Kapitals‹ hinter dem Rücken der wirklichen Arbeit), (3) die Analyse des Wirkmechanismus der Maschine mit seinen Auswirkungen auf die Verfasstheit der Arbeitenden.

3.2 Hegel

Das ›Dazwischenschieben‹ des Mittels

Im zentralen Kapitel »Herrschaft und Knechtschaft« seiner *Phänomenologie des Geistes* hat Hegel den Ausgangspunkt für seine Analyse der Arbeit und das ›Dazwischenschieben eines Mittels‹ angelegt: Nachdem in der Tätigkeit des Verstandes angesichts des immer unterschiedlich modellierbaren »Spiels der Kräfte« das Selbstbewusstsein sich nicht bilden kann, da es sich im Modus bloßer Theorie als immer anderes Selbstbewusstsein gegenüber anderem Selbstbewusstsein erfährt, es als »Tun des Einen« immer sowohl auch das »Tun des Anderen« ist (Hegel 1970, Bd. 3, 146), muss es eine »Mitte« suchen, die darin besteht, dass die »Gestalten« und »Seiten« des Bewusstseins sich gegenseitig als »anerkennend anerkennen« (ebd., 147), damit eine neue Art der Weltbezüglichkeit und Weltaneignung möglich wird: Nicht mehr in theoretischer Absicht, die zu den Wirrnissen geführt hat, sondern im Modus praktischer Arbeit, und zwar dahingehend, dass die eine Gestalt des Selbstbewusstseins als Herr-Seite auftritt, die die Idee, den Plan, das Begehren vorgibt und die andere Seite als Knecht-Gestalt, welche diese Vorgabe ausführt. Die Herr-Seite bezieht sich nicht mehr direkt, sondern »mittelbar durch den Knecht auf das Ding« (ebd., 151); der Knecht bearbeitet das Ding und erfährt die Arbeit – dadurch, dass er das Ding bearbeitet – als »*gehemmte* Begierde, *aufgehaltenes* Verschwinden« oder ›bildend‹ (ebd., 153). Indem der Herr »den Knecht zwischen es und sich eingeschoben« hat, genießt er »rein«; »die Seite der Selbstständigkeit aber überlässt er [der Herr] dem Knechte, der es bearbeitet« (ebd., 151).

Da hingegen das Knecht-Bewusstsein die Widerständigkeit des Dings als dessen Selbstständigkeit erfährt und die »negative Beziehung auf den Gegenstand [...] zur *Form* desselben und zu einem *Bleibenden*« wird, erfährt es seine eigene Selbstständigkeit (was der Herr-Gestalt verwehrt bleibt); es erfährt sich als »Bewusstsein, welches nun in der Arbeit außer es in das Element des Bleibens tritt; das arbeitende Bewusstsein kommt also hierdurch zur Anschauung des selbstständigen Seins *als seiner selbst*« (ebd., 154). Die Knecht-Gestalt »bildet« also nicht bloß den Gegenstand (transitiv), sondern bildet dabei auch sich selbst (reflexiv), denn es wird, »durch dies Wiederfinden seiner durch sich selbst *eigener* Sinn, gerade in der Arbeit, worin es nur *fremder* Sinn zu sein schien« (ebd., 154). Insofern ist die »*Wahrheit* des selbstständigen Bewusstseins [...] demnach das *knechtische* Bewusstsein« (ebd., 152). Gerade weil es zunächst den Herrn als sein »Wesen« anerkannt hat, kann es im Zuge der veränderlichen Formierung des Gegenstandes sein eigenes Wesen, seinen »Eigensinn«, als »Freiheit«, als Können, »welches freilich noch innerhalb der Knechtschaft stehen bleibt« (ebd., 155), erfahren. Dies birgt jedoch den Keim einer späteren emanzipatorischen Entwicklung in der Weltaneignung, die dem Herrn verwehrt bleibt.

Diese Grundarchitektur eines Weltbezugs in praktischer Absicht (was manche veranlasst, Hegel als Pragmatisten zu deuten) ist weiter auszuführen, insbesondere, was die Rolle des »Dazwischengeschobenen« als Mittel betrifft. Ist diese hier noch pauschal als die (körperlich) aktive Seite der Umsetzung einer Handlungsvorgabe deutbar, kann sie mit Blick auf Hegels Ausführungen im Kapitel »Teleologie« seiner *Wissenschaft der Logik* ausbuchstabiert werden: Solange die Welt als »ein mechanisches und chemisches, noch nicht vom Zweck bestimmtes und durchdrungenes Ganzes ihm gegenüber steht« (Hegel 1970, Bd. 6, 447), sei der Gedanke »unendlich beengt« und »selbst ekelhaft affiziert« (ebd., 440). Die »Bewegung des Zwecks« gehe daher auf eine »Vereinigung des objektiven Seins mit demselben« aus: »Der Zweck ist in ihm selbst der Trieb seiner Realisierung« (ebd., 447). Diese geschieht dadurch, dass der Zweck sich durch ein Mittel mit der Objektivität und in dieser mit sich selbst »zusammenschließt« (ebd., 448). Ist der Zweck zunächst als Innerliches, »d. h. als *gesetzt* bestimmtes« subjektiver Zweck – noch lange nicht ausgeführt – und das Mittel (qua unterstellter Herbeiführbarkeit, die Zwecke von bloßen Wünschen unterscheidet) ein ihm »inhärierendes Prädikat« (ebd., 449), so bedarf es eines »äußerlichen« Objekts, das nun als ein solches Mittel identifiziert wird und ein »gegen den Zweck selbst und dessen Ausführungen gleichgültiges Dasein hat« (ebd., 448).

Diese Identifizierung eines äußerlichen Mittels zur Realisierung eines subjektiven Zwecks bildet die zweite Prämisse eines praktischen Schlusses, dessen erste Prämisse die Setzung dieses Zweckes (nach Maßgabe seiner Herbeiführbarkeit) ist und sie mit der Conclusio, die die Realisierung des Zweckes als einen ›objektiven‹ (also gegenständlichen) Zweck beschreibt, verbindet. Hegel stellt heraus, dass die Identifizierung eines objektiven Mittels unter subjektivem Zweck den »medius terminus« / den Mittelbegriff eines klassischen Syllogismus ausmacht. Bliebe es nun bloß bei der Ausführung des Zweckes, »so würde das Produkt wieder nur ein Mittel sein und so fort ins Unendliche« (ebd., 451); sofern »der Zweck sich aber in die *mittel-*

bare Beziehung mit dem Objekt setzt und zwischen sich und dasselbe ein anderes Objekt *einschiebt*« (ebd., 452), läuft er nicht Gefahr, sich in den äußerlichen Mittelverkettungen zu verlieren.

›List der Vernunft‹

Das »Dazwischenschieben eines Mittels« erlaubt nämlich (analog zur Verfasstheit der Knecht-Gestalt, s. o.) der Vernunft, sich als solche jenseits einer ihr äußerlichen Welt zu verorten, und zwar gerade dadurch, dass sie als Subjekt des Dazwischenschiebens auftritt. Die »List der Vernunft« (ebd., 452) liegt in der zweiten (und daher eben »listigen«) mitlaufenden Strategie, neben einem Sich-Unterwerfen unter das Prozessieren einer äußerlichen Welt qua Realisation äußerer Zwecke sich dahingehend zu manifestieren, dass sich die »Vernünftigkeit in ihm [dem Mittel] als solche kund [tut]« (ebd., 453), und zwar gerade durch die Verfasstheit des Mittels, jenseits der Realisation äußerer endlicher Zwecke ein *Potential* des Dazwischenschiebens darzustellen: »Insofern ist das *Mittel* ein *Höheres* als die *endlichen* Zwecke der *äußeren* Zweckmäßigkeit; – der *Pflug* ist ehrenvoller, als unmittelbar die Genüsse sind, welche durch ihn bereitet werden und die Zwecke sind. Das *Werkzeug* erhält sich, während die unmittelbaren Genüsse vergehen und vergessen werden. An seinen Werkzeugen besitzt der Mensch die Macht über die äußerliche Natur, wenn er auch nach seinen Zwecken ihr vielmehr unterworfen ist« (ebd., 453). Denn wenn nun »zwischen diese Objektivität und den subjektiven Zweck ein Mittel ihrer Beziehung eingeschoben« wird als ein »schon durch den Zweck bestimmtes Objekt«, kann »zwischen dessen Objektivität und teleologische Bestimmung [...] ein neues Mittel und sofort ins Unendliche« eingeschoben werden. »Damit ist der *unendliche Progress der Vermittlung* gesetzt« (ebd., 456) und eine Unabhängigkeit von der endlichen äußeren Zweckrealisierung erreicht. Von den Mittel-Objekten hingegen, die dazu bestimmt sind »aufgerieben zu werden« und die »vergänglich« sind, distanziert sich eben die zwecksetzende Vernunft:

> »Ein Haus, eine Uhr können als die Zwecke erscheinen gegen die zu ihrer Hervorbringung gebrauchten Werkzeuge; aber die Steine, Balken oder Räder, Achsen usf., welche die Wirklichkeit des Zwecks ausmachen, [...] erfüllen ihre Bestimmung also nur durch ihren Gebrauch und ihre Abnutzung und entsprechen nur durch ihre Negation dem, was sie sein sollen. Sie sind [als äußerliche Objekte] nicht positiv mit dem Zwecke vereinigt.« (Ebd., 457)

Neben dieser ›Äußerlichkeit‹ der Mittel (als Genitivus objectivus) bleibt das Mittel als Potential des Dazwischenschiebens dieser Äußerlichkeit äußerlich (Genitivus subjectivus). Insofern ist die »Wahrheit des Mittels«, Realisierung des Zwecks überhaupt zu sein, die Äußerlichkeit »aufzuheben« und sich eben als Potential zu erhalten (ebd., 459).

Die Maschinenkonzeption in Hegels *Grundlinien der Philosophie des Rechts* / »System der Bedürfnisse«

Während das Tier einen beschränkten Kreis von Mitteln und Weisen der Befriedigung seiner gleichfalls beschränkten Bedürfnisse habe, beweise der Mensch

> »auch in dieser Abhängigkeit zugleich sein Hinausgehen über dieselbe und seine Allgemeinheit, zunächst durch die *Vervielfältigung* der Bedürfnisse und Mittel und dann durch *Zerlegen* und *Unterscheidung* des konkreten Bedürfnisses in einzelne Teile und Seiten, welche verschiedene *partikularisierte*, damit *abstraktere* Bedürfnisse werden.« (Hegel 1970, Bd. 7, 348)

»Abstrakt« darf nicht mit »allgemein« verwechselt werden: Gemeint ist eine einseitige Kennzeichnung, die von einer Totalität der Merkmale absieht.

> »Die Vermittlung, den *partikularisierten* Bedürfnissen angemessene, ebenso *partikularisierte* Mittel zu bereiten und zu erwerben, ist die *Arbeit*, welche das von der Natur unmittelbar gelieferte Material für diese vielfachen Zwecke durch die mannigfaltigsten Prozesse spezifiziert.« (Ebd., 351)

Dadurch werde die Teilung der Arbeiten »hervorgebracht« (ebd., 352); diese »Abstraktion des Produzierens macht das Arbeiten ferner immer mehr *mechanisch* und damit am Ende fähig, dass der Mensch davon wegtreten und an seine Stelle die *Maschine* eintreten lassen kann« (ebd., 353). Damit sind die drei oben skizzierten Argumentationslinien bei Hegel zusammengeführt (Mechanismus, Arbeitsteilung, Arbeitskonzept) und erlauben eine Spezifizierung des Mittels als Werkzeug in zur Maschine. Indem sich im Zuge dieser Produktionsweise die »Abhängigkeit und Gegenseitigkeit der Arbeit und der Befriedigung der Bedürfnisse« verdichtet, schlägt die »subjektive Selbstsucht« in den

»Beitrag zur Befriedigung der Bedürfnissen aller anderen« um (s. o. A. Smith) und wird zu einem »allgemeinen, bleibenden Vermögen«, das für jeden »die Möglichkeit enthält, durch seine Bildung und Geschicklichkeit daran teilzunehmen«, wobei diese Möglichkeit durch die unmittelbare eigene Grundlage (Kapital) sowie unterschiedliche Geschicklichkeit bedingt sei (ebd., 353). Dies drücke sich in der Bestimmung der Stände aus (des substanziellen Standes mit seinem Vermögen an den Naturprodukten, des Standes des Gewerbes als Fabrikantenstand und Handelsstand sowie des »allgemeinen Standes, der die allgemeinen Interessen des gesellschaftlichen Zustandes« zu seinem Geschäft hat, ebd., 355–357). Freilich wird dieses optimistische Bild einer durch technischen Fortschritt geförderten harmonischen Einheit (›System‹) in zweierlei Hinsicht relativiert: Zum einen verweist Hegel darauf, dass »die Ökonomie auch [...] wie eine Fabrik betrieben« und »dann einen ihrer Natürlichkeit widerstrebenden Charakter des zweiten Standes« annimmt, also das Konzept einer gewerbsmäßigen Verwertung eine dominierende Stellung erhält (ebd., 356 f.). Zum anderen ist an Hegels Diagnose aus einer Frühschrift zu erinnern: Während das Werkzeug noch die Form der Tätigkeit des Menschen verkörpere, lasse dieser in der Maschine die Natur ganz für sich arbeiten bzw. veranlasse nur noch diesen Arbeitsprozess. In Hegels dortigen Charakterisierung maschineller Arbeit als »Betrug, den [der Mensch] gegen die Natur ausübt«, schwingt einerseits das alte Prinzip der *mechanae* als List mit, wobei sich – so die überraschende Wendung – die Natur aber ihrerseits am Menschen rächt:

> »Was er ihr abgewinnt, je mehr er sie unterjocht, desto niedriger wird er selbst. Indem er die Natur durch mancherley Maschine bearbeiten lässt, so hebt er die Notwendigkeit seines Arbeitens nicht auf, sondern schiebt es nur hinaus [...] Das Arbeiten, das ihm übrig bleibt, wird selbst *maschinenmäßiger*.« (Hegel 1986, 228)

Es entstehe eine Beschränkung seiner Geschicklichkeit, eine Stumpfheit des Bewusstseins der Fabrikarbeiter, eine blinde Abhängigkeit (ebd., 228). Diese Gedanken werden bei Karl Marx sowie in der kulturpessimistischen Philosophie u. a. Hans Freyers und Hannah Arendts (hierzu Hubig 2006, Kap. 4.5) weitergeführt. Der Hegelianer Ernst Kapp betont ebenfalls die Ambivalenz dieser Entwicklung, wenn er mit Blick auf die Pariser Weltausstellung die hegelschen Überlegungen aus dem *System der Bedürfnisse* aufgreift und entsprechend am Ideal einer organizistischen Verfasstheit des Staates angesichts der Gefahr, dass das Staatsmodell insgesamt »mechanistisch« strukturiert werde, festhält (Kapp 2015, 140). Die durch eine spezifische Form des Zusammenwirkens von Mensch und Maschine induzierte Fehlentwicklung setzt also damit ein, dass zunächst die gesamte Ökonomie »fabrikmäßig« organisiert wird (Hegel) und erweitert sich dahingehend, dass die gesamte Verfasstheit des Staates diesem Prinzip unterstellt wird. Ob Sittlichkeit und Recht, die aus einer Reflexion dieser Entwicklungen hervorgehen und auf die Einbettung individueller Freiheit in einem organischen System aus sind, eine solche Entwicklung konterkarieren können, stellt Karl Marx in Frage.

3.3 Marx

Das dazwischengeschobene Mittel

> »Die Vernunft ist ebenso listig als mächtig. Die List besteht überhaupt in der vermittelnden Tätigkeit, welche, indem sie die Objekte ihrer eigenen Natur gemäß aufeinander einwirken und sich aneinander abarbeiten lässt, ohne sich unmittelbar in diesen Prozess einzumischen, gleichwohl nur ihren Zweck zur Ausführung bringt. Man kann in diesem Sinne sagen, dass die göttliche Vorsehung, der Welt und ihrem Prozess gegenüber, sich als die absolute List verhält.« (Hegel 1970, Bd. 8, 209)

Diese Passage, natürlich ohne den Passus über die göttliche Vorsehung, ist von Marx im *Kapital* (Marx 1962, 194) zitiert und zwar an der Stelle, an der das Arbeitsmittel als ein Ding oder ein Komplex von Dingen beschrieben wird, die der Arbeiter zwischen sich und den Arbeitsgegenstand schiebt und die ihm als »Leiter seiner Tätigkeit auf diesen Gegenstand« dienen. Der Gegenstand, dessen sich der Arbeiter unmittelbar bemächtigt, ist nicht der Arbeitsgegenstand, sondern das Arbeitsmittel. So werde dieses zum Organ seiner Tätigkeit, welches er seinen eigenen Leibesorganen hinzufügt, seine natürliche Gestalt verlängernd. Der Gebrauch und die Schöpfung von Arbeitsmitteln charakterisierten den spezifisch menschlichen Arbeitsprozess. Dieser darf freilich nicht nur in diesen einfachen und abstrakten Momenten (ebd., 198) dargestellt werden. Den ersten Veränderungsschub erhielt er in der Manufaktur, in der die Arbeitsteilung innerhalb der Produktion eingeführt wurde. Der einzelne Teilarbeiter vollbringt nur noch einzelne Operationen (s. Kap. III.52) im Produktionsprozess, die er bei jedem Arbeitsgegenstand fortgesetzt zu wiederholen hat, und die zu einem »Scheidungsprozess zwischen Kopfarbeit und Handarbeit« führen. Dadurch werde der Arbeiter zum Teilarbeiter verstümmelt (ebd., 382). Der Prozess »vollendet sich in der großen Industrie, welche die Wissenschaft als selbstständige Produktionspotenz von der Arbeit trennt und in den Dienst des Kapitals presst« (ebd.). Der entscheidende Schritt hin zur großen Maschinerie, so Marx in seiner kleinen Technikphilosophie im fünften und dreizehnten Kapitel des *Kapitals*, ist die Entwicklung der Werkzeugmaschine bzw. Arbeitsmaschine, nicht etwa der Dampfmaschine. Jene habe die revolutionierte erste Dampfmaschine notwendig gemacht.

Maschine, Maschinerie und große Industrie

»Alle entwickelte Maschinerie besteht aus drei wesentlich verschiedenen Teilen, der ›Bewegungsmaschine‹ (›Antriebsfunktion‹), ›dem Transmissionsmechanismus, endlich der Werkzeugmaschine oder Arbeitsmaschine‹« (ebd., 393). Diese Maschine ersetze den Arbeiter, »der ein einzelnes Werkzeug handhabt, durch einen Mechanismus, der mit einer Masse derselben oder gleichartiger Werkzeuge auf einmal operiert und von einer einzigen Triebkraft, welches immer ihre Form, bewegt wird« (ebd., 396).

Nachdem die Werkzeuge aus Werkzeugen des menschlichen Organismus in solche eines mechanischen Apparats verwandelt worden seien, erhielt nun auch die Bewegungsmaschine eine selbstständige »von den Schranken menschlicher Kraft völlig emanzipierte Form« (ebd., 398). Während in der Manufaktur die mit Handwerkszeug ausgeführten Teilprozesse den Arbeitern noch angepasst gewesen seien, falle dieses »subjektive Prinzip der Teilung« für die maschinenartige Produktion weg (ebd., 401).

> »Als gegliedertes System von Arbeitsmaschinen, die ihre Bewegung nur vermittels der Transmissionsmaschinerie von einem zentralen Automaten empfangen, besitzt der Maschinenbetrieb seine entwickeltste Gestalt. An die Stelle der einzelnen Maschine tritt hier ein mechanisches Ungeheuer, dessen Leib ganze Fabrikgebäude füllt und dessen dämonische Kraft [...] im fieberhaft tollen Wirbeltanz seiner zahllosen eigentlichen Arbeitsorgane ausbricht.« (Ebd., 402)

Unter der Metapher des Tanzes mit seiner Taktung wird bereits angedeutet, dass hier ein Geschehen vonstattengeht, welches nun den Arbeiter in sich hineinzieht. Damit gehe eine Tendenz zur Dequalifizierung einher, indem nämlich »die Maschine nicht den Arbeiter von der Arbeit befreit, sondern seine Arbeit vom Inhalt« (ebd., 446). »[D]enn die Maschine wird missbraucht [...] um den Arbeiter in den Teil einer Teilmaschine zu verwandeln« (ebd., 445), die im Rahmen der übergeordneten Taktung die erforderliche Zuarbeit zu bewältigen hat. Damit verliert das Arbeitsmittel seinen Doppelcharakter als Voraussetzung einer ›listigen‹ Selbstvergewisserung der Vernunft über ihre Macht.

List – »hinter dem Rücken«

Bekanntlich verwahrt sich Marx dagegen, dieser Konstruktion ein Subjekt als Gattung, die sich selbst vernünftig erzeugt, zu unterlegen. Als »Gespenst«, »Spuk«, »Sparren« sieht er eine solche Vorstellung vom »Wesen des Menschen« (Marx 1959, 38), und er führt diese Vorstellung darauf zurück, dass jede neue Klasse, die sich an die Stelle einer vor ihr herrschenden setzt, ihr Interesse als das gemeinschaftliche Interesse aller Mitglieder der Gesellschaft darzustellen genötigt sei, »d. h. ideell ausgedrückt: ihren Gedanken die Form der Allgemeinheit zu geben, sie als die einzig vernünftigen, allgemein gültigen darzustellen« (ebd.). Die Vorstellung einer Weltgeschichte beruhe darauf,

> »dass die einzelnen Individuen mit der Ausdehnung der Tätigkeit zur weltgeschichtlichen immer mehr unter einer ihnen fremden Macht geknechtet [...] sind (welchen Druck sie sich denn als Schikane des so genannten Weltgeistes etc. vorstellen), einer Macht, die immer massenhafter geworden ist und sich in letzter Instanz als Weltmarkt ausweist.« (Marx 1959, 37)

Es findet sich mithin hier gerade nicht eine List der Vernunft, sondern eine, in der sich Gewalt und Unterdrückung tarnen, um Privilegien herrschender Klassen zu erhalten. (Auch gegenwärtig zeigt sich sehr deutlich, dass die sog. Globalisierung eine Ideologie ist, die dazu dient, eine echte Globalisierung zu verhindern.)

Zunächst die Hegelsche Denkfigur nutzend, ersetzt Marx das Quasi-Subjekt ›Vernunft‹ als Subjekt der List durch dasjenige des Kapitals:

> »[...] die theoretische Erkenntnis der selbständigen Gesetze der Natur erscheint selbst nur als List, um sie den menschlichen Bedürfnissen, sei es als Gegenstand des Konsums, sei als Mittel der Produktion, zu unterwerfen.« (Max 1983, 323)

Das Kapital sei »beständig revolutionierend, alle Schranken niederreißend, die die Entwicklung der Produktivkräfte, die Erweiterung der Bedürfnisse, die Mannigfaltigkeit der Produktion und die Exploitation und den Austausch der Natur- und Geisteskräfte hemmen« (Marx 1983, 323). Es komme also nicht *ex post* im Philosophen ein schöpferischer Weltgeist zum Bewusstsein, sondern ein gesellschaftlicher Prozess, in dem sich »hinter dem Rücken« der Produzenten die Fäden der Arbeitsteilung weiter fort »weben« (Marx 1962, 121), weil die produktive Arbeit Produktionsmittel in Bildungselemente eines neuen Produkts verwandelt. Und quasi poetisch:

> Es »geht mit deren Wert eine Seelenwanderung vor. Er geht aus dem verzehrten Leib in den neu gestalteten Leib über. Aber diese Seelenwanderung ereignet sich gleichsam hinter dem Rücken der wirklichen Arbeit. Der Arbeiter kann neue Arbeit nicht zusetzen, also nicht neuen Wert schaffen, ohne alte Werte zu erhalten, denn er muss die Arbeit immer in bestimmter nützlicher Form zusetzen, und er kann sie nicht in nützlicher Form zusetzen, ohne Produkte zu Produktionsmitteln eines neuen Produkts zu machen und dadurch ihren Wert auf das neue Produkt zu übertragen.« (Ebd., 221).

Auf diese Weise einverleibt das Kapital

> »in seine neue Form [...] gratis den hinter dem Rücken seiner alten Form vollzogenen gesellschaftlichen Fortschritt. Allerdings ist diese Entwicklung der Produktivkraft zugleich begleitet von teilweiser Depreziation funktionierender Kapitale, für die der Kapitalist durch gesteigerte Exploitation des Arbeiters Schadenersatz sucht.« (Ebd., 632).

Angesichts einer solchen Entwicklung könne Freiheit

> »nur darin bestehen, dass der vergesellschaftete Mensch, die assoziierten Produzenten, diesen ihren Stoffwechsel mit der Natur rationell regeln, unter ihre gemeinschaftliche Kontrolle bringen, statt von ihm als von einer blinden Macht beherrscht zu werden; ihn mit dem geringsten Kraftaufwand und unter den ihrer menschlichen Natur würdigen und adäquatesten Bedingungen vollziehen. Jenseits des Reichs der Notwendigkeit beginnt die menschliche Kraftentwicklung, die sich als Selbstzweck gilt, das wahre Reich der Freiheit.« (Marx 1962b, 828).

3.4 Ausblick

Angesichts der Entwicklung von der mechanischen Maschine über die durch Rückkopplung (s. Kap. III.42) geregelte kybernetische Maschine (s. Kap. II.E.15, III.49) hin zu ›smarten‹, ›autonomen‹ Systemen erhalten durch Wendungen wie ›hinter dem Rücken‹ sowie die Rede von einer ›Anpassung‹ sozialer, ökonomischer und politischer Organisation an das ›Maschinenmäßige‹ eine neue Konnotation. Und optimistische Wendungen von einer (Selbst-)›Bildung‹ durch Arbeit, einer ›List der Vernunft‹ oder einer ›Assoziation von Produzenten‹ gegen die ›blinde Macht der Maschine‹ werden problematisch.

Die Systeme verfolgen qua *tracking* die Aktionen menschlicher Nutzer, und aus den auf dieser Basis gebildeten prognostischen Mustern resultieren bestimmte Dispositionen des systemischen Agierens, die in den einzelnen Schritten ihres Zustandekommens für die Nutzer und in weiteren Bereichen auch für die Entwickler intransparent bleiben. Lediglich in die Gestaltung der Trainingsbedingungen der Systeme bei ihrer Musterbildung kann Einsicht genommen und einzig über die Ergebnisse kann bilanziert werden. Erst recht kann sich die Musterbildung der Systeme von konkreten Interaktionsprozessen lösen, wenn zusätzlich die Übernahme bestimmter Muster aus einschlägigen Quellen des WWW die Bildung der Systemdispositionen (zusätzlich) beeinflusst. Entsprechend können die Nutzer in dieser Interaktionsform, die man besser als ›Koaktion‹ bezeichnet, ihre Erwartungserwartung nicht mehr korrigieren, weil die Determinanten der Bildung der Systemdimensionen intransparent werden (hierzu Hubig 2015, Kap. 3.1.2). Der Umgang mit solchermaßen hybriden Akteuren stellt die neue Herausforderung dar.

Literatur

Aristoteles: De anima / Über die Seele. Paderborn 1947.
Bacon, Francis: Instauratio magna. In: Ders.: The works of Francis Bacon, Bd. IV. Hg. von James Spedding, Robert L. Ellis und Douglas D. Heath. Stuttgart 1963.
Bacon, Francis: Novum organum / Neues Organ der Wissenschaften. Darmstadt 1974.
Beckmann, Johann: Anleitung zur Technologie. Göttingen 1777.
Descartes, René: Principia philosophiae / Die Prinzipien der Philosophie. Hamburg 1955.
Hegel, Georg Wilhelm Friedrich: Phänomenologie des Geistes. In: Ders.: Werke in 20 Bänden, Bd. 3. Hg. von Eva Moldenhauer und Karl Markus Michel. Frankfurt a. M. 1970.
Hegel, Georg Wilhelm Friedrich: Wissenschaft der Logik II, Werke, Bd. 6. Frankfurt a. M. 1969.

Hegel, Georg Wilhelm Friedrich: Grundlinien der Philosophie des Rechts oder Naturrecht und Staatswissenschaft im Umrisse, Werke, Bd. 7. Frankfurt a. M. 1970.
Hegel, Georg Wilhelm Friedrich: Enzyklopädie, Werke, Bd. 8. Frankfurt a. M. 1970.
Hegel, Georg Wilhelm Friedrich: Jenaer Systementwürfe, Bd. 1: Das System der spekulativen Philosophie. Hamburg 1986.
Hubig, Christoph: Die Kunst des Möglichen I. Technikphilosophie als Reflexion der Medialität. Bielefeld 2006.
Hubig, Christoph: Die Kunst des Möglichen III. Macht der Technik. Bielefeld 2015.
Hubig, Christoph: Der deus ex machina reflektiert. Ernst Kapps Technik-Anthropologie zwischen Thomas von Aquin, Hegel und Latour. In: Jahrbuch für Technikphilosophie, Bd. 4. Baden-Baden 2017/18, im Ersch.
Kapp, Ernst: Grundlinien einer Philosophie der Technik. Zur Entstehungsgeschichte der Kultur aus neuen Gesichtspunkten. Hamburg 2015.
Luhmann, Niklas: Soziale Systeme, Grundriss einer allgemeinen Theorie. Frankfurt a. M. 1984.
Marx, Karl: Erklärung gegen Karl Grün. In: Marx-Engels-Werke (MEW), Bd. 4. Berlin 1959, 37–38.
Marx, Karl: Das Kapital. Erster Band. In: MEW, Bd. 23. Berlin 1962a.
Marx, Karl: Das Kapital. Dritter Band. In: MEW, Bd. 25. Berlin 1962b.
Marx, Karl: Grundrisse der Kritik der politischen Ökonomie. In: MEW, Bd. 42. Berlin 1983.
Smith, Adam: Der Wohlstand der Nationen. München ^{5}1980.
Weber, Max: Gesammelte Aufsätze zur Wissenschaftslehre. Tübingen 1968.

Christoph Hubig

4 Scientific Management und Psychotechnik

4.1 Der Name des Taylorismus

Den Ausdruck ›Scientific Management‹ (dt. ›Wissenschaftliche Betriebsführung‹, frz. *Organisation Scientifique du Travail*) erfand der Anwalt Louis D. Brandeis 1911 zur Benennung eines bisher nicht eindeutig benannten Verfahrens zur Optimierung der Betriebsführung. Anlass dieser Namensgebung war ein 1910 begonnener Prozess gegen die Erhöhung der Frachttarife der US-amerikanischen Eisenbahnen. Während die Bahngesellschaften diese mit Lohnerhöhungen begründeten, führte die Gegenseite an, das Problem könne ohne erhöhte Frachttarife aufgefangen werden und zwar durch Einführung eines neuen Management-Verfahrens, mit dessen Entwicklung der Ingenieur Frederick Winslow Taylor seit etwa 1900 beschäftigt war und das in Ermangelung einer eingeführten, von Taylor akzeptierten Bezeichnung bisher meist ›Taylor-System‹ genannt wurde.

Auf der Suche nach einer neutralen Benennung beriet sich Brandeis mit zwei Fachleuten, Frank B. Gilbreth und Henry L. Gantt, und kam so auf den Ausdruck ›Scientific Management‹ (Brandeis 1911), denn das entscheidende Kennzeichen der Methoden war der Einsatz wissenschaftlicher Verfahren zur Lösung von Management-Problemen. Die erhebliche Aufmerksamkeit, die der Prozess erhielt, lenkte auch das öffentliche Interesse auf dieses bisher wenig beachtete Verfahren. Die neue Bezeichnung erlebte einige Jahrzehnte eine weltweite Konjunktur, ist aber schon lange nicht mehr im aktuellen Gebrauch. Das Wort ›Taylorismus‹ dient seit einigen Jahrzehnten entweder als Bezeichnung für dessen von Taylor vertretene strenge Form und damit für ein historisch abgeschlossenes Kapitel einer vergangenen Epoche der Arbeits- und Betriebswissenschaft oder aber als unbestimmtes Schmähwort für unerwünschte Zustände in der industriellen Arbeitswelt. Manche Prinzipien Taylors sind in der Betriebswirtschaftslehre Allgemeinplätze geworden.

4.2 Methoden und Grundsätze des Taylorismus

Taylors wichtigste Methode bestand darin, einen vollständigen Arbeitsablauf in elementare Bewegungsvorgänge zu zerlegen und für jedes Element die erforderliche Zeit durch Zeit- und Bewegungsstudien mit der Stoppuhr zu bestimmen. Die für elementar angesehenen Bewegungen sollten womöglich wenig kognitive oder geistige Anforderungen verlangen, schnell wiederholbar und einfach erlernbar sein. Für jede Arbeitsverrichtung wurde die eine und beste Verfahrensweise gesucht, *the one best way*, und anschließend vorgeschrieben. Dann wurde ausprobiert, welcher Arbeiter welche mehr oder minder elementare Verrichtung am schnellsten ausführen konnte. Dass diese Methode gerade in den USA entwickelt wurde, hängt damit zusammen, dass ein großes Angebot eingewanderter Arbeiter zur Verfügung stand, die mit der englischen Sprache zu wenig vertraut waren, als dass längere Arbeitsanweisungen gefruchtet hätten.

Außerdem entwickelte Taylor das Differentialstücklohnsystem. Dabei wurde für jedes Teil des Arbeitsvorgangs die durchschnittliche Arbeitszeit bestimmt. Durch Addition der Zeiten der Elemente wurde die für das herzustellende Produkt erforderliche Arbeitszeit ermittelt. Dafür wurde ein Stücklohntarif aufgestellt. Dessen Sätze steigen bei Zeitersparnis, sinken aber bei mangelhafter Qualität des Produkts. Taylor und seine Anhänger haben nie ein völlig abgeschlossenes Lehrsystem entwickelt, aber der entscheidende Punkt blieb der Einsatz wissenschaftlicher Mittel, also die Messung von Zeit und Bewegung, zur Lösung betrieblicher Probleme.

Die Weiterentwicklung seiner Untersuchungen führte Taylor zu den vier zentralen Grundsätzen der wissenschaftlichen Betriebsführung: der wissenschaftlichen Festlegung der Elemente jeder einzelnen Arbeit; der Auswahl und Schulung der Arbeiter; der einvernehmlichen Zusammenarbeit zwischen Verwaltung und Betrieb; und der Arbeitsteilung, sodass die Verantwortung für die rationelle Arbeitsdurchführung bei der Betriebsleitung liegt und der Arbeiter sich nur mit der physischen Seite der Arbeit befasst. Taylor legte seine Methoden in mehreren Veröffentlichungen dar, sein Hauptwerk erschien 1911 (frz. 1911, dt. 1913).

Durch die Anwendung dieses Systems wurden in vielen Industriezweigen erhebliche Effizienzgewinne und Einsparungen erzielt. Das geschah zu einer historisch passenden Zeit, als sich die USA auf den gewaltigen industriellen Produktionsanstieg im Gefolge des Ersten Weltkriegs einstellten. In vielen Fabriken tauchte als neuer Spezialist, der Taylor-Ingenieur auf, dessen Abzeichen die Stoppuhr war. Diese Ingenieure fanden sich zusammen in der 1912 gegründeten Society for the Propagation of Scientific Management. Sie hieß seit 1915 Taylor Society, an International So-

J. B. Metzler © Springer-Verlag GmbH Deutschland, ein Teil von Springer Nature, 2019
K. Liggieri / O. Müller, *Mensch-Maschine-Interaktion*, https://doi.org/10.1007/978-3-476-05604-7_4

ciety to Promote the Science and the Art of Administration and of Management. Sie führte Tagungen durch und gab das *Bulletin of the Taylor Society* (1914 bis 1934) heraus.

Spätere Erweiterungen des Methodenarsenals der Wissenschaftlichen Betriebsführung wie etwa die Bewegungsstudien von Frank B. Gilbreth und Lillian M. Gilbreth kümmerten sich um Fragen des Kräfteverbrauchs und der Ermüdung der Arbeiter (Gilbreth/Gilbreth 1916).

Ausführliche Darstellungen der Entstehung und Entwicklung der Wissenschaftlichen Betriebsführung finden sich bei Daniel Nelson (1980, 1992) und Robert Kanigel (1997). Eine Untersuchung der frühen Praxis des Taylor-Systems liefert Hugh G. J. Aitken (1985). Die Wirkungen des Taylor-Systems im Zusammenhang mit dem wirtschaftlichen Einfluss der USA auf Europa stellt Harm G. Schröter (2005) dar.

4.3 Taylorismus in Europa

Taylors Methodik wurde bald nach Europa übertragen. In Deutschland fiel sie nach Ende des Ersten Weltkrieges auf besonders fruchtbaren Boden, denn die im Gefolge des Versailler Vertrages geforderten immensen Reparationszahlungen führten zu einer weitgehenden Rationalisierungsbewegung in der deutschen Industrie, zu der die Wissenschaftliche Betriebsführung einen Beitrag leisten konnte.

Der Taylorismus stand aber bald auch heftiger Kritik gegenüber, die bemängelte, dass aus dem Ansporn zu Höchstleistungen Raubbau an den Arbeitenden betrieben werde, dass die Zerlegung der Arbeit in separat ausgeführte Elemente zu Lasten der Facharbeiter gehe, dass *the human factor*, das menschliche Element, unberücksichtigt bleibe (s. Kap. II.F.18, III.43). In Europa bemühte man sich um internationalen Erfahrungsaustausch über die neue Methode. 1924 wurde in Prag der erste Internationale Kongress für wissenschaftliche Betriebsführung durchgeführt und die Idee der Gründung eines International Management Institute (IMI) besprochen, das 1926 in Nähe zur International Labour Organisation (ILO) gegründet werden konnte, doch 1934 nach der Weltwirtschaftskrise aufgelöst wurde. Auf dem zweiten Internationalen Kongress 1925 in Brüssel wurde das aus nationalen Verbänden bestehende International Committee for Scientific Management oder Comité International de l'Organisation Scientifique (CIOS) geplant. Es entstand 1926 in Paris und führte weitere Kongresse durch, so 1927 in Rom, 1929 in Paris, 1932 in Amsterdam, 1935 in London, 1938 in Washington. Seit 1976 trägt das Committee den Namen World Council of Management, befindet sich aber anscheinend in einem Dämmerzustand.

Die intensivste Anwendung erfuhr der Taylorismus wahrscheinlich in der Sowjetunion (s. Kap. II.A.5). Wladimir I. Lenin und die Bolschewisten sahen darin zwar ein übles Instrument kapitalistischer Ausbeuter, glaubten jedoch daraus in ihren Händen ein wertvolles Instrument auf dem Weg über Industrialisierung und Elektrifizierung hin zu Sozialismus und Kommunismus machen zu können, wie Mark R. Beissinger (1988) und Alexander Schultze (2007) detailliert dargestellt haben.

4.4 Der Name der Psychotechnik

Den Ausdruck ›Psychotechnik‹ führte 1903 der Breslauer Psychologe William Stern ein. Die kontinentaleuropäischen Sprachen übernahmen ihn. In den 1950er Jahren wurde er jedoch endgültig ausgetauscht gegen den Ausdruck ›Angewandte Psychologie‹ in Anlehnung an das englische *Applied Psychology*. Seitdem wird im Fach Psychologie ›Psychotechnik‹ nur noch zur Bezeichnung einer vergangenen Epoche der Angewandten Psychologie verwendet. Gelegentlich wird der Ausdruck heute in anderen Bereichen verwendet und dies meistens nach persönlicher Laune ohne Beziehung zu jener vergangenen Epoche in der Geschichte der Psychologie.

Stern unterschied zwischen Psychognostik und Psychotechnik. Letztere bestimmte er als »Hilfsmittel, wertvolle Zwecke durch geeignete Handlungsweisen zu fördern«, und bestimmte ihre Aufgabe als »Herstellung des Optimum in dem Verhältnis von Mittel und Zweck« (Stern 1903, 28). In späteren Jahren wurden aber diese beiden Bereiche zusammengefasst als Psychotechnik bezeichnet.

Bekannt und verbreitet wurde der Ausdruck ›Psychotechnik‹ erst durch Hugo Münsterberg, durch seine Berliner Vorlesungen und deren Veröffentlichungen. Münsterberg, Professor der Psychologie an der Universität Harvard, entwickelte sich dort zu einem entscheidenden Anreger der angewandten Psychologie. Er befasste sich früh mit Taylors Methoden, sah aber bald, dass die alleinige Betrachtung der elementaren körperlichen Bewegungen bei der Untersuchung komplexer Arbeitsaufgaben wenig nützlich war. Es galt dabei vielmehr, die »für sie notwendigen oder wünschenswerten psychischen Eigenschaften zu analysieren und gleichzeitig Methoden zu finden, um diese Eigenschaften zu prüfen« (Münsterberg 1912, 41). Seine Vorlesungen, die er ab Herbst 1910 als Austauschprofessor an der Berliner Universität gehalten hatte, erschienen zunächst 1912 in Auszügen als *Psychologie und Wirtschaftsleben*, dann 1914 zu voller Länge ausgearbeitet unter dem Titel *Psychotechnik* und bewirkten, dass dieser Ausdruck allgemein übernommen wurde. Gelegentlich verwendete Münsterberg in seinen englischen Veröffentlichungen das Wort ›psychotechnics‹, doch wurde es im englischen Sprachraum nicht angenommen.

4.5 Methodik der Psychotechnik

Münsterberg führte seinen paradigmatischen Versuch mit Wagenführern der elektrischen Straßenbahnen in Boston durch. Diese Massentransportmittel hatten in den USA gravierende Unfälle produziert, die Straßenbahngesellschaften waren zu hohen Entschädigungszahlungen verurteilt worden. Dass eine Zerlegung der Arbeit des Wagenführers in Bewegungselemente nach Taylors Verfahren nicht helfen konnte, war plausibel. Münsterberg ging daher anders vor. Er simulierte die Situation des Straßenbahnlenkens und der sich unterschiedlich bewegenden Passanten und übrigen Verkehrsteilnehmer in einer Versuchsanordnung in seinem Labor. Dann ließ er sich von den Straßenbahngesellschaften besonders unfallarme und besonders unfallanfällige Wagenführer schicken und untersuchte deren Verhalten in verschiedenen Situationen. Er kam zu dem Ergebnis, dass die Leistungen im Labor, Resultate einer Kombination sehr verwickelter psychischer Vorgänge, den bereits in der Realsituation hervorgerufenen, bekannten Unterschieden in den Fahrleistungen der Wagenführer entsprachen. Damit konnte Münsterberg das Ausmaß der Validität seines Laborversuchs einschätzen. Er bestimmte die Faktoren ›Zeitaufwand‹ und ›Fehlerzahl‹ und berechnete daraus einen Gesamtwert. Daraus ließen sich die Straßenbahnführer identifizieren, denen die Gesellschaften vorsichtshalber andere Aufgaben zuteilen sollten. Zweitens ließen sich mit diesem Verfahren unter Stellenbewerbern diejenigen auslesen, die für den Beruf des Straßenbahnführers besonders geeignet waren.

Während es bei Taylor um eher einfache Tätigkeiten ging, etwa Schüttgut schaufeln oder an stationären Maschinen Routinehandgriffe ausführen, geht es bei Münsterberg darum, bewegte Maschinen sachgerecht in Situationen zu bedienen, die unvorhergesehen und überraschend sein können. Während Taylor in erster Linie die Einübung festgelegter physischer Bewegungen betrachtete, geht es jetzt um die rasche emotionale und kognitive Verarbeitung von Situationen, die unerwartet eintreten. Münsterberg kritisierte an der Taylorschen Schule, dass eine »Ausnutzung der Experimentalpsychologie bisher eine vereinzelte Ausnahme« geblieben sei (Münsterberg 1914, 418). Er erkannte aber an, dass, solange psychologische Laboratoriumsexperimente noch so spärlich sind, wie sie vor dem Ersten Weltkrieg waren, die praktischen Experimente der wissenschaftlichen Betriebsleitung am ehesten die psychotechnischen Probleme der Lösung näher führen würden (Münsterberg 1914, 380).

Münsterberg übertrug die Grundzüge seines Ausleseverfahrens für Straßenbahnführer auf andere Berufsbilder, etwa auf den Beruf des Schiffsoffiziers. Da hier Fehlentscheidungen dem Entscheider das Leben kosten können, konnte er nicht einfach Schiffsoffiziere mit vielen Havarien und solche mit wenigen als Maßstab der Validität nehmen. Stattdessen hatte er in anderer Weise zu prüfen, wie weitgehend seine Laborsimulation der gefahrvollen Realsituation und ihren Anforderungen an die psychischen Reaktionen entspricht. Auch Telefongesellschaften riefen Münsterberg zu Hilfe. Viele der geschulten Telefonistinnen, die Gesprächsverbindungen zu koppeln hatten, mussten entlassen werden, weil sie den Zeitdruck und die erforderliche Arbeitsgeschwindigkeit nicht durchhielten. In solchen Fällen waren die Schulungskosten für die Telefongesellschaften verlorener Aufwand. Münsterberg baute Situationen auf, die das reale Geschehen simulierten, um festzustellen, welche Anwärterinnen mit dieser Arbeitssituation am besten zurande kommen konnten. Auch diese Arbeit bestand nur zum kleineren Teil in der Ausführung bestimmter Bewegungen. Zum entscheidenden Bereich der Arbeit gehörte die rasche emotionale und kognitive Verarbeitung der jeweiligen Verbindungswünsche und der gelegentlich auftretenden elektrischen Pannen.

4.6 Durchsetzung der Psychotechnik im Ersten Weltkrieg

Münsterbergs Bücher fanden großes Interesse in der Industrie und anderen Betrieben. Die Bewährungsprobe aber für die Psychotechnik lieferte vor allem der Erste Weltkrieg. Die beiden Leipziger Psychologen Walther Moede und Curt Piorkowski, beide Hörer der Vorlesungen Münsterbergs in Berlin, wurden vom Heer mit der Aufgabe betreut, aus der Fülle der Bewerber für den Posten des Kraftfahrers die bestgeeigneten auszulesen. Zwar war der Einsatz von Pferden auch in diesem Krieg noch bedeutend, aber Kraftfahrzeuge übernahmen eine immer wichtigere Rolle. Ein Kraftfahrzeug war eine erhebliche Geldausgabe und konnte durch ungeeignete Handhabung in Sekundenschnelle wertlos werden. Die beiden Psychologen richteten daher 1915 in Berlin ein Versuchslaboratorium ein, in dem sie die Anwärter der Kraftfahr-Ersatzabteilung des Preußischen Gardekorps untersuchten und die geeigneten Fahrer auslasen. Die Ergebnisse überzeugten das Militär, das mit den ausgelesenen Fahrern nennenswert weniger Unfallverluste verzeichnete. Weitere Laboratorien für die Kraftfahrerauslese wurden eingerichtet. Moede wurde zum übergeordneten Leiter der psychologischen Prüfungslaboratorien der Kraftfahr-Ersatz-Abteilungen bei der Inspektion der Kraftfahrtruppen ernannt. Bei Kriegsende 1918 gab es siebzehn derartige Labors im Reich. Zu jeder Prüfstelle gehörten ein Leiter, ein Gehilfe mit technischen Kenntnissen und eine Ordonnanz. Der Leiter war ein ausgebildeter Psychologe oder, falls nicht verfügbar, ein angelernter Mann, den Moede instruiert hatte. Untersucht wurden in diesen Laboratorien im Verlauf des Krieges weit über 10.000 Personen.

Das Prüfverfahren, das Moede und Piorkowski entwickelten, ähnelte im Grundsatz dem Münsterbergschen Verfahren für Straßenbahnführer. Sie simulierten die Situation des Autolenkens. Mit einem Lenkrad und Pedalen musste eine Mechanik betätigt werden, mit der eine kurvenreiche Spur auf einem Rollband zu verfolgen war. Festgehalten wurde, wie oft und wie stark die Probanden vom vorgegebenen Kurs abwichen. Dabei wurden außerdem verschiedene akustische und optische Störreize eingesetzt und Art und Zeit der Reaktion des Probanden festgehalten. Damit wurde das Muster des klassischen Reaktionsversuches aus dem herkömmlichen psychologischen Laboratorium in diese Simulation übertragen. Der Chronometer, der auch im psychologischen Labor der Universitäten verwendet wurde, eine Millisekundenuhr namens Chronoskop, wurde hierfür eingesetzt, denn die Stoppuhr des Taylorismus wäre nicht genau genug gewesen.

Die sich aus der Vielzahl dieser Untersuchungen ergebenden Eignungsgutachten umfassten folgende Punkte (nach Moede 1930, 433):

A. Sinnestüchtigkeit
  - Auge: Sehschärfe, Farbensehen, Dunkelsehen, Gesichtsfeld
  - Ohr: absolute und Unterschiedsempfindlichkeit
  - Gelenkempfindung

B. Aufmerksamkeit
  - Momentanakt
  - Dauerleistung
  - Vigilität
  - Komplikative Leistung
  - Konzentration und Ablenkbarkeit, optisch-akustisch

C. Wille
  - Reaktionshauptversuch unter verschiedenen Bedingungen
  - Gleichförmigkeit der Reaktion
  - Fehlerhaftigkeit
  - Wahl- und Entschlussfähigkeit bei einfachen und komplizierten Situationen (Mehrfachhandlungen)

D. Arbeitsfähigkeit
  - Erregbarkeit und Schreckhaftigkeit bei Ruhe und Bewegung der Glieder
  - Übungsfähigkeit quantitativ und qualitativ (Anpassung und Auffassung, Merkfähigkeit und Geschicklichkeit)
  - Ermüdbarkeit bei:
    - Körperlicher Leistung
    - Geistiger (Aufmerksamkeits-)Leistung

E. Gesamtverhalten: Tatbereitschaft

Diese Aufstellung zeigt, dass die Psychotechnik sehr viel mehr Faktoren untersucht als der Taylor-Ingenieur, und dass dafür eine besondere Ausbildung erforderlich ist.

Die Ergebnisse der psychotechnischen Untersuchungen der Kraftfahrer waren so überzeugend, dass noch während des Krieges weitere Eignungsprüfungen eingerichtet wurden, und zwar für Flugzeugführer, für Flugzeugbeobachter, für den Schallmessdienst, für den Lichtmessdienst, für Funker, für Richtkanoniere und für andere militärische Spezialisten. Während des Krieges durften die Verfahren selbstverständlich nicht veröffentlicht werden, doch nach dem Krieg wurden einige publik gemacht.

4.7 Blütezeit der Psychotechnik

Nach dem Krieg blieb die Psychotechnik wichtig für die Reichswehr, in der neben der im Weltkrieg bewährten Spezialistenauslese auch die Begutachtung des Offiziersersatzes eingeführt wurde. Auch die Polizei nahm die Dienste der Psychotechnik in Anspruch. Staatliche Unternehmen wie die Deutsche Reichsbahn und die Reichspost oder die Berliner Straßenbahngesellschaft richteten psychotechnische Dienste ein. Es half der Psychotechnik, dass sie auf ihre Erfolge im Krieg hinweisen konnte. Sie hielt Einzug in die industrielle Arbeitswelt. Private Unternehmen wie AEG, AGFA, BMW, Blohm & Voss, Bosch, Demag, Henschel, MAN, Osram, Rheinmetall, Röchling, Sachsenwerk, Siemens und viele andere richteten psychotechnische Dienststellen ein.

Es entstand eine umfangreiche Fachliteratur und zunächst konnte der Eindruck entstehen, als gingen Taylor-System und Psychotechnik eine innige Verflechtung ein, wie sie etwa in dem Buch des Betriebsingenieurs der Berliner Straßenbahngesellschaft, Karl August Tramm (1921), dargestellt wurde. Es zeigte sich jedoch bald, dass das Gebiet der Psychotechnik ohne ein Studium der Psychologie nur dilettantisch bearbeitet werden konnte.

Die in den 1920er Jahren entstehenden psychotechnischen Fachzeitschriften wurden daher von ausgebildeten Psychologen herausgegeben. Führend waren die Zeitschriften *Praktische Psychologie. Monatsschrift für die gesamte angewandte Psychologie, für Berufsberatung und industrielle Psychotechnik* (1919 bis 1924, u. a. hg. von Walther Moede und Curt Piorkowski), *Industrielle Psychotechnik* (1924 bis 1944, ebenfalls hg. von Moede) und *Psychotechnische Zeitschrift* (1925 bis 1936, hg. von Hans Rupp).

Die Psychotechnik breitete sich in ganz Europa aus. Der persönliche Erfahrungsaustausch lief über internationale Kongresse. 1920 veranstalteten die Schweizer Psychologen Pierre Bovet und Edouard Claparède in Genf den ersten internationalen Kongress für Psychotechnik unter der Bezeichnung Conférence internationale de Psychotechnique appliquée à l'Orientation professionnelle. Der zweite fand 1921 in Barcelona statt unter der Bezeichnung Conférence internationale de Psychotechnique appliquée à l'Orientation professionnelle et à l'Organisation scientifique du Travail. Diese Benennung verrät, dass man mit den Angehörigen des Taylor-Systems zusammenarbeiten wollte. Doch dieser Teil der Bezeichnung wurde später fallengelassen, vermutlich weil sich diese Zusammenarbeit als schwierig erwies und der Taylorismus seine eigenen internationalen Kongresse veranstaltete. Die internationalen Verbindungen zwischen den Anhängern der Psychotechnik wurden 1927 institutionalisiert in der Association internationale de Psychotechnique. 1955 wechselte sie ihren Namen in International Association of Applied Psychology. Sie ist heute noch sehr aktiv. An der Entwicklung dieser bald hundertjährigen Gesellschaft zeigt sich der Gang einer immer stärkeren Professionalisierung. Während Anfang des 20. Jahrhunderts noch die Bezeichnung ›Psychologe‹ unterschiedliche Verläufe und Grade der Berufsausbildung abdecken konnte, setzte es sich immer mehr durch, dass damit nur jemand bezeichnete werden konnte, der ein Universitätsstudium der Psychologie abgeschlossen hatte.

Die in Europa betriebene Psychotechnik unterschied sich von der in den USA verfolgten Applied Psychology nicht im Grundsatz, wohl aber in einer wichtigen Besonderheit. Während in Europa große psychotechnische Laboratorien mit einer Vielzahl von komplexen Prüfeinrichtungen entstanden, griff man in den USA weitenteils zu *paper-and-pencil*-Methoden, die keine unmittelbare Verhaltensbeobachtung ermöglichten. Eine Übersicht über die deutschen und europäischen Prüfanlagen, die möglichst genau die realen Arbeitssituationen simulierten, findet sich in Fritz Gieses *Handbuch psychotechnischer Eignungsprüfungen* (1925).

Aus diesem Anwachsen der Nachfrage nach Psychotechnik lässt sich bereits ersehen, dass unter der Rubrik Psychotechnik sehr viel mehr verstanden wurde als die Eignungsuntersuchung für Kraftfahrer, Lokomotivführeranwärter, Straßenbahnlenker, Piloten, oder Steuerleute. In der Tat entwickelten die Fachleute für Psychotechnik Eignungsuntersuchungen für immer mehr berufliche Spezialisierungen. So wurden etwa in den sich erweiternden Psychotechnischen Prüfstellen der Deutschen Reichsbahn zunächst Lokomotivführer nach einem dem Moedeschen Kraftfahrerverfahren nachempfundenen Verfahren geprüft, später alle Werkstättenlehrlinge, dann das Personal des Rangierdienstes, das Kassenschalterpersonal, das Personal für den Weichendienst, für den Stellwerksdienst, dann Betriebsassistenten, Assistenten, Zugbegleiter und Ladebeamte (Moede 1930, 416). Moedes Bedeutung für die Psychotechnik hat Spur (Spur 2008) dargestellt.

In Gieses *Handwörterbuch der Arbeitswissenschaft* gliederte Immanuel Becker, Leiter des Instituts für praktische Psychologie (Psychotechnische Prüfstelle) in Halle, die Psychotechnik in ihrem ganzen Umfang folgendermaßen (Becker 1930):

I. Anwendung auf das Arbeits- und Berufsleben.
   1. Berufsberatung
   2. Arbeitsberatung

3. Psychotechnische Ausleseverfahren
4. Psychotechnische Anlernung
5. Probleme der Arbeit:
   Ermüdung, Übung, Rhythmus, Zwangslauf und Monotonie
6. Unfallverhütung
7. Reklame
8. Allgemeine sachliche Betriebsrationalisierung

II. Anwendungen auf die Medizin
III. Anwendung auf die Erziehung
IV. Anwendung auf das Recht
V. Anwendung auf die Gesellschaftsordnung
VI. Anwendung auf Kunst, Wissenschaft und Kultur

Einzelne Punkte untergliederte Becker noch feiner. Hier sei festgehalten, dass er mit dieser breiten Definition durchaus dem folgt, was schon Münsterberg in die Formel setzte, dass Psychotechnik im weiteren Sinne die Anwendung psychologischer Verfahren auf die gesamte praktische Kultur sei.

Psychotechnik in einem engeren Sinne bezieht sich hauptsächlich auf den als Nr. I bezifferten Bereich. Dort ist die enge Verzahnung der von Giese so genannten Subjekt-Psychotechnik mit der Objekt-Psychotechnik wichtig. Franziska Baumgarten hat dafür die Ausdrücke ›Personpsychotechnik‹ und ›Sachpsychotechnik‹ vorgeschlagen. Denn die Psychotechnik blieb keineswegs dabei stehen, zu prüfen welche Person eine bestimmte Maschinerie, etwa eine Lokomotive, besonders gut und fehlerfrei bedienen kann. Sie begann auch zu untersuchen, wie das Objekt, im Beispielsfall die Lokomotive und ihre Schalter, Hebel, sichtbaren und tastbaren Gegebenheiten, sich so gestalten lässt, dass möglichst viele Personen es möglichst gut und fehlerfrei bedienen können (vgl. Liggieri 2017).

Münsterberg verwendete für diese Seite der Psychotechnik das nicht allzu ernsthaft gemeinte einprägsame Bild eines darwinistischen Kampfes der Maschinen ums Dasein, indem er feststellte, was heute noch gilt:

> »Keine Maschine, mit der der Mensch arbeiten soll, kann den Kampf ums technische Dasein überleben, wenn sie dem Nerven- und Muskelsystem und den Möglichkeiten der Wahrnehmung, der Aufmerksamkeit, des Gedächtnisses und des Willens geübter Individuen nicht in gewissem Maße angepaßt ist. Die industrielle Technik hat sich mit ihren ruhelosen Verbesserungen dieser Forderung untergeordnet.« (Münsterberg 1914, 380)

Die angewandte Psychologie nimmt nicht einfach hin, was Ingenieure entwerfen und konstruieren, sondern gibt nach einschlägigen wissenschaftlichen Untersuchungen dem Ingenieur Hinweise, welche Gegebenheiten geändert werden sollten, damit eine fehlerfreie Bedienung für möglichst viele Personen gewährleistet werden kann. Unter der als Arbeitshypothese gemeinten Vorstellung, dass der Mensch eine Art Maschine mit unterschiedlichen Spezifikationen und physischen, sensorischen sowie datenverarbeitenden Fähigkeiten und Unfähigkeiten ist, und dem Standpunkt, dass eine Maschine, die der Mensch bedient, so sein soll, dass die Spezifikationen beider aufeinander abgestimmt sind, entstand eine von beiden Seiten, von Ingenieuren wie Psychologen, begrüßte Zusammenarbeit, wenn auch die gegenseitige Verständigung nicht immer ohne Missverständnisse verlief und verlaufen wird.

4.8 Weiterleben der Psychotechnik

Heute ist zwar das Wort ›Psychotechnik‹ nicht mehr in Gebrauch, aber niemand kann es sich leisten, ein Automobil, ein Flugzeug oder eine Marsflugkapsel zu fertigen, ohne zunächst intensive Zusammenarbeit mit angewandten Psychologen zu betreiben. Das betrifft heute nicht mehr nur die Gefahrenreduzierung, sondern sogar technisch sinnlose, doch marktbestimmende Einzelheiten wie etwa die Klanggestaltung eines Fahrzeugs. Jemand, der sich am Geräusch seines Motors in einem Edelerzeugnis erfreut, wird kaum auf die Idee kommen, dass dieser Schall nicht nur Produkt der Ingenieurskunst ist, sondern aus der Zusammenarbeit zwischen Ingenieuren und Psychologen entstand, wobei die Letzteren untersuchten, ob der neue Motor bei der Kundschaft jenes erbauende Wohlgefühl erzeugt, das zum Autokauf erst veranlasst. Erzeugte der Motor nicht das marktgängige Geräusch, dann erhielt der Ingenieur Anweisungen von der Psychologie auf Umgestaltung der Bestandteile des Motors und damit der emittierten Schallfrequenzen.

Das Wort ›Psychotechnik‹ klingt zwar verstaubt, aber die Sache selbst hat sich unter anderer Bezeichnung erhalten und weiterentwickelt. Der Anteil der Arbeit der Psychologen am Produkt ist meist unauffällig. Es wird beispielsweise niemandem auffallen, dass die Hinweistafeln auf deutschen Autobahnen Resultate psychologischer Forschung sind. Auffällig dagegen wird es, wenn solche Mitarbeit nicht eingesetzt wurde. Man denke an Fahrkartenautomaten verschiedener Massentransportgesellschaften, die so wenig auf ihre Nutzer abgestimmt sind, dass nicht selten Mitarbeiter der Gesellschaft abgestellt werden müssen, um dem Kunden zu erklären, wie er zu seinem Fahrschein kommen kann.

Literatur

Aitken, Hugh G. J.: Scientific Management in Action. Taylorism at Watertown Arsenal, 1908–1915. Princeton 1985.
Baumgarten, Franziska: Die Berufseignungsprüfungen. Theorie und Praxis. München 1928.
Becker, Immanuel: Psychotechnik. In: Fritz Giese (Hg.): Handwörterbuch der Arbeitswissenschaft, Bd. 2. Halle/Saale 1930, 3593–3602.
Beissinger, Mark R.: Scientific Management, Socialist Discipline, and Soviet Power. Cambridge, Mass. 1988.
Brandeis, Louis: Scientific Management and Railroads. New York 1911.
Giese, Fritz: Handbuch psychotechnischer Eignungsprüfungen. Halle/Saale ²1925.
Gilbreth, Frank B./Gilbreth, Lillian M.: Fatigue Study. The Elimination of Humanity's Greatest Unnecessary Waste. A First Step in Motion Study. New York 1916 (dt. 1921).
Gundlach, Horst: Faktor Mensch im Krieg. Der Eintritt der Psychologie und Psychotechnik in den Krieg. In: Berichte zur Wissenschaftsgeschichte 19 (1996), 131–143.
Kanigel, Robert: The One Best Way. Frederick Winslow Taylor and the Enigma of Efficiency. New York 1997.
Liggieri, Kevin: »Sinnfälligkeit der Bewegung« – Zur objektpsychotechnischen Anpassung der Arbeitsgeräte an den Menschen. In: Zeitschrift für Technikgeschichte 1 (2017), 29–62.
Moede, Walther: Die Experimentalpsychologie im Dienste des Wirtschaftslebens. Berlin 1919.
Moede, Walther: Lehrbuch der Psychotechnik, Bd. 1. Berlin 1930.
Münsterberg, Hugo: Psychologie und Wirtschaftsleben. Ein Beitrag zur angewandten Experimental-Psychologie. Leipzig 1912 (amer. 1913).
Münsterberg, Hugo: Grundzüge der Psychotechnik. Leipzig 1914.
Nelson, Daniel: Frederick W. Taylor and the Rise of Scientific Management. Madison 1980.
Nelson, Daniel: A Mental Revolution. Scientific Management since Taylor. Columbus 1992.
Schröter, Harm G.: Americanization of the European Economy. A Compact Survey of American Economic Influence in Europe since the 1880s. Dordrecht 2005.
Schultze, Alexander: Taylorismus. Theoretische Darstellung und praktische Anwendung am Beispiel der Sowjetunion. München 2007.
Spur, Günter: Industrielle Psychotechnik – Walther Moede: eine biographische Dokumentation. Berlin 2008.
Stern, William: Angewandte Psychologie. In: Beiträge zur Psychologie der Aussage 1 (1903), 4–45.
Taylor, Frederick W.: The Principles of Scientific Management. New York 1911 (dt. 1913; frz. 1911).
Tramm, Karl August: Psychotechnik und Taylorsystem. Berlin 1921.

Horst Gundlach

5 Der ›neue Mensch‹ an neuen Maschinen

5.1 Von einer Vision der Avantgarden zum politischen Totalitarismus

In der Zwischenkriegszeit findet sich diesseits wie jenseits des Atlantiks und in beiden Extremen der politischen Lager die Vision eines neuen, eines technischen Menschen. Dieser sei, so wollen es unisono Psychotechniker und Literaten, Ingenieure und Filmemacher, Architekten und Fotografen, Tayloristen und Künstler, technisch neu zu konstruieren. Die Tradition sei abzuwerfen und die neuen Möglichkeiten der Technik zu nutzen, um vorbehaltlos und frei von Ideologie den Menschen neu zu erschaffen. Der ›neue Mensch‹ ist damit so etwas wie eine Zentralmetapher der Moderne und findet sich prominent in Kulturdiagnosen, Gesellschaftsvisionen und Medientheorien. Anders als aber bei La Mettrie und anderen, die bereits fast zwei Jahrhunderte vorher Automaten entwickelt hatten, greift nun die Metapher auf die konkrete gesellschaftliche Praxis über. Diese steht im Hintergrund der neu entstandenen Montagepraktiken der russischen Avantgardefilme, der sich nun rasch verbreitenden Arbeitswissenschaft und Psychotechnik, weiter Teile der künstlerischen Strömungen der Zeit und nicht zuletzt auch politischer Theorien zwischen Nationalsozialismus und Stalinismus (s. Kap. II.A.4). Wenn man verstehen will, welche Bedeutung die Technik für die erste Hälfte des 20. Jahrhunderts hat, so gilt es zuallererst diese Leitmetapher des ›neuen Menschen‹ in den Blick zu nehmen. Es geht um nichts Geringeres als um eine eigentümliche Figur des politischen Imaginären, die mehrere Jahrzehnte lang höchst unterschiedliche Gesellschaften umtreibt.

Die Technik bildete dabei eine vermeintlich neutrale Zone, von der aus die eminent politische Agenda einer Umgestaltung der Gesellschaft und des Menschen in Angriff genommen wurde. Dies geschieht in bemerkenswerter Weise in höchst unterschiedlichen politischen Lagern, aber auch in einer Fülle sehr heterogener epistemischer Felder. So wurden etwa der Taylorismus und die deutsche Arbeitswissenschaft auch in Sowjetrussland breit rezipiert und umgesetzt. Doch auch wenn die politischen Systeme stark differierten, träumte man diesseits wie jenseits des Atlantiks vom neuen Menschen. Zwischen den Vereinigten Staaten, Europa und Russland bildete die Technik eine Art Austauschzone, die ideologische und politische Neutralität garantierte. Wir haben es mit einem nahezu globalen Phänomen zu tun, bei dem systematisch Ästhetik und Technik verschaltet werden. Die Montagepraktiken der Kunst und Ästhetik sind ohne die Montageverfahren der Industrie nicht vorstellbar, wie umgekehrt auch die tayloristischen Rationalisierungsverfahren eines Frank Bunker Gilbreth eine neue, technische Art der Lebenskunst zu entwerfen suchen, die sich keineswegs auf die industrielle Produktionstechnik beschränkt. Und *last but not least* greifen die filmischen Montageverfahren, die in den 1910er und dann vor allem 1920er Jahren entwickelt werden, auf andere Weise auf Theorien der Rationalisierung, des Taylorismus, aber auch der psychologischen Konditionierung zurück.

5.2 Der Film als Mittel der Konditionierung

Dazu gehört auch der gesamte Bereich der Ästhetik: Während der Deutsche Werkbund oder auch das Bauhaus versuchten, die künstlerische Produktion mit der industriellen zu verbinden, gingen insbesondere russische Regisseure noch weiter. Wsewolod Pudowkin, Sergei Eisenstein und Dsiga Wertow deuteten den Film als Möglichkeit der Konstruktion eines neuen Menschen, der, den Zwängen der Natur- und der bürgerlichen Traditionsverbundenheit entkommen, im Reich der Technik und der Freiheit der neuen Gesellschaft angekommen sei. Wenn es gelänge, im Film die Menschen mit der Maschine zu verbinden, könnte der neue Mensch erzogen, ja erschaffen werden. Wir sollen also im Film in doppelter Weise der Genese des montierten Menschen beiwohnen: auf der Leinwand und im Kinosessel. Es geht um filmische Verfahren aktiver Konditionierung. Pudowkin widmete Pawlow, dessen Theorie der Konditionierung hier Pate steht, gar einen ganzen Film. *Die Mechanik des Gehirns* (1926) zeigt Pawlows Versuchsanstalt, seine »physiologische Fabrik« in programmatischer Absicht. Pudowkin geht es wie Eisenstein und Wertow mit seinen filmischen Arbeiten um eine Mechanik der Montage im Sinne einer aktiven Konditionierung des Zuschauers. So wie die Versuchstiere bedingte Reflexe ausbilden, wenn man sie eben konditioniert, ist es Aufgabe des Films, den Betrachter gezielt ideologisch umzuprogrammieren.

Bei ihrer im Wortsinn gesellschaftswissenschaftlichen Auslegung des Films können die russischen Regisseure der Avantgarde auf eine lange Tradition zurückgreifen, die weit in die präkinematographische Zeit zurückreicht: Bereits in den 1870er und 1880er

J. B. Metzler © Springer-Verlag GmbH Deutschland, ein Teil von Springer Nature, 2019
K. Liggieri / O. Müller, *Mensch-Maschine-Interaktion*, https://doi.org/10.1007/978-3-476-05604-7_5

Jahren lernten die Bilder laufen, ja bestand das privilegierte Anwendungsfeld der Momentfotographie gerade aus dem für das Auge unzugänglichen Reich der Bewegungen. Eadweard Muybridge und dann vor allem Étienne-Jules Marey dienten die aufgezeichneten Bilder nicht nur dazu, die Gesetze der Bewegung als solche des Lebens in visuelle Kürzel zu überführen, sondern die so gewonnenen Graphen für eine Optimierung der Bewegungsabläufe nutzbar zu machen. So finden wir, wenn wir Mareys Beispiele durchgehen, Aufnahmen von marschierenden Soldaten, aber auch solche von Arbeitern bei alltäglichen manuellen Verrichtungen. Bereits in der Chronofotographie, aus der der Film hervorgehen sollte, zielen, wie diese wenigen Beispiele zeigen, die visuelle *Reproduktion* und die Erschließung des für das menschliche Auge unzugänglichen Bereichs auf eine Optimierung der *Produktion*, der Produktivität. Bis weit hinein in die Avantgarde und ihre Programmschriften taucht dieses Doppel auf: mediale Reproduktion soll in Produktion umschlagen, ob diese nun manuell, industriell oder auch sinnesphysiologisch gedeutet wird. Während jedoch die Fotographie im 19. Jahrhundert noch ein Instrument der Analyse war und somit ihre Beziehung zu ihrem Gegenstand unilateral war, verwandelt sich in den Avantgarden des frühen 20. Jahrhunderts diese Konstellation: nun wird die Kamera aktiv, beweglich, zu einem Instrument, das das Subjekt nicht nur in den Blick nimmt, sondern ihm seinen Blick nimmt. Fotographie und Film zielen auf die menschliche Wahrnehmung und wollen diese nicht nur beobachten, sondern radikal verändern.

5.3 In der Maschinenhalle: Taylorismus und Psychophysik

Der neue Mensch feiert jedoch seine Geburt vor allem in der Maschinenhalle. Und dort sind weniger die Reflexologen Pawlow und Bechterew von Relevanz als vielmehr Frederick Winslow Taylor, dessen erste Texte zum *Scientific Management* aus dem Geburtsjahr der Kinematographie stammen. Auch diese entfalten ihre Wirksamkeit weit über den Bereich der wirtschafts- und betriebswirtschaftlichen Zone hinaus, für die sie ursprünglich bestimmt waren. Bereits der russische Regisseur Vsevolod Meyerhold entwickelt so etwa in seiner Theorie der Biomechanik den Versuch, künstlerischen Ausdruck an kalkulierte Bewegungen zu koppeln und durch diese dann auch Emotionen überhaupt erst zu produzieren. Auch hier zielte die Aktion auf der Bühne des Theaters auf kalkulierte Reaktionen seitens der Betrachter. Dabei ist für ihn wie auch später für Alexei Gastew Taylor die zentrale Figur. Gastew orientierte sich bei den Programmen in dem von ihm in Moskau gegründeten Zentralen Arbeitsinstitut (CIT) an tayloristischen Ideen, um diese für die Ausbildung russischer Fabrikarbeiter zu nutzen. Auch diese Verfahren nannte er Biomechanik und der Zentralbegriff seiner Theorie lautet ›ustanovka‹ – Montage, Aufstellung, Einstellung, technische Anlage. Die Doppelbedeutung des deutschen Wortes ›Einstellung‹ fehlt hier, doch das ist Teil des Programms, da es Gastew, Pawlow wie auch Bechterew und Meyerhold um sichtbare Reiz-Reaktionsketten und nicht um rein psychische Phänomene geht. Sie wollen Oberflächen-Effekte produzieren und einen neuen Menschen konstruieren.

In Westeuropa und den Vereinigten Staaten werden solche Theorien unter den Begriff der Psychotechnik gebracht, so etwa in Deutschland bei Fritz Giese, der rasch den Schulterschluss mit dem Nationalsozialismus sucht, in zahlreichen Publikationen oder bei Hugo Münsterberg, von dem neben seinen Arbeiten zur Psychotechnik der Wirtschaft eben auch eine der ersten wichtigen Studien zum Film stammt: *The Photoplay* aus dem Jahr 1916, in der sich in Grundzügen bereits die Idee einer durch die Montage organisierten Aufmerksamkeit des Zuschauers findet, die dann bei Kuleschow ausbuchstabiert wird. Das ist wohl kaum zufällig, diente doch der Film auch im Kontext des Scientific Management als vielbenutztes Analyseinstrumentarium: Frank Bunker Gilbreth etwa fertigte hunderte von Filmen an, um die Bewegungsabläufe von Arbeitern zu optimieren. Ergänzt man nun noch Ford, so erhält man die Trias der ökonomischen und industriellen Montagetheorien in den Vereinigten Staaten: *Taylor · Gilbreth · Ford. Gegenwartsfragen der amerikanischen und europäischen Arbeitswissenschaft* lautet etwa der Titel einer kritischen Bestandausaufnahme aus dem Jahre 1924, an deren Ende die Alternative zwischen einer amerikanischen »Entseelung« und einer geforderten europäischen »Beseelung der Arbeit und des Arbeiters« steht (Witte 1924).

Mit Ford hält das Fließband Einzug in die Montagehalle. Die wohl berühmteste Umsetzung dieses Motivs in der Filmgeschichte ist Chaplins *Modern Times* – ein Film der Übergangszeit vom Stumm- zum Tonfilm, der seinen fordistischen Gegenstand durch eine nachgerade physiognomische Ähnlichkeit des Fabrikdirektors mit Ford ausstellt. *Modern Times* ist oft als Kritik am Fordismus und Taylorismus ausgelegt worden – und auch die im Film gezeigte Ford-Werbung macht deutlich, dass es Chaplin in der Tat um Ford ging. Doch worauf zielt seine Kritik? Letztlich bleibt sie eigentümlich alternativen- wie perspektivenlos, da Chaplin keineswegs ein Gegenprogramm entwirft, eine politische Analyse vornimmt oder den Fordismus filmisch seziert, sondern vielmehr als filmische Montage die Logik der industriellen Montage fortsetzt und gerade durch diese konsequente Weiterführung satirisch bricht. Wenn Charlie zum montierenden Satyr mutiert, der überall Schrauben und Muttern entdeckt, und wenn er sich wie Tarzan oder ein von Douglas Fairbanks gespielter Pirat durch die Fertigungshalle schwingt, um Öl zu verspritzen, so tut er in gewisser Weise das, was von ihm gefordert wurde: Er bildet Automatismen aus, wird zu einer Mensch-Maschine, die automatisch diejenigen Bewegungen ausführt, die von ihr gefordert werden. Auch die Option eines gewerkschaftlichen oder politischen Engagements, die, historisch betrachtet, zur Verfügung gestanden hätte, wird zwar durchdekliniert, aber dann ebenfalls verworfen. Charlie kehrt ja sogar wieder in die Fabrik zurück, bevor diese schließen muss. *Modern Times* erzählt, mit anderen Worten, mit den Mitteln der montierten Montage ein technisches Märchen: das eines Mannes ohne Eigenschaften, der sich aus allen Zusammenhängen herauslösen, reine Oberfläche bleiben kann und von dem, was ihm zustößt, nicht tangiert wird. Genauso stellen sich Wladimir Bechterew, Pawlow, aber auch Hugo Münsterberg das Subjekt vor.

5.4 Die technische Welt

Will man die gesellschaftliche Bedeutung und die kulturelle Schubkraft der Arbeitswissenschaft und der Psychotechnik, des Taylorismus und Fordismus beschreiben, so bietet es sich an, die Beschreibungen der neuen technischen Welt in den Blick zu nehmen, auf die auch diese reagieren. Die Fabriken, Büros und Fertigungshallen, auf die sich die neu formierten Arbeitswissenschaften scheinbar beschränken, erweisen sich dabei als Laboratorien einer neuen Gesellschaft und eines neuen Menschen. Die Strategien der Rationalisierung, die in den Wissenschaften und der Unternehmensberatung verhandelt werden, beschränken sich keineswegs auf den Raum der industriellen Fertigung, sondern zielen auf eine neue Haltung zur Arbeit, die jene zum Leben notwendig miteinschließt. Lillian Moller Gilbreth, die ihren Mann bei seinen Arbeiten mehr als nur unterstützte, publizierte gleich eine ganze Fülle von Ratgebern zur Optimierung des Haushalts. Auch dieser ist Arbeit – wie sich ohnehin bei genauerem Hinsehen fast alles als Arbeit erweist. Die Veränderung und Optimierung von Arbeitsprozessen ist eines der Ziele der sich rasch ausbreitenden arbeitswissenschaftlichen Forschungsfelder. Dass Fragen der psychischen Dispositionen ebenfalls Teil ihrer Agenda sind, zeigt sich nicht zuletzt darin, dass sie sich explizit als praktische oder angewandte Psychologie verstehen. Während sie das Innenleben den anderen Bereichen der Psychologie überlassen, kümmern sie sich um Verhaltensweisen, Anwendungen und eben Arbeitsprozesse. Spricht man daher von Einstellungen, so meint man psychische Dispositionen, technische Konstruktionen und modifizierbare Verhaltens- und Arbeitsformen. Und spricht man von Haltungen, so gilt Ähnliches. Dass auch Filme Teil der betrieblichen Instruktionen wurden, mag dann vielleicht nicht mehr überraschen. In der neuen technischen Welt ist das Leben bereits durch und durch technisch – und dieser Tatsache hat sich dann auch die Kunst zu stellen und nicht länger eine Maschinenästhetik zu kopieren. Die Technik ist, so ein Gemeinplatz dieser Zeit, zu einer zweiten Natur geworden. Will man daher die neue Natur des Menschen verstehen, so müsse man erst einmal jene der Maschine verstehen.

Zahlreiche Romane buchstabieren diese neue, zweite, technische Natur des Menschen aus und bilden im Wortsinn eine neue Gattung: den Industrieroman. Von Gladkows *Zement*, über so unterschiedliche Texte wie A. I. Woinowas *Industriewerk Ural*, Willi Bredels *Maschinenfabrik N&K*, Richard Euringers *Metallarbeiter Vonholt* bis hin zu den Romanen Upton Sinclairs, um nur einige wenige und zudem politisch stark differierende anzuführen, reicht das Spektrum. Verhandelt wird eine neue gesellschaftliche Natur des Menschen, die auf Arbeit und Technik gründet, aber sehr unterschiedlich akzentuiert werden kann. Während in der westlichen Publizistik die Kritik an den kapitalistischen Ausbeutungsverhältnissen dominiert, gilt das in evidenter Weise für die Romane der Sowjetunion nicht. Hier kommt es vielmehr darauf an, die Leserinnen und Leser auf das neue kollektive Arbeitsleben mitsamt seinen Opfern einzustellen. Dass Opfer gebracht werden müssen, wird nicht zuletzt dadurch deutlich, dass in den meisten Romanen Menschen im Dienste der großen gemeinsamen Arbeitsaufgabe zu Tode kommen. In den Industrieromanen regiert die technische Welt. Natur ist ein historischer Altbestand, den es abzuwerfen gilt. Das schließt auch die triebhafte Natur des Menschen ein, die zu kontrollieren ist. Bei Gladkow und Woinowa findet sich dann auch das gesamte Ensemble der ideologischen und theoretischen Versatzstücke, aus denen der neue technische Mensch konstruiert werden soll: Lenins Empiriokritizismus-Buch, Physiologie und Reflexologie, tayloristische Vorstellungen, Rationalisierung und Maschinenmenschen. Wenn es dann bei Gladkow heißt, dass es darauf ankomme, »auf neue Ströme umzuschalten«, um zu »erreichen, daß man sich der Welt gegenüber in ein neues Verhältnis stellt« (Gladkow 1927, 341), wird deutlich, worum es in diesen Büchern geht: um eine technische Neueinstellung des Menschen.

5.5 Philosophie der Technik

Betrachtet man die Philosophie der Technik der 1920er und frühen 1930er Jahre, die über Helmuth Plessner, Friedrich Dessauer und Ernst Cassirer bis hin zu Oswald Spengler und Ernst Jünger reichen, stellt man bei allen evidenten und auch tiefgreifenden Unterschieden eine Übereinstimmung fest: Die Technik wird als neue dominante wie prägende Weltordnung angesehen, deren Tragweite die Texte und Theorien dann auszuloten suchen. Dabei geht es nicht zuletzt auch um die Frage, welche Konsequenzen diese Veränderungen für das Subjekt haben oder, mit anderen Worten: Wie sich die Ordnung des Subjekts und jene der Technik zueinander verhalten. Dies kann in unterschiedlicher Weise geschehen: Oswald Spenglers kleines Buch schließt mit einem Bild, das die Maschinenwelt mit der Eruption des Vesuv kurzschließt, um zugleich eine vermeintlich ethische Haltung des Menschen in ein Bild zu bringen: Er solle gleich dem Soldaten, dessen Ablösung vergessen wurde, auf seinem Posten bleiben, auch wenn die Katastrophe hereinbreche. Es bleibe ihm ohnehin nichts anderes übrig, da, so Spengler fatalistisch wie schicksalsgläubig, sein Weg eben nun sein Weg sei (vgl. Spengler 1931, 89). Auch hier ist die Alternativlosigkeit des technischen Zeitalters Programm.

Auch Plessner spricht in seinem Aufsatz »Die Utopie in der Maschine« vom »fressenden Dämon der Technik« (Plessner 1985, 32) und beobachtet eine systematische Veränderung der »Kraftquellen der Existenz«, kommt aber zu einem anderen Schluss als Spengler. Plessner zielt auf eine Kritik der Lebensphilosophie und der Jugendbewegung samt ihres Aufstands gegen die Zivilisation, die in seiner Schrift *Grenzen der Gemeinschaft* (Plessner 2001) neusachliches Programm geworden ist. Daher versucht er die Technik dergestalt gegen die postromantische wie reaktionäre Lebensphilosophie zu wenden, dass er die Maschine gleich mit dem Subjekt verschränkt. Der »Eintritt in das positive Zeitalter« (Plessner 1985, 37) bedeutet auch den Eingang der Maschine ins Leben, in den Verhaltens-, Wahrnehmungs- und Denkapparat des Menschen. Wenn Plessner bei der Technik etwas verklausuliert die Durchdringung des natürlichen mit dem menschlichen Energiekreislauf und eine systematische Veränderung der Kraftquellen der Existenz durch den Menschen diagnostiziert, kommt es ihm auf eine historische, strukturelle wie systematische Durchdringung von Menschen und Maschinen an. Und dieser Lage habe man sich zu stellen. Dementsprechend sei der Weg bis an die Grenze zu treiben, bis dahin, wo die Grenzen der Naturbeherrschung zu beobachten seien. Es gelte, anders formuliert, mit den Maschinen so weit in der Hoffnung mitzugehen, dass sich eine Grenze ihrer Herrschaft und der Natur- wie Subjektbeherrschung zeige, so als ob sich eine Grenze der Herrschaft der Mechanisierung *automatisch* irgendwann einstellte. Eine »wirkliche Besinnung auf das Problem der Maschine, eine schlichte, phrasenlose Gegenüberstellung zur Technik« (Plessner 2001, 39) müsse, so Plessner, der Situation Rechnung tragen, dass die Maschine längst die Menschen antreibe. Dieser »Zwang zum Fortschritt« zwinge daher auch den Menschen zum Vorwärts im Rhythmus der Maschinen. »Es gibt kein Zurück, nur ein Vorwärts nach dem Gesetz der in ihrem Gestänge, Kolben donnernden Rhythmus Wirklichkeit werdenden Utopie« (ebd.).

5.6 Der Rhythmus der Maschinen

Plessners Formel des unausweichlich vorantreibenden Rhythmus der Maschinen ist eine der zentralen rhetorischen Pathosformeln dieser Zeit. Wenn davon die Rede ist, geht es durchweg um eine Assoziation von Mensch und Maschine. Zudem nimmt die Metapher den Topos der Beschleunigung auf, der seinerseits eine der kulturdiagnostischen Konstanten darstellt. Wenn man nun von Geschwindigkeit und Rhythmus in den 1920er Jahren spricht, so ruft man mindestens zwei Register auf:

Auf der einen Seite eben diesen Topos der Beschleunigung und der Geschwindigkeit, der, so zahlreiche Stimmen unisono, nicht zuletzt in den Großstädten zu neuen Wahrnehmungsbedingungen und auch -anforderungen geführt habe. Der Mensch habe sich diesen zu stellen, mit denen aber im Gegenzug auch eine neue Ordnung der Welt ersichtlich wird. Schwindel und Klarheit, Rausch und Ordnung gehen hier nicht selten Hand in Hand. Schwindel erzeugt der Blick aus dem Auto oder dem Flugzeug, eröffnet aber zugleich auch eine neue Ordnung der Wirklichkeit, die im Vergleich zur überkommenen in vieler Hinsicht als klarer, strukturierter und sachlicher in Szene gesetzt wird. In den 1920er und 1930er Jahren entstehen zahlreiche Bildbände, die aus Aufsichten – etwa durch Aufnahmen aus dem Flugzeug – und aus Strukturen Einsichten in eine neue Ordnung der Welt zu gewinnen versuchen. In keiner der einschlägigen Avantgarde-Bildanthologien von László Moholy-Nagys *Malerei, Fotografie, Film* über Franz Rohs und Jans Tschicholds *foto-auge* bis hin zu Hans Richters *Es kommt der neue Fotograf!* dürfen solche Aufnahmen fehlen, und Eugen Diesel publiziert gleich mehrere Bände zum Auto und zum von ihm so genannten *Land der Deutschen* aus der Vogelperspektive des Flugzeugs. Und noch in dem von Ernst Jünger mitverantworteten Bildband *Die veränderte Welt* findet sich diese Figur in aller Deutlichkeit und suggestiver Bildkontrastierung. Es scheint so, als sei der Weg durch die rauschhafte Geschwindigkeit hindurch zugleich jener hin zu einer Ordnung der Welt, die erst so ihre visuelle Gestalt gewinnt. Mit dem Rausch der Geschwindigkeit und aus der Vogelschau des Flugzeugs entledigt man sich des alten Wahrnehmungsapparats, um nun fortan neu und mit anderen Augen zu sehen. Sieht man aber erst einmal mit neuen Augen, so hat die Welt unter der Hand eine andere Gestalt angenommen, eine neue Ordnung ausgebildet.

Der Ordnungsrausch der neuen Wahrnehmung ist dabei durchweg technikinduziert. Der Modernisierungsprozess läuft gleichsam in extremer Abbreviatur ab, wenn ein Auto oder Flugzeug beschleunigt und so den perzeptiven wie intellektuellen Apparat des Passagiers über seine Grenzen treibt: Das ist die diskursive Figur des technischen Geschwindigkeitsrauschs in der Zwischenkriegszeit. In einem Wahrnehmungsakt konzentriert sich die Geschichte der Moderne und lässt am Ende Subjekt wie Objekt verändert zurück. Aus der offenkundigen und vielfach konstatierten Überforderung der Sinne und des Intellekts wird dann auf das Erfordernis einer Neukonzeption geschlossen, die beide Bereiche zugleich umfasst. Die Technik ist die Signatur der neuen Ordnung, nach der sich auch die Sinne neu zu ordnen und neu auszurichten haben.

Auf der anderen Seite greift die Geschwindigkeit direkt in die Produktionsabläufe ein, ergreift den Menschen, um ihn produktiver zu machen. Hier geht der Weg von abstrakten analytischen Verfahren, die in physische Abläufe intervenieren, um diese zu verändern, hin zu individuellen und konkreten Arbeitsumfeldern. Eine zweckrationale Organisation soll in Abläufe umgesetzt werden, die sich erst einmal recht beharrlich einer solchen Revolution der Arbeitskraft widersetzen. Die Rede ist von den bereits mehrfach angeführten tayloristischen und fordistischen Verfahren, die von den Vereinigten Staaten bis hin nach Russland weite Verbreitung finden und dies – zumindest was Taylor anbetrifft – in bemerkenswerter Weise vermutlich sogar mehr in der Theorie als in der Praxis, da sich nur recht wenige Betriebe den neuen Verfahren verschreiben. Dem Medienerfolg tut das keinen Abbruch. In Russland plädierte bereits Lenin für die Übernahme dieser Theorien, die dann durch Gastew und andere höchst praktisch in die Tat umgesetzt wurden. Auf beiden Seiten des Atlantiks geht es um *speed work*. Die Geschwindigkeit ergreift den Körper, versucht ihn in einen Rhythmus des Arbeitsprozesses zu überführen, bei dem die Kontrolle des Individuums idealiter außer Kraft gesetzt wird. Nur so könne, wie etwa Frank Bunker Gilbreth ausführt, seine Arbeitskraft optimal genutzt werden. Dabei gilt das neue Gesetz der Geschwindigkeit: je rascher, je besser. *Speed* und *Work* werden zu *Speed Work*, dem Werbeslogan von Gilbreths Firma.

Kontrolle und eine spezifische Form von Kontrollverlust werden hier assoziiert: Auf der einen Seite ist der normierte Arbeitsprozess das Ergebnis einer strengen Analyse und auch Kontrolle, auf der anderen soll hingegen das Individuum seine eigene, den zügigen Ablauf des Prozesses unnötig aufhaltende Kontrolle ersetzen durch eine kontrollierte wie kontrollierbare Bewegung, die gleichwohl unbewusst, automatisch abläuft. Der Mensch wird seinerseits zu einer Art Maschine, die einem festen Rhythmus folgt und auch auf der Energieseite auf Einsparung setzt. Die zahlreichen Texte von und über Taylor und Ford betonen unentwegt, dass die neuen Organisationsformen nicht nur effizienter, sondern auch für die Arbeiter entlastend, weil kräftesparend sind. Es geht um einen Energiehaushalt, der möglichst rational einzurichten ist.

5.7 Die technische Mobilmachung: Ernst Jünger

In den 1930er Jahren münden die Visionen des neuen Menschen in den Stalinismus, Faschismus und Nationalsozialismus. Nach wie vor fungiert die Technik als Zentralmetapher, schließt nun aber sukzessive den

Staat mit ein. Technik wird zur Propaganda. *Der Staat ohne Arbeitslose* lautet der Titel eines von Ernst Glaeser und F. C. Weiskopf herausgegebenen Bildbandes zur Sowjetunion, der 1931 in der »Universum-Bücherei für alle« erschien. Ein Staat ohne Arbeitslose ist ein Staat der Arbeiter. »Bilder ... Was besagen schließlich Bilder heutzutage?«, fragt Weiskopf in seinem Nachwort, um dann nicht nur das Land, sondern auch die Technik zu feiern: »Alles, was wir auf diesen Bildern sehen, sind nur Teile eines großen Ganzen, sind kleine Räder in einem großen Mechanismus« (Glaeser/Weiskopf 1931, 187 f.). Das Buch von Glaeser und Weiskopf ist nur ein prominentes Beispiel aus einer Fülle von Publikationen, die auf ähnliche Bilder zurückgreifen und dabei das ganze publizistische Spektrum von Zeitschriften, Broschüren und Bildbänden abdecken. Die in mehreren Sprachen erschienenen und aufwendig produzierten Broschüren *USSR im Bau* sind dabei das offizielle Organ, das von einer Fülle weiterer Zeitschriften wie etwa *Russie d'aujourd'hui* in Frankreich flankiert wurde.

Die politische Rechte tat sich ungleich schwerer mit der Bildpublizistik, um sie dann aber nach der Machtergreifung konsequent gleichzuschalten. Auch Ernst Jünger konnte mit der neuen Bildbegeisterung erst einmal wenig anfangen. »Zu den mannigfaltigen Anzeichen einer neuen Primitivität gehört auch die Tatsache, daß das Bilderbuch wieder eine Rolle zu spielen beginnt« (Jünger 1931, 65). Diese Einschätzung sollte ihn dann jedoch keineswegs davon abhalten, als Herausgeber solcher Bilderbücher tätig zu werden: In der Zeit zwischen 1928 und 1933 erschienen gleich mehrere von ihm herausgegebene Bände. Und schon zwei Jahre nach der Erstpublikation von »Das Lichtbild als Mittel im Kampf« verwendete Jünger sogar den gleichen Text, um ihn nun einem von ihm herausgegeben Bildband als Einleitung voranzustellen. *Die veränderte Welt. Eine Bilderfibel unserer Zeit* lautet der Titel dieses Bilderbuchs, dessen Klappentext das bildpolitische Programm in deutliche Worte fasst:

> »Der Sinn dieses Buches ist der einer vorurteilslosen und rücksichtslosen Führung durch eine neue Formenwelt. Die Belehrung, die der Betrachter empfängt, besteht in der *Vernichtung* der *Phrase*, die mit Worten wie Freiheit, Wahrheit und Friede als mit leeren Begriffen hantiert. Diese Belehrung ist um so vernichtender, als sie nach dem alten Grundsatze verfährt, daß das Gelächter am sichersten zerstört. Über diese Zerstörung hinaus werden die Mittel und Wege gezeigt, deren sich der *moderne Machtkampf* bedient. Die Landschaft, die sich eröffnet, wirkt wie ein geheimnisvolles, erschreckendes Märchenland. Es ist so ein Werk entstanden, das sich nicht nur auszeichnet durch eine sichere Beherrschung der technischen Mittel, sondern sich auch dieser Mittel jenseits der Zone einer billigen Objektivität mit Kühnheit und Treffsicherheit bedient. So wird das Buch zu einer *Weltgeschichte* unserer Epoche, die einen geistigen Umsturz von bisher ungeahnten Ausmaßen brachte.« (Schulz 1933, Umschlag)

Der Bildband, der sich – auch in der Rhetorik martialisch genug – die Zerstörung und Vernichtung zur Aufgabe einer neuen Form der Geschichtsschreibung gesetzt hat, präsentiert dann ein dezidiert politisches Bildprogramm, das mit Gegenüberstellungen historischer und zeitgenössischer Fotographien und einer Typographie operiert, die den Kommentar nicht selten über Doppelseiten laufen lässt und die Bilder als konfligierende historische Abbreviaturen oder suggestive Kompositionen zum Sprechen bringt. »Der Zusammenbruch der alten Ordnungen«, »Das veränderte Gesicht der Masse«, »Das veränderte Gesicht des Einzelnen«, »Das Leben«, »Innenpolitik«, »Die Wirtschaft«, »Nationalismus«, »Mobilmachung« und »Imperialismus« lauten die Kapitel dieser neuen Fibel der Geschichte, die dem Leser oder Betrachter eine neue Sprache der Bilder wie der Geschichte beibringen soll. Geschichte erscheint hier als notwendiges Geschehen zwischen Technik und Natur. Was vor Augen geführt werden soll, ist, in Jüngers Worten, eine neue »Gestalt«: die des Arbeiters. Mit ihr kommt die Geschichte zu ihrem Abschluss, und eine neue Ordnung der Dinge regiert die Welt. Das ist, so will Jünger uns zeigen, keineswegs eine Zukunftsprognose, sondern der Stand der Dinge.

Die insgesamt gut dreihundert Bilder in *Die veränderte Welt* stammen fast durchweg aus Pressebildstellen und kommen ohne jede Fotografennennung aus. Die Anonymisierung und die Verwendung von ohnehin bereits publizierten oder zur Publikation in der Tagespresse bestimmten Bildern gehören mit zum Programm des Bandes, der sich nicht nur in diesem Punkt dezidiert von anderen Bilderfibeln – und nicht zuletzt von John Heartfields und Kurt Tucholskys *Deutschland, Deutschland über alles* – dieser Zeit absetzt. Jüngers *Bilderfibel* entwirft hingegen ein antiavantgardistisches Bildprogramm, das nicht allein auf Verfahren der Fotomontage oder der Collage verzichtet, sondern diesen sogar eine festgefügte Bilderfront entgegenstellt. Es geht hier um eine andere Form der visuellen Alphabetisierung, die nicht auf eine Veränderung der bestehenden Ordnungen, sondern auf Feststellungen setzt. Doppelseite für Doppelseite werden die alte und die neue Ordnung einander gegenübergestellt. Die Pointe bei dieser Eskamotierung der bürgerlichen Gesellschaft, die sich auch die Avantgarden in anderer Weise auf die Fahnen geschrieben hatten, ist, dass Geschichte überführt wird in eine überzeitliche Ordnung. Auch Jünger wird dabei wie die Avantgarden vom Elementaren reden, meint aber den »heroischen Realismus« des Arbeiters, den er in seinem gleichnamigen Buch entwirft. Jünger verwirft daher die Montage als künstlerisches Verfahren, folgt hingegen dem Begriff der Montage als industrielle Fertigung – denn der quasi-industriellen Fertigung von maschinengleichen Wesen und der Omnipräsenz wie historisch unwiderruflichen Dominanz der Technik gilt sein ganzes Augenmerk (s. Kap. II.C.12). Jüngers Montagebegriff ist Ausdruck eines konstruktivistischen Radikalismus und Konsequenz einer technizistischen wie metahistorischen Betrachtungsweise, die sehenden Auges in faschistische Theoreme mündet. Aus dem neuen Menschen wird der Arbeiter.

Literatur

Gladkow, Fjodor: Zement. Berlin 1927 (russ. 1925).

Glaeser, Ernst/Weiskopf, F. C.: Der Staat ohne Arbeitslose. Drei Jahre ›Fünfjahresplan‹. Berlin 1931.

Hoof, Florian: Engel der Effizienz. Eine Mediengeschichte der Unternehmensberatung. Konstanz 2015.

Jünger, Ernst: Das Lichtbild als Mittel im Kampf. In: Widerstand 6/3 (1931), 65–69.

Jünger, Ernst: Der Arbeiter. Herrschaft und Gestalt. Hamburg 1932.

Plessner, Helmuth: Die Utopie in der Maschine. In: Ders.: Gesammelte Schriften, Bd. 10: Schriften zur Soziologie und Sozialphilosophie. Hg. von Günther Dux. Frankfurt a. M. 1985, 31–40.

Plessner, Helmuth: Grenzen der Gemeinschaft [1924]. Frankfurt a. M. 2001.

Münsterberg, Hugo: Das Lichtspiel. Eine psychologische Studie (1916) und andere Schriften zum Kino. Hg. von Jörg Schweinitz. Wien 1996.

Patzel-Mattern, Katja: Ökonomische Effizienz und gesellschaftlicher Ausgleich. Die industrielle Psychotechnik in der Weimarer Republik. Stuttgart 2010.

Rabinbach, Anson: Motor Mensch. Kraft, Ermüdung und die Ursprünge der Moderne. Wien 2001 (amer. 1992).

Rüting, Torsten: Pavlov und der Neue Mensch. Diskurse über Disziplinierung in Sowjetrussland. München 2002.

Schulz, Edmund (Hg.): Die veränderte Welt. Eine Bilderfibel unserer Zeit. Mit einer Einleitung von Ernst Jünger. Breslau 1933.

Spengler, Oswald: Der Mensch und die Technik. München 1931.

Stiegler, Bernd: Der montierte Mensch. Eine Figur der Moderne. Paderborn 2016.

Witte, Irene M.: Taylor-Gilbreth-Ford. Gegenwartsfragen der amerikanischen und europäischen Arbeitswissenschaft. Berlin 1924.

Bernd Stiegler

6 Maschine als Trauma: Die Prothesen der Kriegsversehrten

6.1 Destruktion und Innovation

»der große dialektiker krieg testet alle organe« (Brecht 1977, 238). Dieser Eintrag in Bertolt Brechts Arbeitsjournal verdichtet Diagnosen, die die erste Hälfte des 20. Jahrhunderts als Zeitalter der Extreme, als Epoche, die die Signatur des Traumas trägt (vgl. Hobsbawm 1995; Hüppauf 1997), als Epoche der Zerschlagung des bürgerlichen Selbstverständnisses und seiner leiblichen Erfahrungsweisen verstehen. In der Prothetik, in den wissenschaftlich-technischen und kulturellen Bearbeitungen des lädierten Körpers, zeigt sich aber nicht nur das Trauma, sondern auch, dass sich im Ersten Weltkrieg aufgrund seiner technischen Natur Destruktion und Innovation bis zur Ununterscheidbarkeit anverwandelten (vgl. Cohen 2001; Harrasser 2016; Kienitz 2008; Perry 2002; Price 1996). Die Prothese ist auch deshalb so emblematisch für eine Kulturgeschichte der Gewalt im 20. Jahrhundert, weil sie diese spezifische Form der Gewalt *verkörpert*: Ihr Anlass ist ein traumatischer Verlust. Sie tritt jedoch als ›fortschrittliches‹ technisches Gerät in Erscheinung, das einen Verlust kompensiert und der Reparatur von etwas ursprünglich Ganzem dient. Gleichzeitig lässt die Prothese als technisches Artefakt einen neuen, leistungsfähigeren Körper am Horizont erscheinen: Die Materialität der Prothese (Holz, Metall) suggeriert größere Stabilität und Belastbarkeit als die verletzliche und biegsame Materie des organischen Körpers. Der versehrte und prothetisch wiederhergestellte Körper ist gleichzeitig der viel-versprechende Körper der technischen Moderne

Die beiden Zugkräfte (Destruktion und Innovation) lassen sich geradezu prototypisch in den Aktivitäten des Berliner Betriebswirtschaftlers und Maschinenbauers Georg Schlesinger ablesen. Er war zum einen für die Optimierung von Waffentechnik in der Gewehrfabrik Spandau verantwortlich, wo unter seiner Ägide das berühmte MG 08/15 entwickelt wurde (Berz 2001). Gleichzeitig war er an zentraler Stelle für die Weiterentwicklung der Industrietauglichkeit von Prothesen zuständig, nämlich als treibende Kraft hinter der *Prüfstelle für Ersatzglieder* in Berlin-Charlottenburg. Die Prothetik wurde seit 1915 hier und anderswo zu einem innovativen und interdisziplinären Forschungsfeld ausgebaut. Über den unmittelbaren Anwendungsbereich hinaus entwickelte sich die Prothetik mit ihren Subdisziplinen (Medizin, Orthopädie, Psychologie) innerhalb weniger Jahre zu einem Kristallisationspunkt neuartiger Körper- und Technikkonzepte. Die Materialschlachten des Ersten Weltkriegs brachten nicht nur Opfer- und Verwundetenzahlen in bis dahin nicht gekannter Höhe (Cohen 2001, 193; Whalen 1984; Poore 2007, 7), sondern auch eine ganze Reihe von Neuerungen auf technischem, medizinischem und (arbeits-)organisatorischem Gebiet mit sich. Vor dem Hintergrund der sprunghaft gestiegenen Nachfrage wurde der Bau von Prothesen innerhalb weniger Jahre von der manufakturiellen Produktion in die Massenfertigung überführt. Bis dahin waren Prothesen von Waffenschmieden, Uhrmachern, Schlossern oder Instrumentenbauern als Einzelanfertigungen hergestellt worden. In den USA war es bereits im amerikanischen Bürgerkrieg zu einer Zusammenarbeit von Orthopädietechnik, industriellem Maschinenbau und Medizin gekommen. In Deutschland wurde die industrielle Herstellung von Prothesen im Rahmen der Kriegswirtschaft des Ersten Weltkriegs erstmals systematisiert.

Die massenhafte Prothesenherstellung wurde deshalb dringlich, weil die moderne Militärtechnik immer öfter zu Verstümmelungen der Extremitäten führte, jedoch durch neue Operationstechniken, antiseptische Maßnahmen und Fortschritte in der Krankentransportlogistik immer mehr Soldaten schwerstversehrt überlebten. Der chirurgische Eingriff der Amputation im Lazarett gehorchte selbst einem eminent biopolitischen Kalkül: Als zeitsparende Operationsmethode erlaubten Amputationen die Rettung vieler zum Preis von Gliedmaßen einzelner. Die Prothetik erlebte aus diesen Gründen im und unmittelbar nach dem Ersten Weltkrieg einen Innovationsschub in Bezug auf Material und Machart, aber auch in Hinblick auf Herstellungs- und Anpassungsverfahren. Die modulare, masseindustrielle Fertigung von Passteilen und deren schrittweise Anpassung im Zuge einer professionellen Rehabilitation wurden zum Standard der Versorgung mit Prothesen. Weiter konnten sich im Fahrwasser des Kriegs die orthopädische Medizintechnik sowie die Rehabilitationswissenschaften mit ihren umfassenden sozialtechnischen Programmen als eigenständige Wissenschaftszweige etablieren.

Der Anblick von Prothesen und der mediale Diskurs rund um die Prothetik war in den 1910er und 1920er Jahren auch deshalb so dramatisch, weil der Schock, mit dem der bürgerliche Mensch aus seinem

K. Liggieri / O. Müller, *Mensch-Maschine-Interaktion*, https://doi.org/10.1007/978-3-476-05604-7_6

›humanistischen‹ Selbstverhältnis herausgesprengt worden war, in ihr augenfällig wurde. Eine Vielzahl zeitgenössischer Autoren und Künstler begriffen den Maschinenkrieg als Auslöser und Katalysator der Krise eines zuvor relativ stabilen Selbstverhältnisses des bürgerlichen Mannes. Die Frage, was der Körper und was das Bewusstsein sei, welche Arbeits- und Geschlechterverhältnisse der Gegenwart angemessen seien, wurde nach dem Ersten Weltkrieg an vielen Orten und in allen politischen Lagern gestellt: Von Psychologen und Philosophen, von Schriftstellern, Künstlern und Künstlerinnen, aber auch von den Regierenden, die das Soziale neu zu konstituieren trachteten oder die Vorkriegsverhältnisse noch einmal zurückholen wollten. So unterschiedlich diese Entwürfe auch gewesen sein mögen, ihnen allen war gemeinsam, dass sie ein neues Verhältnis von Mensch und Technik als Dreh- und Angelpunkt der Krise (und/oder der anstehenden Erneuerung) konstatierten und den industriellen Charakter des Krieges als Referenzpunkt des Bedarfs nach neuen Konzepten, Körpern und politischen Strukturen setzten. Die öffentlich breit diskutierte Abhängigkeit der Veteranen von medizinischen Hilfeleistungen, Sozialfürsorge oder dauerhafter Pflege durch Frauen und die Exponierung des versehrten Soldatenkörpers im Expressionismus und im Dadaismus stand in krassem Gegensatz zum überlieferten männlichen Selbstbild als ›Krieger‹ und Familienversorger, dem die Wunde als Ehrenzeichen gilt. Die beschädigten Körper insistierten auf die von den Kriegsversehrten reklamierte Sonderstellung und hoben sie aus der Normalität heraus. Sie wurden in den politischen Kämpfen um Renten und symbolische Anerkennung zur Waffe. Prothesen irritierten das Bedeutungsspektrum des verwundeten Soldatenkörpers nachhaltig: Sie sollen unauffällig machen, bleiben jedoch in der kleinen Abweichung, dem humpelnden Gang, dem ungeschickten Griff wahrnehmbare Zeichen eines Verlusts. In ihrer Technizität verweisen sie unerbittlich auf den Maschinenkrieg, wiewohl sie doch seine Verheerungen heilen sollten. In Anmutung und Gebrauch verkörpern Prothesen deshalb die Tragik des Ineinanders von Destruktion und Innovation, den Riss in der Fortschrittserzählung aber auch die Unmöglichkeit einer kompletten Wiederherstellung. Die Prothese ist zudem ein Erinnerungszeichen, das den geschichtlichen Verlauf als Heterochronie markiert: Die Gewalterfahrung der Vergangenheit ragt als Fremdes und als Unerledigtes in die Körpergegenwart hinein.

6.2 Staatliche Fürsorge und Prothetik

Die Schauplätze der Etablierung der Prothese als Schlüsselmetapher der Moderne waren die Institutionen der Kriegsversehrtenfürsorge: ihre Lazarette und Spitäler, ihre Forschungsinstitutionen, ihre Arbeitsämter, ihre Wanderausstellungen. Auch in früheren Kriegen hatten die Kriegsparteien ein vitales Interesse daran, sich der Solidarität der im Kampf Verwundeten zu versichern. Sie taten das etwa in Form von Ehrungen, aber auch in Form von Pensionszahlungen, Wohnprojekten für Veteranen und ähnlichem. Aber nie vor dem Ersten Weltkrieg war der Körper der Soldaten ein Objekt dermaßen umfassender Fürsorge gewesen. Dies hängt einerseits mit der zeitspezifischen Biopolitik zusammen, wie sie Michel Foucault als Sorge um die Gesundheit und Arbeitsfähigkeit der Bevölkerung beschrieben hat (Foucault 1994), aber auch mit der Suche nach einer Antwort auf die Auswirkungen des technischen Charakters des Krieges.

In allen kriegführenden Staaten des Ersten Weltkriegs hatte die enorme Menge der Toten und Versehrten wissenschaftliche, ökonomische und politische Effekte. So kam es überall zu Neuerungen sowohl in der medizinischen Versorgung von Kriegsversehrten als auch in der Struktur der Fürsorgeagenturen. Jüngere Studien zur Verstrickung der maschinellen Kriegslogik und den Fürsorgeinstitutionen sehen in den Letzteren das ambivalente Verhältnis von Fortschritt und Modernisierung im Krieg widergespiegelt. Trommler spricht noch Ende der 1990er Jahre mit Blick auf die Forschungsliteratur davon, dass die Einschätzung des Ersten Weltkriegs in Bezug auf die Moderne von der Tendenz geprägt sei, die traumatische Erfahrung zu ästhetisieren. Indem der namenlose Schrecken, der Schock, die Erfahrung der Zerstörung von Körper und Material zu einem Emblem für das Scheitern des Projekts der Moderne gemacht wurde, wäre der rationale Charakter dieser Art von Gewalt »petrifiziert« und nicht weiter analysiert worden (Trommler 1997). Inzwischen sind die unterschiedlichen organisatorischen und politischen Strategien des Umgangs mit Verletzung und Trauma gut erforscht. Detailstudien zu den wohlfahrtsstaatlichen Institutionen und zur Kriegsmedizin haben zeigen können, dass die unterschiedlichen Versuche, mit der schieren Masse der Versehrten zurechtzukommen, zwar einen Modernisierungsschub innerhalb der Wohlfahrtseinrichtung bewirkten, gleichzeitig aber in Widerspruch zu den Wertvorstellungen und Selbstwahrnehmungen der Soldaten gerieten. Die Kriegsversehrten empfanden die rationale Verwaltung ihres Leidens als Hohn und forderten vehement eine symbolische Würdigung ihrer ›Opfer für das Vaterland‹.

Die Errichtung eines vom Staat getragenen, zentral koordinierten und kontrollierten Versorgungssystems für Kriegsversehrte ist, in vergleichender Perspektive betrachtet, nicht selbstverständlich. Wie in anderen europäischen Staaten wurde in Deutschland während des Krieges eine Vielzahl sozialer Aufgaben von einer ebenso großen Vielzahl von staatlichen, regionalen und lokalen, kirchlichen und privaten Akteuren getragen. Deborah Cohen hat überzeugend dargelegt, dass die Monopolisierung der Kriegsversehrtenfürsorge in den 1920er Jahren in Deutschland als ein Sonderweg begriffen werden muss. Denn in keinem anderen kriegsführenden Staat (mit Ausnahme der Sowjetunion) kam es in diesem Ausmaß zu einer ›Verstaatlichung‹ der Versorgungseinrichtungen. Kein Staat gab bezogen auf den Gesamthaushalt so viel für seine Kriegsversehrten aus wie Deutschland: 1924/25 waren es 16,3 % des Staatshaushalts, 1932/33 sogar 21,3 % (Cohen 2001). Der Grundgedanke der Versorgung mit Prothesen bestand, wie in zahlreichen Flugblättern und Zeitungsartikeln mantrahaft wiederholt wurde, darin, »die Amputierten durch Gewöhnung an nutzbringende Arbeit körperlich und geistig zu ertüchtigen, damit aus ihnen selbstbewusste, steuerzahlende Staatsbürger und nicht rentenempfangende Parasiten des Gemeinwesens werden« (Fuchs 1919, 209). Die Maßnahmen der Fürsorge variierten im Verlauf des Krieges und der Nachkriegszeit beträchtlich – eine Grundüberzeugung blieb jedoch durchgängig erhalten, nämlich, dass die Zahlung von Pensionen nicht ausreichen würde, um die soziale Wiedereingliederung der Veteranen zu gewährleisten. So waren die Programme der Kriegsversehrtenfürsorge schon während des Krieges damit beschäftigt, Prothesen herzustellen, die es den Kriegsversehrten im besten Fall erlauben sollten, genau diejenige Erwerbsarbeit wiederaufzunehmen, die sie vor dem Krieg ausführten. Im zweitbesten Fall sollten die Veteranen nach einer Umschulung einen neuen Beruf ergreifen (Perry 2002, 75 f.). Die kostenintensiven Bemühungen um die Schaffung von Voraussetzungen für die wirtschaftliche Teilhabe der versehrten Soldaten waren freilich nur teilweise mit volkswirtschaftlichen Realien begründbar. So trat beispielsweise der häufig ins Feld geführte, befürchtete Arbeitskräftemangel nach dem Krieg bekanntermaßen nicht ein. An der Ideologie der Vollbeschäftigung der Kriegsversehrten hielt man trotzdem fest. Selbst als 1919 der Arbeitsmarkt endgültig einbrach, galt die Arbeitsfähigkeit und -willigkeit der Kriegsversehrten immer noch als Schlüssel zu ihrer Re-Mobilisierung und als moralischer Ankerpunkt der Selbstheilung der Nation (Kienitz 2008). Die Bewertung des ›Erfolgs‹ dieser Rehabilitationsbestrebungen seitens der Sozialgeschichte ist unterschiedlich. Es ist inzwischen bekannt, dass nur ein sehr geringer Prozentsatz der Kriegsversehrten tatsächlich wieder vollständig ins Arbeitsleben zurückkehrte (Kleinschmidt 1994). Es wird aber auch betont, dass, gemessen an den allgemeinen Arbeitslosenzahlen und der insgesamt geringen Höhe der Einkommen, durchaus von einem Erfolg gesprochen werden kann. Denn aufgrund ihrer Rentenansprüche und ihrer Bevorzugung auf dem Arbeitsmarkt war die Gruppe der Kriegsversehrten in der Nachkriegszeit relativ privilegiert. Bei einer Arbeitslosenrate von insgesamt 12 % im Jahr 1927 waren nur 8 % aller arbeitsfähigen Kriegsversehrten erwerbslos. 1931 betrug dieses Verhältnis 21 % zu 11 % (Cohen 2001). Aufgrund der politischen Sprengkraft des Themas in der Nachkriegszeit und den polarisierten öffentlichen Meinungsäußerungen – sowohl seitens der Betroffenen als auch seitens der Deutungseliten – ist es jedoch notorisch schwierig, die Situation gültig zu beurteilen. In Deutschland wurde ein feinmaschiges Netz zur Betreuung und Rehabilitation ehemaliger Soldaten etabliert, das sich vom Lazarett über Rehabilitationseinrichtungen bis in die Familie hinein erstreckte. Dieses Auffangnetz sollte ihre Rentenansprüche möglichst geringhalten. Prothetik und Rehabilitation waren zwei – manchmal konkurrierende – Wege, um das Gespenst des bettelnden und damit volkswirtschaftlich und moralisch belastenden Kriegsversehrten zu bannen. Viel öffentliche Polemik bezog sich auf überzogene ›Rentenbegehrungsvorstellungen‹, die als Ausdruck einer Pathologie der Arbeitsunwilligkeit galten. Es ist gezeigt worden, dass als Antwort darauf die deutsche Fürsorge – stärker als diejenige in Frankreich, Großbritannien oder den Vereinigten Staaten – einen deutlich sozialtherapeutischen Anspruch erhob (Trommler 1997), der die individuelle Arbeitsfähigkeit mit einer Rhetorik der Volksgemeinschaft verband. Der Bettler und der Leierkastenmann waren in der Presse häufig beschworene, populäre Gegenbilder zum erwerbstätigen Familienversorger, zum sozial integrierten Ernährer (Kienitz 2008, 58–64). Der prothetisch wiederhergestellte Soldat hingegen wurde zur Ikone des willensstarken, duldsamen und anpassungsfähigen Werktätigen aufgebaut. Dabei ist zu beobachten, dass nicht nur der technische Apparat, sondern die Erwerbstätigkeit selbst mit ›prothetischen‹ Begriffen belegt wurde. Der Beruf müsse etwa »dem anatomischen Defekt angepasst werden«, denn nur dann sei es möglich, »aus dem Schwerbeschädigten wieder einen Vollarbeiter machen zu können« (*Leipziger Tageblatt* vom 20. August 1917, Morgenausgabe, 6). Arbeit fungiert als eine Art sozialer Prothese. Die Arbeitsleistung der Kriegsversehrten war zwar das Kernstück politischer Rhetorik, produzierte aber auch eine schiefe Ebene im Konflikt um ihren Status. Denn gerade die Arbeitsleistung der Kriegsversehrten stellte sich aufgrund der von den Fürsorgeinstitutionen verwendeten sozialtechnischen Methoden stets als defizitär dar. Die systematische Mangelhaftigkeit der Arbeitsleistung des Kriegsbeschädigten war die logische Konsequenz der statistisch-normalistischen Gesamtwahrnehmung von Leistung, die durch arbeitswissenschaftliche Methoden objektiviert wurde. Arbeitsleistungen wurden auf breiter Basis mittels psychotechnischer Verfahren akribisch erhoben und vergleichend ausgewertet. ›Normalkörperliche‹ erzielten dabei naturgemäß im Vergleich zu den Versehrten die besseren Resultate. Den Kriegsversehrten wurden diese statistischen Daten durch Prozentangaben zu ihrer Erwerbsfähigkeit zurückgespiegelt. Diese Form der Wertsetzung kam mit der Selbstwahrnehmung der Veteranen, insbesondere aus bürgerlichen Milieus, in Konflikt, die sich als verdienstvolle, heroische Ausnahmeindividuen verstanden – ein Konzept, das sich als überholt erwies. Die lautstark geforderte Anerkennung der Veteranen wurde paradoxerweise gerade durch jene wohlfahrtsstaatlichen Agenturen sukzessive untergraben, die sie zu unterstützen versprachen. Während im nationalen Gedenken der gefallene und verwundete Krieger als Held im Stil des 19. Jahrhunderts inszeniert wurde (Mosse 1979, 15), sahen sich die Kriegsversehrten einer bürokratisch-medizinischen Maschinerie gegenüber, die ihnen zwar finanzielle Anerkennung zukommen ließ (Whalen 1984; Kienitz 2008) (s. Kap. II.A.3), die symbolische Anerkennung jedoch aufgrund ihrer intrinsischen Logik geradezu auf den Kopf stellte. Kriegsversehrte mussten in der Optimierungslogik der Arbeitswissenschaften und der angewandten Psychologie (s. Kap. II.A.4) zwingend mangelhaft erscheinen. Die zunehmende Militanz der Kriegsversehrtenverbände war eine Antwort auf diese widersprüchlichen Subjektivierungsangebote zwischen soldatischem Ethos und ökonomischem Leistungskalkül.

Die Prothetik war also symbolisch und konstruktionslogisch mit dem Krieg verklammert: In der Prothesenherstellung kamen der Kriegstechnologie analoge betriebswirtschaftliche und technische Verfahren zum Einsatz und sie wurde zu einer Kulturleistung erster Güte stilisiert. Kriegsversehrte waren Anlass und Objekt einer neuartigen, inklusiven Sozialpolitik, denn sie wurden auf breiter Basis in die Ausgestaltung der neuen Programme miteinbezogen. Der Preis für die Inklusion war jedoch die Etablierung eines umfassenden Meldesystems, das medizinische Versorgung, psychologische Betreuung und eben auch die Prothesenversorgung koordinierte. Viele dieser ganzheitlich angelegten, deshalb aber auch paternalistischen Konzepte hatten sich aus der Heilpädagogik heraus entwickelt, die für Kinder konzipiert worden war (Thomann 1995). Der pädagogische Ansatz stand im Gegensatz zur Selbstwahrnehmung der Kriegsversehrten, die sich als Anspruchs*berechtigte* und nicht als Zu-Erziehende sahen. Diese Konstellation – kein Staat investierte so viel für seine Kriegsversehrten und in keinem Staat waren die Kriegsversehrten so unzufrieden mit dem Staat – gipfelt in dem viel diskutierten Paradox, dass die Veteranen, obschon sie in der Weimarer Republik eine relativ gut abgesicherte Sozialklientel darstellten, sich gerade nicht mit der demokratischen Republik identifizierten, sondern im Gegenteil autoritären Strömungen den Weg bahnten (Cohen 2001, 188–191; Kienitz 2008, 19; Diehl 1987). Den Staat als Erzieher und Heiler und die Identität als Hilfsbedürftige wollten sie nicht akzeptieren.

6.3 Vom Ersatzteil zum Medium des Selbstbezugs

Das Ziel der Versorgung der Kriegsversehrten mit Prothesen hatte zwei Fluchtpunkte: Unauffälligkeit und Produktivität. Auf der einen Seite sollte durch die realistische Nachahmung von Körperteilen mithilfe kosmetischer Prothesen – der sogenannten ›Sonntagshände‹ oder auch naturalistischer mechanischer Gliedmaßen wie dem Carnes- oder Sauerbrucharm – das soziale *passing* der Kriegsversehrten gewährleistet werden. Auf der anderen Seite war das Ziel, angeleitet durch die Ingenieurs- und Arbeitswissenschaften, eine funktionale Passung von Menschen- und Maschinenkinetik zu erreichen. Eine der wichtigsten Institutionen für die Entwicklung von Prothesen war, wie erwähnt, die in Berlin Charlottenburg 1915 gegründete Prüfstelle für Ersatzglieder, der Georg Schlesinger vorstand. Die Prüfstelle war auch der Schauplatz der Auseinandersetzung um ein verbindliches Konzept in der Prothetik. Georg Schlesinger hatte sich als Psychotechniker und Spezialist für die Optimierung maschineller Herstellungsverfahren einen Namen gemacht (vgl. Berz 2001). Er war ein Schüler des Maschinentheoretikers Franz Reuleaux , hatte vor seiner Arbeit an der Prüfstelle jahrelang Werkzeugmaschinen typisiert und sich mit Veröffentlichungen zur wissenschaftlichen Betriebsführung sowie mit international beachteten psychotechnischen und arbeitswissenschaftlichen Arbeiten hervorgetan. Der Standardisierung von Normalien – Griffen, Nuten, Schrauben und Kurbeln, den Schnittstellen zwischen den verschiedenen Teilen der Maschine – hatte er den Großteil seiner Forschung gewidmet. Konsequenterweise galt seine Aufmerksamkeit in der Prüfstelle der Typisierung von Prothesen und der Standardisierung von Anschlussnormen, insbesondere bei den sogenannten Arbeitsarmen und -händen. Sie waren so konstruiert, dass an einem proximalen Grundgerät verschiedene Ansatzstücke befestigt werden konnten, die die Ausführung von handwerklichen Tätigkeiten ermöglichten. Voraussetzung dafür war die systematische Analyse von Bewegungsformen: die Beschreibung menschlicher Glieder als mechanisches System, die Klassifikation möglicher Bewegungen, die Charakterisierung der Funktionen des Gliedes nach ›Freiheitsgraden‹, die statistische Auswertung der Bewegungsformen, ihre Beschreibung als Teil einer ›Bewegungskette‹ und abschließend: ihr Nachbau. Ziel war die Passung zwischen Amputiertem und Prothese, zwischen Prothese und Werkzeug, zwischen Werkzeug und Arbeitsvorgang. Der menschliche Körper wird hier entsprechend Reuleaux' kinematischer Maschinentheorie als ein System diskreter, ineinandergreifender, austauschbarer Teile konzipiert, das nach dem Baukastenprinzip zerlegt und wieder anders zusammengesetzt werden kann. In der Vorstellung der Ingenieure sollte damit der organische Leib effizient mit Maschinen verkoppelt werden können – auch um den Preis der Auflösung der äußeren Morphologie. Das folgenreichste Resultat der Aktivitäten war die Einführung von einheitlichen Anschluss-Normen für Bandagen und Ansatzstücke, die schon bald als DIN-Norm zur Grundlage der flächendeckenden industriellen Herstellung modularer Prothesen wurde. Die Herstellung von werkzeugartigen ›Arbeitshänden‹ wurde hingegen nach dem Ersten Weltkrieg nicht systematisch weiterverfolgt. Der Abgleich arbeitswissenschaftlicher, chirurgischer und orthopädischer Wissensbestände in der Prothetik des Ersten Weltkrieges war Teil eines experimentell erarbeiteten, konkreten, sozial-technischen Systems der Standardisierung und der Passung, in das der versehrte Körper des Soldaten eingefügt wurde. Dieses System basierte auf einer »Logik der Ersetzbarkeit«, auf der »totalen Austauschbarkeit aller Maschinenteile oder -glieder« (Price 2003, 147). All dies wäre noch im Vokabular einer mikrophysikalischen Gewalt der Fabrik beschreibbar, die ein systematisches Ineinandergreifen von zugerichtetem (Soldaten-)Körper, normierter Bewegungslehre, verteilter industrieller Massenproduktion und Arbeit als ultimativem sozialem Formierungsinstrument herstellt. Perfektioniert wurde die Kopplung der Funktionssysteme und der industriellen Produktion auch insofern, als einer der Aufträge der Prüfstelle für Ersatzglieder darin bestand, die »geistige Vorarbeit und betriebsfertige Einrichtung« einer Prothesenfabrik zu erbringen, die nach dem Krieg von versehrten, abgerüsteten Angehörigen des 3. Armeekorps bewirtschaftet werden sollte (Radike 1921, 554). Ob diese Fabrik jemals in Betrieb genommen wurde, konnte nicht in Erfahrung gebracht werden. Die Tätigkeit der Prüfstelle für Ersatzglieder ging auf anderen Gebieten jedoch über die exakte Verschaltung von Einzelkörpern mit Maschinensystemen, über eine disziplinarische oder »instrumentelle Codierung des Körpers« (Foucault 1994, 196) hinaus. Hier wurde medizinisches Wissen und Ingenieurswissen mit versicherungstechnischen Überlegungen, mit Verfahren der Datenverarbeitung, mit neuesten experimentalpsychologischen Verfahren und psychotechnischen Methoden (Berufseignungstests, professionelle Schulung) angereichert. Ich verstehe die Prothetik der 1910er und 1920er Jahre deshalb als einen Wissenskomplex, in dem sich die Konturen eines neuen Modells der Steuerung von Körpern und Individuen abzeichnen: Ein normalistisch-kybernetisches Modell löst dabei weniger eine disziplinarische Mikrophysik ab, die erwünschtes Verhalten durch pädagogische und dressierende Maßnahmen in Körper und Seelen einsenkt, als dass sie Disziplinierungen mithilfe flexibler Methoden der Selbststeuerung und der Passung durch Rückkopplung überlagert und »humanitär intensiviert« (Price 1996, ohne Seite). In einer ›Amputiertenkartothek und –registratur‹ wurden beispielsweise sämtliche versicherungstechnischen, medizinischen und berufsrelevanten Daten der Versehrten zusammengeführt, um die statistischen Chancen für eine Rehabilitierung und die aussichtsreichsten Kandidaten für eine Wiedereingliederung ins Arbeitsleben zu ermitteln. Die Re-Mobilisierung der Soldaten folgte also nur teilweise der Logik des Kasernendrills und einer militärischen Metaphysik des Willens. Vor dem Hintergrund einer disziplinarischen, militärischen Körperkultur tauchen Elemente von Selbstbestimmung und -regulierung auf, die später insbesondere für die psychologische Behandlung der Versehrten eine wichtige Rolle spielten. Psychologen empfahlen beispielsweise, den Versehrten eine unternehmerische Laufbahn zu ermöglichen, anstatt sie in die alten Berufe zu reintegrieren. Auf Letzteres war die Prothesenversorgung ursprünglich eingerichtet gewesen, doch von den Behörden durchgeführte Erhebungen hatten gezeigt, dass ca. zwei Drittel der zu diesem Zweck gefertigten ›Arbeitshände‹ nicht in Gebrauch waren, man sich also zur Erreichung des übergeordneten Ziels (Vollbeschäftigung für Kriegsversehrte) andere Strategien ausdenken musste (vgl. Ach 1920).

Diese Akzentverschiebung von der Disziplinierung hin zur Selbstregulierung korreliert mit einer neuen Konzeption des versehrten Körpers: Im mechanistischen Paradigma ist er eine reparaturbedürftige Maschine, im Diskurs von Psychologie und Medizin wurde er als spezieller Fall innerhalb des Kontinuums von grundsätzlich mangelhaften, aber zur Selbstverbesserung fähigen Körpern behandelt. Das zergliedernde, mechanistische Körperkonzept der Ingenieure wurde ergänzt durch ein neovitalistisch-steuerungslogisches Modell, welches den menschlichen Körper als fein abgestimmtes Rückkopplungssystem begriff, das externe und interne Daten verarbeitet. Schlesingers Auffassung vom menschlichen Organismus als Bewegungskette blieb auch seitens der Medizin – und das ist ein weiterer Hinweis auf eine Umstellung von Disziplinar- auf Selbststeuerungsparadigma – nicht unbestritten. Sein Antagonist war der bekannte Chirurg Ferdinand Sauerbruch. In der Auseinandersetzung der beiden prominenten Figuren stand nicht zur Debatte, *ob* der menschliche Körper eine Maschine war, sondern *welche*. Sauerbruch vertrat in mehreren praktischen Fragen eine Gegenmeinung zu Schlesingers Auffassung, der eine prinzipiell andere Ansicht zur Verfasstheit des menschlichen Körpers zugrunde lag. Sauerbruch vertrat die Meinung, dass die natürlichen und gelernten Bewegungen der lebenden Hand durch die Prothese morphologisch und funktional möglichst exakt nachgeahmt werden sollten. Gesucht sei also ein *Ersatzarm* und kein *Armersatz* (Sauerbruch 1916, 9). Im Vordergrund seiner Überlegungen stand weniger die Passgenauigkeit zwischen Organischem und Mechanischem als die Kommunikation zwischen Prothese und lebendigem Leib. Grundlegendes Konzept war die Ausnutzung des verbleibenden Stumpfs als Kraftquelle. Sauerbruchs Methode sah zur Steuerung der Prothese eine Zugeinrichtung vor, die durch einen Elfenbeinstift mit der Muskulatur des verbliebenen Armstumpfes verbunden war, sodass durch eine Beugung des Armstumpfes z. B. der Daumen der Prothese gezielt bewegt werden konnte. Dazu musste der verbliebene Arm chirurgisch präpariert werden. Ein weiterer Anlass des Dissenses war die von Schlesinger als lästige Schwäche diskreditierte Empfindsamkeit der Hand. Für Sauerbruch sind gerade die feinen Wechselbeziehungen zwischen Hand und Gesamtorganismus – die Propriorezeption und das Tastempfinden – wesentlich für die Praktikabilität der Prothese. Die Rückmeldung des Zugmechanismus an die Restmuskulatur gibt dem Prothesenträger sensorische Informationen über Lage und Zustand der künstlichen Hand, die dadurch zielgenauer und kraftsparender eingesetzt werden könne. Die Sensibilität ist also kein, wie auch immer hoch geschätzter, Zusatz zur Funktionalität, sondern integral für die Funktion. Sauerbruch vertritt also einen Ansatz, der die menschliche Morphologie äußerlich nachzuahmen und erlernte Bewegungsschemata funktional zu imitieren fordert. Der Weg dahin führt über Apparate: Man benötigt Selbstbeobachtungs- und Selbstaufzeichnungsapparate, um erlernte Vorgänge, die als Automatismen (s. Kap. III.34) inkorporiert sind (das Zusammenspiel von Bizeps und Trizeps), zu dissoziieren und umzucodieren. In der psychologischen Behandlung der Kriegsversehrten entwickelte sich parallel zu Medizintechnik und Chirurgie eine Idee der ›Selbststeuerung‹, die die Imaginations- und Projektionsfähigkeit des Menschen und das Arsenal der Signal- und Zeichenverarbeitungssysteme untersuchten. Anlass der Forschung waren hier die Phantomempfindungen der Amputierten. Die systematische Beobachtung und Interpretation von Phantomempfindungen wurde zu einem Kernstück wichtiger psychologischer Konzepte wie etwa dem des ›Körperschemas‹ (Pick, Schilder, Katz). Die Experimente mit Amputierten und Prothesenträgern führten aber auch zur Ausarbeitung eines Konzepts der Körper-Umwelt-Relation als ›Gestaltkreis‹ (von Weizsäcker, Buytendijk), der sich wenig später als grundlegend für die Formulierung kybernetischer Selbststeuerungsmodelle erweisen sollte (Rieger 2001, 2003). Amputierte Soldaten waren von doppeltem Interesse für die Psychologen und Neurologen: Einerseits waren sie wertvolle Experimentierobjekte. Noch nie hatte die psychophysiologische Forschung dermaßen gute Voraussetzungen vorgefunden, um vergleichende Untersuchungen zwischen ›normalen‹ und ›pathologischen‹ Fällen anstellen zu können.

Die schiere Menge an Versehrten, die der Krieg produziert hatte, ermöglichte die statistische Absicherung von Forschungsergebnissen in einem neuen Ausmaß. Selbst in der Formierungsphase der psychophysiologischen Forschung ab der Mitte des 19. Jahrhunderts, in der – verglichen mit bis zum Beginn des 20. Jahrhunderts etablierten forschungsethischen Regularien – ein relativ rücksichts- oder sorgloser Umgang mit Versuchspersonen an der Tagesordnung war, konnten bestimmte Experimente nicht ohne weiteres durchgeführt werden; vor allem solche nicht, die sehr wahrscheinlich zu einer dauerhaften Erkrankung oder zum Tod der Versuchspersonen führten. Im 19. Jahrhundert waren für diese Schonung nicht unbedingt ethische Bedenken ausschlaggebend. Die Experimentalpraxis griff jedenfalls zumeist recht sorglos auf ihr »Menschenmaterial« zu, wenn es denn zur Verfügung stand (vgl. Pethes u. a. 2008). Für Experimente, die lebendige Prozesse erforschen wollten, war es jedoch erforderlich, dass die Probanden ihre Leistungsfähigkeit auf sensorischem und muskulärem Gebiet über längere Zeit aufrechterhielten, also nicht zu stark geschädigt wurden oder starben. Zudem standen im Zentrum der psychophysiologischen Forschung Phänomene, die über weite Strecken nur in Selbstbeobachtung und kompetenter Versprachlichung verzeichenbar waren: Grenzwerte von Empfindungen etwa (die Dauer und Ausdehnung von Perzeptionen) oder der Übergang von differenzierbarer Empfindung zum undifferenzierbaren ›Gemeingefühl‹ (dem Schmerz). Man war deshalb auf Selbstexperimente angewiesen (Solhdju 2011) oder aber auf die Beobachtung, Befragung und experimentelle Untersuchung ›abweichender‹ Körper und Psychen, um aus der Differenz zum Üblichen aussagekräftige Daten zu gewinnen. Der zweite Auslöser der psychologischen Beschäftigung mit der Prothese war weniger forschungsstrategisch als vielmehr direkt politisch. Wie bereits ausgeführt, wurde die Prothesentechnik von ihren Betreibern als Lösungsansatz der ideologischen und ökonomischen Verwerfungen des Kriegs präsentiert. Durch Prothesen sollten aus vom Krieg gezeichneten, potentiell unproduktiven Versehrten wieder ›vollwertige‹ Mitglieder der Gesellschaft und Familienversorger werden. Nur stellte sich heraus – eine Klage, die in einschlägigen Publikationen immer wiederkehrt –, dass die wenigsten Kriegsversehrten ihre Prothese auch wirklich trugen. Viele Psychologen betonen diesen Umstand als Ausgangspunkt ihrer Untersuchungen zur Psychologie der Amputierten und der Prothese. Ihre Antworten auf die Frage nach Sinnhaftigkeit und Verbesserungsmöglichkeiten von Prothesen fielen unterschiedlich aus, sie treffen sich jedoch in der Forderung nach einer besseren Abstimmung zwischen Bedürfnissen und Empfindungen der Kriegsversehrten mit den Geräten oder aber mit den in der Prothese verkörperten gesellschaftlichen Anforderungen.

Der versehrte Körper war deshalb von so entscheidender Bedeutung für die Entwicklung innovativer psychologischer Konzepte und technologischer Artefakte, weil im Bewegungsapparat des Amputierten jene Handlungsautomatismen unterbrochen sind, die sein Funktionieren gewährleisten. Und in eben dieser Abweichung wird der ›Normalfall‹, der eben ein Automatismus ist, rekonstruierbar. Der Phantomschmerz als Irritation der Deckungsgleichheit von Körpervorstellung und Körpererfahrung ist hierfür ebenso wichtig wie die praktische Notwendigkeit, zur erfolgreichen Bedienung von Prothesen sämtliche Alltagsbewegungen neu lernen zu müssen. Der Prothesenträger muss als Figur begriffen werden, die einen hohen Grad an Körperbewusstsein in seinen Störungen vorführt und in diesem Fall zur Beobachtung aufführt. Als der Film gerade als ein Medium Karriere machte, dem zugetraut wurde das »optisch Unbewusste« (Benjamin 1991a, b) zu explizieren, wurde der Prothesenträger als ein Medium erkannt, welches das ›psychophysisch Unbewusste‹ sichtbar macht.

6.4 Prothesen zeigen

Die öffentlichen Bilder von Kriegsversehrten zeigen ebenso viele – wenngleich anders gelagerte – Ambivalenzen wie die sozialen und die wissenschaftlich-technischen Programme, die mit ihnen befasst sind. Denn Prothesen sind nicht nur epistemologische Unruheherde, die die Grenzen zwischen Leib und Seele, zwischen innen und außen, zwischen subjektiver und objektiver Wahrnehmung verschieben, sie erzeugen auch eine schiefe Ebene zwischen der patriotischen Bildrhetorik der technisch assistierten Wiederherstellung des Körpers hin zu den hoch artifiziellen, heillos zergliederten Körpern des Surrealismus und des Dadaismus. Das offensive Zeigen von Prothesen und Prothesenträgern in Ausstellungen und in den Printmedien antwortete zunächst auf Ansichten vom Krieg, wie sie beispielsweise Günther Anders kolportiert hat (s. Kap. II.C.11). Er berichtet über ein Erlebnis im Rahmen eines Schülerkommandos 1917: »Unterwegs, auf einem Bahnhof, wohl in Lüttich, sah ich eine Reihe von Männern, die sonderbarerweise an den Hüften anfingen. Das waren Soldaten, die man auf ihre Stümpfe gestellt und an die Wand gelehnt hatte. So warteten sie auf den Zug in die Heimat« (zit. nach Greffrath 2002). In solchen Bildern kippte der in den patriotischen Paraden von 1914 heroisch inszenierte Soldatenkörper ins Groteske: Er erschien als ein anlehnungsbedürftiges Ding, als hilflose Kreatur. Solche Bilder waren seit Kriegsbeginn immer alltäglicher geworden, sie sind in der Literatur des Ersten Weltkriegs und der Zwischenkriegszeit topisch. So sprach etwa Joseph Roth bereits 1920 von den Kriegsversehrten als »lebendigen Kriegsdenkmälern« (Roth 1984). Die Kriegsversehrten prägten – trotz der Fürsorgeanstrengungen des Staates – als Bettler das Straßenbild, und sie nahmen sich die Straße auch auf andere Art und Weise. Die Veteranenverbände organisierten Massendemonstrationen, in denen sie die symbolische und monetäre Anerkennung ihres Diensts am Vaterland forderten. Dabei wurden die am stärksten Versehrten in die vorderste Reihe gestellt. Die versehrten Körper wurden als Bild inszeniert und fungierten als symbolische Munition der politischen Forderungen. In den letzten Jahren des Ersten Weltkriegs kann man von einem Bilderkrieg um die Darstellung und Bedeutung der Körper der Kriegsversehrten sprechen. Die Prothetik spielt darin eine wichtige und mehrdeutige Rolle: Sie ist eine politische Technologie im engsten Wortsinn, denn als sozialtechnisches Instrument sollte sie – wie dargestellt – die volkswirtschaftliche Gesamtproduktivität steigern und die ehemaligen Soldaten wieder zu verlässlichen Versorgern der Familie machen. Die Prothetik war nicht nur ein Experimentierfeld für innovative Körperkonzepte, sondern auch eine Ressource im Kampf um die Veteranen als Wähler. Die Prothese ist also einerseits ein Koppelungselement, »das die verstreuten Glieder des Volkskörpers wieder zu einer funktionstüchtigen Einheit« zusammenschließen soll (Horn 2002, 120). Prothesen sollen ganz machen, was durch den Krieg zerbrochen wurde (die Körper, die Seele, die Nation). Sie übersteigen und subvertieren jedoch die patriotischen Anstrengungen, da sie eine antizipativ verdoppelte, phantomhafte und exzentrische Leiblichkeit, eine spekulative und optimierbare Körperlichkeit beobachtbar und denkbar machen. Die Prothetik konterkariert jede naturalistische Idee des Körpers, die aber die Grundlage für eine auf organischen Zusammenhalt rekurrierende Rhetorik etwa des Volks- oder Staatskörpers ist. Die öffentlich zirkulierenden Bilder von Soldaten mit Prothesen waren polyvalent und konnten trotz aller politischen Anstrengungen nicht stillgestellt werden.

Literatur

Ach, Narziß: Zur Psychologie der Amputierten. Ein Beitrag zur praktischen Psychologie. Leipzig 1920.

Benjamin, Walter: Das Kunstwerk im Zeitalter seiner technischen Reproduzierbarkeit. Dritte Fassung. In: Ders.: Gesammelte Schriften, Bd. 1. Hg. von Rolf Tiedemann und Hermann Schweppenhäuser. Frankfurt a. M. 1991, 471–508.

Benjamin, Walter: Kleine Geschichte der Photographie. In: Ders.: Gesammelte Schriften, Bd. 2. Hg. von Rolf Tiedemann und Hermann Schweppenhäuser. Frankfurt a. M. 1991, 368–385.

Berz, Peter: 08/15. Ein Standard des 20. Jahrhunderts. München 2001.

Brecht, Bertolt: Arbeitsjournal 1938–1955. Berlin 1977.

Cohen, Deborah: The War Come Home. Disabled Veterans in Britain and Germany 1914–1939. Berkeley 2001.

Diehl, James M.: Victors or Victims? Disabled Veterans in the Third Reich. In: The Journal of Modern History 59 (1987), 705–736.

Foucault, Michel: Überwachen und Strafen. Die Geburt des Gefängnisses. Frankfurt a. M. 1994.

Fuchs, Paul: Ärztliche und soziale Amputiertenversorgung. In: Archiv für orthopädische und Unfall-Chirurgie, mit besonderer Berücksichtigung der Frakturenlehre und der orthopädisch-chirurgischen Technik 2–4/17 (1919), 199–212.

Greffrath, Mathias: Lob der Sturheit. Eine Erinnerung an Günther Anders – den Philosophen und Pamphletisten, den Analytiker und Kämpfer, der am 12. Juli 100 Jahre geworden wäre (2002). In: http://pdf.zeit.de/2002/28/200228_a-anders.xml.pdf (1.11.2012).

Harrasser, Karin: Prothesen. Figuren einer lädierten Moderne. Berlin 2016.

Hobsbawm, Eric J.: Das Zeitalter der Extreme. Weltgeschichte des 20. Jahrhunderts. München 1995.

Horn, Eva: Der Krüppel. Maßnahmen und Medien zur Wiederherstellung des versehrten Leibes in der Weimarer Republik. In: Dietmar Schmidt (Hg.): KörperTopoi. Sagbarkeit – Sichtbarkeit – Wissen. Weimar 2002, 109–136.

Hüppauf, Bernd: Introduction: Modernity and Violence. Observations Concerning a Contradictory Relationship. In: Ders. (Hg.): War, Violence and the Modern Condition. Berlin 1997, 1–29.

Kienitz, Sabine: Beschädigte Helden. Kriegsinvalidität und Körperbilder 1914–1923. Paderborn 2008.

Kleinschmidt, Christian: ›Unproduktive Lasten‹. Kriegsinvaliden und Schwerbeschädigte in der Schwerindustrie nach dem Ersten Weltkrieg. In: Jahrbuch für Wirtschaftsgeschichte 1994, 155–165.

Mosse, George L.: National Cemeteries and National Revival. The Cult of the Fallen Soldiers in Germany. In: Journal of Contemporary History 1/14 (1979), 1–20.

Perry, Heather R.: Re-Arming the Disabled Veteran. Artificially Rebuilding State and Society in World War One Germany. In: Katherine Ott/David Serlin/Stephen Mihm (Hg.): Artificial Parts, Practical Lives. Modern Histories of Prosthetics. New York 2002, 75–101.

Poore, Carol: Disability in Twentieth-Century German Culture. Ann Arbor 2007.

Price, Matthew: Lives and Limbs. Rehabilitation of Wounded Soldiers in the Aftermath of the Great War. In: Stanford Humanities Review 5 (1996), SEHR Supplement: Cultural and Technological Incubations of Fascism, http://www.stanford.edu/group/SHR/5-supp/text/price.html (4.10.2011).
Pethes, Nicolas u. a. (Hg.): Menschenversuche. Eine Anthologie 1750–2000. Frankfurt a. M. 2008.
Radike, Richard: Tätigkeitsbericht der Prüfstelle für Ersatzglieder. In: Archiv für orthopädische und Unfall-Chirurgie 2–4/19 (1921), 551–578.
Rieger, Stefan: Die Individualität der Medien. Eine Geschichte der Wissenschaften vom Menschen. Frankfurt a. M. 2001.
Rieger, Stefan: »Arbeitshand und Ausdruckshand«. In: Thomas Macho u. a. (Hg.): Der (im-)perfekte Mensch. Metamorphosen von Normalität und Abweichung. Köln 2003, 163–183.
Roth, Joseph: Berliner Saisonbericht. Unbekannte Reportagen und journalistische Arbeiten 1920–1939. Hg. von Klaus Westermann. Frankfurt a. M. 1984.
Sauerbruch, Ferdinand: Die willkürlich bewegbare künstliche Hand. Eine Anleitung für Chirurgen und Techniker. Mit anatomischen Beiträgen von Ruge, G. und Felix, W. und unter Mitwirkung von Stadler, Bd. 1. Berlin 1916.
Solhdju, Katrin: Selbstexperimente. Die Suche nach der Innenperspektive und ihre epistemologischen Folgen. Trajekte. München 2011.
Thomann, Klaus-Dieter: Das behinderte Kind. »Krüppelfürsorge« und Orthopädie in Deutschland, 1886–1920. Stuttgart 1995.
Trommler, Frank: The Therapeutic Response. Continuities from World War I to National Socialism. In: Bernd Hüppauf (Hg.): War, Violence and the Modern Condition. Berlin 1997, 65–76.
Whalen, Robert: Bitter Wounds. German Victims of the Great War 1914–1939. Ithaca 1984.

Karin Harrasser

B Maschinen in Projektionen und Relationen

7 Organprojektionstheorien und ›Gliedmaßengemeinschaften‹ von Menschen und Maschinen

Extensions of Man, so hat Marshall McLuhan die Funktion und Genese von Medien mit einer prägnanten Formel umrissen (McLuhan 1964). Medien sind Erweiterungen der menschlichen Sinne und des menschlichen Körpers. McLuhan war überdies so kess, Werkzeuge (*tool*) und Maschinen (*machine*) in seinem Medienbegriff aufgehen zu lassen; Kulturtechniken sind dann nichts als Medienpraktiken. So galt ihm das Manuskript als »teaching tool«, das gedruckte Buch dagegen als »teaching machine« (McLuhan 1962/2011, 165). Und Buchstaben, ob geschrieben oder gedruckt, sind für McLuhan eine »extension of man« (McLuhan 1964, 156), eine Visualisierungshilfe für unser sehr begrenztes Gedächtnis (ebd., 158). Bibliotheken voller Bücher auf Regalen aus Holz oder Metall oder auch aus Texten in binärem Code in den Speichern immer kleinerer und leistungsfähigerer Computer sind ebenfalls Medien und als solche Erweiterungen des Menschen. Aber nicht nur für das Gedächtnis liefern Medien funktionale Äquivalente. *Extensions of Man* meinen jedes Werkzeug, das die Funktionen eines Organs unterstützen oder übernehmen kann: Ein Stein kann den menschlichen Arm erweitern, und je nachdem, wofür man den Stein verwendet, kann ein Hammer oder ein Pfeil, ein Industrieroboter oder eine Pistole dies ebenfalls.

Es ist nicht zu übersehen: McLuhan betreibt Medienanthropologie. Folglich bleibt der Mensch das Maß dessen, was man sich als Medienentwicklung vorstellen kann: Was immer es Dank des technischen Fortschritts und weiterer Differenzierungen und Spezialisierungen geben mag, es werden *Extensions of Man* sein. Was nicht in den Rahmen der Organprojektionstheorie fällt, kann als Medium (als Werkzeug, Technik oder Maschine) nicht erkannt, geschweige verstanden werden. Der Grundannahme der Medientheorie McLuhans ist mithin eine Selbstlimitierung eingeschrieben. Medien, die genetisch und funktional nicht als Erweiterungen unserer Sinne und Organe verstanden werden können, sind ihr undenkbar. Die Kritik an McLuhan durch einen Medientheoretiker wie Friedrich Kittler, der dezidiert das anthropozentrische Paradigma zu verlassen strebte und eine Medienevolution jenseits des Menschen zu denken suchte, wird hier verständlich: Wer davon ausgehen möchte, dass der Weltgeist im Laufe der Geschichte die Pferde wechselt und die universale und diskrete Maschine statt des Menschen als Medium seiner Entwicklung wählt, der muss Organprojektionstheorien grundsätzlich für konservativ halten (vgl. Kittler 1993, 229; Kittler 2002, 21 f.; McLuhan sagt Kittler einen »erzkatholischen Medienkult« nach, der die autonome Eskalation der Medienevolution, die den »Menschen völlig abgekoppelt hat«, verkennt; ebd., 23).

Historisch betrachtet, gilt dies für McLuhans Formel ohnehin, aber eben auch für Sigmund Freud, der sie zwar prominent gemacht, aber nicht als erster gedacht hat. In seinem 1930 publizierten Aufsatz über das *Unbehagen in der Kultur* nimmt er jedenfalls McLuhans Grundannahmen allesamt vorweg:

> »Mit all seinen Werkzeugen vervollkommnet der Mensch seine Organe – die motorischen wie die sensorischen – oder räumt die Schranken für ihre Leistung weg. Die Motoren stellen ihm riesige Kräfte zur Verfügung, die er wie seine Muskeln in beliebige Richtungen schicken kann […]. Mit der Brille korrigiert er die Mängel der Linse in seinem Auge, mit dem Fernrohr schaut er in entfernte Weiten, mit dem Mikroskop überwindet er die Grenzen der Sichtbarkeit, die durch den Bau seiner Netzhaut abgesteckt werden. In der photographischen Kamera hat er ein Instrument geschaffen, das die flüchtigen Seheindrücke festhält, was ihm die Grammophonplatte für die ebenso vergänglichen Schalleindrücke leisten muß, […]. Mit Hilfe des Telephons hört er aus Entfernungen, die selbst das Märchen als unerreichbar respektieren würde; die

K. Liggieri / O. Müller, *Mensch-Maschine-Interaktion*, https://doi.org/10.1007/978-3-476-05604-7_7

> Schrift ist ursprünglich die Sprache des Abwesenden, das Wohnhaus ein Ersatz für den Mutterleib, die erste, wahrscheinlich noch immer ersehnte Behausung, in der man sicher war und sich so wohl fühlte. Es klingt nicht nur wie ein Märchen, es ist direkt die Erfüllung aller – nein, der meisten – Märchenwünsche, was der Mensch durch seine Wissenschaft und Technik auf dieser Erde hergestellt hat, in der er zuerst als ein schwaches Tierwesen auftrat und in die jedes Individuum seiner Art wiederum als hilfloser Säugling – oh inch of nature! – eintreten muß. [...] Der Mensch ist sozusagen eine Art Prothesengott geworden, recht großartig, wenn er alle seine Hilfsorgane anlegt, aber sie sind nicht mit ihm verwachsen und machen ihm gelegentlich noch viel zu schaffen. Er hat übrigens ein Recht, sich damit zu trösten, daß diese Entwicklung nicht gerade mit dem Jahr 1930 A. D. abgeschlossen sein wird. Ferne Zeiten werden neue, wahrscheinlich unvorstellbar große Fortschritte auf diesem Gebiete der Kultur mit sich bringen, die Gottähnlichkeit noch weiter steigern.« (Freud 1994, 57 f.)

Ob alle »Fortschritte« auf dem Bereich der Maschinen und Medien seit 1930 als »Hilfsorgane« zu rubrizieren wären, welche die angeborenen Organe des Menschen »vervollkommnen«, sei dahingestellt; vermutlich hätte man nur sehr wenig von aktueller Telekommunikation verstanden, wenn man sagen würde, es würden dem Gehör größere Reichweiten erschlossen. Wie auch immer: Fortschritt bedeutet für Freud eine wechselseitige Steigerung von Maschinen und der Kultur, die den Menschen umgibt, mit Prothesen versorgt und auf der Nutzung dieser Erweiterungen aufbaut. Ohne Telefon, ohne Grammophon oder ohne Kamera ist man sozusagen kein Mensch mehr. Auch für diese Variante der Organprojektionstheorie ist übrigens das Medium die Message, denn Freud kommt es genau wie McLuhan nicht darauf an, was ein Motor konkret bewegt, was eine Kamera aufnimmt, eine Platte aufzeichnet oder wofür ein Werkzeug konkret eingesetzt wird. Er ist sich vielmehr allein aufgrund der unaufhörlich fortschreitenden Erweiterung der Möglichkeiten des Menschen durch seine ›Prothesen‹ sicher, dass die Kultur »unvorstellbar große Fortschritte« machen werde. Der Mensch ist auf dem Weg dazu, ein »Prothesengott« zu werden. »Nichts gegen diese Mischung aus Macht und Ohnmacht, Erhabenheit und Lächerlichkeit des Menschen bei Freud wie bei McLuhan; methodisch heikel ist die Grundannahme, daß natürlich der Mensch das Subjekt aller Medien sei« (Kittler 2002, 23). Diese Kritik sei deshalb noch einmal eigens hervorgehoben, weil man dies auch ganz anders als McLuhan und Freud gesehen hat, und zwar hundert Jahre *vor* Kittlers Pointe, der Mensch sei allein deshalb tatsächlich ein Subjekt, weil er den Medien und Maschinen unterworfen (*subiectum*) sei.

Wenn man die Geschichte der Organprojektionstheorien weiter zurückverfolgt, gelangt man von Freud zum Geographen und Philosophen Ernst Kapp, der mit seinen *Grundlinien einer Philosophie der Technik. Zur Entstehungsgeschichte der Cultur aus neuen Gesichtspunkten* eine Theorie der Koevolution von Mensch, Medien, Umwelt und Gesellschaft vorgelegt hat, von der man ebenfalls behaupten könnte, sie nehme McLuhans *Understanding Media* als *Extensions of Man* in vieler Hinsicht vorweg. Unter »Projection« versteht Kapp »mehr oder weniger das Vor- oder Hervorwerfen, Hervorstellen, Hinausversetzen und Verlegen eines Innerlichen in das Aeussere« (Kapp 1978, 30). Die »Geräthe«, die der Mensch verwendet, um sich »gegen blutdürstiges Raubgethier« im Kampf ums Dasein zu behaupten, sind jene projizierten Organe, welche »die natürliche Arm- und Handkraft mächtig steigern [...]« (ebd., 39). Die biologische Evolution, die Klauen und Schnäbel als Werkzeuge hervorbringt, wird ergänzt von einer Evolution der Maschinen, die dem Menschen äquifunktionale Waffen und Werkzeuge in die Hand geben (vgl. den Klassiker Leroi-Gourhan 1988). Die »Organprojection« lässt sich, mit Hegel wie mit Darwin gedacht, keinen »Vortheil« eines Werkzeugs entgehen, um den »hülflos« geborenen Menschen gegen eine feindliche Natur »die Mittel« zu geben, die er zum Überleben und Herrschen benötigt (Kapp 1978, 60). Mit der Differenzierung, Spezialisierung und Steigerung seiner Mittel wächst auch die »Machtvollkommenheit« des Menschen (Kapp 1978, 61). Dies gilt nicht nur für »Waffen« und »alle Werkzeuge« (ebd., 60), sondern auch für die Maschine aller Maschinen, die Dampfmaschine als »Mustermaschine«, die alle Werkzeuge vom »Steinhammer des Urmenschen aufwärts durch alle Werkzeuge, Apparate und Maschinen« in sich aufhebt und abbildet. Diese »organische Entwicklungstheorie« (ebd., 133) besagt, dass alle elementaren Praktiken mit einfachen Geräten aller Art von dampfgetriebenen Maschinen übernommen und in fast jeder Hinsicht (Leistung, Präzision, Ertrag usw.) gesteigert werden können. Die Dampfmaschine zählt als »Mutter einer Legion von Arbeitsmaschinen« aller Art (ebd., 199). Jedes beliebige Organ, diene es als »Receptor«, der »Transmission« oder als »Werkzeug« (ebd.,

194), lässt sich als dampfgetriebenes Maschinenwesen her(vor)stellen.

Interessant ist, dass Kapp nicht nur einzelne Maschinen oder Werkzeuge als Projektion von Organen versteht, sondern auch komplexe, aus »Verkettung« (ebd., 197) hervorgehende soziotechnische Verbünde als Erweiterungen der menschlichen Physiologie versteht. Medien und Milieu des Menschen stehen für Kapp in einem Zusammenhang der Koevolution, welcher alle Bereiche umfasst: die organische Veränderung des Menschen, der Fortschritt der Instrumente, Werkzeuge und Medien, die der Beherrschung und Durchdringung der Außenwelt dienen, die Gesellschaft und ihr Trend zu immer weiterer Arbeitsteilung und Spezialisierung (vgl. Kittler 2000, 205 f.). Die Organprojektionstheorie führt Kapp zum »Vergleich der Organe des menschlichen Körpers und ihrer Funktionen mit denen des Staates« oder gar Weltstaates, aus dem die Vision entspringt, im Medium der neuesten Medienverbünde bzw. Verkettungen projizierter Organe realisiere sich die Menschheit erstmals global:

> »[I]n ihrer Vereinigung als Eisenbahnnetz und in dessen weiterer Fortsetzung je nach Fluß und Meer, als Dampfschifflinien, sind sie schon gegenwärtig als Träger universeller Communikation die Mittler menschlicher Allgegenwart auf dem Erdenrund. In dieser Vereinigung der Schienenwege und Dampferlinien zu einem geschlossenen Ganzen ist das Netz von Verkehrsadern, auf welchen die Subsistenzmittel der Menschheit cirkulieren, das Abbild des Blutgefässnetzes im Organismus.« (Kapp 1978, 135)

Da Kapp mit Virchow davon ausgeht, dass auf der gemeinsamen Grundlage der elektrischen Gesetze Nerven Telegraphenkabel *sind* und nicht nur verbildlichen und folglich auch umgekehrt Telegraphenkabel Nerven sind (vgl. ebd., 140 f.), kann man erwarten, dass die Menschheit dann zu sich kommt, wenn die Welt verkabelt ist, so wie die Voraussetzung des menschlichen Selbstbewusstseins in der nervösen Verdrahtung des ganzen Körpers liegt. Der Mensch und die »Menschheit« realisieren sich also medientechnisch gleichermaßen Dank »universeller Communikation« (ebd., 135). Ist diese wechselseitige *Projektion* des Nervensystems und des Telekommunikationsnetzes einmal etabliert, kann man auf beiden Seiten nach weiteren Entsprechungen suchen: Schaltzentralen, Gehirnen, Strömen, Störungen etc. Die Organprojektionstheorie erweist sich so auch als fruchtbare Erfinderin von Metaphern. Die Faust des Boxers ist ein Hammer. Das Gehirn eines Kranken ist falsch verschaltet. Umgekehrt werden die Maschinen und Medien anthropologisiert: Der Motor hat Launen, die Klinge ist tückisch, das Telegraphennetz hat Fieber, der Computer Abstürze. Der Staat ist ein Organismus, und der Organismus ist ein Staat (vgl. ebd., 313).

Es läge bei alldem nahe, die Organprojektionen in beide Richtungen zu denken, also nicht allein Maschinen und Medien als Erweiterungen des Menschen zu verstehen, sondern umgekehrt Physiologie und Psyche des Menschen als Verinnerlichung veritabler Maschinen und Medien aufzufassen. Kapp tut dies nicht (vgl. ebd., 206). Doch ein Roman aus dem 19. Jahrhundert liefert dafür ein frühes wie ingeniöses Beispiel, das nicht nur das Paradigma der vorgestellten Organprojektionstheorien nahezu komplett vorwegnimmt, sondern auch souverän ihre Denkvoraussetzungen offenbart und mit ihren blinden Flecken spielt.

> »Was ist ein Menschenauge, wenn nicht ein technisches Gerät, durch welches das, was im Gehirn dahintersitzt, hindurchschauen kann? [...] Was hat den Menschen mit der Mondlandschaft, mit den Sonnenflecken, mit der Bahn der Gestirne vertraut gemacht? Für diese Dinge ist er auf den Seh-Apparat angewiesen und vermag nichts auszurichten, wenn er sich nicht dahinterklemmt und *mit ihm zu einer höheren Einheit verschmilzt.*« (Butler 1981, 279 f., Herv. N. W.)

Das Auge wird als »technisches Gerät« bezeichnet, umgekehrt bilden Teleskope und Mikroskope einen Teil des Seh-Apparates. Optische Medien und Sinnesorgane *verschmelzen zu einer höheren Einheit*. Die Passage erinnert an Kapps *Philosophie der Technik* aus dem Jahre 1877, in welcher er die technischen Medien als »Fortsetzungen des Organismus« bzw. als »Organprojection« auffasst (Kapp 1978, 26 f.) und diese Relation (s. Kap. III.54) auf wechselseitige »Steigerung« anlegt (Rieger 2001, 320). In Samuel Butlers *Erewhon*, erschienen 1872 (s. Kap. II. C.10), wird fünf Jahre zuvor die gleiche These vertreten: dass nämlich jede technische »Erfindung die Leistungsfähigkeit« des menschlichen »Körpers erhöht«, und zwar ganz im Sinne einer externalisierenden Projektion. Darüber hinaus gehe unser Körper mit seinen ›Organprojectionen‹ eine »*Gliedmaßengemeinschaft*« ein (Butler 1981, 311). Der Mensch bilde ein Kollektiv aus körperlichen und »außerkörperlichen Gliedern«, aus Organen und Medien. »Sein Gedächtnis hat er auf dem Papier« (ebd., 312). »Rechenmaschinen« erweitern sein Gehirn (ebd., 280). Die Mediengemeinschaft, die er eingeht, präge den Menschen auch *sozial*, weil Medien den Modus seiner gesellschaftlichen Organisation und seine Entwicklung als Gattung bestimmen. Die medialen Ensembles und ihre Steigerungseffekte brächten, der Darwinismus – 1871 ist *Descent of Man* erschienen – ist unüberhörbar, neue hominide »Arten« und »Unterarten« hervor: Jemand, der beispielsweise »seinem Selbst einen Sonderzug anfügen kann, mit dem er überall hinkommt, wann immer es ihm beliebt«, sei »*höher geartet* [...] als einer, der [...] ausschließlich auf seine Beine als Fortbewegungsmittel angewiesen ist« (Butler 1981, 313, Herv. N. W.). Dies sind nicht nur in Werkzeuge transformierte einzelne Organe, sondern Ensembles, die durch das ›Anfügen‹ von Maschinen, Techniken und Medien an die menschlichen Organverbünde und Netzwerke entstehen. Anders als ein Cyborg (s. Kap. III.39) kann sich Butlers Mensch von den angefügten Organen auch wieder trennen – und aus dem Zug aussteigen. »Höher geartet« sei er, der Mensch, der »Sonderzug« fährt, und so Freuds *Prothesengott* näher steht als einer, der weiter zu Fuß geht. Medienverbünde assoziieren nicht nur, sie stratifizieren auch und dienen so der Ausbildung unterschiedlicher *Kulturen*, um in Freuds Begrifflichkeit zu bleiben. Ob dem Sonderzugfahrer die Zukunft gehört, ist damit nicht gesagt. Auch höhere Arten sterben aus.

Erewhon macht nun aber einen ganz entscheidenden Schritt über die anthropozentrischen Organprojektionstheorien hinaus: Der Mensch verbinde sich nun nicht nur dank Medien zu einer sozialen Gemeinschaft, sondern er sei, insofern seine Organe, sein Kreislauf, seine Nervenstränge allesamt aus »unendlich vielen lebenden Wesen« bestünden, selbst als eine »Generalversammlung von Schmarotzern« anzusehen; es sei »fraglich«, »ob sein Körper nicht eher ihnen gehört«, den Parasiten, »als ihm« selbst (ebd., 281). Michel Serres und Bruno Latour würden hier eine elaborierte These zu den evolutionären Vorzügen des Schmarotzens und der Netzwerke finden, die überdies nicht-menschliche Akteure ausdrücklich einschließt. Denn insofern auch »Maschinen« explizit zu der *Gliedmaßengemeinschaft* gehören, die der Mensch eingeht, so muss erneut gefragt werden, ob der »Mensch nicht eher ihnen gehört«. Die im 19. Jahrhundert recht gut etablierte Unterscheidung zwischen Maschinen und Menschen wird hinterfragt: »Wer kann den Trennstrich ziehen? Wer kann überhaupt irgendwo einen Trennstrich ziehen? Ist denn nicht alles mit allem verflochten?« (Butler 1981, 271) Allein von einem »menschlichen Standpunkt aus« gesehen, so argumentiert der Text, falle das dafür nötige Differenzieren und Sortieren leicht, »aber die Menschheit ist nicht jedermann« (ebd., 274).

Die »gegenseitige Durchdringung« des »Mikrophysischen und des Biologischen«, »der Maschine [...] und des Lebendigen« (Deleuze/Guattari 2014, 368) falle ins Auge, wenn wir den »Vermittlungen« (Butler 1981, 308) folgen, die in langen Ketten Menschen, Maschinen und Organismen miteinander verbinden und zu ›höheren Einheiten‹ aggregieren (vgl. zu den Verkettungen aus ANT-Sicht, aber auch zur Medienanthropologie der Organprojektionstheorien: Schüttpelz 2006). Überall träfe man auf »Vermischungen« (Butler 1981, 301), die nur aufgrund epistemologischer Bequemlichkeit (Latours Moderne) ignoriert (oder gesäubert, Latour 1998) würden, weshalb »unsere Ahnungslosigkeit« ungebrochen bleibe (Butler 1981, 303). Der anthropozentrischen Hybris (›Prothesengott‹!), dass der Mensch der Herr sei und die Maschinen und das Lebendige nur seine Diener, wird entgegnet: »Alles recht schön und gut. *Aber der Diener geht mit unmerklichen Abstufungen in den Herrn über*; und schon jetzt ist es soweit mit uns gekommen« (ebd., 282, Herv. N. W.), dass *wir* die Maschinen *bedienen* (ebd., 287: ein »Heer von Angestellten steht im Dienste der [...]-maschinen«) und »sogar die Seele des Menschen [...] ein Erzeugnis der Technik« (ebd., 283) genannt werden müsse: »es sind so gut die Maschinen, die den Menschen formen und gestalten, wie umgekehrt« (ebd., 306; vgl. ebd., 314: »Anteil« der Maschinen an der »Erschaffung und Umgestaltung des Menschenkörpers«). Mensch und Maschine koevoluieren im Medium ihrer Gliedmaßengemeinschaft.

Diese Gemeinschaft ist auf dem Weg zu einer neuen hierarchischen Arbeitsteilung. Die Evolution der Maschinen, die *Erewhon* nach allen Regeln der Darwinschen Kunst beschreibt, habe die »selbstregulierende« Maschine (ebd., 304) hervorgebracht, die den Menschen von seinem Thron verweise. Sein neuer Platz ist nun – vorläufig – der eines nützlichen Teils der Biosphäre der Maschinen: Man könnte diesen depotenzierten und dezentrierten menschlichen Agenten genauso gut als Parasitenversammlung (ebd., 282), Maschinenensemble (ebd., 297) oder Superorganismus (ebd., 281) bezeichnen. Es ist alles eine Frage der Perspektive – aber der Mensch neigt zu Scheuklappen. In der erzählten Welt hat diese Prognose einer Unterwerfung der Menschen so schlagenden Erfolg, dass alle Maschinen zerstört werden, auf dass der Mensch der Herr der Welt bleibe. Das Experiment, mit den Maschinen gemeinsam ein Akteursnetz zu bilden, dem eine eigene offene, soziotechnische und kulturelle Evolution bevorstünde, unternehmen die Bewohner von Erewhon nicht.

Aus dem »anthropologischem Schlaf« erwachen die Wissenschaften vom Menschen laut Foucault erst dann, wenn sie aufhören, »vom Menschen, von seiner Herrschaft und von seiner Befreiung sprechen zu wollen«, und aufhören, immerzu »zu denken, daß es der Mensch ist, der denkt« (Foucault 1974, 410, 412). Butler ist in diesem Sinne hellwach. Aufgeweckt hat ihn Charles Darwin (zu dessen Bedeutung für Foucault vgl. Sarasin 2009; hier passend: 386 f.). Bereits im Jahre 1863 hat der 28-jährige Schafzüchter Samuel Butler, in einem Zeitungsaufsatz unter dem Namen *Darwin Among the Machines* die noch junge Evolutionstheorie in einen dystopischen Kontext gestellt und unter fiktiven Rahmenbedingungen zu einer visionären Theorie der gegenseitigen Steigerung organischer, technischer und sozialer Ordnungen ausgebaut (vgl. Butler 1863). Seine frühe Organprojektionstheorie, die in vielen Aspekten Kapp, Freud und McLuhan vorwegnimmt, löst Butler mit der Hilfe der Evolutionstheorie aus ihrer anthropologischen Zentrierung und überführt sie in eine Hypothese zur »Gliedmaßengemeinschaft« von Mensch und Maschine (Butler 1981, 311).

Jede Frage nach dem Menschen wird von Butler dreifach, nämlich biologisch, technisch und sozial, beantwortet und führt so zu einer großen These vom historisch und kulturell je spezifischen Zusammenhang von Körpern, Medien und Sozialordnung (Vorbild: soziale Insekten). Auf seine, wie Deleuze und Guattari meinen, »tiefgründigen« (Deleuze/Guattari 2014, 366) Ideen kommt Butler aber nur, weil er in einem in vieler Hinsicht traditionellen utopischen Text bzw. in einem von der Welt abgeschnittenen Hochtal ein darwinistisches Labor einrichtet (Darwin 2008, 473 f.; in von Hochgebirgen geschützten Biotopen verläuft die Evolution sozusagen idiosynkratrisch; literarisches Beispiel ist Doyles *Lost World*, 1995). Die angeführten Zitate stammen alle aus einem Buch im Buch, aus der angeblichen Übersetzung einer wissenschaftlichen Abhandlung aus einer unbekannten Sprache eines angeblich neu entdeckten, aber unauffindbaren Reichs: dem *Book of the Machines*, das ein reichlich unglaubwürdiger Erzähler dem Bericht seiner Reise nach *Erewhon* beigegeben hat. Dieser Roman schildert die Entwicklung einer sozialen Ordnung in der Abgeschiedenheit antipodischer Bergketten, die *erstens* auf moderne Techniken (Dampfmaschinen und alles weitere) aus Angst vor einer Machtergreifung der Maschinen bewusst verzichtet hat und die *zweitens* unsere lebensweltlichen Selbstverständlichkeiten so gründlich umkehrt wie der Titel das Wort *Nowhere*. Die Menschen dort schauen auf den Aufstieg der Maschine zur Krone der Schöpfung und die Degradierung des Menschen zu ihrem Diener als vergangene historische Epoche zurück. Die Zukunft wird als Vergangenheit gedacht. Dieser Blick zeigt uns den Menschen als Werkzeug der Maschinen. Gerade die Akkumulation von immer weiteren Maschinen als Erweiterungen des Menschen, die andere Theorien des 19. und 20. Jahrhunderts als Fortschritt gefeiert haben, führen zu sozio-organischen Ensembles, deren der Mensch nicht länger Herr sein kann. Sollte jemand heute *social media* als Organprojektion bezeichnen wollen, dann ließe sich mit Butler die Frage anschließen, ob die Algorithmen (s. Kap. III.32) nicht längst die *user* dieser Medien in ein »Heer von Angestellten im Dienste der [Maschinen« verwandelt haben (Butler 1981, 287).

Literatur

Butler, Samuel: Darwin Among the Machines. In: The New Zealand Press (1863), 180–185.

Butler, Samuel: Erewhon. Frankfurt a. M. 1981 (engl. 1872).

Darwin, Charles: The Descent of Man, and Selection in Relation to Sex. London 1871.

Darwin, Charles: Die Entstehung der Arten. [1859, 6. Aufl. 1872]. Hamburg 2008.

Deleuze, Gilles/Guattari, Félix: Anti-Ödipus. Kapitalismus und Schizophrenie, Bd. I. Frankfurt a. M. 2014 (frz. 1972).

Doyle, Arthur Conan: The Lost World & Other Stories. Ware 1995.

Foucault, Michel: Die Ordnung der Dinge. Frankfurt a. M. 1974 (frz. 1966).

Freud, Sigmund: Das Unbehagen in der Kultur [1930]. In: Das Unbehagen in der Kultur und andere kulturtheoretische Schriften. Frankfurt a. M. 1994, 29–108.

Kapp, Ernst: Grundlinien einer Philosophie der Technik. Zur Entstehungsgeschichte der Cultur aus neuen Gesichtspunkten [1877]. Düsseldorf 1978.

Kittler, Friedrich: Draculas Vermächtnis. Leipzig 1993.

Kittler, Friedrich: Eine Kulturgeschichte der Kulturwissenschaft. München 2000.

Kittler, Friedrich: Optische Medien. Berliner Vorlesung 1999. Berlin 2002.

Latour, Bruno: Wir sind nie modern gewesen. Versuch einer symmetrischen Anthropologie [1991]. Frankfurt a. M. 1998.

Leroi-Gourhan, André: Hand und Wort. Die Evolution von Technik, Sprache und Kunst [1964/65]. Frankfurt a. M. 1988.

McLuhan, Marshall: Understanding Media: The Extensions of Man. New York 1964.

McLuhan, Marshall: The Gutenberg Galaxy: The Making of Typographic Man [1962]. Toronto 2011.

Rieger, Stefan: Die Individualität der Medien. Eine

Geschichte der Wissenschaften vom Menschen. Frankfurt a.M 2001.
Sarasin, Philipp: Darwin und Foucault. Genealogie und Geschichte im Zeitalter der Biologie. Frankfurt a. M. 2009.
Schüttpelz, Erhard: Die medienanthropologische Kehre der Kulturtechniken. In: Archiv für Mediengeschichte 6 (2006), Themenschwerpunkt: Kulturgeschichte als Mediengeschichte (oder vice versa?), 87–110.

Niels Werber

8 Die Maschine als Resonanz des Menschlichen

Im Unterschied zu Max Scheler und Helmuth Plessner, den beiden anderen Hauptvertretern der philosophischen Anthropologie, hat sich Arnold Gehlen auch intensiv um die Ausarbeitung der Grundzüge einer Anthropologie der Technik bemüht. Ansätze zu einer solchen anthropologischen Betrachtungsweise der Technik finden sich vor allem in Gehlens Schrift *Sozialpsychologische Probleme in der industriellen Gesellschaft* (Gehlen 1949) bzw. in der leicht erweiterten zweiten Auflage, die im September 1957 unter dem Titel *Die Seele im technischen Zeitalter. Sozialpsychologische Probleme in der industriellen Gesellschaft* in der Reihe »Rowohlts deutsche Enzyklopädie« des Rowohlt Verlags erschienen war (Gehlen 1957/2004). Außerdem hat Gehlen einige einschlägige Vorträge und Aufsätze zum Thema veröffentlicht, wie z. B. »Mensch und Technik« (1953; jetzt in: Gehlen 2004), »Die Technik in der Sichtweise der Anthropologie« (1953; jetzt in: Gehlen 2004), »Der Begriff der Technik in entwicklungsgeschichtlicher Sicht« (1963; jetzt in: Gehlen 2004) sowie »Anthropologische Ansicht der Technik« (1965; jetzt in: Gehlen 2004), doch führen diese Arbeiten die in Gehlens technikanthropologischem Hauptwerk formulierten Einsichten kaum weiter.

Vor allem im Anschluss an Paul Alsberg, den Wegbereiter der modernen philosophischen Anthropologie, an Werner Sombart, Ortega y Gasset u. a. führt Gehlen die Notwendigkeit der Technik auf die Organmängel des Menschen zurück (vgl. Gehlen 2004, 6, 152 und 189). Der Mensch als »Mängelwesen« ist gezwungen, seine Unspezialisiertheit, seinen Mangel an spezialisierten Organen und Instinkten, durch Handlungen zu kompensieren, indem die vorgefundenen Naturlagen intelligent in überlebenssichernde Bedingungen verändert werden (vgl. Gehlen 2004, 153 f.).

Die Grundkategorien seiner philosophischen Anthropologie, die er als eine die verschiedenen (Natur-) Wissenschaften vom Menschen »integrierende Wissenschaft« versteht (Gehlen 1983, 405), entwickelt Gehlen in seinem, 1940 erstmals erschienen, Hauptwerk *Der Mensch. Seine Natur und seine Stellung in der Welt* (Gehlen 1974), das auch die Basis seiner Technikanthropologie bildet. Ähnlich wie seine Vorgänger Scheler und Plessner konzipiert Gehlen seine Anthropologie auf der Grundlage eines Tier-Mensch-Vergleichs. Aber anders als Scheler und Plessner versteht er seinen Ansatz als eine »empirische Philosophie« (vgl. Gehlen 1956, 8). Diese ist charakterisiert durch eine »technische Enthaltung von der Metaphysik« (Gehlen 1974, 11) und eine strikt »anthropo-biologische« Betrachtungsweise (vgl. Gehlen 1974, 15–20 und 123). Im Mittelpunkt von Gehlens Untersuchung stehen damit die Frage nach den Existenzbedingungen des Menschen und die Bestimmung der Sonderstellung des Menschen. Zwar denkt Gehlen »exakt biologisch« und praktiziert eine biologische Betrachtungsweise, lehnt aber eine naturalistische Auffassung des Menschen vom Tier aus ab (vgl. Gehlen 1974, 14 f. und 381). Voraussetzung und leitende Hypothese dieser biologischen Betrachtungsweise ist, dass im Menschen ein »Sonderentwurf der Natur« (Gehlen 1974, 15), d. h. »ein ganz einmaliger, sonst nicht versuchter Gesamtentwurf der Natur vor[liegt]« (Gehlen 1974, 14).

Das Grundproblem von Gehlens Anthropologie ist die Frage, unter welchen Bedingungen ein so exponiertes und durch eine morphologische Sonderstellung und – im Vergleich zu den Tieren – mit »Mängeln« ausgestattetes Wesen wie der Mensch überhaupt lebensfähig ist. In der Verfolgung der biologischen Betrachtungsweise werden zu zentralen anthropologischen Begriffen die Handlung und die Kategorie der Entlastung (vgl. bes. Gehlen 1974, 19 und 64.). Der Mensch ist nach Gehlen ein handelndes und stellungnehmendes Wesen, da er handelnd seine Mängellage kompensieren muss (vgl. Gehlen 1974, 23 und 32). Gehlen entwirft damit eine Anthropologie, »die den Menschen von der Handlung aus begreift« (Gehlen 1974, 316).

Der Mensch ist ein riskiertes Wesen und ein Wesen der Zucht, das durch intelligente Handlungen seine biologische Mittellosigkeit ausgleicht (vgl. Gehlen 1974, 32 ff.). Während das Tier umweltgebunden ist, ist der Mensch »weltoffen«. Die daraus resultierende Reizüberflutung (vgl. Gehlen 1974, 36) stellt eine Belastung dar, die zu geeigneten Entlastungshandlungen zwingt. Da der Mensch umweltenthoben ist, also in kein spezifisches Milieu eingepasst ist, muss er die Welt eigentätig ins Lebensdienliche umarbeiten. Kultur, als Totalität der durch die menschliche Arbeit veränderten Naturbedingungen (vgl. Gehlen 1974, 39), wird damit zu einer zweiten Natur (vgl. Gehlen 1974, 37 f. und 303). Der Mensch ist damit »von Natur ein Kulturwesen« (Gehlen 1974, 80), und alle menschlichen Hervorbringungen, also auch die Technik, sind Erscheinungen dieser zweiten Natur (vgl. Gehlen 1974, 348).

Unter Technik versteht Gehlen die Fähigkeiten und Mittel, mit deren Hilfe der Mensch sich die Natur dienstbar macht, indem er ihre Beschaffenheit und ih-

K. Liggieri / O. Müller, *Mensch-Maschine-Interaktion*, https://doi.org/10.1007/978-3-476-05604-7_8

re Gesetze erkennt (vgl. Gehlen 2004, 7; vgl. 141, 189). Die Technik gehört damit notwendigerweise zum Wesen des Menschen (vgl. Gehlen 2004, 7, 141, 147 f., 151–153). Es besteht insofern ein Wesenszusammenhang von Mensch und Technik. Die Technik ist der »große Mensch«: »geistreich und trickreich, lebensfördernd und lebenzerstörend wie er selbst, mit dem demselben gebrochenen Verhältnis zur urwüchsigen Natur. Sie ist, wie der Mensch, ›*nature artificielle*‹« (Gehlen 2004, 7 f.). Mit ihren Merkmalen ist die Technik gleichsam ein »Abbild des menschlichen Wesens« (Gehlen 2004, 169).

Technik beruht nach Gehlen auf den drei Prinzipien: Organersatz, Organverstärkung bzw. Organüberbietung und Organentlastung bzw. Organausschaltung (vgl. Gehlen 2004, 6, 142 f., 144, 152, 166 f., 189 f.; s. Kap. III.7). In ihrer Entwicklung lässt sich – so Gehlen – ein Trend bzw. ein Gesetz erkennen, und zwar eine Entwicklung vom Organersatz zum Ersatz des Organischen überhaupt (Gehlen 2004, 9 f., 142 f.):

> »Das Prinzip der Ausschaltung des Organischen erstreckt sich [...] auf den ganz leibnahen Bereich der eigenen Körperorgane. Aber es bleibt ein Hauptpunkt aller Technik bis zum heutigen Tage, indem es sich schließlich zum Prinzip der Emanzipation von den Schranken der lebendigen Natur überhaupt erweitert: Holz wird durch Eisen oder Koks ersetzt, je nach Verwendung, Leder oder Hanf durch Stahltrossen, Wachslicht durch die Gas- oder elektrische Glühlampe, Pflanzenfarbstoffe durch synthetische usw.« (Gehlen 2004, 143)

Bedeutsam für Gehlens anthropologische Analyse der Technik wird die Freilegung der in der Technik zur Wirkung kommenden menschlichen Antriebe. In diesem Zusammenhang weist Gehlen auch auf die Affinität der Magie als »übernatürlicher Technik« zur eigentlichen Technik hin (vgl. Gehlen 2004, 13 f., 154 f.). In der Magie glaubt Gehlen, »etwas anthropologisch Fundamentales« (Gehlen 2004, 14) ausmachen zu können. Dieses verschiedene Kulturen und Kulturstufen Verbindende findet er »in dem Bedürfnis, die ›Gleichförmigkeit des Naturlaufes sicherzustellen und den Rhythmus der Welt zu stabilisieren‹, indem man gegen Unregelmäßigkeiten und Ausnahmefälle angeht« (Gehlen 2004, 14). Dieses von ihm freigelegte »elementare menschliche Interesse an der ›Gleichförmigkeit des Naturverlaufes‹« entspricht einem »instinktähnlichen *Bedürfnis nach Umweltstabilität*« (Gehlen 2004, 14). So sieht nach Gehlen die erste und ursprüngliche, vorwissenschaftliche Auffassung die Welt einschließlich des in sie eingegliederten Menschen »als einen rhythmischen, selbstbewegenden Kreisprozeß, also als einen *Automatismus*, und zwar als einen irgendwie beseelten« (Gehlen 2004, 15). Diese »Faszination durch den Automatismus« (Gehlen 2004, 15, vgl. 51, 155 f.) bildet Gehlen zufolge den vorrationalen Impuls in der Entwicklung der Technik, der zuerst über einen großen Zeitraum in der Magie, der »Technik des Übersinnlichen«, zur Wirkung kam, bis er erst in jüngster Zeit seine perfekte Befriedigung in Uhren, Motoren und rotierenden Maschinen jeglicher Art fand (vgl. Gehlen 2004, 15).

Das »Faszinierende des Automatismus einer Maschine« (Gehlen 2004, 15), der Reiz, den eine Maschine ausübt, ist – so Gehlen – kein intellektueller, sondern er liegt »weitaus tiefer«, denn es handelt sich um ein »*Resonanzphänomen*« (Gehlen 2004, 16; vgl. 156): Da der Mensch, wie Gehlen ausführt, »in der Tat in ganz zentralen Bereichen seiner Natur Automatismus [*ist*]«, hat er sich besonders von rhythmischen, periodischen Vorgängen beeindrucken lassen.

> »[Der Mensch] *ist* Herzschlag und Atmung, er lebt geradezu in und von sinnvoll funktionierenden, rhythmischen Automatismen, wie sie in der Bewegung des Gehens, vor allem aber in den eigentlichen Hantierungen und Arbeitsgängen der Hand vorliegen, in dem ›Handlungskreis‹ der über Sache, Hand und Auge zur Sache zurücklaufend sich schließt und dauernd wiederholt.« (Gehlen 2004, 16)

Daher faszinieren den Menschen analoge Vorgänge der Außenwelt kraft einer ›Resonanz‹, gewissermaßen ein Sinn, der auf das reagiert, was der Eigenkonstitution im Menschen in der Außenwelt entspricht (vgl. Gehlen 2004, 16; vgl. 156). Dieses Resonanzverhältnis von Außenweltvorgängen und innermenschlichen Prozessen bedingt die Selbstauffassungen bestimmter Wesenszüge des Menschen, der – so Gehlen – »die Welt nach seinem Bilde interpretiert und umgekehrt sich nach Weltbildern« (Gehlen 2004, 17).

Durch die Annahme einer solchen »›Tiefenbindung‹ an rhythmische, periodische, selbstläufige Außenweltprozesse« (Gehlen 2004, 17, vgl. 23) wird – so Gehlen – die in der Technik liegende »Triebkomponente« verstehbarer, wie er auch unter Bezug auf den Aufsatz »Die Entwicklung der Technik als Phase der Wandlung des Menschen« (Schmidt 1954) des Regelungstechnikers Hermann Schmidt sagen kann (Gehlen 2004, 17).

8.1 Hermann Schmidts Technikphilosophie

Der Ausgangspunkt von Schmidts Abhandlung, in der eine starke (technik-)geschichtsphilosophische These exponiert wird, ist die Feststellung, dass der Mensch der technischen Zivilisation sich des Verlusts seiner inneren und äußeren Sicherheit bewusst geworden ist (genauer dazu Liggieri 2019). Durch entfaltete Technik ist sich der moderne Mensch problematisch geworden. Die »Unsicherheit seiner gesamten Existenz« resultiert nach Schmidt aus der Tatsache, »daß der Mensch kein rechtes Bewußtsein davon hat, was die unaufhaltsame Entfaltung der Technik für ihn und sein Selbstbewußtsein bedeutet« (Schmidt 1954, 48).

Die neue Lage erfordert nach Schmidt eine »zweite universelle Selbstbesinnung« (Schmidt 1954, 48). Die erste universelle Selbstbesinnung, die um 500 v. Chr. begründet wurde und durch die die Begriffe entdeckt und erstmals das Denken selbst zum Gegenstand des Denkens wurde, versagt in der technischen Welt, denn sie entspricht nicht mehr der wirklichen Situation des Menschen, die dadurch geprägt ist, dass der Mensch nicht mehr der Natur denkend gegenübertritt, sondern vielmehr umformend und gestaltend. Die »technische Umgestaltung der Natur«, die »Entstehung der technischen Welt« (Schmidt 1954, 49) ist das entscheidende Datum, an dem sich das moderne Denken orientieren muss. Das Selbstbewusstsein und das Bild vom Menschen muss sich daher wandeln und mit ihm auch der Mensch selbst.

Die zweite, von Schmidt postulierte Selbstbesinnung kann sich nicht mehr allein auf das Denken des Denkens stützen, sondern »wird das Denken des Denkens *und Handelns* als des Ganzen, dem das Denken als Teil angehört, zur Grundlage haben müssen« (Schmidt 1954, 49). Als entscheidend betrachtet Schmidt für die Gegenwart die Frage, »ob die technische Welt eine Potenz für den Wandel des geistig-sittlichen Selbstbewußtseins des einzelnen Menschen besitzt oder ob sie nur eine niedere Äußerung unseres kollektiven Menschseins ist, die ohne geistig-sittliche Potenz ist« (Schmidt 1954, 50). Dass die Technik eine Potenz für die Vertiefung der Selbsterkenntnis des Menschen besitzt, gründet Schmidt zufolge darin, dass die Veränderung der Technik »ein natürliches, unserer sinnlichen Natur entspringendes *Geschehen* enthält«. Denn die Technik ist nach Schmidt »nicht Mittel zu beliebigen Zwecken«, sondern birgt vielmehr »ein Geschehen mit eigenem Ziel in sich«, und die Vertiefung unseres Selbstbewusstseins wird dadurch möglich, »daß wir aus diesem natürlichen technischen Geschehen Geschichte des Menschen machen und diesen Akt der Umwandlung des Geschehens in unsere Universalgeschichte als den moralischen Akt der Wandlung unseres Selbstbewusstseins erkennen« (Schmidt 1954, 50).

Mit Walther Rathenau, Friedrich Dessauer, Karl Jaspers und Ernst Cassirer behauptet Schmidt ein Geschehen in der Technik, »das von uns als Ganzes nicht gewollt ist« und einem Gesetz unterliegt (Schmidt 1954, 51 f.). Die Technik ist nach Schmidt mehr als ein bloßer Fortschritt; sie enthält eine Entwicklung, die sich als »erste Phase der Wandlung des Menschen« erweist (Schmidt 1954, 52).

Der Entwicklungsprozess der Technik besitzt drei Stufen: Die erste Stufe ist die des Werkzeugs. Auf dieser Entwicklungsstufe werden die für die Arbeitsleistung notwendige physische Kraft und der erforderliche geistige Aufwand vom arbeitenden Subjekt geleistet (vgl. Schmidt 1954, 52 f.). Die zweite Stufe ist die der Arbeits- und Kraftmaschine. Hier wird die physische Kraft »technisch objektiviert«. Die dritte und letzte Stufe ist die des Automaten. Hier wird auch der geistige Aufwand des arbeitenden Subjekts durch technische Mittel überflüssig gemacht. Über diese Stufe der vollständigen Automatisierung (s. Kap. III.34) hinaus kann es nach Schmidt keine weitere Entwicklung der Technik geben: »Die Technik erreicht in ihr ihre methodische Vollendung, und dieser Abschluß des in der technischen Objektivation der Arbeit in der Gegenwart ist ein entscheidendes Merkmal unseres Zeitalters. Die Arbeit wird in ihrem physischen und psychischen Bestande in der technischen Welt dem Prinzip nach durch den Automaten geleistet« (Schmidt 1954, 53).

Dieser Entwicklungsprozess der Technik weist nach Schmidt entscheidende Charakteristika auf. Er ist unumkehrbar, er ist nicht Resultat einer bewusst planenden Vernunft, sondern entspringt dem sinnlichen Anteil der menschlichen Natur, er wird vom technisierenden Kollektiv unbewusst verwirklicht und ist universal und unumgänglich (vgl. Schmidt 1954, 53). Damit ist gemeint, dass der Entwicklungsprozess der Technik von »beliebigen Menschengruppen [...] unter gleichen Bedingungen triebhaft stets wieder vollzogen« würde (Schmidt 1954, 53 f.).

Nach Schmidt ist das »Gesetz der Technik« dieses »statistische Gesetz der dreistufigen Entwicklung der technischen Objektivation der Arbeit«, und in dieser Entwicklung erkennt er »die erste Phase der Wandlung des Menschen« (Schmidt 1954, 54). Dieser ersten Phase der Wandlung des Menschen, die das Ergebnis eines Geschehen ist, das sich in der Technik durch das »technisierende Kollektiv« im globalen Maßstab vollzieht, muss eine zweite Phase folgen, »die sich mit der ersten zur Einheit der Wandlung verbindet«. Der technische Naturprozess entspringt – so Schmidt – »aus der sinnlichen Natur des Menschen, deren Trieb wir [...] unbewußt bisher gefolgt sind«. Die postulierte zweite Phase der Wandlung des Menschen »muß uns« – so Schmidts These – »von diesem Triebe befreien; sie muß der Befreiung des Menschen von der Arbeit die Befreiung der Vernunft von dem Trieb unserer sinnlichen Natur folgen lassen« (Schmidt 1954, 54).

Um das zu erreichen, müssen der sinnliche und der vernünftige Teil unserer Natur »in Harmonie miteinander gesetzt werden«, da wir weder den sinnlichen Teil unserer Natur über die Vernunft herrschen lassen noch den sinnlichen Teil unserer Natur durch die Vernunft unterdrücken wollen (Schmidt 1954, 54 f.). Damit stellt sich die entscheidende Frage: »Wie finden wir uns inmitten der technischen Welt zu unserer ungetrennten Existenz als der leib-geistigen Einheit zurück?« Schmidts Antwort darauf lautet, dass wir aus dem technischen Geschehen »menschliche Geschichte« machen müssen; wir müssen den »ordo naturae des technischen Geschehens in den ordo humanus überführen« (Schmidt 1954, 55; vgl. 50). Dadurch, dass der Mensch das technische Geschehen zur Geschichte macht, ergänzt er die erste Phase seiner Wandlung durch die zweite, durch die eine neue Selbsterkenntnis erzielt wird. Durch den Vollzug dieses Wandels nimmt der Einzelne in der Gegenwart »seinen sicheren universalgeschichtlichen Ort ein« (Schmidt 1954, 56).

Die entscheidende Frage, die sich stellt, betrifft den Übergang von der ersten zur zweiten Phase: »Wie wird aus dem technischen natürlichen Geschehen menschliche Geschichte und Geschichte unseres Selbstbewusstseins?« (Schmidt 1954, 56). Der erste Schritt dazu ist die »Anerkennung des natürlichen technischen Geschehens«, was bedeutet, dass die Objektivation der Arbeit nicht nur festgestellt, sondern auch verstanden und dann zum bewussten Ziel gesetzt werden muss. Das heißt nach Schmidt: »Wir müssen das statistische Gesetz dieses uns unbewußten Geschehens bewußt zum dynamischen Gesetz machen und so das technische Werk der Gattung [...] wiederholen und in dieser Wiederholung fortsetzen.« Die triebhafte Notwendigkeit der technischen Entwicklung soll so in eine bewusste, willentliche Zwecksetzung transformiert werden: »Was durch *Trieb* notwendig geschah, soll also der *Zweck* unseres Tuns werden« (Schmidt 1954, 56).

Durch diese so vollzogene Anerkennung des technischen Geschehens wird es zur Geschichte: »Aus einem Geschehen, das sich durch uns vollzieht, Geschichte machen, heißt, sich das Geschehen als einen verstehbaren Prozeß bewußt machen und es in bewußter Zielsetzung vollziehen; so übernehmen wir seine natürliche Ordnung in den ordo humanus.« Und dies wiederum bedeutet auch, »die Notwendigkeit des natürlichen Geschehens mit der Freiheit des Menschen in Harmonie setzen«, was konkret auf ein bewusstes Unterordnen unter die Notwendigkeit des technischen Geschehens hinausläuft, »indem wir es selbst zum Zweck setzen« (Schmidt 1954, 57). Vollendet und sittlich gerechtfertigt ist nach Schmidt dieser »Akt der Übernahme des natürlichen Geschehens in unsere menschliche Ordnung« allerdings erst dann, wenn der Mensch »durch diese Sinngabe vom Triebe befreit« wird, wenn der Sinn, den er der Objektivation der Arbeit gibt, die ihn von der Arbeit befreit, »die Freiheit der Vernunft mehrt« (Schmidt 1954, 58; vgl. 60, 63, 65).

8.2 Fazit

Technisches Verhalten ist, so die mit Schmidts Ausführungen übereinstimmende These Gehlens, nicht »nur rational« und »bloß auf Zwecke abgestellt«, sondern gründet in irrationalen Antrieben; es wurzelt auch in einer uns nicht bewussten, gattungsmäßigen, im sinnlichen Teil unserer Natur verankerten Motivation. Damit relativiert Gehlen die rationale Erklärung der Technik, indem er auf die »Tiefenverwurzelung der Technik, die unbewußte Triebhaftigkeit [...], die hinter der technischen Entwicklung arbeitet«, verweist (Gehlen 2004, 23). Einerseits *muss* der Mensch danach streben, »seine Macht über die Natur zu erweitern, denn dies ist sein Lebensgesetz«. Diese Erklärung der Technik aus einem wesenseigenen Machtstreben ist zwar populär und plausibel, aber nicht ausreichend, denn hinzutritt das durch den Begriff der ›Resonanz‹ bezeichnete Phänomen: »Mit derselben blinden, seinen Geist vorwärtstreibenden Energie sucht der Mensch sich selbst zu objektivieren: er findet in der Außenwelt die Modelle und Bilder seines eigenen, rätselhaften Wesens, und mit derselben Fähigkeit der ›Selbstentfremdung‹ schlägt er sein eigenes Handeln der Außenwelt zu, läßt es von ihr übernehmen und weitertragen« (Gehlen 2004, 17). Dies belegt

> »die merkwürdige Bezauberung durch den Automatismus, die geordnete, zuerst am Himmel wahrgenom-

mene Kreisbewegung, durch die Monotonie der Wiederkehr des Gleichen: das erweckt eine Resonanz bis in den eigenen Pulsschlag hinein, und umgekehrt fühlt sich das eigene Handeln in den Kraftlinien des Weltumschwungs und der Naturrhythmen mitgeführt, die Stabilisierungsfläche der Welt verläuft in der Ebene des menschlichen Handlungskreises.« (Gehlen 2004, 17 f.)

Der Faszination an der Technik, an Maschinen, Automatismen und Rotationen liegt somit nach Gehlen eine »Tiefenresonanz« im Menschen zugrunde, die in uns auf diese Eindrücke antwortet: »Wir ahnen im ›Gang‹ einer Maschine etwas von unserem eigenen Wesen« (Gehlen 2004, 175). Und diese ›Resonanz‹ kann als ein anthropologisches Urphänomen bezeichnet werden.

Literatur

Dittmann, Frank: Zum philosophischen Denken von Hermann Schmidt. In: grgk/Humankybernetik 40 (1999), 117–128.

Fasol, Karl-Heinz: Hermann Schmidt. Naturwissenschaftler und Philosoph. Pionier der Allgemeinen Regelkreislehre in Deutschland. In: Automatisierungstechnik 49 (2001), 133–144.

Gehlen, Arnold: Sozialpsychologische Probleme in der industriellen Gesellschaft. Tübingen 1949.

Gehlen, Arnold: Urmensch und Spätkultur. Philosophische Ergebnisse und Aussagen. Bonn 1956.

Gehlen, Arnold: Der Mensch. Seine Natur und seine Stellung in der Welt. Frankfurt a. M. [10]1974.

Gehlen, Arnold: Philosophische Anthropologie und Handlungslehre. In: Ders.: Gesamtausgabe, Bd. 4. Hg. von Karl-Siegbert Rehberg. Frankfurt a. M. 1983.

Gehlen, Arnold: Die Seele im technischen Zeitalter. Sozialpsychologische Probleme in der industriellen Gesellschaft. Hamburg 1957; jetzt in: Gehlen, Arnold: Die Seele im technischen Zeitalter und andere sozialpsychologische, soziologische und kulturanalytische Schriften. In: Ders.: Gesamtausgabe, Bd. 6. Hg. von Karl-Siegbert Rehberg. Frankfurt a. M. 2004, 704–722.

Hartung, Gerald: Technische Kategorien und moderne Lebensführung. Hans Freyer und Arnold Gehlen und die These vom Industriezeitalter als Kulturschwelle. In: Nicole C. Karafyllis (Hg.): Das Leben führen? Lebensführung zwischen Technikphilosophie und Lebensphilosophie. Für Günter Ropohl zum 75. Geburtstag. Baden-Baden 2014, 134–149.

Liggieri, Kevin: Der Regelkreis als das »universelle Gebilde der Technik«. Zugriffe auf Mensch und Maschine zwischen »allgemeiner Regelungskunde« und philosophischer Anthropologie bei Hermann Schmidt. In: Jahrbuch Technikphilosophie 2019, 15–35.

Morat, Daniel: Der lange Schatten der Kulturkritik. Arnold Gehlen über ›Die Seele im technischen Zeitalter‹. In: Zeithistorische Forschungen 6/2 (2009), 320–325.

Müller, Oliver: Selbst, Welt und Technik. Eine anthropologische, geistesgeschichtliche und ethische Untersuchung [Humanprojekt 11]. Berlin 2014.

Schmidt, Hermann: Die Entwicklung der Technik als Phase der Wandlung des Menschen. In: Zeitschrift des Vereins Deutscher Ingenieure 96/5 (1954), 118–122; Wiederabdruck in: Schmidt, Hermann: Die anthropologische Bedeutung der Kybernetik. Reproduktion dreier Texte aus den Jahren 1941, 1953 und 1954. Quickborn o. J. [1965], 47–66.

Hans-Ulrich Lessing

9 Relationale Existenzweisen von Maschinen

Obwohl insbesondere auf die Ästhetik angewandt, scheint Étienne Souriau im französischen Sprachraum mit seinem 1943 erschienen Buch *Les différents modes d'existence* den Anstoß für die Nutzung des Begriffs der Existenzweise gegeben zu haben (vgl. Souriau 2015). Etwas früher noch tauchen in Frankreich vereinzelt Denker aus diversen Disziplinen auf, die zwar nicht konkret von einer Existenzweise technischer Objekte sprechen, dennoch das methodische Terrain für die Konstitution einer solchen vorbereiten. Zu nennen sind hier z. B. der Ingenieur Jacques Lafitte oder der Anthropologe und Archäologe André Leroi-Gourhan, die zwar aus ihrem jeweiligen wissenschaftlichen Spezialgebiet heraus argumentieren, bei denen sich aber bereits eine charakteristische Methodik herauskristallisiert: die intensive Beschäftigung und minutiöse Analyse von technischen Objekten selbst und die leichte Konfrontation der daraus resultierenden Erkenntnis mit philosophischen Problemstellungen. Paradigmatisch hierfür steht Leroi-Gourhans »technologie comparée« (vgl. Leroi-Gourhan 2010, 50), in der er unterschiedliche Werkzeuge aus verschiedenen Epochen miteinander vergleicht, oder Jacques Lafittes Kategorisierung von Maschinen in »machines passives«, »machines actives« und »machines réflexes« (vgl. Lafitte 1972). Zwei Denker, die etwas später sowohl an Souriau als auch an diese doppelt gepolte Vorgehensweise anschließen, sind Gilbert Simondon und Bruno Latour (vgl. Nitsch 2008; Carrozzini 2009). Wie die Buchtitel der beiden bereits vermuten lassen (*Die Existenzweise technischer Objekte* und *Existenzweisen. Eine Anthropologie der Modernen*), werden sie diesem Programm insofern gerecht, als dass sie die Existenzweise der technischen Objekte umfassender als ihre Vorgänger diskutieren, d. h.: auf methodischer Ebene nah an den Objekten haften, um zugleich inhaltlich auf Ebenen der Erkenntnistheorie, der Ontologie und der Normativität tiefgreifende philosophiehistorische Problemstellungen (Essentialismus vs. Anti-Essentialismus, Entfremdungsproblematik, Verhältnis Politik-Technik-Natur usw.) offenzulegen. Von einer Existenzweise der technischen Objekte zu sprechen, bedeutet folglich ein größeres Setting zu öffnen, das sich nicht auf eine rein ontologische Beschreibung reduzieren lässt, sondern philosophisch allumfassend gestaltet ist, weil es einer adäquaten Erkenntnis der Realität der Objekte bedarf, um neue die Technik repräsentierende Konzepte und integrierende Normen schaffen zu können. Die gemeinsame Ausgangslage von Latour und Simondon ist dabei eine kritische Haltung, wonach das jeweils aktuelle menschliche Gemeinwesen die Existenzweise technischer Objekte nicht vollständig anerkennt, sodass es nicht nur innerhalb der Kultur zu einem Missverhältnis gegenüber anderen Existenzweisen kommt, sondern technische Objekte auch in ihrer eigenen Existenzweise beschränkt werden. Die daraus resultierende normative Aufgabe liegt folglich in der Integration der technischen Objekte in das kulturelle und politische Gemeinwesen, um zeitgleich eine bewusstere und praktischere Haltung sowohl auf einer politisch-kulturellen als auch individuellen Ebene gegenüber den Objekten zu schaffen.

9.1 Gilbert Simondon

Der kritischen Haltung, die Kultur erkenne die Existenzweise der technischen Objekte nicht an, legt Simondon aus historischer Perspektive eine stetige und kontinuierliche Weiterentwicklung der Technik zugrunde, die dazu führt, dass es zu jedem Zeitpunkt in der Geschichte der Relation Mensch-Kultur-Technik zu neuen Auseinandersetzungen zwischen diesen Lagern kommt (s. Kap. III.54). In Simondons Schaffenszeit der 1950er Jahre ist diese Relation von zwei gegensätzlichen Meinungen gegenüber den technischen Objekten und insbesondere der Maschine geprägt: Einerseits werden Objekte lediglich auf ihren Nutzen und Gebrauch reduziert, sodass sie im Gegensatz zu einem ästhetischen oder religiösen Objekt keine weitere Bedeutung besitzen. Und andererseits gibt es eine technokratisch ausgerichtete »Idolatrie«, die eine gewisse mythische Angst, insbesondere vor der Maschine provoziert und meistens in Gestalt des vitalisierten Roboters dem Menschen gegenüber bedrohlich eingestellt ist (vgl. Simondon 2012, 9–15). Diese beiden, sich widersprechenden und durchaus noch zeitgemäßen Darstellungen und Haltungen reduzieren die Objekte also zum einen auf ihre Materialität und zum anderen auf böswillige Intentionen innerhalb des Objekts selbst. Beide Ansätze werden von Simondon zur Ausgangslage genommen, um sie zugleich umzumünzen. Denn indem er die Objekte für sich sammelt und für eine genaue Inspektion öffnet, will er zeigen, dass zum einen die räumliche Struktur keine einfache, passive und dem Nutzen unterworfene Materialität ist und zum anderen die dynamischen Operationsabläufe der Objekte keine dem Menschen böswillig gesinn-

K. Liggieri / O. Müller, *Mensch-Maschine-Interaktion*, https://doi.org/10.1007/978-3-476-05604-7_9

ten Intentionen sind. Daher versucht Simondon aufzuweisen, dass Struktur und Operation (s. Kap. III.52) immer schon komplementär aneinandergebunden sind, sodass die Struktur durch die operative Funktionsweise dynamisiert wird und die Operation durch die strukturelle Materialität eine solide Grundlage zum Funktionieren erhält.

Simondons eigene Sammlung an technischen Objekten, die er zur Inspektion öffnet, spielt hier eine wichtige Rolle, weil sie seine eigene Beschäftigung mit technischen Objekten hervorhebt. Diese Vorgehensweise kann zunächst in der Tradition der historischen Epistemologie aus Frankreich gelesen werden, die bis auf Auguste Comte zurückgeht. So wie Simondons Lehrer Gaston Bachelard sich z. B. minutiös mit den physikalischen, mathematischen und chemischen Erkenntnissen seiner Zeit auseinandergesetzt hat, um daraus eine philosophische Fragestellung zu erarbeiten, so versucht auch Simondon, die Rede von der technischen Existenzweise im Rückgriff auf real existierende Objekte zu untermauern. Aus diesem Grund rekurriert Simondon z. B. auf die Funktionsweise der Kühlrippen eines Zylinderkopfs innerhalb eines Verbrennungsmotors (vgl. ebd., 19–34). Um den Wirkungsgrad der Verbrennungsmotoren zu steigern, übernehmen die Kühlrippen die Funktion der Kühlung, indem sie helfen, die Hitze aus dem Brennraum des Zylinders besser abzuleiten. An der Arbeitsweise des Motors fällt zusätzlich auf, dass die Kühlrippen auch eine mechanische Rolle übernehmen, d. h., dass sie eine Verformung des Zylinderkopfs verhindern. Die Kühlrippen werden damit ebenfalls zu Stützrippen, sodass in einer einzigen Struktur zwei Operationen konvergieren und zusammenwirken: Kühlung und Stützung. Das Konvergieren von unterschiedlichen Operationen in einer strukturellen Einheit nennt Simondon den ›Konkretisationsprozess‹. Übernimmt im Gegensatz dazu eine einzige Struktur jeweils nur eine Operation, gilt das Objekt als ›abstrakt‹. Als Beispiel nennt Simondon die Wasserkühlung, die im Gegensatz zur Luftkühlung eine von der Gesamtfunktionsweise abgesonderte Substruktur darstellt und bei Ausfall die Existenzfähigkeit des gesamten Motors bedroht. Bei der Synergie der Funktionsweisen hingegen stabilisiert das konkrete Objekt die Multifunktionalität aller Strukturen und ist daher ›existenzfähiger‹ als ein abstraktes Objekt. Weil folglich in einem konkreten Objekt die einzelnen Strukturen enger zusammenarbeiten, bis fast keine sekundären unerwünschten Effekte mehr vorhanden sind, kommt es den natürlichen Objekten sehr nahe, ohne aber mit ihnen identisch zu werden. Die technischen Objekte neigen lediglich zum Konkretisiationsprozess, während die natürlichen Objekte immer schon konkret sind. Insgesamt betrachtet heißt also den Werdegang vom abstrakten zum konkreten Objekt nachzuzeichnen, nicht nur das Objekt zu öffnen, sondern auch seinen Entstehungsprozess, seine Genese, d. h. seine Konstruktion und Planung zu verfolgen. Um die Funktionsweise einer Maschine zu beschreiben, greift Simondon damit zwar einerseits auf ingenieur- und technikwissenschaftliches Wissen zurück, widmet aber dem für den heutigen Ingenieur beispielsweise so wichtigen Wirkungsgrad einer Maschine nur insofern Aufmerksamkeit, wie er zur ›autonomen Existenzweise‹ derselben beiträgt (s. Kap. III.35). Um Letzteres zu untermauern, wird daher ingenieurwissenschaftliches Vokabular mit biologischen Begriffen erweitert. Simondon knüpft damit an den von Georges Canguilhem verfassten Artikel »machine et organisme« aus dem Jahre 1947 an, in dem Canguilhem dafür plädiert, Technologie und technische Objekte aus einer biologischen Perspektive zu betrachten und nicht umgekehrt (vgl. Canguilhem 2009; Schmidgen 2005). Die autonome Existenzweise muss also im Kontext einer mit biologischen Begriffen erklärten Technik verstanden werden. Das heißt, dass das technische Objekt immer in einem ›Milieu‹ betrachtet wird, das zunächst im engeren Sinn technisch und geographisch, im breiteren Sinn aber auch von psychisch-sozialen, religiösen oder wissenschaftlichen Gegebenheiten beeinflusst werden kann (vgl. Simondon 2012, 48–64). Insbesondere seinem technischen und geographischen Milieu muss sich das technische Objekt immer anpassen. Muss sich ein Objekt nun zu stark an sein Milieu anpassen, sodass sich seine Funktionsweise erheblich verändert, kommt es zur funktionalen ›Überanpassung‹. So ist das Strahltriebwerk eines Flugzeugs zwar dem Propellermotor überlegen, wenn es darauf ankommt, in höheren Flughöhen zu fliegen, die sehr große Geschwindigkeit aber, die ein Flugzeug mit Triebwerken erreichen kann, führt dazu, dass eine sehr lange Landebahn erforderlich ist. Ältere Propellerflugzeuge, die auf freiem Feld landen können, sind daher weniger an ihr technisch-geographisches Milieu überangepasst. Um dieser Überanpassung entgegen zu wirken, muss das Objekt nicht nur in sein es unmittelbar umgebendes Milieu integriert werden, es muss selbst eine Funktion zwischen dem geographischen und dem technischen Milieu übernehmen. Das technische Objekt muss sein eigenes ›assoziiertes Milieu‹ schaffen, indem es das geographische und das technische Milieu als Vermittler zusammenbringt. Simondons Musterbeispiel für die Darstellung des Verhältnisses zwischen assoziiertem Milieu und Objekt ist die Guimbal-Turbine. Diese Turbinen werden erstmals in den 1940er Jahren in Gezeitenkraftwerken genutzt. Das besondere an der Guimbal-Turbine ist, dass sich der Stromgenerator erstens in einem unter Druck stehenden Ölgehäuse und zweitens in der im Meerwasser liegenden Turbine befindet. Sowohl das Wasser als auch das Öl werden dabei multifunktional: Erstens liefert das Meerwasser die Energie mit der der Generator und die Turbine angetrieben werden und zweitens leitet es die Hitze ab, welche der Generator erzeugt. Das Öl wiederum isoliert die Wicklung und verhindert, dass Wasser ins Gehäuse gelangt. Die Funktionsweise der Guimbal-Turbine bringt demnach ein natürlich-technisches Milieu zusammen, indem Meerwasser, Gezeitenkraftwerk und Turbine miteinander koexistieren. Die Turbine ist existenzfähig, weil sie über einen rekursiven Prozess eine Wechselwirkung mit ihrem natürlichen und technischen Milieu unterhält. Demnach ist die Funktionsweise des technischen Objekts dem Milieu nicht ausgesetzt, was zu einer Desadaptation führen würde; vielmehr wird das assoziierte Milieu ein Teil der Funktionsweise des technischen Objekts. Diesen rekursiven Prozess zwischen Milieu und Objekt nennt Simondon ›Individualisation‹ (s. Kap. III.44). Autonomie bedeutet hier also nicht die kantische Selbstgesetzgebung, sondern vor dem Hintergrund eines prozessphilosophischen Ansatzes die Möglichkeit eines Individuums, in einen konstanten Austausch mit seinem Umfeld zu treten und sich daher fortwährend individualisieren zu können.

Trotz dieses Beispiels lässt sich nicht jedes technische Objekt als individualisiert kennzeichnen. Die einzelnen Teile, die in der Guimbal-Turbine enthalten sind, bilden selbst nicht wiederum ein konkretisiertes Objekt mit assoziiertem Milieu. Da es demnach verschiedene Möglichkeiten an Konkretisationen gibt, werden auf das Gesamtwerk von Simondon betrachtet drei Hauptunterscheidungen eingeführt: (1) Werkzeuge, Instrumente, Geräte, Utensilien oder Elemente. (2) Werkzeugmaschinen, Maschinen oder Individuen. (3) technische Systeme oder Ensembles (vgl. Bontems 2015). So liegt z. B. nur dann ein technisches Individuum vor, wenn es das assoziierte Milieu als *conditio sine qua non* für sein Funktionieren braucht (vgl. Simondon 2012, 56). Ein Ensemble hat also kein wirkliches assoziiertes Milieu und ist lediglich eine Vernetzung von Individuen. Das einzige Kriterium für die Gliederung in verschiedene Klassifizierungen ist die Darlegung der auto-korrelativen Funktionsweise der Teilstrukturen im Objekt und die Relation, die das Objekt zu seinem Milieu hat, d. h. sein Konkretisationsprozess. Diese Einteilungen dürfen also nicht als klassische Klassifikationen oder Kategorien nach dem Substanz-Attribut Schema verstanden werden, die die technischen Objekte in eine essentialistische Kategorie zwingen. Es ist daher falsch zu glauben, Simondons Sammlung und Beschriftung technischer Objekte unterliege einer aus der Biologie inspirierten morphologischen Analyse. Genauso wenig können Kategorien anhand von Analogien aufgestellt werden, die sich auf äußere Ähnlichkeiten stützen, wie auch eine Klassifizierung, die sich nach dem Gebrauch der Objekte richtet, nicht ausreicht. Ebenso wenig geht es darum, irgendwelche wertenden Hierarchisierungen einzuführen, die die Maschinen gegenüber den Werkzeugen bevorzugen würden. Vielmehr muss, so Simondons Credo, den Konkretisationsprozessen gefolgt werden:

> »Anstatt eine Klasse technischer Wesen zu betrachten, die Automaten, muss man den Linien der Konkretisation durch die zeitliche Evolution der technischen Objekte hindurch folgen; nur wenn man diesem Weg folgt, gewinnt die Annäherung zwischen Lebewesen und technischem Objekt eine wirkliche Bedeutung jenseits aller Mythologie.« (Simondon 2012, 45)

Obwohl sich Simondon umfassend mit der Kybernetik (s. Kap. II.E.15, III.49) seiner Zeit beschäftigt, indem er insbesondere deren Methodologie und weniger ihre kulturphilosophischen Implikationen diskutiert (vgl. Simondon 2016a), wird mit diesem Zitat deutlich, dass er deren primäre Konzentration auf die Automaten als zu beschränkt einstuft. Die Unterteilungen in Element, Individuum und Ensemble müssen daher vielmehr als Graduierungen verstanden werden, die der Konkretisationsprozess im Laufe seiner Entwicklung durchmacht. Diesen Konkretisationsgrad nennt Simondon »Technizität« (vgl. Simondon 2012, 60–75). Als Konkretisation von Struktur und Operation ist die Technizität eine rein technische Dimension, die nicht extrinsischen Beeinflussungen wie der Ökonomie, der Ästhetik oder der Religion unterliegt. Wenn z. B. beim Automobil Umformungen oder Lackierungen der Karosserie nicht zur autonomen Existenzfähigkeit des Objekts in seinem Milieu beitragen, können sie auch niemals das Objekt in seiner Technizität beeinflussen, sondern diese nur mit sekundären Strukturen und Funktionsweisen überlagern. Diese Überlagerungen verdecken dabei nicht nur die Technizität, sondern führen auch dazu, dass aus Sicht des Menschen die Existenzweise des technischen Objekts zu einer nebensächlichen Rolle wird und wirtschaftliche oder ästhetische Aspekte in den Vordergrund rücken können.

Aus Sicht der Mensch-Maschine-Relation braucht es daher auf einer normativen Ebene einen ›Erfinder‹, der das Objekt nicht nur in seinem Konkretisationsprozess, d. h. seiner Genese und Konstruktion erfasst, sondern der die operativen Strukturen und das Milieu des Objekts antizipiert (vgl. ebd., 52–75). Gerade weil technische Objekte zu einem konkreten Stadium lediglich tendieren, bleibt in jedem Objekt ein sogenannter ›Unbestimmtheitsgrad‹ übrig, der sich nie vollständig erschöpft, sodass kein Objekt jemals ganz autonom existenzfähig sein wird. Weil also während dem Konkretisationsprozess die zusammen funktionierenden Strukturen immer determinierter werden, nimmt der Unbestimmtheitsgrad mit der Zunahme an Konkretisation ab. Der Erfinder ist nun diejenige Person, die diesen Unbestimmtheitsgrad immer wieder antizipieren muss. Die technische Interaktion von Mensch und Maschine ist also in der Relation zwischen Erfinder und technischem Objekt zu suchen, die auf das Verhältnis zwischen der Funktionsweise des Objekts und dem Prozess des erfinderischen Denkens verweist: »Die Dynamik des Denkens ist dieselbe, wie die des technischen Objekts [...]« (ebd., 54). In der Hinsicht zieht Simondon die in der Sekundärliteratur viel zitierte Schlussfolgerung: »Was den Maschinen innewohnt, ist menschliche Wirklichkeit, menschliche Geste, die in funktionierenden Strukturen fixiert und kristallisiert ist« (ebd., 13). Es geht hier aber nicht um eine Vitalisierung der Maschine, sondern darum zu zeigen, dass sich in den technischen Objekten menschliche Imagination speichert und materialisiert, sodass sie in den Funktionsweisen aller technischen Objekte versteckt liegt. Die Erfindung ist daher bei Simondon keine Kreation *ex nihilo*, sondern eine ›Antizipation‹, die die intrinsisch operativen Strukturen der technischen Objekte aufnimmt und sie im kreativen Moment weiterdenkt. Sie ist selbst ein prozessualer Akt, der durch mehrere Phasen geht. Somit spielt nicht nur die Analyse von Funktionsweisen technischer Objekte eine Rolle. Simondon verbringt besonders in seinen späteren Schaffensjahren als Professor für Psychologie an der Sorbonne einen Großteil seiner Arbeit damit, die Funktionsweisen der Imagination und Psychologie der Menschen- und Tierwelt zu erforschen (vgl. Simondon 2014a, 2015).

In diesem Verhältnis von Erfinder und technischem Objekt nehmen also nicht nur die Objekte selbst eine zentrale Rolle ein, sondern auch die repräsentativen Modelle, Paradigmen oder Schemata, die sich der Mensch von den Objekten macht. Desto weiter dabei die Repräsentationen von der jeweiligen aktuellen historischen Entwicklung der technischen Objekte entfernt sind, desto größer ist die Distanz zu den Objekten und damit die »Entfremdung« (vgl. Simondon 2012, 79–103). Während nun der Marxismus die Entfremdung aus der Ungleichheit der Besitzverhältnisse erklärt, revidiert Simondon diese These, indem er zu zeigen versucht, dass die Entfremdung sich auf einer sogenannten psycho-physiologischen Ebene befindet, weil die individuelle Beziehung zur Maschine in einem Missverhältnis ist. Weil der Besitzer seine Maschine auch verstehen muss, kann die Auflösung der Entfremdung nicht nur durch die Aufhebung ungleicher Besitzverhältnisse erfolgen. Die Entfremdung muss insbesondere durch die »technische Aktivität« des Erfinders aufgehoben werden, die eine praktische und theoretische Aufmerksamkeit bezüglich der technischen Funktionsweise der Maschine umfasst, inklusive ihrer »Wartung«, »Regelung« und »Aufbesserung« (vgl. ebd., 231). Simondons Erfinder nimmt damit eine mittlere Position zwischen einem Ingenieur und einem Techniker ein, weil nicht der reine Gebrauch oder die wirtschaftliche Optimierung der Maschine im Vordergrund steht, sondern die Auseinandersetzung mit dem Objekt selbst. Diese Auseinandersetzung soll sich neben den Konstruktionsverhältnissen auch auf die sogenannte psycho-soziale Ebene des Konsumverhaltens ausdehnen. Das technische Objekt muss ein »offenes« Objekt sein, das vom Konstrukteur für den Nutzer bereits so vorgefertigt wird, dass der Nutzer selbst zum Reparateur und Kontrolleur seiner gekauften Objekte werden kann (vgl. Simondon 2014d, 60–62). Im Erfinder sollen sich folglich Konstrukteur und Verbraucher durch die technische Aktivität annähern. Die Grundlage dieser Annäherung bildet dabei Simondons Herausarbeitung einer technischen Ausbildung, in der er versucht, ein einheitliches Programm aufzustellen: Unterrichten von Technikgeschichte, die Erklärung von ingenieur- und naturwissenschaftlichen Funktionsweisen von Objekten, praktische Konstruktion von technischen Objekten in Gruppenarbeiten, das Erstellen einer technischen Bibliothek, d. h. einer »Organothek« aus der technische Objekte jeglicher Art wie Bücher ausgeliehen werden können usw. (vgl. Simondon 2014b, c).

Die Berücksichtigung der Konkretisationsprozesse der einzelnen Objekte, sowie die Analyse allgemeiner technikhistorischer Entwicklungen als auch eine technische Ausbildung und deren Eingliederung in das bereits bestehende Unterrichtsprogramm sollen allesamt die Grundlage für eine »technische Kultur« bilden, die schließlich die Integration der technischen Objekte in die allgemeine Kultur bewerkstelligen soll (vgl. Simondon 2012, 123–139). Die technische Kultur kann jedoch nicht die Grundlage für eine allgemeine Kultur bilden, sondern muss in Relation zu anderen menschlichen Existenzweisen wie der Religion, der Ästhetik, der Wissenschaft, der Ethik usw. gesetzt werden. Denn wenn die technische Existenzweise sich in die Kultur integrieren muss, dann darf sie bei dieser Integration nicht selbst wiederum ein Missverhältnis zu anderen Existenzweisen herstellen. Simondons Existenzweise technischer Objekte darf also keineswegs als ein reiner Technizismus verstanden werden, auf den sich die Kultur stützen sollte, sondern als der Versuch, eine Existenzweise von technischen Objekten in einem Existenzweisen-Pluralismus überhaupt erst zu bestimmen.

9.2 Bruno Latour und die ANT

Wie Simondon spricht auch Bruno Latour von einer Existenzweise des Technischen und öffnet mit einem genauen und minutiösen Blick die technischen Objekte, die vorzugsweise als Akteure und Netzwerke bezeichnet werden. In der zusammen mit anderen Denkern wie Michel Callon, John Law, Madeleine Akrich gegründeten Akteur-Netzwerk-Theorie (ANT) geht es, wie bei Simondon, in erster Instanz darum, den Akteuren zu »folgen« (vgl. Callon 2006b, 143). Das Netzwerk ist dabei anlehnend an das ›Rhizom‹ von Deleuze/Guattari als ein relationales Gefüge zu verstehen, in dem menschliche und nicht-menschliche Akteure in einem Kräfteverhältnis ihre Handlungsmacht ständig untereinander verteilen (vgl. Latour 2006). Hervorzuheben ist, dass jeder Akteur in einem Netzwerk selbst wiederum aus einem Netzwerk besteht, das wiederum aus vielen Akteuren zusammengesetzt ist, sodass bei einer genaueren Betrachtung eines jeden Akteurs jedes Mal aus der Tiefe ein ganzes Netzwerk an weiteren Akteuren zutage tritt. Jedes in sich funktionierende Netzwerk wird in der Hinsicht als eine »Blackbox« betrachtet, die es zu öffnen und zu betrachten gilt (vgl. Callon/Latour 2006, 97 f.). Weil in der ANT folglich nicht die Akteure als statische Essenzen oder Entitäten, sondern das Verhalten und die Handlungen zwischen den Akteuren im Vordergrund der Analyse stehen, gibt es keine Kategorien oder Klassifizierungen von technischen Objekten. Von alltäglichen Gegenständen bis hin zu technologischen Großprojekten werden alle Objekte unter den Begriffen ›Akteur‹ und ›Netzwerk‹ gelesen: Schlüsselanhänger in einem Hotel, Sicherheitsgurte in Fahrzeugen, das Elektrofahrzeug von Électricité de France (EDF) usw. (vgl. Callon 2006a; Latour 1996b, c).

Die zwischen den Akteuren zirkulierenden Operationen offen zu legen, heißt, die Handlungen und Aktionen wie ein ›Skript‹ zu lesen. Paradigmatisch ist Latours Soziologie alltäglicher Gegenstände, in der er z. B. eine einzelne Seite aus André Franquins Comic *Gaston Lagaffe* analysiert (vgl. Latour 1996a). Latour interessiert sich hier für die Rolle einer gewöhnlichen Tür und wie sie das Verhalten zwischen einzelnen Akteuren wie Prunelle, Gaston, einer Katze und dem störenden Luftdurchzug bestimmt. Jeder der Akteure vertritt dabei eigene Handlungsinteressen: Die Katze verträgt es nicht, wenn die Tür ständig geschlossen ist, weil sie sich frei zwischen den Räumen bewegen will. Prunelle wiederum will nicht ständig bei der Arbeit gestört werden, um der Katze immer wieder die Tür öffnen zu müssen. Gleichzeitig aber führt eine ständig geöffnete Tür auch zu unverträglichem Luftdurchzug. Gaston baut daraufhin eine Katzentür ein und der Interessenkonflikt zwischen den Akteuren ist erstmals gelöst. Die verschiedenen Handlungsinteressen der Akteure bilden zusammen das Skript, das sich nach einem ›Handlungs-‹ oder ›Aktionsprogramm‹ strukturiert. Handlungen von Akteuren können dabei an andere Akteure ›delegiert‹ werden bzw. es finden mit dem Handeln bestimmter Akteure ständig ›Übersetzungen‹ oder ›Transformationen‹ statt. Immer wieder wird betont, dass der Begriff der Übersetzung von Michel Serres aufgenommen wurde und im Sinne der ANT angewendet wurde (vgl. Callon/Latour 2006, 76). So findet eine Übersetzung des menschlichen Türschließers Prunelle zu einem mechanischen Türschließer Katzentür statt. Auch moralische Übersetzungen können im Verhältnis Mensch-Technik stattfinden, wenn Latour z. B. darauf hinweist, dass eine Bodenschwelle die Autofahrer dazu zwingt, ihre Geschwindigkeit zu reduzieren, nicht, weil sie die Passanten, sondern die Federung ihres Autos schützen wollen (vgl. Latour 1996b). Die Moral wird dabei keineswegs überflüssig, sondern lediglich an andere Akteure delegiert. Die unterschiedlichen Handlungsprogramme der Akteure und die jeweiligen Grenzen ihrer

Handlungsinteressen werden mit Graphiken und Karten illustriert. Das Skript der Handlungsprogramme wird folglich in Anlehnung an Gabriel Tarde semiotisch gelesen und aus der Abfolge von Zielen, Schritten und Intentionen der Akteure entsteht eine Erzählung. Paradigmatisch für eine solche Erzählung in literarischer Form steht Latours Analyse eines gescheiterten Projektes des öffentlichen Transports in Paris: »A. r.a.m. i.s« oder »Agencement en rames automatisées de modules indépendants dans les stations« (vgl. Latour 1992). Das Projekt wird Ende der 1960er ins Leben gerufen und über die nächsten zwanzig Jahre, samt Versuchsstrecken und Prototypen, weiterentwickelt, bis Ende der 1980er Jahre die Arbeiten ganz eingestellt werden. Die Idee besteht darin, dass Fahrgäste Einzelkabinen, ähnlich wie Taxis, bestellen können, die sie direkt zu ihrem Ziel bringen. Latour folgt in seiner Darstellung den einzelnen Akteuren, die das Projekt mitkonstituieren und daran mitwirken, d. h. insbesondere den Erzählungen der Ingenieure, Manager, Politiker, aber auch den technischen Plänen, Zeichnungen und sonstigen Dokumenten, sodass er das Scheitern des gesamten Projekts rekonstruiert und allen beteiligten Akteuren eine Stimme verleiht. Die von ihm ausgewählte literarische Erzählform ist im Stile eines Dokumentar-, Detektiv- und Montageromans geschrieben, die er selbst ›Szientifiktion‹ nennt, also eine Mischung aus wissenschaftlichem und fiktionalem Text (vgl. Schmidgen 2013, 149).

Während bisher verstärkt die soziologische Dimension von technischem Handeln im Vordergrund stand, lässt sich die ›Existenzweise des Technischen‹ im Rückgriff auf das Beispiel von *Gaston Lagaffe* erklären. Wie Gastons Handeln zeigt, ist Technik mit erfinderischer Raffinesse und spielerischen Basteltricks verbunden, die das Handlungsprogramm von allen beteiligten Akteuren verändert, indem Operationen delegiert und übersetzt werden. In der Hinsicht muss der technisch Handelnde bzw. der Techniker, Erfinder, Ingenieur oder Bastler sogenannten »Zickzack-Trajektorien« folgen und die Umleitungen und Krümmungen der Technik lenken (vgl. Latour 2012, 297–329). So findet z. B. die Atomphysik ihre Anwendung plötzlich in der Krebsbestrahlung oder Holz und Stahl implizieren sich gegenseitig im Griff eines Hammers. Die Diskontinuität des Technischen ergibt sich folglich aus dem Zusammenspiel zwischen Erfinder und funktionierendem Objekt, sodass die Existenzweise des Technischen eine Aktivität ist, die von einer wechselseitigen Interaktion geprägt ist. Damit wendet sich Latour, wie schon Simondon, gegen die Auffassung, im technischen Akt ginge es ausschließlich um ›Nützlichkeit‹ oder ›Effektivität‹. Weder ist die Erfindung eine Form, die sich der passiven Materie aufzwingt, noch funktionieren Techniken nach dem Mittel-Zweck Verhältnis, um die Natur auszubeuten oder zu beherrschen. Die Existenzweise des Technischen kann daher nicht auf eine reine Materialität reduziert werden, vielmehr spielt sie ein Versteckspiel von Präsenz und Absenz, in der sie nur dann wirklich hervortritt, wenn ihre Funktionsweise versagt und durch einen Techniker repariert werden muss. Stets muss das technische Objekt vom Techniker und Ingenieur unterhalten oder restauriert werden. Technik als Akt zu betrachten heißt für Latour, ihre Existenzweise als ›Adjektiv‹ und nicht als ›Substantiv‹ zu beschreiben. Folglich beschreibt Technik einen dynamischen Zustand oder einen Vorgang und kein statisches Ding oder einen Gegenstand. Nicht nur Maschinen, Autos oder Tische verändern sich durch Konstruktion, Erfindung oder Reparaturen, auch die Handgriffe des Handwerkers selbst werden jeden Tag geschickter. Um den Konzepten der Mittel-Zweck-Relation und der technokratischen Beherrschung zu entkommen, wird Technik von Latour fortan als eine ständige »Faltung« dargestellt (vgl. ebd., 323). Die Falte soll die Diskontinuitäten, Umleitungen, Krümmungen und Umlenkungen des Technischen widerspiegeln, die es in seiner Aktivität stets vollziehen muss. Falte um Falte werden die Widerstände und die Heterogenität der Materie »ein-« und »ausgekuppelt«, weil mit jedem gelösten Problem, jedem gefundenen Kniff, unzählige neue Probleme und Diskontinuitäten wieder auftauchen (vgl. ebd., 323–326). Falte um Falte kommt es zu einer Verschiebung der Handlungen, die zu einem ›faire faire‹ führen, d. h. ›etwas dazu zu bringen etwas zu tun‹.

Der Blick auf die Technik als einfaches Mittel zum Zweck oder ihre Reduktion auf eine reine Materialität ergibt sich nach Latour schließlich aus einer geschichtsphilosophischen Problematik, die die ›Moderne‹ charakterisiert und die eine strikte Trennung von Natur und Politik und auch von Subjekt und Objekt angestrebt hat (vgl. Latour 2013). Jeder Akteur, jedes Ding, jede Existenzweise muss nach dieser Bestimmung stets in eine der beiden Kategorien fallen. Während die Moderne ihre Verfassung auf diesen strikten kategorialen Trennungen gründet, versucht Latour ein neues ›Kollektiv‹ einzurichten, das versucht, neue Existenzmodi aufzustellen, um bis dato unberücksichtigten und verdrängten Akteuren, sogenannten ›Hybriden‹, in einem ›Parlament der Dinge‹ eine Repräsentation und Stimme zu geben (vgl. Latour 2012). In der Beschreibung der Existenzweise des Technischen soll sich also zugleich deren Wert herauskristallisieren, sowie auch der Wert von vierzehn anderen Existenzweisen, zu denen das Technische schließlich in Relation gesetzt werden muss: ›Reproduktion‹, ›Metamorphose‹, ›Gewohnheit‹, ›Fiktion‹, ›Referenz‹, ›Politik‹, ›Recht‹, ›Religion‹, ›Bindung‹, ›Organisation‹, ›Moralität‹, ›Netzwerk‹, ›Präposition‹, ›Doppelklick‹ (vgl. Latour 2014). Der ontologische Pluralismus wird der modernen Verfassung entgegengestellt und versucht, was die Existenzweise des Technischen betrifft, diese aus dem Mittel-Zweck-Denken und dem reduktionistischen Materialismus zu befreien, indem er sie als einen sich zwischen Subjekt und Objekt befindenden und fortwährend sich entfaltenden Akt denkt.

9.3 Fazit

Von einer Existenzweise des Technischen vor dem Hintergrund der Mensch-Maschine-Interaktion zu sprechen, heißt also nicht einfach nur, eine ontologische Bestimmung von *der* Technik zu geben, sondern diese in einen größeren philosophischen Rahmen einzubinden, der sich auch mit philosophiehistorischen, erkenntnistheoretischen und normativen Problemstellungen konfrontiert sieht. Beide, Simondon und Latour, versuchen die Existenzweise des Technischen einerseits aus einer minutiösen Analyse technischer Objekte herauszufiltern und sie als grundlegenden Teil der menschlichen Aktivität zu bestimmen. Andererseits wird die Existenzweise des Technischen in einen normativen Rahmen der Kultur oder Politik integriert, indem ein vermeintliches Missverhältnis zwischen den verschiedenen Existenzweisen aufgehoben werden soll. Auffallend ist, dass Simondon versucht, das normative Programm stärker auf einer individuellen Ebene umzusetzen und damit die technische Ausbildung hervorhebt, Latour sich hingegen mehr für die soziologische Dimension der Technik interessiert und damit auf der Ebene des Politischen ansetzt.

Literatur

Bontems, Vincent: Simondons Klassifizierung technischer Objekte. In: Gerhard Gamm/Petra Gehring/Christoph Hubig u. a. (Hg.): Jahrbuch Technikphilosophie. Ding und System. Zürich 2015, 43–57.

Callon, Michel: Die Soziologie eines Akteur-Netzwerkes: Der Fall des Elektrofahrzeugs. In: Andréa Belliger/David J. Krieger (Hg.): ANThology. Ein einführendes Handbuch zur Akteur-Netzwerk-Theorie. Bielefeld 2006a, 175–193 (engl. 1986).

Callon, Michel: Einige Elemente einer Soziologie der Übersetzung: Die Domestikation der Kammermuscheln und der Fischer der St. Brieuc-Bucht. In: Andréa Belliger/David J. Krieger (Hg.): ANThology. Ein einführendes Handbuch zur Akteur-Netzwerk-Theorie. Bielefeld 2006b, 135–175 (engl. 1986).

Callon, Michel/Latour, Bruno: Die Demontage des großen Leviathans: Wie Akteure die Makrostruktur der Realität bestimmen und Soziologen ihnen dabei helfen. In: Andréa Belliger/David J. Krieger (Hg.): ANThology. Ein einführendes Handbuch zur Akteur-Netzwerk-Theorie. Bielefeld 2006, 75–101 (engl. 1981).

Canguilhem, Georges: Maschine und Organismus. In. Ders.: Die Erkenntnis des Lebens. Berlin 2009, 83–232.

Carrozzini, Giovanni: Gilbert Simondon et Jacques Lafitte: Les deux discours de la culture technique. In: Cahiers Simondon. Numéro 1. Paris 2009, 25–45.

Lafitte, Jacques: Réflexions sur la science des machines. Paris 1972.

Latour, Bruno: Aramis ou l'amour des techniques. Paris 1992.

Latour, Bruno: Porträt von Gaston Lagaffe als Technikphilosoph. In. Ders.: Der Berliner Schlüssel. Erkundungen eines Liebhabers der Wissenschaften. Berlin 1996a, 17–27 (frz. 1993).

Latour, Bruno: Das Dilemma eines Sicherheitsgurts. In: Ders.: Der Berliner Schlüssel. Erkundungen eines Liebhabers der Wissenschaften. Berlin 1996b, 28–36 (frz. 1993).

Latour, Bruno: Das moralische Gewicht eines Schlüsselanhängers. In. Ders.: Der Berliner Schlüssel. Erkundungen eines Liebhabers der Wissenschaften. Berlin 1996c, 37–52 (frz. 1993).

Latour, Bruno: Über den Rückruf der ANT. In: Andréa Belliger/David J. Krieger (Hg.): ANThology. Ein einführendes Handbuch zur Akteur-Netzwerk-Theorie. Bielefeld 2006, 561–572 (engl. 1999).

Latour, Bruno: Das Parlament der Dinge. Für eine politische Ökologie. Frankfurt a. M. ²2012 (frz. 1999).

Latour, Bruno: Wir sind nie modern gewesen. Versuch einer symmetrischen Anthropologie. Frankfurt a. M. ⁴2013 (frz. 1991).

Latour, Bruno: Existenzweisen. Eine Anthropologie der Modernen. Frankfurt a. M. 2014 (frz. 2012).

Leroi-Gourhan, André: L'homme et la matière. Paris 2010.

Nitsch, Wolfram: Dädalus und Aramis. Latours symmetrische Anthropologie der Technik. In: Georg Kneer/Markus Schroer/Erhard Schüttpelz (Hg.): Bruno Latours Kollektive. Kontroversen zur Entgrenzung des Sozialen. Frankfurt a. M. 2008, 219–233.

Schmidgen, Henning: Thinking Technological and Biological Beings. Gilbert Simondon's Philosophy of Machines. In: Revista do Departamento de Psicologia, UFF 17/2 Niteroi (2005), 11–18. DOI: 10.1590/S0104-80232005000 20002.

Schmidgen, Henning: Bruno Latour. Zur Einführung. Hamburg ²2013.

Simondon, Gilbert: Die Existenzweise technischer Objekte. Zürich 2012 (frz. 1958).

Simondon, Gilbert: Imagination et invention. 1965–1966. Paris 2014a.

Simondon, Gilbert: Place d'une initiation technique dans une formation humaine complète. In: Ders.: Sur la technique. Paris 2014b, 203–232.
Simondon, Gilbert: Prolégomènes à une refonte de l'enseignement. In: Ders.: Sur la technique. Paris 2014c, 233–253.
Simondon, Gilbert: Psychosociologie de la technicité. In: Ders.: Sur la technique. Paris 2014d, 27–129.
Simondon, Gilbert: Sur la psychologie. Paris 2015.
Simondon, Gilbert: Cybernétique et philosophie. In: Ders.: Sur la philosophie. 1950–1980. Paris 2016a, 35–68.
Souriau, Étienne: Die verschiedenen Modi der Existenz. Lüneburg 2015 (frz. 2009).

Olivier Del Fabbro

C Mensch-Maschine-Visionen und ›Über-Maschinen‹ zwischen Utopie und Dystopie

10 Die Mensch-Maschine als Utopie

In diesem Kapitel werden Ansichten und Visionen zum Mensch-Maschine-Verhältnis diskutiert, die sich als utopisch begreifen lassen und dabei die Verschmelzung von Mensch und Maschine gutheißen oder zumindest deren Notwendigkeit für die Zukunft postulieren. Hinsichtlich des Aspekts des Utopischen stehen hier Strömungen des utopischen Denkens im Mittelpunkt, die aufgrund des Aufstiegs des biologischen Evolutionsdenkens seit dem 19. Jahrhundert entstanden sind. Dabei liegt der Fokus auf Visionen einer evolutionären Weiterentwicklung und etwaigen letztlichen Überwindung der Menschheit durch eine Symbiose von Mensch und Maschine oder durch die Technisierung des menschlichen Körpers (Menschmaschineverschmelzung). Die Idee einer Evolution der Maschinen (Maschinenevolution), die dann eventuell die Menschheit ablösen, also sozusagen deren Nachfolgerin bilden werden, findet als Kontext der erstgenannten Visionen Beachtung.

Obwohl (mehr oder weniger) hoffnungsvolle utopische Ansichten und Visionen das Thema dieses Kapitels sind, werden in ihm – im Einklang mit Richard Saages stark auf das literarische Genre des utopischen Romans ausgerichteter politikwissenschaftlicher Konzeption (vgl. zu dieser z. B. Saage 2001–2003) – Utopie und Dystopie als zwei Seiten derselben Medaille aufgefasst. Die dystopische Tradition insbesondere des 20. Jahrhunderts, in der die Kritik des Maschinenkults und moderner Dehumanisierungstendenzen im Zentrum steht, ist somit, wenigstens im Hintergrund, in den folgenden Ausführungen immer präsent. Diese Einbeziehung des Dystopischen ist nicht nur wegen der Entwicklung des dystopischen Romans aus dem utopischen angezeigt, sondern auch, weil der Blick auf die Maschine in den hier interessierenden Kontexten nie frei von Dystopischem ist.

Schon der Maschinenkult als wichtiger Bestandteil des seit dem 19. Jahrhundert dominanten, stark technisch orientierten Fortschrittsoptimismus trat nicht selten ikonoklastisch in Bezug auf die traditionelle westliche Kultur auf. Er polemisierte gegen deren angebliche Rückständigkeit auch durch Glorifizierung solcher Aspekte der modernen Industrie (Beschleunigung, Bedeutung des Stahls usw.), die diese, insbesondere in klassisch gebildeten Schichten, als Antithese des ›alten‹ Lebens und der althergebrachten gesellschaftlichen Ordnung erscheinen ließen. Die provokanten Züge dieser neuen Weltanschauung zeigten sich noch deutlicher in den – im 19. und frühen 20. Jahrhundert in der Regel noch eher unernst wirkenden – Menschmaschineverschmelzungsvisionen (s. Kap. II.H.27) und Visionen einer Angleichung des Menschen an die Maschine; und sie mussten wohl auch notwendig provokant sein angesichts der damals weitverbreiteten Bedenken gegen die moderne maschinelle Zivilisation. Diese Bedenken speisten sich nicht nur aus der romantischen Tradition, sondern zudem aus elitärem Bildungsstolz sowie aus korrespondierenden Ängsten vor einer Entwertung des eigenen kulturellen Kapitals. Vorahnungen der Maschinen- und Technikkulte des Faschismus und des zentralistischen Staatssozialismus sowie der albtraumhaften Züge der durch diese Ideologien geprägten Gesellschaften mögen hier ebenfalls bereits wirksam gewesen sein. Auf jeden Fall neigten die Anhänger derartiger Visionen zum provozierenden Spiel mit dem Monströsen der Maschine (s. Kap. II.C.12) oder dem Unheimlichen der Menschmaschineverschmelzung.

Zwei Bemerkungen zur eigenen Nutzung des Utopiebegriffs sind noch angezeigt: Das Utopische wird in diesem Kapitel zumindest so weit gefasst, dass es hoffnungsvolle, optimistische Zukunftsvisionen auch dann einschließt, wenn diese nicht Teil eines umfassenden Gesellschaftsentwurfes sind, wie er für utopische Romane typisch ist. Mit Saage werden aber explizit religiöse Visionen nicht zu den utopischen Visio-

K. Liggieri / O. Müller, *Mensch-Maschine-Interaktion*, https://doi.org/10.1007/978-3-476-05604-7_10

nen gezählt. Quasi-religiöse Züge gewisser utopischer Ansichten und Visionen zum Mensch-Maschine-Verhältnis werden also nur dann angesprochen, wenn dies für deren Verständnis unverzichtbar ist.

10.1 Wer ist wessen Prothese?

Die Leitfrage in der folgenden Diskussion historischer Ansichten und Visionen zum Mensch-Maschine-Verhältnis und speziell zur Menschmaschineverschmelzung ist die nach dem prothetischen Verhältnis zwischen Mensch und Maschine. Zugespitzt formuliert: Wird in den hier interessierenden Ansichten und Visionen die Maschine als Hinzufügung zum Menschen, als dessen Prothese, aufgefasst oder erscheint vielmehr der zukünftige Mensch als Prothese der Maschine, also sozusagen als Hilfsmittel in der Maschinenevolution (s. Kap. II.A.6)?

Diese Frage wird beispielhaft mit Blick auf zwei mal zwei Autoren diskutiert, die jeweils einige bemerkenswerte Gemeinsamkeiten haben. Zum einen sind dies Samuel Butler (1835–1902) (s. Kap. II.B.7) und W. (William) Winwood Reade (1838–1875), zum anderen Alexei K. (Kapitanowitsch) Gastew (1882–1939) und J. (John) Desmond Bernal (1901–1971). Bei den jeweiligen Gemeinsamkeiten, die hier besonders relevant sind, handelt es sich im Fall der Briten Butler und Reade um den Umstand, dass sich ihre einschlägigen Visionen als eine Auseinandersetzung mit dem Aufstieg des biologischen Evolutionsdenkens im 19. Jahrhundert und insbesondere mit Arbeiten Charles Darwins begreifen lassen. Im Fall von Gastew und Bernal ist es die Gemeinsamkeit, dass beide ihre Visionen nicht nur im Kontext ihrer kommunistischen Weltanschauung artikulierten, sondern dass in ihnen der Fortschritt der – wie es heute oft genannt wird – *technoscience* im Mittelpunkt steht.

Von den vier visionären Entwürfen ist derjenige Butlers u. a. deshalb eine Ausnahme, weil er zum einen keineswegs utopisch ist, sondern (in zum Teil offensichtlich satirischer Form), vor der Maschinenevolution warnend, eher auf Dystopisches abzielt, und weil er zum anderen populär wurde in Form eines Werks mit charakteristischen Zügen des Genres des utopischen Romans. Butler ist zudem insofern unter den vier Autoren eine Ausnahme, als dass er in seinem Leben eindeutig nicht zum Atheisten wurde, während die anderen drei Autoren dies entweder waren oder in ihren Visionen die Menschheit (bzw. eine ›Nachfolgerin‹ dieser) als Quasigottheit fungierte.

Vier Jahre nach der Veröffentlichung von Darwins *On the Origin of Species* (1859) erschien in Neuseeland, wohin Butler ausgewandert war, in einer Zeitung ein von ihm unter Pseudonym verfasster Brief mit dem Titel »Darwin Among the Machines« (Butler 1863). Die in ihm formulierten Ideen gingen dann in seinen 1872 in Großbritannien anonym veröffentlichen utopisch-dystopischen Roman *Erewhon* (s. Kap. II.B.7) ein – was ›nowhere‹ leicht abgewandelt rückwärts ist und damit eine Anspielung auf ›u-topia‹. Er verkaufte sich gut und begründete die öffentliche Bekanntheit des Autors.

In dem Brief von 1863 plädierte Butler dafür, den Stolz der Menschheit auf ihre Maschinen mit Blick auf die Zukunft zu hinterfragen. Die Maschinenwelt entwickle sich viel schneller als das Tier- und Pflanzenreich. Butler nutzte in dem Brief Ausdrücke wie *mechanical life*, *mechanical kingdom* und *mechanical world* explizit mit der Absicht, die Maschinenwelt im Lichte des biologischen Evolutionsdenkens analog zum Tier- und Pflanzenreich zu betrachten. Selektion in der Maschinenwelt entstehe durch die menschlichen Nutzungsziele und Maschinen verfügten bereits über rudimentäre Organe. Ähnlich wie im Tierreich seien weiterentwickelte Maschinen, z. B. im Fall von Uhren, häufig kleiner als ihre Vorläufer (Miniaturisierung). Die Antwort auf eine der größten und rätselhaftesten Fragen seiner Zeit – nämlich, welche Art von Kreatur den Menschen in der Oberherrschaft über die Erde ablösen wird – laute, dass dies die Maschine sein wird. Die Menschheit werde also, so Butlers Hauptthese, selbst ihre Nachfolgerin erschaffen. Mittels unserer ständigen Verbesserungen der Maschinen werde etwas entstehen, das für die Maschinen sein wird, was der Intellekt für den Menschen ist. Hinsichtlich unserer Macht, aber auch in allen relevanten moralisch-sittlichen Hinsichten würden wir in kommenden Zeitaltern eine inferiore Rasse sein im Vergleich zu den – weder Sünde und Scham noch Sorgen und böse Leidenschaften kennenden – Maschinen. Durch Wiederverwendung von Teilen funktionsunfähiger Maschinen könne bei diesen zudem der individuelle Tod durch eine neue Phase der Existenz abgelöst werden. Die Rolle der Menschen in dieser Zukunft werde der von Hunden oder Pferden in der menschlichen Zivilisation gleichen, und der Menschheit werde es dann – von den Maschinen domestiziert und wohltätig beherrscht – in gewisser Hinsicht bessergehen als in ihrem derzeitigen, wilden Zustand. Es sei zu erwarten, dass sie uns gut behandeln werden, um die eigene Reproduktion sicherzustellen und weil sie uns nicht als Nahrungsmittel nutzen können. Außer in einer fernen Zukunft, in der die Menschheit auf heute unvorstellbare Weise die Reproduktionsorgane der Maschinen weiterentwickelt haben wird, würden die Maschinen also von uns abhängig bleiben. Allerdings sähen wir heute schon erste Ansätze in Richtung einer Erzeugung von Maschinen durch Maschinen und unzweifelhaft gewännen die Maschinen täglich gegenüber uns an Boden: Immer mehr Menschen dienten den Maschinen als Sklaven oder verwendeten all ihre Lebensenergien auf die Entwicklung mechanischen Lebens. Es sei offensichtlich, dass die Zeit der Oberherrschaft der Maschinen kommen wird. Seiner Meinung nach müsse daher nun unverzüglich den Maschinen ein Krieg bis auf den Tod erklärt und jedwede Maschine zerstört werden, ohne Ausnahme und ohne Gnade. Die Menschheit solle ihre ursprünglichen Lebensbedingungen wiederherstellen. Dass dies als unmöglich angesehen werde, zeige nur, dass es bereits zu spät ist, dass wir nicht nur Sklaven von Wesen sind, die wir erschaffen haben, sondern sogar absolut fügsame Sklaven.

In den Kapiteln 23 bis 25 des Romans *Erewhon* nutzt Butler diese Überlegungen dann für längere Ausführungen zur Thematik (Butler 1872, 190–223), die in dem Roman als Inhalte des Buchs einer historischen Figur in dem fiktiven Land Erewhon firmieren. Der Autor dieses ›Book of Machines‹ habe mit seinem Werk einen wichtigen Beitrag dazu geleistet, dass in Erewhon ganze Generationen von Maschinen zerstört und verboten wurden. Wiederum unter Verweis auf die im Vergleich zur Pflanzen- und Tierwelt rasante Entwicklung der Maschinen spekuliert Butler hier über die Entwicklung eines maschinellen Bewusstseins, weist auf die Überlegenheit der Maschinen in bestimmten Bereichen (z. B. Rechenkapazitäten) hin und vergleicht – heutige Diskussionen vorwegnehmend und unter Hinweis auf Parasiten auf und in menschlichen Körpern – einen Menschen mit einem Ameisenhaufen, daraufhin rhetorisch fragend, ob der Mensch nicht vielleicht selbst in Zukunft zu einer Art von Parasit der Maschinen werden könne. Die Maschinen dienten uns nur, so heißt es weiter im ›Book of Machines‹, auf dass wir ihre Vermehrung und ständige Erneuerung ermöglichen und sie über uns herrschen können. Wie schon in dem Brief von 1863 schreibt Butler, dass die Maschinen handelnd auf den Menschen einwirken, ihn überhaupt erst zum Menschen machen. Die moderne menschliche Zivilisation sei von der Maschinenwelt abhängig.

Gegen die Argumentation des Autors des ›Book of Machines‹ habe es nur eine gewichtige Gegenstimme gegeben. Diese habe argumentiert, dass Maschinen als Teil der menschlichen physischen Natur anzusehen seien, als nichts anderes als außerkörperliche Gliedmaßen des Menschen. Das Wesen, der einzige Zweck aller Maschinen, bestehe darin, eine ergänzende Gliedmaße zu sein und unsere natürlichen Gliedmaßen seien uns hervorragende Prothesen. Butler legt der Gegenstimme auch die Organprojektionstheorie (s. Kap. II.B.7, III.53) in den Mund und lässt sie argumentieren, dass die technische Selbstmodifikation des Menschen Ausgangspunkt der Zivilisation gewesen und die Maschine nun Modus der Weiterentwicklung des menschlichen Organismus sei. Der Autor dieser Antwort auf das ›Book of Machines‹ habe bloß zwei Gefahren gesehen, nämlich die der Degeneration des menschlichen Körpers – also das Schreckbild der Eugeniker – und die, dass der Mensch sich in ein Wesen verwandeln werde, das nur Seele und Mechanismus ist und frei von Leidenschaften. Die Ansicht des Autors des ›Book of Machines‹ habe sich aber durchgesetzt und in Erewhon sei daher eine Vielzahl von Maschinen abgeschafft und verboten worden.

Butler spielt also mit der Idee, dass avancierte Maschinen den Menschen in der Herrschaft über die Erde ablösen werden. Sie würden die Menschen aber bis auf weiteres nicht auslöschen, sondern sozusagen als Prothesen zur eigenen Arterhaltung und Weiterentwicklung nutzen. Als Gegenposition zu dieser visionären These einer Maschinenevolution, in der die Menschheit Parasit oder Prothese der Maschinenwelt ist, bestimmt Butler die Organprojektionstheorie, ohne allerdings dabei den Schritt hin zu einer Vision der physischen Menschmaschineverschmelzung zu gehen. Sein visionärer Entwurf hat die Form einer Warnung, jedoch in zum Teil deutlich satirischer Weise. Im Vorwort zur zweiten Auflage von Erewhon betont Butler aber, dass er sich keineswegs über Darwins Auffassungen – die er an anderer Stelle allerdings durchaus kritisierte –, habe lustig machen wollen. Auch deshalb wird zuweilen argumentiert, Butler habe ernsthaft eine Maschinenevolution im Sinne der kybernetischen Konzepte selbstreplizierender Maschinen prognostiziert sowie eine Ablösung der Dominanz der Menschheit durch eine Oberherrschaft der Maschinen (s. Kap. III.49).

Der Schriftsteller, Hobbywissenschaftler und Afrikaerforscher Winwood Reade, der mit Darwin über einige seiner Beobachtungen in Afrika korrespondierte, entwickelte hingegen eine Vision zur evolutionären Zukunft der Menschheit, in der diese zwar auch selbst ihre Nachfolgerin erschafft, aber in einer Weise, in der sich die Nachfolgerin selbst noch als Weiterentwicklung der alten Menschheit begreift. Dabei sagte er voraus, dass mittels der Wissenschaft in der Zukunft neue Körper geschaffen würden, wobei er sich diese vermutlich als biologische Körper vorstellte, als künstlich, aber belebt. Er blieb in diesem Punkt aber ganz vage und zeigte generell keinerlei Ambition, seine Zukunftsvision mittels naturwissenschaftlich-technischer Einbildungskraft zu konkretisieren.

Reade stellte die von ihm wohl in Westafrika entwickelte Vision im Rahmen einer essayistischen Universalgeschichte vor, genauer in deren letzten beiden Kapiteln. Diese Universalgeschichte erschien im Jahr 1872 unter dem Titel *The Martyrdom of Man*. Populär vor allem in atheistisch-freidenkerischen Kreisen der ersten Hälfte des 20. Jahrhunderts und hochgeschätzt z. B. von Churchill, Orwell, Cecil Rhodes und H. G. (Herbert George) Wells, erregte *The Martyrdom of Man* bereits kurz nach Veröffentlichung einiges Aufsehen, vor allem aufgrund Reades kritischer Haltung zur christlichen Religion. Er sagte dort u. a. Folgendes voraus (Reade 2005, 514): Die Menschheit werde in Zukunft den »Stern Erde« als ihr »Vaterland« ansehen. Sie selbst werde sich transformieren: Die Körper, die wir jetzt »trügen« (»wear«), gehörten zu den niederen Tieren, unser Geist sei schon aus ihnen herausgewachsen, wir betrachteten sie bereits mit Verachtung. Einst werde daher die Wissenschaft den menschlichen Körper mit Mitteln verändern, die wir heute noch nicht absehen und auch, selbst wenn man sie uns erklärte, jetzt noch nicht verstehen könnten. Krankheiten würden völlig ausgerottet und die Ursachen körperlichen Verfalls gänzlich beseitigt. Die Menschheit werde so Unsterblichkeit »erfinden« und danach in den Weltraum auswandern. Schließlich würden die Menschen die Kräfte der Natur gänzlich meistern, selbst »Welten herstellen« und gottähnliche Macht erlangen. Die Menschheit sei daher so verehrungswürdig wie eine Gottheit und die sterblichen Einzelmenschen hätten die Aufgabe, sich als Teile dieses großen verehrungswürdigen Ganzen zu begreifen (ebd., 535–536). Mit einem gemeinsamen Glauben und einer gemeinsamen Sehnsucht werde die Menschheit zusammen für die Heilige Sache arbeiten: »the extinction of disease, the extinction of sin, the perfection of genius, the perfection of love, the invention of immortality, the exploration of the infinite, and the conquest of creation« (ebd., 537).

Wie schon an anderen Stellen dargelegt (z. B. Coenen 2009, 2015), sehen wir bei Reade bereits folgende Elemente des Transhumanismus versammelt: Die Sehnsucht nach einer Überwindung des menschlichen Körpers – der unserem Geist nicht mehr angemessen sei – durch eine Transformation mit wissenschaftlich-technischen Mitteln, die Verachtung für diesen, die sich in abschätzigen Bildern Bahn bricht, der weltanschauliche, (quasi) religiöse Anspruch, die extreme Langzeitperspektive, die Abneigung gegen die traditionelle Religion, die Hoffnung auf eine Art von Unsterblichkeit sowie schließlich die Erwartung, dass die Nachfolgerin der heutigen Menschheit einst das Weltall kolonisieren und letztlich eine unumschränkte, zur Weltenerschaffung fähige Herrschaft über die Natur und den Kosmos erlangen wird. Heute werden solche Visionen u. a. von dem bekannten Transhumanisten Ray Kurzweil – mit einiger technowissenschaftlicher Imagination – in dickleibigen Büchern dargelegt. Reade hingegen betonte zwar in offensichtlicher Anlehnung an Francis Bacon, dass die Natur nur erobern könne, wer deren Gesetze kenne und diesen gehorche (Reade 2005, 512). So könne die Menschheit an die Stelle der Natur treten, die Operationen der Natur selbst durchführen und unerhörte prognostische Fähigkeiten erlangen. Aber Reade fehlte ein naturwissenschaftlicher oder technischer Hintergrund, weshalb er in der Beschreibung der künftigen Transformationen weitgehend unkonkret blieb. Seine visionäre Energie nutzte er vor allem für begeisterte Beschwörungen einer fernen, grandiosen Zukunft, in der die entsetzlich langen Zeiten des Leidens sich endlich gelohnt haben werden. Das Erhabene der Evolution tritt bei Reade an die Stelle der Gottesfurcht und an Gottes Stelle setzt er die künftige Menschheit.

In unserem Kontext ist Reades Vision gerade auch deshalb relevant, weil sie ein früher, aber genuin transhumanistischer visionärer Entwurf ist – und der Transhumanismus derzeit eine bedeutende, wenn nicht sogar die bedeutendste geistig-kulturelle Strömung im stark visionären Diskurs zur Menschmaschineverschmelzung wie auch in dem zur Maschinenevolution. In Reades Vision erschafft eine zukünftige Menschheit mit wissenschaftlichen Mitteln eine neue Körperlichkeit. Die Nachfolgerin der Menschheit ist hier nicht nur – wie es bei Butler der Fall war – eine Schöpfung der Menschheit, sondern sie erscheint auch, bei aller Vagheit und trotz des hergestellten Charakters des neuen Körpers, eher als Nachfahrin der Menschheit denn als ihr bloßes und äußerliches Produkt. Die technischen Aspekte bleiben zwar extrem vage, aber es ist klar, dass die neuen Körper und andere Früchte naturwissenschaftlich-technischen Fortschritts gleichsam Prothesen einer als geistige Einheit gedachten Menschheit sind.

Die Frage, was nach dem Menschen kommen werde, wurde dann u. a. prominent kurz nach der Jahrhundertwende durch den bedeutenden und auch naturwissenschaftlich gebildeten Schriftsteller Wells aufgenommen (Wells 1902; vgl. Coenen 2013), dem eine Schlüsselrolle in der modernen utopischen Tradition zukommt. Im Rückblick erscheinen dessen mal utopische, mal dystopische und oft zwischen beiden Polen changierende Visionen – wie auch die des bedeutenden Biologen J. B. S. (John Burdon Sanderson) Haldanes (1892–1964), der Wells als den für die Popularisierung der Naturwissenschaft bedeutendsten Mythopoeten lobte – allerdings lediglich als Beiträge zu einem sozusagen rein biologischen Intermezzo, in dem die künftige Selbstüberschreitung der Menschheit im Wesentlichen bloß als Resultat eines langwierigen biologisch-evolutionären Prozesses imaginiert wird (Coenen 2013).

Auf Basis der Überlegungen und Visionen von Wells und Haldane und auch im engen Austausch mit dem Letztgenannten ist es dann erst der herausragende Naturwissenschaftler – und u. a. auch als Wissenschaftshistoriker, Informationswissenschaftler und Pionier moderner Forschungspolitik bedeutsame – Ire Desmond Bernal, der eine umfassende Menschmaschinenverschmelzungsvision entwirft. Diese veröffentlichte er in seinem ersten Buch, einem futuristischen Essay mit dem Titel *The World, the Flesh and the Devil. An Enquiry into the Future of the Three Enemies of the Rational Soul* (1929). Dieses Werk wurde z. B. von George Slusser (1997, 151) als Meistererzählung und Blaupause der modernen Science-Fiction bezeichnet und von dem bedeutenden Science-Fiction-Schriftsteller, transhumanistischen Visionär und Weltraumforschungspionier Arthur C. Clarke (1917–2008) als ein außerordentliches, inspirierendes Buch und als der brillanteste Versuch wissenschaftlicher Vorhersage aller Zeiten (Clarke 1983). Der heutige Transhumanismus wurde in *The World, the Flesh and the Devil* fast vollständig vorweggenommen. Entscheidend in unserem Kontext ist, dass Bernals Vision über die in vielerlei Hinsicht ähnlichen Visionen von Reade, Wells, Haldane und anderen insofern hinausgeht, als er die Technisierung des menschlichen Körpers ins Zentrum rückt, als eine Alternative zur langwierigen biologischen Evolution des Menschen (Bernal 1970; vgl. Coenen 2015): In der Zukunftsgesellschaft werde, so Bernal in Anlehnung an Haldane, jeder Mensch einen ektogenetischen Anfang haben und sich dann sechs bis zwölf Jahrzehnte lang dem Tanz, der Poesie und dem Sex widmen (»Larvenstadium«). Daraufhin werde der Körper massiv verändert (»Puppenstadium«) und ein mechanischer Mensch (*mechanical man*) als ein Gehirn in einem Zylinder geschaffen. An dieses ließen sich dann verschiedene künstliche Körperteile mit zusätzlichen sensorischen und motorischen Mechanismen anschließen. Bernal schreibt, dass dieses neurotechnisch-prothetische, kaum noch als Mensch zu bezeichnende Wesen auf den ersten Blick wie eine seltsame, monströse und inhumane Kreatur erscheinen möge, aber bloß die logische Folge des heutigen Menschheitstyps sei: Der mechanische Mensch, nur scheinbar ein Bruch mit der organischen Evolution, stehe tatsächlich in der Tradition ständiger Evolution. Deren weiterer Fortschritt führt in Bernals Vision dann zunächst von der elektrischen Vernetzung der einzelnen Gehirne zur Herausbildung von *compound minds*, die sich – aufgrund der Möglichkeit, nach einigen Jahrhunderten absterbende Gehirne unter Beibehaltung der Bewusstseinsinhalte durch neue zu ersetzen – subjektiv als unsterblich wahrnehmen würden. Es sei abzusehen, dass innerhalb dieses Systems von Verbundgeistern alle herkömmlichen biologischen Teile nach und nach durch Artefakte ersetzt werden können. Das System könne man sich als stark arbeitsteilig vorstellen, auch in dem Sinne, dass intellektuell weniger leistungsfähige Individuen den leistungsfähigeren Geistern zu Diensten sein werden, wobei sich jedoch alle ekstatisch als Einheit empfinden und technotelepathisch alles voneinander wissen und fühlen würden. Während die willentlich rückständigen Teile der Menschheit in einem geheim aus dem Weltraum kontrollierten, traditionellen Utopia auf Erden leben – einem ›Menschenzoo‹, wie es Bernal nennt –, macht sich die neue trans- oder posthumane Zivilisation an die Eroberung der Weiten des Weltalls und erreicht irgendwann den Punkt der völligen Ersetzung und Überwindung der menschlichen Biologie und schließlich die totale Kontrolle des Universums, das ganz mit – womöglich zu ›Licht‹ werdender – menschlicher Intelligenz gesättigt wird. Das von dem transhumanistischen Visionär, Eugeniker, ersten UNESCO-Generalsekretär und bedeutenden Biologen Julian Huxley, dem Bruder von Aldous Huxley, sogenannte ›kosmische Amt‹ der Menschheit kann diese demnach also nur durch Verzicht auf menschliche Körper- und Leiblichkeit erfüllen.

Auch wenn Bernal in der Zeit, als *The World, the Flesh and the Devil* entstand – also in den späten 1920er Jahren –, in einem unveröffentlichten autobiographischen Manuskript (mit dem Titel »Microcosm«) Butler als Vordenker nicht nur eines weitverbreiteten, vagen Unbehagens gegenüber dem technologischen Wandel, sondern der offenen Feindseligkeit gegen diesen kritisierte (Steward 1999, 56), fällt auf, dass die zynisch anmutende Vision eines traditionell-utopischen Menschenzoos eine ähnliche Bestimmung der Rolle des natürlichen Menschen enthält, die Butler in seinen Überlegungen zur untergeordneten Position der Menschheit in einer künftigen maschinendominierten Zivilisation vornahm. Den Menschen geht es unter der Herrschaft der Maschinen bzw. der technisierten Trans- oder Posthumanen gut – besser sogar als heute –, aber der utopische Traum allgemeinen Wohlstandes ist nur ein unbedeutender Nebeneffekt einer die Ambitionen der alten Menschheit in den Schatten stellenden, maßgeblich durch maschinellen Fortschritt ermöglichten Entwicklung. Und Bernal spielt auch sonst mit dystopischen Aspekten, wenn er das Monströse seiner Vision kokett bekennt. In altbekannter Glorifizierung des wissenschaftlichen Geistes (des kalten, abstrakten »analytical mind«, das keine Skrupel haben wird, »to violate nature so that she be understandable«, wie es in »Microcosm« heißt), aber unter besonderer Betonung des technischen Fortschritts, erscheint in Bernals Vision die ganze künftige Heerschar der Maschinen bloß als eine gewaltige Prothese des Menschheitsgeistes in seiner Mission, das Weltall ganz mit ursprünglich menschlichem Geist zu durchwirken. Damit gleicht die Vision Bernals in ihrer Bestimmung des prothetischen Verhältnisses zwischen dem Menschen und seinen technischen Erzeugnissen der Vision Reades, unterscheidet sich aber von Butlers Vision, in der die Menschen gleichsam zu Prothesen der Maschinen werden. Der Vollzug des Fortschritts ist in Bernals Vision ein schrittweises Ersetzen von allem, das menschliche Körperlichkeit ausmacht, mit dem Ziel, den menschlichen Geist ganz aus seiner natürlichen Verkörperung zu befreien. Movens des Fortschritts ist der wissenschaftliche Geist.

Anders stellt es sich wiederum in Gastews Vision dar. Diese liegt allerdings nicht in Form eines oder mehrerer futuristischer Essays oder eines utopischen Romans vor, sondern lässt sich nur erschließen durch die Zusammenschau von Aufsätzen Gastews mit seiner Lyrik. Hierbei ist zu beachten, dass den folgenden Ausführungen nur deutsch- und englischsprachige Übersetzungen von Texten Gastews zugrunde liegen, einschließlich einiger Übersetzungen, die dem Verfasser dankenswerterweise von Thomas Möbius, dem Autor einer beeindruckenden deutschsprachigen Studie zur Geschichte des utopischen Denkens in Russland (Möbius 2015), zur Verfügung gestellt wurden.

In der Zeit, in der Gastew seine Vision entwickelte, wurde – vor allem auch infolge des Schocks durch den Ersten Weltkrieg – die bis dahin vor allem von romantischer Seite problematisierte Identifikation von technischem mit humanem Fortschritt zunehmend in Frage gestellt. Im utopischen Genre findet diese Tendenz ihren Ausdruck im Bedeutungszuwachs der Dystopie seit Jewgeni Iwanowitsch Samjatins grundlegendem Roman *Wir* (fertiggestellt 1920), in dem dieser implizit auf die Lyrik Gastews und ihm nacheifernder frühsowjetischer Autoren reagierte. Und bereits vor dem Ersten Weltkrieg wurde durch den italienischen Futurismus ein antihumanistischer, betont provokant-zynischer Technik- und Maschinenkult popularisiert. In Übereinstimmung mit der Organprojektionstheorie erscheint der Mensch zunehmend als ein ›Prothesengott‹, wie es Sigmund Freud nannte. Nicht zuletzt durch den infolge des modernen Kriegswesens und insbesondere des Ersten Weltkriegs massenhaft werdenden Bedarfs an Prothesen und einer Eingliederung von Versehrten ins industrielle Arbeitsleben gewinnen Visionen und Experimente zu Mensch-Technik-Kopplungen im 20. Jahrhundert in vielen Ländern erheblich an Bedeutung.

Zum Verständnis von Gastews Vision ist es unerlässlich, den russischen Kosmismus als Hintergrund zu beachten, eine Art von Transhumanismus mit stark christlich-unorthodoxen religiösen Wurzeln, der aber von Anfang an – schon bei Nikolai Fjodorowitsch Fjodorow (1829–1903), seinem Begründer – ein durch das Evolutionsdenken beeinflusster und extreme Hoffnungen auf Naturwissenschaft und Technik artikulierender Futurismus war. In der Sowjetunion spielte der Kosmismus bis in die Mitte der 1920er Jahre hinein noch eine recht bedeutsame Rolle, bevor er durch zunehmenden politischen Druck verdrängt wurde. Möbius (2015, 591) schreibt, dass der russische Futurismus im Zarenreich »weniger dem Ideal der Technik und Maschine« gefolgt, sondern »vielmehr von einem archaisch-mythischen Charakter bestimmt« gewesen sei. Erst nach der Revolution habe er an den utopischen Technizismus angeschlossen und dieser Wandel sich auch unter dem Einfluss des Taylorismus Gastews und seines Arbeitskultur-Konzepts vollzogen.

Gastew gehörte zu den wenigen führenden Bolschewiki, die lange selbst als Arbeiter tätig waren, und machte sich zunächst vor allem als Lyriker einen Namen, wobei er bezeichnenderweise die Poesie als besonders primitive Kunst bezeichnete, die sich auch in Gefangenschaft mit einfachsten Mitteln ausüben lasse. Nach der Revolution wandte er sich konsequenterweise bald von der Lyrik ab – mit einer bemerkenswerten Ausnahme, der 1921 erfolgten Veröffentlichung von *Ein Packen von Ordern* (Gastev 1999) – und einer am Taylorismus orientierten Arbeitswissenschaft zu, wobei er zahlreiche, bis heute überwiegend nicht übersetzte Aufsätze veröffentlichte (Johansson 1983). Das einzige Kunstwerk, dessen Erschaffung er sich nun widmen wolle, sei das von ihm geleitete Zentrale Institut für Arbeit, das im Jahr 1920 in Moskau mit Lenins Segen gegründet und bis zu seiner Verhaftung im Zuge stalinistischer Säuberungen im Jahr 1938 von Gastew geleitet wurde. In Kursen des Instituts wurden u. a. die späteren Stachanow-Arbeiter ausgebildet. Seine Ideen und Aktivitäten wirkten sich auch in anderen gesellschaftlichen Bereichen aus, z. B. im Theaterwesen (vgl. z. B. Johansson 1983, 113 f.; s. Kap. II.A.5).

In seinem populären – zuerst 1918, als erster Band der Schriftenreihe des Proletkults veröffentlichten – Gedichtband *Poesie des Arbeitsschlags* (vgl. Johansson 1983) stellt Gastew die im Kapitalismus genutzte Maschine bereits als auf gewisse Weise verehrungswürdig dar, zugleich aber als ein menschenfeindliches Monstrum. Dieses Bild kontrastiert er dann mit dem einer Symbiose, die das revolutionäre Proletariat, eine neue Welt erschaffend, mit der Maschine eingeht. Mal erscheint der Mensch als eine Vitalfunktion der Maschine, mal die Maschine als lebendes Wesen. In der Abfolge der Gedichte wird eine zunehmende Entindividualisierung des mit den Maschinen arbeitenden Menschen in der Vision Gastews deutlich: In den Gedichten zur Zeit des Beginns des Ersten Weltkriegs haben die Menschen noch Namen und ein Aussehen und sie handeln und sprechen. In der nächsten Phase – während des Weltkriegs, aber noch vor der Revolution – herrschen dann die Bilder einer Mensch-Maschine-Symbiose vor. In dem mit an kurze Arbeitsanweisungen erinnernden Befehlen gespickten *Ein Packen von Ordern* beschwört Gastew schließlich die moderne Industrie mit militärischen und zum Teil brutalen Anklängen, reproduziert sie gleichsam, und der Einzelmensch ist ganz verschwunden. Zudem deutet er dort (in Order 05) womöglich – falls es sich nicht bloß um ein weiteres Anthropomorphisieren der Maschine handelt – eine künftige physische Menschmaschineverschmelzung an: »Hirnmaschinen – zum Transport. Kinoaugen – für die Infrastruktur. Elektronerven – zur Produktion. Arterienpumpen, legt los« (Gastev 1999, o. S.). Die Idee einer biologischen Transformation durch direkten Eingriff – z. B. auch durch einen chirurgischen Umbau – des Menschen findet sich bei Gastew (Velminski 2012, 23 f.) wie auch bei seinem Mitarbeiter Valerian Murav'ev (Hagemeister 2005).

Doch es sind nicht mögliche Andeutungen und die zweifellose Offenheit für – wie es heute oft heißt – *human enhancement*, die Gastews Vision in unserem Kontext als relevant erscheinen lassen, sondern seine Bestimmung des Mensch-Maschine-Verhältnisses, in der die Menschheit, genauer das Proletariat, mit den Maschinen eine Symbiose eingeht, wodurch schließlich Menschheit und Maschinerie gemeinsam zu einer großen Maschine werden. Die Grundlagen dafür sind der ›Ingenieurismus‹ – wie Gastew es nennt –, also die Ausweitung des Ingenieurdenkens auf alle gesellschaftlichen Bereiche (Johansson 1983, 96), und die ›Einstellung‹ des Menschen auf die Maschine, wobei Gastew oft das deutsche Wort ›Einstellung‹ benutzt (Velminski 2012). Nicht Individualität und freie Geistigkeit sind gefragt, sondern Normierung, Einfügen in die mit der Maschine verschmolzene, organisierte Masse sowie eine von einem wachen und höchst disziplinierten Geist unterstützte, geschickte Körperlichkeit (s. Kap. II.A.3). Ziel ist die völlige physische und mentale Anpassung des Menschen an die Maschine. Zugleich wird der Mensch als Maschine begriffen. Es geht um die Ausbildung einer motorischen Kultur, und zur Analyse der Bewegungen dient die neue Disziplin der ›Biomechanik‹ (Johansson 1983, 113). Zu Gastews (und des Proletkults) Bestimmung des Mensch-Maschine-Verhältnisses schreibt Möbius:

> »Analog erfolgte die Metaphorisierung des Menschen als Maschine im Proletkult [...]. Für den Proletkult war der Neue Mensch der Arbeiter der industriellen Produktion: das, wie es bei Gastew heißt, ›maschinisierte Arbeiter-Individuum‹. In ihm zeige sich, so Gastew, ›die volle Schöpferkraft des gegenwärtigen Maschinismus‹. Der Neue Mensch gründe in seiner Psychologie und Kultur, seinen Verhaltensweisen und seinem Denken in der industriellen Produktion, das heißt in der Maschinisierung der Arbeit, ihrer Normierung und ihrem Objektivismus [...].« (Möbius 2015, 592)

Das mechanisierte Kollektiv funktioniert insgesamt als maschineller Komplex und der neue Masseningenieurismus verwandelt das Proletariat in einen sozialen Automaten. Dies ist auch deshalb möglich, weil der Mensch selbst eine hervorragende Maschine ist, die durch Training noch weiter verbessert werden kann. Thomas Tetzner (2013, 341) schreibt über die Visionen Gastews und des Proletkults, dass in diesen zunächst Generationen von Menschen durch ihre Arbeit gemeinsam die Maschinerie hervorbringen und sich in ihr gewissermaßen materialisieren und verewigen. Danach ist die Maschinerie so allgemein und übermächtig, dass sie ihrerseits auf die Arbeiter zurückwirkt und sie zum Proletariat vereinheitlicht. In der Zukunft wird sie mit diesem zu einem globalen oder kosmischen Cyborg (s. Kap. II.G.25, Kap. III.39) fusionieren und gottgleich werden.

In Gastews ingenieuristischer Vision findet also eine Ko-Evolution von Menschheit und Maschinerie statt, doch nachdem diese erschaffen wurde, ist sie von jener nur noch durch absolute Anpassung für das Ziel (auch) menschlichen Fortschritts zu nutzen. Menschen und Maschinen sind einander Hilfsmittel beim Streben nach dem gemeinsamen Ziel: als eine Art von Globalmaschine eine womöglich kosmische Aufgabe zu erfüllen. Die Anpassung des Menschen an die Maschinen, die freiwillige Selbstprothetisierung, wird ermöglicht durch die Verbesserung menschlicher körperlicher Leistungsfähigkeit auf Basis eines Verständnisses des menschlichen Körpers als Maschine. Die Globalmaschine wird von Gastew wiederum mit Zügen des Lebendigen, ja Menschlichen gezeichnet. Sie erscheint nicht als bloße technische Anordnung, sondern als höherer Organismus. Hierin ähnelt seine Vision denen Bernals und Reades.

10.2 Schlussbemerkungen

Der Blick zurück auf diese historischen Visionen kann sich auch deshalb lohnen, weil sie nicht nur recht schnell bis heute einflussreiche Gegenvisionen provoziert haben – wie z. B. populäre Romane der christlichen Autoren J. R. R. Tolkien und C. S. (Clive Staples) Lewis und die ›klassischen‹ Dystopien von Samjatin und Aldous Huxley (vgl. Coenen 2009, 2010) –, sondern auch, weil in ihnen bereits große Teile des inhaltlichen Kerns aktueller technikvisionärer Diskurse erkennbar sind.

So ist seit den einschlägigen Bemerkungen Marvin Minskys, eines Pioniers der Künstliche-Intelligenz-Forschung und Visionärs einer posthumanen Zukunft, die Idee, dass die zukünftigen Menschen bestenfalls Haustiere der Künstlichen Intelligenzen sein werden, weitverbreitet, und eine ganz ähnliche Idee äußerte ja schon Butler. Das epigonale Verhältnis des heutigen, von Autoren wie Kurzweil vertretenen Transhumanismus zu den Visionen Bernals und seiner prototranshumanistischen Vorgänger ist mittlerweile vielfach gezeigt worden (vgl. z. B. Coenen 2013). Wenn der Transhumanismus, was inzwischen eher selten geschieht, in provokanter Form auftritt, wirkt es ebenfalls bloß wie ein Echo der 1920er Jahre. Er ist indes heute wohl weitaus wirkmächtiger als damals, u. a. weil er von einigen Schlüsselfiguren der Computer- und Internetindustrie gefördert oder zum Teil sogar persönlich vertreten wird. Während infolgedessen – und auch wegen der Popularität der Science-Fiction – die Figur des technisierten Menschen durch Gewöhnungseffekte ihren provokant monströsen oder unheimlichen Charakter weitgehend verloren hat, können die Visionen Bernals und Gastews immer noch als provokant erscheinen, da ihre technoszientokratisch-staatssozialistische Schroffheit heutigen Befindlichkeiten fremd ist.

Diese Schroffheit in Bezug auf das künftige Verhältnis zwischen dem natürlichen Menschen einerseits und dem technisierten Menschen oder der Maschine andererseits ist indes geeignet, den Blick auf den heutigen visionären Diskurs zur Mensch-Maschine-Interaktion zu schärfen und den liberal-individualistischen Firnis, mit dem heutige inhumane Praktiken und Zukunftsbilder überzogen werden, als solchen wahrzunehmen. So ist sowohl in Bernals technoszientokratischem Elitismus als auch in Gastews Maschinismus für gewöhnliche Menschen – wenn auch in mehr oder weniger zynisch erscheinender Weise – eine Rolle vorgesehen: Bei Bernal werden die einfacheren Geister in den durch prothetische Kopplung erzeugten Menschheitsgeist eingepasst. Bei Gastew wird jeder Mensch nach seinen Fähigkeiten auf Maschinen eingestellt, und die menschlichen Körper sollen gehegt, gepflegt und trainiert sowie eventuell in der Zukunft auch so umgebaut werden, dass sie sich noch leistungsfähiger in die Globalmaschine einfügen lassen.

Wenn die zum Teil von gewerkschaftlicher Seite unterstützten journalistischen und aktivistischen Berichte zutreffen, die u. a. in Großbritannien und Australien 2018 und 2019 zu *fulfilment centres* der Firma Amazon erschienen sind, bestehen bemerkenswerte Ähnlichkeiten heutiger Arbeitsumgebungen mit den uns zuweilen dystopisch anmutenden der alten Visionen. Auf der britischen Amazon-Website heißt es im März 2019, dass diese Zentren ganz anders seien als typische Warenlager. Ihr Name reflektiere zwar vor allem ihren Auftrag, Kundenbestellungen zu erfüllen. In ihnen würden nicht einfach Waren gelagert, sondern *associates* holten, verpackten und verschickten bestellte Waren, und Roboter, *Scanning*-Maschinen und Computersysteme verfolgten Millionen Gegenstände pro Tag. Zugleich ›erfüllten‹ diese Zentren aber ›Karrierewege‹ für viele der in *Career-Choice*-Programmen teilnehmenden *associates* sowie auch die ›Vision‹ von Ingenieuren und Entwicklern, die jeden Tag Innovationen hervorbrächten, um die Arbeit in den Erfüllungszentren effizienter zu machen.

In einem Bericht zu einem solchen Zentrum in Australien heißt es, dass bei Schichtbeginn ein *supervisor* vor dem Team zuerst ›I say Amazon, you say ›efficiency‹!‹ und daraufhin ›Amazon!‹ rufe, worauf die Beschäftigten angehalten seien, im Chor ›Efficiency!‹ zu antworten. Der Bericht erwähnt auch noch weitere arbeitsglorifizierende Psychotechniken und den Umstand, dass das Firmenmotto ›Work hard. Have fun. Make history.‹ (s. Kap. II.A.4) Teil eines riesigen Wandgemäldes innerhalb des *fulfilment centre* sei. Dort Arbeitende sollen berichtet haben, sich in ihrer algorithmengesteuerten Arbeit (s. Kap. III.32) wie Roboter oder wie in einem dystopischen Videospiel zu fühlen – und dass ihnen täglich, wie bei einer Gehirnwäsche, eine Ideologie eingedrillt werde. Der Arbeitsplatz sei durch eine Kultur der Furcht bestimmt, in der Leistung bis auf die Sekunde gemessen und erwartet werde, in ›Amazon-Geschwindigkeit‹ (ein Tempo zwischen Gehen und Joggen) zu arbeiten und in der die vorgegebenen Zielwerte – vor dem Hintergrund durchgängiger Gelegenheitsbeschäftigung (mit kompetitiver Verteilung von Schichten und Ad-hoc-Schichtenden ohne volle Bezahlung der Schicht) – dazu führten, dass viele davor zurückschrecken, zur Toilette zu gehen und gelegentlich sogar Sicherheitsgefahren in Kauf nehmen, um Amazon zufriedenstellende Leistungen erbringen zu können.

Wenn die Berichte nicht aus der Luft gegriffen sind, ist der arbeitende Mensch dort eine Prothese der Maschinen in einem immer ›maschinenintelligenteren‹ Arbeitsprozess – und zwar eine Wegwerfprothese, die wohl bald gar nicht mehr benötigt wird. In der Vision einer Firma wie Amazon haben die körperlich Arbeitenden nur dann noch für eine Weile ihren Platz, wenn sie sich besonders effektiv den maschinistischen Imperativen unterwerfen. Der oft als Humanismus posierende Technikfuturismus unserer Tage erscheint vor diesem Hintergrund verlogen im Vergleich zu dem Bernals oder Gastews (s. Kap. III.33). Die kapitalistischen Versionen der maschinistischen Vision zielen aufgrund ihrer nicht gesamtgesellschaftlichen, sondern Partikularinteressen dienenden Funktion zwar gerade nicht auf die völlige Maschinisierung der Menschheit. Aber der Maschinismus dominiert in avancierten Arbeitsumgebungen und ist Voraussetzung dafür, dort als körperlich arbeitender Mensch tätig sein zu dürfen. Die aktuell vielbeschworenen Visionen einer dank vernetzter Maschinen immer ›intelligenter‹ werdenden Arbeitswelt sind in diesem Kontext eher Drohung als Verheißung, zumindest solange keine gesellschaftliche Antwort darauf existiert, wie – und von was – diejenigen leben sollen, die die große Maschine als nutzlos ausspuckt. Aufgeregte Diskussionen über die zukünftige Maschinendominanz lenken hier vor allem ab von neuen Formen gesellschaftlicher Herrschaft und der Ausbeutung von Menschen durch Menschen.

Literatur

Bernal, John Desmond: The World, the Flesh and the Devil [1929]. London 1970.

Butler, Samuel: Darwin Among the Machines. In: The New Zealand Press (3.6.1863), 180–185.

Butler, Samuel: Erewhon, or, Over the Range. London 1872.

Clarke, Arthur C.: Profiles of the Future [1962]. London 1983.

Coenen, Christopher: Transhumanismus und Utopie. Ein Abgrenzungsversuch aus aktuellem Anlass. In: Rolf Steltemeier/Sascha Dickel/Sandro Gaycken u. a. (Hg.): Neue Utopien. Heidelberg 2009, 135–168.

Coenen, Christopher: Zum mythischen Kontext der Debatte über Human Enhancement. In: Ders./Stefan Gammel/Reinhard Heil u. a. (Hg.): Die Debatte über »Human Enhancement«. Bielefeld 2010, 93–90.

Coenen, Christopher: Nachdarwinsche Visionen einer technischen Transformation der Menschheit. In: Udo Ebert/Ortrun Riha/Lutz Zerling (Hg.): Der Mensch der Zukunft. Stuttgart 2013, 9–36.

Coenen, Christopher: Der frühe Transhumanismus zwischen Wissenschaft und Religion. Aufklärung und Kritik 22/3 (2015), 49–61.

Gastev, Aleksej: Ein Packen von Ordern. Ostheim 1999 (russ. 1921).

Hagemeister, Michael: »Unser Körper muss unser Werk sein.« Beherrschung der Natur und Überwindung des Todes in russischen Utopien des frühen 20. Jahrhunderts. In: Boris Groys/Ders. (Hg.): Die Neue Menschheit. Frankfurt 2005.

Johansson, Kurt: Aleksej Gastev: Proletarian Bard of the Machine Age. Stockholm 1983.

Möbius, Thomas: Russische Sozialutopien von Peter I. bis Stalin. Berlin 2015.

Reade, Winwood: The Martyrdom of Man [1872]. Chestnut Hill 2005.

Saage, Richard: Utopische Profile. 4 Bde. Münster 2001–2003.

Slusser, George: Shaw and Robert Heinlein. In: Milton T.

Wolf (Hg.): Shaw and Science Fiction. Pennsylvania State University 1997, 133–153.
Steward, Fred: Political Formation. In: Brenda Swann/Francis Aprahamian (Hg.): J. D. Bernal: A Life in Science and Politics. London 1999, 37–77.
Tetzner, Thomas: Der kollektive Gott. Göttingen 2013.
Velminski, Wladimir: Gehirnprothesen. Berlin 2012.
Wells, Herbert George: The Discovery of the Future. London 1902.

Christopher Coenen

11 Die Diktatur der Maschinen und die Antiquiertheit des Menschen

Im Vorwort des zweiten Bands seiner *Antiquiertheit des Menschen* schreibt Günther Anders 1980: »[...] *die Technik ist nun zum Subjekt der Geschichte geworden,* mit der wir nur noch ›mitgeschichtlich‹ sind.« Damit ist das Zentralmotiv seiner Philosophie auf den Punkt gebracht, das auch explizit als »Diktatur der Technik« oder »Totalitarismus der Geräte« (108 f.) bezeichnet wird. In ihm kulminiert eine Tendenz der Technikkritik, von der vereinzelte Elemente schon das Denken verschiedener Autoren der ersten Hälfte des 20. Jahrhunderts durchziehen, die aber erst bei Anders ihre stringente Formulierung finden. Kaum ein anderer Autor hat die Idee, dass die Technik eine Macht sei, der man nicht mehr entkommen könne, so konsequent und in alle Verästelungen des Themas verfolgt. Seine bekannteste Ausarbeitung findet es 1956 im ersten Band von *Die Antiquiertheit des Menschen*, der im Untertitel *Über die Seele im Zeitalter der zweiten industriellen Revolution* heißt. Dass der Begriff ›Seele‹ im Titel auftaucht, ist zwar noch zeittypisch (ein Jahr später erscheint etwa Arnold Gehlens *Die Seele im technischen Zeitalter*), aber schon in begriffskritischer Absicht verstanden (s. Kap. II. B.8). Längst sind aus den Individuen ›Dividuen‹ geworden, sodass sich, was man bislang ›Seele‹ nannte, verändern muss, allerdings dabei nicht mehr mit dem Verwandlungstempo unserer Produkte, der Technik, mithalten kann. Das führt vor allem auch dazu, dass unser Vorstellungsvermögen nicht länger unserem Herstellungsvermögen folgen kann.

Anders bettet seine Technikphilosophie in eine allgemeine Theorie des Mittels ein. Ein Mittel im eigentlichen Sinne ist für ihn etwas, das den Zweck vermittelt und dabei in ihm aufgeht, etwas, das »*in diesem ende wie der Weg im Ziel*«, das als eigene Größe verschwindet, wenn das Ziel erreicht ist (Anders 1956, 249), das also etwas Sekundäres ist, das der freien Zielsetzung nachfolgt und erst *ex post* für diese eingesetzt wird. Das ist aber bei der modernen Technik längst nicht mehr der Fall, diese Art der Neutralität hat sie verloren. Technik ist kein Mittel mehr, sondern »Vorentscheidung« (ebd., 2). Die Welt besteht nur aus solchen Einrichtungen, über die wir nicht mehr frei verfügen, die uns vielmehr prägen (ebd., 99). Das Verhältnis von Zweck und Mittel kehrt sich um, alles in der Welt wird zum Mittel. Die Herstellung von Mitteln ist zum Zweck unseres Daseins geworden; sie ziehen den Begriff des Mittels selbst in sich hinein. Bloße Zwecke gelten als zwecklos: »*Der Zweck von Zwecken besteht heute darin, Mittel für Mittel zu sein*« (ebd., 252). Dinge an sich, also solche, die keine Mittel sind, darf es nicht geben, zur Not werden ihnen Zwecke angehängt. So ist Anders' Technikphilosophie im Rahmen einer Anthropologie zu lesen, wenn auch einer negativen. Er schreibt bei aller Kritik an der philosophischen Anthropologie im Allgemeinen, in der Einleitung zum zweiten Band explizit, sein Buch sei eine »philosophische Anthropologie im Zeitalter der Technokratie« (Anders 1980, 9, dazu insgesamt auch Zill 2015).

11.1 Philosophiegeschichtlicher Kontext

Dass die Technik eine übermächtige Gewalt sei, die nicht mehr steuerbar ist, sondern selbst die Herrschaft übernommen hat, findet sich als Motiv zunächst in den Künsten, paradigmatisch in Goethes »Zauberlehrling«, der die Geister, die er rief, nicht mehr bändigen konnte. Bildmächtig wurde es im Theater und im Film des frühen 20. Jahrhunderts, etwa 1920 in Karel Čapeks Theaterstück *RUR – Rossumovi Univerzální Roboti*, in dem der Begriff des ›Roboters‹ zum ersten Mal auftaucht, oder 1927 in Fritz Langs *Metropolis*. In beiden wird der Terror der Technik allerdings noch anthropomorphisiert, indem er in Gestalt von künstlichen Menschen auftritt. Schon eher als unpersönliche Macht erscheint er 1936 in Chaplins *Modern Times* (ein Film, auf den sich Anders dann explizit beziehen wird, vgl. Anders 1980, 91–93; s. Kap. II.A.5).

Theoretisch klingt das Thema 1913 in Ludwig Klages' einflussreichem Grußwort auf dem Ersten Freideutschen Jugendtag »Mensch und Erde« an. Hier steht schon die durch die technische Zivilisation verursachte Umweltzerstörung, aber auch die Entfremdung des Menschen im Mittelpunkt der Kritik, allerdings wird noch nicht so sehr die Maschine selbst dafür verantwortlich gemacht, sondern eine Geistesmacht, nämlich das Christentum. Bald aber ist es direkt die Technik, die der Kritik verfällt und dabei auf das Schlagwort der ›Dämonie‹ gebracht wird, etwa bei Ernst Niekisch, der 1931 in dem unter dem Pseudonym Nikolaus Götz geschriebenen Artikel »Menschenfresser Technik« die Vergewaltigung der Natur durch die menschliche Zivilisation beklagt, aber auch schon deren Rache durch eine Art Dialektik der Technik verkündet, denn die Mechanisierung des Lebens schlage auf die innere Natur des Menschen selbst zurück und bringe seine biologischen Reserven zum Erliegen (vgl. Götz 1931). Dass die Herrschaft über die

K. Liggieri / O. Müller, *Mensch-Maschine-Interaktion*, https://doi.org/10.1007/978-3-476-05604-7_11

Natur eine gewalttätige sei, klingt im selben Jahr auch bei Oswald Spengler an, allerdings unter zunächst umgekehrten Vorzeichen, denn für Spengler ist der Mensch die höchste Form des Raubtiers und Gewalt daher ein legitimes Mittel zur Unterwerfung des Erdballs. Technik ist nicht Makel, sondern ein zentrales Instrument für den Willen zur Macht. Keine der unzähligen Erfindungen erspart aber menschliche Arbeit; technische Innovationen schichten die Arbeit nur um, sodass eine kleine Zahl kreativer geistiger Arbeiter am Ende einer Mehrzahl von Sklaven entfremdeter, seelisch verödender Arbeit gegenüberstehe. Folgerichtig ist auch für Spengler der technologische Entfaltungsprozess ein dialektischer, denn die Maschinentechnik hat »sich aus innerer, seelenhafter Notwendigkeit entwickelt« (Spengler 1931, 74), treibt aber in die Tragödie ihres Untergangs, teils aus immanent technischen Gründen, teils weil der faustische Mensch (der in Spenglers durch und durch rassistischer Theorie nur der nordische sein kann) selbst erschlafft und ermüdet und der »Meuterei der Hände« (ebd., 83) erliegt. Am weitesten ausgearbeitet ist die Idee einer dämonischen Technik in Friedrich Georg Jüngers *Die Perfektion der Technik* (1939 geschrieben, 1946 erschienen), das die gängigen Motive sammelt, amalgamiert und umformt und dessen Einfluss auf technikkritische Autoren der 1950er Jahre kaum überschätzt werden kann. Jünger übernimmt Spenglers These, dass Technik Arbeit nicht vermindere, sondern nur umschichte, überbietet sie aber durch die Behauptung, dass sie auch keinen Reichtum schaffe. Vielmehr sei sie Raubbau zunächst an der äußeren Natur, dann aber auch an der inneren des Menschen, der sich dem mechanischen Automatismen seiner Maschinen anpassen müsse (s. Kap. III.34): Der Arbeiter werde zum Maschinensklaven – und das auch noch freiwillig und mit Enthusiasmus. Am deutlichsten zeige sich das in den Materialschlachten des (Ersten Welt-)Kriegs. Bei Jünger ist die treibende Kraft des Verderbens nun endgültig die Technik selbst geworden, denn je perfekter sie werde, desto deutlicher merke man, dass ihr ein eigenes Gesetz innewohne, das den Menschen zerstöre – und zwar unabhängig vom ökonomischen oder politischen System, in dem sie zum Wirken komme.

Martin Heidegger weist die Formel von der ›Dämonie der Technik‹ zwar explizit zurück, kommt ihr inhaltlich aber doch sehr nahe, was dann auch für Günther Anders entscheidend sein wird, denn zu den prägenden Einflüssen in Anders' Studienzeit gehörten zwar vor allem Edmund Husserl, der ihn 1923 promoviert hat, und Max Scheler, aber eben auch Heidegger (vgl. dazu ausführlicher Thomä 2003; s. Kap. II. C.12). Allerdings distanziert sich Anders später vehement von Heidegger (vgl. v. a. Anders 2001), was angesichts seiner Affinitäten in der Technikphilosophie leicht übersehen werden kann.

Aber nicht nur in der konservativen Kulturkritik findet sich der technikapokalyptische Grundzug, sondern zum Beispiel auch in Max Horkheimers und Theodor W. Adornos Anfang der 1940er Jahre im amerikanischen Exil entstandener *Dialektik der Aufklärung*. Anders' Ansatz fügt sich also auf den ersten Blick in eine philosophisch (aber nicht unbedingt im allgemeinen Bewusstsein) weit verbreitete technikkritische Grundhaltung ein, ist aber vor allem deshalb von besonderer Bedeutung, weil er eher aus der linken (marxistischen) Tradition kommend sich von vielen lebensphilosophischen Romantizismen trennt und sich die Technik und ihre Auswirkungen auf die Lebenswelt zum weiteren Lebensthema macht, wobei er sie ungewöhnlich detailliert und intensiv analysiert (zu den biographischen Details s. auch Liessmann 2002; Dries 2009).

11.2 Genese der Andersschen Technikphilosophie

Im Rückblick auf sein eigenes Werk beschreibt Anders den Abwurf der ersten Atombombe am 6. August 1945 als Schlüsselerlebnis, durch das die Ausrichtung seines Denkens verändert worden sei: Es habe sich invertiert. Zuvor sei es ihm immer um die Grundfigur eines Menschen ohne Welt gegangen, danach um die einer Welt ohne Menschen (Anders 1984, XI–XXVII). Der Mensch ohne Welt ist ein Motiv klassischer Verdinglichungs- und Entfremdungsphilosophie, das Anders in mehreren Varianten durchspielt: zunächst im klassisch marxistischen Sinn am Arbeiter, der nicht nur nicht Herr über seine Arbeitsbedingungen ist, dem darüber hinaus auch seine Produkte entzogen werden; dann am Arbeitslosen, dessen Weltlosigkeit nun noch zunimmt, weil er die Möglichkeit, seine Arbeitskraft zu entfalten, verliert; schließlich denkt er auch an »*den Menschen im Zeitalter des kulturellen Pluralismus*; denjenigen Menschen, *der, weil er an vielen, an zu vielen Welten gleichzeitig, teilnimmt, keine bestimmte, und damit auch keine, Welt hat*« (ebd. XV). In gewisser Weise ist diese Form der Weltlosigkeit auch die des Emigranten, ein Schicksal, das Anders von 1933 bis 1950 teilte und das er auch detailliert beschrieben hat (Anders 1985). Verallgemeinert hat er die Diagnose der Weltlosigkeit in Entwürfen zu einer negativen Anthropologie während der 1930er Jahre, nach der der Mensch als nicht instinkt-geleitetes Wesen nicht auf eine bestimmte Welt festgelegt und damit seine biologische Spezifität die Unspezifität sei (Anders 1934, 1936, 2018; Parallelen zu Jean-Paul Sartre, der den frühen Anders kannte, aber auch zu Arnold Gehlen – dessen Prominenz Anders selbst verbittert registrierte – sind hier offenkundig). Dies alles tritt nun – glaubt man Anders' Selbstbeschreibung – angesichts der Atombombe in den Hintergrund. Statt des Menschen ohne Welt wird die Welt nach der atomaren Apokalypse, die Welt ohne Menschen für ihn zur Leitidee seiner Reflexionen.

Konkret entwickelt Anders seine Gedanken in einer Art experimenteller Philosophie, die zunächst in Form von Tagebucheinträgen und Essays entsteht. Einiges davon fasst er später in bearbeiteter Form zu Büchern zusammen. Die zentralen Überlegungen finden sich so vor allem in *Die Antiquiertheit des Menschen I* (1956), *Der Blick vom Mond* (1970) und *Die Antiquiertheit des Menschen II* (1980). Arbeitet sich der erste Band der *Antiquiertheit* vor allem an zwei herausragenden neuen Technologien, dem Fernsehen und der Atombombe, ab und versucht er, die daran gestellten Diagnosen mit einer negativen Anthropologie, speziell einer Theorie der Scham, zu unterbauen, so besteht der zweite Band aus einer größeren Zahl von meist kurzen Essays, die die ursprünglichen Analysen verallgemeinern und weitertreiben. Es sind oft Verschärfungen und Überbietungen der ursprünglichen Thesen. Gleichzeitig erweisen sich nun die einzelnen Phänomene immer stärker miteinander verschränkt und vernetzt.

11.3 Paradigmatische Technologie Atombombe: Verlust der Autonomie durch Komplexität

Die Atombombe war für Anders nicht nur ein Schlüsselerlebnis, gerade an dieser neuen Technologie erhalten seine Thesen auch die überzeugendste Ausformulierung. Schon weil durch sie die Menschheit als ganze auslöschbar wird, ist sie das Paradebeispiel einer Technik, die kein Mittel mehr sein kann, weil mit ihrem Einsatz alle möglicherweise intendierten Zwecke überschritten würden. Sie ist aber auch noch aus einem anderen Grund paradigmatisch, denn sie ist Teil einer so komplexen Maschinerie, dass ihr Einsatz nicht zu steuern sein würde. An ihr sind so viele Menschen beteiligt, dass keinem davon mehr die moralische Verantwortung für die Tat zuzuschreiben wäre. Beide Aspekte verhindern die Verhinderung der Bombe. Hinzu kommt, dass ihre Erfindung nicht mehr ungeschehen zu machen ist, also ihre reine Möglichkeit früher oder später zu ihrer Realisierung drängen wird.

Diesen Gedankengang verallgemeinert Anders im zweiten Band der *Antiquiertheit des Menschen* unter dem Stichwort einer »Antiquiertheit des Materialismus«. Entscheidend sei heute nicht mehr der Besitz einer Maschine, sondern der Besitz ihres Patents, also die Verfügungsgewalt über ihre Idee. Platon hätte sich nicht träumen lassen, dass es einmal ein Eigentum an Ideen gebe, aber seine Grundintuition, der Vorrang der Idee vor dem einzelnen Ding, habe sich nun historisch verwirklicht. Damit sei die Blaupause der Atombombe auch gefährlicher als jede einzelne Bombe selbst: »Wenn wir früher oder später (vermutlich früher) zugrundegehen werden, dann als Opfer des Zweiten Platonismus« (Anders 1980, 37).

Anders' Kapitel zur Atombombe entsteht nicht nur in einer Zeit, in der das Thema durch die Wiederbewaffnung der Bundesrepublik eine neue Dringlichkeit erhält, es ist auch ein Gegenentwurf zu Karl Jaspers, der 1956 einen viel beachteten Vortrag »Die Atombombe und die Zukunft des Menschen« hielt (gefolgt von einer Ausarbeitung des Themas als Buch unter dem gleichen Titel, Jaspers 1958), den Anders, »was Ton-Ansatz und Eindringlichkeit betrifft, ganz unzulänglich« fand (Brief an Hannah Arendt vom 12.4.1958, in Anders 2016, 71). Von einer Zukunft dieses antiquierten Wesens Mensch konnte ja gerade keine Rede mehr sein. Dennoch engagierte sich Anders selbst publizistisch und politisch in den folgenden Jahren vor allem in der Anti-Atomkraft-Bewegung, so etwa beim Jahrestag des Bomben-Abwurfs 1958, zu dem er nach Hiroshima fuhr. Daraus entstanden seine Reflexionen *Der Mann auf der Brücke* (1959). Berühmt geworden ist sein Briefwechsel mit dem Hiroshima-Piloten Claude Eatherly (Anders/Eatherley 1961), aber auch im Weiteren sein Kampf gegen Kriegsverbrechen, als Mitglied des Russell-Tribunals etwa oder in seinen Essays gegen den Vietnamkrieg (Anders 1968, vgl. dazu Lütkehaus 1992).

11.4 Paradigmatische Technologie Raumfahrt: Verlust der Autonomie durch Automatisierung

Nur ein Jahr nach der Publikation der *Antiquiertheit des Menschen* startete die sowjetische Raumsonde Sputnik 1 und eröffnete damit symbolisch das Zeitalter der Raumfahrt. Auch für Anders wird der Vorstoß ins Außerirdische, der in den 1960er Jahren unternommen wird, zu einem zentralen Gegenstand seiner Überlegungen (zusammengefasst in Anders 1970). An den öffentlich als Heroen gefeierten Astronauten könne man studieren, dass der Mensch, auch wenn er (noch) nicht durch die Bombe annihiliert wird, sich selbst als Person auslösche, denn nirgendwo sonst zeige sich zu dieser Zeit so deutlich, dass Technik nicht die *extension of man* sei, sondern der Mensch nur ein Anhängsel der Maschinerie. Anders als noch Testpiloten, fliegen Astronauten ihre Raumkapsel nicht mehr selbst, sie sind nur »einmontierte Monteure« (Anders 1970, 27 f.), die allenfalls gelegentlich mal einen Knopf drücken dürfen. Da zu einer Person wesentlich auch ihr freier Wille und zu ihrem Handeln das Wissen um das Getane und die Einschätzung seiner Folgen gehöre, sind die scheinbaren Helden, bei denen von all dem nicht mehr die Rede sein kann, in Wahrheit depersonalisiert (vgl. Zill 2008). Sie handeln nicht mehr, sie werden verwendet. Dementsprechend werden sie auch mit Hilfe von Tests ausgesucht, die den Prinzipien des *human engineering* gehorchen (s. Kap. III.43). Die beiden menschlichen Tätigkeitsformen »Machen« und »Handeln« sind einer dritten zum Opfer gefallen: dem »Bedienen«. Bezeichnete das Wort allerdings früher das Tun von Dienstboten, wird sie nun zur Tätigkeit von Arbeitern: Sie werden zu Dienern der Maschinen (Anders 1980, 67–74).

Am Ende werden selbst die Menschen, die die Technik bedienen, völlig überflüssig; was als Anhängsel begann, wird umstandslos ersetzt. Das führt aber zu einer Anpassung, wenn nicht sogar Angleichung des Menschen an die Maschinen, und zwar nicht unter Zwang, wie das noch in der Industriearbeit der Fall war und von Marx schon im Kapital beschrieben worden ist, sondern freiwillig (s. Kap. II.A.3). Der Mensch strebt danach, so perfekt zu werden wie seine Technik. Der Raumfahrer ist aber nur das herausgehobene Opfer einer generellen Entwicklung, denn alle technischen Produktionsprozesse werden mehr und mehr automatisiert. Seit den 1950er Jahren ist eine Diskussion über die Folgen der Automatisierung in der Arbeitswelt entfacht worden, in der Öffentlichkeit, aber auch in wissenschaftlichen und philosophischen Untersuchungen (vgl. etwa Pollock 1956/1964; s. Kap. II.F.20). Anders' Analyse geht jedoch über das Offensichtliche hinaus, wenn er die neue Dimension des Phänomens im zweiten Band der *Antiquiertheit des Menschen* unter das Stichwort einer »Antiquiertheit der Arbeit« bringt. Denn die Automation produziert nicht nur eine steigende Zahl von Arbeitslosen im ursprünglichen Sinne von Stellungslosen, sondern darüber hinaus auch von beschäftigten Arbeitslosen, also Angestellten oder Arbeitern, deren einzige Aufgabe es ist, die selbsttätige Maschinerie zu überwachen. Körperlich entlastet, steht dieser Angestellte unter enormer Belastung, weil er nichts tun kann, außer darauf warten, dass etwas Unvorhergesehenes geschieht, die Maschinen also gestört sind und einer Wartung bedürfen; dieser »Wärter der Geräte« ist in der überwiegenden Zeit seines Daseins zum Warten verurteilt, eine Aufgabe, die die Kooperation von Menschen nicht mehr benötigt, sondern von solistisch existierenden Einzelnen übernommen wird. Ganz wie schon der Raumfahrer, der isoliert und vereinzelt in seiner Kapsel sitzt, ohne sie noch selbst fliegen zu dürfen oder gar zu können, ist auch der Industriearbeiter ein Eremit im Gehäuse automatischer Produktion. Seine einzige Aufgabe besteht in der Überwachung der Kontrollleuchten (s. Kap. II.F.18). Wer tagsüber so konditioniert wird, kann sich auch in seiner Freizeit nicht mehr ändern (Anders 1980, 89–101).

11.5 Paradigmatische Technologie Fernsehen: Kritik am Bild

Die Fortsetzung seines Eremitendaseins findet der Arbeiter folgerichtig als solipsistischer Fernsehzuschauer. Die so Vereinzelten bleiben dennoch Massenmenschen, denn sie alle werden von demselben Programm beliefert; eigene Erfahrungen zu machen, ist nicht mehr möglich; man geht nicht mehr selbst auf Entdeckungsreise: Die große Welt erscheint nun im Wohnzimmer, allerdings auf dem Bildschirm verkleinert und distanzlos. Sie wird »verbiedert« (Anders 1956, 99–129). Der Verbiederungsthese stellt Anders die des Phantoms an die Seite. Die Fernsehbilder sind deshalb Phantome, weil sie einen merkwürdigen ontologischen Zwischenstatus einnehmen: Sie sind anwesend und abwesend zugleich. Die Fernsehsendung vermittelt uns die Erfahrung der Gegenwärtigkeit, das Betrachtete erscheint gleichzeitig mit seiner Betrachtung. Die Fiktionalität des Gezeigten geht verloren; die Grenze zwischen Sein und Schein wird aufgelöst (ebd., 129–154). Der Zuschauer meint nicht nur, dabei zu sein, am Ereignis teilzuhaben, sondern auch eine unverkürzte Wahrheit zu erfahren. Der Selektionscharakter der Fernsehnachrichten geht verloren. Das führt dazu, dass die Fiktion sich als Wirklichkeit darstellt, und gleichzeitig Wirklichkeit auch als Fiktion.

So wird die Fernsehwelt zur Schablone, eine Art Matrize für unsere Erfahrungen – am augenfälligsten bei den Fans, die sich den von ihnen bewunderten Stars anähneln wollen.

Anders' Diagnosen sind eine frühe Form dessen, was später als Simulationstheorien berühmt geworden ist (etwa von Jean Baudrillard). Sie stehen auch in der Tradition der prinzipiellen Bildkritik seit Platon. Auf den ersten Blick erscheinen diese Thesen zur Bildtechnologie stärker als die zur Atomenergie und zur Automatisierung in ihrer Entstehungszeit verhaftet, nicht zuletzt, weil sie eng am Beispiel des frühen Fernsehens entwickelt worden sind. Angesichts interaktiver Bildmedien erscheinen diese Diagnosen heute selbst als antiquiert, dennoch sind sie leicht aktualisierbar. Erneut werden viele der Andersschen Kernthemen im zweiten Band der *Antiquiertheit* wiederaufgenommen und weiter ausgearbeitet, so vor allem im Abschnitt über die »Antiquiertheit der Masse« (Anders 1980, 79–90). Das gleichzeitig Ab- und Anwesende der Fernsehbilder wird nun durch den Begriff der ›Schizotypie‹ verallgemeinert, womit eine ›räumliche Doppelexistenz‹ gemeint ist. »Zum Wesen des heutigen Zuhause gehört es also, daß es nicht nur ein Raum *ist*, sondern außerdem noch einen zweiten *enthält*« (ebd., 85), nämlich den durch die Medien vermittelten. Dabei werden aber nicht nur zwei beliebige Räume vermischt, sondern zwei prinzipiell verschiedene: Privatheit und Öffentlichkeit. Im Auto sieht Anders ein Komplementärgerät zu den Medien. Denn durch Rundfunk und Fernsehen ströme das Öffentliche ins Private, im Auto nähmen wir das Private jederzeit mit in die Öffentlichkeit (ebd., 86 f.).

11.6 Emotionstheoretische Grundlegung: Der Begriff der prometheischen Scham

Vor den Einzelbeispielen steht bei Anders im 1. Band der *Antiquiertheit* aber eine anthropologisch-emotionstheoretische Grundüberlegung. Die emotionalen Grundlagen unseres Handelns waren für den Sohn der Psychologen William und Clara Stern generell von Bedeutung. Konsequent denkt er sein Postulat von der biologischen Undeterminiertheit des Menschen weiter, indem er auch die menschliche Emotionalität nicht als vorgegebene, sondern als historisch gestaltete betrachtet, die schließlich nach einer »Geschichte des Fühlens« verlangt (vgl. Anders 1997). Schon in den 1930er Jahren stand daher eine Theorie der Scham im Zentrum seiner Anthropologie (vgl. Anders 1936; 2018); sie findet in der späteren Technikphilosophie eine pointierte Fortführung im Begriff der ›prometheischen Scham‹. Scham ist danach Ausdruck einer Identifikationsstörung, und zwar angesichts dessen, was man ist, nicht, was man getan hat. Sie ist kein lediglich temporärer, sondern grundsätzlich gescheiterter Selbstbezug eines Individuums, das sich gleichzeitig mit sich identisch wie auch nicht identisch empfindet. Sie resultiert in einem oszillierenden Zustand der Irritation, der Desorientiertheit, der Verstörung. Scham ist ein Bezug mit Doppelintentionalität: Sie ist bezogen auf etwas an einem selbst und auf ein Publikum, eine Instanz, von der man sich beurteilt fühlt. Publikumsbezogenheit zeichnet allerdings alle sozialen Akte aus.

»Diese Instanz ist eine *unerwünschte Instanz*, oft sogar eine verwünschte; also nicht eigentlich eine ›intendierte‹, sondern eine geflohene. Die intentionale Zuwendung ist Abwendung; der intentionale Hinweis Abweisung: also *›negativ intentional‹*« (Anders 1956, 66). Scham ist »*ein in einem Zustand der Verstörtheit ausartender reflexiver Akt, der dadurch scheitert, daß der Mensch sich in ihm, vor einer Instanz, von der er sich abwendet, als etwas erfährt, was er ›nicht ist‹, aber auf unentrinnbare Weise ›doch ist‹*« (ebd., 68). Wer sich schämt, ist sich der Ungerechtigkeit dieses Urteils durchaus bewusst: Man ist nicht für seinen Makel verantwortlich, weiß es und schämt sich dennoch, schämt sich gerade auch dessen, dass er nicht selbst verschuldet ist. Denn der Freiheitsanspruch eines Individuums ist grenzenlos; Scham entsteht, wenn es merkt, dass es durch etwas bedingt, d. h. durch Vorgegebenes unfrei gemacht ist. Es ist diese »ontische Mitgift«, derer es sich schämt, seines Es. Anders' Begriff des Es geht über den von Freud hinaus und bezeichnet alles Nicht-Ichhafte, alles Vor-Individuelle (ebd., 69). Anders unterscheidet nun zwei Fälle scheiternder Selbstidentifizierung einer Person. In dem einen schämt sich das Ich seines Es (wie im Fall einer Behinderung, einer Deformation, aber auch bei der Geschlechtsscham). Fast noch wichtiger aber ist der andere Fall, bei dem sich das Es dafür schämt, dass ihm ein Ich zugemutet wird. Diese Art der Scham befällt aber alle, die gezwungen sind, ungewollt von der Norm abzuweichen: ein Redner, der sich den Blicken der Menge preisgeben muss, ein ungewöhnlich Gekleideter und auch »der Fremde in der Fremde« (ebd., 75). Solch eine Scham, die Norm zu brechen, wird für ihn der Prototyp der moralischen Scham. In beiden Fällen gilt also, dass die, die sich schämen, sich deshalb schämen, weil sie ihr Selbstsein als Makel empfinden – und dies trifft nun in hohem Maße auch für die prometheische Scham zu, der Scham vor den eigenen Produkten. Man schämt sich seiner Fehlerhaftigkeit angesichts der perfekt arbeitenden Maschinen, seiner Vergänglichkeit gegenüber den Apparaten, die zwar auch eine begrenzte Betriebsdauer haben, aber jederzeit identisch reproduziert werden können und damit als Typ gleichsam ein ewiges Leben haben. Als Konsequenz dessen versucht man ins Lager der Geräte zu desertieren, sich ihnen anzugleichen, sich selbst zu verdinglichen: durch das Make-up, das aus dem individuellen Gesicht eine scheinbar perfekte Maske macht, durch *human engineering*, aber auch durch Fotographien, jene Bilder also, die wir von uns machen, um uns Dauer zu verleihen, die aber in uns selbst nur die Abbilder abbilden, zu denen wir längst geworden sind, weil wir uns der Technik angeähnelt haben. Aber auch für diese Diagnose gibt es im zweiten Band eine Überbietungsfigur, denn die lediglich dienenden Automaten-Wärter entbehren noch der prometheischen Scham, weil sie durch ihre Residualtätigkeit selbst der detaillierten Erfahrung von Maschinen entrückt sind und dadurch keine Vergleichsmöglichkeiten mehr haben (Anders 1980, 97).

11.7 Nachrangigkeit von Wirtschaft und Politik

Als Exkurs zu einem der längeren Raumfahrt-Aufsätze erschien 1962/63 der Aufsatz »Der sanfte Terror« (wieder aufgenommen als »Die Antiquiertheit des Individuums« in Anders 1980, 131–187), in dem Anders die Entstehung eines neuen Wirtschaftszweigs beschreibt: die Werbung. Auch sie war in den 1950er Jahren in einem allgemeineren Kontext zum publikumswirksamen Gegenstand der Kritik geworden – am erfolgreichsten wohl 1957 in Vance Packards *The Hidden Persuaders* (dt. *Die geheimen Verführer*, 1958). Die Werbung ist für Anders aber nur das Resultat einer grundsätzlicheren Entwicklung: Wir produzieren nicht mehr um zu konsumieren, sondern konsumieren, um produzieren zu können – und damit ist nicht die notwendige physiologische Reproduktion des Konsumenten gemeint, sondern die Produktion neuer Bedürfnisse. Zum einen beschreibt Anders schon, was man heute ›geplante Obsoleszenz‹ nennt: Weil die Produkte möglichst schnell neuen Produkten Platz machen müssen, werden sie bereits fehlerhaft hergestellt. Wo das nicht der Fall ist, muss zumindest im Bewusstsein des Konsumenten der Eindruck entstehen, dass die alten Produkte nicht mehr gut genug sind, das geschieht durch die Mode, aber eben auch durch Werbung. Damit erweitert Anders die Kritik der Technik um eine des Kapitalismus. Auch wenn es so scheinen mag, dass der Imperativ der Maschine am Ende doch nicht so überwältigend ist, als dass er nicht einer außer-technischen Unterstützung bedürfte, so sind es doch die technologischen Zwänge, die die Entwicklung zur Dehumanisierung in erster Linie bedingen. Vor allem ist sie für Anders – der seine Thesen immerhin in den Jahren des Kalten Kriegs entwickelt hat – nicht politisch bedingt. Sie sind vielmehr:

> »Effekte der einzigen echten und globalen Revolution, die in unserem Zeitalter stattgefunden hat und die im Unterschiede zu einer gewissen anderen wirklich als ›*permanente Revolution*‹ weiter stattfindet: der *Technik*, die ›*systemneutral*‹ bleibt, also hüben wie drüben gleichermaßen ihre Diktatur aufgerichtet hat; und *die sich auch nach politischen Umschwüngen*, so als wäre nicht das mindeste geschehen, *als Konstante durchhält*, das heißt: sich hektisch weiterentwickelt.« (Anders 1980, 107)

Politik und Ökonomie sind lediglich noch ideologische Überbauten zu den diktatorischen *technological requirements*. Die unterschiedliche Geschichte der Staaten spielt dann keine Rolle mehr, die Prädominanz der Technik macht sie alle gleich, eine Konvergenz der Systeme, die den Menschen unaufhaltsam ihre Freiheit nimmt.

11.8 Allgemeine Vernetzung als Vision

Totalitär sind die Geräte aber nicht nur, weil sie den Menschen seiner Freiheit berauben, sondern auch, weil sie als Geräte ein Zwangszusammenhang werden: Anders sieht schon, dass sich die Technik mehr und mehr untereinander vernetzt; auch wenn er solch eine allgemeine technologische Verschränkung noch nicht in seiner eigenen Zeit für realisiert hält, prognostiziert er sie gleichwohl für die nahe Zukunft. Aus heutiger Sicht kann man das als visionär bezeichnen (vgl. Anders 1980, 117–126; Lewis Mumford 1964 teilt diesen apokalyptischen Ton nicht nur, sondern sieht die ›Megamaschine‹ auch schon weitgehend verwirklicht; s. Kap. II.D.13). Aus der Perspektive von Anders gab es aber noch eine *Telos*-Konkurrenz: Der Zusammenschluss zur Universalmaschine kann verhindert werden durch die vorherige Selbstauslöschung von Mensch und Maschine durch Atomwaffen.

So hermetisch der Zwangszusammenhang zu wirken scheint, es finden sich bei Anders auch relativierende Passagen, in denen ein Spielraum für politisches Handeln geöffnet wird. Anders ist sich wohl bewusst, dass sich die Technik nicht wieder abschaffen lässt, gleichzeitig will er nicht einfach defätistisch der Apokalypse das Wort reden, wofür nicht zuletzt auch sein eigenes politisches Engagement steht. An manchen Stellen ist ihm sogar bewusst, dass ein Mehr von Technik unvermeidlich ist, so wenn er zum Beispiel zugesteht, dass es gerade im Falle der unterentwickelten Länder unmenschlich sei, ihnen die Technik vorzuenthalten (ebd., 126–127). Die streng sachbezogen argumentierenden Überlegungen der andersschen Philosophie entwickeln sich gleichwohl immer stark aus seinen Formulierungen heraus. Ihre Texte sind gezeichnet durch eine starke Sensibilität für Sprache, ihren experimentellen Einsatz, der immer wieder Funken schlägt und neue Erkenntnisse aufleuchten lässt. Ohne dass dies postuliert würde, scheint es so, als ginge gerade auch von der Sprache eine gewisse Widerstandskraft aus.

Literatur

Anders, Günther [Günther Stern]: Une Interprétation de l'Aposteriori. In: Recherches Philosophiques IV (1934), 65–80.

Anders, Günther [Günther Stern]: Pathologie de la liberté. In: Recherches Philosophiques VI (1936), 22–54.

Anders, Günther: Die Antiquiertheit des Menschen I. Über die Seele im Zeitalter der zweiten industriellen Revolution [1956]. München 1980.

Anders, Günther/Eatherley, Claude: Off limits für das Gewissen. Briefwechsel. Hg. und eingeleitet von Robert Jungk. Reinbek bei Hamburg 1961.

Anders, Günther: Visit Beautiful Vietnam. Köln 1968.

Anders, Günther: Der Blick vom Mond. Reflexionen über Weltraumflüge. München 1970.

Anders, Günther: Die Antiquiertheit des Menschen II. Über die Zerstörung des Lebens im Zeitalter der dritten industriellen Revolution. München 1980.

Anders, Günther: Ketzereien [1982]. München 1996.

Anders, Günther: Mensch ohne Welt. Schriften zur Kunst und Literatur. München 1984.

Anders, Günther: Tagebücher und Gedichte. München 1985.

Anders, Günther: Lieben gestern. Notizen zur Geschichte des Fühlens [1986]. München 1997.

Anders, Günther: Über Heidegger. München 2001.

Anders, Günther: Die Weltfremdheit des Menschen. Schriften zur philosophischen Anthropologie. Hg. von Christian Dries unter Mitarbeit von Henrike Gätjens. München 2018.

Arendt, Hannah/Anders, Günther: Schreib doch mal *hard facts* über Dich. Briefe 1939 bis 1975. Hg. v. Kerstin Putz. München 2016.

Dries, Christian: Günther Anders. München 2009.

Götz, Nikolaus [= Ernst Niekisch]: Menschenfresser Technik [1931]. In: Ders.: Widerstand. Krefeld 1982, 56–65.

Heidegger, Martin: Die Frage nach der Technik [1953]. In: Ders.: Gesamtausgabe. Hg. von Friedrich-Wilhelm von Herrmann, Brigitte Schillbach, Paola-Ludovika Coriando u. a. 102 Bde. Frankfurt a. M. 1975 ff., I. Abt., Bd. 7.

Jaspers, Karl: Die Atombombe und die Zukunft des Menschen. Politisches Bewußtsein in unserer Zeit. München 1958.

Jünger, Friedrich Georg: Die Perfektion der Technik [1946]. Frankfurt a. M. 2010.

Klages, Ludwig: Mensch und Erde [1913]. In: Ders.: Mensch und Erde. Elf Abhandlungen. Stuttgart 1973, 1–25.

Liessmann, Konrad Paul: Günther Anders. Philosophieren im Zeitalter der technologischen Revolutionen. München 2002.

Lütkehaus, Ludger: Philosophie nach Hiroshima. Über Günther Anders. Frankfurt a. M. 1992.

Mumford, Lewis: Mythos der Maschine. Kultur, Technik und Macht [1967/1970]. Wien 1974.

Pollock, Friedrich: Automation. Materialien zur Beurteilung ihrer ökonomischen und sozialen Folgen [1956]. Frankfurt a. M. 1964.

Spengler, Oswald: Der Mensch und die Technik. Beitrag zu einer Philosophie des Lebens. München 1931.

Thomä, Dieter: Heidegger und Günther Anders. Weltfremdheit und Natürlichkeit des Menschen im technischen Zeitalter. In: Ders. (Hg.): Heidegger-Handbuch. Leben – Werk – Wirkung. Stuttgart 2003, 390–393.

Zill, Rüdiger: Der Untergang des Übermenschen. Technikphilosophische Wahrnehmungen der ersten Astronauten. In: Martin Sabrow (Hg.): ZeitRäume. Potsdamer Almanach des Zentrums für Zeithistorische Forschung 2007. Göttingen 2008, 201–211.

Zill, Rüdiger: Vom Verschwinden des Menschen. Günther Anders negative Anthropologie. In: Marc Rölli (Hg.): Fines Hominis? Zur Geschichte der philosophischen Anthropologiekritik. Bielefeld 2015, 159–175.

Rüdiger Zill

12 Ge-stell und Megamaschine: Zur Genese zweier Deutungsapparaturen

12.1 Von der ›totalen Mobilmachung‹ zur Herrschaft des ›Riesenapparats‹ und des ›Makrogeräts‹

Angesichts der enormen Entwicklungen in der Technik zu Beginn des 20. Jahrhunderts, insbesondere angesichts der »totalen Mobilmachung«, die man im Ersten Weltkrieg zu beobachten und zu erfahren glaubte (Jünger 1980), entstand in den 1920er und 1930er Jahren ein Diskurs über die Technik, in dem das ›Allesumfassende‹ und ›Allesvereinnahmende‹, also ›Totalisierende‹ der Maschinerien zum Thema gemacht wurde. So fragte sich Hans Freyer 1929 wie es sein konnte, dass »ein System von bloßen Mitteln derart schicksalsbestimmend, menschenverwandelnd, geschichtsbildend wirken kann« (Freyer 1929, 196). Karl Jaspers wiederum beschrieb die »globale« Dimension, die die Technik seiner Einschätzung nach angenommen hatte, und sprach 1931 in seinem Essay *Die geistige Situation der Zeit* von der »Herrschaft des Apparats« und sogar von einem »Riesenapparat« (Jaspers 1931/1979, 45), der den einzelnen Menschen überformen würde, insbesondere durch eine normierende Massenkultur, die das tägliche Leben der Menschen grundlegend ändern würde. Unter der Herrschaft des Apparats führen die Menschen ein »losgerissenes Dasein«, sind »verlassen«, haben »keinen eigentlichen Ort mehr in dem Ganzen« (ebd.). Die Rede von dem ›Ganzen‹, das durch Apparate, Maschinen und Massenmedien bestimmt würde, ist typisch für die Zeitdiagnostik dieser Jahre (parallel und im Kontrast zu den Ganzheitsdiskursen der Zeit, die den ›ganzen Menschen‹ vor dem technischen und wissenschaftlichen Reduktionismus retten wollen). Nicht von ungefähr diskutiert Ernst Jünger 1932 in *Der Arbeiter* die moderne Technik als eine wirklichkeitsbestimmende Größe metaphysischen Ausmaßes (Jünger 1981). Er lieferte damit Beschreibungsformen, die Martin Heidegger nach seiner Jünger-Lektüre auf die Spur zu seiner These brachte, dass die Technik die »vollendete Metaphysik« sei (Heidegger 2000b, 79). Zeitgleich mit Jaspers und Jünger beschreibt Oswald Spengler den Menschen sowohl als »Priester der Maschine« als auch als »Sklaven der Maschine« (Spengler 1931, 70, 75). Auch Spengler untersucht die Auswirkungen der die gesamte moderne Zivilisation bestimmenden »Maschinenkultur« (ebd., 60–89). So schreibt er etwa:

> »Die Zivilisation ist selbst eine Maschine geworden, die alles maschinenmäßig tut oder tun will. Man denkt nur noch in Pferdekräften. Man erblickt keinen Wasserfall mehr, ohne ihn in Gedanken in elektrische Kraft umzusetzen. Man sieht kein Land voll weidender Herden, ohne an die Auswertung ihres Fleischbestandes zu denken, kein schönes altes Handwerk einer urwüchsigen Bevölkerung ohne den Wunsch, es durch ein modernes technisches Verfahren zu ersetzen. Ob es einen Sinn hat oder nicht, das technische Denken will Verwirklichung. Der Luxus der Maschine ist die Folge eines Denkzwanges.« (Ebd., 79)

In Jüngers Kulturpessimismus sind »Maschinentechnik« und »faustisches Menschentum«, ebenso wie das gesamte Abendland, unvermeidlich zum Untergang verdammt (ebd., 88). Dass Heidegger auch Spengler gelesen hatte, mag man daran erkennen, dass Heidegger (vielleicht angeregt von Spenglers Wasserfall) das in den Rhein »verbaute« Kraftwerk als Inbegriff der totalen Technisierung gesehen hat, die für die Schönheit und die kulturelle Tradition dieses Flusses kein Verständnis mehr hat (Heidegger 2000a, 16).

Schon die Maschinen der großen Industrien im 19. Jahrhundert diktierten den Menschen die Arbeitsformen, wie es Karl Marx ausführlich beschrieben hatte (Marx 1974) (s. Kap. II.A.3). Doch der Gedanke, dass ›die‹ Technik ›die‹ gesamte Wirklichkeit und alle gesellschaftlichen Subsysteme durchgehend bestimmen würde, kommt erst in den 1920er und 1930er Jahren auf. Heideggers wirkmächtiger Vortrag *Die Frage nach der Technik* erschien zwar erst 1953, aber viele seiner Vorarbeiten und Vorgängerbegrifflichkeiten für das ›Ge-stell‹, wie insbesondere die ›Machenschaft‹, sind in den 1930er und 1940er Jahren entstanden. Dass Heideggers Text noch in den 1950er Jahren seine Resonanz entfalten konnte, liegt daran, dass die moderne Technik auch in dieser Zeit als dominant und wirklichkeitsbestimmend wahrgenommen wurde, wofür die Bücher Sigfried Giedions (*Mechanization Takes Command*, 1948) und Jacques Elluls (*The Technological Society*, 1956 / *La technique ou l'enjeu du siècle*, 1964) als Beispiele gelten mögen. Auch Günther Anders (s. Kap. II. C.11) spricht 1956 in *Die Antiquiertheit des Menschen I* davon, dass der Mensch nur noch ein »*Gerät für Geräte*« sei, ein »Werkstück innerhalb bereits gebauter Maschinerien oder innerhalb bereits festgelegter technischer Entwürfe« (Anders 1956, 32). In-

J. B. Metzler © Springer-Verlag GmbH Deutschland, ein Teil von Springer Nature, 2019
K. Liggieri / O. Müller, *Mensch-Maschine-Interaktion*, https://doi.org/10.1007/978-3-476-05604-7_12

sofern spricht er auch von einem ganzen »System der Geräte« und von einem »Makrogerät«, das unsere »Welt« darstelle (ebd., 2). Dass es von dem »Makrogerät« dann nur noch ein kleiner Schritt zur »megamachine« Lewis Mumfords (Mumford 1970) ist, kann man durch die Ausführungen der Anders-Interpretin Margret Lohmann bestätigt finden, die in ihrer Auseinandersetzung mit Anders' Technik-Begriff nicht nur von einem »Gesamtapparat« spricht, sondern – allerdings ohne auf Mumford zu verweisen, was man als Indiz werten kann, dass sich diese Begriffsbildung angesichts der modernen Technik gewissermaßen aufzudrängen scheint – auch von einen »Prozeß in Richtung auf eine Mega-Maschine« (Lohmann 1996, 192).

Diese mit großem Pinselstrich gemalten Theorien über die technischen Zivilisation haben inzwischen an Überzeugungskraft eingebüßt und die Worte ›Riesenapparat‹, ›Maschinenkultur‹, ›Makrogerät‹ oder ›Megamaschine‹ wird man nur noch mit Vorsicht verwenden, um die technische Moderne auf den Begriff zu bringen – doch der Sache nach bleiben die mit diesen Ausdrücken verbundenen Fragen und Perspektiven weiterhin aktuell, wenn wir beschreiben wollen, wie wir uns selbst und die Welt wahrnehmen und wie wir uns in die technische Zivilisation einpassen. Denn im systematischen Nachdenken über die Technik darf nicht nur das Erfassen und die Kritik einzelner Technisierungsformen zum Thema werden, sondern es müssen auch die grundlegenden Strukturen und Dynamiken von Technisierungsprozessen beschrieben werden, weil einzelne Technologien nur in einer technologischen Kultur mit ihren Logiken, Ansprüchen, Bedürfnissen, Denkhorizonten, Machstrukturen, Politiken usw. entstehen können. Daher ist die Rede von ›der‹ Technik im Singular durchaus noch sinnvoll – so riskant eine solche Singularisierung auch sein kann. Ganz konsequent schließt Erich Hörl an diese Tradition an, um ›die‹ »technologische Bedingung« zu erfassen. Zentral für die Bestimmung der zeitgenössischen Situation scheine ihm das,

> »was ich in Abwandlung einer Formel Husserls die *technologische Sinnverschiebung* nenne: die Destruktion und Ablösung der überlieferten signifikativen und hermeneutischen Sinnkultur durch diejenige der Technologie, die das, was Sinn heißt, von Grund auf reorganisiert und damit die ganze Sinnkultur reorientiert.« (Hörl 2011, 11)

Auch in diesen Formulierungen taucht nicht von Ungefähr das ›Ganze‹ auf. Denn so wichtig und notwendig die unaufgeregte Beschreibung partieller Technisierungsformen auch ist, die Frage nach der grundlegenden Struktur der technischen Zivilisation behält ebenfalls ihre Berechtigung. Oder mit Heideggers berühmter Formel gesagt: Das Wesen der Technik ist nichts Technisches (Heidegger 2000a, 7).

Da Heidegger in diesem Diskurs über die ›Maschinentechnik‹ eine Schlüsselfigur ist, soll im Folgenden die Entwicklung von Heideggers Begrifflichkeiten von den 1930er Jahren bis hin zum ›Ge-stell‹ nachgezeichnet werden – exemplarisch, als eine besonders markante Position. Heidegger schließt an Spengler und Jünger an (vgl. Heidegger 2004), zudem inspirierten ihn seine Nietzsche-Rezeption und gewisse gegenwartsdiagnostische Beobachtungen zu seiner, wie er es nennt, »seinsgeschichtlichen« Deutung der Technik. Im Einzelnen werden die Begriffe ›Machenschaft‹ (12.2.), ›Ge-stell‹ (12.3.) und ›Megamaschine‹ (12.4.) dargestellt, um Heideggers Begriffe mit dem der ›Megamaschine‹ in Verbindung zu bringen, weil Mumford ein ähnlich prominentes Stichwort für den Maschinendiskurs geliefert hat. Von besonderem Interesse bei diesen Konzeptionen ist die Mensch-Maschine-Interaktion: Mit was interagieren Menschen eigentlich unter der Bedingung des Ge-stells und der Megamaschine?

12.2 Die ›Machenschaft‹

Man kann Heideggers Denken der 1930er Jahre als eine Suchbewegung beschreiben, die ihn seine ›Kehre‹ zu der seinsgeschichtlichen Konzeption vollziehen lässt, mit der er die Probleme, die *Sein und Zeit* von 1927 seiner Meinung nach hatte, zu lösen sucht. Diese philosophische Bewegung mit all ihren Problemen kann und soll hier nicht nachvollzogen werden. Es sollen vielmehr zentrale Begriffe, Gedankenfiguren und Argumentationslinien dargestellt werden, die Heideggers technikphilosophische Konzeption charakterisieren (vgl. zu Heideggers Technikphilosophie allgemein Seubold 1986; Hildebrandt 1990; Riis 2011; Müller 2014). Auch wenn sich einige Linien zu früheren Texten ziehen lassen, explizit hat Heidegger seine Arbeit erst ab 1936 dem Thema der Technik gewidmet. Einschlägig hierfür sind die *Beiträge zur Philosophie*, die erst 1989 aus dem Nachlass herausgegeben wurden, jedoch 1936 bis 1938 entstanden sind. In einem großen philosophiegeschichtlichen Narrativ über den »ersten Anfang« des abendländischen Denkens, der durch die Etablierung der antiken Metaphysik zunehmend vergessen wurde – was dann zu gravierenden ontologischen und epistemologischen ›Fehlern‹ im Denken in Mittelalter, Neuzeit und Moderne führte –, charakterisiert Heidegger seine eigenen Zeit mit den Begriffen der »Seinsverlassenheit« und »Seynsvergessenheit« (etwa Heidegger 1989, 107); wobei er sich historisch weder festlegen würde, wann diese Zeit genau beginnt, noch, wie die anderen Epochen genau zu umgrenzen wären. Die Situation der ›Seinsverlassenheit‹ und ›Seynsvergessenheit‹ werde durch die Präsenz und Dominanz der Technik besonders deutlich. Daher vertritt Heidegger die These, dass die (abendländische) Metaphysik die Grundlage dafür geschaffen habe, dass die moderne Technik sich ausbilden konnte. Die zentrale Gedankenfigur, mit der Heidegger seine These begründet, ist, dass die Metaphysik dadurch charakterisiert sei, die Dinge als »vorstellbar« und »herstellbar« zu verstehen (vgl. Heidegger 1934/1950). Dadurch werde die technische Perspektive auf die Welt überhaupt erst möglich, denn die Technik fuße auf der Grundlage eines Verständnisses (oder der »Auslegung«) »des Seienden« als etwas, was in festlegender Weise »vorgestellt« (definiert, bestimmt, repräsentiert) werden kann, wodurch es zu etwas für den Menschen ›Machbares‹ und ›Verfügbares‹ wird.

Vor diesem ontologischen Hintergrund führt Heidegger nun den Begriff der ›Machenschaft‹ ein:

> »Alles ›wird gemacht‹ und ›läßt sich machen‹, wenn man nur den ›Willen‹ dazu aufbringt .... Denn dieser Wille, der alles macht, hat sich im voraus der *Machenschaft* verschrieben, jener Auslegung des Seienden als des Vor-stellbaren und Vor-gestellten. Vor-stellbar heißt einmal: zugänglich im Meinen und Rechnen; und heißt dann vorbringbar in der Her-stellung und Durchführung.« (Heidegger 1936–38/1989, 109)

Durch die Bindestriche hebt Heidegger das ›stellen‹ heraus: er versteht das Wort in dem Sinn, dass die Dinge ›auf etwas festgelegt werden‹, um sie dann technisch produzieren zu können (diese Suche nach einer adäquaten Begrifflichkeit für die moderne Technik im semantischen Umfeld des ›Stellens‹ weist schon auf das ›Ge-stell‹ voraus). Heidegger weiß natürlich, dass er mit ›Machenschaft‹ einen ungewöhnlichen Begriff verwendet, der in der Alltagssprache auch als »Name für eine ›üble‹ Art menschlichen Vorgehens und der Anzettelung eines solchen« (ebd., 126) gebraucht wird. In einer für Heideggers Begriffsbildung typischen Strategie nimmt er einen negativen Begriff der Alltagssprache, terminologisiert ihn, und unterstreicht gleichzeitig, dass der »Beiklang des Abschätzigen« fernzuhalten sei (ebd.): »Vielmehr soll der Name sogleich hinweisen auf das *Machen* (poíesis, téchne), was wir zwar als menschliches Verhalten kennen. Allein, dieses ist eben selbst nur möglich auf Grund einer Auslegung des Seienden, in der die Machbarkeit des Seienden zum Vorschein kommt« (ebd.). Die Machenschaft soll also die Art und Weise, in der wir die Dinge (die Natur, uns selbst) auffassen (als nutzbar, machbar, reproduzierbar, optimierbar) zum Ausdruck bringen, und damit auch eine entsprechende Haltung bezeichnen, in der ›alles‹ in unserem Verfügungsbereich gerückt wird. Dabei macht Heidegger auch ein Bedingungsverhältnis deutlich: »Die mechanistische *und* die biologistische Denkweise sind immer nur Folgen der verborgenen machenschaftlichen Auslegung des Seienden« (ebd., 127).

Es ist zu vermuten, dass Heidegger diesen Begriff gewählt hat, weil in der ›Machenschaft‹ das ›Maschinelle‹ mitschwingt, jedenfalls zieht er selbst die Linie von »machenschaftlich« zu »mechanistisch« bzw. zu »Machenschaft« und »Maschine«, etwa in den sogenannten *Schwarzen Heften*, die ebenfalls in den 1930er Jahren begonnen wurden (Heidegger 2014a, 296). Möglicherweise greift Heidegger zudem die ursprüngliche Bedeutung der ›mechané‹ auf, die im Griechischen auch ›List‹ und ›Täuschung‹ meinte (s. Kap. I.1). Das könnte der etymologische Hintergrund dafür sein, dass er Max Webers Begriff der ›Entzauberung‹ umdeutet und die technische Moderne als Zeitalter der ›Bezauberung‹ versteht:

> »Nur muß gewußt werden, woher die Bezauberung kommt: aus der schrankenlosen Herrschaft der Machenschaft. Wenn diese in die Endherrschaft kommt, wenn sie alles durchsetzt, dann sind keine Bedingungen mehr, um die Verzauberung noch eigens zu spüren und gegen sie sich zu sperren. Die Behexung durch die Technik und ihre sich ständig überholenden Fortschritte ist nur *ein* Zeichen dieser Verzauberung, der zufolge alles auf Berechnung, Nutzung, Züchtung, Handlichkeit und Regelung drängt.« (Heidegger 1936–38/1989, 124)

Die Begriffe der ›schrankenlosen Herrschaft‹ und der ›Endherrschaft‹ schließen an die eingangs genannten Bestimmungen der Technik durch Jünger und Spengler an. Darüber hinaus versteht Heidegger die moderne Technik als eine große Illusionsmaschinerie, die verhindert, dass wir das ›Wesen‹ der Technik durchschauen können. Die These, dass es charakteristisch für die moderne Technik sei, dass wir ihr eigentliches

Wesen üblicherweise nicht erkennen, ist das Movens von Heideggers Texten zur Technik: Erst, wenn die Technik als Machenschaft (oder als Ge-stell) erkannt ist, dringen wir zu ihrem Wesen vor – und können uns ihrem Sog entziehen. Daher sind viele Passagen der *Beiträge zur Philosophie* den »Verhüllungen« gewidmet, die den Blick auf die Technik verbergen. Hierbei greift Heidegger auf kulturkritische Topoi zurück und beschreibt die Banalität der medialen »Entblößungen«, die Massenkultur und ihre »Betäubung« in beliebig gewordenen »Erlebnissen«, eine »Kulturpolitik«, die den Zugang zu echter Kunst verloren habe, und das leere Immer-weiter-so der Beschleunigungsprozesse usw. (ebd., 120–125).

Einer der Begriffe, der für Heideggers Technik- und Modernekritik aber besonders wichtig ist, ist die »Berechnung« und das »rechnende« Denken (ebd., 120), das eine bestimmte Ausprägung des ›vorstellenden‹ Denkens ist und uns ebenfalls den Blick auf das ›eigentliche‹ Sein verstellt. Spätestens seit der Publikation der *Schwarzen Hefte* wissen wir sicher, dass diese Begriffe bei Heidegger antisemitisch unterlegt sind, denn »die Juden« oder »das Judentum« werden direkt mit der »leeren Rationalität und Rechenhaftigkeit« (Heidegger 2014b, 46) und einer »betont rechnerischen Begabung« (ebd., 56) in Verbindung gebracht.

Die Machenschaft ist ein Begriff, den Heidegger in den 1930er Jahren entwickelt, um die moderne Technik vor dem Hintergrund einer bestimmten ›technomorphen‹ (vgl. zu diesem Begriff Hubig 2006, 77–106) Deutung des Seienden zu bestimmen. Dabei fließt einiges an gegenwartsdiagnostischem (und zum Teil antisemitischem) Kulturpessimismus in seine Überlegungen ein. In seinem späteren Texten wird Heidegger den Begriff der Machenschaft durch den Begriff des Ge-stells ersetzen, der in vieler Hinsicht präziser und begrifflich ›leistungsfähiger‹ ist.

12.3 Das ›Ge-stell‹ und sein Begriffsumfeld

Zu Beginn des Textes *Die Frage nach der Technik* unterstreicht Heidegger, dass es zwar *richtig* sei, die Technik als ein »Tun des Menschen« oder als ein »Mittel zu Zwecken« zu bestimmen, aber nicht *wahr* (Heidegger 2000a, 7–9). Auf der Grundlage dieser Unterscheidung sucht Heidegger nach der Wahrheit über die moderne Technik. Ein Kunstgriff ist dabei, dass er seinen Begriff der Wahrheit aus der Etymologie des griechischen Begriffs für ›Wahrheit‹, *alétheia*, ableitet: Wahrheit ist für ihn das »Un-verborgene«. Ein »Her-vor-bringen« aus dem »Unverborgenen« zeugt von Wahrheit, ist ein ›Wahrheitsgeschehen‹ (ebd., 13). Da auch mittels Technik etwas hervorgebracht wird, kann Heidegger den Begriff der Technik mit dem der Wahrheit in Verbindung bringen: »Die Technik ist also nicht bloß ein Mittel. Die Technik ist eine Weise des Entbergens. Achten wir darauf, dann öffnet sich uns ein ganz anderer Bereich für das Wesen der Technik. Es ist der Bereich der Entbergung, d. h. der Wahrheit« (ebd.). Auf dieser begrifflichen Grundlage arbeitet Heidegger nun heraus, welcher Art das ›Entbergen‹ der modernen Technik ist: »Das in der modernen Technik waltende Entbergen ist ein Herausfordern, das an die Natur das Ansinnen stellt, Energie zu liefern, die *als solche* herausgefördert und gespeichert werden kann« (ebd., 15). ›Herausfordern‹ bedeutet für ihn ein Verfüg- und Nutzbarmachen der Natur. Es wird weniger ein Werk hervorgebracht (wie in der handwerklichen Technik) als vielmehr ein Verfügungsrahmen etabliert. Dieser ist möglich, weil die moderne Technik durch zwei Funktionen charakterisiert ist, durch »Steuerung« und »Sicherung« (ebd., 17), die die dauerhafte Verfügung garantieren. Der Begriff des ›Stellens‹ ist, wie oben schon gesehen, für Heidegger ebenfalls zentral: Da er ›stellen‹ im Sinne von ›festlegen‹ versteht, wird z. B. die Natur darauf festgelegt, ein Energiereservoir zu sein, das man nutzen kann. Auf dieser Grundlage führt Heidegger seinen nächsten Begriff ein: den ›Bestand‹, die Art und Weise, in der uns Gegenstände gegeben sind. Am Beispiel eines Flugzeugs erläutert Heidegger: Die Flugmaschine sei nicht als ein technisches Mittel zu verstehen, sondern: »Entborgen steht sie auf der Rollbahn nur als Bestand, insofern sie bestellt ist, die Möglichkeit des Transports sicherzustellen. Hierfür muß sie selbst in ihrem ganzen Bau, in jedem ihrer Bestandteile bestellfähig, d. h. startbereit sein« (ebd.). Heidegger beschreibt die Maschine also vor dem Hintergrund der gesamten sozio-technischen Konstellationen, auf die hin sie entworfen wurde, in die sie eingepasst werden muss, um in dem entsprechenden Verfügungsrahmen optimal funktionieren zu können.

Im nächsten Schritt seiner Begriffsbildung fragt Heidegger, welche Rolle der Mensch in der modernen Technik spielt. Dass der Mensch Maschinen als Mittel für seine Zwecke nutzt, kann für Heidegger keine überzeugende Bestimmung der Technik sein. Folgendes setzt er dem entgegen: »Wir nennen jetzt jenen herausfordernden Anspruch, der den Menschen dahin versammelt, das Sichentbergende als Bestand zu bestellen – das *Ge-stell*« (ebd., 20). Der Logik der modernen Technik, die uns Menschen auch unser Selbst- und Weltverhältnis vorgibt, können wir uns nicht entziehen. Das Ge-stell ist (ontologisch) daher auch nicht etwas (ontisch) Maschinenartiges, sondern der Rahmen, in dem »das Wirkliche als Bestand entborgen« wird (ebd., 24). Das heißt für den Menschen: »Das Ge-stell ist das Versammelnde jenes Stellens, das den Menschen stellt, das Wirkliche in der Weise des Bestellens als Bestand zu entbergen. Als der so Herausgeforderte steht der Mensch im Wesensbereichs des Ge-stells« (ebd., 24–25). Wir denken und handeln in den Kategorien des Technischen, wir verstehen die Natur und uns selbst nur noch nach als etwas, was wir möglichst effizient ›bestellen‹, nutzbar machen können. Die Mensch-Maschine-Interaktion erfassen wir nach Heidegger nur unzureichend, wenn wir beschreiben, wie Menschen bestimmte Maschinen benutzen, wir können die Mensch-Maschine-Interaktion erst verstehen, wenn wir sie im »Wesensbereich des Ge-stells« verorten. Das heißt: Wir interagieren mit Maschinen vor dem Hintergrund eines Selbst- und Weltverständnisses, das durchgängig von technomorphen Denkmustern geprägt ist, sodass wir es gar nicht mehr als solches wahrnehmen. – Auf die weiteren Implikationen von Heideggers Technikphilosophie wie insbesondere die »Rettung« aus der »Gefahr« oder die Thematik der »Gelassenheit« soll an dieser Stelle nicht weiter eingegangen werden, sondern nur hingewiesen werden (vgl. ebd., 26–36; Heidegger 1959); man müsste hier die ›eschatologische‹ Dimension von Heideggers Konzeption herausarbeiten, die nach dem gescheiterten »ersten Anfang« des abendländischen Denkens vor dem Hintergrund des Begriffs des »Ereignisses« nach einem »anderen Anfang« sucht (etwa Heidegger 1936–38/1989, 56–60), bei dem auch der Vorbeigang des »letzten Gottes« (ebd., 405–417) eine Rolle spielt. Das ist für diesen Kontext daher von Bedeutung, weil Heidegger in Bezug auf totalisierende Struktur des Gestells gerade keine Technikethik oder Technikfolgenabschätzung erarbeiten will. Ihm schwebt vielmehr eine gänzlich andere Alternative zum metaphysisch-technischen Denken des Abendlandes vor.

12.4 Von der Mensch-Maschine-Interaktion zur ›Organisationsmensch-Megamaschine-Interaktion‹

Lewis Mumford hatte bereits 1934 mit *Technics and Civilization* eine große Kulturgeschichte der Technik vorgelegt, eine originelle Mischung aus Geschichte, Soziologie und Philosophie der Technik (Mumford 2010). In den 1960er Jahren hat er seine Ideen in dem zweibändigen Werk *The Myth of the Machine* weiter ausgebaut, insbesondere im zweiten Band *The Pentagon of Power* (1970). Dort führt Mumford auch den Begriff der ›Megamaschine‹ ein. *The Pentagon of Power* ist ein großer Rundumschlag, der versucht, die gewaltigen Implikationen der modernen Technik historisch zu erklären und zu kritisieren. Mumford handelt dabei unter anderem technische Utopien, »mechanomorphes« Denken, Automatisierungsprozesse und die Probleme der Massenproduktion ab. Im Zentrum steht dabei die ungeheure Macht der modernen Technik, die er unter anderem am Beispiel der Atombombe und der nationalsozialistischen Vernichtungslager diskutiert. Vor diesem Hintergrund würde man zunächst vermuten, dass es ›die‹ Megamaschine erst seit der Moderne gibt, doch Mumford beschreibt auch die Megamaschine der Antike, die er insbesondere am Bau der Pyramiden im antiken Ägypten veranschaulicht. Mit ›Megamaschine‹ ist die Einbindung von Menschen und Maschinen in eine hierarchische Organisation gemeint, die für die Verfolgung eines Zwecks alle ›Teile‹ entsprechend funktional einsetzt. In diesem Punkt sieht Mumford eine Ähnlichkeit zur modernen Megamaschine: »they are mass organizations capable of performing tasks that lie outside the range of small work-collectives and loose tribal or territorial groups« (ebd., 258). Die Unterschiede wiederum benennt er wie folgt:

> »The great contrast between the two types of machine is that the modern machine has progressively reduced the number of human agents and multiplied the more reliable mechanical and electronic components: not merely reducing the labor force needed for a collossal operation but facilitating instantaneous remote control.« (Ebd.)

Die moderne oder ›neue‹ Megamaschine kennt keine räumlichen und zeitlichen Limitationen mehr, ist von einer meist unsichtbaren Macht durchherrscht: »Thus the new model commands whole regiments of diversified mechanical units, with superhuman power and superhuman mechanical reliability, and not least with lightning speed« (ebd.). Die Megamaschine ist, so fasst es Martina Heßler zusammen, durch das »Ineinanderverwobensein von Bürokratie, Macht, Kontrolle und Technik« charakterisiert, »die einer gemeinsamen Logik, nämlich einer Logik der Objektivier-, Berechen-, und Quantifizierbarkeit folgen«

(Heßler 2012, 24). Daher beobachtet Mumford unter dem anonymen Regime der Megamaschine auch eine Korruption des unabhängigen und unbestechlichen Denkens: »No one could serve the new megamachine and hold to the scientific ideal of uncensored, unimpeded thought« (ebd., 268). Durch die Megamaschine entstehe eine neue Art von Priestertum (wie bei Spengler), das sich der Autorität und dem ›Absolutismus‹ der Megamaschine und ihrem wissenschaftlich-industriellen-militärischen Komplex beugt (ebd.). Sowohl die antike als auch die neue Megamaschine würden mit ihrer »planetary control« nicht mehr den Zielen des Lebens dienen, sondern seien »death-oriented«, auf den Tod ausgerichtet (ebd., 260 f.).

Mit diesen Beschreibungen der Megamaschine schließt Mumford – implizit – an die deutschsprachige Debatte der 1920er und 1930er Jahre an. Auch wenn er weder Spengler noch Jünger oder Heidegger zitiert, haben wir hier eine bemerkenswerte transatlantische Parallelaktion vorliegen: Wenige Jahre nach dem Ende des Zweiten Weltkriegs vollzieht Mumford eine ähnlich nervös-dystopisierende Bestandsaufnahme der modernen Technik wie seinerzeit die genannten Autoren in der Weimarer Republik. Im Blick auf diese Theoriebildungen mag es dann auch wenig überraschend sein, dass Mumford statt von ›Riesenapparat‹, ›Makrogerät‹, ›Machenschaft‹ oder ›Ge-stell‹ von der ›Megamaschine‹ spricht. Auch er sucht einen Begriff für die totalisierende, alle Lebensbereiche vereinnahmende Macht der modernen Technik, der die ›übermaschinelle‹ Dynamik zum Ausdruck bringen soll.

Was heißt das nun für ›den‹ Menschen? Mumford führt – im Rückgriff auf William H. Whyte (1956) – eine neue anthropologisch-idealtypische Kategorie ein, den *Organization Man*, ein Typus, der in vieler Hinsicht mit dem »Arbeiter« von Ernst Jünger vergleichbar ist (Jünger 1932/1981) und der bemerkenswerterweise auch bei Spengler eine Vorläuferbegrifflichkeit findet, da sich dieser ebenfalls mit der »Organisation« beschäftigt (Spengler 1931, 52–59). Im *Organization Man* verbindet sich die anthropologische Annahme, dass nur das Schnittmuster eines bestimmten Menschenbilds die Megamaschine als umfassendes System hatte möglich werden lassen – und dass der *Organization Man* gleichzeitig durch die Maschinen-Logik hervorgebracht wird: »[he] stands at once as the creator and the creature, the originator and the ultimate victim, of the megamachine« (Mumford 1970, 276). Mumford definiert den *Organization Man* – der eine gewisse Verwandtschaft mit dem *One-Dimensional Man* von Herbert Marcuse hat (Marcuse 1964) – wie folgt:

> »as that part of the human personality whose further potentialities for life and growth have been suppressed for the purpose of controlling the fractional energies that are left, and feeding them into a mechanically ordered collective system [...]. The characteristic virtues of Organizational Man correspond as nearly as possible to the machine that he serves: thus the part of his personality that was projected in mechanical instruments in turn re-enforces that projection by eliminating any non-conforming organic or human functions [...] to follow through every command, however irrational, to make no judgements of value and relevance about the work in hand, finally to eliminate feelings and emotions or rational moral misgivings that might interfere with the immediate dispatch of work [...]. The model for Organizational Man is the machine itself. And as the mechanism grows more perfect, the residue of life needed to carry on the process becomes more minute and meaningless.« (Ebd., 278)

Diesem technikpessimistischen Bild setzt Mumford am Ende des Buches eine organische, individuelle, pluralistische Gesellschaft gegenüber, als einen Ausweg aus dem Regime der Megamaschine (ebd., 378), der sich von Heideggers Überlegungen grundlegend unterscheidet; was hier nicht dargestellt werden kann.

Während Heideggers Texte ihre Stärken in der (zwar suggestiven, aber sich herkömmlich eingeschliffenen Denkweisen entziehenden und damit Denkräume eröffnenden) Begriffsarbeit haben, kann Mumford mit der Einbeziehung der politischen, sozialen, militärischen Implikationen der Megamaschine etwas bieten, was bei Heidegger immer mal wieder anklingt, aber deutlich zu kurz kommt – auch wenn Mumford oft in sehr großen Linien denkt, die zu Recht sozial- und kulturhistorische Kritik provozieren. Daher kann man in gewisser Weise sagen, dass das Ge-stell und die Megamaschine komplementäre Begriffsbildungen sind, die in ganz unterschiedlicher Weise den Umstand erfassen sollen, dass wir in einem technischen Zeitalter leben, das unser Selbst- und Weltverständnis in einer fundamentalen Weise prägt, so fundamental, dass wir die Kategorien unseres Denkens und die Prämissen unseres Handelns der Logik der Maschinen entnehmen. Entscheidend in diesem Zusammenhang ist, dass wir nicht nur über einzelne Mensch-Maschine-Interaktionen zu diskutieren haben, sondern auch die Interaktion zwischen Organisationsmensch und Megamaschine reflektieren müssen. Auch wenn man Mumfords und Heideggers Kulturpessimismus nicht zu teilen braucht und auch wenn man ein anderes Vokabular für die Beschreibung unserer ›technologischen Bedingung‹ wählen würde, bleibt die Erkenntnis zentral, dass wir einzelne Mensch-Maschine-Interaktionen erst dann angemessen beschreiben können, wenn wir berücksichtigen, dass sie meist von einem Interaktionstyp überlagert werden, den man mit Mumford, freilich etwas sperrig, wie folgt nennen könnte: Organisationsmensch-Megamaschine-Interaktion.

Literatur

Anders, Günther: Die Antiquiertheit des Menschen, Bd. 1: Über die Seele im Zeitalter der zweiten industriellen Revolution. München 1956.
Ellul, Jacques: La technique ou l'enjeu du siècle. Paris 1954.
Ellul, Jacques: The Technological Society. New York 1964 (frz. 1954).
Freyer, Hans: Zur Philosophie der Technik. In: Blätter für deutsche Philosophie 3/2 (1929), 192–201.
Giedion, Sigfried: Mechanization Takes Command. A Contribution to Anonymous History. Oxford 1948.
Heßler, Martina: Kulturgeschichte der Technik. Frankfurt a. M. 2012.
Heidegger, Martin: Die Zeit des Weltbildes [1934]. In: Ders.: Gesamtausgabe. Hg. von Friedrich Wilhelm von Herrmann, Bd. 5. Frankfurt a. M. 1950, 75–113.
Heidegger, Martin: Gelassenheit. Stuttgart 1959.
Heidegger, Martin: Beiträge zur Philosophie (Vom Ereignis) [1936–38]. In: Ders.: Gesamtausgabe. Hg. von Friedrich Wilhelm von Herrmann, Bd. 65. Frankfurt a. M. 1989.
Heidegger, Martin: Die Frage nach der Technik [1953]. In: Ders.: Gesamtausgabe, Bd. 7. Frankfurt a. M. 2000a, 5–31.
Heidegger, Martin: Überwindung der Metaphysik [1936–1946]. In: Ders.: Gesamtausgabe, Bd. 7. Frankfurt a. M. 2000b, 69–98.
Heidegger, Martin: Zu Ernst Jünger. In: Ders.: Gesamtausgabe. Hg. von Friedrich Wilhelm von Herrmann, Bd. 90. Frankfurt a. M. 2004.
Heidegger, Martin: Überlegungen II–VI (»Schwarze Hefte« 1931–1938). In: Ders.: Gesamtausgabe. Hg. von Peter Trawny, Bd. 94. Frankfurt a. M. 2014a.
Heidegger, Martin: Überlegungen XII–XV (»Schwarze Hefte« 1939–1941). In: Ders.: Gesamtausgabe. Hg. von Peter Trawny, Bd. 96. Frankfurt a. M. 2014b.
Hildebrandt, Helmut: Weltzustand Technik. Ein Vergleich der Technikphilosophien von Günther Anders und Martin Heidegger. Berlin 1990.
Hörl, Erich: Die technologische Bedingung. Zur Einführung. In: Ders. (Hg.): Die technologische Bedingung. Beiträge zur Beschreibung der technischen Welt. Berlin 2011, 7–53.
Hubig, Christoph: Die Kunst des Möglichen I. Technikphilosophie als Reflexion der Medialität. Bielefeld 2006.
Jaspers, Karl: Zur geistigen Situation der Zeit [1931]. Berlin 1979.
Jünger, Ernst: Die totale Mobilmachung [1930]. In: Ders.: Sämtliche Werke, Bd. 7. Stuttgart 1980, 119–142.
Jünger, Ernst: Der Arbeiter. Herrschaft und Gestalt [1932]. Stuttgart 1981.
Lohmann, Margret: Philosophieren in der Endzeit. Zur Gegenwartsdiagnose von Günther Anders. München 1996.
Marcuse, Herbert: One-Dimensional Man: Studies in the Ideology of Advanced Industrial Society. Boston 1964.
Marx, Karl: Das Kapital. Kritik der politischen Ökonomie, Bd. 1 [1867]. In: Marx-Engels-Gesamtausgabe. Hg. vom Institut für Marxismus – Leninismus, Bd. 23. Berlin 1974.
Müller, Oliver: Welt, Selbst und Technik. Eine anthropologische, geistesgeschichtliche und ethische Untersuchung. Berlin 2014.
Mumford, Lewis: Technics and Civilization [1934]. Chicago 2010.
Mumford, Lewis: The Pentagon of Power. The Myth of the Machine, Bd. 2. San Diego 1970.
Riis, Søren: Zur Neubestimmung der Technik. Eine Auseinandersetzung mit Martin Heidegger. Basel 2011.
Seubold, Günter: Heideggers Analyse der neuzeitlichen Technik. Freiburg i. Br. 1986.
Spengler, Oswald: Der Mensch und die Technik. Beitrag zu einer Philosophie des Lebens. München 1931.
Whyte, William H.: The Organization Man. New York 1956.

Oliver Müller

D Menschen und Maschinen in der Technosphäre

13 Mensch-Maschine-Schnittstellen in Technosphäre und Anthropozän

Die Vorstellung einer Technosphäre ist von planetarischem Ausmaß. Sie evoziert das Bild einer Vereinheitlichung weltumspannender Technik. Ihr extremes Gegenbild ist ein vom Menschen gänzlich unberührter, lebendiger Planet. Der Begriff der Technosphäre hat derzeit Konjunktur, um die Technik der Gegenwart in der Ära des sogenannten Anthropozäns zu verstehen. In diesem Bezug geht der Begriff von der gegenwärtigen Ubiquität der Technik aus. Entlang dieser Deutung erhält Technik eine eigene Sphäre zugesprochen, eine eigene Evolutions- und Wirkungssphäre, die aus der Biosphäre als ›zweite Natur‹ hervorgeht bzw. an dieser parasitär als Ausbeutungsstruktur teilhat. Sie wird in ihrer Entwicklung als ein Gesamtsystem denkbar, das sich zunehmend in Richtung einer einzigen, zusammenhängenden technischen Superstruktur entwickelt. Der Begriff fand in dem Moment zunehmende Verwendung, als die technische Naturbeherrschung und -zerstörung ein Maß erreichte, das sichtbar auf Kosten immer neuer Teile der Biosphäre ging. Seither wird die Technosphäre in Opposition und oftmals in Kollision mit der Biosphäre betrachtet. Mithin ist die Technosphäre ein Begriff, der untrennbar mit dem Denken eines ›globalen Zeitalters‹ verbunden ist, wie es die Moderne hervorbrachte.

Der Begriff ›Technosphäre‹ scheint allerdings bis heute nicht begriffsbildend genug gewesen zu sein, als dass ihm Lexika wie das *Brockhaus*, die *Encyclopedia Britannica* oder selbst Wikipedia einen eigenständigen Beitrag gewidmet hätten. Wenn im Folgenden einerseits eine Einführung in die Konzepte und das Denken der Technosphäre sowie andererseits eine kritische Diskussion der daraus abgeleiteten Sichtweise unternommen wird, müssen die Ausführungen daher auf sehr heterogenen Quellen und Wissensfeldern aufbauen und können auf diese Weise über die Gebrauchskontexte des Begriffs ein Bedeutungsfeld nur tentativ und unabgeschlossen skizzieren.

Die folgenden Fragen sind hierbei leitend: Inwiefern ist der Begriff heute überhaupt produktiv für ein Verständnis der Gegenwart und des Verhältnisses von Menschen, Technik und Natur? Welche Vorstellung einer Mensch-Maschine-Interaktion wirft der Begriff auf, wenn die Technosphäre das Bild von Technik als Prothese (s. Kap. II.A.6) oder Organersatz hin zum Menschen als Organ der Technik verschiebt und was sind die politischen Implikationen dieser Verschiebung (s. Kap. III.53)?

13.1 Wortgeschichte von Sphäre und Technik

Das Wort Technosphäre ist wie die Atmosphäre oder die Troposphäre ein Substantivkompositum aus zwei griechischen Begriffen. *Sphaira* bedeutete im Altgriechischen Hülle, Kugel oder Ball. Die Sphärologie war die »Lehre von der Kugelgestalt der Weltkörper« (Meyer, Bd. 6, Sp. 728). Sie ordnete die Erscheinungen von Himmelskörpern und Erdkörper im Modell konzentrisch geschichteter Sphären oder Hüllen.

Das Wort Technik ist vom griechischen *techné* abgeleitet. *Techné* bezeichnet kulturelle Artefakte, alle Tätigkeiten des Handwerks, der Kunst und der Wissenschaft, also auch alle Fertigkeiten und Geschicklichkeiten, die Menschen ausüben. Um die vielen möglichen Bedeutungsebenen des Vorsatzes ›Techno‹ zu skizzieren, müsste streng genommen auf die Fülle von Techniktheorien eingegangen werden, die vor dem Hintergrund der Industrialisierung seit dem 19. Jahrhunderts entstanden – etwa jenen von Karl Marx (s. Kap. II.A.3), Arnold Gehlen (s. Kap. II.B.8), Helmuth Plessner oder Lewis Mumford, um nur einige zu nennen (vgl. z. B. Fohler 2003). So fasste der Begriff der *artes mechanicae* im Mittelalter noch allein mechanische Kunstfertigkeiten und Handwerke. Der Begriff ›Technik‹ wurde erst im 18. Jahrhundert aus

J. B. Metzler © Springer-Verlag GmbH Deutschland, ein Teil von Springer Nature, 2019
K. Liggieri / O. Müller, *Mensch-Maschine-Interaktion*, https://doi.org/10.1007/978-3-476-05604-7_13

dem Französischen entlehnt. Seit dem 19. Jahrhundert meint ›Technik‹ nicht mehr allein Werkzeuge, Maschinen und die *artes mechanicae*, sondern bezeichnet nun »die kunst- oder gewerbsthätigkeit und de[n] inbegriff der erfahrungen, regeln, grundsätze und handgriffe, nach denen bei ausübung einer kunst oder eines gewerbes verfahren wird« (DWB Bd. 21, Sp. 231). Technik meint fortan regelgeleitete, wiederholbare und »auf nützliche Zwecke gerichtete Tätigkeit[en]« (Meyer, Bd. 6, Sp. 365). Diese Bestimmung schließt an die neueren Begriffe der »Kulturtechniken« und »Anthropotechniken« (s. Kap. III.33) an. Im Blick auf die Technikgenese wiederum wird der Begriff im 19. Jahrhundert Teil eines anthropologischen Konzepts, indem Technik für die Welterschließung von Menschen durch Technik mit dem Begriff *homo sapiens faber*, also des Menschen als Handwerker, einen entwicklungsgeschichtlichen Sinn erhält. Der Meta-Begriff Technologie wiederum entstand ebenfalls im 18. Jahrhundert, um die Lehre von der Technik zu bezeichnen. Im 19. Jahrhundert meint Technologie dann vor allem die Lehre von den Produktionstechniken »zur Umwandlung der rohen Naturprodukte in Gebrauchsgegenstände« (Meyer, Bd. 6, Sp. 367).

Was sich in der Wortgeschichte zeigt, ist, wie sehr sich der Begriff der Technik in Korrelation zu den jeweiligen technischen Wirklichkeiten wandelte. Insbesondere seit der Industrialisierung breitete sich Technik in alle Lebensbereiche aus, ihre Strukturen wurden größer und erfassten immer weitere Teile der Lebenswelt, sei es durch sichtbare Infrastrukturen wie Fabriken, Bahn- oder Stromnetze, durch unsichtbare Techniken der Standardisierung wie die Zeitmessung oder durch den Schmutz und Schrott, den sie ebenfalls produzierte (vgl. zur Infrastruktur van Laak 2018; Richter 2018). Großskalige Technik begann die Lebenswelt in Form technisch armierter Landschaften zu prägen. Die Stellung der Menschen zur Technik veränderte sich in diesem Prozess ebenfalls grundlegend. Durch die zunehmende Automatisierung (s. Kap. III.34) verlagerte sich die Technik immer mehr von einer Kunstfertigkeit menschlicher Hände in eine Kunstfertigkeit von Maschinenbauern und zur Kunstfertigkeit der Maschinen selbst. Die Bewertung von Technik oszilliert seither zwischen den Gedanken einer Befreiung des Menschen durch Technik und der immer weitreichenderen Beherrschung des Menschen durch die Maschinen. Die Genese der Technik machte neue Technikkonzepte erforderlich, die Technik nicht mehr ausgehend von Handwerkzeugen wie dem Faustkeil oder Hammer entwarfen, sondern ausgehend von Infrastrukturen regionaler und überregionaler Dimension, mit denen die umgekehrte Dominanz von Technik über Menschen und Natur deutlich wurde. Eine Diskussion der Technosphäre muss an diese Konzeption anschließen. Der Begriff selbst wurde erst in den 1960er Jahren vermehrt verwendet – eine erste Nennung oder Prägung des Begriffs kann allerdings nicht ausgemacht werden. Es können mithin keine Ursprünge, sondern nur Herkünfte ermittelt werden. Weit davon entfernt, zu einem eigenständigen Konzept ausgearbeitet zu werden, fungierte das Wort Technosphäre zunächst nur als heuristischer Begriff. Da die Wortgeschichte der Technosphäre in direktem Zusammenhang mit der geologischen Einteilung der Erdhülle in andere Sphären steht, ist es in diesem Rahmen erforderlich, die betreffenden Konzepte der Geologie zu skizzieren, insbesondere der Biosphäre, die einen immensen Bedeutungszuwachs durch das Erkennen globaler Umweltprobleme seit dem Ende der 1960er Jahre bekam. Hier wurde Technik langsam zum Akteur eines neuen Geonarrativs, das auch die Technosphäre enthält.

13.2 Geo- und Biosphäre

Die Vorstellung der Technosphäre beginnt historisch dort, wo sich in einer Zeit zunehmender Technisierung von Landschaften das Verhältnis von Menschen und Natur sichtbar und tiefgreifend verschob. Es ist der zweite Teil des Wortes Technosphäre – die Sphäre – der hierbei die Herkunft des Begriffs aus den Geowissenschaften sowie der Biologie verrät. Vor diesem Horizont erweist sich, wie sehr der Begriff der Technosphäre in einer unauflösbaren Gegenbeziehung zum Begriff der Biosphäre steht, auf die er in dualistischer Weise bezogen bleibt. So bleibt der Begriff zwangsläufig und im Gegensatz zu anderen Konzepten wie *Gaia* (Lynn Margulis und James Lovelock) oder *Noosphäre* (Teilhard de Chardin und Wladimir Vernadsky) dem bekannten ontologischen Dualismus von Natur und Geist oder Natur und Technik unhintergehbar verhaftet, indem er die Stellung des Menschen im Kosmos aus der Figur eines von der Biosphäre kategorisch Anderen erklären muss. Das dualistische Muster bleibt selbst innerhalb der Versuche erhalten, die die Vermischung von Techno- und Biosphäre in Stoffkreisläufen betonen. Bevor der Begriff der Technosphäre weiter entfaltet wird, gilt es diesen deshalb vor dem

Horizont bereits ihm schon vorhergehender Begriffe, Kategorien und Wissenschaftskulturen zu denken.

Das Denken und Erforschen von Sphären geht auf das Feld der Astronomie und der Geowissenschaften zurück. Die Sphärologie lieferte ein geographisches, vertikales Schema, das in Form von konzentrischen Erdschichten strukturiert ist. Für die Erde werden heute die folgenden Sphären beschrieben: Zur Atmosphäre (wörtlich eine mit Dampf gefüllte Kugel) gehört die Troposphäre, sie liegt direkt über dem Boden und reicht bis ca. 10.000 Meter in die Höhe. An die obere Grenze der Troposphäre reichen die höchsten Berge, ihre Grenze bildet die Ozonschicht. Über der Troposphäre erstreckt sich die Stratosphäre. Ihr folgen Mesosphäre, Thermosphäre und schließlich die Exosphäre, das Weltall. Die Gesamtheit aller Gewässer auf der Erde wiederum wird Hydrosphäre genannt, die Gesteinsmassen bilden die Lithosphäre, die in Richtung Erdkern als Asthenosphäre und Mesosphäre weiter differenziert wird.

Der Begriff der Biosphäre fand erst spät Eingang in die Geo-Sphärologie. Der Geologe Eduard Suess (1831–1914) entwickelte diesen in seinen Büchern *Die Entstehung der Alpen* (1875) und *Das Antlitz der Erde* (1883) (vgl. Höhler 2005, 260 f.). Mit dem Begriff der Biosphäre wollte Suess fassen, wie sich nicht nur Elemente wie Stein und Wasser in Sphären formieren (er selbst führte auch die Begriffe ›Lithosphäre‹ und ›Hydrosphäre‹ ein), sondern sich auch eine lebendige Schicht durch die »conzentrische[n] Hüllen« (Suess 1875, 158) der Erde hindurch erstreckt. Das Erfordernis des neuen Begriffs begründete er mit dem Beispiel der Pflanze, die eine grenzübergreifende Bewohnerin unterschiedlicher Sphären darstellt (Suess 1875, 159). Mit seinem Sphärenkonzept wiederum konnte Suess an die Vorarbeiten anderer Forscher anknüpfen wie George Buffon, Jean Baptiste Lamarck, Alexander von Humboldt, Charles Darwin oder Dimitrij Ivanovic Mendeleev.

Abgeleitet von Suess ergab sich zunächst ein rein räumlicher Begriff der Biosphäre; er gab all den Räumen einen gemeinsamen Namen, in denen Leben auf der Erde vorkommt. Dass dieser Bioraum gar keine dünne Schicht ist, sondern sich weit in ›lebensfeindliche‹ Räume hinein erstreckt, wurde wiederum erst in der Folge erkannt; lebende Mikroorganismen wurden bis ungefähr 6000 Meter oberhalb des Erdbodens und 5000 Meter in der Tiefe der Erde gefunden.

Suess räumlichem und rein geologischem Biosphäre-Begriff fehlte jedoch das für die biochemische Ökologie so wichtige Kriterium von Austausch und Wechselwirkung, welches heraushebt, wie Lebewesen in Beziehung zu ihrer Umgebung stehen. Diese Wechselbeziehungen hatte Ernst Haeckel in den 1860er Jahren erstmals unter dem Begriff der Ökologie gefasst. Es war ein weiterer Geologe und Chemiker, der sich auf Suess' Begriff der Biosphäre bezog, diesen jedoch im Sinne des ökologischen Denkens weiter entwickelte, wenngleich sein Biosphäre-Konzept erst viel später in der westlichen Wissenschaft Bekanntheit erlangte. Wladimir Iwanowitsch Vernadskij (1863–1945) definierte die Biosphäre seit den 1920er Jahren als eine Sphäre, die vom Leben selbst geformt wird (Vernadaskij 1997, 149 f.). Die sich über mehrere Sphären hinweg erstreckende Biosphäre ist ihm zufolge ein Raum, in dem ökologische Wechselwirkungen von lebenden Organismen mit biotischem und abiotischem Material stattfinden. Im Gegensatz dazu hatte wiederum der französische Jesuit Pierre Teilhard de Chardin die Biosphäre biotisch, also allein aus ihrem organischen Material als Gesamtheit aller irdischen Lebewesen, also das Material aller Bäume, Bakterien, Algen, Würmer oder Fische, definiert. Alle drei Biosphären-Begriffe, also die von Suess, Vernadskij und Teilhard, bringen jedoch die Vorstellung einer lebendigen Schicht aus Biomasse auf, die wie eine Decke über die gesamte Erde ausgebreitet ist. Um die Wechselwirkung der Biosphäre zu betonen, wurde später und oftmals synonym der Begriff der Ökosphäre verwendet.

Auf Vernadskij wird zurückzukommen sein, weil auch er einen Begriff für »den Umbau der Biosphäre durch die Menscheit« (Vernadskij 1997, 78) suchte, den er in Anlehnung an Teilhard de Chardin und Edouard Le Roy »Noosphäre« nannte (*nous*, griech. für Gedanke, Geist, Vernunft). An diesem muss sich auch das Konzept der Technosphäre konturieren.

Aus den Ausführungen zur Wissensgeschichte der Geologie können die folgenden Punkte für die nun folgende Diskussion der Technosphäre festgehalten werden: Die Betrachtung von Sphären als konzentrische, die Erde umgebende Schichten entstand in den Erdwissenschaften. Aufgrund dieser Wurzel ist auch dem Technosphäre-Denken ein Denken in Schichten und in Elementarlandschaften wie biotischem Material, Gestein oder Wasser, zu unterstellen. Zum Sphärendenken gehört zudem der Blickwinkel auf globale Dimensionen (Sloterdijk 2001) (s. Kap. II.D.14). Die distanzierte Sichtweise auf die Erde vom Blickpunkt der Geologie benötigt zudem den künstlich-virtuellen Blick auf das Ganze – den »God-trick«, wie Donna Haraway es nannte, mit dem sich Forscher an einen mächtigen Blickpunkt außerhalb der Erde imaginieren (Haraway 2000, 114). Die Biosphäre wiederum ist ein Begriff, der biologische und geologische Betrachtungen miteinander verbindet. Seit dem 20. Jahrhundert benennt die Öko- oder Biosphäre die Bestandteile des Lebendigen, die dünne, ca. 11.000 Meter umfassende Schicht des Lebens auf der Erde. Es ist diese Schicht, die auch die Technosphäre hervorbrachte und nährt.

Wenn es für die Konzeption der Biosphäre um den Raum der lebenden Materie im Wirkungsgefüge der Erdoberfläche ging, geht es bei der Technosphäre um den Platz menschlicher Aktivitäten in diesen Zusammenhängen als geologische Kraft (Vernadskij 1997, 48).

13.3 Entstehung des Begriffs der Technosphäre als störendes Teilsystem der Biosphäre um 1970

Die Recherche zeigt, dass der Begriff der Technosphäre erstmals im Feld der Ingenieurswissenschaften sowie in den damals aufkeimenden Feldern der interdisziplinären Umwelt- und Erdsystemwissenschaft breitere Verwendung fand (z. B. Milsum 1968; Hall 1975). Die Technosphäre benannte hierbei, wenn man dem Literaturstrang der 1960er und 1970er Jahre folgt, die technologisch geformte Umwelt des Menschen. Den Hintergrund des Begriffs wiederum bildete die Offenbarwerdung planetarischer Grenzen, das ›Erwachen‹ eines globalen sogenannten Umweltbewusstseins.

Es ist insbesondere der Rahmen systemtheoretischer Betrachtungen vom Ökosystem und seiner Komplexität, in dem die Technosphäre aufkommt. Sie steht mithin im Denken jener Metatheorie, die seit der Mitte des 20. Jahrhunderts zahlreiche Wissenschaftsbereiche unter ihrem universalistischen Blick verbinden konnte. Unter systemtheoretischer Perspektive konnten Atmosphärenwissenschaftler/innen, Chemiker/innen, Biolog/innen und Geolog/innen nicht nur die im eigenen Fachgebiet erforschten Stoffkreisläufe als Regelkreise beschreiben, sondern diese auch in einem großen Metamodell zur Ökosphäre in Beziehung setzen. Um aber in die globalen Stoffkreisläufe auch das menschliche Wirken einzuschreiben, wurden Begriffe wie die ›Technosphäre‹, aber auch die ›Soziosphäre‹, die ›Anthroposphäre‹, die ›Agrosphäre‹ oder die ›Kultursphäre‹ eingeführt. Sie machten die menschlich geformten Sphären als Teilsysteme denkbar. Diese Sphären – dies fällt in der Lektüre auf – entfalten oftmals die Idee einer unberührten Natur als ihre Kehrseite und ihr Gegenbild. Biosphäre und Technosphäre sind Opponenten. Hier lässt sich an den Kulturbegriff anschließen. Im Sinne des weit gefassten Kulturbegriffs, wie ihn die Geisteswissenschaften verwenden, ist die Technosphäre in großen Teilen deckungsgleich zur Sphäre der Kultur, geht doch der Kulturbegriff auf die Arbeit an der Natur und ihre Verfügbarmachung und »Kultivierung« zurück (z. B. Assmann 2006, 9–13). Kultivierende Leistungen verwandeln Natur in Kultur. Im Gegensatz zur Biosphäre, die durch den Einfluss von Mikroben, Pflanzen und Tieren entsteht, umfasst die Technosphäre die Gesamtheit aller technischen Strukturen, die Menschen hergestellt haben.

Dabei war die Vorstellung einer Technosphäre von Beginn an immer an den Gedanken einer Technogenese geknüpft (*the rise of the technosphere*; HKW 2015, 3), wie sie als Cartoon vom Autoren und Zeichner Robert Crumb für Nordamerika nachgezeichnet wurde, indem er die zunehmende Ausbreitung von technischen Infrastrukturen für einen Ort darstellte (s. Abb. 13.1). Wie beim Begriff des Anthropozäns kann auch für die Technosphäre gefragt werden, wann diese entstand – also z. B. mit der ersten Werkzeugnutzung oder vor etwa 10.000 Jahren mit der ersten Kultivierung der Böden, seit der frühen Industrialisierung oder aber erst im 20. Jahrhundert durch die exponentiell angewachsene Ausbeutungsstruktur der Technosphäre. Sicher ist, dass sich die Erkenntnis der Technosphäre als Qualitätssprung und Phasenübergang in der ausbeutenden Entnahme der natürlichen Ressourcen seit der Mitte des 20. Jahrhunderts zeigt, die nicht dem Prinzip des vorsorgenden Haushaltens folgen, sondern in einer Weise, die die angenommene Balance zwischen Bio- und Technosphäre in ein Ungleichgewicht zu kippen droht. Der ebenfalls systemtheoretische Gedanke eines Kippens des Gesamtsystems ist seither die Drohkulisse, auf die hin die latente Zukunft, die in der irreversiblen Entwicklungskraft der Technosphäre liegt, wirkt. Im Zugriff der Systemtheorie wird die Frage virulent, inwiefern sich globale Grenzen durch die hohe Ressourcenentnahme der Technosphäre bestimmen lassen und, daran anschließend, wie die Austauschprozesse zwischen Biosphäre und Technosphäre als In- und Output ökonomisch geregelt und optimiert werden können. Die Technosphäre wird hier zum Bestandteil einer umfassenden *Technoökologie*, die auf den Horizont einer systemischen Modellierung der gesamten Ökosphäre hin entworfen ist. Die Nähe des Begriffs der Technosphäre zur computertechnischen Modellierung und Berechnung der Ökosphäre ist hierbei bedenkenswert (z. B. das Weltmodel für den Bericht *Grenzen des Wachstums*, Meadows 1972).

Das Vokabular, das im Feld der Umweltwissenschaften für die Analyse der Technosphäre verwendet wird, ist mithin nicht allein geologisch, sondern auch systemtheoretisch: Es richtet den Blick auf Stoffkreisläufe, Gleichgewichte und den Austausch von Materie und Energie. In den Blick geraten Wirkumgebungen, Teilsysteme, Kopplungen, Schadstoffe, Input und Output, Feedback-Beziehungen, Fließgeschwindigkeiten und Stoffstromanalysen, die sich im Computer modellieren lassen (s. Kap. IV. A.60).

Nachdem weiter oben auf die räumliche Ausbreitung anderer planetarischer Hüllen eingegangen wurde, lässt sich nun die Frage nach den Dimensionen der Technosphäre stellen. Wie sähe eine Karte oder ein geologischer Querschnitt der Technosphäre auf der Erde aus? Die tiefsten Bohrungen reichen gegenwärtig 12.000 Meter hinab in die Erde. Die Technosphäre reicht also tiefer als die Biosphäre. Sie reicht aber auch weit ins Weltall hinauf. Flugzeuge fliegen am oberen Rand der Troposphäre, in der Exosphäre, bis in über 500 km Höhe, Satelliten und Radiosonden umkreisen die Erde, im Weltall fliegen Raumsonden und Raketen, zum Teil bis in über 200.000 Mio. Kilometer Entfernung zu anderen Himmelskörpern. Eine globale Kartierung der Technosphäre wiederum könnte deren Teilsysteme darstellen, beispielsweise die Dichte von Energienetzen, Städten, Verkehrsnetzen sowie Fabriken, Serverfarmen und Kraftwerken, aber auch die Dichte von Endlagern, Schrottplätzen, Ruinen sowie die Intensität von verseuchten Gebieten. Nimmt man die Anreicherung von Mikropartikeln, Gasen und Substanzen wie Chemikalien, Plastik, CO_2 oder Ozon hinzu, müsste die Karte flächendeckend mit der Signatur der Technosphäre versehen werden. Selbst das aus der Opposition von Technik und Natur resultierende Zoo-Denken – also die Einhegung von Natur in Reservaten wie in den durch die UNESCO 1970 initiierten Biosphärereservaten – bietet keinen Schutz vor den mikroskaligen Spurenelementen der Technosphäre; ein Gedanke, den im Übrigen auch Vernadskij bereits ausführte, wenn er den Menschen als geologischen Faktor

Abb. 13.1 Die Entstehung der Technosphäre. »A Short History of America«, Comic von Robert Crumb, 1979 für das Magazin Co-Evolution Quarterly, 1981 koloriert.

bestimmte, der potentiell überall überlebensfähig sei und dessen Gifte und Züchtungen bereits in alle Ebenen des Planeten eingegriffen hätten. An dieser Stelle überlappen sich der geologische Begriff des Anthropozäns und der Begriff der Technosphäre.

Gleichzeitig wurde die Technosphäre nicht von ›der Menschheit‹, sondern von einer bestimmten Kultur der Menschheit hervorgebracht. Die Technosphäre hat sich ausgehend von den Industrieregionen entwickelt, gleichzeitig gibt es heute kaum mehr eine Kultur, die nicht mehr oder weniger Teil der Technosphäre wäre. Die Technosphäre erscheint als geographisches Pendant zu den Begriffen einer tendenziell totalen Industrialisierung und Zivilisierung – jeder Mensch auf der Erde wird bereits in die Technosphäre hinein geboren.

13.4 Noosphäre als Technosphäre

Ein Begriff, der größte Schnittmengen mit der Technosphäre aufweist (und im Gegensatz zu ihr auch begriffsbildend war), ist die bereits erwähnte ›Noosphäre‹. Dort, wo heute vielerorts von der Technosphäre gesprochen wird, scheint dieses einst viel zitierte Konzept jedoch nahezu vergessen. Da das Konzept der Noosphäre in weiten Teilen dem Kerngedanken der Technosphäre gleicht, soll es hier auf die gegenwärtige Diskussion bezogen werden.

Der Begriff ›Noosphäre‹ stammt vom französischen Jesuiten, Philosoph und Geologen Pierre Teilhard de Chardin (1881–1955), der diesen in den 1920er Jahre einführte. Der russische Wissenschaftler Wladimir I. Vernadskij lernte diesen Begriff bei Teilhard de Chardin in Paris kennen, machte ihn jedoch auf ganz andere Weise fruchtbar. Vor allem die Konzeption der Noosphäre bei Vernadskij ist für das Denken der Technosphäre von besonderem Interesse, weshalb Teilhards christlich-finalistische Prägung des Begriffs mit dem Zielpunkt eines globalen, kollektiven Bewusstseins, geformt mittels Technik, an dieser Stelle zunächst ausgeklammert bleiben darf – eine Überlegung, an die der gläubige Katholik Marshall McLuhan mit der Vorstellung eines globalen Dorfes und einer Ausweitung menschlicher Nervennetze durch Kommunikationsnetze anknüpfte, die aber auch mit der Vorstellung des Cyberspace verwandt ist.

Wie Teilhard betrachtete Vernadskij die Noosphäre in ihrer globalen Ausbreitung und Vernetzung als eine Evolution des Denkens auf der Erde, jedoch ohne heilsgeschichtlichen Zukunftsentwurf. Laut Vernadskij ist die Noosphäre jene Sphäre, die der Mensch aus der Biosphäre bildet. Die Idee des Menschen als geologischem Faktor setzt Vernadskij jedoch einen Schritt früher an als die Theoretiker der Technosphäre. Vernadskij folgend lassen sich alle technischen Strukturen auf die Herausbildung des wissenschaftlichen Denkens zurückführen. Es ist deshalb das wissenschaftliche Denken, das Vernadskij als Apriori für alle späteren Eingriffe ins Zentrum seiner Überlegungen stellt, das er also zum Ausganspunkt aller Techniken, Umwandlungen, Anwendungen, Verfahren oder Züchtungen macht. Auf diese Weise ist die Sphäre des Technischen Teil der Noosphäre, wie es in der Einführung in der deutschen Ausgabe seines Buches zu lesen steht. »Geht es in der Biosphäre-Konzeption um den Platz der lebenden Materie im Beziehungsgefüge der Erdoberfläche, so in der Noosphäre-Konzeption um den Platz der Menschheit und ihrer sozio-kulturellen Evolution in diesen Zusammenhängen« (Hofkirchner/Löther 1997, 11). Mit dem Beginn des 20. Jahrhunderts gerät die Noosphäre zu einem globalen geologischen Faktor und zu einem Zeitalter des Menschen, da hier eine »Explosion des wissenschaftlichen Schaffens« (Vernadskij 1997, 61) und infolgedessen technischen Schaffens zu beobachten ist, das Biosphärisches immer schneller in Noosphärisches umgestaltet. »Der Telegraph, das Telefon, das Radio, die Flugzeuge, die Ballone haben die ganze Erdkugel umspannt. Die Verbindungen werden immer einfacher und schneller. Alljährlich steigt ihr Organisationsgrad, wächst er stürmisch« (Vernadskij 1997, 51). Doch bleibt der Mensch »eine Funktion der Biosphäre«, bleibt also existentiell mit dieser verbunden (Vernadskij 1997, 63).

Der Begriff der Technosphäre unterscheidet sich jedoch auch von dem der Noosphäre. Die Entstehung eines kollektiven Bewusstseins, Superorganismus oder Megabrains, das das Noosphärenkonzept ganz wörtlich entfaltet, bleibt beim Technosphäre-Konzept außen vor, hier wird keine Aussage über die kollektive Intelligenz des globalen Systems menschlicher Techniken getätigt (N. Katherine Hayles verwendet übrigens seit kurzem den Begriff der ›Cognissphere‹). Zum anderen schreibt der Begriff der Technosphäre, anders als die Noosphäre, die Systemgrenze zwischen Natur und Technik fest. Hier ist das Konzept der Noosphäre offener, indem es z. B. mit dem Gedanken der Gaia-Hypothese nicht unvereinbar ist, während mit dem Begriff einer Technosphäre die Trennung von Natur und Technik letztlich unüberwindbar bleibt. Was jenseits der Logik des Technischen steht, bleibt das Andere. Im Falle der Technosphäre ist dies der lebendige, nicht unter dem Diktat des Technischen stehende Natur-Rest. Das Denken der Entwicklung einer Technik-Natur und einer Mensch-Natur kann nur an den unscharfen Rändern der Technosphäre auftauchen, steht jedoch nicht im Zentrum. Ein weiterer Unterschied ist die Stellung des Menschen, oder das Menschenbild, das die Noosphäre im Gegensatz zur Technosphäre entwirft.

13.5 Technosphäre im Anthropozän

Seit dem ersten Programm der UNESCO »Der Mensch und die Biosphäre« von 1970 wurden die technischen Infrastrukturen um zahlreiche neue Bestandteile und neuartige Netze erweitert. In den letzten knapp fünfzig Jahren wurde die Biosphäre exponentiell in Richtung technischer Nutzungen umgewandelt – eine gigantische Menge umgeformtes und in weiten Teilen vernetztes, energieverbrauchendes Material.

Diese Beobachtungen mögen der Grund sein, weshalb der Begriff der Technosphäre heute mit dem Anspruch eines neuen »globalen Paradigmas« (Haff 2014a, b) als Konzept ausformuliert wurde. Es ist das Zeitalter des Anthropozäns, ein Begriff, der gegenwärtig nicht mehr nur spekulativ verwendet wird, wie noch bei Vernadskij, sondern der fortan in die Klassifikation geologischer Zeitalter aufgenommen werden soll, wie sie die Internationale Geologische Gesellschaft nach strengen Maßstäben festlegt. Das Anthropozän würde dann den erdgeschichtlichen Zeitabschnitt des Holozäns ablösen (ca. 11.000 Jahre), und so den stratigraphischen Forschungen gerecht werden, die an langfristigen Ablagerungen ablesen, in welcher Intensität die Menschheit inzwischen zu einem geologischen Faktor geworden ist. Die Beschleunigungen in der Verwandlung von Biosphäre in menschliche Sphäre, die Vernadskij bereits beobachtete, hat sich weiter intensiviert. Inzwischen haben menschliche Prozesse die planetarischen Kreisläufe des Klimas, der Ozeane, der Minerale sowie der Artenvielfalt massiv verändert.

Es ist allein dieser Ansatz, innerhalb dessen die gegenwärtigen Ausformulierungen einer Technosphäre oder Technoökologie Sinn ergeben. Sie bringen den zeitlichen Begriff des Anthropozäns (Zeitalter) in eine räumliche Vorstellung (Sphäre). Dies bedeutet: Wenn die Technosphäre gegenwärtig als Unterkonzept zum Anthropozän entworfen wird, bleibt sie einerseits konsequenterweise dem distanzierten, geologischen Denkrahmen globaler und tiefenzeitlicher Dimensionen auf die vereinheitlichte Spezies Mensch verhaftet. Aus einer kulturellen und sozialen Perspektive vermag andererseits auch dieser Denkrahmen nicht dem Paradigma einer dualistischen Trennung von Natur und Kultur zu entkommen. Und schließlich wird die Technosphäre weiterhin im alles erklärenden, doch gleichzeitig restriktiven Rahmen der Systemtheorie definiert. Auf diese Weise entwirft die gegenwärtige Idee der Technosphäre ein weiteres pathetisch-erhabenes Narrativ der großen Erzählungen (Jean-François Lyotard) über die (negative) Macht des Menschen – eine Festschreibung des alten Mythos des *homo faber*, der die Natur in utilitaristischer Weise in einem globalen Ausmaß zu seinen Zwecken umwandelt. Wenn in dieser Erzählung immer größere Teile des Planeten Erde als Menschenwerk erscheinen, blitzt in Anbetracht des zunehmenden Naturverlustes ein gewisser Stolz auf diese Potenz hindurch – inwiefern diese Erkenntnis selbst Teil einer Hybris ist, bleibt jedoch ausgeklammert.

Die Technosphäre gewinnt in diesem Rahmen Bedeutung, indem sie, wie zuvor die Noosphäre, die globalen Infrastrukturen von Verkehrs-, Handels- und Kommunikationsnetzen in den Blick bringt, die in den letzten Jahrzehnten weltweit weiter ausgebaut wurden. Es war der Geologe und Erdsystemwissenschaftler Peter Haff und sein Team, die 2014 ein besonders beachtetes Konzept der Technosphäre zur Diskussion stellten, wobei das Konzept zugleich mit dem Anspruch einer Diagnose und als Modell auftritt. Wie bereits bei Vernadskij, werden hierbei Fragen nach dem Zusammenhang von Technik und Sozialem zu Fragen der Geologie. Doch aufgrund der Einbindung der menschlichen Sphäre wird Haffs Technosphärenkonzept nicht nur von Geologen, sondern ebenso von Kulturwissenschaftlern und Technikforschern diskutiert, wie beispielsweise im gleichnamigen Großprojekt seit 2015 am Haus der Kulturen der Welt in Berlin (Technosphere Magazin).

Wie zuvor Vernadskij nimmt auch Haff den heuristischen Gottes-Blick des Geologen ein, um die enorme Komplexität der Erde aus maximaler Distanz beschreiben zu können. Er fasst die Technosphäre technoökologisch als dynamisches technisches System, das von den frei verfügbaren Ressourcen (›frei‹ im Sinne von ›niemand musste Öl, Gas, seltene Erden etc. eigens herstellen‹) betrieben wird. Sie sei ein »globaler Apparat, der (vor allem) nach fossilen Energien sucht, diese extrahiert und mit ihnen arbeitet, um seine eigene Existenz zu gewährleisten wie das seiner essentiellen Teile, einschließlich Mitgliedern der Weltbevölkerung« (Haff 2014a, 4).

Große Bestandteile der Technosphäre, die die Ressourcen konsumieren, sind als Netze organisiert, die ineinandergreifen. Die Technosphäre bei Haff evoziert deshalb die Vorstellung eines *Kolosses*, eines riesigen Gebildes, das alle Infrastrukturen begrifflich als Einheit zusammenfasst. Sie ist die globale Skulptur des Menschenzeitalters, die materiell und strukturell die Welt bis in den letzten Winkel durchdringt. Die Vorstellung eines Konglomerats an immer neuen Materialumwandlungen regt zu einem Inventar der Technosphäre an. Ein Forscherteam des Fachbereichs Geologie der Universität Leicester, das mit Haff am Technosphäre-Konzept arbeitet, schätzte das Gewicht der Technosphäre im Jahr 2016 auf über 30 Billionen Tonnen, einer Masse, die mit mehr als 50 kg auf jedem Quadratmeter des Erdballs lastet, Tendenz steigend (Zalasiewicz u. a. 2017). Haff fasst aber auch Menschen samt ihren teilweise immateriellen Regelsystemen als Bestandteile der Technosphäre wie Bürokratien, institutionalisierte Religionen oder Regierungen.

Dabei entsteht die Frage, welche Agency, also welche Handlungsmacht dem Geonarrativ der Technosphäre innewohnt. Haff betont die Verschiebung von einer menschenzentrierten auf eine systemische Perspektive. In ihrer Komplexität folge die Technosphäre keinem Masterplan und keinem Chefingenieur. Sie sei der Biosphäre in dieser Hinsicht gleich, die ebenfalls komplex und führungslos und damit auch unvorhersehbar und unkontrollierbar sein kann. Innerhalb dieser Vorstellung werden Menschen – selbst die wenigen mächtigen Menschen – in ihrer Handlungsmacht immer marginaler. Denn Haff entwirft die Technosphäre im Ideal einer autonomen Struktur, die nicht (mehr) ausgehend von Menschen kontrolliert und gesteuert wird, sondern die, andersherum, die Menschen steuert. Die Struktur sei autonom, indem die Struktur selbst den Grund dafür liefert, dass die von ihr abhängigen Menschen die Infrastrukturen immer weiter versorgen und optimieren – also etwa Versorgungsnetze reparieren oder ausbauen, Energieressourcen erschließen oder schlichtweg ihre Stromrechnungen klaglos bezahlen. Die Existenz der Technosphäre liegt an ihrer existentiellen Funktion für die Menschen. Die Menschen sind also, um den Gedanken von Vernadskij aufzugreifen, nicht allein eine Funktion der Biosphäre, sondern auch der Technosphäre, welche die Biosphäre in weiten Teilen ersetzt hat.

Wer sich entscheidet, die Technosphäre als Grundbegriff für die Beziehungen von Mensch, Natur und Technik zu verwenden – dies sollte aus der bislang skizzierten Wissensgeschichte des Begriffs im Feld von Geowissenschaften und Biologie deutlich werden – hat folgenschwere Prämissen und vorstrukturierte Perspektiven im Gepäck. Dies betrifft den Blick auf das Ganze – *die* Erde, *die* Menschheit, eine in der Regel systemtheoretische Bestimmung des Mensch-Technik-Natur-Verhältnisses sowie die Vorstellung einer evolutionären Teleologie, der die Beziehung von Mensch, Natur und Technik folgt.

13.6 Mensch-Maschine-Schnittstellen und die Biopolitik der Technosphäre

Unter dem Blick der Geologen wird die Faszination im Kunstgriff der Skalierung von Raum und Zeit deutlich – die Kolossalität dessen, was die Menschheit bereits geschaffen und wie sehr diese die Erde umgeformt hat. Wie bei der Einführung der Begriffe Biosphäre und Noosphäre scheint die Geologie hierbei gegenwärtig abermals die zentrale Disziplin zu sein, die den Menschen ihr Dasein auf diesem Planeten erklärt. Nur tut sie dies heute aus seinem Stratum heraus im vorweggenommenen Rückblick. Dass es nicht alle Menschen sind, die an der Technosphäre gleichermaßen mitwirken und das Anthropozän zu verantworten haben, ist im Teleskop der Geologie nicht erkennbar, das Soziales und Politisches im Faktor *anthropos* vereinheitlicht.

Doch welche Techniktheorie lässt sich aus dem Technosphäre-Konzept ableiten? Die Vorstellung technischer Großstrukturen wie Kommunikations- und Handelsnetze geht über die Bestimmung des Technischen als Werkzeug oder Prothese hinaus. Ernst Kapp, der für seine Definition des Technischen als Organersatz (s. Kap. II.B.7) und Prothese bekannt wurde, bestimmte auch das damals bereits globale Netz der Telegraphie als Organerweiterung. Die kommunikative, technische Infrastruktur aus Masten, Überlandleitungen, Tiefseekabeln und elektrischem Strom definierte er vom Menschen aus als Verstärker des Mängelwesens Mensch. Zugespitzt formuliert, ist in diesem Bild Technik immer nur, was im Menschen bereits angelegt ist. Dieses Bild von Technik als Organerweiterung ist bis heute fester Teil eines Mythos der Netze, der z. B. in den Werbeclips der Telekom wiedererzählt wird, in welchen Glasfaserkabel aussehen wie sich natürlich verbindende, lebendige Neuronen, die sich global ausbreiten und direkt mit dem menschlichen Nervennetz verbunden sind. Bringt man das Schema vom Organersatz auf die Technosphäre, kehrt dieses Bild die Verschmelzung des organischen Körpers mit dem unorganischen Körper um. Der Mensch ist selbst zum Organ der Technik geworden. Aus dieser Umkehrung ergeben sich jedoch weitreichende Fragen der Macht und Kontrolle. So muss mit dem Blick auf die Technosphäre der Mensch aus der Gesamtheit seiner Verbindungen mit den technischen Strukturen entziffert werden. Dies ist etwas grundlegend anderes als den Menschen, wie in der klassischen Techniktheorie, beispielsweise aus seiner Relation zu dem Faustkeil zu entwerfen. Die Frage der Verteilung von Macht stellt sich an dieser Stelle neu, wobei schnell klar wird, dass eine Beantwortung zu Ungunsten der Menschen ausfällt. Im Bild einer Totalisierung von Technik rückt der Mensch an die Peripherie. Er steht nicht mehr im Zentrum, ist nicht mehr Chef einer Kommandozentrale, sondern wurde von der Eigenmacht technischer Infrastrukturen instrumentalisiert. Wie ein Sklave – oder aber wie ein Roboter – dient der Mensch den Maschinen, er erhält sie am Leben, nährt und pflegt sie. Einen verwandten Gedanken hatte bereits Lewis Mumford (Mumford 1977) mit Idee der ›Megamaschine‹ (s. Kap. II.C.12) oder William Wheeler mit dem ›Superorganismus‹ formuliert. Auch bei Marshall McLuhan ist diese Vorstellung zu finden, wenn er schreibt, die Menschen würden zu den Servomechanismen der neuen Techniken (McLuhan 1995a, 81).

In der Vorstellung einer globalen, autonomen Struktur, der sich Menschen unterordnen müssen, muss die Vorstellung einer Technosphäre jedoch auch die Frage des Sozialen beantworten, da Technik weiterhin in Gesellschaften eingebunden bleibt. Hierzu kann sie z. B. auf die Genese einer »Mikrophysik der Macht« bezogen werden, wie Michel Foucault sie unter dem Begriff der Biopolitik auslotete (Foucault 1977, 2006). Die Biopolitik realisiere sich beispielsweise durch die Strukturierungsmacht der Uhr auf das Handeln Einzelner, aber auch durch Institutionen wie Kloster, Militär, Fabrik oder Schulen. Sie alle bewirken einen Zwangszusammenhang, der die Handlungen und Bewegungen von Gesellschaften taktet. Die Verbindung von organischen und unorganischen Körpern erzeugt eine Logik der Unterwerfung von lebendigen Körpern, die das Verhältnis von Meister und Sklave umkehren, indem Menschen fortan dem Technischen untergeordnet sind. Im Gegensatz zu Haff bleibt die Technik bei Foucault in ihrem Ursprung sozial. Selbst wenn sich keine einzelnen Menschen mehr ausmachen lassen, die die Technik kontrollieren, ist die Technik der geronnene Zwangszusammenhang menschlicher Herrschaft (zum »Habitus« der Technosphäre vgl. Herberg/Schmieg 2018).

Nicht zuletzt muss der Begriff der Technosphäre politisch betrachtet werden, da es mit der Bio- und der Technosphäre, wie bereits während der ersten Konjunktur dieser Begriffe seit 1970, ebenfalls um die Frage einer Biopolitik in Anbetracht zunehmender Spuren menschlich-technischen Handelns auf der Erde und des anwachsenden Ressourcenverbrauchs geht. Die Topoi Technosphäre, Biosphäre, aber auch der Gaia stellen hierbei globale und immer die planetarische Dimension umfassende Narrative bereit, die die Beziehung des Menschen zum blauen Planeten konturieren. Indem der Begriff der Biosphäre in den 1960er Jahren zu einem allgemeinen Begriff wurde, stellte er umso dringlicher die Frage nach der Sphäre der Menschen und inwiefern deren Besiedlung der Erdoberfläche sowie deren Umformung mit ihren Techniken zu problematisieren sei. Hier entstand die zunehmende Sorge, dass die menschliche Evolution nicht in Richtung einer ewigen Besserung tendiere, sondern in Richtung ihrer Selbstzerstörung, da die Stoffwechselbeziehungen beider Sphären sich in Richtung eines krassen Ungleichgewichts verschoben haben, das mit der Erde zugleich die Lebensgrundlage des Menschen zerstört. Es ist die Ethik der Verantwortung und der Sorge, die seither an diese Sichtweise anschloss, nicht jedoch in der Technosphärekonzeption von Peter Haff, die keinen Raum für Fragen der Ethik lässt.

Problematisch an Peter Haffs Konzeption der Technosphäre ist, so kann zusammenfassend gesagt werden, dass dieses Erklärungsmodell auch eine Politik entfalten möchte, die jedoch gleichermaßen systemisch erklärt sein soll. Ideologiekritik findet in diesem Gedankengebäude keinen Platz, die Vorstellung, dass Menschen Entscheidungen treffen und Technik implementierte Macht ist oder technische Netze letztlich Kontroll-, Überwachungs- und Machtstrukturen sind, wird von einem gewissen Technikfetischismus, der als Technokratie daherkommt, überlagert. Die Medienevolution der Netze erscheint – wiederum vergleichbar mit der Genese der Noosphäre – als unausweichliches Schicksal. Solange das System als System funktioniert, wird niemand das System verändern können. Wenn es Menschen in dieser Struktur schaffen, »eines oder mehrere Schlüsselelemente der Systemfunktion signifikant zu beeinflussen«, dann nur, weil das System selbst bereits schlecht funktionierte (Haff nennt Nelson Mandela und Mahatma Gandhi, Haff 2015, 7 f.). Dennoch bleibt Widerstand innerhalb dieser schicksalsmächtigen Großerzählung kaum denkbar, wie auch die Suche nach alternativen, politischen Regulierungen der technischen Macht. Selbst führende Menschen hinter der Technik wie Steve Jobs sind Rädchen in einem funktionierenden Getriebe, der starre Zukunftsentwurf der Technosphäre scheint gesellschaftliche Bewegungen in andere Richtungen nicht zuzulassen. Es macht jedoch einen gewichtigen Unterschied, ob man die Eigenlogik technischer Systeme zum Ausgangspunkt eines politischen Denkens bestimmt oder die Eigenlogik sozialer, politischer oder ökonomischer Systeme wie beispielsweise des kapitalistischen Systems, das die technischen Entwicklungen unterstützt. Hier wäre weiter zu fragen, inwiefern kapitalistische Gesellschaftsordnungen mit der Genese der Technosphäre verschmolzen sind. Der Vorschlag aus den Sozial- und Geisteswissenschaften, das Anthropozän nicht Menschenzeitalter, sondern Kapitalozän zu nennen (Jason Moore), benennt z. B. weniger den *homo sapiens* als geologischen Faktor, sondern seine gegenwärtig mächtigste gesellschaftliche Ordnung.

Es gibt allerdings durchaus Widerstandskämpfe gegen die Technosphäre, die an dieser Stelle bedacht werden könne. Als eine Form des Widerstands können Forderungen nach neuen Regelungen im Rahmen des Rechts bezeichnet werden, die auf einer umfassenden Technikfolgenabschätzung (z. B. Jonas 1979) beruhen. Für die Atomphysik und die Genetik beispielsweise wurden derartige Regulierungen in Recht gegossen, gegenwärtig gibt es Bestrebungen, dies auch für die Künstliche Intelligenz zu tun. Zum anderen sind hier aber auch jene ›Neo-Ludditen‹ zu nennen, die die Netze der Technosphäre mit Zerstörung und Gewalt sabotieren oder bekämpfen wie im Rahmen vom G20-Gipfel, als Bahnnetze gezielt unterbrochen wurden. Als prominentester Widerstandskämpfer ist wohl der US-amerikanische Mathematiker Theodore ›Ted‹ John Kaczynski zu nennen, der durch das FBI als Unabomber bekannt wurde. Dessen Beschreibung von Technik als autonomem System knüpft in frappierender Weise an die bereits ausgeführten Ideen technisch-globaler Infrastrukturen als Zwangssysteme an.

13.7 Die Ruinen und die Zukunft der Technosphäre

Der Zukunftsentwurf, den die Technosphäre liefert, liegt latent in der Eigengesetzlichkeit ihrer Struktur, die Zukunft lässt sich aus dieser extrapolieren. Die Zukunft kann mithin antizipierend bereits in zukünftigen Strata einer gewesenen Technosphäre ›abgelesen‹ werden, abermals kann hierbei der Cartoon von Robert Crumb mit seinem Entwurf von drei Zukunftsszenarien betrachtet werden (s. Abb. 13.1). Der implizite Zukunftsentwurf der Technosphäre beinhaltet, dass die zunehmende Entnahme von Ressourcen auf Kosten der Biosphäre weiter und so gut wie ungebremst voranschreiten wird. Die Beziehungen von Menschen in Industriegesellschaften, Technosphäre und Biosphäre werden weiterhin durch Ausbeutung gekennzeichnet bleiben. Die Industriegesellschaften nehmen die ressourcen-ausbeutenden Strukturen in Kauf oder verdrängen das Bewusstsein von diesen erfolgreich. Die geistige Abspaltung der Biosphäre von der eigenen Existenz wider besseren Wissens hat die Umweltpsychologie bereits vor mehreren Jahrzehnten beschrieben. Menschliche Entscheidungen, so die genetische Logik der Technosphäre, werden immer marginaler werden.

Am Horizont dieses impliziten Zukunftsentwurfes tauchen zwei bereits gut bekannte Narrative auf, die in ihrer Ambivalenz seit Jahrhunderten tief im kulturellen Gedächtnis abrahamitischer Religionen verwurzelt sind. Das Narrativ von Technik als Lösung und Erlösung führt zum Argumentationsmuster eines einzigen Auswegs, der technische Probleme durch Technik lösen wird: Die technologisch immer weiter kolonialisierte und umgewandelte Erde, die schließlich mittels Erdsystemmanagement und neuer Geo-Technologien die zerstörten Ökosysteme ersetzt. Großskalige Geoengineering-Technologien liegen in der Logik des Systems. Hier wird der gesamte Oikos zu einer geregelten Technoökologie. Teil dieser lösungsgläubigen Narrative sind aber die Zukunftsszenarien von Kippen, Zusammenbruch, Chaos und Zerstörung. Weltuntergang und Weltenrettung sind die Narrative, die auch in der Science-Fiction behandelt werden. Hier steht das ebenfalls in der Technosphäre angelegte Narrativ des Kollapses: Es droht ein umfassender oder teilweiser Zusammenbruch der technischen und biologischen Systeme durch Black Out, Kriege, Naturkatastrophen oder Knappheiten, wobei selbst nach Rückschlägen die genetische Kraft der Technosphäre weiterwirken müsste, indem nun noch bessere Infrastrukturen aufgebaut werden. Die Biosphäre wird auf kleine Parzellen von Biosphärereservaten im Sinne einer zumindest optisch unberührten Rest-Natur zurückgedrängt. Autor/innen wie Ursula Le Guin oder Paolo Bacigalupi, in den Feldern Science-Fiction, spekulativer Fiktion und Climate Fiction haben beide Narrative in vielen Ausprägungen beschrieben.

Ein Blick auf die Ruinen der Technosphäre kann ebenfalls produktiv sein. Dieser wirft einen Blick auf die Technofossile der Industriegesellschaften, die noch lange nicht oder niemals ›renaturiert‹ sein werden, sondern auf ihre Ablagerung in den Erdschichten warten. Zu den Ruinen der Technosphäre gehört aber auch der Weltraumschrott in den Umlaufbahnen der Erde, von dem mehr als 100 Millionen Einzelteile mit einem geschätzten Gewicht von 6000 Tonnen um die Erde kreisen.

Literatur

Assmann, Aleida: Einführung in die Kulturwissenschaft. Grundbegriffe, Themen, Fragestellungen. Berlin 2006.

Deutsches Wörterbuch von Jacob Grimm und Wilhelm Grimm. Leipzig 1854–1961.

Fohler, Susanne: Techniktheorien. Der Platz der Dinge in der Welt des Menschen. München 2003.

Foucault, Michel: Überwachen und Strafen. Die Geburt des Gefängnisses. Frankfurt a. M. 1977 (frz. Surveiller et punir, 1975).

Foucault, Michel: Die Geschichte der Gouvernementalität, Bd. I: Sicherheit, Territorium, Bevölkerung. Frankfurt a. M. 2006 (frz. Sécurité, territoire, population: Cours au Collège de France (1977–1978), 2004).

Haff, Peter: Humans and Technology in the Anthropocene: Six rules. In: The Anthropocene Review 1/2 (2014a), 126–136.

Haff, Peter: Technology as a geological phenomenon: Implications for human well-being. In: Geological Society. London. Special Publications 395/1 (2014b), 301–309.

Hall, Charles C. A.: Look What's Happening to Our Earth: The biosphere, the industriosphere and their interactions. In: Bulletin of the Atomic Scientists 31/3 (1975), 11–21.

Haraway, Donna: Deanimations: Maps and Portraits of Life Itself. In: Avtar Brah/Annie E. Coombes (Hg.): Hybridity and its Discontents: Politics, Science, Culture. London 2000, 111–136.

Herberg, Jeremias/Schmieg, Gregor: Ein technoökologischer Habitus? Die Sozialmorphologie im Modell der Technosphäre. In: Anna Henkel/Henning Laux (Hg.): Die Erde, der Mensch und das Soziale. Zur Transformation gesellschaftlicher Naturverhältnisse im Anthropozän. Bielefeld 2018.

HKW (Haus der Kulturen der Welt): Reader #1. The Technosphere, Now, Berlin 2015. In: https://www.hkw.de/de/programm/projekte/2015/technosphere/programm_technosphaere/technosphere_events_the_technosphere_now.php.

Hofkirchner, Wolfgang/Löther, Rolf: Vladimir I. Vernadskij – Klassiker des globalen Denkens. In: Vladimir I. Vernadskij. Der Mensch in der Biosphäre. Zur Naturgeschichte der Vernunft. Frankfurt a. M. 1997, 7–22.

Höhler, Sabine: »Raumschiff Erde«: Lebensraumphantasien im Umweltzeitalter. In: Sabine Höhler/Iris Schröder (Hg.): Welt-Räume. Geschichte, Geographie und Globalisierung seit 1900. Frankfurt a. M. 2005, 258–281. Auch in: Spaceship Earth in the Environmental Age. 1960–1990. London 2015.

Hörl, Erich: Die technologische Bedingung – Beiträge zur Beschreibung der technischen Welt. Frankfurt a. M. 2011.

Jonas, Hans: Das Prinzip Verantwortung. Versuch einer Ethik für die technologische Zivilisation. Frankfurt a. M. 1979.

Kaczynski, Theodore: Technological Slavery: The Collected Writings of Theodore J. Kaczynski. New York 2010.

Klingan, Katrin/Rosol, Christoph: Technosphäre (HKW – 100 Jahre Gegenwart). Berlin 2010.

Meadows, Dennis L.: Die Grenzen des Wachstums. Bericht des Club of Rome zur Lage der Menschheit. Stuttgart 1972.

Meyers Großes Konversationslexikon, Bd. 6, Sp. 728. Leipzig/Wien 1905–1909.

McLuhan, Marshall: Die Magischen Kanäle. Understanding Media. Dresden 1995a.

McLuhan, Marshall: Die Gutenberg Galaxis. Das Ende des Buchzeitalters. Bonn 1995b.

Milsum, John H.: The technosphere, the biosphere, the sociosphere. Their systems modeling and optimization. In: IEEE Spectrum 5/6 (1968), 76–82.

Mumford, Lewis: Mythos der Maschine, Kultur, Technik und Macht. Frankfurt a. M. 1977.

Renn, Jürgen/Scherer, Bernd: Das Anthropozän. Ein Zwischenbericht. Berlin 2015.

Richter, Steffen: Infrastruktur. Ein Schlüsselkonzept der Moderne und die deutsche Literatur 1848–1914. Berlin 2018.

Sloterdijk, Peter: Sphären, Bd. II: Globen. Frankfurt a. M. 2001.

Technosphere Magazin, Haus der Kulturen der Welt. Hg. von Katrin Klingan und Christoph Rosol. Berlin 2016–2018. In: https://technosphere-magazine.hkw.de/.

Van Laak, Dirk: Alles im Fluss. Die Lebensadern unserer Gesellschaft. Frankfurt a. M. 2018.

Vernadskij, Vladimir I.: Der Mensch in der Biosphäre. Zur Naturgeschichte der Vernunft. Frankfurt a. M. 1997.

Zalasiewicz, Jan/Williams, Mark/Waters, Colin N./Barnosky, Anthony D./Haff, Peter: The technofossil record of humans. In: The Anthropocene Review 1/1 (2014), 34–43.

Birgit Schneider

14 Interaktionen in der Technosphäre und Biofakte

14.1 Technosphären-Konzepte

Systematisch-historische Kennzeichen

Technosphäre (von griech. *sphairos*: Kugel) meint allgemein eine Welt technischer und damit auch menschlicher Einflussnahme. Dabei ist Technik derart bestimmend, dass sie der Welt ihren Namen gibt. Im Extremfall ist sie als eine ›Welt der Technik‹ konzipiert, deren Einheiten, Strukturen oder Relationen technisch determiniert sind.

Die Technosphäre ist ein modernes Weltmodell, das mit anderen Weltmodellen wie z. B. Globus, Planet, Biosphäre und Universum in argumentativer Verbindung steht und dabei jeweils unterschiedliche Bedeutungsgehalte hat. Gemeinsam ist allen Ansätzen, dass sie die Verhältnismäßigkeit von Mensch, Technik und Welt in räumlicher und groß-skalierter Dimension thematisieren. Damit geht eine Verräumlichung der Zeit einher, für die symptomatisch das Weltmodell Anthropozän (s. u.) steht. Es ist dasjenige Technosphären-Konzept, das aktuell Wissenschaft, Literatur und Politik informiert und Handlungsfelder mit dem Anliegen, ›die Welt zu retten‹ reorganisiert. Dabei können Welt, Technik und Mensch zur gestalterischen Disposition stehen: vom imaginierten Exodus des Planeten Erde über seine geotechnische Aufrüstung bis hin zur Schaffung eines ›Neuen Menschen‹ mittels Anthropotechniken oder Biofakten (s. Kap. II.F.18). In der häufigsten Lesart ist die Technosphäre Teil der Biosphäre, d. h. desjenigen Raumes der Erde, in dem Lebewesen vorkommen. Dies spiegelt auch die Begriffsgeschichte. *Technosphere* entstand im Englischen in den 1960er Jahren, während der erstmals in der deutschen Sprache vorgefundene Ausdruck ›Biosphäre‹ schon 1875 aufkam und von dem Geologen Eduard Suess stammt (Höhler 2005, 260). Der an der Entwicklungsgeschichte der Erde arbeitende Suess ordnete damit dem Leben eine eigene räumliche Zone zu, die von der Atmosphäre, Lithosphäre und Hydrosphäre modelltheoretisch und erdgeschichtlich abgegrenzt ist, aber physisch mit den anderen Sphären über Kreislaufprozesse im Austausch steht. Als Emergenz verdankt sich die Biosphäre den geologischen Prozessen und wirkt auf diese modellierend zurück. Der Mensch und die Technik sind in jenem Denken noch keine geologische Kraft. Aber ein vergleichbarer planetarer Geodeterminismus, der ausgehend von der Erde und ihrem physikalisch-chemischen Geschehen auch das Leben (inklusive dasjenige des Techniknutzers Mensch) erklären oder sogar regulieren möchte, findet sich in zeitgenössischen Bio- und Technosphärenkonzepten wieder. Diese haben Theorieelemente der Kybernetik (s. Kap. II.E.15), der Systemtheorien sowie der Selbstorganisationstheorien übernommen (z. B. die Prinzipien der negativen Rückkopplung (s. Kap. III.42), der Negentropie und des Fließgleichgewichts) und lassen sich im Zeitraum des Kalten Krieges verorten. Parallel meint dies auch die Zeit der Umweltbewegung, der Computerisierung, der Gentechnik (s. Kap. II.H.29), der Satellitentechnik und vor allem der Raumfahrt, die jeweils ihre epistemologischen und technologischen Spuren bei der Modellierung von Technosphären hinterlassen haben. Systemtheoretische Modelle der Technosphäre konzentrieren sich auf die In- und Outputs von Energie und Materie (Masse, Gewicht), zumeist auch Information (s. Kap. III.46; vgl. Ropohl 1999). Weil mit der Konzipierung von Technosphären Quantifizierbarkeit angestrebt wird, ist die Erforschung der empirischen Belastbarkeit der Weltmodelle oft an Großforschungseinrichtungen (z. B. die NASA) und Rechenzentren gebunden wie etwa bei den Simulationen des *Club of Rome* zu den »Grenzen des Wachstums« (1972). Galten damals noch Zeitung, Radio und Fernsehen als essentielle Informationsmedien (s. Kap. II.C.11), und galt der Computer in seiner singulären Form des Großrechners noch primär als technisches Mittel zur schnellen Datenverarbeitung, so entstand ab den 1980er Jahren durch die rasche Diffusion von Kleincomputern und die Weiterentwicklung des Arpanets zum Internet eine neue, mediale Technosphäre. Sie hat ihrerseits neue Welten wie das Cyberspace erzeugt. Paradigmatisch steht für die Gesamtheit der digitalen Welt der Ausdruck »Infosphäre« (Floridi 2014).

Die Infosphäre verändert mit Bildern und Informationen wiederum unsere Vorstellungen von der Erde, dem Globus, dem Planeten (für Differenzierungen s. Bergermann 2010; Moser/Simonis 2014). Wissenstheoretisch betrachtet sind die Kartographie und Globologie für die Darstellung der Technosphäre bedeutsam geblieben und haben mitgeholfen, die Metaphorik von der »Welt als Buch« (Blumenberg 1981) zu verdrängen – eine Schriftwelt, die mittels der Technik des Buchdrucks zur Technosphäre weltdurchdringender Bibliotheken heranwuchs. Sie steht nun materiell unter Digitalisierungsdruck (vgl. *Google Books*) und konkurriert mit der weltumspannenden technischen Bild-

J. B. Metzler © Springer-Verlag GmbH Deutschland, ein Teil von Springer Nature, 2019
K. Liggieri / O. Müller, *Mensch-Maschine-Interaktion*, https://doi.org/10.1007/978-3-476-05604-7_14

welt um Aufmerksamkeit. Heute kann jeder Internetnutzer mit der Software *Google Earth*, einem digitalen Atlas, die technische Einflussnahme auf die Erdoberfläche betrachten: Die Satelliten- und Luftbilder zeigen Siedlungen, Straßen, Tagebau, Golfplätze etc. Seit der Version *Google Earth* 5.0 ist das Modul *Google Ocean* integriert, womit der Blick in eine lokal ausgewählte Tiefe geht. Auffällig ist, dass das Meer als faszinierende Techno- und bedrohte Biosphäre gleichzeitig dargestellt wird. So finden sich Karten- und Bildmaterial zu Meeresschutzgebieten, aber auch zu Schiffswracks, Wassersport und selbst zur Ortung von Tieren mit Satellitensendern. Nicht gezeigt werden Artefakte, die die marine Technosphäre ökonomisch und militärisch bestimmen: Bohrinseln, Pipelines, Kabel und Flugzeugträger. Auch umfangreiche Bilder zum Mars stehen bereit, die mit vergleichbarer Bildinszenierung operieren und nicht zeigen, wie viel Elektroschrott die Marsmissionen bereits hinterlassen haben. Die Produktionsästhetik der Technosphäre trägt hier neoromantische Züge, denn produziert werden eskapistische Imaginationen, in denen man scheinbar in das Ganze der Natur eintauchen kann.

Wirkmächtig geblieben ist das 1972 bei der Mission Apollo 17 fotografierte, technische Bild des blauen Planeten in seiner Ganzheit (*Blue Marble*), das sich sofort viral in Fernsehen und Printmedien verbreitete und so »nippifiziert« wurde (Anders 1970/1994, 65). Die vormalige Erhabenheit des »bestirnten Himmels über mir«, die mit dem »Bewusstsein meiner Existenz« verknüpft war (Kant), wurde zur Greifbarkeit einer blauen Murmel, die keine Menschen zeigte und doch alle als Kollektiv beherbergte. Der Mensch ist von dem Planeten als eingeschlossen ausgeschlossen.

Als Symbol der neuen Umweltbewegung wurde mit jenem Bild die Erde als verletzlich und einzigartig in Szene gesetzt, gestützt durch die alarmierenden Daten im Bericht des Club of Rome. Quasi durch die Hintertür wurde mit dem Blick auf die Erde als Ganze auch die Sonderstellung des Menschen nivelliert und ein ökologisch-spiritueller Holismus (z. B. die Tiefenökologie) populär, dem gemäß es das Beste für die Erde und ihre nicht-menschlichen Lebewesen sei, wenn es keine Menschen mehr gäbe. Gregor Schiemann (2017) schreibt mit dieser Stoßrichtung, dass die gleichzeitige Begeisterung für Dinosaurier und Raumfahrt in einem direkten Zusammenhang mit der Angst vor der Auslöschung der Menschheit durch einen ABC-Krieg stehe und auf eine rationale Sicht in die Endlichkeit der Gattung Mensch hindeute. Dieser präventive Antihumanismus kann als Tiefenschicht jüngerer Technosphären-Konzepte erachtet werden, die mit imaginären Anthropotechniken und Raumfahrtideologien operieren und dabei die konkreten Techniken selbst keiner Prüfung auf Machbarkeit unterziehen (z. B. bei Peter Sloterdijk). So ist also bei Technosphären-Konzepten stets zu fragen, ob die Technik als Realtechnik, d. h. als Artefakt und Biofakt überhaupt eine Rolle spielt; oder ob der nominale Hinweis auf Technik wie auch das gezeigte »Technobild« (Flusser 1996, 214 ff.) nur als ein Code für Futurismen und Kontrollphantasien fungieren. Diese Codierung muss emanzipativen Anliegen nicht widersprechen, wie in den Feminist und Post Colonial Studies, die die Natur-Kultur-Differenz eingeebnet wissen wollen (wie auch Bruno Latour und Donna Haraway; s. Kap. III.39). Trotzdem, das Technosphären-Konzept wird so zur Instanz der Differenzauflösung und Übermacht, weil es nicht mehr erlaubt zu fragen, wie sich Technikkonzepte zu denen von Kultur, Natur und vor allem Ökonomie und Gesellschaft verhalten. So können paradoxe Argumentationen entstehen, in denen eine nicht situierte Macht der Technik als Korrektiv gegen die globale Herrschaft von Technik und Kapital fungieren soll. Über den computertechnisch erzeugten Blick auf das Erdenrund, der von uns ein neues Selbst- und Weltverhältnis im Rahmen einer literarisch-ökologischen Planetarisierung (*planet talk*) statt einer finanzkapitalistischen Globalisierung fordere, schreibt die Literaturwissenschaftlerin Gayatri Spivak : »The globe our computer. No one lives there. It allows us to think that we can aim to control it. The planet is in the species of alterity, belonging to another system; and yet we inhabit it, on loan« (Spivak 2003, 72). Jene standortlose Standortbestimmung, die nun als ein anthropologisches Projekt eingefordert wird (wie Flusser 1994 richtig prophezeite), kann nicht über die phänomenologische Einsicht hinwegtäuschen, die Günther Anders schon zu den Bildern der bemannten Weltraumflüge der 1960er Jahre äußerte: »daß aber nur eine unbeträchtliche Minorität, gewissermaßen eine Elite von metaphysischen Helden oder Desperados, den Mut aufgebracht hatte, der deutlich gewordenen Irrelevanz und Winzigkeit des Menschen ins Auge zu blicken« (Anders 1970/1994, 64) (s. Kap. II.C.11).

Wenn auch ein Teil der Kulturwissenschaften mit dem an sich elitären, kosmischen Minderwertigkeitsgefühl und der Sorge um den Planeten beschäftigt bleibt (z. B. die literarische Richtung des Ecocriticism), so gilt es eingedenk der Diskurse um performative Nähe und Ferne, Identität und Alterität, an das geoökologisch und materiell Naheliegende des Lebens zu erinnern, das *nicht* gezeigt wird, weil es unspektakulär ist: Bakterien. Sie sorgen für den Großteil der biogeochemischen Stoffumsätze. Im Juli 2017 wurde eine Studie veröffentlicht (Wadsworth/Cockell 2017), nach der die Oberfläche des Mars weitaus toxischer für Bakterien (und damit erst recht für Menschen) ist, als ohnehin angenommen. Dies steht im eigentümlichen, aber für die Inszenierung von Technosphären-Konzepten typischen Widerspruch zu dem Satz, den die 87-jährige Raumfahrt-Ikone Buzz Aldrin am 15. September 2017 auf der Think Tank-Veranstaltung *me Connection* in Frankfurt am Main äußerte: »Get your ass to Mars!«

Die heutigen Grenzen der Biosphäre sind gekennzeichnet durch Bakterien, die in tiefen Sedimentschichten und in der Mesosphäre bis etwa 60 Kilometer Höhe stoffwechselaktiv sind. Je nachdem, wie die technische Welt und das Leben modelliert werden, kann die Technosphäre auch über die Biosphäre hinausreichen oder mit ihr in eins fallen. Durch Bezugnahme auf metaphysische Konzepte wie Welt, Leben und Existenz, gepaart mit hohen Abstraktionsgraden, sind Technosphärenkonzepte von spekulativen Technikdeutungen durchzogen (weiterführend Rapp 1994, 133–148). Diese können utopischen, heterotopischen, dystopischen oder apokalyptischen Charakter haben und Technik in einem weiten Sinne meinen: von der Realtechnik über die Sozialtechnik bis hin zur Intellektualtechnik. Auch religiöse Elemente, z. B. schöpfungs- und heilsgeschichtliche, können enthalten sein. Umgekehrt lässt sich die Genesis-Erzählung des Alten Testaments auch so interpretieren, dass Gott nach der Schöpfung von Himmel und Erde das erste Menschenpaar in eine Technosphäre gesetzt hat: in einen Garten (Eden). Mag auch das Paar im Paradies keiner Werkzeuge und Kleidung bedurft haben, so verdankt sich der Garten mit seinen versorgenden und schützenden Funktionen selbst einer gartenbaulichen und damit technischen Konzeptualisierung.

Konzeptualisierungen der Technosphäre

Die technische Welt kann (1) extensional (über ihre Grenzen) oder (2) intensional (über ihre Inhalte oder Teile) bestimmt werden, wie unten ausgeführt wird. Eine dritte Möglichkeit ist (3) eine topische Bestimmung über Orte (griech. *topoi*). Man spricht dann vom Technotop (Erlach 2000). Das Technotop hat das Biotop entweder schon bis auf wenige Reservate generell überformt (so Ropohl 1999, 15) und ist damit zur Technosphäre geworden; alternativ ist das Technotop ein kultürlicher Antipode zum natürlichen Biotop, das in seiner Ursprünglichkeit oder Wildheit zu erhalten versucht wird, notfalls mit Renaturierungsmaßnahmen. Wichtig an der topischen Bestimmung ist, dass die Welt als eine bewohnbare Welt vorausgesetzt wird, ungeachtet dessen, ob sie qua Technik bewohnbar gemacht worden ist oder nicht. In diesem Sinne ist das Technotop ein Habitat (von lat. *habitare*: wohnen) für den Menschen und seine Kulturfolger wie Ratten, Kakerlaken und Kulturpflanzen. Damit stehen für das Techno- wie für das Biotop orientierend das Haus und die Wirtschaftsgemeinschaft im Hintergrund: der (griech.) *oikos*. Dies gilt für weltumspannende Technosphären-Konzepte nur sehr eingeschränkt. Dort wird die Sphäre als Behälter verstanden, sieht man vom Treibhaus, plausibilisiert durch die Erderwärmung, ab. Mit der Metapher vom Treibhaus wird der ganze Planet technomorph als gläserne Produktionsstätte verstehbar, zu der nur das Sonnenlicht externen Ursprungs ist. Dies führt zu einer vierten, medialen Möglichkeit, die technische Welt zu bestimmen: (4) über das künstliche Licht und seine Reichweite. Das als Lichtverschmutzung (*light pollution*) bekannte Phänomen bedeutet eine großräumige Aufhellung des Nachthimmels über urbanen Regionen, die über die Fläche der beleuchteten Straßen und Objekte weit hinausgeht. Damit handelt es sich um eine Ausdehnung des Technotops in den Raum.

Während die inhaltliche (intensionale) Bestimmung der Technosphäre eine globale Welt kennzeichnet, die bereits durch Maschinen, Straßen, Landwirtschaft und Müll technisiert ist und einen *Wirkungsraum* darstellt, ermöglicht die extensionale Bestimmung der Technosphäre, nach der möglichen Reichweite und den Grenzen der Technisierbarkeit von Welt überhaupt erst fragen zu können. Hierbei handelt es sich um einen ›Modalraum‹. Deshalb gehört auch das bis heute diskutierte Konzept der Noosphäre, das der Geochemiker Vladimir Vernadsky (1926/1929) entwarf, in den Kontext der Technosphäre. Nach ihm ist die Noosphäre (von griech. *nous*: Vernunft) die kosmische Sphäre menschlicher Erkenntnis, die sukzessive auf die Biosphäre und die dieser zugrunde liegenden Geosphäre (Sphäre unbelebter Materie) folgen werde. Denn Komplexität und Bewusstsein würden mit der Zeit evolvieren. Die Noosphäre werde dann erreicht, wenn das menschliche Bewusstsein in der Lage sei, die biogeochemischen Zyklen bis in die Molekülstrukturen hinein zu steuern, was in heutiger Lesart eine Art kybernetische Mischung aus Geoengineering, Kognitions- und Nanotechnologien darstellen würde. Wir sind es gewohnt, bei der extensionalen Bestimmung der Technosphäre an diejenigen Sphären im Sinne von Räumlichkeiten zu denken, die durch Maschinen und Messapparate in ihrer Raumdimension erst erschlossen werden konnten: das Meer durch Drahtlot und Echolot, im späteren 20. Jahrhundert dann die Tiefsee durch spezielle U-Boote und Tauchroboter, und natürlich die erdnahen Planeten und Planetoiden durch Raumschiffe und -sonden. Paradigmen sind hier Ortung und Pfadfinden. Die raumzeitliche Reichweite der technischen Artefakte und ihrer Signalübertragung sowie die Möglichkeiten der Programmierung bestimmen die messbaren Grenzen der Dimensionalität. Technik ist bei den komplexen Operationen Mittel, Medium und Artefakt zugleich. Mittels Technik wird die Extension der Technosphäre im Sinne von möglichen Möglichkeiten vorstellbar, aber auch von realen Möglichkeiten bestimmbar, z. B. für den Bau einer Raumstation oder einer Plattform zum Abbau von Ressourcen in der Tiefsee.

Die extensional bestimmte Technosphäre ist vom Stand der Technik abhängig, somit historisch fluide und seit der Neuzeit durch stetige Grenzerweiterung gekennzeichnet. Dabei gilt, dass die Mensch-Maschine-Interaktion in den äußersten Weiten und Tiefen stets keine leibliche mehr ist, sondern sich auf die computerunterstützte Steuerung eines Vehikels von der Erde bzw. vom Land aus beschränkt. Bislang konnte kein Mensch den Mars betreten. Zur allertiefsten Stelle des gut 11 Kilometer tiefen Marianengrabens, der tiefsten Stelle des Weltmeeres, gelangten Menschen bisher nicht einmal per U-Boot, wenn auch fast. Bei der legendären Tauchfahrt der ›Trieste‹ auf 10.910 Meter saßen Jacques Piccard und Don Walsh 1960 in einer Bathysphäre, d. h. einer Druckkammer in einer Tiefseekugel, deren stählerne Wand dem Außendruck von bis zu 1000 bar in der Tiefe standhält. In jüngerer Zeit hat man sich aufgrund des hohen Risikos zunehmend gegen bemannte Tauchfahrten in die extreme Tiefe entschieden, analog zur Raumfahrt. Man setzt vielmehr auf eine Mischung aus ROV (*remotely operated vehicle*) und AUV (*autonomous underwater vehicle*), wie beim 2008 gebauten Tauchroboter ›Nereus‹. Als AUV kartographierte Nereus selbstständig im Akkubetrieb den Meeresboden entlang einer vorab programmierten Route, u. a. 2009 das Challengertief im Marianengraben. Im ROV-Modus operierend, blieb der Roboter über ein Glasfaserkabel mit dem Forschungsschiff verbunden. Er teilte damit eine bis zu 40 Kilometer lange Schnittstelle mit den Forschern auf dem Schiff, die es dem Roboter per Mensch-Maschine-Interaktion ermöglichte, Gesteins- und Sedimentproben zu sammeln. Dadurch wurde der per Bild übermittelte Raum materiell greifbar. 2014 implodierte Nereus bei einer Tiefseefahrt in der Nähe Neuseelands. Damit ist vorerst die dimensionale Grenze der Technosphäre der Tiefsee erreicht, bedingt durch die realen Möglichkeiten des technisch Machbaren. In neue Dimensionen vorstoßende Artefakte wie der Nereus genießen besondere mediale Aufmerksamkeit, weil sie den menschlichen Pioniergeist früherer Expeditionen wachrufen. Ferner verbinden sich in ihnen Technik und Magie, die dadurch eintritt, dass das Vehikel scheinbar selbständig fährt und arbeitet. Einprägsam zeigte dies der Mars-Pathfinder-Rover Sojourner, der am 4. Juli 1997 auf dem Mars landete und knapp drei Monate lang Bilder, Wetterdaten und chemische Analysen zur Erde sendete – bis seine Batterien außerplanmäßig einfroren. Er wurde nach der US-amerikanischen Frauenrechtlerin und ehemaligen Sklavin Sojourner Truth benannt. Der an ein Spielzeugauto erinnernde Rover war einer der ersten Stars des noch jungen *World Wide Web*. Denn die NASA stellte kontinuierlich und zeitnah Forschungsbilder ins Netz und suggerierte so den Nutzern ein Dabeisein beim Auskundschaften des Mars in ›Echtzeit‹. Hier wechselwirkten zwei Technosphären, die scheinbar grenzenlos sind: der Weltraum und der Cyberspace.

Zu unterscheiden von der extensionalen/dimensionalen Technosphäre ist die physische Technosphäre. Sie wird über ihre künstlichen Bestandteile bestimmt, die z. B. urbaner, militärischer, land- und energiewirtschaftlicher Herkunft sein können.

> »The physical technosphere is defined as the summed material output of the contemporary human enterprise. It includes active urban, agricultural and marine components, used to sustain energy and material flow for current human life, and a growing residue layer, currently only in small part recycled back into the active component.« (Zalasiewicz u. a. 2017, 9)

Auch die somit als intensional bestimmte Technosphäre ist historisch fluide. Sie steht aber – im Gegensatz zur avisierten Grenzerweiterung des dimensionalen Technosphärenkonzepts – im Lichte von Knappheitsdiskussionen, die sich im Zuge der Umweltdebatten herausgebildet haben. Dabei wird die über Anzahl und Vielfalt der künstlichen Dinge konzipierte, physische Technosphäre aufgerechnet und als quantifizierbare Technosphäre verstehbar, etwa als eine der Dimension Masse. Akkumuliert erreicht die physische Technosphäre laut Zalasiewicz u. a. (2017) ein Gewicht von 30 Teratonnen, d. h. 30 Billionen Tonnen. Das sei ein Faktor 5 mehr an Gewicht, als die gesamte Menschheit ausmache. Die Autoren scheuen sich nicht, Menschen gleichermaßen als Masse(n) zu dimensionieren wie Artefakte; Gleiches unternimmt Peter Sloterdijk (2016a). Es handelt sich hierbei um eine ideologische Politisierung des Raumes, die das gestaltbare Verhältnis von Technik und Weltoffenheit, wie es für die Philosophische Anthropologie typisch ist, einebnet (Karafyllis 2017). Neben den verschiedenen Reduktionismen gehört die totalisierende Annahme eines Menschheitsquantums zu den philosophischen Herausforderungen derartiger Technosphären-Konzepte. Denn eine synchronisierte und homogenisierte ›Weltbevölkerung‹ wird nur allzu leicht verwechselbar mit einer ›Menschheit‹, die sich über die Gattungsidentität auszeichnet und nicht über die Anzahl. Gegebenenfalls wird so auch das Konzept der »technischen Kultur« (Hubig 2006) um seine vielfältigen Erscheinungsformen gebracht. Zudem erleichtern derartige Kategorienfehler, wenn sie unerkannt bleiben, geopolitische Strategien, die in Allianz mit technokratischen Bestrebungen zur Regulierung von Ethnien, Geschlechtern und Bevölkerungsschichten operieren können. Ontologien können durch regulierende Technosphären-Konzepte in Onto-Politiken (sog. Ontiken) überführt werden. Angesichts fixer planetarer Grenzen und einer in der Moderne exponentiell steigenden Masse von Artefakten und Menschen scheint dann die Erde als bewohnbarer Ort immer ›enger‹ zu werden. Diese Sicht ist mit extensionalen Technosphären-Konzepten verschränkt, wenn etwa der Weltraum als neuer Lebensraum für den Menschen plausibilisiert wird (vgl. Sloterdijk 2016a, b). Dies geschieht z. B. über die im Ökologiediskurs häufig verwendete Metapher vom ›Raumschiff Erde‹. Sie geht auf den Ökonomen Henry George und sein Buch *Progress and Poverty* (1879) zurück und wurde in den 1960er Jahren popularisiert, um auf die Begrenztheit natürlicher Ressourcen hinzuweisen. Das ›Raumschiff Erde‹ vereint ökologische Krise, Mobilität und technischen Fortschritt in einem Ausdruck. Wie mit dem Projekt ›Biosphere 2‹ in Arizona (1991–1994), in dem acht Bionauten in einem künstlich angelegten, geschlossenen Ökosystem monatelang unter Glas lebten, wird auch hier der antizipierte »Verlust der Erde in die Vision eines zukunftsfähigen Hightechsurrogatraums« überführt (Höhler 2005, 260). Begriffsgeschichtlich ist die Rede vom Raumschiff Erde als Fortsetzung der bis zu Lukrez zurückreichenden Daseinsmetapher vom »Schiffbruch mit Zuschauer« (Blumenberg 1979) zu verstehen. Allerdings hat der Zuschauer nun keine feste Position an Land mehr, von der er auf das sinkende Schiff blickt. Vielmehr ist die Erde selbst das havarierende Schiff oder »eine nirgendwo verankerte und im Ozean des Raumes schiffbrüchig herumschwimmende Boje« (Anders 1970/1994, 59). Von einem utopischen Standpunkt im All, einem imaginären »archimedischen Standpunkt«, der »Vermessungsvermögen« suggeriert (vgl. Arendt 1958/1960, Kap. 37), kann der Untergang des Schiffes scheinbar beobachtet werden. Damit verbunden ist ein Konzept von Weltgeschichte, das seit dem späten 19. Jahrhundert den »Geist der Menschheit« in den Bereich »unerreichbarer Exteriorität« verlegt, wie Hans Blumenberg hervorhob (1979, 64–66).

Vor diesem welthistorisierenden Hintergrund wird auch der jüngere Reflex verstehbar, die Technosphäre auf Basis der Leitdisziplin Geologie eigens zu historisieren: als Erdzeitalter »Anthropozän« (Crutzen/Stoermer 2000). Vereinzelt wird es auch »Technozän« genannt. Aufgrund der massiven technischen Einflussnahme auf den Planeten Erde, deren Folgen wie Plastik, Klimawandel und künstliche Radioaktivität geologische Zeiträume überdauern werden, sei es gerechtfertigt, ein eigenes Zeitalter nach dem Menschen (griech.: *anthropos*) zu benennen, so die Protagonisten. Umstritten ist innerhalb dieser Gruppe, wo und wie die Grenze zum Holozän zu ziehen ist. Als historische Schneisen für das Anthropozän werden die 1950er Jahre, die Industrialisierung ab etwa 1850 und das Aufkommen der Landwirtschaft im Neolithikum vor ca. 10.000 Jahren diskutiert. Den Schneisen korrespondieren bestimmte Technologien wie Kunststoffherstellung und Nukleartechnologie inklusive Atombombentests (1950er Jahre), Nutzung fossiler Brennstoffe mit hohen CO_2-Emissionen (ab ca. 1850) und die Züchtung von Nutztieren und Kulturpflanzen aus Wildformen (Neolithikum). Als theoretisierende Mittelbegriffe für die Konzeptualisierung des Anthropozäns fungieren ›Beschleunigung‹, ›Komplexität‹, ›Skalierung‹, ›Synchronisierung‹ und *global change*. Auch die Philosophie entnimmt der Anthropozän-Debatte neue Anregungen und den besorgten Ton um den ausgebeuteten und technisch überformten Zustand der Erde. Das Anthropozän-Konzept sei z. B. mit dem planetarischen Denken Heideggers und seiner Philosophie der Technik (s. Kap. II.C.12) kombinierbar (Zwier/Block 2017). Ob allerdings Heidegger, der zeitlebens vor dem »rechnenden Denken«

warnte, eine Fundamentalontologie auf Basis einer naturalistischen Grundlegung von Welt begrüßt hätte, darf bezweifelt werden. Wie auch immer man sich in geologischen Fachkreisen entscheidet und ob für ein neues Zeitalter überhaupt: Mit dem politisch schon jetzt überaus wirksamen Anthropozän-Konzept wird Geschichte auf Vergangenheit reduziert. Das bedeutet, dass die Forschungen von Historikern zur technischen Gestaltung der Welt nicht mehr als epochemachend relevant sind und gleichsam naturalisiert werden (so Bonneuil/Fressoz 2016). Die sozialen, politischen und ökonomischen Gründe für Genese und Diffusion von Technologien werden dabei in stoffliche und energetische Ursachen und Wirkungen überführt, z. B. in Emissionen und Treibhauseffekt. Dabei wird ein weiter Technikbegriff, der Technik als Wissen und Handeln umfasst, auf einen engeren reduziert, in dessen Mittelpunkt das technische Artefakt und seine Medialität stehen. So wundert es nicht, dass Zalasiewicz u. a. (2017) von »Technofossilien« sprechen, deren Vielfalt die jetzige Biodiversität schon heute übersteige. Technofossil ist alles, was Menschen hergestellt haben und sich als Spur in der Erde, z. B. auf Mülldeponien, sedimentieren wird: von der Zahnbürste bis zu Autobahn und Flugplatz. Die Autoren argumentieren hier mit einer doppelten Rückprojektion, weil sie die zukünftige Vergangenheit der Erde auf Basis einer sich erst noch zu sedimentierenden Gegenwart zeichnen. Die Zukunft erscheint so als alternativlos: die religiöse Drohgebärde der Apokalypse – aber sind frühere Kulturpflanzen, die als Basis für heutige Züchtungen dienten und deren Genom in heutigen Kulturpflanzen weiterlebt, auch Technofossilien?

14.2 Biofakte

Im Folgenden wird eine alternative Denkweise vorgeschlagen, die das Konzept des Biofakts (von griech. *bios*: Leben; lat. *factum*: gemacht) fokussiert (Karafyllis 2006, 2017). Mit dem Paradigma der Agrikultur – aber keineswegs auf diese beschränkt – wird die Technosphäre hier nicht als Raum, sondern in der Fläche betrachtbar. Wichtig ist der Bezug zur lebensweltlichen Gegenwart der Menschen und damit u. a. die Felder Ernährung, Gesundheit, Sport und Energieversorgung. Die technisierten Produkte (Lebensmittel, Bioenergie, Zellkulturen der Biomedizin) stammen aus Lebewesen oder sind selbst lebend. Als lebende Objekte verkörpern sie die Historizität ihrer technischen Genese. Ihre Genome sind die lebenden Ressourcen der Bioökonomie und des ausgerufenen *Gene Rush*, in Analogie zum einstigen *Gold Rush*. Mit systemtheoretischen Technosphären-Konzepten (s. o.) lassen sich Biofakte über das Strukturprinzip der – nun molekulargenetisch verstandenen – Information (s. Kap. III.46) verbinden, was auch die verflochtene Entstehungsgeschichte des »genetischen Codes« mit der Kybernetik spiegelt (Kay 2000). Ferner ist über Landwirtschaft eine Schnittstelle zur Basisgröße Energie gegeben; und auch zum Anthropozän-Konzept, insofern Agrikulturen die anthropogene Änderung von Biodiversität und Landnutzung einst initiierten. In einem wegweisenden Artikel ordnete Charles A. S. Hall (1975) die Landwirtschaft mit ihren Agrarökosystemen zwar zur Biosphäre, aber auch in den direkten Kontext der *industriosphere*, deren Wegbereiter sie war. Er stellte die bis heute einflussreiche Frage nach der Tragekapazität der Erde. Industrialisierung wird hier als Abkehr von einer solaren, flächenlimitierten Produktionsweise verstanden. Dafür war und bleibt ein stetig steigender Input an Fremdenergie aus fossilen Brennstoffen nötig. Trotz seiner möglichen Anschlussfähigkeit ist das Biofakt-Konzept gerade nicht auf Quantifizierbarkeit, sondern auf Historisier- und Interpretierbarkeit angelegt, zuvorderst der Biotechniken. Die Technisierung des Lebenden durch Züchtungstechniken gilt bereits für die Ursprünge der Agrikultur, aber im beschleunigten und systemdurchdringenden Maße für die Objekte der industriellen Landwirtschaft, der Biomedizin und des *Tissue Engineering*, und auch beim Doping mit Muskelstimulantien. Im Zentrum des Biofakt-Konzepts steht die technische Modellierung des Wachsenden, denn Biofakte wachsen selbst, aber nicht mehr *von* selbst. Sie haben in ihrer Genese technische Anteile, ohne sie als solche zu zeigen. Die Schnittstelle zwischen Natur und Technik hat sich gleichsam verwachsen. Entscheidend ist, erstens, dass es sich bei Biofakten nicht um konzeptuelle Hybride handelt, die dadurch gekennzeichnet sind, dass die zusammengefügten Teile eine Schnittstelle erkennen lassen und prinzipiell wieder entkoppelbar sind wie bei Prothesen. Das Biofakt ist vordergründig, d. h. in einer funktionalen Ontologie, eine einzige durchgängige Einheit. Hintergründig weist das Biofakt materiell wie semantisch die Effekte von Isolation und Dekontextualisierung auf. So erscheinen Biofakte jenseits ihres modernen Herstellungszusammenhangs, des Labors, als Natur bzw. als dasjenige, das man über Generationen als natürlich akzeptiert hat. Die Innovativität des Biofakts zeigt sich auch nicht im Bild, transgener Mais sieht aus wie konventionell gezüchteter, ein Retortenbaby wie ein im Geschlechtsakt gezeugtes. Mais, eine Kulturpflanze, sieht allerdings nicht mehr aus wie seine mexikanische Wildform vor ca. 10.000 Jahren, ein Gras (Teosinte), das heute noch vorkommt. Bei Biofakten gibt es also eine Synchronizität von gegenwärtig Wachsendem und ›Fossilem‹, die durch Aushandlungsprozesse um die Konzepte Natur, Kultur und Technik graduell bestimmt wird. Analog zu Natürlichkeitskonzepten, für die es jeweils eine statische (Das Natürliche besteht aus XY, z. B. Molekülen.) und eine genetisch-historische (Das Natürliche ist geworden.) Form gibt (Birnbacher 2006), sind auch Technisierungskonzepte doppelt zu strukturieren. Deshalb ist das Biofakt auf seine Technogenese hin zu befragen, zu der die Agrikultur gehört. Symptomatisch für die Unterlassung der Frage steht der seit über 30 Jahren andauernde Diskurs um die grüne Gentechnik, der zwischen den Polen einer enthistorisierten Technik (›Innovation‹) und einer als originär historisierten Natur (›Schöpfung‹) geführt wird.

Biofakte gehören in den Bereich der »transklassischen Technik« (Hubig 2006, 185), d. h. einer Technik, die sich in Ansehung zentraler technischer Prinzipien wie Steuerung und Regelung, und im Rückgriff auf wirkmächtige Begriffe wie Werkzeug und Maschine vollzieht, aber zur Erklärung der Objekte über diese hinausgehen muss; und damit auch über die etablierte Modellanalogie von Organismus und Maschine. Biofakte sind Entitäten, die – wie Artefakte – durch zweckgerichtetes Handeln in der Welt sind, aber dennoch wachsen können. Bei Biofakten ist das natürliche Wachstum nicht mehr nur Medium, um Lebendes in Erscheinung zu bringen, sondern es ist Mittel der Herstellung. Natürliche und technische Funktionen des Objekts interagieren scheinbar reibungslos. Sie sind – im Sinne des Erfinders – idealiter sogar als identisch zu betrachten, solange der natürliche Restbestand nicht für Störungen bei der Erreichung der technischen Maßgabe sorgt. Christoph Hubig charakterisiert die Problematik, die Biofakte bieten, durch die erzeugte Indisponibilität der Schnittstellen: »sei es, dass sie denjenigen, die mit den Techniken umgehen, nicht (mehr) transparent sind, sei es, dass sie sich grundsätzlich einer weiteren Gestaltbarkeit entziehen« (Hubig 2006, 186). Damit gehen auch die Spuren verloren, die orientierungsstiftend auf frühere Regeln und Routinen hinweisen könnten. Das Biofakt-Konzept hat entsprechend eine hermeneutische und eine epistemologische Ebene. Hermeneutisches Anliegen ist es, die involvierten Techniken und zugehörigen Onto-Politiken zu entbergen, als Technik- und Kulturgeschichten zu erzählen und Technisierung gesellschaftlich verhandelbar zu machen. Dies ist verbunden mit der Suche nach Ordnungen der relativen Unsichtbarkeit des Technischen, dem Verlust der Spur. So werden zurzeit die Gentechniken der ›nächsten Generation‹ wie *CRISPR/Cas* zu einer neuen, auch juristischen Herausforderung, weil sie über organismische Zwischenstufen einen resultierenden Organismus erzeugen, der keinen molekularbiologischen Rückschluss auf den gentechnischen Eingriff mehr erlaubt. Er wäre ohne eine schriftliche Referenz wie ein Laborprotokoll nicht mehr nachweisbar.

Epistemologisch fordert das Biofakt-Konzept dazu auf, entscheidende Transformationsschritte der Technisierung des Wachsenden, d. h. einer bereichsübergreifenden Biotechnologie, zu benennen und zu erklären. Die Fragestellung ist also nicht ontologisch im Sinne von ›Ist XY ein Biofakt?‹, sondern hermeneutisch: ›Wie ist dasjenige, das als Biofakt vermutet wird, entstanden? Welche Rolle spielten technische Verfahren und natürliche Prozesse dabei und mit welchen Werten und Normen waren sie verbunden? Gelten diese weiterhin und warum (nicht)?‹. So kann auch unterkomplexen Fortschrittsgeschichten wie z. B., dass Gentechnik eine Fortsetzung der klassischen Kreuzung sei, fundierter begegnet werden, ohne das Dogma einer unverhandelbaren ›Natur‹ bemühen zu müssen.

Wichtige Transformationen ergeben sich durch das hochtechnisierte Sammeln von genetischen Ressourcen in Biobanken, die formgebende Imitation des natürlich Wachsenden durch das künstlich Wachsende (jüngst z. B. durch Fleischsurrogate auf Basis von Pflanzenprotein und transgenen Hefen, die den Blutfarbstoff Hämoglobin produzieren), durch Automation des an sich Unbewegten (z. B. Sequenzierroboter), durch Simulation der Materialität des Wachsenden *in silico* (Bioinformatik) und letztlich durch *Fusion* biotechnisch vorgeformter Einheiten. Betrachtet man den ersten (Sammeln) und den letzten (Fusion) Schritt der obigen Reihe, so erinnern diese an Agrarpraxen. Als Dimension mit unscharfen Rändern bestimmen sie auch heutige Biotechnologien. Denn sie machen die Antezedens- und Kontinuitätsbedingungen des technischen Umgangs mit dem Wachsenden aus. Ein Gros der Biotechniken verdankt sich dem agrikulturellen Umgang mit Pflanzen: vom Klonen über das Impfen bis hin zur Virusforschung (Tabakmosaikvirus). Gregor Mendels Experimente mit Erbsen haben die Genetik revolutioniert. Auch im Biobanking steht die Samenbank Pate und damit das auslesende Sammeln von Samen für die Erzeugung von Saatgut (vgl. Karafyllis 2018).

Zumeist gehen die o. g. Transformationsschritte mit größeren gesellschaftlichen Konflikten einher, die sich aber dann jeweils nur auf bestimmte naturontologisch gefasste Bereiche beziehen und den Menschen aus ethischen Gründen ausnehmen. So verlaufen Debatten zum menschlichen ›Cyborg‹ (s. Kap. III.39) eingedenk von Neuro- und Anthropotechniken nahezu losgelöst von denjenigen um ›Turbo-Kühe‹ und ›Frankenstein-Mais‹, weil Mensch, Tier und Pflanze scheinbar getrennt adressiert sind. In biotechnischer Hinsicht geht es allerdings um die züchterische Modellierung von Geweben, Zellen und DNA, d. h. um biologische und labortechnisch erzeugte Universalien. Hier setzt das Biofakt-Konzept an.

Demnach ist der Naturbegriff für das Biofakt-Konzept keineswegs verzichtbar (wie z. B. bei Latour und Haraway), sondern er wird, wie auch der Kulturbegriff, in seiner Pluralität (vgl. Kirchhoff u. a. 2017) benötigt für das Aushandeln gesellschaftlicher Technik- und Naturverhältnisse, die immer historisch, politisch und ökonomisch strukturiert sind.

Literatur

Anders, Günther: Der Blick vom Mond. Reflexionen über Weltraumflüge [1970]. München ²1994.

Arendt, Hannah: Vita activa oder Vom tätigen Leben. München 1960 (engl. 1958).

Bergermann, Ulrike: Das Planetarische. Vom Denken und Abbilden des ganzen Globus. In: Ulrike Bergermann/Isabell Otto/Gabriele Schabacher (Hg.): Das Planetarische. München 2010, 17–42.

Birnbacher, Dieter: Natürlichkeit. Berlin 2006.

Blumenberg, Hans: Schiffbruch mit Zuschauer. Paradigma einer Daseinsmetapher. Frankfurt a. M. 1979.

Blumenberg, Hans: Die Lesbarkeit der Welt. Frankfurt a. M. 1981.

Bonneuil, Christophe/Fressoz, Jean-Baptiste: The Shock of the Anthropocene. The Earth, History and Us. London 2016.

Crutzen, Paul J./Stoermer, Eugene F.: The Anthropocene. In: Global Change Newsletter 41 (2000), 17–18.

Erlach, Klaus: Das Technotop. Die technologische Konstruktion der Wirklichkeit. Münster 2000.

Floridi, Luciano: The Fourth Revolution. How the Infosphere is Shaping Human Reality. Oxford 2014.

Flusser, Vilém: Vom Subjekt zum Projekt. Menschwerdung. In: Ders.: Schriften, Bd. 3. Mannheim 1994.

Flusser, Vilém: Kommunikologie. Bensheim 1996.

Hall, Charles A. S.: Look What's Happening to Our Earth. The biosphere, the industriosphere and their interactions. In: Bulletin of the Atomic Scientists 31/3 (1975), 11–21.

Höhler, Sabine: ›Raumschiff Erde‹. Lebensraumphantasien im Umweltzeitalter. In: Iris Schröder/Sabine Höhler (Hg.): Welt-Räume. Geschichte, Geographie und Globalisierung seit 1900. Frankfurt a. M. 2005, 258–281.

Hubig, Christoph: Die Kunst des Möglichen I: Technikphilosophie als Reflexion der Medialität. Bielefeld 2006.

Karafyllis, Nicole C.: Biofakte. Grundlagen, Probleme, Perspektiven. In: Erwägen Wissen Ethik 17/4 (2006), 547–558.

Karafyllis, Nicole C.: Hybride, Chimären, Biofakte. In: Stephan Schaede/Reiner Anselm/Kristian Köchy (Hg.): Das Leben. Historisch-systematische Studien zur Geschichte eines Begriffs, Bd. 3. Tübingen 2016, 388–398.

Karafyllis, Nicole C.: Technik und Weltoffenheit. Über ein altes Spannungsverhältnis und jüngste semantische Geländegewinne bei Peter Sloterdijk. In: Sebastian Böhmer/Constanze Breuer u. a. (Hg.): Technologien des Glaubens. Themenheft der Acta Historica Leopoldina 71 (2017), 51–70.

Karafyllis, Nicole C. (Hg.): Theorien der Lebendsammlung. Freiburg 2018.

Kay, Lily E.: Who wrote the Book of Life? A History of the Genetic Code. Berkeley 2000.

Kirchhoff, Thomas/Karafyllis, Nicole C. u. a. (Hg.): Naturphilosophie. Ein Lehr- und Studienbuch. Tübingen 2017.

Moser, Christian/Simonis, Linda (Hg.): Figuren des Globalen. Bonn 2014.

Rapp, Friedrich: Die Dynamik der modernen Welt. Eine Einführung in die Technikphilosophie. Hamburg 1994.

Ropohl, Günter: Allgemeine Technologie. Eine Systemtheorie der Technik. München/Wien ²1999.

Schiemann, Gregor: Jenseits der Naturverhältnisse: Natur ohne Menschen. In: Thomas Kirchhoff/Nicole C. Karafyllis u. a. (Hg.): Naturphilosophie. Tübingen 2017, 248–253.

Sloterdijk, Peter: Das Anthropozän – Ein Prozeß-Zustand am Rande der Erd-Geschichte? In: Ders.: Was geschah im 20. Jahrhundert? Berlin 2016a, 7–43.

Sloterdijk, Peter: Starke Beobachtung. Für eine Philosophie der Raumstation. In Ders.: Was geschah im 20. Jahrhundert? Berlin 2016b, 177–184.

Spivak, Gayatri Chakravorty: Death of a Discipline. New York 2003.

Vernadsky, Vladimir: La Biosphère. Paris 1929 (russ. 1926).

Wadsworth, Jennifer/Cockell, Charles S.: Perchlorates on Mars enhance the bacteriocidal effects of UV light. In: Scientific Reports 7/4662 (2017). DOI:10.1038/s41598.017-04910-3.

Zalasiewicz, Jan/Williams, Mark/Waters, Colin N. u. a.: Scale and diversity of the physical technosphere: A geological perspective. In: The Anthropocene Review 4/1 (2017), 9–22.

Zwier, Jochem/Blok, Vincent: Saving Earth. Encountering Heidegger's Philosophy of Technology in the Anthropocene. In: Techné 21/2 (2017). DOI: 10.5840/techne 201772167.

Nicole C. Karafyllis

E Analogisierung und Nachahmung

15 Von der Regelung und Steuerung zur Kybernetik

15.1 Vom Flaschenzug zum Schachcomputer

Die Interaktion zwischen Mensch und Maschine kann unreflektiert oder reflektiert ablaufen. Nur im letzten Fall kann es zur Analogiebildug zwischen Mensch und Maschine kommen, denn Analogien werden von Menschen gebildet. Wenn ein Bauarbeiter einen Flaschenzug bedient, muss er weder einen Begriff von Maschinen noch von sich selbst als Mensch haben, um diese Tätigkeit vorzubereiten und auszuführen. Auch wird diese Interaktion mit dem Flaschenzug kaum sein Selbstverständnis verändern. Weder wird er den Flaschenzug als starken Arm deuten müssen, noch seinen Arm als Maschine nach Art des Flaschenzugs im Sinne der Organprojektionsthese von Ernst Kapp (Kapp 1877/2015) (s. Kap. II.B.7). Ein Philosoph kann im Nachhinein entsprechende Analogiebildungen vornehmen. Doch sie sind für die Interaktion nicht konstitutiv.

Als jedoch am 10. Februar 1996 der Schachweltmeister Garri Kasparov gegen den IBM Computer Deep Blue spielte (und verlor), waren Vorbereitung, Ausführung und Deutung dieser Interaktion mit bewussten Planungen und Konsequenzen für das Verständnis der Maschine und das Selbstverständnis von Menschen verbunden (s. Kap. II.F.20). Computer wurden als »machine brain« bezeichnet (Johnson 1997) und menschliche Schachspieler und Computer danach unterschieden, wie viele Stellungen sie in welcher Zeit analysieren, wie viele Züge sie vorausberechnen können. Computer galten zunächst als eine andere Art von Schachspieler als Menschen (mit höherer Rechenkapazität und weniger Kreativität) (s. Kap. III.48). Seit es selbstlernende Schachprogramme (s. Kap. II.E.17) mit Artifical Intelligence gibt (eine solche war Deep Blue noch nicht), scheint diese Differenz nicht mehr zu bestehen, weil Schachcomputer das Verhalten ihrer Gegner ebenso kennen und einschätzen lernen, wie menschliche Schachspieler ihre Kontrahenten. In dieser Interaktion ist das Verhalten der Schachspieler davon abhängig, inwiefern sie sich selbst in Analogie zum Computer verstehen. Diejenigen, die die Analogie annehmen, werden ihre Fähigkeit Züge vorauszuberechnen und möglichst viele berühmte Partien zu kennen vergrößern wollen. Diejenigen, die eine Analogie ablehnen, werden versuchen, sich dem Computer gegenüber scheinbar irrational und deshalb überraschend zu verhalten.

Die Vorstellung, dass eine Maschine aus Metall, Silizium und anderen Materialen ›ein Elektronengehirn‹, ›machine brain‹ und ›intelligent‹ ist, und dass ein Gehirn eine ›Rechenmaschine‹ darstellt, ist nur die neueste *kybernetische Identifizierung* eines Menschen bzw. eines menschlichen Teilsystems: des Gehirns, mit einer Maschine. Der Computer war selbst auch als ein Regulations- oder Steuerungssystem von Flugabwehrgeschützen entwickelt worden (Rosenblueth/Wiener/Bigelow 1943). Deshalb ist der Begriff der Kybernetik (s. Kap. III.49), der sich vom griechischen Wort für den Steuermann ableitet, heute vor allem mit dem Computer verbunden. Wo früher Menschen an Heizungsanlagen, Geschützen, auf Schiffen und in Flugzeugen gesteuert haben und jetzt Computer diese Funktion übernehmen, findet Kybernetik statt. Doch ist der Computer nur einer von mehreren historisch bisher realisierten Steuerungsmaschinen. Die Hemmung in der Uhr, der Fliehkraftregler in der Dampfmaschine und der Thermostat an einer Heizungsanalage sind andere Steuersysteme. Sie alle gaben Anlass zu Analogien zwischen Mensch und Maschine bzw. zwischen menschlichen Teilsystemen und diesen Regelungsapparaturen. In diesem Text werden wir die Vorgeschichte dieser Analogie bis zur gegenwärtigen Parallelisierung von Computer und Mensch darstellen.

K. Liggieri / O. Müller, *Mensch-Maschine-Interaktion*, https://doi.org/10.1007/978-3-476-05604-7_15

15.2 Regelung, Steuerung, Organisation

Seit der Antike wird über die Regulation des menschlichen Affekt- und Geisteslebens nachgedacht, die Platon in seinem Dialog über die Seele und die Liebe mit der Steuerung eines zweispännigen Wagens vergleicht (Phaidros, 253c–265e). Und der ebenfalls platonische Vergleich des Staates mit einem Organismus, bei dem die Regierung als politische Regelung durch den Kopf, die Philosophenkönige, zu erfolgen habe und nicht durch den Bauch, die Mehrheit der Bevölkerung, die für die Ernährung des Gemeinwesens sorgt (Politeia, 473c–d), zeigt, dass es bei Regulationen um Kontrolle geht. Regulation stammt vom lateinischen Wort *regere*, was ›gerade richten, lenken, herrschen‹ heißt. Unter Regulation versteht man entsprechend die Kontrolle oder Beherrschung komplexer Systeme zum Zwecke ihrer Stabilisierung oder der Stabilisierung von in ihnen ablaufenden Prozessen. Weil Maschinen, lebende Organismen, innerpsychische Zustände oder soziale Organisationen als komplexe und potentiell instabile Systeme zu betrachten sind, sind sie regulationsbedürftig. Organische, affektive, kognitive, soziale und politische Funktionen müssen durch Techniken im weitesten Sinne geregelt werden. Die zentralen Begriffe des ›Gleichgewichts‹, der ›Gleichmäßigkeit‹ und der ›Störung‹ betreffen all diese Bereiche: Seelenruhe und Vernunft als Gleichgewicht und eine Gleichmäßigkeit psychischer Prozesse, Affekte als Störungen derselben; politische und wirtschaftliche Kontinuität als Gleichmäßigkeit, Kriege und Revolutionen als Störungen; die gleichmäßige Entwicklung eines Organismus, die relative Konstanz seiner Temperatur, seines Wasser- und Stoffwechselhaushalts und deren Störung durch Verletzung oder Krankheit; der gleichmäßige Lauf einer Uhr und dessen Störung; die kontinuierliche Arbeit einer Dampfmaschine oder Heizungsanlage und ihre Störung. Besonders zentral für die Mensch-Maschine-Analogie nach den Prinzipien der Regelungstechnik und Kybernetik sind dabei die Lebensfunktionen des Menschen.

Ob ein lebendiger oder sozialer Prozess durch eine dem System externe oder interne Instanz gesteuert wird, ist für die Analogie zwischen Mensch und Maschine wesentlich. Man kann (nach Rothschuh und Toepfer) zwischen drei Modellen unterscheiden: (1) In *psychomorphen Modellen* der Regulation werden Lebensprozesse durch externe seelische Agenten reguliert, soziale Prozesse durch einen Herrscher gesteuert, der nicht aus ihnen selbst hervorgegangen ist, sondern von Gottes Gnaden eingesetzt wurde. (2) In *mechanomorphen Modellen* der Regulation ist dies eine Folge allgemeiner Naturgesetze. Auf sozialer Ebene entspricht dem die Vorstellung, dass die Gesetze des Marktes eine Gesellschaft regulierend steuern. (3) Das *technomorphe Modell* betrachtet die Regulation von Lebewesen und sozialen Systemen als Resultat von deren spezifischer Organisation oder Selbstorganisation, durch die Steuerungsinstanzen als integrale Bestandteile des Systems hervorgebracht worden sind und erhalten werden. Das Gehirn als Steuerung des Organismus entsteht der modernen Biologie zufolge in diesem Organismus als ein integraler Bestandteil. In einer Demokratie wird die Regierung aus den Personen dieser Gesellschaft in einem Wahlprozess erzeugt.

Die von Norbert Wiener in seinem 1948 erschienen Werk *Cybernetics or control and communication in the animal and the machine* begründete Kybernetik ist die Theorie, die sich mit *selbst*regulierenden Systemen, die auf Rückkoppelungsmechanismen beruhen, beschäftigt (s. Kap. III.42): Eine Ausgangsgröße (Output) eines Systems wirkt auf das System zurück und bestimmt dessen weiteren Verlauf, meist im Sinne einer Hemmung zur Wiederherstellung eines Gleichgewichts nach einer Störung (negatives Feedback), manchmal auch als (unerwünschte) Verstärkung (positives Feedback, z. B. bei Lawinen oder Börsencrashs). Vier Jahre nach Wiener hat Ross W. Ashby in *Design for a Brain* »ein System, das Feedback besitzt als gewöhnlich stabil oder aktiv instabil« charakterisiert (Ashby 1952, 54). Wichtig ist, dass das System *aus sich heraus* aktiv wird, um in den stabilen Zustand zurückzulenken oder ihn zu verlassen. Die Bezeichnung ›Kybernetik‹ kann hier als irreführend aufgefasst werden, weil der Steuermann ja ein Beispiel für eine *externe* Steuerung darstellt: Er ist nicht Teil des Schiffes, das er lenkt, sondern ist von außen in es hineingesetzt worden. Die ersten von der US-amerikanischen Armee sowohl in organisatorischer als auch technischer Hinsicht implementierten kybernetischen Systeme figurierten unter dem Term C^3: Control, Command, Communication. Daraus wurde später C^4: Control, Command, Communication, Computer (Mirowski 2002). Die Geschichte des Computers ist deshalb eng mit der Geschichte der Kybernetik verknüpft, weil Algorithmen (s. Kap. III.32) als formalisierte Rückkoppelungsmechanismen aufgefasst werden können.

Es lassen sich drei *Stufen* der Regulation unterscheiden. Regulation wird dabei als Oberbegriff für Prozesse der Regelung, Steuerung und Organisation verwendet. Regelung zielt auf die *Homöostase* ab: ein von dem französischen Physiologen Claude Bernard in seiner

Theorie des *milieu interieur* 1860 in *Leçons sur les phénomènes de la vie communs aux animaux et aux végétaux* eingeführtes Konzept. (1) Homöostase bezeichnet das innere Gleichgewicht oder Milieu eines Systems; (2) Steuerung verändert die Eingangsgröße, um gezielt einen Prozess in Gang zu setzen; (3) Organisation greift in den Aufbau des Systems selbst ein. Die Kybernetik hat sich im Laufe der Jahre von einer Theorie der Regelung zu einer Theorie der Organisation weiterentwickelt (Hayles 1999). Schematisch ergeben sich daraus neun Regulationsformen (s. Tab. 15.1).

	Externe Regulation	Interne Regulation	Selbstregulation
Regelung	Manuelle Öffnung eines Ventils	Hemmung in der mechanischen Uhr	Schwimmer, Fliehkraftregler
Steuerung	Steuerung eines Automobils durch einen Fahrer	Walze einer Spieluhr	Selbstfahrendes Auto
Organisation	Hausbau durch Bauarbeiter	Gewebewachstum eines Fötus	Bienenschwarm

Tab. 15.1 Regulationsformen

Die scheinbar scharfe Unterscheidung zwischen interner und externer Regulation ist tatsächlich weniger eindeutig als die zwischen interner Regulation und Selbstregulation. Bei Selbstregulationen müssen immer Feedback-Prozesse ablaufen. Ob aber eine austauschbare Musikwalze in einer Spieluhr als interne oder externe Regulation beschrieben wird, scheint arbiträr zu sein: eine Spieluhr ohne Klangerzeuger wäre keine Spieluhr mehr. Ob in ihr aber eine Walze eingelegt ist, die einen Marsch oder eine, die einen Walzer programmiert, ist unwichtig für ihre ›Spieluhrnatur‹. Externe Steuerungen sind häufig seelische Instanzen, weil sie nicht als integrale Bestandteile der materiellen Systeme, die sie steuern, angesehen werden (Riskin 2016). Auch die Differenz zwischen Selbstregulation und externer Regulation ist nicht ganz eindeutig. Ob Hans oder Peter am Steuerrad eines Segelschiffs steht, scheint unerheblich, so lange *irgendjemand* steuert. Ob das Schiff einen Mast hat oder nicht, ist jedoch *wesentlich* für das Schiff. Deshalb ist der menschliche Steuermann als ›externer‹ Regler zu begreifen. Wenn der professionelle Skipper jedoch nicht auf Verklicker und Kompass schaut, um das Schiff in schnellster Fahrt auf Kurs zu halten, sondern mit dem Fahrzeug so ›eins‹ geworden ist, dass er, den Wind unbewusst im Gesicht spürend, gleichsam automatisch am Steuerrad dreht, könnte man die Mensch-Maschine-Interaktion in diesem Fall als einen Feedback-Mechanismus begreifen.

Kybernetische Maschinen sind gewöhnlich *Automaten*, das heißt Maschinen mit integriertem Antrieb und integrierter Steuerung. Selbstverständlich gibt es – außer dem Kosmos selbst – keine *vollkommenen* Automaten, weil jede Maschine auf eine externe Kraftquelle angewiesen ist, sonst wäre sie ein *perpetuum mobile*. Mit der Möglichkeit Energie zu speichern, beispielsweise durch das Aufziehen einer Feder oder in einer Batterie, kann eine Maschine jedoch für einen bestimmten Zeitabschnitt als Automat betrachtet werden.

Schon in der Antike finden sich zahlreiche Automaten, die sich zum Teil schon mit Rückkoppelungen selbst steuerten, beispielsweise Heron von Alexandriens Theatermaschinen. Auch vom Planetarium des Archimedes, der *sphaera*, in dem hydraulisch bewegte Himmelskörper ihre Bahnen zogen, kann man annehmen, dass sie durch Feedbackmechanismen gesteuert wurden, obwohl davon weder Abbildungen noch Beschreibungen überliefert sind. Doch diese Mechanismen wurden nicht als Selbststeuerungen, sondern im Gegenteil als Ausdruck eines göttlichen Geistes wahrgenommen. Die Automaten waren *perfecta ratione* gefertigte Nachbauten der göttlichen *machina* oder *fabrica mundi*. In seinen tuskulanischen Gesprächen kommentiert Cicero:

> »Der, welcher ihre Umdrehungen [die des Planetariums, M. H./D. S.] und alle Bewegungen in seinem Geiste sah, hat damit gezeigt, daß sein Geist dem ähnlich ist, der sie am Himmel geschaffen hat. Denn damit, daß Archimedes die Bewegungen des Mondes, der Sonne und der fünf Planeten zu einer Kugel zusammenfügte, hat er gemacht, was jener Gott Platos tat, der im ›Timaios‹ die Welt so erbaute, daß eine einzige Umdrehung die an Langsamkeit und Schnelligkeit so unterschiedlichen Bewegungen regierte. Wenn das in diesem Weltall ohne Gott nicht geschehen kann, konnte auch Archimedes die gleiche Bewegung nicht nachahmen ohne göttlichen Geist.« (Cicero 1979, 63)

Die Perfektion des Getriebes, das hier beschrieben wird, verweist nicht etwa auf die Autonomie der Maschine (s. Kap. III.35), sondern auf einen göttlich-menschlichen *artifex*, der sie geplant und gebaut haben muss und auch steuert. Der Begriff *automaton* (s. Kap. III.34) wurde in der Antike denn auch nicht für sich selbst steuernde Mechanismen verwendet, sondern als Charakterisierung einer nicht natürlichen, aber spontanen Bewegung, etwa, wenn Pallas Athene in ihrem Wagen vom Olymp zu den Menschen auf die Erde fährt und sich die Wolken automatisch nach beiden Seiten öffnen, um ihr Platz zu schaffen (Homer 2014, 5. Gesang, V. 749–752).

Dass der Geist des Archimedes den göttlichen Geist nachahmen muss, um ein Planetarium zu erschaffen, verweist auf zwei ebenfalls analogische Gedankenmotive, die auch für die Mensch-Maschinen-Analogie von Bedeutung sind: Die Analogie zwischen Gott und Mensch auf der einen und die zwischen Mikrokosmos und Makrokosmos auf der anderen Seite. Die erste Analogie betrifft die göttliche Kreativität und die des Menschen. Der platonische Schöpfergott handelt technomorph, weil er die Welt nicht wie der biblische Gott *ex nihilo* erschafft, sondern mit Blick auf die Ideen in einem vorgegebenen Medium, der *chora* (Timaios 52d–53a). Die menschliche Kreativität, die Maschinen hervorbringt, orientiert sich entsprechend an in der Natur vorgegebenen Mustern und muss diese zunächst in vorgegeben Materialien realisieren. Die zweite Analogie betrifft vor allem den menschlichen Organismus als ›Abbild‹ der ganzen Welt. Wird die ganze Welt, wie bei Platon, in ihrer Bewegung durch eine Weltseele gesteuert beschrieben, so wird auch der diese Welt abbildende Organismus als beseelt begriffen. Wird die Welt jedoch, wie es ab dem 16. Jahrhundert immer häufiger geschieht, als Maschine aufgefasst, verwandelt sich in der Mikro-Makrokosmos-Analogie auch der menschliche Organismus in eine Maschine.

Alles Lebendige – und dazu gehört zunächst etwa bei Platon auch der Kosmos selbst – ist auf eine zusätzliche, für die gesteuerte Bewegung zuständige externe Instanz angewiesen, die beim Körper *Seele*, beim Welttier *Weltseele* heißt. Ob diese externe Seelensteuerung materiell oder immateriell (wie bei Platon), ob sie diskret lokalisierbar oder in dem zu steuernden System allgegenwärtig fungiert, ist damit noch nicht festgelegt.

Die Welt als Maschine dient keinem äußeren Zweck. Das Wort ›Kosmos‹ leitet sich von ›kosmein‹ für ›schmücken‹ ab: Die Welt ist ein selbstgenügsamer prächtiger Zusammenhang. Es ist vor diesem Hintergrund nicht verwunderlich, dass die Automatisierung von Nutzmaschinen in der Antike kaum bekannt war. Vor allem Maschinen, die der Beeindruckung, dem Spektakel, der Unterhaltung, Bildung und Erbauung dienten, waren Automaten; als wäre der ursprüngliche Zweck der Automatisierung nicht die Arbeitserleichterung, sondern die Veranschaulichung der Analogie von Mikrokosmos und Makrokosmos gewesen.

15.3 Mechanisierung des Welt- und Menschenbildes

Zwischen dem 13. und 17. Jahrhundert entwickelt sich aus dem *automaton* der Automat als Inbegriff der Selbststeuerung. Technisch wurde diese Verschiebung durch die Erfindung der mechanischen Uhr ermöglicht, geistesgeschichtlich durch die Lockerung des Zusammenhangs zwischen Bauen und Steuern. In der Antike galt: Weil sich nichts selbst bauen kann, kann sich auch nichts selbst steuern. Es braucht für beides einen geistigen Agenten, den menschlichen oder den göttlichen Geist. Diese enge Verbindung wird in der Neuzeit gelockert, wenn auch nicht ganz gelöst, wie der Anfang des *Leviathans* von Thomas Hobbes zeigt:

> »Nature (the Art whereby God hath *made and governs* the World) is by Art of man, as in many other things, so in this also imitated, that it can make an Artificial Animal. For seing life is but a motion of the Limbs, the beginning whereof is in some principall parts within; why may we not say, that all Automata (engines that move themselves by springs and wheeles as doth a watch) have artifical life?« (Hobbes 1991, 9; Herv. von M. H./D. S.)

Diese Lockerung hat wiederum mit einem neuen Konzept der Bewegung zu tun. Hinter jeder Bewegung musste im vormodernen Denken ein Beweger stecken, der wiederum von einem anderen Beweger bewegt wird usw. Am Ende der Kette steht deshalb im aristotelischen Kosmos Gott als ›unbewegter Beweger‹. Steuerung und Bewegung können in diesem Bild der Welt nicht getrennt werden, weil Bewegung immer gerichtet ist. Jeder bewegte Gegenstand hat ein ihm innewohnendes Ziel, auf das er zusteuert, aristotelisch seine »entelechie« (Aristoteles: Metaphysik IX, 8). In modernen Bewegungslehren wird dagegen auch die träge, sich selbst erhaltende Bewegung als *default mode* von Körpern akzeptiert, bis schließlich bei Newton die gleichförmig gradlinige Bewegung der Zustand ist, von dem Körper durch einen äußeren Einfluss abgebracht werden müssen (Newton 1726/1972, 2. Gesetz). Das hat Auswirkungen auf die Deutung der Bewegungen der Teile einer Maschine.

Im mechanisierten Weltbild des 17. Jahrhunderts musste nicht mehr auf eine rätselhafte Seele zurückzugegriffen werden, um Bewegungen von Körpern zu erklären: Sie fallen ›von selbst‹ oder durch die Gravitationskraft oder ihnen wird durch Stoß ein Impuls gegeben, dessen Stärke und Orientierung die Geschwindigkeit und Richtung der resultierenden Bewegung festlegt. Die Geometrie wird so ab Galilei ein wesentlicher Bestandteil der Bewegungslehre (Vektorrechnung). Das hat Folgen für das Verständnis der in einer komplexen Maschine ablaufenden Bewegungen. Auch diese müssen nicht mehr psychomorph, sondern können zumindest partiell geometrisch erklärt werden, wie sich u. a. in Christian Wolffs Definition der Maschine zeigt:

> »Eine Maschine ist ein *zusammengesetztes* Werck, dessen *Bewegungen* in der Art der Zusammensetzung gegründet sind. Die Welt ist gleichfalls ein zusammengesetztes Ding, dessen *Veränderungen* in der Art der Zusammensetzung gegründet sind. Und demnach ist die Welt eine Maschine.« (Wolff 1720/2009, 337)

Die Steuerung bleibt aber weiterhin auch in der Neuzeit ein problematisches Thema, allerdings aus anderen Gründen als in der Antike. Die Welt als von Gott gebaute perfekte Maschine sollte ihr Programm bis in alle Ewigkeit ohne Störung abschnurren. Die Starrheit der Mechanik macht eigentlich jede Steuerung überflüssig. Anders gesagt: Steuerung erfolgt nur beim Bau als Organisation. Müsste Gott später eingreifen, würde dies auf ein Defizit der Planung schließen lassen, d. h. seine Allwissenheit in Frage stellen. Würde er nie eingreifen, wäre er überflüssig. Diese aus der Leibniz-Clarke(-Newton)-Kontroverse bekannten, scheinbar rein theologisch motivierten Widersprüche zeigen, dass zwischen externer, interner und autonomer Regulation, was die Weltmaschine angeht, nicht klar unterschieden werden kann: Reguliert sich die Welt selbst aufgrund der Gott gegebenen Naturgesetze, ist Gott ihr Organisator, aber er kann sie nicht mehr kontrollieren. Kontrolliert Gott die Welt, so tut er das entweder als interner oder externer Regler. Als interner Regler verliert er seine Transzendenz, als externer Regler bleibt unverständlich, wie er als geistiges Wesen auf die körperliche Weltmaschine einwirkt, es sei denn durch permanente Wunder.

Auch im Leviathan, der Hobbesschen Staatsmaschine, ist nicht klar, wo das Programm der Naturgesetze, an deren Einhaltung sich der Souverän in seiner Lenkung des Staates zu halten hat, wenn er keinen Widerstand heraufbeschwören will, eigentlich herkommt: aus einer von allen Menschen geteilten Vernunft als interner Steuerung oder von einem die Bestrebungen nach eigener Freiheit und Unterwerfung anderer lenkenden externen Regelungssystem.

Was die Steuerung der menschlichen Lebensprozesse angeht, so erfolgt sie bei frühneuzeitlichen Theoretikern meist in zwei Schritten: Zunächst wird das Herz als internes Steuerungsorgan festgelegt. Analog zu den durch Walzen oder Lochstreifen gesteuerten Musikautomaten steuert seit der Entdeckung des Blutkreislaufs durch William Harvey das Herz den menschlichen Körper, allerdings nach einem fixen Programm ohne Möglichkeit der Varianz durch Rückkoppelung. Das Herz regiert wie ein »gleichsam inneres Lebewesen« oder »Fürst« »allgegenwärtig lenkend« (»gubernans«) den Organismus (Harvey 1661, 166 f.). Es entbehrt nicht einer gewissen Ironie, dass ausgerechnet der für seine Trennung von Leib und Seele bei Vielen in Verruf geratene René Descartes dem Körper selbst die Fähigkeit zuschreibt, unterschiedlich auf seine Umgebung zu reagieren. In seinem Frühwerk *De homine* beschreibt er Regelkreise, die nicht nur somatische Vorgänge kontrollieren. Güte, Grossmut und Liebe sind ebenso maschinelle Produkte, wie Selbstvertrauen und Mut (Descartes 1969, 97). Analog zu Wasserspielen, die aus rein passiver Materie zusammengesetzt sind, funktionieren menschliche und tierische Körper als rein mechanische kybernetische Maschinen. Externe Anlässe lassen sie aufgrund ihrer geometrischen internen Organisation variabel reagieren, sodass sie eine gewisse Autonomie gewinnen. In diesem Sinne sind Tiere für Descartes Automaten. Bei Menschen kommt die Fähigkeit hinzu, zwischen verschiedenen Möglichkeiten aufgrund von moralischen Überlegungen, Erkenntnis oder Selbstreflexion zu *wählen*. Sie ist ihnen durch eine *anima rationalis*, eine freie Seele gegeben. Der menschliche Körper Descartes' ist demnach eine hybride Maschine: Auf niederem Funktionsniveau ist er autonom und kybernetisch gesteuert, auf höherem Niveau übernimmt ein externer Geist die Kontrolle (s. Kap. II.G.24).

Zwischen 1650 und 1750 verliert der Gedanke einer externen geistigen Steuerung für etliche Theoretiker an Attraktivität und der Mensch wird zunehmend als sich selbst steuernde Maschine begriffen. Dieser Prozess geht mit der Verschiebung des Interesses für den Blutkreislauf und das Herz zu den Nerven und dem Gehirn einher.

15.4 Lebenskraft

Vitalistische Ideen von Autoren wie Albrecht von Haller und Georg Ernst Stahl führen Mitte des 18. Jahrhunderts zu einem teilweisen Zusammenbruch des mechanistischen Weltbildes und zu einer Neuausrichtung der Mensch-Maschinen-Analogie. Lebensvorgänge, so der Einwand, können nicht auf mechanische Kraftübertragungen reduziert werden. Die Irreversibilität von Geburt, Wachstum und Tod, die Tatsachen der Metamorphose in der Natur, können mit reiner Mechanik nicht verstanden werden. Um Leben zu verstehen, muss deshalb eine eigene *vis viva* als Steuerungsinstanz angenommen werden.

Diese Lebenskraft äußert sich als ›Irritabilität‹ und ›Sensibilität‹ lebender Gewebe. Unter ›Irritabilität‹ verstehen die Erfinder dieser Begriffe, Francis Glisson und Albrecht von Haller, die Fähigkeit des Muskels, sich nach Reizung zusammenzuziehen, unter *Sensibilität* die Fähigkeit der Nerven, Reize weiterzugeben. Denis Diderot legte die *sensibilité* oder Empfindsamkeit einer organischen Metaphysik zugrunde.

Er beschreibt in »Le rêve de d'Alembert« von 1769 die Sensibilität – im Gegensatz zu den frühen Vitalisten – als eine *aller* Materie innewohnende Kraft, die eine spezifische und aktive Reaktion der Körper möglich macht. Diderot vollzieht damit den entscheidenden Schritt in Richtung einer vollständigen Internalisierung und Materialisierung der Steuerung. War Materie bei Descartes noch passiv und basierte Selbstregulation auf ihrer geeigneten Zusammensetzung, wird sie bei Diderot aktiv regulierend; die Materie beginnt gleichsam zu denken. Damit ist ein extern steuernder Geist überflüssig geworden. Korpuskulartheoretisch geht Diderot von »sensiblen Molekülen« aus, die er mit einzelnen Bienen vergleicht, die miteinander Wahrnehmungsinhalte austauschen und auf sie reagieren (Diderot 1830/1989, 528). Diese Elemente organisieren sich selbst zu Aggregaten, so wie sich Bienen zu einem Bienenschwarm zusammentun. Die Aggregate sind zentrumslos; das gilt auch für den Menschen. Organisation und Selbstorganisation sind zwar auch Formen der Regulation, doch sie unterscheiden sich von Steuerung und Selbststeuerung dadurch, dass sie ein vorbestehendes System nicht bloß im Gleichgewicht halten, sondern auch aufbauen. Organisation bildet Strukturen, erschafft Neues und ermöglicht Veränderungen.

Ob man hier von einer Rückkehr des stoischen Panpsychismus sprechen kann, hängt von der Deutung ab, die man der antiken *psyché* gibt. Wird sie als Zusatz zur toten Materie verstanden, dann ist Diderot kein Panpsychist; wird sie allerdings als eine Eigenschaft der Materie begriffen, so ist er sehr wohl Panpsychist. Organisation unterscheidet demnach gerade das Lebendige vom Toten. Bei Diderot gibt es dementsprechend nichts Totes. Organisation von denkender Materie wird explizit gegen die Mechanisten und deren Mensch-Maschine-Analogie in Anschlag gebracht.

Mitte des 18. Jahrhunderts hat sich ein Gegensatz zwischen lebendiger Organisation und mechanischer Steuerung, zwischen Leben und Maschine etabliert, der auch den Gegensatz von Republik und absoluter Monarchie repräsentiert. Das Leben kann im Gegensatz zu Maschinen nicht durch eine in der Mathematik gründende Wissenschaft verstanden werden. Die Analogie von Mensch und Maschine scheint zu zerbrechen.

Doch ist der Mensch vielleicht bloß eine bessere Maschine, nicht so grobschlächtig wie die Uhr? Diesen Gedanken äußert erstmals Gottfried Wilhelm Leibniz, irritiert von einem Mechanizismus, der Lebenserscheinungen nicht erklären kann. Er glaubt, dass die Analogie mit der Uhr individuelle Differenzen ausradiert. Jede Uhr funktioniert gleich, wird von demselben Mechanismus gesteuert, und läuft im Idealfall gleichförmig und unverändert bis in alle Ewigkeit. Jeder Mensch, jedes Lebewesen hat hingegen eine individuelle Geschichte, eine eigene Regel der Transformation, eine eigene Steuerung, die mit der Uhr nicht zu vergleichen ist.

Obschon auch Leibniz den Begriff der *vis viva*, der Lebenskraft, benutzt, will er sich nicht von den Mechanisten abgrenzen, weil er der Überzeugung ist, mit der Infinitesimalrechnung eine Mathematik gefunden zu haben, die seiner Forderung nach Beschreibung individueller Lebens- und Steuerungsprozesse gerecht wird. Er treibt die Maschinenanalogie im Gegenteil noch weiter, indem er behauptet, Lebewesen seien bis in ihre kleinsten Elemente Maschinen, das heißt gesteuerte Gefüge (Leibniz 1998, 47 § 64). Wenn er Organismen als zentralisierte Systeme von Monaden beschreibt und dabei jede Monade als durch eine Begriffsfolge gesteuert begreift, antizipiert er das Konzept einer *abstrakten symbolischen Maschine* oder des *algorithmischen Programms* als Steuerungsmechanismus. Baut Diderot einen, auch politisch begründeten, Gegensatz von Leben und Maschine auf, der auch ein Gegensatz von Leben und mathematischer Wissenschaft ist, bemüht sich Leibniz um deren Versöhnung. Dabei wird er von der technischen Entwicklung seiner Zeit unterstützt.

Der Schwimmer ist wohl der erste industriell verwendete Feedbackmechanismus. Er öffnet ein Ventil, wenn der Wasserspiegel in einem Gefäß eine bestimmte Höhe erreicht. Wasser kann abfließen, um das Überlaufen zu verhindern, worauf das Ventil sich wieder schließt. Der Legende nach erfand ein gewisser Humphrey Potter 1723 in Birmingham den Schwimmer, um sich von der lästigen Pflicht zu befreien, bei Dampfmaschinen Ventile von Hand öffnen und schließen zu müssen. Die Dampfmaschine von James Watt wurde nicht mehr von einem Schwimmer, sondern einem *Fliehkraftregler* im Gleichgewicht gehalten. Die Bedeutung dieser unscheinbaren Mechanismen kann nicht nur für die industrielle Entwicklung, sondern auch für das Selbstverständnis des Menschen als sich selbst regulierender Maschine kaum überschätzt werden. Denn mit ihnen wurde der Beweis erbracht, dass Materie sich selbst steuern, quasi reflexiv zwischen zwei Zuständen: ›offen‹ oder ›geschlossen‹, ›entscheiden‹ kann.

Die französischen Materialisten des 18. Jahrhunderts nahmen diese Vorgabe begeistert an, allen voran Julien Offray de La Mettrie in seinem Skandalbuch *L'homme machine* von 1748. Der irreführende Titel des Buches ließ es häufig als Höhepunkt des mechanistischen Weltbildes erscheinen. Es ist aber das genaue Gegenteil. Während die Mechanisten, wie Otto Mayr (Mayr 1987, 141) zu Recht bemerkt, mit ihrer Uhrenanalogie eine zentrale, und auch autoritäre Steuerung unterstützten, ist der Maschinenmensch La Mettries ein psychophysisches Aggregat, das sich über Regelkreise selbst steuert. Dabei spielen Triebe wie Hunger und sexuelle Lust und Affekte wie Angst oder Freude eine zentrale regulatorische Rolle. Kognitive und affektive Funktionen sind bei La Mettrie einerseits von anatomischen Strukturen und physiologischen Prozessen des Nervensystems oder der Eingeweide nicht zu trennen. Andererseits sind sie auch immer miteinander verkoppelt: Kognitionen haben eine affektive Kodierung als lustvoll oder schmerzhaft, Affekte einen Erkenntniswert. Die Selbstregulationsprozesse der Menschmaschine betreffen deshalb immer gleichzeitig Physiologie, Neurologie, Kognition und Emotion. La Mettries Buch hat vor allem polemische Absichten: Es soll beweisen, dass der Mensch von Natur aus ein von seinen sexuellen Trieben gesteuertes Wesen ist. Es ging ihm also weniger um die Abschaffung einer seelischen Steuerung. Er wollte vielmehr zeigen, dass die seelischen Zustände durch physiologisch bedingte Lust- und Unlustempfindungen reguliert werden.

15.5 Zwei Geschichten

Die Vorstellung, der Mensch oder sein Gehirn seien kybernetische Maschinen, hat zwei Geschichten, eine lange und eine kurze. Die lange Geschichte beginnt mit Platons Seelenwagen und entwickelt sich zu neuzeitlichen Regulationssystemen und den mit ihnen verbundenen anthropologischen Analogien, wie wir sie hier dargestellt haben. Die kurze Geschichte betrifft die sich aus der Thermodynamik und der symbolischen Logik entwickelnde Informationstheorie, für die Namen wie Norbert Wiener, Alan Turing und Claude Shannon stehen (Turing 1937 und 1948/2003; Shannon 1948; Wiener 1948; s. Kap. III.46). Als Gehirne, Organismen und Maschinen im gleichen Maße zu *informationsverarbeitenden* Systemen wurden, schien an die Stelle der Bewegung von Körpern und ihrer Regulation etwas ganz Neues zu treten: die Regulation von Informationsflüssen. Mit Information glaubten die Kybernetiker den Dualismus von Geist und Körper und damit das Problem des Verhältnisses von externer, interner und Selbststeuerung gelöst zu haben (Pias 2003). Zugleich erarbeiteten sie ein neues Maschinenmodell, das sich schon bei Leibniz angedeutet hatte: die abstrakte symbolische Maschine oder das Computerprogramm, das als universale Maschine alle informationsverarbeitenden Prozesse regelt (Turing 1937). Die Affekte, die mit der Analogisierung von Mensch und Maschine heute verbunden sind, können jedoch nicht verstanden werden, wenn man sich allein auf die Regelung von Informationsverarbeitung bezieht. Dass Maschinen im Unterschied zu Menschen seelenlos, nicht lebendig seien und keine Empfindungen haben können, weshalb die *Dis*analogie zwischen Mensch und Maschine relevanter als die Analogie zwischen beiden sei, macht nur die lange Geschichte dieses Verhältnisses deutlich – die Geschichte, in der die Seele und Gott als *Gubernatores* auftreten.

Literatur

Aristoteles: Metaphysik. Zwei Halbbände. Griechisch-Deutsch. In der Übersetzung von Hermann Bonitz. Hamburg 2009.

Ashby, W. Ross: Design for a Brain. London 1952.

Bernard, Claude: Leçons sur les phénomènes de la vie communs aux animaux et aux végétaux. 2 Bde. Paris 1878–1879.

Berns, Jörg Jochen/Neuber, Wolfgang (Hg.): Seelenmaschinen. Gattungstraditionen, Funktionen und Leistungsgrenzen der Mnemotechniken vom späten Mittelalter bis zum Beginn der Moderne. Wien 2000.

Cicero, Marcus Tullius: Gespräche in Tusculum. Lateinisch-Deutsch. Hg. von Olof Gigon. München 1979.

Descartes, René: Über den Menschen (1632) sowie Beschreibung des menschlichen Körpers (1648). Hg. von Karl E. Rothschuh. Heidelberg 1969.

Diderot, Denis: Gespräche mit d'Alembert. In: Ders.: Philosophische Schriften, Bd. I. Westberlin 1984 (frz. 1830), 509–579.

Glisson, Fances: Tractatus de natura substantiae energetica, seu de vita naturae. London 1672.

Haller, Albrecht von: De partibus corporis humani sensilibus et irritabilibus. Göttingen 1753.
Harvey, William: Exitationes Anatomicae. De Motu Cordis et Sanguines Circulo. Rotterdam 1661.
Hayles, N. Kathrine: How we became posthuman. Virtual Bodies in Cybernetics, Literature, and Informatics. Chicago 1998.
Hobbes, Thomas: Leviathan [1651]. Hg. von Richard Tuck. Cambridge 1991.
Homer: Ilias. Griechisch-Deutsch. Übers. von Hans Rupé. Berlin [16]2014.
Johnson, George: Ghost in the Chess-Machine: A Brain, or Just a Black Box? In: New York Times May 9, 1997.
Kapp, Ernst: Grundlinien einer Philosophie der Technik [1877]. Hamburg 2015.
La Mettrie, Julien Offray de: L'homme machine / Die Maschine Mensch, französisch deutsch. Hg. von Claudia Becker. Hamburg 1990 (frz. 1748).
Leibniz, Gottfried Wilhelm: Monadologie. Französisch-Deutsch. Hg. von Harmut Hecht. Stuttgart 1998 (frz. 1714).
Leibniz, Gottfried Wilhelm: Briefwechsel zwischen G. W. Leibniz und S. Clarke. In: Ders.: Philosophische Schriften. Hg. von Herbert Hering. 5 Bde. Darmstadt 1959–1992, Bd. V. Darmstadt 1989, 357–456.
Mayr, Otto: Uhrwerk und Waage. Autorität, Freiheit und technische Systeme in der frühen Neuzeit. München 1987.
Mirowski, Philip: Machine Dreams. Economics becomes a Cyborg Science. Cambridge, Mass. 2002.
Nancy, Jean-Luc: Corpus. Berlin 2003.
Newton, Isaac: Philosophiae Naturalis Principia Mathematica [1726]. Hg. von A. Koyré und I. B. Cohen. Cambridge, Mass., 1972.
Pias, Claus (Hg.): Cybernetics-Kybernetik. The Macy Conferences 1946–1953. Transactions/Protokolle. 2 Bde. Zürich 2003.
Platon: Der Staat. In: Ders.: Werke in acht Bänden. Griechisch und Deutsch. Hg. von Gunter Eigler. Darmstadt 1970–1977, Bd. 4. Darmstadt 1971.
Platon: Phaidros. In: Ders.: Werke in acht Bänden. Griechisch und Deutsch. Hg. von Gunter Eigler. Darmstadt 1970–1977, Bd. 5. Darmstadt 1983.
Platon: Timaios. In: Ders.: Werke in acht Bänden. Griechisch und Deutsch. Hg. von Gunter Eigler. Darmstadt 1970–1977, Bd. 7. Darmstadt 1972.
Riskin, Jessica: The Restless Clock. A History of the Centuries-Long Argument over What Makes Living Things Tick. Chicago 2016.
Rosenblueth, Arthur/Wiener, Norbert/Bigelow, Julien: Behavior, purpose and teleology. In: Philosophy of Science 10/1 (1943), 18–24.
Rothschuh, Karl E.: Historische Wurzeln der Vorstellung einer selbsttätigen informationsgesteuerten biologischen Regelung. Nova Acta Leopoldina 37 (1972), 91–106.
Shannon, Claude E.: A Mathematical Theory of Communication. In: The Bell System Technical Journal XXVII/3 (1948), 379–429.
Toepfer, Georg: Regulation. In: Historisches Wörterbuch der Biologie. Geschichte und Theorie der biologischen Grundbegriffe. Stuttgart 2011, 148–199.
Turing, Alan: On Computable Numbers, with an Application to the Entscheidungsproblem. In: Proceedings of the London Mathematical Society 42 (1937), 230–265.
Turing, Alan: Intelligent Machinery. A Report by A. M. Turing (dated 1948). In: B. Jack Copeland (Hg.): The Essential Turing. The Ideas that Gave Birth to the Computer Age. Oxford 2004, 410–432.
Wiener, Norbert: Cybernetics or Control and Communication in the Animal and the Machine. Cambridge, Mass. 1948.
Wolff, Christian: Vernünftige Gedanken von Gott, der Welt und der Seele des Menschen, und auch allen Dingen überhaupt: den Liebhabern der Wahrheit mitgetheilet [1720]. Hildesheim 2009.

Michael Hampe / Daniel Strassberg

16 Kybernetische Maschinen – artifizielles Leben oder lebhafte Artefakte?

Kybernetische Maschinen, wie sie zwischen den späten 1940er und frühen 1960er Jahren im Umfeld der US-amerikanischen und europäischen Kybernetik (s. Kap. II. E.15) entstanden sind, begegnen uns gelegentlich noch heute in Debatten über die Gegenwart und Zukunft des Mensch-Maschine-Verhältnisses. Norbert Wieners (1894–1964) Flugabwehrgeschütz oder Grey Walters (1910–1977) Roboter-Schildkröten führen ein munteres Nachleben und dienen vielen Autor/innen und Kommentator/innen als Beispiele für den Ursprung eines neuen Maschinentyps in der Mitte des 20. Jahrhunderts. Demnach seien kybernetische Maschinen die ersten Artefakte gewesen, welche die hergebrachten Grenzen zwischen Leben und Nichtleben, Mensch und Maschine oder mechanischem und intelligentem Verhalten durchlässig werden ließen. Andere sehen in kybernetischen Maschinen erste Beispiele einer »Wissenschaft der Maschinenintelligenz« (Husbands/Wheeler/Holland 2008, 1) deren Produkte wie Künstliche Intelligenz-Systeme, *Machine Learning* (s. Kap. II.E.17) und neuronale Netze heute kontrovers diskutiert werden. Wieder andere erkennen in kybernetischen Maschinen Manifestationen eines neuen und bedrohlichen Denkstils militärischen Ursprungs, der auf Kontrolle, Selbstregulation und Überwachung setzt, und letztlich die Entmachtung des Menschen zugunsten eines »kybernetischen Kapitalismus« (Tiquun 2007) zur Folge haben wird. Solche Ursprungserzählungen stehen oder fallen mit der Antwort auf die Frage nach dem ontologischen Status kybernetischer Maschinen: Haben wir es bei kybernetischen Maschinen tatsächlich mit einer neuen Gattung künstlichen Lebens zu tun oder handelt es sich bei ihnen eher um Projektionsflächen historischer Diskurse?

16.1 Phänomenlage

Zunächst einmal handelte es sich bei kybernetischen Maschinen um elektromechanische Apparate, die bestimmte Funktionsprinzipien modellieren sollten. In den Experimenten der Kybernetiker spielten solche Maschinenmodelle eine ähnliche Rolle wie die seit dem beginnenden 20. Jahrhundert aus behavioristischen Versuchsanordnungen bekannten Versuchstiere: Kybernetiker konstruierten Maschinen, um ihr Verhalten bzw. das zugrundeliegende Funktionsprinzip zu erforschen. Dahinter verbarg sich die Überzeugung, dass in der Welt universale Funktionsprinzipien wie ›Feedback‹ (s. Kap. III.42) oder ›Selbstorganisation‹ existierten und sich diese Prinzipien unabhängig von ihrer konkreten Existenzweise im Tier, in der Maschine oder im Menschen erforschen ließen. Es ging Kybernetikern also nicht darum, Maschinen zu konstruieren, die Tiere oder Menschen *waren*, sondern darum, Maschinen zu konstruieren, die sich Funktionsprinzipien zu eigen machten, die man auch im Menschen oder im Tier finden konnte (Hayles 1999, 93 f.). In einem der Gründungstexte der Kybernetik stellten Wiener, der Neurophysiologe Arturo Rosenblueth (1900–1970) und der Ingenieur Julian Bigelow (1913–2003) (1943) diesen Ansatz als eine erweiterte Form des klassischen Behaviorismus nach John B. Watson (1878–1958) vor: Analog zu dessen externalistischer Perspektive auf das Verhalten von Organismen schlugen sie vor, jedes Untersuchungsobjekt – egal ob Tier, Mensch oder Maschine – als Input/Output-Relation in Bezug auf ihre Umwelt zu begreifen. Im Unterschied zum Behaviorismus sollten dabei jedoch erstens solche Verhaltensweisen untersucht werden, die als zielgerichtet interpretiert werden konnten. Zweitens erklärten die Autoren ›zielgerichtetes Verhalten‹ als den Effekt eines inneren Funktionsprinzips wie dem ›Feedback‹ (s. Kap. III.42). Diese unauflösbare Verschachtelung von Außen- und Innenperspektive ist charakteristisch für die Kybernetik und ihre Maschinen (Hayles 1999, 96).

Die epistemische Produktivität kybernetischer Maschinen als Modelle universaler Funktionsprinzipien enthielt jedoch immer auch das Versprechen ihrer eigenen Optimierbarkeit: Das an und mit kybernetischen Maschinen erworbene Wissen über universale Funktionsprinzipien sollte der Entwicklung und Konstruktion besserer Maschinen zugutekommen – ein Umstand, der kybernetische Maschinen auch für das Militär und die Industrie interessant machte. Deutlich wird dies am Beispiel einer der bekanntesten kybernetischen Maschinen, die Rosenblueth, Wiener und Bigelow, bei ihrer Reformulierung des Behaviorismus inspiriert hatte: Im Auftrag des National Defense Research Committee (NDRC) arbeiteten Wiener und Bigelow in den frühen 1940er Jahren am Massachusetts Institute of Technology an einem Gerät zur Steuerung von Flugabwehrgeschützen, welches die Flugbahn eines feindlichen Objektes verfolgen und dessen zukünftige Position vorhersagen sollte. Das Ergebnis sollte der Anti Aircraft Predictor

J. B. Metzler © Springer-Verlag GmbH Deutschland, ein Teil von Springer Nature, 2019
K. Liggieri / O. Müller, *Mensch-Maschine-Interaktion*, https://doi.org/10.1007/978-3-476-05604-7_16

(AAP) an das Geschütz zurückmelden, welches dann automatisch auf die zukünftige Position zielen sollte, während der Schütze die aktuelle Position des Flugzeugs anvisierte. Gleichzeitig sollte der AAP aus seinen eigenen Vorhersagefehlern ›lernen‹ und diese als Input für zukünftige Berechnungen verwenden (Galison 2001, 438–451; Kline 2015, 18–22).

Weil das Ziel bei der Konstruktion kybernetischer Maschinen darin bestand, dass diese bis zu einem gewissen Grad ›frei‹ mit ihrer Umgebung interagieren und ihre Verhaltensweisen für eine/n Beobachter/in ›zielorientiert‹ erscheinen sollten, gelten einige von ihnen heute als Vorläufer früher Roboter, wie sie seit den späten 1970er Jahren entstanden (Jank 2014, 235–237; Rid 2016, 65–98). Ein wesentlicher Aspekt kybernetischer Maschinen lag entsprechend in ihrer Performanz und Vorführbarkeit, womit sie einen großen Beitrag zur öffentlichen Wahrnehmung der Kybernetik leisteten: Sie waren unterhaltsam. Kybernetiker wie Wiener erkannten dieses Potential und arbeiteten bei der Konstruktion ihrer kybernetischen Maschinen gezielt mit der Presse zusammen, führten Radiointerviews oder stellten ihre Maschinen im Fernsehen vor (Kline 2015, 82 f.; Müggenburg 2018, 11–13). Eine besondere Bedeutung kam in diesem Zusammenhang jenen kybernetischen Maschinen zu, die von ihren Konstrukteuren als »synthetische Tiere« (De Latil 1956, 21) inszeniert wurden. Um seine neue Interdisziplin einem größeren Publikum bekannt zu machen, beauftragte Wiener im Jahr 1949 und mit Mitteln des Magazins *Life* eine Gruppe junger Ingenieure am MIT mit der Konstruktion einer kleinen mobilen Maschine mit drei Rädern und einer Photozelle. Je nach Konfiguration bezeichnete der Mathematiker die Maschine als »lichtsuchende Motte« oder »lichtmeidende Bettwanze« (ebd., 76–79). Im gleichen Jahr entwickelte der britische Kybernetiker Grey Walter eine ähnliche Maschine, die er ›Machina Speculatrix‹ nannte (Walter 1963, 100–107). Wie Wieners Motte/Wanze ein einfacher mobiler Roboter auf drei Rädern, konnte die Maschine dank einer photoelektrischen Zelle auf ihrer Vorderachse und einem Kontaktschalter unter ihrem Gehäuse eine Lichtquelle ansteuern und bei Berührung mit Hindernissen die Richtung ändern. Walter bezeichnete seine Maschine auch als ›Schildkröte‹ und gab den zwei ersten Exemplaren die Vornamen bzw. Akronyme ›ELMER‹ und ›ELSIE‹ (Rieger 2006; Pickering 2010).

Der spielerische Aspekt solcher frühen Roboter führte dazu, dass sie in den 1950er Jahren zu »Ikonen der Kybernetik« (Kline 2015, 50–55) avancierten und als Beleg für die vermeintliche Aufweichung der Grenze zwischen Tier und Maschine herangezogen wurden. Auch die ›Maus‹ *Theseus*, die ihr Konstrukteur Claude Shannon (1916–2001) auf einem Treffen der Macy-Konferenzen vorstellte, fällt in diese Kategorie der »Spielmaschinen« (Roch 2009, 15) (s. Kap. II.F.19): Der Ingenieur hatte eine Art Tischlabyrinth konstruiert, durch das sich eine kleine (magnetisch geführte) Robotermaus auf drei Rädern bewegte. Unter dem Labyrinth angebrachte digitale Telefonrelais sorgten dafür, dass die ›Maus‹ im Rahmen eines Trial-and-Error-Verfahrens ›lernte‹, den Weg zu einem Stück ›Käse‹ zu finden (ebd., 22). Bei manchen kybernetischen Maschinen war die Grenze zum Kunstobjekt aufgrund ihrer Lauf- und Interaktionsfähigkeit unscharf. Gordon Pasks (1928–1996) Multimedia-Installationen wie *Musicolour* oder *Colloquy of Mobiles* gelten heute als Beispiel für frühe interaktive und environmentale Medienkunst (Bird/Paolo 2008; Pickering 2010).

Trotz ihres Spielzeugcharakters und ihrer Nähe zu historisch später auftretenden Ansätzen einer ›verkörperte Künstlichen Intelligenz‹ innerhalb der Robotik, begriffen Kybernetiker ihre Maschinen in erster Linie als wissenschaftliche Werkzeuge der Erkenntnisproduktion. Durch den starken Fokus der ursprünglichen Kybernetikgruppe auf Funktionsweisen des menschlichen Gehirns wurden die meisten kybernetischen Maschinen als »biologisch inspirierte gehirnähnliche Geräte« interpretiert (Husbands/Wheeler/Holland 2008, 19). Auch Walters ›Schildkröten‹ waren zunächst als »Beitrag zu den Wissenschaften vom Gehirn gedacht« (Pickering 2004, 108). In dem Zusammenspiel von zwei Vakuumröhren, zwei Relais und zwei Kondensatoren in ihrem Inneren erkannte ihr Konstrukteur ein extrem reduziertes Modell der emergenten Eigenschaften des ungleich komplexeren neuronalen Netzes im menschlichen Gehirn. Walter war Mitglied des Ratio Clubs, eine Gruppe britischer Neurophysiologen, Psychiater und Mathematiker an der University of Cambridge, die zeitgleich zu den US-Amerikanischen Kybernetikern nach mathematisch formalisier- und mechanisierbaren neuronalen Funktionsprinzipien suchten (Husbands/Holland 2008). Eine der bekanntesten und auch in den USA viel besprochenen kybernetischen Maschinen der 1950er Jahre stammte ebenfalls von einem Mitglied dieser Gruppe. Der *Homöostat* des Neuropsychiaters Ross Ashby (1903–1972) sollte die Fähigkeit des menschlichen Gehirns modellieren, sich trotz seiner physiologischen Determiniertheit an veränderliche Umweltbedingungen anpassen zu können. Das elektromechanische Modell bestand aus vier Transformatoren, von denen jeder einzelne den bei ihm ankommenden Eingangsstrom in einen Ausgangsstrom umwandelte und gemeinsam mit den anderen dreien einen Stromkreis bildete. Wenn der Experimentator die Einstellungen eines oder mehrerer der vier Transformatoren änderte, konnte das System als dynamisches Ganzes darauf reagieren und einen neuen stabilen Zustand für sich finden (Asaro 2008; Pickering 2010, 97–104). Ashby bezog sich in diesem Zusammenhang auf den kantischen Begriff der ›Selbstorganisation‹ und stellte seine und andere kybernetische Maschinen damit in die Tradition einer seit Ende des 18. Jahrhunderts andauernden philosophischen Debatte über die Grenze zwischen lebendigen und nichtlebendigen Systemen (Riskin 2016, 316–329).

Während die kybernetischen Maschinen der 1940er und 1950er Jahren von ihren Konstrukteuren als Modelle des Gehirns interpretiert wurden, konzentrierten sich Protagonisten der »zweiten Welle« der US-Amerikanischen Kybernetik auf das Phänomen der Wahrnehmung (Hayles 1999, 9–11). Dahinter verbarg sich die Vermutung, dass Kognition nicht nur im Nervensystem des Gehirns, sondern zu Teilen bereits in den Sinnesorganen selbst stattfindet. Vor allem an dem von Heinz von Foerster (1911–2002) an der University of Illinois geleiteten Biological Computer Laboratory spürte man dieser Vermutung in den frühen 1960er Jahren nach (Müller 2000). Die dort von einem Team aus Ingenieuren, Biologen, Philosophen und Neurowissenschaftlern konstruierten kybernetischen Maschinen wurden als künstliche Sinnesorgane und ›biologische Computer‹ inszeniert (Müggenburg 2018). Bei der »Numarete« handelte es sich beispielsweise um eine künstliche Retina, deren Bauplan von den Ergebnissen neurophysiologischer Froschexperimente aus den frühen 1950er Jahren inspiriert war (ebd., 296–307). Der »Dynamic Signal Analyzer« modellierte das menschliche Innenohr und basierte auf einer Theorie des ungarischen Biophysikers Georg von Békésy (ebd., 268–282). Foerster und sein Team finanzierten ihre Experimente vor allem mit militärischen Geldern. Insbesondere bei der US Air Force interessierte man sich um 1960 im Rahmen einer neuen Forschungsinitiative mit dem Namen ›Bionik‹ (s. Kap. II.36) für kompakte und ›intelligente‹ Systeme zur Navigation, Zielerkennung und Luftaufklärung (Kline 2015, 165–168; Müggenburg 2018, 283–295). Um 1960 wurden solche kybernetischen Maschinen auch als Beitrag zum neuen Forschungsfeld der Künstlichen Intelligenz und Mustererkennung diskutiert. Verwandte Konzepte wie das *Pandämonium-Modell* des Mathematikers Oliver Selfridge (1926–2008) oder der *Perzeptron* des Psychologen Frank Rosenblatt (1928–1971) gelten heute als Pionierleistungen in den Bereichen Machine bzw. Deep Learning (Boden 2006; McCorduck 1987, 104 f.; Nilsson 2014, 59–77).

Eine besondere Untergruppe von Maschinen, die man heute vor allem in der Populärkultur mit der Kybernetik assoziiert, spielte in der historischen Kybernetik nur eine sehr marginale Rolle. Sogenannte *Cyborgs* (s. Kap. III.39, II.G.25), also hybride Objekte mit organischen und maschinellen Anteilen, waren innerhalb der US-amerikanischen Kybernetik eher eine Randerscheinung als ein zentrales Forschungsfeld (Kline 2009). Ein frühes Beispiel aus diesem auch »medizinische Kybernetik« (Kline 2015, 169) genannten Bereich war Wieners *Hörhandschuh*, ein tragbares Gerät, welches akustische Signale als taktile erfahrbar machen und tauben Menschen als Hörhilfe dienen sollte (Mills 2011). Ebenfalls Ende der 1940er Jahre entwickelte Wiener Konzepte im Bereich der »künstlichen Homöostase«. So dachte er über einen »mechanischen Anästhesisten« nach, der die Dosierung von Anästhetika automatisch auf der Basis eines Feedbacks (s. Kap. III.42) aus einem gleichzeitig angeschlossenen Elektroenzephalographen anpassen konnte (Kline 2015, 170). Der Begriff *Cyborg*, als Bezeichnung für ein »[A]rtefakt-Organismus-System« wurde im Jahr 1960 von dem Ingenieur Manfred Clynes (*1925) und dem Pharmakologen Nathan Kline (1916–1983) eingeführt (Clynes/Kline 1960). In ihrem Aufsatz schlugen die beiden Autoren der NASA vor, Astronaut/innen eine kleine Pumpe zu injizieren, welche das innere physiologische Gleichgewicht des Raumfahrer/innenkörpers auch unter den gesundheitsschädigenden Umgebungsbedingungen des Weltalls stabil halten sollte. In der kybernetischen Forschungswirklichkeit der 1960er Jahre wurden solche »biokybernetischen« Ansätze einer Mensch-Maschine-Fusion allerdings nicht weiterverfolgt (Kline 2009, 345).

16.2 Positionen

Die philosophische Auseinandersetzung mit dem ontologischen Status kybernetischer Maschinen begann bereits Anfang der 1950er Jahre. Manche, der Kybernetik nahestehende Philosophen wie Max Bense (1910–1990) (1998) erkannten in den Maschinen von Wiener, Ashby und Walter eine »neue Seinsart der Technik« (Bense 1955, 7; Hörl 2008). Der deutsche Logiker Gotthard Günther (1900–1984) (1976), der Ende der 1960er Jahre sogar selbst an von Foersters kybernetischem Labor forschte, diagnostizierte bereits im Jahr 1951 den Übergang von einer Welt der »ersten« in die Welt der »zweiten Maschine« (Hörl 2008). Für Martin Heidegger (1889–1976) ließ sich dieser technologische Umbruch vor allem an der Fixierung der Kybernetik auf informationsbasierte Prozesse der Steuerung ablesen (s. Kap. II.C.12). Mit der Existenz der neuen selbstregulierenden Maschinen kam für ihn ein allgemeinerer Prozess der Technisierung bzw. Mechanisierung zum Abschluss, der untrennbar mit der westlichen Denktradition verbunden war und deshalb auch auf das Ende der klassischen Metaphysik hinauslief (Hörl 2008, 643–655). Ähnlich argumentiert der Ingenieur und Philosoph Jean-Pierre Dupuy (*1941) (2001), wenn er die Kybernetik als eine »subjektlose Philosophie des Geistes« bezeichnet (ebd., 107). Entgegen solch affirmativer Auslegungen des ontologischen Status kybernetischer Maschinen konzentrierten sich Kritiker/innen vor allem auf die von der Kybernetik behauptete Analogie zwischen Maschine, Mensch und Tier. Der amerikanische Philosoph und Bibliothekswissenschaftler Mortimer Taube (1910–1965) (1966) etwa warnte im Jahr 1961 vor dem »Mythos der Denkmaschine«. So verwies er auf Tendenzen innerhalb der Kybernetik, den über die Existenz eines universalen Prinzips argumentierten funktionalen Analogieschluss bewusst oder unbewusst mit einer »Identitäts-Beziehung« zu verwechseln (ebd., 120). Auch der französische Philosoph Gilbert Simondon (1924–1989) (2012) hatte wenige Jahre zuvor vom »Anschein einer Analogie« (ebd., 127) gesprochen und behauptet, die Ähnlichkeit zwischen Mensch und Maschine liege nicht bei der Funktionsweise, sondern vielmehr »bei der Erfindung« (ebd., 127): So wie der Kybernetiker neue Maschinen erfinde, erzeugten die Maschinen selbst immer neue »Variationen« (ebd., 127) ihrer selbst (s. Kap. II.B.9). Georges Canguilhem (1904–1995) (2009) wiederum kritisierte den Anspruch der Kybernetik, das ›zielgerichtete Verhalten‹ ihrer Maschinen habe eine Entsprechung im Organismus und erkläre deshalb ein Prinzip des Lebens (vgl. Sprenger 2017). Der deutsche Philosoph Günther Anders (1902–1992) (1961) hingegen kritisierte die Fixierung der Kybernetik auf die Seinsweise *einzelner* Maschinen (s. Kap. II.C.11). Tatsächlich träten Maschinen im Alltag nie allein, sondern immer im Verbund mit anderen Maschinen auf und das menschliche Subjekt koexistiere mit diesem »Maschinenpark« (ebd., 25) und sei deshalb in seiner Existenz bedroht (vgl. Hörl 2012).

Im Bereich der Wissenschaftsforschung und -geschichte interessiert man sich heute weniger für den ontologischen als für den epistemologischen Status kybernetischer Maschinen. Für Peter Galison (2001) sorgten die kybernetischen Maschinen implizit für die Stabilisierung einer dem Zweiten Weltkrieg geschuldeten Denkweise, deren Leitbild die »Mensch-Maschinen« (ebd., 460) waren. Dagegen argumentiert der Wissenschaftshistoriker Michael Hagner, die Abkehr vom Menschen und Hinwendung zu den Maschinen, Modellen und Schaltbildern müsse vielmehr »vor dem Hintergrund der Menschheitskatastrophe des Nationalsozialismus und des beginnenden Kalten Krieges« (ebd., 51) betrachtet werden: »Der Erfolg der Kybernetik mit ihrem theoretischen und technischen Potential konnte sich nur einstellen, weil sie ein Orientierungsangebot in dürftiger und bedürftiger Zeit machte« (ebd.). Ganz pragmatisch betrachtet dienten die Maschinen den Kybernetikern laut Geoffry Bowker (1993) vor allem zur Legitimation ihrer »neuen Universalwissenschaft« (ebd., 123). Weil nun ein neuer Maschinentyp in der Welt sei, der die Grenzen zwischen Maschine, Mensch und Tier auflöse, so hätten die Kybernetiker argumentiert, benötige man die Kybernetik mit ihrer »neuen universalen Sprache« (ebd., 114). Roberto Cordeschi (2002) beschäftigt sich vor allem mit der epistemischen Funktion kybernetischer Maschinen und stellt fest, dass die Bevorzugung »lauffähiger Modelle oder funktionierender Artefakte« (ebd., xvi) es den Kybernetikern erlaubte, ihre Hypothesen über universale Funktionsprinzipien unter konkreten Bedingungen zu reproduzieren und zu testen. Andere Wissenschaftsforscher, die ähnlich wie die Kybernetiker in den kybernetischen Maschinen eine neue Seinsweise des Technischen erkennen, schließen aus ihrer Existenz auf eine neue, nichtmoderne Form Wissenschaft zu betreiben. Andrew Pickering (2007) erkennt in der Kybernetik den Prototypen einer postmodernen Wissenschaft und einen Vorboten »neuer Ontologien« (ebd.). Vor allem in der Forschungspraxis britischer Kybernetiker wie Ashby, Pask und Walter sieht er ein »posthumanistisches Verständnis von Wissenschaft und Technik« verwirklicht (ebd., 7): Die Konstruktion und Interaktion mit kybernetischen Maschinen gleiche einem »emergenten Wechselspiel zwischen menschlichen und materiellen Handlungsträgern« (ebd., 90) ohne die Position des menschlichen Subjektes zu privilegieren – an anderer Stelle spricht Pickering von der Aufführung eines »ontologischen Theaters« (Pickering 2010, 17). Damit stehe die Kybernetik eher in der Tradition nichtmoderner Wissenschaften und für eine andere Art Wissenschaft zu betreiben, von der sich letztlich sogar die Wissenschaftsforschung selbst inspirieren lassen könne (vgl. Pickering 2007, 128). Im Gegensatz zu Pickerings Ontologie kann man auf den Umstand verweisen, dass kybernetische Maschinen in ein komplexes Netzwerk aus Personen, Institutionen, Theorien und Medien eingebunden waren und die Zuschreibung ihrer »Lebhaftigkeit« in erster Linie als kontingenter Effekt dieses Netzwerk begriffen werden muss (vgl. Müggenburg 2018).

16.3 Fazit

Für aktuelle Fragen der Mensch-Maschine-Interaktion ist die Auseinandersetzung mit der Geschichte kybernetischer Maschinen vor allem aus drei Gründen interessant: Erstens kann die Beschäftigung mit ihrem streitbaren ontologischen Status zwischen Leben und Nichtleben dabei helfen, aktuelle Mensch-Maschine-Verhältnisse besser zu verstehen: In welchen Aspekten waren kybernetische Maschinen dem Menschen ähnlich und was bedeutete diese Ähnlichkeit für ihr Zusammenwirken? Welche Bedeutung hatte die Antwort auf die Frage nach ihrem jeweiligen ontologischen Status z. B. für die Wahl von Schnittstellen? Zweitens lässt sich am Beispiel kybernetischer Maschinen untersuchen, in welche Diskurse sie eingebettet waren und in welchem Verhältnis sie zu ihnen standen. Wie wurde über kybernetische Maschinen geschrieben, gedacht und gestritten? Welche Funktion hatten die Maschinen als nichtdiskursive Elemente für die Formation dieser sie umgebenden Diskurse? Antworten auf solche Fragen können dabei helfen, Beiträge in aktuellen Debatten zu präzisieren, relativieren oder zu bekräftigen. Drittens lässt ein Blick auf die wissenschaftshistorische Lage kybernetischer Maschinen Rückschlüsse über die kontingenten Wechselbeziehungen zwischen Ingenieur-, Computer- und Neurowissenschaften auf der einen und Biologie, Physik auf der anderen Seite zu. Als Ausblick bleibt daher zu fragen: Wie sahen diese interdisziplinären Beziehungen aus? Welche anderen biographischen, politischen, militärischen und wirtschaftlichen Kontexte spielte für diese Beziehungen eine wichtige Rolle? Und was bedeuten die Unterschiede zwischen diesem historischen Geflecht und der heutigen Forschung für unser Verständnis von Mensch-Maschine-Interaktion?

Literatur

Anders, Günther: Die Antiquiertheit des Menschen. Über die Seele im Zeitalter der zweiten industriellen Revolution. München 1956.

Asaro, Peter: From Mechanisms of Adapation to Intelligence Amplifiers: The Philosphy of W. Ross Ashby. In: Philip Husbands/Michael Wheeler/Owen Holland (Hg.): The mechanical Mind in History. Cambridge, Mass. 2008, 149–184.

Bense, Max: Kybernetik oder die Metatechnik einer Maschine. In: Ders.: Ausgewählte Schriften, Bd. 2: Philosophie der Mathematik, Naturwissenschaften und Technik. Stuttgart 1998, 429–446.

Bense, Max: Vorwort. In: Louis Couffignal: Denkmaschinen. Stuttgart 1955, 7–10.

Bird, Jon/Di Paolo, Ezequiel: Gordon Pask and His Maverick Machines. In: Philip Husbands/Michael Wheeler/Owen Holland: The Mechanical Mind in History. Cambridge, Mass. 2008, 185–211.

Boden, Margaret A.: Mind as machine: a history of cognitive science. Oxford 2006.

Bowker, Geoffrey C.: How to be Universal: Some Cybernetic Strategies, 1943–1970. In: Social Studies of Science 23 (1993), 107–127.

Cordeschi, Roberto: The Discovery of the Artificial. Behavior, Mind and Machines Before and Beyond Cybernetics. Dordrecht 2002.

DeLatil, Pierre: Thinking by Machine. A Study of Cybernetics. London 1956.

Dupuy, Jean-Pierre: The Mechanization of the Mind: On the Origins of Cognitive Science. Oxford 2001.

Galison, Peter: Die Ontologie des Feindes: Norbert Wiener und die Vision der Kybernetik. In: Michael Hagner (Hg.): Ansichten der Wissenschaftsgeschichte. Frankfurt a. M. 2001, 433–488.

Günther, Gotthard: Die zweite Maschine. In: Beiträge zur Grundlegung einer operationsfähigen Dialektik, Bd. 1. Hamburg 1976, 91–114.

Hagner, Michael: Vom Aufstieg und Fall der Kybernetik als Universalwissenschaft. In: Erich Hörl/Michael Hagner (Hg.): Die Transformation des Humanen. Beiträge zur Kulturgeschichte der Kybernetik. Frankfurt a. M. 2008, 38–71.

Hayles, Katherine: How we became posthuman: Virtual bodies in cybernetics, literature, and informatics. Chicago 1999.

Hörl, Erich: Die offene Maschine. Heidegger, Günther und Simondon über die technologische Bedingung. In: MLN 123/3 (2008), 632–655.

Hörl, Erich: Die technische Verwandlung. Zur Kritik der kybernetischen Einstellung bei Günther Anders. In: Peter Berz/Marianne Kubaczek/Eva Laquièze-Waniek u. a. (Hg.): Spielregeln. 25 Aufstellungen. Zürich 2012, 327–341.

Husbands, Philip/Wheeler, Michael/Holland, Owen: Introduction: The Mechanical Mind. In: Dies. (Hg.): The mechanical Mind in History. Cambridge, Mass. 2008.

Husbands, Philip/Holland, Owen: The Ratio Club: A Hub of British Cybernetics. In: Dies./Michael Wheeler (Hg.): The

mechanical Mind in History. Cambridge, Mass. 2008, 91–148.
Jank, Marlen: Der homme machine des 21. Jahrhunderts. Von lebendigen Maschinen im 18. Jahrhundert zur humanoiden Robotik der Gegenwart. Paderborn 2014.
Kline, Ronald: Where are the Cyborgs in Cybernetics? In: Social Studies of Science 39/3 (2009), 331–362.
Kline, Ronald: The Cybernetics Moment. Or Why We Call Our Age the Information Age. Baltimore 2015.
McCorduck, Pamela: Denkmaschinen. Die Geschichte der Künstlichen Intelligenz. Haar 1987.
Mills, Mara: On Disability and Cybernetics: Helen Keller, Norbert Wiener, and the Hearing Glove. In: *differences*: A Journal of Feminist Cultural Studies 22/2.3 (2011), 74–111.
Müggenburg, Jan: Lebhafte Artefakte. Heinz von Foerster und die Maschinen des Biological Computer Laboratory. Göttingen 2018.
Müller, Albert: Eine kurze Geschichte des BCL. Heinz von Foerster und das Biological Computer Laboratory. In: Östereichische Zeitschrift für Geschichtswissenschaft 11/1 (2000), 9–30.
Nilsson, Nils J.: Die Suche nach künstlicher Intelligenz. Eine Geschichte von Ideen und Erfolgen. Berlin 2014.
Pickering, Andrew: Mit der Schildkröte gegen die Moderne. Gehirn, Technologie und Unterhaltung bei Grey Walter. In: Henning Schmidgen/Peter Geimer/Sven Dierig (Hg.): Kultur im Experiment. Berlin 2004, 102–119.
Pickering 2007: Kybernetik und neue Ontologien. Berlin 2007.
Pickering, Andrew: The Cybernetic Brain. Chicago 2010.
Rid, Thomas: Maschinendämmerung. Eine kurze Geschichte der Kybernetik. Berlin 2016.
Rieger, Stefan: Schildkröte. In: Ders./Benjamin Bühler (Hg.): Vom Übertier. Ein Bestiarium des Wissens. Frankfurt a. M. 2006, 209–220.
Riskin, Jessica: The Restless Cock: A History of the Centuries-Long Argument over what makes Living Things Tick. Chicago 2016.
Roch, Axel: Claude E. Shannon: Spielzeug, Leben und die geheime Geschichte seiner Theorie der Information. Berlin 2009.
Rosenblueth, Arturo/Wiener, Norbert/Bigelow, Julian: Behavior, Purpose and Teleology. In: Philosophy of Science 10/1 (1943), 18–24.
Simondon, Gilbert: Die Existenzweise technischer Objekte. Zürich 2012.
Sprenger, Florian: Maschinen, die Maschinen hervorbringen. Georges Canguilhem und Friedrich Kittler über das Ende des Menschen. In: Alexander Friedrich/Petra Gehring/Christoph Hubig u. a. (Hg.): Technisches Nichtwissen. Baden-Baden 2017, 229–254.
Taube, Mortimer: Der Mythos der Denkmaschine. Kritische Betrachtungen zur Kybernetik. Hamburg 1966.
Tiquun: Kybernetik und Revolte. Zürich/Berlin 2007.
Walter, W. Grey: Das lebende Gehirn. Entwicklung und Funktion. München 1963.

Jan Müggenburg

17 Das Lernen der Maschinen

17.1 Vorbemerkungen

In der Informationstechnik werden seit einigen Jahren neuartige Algorithmen (s. Kap. III.32) entwickelt und in Anwendungen eingesetzt, deren Bedeutung bereits durch die Zuschreibung einer besonderen, üblicherweise mit Personen verbundenen Fähigkeit signalisiert wird: zu lernen. Die Rede ist von ›lernenden Maschinen‹, *machine learning* (s. Kap. III.50) und ›lernenden Algorithmen‹, wie die einschlägigen Titelwörter lauten. Der mit diesem Konzept verbundene Anspruch ist, dass solche Algorithmen »aus ›Erfahrung‹ lernen, also neues Tatsachen- und Regelwissen gewinnen oder Priorisierungen adaptieren können« (Görz u. a. 2003, 13). Lernende Algorithmen werden bereits in einer Vielzahl von Anwendungen genutzt: In der Handschrift- und allgemein Bilderkennung, in Schachcomputern, in Medizin- oder Fahrassistenzsystemen, in Recommender-Systemen, welche Nutzern Produkte zum Kauf vorschlagen, beim Aktienhandel oder in der Versicherungswirtschaft, um Tarife zu bilden, und in vielen weiteren Bereichen.

Vorbegriff und Anwendungsbeispiel

Um einen Vorbegriff von dieser Technologie zu erhalten, sei an einem Beispiel umrissen, was lernende Algorithmen sind und insbesondere, worin der Lernvorgang bestehen soll. Das erste Beispiel behandelt ein Bilderkennungssystem, das handschriftlich notierte Ziffern erkennen soll. Dazu wird von Personen ein Trainingsdatenset angefertigt. Die Personen weisen den handschriftlichen Ziffern die jeweilig von ihnen als korrekt betrachteten Nummern zu. Dadurch entsteht ein Datenset von Eingabe- (handschriftliche Ziffer) und Ausgabewerten (korrekte Nummer). Ein Teil dieses Datensets wird dem Algorithmus zu Trainingszwecken gegeben, während der andere Teil für das Testdatenset vorenthalten wird. Anhand des Trainingssets soll der Algorithmus nun eigenständig Regeln bilden, welche den Zusammenhang von Eingabe- und Ausgabewerten beschreiben. Dabei können unterschiedliche *Lernstrategien* zum Einsatz kommen, im Beispielfall etwa neuronale Netze. Durch die Kenntnis von durch Personen festgelegten Ein- und Ausgabewerten als dem sogenannten *ground truth* kann der Algorithmus beurteilen, ob sein Lernvorgang erfolgreich verläuft. Die Regeln, welche der Algorithmus bildet, können etwa das jeweilige Verhältnis von heller (= Hintergrund) und dunkler Fläche (= Schrift) betreffen unter der Annahme, dass dieses Verhältnis für jede Ziffer spezifisch ist. In der Regel handelt es sich um einen Raum mit mehreren Parametern, für den der jeweilige Algorithmus ›eigenständig‹ eine Funktion bilden soll, welche Ein- auf Ausgabedaten abbildet. Der Lernerfolg kann anschließend anhand des Testdatensets überprüft werden. Hierfür werden die Ausgaben des Algorithmus mit den korrekten Nummern verglichen.

Das einführende Beispiel gibt uns bereits eine Reihe von Hinweisen: Unabhängig von der Frage, ob es angemessen ist, solche Algorithmen als lernend zu bezeichnen, können Vorarbeiten (u. a. *pre-processing*) anfallen, die von Personen geleistet werden; ihr Vorwissen mag in die Lernprozesse eingehen (indem sie beispielsweise geeignete Parameter auswählen). Ferner können unterschiedliche *Lernstrategien* zur Anwendung kommen. Außerdem kann sich die *Lernform* unterscheiden; eine gängige Klassifikation orientiert sich an der Art und dem Vorhandensein von Rückmeldungen im Prozess und unterscheidet daher überwachtes (Ein- und Ausgabewerte sind für einen Teil der Daten bekannt) von unüberwachtem Lernen (nur Eingabewerte). Zudem kommen *Evaluierungsmethoden* zum Einsatz. Die Wahl der Lernform, -strategie sowie der Evaluierungstechnik hängt in der Regel vom Wissen, der Verfügbarkeit von Daten (Größe, Qualität) und weiteren Faktoren ab.

Historische Einordnung

Die Rede vom maschinellen Lernen steht im Kontext anderer Konzepte, die prototypisch Fähigkeiten von Personen beschreiben. Da ist zum einen die Selbstorganisation bzw. Autoadaptivität der Algorithmen. Es handelt sich dabei gewissermaßen um eine andere Beschreibung des Lernvorgangs: Algorithmen lernen, indem sie ein Modell für einen Datenbereich, das ein Muster aufweist, bilden. Die Verbesserung des Modells erfolgt selbstorganisiert bzw. durch eigenständige Anpassung der Modellstruktur. Zum anderen erfolgt die Einführung des Konzeptes ›Lernen‹ im Zusammenhang mit der Anmutung, dass lernende Maschinen intelligenter oder smarter sind als klassische Maschinen. Da Lernen sowie Autoadaptivität Fähigkeiten sind, die in einem Zusammenhang mit dem psychologischen Intelligenzbegriff stehen, erscheint diese Verbindung prima facie gerechtfertigt. (Im nächsten Abschnitt wird unter anderem auf die Frage eingegangen, ob es angemessen ist, von Lernen in Bezug auf diesen Maschinentypus zu sprechen.)

K. Liggieri / O. Müller, *Mensch-Maschine-Interaktion*, https://doi.org/10.1007/978-3-476-05604-7_17

Diese Familie an Konzepten verweist auf die Beziehung zwischen der KI-Forschung und dem maschinellen Lernen. Dabei spielt für die Forschungspraxis die Frage, ob lernende Algorithmen intelligent sind, eine marginale Rolle. Auch die Frage, an welche der Traditionslinien innerhalb der KI-Forschung das maschinelle Lernen anknüpft – an die starke KI-These, wofür spezifische Modellierungen des Lernprozesses etwa in Form künstlicher neuronaler Netze sprechen; an die schwache KI-These, wofür die pragmatischen Erfolgs- und Gelingenskriterien sprechen; an die Kybernetik (s. Kap. III.49, Kap. II. E.15, II. E.16), was durch die große Bedeutung der Rückkopplung naheliegt (s. Kap. III.42) – solche Fragen sind innerhalb der Forschung und Entwicklung von lernenden Algorithmen eher randständige Themen. Mit Blick auf die Forschungspraxis gilt eher: Lernende Algorithmen stellen eine Technologie im Hintergrund dar, die in zahlreiche Anwendungen (zusätzlich) integriert wird. Es handelt sich nicht um eine Stand-alone-Technik. Man interagiert mit einem Auto, einem Spamfilter, einem medizinischen Diagnosesystem, einer Software zur Berechnung von Risikoklassen in der Versicherungswirtschaft. Dieser hintergründige Einsatz von lernenden Algorithmen wird noch verstärkt, wenn sie in IT-Paradigmen wie dem *ubiquitous* oder *pervasive computing* eingebunden werden, deren Programm lautet, die Interaktion mit Informationstechnik unauffällig und unscheinbar werden zu lassen.

17.2 Philosophische Zugänge

Diese hintergründige Rolle lernender Maschinen mag auch erklären, warum sie in der Technik- und Wissenschaftsphilosophie bislang eher selten Thema der Forschung waren – trotz ihrer zunehmenden Verbreitung in Alltag, Wirtschaft und Wissenschaft und trotz ihrer technikphilosophischen und -historischen Bedeutung: Sie scheinen einen neuen Maschinenbegriff zu erfordern, stellen also eine historische Zäsur dar. Die meisten philosophischen Ansätze gehen entsprechend kontrastierend vor und vergleichen klassische und nachklassische Maschinen, zu denen die lernenden gezählt werden. Sie unterscheiden sich gleichwohl in der Wahl des Gesichtspunkts, unter dem der Vergleich erfolgt.

Unter dem Gesichtspunkt ›Natur‹ erscheinen verschiedene avancierte Technologien aus den Bereichen Bio-, Nano- und Informationstechnik als »naturalized technology« (Nordmann 2008). In der Neuzeit habe zunächst der Prozess einer Technisierung der Natur begonnen, durch den die Natur ihre Unheimlichkeit, Unverständlichkeit und Macht dadurch verlieren sollte, dass sie als Technik enttarnt würde. Die Natur sei eigentlich Technik, die jedoch bislang nicht als solche erkannt worden sei, lautete die Losung. Würde sie – metonymisch im neuzeitlichen Blick durch das Mikroskop – in ihrer Technizität verstanden, verlöre sie auch ihre Unheimlichkeit. Im 20. Jahrhundert kulminierten verschiedene Entwicklungen dagegen in der Naturalisierung der Technik (s. Kap. II.H.26). In smarten Umgebungen, nanotechnischen Maschinen oder gentechnisch verändertem Essen würde Technik, wie Natur vormals war: unheimlich, unverständlich, opak, magisch (Nordmann 2008). Diese Umkehrung käme durch die Miniaturisierung der Technik und den Verlust einer konzeptuellen Nachvollziehbarkeit oder realen Kontrolle zustande. In ähnlicher Perspektive wird mit Blick auf die Selbstorganisationsprozesse von Nano-, Bio- und Informationstechnik eine Nivellierung von Natur und Artefakt beobachtet (Kastenhofer/Schmidt 2011; s. Kap. II.H.29).

In den eben genannten Beiträgen spielte mehr oder weniger implizit bereits das Verhältnis von Nutzern zu Maschinen eine entscheidende Rolle: Natur wurde technisiert, Technik naturalisiert im Hinblick auf die Kontrolle und Einsicht, welche Nutzer (in sie) haben. Dieser Gesichtspunkt, das *Verhältnis* von Nutzern zu Maschinen, wird pointiert in Beiträgen, welche den Übergang von klassischen zu nachklassischen Maschinen als möglichen Verlust und Entzug thematisieren. Die Einsicht in sowie die Antizipier- und Kontrollierbarkeit von klassischen Maschinen sind an die Präsenz einer Schnittstelle gebunden (s. Kap. II.F.18). Denn diese ermöglicht es, die Hervorbringung von technischen Effekten nachzuvollziehen. Durch sie können Systemzustände beobachtet sowie Effekte ausgelöst werden. Mit dem im *ubiquitous computing* programmatisch verfolgten subjektiven Verlust der Schnittstelle wird zwar einerseits eine der grundlegenden Intentionen von Technik realisiert, nämlich Nutzer zu entlasten; andererseits geht dies mit dem Verlust an (auch ethischen) Gestaltungsmöglichkeiten einher und konterkariert die Möglichkeit einer Bildung von Handlungskompetenz (Hubig 2003, 2005, 2008; Wiegerling 2011; Wiegerling u. a. 2008). Es werden aber auch die neuen Möglichkeiten, welche lernende Algorithmen eröffnen, betont: Diese erschließen Muster in Daten; sie präsentieren mögliche Ordnungen. Aufgrund dieser Strukturierungsleistung sind lernende Maschinen auch als Welttechnik im phänomenologischen Sinne bezeichnet worden (Harrach 2014).

Lernformen und Lernstrategien: Um welche Art von Maschine handelt es sich?

Um eine Vorstellung davon zu gewinnen, was Lernen im Kontext von Algorithmen bedeutet und ob es angemessen ist, diese Maschinen als lernend zu bezeichnen, müssen die Konturen eines Lernbegriffs gewonnen werden. Ein möglicher Anfangszug besteht darin, Lernen als Verringerung der Abweichung von Intention und Resultat aufzufassen (Hubig 2002). Ein möglicher Zweck wird unter Auswahl geeigneter Mittel angestrebt. In der Realisierung stellt sich eine Abweichung zwischen Intention und Resultat ein; das Auftreten dieser Differenz stellt eine Erfahrung dar (Gadamer 2010, 359). Stellt die erfahrene Widerständigkeit einen Anlass zur Veränderung dar, um die Differenz zu verringern, beginnt ein Lernprozess.

Dieser Vorgang lässt sich technisch formulieren: Lernen kann als ein Vorgang beschrieben werden, der ein System in die Lage versetzt, bei der zukünftigen Bearbeitung derselben oder einer ähnlichen Aufgabe, sie besser zu erledigen (Simon 1983, 28). Dabei kommt es jedoch darauf an, die jeweilige Referenz des Lernprozesses (wer oder was lernt woran was?) richtig zu wählen. Würde man nämlich bloß die Verringerung der Abweichung oder Optimierung auf ein gegebenes Ziel als Lernen bezeichnen, könnte auch der gedüngte Acker als Lernprozess verstanden werden. Die Beobachtung, dass Düngen sich positiv auf den Ernteertrag auswirkt, gilt zwar zu Recht als Lernprozess. Der gedüngte Acker ist jedoch Resultat des Lernprozesses, nicht mehr der Lernprozess selbst. In ähnlicher Weise müsste der Thermostat, welcher aufgrund einer Rückkopplung (der Abweichung des Ist- vom Soll-Zustand) die Raumtemperatur regelt, von einem System unterschieden werden, das die Beobachtung macht, dass geschlossene oder geöffnete Fenster sich unterschiedlich auf die Raumtemperatur auswirken. Der Thermostat lernt nicht, das System, welches diese Beobachtung macht und entsprechende Schlussfolgerungen zieht, dagegen sehr wohl.

Der Lern*prozess* besteht also in der *Bildung* einer Regel, welche ein System in die Lage versetzt, eine Aufgabe zu erledigen. Die *Regel* selbst ist das *Resultat* des Lernprozesses. Dabei spielt die Suche nach der relevanten Information eine zentrale Rolle, ihre Ausnutzung erfolgt nach Abschluss des Lernvorgangs. Daraus lässt sich eine allgemeine Einschränkung für die Definition von Simon ableiten:

Lernen ist ein Vorgang, Regeln zu bilden, die ein System in die Lage versetzen, bei der zukünftigen Bearbeitung derselben oder einer ähnlichen Aufgabe, sie besser zu erledigen.

Diese Suche nach einer zu bildenden Regel kann – je nach dem jeweiligen Gegenstand des Lernprozesses – unterschiedliche Ebenen betreffen: (1) die Wahl oder Handhabung der Mittel, (2) den angestrebten Zweck, (3) die Lernintention selbst, was einen Übergang zu Bildungsprozessen anbahnt. Auf jeder der drei Ebenen werden Informationen gesucht und mit ihnen Regeln erzeugt, welche die Absolvierung einer Aufgabe verbessern. Dieser Lernbegriff ermöglicht es, lernende von klassischen Algorithmen zu unterscheiden. Kybernetische Maschinen erster Ordnung und damit auch klassische Algorithmen stellen keine lernenden Maschinen dar, obschon sie auf einem Rückkopplungsmechanismus basieren, dessen Funktion darin besteht, die Differenz zwischen Intention und Resultat zu verringern; dieser Optimierungsprozess basiert auf der Ausnutzung von Informationen und Regeln, jedoch nicht auf ihrer Bildung. Algorithmen sind lernend, sofern sie entsprechende Regeln eigenständig bilden.

Im maschinellen Lernen kommen unterschiedliche Lernformen (überwacht, unüberwacht, hierarchisch) sowie verschiedene Lernstrategien (neuronale Netze, Entscheidungsbäume etc.) zum Einsatz. Die Unterschiede zwischen Lernformen und Lernstrategien lassen sich als Unterschiede, auf welchem Wege die Regel gebildet, geprüft und evaluiert wird, begreifen.

Überwachtes Lernen

Das Ziel beim überwachten Lernen ist es, eine unbekannte Funktion f zu erlernen; das heißt: eine Regel zu bilden, welche das Verhältnis von Eingabe- und Ausgabewerten beschreibt. Dafür stehen Elemente aus der Definitionsmenge (Eingabewerte) und deren Bilder (Ausgabewerte) zur Verfügung. Die Lernaufgabe besteht darin, anhand dieses Datensets eine Hypothese h zu identifizieren, die das Verhalten der gesuchten Funktion f so gut wie möglich annähert.

Ein Beispiel ist eine Unterteilung in zwei Klassen. Die Funktion f bildet die Elemente auf jeweils eine der beiden Klassen ab. Da über die Funktion f weiter nichts bekannt ist, muss der Nutzer zuerst eine Hypothese aufstellen, welche Form sie haben könnte, beispielsweise linear. Nun wird diejenige lineare Funktion h gesucht, die das im Trainingsset gezeigte Verhalten von f möglichst gut reproduziert.

Ein weiteres Beispiel ist die Regressionsanalyse. Hierbei bildet die gesuchte Funktion f Elemente auf einen kontinuierlichen Wertebereich ab. Es wird davon ausgegangen, dass die bekannten Ausgabewerte einen unbekannten Fehler *e* beinhalten. Wieder muss der Nutzer für die Hypothese *h* eine Form wählen, meist ein Polynom, und es wird die Parametrisierung des Polynoms gesucht, für die der unbekannte Fehler *e* möglichst klein wird. Üblicherweise wird die Summe der Fehlerquadrate minimiert.

Ein fundamentales Problem beim überwachten Lernen – also Lernen mit einem Set von bekannten Ein- und Ausgabewerten – ist die Überanpassung. Mit zunehmender Anzahl der Parameter kann das Datenset durch die Hypothese *h* zunehmend gut reproduziert werden. Eine Überanpassung liegt dann vor, wenn eine Hypothese h_1 für das Datenset einen geringeren Fehler aufweist als eine Hypothese h_2, jedoch der durchschnittliche Fehler über alle Elemente der Definitionsmenge für h_2 geringer ausfällt als für h_1. Der Überanpassung wird durch die Einteilung in Trainings- und Testdatenset entgegengewirkt. Das Trainingsset dient dem Lernprozess, während die erlernte Regel anhand des Testdatensets bewertet wird.

Unüberwachtes Lernen

Anders als beim überwachten Lernen, steht beim unüberwachten Lernen kein Datenset korrekter Abbildungen von Ein- auf Ausgabewerte zur Verfügung. Das Ziel beim unüberwachten Lernen ist es, in einer Menge von Elementen charakteristische Muster zu identifizieren. Diese sollen eine weitere Analyse bzw. Lernaufgabe auf Basis der Elemente erleichtern.

Einen prominenten Vertreter stellt die Clusteranalyse dar. Mit ihr soll geprüft werden, ob es in den Daten zu lokalen Häufungen kommt, sogenannten Clustern. Der *k-Means*-Algorithmus hat den womöglich einfachsten Clusterbegriff: Jedes Cluster hat einen Mittelpunkt (oder *Mean*) und jedes Element wird jeweils demjenigen *Mean* zugeordnet, dem er am nächsten liegt. Dies wird iterativ fortgesetzt, bis sich die Zuordnungen nicht mehr verändern.

Der *k-Means*-Algorithmus stellt einen Spezialfall des EM-Algorithmus dar, welcher einen allgemeineren Clusterbegriff hat. Die Clusterzugehörigkeit bei *k-Means* verhält sich immer linear mit dem Abstand, im allgemeineren Fall können diese durch eine Basistransformation beliebig gewichtet werden. Anschaulich sind *k-Means* eher kreisförmig, während sie im allgemeineren Fall eher einem spezifischen Ellipsoiden ähneln.

Ebenfalls verbreitet ist die Hauptkomponentenanalyse. Der hochdimensionale Raum von Eigenschaften der Elemente (die Eingabewerte) wird auf eine neue Basis abgebildet, die aus den Eigenvektoren der Kovarianzmatrix (der Eingabewerte) besteht. Diese neue Basis wird nach Größe der Eigenwerte sortiert und nach einer festgelegten Anzahl an Dimensionen abgeschnitten. Übrig bleiben die Hauptkomponenten. Diese stellen gewissermaßen die Dimensionen dar, entlang denen sich verschiedene Elemente maximal unterscheiden.

Hierarchische Lernstrategien

Die Eingabewerte der Lernstrategien wurden bislang als gegeben betrachtet und oft sind es externe Daten, auf die zugegriffen wird. Es ist naheliegend, dass sie aber auch die Ausgabewerte einer anderen Lernstrategie sein können. Dadurch lassen sich hierarchische Netzwerke von Lernstrategien aufbauen. So werden beispielsweise neuronale Netze, die jeweils auf die Klassifikation spezifischer Objekte ausgelegt sind, zusammengeschlossen, um im Nachgang Bilddaten mit beliebigem Inhalt klassifizieren zu können. Auch ist es üblich, bei der Klassifikation hochdimensionaler Daten ein zweistufiges Verfahren zu verwenden: erst wird eine Hauptkomponentenanalyse durchgeführt und im Nachgang die Funktion *f* nur auf der resultierenden niedrigdimensionalen Basis erlernt.

17.3 Interaktion mit lernenden Maschinen: Wie interagiert man mit lernenden Maschinen?

Die bisherigen Überlegungen sollten einen Einblick in Lernformen und -strategien geben. Dadurch sollte der Vergleich zwischen lernenden und klassischen Maschinen detailliert werden. Nun geht es um die Interaktion mit lernenden Maschinen. Dazu muss der Vergleich erweitert werden: Wie interagieren Nutzer mit lernenden Maschinen (im Unterschied zu traditioneller Interaktion mit klassischen Maschinen)?

In Bezug auf klassische Maschinen gilt: Reproduzierbarkeit, Stabilität und damit Erwartbarkeit des Verhaltens (Kaminski 2010, 127–196). Immer wenn die gleiche Eingabe erfolgt, erfolgt die gleiche Ausgabe – sofern die Maschine funktioniert und nicht defekt ist. Diese Leistung klassischer Maschinen wird durch Steuerung und Regelung als Sicherung des Gelingens technischer Intentionen erbracht (Hubig 2006, 101 f.). Sie ermöglichen die immense Erwartbarkeit technischer Prozesse und damit unsere (leibliche) Gewöhnung an sie. Selbst wenn sich Abweichendes ereignet, ist der Überraschungswert durch die Vertrautheitserwartung des typischen Ablaufs geprägt. Das Licht geht an, der Motor startet, der Fahrstuhl setzt sich in Bewegung, der Herd erwärmt sich, wenn wir die entsprechende Aktion korrekt initiieren. Geschieht dies nicht, scheint die Maschine defekt zu sein. Heinz von Foerster hat dies als Kennzeichen trivialer Maschinen und unserer technischen Intention, die Welt zu trivialisieren, begriffen (Foerster 1993, 1995). Eine triviale Maschine ist dadurch bestimmt, dass sie die gleiche Eingabe in die gleiche Ausgabe transformiert. Entscheidend dafür ist, dass ihre Transformationsregel identisch bleibt. Erst dadurch entstehen für Nutzer die Antizipierbarkeit und die Verlässlichkeit technischer Prozesse. Sie können Erwartungen darüber bilden, was geschehen wird, wenn sie x auslösen (Eingabe), nämlich y (Ausgabe) und entsprechend in ihrem Verhalten *antizipierend* darauf *reagieren*.

Lernende Maschinen dagegen stellen ein (vermutlich grundlegend) anderes Technikkonzept dar, wie sich nun zeigen lässt. Denn der Lernvorgang besteht darin, eine Regel zu bilden oder zu verändern (bzw. zu optimieren). Damit wird die Transformationsregel verändert, welche die Abbildung von Eingabe und Ausgabe beschreibt. Darin besteht der Lernvorgang. An der Identität und Stabilität der Transformationsregel hängen jedoch die eben umrissenen Leistungen von Technik: Ihre repetitive Funktion, Verlässlichkeit, Stabilität und damit die Erwartbarkeit von Ereignissen, welche für die Interaktion mit ihr von zentraler Bedeutung ist. Man weiß in der Interaktion mit klassischen Maschinen, dass, wenn x initiiert wird, daraufhin y folgt, und kann sich in seinem eigenen Verhalten darauf einstellen. Für Heinz von Foerster war dies das Kennzeichen nichttrivialer Maschinen. In nicht systematisch durchdrungener Weise gab es für ihn zwei Realisierungen nichttrivialer Maschinen: die Materialabhängigkeit und damit Fehleranfälligkeit von Technik sowie Menschen; Letztere galten ihm als Prototyp der nichttrivialen Maschine. Lernende Maschinen lassen sich nun ebenfalls unter diesem Begriff verstehen (vgl. Kaminski 2014).

Die Konsequenzen sind – avant la lettre – von grundlegender Art und Weise. Das zeigt sich unter anderem daran, dass vertraute Interaktionskonzepte antiquiert erscheinen. Am deutlichsten wird dies wohl an der für Technik grundlegenden Leitdifferenz funktioniert/defekt: Wenn eine klassische Maschine sich auf einmal anders verhält als sonst üblich, erscheint es berechtigt anzunehmen, dass sie kaputt ist. Dies gilt aber nicht für lernende Maschinen. Es ist allerdings nicht nur so, dass ihr Lernvorgang gerade darin besteht, die Transformationsregel zu transformieren. Es ist unter Umständen auch unklar, ob ein Lernvorgang gelungen ist. Mit anderen Worten: Die Maschine soll sich nicht mehr gleich verhalten, sofern sie lernt, damit ist der Abgleich von Erwartung und Erfüllung erschwert – unter Umständen lässt sich nicht unmittelbar feststellen, ob ein Lernvorgang erfolgreich war. Damit stehen auch Konzepte wie ›Nutzer‹ oder ›Interaktion‹ in Frage, sind diese doch an die Vorstellung gebunden, dass eine Eindeutigkeit der Erwartung besteht, welche eine Kontrolle qua Einsicht ermöglicht.

Diese Beschreibung ist jedoch in zweierlei Weise einzugrenzen. Zum einen ist eine lernende Maschine nur nichttrivial in Bezug auf ihr Verhalten, welches sie im Begriff ist zu erlernen; die Lernstrategie selbst jedoch bleibt stabil und stellt damit eine triviale Maschine dar. Zum anderen gilt diese Beschreibung nur, solange ein Lernprozess erfolgt. Nach Abschluss des Lernvorgangs ist die Transformationsregel wieder stabil. Diese beiden Einschränkungen sind jedoch zu detaillieren; es ist nämlich keineswegs ausgemacht, dass für Nutzer die Lernstrategie oder das erlernte Verhalten wiederum trivial wird. Das liegt daran, dass im Begriff der trivialen Maschine zwei Merkmale zusammengefasst werden, die nicht notwendig miteinander gekoppelt sind: Invarianz der Transformationsregel und Erwartbarkeit. Ist eine Transformationsregel hinreichend komplex, kann es schwer sein, verlässliche Erwartungen über die Interaktion zu gewinnen. Der Lernvorgang wird auch gerade deshalb durchgeführt, um ein deutlich komplexeres Maschinenverhalten zu erzeugen. Zudem sind einzelne Lernstrategien, insbesondere neuronale Netze, von ihrer mathematischen Konzeption so angelegt, dass auch Experten auf dem Gebiet kaum eine Einsicht oder Erwartung über ihr Lernverhalten bilden können.

Nun ist jedoch eine erneute Einschränkung zu konstatieren. Die unternommene Beschreibung gilt avant la lettre. Ob das veränderte Verhältnis zwischen ›Nutzern‹ und nachklassischen Maschinen auch in Verwendungszusammenhängen für die ›Nutzer‹ bemerkbar wird, ist keineswegs ausgemacht. Das liegt darin begründet, dass lernende Maschinen insbesondere in komplexen und dynamischen Kontexten eingesetzt werden; außerdem erfolgt die Interaktion mit ihnen in der Regel implizit und unmerklich. Für ›Nutzer‹ ist damit zum einen keineswegs einfach zu entscheiden, was der Eingabewert war, der zu einem bestimmten Ausgabewert führte. Damit ist die Komplexität oder gar Invarianz der Transformationsregel in einem unmerklicheren Hintergrund versteckt. Zudem können Veränderungen der Ausgabewerte auch einer Veränderung des Kontextes zugeschrieben werden. So lässt sich für ›Nutzer‹ beispielsweise nicht einfach entscheiden, ob die veränderten Ergebnisse einer Internetrecherche einer durch einen Algorithmus erlernten Personalisierung oder einer veränderten Informationslage im Internet zuzuschreiben sind. Die hier vorgelegten begrifflichen Analysen sind daher durch empirische Studien zu flankieren, was bislang kaum unternommen wurde.

Literatur

Foerster, Heinz von: Prinzipien der Selbstorganisation im sozialen und betriebswirtschaftlichen Bereich. In: Ders.: Wissen und Gewissen. Frankfurt a. M. 1993, 233–268.

Foerster, Heinz von: Entdecken oder Erfinden. Wie läßt sich Verstehen verstehen? In: Ders.: Einführung in den Konstruktivismus. München 1995, 60–67.

Gadamer, Hans-Georg: Wahrheit und Methode. Grundzüge einer philosophischen Hermeneutik. In: Ders.: Gesammelte Werke, Bd. 1. Tübingen [7]2010.

Görz, Günther/Rollinger, Claus-Rainer/Schneeberger, Josef (Hg.): Handbuch der künstlichen Intelligenz. München [42]2003. In: http://www.gbv.de/dms/hebis-darmstadt/toc/110911342.pdf.

Harrach, Sebastian: Neugierige Strukturvorschläge im maschinellen Lernen. Eine technikphilosophische Verortung. Bielefeld 2014. In: http://search.ebscohost.com/login.aspx?direct=true&scope=site&db=nlebk&db=nlabk&AN=821520.

Hubig, Christoph: Mittel. Bielefeld 2002.

Hubig, Christoph: Selbstständige Nutzer oder verselbstständigte Medien – Die neue Qualität der Vernetzung. In: Mattern Friedemann (Hg.): Total vernetzt. Szenarien einer informatisierten Welt. Berlin 2003, 211–229.

Hubig, Christoph: »Wirkliche Virtualität« Medialitätsveränderung der Technik und der Verlust der Spuren. In: Andreas Hetzel/Gerhard Gamm (Hg.): Unbestimmtheitssignaturen der Technik. Eine Neue Deutung der technisierten Welt. Bielefeld 2005, 39–62.

Hubig, Christoph: Die Kunst des Möglichen, Bd. I: Technikphilosophie als Reflexion der Medialität. Bielefeld 2006.

Hubig, Christoph: Der technisch aufgerüstete Mensch. Auswirkungen auf unser Menschenbild. In: Alexander Roßnagel/Tom Sommerlatte/Udo Winand (Hg.): Digitale Visionen. Zur Gestaltung allgegenwärtiger Informationstechnologien. Berlin 2008, 165–175.

Hubig, Christoph: Der »biofaktische« Mensch zwischen Autonomie und Technomorphie. In: Michael Spieker/Arne Manzeschke (Hg.): Gute Wissenschaft. Theorie, Ethik und Politik. Baden-Baden 2017, 87–102.

Kaminski, Andreas: Technik als Erwartung. Grundzüge einer allgemeinen Technikphilosophie. Bielefeld 2010.

Kaminski, Andreas: Lernende Maschinen: naturalisiert, transklassisch, nichttrivial? Ein Analysemodell ihrer informellen Wirkungsweise. In: Andreas Kaminski/Andreas Gelhard (Hg.): Zur Philosophie informeller Technisierung. Darmstadt 2014, 58–81.

Kastenhofer, Karen/Schmidt, Jan C.: On intervention, construction and creation. Power and knowledge in technoscience and late-modern technology. In: Torben B. Zülsdorf/Christopher Coenen/Ulrich Fedeler u. a. (Hg.): Quantum engagements. Social reflections of nanoscience and emerging technologies. Amsterdam 2011, 177–193.

Nordmann, Alfred: Technology Naturalized. A Challenge to Design for the Human Scale. In: Pieter E. Vermaas/Peter Kroes/Andrew Light u. a. (Hg.): Philosophy and Design. From Engineering to Architecture. Berlin 2008, 173–184.

Simon, Herbert A.: Why Should Machines Learn? In: Ryszard S. Michalski/Jaime G. Carbonell/Tom M. Mitchell (Hg.): Machine Learning. An Artifical Intelligence Approach. Berlin 1983, 25–37.

Wiegerling, Klaus: Philosophie intelligenter Welten. Paderborn 2011.

Wiegerling, Klaus/Heesen, Jessic/Siemoneit, Oliver u. a.: Ubiquitärer Computer – Singulärer Mensch. In: Dieter Klumpp/Herbert Kubicek/Alexander Roßnagel u. a. (Hg.): Informationelles Vertrauen für die Informationsgesellschaft. Berlin 2008, 71–84.

Andreas Kaminski / Colin W. Glass

F Maschine und Mensch als Partner/innen oder Gegner/innen?

18 Anthropotechnik. Mensch und Maschine als (System-)Partner

18.1 Problemstellungen

Im Folgenden soll aus einer wissenschaftshistorischen und technikanthropologischen Perspektive der ›Faktor Mensch‹ in der Mensch-Maschine-Interaktion im Zeitraum zwischen 1960 und 1980 im deutschsprachigen Kontext untersucht werden. Den Gegenstand bildet dabei der einflussreiche Begriff der technikwissenschaftlichen »Anthropotechnik« sowie seine Institutionalisierung im Forschungsinstitut für Anthropotechnik (gegr. 1969). In der zu betrachtenden Zeitspanne sollen anhand des wirkmächtigen Konzeptes der ›Anthropotechnik‹ die sich verändernden Wissensformationen ›Mensch‹ und ›Technik‹ herausgearbeitet werden. Für diesen veränderten epistemischen Blick auf die Mensch-Maschine-Interaktion kann das Forschungsinstitut in Meckenheim bei Bonn exemplarisch gelten, da hier europäisch-kontinentale Vorstellungen vom Menschen als komplexe ›Ganzheit‹ mit angelsächsischer und US-amerikanischer Pragmatik einer Maschinenkonstruktion verbunden wurden (s. Kap. III.43, Kap. III.33). Damit bildete sich ein ebenso produktives wie einflussreiches Forschungsprogramm einer Mensch-Technik-Anpassung heraus. Die Aufgabe der »Anthropotechnik« bestand darin, die Technik an den ›ganzen‹ (u. a. lebendigen, individuellen, psychophysischen) Menschen anzupassen. Obwohl das Institut für Anthropotechnik 1996 aufgelöst und in das Forschungsinstitut für Funk und Mathematik (in Wachtberg-Werthhoven) integriert wurde, ist sein zentraler humanzentrierter Produktions- und Interaktionsimperativ bis heute in unterschiedlichen technischen Konstruktionsbedingungen präsent (wie Programme des Bundesministeriums für Bildung und Forschung zeigen). Schaut man genauer auf die historische Konzeption dieses Imperativs einer technischen Anpassung an den Menschen, so sollte für die Anthropotechnik beim Umgang mit Technik gerade keine Exklusion, sondern eine Integration des Menschen stattfinden. Zwischen Mensch und Maschine sollte hierfür durch technisch-angepasste Schnittstellen vermittelt werden. Diese Vermittlung geschah immer in Bezug auf ein bestimmtes Menschenbild und Menschenmodell, welches historisch geprägt war. So evozierten unterschiedliche soziokulturell geprägte Menschenbilder (organizistisch, mechanistisch etc.) bestimmte ingenieurwissenschaftliche Menschenmodelle (anthropometrisch, informationstechnologisch etc.). Durch die vorliegende Perspektive, die neben der historischen Aufarbeitung auch einen wichtigen Beitrag zu gegenwärtigen Diskussionen liefern kann, soll gezeigt werden, wie sich anthropologische Konzepte im technischen Raum etablierten.

So muss es in der gegenwärtigen Lage einer immer weiter fortschreitenden Digitalisierung und Informatisierung der industriellen Produktion, die die Gesellschaft wie das Menschenbild grundlegend verändern, die Aufgabe sein, die Gewordenheit der komplexen industrietechnischen Probleme und Argumentationen einer Mensch-Maschine-Kollaborationen reflektierend und quellenbasiert zu untersuchen. Hiermit kann der Konstruktion des ›menschlichen Faktors‹, – wie er in der technikwissenschaftlichen Forschung in den 1960er Jahren zu einem verbreiteten Schlagwort wurde – auf verschiedenen Ebenen genauer nachgegangen werden.

Es müssen dabei die Fragen gestellt werden, wie und in welchem historischen Wissensfeld die heterogenen, teilweise nicht stringenten aber anthropotechnischen Argumente entstanden, über welche Ideen und Konzepte eine Einbindung des Menschen in technische Systeme versucht wurde und welche anthropologischen und epistemischen Voraussetzungen hierfür ge-

K. Liggieri / O. Müller, *Mensch-Maschine-Interaktion*, https://doi.org/10.1007/978-3-476-05604-7_18

schaffen werden mussten. Woher kommen die Motive und Programme der Maschinenanpassung und wie integrieren sich hierbei kybernetische Menschenmodelle? Wenn der Mensch bei jeder Technikentwicklung der Maßstab sein sollte und sich an ihm Konstruktion und Effizienz zu messen hatten, wie schaffte man dann gelungene (philosophische, öffentliche und funktionale) Akzeptanz im Umgang mit der Technik? Wie veränderte diese ›neue‹ Interaktion mit der Technik das menschliche Selbstbild als autonomes Subjekt und ›Herr‹ über die (teil-)autonome Maschine?

Nach einem kurzen Überblick über die Forschungsliteratur (18.2) sollen die Möglichkeitsbedingungen herausgearbeitet werden, die in den 1960er Jahren das Aufkommen einer »Anthropotechnik« begünstigten (18.3). Bei dieser Aufarbeitung stehen anthropologische Debatten um den ›ganzen‹ Menschen ebenso im Fokus wie eine Abgrenzung von kybernetischen Ideen. Auf dieser Grundlage sollen die technische und philosophische Konzeption einer ›Anthropotechnik‹, die um 1960 vom Flugmediziner Heinz von Diringshofen entworfen wurde, untersucht werden. Darauffolgend soll die Entwicklung anthropotechnischer Forschungsansätze und Konzepte im Forschungsinstitut für Anthropotechnik, mit ihrer Programmatik und Wirkung kurz dargestellt werden (18.4). Abschließend wird auf das Menschenbild dieser Anthropotechnik eingegangen (18.5).

18.2 Forschungsstand: Kybernetisches und ingenieurwissenschaftliches Menschenbild

Die Forschungsliteratur hat die Mensch-Maschine-Interaktion im Taylorismus (s. Kap. II.A.5; Stiegler 2016), in der Psychotechnik (s. Kap. II.A.4; Meskill 2010; Patzel-Mattern 2010; Uhl 2014) und in der Kybernetik (s. Kap. III.49; Aumann 2009; Hagner 2006; Hagner/Hörl 2008; Pias 2004; Rid 2016) dezidiert aufgearbeitet. Auch zum ›Ganzheitstheorem‹ in der Psychologie vor und nach 1945 liegen gründliche historische Arbeiten vor, die sich zum einen allgemein auf eine Kulturgeschichte des Ganzheitsdenkens richten (Harrington 2002), und zum anderen besondere Aspekte der Wirkung dieses holistischen Konzeptes in der angewandten Psychologie (Ash 2013) sowie seinem Einfluss in der charakterologischen Militär- und Ingenieurpsychologie (in Ost- und West-Deutschland) untersuchen (Platz u. a. 2002). In unterschiedlichen Studien wurden machttheoretische Fragen einer Arbeiterauslese und Arbeitsplatzgestaltung in der Weimarer Republik (Uhl 2014), technische Konzeptionen von Flugzeugcockpits mit Blick auf die ›Habitualisierung‹ und Anpassung der Technik an den Menschen in den 1930er bis 1940er Jahren (Kehrt 2010) sowie Mensch- und Maschinevorstellungen der Automatisation in den 1950er und 1960er Jahren betrachtet (Heßler 2016, 2015). Noch ausgiebiger wurde in neuerer Forschungsliteratur die Kybernetik im deutschen wie US-amerikanischen Raum mit ihren Vorstellungen vom ›Menschen‹ untersucht und in den historischen, philosophischen und kulturellen Kontext eingeordnet (Hagner/Hörl 2008; Müggenburg 2018; Pias 2004). Mit Blick auf die Forschungsliteratur zur Kybernetik und zu den Technikwissenschaften ergibt sich eine begründete Erarbeitung der ›Anthropotechnik‹.

Die Wissenschaftshistorikerin Lily E. Kay sowie der Wissenschaftshistoriker Michael Hagner und der Medienphilosoph Erich Hörl haben in ihren Forschungen herausgestellt, dass das kybernetische Informationsparadigma, welches aus der Militärwissenschaft kam, eine Modifikation des Menschen, der Maschine sowie deren Interaktion evozierte (Kay 2000; Hagner/Hörl 2008). Auf bekannte psychotechnische wie arbeitswissenschaftliche Probleme (wie Ermüdung, Aufmerksamkeit, Wahrnehmung, Ordnung) wurde damit in der Kybernetik versucht, neue, effizientere Antworten zu geben. »Begriffe wie Steuerung, Kontrolle und Information bürgerten sich ein«, so Hagner und Hörl, »gleichgültig ob es um Fabriken, Künste, Sprachen, biologische Organismen, Nervenapparate, Automaten oder Gesellschaften ging« (Hagner/Hörl 2008, 12). Heßler greift diese Untersuchungen auf und analysiert die Argumentation der Ingenieurwissenschaften, da diese noch Mitte der 1950er Jahre den Menschen als Zahl und Informationsbündel sahen, und damit eine Vollautomatisation, die den Menschen ersetzte, anstrebten (Heßler 2015, 123; s. Kap. III.34). Heßler vermerkt allerdings auch, dass abseits dieser mechanistischen Anthropologien, schon in den 1960er Jahren, das positive Bild eines für die Industrie produktiven kybernetischen Menschen einer Korrektur unterzogen wurde (ebd., 124). So stellt Heßler dar, dass der Mensch für viele Ingenieurwissenschaftler nicht gänzlich aus dem Produktionskontext auszuschließen war. Der spezialisierte Arbeiter, Pilot oder Fahrer musste als Überwacher und Bediener weiterhin die Maschine anweisen, beobachten und instruieren. Zum einen wird hier ein Gegenentwurf einer hochgespielten Debatte des ›Elektronengehirns‹ und der ›menschenleeren Fabriken‹ sichtbar (ebd., 126), zum anderen schien dieses neue ›emanzipierte‹ Menschenbild gerade für eine störungsfreie Mensch-Maschinen-Interaktion mit Blick auf die (noch) nicht perfektionierte Maschine sinnvoller zu sein. Aus ökonomischen und funktionalen Gründen musste die Industrie den Menschen miteinbinden. Diese pragmatische Ebene spiegelt sich auf der argumentativen wider: So versuchte der Verein Deutscher Ingenieure wie auch der Regelungstechniker Hermann Schmidt (Liggieri 2019c) der in seinen Argumentationen Anleihen an eine philosophische Anthropologie machte, im Gegensatz zum kybernetischen Diskurs die ›Sonderstellung des Menschen‹ zu bewahren (Heßler 2015, 126–131). Hier manifestierte sich ab 1960 ein Blick auf den Menschen aus der Perspektive eines ›neuen Humanismus‹, in dem der Mensch mit seinen psychophysischen Eigenschaften einen Vorrang vor der Maschine bekam.

Die kultur- und wissenschaftshistorische Aufarbeitung der Kybernetik und Automation der 1950er bis 1970er Jahre verdeutlicht, dass der Rückbezug auf den Menschen neben einer humanistischen Reaktion auf kybernetische Angriffe auch die ›Sonderstellung des Menschen‹ als ein Forschungsprogramm entwarf, welches in den Augen der Ingenieure produktiver, ökonomischer und aussichtsreicher war, als immer noch auf vollautomatisierte Fabriken und fehlerfreie Maschinen zu hoffen. Der Historiker Philipp Aumann zeigt in seiner Studie zur deutschen Kybernetik, dass der Mensch mit seinen Eigenschaften und Prozessen zwar nicht so berechenbar, normal und ›konstant‹ war, wie ihn die Kybernetiker gerne entwarfen (Aumann 2009, 81), dieses aber sollte dem Menschen zum Vorteil gereichen. Er schien dadurch flexibler, kreativer und breiter einsetzbar als die Maschine (s. Kap. III.48). Die Maxime setzte sich immer mehr durch, den Menschen anders anzugehen und ihn so, wie Karsten Uhl in seiner Analyse zur »Humanen Rationalisierung« aufzeigt, als produktives Problem aber auch als Gestaltungsparadigma wahrzunehmen (Uhl 2014, 21, 349). Dabei verweisen Uhl und David Meskill zu Recht auf den historischen Wandel des Menschenbildes – von der kybernetischen »Störquelle« zum »Potential« (Uhl 2014, 21; Meskill 2004, 9). Gerade in der Betrachtung der Schnittstelle ›Mensch-Maschine‹ ergeben sich damit tiefgreifende epistemische wie historische Fragen nach der ab 1960 vermehrt aufkommenden Konstruktion dieses ›neuen‹ Menschenbildes als ›Potential‹.

Was auf Grundlage der vorgestellten Forschungsergebnisse nur angerissen werden konnte, ist die Betrachtung einer Abgrenzung und Weiterentwicklung der Kybernetik in der deutschsprachigen technikwissenschaftlichen Disziplin »Anthropotechnik«, die sich mit ihrem holistisch-humanistischen Menschenbild einflussreich ab den 1960er Jahren in unterschiedlichen Wissensbereichen (Psychologie, Medizin, Ingenieurwissenschaften) etablierte.

18.3 Vorbedingungen und Möglichkeiten einer technikwissenschaftlichen ›Anthropotechnik‹

In den kybernetischen Konzepten schienen sich Maschinen zielorientiert und selbstorganisiert und damit zweckmäßig wie Menschen zu verhalten. Menschen konnten im Gegenzug durch Datenerhebung und Informationstheorie (s. Kap. III.46) wie Maschinen beschrieben und ›eingestellt‹ werden. Damit ähnelten die Menschen in den Texten vieler Kybernetiker, wie Hagner herausstellt, »eher einem Computer oder Radio« (Hagner 2006, 388). Der traditionelle Glaube an eine Subjekt-und-Objekt-Dichotomie (Mensch-Maschine-Dichotomie) war damit, wie der Philosoph Gotthard Günther 1965 formulierte, durch »die moderne Maschinentheorie und durch ihre jüngste Disziplin, die Kybernetik, widerlegt worden« (Günther 1980, 221). Denn der Mensch war nach Günther im Zeitalter der Kybernetik mit ihren »Komputiermaschinen« und den »mit selbstreferentiellem Feedback (s. Kap. III.42) ausgestatteten biologischen Automatismen« (s. Kap. III.34) nur noch »ein System, das eine Umgebung besitzt, sich von ihr absetzen kann und Selbstreferenz besitzt« (Günther 1965/1980, 81, 80). Dass die Kybernetik mit behavioristischen und informationstechnologischen Modellen, Abstraktionen und Simulationen arbeitete, um eine bestimmte Unordnung in die eigene Ordnung einbinden zu können, hatte weitreichende Konsequenzen auch auf ihr ›Modell‹ vom Menschen. Die Kybernetik erschuf in ihrer Anthropologie eine ›Abstraktion‹ vom Menschen, mit der sie einfacher umgehen konnte. In diesem Sinne kann man davon sprechen, dass der »epistemischer Gegenstand« der Kybernetik eben nicht der reale, ›ganze‹ Mensch war, sondern ein abstraktes, technisches »Modell« vom Menschen, »das charakterisiert ist durch gesetzmäßige Vorgänge wie Regulation, Symbolverarbeitung oder Rückkopplung [...]« (Hagner 2006, 385). Obwohl die Aufnahme der Kybernetik, wie Aumann herausstellt, in Deutschland erst in den 1960er Jahren einsetzte und dann ebenso sporadisch wie problematisch verlief, war sie in dieser

Zeit gerade für Modellansätze der Anthropotechnik interessant (Aumann 2009, 124).

Der Mediziner und Berater bei dem Hubschrauber- und Flugzeughersteller Bölkow Entwicklungen KG, Heinz von Diringshofen (1900–1967), Namensgeber der technikwissenschaftlichen Anthropotechnik, macht mit seinem bilateralen Modell deutlich, dass der Mensch nicht schlicht mechanistisch integrierbar war, da er Option und Problem gleichzeitig darstellte. Auf diese Weise war der Mensch für die Anthropotechnik zwar in einem Mensch-Maschine-System »bisweilen das schwächste aber immer das wichtigste Glied« (Diringshofen 1967, 122; s. auch Kap. II.F.20).

Diese Problemstellungen des Menschen zwischen Risiko und Potential verdichteten sich in 1960er Jahren im epistemischen, technischen und gesellschaftlichen Raum und schlugen sich 1969 in der Gründung eines Forschungsinstitutes für Anthropotechnik nieder. Hier kamen zentrale technische wie anthropologische Fragen des Schnittstellen-Designs (s. Kap. III.40) zusammen: Was sind Vor- und Nachteile des Menschen und der Maschine? Wofür muss der Mensch, wofür die Maschine eingesetzt werden? In den Lösungsansätzen der Anthropotechnik wurde der Mensch als Problem und Chance betrachtet und ihm wurde in der Mensch-Maschine-Interaktion eine anthropologische Sonderstellung zugesprochen. Er wurde als ›besonderer‹ psychophysischer Faktor im Mensch-Maschine-System anerkannt. Ein Faktor, der sich als phänomenologischer, lebendiger »Leib« einer zu rationalen, zu mechanistischen (kybernetischen) Ordnung immer auch zu widersetzten schien (Heßler 2016; Liggieri 2017a).

18.4 Das Forschungsinstitut für Anthropotechnik

Der Begriff ›Anthropotechnik‹ wurde zwar um 1960 konzeptionell von Diringshofen in einem flugphysiologischen und flugmedizinischen Feld begründet, es war aber der Ingenieur und Elektrotechniker Rainer Bernotat (1932–2011), der der ›Anthropotechnik‹ zur weiteren Institutionalisierung verhalf. Er verwendete diesen Terminus als Leitbegriff einer »bestmöglichen Gestaltung« für das »Zusammenwirken von Mensch und Maschine [...] durch Anpassung der Maschine an den Menschen« hinsichtlich Leistung, Zuverlässigkeit und Wirtschaftlichkeit in einem weiten praktischen Sinne (Bernotat 1987/2008, 8).

Bernotat studierte an der Technischen Universität Berlin Hochfrequenz- und Nachrichtentechnik und wurde 1959 Forschungsassistent im Bereich Flugführung, wo er sich 1965 habilitierte. 1965 gründete er eine eigene Forschungsgruppe »Anthropotechnik und Flugmesstechnik« an der TU Berlin. Diese Forschergruppe wurde dann 1967 in das Forschungsinstitut für Funk und Mathematik eingegliedert. Als Zeichen, dass »Anthropotechnik« als Konzept und Forschungsvorhaben den Nerv der Zeit widerspiegelte, kam ein Angebot vom Bundesamt für Verteidigung für den Aufbau eines ganzen Institutes für Anthropotechnik. So wurde 1969 Bernotats Forschungsgruppe aus dem Institut herausgelöst und das Forschungsinstitut für Anthropotechnik gegründet.

Seine Cockpitgestaltung lehnte Bernotat dabei (und das war für die anthropotechnische Forschung wegweisend) an dem US-amerikanischen *human engineering* an (Liggieri 2018, 2019a; s. Kap. III.43). In Bernotats Forschung stand hierbei der ›ganze‹ Mensch, dessen Leistungsgrenzen und die Anpassung der Technik im Vordergrund. Anthropotechnik sollte den Menschen folglich »immer mitdenken« (Bernotat 1987/2008, 4). Durch dieses ›Mitdenken des Menschen‹ manifestierte sich die anthropozentrische Verbindung von Technik und Mensch in Forschungsprogrammen und praktischen Umsetzungen.

Trotz der wichtigen Vorarbeiten von Diringshofen, wurde erst durch Bernotat das Konzept »Anthropotechnik« umfangreich für eine internationale Forschung relevant und für die Industrie und Politik ökonomisch interessant. Da die anthropotechnische Konzeption einer Anpassung der Technik an den Menschen in der Luftfahrttechnik und -forschung in Deutschland insbesondere im Vergleich zu England und den USA bis dahin wenig Beachtung gefunden hatte, wurden in den 1960er Jahren in ersten, meist theoretischen Studien relevante psychologische Fragestellungen zu Problemen der Flugmechanik, Flugregelung und Instrumentierung eruiert (Diringshofen 1960, 1963, 1967), aus denen dann Anfang der 1970er Jahre in Bernotats Institut für Anthropotechnik einschlägige Forschungsvorhaben auch mit Übernahme US-amerikanischer Forschungspraktiken entwickelt werden sollten. Diese Entwicklung der Anthropotechnik hin zur institutionellen Praxis wirkte außerdem für andere Wissensfelder produktiv (Militär- und Arbeitspsychologie, technisches Design, Politik).

Im Selbstverständnis von Bernotat war in den 1960er Jahren Diringshofens anthropotechnische Idee »der Anpassung der Technik an den Menschen [...] für die Techniker in Industrie und Verwaltung neu« (Bernotat/Seifert 1998, 2). Diese Aussage spiegelt die Selbstwahrnehmung der technikwissenschaftlichen Akteure der 1960er Jahre wider, die den Begriff ›Anthropotechnik‹ als neue Errungenschaft ihrer Zeit verstanden. Bernotat zufolge wurde »[a]usgehend von dieser ingenieurwissenschaftlichen Betrachtungsweise des Menschen als Element des Regelkreises das Forschungsinstitut für Anthropotechnik ab August 1967 aufgebaut« (Bernotat 1987/2008, 4). Dem Angebot des Militärs folgend siedelte Bernotat mit sieben Mitarbeitern nach Meckenheim bei Bonn um, wo das Institut errichtet wurde. Er selbst wurde 1969 Direktor des international agierenden Institutes, welches schnell auf 50 Mitarbeiter expandierte, davon 20 Wissenschaftler. Das Institut war in verschiedene Forschungsgruppen aufgeteilt: (1) Anzeigen, (2) Bedienelemente, (3) Simulationstechnik, (4) Regler Mensch. Die Forschungsgruppen richteten sich – programmatisch für die Anthropotechnik – auf den »Regler und Überwacher Mensch« aus, wobei der Regelkreis zwischen »Mensch«, »Bedienelemente[n]«, »Simulationstechnik« und »Anzeige« für die Bearbeitung der Probleme ausschlaggebend war (Bernotat 1969). Alle vier Bereiche bezogen sich auf die Gestaltung der Mensch-Maschine-Interaktion mit Blick auf die Besonderheiten des menschlichen Benutzers.

18.5 Anthropotechnische Anthropologie

Hinter den ingenieurwissenschaftlichen Argumentationen und Konstruktionen zeigt die Anthropotechnik (teilweise implizit) ein philosophisch-organizistisch geprägtes Menschenbild. Dabei wirkt die Kybernetik als Impuls (für Modelle der Informationsverarbeitung) wie auch als Kontrastfolie mit Blick auf das Menschenbild. Anthropotechnik nahm somit für ihr eigenes Forschungsprogramm produktive Begriffe (Regelkreis, Feedback, Information etc.) und Methoden der Kybernetik auf, grundierte diese jedoch anthropologisch anders. Das nicht abstrakte, sondern »realitätsnah[e]« Menschenbild der Anthropotechnik evozierte demzufolge andere forschungsleitende »Modelle« vom Menschen (Bernotat 1979, 4).

In der sich von der Kybernetik abgrenzenden Anthropotechnik wuchsen Mensch und Maschine nicht zusammen, sondern interagierten miteinander. Mensch und Maschine wurden im Sinne der anthropotechnischen Forscher/innen produktiver, wenn sie nicht als gleich angesehen wurden, sondern sich in einer gegenseitigen Relation ergänzten. Die kybernetischen Visionen von ›Maschinenmenschen‹ und ›Elektronengehirnen‹ wurden von den Akteuren der Anthropotechnik kritisch diskutiert, da es ihnen mehr um Vermittlung des Mensch-Maschine-Systems ging, wodurch die verschiedenen Kommunikationspartner zur Effizienzsteigerung gegeneinander abgrenzt werden mussten. ›Abgrenzung‹ kann hier im Wortsinne von lat. *definitio* auch als Definition verstanden werden, da sich der Mensch erst durch die Abgrenzung und Unterscheidung von der Maschine definieren konnte. Ab-grenzung ist damit weniger Be-grenzung als mehr im technikwissenschaftlichen Forschungsfeld der Anthropotechnik Er-gänzung. Ergänzung funktionierte in diesem Programm konkret als Vermittlung durch Mensch-Maschine-Anpassung.

Diese anthropologisch-humanistische Signatur des deutschsprachigen Diskurses (bildungsphilosophisch als ›ganzer‹ Mensch verstanden und deutlich positiv besetzt) rund um die ›Anthropotechnik‹ evozierte weitreichende Impulse für die Maschinenkonstruktion (›Benutzerfreundlichkeit‹). Humanismus war damit, wie Uhl zu Recht ausweist, kein Gegenpart zur Rationalisierungsbewegung, sondern ergänzte das »technisch[e] und ökonomisch[e] Denken« (Uhl 2014, 156). Jedoch ist der bildungsbürgerliche Begriff des ›Humanismus‹ im deutschen Kontext ebenso wenig eindimensional wie der semantisch damit korrelierende Begriff des ›ganzen Menschen‹. Vielmehr zeigen hier vielschichtige Schlagworte im Gebrauch von technikwissenschaftlichen wie geisteswissenschaftlichen Akteuren ihre Wirkmächtigkeit. Obwohl der Mensch im ökonomisch-praktischen Betrieb überwiegend eine »steigerungsfähige Ressource« darstellte (Uhl 2014, 350), müssen für eine Mensch-Maschine-Interaktion, die ab den 1960er Jahren als Streitthema auch öffentlichkeitswirksam diskutiert wurde, besonders die ideologisch aufgeladenen holistischen Narrative und Begriffe (Leben, Ganzheit, Seele, Persönlichkeit, Eigengesetzlichkeit) sowie ihre psychologisch-philosophische Reichweite beachtet werden. Wie die historische Forschung zur Psychologie darstellt (Ash 2013; Harrington 2002), besaßen nämlich diese holistischen Imperative besonders im deutschsprachigen Raum eine umfangreiche auch gesellschaftliche Anschlussfähigkeit über den rein ökonomischen Aspekt hinaus, da sie als Leitbegriffe selbst Impulse und Vorstellungen auch für die Arbeitswissenschaften (u. a. Arbeitspsychologie, Ergonomie) lieferten. Das Konzept des ›ganzen Mensch‹ mit den Zuschreibungen vom kreativen, flexiblen oder individuellen Potential wurde demzufolge in der Anthropotechnik nicht nur peripher in den Gestaltungsprozess von technischen Artefakten mit einbezogen, sondern vielmehr zur Grundlage, zum Maßstab und Ziel des ingenieurwissenschaftlichen Denkens. Hiermit konnte man Akzeptanz und Bedienungsfreundlichkeit von Maschinen gleichzeitig erreichen. Die Anpassung der Maschine an den Menschen stellte dementsprechend in den Diskussionen ab den 1960er Jahren die Hauptaufgabe der Konstrukteure dar. Die Idee hinter dieser Anpassung war, dass der Mensch als lebendiges Wesen bei seiner Arbeit ein störungsfreies und ergonomisches Umfeld (Arbeitsstuhl, Hebel, Display etc.) benötigte, um problemlos und produktiv mit der Maschine interagieren zu können (Liggieri 2017b). Hierbei geraten die industriellen Artefakte ebenso in den Blick wie die anthropologischen Konzepte (Mensch als Problemlöser, Mensch als Fehlerelement, Mensch als ›Gegner‹ oder ›Partner‹ der Maschine). Die deutschsprachige Philosophie betrachtete die Mensch-Maschine-Verbindung meist mit technikkritischeren Maßstäben als die Ingenieurwissenschaften, die jedoch ihrerseits ebenso einen anthropologischen Standpunkt einnahmen. Diese Spannungen und Aushandlungen zwischen *ánthrōpos* und *téchne* mit Blick auf den um 1960 aufkommenden einflussreichen Neologismus ›Anthropotechnik‹ sind bezeichnend für den deutschsprachigen Bereich.

Mit Blick auf die Anthropotechnik lässt sich also ab den 1960er Jahren eine historische Ablösung und epistemischen Wandlung der Kybernetik zu einer technikwissenschaftlichen Anpassung der Maschine an den ganzheitlichen Menschen beobachten. Die Konzeption des anthropotechnischen Schnittstellendesigns ist dabei höchst relevant, da durch sie nicht nur die technische Rationalisierung neu gedeutet und euphemistisch stilisiert, sondern auch der Mensch durch verschiedene Attributszuschreibungen modelliert wurde. Das Bild vom Mensch als ›Mittel- und Bezugspunkt‹ von technischen Gestaltungsparadigmen bildete ein Netz von rhetorischen, materiellen und praktischen Diskursen, die sich wiederum aus Politik, Technik, Wissenschaft und Philosophie speisten.

Im ›menschlichen Faktor‹ bündelte sich nicht nur die Angst vor einer Unberechenbarkeit in Form von Leistungsschwankungen, sondern auch die Möglichkeit eines intelligenten und kreativen Eingriffs in technische Systeme. Für die Anthropotechnik war der Mensch der Maschine zwar in gewissem Sinne in Ausdauer und Kraft unterlegen, allerdings in seiner Flexibilität überlegen. Seine Unstetigkeit machte in dieser Argumentation den Vorteil, nicht den Nachteil aus. Vielen der technikwissenschaftlichen Forscher/innen um 1960 wurde daher deutlich, dass der Problemfaktor ›Mensch‹ eine neue, eigene Behandlung benötigte, die schon die zeitgenössische Philosophie in ihren Theoremen proklamierte.

In den anthropotechnischen Diskursen wandelte sich nicht nur die Maschine durch die technische Anpassung, sondern auch das Menschenbild wurde notwendigerweise ein anderes. So wurde die Technik in diesem Argumentations-, aber auch Konstruktionsprozess immer mehr humanorientiert und der Mensch als ›besonderer‹ lebendiger Faktor in den Mittelpunkt gerückt. Damit scheint aber nicht nur ein rhetorisch humanistischer Aspekt verbunden, sondern ebenfalls ein ökonomischer und effizienter: Durch die ›menschenfreundliche‹ Maschine geht es dem Menschen nicht unbedingt besser, aber er arbeitet effizienter und störungsfreier (Schadensreduktion) und damit produktiver in der Interaktion mit der Maschine.

18.6 Zusammenfassung und Ausblick

Anthropotechnik adressiert die anthropologische Positionalisierung in der Definition und Interaktion von ›Mensch‹ und ›Technik‹ und zeigt dabei, wie sich der Mensch in der kognitiven und körperlichen Interaktion mit vermeintlich ›menschenfreundlichen‹ Maschinen-Schnittstellen verhielt und welche Wechselbeziehung (funktional, epistemisch) er mit der ›Maschine‹ einzugehen suchte. Diese Wechselbeziehung macht deutlich, dass der Mensch vor definitorischen, ethischen und epistemischen Problemen stand, wie, wann und wo er mit Maschinen interagieren konnte, ohne seine anthropologische Stellung zu depotenzieren. Der ›Faktor Mensch‹ schien dabei gleichzeitig ein zentraler kreativer Faktor (wichtige Kontrollinstanz, die dort eingreifen kann, wo das determinierte Programm einer Maschine versagte und Flexibilität, Einfallsreichtum und Erfahrung gefragt war) und chaotisches Störmoment im Mensch-Maschine-System (*human error*) zu sein. In diesem Spannungsverhältnis war die Aufgabe der Anthropotechnik den Menschen in technische Systeme zu inkludieren. Im Konzept der Anthropotechnik zeigt sich, wie der Mensch theoretisch sowie ganz praktisch-funktional mit der Maschine in Verbindung gebracht wurde und wie er als psychophysische Ganzheit produktionstechnisch als Gestaltungsmaßstab eingesetzt werden konnte.

Die dargestellten wissenschaftshistorischen und technikanthropologischen Konturen der Anthropotechnik sind deshalb produktiv, weil dadurch Problemfelder und Diskurse aufgedeckt werden können, die heute zwar argumentativ präsent sind, aber keineswegs reflektiert werden. So wird in der derzeitigen Forschung zwar immer mehr Wert auf eine gelungene Mensch-Maschine-Interaktion gelegt, die Vertrauen und Akzeptanz in die Technik vermitteln, Komplexität reduzieren sowie den Menschen in den Mittelpunkt stellen soll (s. Kap. III.45; Liggieri 2019b), der historisch-kritische Blick auf die Prämissen, impliziten humanistischen Annahmen und Kontinuitätslinien dieser Konzepte wird aber meist nicht angestrebt. Als Vorläufer und Bezugspunkt dieser modernen Entwicklung kann auf Argumente der Anthropotechnik sowie deren Einfluss und Bedeutung verwiesen werden, da hierbei im Vergleich zu heutigen Diskussionen Änderungen aber auch Kontinuitäten im Hinblick auf die Rhetorik und den Umgang in der Debatte um Mensch-Maschine-Interaktionen überaus auffällig werden. In der sich historisch wandelnden Interaktion von Mensch und Maschine wird damit am Forschungsinstitut für Anthropotechnik nicht nur eine neue Konzeption des Wissensobjekts ›Mensch‹ bzw. ›Maschine‹ überaus deutlich, sondern auch eine für diese Zeit exemplarische über Disziplingrenzen reichende Wirkmächtigkeit einer Verbindung von Humanismus und Pragmatik. Es zeigt eindrücklich, welche Problematisierungen, epistemischen Verzweigungen und Aushandlungsprozesse mit der Anthropotechnik und deren Menschenbild einhergingen und wie und auf welchem historischen Wissensfeld sich die Programmatik vom Menschen als lebendigem, störanfälligem, aber auch kreativen Faktor sowie von der Maschine als anpassungswürdig entwickeln, transformieren, umsetzen und materialisieren konnte.

Literatur

Ash, Mitchell G.: Weimar Psychology: Holistic Visions and Trained Intuition. In: Peter E. Gordon/John P. McCormick (Hg.): Weimar Thought: A Contested Legacy. Princeton 2013, 35–54.

Aumann, Philipp: Mode und Methode. Die Kybernetik in der Bundesrepublik Deutschland. Göttingen 2009.

Bernotat, Rainer: Technik und anthropotechnische Auslegung visueller Fluganzeigen. Teil 1: Einführung in die technische und anthropotechnische Entwicklung der Fluganzeigen. In: Luftfahrttechnik-Raumfahrttechnik 15 (1969), 204–206.

Bernotat, Rainer: Die ergonomische Gestaltung der Kommunikation Mensch-Maschine. In: NTG-Fachberichte 67 (1979), 4–14.

Bernotat, Rainer: Das Forschungsinstitut für Anthropotechnik – Aufgaben, Methoden und Entwicklung [1987]. In: Ludger Schmidt/Christopher M. Schlick/Jürgen Grosche (Hg.): Ergonomie und Mensch-Maschine-Systeme. Berlin u. a. 2008, 1–16.

Bernotat, Rainer/Rüdiger Seifert. Wurzeln und Anfänge der Anthropotechnik in Deutschland. In: Klaus-Peter Gärtner (Hg.): Anthropotechnik. Gestern – heute – morgen (DGLR-Bericht 1998–2001). Bonn 1998, 1–7.

Diringshofen, Heinz von: Der Faktor Mensch in der Raketentechnik und Raumfahrt. In: Astronautische Forschungsberichte der Hermann Oberth-Gesellschaft 15 (1960), 1–10.

Diringshofen, Heinz von: Anthropotechnische Probleme bei VTOL- und Raumfahrzeugen. In: Jahrbuch der WGLR 1963, 500–509.

Diringshofen, Heinz von: Anthropotechnische Rationalisierung von Waffensystemen. In: Wehrtechnische Monatshefte 64 (1967), 113–122.

Günther, Gotthard: Das Problem einer trans-klassischen Logik [1965]. In: Ders.: Beiträge zur Grundlegung einer operationsfähigen Dialektik, Bd. 3. Hamburg 1980, 73–94.

Günther, Gotthard: Maschinen, Seele, Weltgeschichte. In: Ders.: Beiträge zur Grundlegung einer operationsfähigen Dialektik, Bd. 3. Hamburg 1980, 211–235.

Hagner, Michael: Bilder der Kybernetik: Diagramm und Anthropologie, Schaltung und Nervensystem. In: Martina Heßler (Hg.): Konstruierte Sichtbarkeiten. Wissenschafts- und Technikbilder seit der frühen Neuzeit. München 2006, 383–404.

Hagner, Michael: Vom Aufstieg und Fall der Kybernetik als Universalwissenschaft. In: Ders./Erich Hörl (Hg.): Die Transformation des Humanen. Beiträge zur Kulturgeschichte der Kybernetik. Frankfurt a. M. 2008, 38–71.

Hagner, Michael/Erich Hörl: Überlegungen zur kybernetischen Transformation des Humanen. In: Dies. (Hg.): Die Transformation des Humanen. Beiträge zur Kulturgeschichte der Kybernetik. Frankfurt a. M. 2008, 7–37.

Harrington, Anne: Die Suche nach Ganzheit. Die Geschichte biologogisch-psychologischer Ganzheitslehren: Vom Kaiserreich bis zur New Age-Bewegung. Reinbek bei Hamburg 2002.

Heßler, Martina: Die Halle 54 bei Volkswagen und die Grenzen der Automatisierung. Überlegungen zum Mensch-Maschine-Verhältnis in der industriellen Produktion der 1980er-Jahre. In: Zeithistorische Forschungen 11 (2014), 56–76.

Heßler, Martina: Die Ersetzung des Menschen? Die Debatte um das Mensch-Maschinen-Verhältnis im Automatisierungsdiskurs. In: Technikgeschichte 82 (2015), 109–136.

Heßler, Martina: Der Mensch als Leib. Menschenbilder in einer technischen Kultur. In: Jörg Sternagel/Fabian Goppelsröder (Hg.): Techniken des Leibes. Weilerswist 2016, 217–236.

Kay, Lily E.: Who Wrote the Book of Life? A History of the Genetic Code. Stanford 2000.

Kehrt, Christian: Moderne Krieger. Die Technikerfahrungen deutscher Militärpiloten. 1910–1945. Paderborn 2010.

Liggieri, Kevin: Der Mensch als ›logische Maschine‹? Die Kybernetik und ihre Probleme. In: Andreas Oberprantacher/Anne Siegetsleitner (Hg.): Mensch sein – Fundament, Imperativ, Floskel. Innsbruck 2017a, 561–571.

Liggieri, Kevin: Sinnfälligkeit der Bewegung – Zur objektpsychotechnischen Anpassung der Arbeitsgeräte an den Menschen. In: Zeitschrift für Technikgeschichte 1 (2017b), 29–62.
Liggieri, Kevin: Schnittstelle Mensch: Zum Forschungsinstitut für Anthropotechnik. In: Michael Andreas u. a. (Hg.): Unterwachen und Schlafen: Anthropophile Medien nach dem Interface. Lüneburg 2018, 77–103.
Liggieri, Kevin: Der Mensch in der technischen Umwelt. Ergonomische Konstruktionen des Fliegercockpits im Human Engineering der 1940–1960er Jahre. In: Julia Gruevska (Hg.): Studien zur Interdisziplinären Anthropologie. Themenheft: Körper und Räume. Berlin 2019a, 45–68.
Liggieri, Kevin: Der Mensch im »Mittelpunkt« der Arbeit 4.0? Technikanthropologische Überlegungen von Konzepten zwischen Mensch und Arbeit in der digitalen Gesellschaft. In: Arbeit 4.0. Zur Entgrenzung der Arbeit. Special Issue: Augenblick. Konstanzer Hefte zur Medienwissenschaft 73 (2019b), 59–77.
Liggieri, Kevin: Der Regelkreis als das »universelle Gebilde der Technik«. Zugriffe auf Mensch und Maschine zwischen »allgemeiner Regelungskunde« und philosophischer Anthropologie bei Hermann Schmidt. In: Jahrbuch Technikphilosophie 5 (2019c), 15–35.
Meskill, David: Optimizing the German Workforce: Labor Administration from Bismarck to the Economic Miracle. New York 2010.
Müggenburg, Jan: Lebhafte Artefakte. Heinz von Foerster und die Maschinen des Biological Computer Laboratory. Göttingen 2018.
Patzel-Mattern, Katja: Ökonomische Effizienz und gesellschaftlicher Ausgleich: Die industrielle Psychotechnik in der Weimarer Republik. Stuttgart 2010.
Pias, Claus: Zeit der Kybernetik – Eine Einstimmung. In: Ders. (Hg.): Cybernetics – Kybernetik. Die Macy-Konferenzen 1946–1953, Bd. 2: Essays und Dokumente. Berlin/Zürich 2004, 9–41.
Platz, Johannes/Raphael, Lutz/Rosenberger, Ruth: Anwendungsorientierte Betriebspsychologie und Eignungsdiagnostik: Kontinuitäten und Neuorientierungen (1930–1960). In: Rüdiger vom Bruch/Brigitte Kaderas (Hg.): Wissenschaften und Wissenschaftspolitik. Stuttgart 2002, 291–309.
Rid, Thomas: Rise of the Machines: A Cybernetic History. New York/London 2016.
Stiegler, Bernd. Der montierte Mensch. Paderborn 2016.
Uhl, Karsten. Humane Rationalisierung? Die Raumordnungen der Fabrik im fordistischen Jahrhundert. Bielefeld 2014.

Kevin Liggieri

19 Die Maschine als Spielpartnerin

Spielen ist, unabhängig davon, ob es zwischen Menschen oder Menschen und Maschinen stattfindet, eine spezielle Form der Interaktion. Den gängigen kulturwissenschaftlichen Theorien zufolge findet es außerhalb des normalen Lebens statt, ist unproduktiv, aber dennoch zielgerichtet, wird mit Ernsthaftigkeit betrieben, ist aber zugleich konsequenzvermindert und folgt (mehr oder weniger expliziten) Regeln, ist dabei aber von Ungewissheit und Offenheit geprägt. Im Spiel geht es immer auch darum, diese zunächst unvereinbar scheinenden Eigenschaften miteinander in Einklang zu bringen und mit den sich ergebenden Paradoxien umgehen zu lernen. Aus diesem Grund wird in der kulturwissenschaftlichen Spielforschung und den disziplinübergreifenden Game Studies viel zur Frage der Spielsituation gearbeitet – ihren Grenzen und Rahmen, zum Eintritt in sie und ihrem Verhältnis zur außerspielerischen Wirklichkeit. Der folgende Beitrag wird zunächst diese Arbeiten aufgreifen, um dann zu erörtern, wie sich die Spielsituation und die Handlungen der Spielenden verändern, wenn sie unter den Bedingungen digitaler Medien stattfinden. Dabei wird auch der Frage nachzugehen sein, inwiefern die Maschine (in Form des Computers) Mit- bzw. Gegenspieler sein kann und ob sich Mensch und Maschine im Rahmen des Spiels anders begegnen können als jenseits davon.

19.1 Zauberkreise und Rahmen

Johan Huizingas Standardwerk zufolge ist davon auszugehen, dass das Spiel als menschliche Kulturtechnik in seinem Ursprung eng mit dem Ritual verschränkt ist (Huizinga 1936/2006, 24–37), was sich bis heute daran zeigt, dass anthropologische Ritualforschung und kulturwissenschaftliche Spieltheorie ihren Gegenständen jeweils ähnliche Eigenschaften zuweisen. Auch für Rituale gelten die strenge Begrenzung in Zeit und Raum, der Abstand zum alltäglichen Leben und die unbedingt zu befolgenden Regeln. So ist es wenig überraschend, dass Huizinga sich mit der in den Game Studies vielzitierten Wendung vom Zauberkreis, dem Magic Circle, als Ort des Spiels indirekt auf den Anthropologen Arnold van Gennep bezieht, der den magischen Kreis als Begrenzung der Ritualhandlung ausmacht (van Gennep 1909/2005, 23). Dem Spiel liegt also eine zutiefst irrationale, magische Situation zugrunde: sämtliche gesellschaftlichen oder sozialen Regeln können im Spiel unter Zustimmung der Spielenden suspendiert werden. Handlungen und Interaktionen in der Spielsituation sind demnach innerhalb des Zauberkreises mit einer anderen Bedeutung ausgestattet als jenseits davon. Die sich daraus ergebenden Paradoxien sind Gegenstand der Spieltheorie Gregory Batesons, der das Spiel aus anthropologischer, psychiatrischer und kybernetischer Perspektive als Frage der Kommunikation betrachtet (s. Kap. III.49, III.45). Nach Bateson kommt es also vor allem darauf an, festzustellen, mit welchen logischen Prämissen die Mitteilung »Das ist Spiel« operiert und welche Folgen sich daraus für Handlungen ergeben, die auf diese Weise bezeichnet werden. Die Situation des Spiels wird von Bateson folgendermaßen erfasst: »Damit stehen wir zwei Besonderheiten des Spiels gegenüber: (a) daß [sic] die im Spiel ausgetauschten Mitteilungen oder Signale in gewissem Sinne unwahr oder nicht gemeint sind; und (b) daß [sic] das, was mit diesen Signalen bezeichnet wird, nicht existiert« (Bateson 1955/2007, 198; Herv. im Orig.). Der Biss im Spiel von Tieren meint also nicht nur nicht das, was mit einem Biss außerhalb des Spiels gemeint wäre, sondern er ist überdies fiktiv. Das grundsätzliche Risiko des Spiels besteht damit in der Möglichkeit, dass die metakommunikative Mitteilung »Das ist Spiel« nicht alle Beteiligten erreicht und das Spiel damit entweder nicht zustande kommt oder in außerspielerisches Verhalten umschlägt – der Biss würde dann auch als Biss aufgefasst (Bateson 1955/2007, 197).

Um darzulegen, auf welcher Ebene die Unterscheidung zwischen dem Biss im Spiel und dem von ihm bezeichneten, fiktiven Biss jenseits des Spiels stattfindet, greift Bateson auf das Konzept des Rahmens zurück, der mit der Wendung »Das ist Spiel« Äußerungen und Handlungen metakommunikativ markiert und paradoxe Bedeutungen und Beziehungen hervorruft, weil er verschiedene logische Kategorien voneinander unterscheidet. Was als Spiel gekennzeichnet ist, findet nicht auf derselben logischen Ebene statt wie das, was nicht als Spiel gekennzeichnet ist (Pias 2007, 211). Pias weist in seinem Kommentar zu Batesons Spieltheorie dann darauf hin, dass diese eine andere Sichtweise der Differenzierung von *play* und *game*, mithin also von freiem und geregeltem Spiel, ermögliche, da man sich mit den Batesonschen Rahmen die Frage stellen könne, inwiefern *play* und *game* sich gegenseitig bedingen (ebd., 2012). Daran sei auch das Problem des Computerspiels zu erörtern:

K. Liggieri / O. Müller, *Mensch-Maschine-Interaktion*, https://doi.org/10.1007/978-3-476-05604-7_19

> »So wäre im Anschluß beispielswesie [sic] zu fragen, ob man Computerspiele nun als rigideste Implementierung des Verbots metasprachlicher Äußerungen nehmen oder ihnen ein eigenes *play* zutrauen will, ob man sie als Reservat von games ansieht, die mit dem Humanum des *play* wenig zu tun haben oder ob man (der Psychotherapie und der Anthropologie folgend) die methodische Anstrengung auf sich nimmt, die Paradoxie auszuhalten.« (Pias 2007, 212 f.; Herv. im Orig.).

Im Anschluss an Bateson wird die Rahmentheorie besonders in der Soziologie rezipiert und durch die Arbeiten Erving Goffmans popularisiert, für den die Frage des Spiels die paradigmatische Situation seiner Theorie sozialer Rahmung bildet. Das Spiel ist demnach einer unter zahlreichen Rahmen, die soziale Situationen strukturieren und die Handlungen von Individuen bestimmen können. Dabei geht Goffman davon aus, dass unter den speziellen Bedingungen des Rahmens des Spiels sämtliche nicht zum Spiel gehörigen Gegebenheiten von den Spielenden ausgeblendet werden, was er als »Regeln der Irrelevanz« (Goffman 1973, 22) bezeichnet. Goffman betrachtet das Spiel also aus der Situation der Spielenden, womit die für Bateson noch zentrale Mitteilung »Das ist Spiel« irrelevant wird und es stattdessen darum geht, in einer Abgrenzungsbewegung festzustellen: »Das ist kein Spiel«. Er interessiert sich für die Transformation – die Modulation – von sozialen Rahmen unter den Bedingungen des Spiels: Auf welche Weise verändert ein Spiel eine bestehende soziale Situation? Goffmans Modell erlaubt es, genau jene Rand- und Übergangsphänomene des Spiels zu denken, die bei Huizinga oder Roger Caillois nur als Regelbrüche oder als das Ende des Spiels vorstellbar sind. Es ist so lediglich eine Frage der Modulation des Rahmens, ob Dame gespielt oder mit Dame-Steinen gespielt wird, ebenso wie dieselbe Tätigkeit mit unterschiedlichen Rahmungen als Spiel oder als Arbeit wahrgenommen werden kann (ebd., 57). Damit wird das Problem des Verhältnisses von Spiel und Arbeit, das in der Medienwissenschaft etwa von Rolf Nohr (2008, 41) aufgeworfen wird, differenziert beschreibbar, wie Sebastian Deterding mithilfe qualitativer Interviews nachgewiesen hat (Deterding 2013). Die Auseinandersetzung mit demselben Programm bzw. digitalen Spiel kann, je nach der Rahmung, in der sie stattfindet, z. B. als Arbeit im Sinne einer beruflichen Tätigkeit (eines professionellen Kritikers) oder als Spiel im Sinne einer Freizeitbeschäftigung gelten.

19.2 Spielen mit dem Computer

(Digitale) Spiele sind demnach paradigmatische Übergangsräume, die unter den Bedingungen digitaler Medien die Transformation, aber auch die Konvergenz verschiedener sozialer Sphären gestalten. Angesichts dieses Befunds kann auch die Frage nach der spielerischen Interaktion mit der Maschine nur entlang der jeweiligen sozialen und diskursiven Rahmenbedingungen beantwortet werden, die jeweils das Design, den Einsatz, die Nutzung oder die kritische Rezeption jedes Spiels informieren. Es geht nun darum, zunächst die generellen Merkmale der Interaktion mit Maschinen im Spiel darzulegen und diese dann in ihrer jeweiligen Aktualisierung in den verschiedenen Kontexten des Spielens zu betrachten.

Ein Computerspiel zu spielen, bedeutet, sich zu den algorithmisch (s. Kap. III.32) formalisierten Regeln des Programms zu verhalten. Das Paradox des Spiels, dessen Facetten oben dargelegt worden sind, muss für die Maschine vereindeutigt lesbar gemacht werden. Digitale Spiele können sich demnach softwareseitig nicht grundlegend von anderen Computerprogrammen unterscheiden. Für Jesper Juul besteht dabei, unter Vernachlässigung aller Paradoxien, eine Kontinuität zwischen der Kulturtechnik des (geregelten) Spiels und Computerprogrammen, da beide im Sinne der Informatik als state machines zu beschreiben seien, als Systeme also, die durch spezifische Inputs zwischen verschiedenen, diskreten states wechseln: »In a literal sense, a game is a state machine: A game is a machine that can be in different states, it responds differently to the same input at different times, it contains input and output functions and definitions of what state and what input will lead to what following state [...]. When you play a game, you are interacting with the state machine that is the game« (Juul 2005, 60). Auf formaler Ebene wäre die Interaktion mit der Maschine im Spiel also als eine Reihe von Inputs zu fassen, die Statusveränderungen der Maschine herbeiführen und dabei auf Outputs der Maschine reagieren. Die Differenz zwischen digitalen Spielen und nicht-ludischer Software besteht dann nur darin, dass Spiele die von Wendy Chun attestierten ideologischen Effekte von Software (Chun 2004) noch zusätzlich verstärken und sie außerdem in ihrem Design und ihren Interfacekonventionen andere Handlungsangebote machen oder Affordances (Gibson 1982) ausweisen als nicht-ludische Software (s. Kap. III.31). So können in der Softwareentwicklung üblicherweise entscheidende Qualitäten wie Übersichtlichkeit,

Transparenz oder effiziente Informationsaufbereitung in Interfaces in digitalen Spielen bewusst eingeschränkt und variiert werden. In ihrem Design stellen Spiele also bisweilen tatsächlich die weniger effizienten Mittel (Suits 1980, 43) und Handlungsoptionen zur Verfügung.

Die Interaktion mit der Maschine im digitalen Spiel kann nun unter verschiedenen Gesichtspunkten und mit unterschiedlichen Zielsetzungen stattfinden. Die im Folgenden skizzierten Rahmen der Interaktion beziehen sich jeweils auf diskursive Schwerpunkte in der Nutzung, im Design und in der Theorie von digitalen Spielen, ohne dabei aber Anspruch auf Vollständigkeit zu erheben oder als trennscharfe und präzise Kategorien zu funktionieren. Es geht vielmehr darum, die Frage der Mensch-Maschine-Interaktion aus ihrem engeren, informatischen Kontext zu lösen und sie zu den wissenschaftlichen, ökonomischen und politischen Äußerungsmengen in Beziehung zu setzen, in denen digitale Spiele entweder immer schon eine Rolle gespielt oder in denen sie in der jüngeren Vergangenheit an Relevanz gewonnen haben.

Erzählen

Eine in der Computerspielforschung lange prägende Frage betrifft den Status von digitalen Spielen als Erzählungen bzw. den Stellenwert der Erzählung im Spiel. Diese umfassende Debatte kann an dieser Stelle nicht nachgezeichnet werden, allzumal sie Implikationen über die Zusammenhänge der Mensch-Maschine-Interaktion hinaus aufweist. In Bezug auf das Handeln mit der Maschine können zwei Dimensionen von Narrativität unterschieden werden. Die erste betrifft die Zeichenhaftigkeit von Inputs. Der Mausklick, das Drücken des Buttons oder das Schieben des Steuerkreuzes haben, abhängig von der Diegese und den Interfacekonventionen der Spielwelt, auf die sie sich beziehen, eine Bedeutung. Es wird geschossen, ein Gegenstand wird untersucht oder eine Spielfigur bewegt sich. Abhängig vom Spiel können so Verkettungen von Inputs zu einer Erzählung verknüpft werden, die über bloße user stories der Software-Entwicklung hinausreicht. Spiele sind also erzählbar, da sie Maschinen-Interaktion mit Bedeutung aufladen, was man mit Roland Barthes als Mythologisierung (Barthes 1957/2013) oder, mit Chun, als ideologischen Effekt beschreiben könnte. Britta Neitzel charakterisiert in der Einleitung ihrer struktur- und prozessanalytischen Untersuchung der Narration in Videospielen Tomb Raider (Core Design/Eidos Interactive 1996) als ein erzählbares Spiel im Sinne einer Folge von Eingaben: »Ich drücke die Taste ^, um Lara vorwärts in die Höhle hineinzubewegen. Die Wände werfen das Geräusch ihrer Schritte zurück. Ich lasse die Taste ^ los und bleibe stehen. Ich drücke die Tasten < L1, um nach links zu sehen« (Neitzel 2000, 6). Daraus ergibt sich, dass die Erzählung im Spiel also nicht vorgängig ist, sondern präzise erst der Interaktion zwischen den Spielenden (seien es Menschen oder Maschinen) entspringt, was Dieter Mersch wie folgt auf den Punkt bringt: »Narrativität im Spiel bedeutet also nichts Vorliegendes, kein rekonstruierbarer Plot, sondern eine Serie von Ereignissen, die je und je aus den performativen Spielzügen und -entscheidungen entstehen und dabei nirgends ihren Möglichkeitscharakter – die Tatsache, dass sie stets auch anders sein könnten – abzustreifen vermögen« (Mersch 2008, 33). Damit deutet sich bereits auch die zweite Dimension der Narrativität von Spielen an: Während unter den oben genannten Prämissen zwar nahezu alle digitalen Spiele erzählbar sind, werden, wie Espen Aarseth ausführt, nur diejenigen Spielzüge oder Interaktionen erzählt und erinnert, die als besonders oder herausragend wahrgenommen werden (Aarseth 2007). Das unmöglich scheinende Tor im Fußball, aber auch die unerwartete Strategie im Schach oder der Sieg gegen eine Übermacht im Strategiespiel sind die Performanzen, die auch über das Spiel hinaus erzählt werden. Das gilt ebenso für digitale Spiele, in denen es nicht nur, wie von Mersch erwähnt, immer auch anders sein könnte, sondern deren zunehmend komplexe Systeme die Möglichkeiten für von den Designerinnen nicht antizipierte, emergente Mensch-Maschine-Interaktionen eröffnen. Sei es durch Bugs oder durch die kreative Nutzung von Spielmechaniken entstehen auf diese Weise Situationen, in denen bisweilen die von Huizinga, Bateson oder Goffman betonte Besonderheit des Spiels aufscheint. Das Handeln mit dem System bringt unterwartete Ergebnisse und damit ebenfalls Geschichten hervor.

Argumentieren

Unabhängig von den Erzählungen, die in Spielen zur Aufführung kommen, wird in der Spielforschung und im Game Design eine zweite Ebene der Sinnstiftung durch Interaktion mit dem System diskutiert. Dieser, als Prozeduralismus bekannte, Ansatz, der besonders durch die Arbeiten des Computerspielforschers und Medienphilosophen Ian Bogost popularisiert worden ist, fasst das algorithmische Regelsystem digitaler

Spiele selbst als Ort ihrer Bedeutung auf. Für Bogost sind digitale Spiele ideale Medien, um Aussagen über Systeme zu tätigen bzw. diese durch subjektive Modellierung zu kommentieren (Bogost 2007). Entlang eines weit gefassten Simulationsbegriffs, der genau die Differenz zwischen der Wahrnehmung eines Ausgangssystems und seiner Simulation (die das Ausgangssystem immer nur unvollständig und subjektiv modellieren kann) betont (Bogost 2006, 93–109), plädiert Bogost dafür, die Regeln digitaler Spiele gezielt als Argumente oder als Rhetorik einzusetzen. Die Wirkung des Arguments kann sich dabei nur in der Interaktion zwischen Spielerin, Maschine und Regelsystem sowie der Designerin ebendieses Regelsystems entfalten. Die politischen Spiele der italienischen Designer von Molleindustria enthalten in ihren Regelsystemen also explizite Kommentare etwa zu den Geschäftspraktiken von McDonald's und zwingen ihre Spielerinnen so dazu, sich zu Regeln zu positionieren, die für ein erfolgreiches Spielen des Spiels etwa die Abholzung von Regenwäldern, die Bestechung des Gesundheitsamtes oder den Einsatz genmanipulierten Tierfutters nahelegen (Molleindustria 2006). Die einzelnen Operationen in der Interaktion mit dem Spiel erzählen hier also nicht nur eine Geschichte, sondern beziehen sich zugleich kritisch auf das außerspielerische System, das ludisch modelliert wird. Der Prozeduralismus zieht also eine weitere, übergeordnete Ebene in die Mensch-Maschine-Interaktion im Spiel ein, insofern er diese unmittelbar auf außerspielerische Zusammenhänge bezieht und außerdem eine Spielerin voraussetzt, die sowohl mit diesen Zusammenhängen vertraut ist als auch sich kritisch mit den vom Spiel geforderten Handlungen auseinandersetzt. Die Interaktion mit dem Spiel wird also statt zur Aufführung einer Geschichte zur Ausführung eines Arguments genutzt.

Lernen

Der Diskurs um die Produktivität digitaler Spiele wird entlang zweier Begriffe geführt, Gamification- und Serious Games. Serious Games treten als Konzept für digitale Spiele um das Jahr 2000 herum auf den Plan, meinen zu diesem Zeitpunkt aber bereits ein Prinzip, das sich im Verlauf der späten 1980er und der 1990er Jahre abzuzeichnen beginnt (Raczkowski 2019). Spiele sollen zur Wissensvermittlung und zum Lernen dienen, wobei hier, anders als im späteren Prozeduralismus, zunächst keine kritische Meinungsbildung im Vordergrund steht, sondern Lernprozesse unterstützt und begleitet werden sollen. Die Spiele werden also nicht als unabhängige Lernangebote konzipiert, sondern in der Regel in Abhängigkeit von Institutionen wie Schulen verstanden, in denen sie ergänzend (oder nach dem Unterricht in der Freizeit der Schülerinnen) zum Einsatz kommen sollen. Es lassen sich zwei Designparadigmen bei der Konzeption von Lernspielen unterscheiden. Das erste, heute kaum noch berücksichtigte, begreift die Spielelemente von Lernspielen als behavioristische Belohnungen bzw. Anreize, um sich mit dem Lernprogramm auseinanderzusetzen. Es wird also entweder gespielt oder gelernt, oder, anders ausgedrückt, das Spiel wird regelmäßig pausiert, um die Spielerin mit zu lösenden Aufgaben zu konfrontieren (Egenfeldt-Nielsen 2007). Der zweite, bis heute verfolgte Ansatz versucht, Spielen und Lernen miteinander zu verschränken, indem etwa die Spielwelt auf plausible Weise Hindernisse enthält, für deren Überwindung die Spielerin beispielsweise fortgeschrittene Algebra einsetzen muss (ebd.). Das Spiel soll in dieser Anordnung seinem eingangs dargestellten Übergangscharakter entsprechen und einen Raum eröffnen, in dem Lernen und Spielen ineinander übergehen. Dabei geht es darum, die Lernprozesse, die von komplexen Anwendungen wie digitalen Spielen ohnehin immer vorausgesetzt werden, durch Lerninhalte zu ergänzen, die auch jenseits des Spiels relevant sind (Gee 2007). Die Interaktion mit der Maschine unterstreicht hier die Rolle des Computers als Mess- und Trainingsgerät, die in der Computerspielforschung z. B. von Pias hervorgehoben worden sind. Das Design der Spiele strebt dann im Sinne des zweiten oben erwähnten Paradigmas danach, die Lernziele der Software hinter der spielerischen Interaktion mit ihr verschwinden zu lassen. Lernspiele oder Serious Games weisen also immer auch eine Erzählung im bereits ausgeführten Sinne auf, haben aber, ähnlich wie rhetorische Spiele, Ziele, die über die erfolgreiche Aufführung dieser Erzählung hinausweisen. Die Interaktionen mit der Maschine werden im besonderen Sinne zu Tests nicht nur der Fähigkeiten, Steuerung, Interface und Konventionen des jeweiligen Spiels zu verstehen, sondern auch des Wissens, das das Spiel gezielt zu vermitteln sucht.

Arbeiten

Der Gegensatz zwischen Spiel und Arbeit, dessen Ursprung vom Anthropologen Victor Turner noch der spezifischen Differenzierung zwischen Arbeit und

Freizeit in calvinistisch geprägten Industriegesellschaften zugeschrieben wird (Turner 1974), soll spätestens seit 2010 unter dem Begriff der Gamification zum Verschwinden gebracht werden. Mit Gamification ist die Übertragung von Spielelementen auf außerspielerische Kontexte gemeint, wobei diese Übertragung sich in der Regel auf die Design-Elemente digitaler Spiele bezieht, also etwa auf Scoring-Systeme und Leaderboards oder auf Levelstrukturen (Raczkowski 2019). Der Diskurs der Gamification, der eher in populärer Ratgeberliteratur, von Unternehmensberaterinnen und auf TED-Konferenzen als in der Wissenschaft geführt wird (ebd.), unterstellt digitalen Spielen erhebliches Motivationspotential und zielt darauf, dieses Potential in wenig motivierenden, außerspielerischen Kontexten zur Anwendung zu bringen. Auf diese Weise sollen z. B. im Marketing Konsumentinnen stärker an Marken und Unternehmen gebunden oder in der Unternehmensberatung die Produktivität von Angestellten gesteigert werden. Da digitale Spiele Spaß machen, motivieren und Aufmerksamkeit binden, gehen die Befürworterinnen der Gamification davon aus, dass sich diese Qualitäten über einzelne Elemente der Spiele gewissermaßen transplantieren lassen. Hier werden digitale Spiele abermals als Übergangsphänomene aufgerufen, um die Transition zwischen Arbeit und Freizeit zu ermöglichen (ebd.). Dabei entgrenzen sie zugleich aber digitale Spiele selbst, die unter den Bedingungen der Gamification als modulare Artefakte wahrgenommen werden, deren einzelne Elemente fast beliebig übertragbar sind. Die Spiele bzw. ihre Elemente dienen nun der Steigerung von Produktivität, womit im Extremfall jede Handlung in einem gamifizierten System gleichzeitig eine Spiel-Handlung (bzw. ein Spielzug) wie auch ein produktiver Arbeitsschritt ist. Diese Handlungen haben dabei, anders als in den bisher diskutierten Fällen, nicht notwendigerweise die Form von Mensch-Maschine-Interaktionen, sind aber in gamifizierten Umgebungen entscheidend von diesen beeinflusst. Mit der Übertragung von Elementen digitaler Spiele auf außerspielerische Kontexte findet damit zugleich häufig eine Übertragung der Logik des Computers auf diese Zusammenhänge statt, indem etwa die Implementierung von Scoring-Systemen die Quantifizierung der Leistung von Arbeitnehmerinnen in diskreten Punktwerten zur Folge hat. Es wird also nicht mehr zwingend mit der Maschine gehandelt, aber potentiell alle Handlungen müssen maschinenlesbar gemacht werden, sofern das gamifizierte System von Computern verwaltet werden soll.

Experimentieren/Testen

Unter den Bedingungen des Experiments verschiebt sich der Status des Spiels erneut, es wird zum Rahmen, innerhalb dessen epistemische Operationen durchgeführt werden. Digitale Spiele werden auf unterschiedliche Weise zur Hervorbringung wissenschaftlichen Wissens eingesetzt und diese Nutzung kann historisch an die Geschichte analoger Planspiele und ludischer Simulationen rückgebunden werden. Dabei ist einerseits ausschlaggebend, was Patrick Crogan als Kriegserklärung an die Kontingenz beschrieben hat (Crogan 2011, 36): der Versuch, über Planspiele und Simulationen mögliche Zukünfte sprichwörtlich durchzuspielen und damit Kontingenzen zu reduzieren. Andererseits werden digitale Spiele vermehrt in Versuchsanordnungen eingebunden oder sogar selbst zu Labors, um Fragestellungen verschiedener Disziplinen zu beantworten. Die ›Forschungsarbeit‹ wird dabei wahlweise von den Spielerinnen selbst erbracht, indem sie in Spielmechaniken übersetzte Problemstellungen bearbeiten, oder sie erfolgt in der nachträglichen Analyse der im Spiel erhobenen Daten durch Wissenschaftlerinnen. Die Anwendung fold.it der Universität von Washington illustriert den ersten Fall, da hier die Spielerinnen an Problemen der Proteinbiosynthese arbeiten, die in ein Puzzlespiel übersetzt sind und von Menschen effektiver und besser gelöst werden können als von Computersimulationen (University of Washington 2008). Das zweite Szenario umfasst zahlreiche direkte und indirekte Analysen von zumeist in Onlinespielen generierten Daten z. B. durch Ökonomen (Castronova 2005), Epidemiologen (Auchincloss/Diez Roux 2008) oder Psychologen, um Fragen zu beantworten, in denen das Spiel entweder als Modell für die außerspielerische Realität gesetzt wird (etwa wenn Amy Auchincloss und Ana Diez Roux vorschlagen, über MMOs wie World of Warcraft epidemiologische Szenarien zu simulieren und zu evaluieren) oder in denen es um das Verhalten der Spielerinnen im Spiel geht. Die Maschine wird hier zum Teil einer Laboranordnung, in der sie meist gleichzeitig die Bedingungen der Durchführung von Experimenten wie auch die Voraussetzungen zu ihrer Auswertung (im Sinne einer lückenlosen Datenerfassung) schafft. Abermals geht es also darum, einen Übergangsraum zu eröffnen, in dem das Spiel zum Experimentierfeld werden kann und der Computer zugleich von den Spielenden nicht als Test- oder Messgerät wahrgenommen wird, obwohl er diese Funktion erfüllt.

In Bezug auf die Mensch-Maschine-Interaktion im Spiel muss an dieser Stelle noch der bisher unerwähnte Komplex des Spiels als Gedankenexperiment oder als Metapher hervorgehoben werden, der in seiner Breite eine umfassende historische Untersuchung rechtfertigen würde. Hier ist speziell das von Alan Turing erdachte Imitationsspiel von Interesse, das die für Computerwissenschaft und KI-Forschung zentrale Frage, ob Computer denken können, mit einer Versuchsanordnung zu beantworten sucht, in der der Computer sich erfolgreich als Mensch ausgeben soll (s. Kap. III.57). Die bekannteste, von Turing zu Lebzeiten publizierte Version des Tests läuft dabei auf ein Geschlechterspiel hinaus, das zunächst zwischen drei Menschen gespielt wird und in dem der Computer dann die Rolle eines konkreten Spielenden übernimmt: Ein Mann und eine Frau spielen das Spiel mit der räumlich von ihnen getrennten Richterin, deren Geschlecht unerheblich ist. Die Aufgabe der Richterin ist es, anhand der indirekt (schriftlich) stattfindenden Kommunikation zu beurteilen, wer der Mann und wer die Frau ist. Dabei antwortet die Frau wahrheitsgemäß auf die Fragen der Richterin, während der Mann so tut, als sei er eine Frau. Turing schlägt nun vor, den Mann in der Anordnung durch einen Computer zu ersetzen, der dann entsprechend so zu tun hat, als sei der ein Mann, der so tut, als sei er eine Frau (Turing 1952/2004a). Der Turing-Test hat weitreichende Implikationen für die Definition und Bewertung maschineller Intelligenz, weist aber ebenfalls dem Spiel eine spezielle Position zu, die darin besteht, einen formalisierten Interaktionsraum zu schaffen, in dem sich Mensch und Maschine begegnen können. Diese Eigenschaft zeichnet auch moderne Varianten des Turing-Tests aus, die jeweils Spiele zum Ort der Begegnung menschlicher und maschineller Intelligenz machen. Hier ist insbesondere der vom Spielepublisher 2k gesponserte *bot prize* zu nennen, der die Ausgangssituation des Turing-Tests auf den Multiplayer-Egoshooter Unreal Tournament 2004 (Epic Games/Atari Inc. 2004) überträgt. In dem Wettbewerb geht es darum, einen *bot* (also eine Künstliche Intelligenz) für das Spiel zu programmieren, die im Spiel für ihre menschlichen Mitspielerinnen ununterscheidbar von einem Menschen ist (Hingston 2010). Hier ist die Interaktion nicht nur, wie beim ursprünglichen Turing Test, durch das Spiel stark geregelt und limitiert, sondern sie findet vielmehr ausschließlich über Spielzüge (durch das Spielen von Unreal Tournament 2004) statt. Der Computer muss also menschlich spielen (statt wie ein Mensch zu schreiben und auf Fragen zu antworten) um zu gewinnen, womit sich Turings bereits 1948 in einem zu Lebzeiten unveröffentlichten Paper geäußerte Vermutung bestätigt, der zufolge sich Spiele neben der Kryptographie besonders eigneten, um den Fähigkeiten maschineller Intelligenzen Ausdruck zu verleihen (Turing 1948/2004b, 420 f.). Der Übergang, der in diesem Kapitel mit dem Spiel in Zusammenhang gebracht wird, findet hier also zwischen menschlicher und maschineller Intelligenz statt. Es wird miteinander gespielt.

Spielen

Sich zum Abschluss dieser Ausführungen zum Spielen mit dem Computer zu äußern, mag redundant erscheinen, ist aber im Sinne des von Pias geforderten Aushaltens der Batesonschen Paradoxien notwendig: Jedes *game* bringt auch immer das Potential von *play* mit sich. Sämtlichen formalen Rahmen, die in den vorangegangenen Absätzen skizziert worden sind, lässt sich auch spielerisch begegnen. Das kann entweder dem game zuträglich sein, indem es, wie von Aarseth (2007) ausgeführt, das Spiel durch besondere Züge erinnerungswürdig und erzählbar macht oder ihm, wie Miguel Sicart argumentiert, individuelle Ausdrucksmöglichkeiten für die Spielenden verleiht (Sicart 2011). Es kann aber auch das geregelte Spiel modifizieren, umdeuten oder (zer)stören, worauf Aarseth und Sicart ebenfalls hinweisen. Für die verschiedenen Kontexte, in denen mit dem Computer gespielt wird, ist dieser Einbruch des *play* in die formale Ordnung des *game* je unterschiedlich folgenreich. Während das Spiel unter den Bedingungen der Erzählung im schlimmsten Fall seinen Sinn für die Spielerin einbüßt, sind die Folgen für Spiele, die als Argumente, zum Lernen oder zur Arbeit eingesetzt werden, weitreichender. Sie betreffen nicht nur das Spiel als abgegrenzten und aus der Realität herausgehobenen Zauberkreis, von dem Huizinga spricht und der in der Computerspielforschung inzwischen kontrovers diskutiert wird (vgl. Stenros 2012), sondern auch diejenigen dezidiert nicht-ludischen Felder, in denen Spiele ebenfalls zum Einsatz kommen. Hier ist es dann die politische Aussage, das Arbeitsumfeld oder das pädagogische Konzept, mit dem gespielt wird und es zeigt sich, dass Paradoxien und Rahmenwechsel zur Herausforderung für eine zielgerichtete Nutzung von Spielen werden können. Wenn statt Dame zu spielen mit Dame-Steinen gespielt wird, ist das für Goffman kein Problem, aber mit dem Arbeitsgerät zu spielen, statt zu arbeiten, gefährdet die Produktivität des Unternehmens, anstatt sie zu steigern.

Spielen (*play*) wird dementsprechend von Wissenschaftlern wie Sicart anders bewertet als von Unternehmensberatern und Marketingexperten wie Gabe Zichermann, der als starker Befürworter von Gamification auftritt und das Spielen mit den Regeln gamifizierter Systeme als unethisches Handeln bezeichnet (Zichermann/Linder 2010, 105). Das Spiel kann allerdings nicht nur für Institutionen, die sich seiner bedienen wollen, gefährlich werden, sondern, wie Eingangs mit Bateson zu zeigen war, ebenfalls zum Risiko für die Spielenden werden – dann nämlich, wenn das Spiel entweder unzulässig erweitert wird oder kippt, was jeweils zu Aggressionen oder verbaler Gewalt führen kann, wie sie in Online-Spielen vermehrt zu beobachten ist und inzwischen von den Herstellern dieser Spiele auch gezielt bekämpft wird.

Das Spiel ist für die Interaktion zwischen Mensch und Maschine also Chance und Risiko zugleich. Es kann sinnstiftend für repetitives Handeln mit dem Computer wirken und diesen sogar als Arbeitsgerät naturalisieren (vgl. Nohr 2008). Die Eigenschaft von Spielen, Grenzen verschwinden zu machen und Übergänge (z. B. zwischen verschiedenen sozialen Rahmen oder unterschiedlichen gesellschaftlichen Sphären) fließend zu gestalten, führt dann in Kombination mit den technischen Qualitäten des Computers (formalisierte Regeln, numerische Vermessung und Auswertung) dazu, dass Computerspiele in den unterschiedlichsten Feldern zur Anwendung kommen. Das Handeln mit der Maschine wird in diesem Zuge von immer unterschiedlichen Diskursen und Wissensformationen gerahmt, mit denen je eigene Zielsetzungen und Erwartungshaltungen in Bezug auf das Potential ludischer Anwendungen verknüpft werden. Zugleich bleibt das Spiel paradox insofern es möglich ist, nicht nur ein Computerspiel zu spielen (also seinen Regeln zu folgen), sondern auch mit dem Computer zu spielen (und damit z. B. durchaus im Sinne von Batesons Metakommunikation die Grenzen des jeweiligen Spiels zu testen). Für beide Szenarien ließen sich zahllose Beispiele anführen, die die Vielseitigkeit des Spiels unter den Bedingungen digitaler Medien ausweisen. Vielleicht ist es also ausgerechnet die vornehmlich irrationale Kulturtechnik des Spiels und des Spielens, die das volle Potential des Computers erkennbar werden lässt.

Literatur

Aarseth, Espen: I Fought the Law: Transgressive Play and The Implied Player. In: Proceedings of DiGRA 2007 Conference: Situated Play.

Auchincloss, Amy H./Diez Roux, Ana V.: A New Tool for Epidemiology: The Usefulness of Dynamic-Agent Models in Understanding Place Effects on Health. In: American Journal of Epidemiology 168/1 (2008), 1–8.

Barthes, Roland: Mythen des Alltags [1957]. Berlin 2013.

Bateson, Gregory: Eine Theorie des Spiels und der Phantasie [1955]. In: Christian Holtorf/Claus Pias (Hg.): Escape! Computerspiele als Kulturtechnik. Köln 2007, 193–207.

Bogost, Ian: Unit Operations. An Approach to Videogame Criticism. Cambridge, Mass. 2006.

Bogost, Ian: Persuasive Games. The Expressive Power of Video Games. Cambridge, Mass. 2007.

Castronova, Edward: Synthetic Worlds. The Business and Culture of Online Games. Chicago/London 2005.

Chun, Wendy Hui Kyong: On Software, or the Persistence of Visual Knowledge. In: Grey Room 18 (2004), 26–51.

Crogan, Patrick: Gameplay Mode. War, Simulation and Technoculture. Minneapolis 2011.

Deterding, Sebastian: Modes of Play. A Frame Analytic Account of Video Game Play. Dissertation, Universität Hamburg 2013.

Egenfeldt-Nielsen, Simon: Third Generation Educational Use of Computer Games. In: Journal of Educational Multimedia and Hypermedia 16/3 (2007), 263–281.

Gee, James Paul: What Video Games Have to Teach Us About Learning and Literacy. New York 2007.

Gibson, James: Wahrnehmung und Umwelt. Der ökologische Ansatz in der visuellen Wahrnehmung. München 1982.

Goffman, Erving: Interaktion: Spaß am Spiel. Rollendistanz. München 1973.

Hingston, Philip: A New Design for a Turing Test für Bots. In: Proceedings of the 2010 IEEE Conference on Computational Intelligence and Games. Kopenhagen 2010, 345–350.

Huizinga, Johan: Homo Ludens. Vom Ursprung der Kultur im Spiel [1938]. Hamburg 2006.

Juul, Jesper: Half-Real. Video Games between Real Rules and Fictional Worlds. Cambridge, Mass. 2005.

Mersch, Dieter: Logik und Medialität des Computerspiels. Eine medientheoretische Analyse. In: Jan Distelmeyer/Christine Hanke/Dieter Mersch (Hg.): Game over?! Perspektiven des Computerspiels. Bielefeld 2008, 19–41.

Neitzel, Britta: Gespielte Geschichten. Struktur- und prozessanalytische Untersuchungen der Narrativität von Videospielen. Diss. Universität Weimar 2000.

Nohr, Rolf F.: Die Natürlichkeit des Spielens. Vom Verschwinden des Gemachten im Computerspiel. Münster 2008.

Pias, Claus: Kommentar zu Gegory Bateson: Eine Theorie des Spiels und der Phantasie. In: Christian Holtorf/Claus Pias (Hg.): Escape! Computerspiele als Kulturtechnik. Köln 2007, 208–213.

Raczkowski, Felix: Digitalisierung des Spiels. Games, Gamification und Serious Games. Berlin 2019.

Sicart, Miguel: Against Procedurality. In: Game Studies 11/3 (2011). In: http://gamestudies.org/1103/articles/sicart_ap.

Stenros, Jaakko: In Defence of a Magic Circle. The Social and Mental Boundaries of Play. In: Proceedings of DiGRA Nordic 2012 Conference: Local and Global – Games in Culture and Society. Pennsylvania State University 2012.

Suits, Bernard: The Grasshopper. Games, Life and Utopia. Toronto 1980.

Turing, Alan M.: Can Automatic Calculating Machines Be Said To Think? [1952]. In: B. Jack Copeland (Hg.): The Essential Turing. New York 2004a, 494–506.
Turing, Alan M.: Intelligent Machinery [1948]. In: B. Jack Copeland (Hg.): The Essential Turing. New York 2004b, 410–432.
Turner, Victor W.: Liminal to Liminoid, Play, Flow, And Ritual: An Essay in Comparative Symbology. In: The Rice University Studies 60/3 (1974), 53–92.
Van Gennep, Arnold: Übergangsriten [1909]. Frankfurt a. M./New York 2005.
Zichermann, Gabe/Linder, Joselin: Game-Based Marketing. New Jersey 2010.

Ludographie

Foldit (USA 2008, University of Washington)
McDonald's Videogame (IT 2006, Molleindustria)
Tomb Raider (UK 1996, Core Design/Eidos Interactive)
Unreal Tournament 2004 (USA 2004, Epic Games/Atari Inc.)
World of Warcraft (USA 2004–, Blizzard Entertainment)

Felix Raczkowski

20 Die Maschine als Konkurrentin im Mensch-Maschine-Vergleich

Der Vergleich gehört zweifellos zu den zentralen menschlichen Bezugnahmen auf Maschinen. Menschen vergleichen sich mit Maschinen, sie grenzen sich dabei von Maschinen ab, sie betonen die Unterschiede oder aber sie versuchen menschenähnliche Maschinen zu bauen, was gleichermaßen einen Vergleich impliziert. Dieser Vergleich wirft stets die Frage auf, was einen Menschen, was eine Maschine auszeichnet, und wie sich ihr Verhältnis zueinander gestaltet (und gestaltet sein soll).

Der Vergleich von Mensch und Maschine mit all seinen Implikationen findet sich auf der theoretisch-diskursiven sowie einer fiktionalen Ebene, jedoch gleichfalls auf der Ebene der Praktiken, wenn Maschinen Aufgaben und Tätigkeiten der Menschen übernehmen und diese häufig ›besser‹ und zuverlässiger erledigen als Menschen. Letzteres ist heute eine alltägliche Erfahrung, wenn Maschinen beispielsweise staubsaugen, Anrufe aufzeichnen, in Fabriken die Herstellung von Produkten übernehmen, Rechtschreibung korrigieren, Entscheidungen treffen und vieles mehr. Verweist dies einerseits auf die enge Verwobenheit menschlicher und maschineller Akteure, so wird andererseits, gerade im Kontext aktueller Entwicklungen der Künstlichen-Intelligenz-Forschung, wiederum vergleichend und abgrenzend die Frage gestellt, was die Maschine besser kann und was der Mensch. Der Vergleich von Mensch und Maschine ist dabei eng mit der Figur der Konkurrenz verbunden, mit Fragen der Hierarchie und der Überlegenheit.

Der Mensch-Maschinen-Vergleich und das Denken des Mensch-Maschine-Verhältnisses als eines der Konkurrenz stellt jedoch nur eine Konfiguration der Mensch-Maschine-Verhältnisse dar. Technik wurde und wird in bestehenden Technikanthropologien, in gesellschaftlichen Diskursen und in alltäglichen Praktiken des Weiteren als Verlängerung und Verstärkung der Menschen konzipiert, als Optimierung oder als Möglichkeit der Übersteigerung menschlicher Fähigkeiten, wie in klassischen Technikanthropologien von Ernst Kapp (Kapp 1877/2015; s. Kap. II.B.7, III.53), Arnold Gehlen (Gehlen 1953, 1957; s. Kap. II.B.8) oder auch Marshall McLuhan (McLuhan 1969, 1970), bis hin zum technisch orientierten Trans- und Posthumanismus (vgl. Krüger 2004). Diese Bezugnahme auf Technik geht mit der Ermächtigung der Menschen, der Vorstellung der Naturaneignung und Weltgestaltung einher.

Dagegen entwerfen insbesondere neuere Ansätze, wie symmetrische Anthropologien oder ein philosophischer Posthumanismus (z. B. Latour 2008; Foucault 1966/1971 oder Hayles 1999), ein Mensch-Maschinen-Verhältnis, das eine herausragende Position der Menschen verneint, deren vermeintlich zentrale Position dezentriert und das Zusammenspiel, die Verflechtung von Mensch und Maschine betont bis hin zur Figur des Cyborgs (s. Kap. III.39), also der Verschmelzung von Mensch und Maschine. Suchen gerade letztere Ansätze Anthropozentrismen zu vermeiden und zu delegitimieren, so verharrt der Vergleich von Mensch und Maschine und der Gedanke einer Konkurrenz ganz und gar in einer anthropozentrischen oder stark technophilen Position. Nicht zuletzt deshalb findet diese Position in der gegenwärtigen Forschung vermutlich weniger Aufmerksamkeit. Eine systematische Beschreibung des Mensch-Maschine-Verhältnisses als Konkurrenz-Verhältnis im Wandel der Zeit ist eine seltsame Leerstelle, die in der aktuellen Forschung nur punktuell thematisiert wurde, obgleich es von ungemeiner historischer Wirkmächtigkeit war und immer noch ist.

20.1 Mensch-Maschine-Vergleich in der Philosophie, der Populärkultur und den Medien

Der Vergleich von Mensch und Maschinen ist seit der Frühen Neuzeit ein wichtiger Topos in philosophischen und gesellschaftlichen Diskursen. Er berührt allzu offensichtlich das menschliche Selbstverständnis (s. Kap. II.E.15). Dies wird bereits in den frühneuzeitlichen Interpretationen und Diskursen um das Mensch-Maschine-Verhältnis deutlich. Hier wird, beispielsweise bei René Descartes (1637/1984), das mechanische Weltbild auf den menschlichen Körper übertragen, indem dieser mit einer Maschine gleichgesetzt wird. Der Vergleich zwischen bzw. die Gleichsetzung von Mensch und Maschine erhielt auf theoretischer Ebene insbesondere mit der Philosophie René Descartes' eine neue Dimension. Käte Meyer-Drawe sprach von einer »neue[n] Qualität in den Schöpfungsphantasien des Menschen« (Meyer-Drawe 2007, 13). Die Maschine wurde ein zentrales Interpretationsmuster, um den menschlichen und tierischen Körper zu verstehen, zu erforschen und nachzubilden. Uhrwerk und Hydraulik waren die Techniken, die

K. Liggieri / O. Müller, *Mensch-Maschine-Interaktion*, https://doi.org/10.1007/978-3-476-05604-7_20

zur Erklärung des Körpers dienten. Descartes beispielsweise beschrieb das Herz als eine hydraulische Pumpe, die Blutgefäße oder Nervenstränge als ein Röhrensystem, das Funktionieren des Körpers in Analogie zu einer Uhr (Descartes 1637/1984).

Wie Meyer-Drawe betonte, entstand mit dieser mechanistischen Erklärung des Körpers ein »Problem, das bis heute diskutiert wird, nämlich die Frage, *wie wir Menschen uns von unseren Maschinen unterscheiden*« (Meyer-Drawe 1997, 727). Bei Descartes finde sich der »erste explizite Versuch, die Differenz zwischen Mensch und Maschine zu bestimmen« (Meyer-Drawe 2007, 24 f.). Der gleichsetzende Vergleich von Mensch und Maschine, der sich allein auf den Körper bezog, ging mithin mit einer für das menschliche Selbstverständnis zentralen *Abgrenzung* einher. Die Sonderstellung der Menschen wurde mittels des Leib-Seele-Dualismus erhalten, nur der Mensch verfügte demnach über Geist und Seele.

Grenzziehungen zwischen Mensch und Maschine sind zentraler Bestandteil des vergleichenden und konkurrierenden Mensch-Maschine-Verhältnisses. Dies änderte sich auch in den folgenden Jahrhunderten nicht. Gleichwohl veränderten sich die Konsequenzen des Vergleichs von Mensch und Maschine. Diente der Vergleich in der Frühen Neuzeit der Etablierung und Betonung einer menschlichen Sonderstellung, so wurde diese seit dem 19. Jahrhundert insofern in Frage gestellt, als Mensch und Maschine in ein Konkurrenzverhältnis gerieten, durch das die menschliche Besonderheit immer wieder hinterfragt wurde. Maschinen dienten anders als die frühneuzeitlichen Automaten nicht mehr lediglich der Belustigung und dem Vergnügen. Vielmehr wurden sie nun auch als Bedrohung und als Gegenspieler empfunden. Dies wurde im 19. Jahrhundert, wie im nächsten Abschnitt zu sehen sein wird, in der Arbeitswelt zu einer konkreten Erfahrung und zentraler Bestandteil des philosophischen und vor allem des populärkulturellen Diskurses, insbesondere in dem im 19. Jahrhundert entstehenden Genre der Science-Fiction.

In der kulturgeschichtlichen oder philosophischen Forschung fand das vergleichende Mensch-Maschinen-Verhältnis auffälliger Weise weitaus weniger Beachtung als in der Science-Fiction. Dabei stellt insbesondere die Populärkultur den Ort der Verhandlungen der Mensch-Maschinen-Verhältnisse dar; vor allem des vergleichenden und konkurrierenden Mensch-Maschine-Verhältnisses.

Die Populärkultur thematisierte und thematisiert vergleichende Mensch-Maschinen-Verhältnisse, die damit verbundenen menschlichen Ängste vor einem Kontroll- oder Machtverlust sowie die Angst vor der Bedrohung durch Maschinen häufig und zugespitzt. Stets wird mit anthropozentrischen Ängsten gespielt. Vom Menschen geschaffene Maschinen übernehmen in diesen spektakulären Narrativen die Macht, bedrohen die Menschheit oder machen die Gattung Mensch gar überflüssig. Dieser Kampf zwischen Mensch und Maschine ist seit dem 19. Jahrhundert einer der zentralen Topoi im Bereich der Science-Fiction. Bedroht und verteidigt ist stets die menschliche Allmacht, die mittels Technik hergestellt und garantiert wird, dann aber durch die übermächtig gewordene Technik verloren zu gehen droht. Häufig findet sich die Figur der außer Kontrolle geratenen menschlichen Schöpfung wie der Golem, Frankensteins Monster oder wie in einem weiteren Klassiker dieses Genres, dem Drama *R. U. R.* (*Rossumovi Univerzální Roboti*, 1920) des Tschechen Karel Čapek, in dem die »robots« schließlich eine Revolte starten und alle Menschen, außer einem, vernichten. Stanley Kubricks Film *2001: Odyssee im Weltraum* (1968) bediente sich mit dem Computer »HAL 9000« des gleichen Musters. Die Zahl der Science-Fiction, die mit diesem Motiv der Konkurrenz und der Überlegenheit der außer Kontrolle geratenen Technik arbeitet, in der Technik zu einem gefährlichen Gegenspieler der Menschen geworden ist, ist immens. Die Liste könnte um ein Vielfaches weitergeführt werden.

Erfährt dieser Topos in der Science-Fiction besondere Prominenz, so findet er sich auch im gesellschaftlichen Diskurs in erstaunlicher Stetigkeit im Kontext neuer Technologien jeweils wieder. Mediale und öffentliche Diskurse nehmen diese Science-Fiction-Motive auf, wenn sie vor Technik warnen wollen. Maschinen werden dann als Gefahr für die Menschheit, für das Menschsein dargestellt. Der Astrophysiker Stephen Hawking prognostizierte kürzlich, dass Maschinen, die klüger werden als Menschen, eine Gefahr für deren Fortbestand darstellen. Der Unternehmer Elon Musk warnte, KI-Anwendungen könnten zur Bedrohung der menschlichen Zivilisation werden. In *Evolution ohne uns* diskutiert Jay Tuck, um ein weiteres Beispiel dieses Narratives zu nennen, die Möglichkeit, Künstliche Intelligenz könne die Menschheit ausrotten (Tuck 2016). Auch hier ließe sich auf eine schier unendliche Fülle weiterer Zitate aus dem 19., vor allem aber aus dem 20. Jahrhundert verweisen.

Jenseits dieser spektakulären Interpretationen des Vergleichs von Mensch und Maschine als ein Konkurrenzverhältnis, als ein Verhältnis, das stets gefährlich für die Menschen werden kann, war der Vergleich von Mensch und Maschine sowie die damit verbundene Frage nach der Position der Menschen und nach der Hierarchie zwischen Mensch und Maschine Thema prominenter philosophischer Beiträge. Dazu gehören insbesondere die Ausführungen von Günther Anders (Anders 1956/1988; s. Kap. II.C.11) und Gilbert Simondon (Simondon 1958/2012; s. Kap. II.B.9) aus der Mitte des 20. Jahrhunderts, an die hier kurz erinnert werden soll. Nicht zuletzt Simondon lieferte ein wichtiges Interpretament für die anthropozentrische Perspektive der Konkurrenz.

Günter Anders betonte mit seinen Begriffen der »Antiquiertheit der Menschen« sowie der menschlichen »Scham« vor den Maschinen ein Zurückbleiben und eine Unterlegenheit der Menschen angesichts der Perfektion der von ihnen selbst entworfenen Maschinen (Anders 1956/1988). Er beobachtete eine »Unfähigkeit seelisch ›up to date‹, auf dem Laufenden unserer Produkte zu bleiben« (ebd., 15). Er verglich die Menschen gar mit »verstörte[n] Saurier[n]«, die »zwischen unseren Geräten einfach herumlungern« (ebd.). Er bezeichnete dies als »A-synchronizität« des Menschen gegenüber den Maschinen und polemisierte, der eingeschüchterte Mensch, der sich als »Hofzwerg seines eigenen Maschinenparks« fühle, schreibe dem »Gemachten den höheren Seinsrang« zu (ebd., 25). Anders argumentierte von einem humanistischen Standpunkt, der für ihn, wie er schrieb, der einzig denkbare war. Damit vertrat Anders eine selbstbewusst vorgetragene, anthropozentrische, auch essentialistische Haltung, die den Mensch-Maschine-Vergleich zum Ausgangspunkt der Argumentation nahm und bei aller Ironie, die Anders selbst gegen den Anthropozentrismus aufbrachte, letztlich in diesem verharrt und Mensch und Maschine in einem trennenden Dualismus denkt.

Gilbert Simondon beobachtete, interessanterweise gleichfalls Mitte der 1950er Jahre, ein Unbehagen der Menschen, wenn Maschinen ›ihre‹ Aufgaben übernähmen. Er interpretierte dies allerdings eher in psychologischer Manier, indem er das Erschrecken von Menschen, deren Tätigkeiten von Maschinen übernommen wurden, für eine bestimmte historische Situation im 19. Jahrhundert vor der Folie ihres Selbstverständnisses als technische Individuen deutete. Er verwies auf ein Selbstverständnis als handwerklich tätige Menschen. Mit einem schematischen, aber aufschlussreichen Blick auf den Übergang von der Handwerkzeug-Technik zum Maschineneinsatz beobachtete er die Identifizierung der Menschen mit der technischen Tätigkeit. Da sich »der Mensch« im Handwerk als ein technisch tätiges Subjekt wahrgenommen habe, sei mit der Maschine, die genau diese technische Tätigkeit übernahm »sehr häufig eine Frustration« entstanden (Simondon 1958/2012, 71). Der Mensch sei irritiert, wenn eine Maschine »seine« Tätigkeit ausführe und schließlich glaube er, die Maschine »schicke sich an, missbräuchlich die Rolle des Menschen zu spielen« (ebd., 75). Das Unbehagen daran rühre aber nur daher, dass sich Menschen missverständlich als technische Individuen verstünden, die sich über technische Tätigkeit, als *homo faber*, definierten. Simondon beschrieb einen »Rollenwechsel (ebd., 75), den schmerzhaften Transformationsprozess, in dem aufgrund einer neuen Technik alte Gewohnheiten, Rechte, Rollen und Identitäten verloren gingen und Neuorientierungen erforderlich wurden. Simondon berührte hier einen zentralen Punkt des als konkurrierend gedachten Mensch-Maschine-Verhältnisses, auf das noch einmal zurückzukommen sein wird: Konkurrenz, Bedrohung, Angst entstehen dort, wo das menschliche Selbstverständnis betroffen ist.

Sprach Günther Anders polemisch von der menschlichen Scham gegenüber den Maschinen, benannte das Gefühl der Unterlegenheit, so nahm Simondon eine gleichsam reflexivere Position ein, indem er die Selbstzuschreibungen der Menschen betonte, mithin die historisch sich wandelnden Zuschreibungen, die jeweils definieren, was die Menschen ausmache und die sie entsprechend empfindlich gegenüber »Konkurrenz« machen können.

Der Vergleich von Mensch und Maschine, die Fragen der Grenzziehungen und Unterscheidungen waren im 20. Jahrhundert vielfach Thema in philosophischen Kontroversen. Gerade hinsichtlich der Frage, ob Maschinen denken können, finden sich vielfach Streitgespräche, die hier jedoch nicht skizziert werden können (vgl. zusammenfassend Heßler 2017).

Eines ist jedoch hinsichtlich der philosophischen, medialen und auch populärkulturellen Thematisierungen des konkurrierenden Mensch-Maschine-Verhältnisses noch zu problematisierten. Es ist zumeist ›vom Menschen‹ die Rede, häufig gar im Kollektivsingular. Eine Problematik der gesamten anthropologischen Diskussionen, die allzu häufig vom sozialen, ökonomischen und kulturellen Kontext abstrahieren und damit implizit zumeist eine westliche, häufig männliche und ›weiße‹ Perspektive einnehmen. Freilich wäre stets zu unterscheiden zwischen unterschiedlichen sozialen Gruppen, Geschlechtern, Ethnien und verschiedenen zeitlichen und geographischen Kontexten. Denn auch die Frage, wer Maschinen als Konkurrenz wahrnahm und -nimmt, hing und hängt von der sozialen Position, vom Geschlecht, Zeit und Ort und vielem mehr ab. War der Maschineneinsatz für die Einen die Möglichkeit, Profit zu machen, für die Anderen die Übernahme lästiger Arbeiten, so bedeutete es für wiederum Andere Konkurrenz, Bedrohung und Ersetzung.

20.2 Hand, Gehirn und Emotion: Vergleiche und Erfahrungen von Konkurrenzen von Mensch und Maschine seit dem 19. Jahrhundert

War es in der Frühen Neuzeit angesichts des Standes der mechanischen Technik noch relativ einfach, eine deutliche Grenzziehung zwischen Mensch und Maschine vorzunehmen und die menschliche Sonderstellung gegenüber Technik zu etablieren und unhinterfragt zu lassen, so änderte sich dies spätestens im 19. Jahrhundert im Kontext der Arbeitswelt. Hatten zwar bereits die Automaten der Frühen Neuzeit mit ihrer Menschenähnlichkeit und ihrer Ausübung von Kulturtechniken wie Schreiben oder Musizieren für Verwunderung, Verblüffung und auch für ein Gruseln, eine Faszination des Schreckens gesorgt, so blieb doch die Sonderstellung der Menschen und damit eine im Folgenden für das menschliche Selbstverständnis zentrale Grenzziehung unangetastet. Die Automaten der Frühen Neuzeit evozierten zwar den Vergleich von Mensch und Maschine, indem sie menschliche Tätigkeiten ausführten und zudem das Äußere imitierten. Die Automaten des 18. Jahrhunderts traten jedoch nicht in Konkurrenz zu Menschen.

Dies geschah allerdings im Kontext der kapitalistischen Arbeitswelt. Im 17. und 18. Jahrhundert finden sich im Kontext frühkapitalistischer Produktionsformen erste Prozesse der Maschinisierung, vor allem in der Textilindustrie, in der Maschinen Tätigkeiten ausübten, die zuvor von Menschen übernommen wurden – und dies in größerer Geschwindigkeit, größerer Genauigkeit und mit höherer Effizienz. Dies war bereits seit dem 17. Jahrhundert von einer Debatte um das Verhältnis von Mensch und Maschine begleitet, in der Maschinen als Konkurrenz der Menschen interpretiert wurden. Insbesondere die soziale Situation und die Existenzängste derjenigen, deren Tätigkeiten von Maschinen übernommen werden sollten, wurden thematisiert. Innerhalb der politischen Ökonomie des 17. und 18. Jahrhunderts wurde die Mechanisierung mit Unbehagen betrachtet (Reith 2008, 85). So appellierte Johann Joachim Becher Mitte des 17. Jahrhunderts an »alle Regierungen von Vernunft«, Maschinen zu »verbieten [...], durch welche man in der Arbeit die Menschen erspahrt« (zit. nach Reith 2000, 35). Mitte des 18. Jahrhunderts sprach Johann Beckmann von »Erfindungen, die mehr leisten, als man wünscht« (zit. nach Reith 2000, 36). Im Jahr 1849 schließlich lag der Frankfurter Nationalversammlung eine Petition vor, die das »Verbot aller Maschinen« forderte, »die Arbeiten verrichteten, welche vor 50 Jahren noch von Menschenhänden verrichtet worden sind, besonders Spinn- und Webemaschinen« (zit. nach Sieferle 1984, 81). Auch David Ricardo äußerte, dass die »Verdrängung der menschlichen Arbeit durch die Maschine häufig mit großen Nachteilen für die Arbeiterklasse verbunden ist« (zit. nach Reith 2000, 36). Die Maschine wurde hier als Gegenspieler, als Bedrohung der Existenz von Arbeitern kritisiert. Der Vergleich machte jedoch deutlich, dass die Maschine ›überlegen‹ war, sodass ein Verbot im Sinne sozialer Maßnahmen, ein Ausschalten der Konkurrenz als Lösung empfohlen wurde.

Seit dem 19. Jahrhundert finden sich im Kontext der industriellen Arbeitswelt darüber hinaus zunehmend Äußerungen, dass die Übernahme der Arbeit durch Maschinen die Menschen *entwerte*. Über die sozialökonomische Problematik der Existenzsicherung hinaus wird seitdem auch eine *anthropologische* Dimension diskutiert, indem die Position und Würde der Menschen im Vergleich zur Maschine Thema wurden. Im 19. Jahrhundert sprach Adam Müller beispielsweise von der »mechanisch-entwürdigten Menschheit« (zit. nach Sieferle 1984, 65). Hier wurde eine neue anthropozentrische Angst thematisiert, die über die Existenzsorgen von Arbeitern hinausging (vgl. Heßler 2016). Die Debatte um die Konkurrenz von Menschen und Maschinen hat mithin seit dem 19. Jahrhundert zwei Dimensionen: eine sozial-ökonomische und eine anthropologische. Letztere berührt das Selbstverständnis der Menschen sowie die Frage der Position der Menschen im Verhältnis zur Maschine.

Dies geschieht nicht zufällig insbesondere seit dem 19. Jahrhundert, als Technik, wie es auch Simondon beschrieb, die Handarbeit der Menschen zu ersetzen begann und effizienter und in kapitalistischer Logik daher ›besser‹ arbeitete. Mitte des 20. Jahrhunderts führten der Computer und sein unter dem Stichwort ›Automation‹ (s. Kap. III.34) langsam beginnender Einsatz in der industriellen Arbeitswelt schließlich zu erneuten Debatten, die denen des 19. Jahrhunderts bei der Einführung von Maschinen ähnelten. Erneut wurde Technik als Konkurrenz wahrgenommen. Allerdings wurde nun zunehmend die Frage gestellt, ob das *electric brain*, wie der Computer vor allem Mitte des 20. Jahrhunderts genannt wurde, das menschliche Gehirn zu ersetzen begann (vgl. Heßler 2015).

Bezog sich der Mensch-Maschinen-Vergleich im 19. Jahrhundert auf die Konkurrenz zur menschlichen Hand, so erweiterte und verschob sich der Diskurs in der zweiten Hälfte des 20. Jahrhunderts auf das menschliche Gehirn. Die Konkurrenz zur menschlichen Hand ist historisch gesehen die älteste Variante des in Konkurrenz gedachten Mensch-Maschine-Verhältnisses. In der industriellen Arbeitswelt, um bei diesem Beispiel zu bleiben, waren mit der Einführung von Computern jedoch insbesondere Fragen der Kontrolle und Steuerung des Arbeitsprozesses verbunden, die mit Gehirntätigkeit assoziiert wurden und um die sich entsprechend ein Diskurs entspann, ob diese als genuin menschlich empfundene Tätigkeit den Menschen verbliebe oder ›der Mensch‹ hier ›entthront‹ werde. Thematisiert wurde nun die Konkurrenz zum Computergehirn (s. Kap. II.E.16).

Gerade die Metapher des ›menschlichen Throns‹ bzw. der ›Entthronung‹ ist hinsichtlich des Verhältnisses von Mensch und Maschine ein zentraler Topos, wenn es um den Vergleich von menschlichem Gehirn und ›Computergehirn‹ geht. Die Möglichkeit der Überlegenheit von Computergehirnen war und ist aus einer anthropozentrischen Sicht und einem Selbstverständnis, das Menschen als einziges Verstandeswesen und daher in einer herausgehobenen Position definiert, besonders sensibel.

Dies zeigt insbesondere die Debatte um die Frage, ob Computer denken können, die sich immer wieder am Schachspielen entzündete, an dem sich daher die Argumentationsmuster des Mensch-Maschinen-Vergleichs und der Figur der Konkurrenz und des Gegenspielers hinsichtlich des Gehirns wie unter einem Brennglas nachvollziehen lassen (vgl. zum Folgenden Heßler 2017).

Schach galt als eines der zentralen Paradigmen der KI-Forschung, als Testfeld der Nachbildung menschlicher Intelligenz. Die KI-Forschung arbeitete seit den 1950er Jahren an Schachcomputern. Einen Schachweltmeister zu besiegen, war ein prestigereiches Ziel der KI-Forschung, das schließlich 1997 mit dem Sieg des IBM-Computers Deep Blue über den Schachweltmeister Garri Kasparov erreicht wurde. Das Schachturnier zwischen Kasparov und dem Computer gehörte zu einer langen Reihe von Wettkämpfen zwischen Menschen und Computern, wie sie seit den 1970er Jahren inszeniert wurden.

Diese ›Duelle‹ bedienten stets das klassische, an Science-Fiction angelehnte Narrativ ›Mensch versus Maschine‹. Gerade die Inszenierung von Wettkämpfen zwischen Mensch und Maschine machten den Sieg der Maschine, der offensichtlich nicht geschehen sollte, problematisch, denn dieser rüttelte an anthropozentrischen Urängsten, mit denen zuvor gespielt worden war. Die Debatte um die Frage, ob Computer denken können, die nach Deep Blues Sieg wieder aufflammte, macht die anthropozentrischen Deutungen und Verteidigungsstrategien menschlicher Überlegenheit, das Denken im Vergleich und in Konkurrenz überdeutlich.

Besonders offensichtlich tritt dies in den medialen Reaktionen auf den Sieg Deep Blues zu Tage. Die *Newsweek* titelte »The Brain's last stand«. »Chess is War« schrieb die *US Today*. In deutschen Medien war von einer ›mörderischen Schlacht‹, der ›Schmach‹, einer ›demütigenden Niederlage‹, gar der ›Vernichtung der Menschheit durch eine Maschine‹ zu lesen. Die öffentliche Diskussion um das Spektakel um Deep Blue drehte sich vorrangig um die Frage der Überlegenheit von Maschinen über Menschen. Der Schachcomputer weckte die klassischen Ängste vor der Dominanz der Maschine, vor menschlicher Ohnmacht sowie vor der Entthronung ›des Menschen‹ als einzigem denkendem Wesen.

Auch die Siege des IBM-Computers Watson in einer amerikanischen Spielshow im Jahr 2011 sowie der Software AlphaGo im Spiel Go im Jahr 2016 waren von ähnlicher Rhetorik begleitet. Wiederum lassen sich die üblichen Argumentationsmuster des Mensch-Maschinen-Vergleichs in verdichteter Weise finden und, sofern Menschen verlieren, entsteht das Narrativ eines Dramas oder einer Tragödie.

In jüngster Zeit werden Mensch und Maschine nun verstärkt auf einer weiteren Ebene verglichen. Neben dem Vergleich der maschinellen und menschlichen Tätigkeiten mit Hand und Gehirn tritt die Frage nach der Vergleichbarkeit menschlicher und maschineller Emotionen (s. Kap. II.G.22). Auch dies ist ein Topos, der sich seit dem 19. Jahrhundert verstärkt in der Literatur findet, angefangen vom Pygmalion-Mythos, über E. T. A. Hoffmanns *Sandmann* zu Villiers de L'Isle-Adams *Eva der Zukunft*, sowie in der Science-Fiction wie dem Film *AI* oder kürzlich dem Film *Her*. Prominent und ausgesprochen kritisch hatte sich bereits in den 1970er Jahren Joseph Weizenbaum in seinem vielfach rezipierten Buch *Die Macht der Computer und die Ohnmacht der Vernunft* zur »Emotion« von Maschinen geäußert. Weizenbaums eigene Entwicklung eines Programms, ELIZA, das als »Psychiater« in der Lage war, mit Patienten zu kommunizieren, hatte ihn das Mensch-Maschinen-Verhältnis reflektieren und die Frage der Simulation menschlicher Emotion kritisch betrachten lassen. Weizenbaum insistierte aufgrund dieser Erfahrung, dass »der Mensch keine Maschine ist« (Weizenbaum 1978, 19). Auch Weizenbaum zog bei einem Vergleich eine klare Grenzlinie zwischen Mensch und Maschine, zwischen menschlicher Emotion und dem, was Computer simulierten.

Die Debatte, ob von einer Künstlichen Intelligenz hervorgebrachte Emotionen mit menschlichen Gefühlen vergleichbar seien, wird gerade heute erneut geführt, wiederum mit Unbehagen, sobald eine Gleichsetzung maschineller und menschlicher Emotionen stattzufinden scheint (s. Kap. III.30). Die Debatte, ob Computeremotionen nur etwas für einsame Gestalten wie die Figur Theodor im Film *Her* sind, oder beispielsweise ein sinnvolles Mittel im therapeutischen Bereich sein könnten, ist in vollem Gange. Auch hier spielen Argumentationsfiguren der Konkurrenz, der Ersetzung und Bedrohung von Menschen sowie die Frage der Abgrenzung und Distinktion menschlicher Emotionen von maschinellen Emotionen eine zentrale Rolle.

20.3 Konkurrenz, Bedrohung oder Entlastung?

Menschen vergleichen sich also mit Maschinen, grenzen sich von ihnen ab, treten in Konkurrenz zu ihnen, versuchen, ihre vermeintliche Sonderstellung in der Welt zu sichern und zu erhalten. Aus dieser menschlichen Perspektive auf Maschinen, die sich über Jahrhunderte kontinuierlich findet, tritt Technik in immer mehr Bereichen und Feldern in Konkurrenz zu Menschen. Wie Simondon herausgearbeitet hatte, reagieren Menschen offensichtlich immer dann empfindlich auf Maschinen, wenn sie Bereiche berühren, die das Selbstverständnis der Menschen betreffen.

Der historische Blick in die Arbeitswelt macht deutlich, dass die Frage, ob Maschinen als Konkurrenz empfunden werden, stark vom Kontext, der Position der/s Beobachtenden, dem menschlichen Selbstverständnis sowie der Wertigkeit der Arbeit abhing. Rechenmaschinen, wie sie in der Frühen Neuzeit oder von Charles Babbage im 19. Jahrhundert erfunden wurden, sollten beispielsweise Rechenaufgaben übernehmen, die Menschen lästig waren, die als anspruchslose Routineaufgaben galten oder bei denen Menschen zu viele Fehler machten (Colebrooke 1825/1996). Die frühen Rechenmaschinen wurden von ihren Entwicklern und Unterstützern als menschlich kontrolliertes Hilfsmittel, im Gehlenschen Sinne als ›Entlastung‹ interpretiert. Aus dieser Perspektive verrichteten Maschinen Arbeiten *für* die Menschen – eine gänzlich andere Wahrnehmung als die der Konkurrenz. Übernehmen Maschinen unangenehme Aufgaben, wie das eingangs erwähnte Staubsaugen, gefährliche Tätigkeiten oder solche, die weit jenseits menschlicher Fähigkeiten liegen, wie beispielsweise Gesteinsproben vom Mars zu besorgen, werden sie als Verlängerung oder *Mittel* der Menschen zur Entlastung oder Weltgestaltung und Weltbeherrschung wahrgenommen.

Dies änderte sich jedoch, sobald Maschinen Aufgaben übernahmen, die das menschliche Selbstverständnis und die Überlegenheit der Menschen (oft von Männern) berührten.

Kern des vergleichenden und in Konkurrenz denkenden Mensch-Maschinen-Verhältnisses ist eine anthropozentrische Angst, das Festhalten an einer menschlichen Sonderstellung, die zwar eine langen Denktradition aufweist, gleichwohl eine von den Menschen sich selbst zugeschriebene Sonderposition darstellt.

20.4 Paradox: Menschlich-maschinelle Verwobenheit und menschliche (Selbst-) Wahrnehmungen

Betonen symmetrische Anthropologien die Verflochtenheit von Menschen und Maschinen, dezentrieren sie die Menschen und betonen ihr Zusammenspiel mit Technik, so beschreiben sie zweifellos zentrale Entwicklungen einer technischen Kultur, in der Mensch und Maschine immer enger verwoben sind und die Erledigung menschlicher Tätigkeiten nicht ohne Technik erfolgen kann. Längst wirken Mensch und Maschine zusammen, sind Menschen von Maschinen abhängig, wie umgekehrt (derzeit jedenfalls noch) Maschinen nicht ohne Menschen funktionieren. Gleichwohl halten Menschen an ihrer Sonderstellung fest; sie vergleichen sich, fragen, was die Maschine nicht kann, was sie selbst im Unterschied zur Technik auszeichnet und wie die menschliche Überlegenheit zu sichern sei. Die Gefühle der Kontrolle und der menschlichen Überlegenheit sind bislang zentral für die Akzeptanz und Verwendung von Technik. Es handelt sich um ein Paradox der Erwartungen und Wahrnehmungen von Technik aus einer anthropozentrischen Perspektive und der alltäglichen Praxis der engen Verwobenheit von Mensch und Technik, das allerdings in posthumanistischen und symmetrischen Anthropologien keinen Platz findet.

Literatur

Anders, Günther: Die Antiquiertheit des Menschen, Bd. 1. Über die Seele im Zeitalter der zweiten industriellen Revolution [1956]. München 1988.

Colebrooke, Thomas Henry: Ansprache zur Verleihung der Goldmedaille der Astronomical Society an Charles Babbage. In: Berhard Dotzler (Hg.): Babbages Rechen-Automate. Ausgewählte Schriften. Wien 1996, 41–44 (engl. 1825).

Descartes, René: Der vernünftige Automat. In: Ders.: Abhandlungen über die Methode des richtigen Vernunftgebrauchs. Stuttgart 1984, 51–56 (frz. 1637).

Foucault, Michel: Die Ordnung der Dinge. Eine Archäologie der Humanwissenschaften. Frankfurt a. M. 1971 (frz. 1966).

Gehlen, Arnold: Über Technik in der Sichtweise der Anthropologie. In: Ders. (Hg.): Anthropologische Forschung. Zur Selbstbegegnung und Selbstentdeckung des Menschen. Reinbek bei Hamburg 1953, 93–103.

Gehlen, Arnold: Die Seele im technischen Zeitalter. Sozialpsychologische Probleme in der industriellen Gesellschaft. Hamburg 1957.

Hayles, Kathrin: How We Became Posthuman. Virtual Bodies in Cybernetics, Literature and Informatics. Chicago 1999.

Heßler, Martina: Die Ersetzung des Menschen? Die Debatte um das Mensch-Maschinen-Verhältnis im Automatisierungsdiskurs. In: Zeitschrift für Technikgeschichte 82/2 (2015), 109–136.

Heßler, Martina: Angst vor Technik und das Kontingentwerden »des Menschen«. In: Markus Bernhardt/Stefan Brakensiek/Benjamin Scheller (Hg.): Ermöglichen und Verhindern. Vom Umgang mit Kontingenz. Frankfurt a. M. 2016, 209–234.

Heßler, Martina: Der Erfolg der »Dummheit«. Deep Blues Sieg über den Schachweltmeister Garri Kasparov und der Streit über seine Bedeutung für die Künstliche Intelligenz-Forschung. In: NTM Zeitschrift für Geschichte der Wissenschaften, Technik und Medizin 25/1 (2017), 1–33.

Kapp, Ernst: Grundlinien einer Philosophie der Technik. Zur Entstehungsgeschichte der Kultur aus neuen Gesichtspunkten [1877]. Hamburg 2015.

Krüger, Oliver: Virtualität und Unsterblichkeit. Freiburg 2004.

Latour, Bruno: Wir sind nie modern gewesen. Frankfurt a. M. 2008.

McLuhan, Marshall (mit Quentin Fiore): Das Medium ist die Message. Berlin 1969.

McLuhan, Marshall: Die Magischen Kanäle. Frankfurt a. M. 1970.

Meyer-Drawe, Käte: Maschine. In: Christoph Wulf (Hg.): Vom Menschen. Handbuch Historische Anthropologie. Weinheim 1997, 726–737.

Meyer-Drawe, Käte: Menschen im Spiegel ihrer Maschinen [1996]. München 2007.

Reith, Reinhold: Technische Innovation im Handwerk der Frühen Neuzeit? Traditionen, Perspektiven und Probleme der Forschung. In: Karl Heinrich Kaufhold/Wilfried Reininghaus (Hg.): Stadt und Handwerk im Mittelalter und Frühe Neuzeit. Köln 2000, 21–60.

Reith, Reinhold: Maschinisierung. In: Enzyklopädie der Neuzeit, Bd. 8. Stuttgart 2008, Sp. 80–87.

Sieferle, Rolf Peter: Fortschrittsfeinde? Opposition gegen Technik und Industrie von der Romantik bis zur Gegenwart. München 1984.

Simondon, Gilbert: Die Existenzweise technischer Objekte [1958]. Zürich 2012.

Tuck, Jay: Evolution ohne uns. Wird Künstliche Intelligenz uns töten? Kulmbach 2016.

Weizenbaum, Josef: Die Macht der Computer und die Ohnmacht der Vernunft. Frankfurt a. M. 1978, 17–20.

Martina Heßler

21 Unterstützung und Assistenz durch die Maschine

Mit dem Aufkommen von Konzepten und Technologien, die sich unter dem Begriff der Unterstützungs- oder Assistenzsysteme versammeln, verändert sich die allgemeine Vorstellung von Mensch-Maschine-, Mensch-Technik- bzw. Mensch-Computer-Interaktion tiefgreifender als es auf den ersten Blick erscheint. Ein entsprechender Begriff der Unterstützung nutzt das damit verbundene Potential, um über eine empirische Beschreibung hinaus sowohl die Reflexion über Technik und ihre Entwicklung als auch die konkrete Gestaltung und Konstruktion entsprechender technischer Lösungen neu auszurichten. Die wesentliche Annahme lautet also, dass Unterstützung eine neue Rahmung für die Reflexion, das Design (s. Kap. III.40) und die Interpretation der Beziehung zwischen Mensch und Maschine ist.

Diese Perspektive wird in den folgenden Abschnitten vorgestellt. Begonnen wird mit einer Beschreibung des empirischen Phänomens der technischen Unterstützung (21.1). Da es fachunabhängig an einer traditionellen Auseinandersetzung mit dem Thema Unterstützung mangelt, werden danach theoretische Positionen und Begriffe vorgestellt, die parallel zu dieser technischen Entwicklungslinie verlaufen (21.2). Es folgt eine Darstellung soziotechnischer Unterstützungssituationen im Hinblick auf ihren unbestimmten Charakter und ihre Materialität (21.3) sowie eine Erläuterung ihrer operativ maßgebenden Infrastruktur (23.4) (s. Kap. III.56). Abschließend werden die empirischen, normativen und methodischen Möglichkeiten einer soziologisch argumentierenden Unterstützungstheorie angedeutet (21.5)

21.1 Entstehung und Vielfältigkeit von Unterstützungstechnik

Das Verhältnis von Mensch und Maschine wurde zum ersten Mal in den 1970er Jahren ausdrücklich als Unterstützung begriffen. Davor gab es im Forschungsbereich der Human-Computer Interaction die Idee einer Augmentation menschlicher Fähigkeiten durch rechnende Maschinen (Markoff 2015). Diese Sichtweise ist noch immer prominent, nicht zuletzt seitdem an Augmented Reality geforscht wird. Sie wurde aber seit jeher eindimensional in Richtung einer Verstärkung oder Verbesserung durch Technik gedacht. Deshalb markieren die in den 1970ern entwickelten Decision Support Systems (DSS, heute: Expertensysteme) den Anfangspunkt einer neuen Entwicklung, die Unterstützung in den Mittelpunkt stellt. Das schließt Augmentation mit ein, weist aber darüber hinaus.

DSS gehören zusammen mit der zeitlich früher beginnenden Automatisierung von verfahrenstechnischen Abläufen (sowohl in der Administration als auch in der Produktion) interessanterweise auch zu den ersten Formen des Einsatzes von Computertechnik in Organisationen (s. Kap. III.34). Während Automatisierung jedoch nie als Unterstützung, sondern vielmehr als »perfekte Substitution der menschlichen Arbeitskraft« (Schachtschabel 1961, 15) verstanden wurde, galten Entscheidungen aufgrund des Problems der Verantwortlichkeit als etwas, das letztlich nur Menschen vorbehalten sein kann – und sollte. Eine Substitution des Menschen als Entscheider durch Maschinen hätte sowohl in der Öffentlichkeit als auch bei den Entscheidungsträgern selbst keine Chance darauf gehabt, als Technik akzeptiert zu werden. DSS durften deshalb die Urteilskraft des Managements nicht ersetzen, sondern sie ausschließlich unterstützen (Keen/Scott-Morton 1978, 1), und zwar insbesondere durch Bereitstellung relevanter Information, die Vorhersage von Konsequenzen und Vorschläge verschiedener Alternativen.

Mit der damals formulierten Idee der Unterstützung ist allerdings auch eine neuartige semantische und strukturelle Rahmung der Beziehung von Mensch und Technik und damit auch eine anders ausgerichtete Form der Technikentwicklung entstanden. Nach den Anfängen mit den DSS dauert es allerdings noch bis in die 1990er Jahre, bevor damit begonnen wird, unterschiedliche technische Systeme mit dem ausdrücklich formulierten Zweck zu entwickeln, Menschen in unterschiedlichen Anwendungsgebieten zu unterstützen. Mittlerweile wird zwar überwiegend von Assistenz und Assistenztechnologien gesprochen, aber das ist in Bezug auf zahlreiche technische Artefakte unpassend. Ein Elektrofahrrad oder eine Datenpille assistieren nicht, auch Orthetik und Prothetik assistieren nicht (s. Kap. II.A.6), obwohl sie unterstützen. Unterstützung schließt also Assistenz mit ein, aber nicht umgekehrt.

Entsprechende Unterstützungstechnologien existieren mittlerweile für die industrielle Produktion, das Baugewerbe, die Altenpflege, das Militär und auch für Bedarfe des täglichen Lebens, zum Beispiel Mobilitätslösungen, Smart Homes oder Gesundheitsanwendungen. Ebenso variiert die Zielsetzung: Technische

J. B. Metzler © Springer-Verlag GmbH Deutschland, ein Teil von Springer Nature, 2019
K. Liggieri / O. Müller, *Mensch-Maschine-Interaktion*, https://doi.org/10.1007/978-3-476-05604-7_21

Unterstützung wird entworfen, um eine Form von Entlastung herbeizuführen, verlorene körperliche Funktionalitäten teilweise oder komplett wiederherzustellen oder vorhandene Fähigkeiten und Fertigkeiten zu verbessern. Die Entwicklungsmotive sind ebenfalls heterogen: es geht um die Prävention von Krankheiten, die Wiedereingliederung in Alltag und Beruf, Qualitätssicherung, Produktivitätssteigerung, Alltagskomfort oder neue Freizeitaktivitäten. Die technische Gestalt entsprechender Technik ist ebenso vielfältig wie die Anwendungsbereiche, Ziele und Entwicklungsmotive. Sie reicht von autonomen Robotern und Drohnen bis hin zu *wearable technologies* und Implantaten. Dazwischen findet sich eine Vielzahl weiterer Lösungen, zum Beispiel Hebehilfen, Werkzeuge, E-Bikes, mobile Apps oder Assistenzsysteme, die das Steuern von Autos und Flugzeugen erleichtern.

Obwohl sehr viele dieser Artefakte strukturell unterschiedlich sind, sich auf verschiedene Problemstellungen gründen und die Beziehung zu Menschen in jeweils andersartigen Formen realisieren, sind sie doch alle mit der Absicht entwickelt worden, Menschen bei bestimmten Aktivitäten und Aufgaben zu unterstützen. Unterstützung ist ein neues *Motiv*, bisweilen auch eine neue Motivation, für Technikentwicklung. Sie erfüllt in diesem Sinne mitunter die Funktion einer gesellschaftspolitischen Rechtfertigung für die Entwicklung und den Einsatz bestimmter Technologien. Diese Perspektive bringt aber auch eine andere Art der materiellen Entwicklung von Technik mit sich. Interdisziplinarität und Partizipation an Entwicklungsprozessen werden in diesem Fall nicht nur wissenschaftspolitisch verlangt, sondern auch forschungsintern nachgefragt, denn das Konzept der Unterstützung führt dazu, dass die sozio-biophysische Komplexität des Menschen im Bereich der Ingenieurswissenschaften relevant wird. Das ist nicht gewöhnlich, denn Technikentwicklung verdankt historisch betrachtet ihre Stärke gerade einer Isolation der Artefakte durch Subtraktion des Menschen aus ihren Überlegungen.

21.2 Theoriehistorische Kontexte für Unterstützung

Der Begriff der Unterstützung hat keine Theoriegeschichte. Deshalb kann er mit der technischen Entwicklung augenblicklich nicht Schritt halten. Die Reflexion auf diese von einem technischen Interesse ausgehenden Entwicklung ist deshalb noch sehr jung und spärlich. Bislang ist es noch nicht einmal klar, was es eigentlich bedeutet, etwas oder jemand zu unterstützen und wie solche Situationen sich operativ vollziehen und infrastrukturell beschaffen sind. Deshalb findet sich zum Beispiel auch keine Differenzierung der strukturellen und semantischen Unterschiede von Unterstützung und Assistenz. Man begnügt sich mit einem Alltagsverständnis von Unterstützung und begreift Assistenz als synonym, wenn es um entsprechende Technikentwicklung geht, obwohl damit jeweils andere Problemstellungen verknüpft sind, aus denen jeweils unterschiedliche technische Lösungen hervorgehen. Eine weitere typische Konsequenz aus diesem Nichtwissen um Unterstützung ist, dass die Leistung der Unterstützung selbstverständlich dem technischen Artefakt zugeschrieben wird und Menschen ausschließlich für unterstützungsbedürftig gehalten werden.

Die Suche nach entsprechenden Begriffen und Theorien findet also keine unmittelbaren Vorbilder. Dennoch gibt es Ansätze, die hilfreiche Anregungen liefern können. Die philosophische Anthropologie Arnold Gehlens spricht zwar nicht von Unterstützung, aber unter anderem von Organersatz, also von Substitution (Gehlen 1957, 93 f.; s. Kap. II.B.7, II.B.8). Bei den anderen beiden von ihm genannten Optionen der Beziehung von Mensch und Technik im ›leibnahen Bereich‹, nämlich Organüberbietung und Organentlastung, handelt es sich entsprechend um Formen der Unterstützung menschlicher Organismen – weil Unterstützung in Bezug auf die Relation von Mensch und Technik der Gegenentwurf zu Substitution ist. Mit Gehlen kann also jede Technologie entweder als Unterstützung (durch Überbietung oder Entlastung von Organen) oder als Substitution (Organersatz) menschlicher Organe verstanden werden, was im Übrigen körperliche Funktionen und Körperteile einschließt.

Gehlens Überlegungen stoßen aus zwei Gründen an ihre Grenzen. Zum einen unterstützt Technologie nicht nur vorhandene organische Funktionalitäten von Menschen, sondern damit verknüpfte *Aktivitäten*, die wiederum nicht nur anthropologisch-organisch, sondern vor allem auch soziokulturell bestimmt sind. Zum anderen ist dieser Ansatz nicht empfindlich genug für die Plastizität und Dynamik der Prozesse. Er kann nicht abbilden, dass jede Unterstützung die beteiligten Menschen neu bestimmt bzw. die Ausführung und die Möglichkeiten der unterstützten Aktivität neu definiert. Unterstützung begründet häufig neue Formen von Aktivität, die vorher nicht beabsichtigt waren. Deswegen ist es so schwierig und vielleicht sogar irreführend, Nutzerintentionen sogleich in eine technische Steuerung von Maschinen zu übersetzen (z. B. Hochberg/Schwarz/Schneider 2015). In Auseinandersetzung mit der Technik entstehen typischerweise auch neue Intentionen, die den Nutzern nicht notwendig sofort bewusst sind und die auch von Entwicklerseite (schon aus Sicherheitsgründen) gar nicht vorgesehen sind. Unterstützt ein Messer die Jagd nach Beute oder konstituiert es neue Formen des Jagens? Unterstützt es das Töten oder die Essensvorbereitung? Solche Fragen können nicht objektiv geklärt werden. Sie hängen von einem Beobachter ab, der spezifiziert, welche Aktivität überhaupt unterstützt wird.

Die bereits bei Gehlen erkennbare Unterscheidung zwischen *Unterstützung und Substitution* ist hochrelevant für aktuelle gesellschaftspolitische Diskussionen zu digitaler Technik, Automatisierung durch Algorithmen (s. Kap. III.32) und Robotik. Nur bekommt Substitution fast die alleinige Aufmerksamkeit, weil sie für die mit ethischen und politischen Implikationen aufgeladenen Befürchtungen steht, dass digitale, autonome Maschinen menschliche Arbeitskraft in den kommenden Jahren ersetzen werden (Ford 2015; s. Kap. III.35). Die Konsequenzen dieser Entwicklung (und dieser Diskussionen) lassen sich nicht eindeutig bestimmen. Aber es wäre schon viel gewonnen, wenn als Gegengewicht zu diesen Befürchtungen nicht nur hartnäckig behauptet wird, dass durch Automatisierung immer auch neue Jobs entstehen, sondern die Idee der Unterstützung mit ins Spiel gebracht wird, um neue Möglichkeiten und Alternativen der Beziehung von Menschen und Technologien zu erkennen und entsprechend in Technikentwicklungsprozesse intervenieren zu können. Wenn im noch anhaltenden Zeitalter der Automatisierung auf die Substitution von Mitarbeitern gesetzt wird, dann ist es wichtig, die Frage nach Unterstützung überhaupt zu stellen, um auch aus technischen und ökonomischen Gründen zu erkennen, dass Automatisierung nicht automatisch erstrebenswert und erfolgreich ist. Das würde umgekehrt auch dabei helfen, die Angst vom Thema Substitution zu nehmen, um etwas distanzierter einschätzen zu können, wann und wo es sinnvoll und geboten ist, Tätigkeiten zu automatisieren und Menschen zu ersetzen.

Im Grunde beschäftigt diese Unterscheidung die Forschungslandschaft seitdem die ersten digitalen Rechenmaschinen gebaut worden sind und darüber geforscht wird, wohin diese Entwicklung führen kann. In den späten 1950er und frühen 1960er Jahren sind die Grundlagen für diese beiden Möglichkeiten gelegt worden, Mensch-Maschine-Beziehungen zu gestalten (Markoff 2015): die Forschung zu Künstlicher Intelligenz, die menschliche Fähigkeiten maschinell zu rekonstruieren versucht und demnach zu Substitution tendiert; und der Bereich der Human-Computer Interaction, der auf eine Augmentation menschlicher Fähigkeiten in Kombination mit digitaler Technik gesetzt hat und deshalb nach Möglichkeiten forscht, die Interaktion zwischen diesen beiden unterschiedlichen Einheiten möglichst reibungs- und damit geräuschlos zu gestalten. Der Begriff der Unterstützung ist in seiner Anlage eindeutig ein Erbe des interdisziplinären Programms der Human-Computer Interaction. Aber es geht bei einer möglichen Theorie der Unterstützung nicht um die Suche nach allgemeinen Prinzipien der guten Gestaltung dieser Beziehung, sondern um die empirische Beschreibung sich realisierender Muster zwischen Mensch und Maschine sowie den Umstand, dass ihr Verhältnis in Bezug auf jedes technische Artefakt neu bestimmt werden muss. Die Grenze zwischen Mensch und Maschine erweist sich dabei als nicht so klar, wie in diesem traditionellen Ansatz der Human-Computer Interaction selbstverständlich vorausgesetzt wird.

Unterstützungsrelationen sind vielmehr, mit Bezug auf einen Begriff der Wissenschaftstheoretikerin Karen Barad (2012), Mensch-Maschine *Intra-Aktionen*. Barad interessiert sich nicht für ›Unterstützung‹, aber ihre Studien verweisen in diesem Zusammenhang auf einen wichtigen Punkt. Die mittlerweile klassische Mensch-Maschine-Interaktion geht von zwei scheinbar selbstverständlichen Entitäten ›Mensch‹ und ›Maschine‹ aus, die dann in Interaktion treten, aber substantiell und materiell ansonsten unverändert bleiben und praktisch isoliert existieren. Von Intra-Aktion zu sprechen bedeutet im Gegensatz dazu, diese Einheiten nicht vorauszusetzen, sondern zu beobachten, wie sie jeweils innerhalb einer materiellen Anordnung durch die Form ihrer Beziehung als abgegrenzte Entitäten entstehen. Es geht um eine laufende Rekonfiguration von Grenzen und Beziehungen zwischen Mensch und Maschine (Suchman 2007). Wenn also Unterstützung beobachtet wird, dann steht ihr intra-aktiver Charakter im Vordergrund, während bei ›Mensch-Maschine-Interaktion‹ die hybriden Gebilde und unklaren Grenzen zwischen Mensch und Maschine aus dem theoretischen und praktischen Blickfeld verschwinden.

Das ist im Übrigen auch die große Schwäche der sozialwissenschaftlichen Forschung zu *social support* (vgl. Herz 2012 für einen Überblick). Sie untersucht zum einen ausschließlich zwischenmenschliche Unterstützung und zum anderen fehlt dort das mikrologische Interesse daran zu bestimmen, wie sich Unterstützung in Situationen konkret vollzieht. Zwar gibt es einen expliziten Bezug auf Unterstützung und sogar Definitionen von Unterstützung, aber dass es sogar in zwischenmenschlichen Situationen strittig sein kann, ob etwas überhaupt als Unterstützung betrachtet wird, dass Unterstützung als Affront oder Erleichterung wahrgenommen werden kann, und dass es verhandelbar bleibt, worauf sich die Unterstützung letztlich genau bezieht (auf die Person, auf eine Handlung, auf die Familie?), spielt keine besondere Rolle. Stattdessen legt diese Forschung den Fokus entweder auf die sozialen Bedingungen der Gewährung und Annahme von Unterstützung (bei der es selbstverständlich zu sein scheint, dass es eine ist und worüber sich alle einig sind, dass es eine ist) oder auf Auswirkungen von Unterstützung auf das subjektive Wohlbefinden und die psychische Gesundheit.

Die vermutlich am weitesten reichenden, grundlegenden Vorarbeiten für die mit dem Begriff der Unterstützung angezeigte Reformulierung von Mensch-Maschine-Interaktion finden sich in der Kybernetik (Wiener 1948/1994; Karafillidis 2017a; s. Kap. II.E.16, III.49). Aus ihr sind nicht nur zentrale ingenieurswissenschaftliche Theoreme der Regulationstechnik entstanden, sondern auch die zuvor bereits genannten Ideen der Künstlichen Intelligenz und der Human-Computer Interaction. Eine Besonderheit der Kybernetik und der daraus entstandenen Form von Kognitionswissenschaft ist, dass sie die materielle Realisierung von Technik und ihre theoretische Konzeption nicht voneinander trennt (Varela 1990; Pickering 2010). Darüber hinaus wird die Aufmerksamkeit von einzelnen Elementen oder Einheiten auf Kontrolle und Kommunikation gelenkt, sodass wissenschaftliche und gestalterisch-technische Prozesse indifferent gegenüber der substantiellen Differenz zwischen Mensch und Maschine sind und ihre Verbindungen untersuchen können.

Kybernetisch betrachtet ist ein Unterstützungssystem nicht allein eine technische Vorrichtung, sondern vielmehr das Resultat einer gelingenden Kontrolle und Kommunikation zwischen Menschen mit ihren Körpern, ihrer Wahrnehmung und ihren Gedanken; technischen Geräten, mit ihren elektromechanischen Strukturen, Sensoren und Aktuatoren; sowie bestimmten Aktivitäten, die Teil von Situationen sind, an Erwartungen anschließen und die biophysische Umwelt betreffen. Menschen, Maschinen und Situationen gewinnen jeweils ihren materiellen und diskursiven Zuschnitt aus dieser Intra-aktion. Jede technische Erfindung muss berücksichtigen, dass sie in solche weiteren Kontrollzusammenhänge eingelassen ist, um als gelungen beobachtet werden zu können und damit auch: um eine Chance zu haben, akzeptiert zu werden.

Orientiert an der Kybernetik zweiter Ordnung und an Heideggers Überlegungen des Zuhandenseins von Objekten haben Terry Winograd und Fernando Flores (1986) vorgeschlagen, Technik ausgehend von ihren Zusammenbrüchen zu gestalten: Erst das Scheitern von Kontrollbeziehungen lässt die einzelnen Komponenten eines Systems hervortreten, sodass neue Verbindungen erprobt werden können. Die klassische Vorstellung einer Interaktion von Mensch und Maschine durch Unterstützungssituationen zu ersetzen, ist in diesem Sinne zu verstehen – nur dass der *breakdown* weiter konkretisiert wird, weil sich Design dann nicht nur an Zusammenbrüchen allgemein orientiert, sondern genauer an Zusammenbrüchen von Unterstützungsbeziehungen. Aber nicht nur Design und Konstruktion können sich daran orientieren, sondern auch die Forschung, wenn auch weniger an Zusammenbrüchen allein, als vielmehr an dem Wechselspiel, der Oszillation, zwischen Zusammenbrüchen, die Situationen unbestimmt werden lassen und den Eindeutigkeiten, die durch eine Festlegung auf bestimmte Beziehungen entstehen.

21.3 Unterstützungssituationen: Unbestimmtheit und Materialisierung

Situationen sind prinzipiell unbestimmt, fragil und prekär (Mische/White 1998). Das gilt auch für Unterstützungssituationen. Das Wort ›Unterstützung‹ signalisiert dagegen eine scheinbar eindeutige Trennung von Unterstütztem und Unterstützendem und eine Asymmetrie (›Unter‹-stützung). Das ist bei Unterstützungssituationen tatsächlich der Fall – allerdings nicht als Vorbedingung, sondern als Resultat solcher Situationen. Der Begriff der Unterstützung arbeitet deshalb nicht gegen, sondern mit diesen strukturellen Resultaten von entsprechenden Situationen. Das heißt, er legt nicht fest, wie diese Trennung empirisch erfolgt und wie die Asymmetrie sich äußert, ist aber darauf eingestellt und erinnert daran, dass es empirisch zu solchen Trennungen und Asymmetrien kommt. Die Konnotationen des Unterstützungsbegriffs (engl. *support*, *sub-portare*) können formalistisch gewissermaßen parallel zu denen des Subjektbegriffs (*sub-iacere*) verstanden werden, sodass sich analog zur poststrukturalistischen Frage nach der Formierung des Subjekts in Bezug auf Unterstützung die Frage nach der Formierung und Zurichtung von Unterstützung stellen lässt.

Trennung und Asymmetrie zwischen Unterstützendem und Unterstütztem sind also nicht gegeben, sondern ein Produkt von Unterstützungssituationen. Sie entstehen als Effekt im Verlauf einer Situation oder eines Technikentwicklungsprozesses. Es ist also beispielsweise nicht festgelegt, ob ein Smartphone den damit hantierenden Menschen unterstützt oder nicht vielmehr das Smartphone durch das Hantieren des Menschen unterstützt wird. Die Verwunderung, die dieses Beispiel auslöst (Menschen unterstützen Smartphones?), ist ein Hinweis darauf, was er methodisch leistet. Die Selbstverständlichkeit, mit der Smartphones als Unterstützung für ihre *User* betrachtet werden, zeigt, wie restriktiv und festgelegt das alltägliche Verständnis der Beziehung von Mensch und Technik ist. Diesen empirischen Konditionierungen und Restriktionen gilt es auf die Spur zu kommen und Unterstützung liefert die methodische Ausrichtung, um das zu ermöglichen.

Ein etwas ausführlicheres Beispiel kann diesen Punkt verdeutlichen. Exoskelette sind physische Unterstützungssysteme, die Menschen am Körper tragen können, um die bei einer manuellen Aufgabe wirkenden Kräfte umzuleiten, sodass eine Überlastung des muskulo-skeletalen Systems vermieden werden kann oder um die die körpereigene Leistung durch Krafteinleitung zu verstärken, sodass menschliche Körper mehr Lasten handhaben oder mehr Ausdauer zeigen als unter bestimmten Umständen erwartet wird. Sowohl beim praktischen Einsatz als auch in der Entwicklung eines Exoskeletts gibt es keine Zweifel, was jeweils die Technik ist und was im Unterschied dazu der menschliche Körper. Die Unterschiede sind offensichtlich. Genauso selbstverständlich wird dabei vorausgesetzt, dass das Exoskelett den Menschen unterstützt. Diese Eindeutigkeit ist kaum zu leugnen. Wenn Unterstützung jedoch die Beobachtung konzeptionell leitet, stellt sich die Frage, wie die Klarheit dieser Differenz von Mensch und Technik laufend produziert wird.

Mit einem Unterstützungssystem ist nicht nur das Exoskelett gemeint. Die Technik ist nur eine Komponente des Systems, das außerdem Komponenten des menschlichen Körpers und der Situation miteinschließt. Aber das System ist dennoch keine einfache Addition dieser Komponenten, sondern die Kontrollbeziehung, die sich zwischen ihnen etabliert und in der sie jeweils als diese strukturell unterscheidbaren Einheiten entstehen und aufeinander abgestimmt funktionieren. Infolgedessen verschiebt sich die Aufmerksamkeit und es eröffnen sich neue Zugänge: In welcher Form wird zum Beispiel das Exoskelett durch den Menschen, oder auch durch die organisierte Situation unterstützt? Auf welche menschlichen Sensoren und Bewegungen muss es sich verlassen und welche hierarchische oder kollegiale Unterstützung ist nötig, um es als technische Unterstützung gelingen zu lassen? Die in der Entwicklung beobachtbaren Zusammenbrüche dieser Konstellation sind dann ein Indikator dafür, dass die konstruierte Trennung und Asymmetrie von unterstützten und unterstützenden Einheiten womöglich nicht praktikabel ist. Diese Fragen befriedigen so gesehen nicht nur eine abstrakte soziologische Neugier, sondern sind für die technische Entwicklung selbst von konkreter Bedeutung.

Wenn diese heterogenen Identitäten, also zum Beispiel das Kugelgelenk der Schulter, die aus Aluminium gefertigte Kinematik des Exoskeletts und die Kollaboration in der Werkhalle, in Kontrollbeziehungen stehen und daraus hervorgehen, so bedeutet das nicht, dass sie aus dem Nichts entstehen, sondern dass diese Identitäten ihre jeweilige Form, in der sie für Entwickler/innen und Stakeholder erscheinen, unmöglich isoliert gewinnen können. Die Materialität des Kugelgelenks einer Schulter ist losgelöst von ihren organischen sowie nicht-organischen Relationen weder phylo- noch ontogenetisch erklärbar. Die Zusammenarbeit realisiert sich wiederum in laufender Auseinandersetzung mit situativen Anforderungen. Ein entsorgtes Exoskelett ist letztlich kein Exoskelett zur Unterstützung körperlicher Aktivitäten, sondern Müll. Das ist eindeutig eine andere Form von Materialität – es sei denn es finden sich Beobachter, die es trotz seines Auftauchens im Entsorgungskontext wiedererkennen und exakt in seinen alten Zusammenhang wiedereinzusetzen versuchen oder vielleicht nur das Aluminium mitnehmen, um es anders zu verwerten, was dieses Metall aber zu einer Komponente einer anderen Materialisierung werden lässt.

Es ist möglich diese Überlegung bis in elementare Stofflichkeiten und ihre Eigenschaften weiterzutreiben. Auch sie sind relational bestimmt. Chemische Elemente zeigen ihre charakteristischen Eigenschaften nur in Reinform, die wiederum aufwändig produziert werden muss. Ihr elementarer Charakter ist also nicht gegeben, sondern wird hergestellt. Auch sie sind techno-wissenschaftliche Produkte (Lefèvre 2012, 29). Sie sind keine ›natürlichen‹ Elemente, sondern müssen zur Isolation gezwungen werden, um ihre Natürlichkeit zu offenbaren. Ähnliches gilt analog für Organismen. Bei ihnen lassen sich nur dann identische neuronale Reaktionen auf visuelle Stimuli erzeugen (also »feststehende Eigenschaften« behaupten), wenn ihre innere und äußere Umwelt zum Beispiel durch Betäubung vereinfacht wird (Varela 1999, 47). Insofern materialisiert das Nervensystem eines nicht auf diese Weise künstlich vereinfachten Organismus in Abhängigkeit von seiner Körperhaltung-in-einer-Umwelt jeden Moment neu. Ein aristotelischer Beobachter sieht, dass die einzelnen Nervenzellen schon vorher da sind und überdauern, sodass sie für ihn ›an sich‹ bestimmte Eigenschaften haben. Aber diese Eigenschaften und das neuronale Potential sind wiederum nur: temporär bestimme Eigenschaften und Potentiale in einem relationalen Geflecht – dem eines neurowissenschaftlichen Labors zum Beispiel.

Unterstützung ist also ein Begriff, der in einem kybernetischen Sinn die Differenz von Mensch und Maschine ignoriert oder unterläuft, um ihre gemeinsame Entstehung als konkrete unterscheidbare Formen in Situationen untersuchen zu können. Ihre Trennung und Asymmetrie wird hergestellt und genau das ist ein wesentliches Moment dessen, was im Prozess der Technikentwicklung passiert.

21.4 Operative Infrastruktur von Unterstützung

Die Differenz von unterstützender und unterstützter Einheit lässt sich genauer bestimmen, um die operative Zurichtung und Kontrolle in Situationen der Unterstützung und in der Entwicklung von Unterstützungstechnologien untersuchen zu können. Unterstützungssituationen sind grundlegend gekennzeichnet durch die Unterscheidung zwischen einer Aktivität einerseits und einer darauf bezogenen Unterstützung andererseits. ›Aktivität‹ betont begrifflich den verteilten Charakter entsprechender Operationen. Da es um eine allgemeine Theorie von Unterstützung geht, ist der Begriff der Aktivität weniger restriktiv und daher dem Handlungsbegriff vorzuziehen. So können die Aktivitäten von Computern, Unternehmen, Gruppen, Robotern, Tieren, Menschen, Muskeln oder Neuronen als Komplexe von Operationen (s. Kap. III.52) betrachtet werden, die über verschiedene Identitäten verteilt sind. ›Unterstützung‹ ist wiederum eine Aktivität, die vollkommen ausgerichtet ist auf die Verwirklichung der Intention, des Zwecks und des Verlaufs der Aktivität, die unterstützt wird. Ereignisse der Unterstützung haben demnach keinen eigenen Zweck, keine eigene Intention und keinen eigenen Verlauf. Diese Charakterisierung ist streng auf die Durchführung der Operation bezogen, denn in anderer Hinsicht, davor oder danach, kann Unterstützung natürlich auch aus bestimmten (strategischen) Gründen erfolgen. Entscheidend ist aber, dass unmittelbare Unterstützung als ereignishafte Operation effektiv sein muss – also unabhängig von allen zugrundeliegenden Interessen und Gründen funktionieren muss. Interessen und Gründe treten in diesem Moment hinter das Unterstützungsereignis zurück. Der entscheidende theoretische Ausgangspunkt ist also, *wie* unterstützt wird und nicht: *warum* unterstützt wird.

Was jeweils die Aktivität ist, die unterstützt werden soll und wie Unterstützung ›organisiert‹ und darauf bezogen wird, hängt von involvierten Beobachtern ab und ist letztlich ein Produkt von Aushandlungen in soziotechnischen Ensembles (Biniok 2018). Das sind keine trivialen Prozesse. Schon die genaue Bestimmung der zu unterstützenden Aktivität (was ist eingeschlossen, was ausgeschlossen?) ist alles andere als selbstverständlich. Nutzer können zudem an ganzen Bündeln von Aktivitäten beteiligt sein. Das deutet mitunter darauf hin, dass die weit verbreitete Kategorie der User weder für Technikentwicklung noch für Forschung wirklich brauchbar ist. Sie ist viel zu kompakt, um die variable Beziehung eines Nutzers zu seinen verschiedenen Aktivitäten und ihrer jeweils möglichen Unterstützung berücksichtigen zu können. Außerdem sind darüber hinaus stets weitere Beobachter mit unterschiedlichen Interessen beteiligt. Nutzer haben einen anderen Fokus auf das Problem als Entwickler und auch einen anderen als involvierte Freunde, Verwandte, Pfleger, Kollegen oder Vorgesetzte. Eine Engführung auf Nutzer verfehlt daher die soziokulturelle Komplexität der Technik.

Dieser Ausgangspunkt verschiebt die übliche Perspektive von festgelegten Komponenten wie ›Mensch‹ oder ›Technik‹ hin zu Operationen. Das Hauptziel ist dann nicht die Entwicklung von Maschinen (Roboter, Software, Werkzeuge, Hilfsmittel) als isolierten Komponenten zur Lösung vordefinierter Probleme, sondern es läuft darauf hinaus, Beziehungsmuster zwischen Aktivitäten/Nutzern und ihrer Unterstützung als Systeme-in-einer-Umwelt zu untersuchen und zu gestalten (Bateson 2000), die sich immerzu vorübergehend an vorübergehende Lagen anpassen. Auf diese Weise erweist sich nun die Annahme, dass es sich bei Unterstützungssystemen selbstverständlich um ›Menschliche Aktivitäten plus technische Unterstützung‹ handelt, nur als eine Möglichkeit neben anderen. Empirisch ist mindestens auch der umgekehrte Fall zu beobachten, nämlich dass Menschen technische Aktivitäten unterstützen: Beispiele sind das Einlegen von Werkstücken in Maschinen oder das Eingeben und Interpretieren von Daten für maschinelle Datenverarbeitung. Ebenso kann eine technische Aktivität organisatorisch unterstützt werden. Der Siegeszug der Automatisierung ist ohne die Unterstützung durch organisatorische Maßnahmen kaum denkbar.

Die Forschung zu technischen Unterstützungssystemen läuft nun darauf hinaus, unterschiedliche Formen der Intra-Aktion zwischen der auf bestimmte Weise eingerahmten Aktivität (einer bestimmten Arbeit, einer Aufgabe, einer Handlung, eines Verhaltens etc.) und einer entsprechenden Unterstützung dieser Aktivität empirisch zu bestimmen (bzw., in der Technikentwicklung: gestalterisch zu erproben). Unterstützung gewinnt ihre Form, so die Annahme, durch differenzierte Kontrolle der Relation zwischen Aktivität und ihrer Unterstützung in der jeweiligen Situation (s. Kap. III.54). Maßgebend dafür sind vor allem drei Unterscheidungen, durch deren situativ variable Kombination Beobachter die Relation zwischen Aktivität und Unterstützung empirisch konditionieren und somit zu kontrollieren versuchen (Karafillidis 2017b): die zeitliche Relation zwischen Unterstützung und Aktivität, die Form der Kopplung zwischen ihnen sowie die Zuschreibung von Kontrolle auf die eine oder die andere Seite. Mit diesen Unterscheidungen, die eine deutlich erkennbare Nähe zum Technopragmatismus aufweisen (Rammert 2007, 29 ff.), lassen sich die Unterschiede verschiedener Unterstützungsformen bis hin zu spezifischen technischen Assistenzsystemen in ihren situierten Ausprägungen beschreiben und erklären. Gleichzeitig wird der Blick auf die Vielfalt möglicher Beobachter gerichtet, von deren Interpretation es abhängt, was in einem konkreten zeitlichen, sachlichen und sozialen Kontext jeweils als Aktivität und Unterstützung markiert wird. Hier werden ferner die handlungspraktischen und normativen Dimensionen von Assistenz- bzw. Unterstützungssystemen deutlich. Je nach Perspektiven, Interessen und Bewertungen ergeben sich in den jeweiligen soziotechnischen Netzwerken von Unterstützung und Assistenz unterschiedliche Rollenverteilungen, die nicht selbstverständlich, sondern vielmehr kommunikativ verankert und insofern verhandelbar sind.

Eine daran orientierte Theorie der Unterstützung sensibilisiert dann auch dafür, dass nicht etwa die weit verbreitete Bezeichnung solcher Technik als Assistenz, sondern Unterstützung den grundlegenden empirischen Prozess bezeichnet. Assistenz ist empirisch eine spezielle Strukturform von Unterstützung. Nicht jede Unterstützung ist sogleich Assistenz. Beispielsweise unterstützt ein einfaches Werkzeug bestimmte Aktivitäten, aber es assistiert nicht (könnte ihnen aber wiederum helfen). Diese beiden speziellen Unterstützungsformen brauchen und bedienen offensichtlich andere strukturelle Bedingungen. Mit Blick auf die drei Dimensionen der Bestimmung technischer Unterstützung betrifft Assistenz die Frage der Kopplung, und zwar genauer: eine arbeitsteilige im Gegensatz zu einer integrativen Form der Kopplung von Mensch und Maschine (Karafillidis 2017b).

21.5 Möglichkeiten eines begrifflichen und empirischen Fokus auf Unterstützung

Der Begriff der Unterstützung und eine damit arbeitende Theorie erweitern die Möglichkeiten der aktuellen Untersuchung und Entwicklung der miteinander verstrickten Relationen von Menschen und abstrakten sowie konkreten Maschinen. Zunächst liefert eine Theorie der Unterstützung eine Beschreibung, die das historisch-empirische Auftreten dieser Art von Technologien und ihre unterschiedlichen Erscheinungsformen und Gestalten erklären kann. Das schließt die Untersuchung von Konsequenzen ein, die sich daraus ergeben, dass mit Unterstützung nun ein neues Motiv die Entwicklung von Technologie leitet.

Sie ist ferner eine Theorie, die normativ für Zwecke der Technikentwicklung verwendet werden kann, weil sie die Gesamtkonstellation, in der solche technischen Systeme funktionieren sollen, höher auflöst als übliche Mensch-Maschine Ansätze und damit auch deutlich macht, dass eine interdisziplinäre Einmischung von Beginn an notwendig ist. Dabei geht es nicht nur um die Berücksichtigung ethischer, rechtlicher und ›sozialer‹ Aspekte, sondern auch um technische Entscheidungen zu Material, Kinematik, Aktuatoren, Sensorik und Interfaces.

Letztlich eröffnet diese Theorie der Unterstützung neue methodische Möglichkeiten. Mit ihr lassen sich die unbestimmten Relationen hybrider Artefakte reformulieren. Eine methodische Ausweitung auf technische Vorrichtungen, die nicht mit dem Label einer Unterstützungs- oder Assistenztechnologie versehen sind und historisch auch nicht mit einer entsprechenden Absicht entwickelt worden sind, werden nun auf neue Weise interpretierbar. Von einfachen Brillen bis hin zu großtechnischen Anlagen, von Industrierobotern bis zu Spielzeugdrohnen und von HAL 9000 über Skynet bis zur Matrix wird die Operativität, Hybridität und Infrastruktur absichtsvoll produzierter Artefakte höher aufgelöst als im Paradigma der Mensch-Maschine-Interaktion. Die Frage nach der Unterscheidung zwischen Unterstützung und Aktivität sowie die daran anschließende Bestimmung der Formen ihrer differenzierten Kontrolle in Bezug auf Zeit, Kopplung und Kontrollzuschreibung bringt damit neue Möglichkeiten für praktische, technische und wissenschaftliche Analysen und Interventionen ins Spiel.

Literatur

Barad, Karen: Agentieller Realismus. Über die Bedeutung materiell-diskursiver Praktiken. Berlin 2012.
Bateson, Gregory: Form, Substance, and Difference. In: Ders.: Steps to an Ecology of Mind. Chicago 2000, 454–471.
Biniok, Peter: Sociotechnical Assistance Ensembles. Negotiations of Needs and Acceptance of Support Technologies. In: Athanasios Karafillidis/Robert Weidner (Hg.): Developing Support Technologies. Integrating Multiple Perspectives to Create Assistance That People Really Want. Cham 2018, 17–25.
Ford, Martin: Rise of the Robots. Technology and the Threat of a Jobless Future. New York 2015.
Gehlen, Arnold: Die Seele im technischen Zeitalter. Sozialpsychologische Probleme in der industriellen Gesellschaft. Reinbek bei Hamburg 1957.
Herz, Andreas: Strukturen transnationaler sozialer Unterstützung. Eine Netzwerkanalyse von »personal communities« im Kontext von Migration. Wiesbaden 2012.
Hochberg, Conrad/Schwarz, Oliver/Schneider, Urs: Aspects of Human Engineering – Bio-optimized Design of Wearable Machines. In: Alexander Verl/Alin Albu-Schäffer/Oliver Brock/Annika Raatz (Hg.): Soft Robotics. Transferring Theory to Application. Berlin 2015, 184–197.
Karafillidis, Athanasios: Die Materie der Kybernetik. Über Kommunikation in organisch-mechanischen Verbindungen. In: Behemoth. A Journal on Civilisation 10/1 (2017a), 130–153.
Karafillidis, Athanasios: Synchronisierung, Kopplung und Kontrolle in Netzwerken. Zur sozialen Form von (technischer) Unterstützung und Assistenz. In: Peter Biniok/Eric Lettkemann (Hg.): Assistive Gesellschaft. Wiesbaden (2017b), 27–58.
Keen, Peter G. W./Scott-Morton, Michael S.: Decision Support Systems: An Organizational Perspective. Reading 1978.
Lefèvre, Wolfgang: Viewing chemistry through its ways of classifying. In: Foundations of Chemistry 14 (2012), 25–36.
Markoff, John: Machines of Loving Grace. The Quest for Common Ground Between Humans and Robots. New York 2015.
Mische, Ann/White, Harrison C.: Between Conversation and Situation: Public Switching Dynamics across Network Domains. In: Social Research 65/3 (1998), 695–724.
Pickering, Andrew: The Cybernetic Brain. Sketches of Another Future. Chicago 2010.
Rammert, Werner: Technik – Handeln – Wissen. Zu einer pragmatistischen Technik- und Sozialtheorie. Wiesbaden 2007.
Schachtschabel, Hans G.: Automation in Wirtschaft und Gesellschaft. Reinbek bei Hamburg 1961.
Suchman, Lucy A.: Human-Machine Reconfigurations. Plans and Situated Actions. Cambridge [2]2007.
Varela, Francisco J.: Kognitionswissenschaft – Kognitionstechnik. Eine Skizze aktueller Perspektiven. Frankfurt a. M. 1990.
Varela, Francisco J.: Ethical Know-How. Action, Wisdom, and Cognition. Stanford 1999.
Wiener, Norbert: Cybernetics: or Control and Communication in the Animal and the Machine [1948]. Cambridge, Mass. 1994.
Winograd, Terry/Flores, Fernando: Understanding Computers and Cognition: A New Foundation for Design. Norwood 1986.

Athanasios Karafillidis

G Menschliche und maschinelle Identitäten im Wandel

22 Emotionen in der Mensch-Maschine-Interaktion

»Eine Gesellschaft, die sich auf eine Technik einlässt, braucht eine starke innere Kraft, um von den Zielen nicht verführt, nicht gierig zu werden.«
Joseph Weizenbaum

Lange Zeit galt in der Debatte um die Bedeutung der Technik für das menschliche Leben zumindest eines als gesichert: Technik ist ein Produkt rationaler Überlegungen, folgt naturwissenschaftlichen Gesetzmäßigkeiten und ist im Gegensatz zum Menschen frei von Emotionen. Ihre ›Sachlichkeit‹ ist Garantie für ihre Funktionalität und ihre Sicherheit. Zwar hat Technik immer schon (mitunter starke) menschliche Emotionen ausgelöst, jedoch konnte und sollte sie diese weder erkennen, verarbeiten noch adäquat beantworten. Man denke nur an die in diesem Zusammenhang häufig kolportierten Ängste, welche die Einführung der Eisenbahn in Deutschland 1835 begleiteten, deren Geschwindigkeit so gefürchtet wurde, dass sich eine Debatte um eine mögliche Gesundheitsgefährdung entspann – historisch muss man hier allerdings relativieren: die Kritik war weniger massiv und irrational, als sie von einigen rückblickend dargestellt wurde (Radkau 2008, 144–156). In der Interaktion mit Maschinen wurde primär die rationale Seite menschlichen Daseins angesprochen, d. h. der Mensch musste sich der maschinellen Funktionalität anpassen, um das Gelingen der Interaktion sicherzustellen bzw. sich emotional zurückhalten, um die Interaktion mit den Maschinen nicht zu stören. Wenn Emotionen in der Mensch-Technik-Interaktion auftraten, waren diese immer auf Seiten des Menschen zu verorten und wurden vor allem als Störfaktor und als dysfunktionales Verhalten gegenüber den Maschinen erachtet.

Da Maschinen durch die Möglichkeiten der Informationstechnologie immer leistungs- und lernfähiger sowie multifunktionaler werden und nun in direkter Kooperation mit dem Menschen agieren, erscheint es notwendig, dass Maschinen emotionskompetent mit dem Menschen interagieren. Sie sollen die emotionalen Artikulationen des Menschen erkennen, bewerten und in die eigenen Aktionen einberechnen können. Ziel aktueller technologiepolitischer Initiativen ist es, Technik so zu konzipieren, dass diese vom Werkzeug zum emotionskompetenten Kooperationspartner entwickelt wird. So fördert aktuell bspw. das Bundesministerium für Bildung und Forschung (BMBF) im Rahmen des Forschungsprogramms »Technik zum Menschen bringen« eine Vielzahl von Entwicklungen im Bereich der emotionssensitiven Mensch-Technik-Interaktion, deren Einsatzgebiete insbesondere im medizinisch-pflegerischen Bereich, im Straßenverkehr sowie im Bildungsbereich zu verorten sind (BMBF 2015). Neu ist weniger der Versuch, Emotionen zur Akzeptanzbeschaffung zu nutzen. Auffallend ist vielmehr, dass technischen Artefakten einerseits vermehrt die Kompetenz zur Perzeption und Interpretation menschlicher Emotionen zugeschrieben wird und diese andererseits selbst mit (quasi-)emotionalen Qualitäten ausgestattet werden sollen. Hier zeichnet sich ein Wandel in der Bedeutung von Emotionen in der Mensch-Technik-Interaktion ab. An die Konstruktion von Technik wird nun der Anspruch gestellt, dass diese auch die emotionale Seite menschlichen Daseins berücksichtigen soll, weil Interaktionen zwischen Mensch und Technik gerade unter Einbezug dieser Emotionen als gelungen und effizient betrachtet werden. Emotionen werden in der Mensch-Technik-Interaktion (MTI) somit vom Störfaktor zum Bindeglied und Verstärker. Da hierbei die Interaktion von Mensch und Technik in neuartiger Weise strukturiert wird, ist eine erhöhte Sensibilität für die Art erforderlich, wie menschliche Akteure, technische Artefakte und deren emotionshaltige Interaktion gestaltet werden. Da Emo-

K. Liggieri / O. Müller, *Mensch-Maschine-Interaktion*, https://doi.org/10.1007/978-3-476-05604-7_22

tionalität und Emotionen bis dato als Alleinstellungsmerkmal des Menschen galten, birgt die Entwicklung emotionalisierter sozio-technischer Arrangements neuartige anthropologische, soziale und ethische Herausforderungen, deren Reichweite im Folgenden durch eine Reihe von Fragen erhellt werden soll.

1. Warum sollen überhaupt Emotionen in die Mensch-Maschine-Interaktion integriert werden?
2. Sollen alle möglichen Emotionen integriert werden oder sollte hierbei eine Auswahl stattfinden? Nach welchen Kriterien werden Emotionen dann als funktional oder dysfunktional, erwünscht oder unerwünscht klassifiziert?
3. Versteht man Emotionen weiterhin als menschliches Charakteristikum und spricht man der Technik ›nur‹ das Vermögen zu, diese zu erkennen und darauf aufgrund bestimmter Normen zu reagieren? Und welche Normen dienen zur Beurteilung von adäquaten Reaktionsweisen?
4. Oder arbeitet man darauf hin, maschinelle Emotionen zu konstruieren – so wie man auch maschinelle (= künstliche) Intelligenz konstruiert?

Je nachdem, wie die Antworten auf diese Fragen ausfallen, werden verschiedene Formen einer emotionalisierten Mensch-Technik-Interaktion denkbar, die differenziert und umfassend analysiert und deren Implikationen umfassend evaluiert werden müssen. Je nach Techniktypus und Gestalt der Interaktion differieren die ethische Betrachtung und das ethische Urteil erheblich. Stets ist das konkrete sozio-technische Arrangement (s. Kap. III.56) wie auch der spezifische Kontext der Interaktion zu berücksichtigen. Um einen Beitrag zum Verständnis dieser neuartigen Entwicklungen zu leisten, wird im Folgenden eine Heuristik vorgestellt, mit deren Hilfe eine differenzierte Betrachtung und Beurteilung unterschiedlicher Formen der emotionalisierten Mensch-Technik-Interaktion ermöglicht werden soll.

22.1 Emotionen in der Mensch-Maschine-Interaktion

Wer ethische Reflexion mit einem Gestaltungsauftrag verbindet, kann die Bewertung technischer Entwicklungen nicht ohne eine umfassende Analyse der Technik in ihren handlungs- und institutionentheoretischen Implikationen, ihrer spezifischen Medialität und Normativität betreiben (vgl. Fischer 2004). In Bezug auf geplante bzw. bereits realisierte Formen einer Emotionen integrierenden Mensch-Technik-Interaktion bietet nachfolgende Heuristik fünf Dimensionen zur Analyse und Evaluation solcher sozio-technischen Arrangements an. Berücksichtigt werden hierbei die Dimensionen *Akteur*, die für den menschlichen Interaktionspart steht, *Aktant*, die den technischen Part bezeichnet, sowie *Interaktion*, *Emotion* und *Kontext*. Jeder Dimension ist eine Reihe von beispielhaften Fragen zugeordnet, die der Konkretisierung und Vertiefung der Analyse dienen. Da sich das Feld der emotionalisierten Mensch-Technik-Interaktion in einem rasanten Wandel befindet und die angewandte Ethik sich immer mit der Herausforderung konfrontiert sieht, die Entwicklungen ihrer Zeit kritisch zu begleiten, kann und muss sich die Analytik eine gewisse Flexibilität bewahren, um Veränderungen Rechnung tragen zu können

1. *Akteur (menschlicher Agent):* Besondere Relevanz kommt hierbei Fragen nach den typischen Akteurskonzepten zu, d. h. den Welt- und Menschenbildern, die den Produktentwicklungen im Feld der emotionalisierten MTI eingeschrieben werden. Entscheidend ist hierbei, in welcher Form menschliche Rationalität bzw. Emotionalität konzipiert und welche Normvorstellungen des Menschlichen technischen Arrangements einprogrammiert werden, um Verhaltensweisen und Emotionen erkennen, verarbeiten und beantworten zu können; das ist entscheidend dafür, welche Form die Interaktionen annehmen können. In diesem Zusammenhang ist es bedeutsam, inwieweit konzeptionelle Entwürfe der MTI mit technischen Realisierungsmöglichkeiten kompatibel sind: Wirkt die *conditio humana* normativ auf die technische Realisierung, oder wirkt umgekehrt das technisch Mögliche normativ auf den Akteur? Darüber hinaus gilt es zu klären, wer über die zur Anwendung kommenden Vorstellungen des Menschlichen entscheidet und wie diese Entscheidungen getroffen werden.
2. *Aktant (technischer Agent):* In Hinblick auf die Konstruktion technischer Artefakte stellen sich hier Fragen nach den Konzepten, die Forschung und Entwicklung leiten und nach den (unter Umständen unterschiedlichen) Erwartungen, die von Forschern und Nutzern an die technischen Artefakte gerichtet werden. Hier sind verschiedene Auffassungen denkbar, da das Artefakt z. B. als Werkzeug, Maschine, Automat oder ›autonom‹ agierendes (denkendes und ›fühlendes‹) System verstanden werden kann. Je nachdem, wie Konstrukteure und Nutzer das Artefakt verstehen, werden unterschiedliche Formen der MTI und

(bei häufiger Interaktion) der Bindung zwischen Mensch und Technik konstituiert. Zusätzlich ist hierbei zu unterscheiden zwischen Artefakten, die in den Körper implantiert (z. B. Neuro-Implantate), am Körper (Wearables: z. B. *smart glasses*) getragen werden, oder unabhängig von diesem operieren (Avatare, *sociobots* und *artificial companions* oder auch smarte Umgebungen). Bei informationstechnologischen Artefakten ist außerdem zwischen dem physischen und emotionsassoziierten Erscheinungsbild des Aktanten und den eingesetzten (emotionserkennenden und -verarbeitenden) Algorithmen zu unterscheiden.

3. *Interaktion:* Im Mittelpunkt des Interesses stehen hierbei vor allem Fragen nach dem Einfluss eines technischen Artefakts auf bestehende menschliche Interaktionen bzw. nach den Unterschieden zwischen menschlichen Interaktionen und MTI. Wie werden menschliche Interaktionen durch die Etablierung von ›emotionalisierter‹ Technik transformiert? Welche neuen, bisher unbekannten Interaktionen werden möglich und welche können genutzt werden, um einen Beitrag zum guten menschlichen Leben zu leisten? Hierbei können, in einer ersten Annäherung, sechs unterschiedliche Interaktionsverhältnisse unterschieden werden, die sich allesamt in aktuellen Entwicklungen auffinden lassen (vgl. Manzeschke/Karsch 2016, 109–129).
   Herr – Knecht (s. Kap. II.A.3)
   Technischer Lehrer – menschlicher Schüler
   Menschlicher Lehrer – Technischer Schüler
   Kollegen
   Freundschaft
   Liebe
   Es ist bemerkenswert, dass alle Interaktionsverhältnisse den zwischenmenschlichen Beziehungen folgen. Grundsätzlich stellt sich hierbei die Frage, ob es gewinnbringend und verständnisfördernd ist, wenn Mensch-Technik-Interaktionen ausschließlich nach dem Vorbild von zwischenmenschlichen Interaktionen gedacht und konstruiert werden, oder ob es nicht der Anstrengung wert wäre, ein neues Vokabular und neue Konzepte der Mensch-Technik-Beziehung zu entwerfen, die sich gerade nicht an zwischenmenschlichen Konstellationen orientieren. Darüber hinaus sollten mögliche Rückwirkungen verstärkt eingesetzter Mensch-Technik-Interaktion auf den zwischenmenschlichen Bereich berücksichtigt werden, da zu erwarten ist, dass die Intensivierung der Mensch-Technik-Beziehung durch die Integration von Emotionen zu einer Veränderung der Erwartungshaltung an zwischenmenschliche Interaktionen führen wird.
4. *Kontexte:* Der Begriff wird als Oberbegriff genutzt, um unterschiedliche Ebenen des Sozialen zu bezeichnen: die individuelle, die organisationale und die gesellschaftliche Ebene. Soziales Handeln – und als solches muss auch die MTI verstanden werden – ist immer von kulturellen Einstellungen begleitet, die in einer Analyse berücksichtigt werden müssen. Untersuchungsleitend sind hierbei einerseits Fragen nach den Veränderungen, die sich durch den Einsatz des sozio-technischen Arrangements auf den drei unterschiedlichen sozialen Ebenen abzeichnen. Darüber hinaus soll andererseits der Versuch unternommen werden, auch weitreichende soziale Veränderungen antizipativ in den Blick zu nehmen, z. B. solche nach dem Verständnis von Freundschaft, Pflege, Erziehung oder Sorge, die durch den Einsatz von emotionssensitiver Technik transformiert werden können. Aus ethischer Sicht ist besonders die Frage relevant, ob und wenn ja wie und mit welchen Gründen dem Einsatz von Technik gesellschaftliche Grenzen gezogen werden sollen.
5. *Emotion:* Emotionen werden inter- wie intradisziplinär (z. B. in der Philosophie, Psychologie oder Soziologie) unterschiedlich konzeptualisiert, wobei vor allem Fragen nach dem Status, der Bedeutung und dem Zusammenspiel zwischen den biologischen, den sozialen und den kognitiven Aspekten von Emotionen aufgeworfen werden (vgl. Engelen 2007). Zusammenfassend lässt sich sagen. Emotionen sind (a) ein evolutionär bedingtes Moment, das sich sowohl bei Tieren wie bei Menschen antreffen lässt (vgl. Darwin 1872/2014) und (b) ein sozial codierter Ausdruck von Gemütszuständen, die (c) immer ein evaluatives Element und (d) eine körperliche bzw. leibliche Grundlage haben. Im Zusammenhang mit Fragen der Mensch-Technik-Interaktion sind Fragen nach dem zugrunde gelegten Emotionsverständnis und nach den konkreten menschlichen Emotionen zentral, die im Rahmen der Interaktion adressiert, induziert, moduliert und beantwortet werden sollen.

22.2 Ethik oder die Frage nach dem guten Leben

Der Einsatz emotionalisierter bzw. emotionssensitiver Technik im Rahmen sozio-technischer Arrangements tritt mit Versprechungen und Ansprüchen auf, die der kritischen ethischen Reflexion bedürfen. Für die ethische Beurteilung ist es von zentraler Bedeutung, mit welchen Perspektiven man hierbei arbeitet: Betrachtet man den gegenwärtigen Stand der Emotionsforschung (beim Menschen) und dessen ›Implementierung‹ in technischen Arrangements, so ließe sich vordergründig sagen, dass die Technik der Komplexität emotionaler Kommunikation noch nicht gerecht wird und es deshalb konkrete ethische Probleme (noch) nicht gibt. Denkt man die Entwicklung weiter, so setzt man sich leicht dem Vorwurf der unseriösen Spekulation bzw. des Pessimismus aus – ein Vorwurf, der gegen jegliche Form antizipierender Technikbewertung erhoben werden könnte und auf das ›Collingridge-Dilemma‹ deutet. Der britische Technikforscher David Collingridge (1945–2005) verwies als erster auf die dilemmatische Struktur von antizipativen Technikevaluationen. Das Dilemma weist zwei Dimensionen auf: Erstens eine Informationsdimension: Solange eine Technik noch nicht sehr bekannt und etabliert ist, weiß man sehr wenig über ihre Auswirkungen und mögliche unerwünschte Nebenwirkungen. Zweitens eine Macht- und Steuerungsdimension: Wenn eine Technik etabliert ist und ihre Auswirkungen bekannt sind, kann man sie nur noch schwer kontrollieren oder gar zurücknehmen (Collingridge 1980). Hier können nun zwei Haltungen eingenommen werden, da man entweder unter Rekurs auf wissenschaftliche Kriterien wie Evidenzbasiertheit und Objektivität sich eines Urteils enthält, oder das Risiko auf sich nimmt, auf Basis notwendigerweise spekulativer Zukunftsszenarien den Versuch der Evaluation zu unternehmen. Ungeachtet ihrer Plausibilität, ist für beide Haltungen jedoch immer ein Preis zu bezahlen, da die Berufung auf gesicherte Erkenntnisse als Grundlage von Planungsentscheidungen leicht zu einem Verzicht auf Gestaltungsspielräume führen kann. Der Versuch, die Zukunft mittels Szenarien zu antizipieren und diese als Grundlage für Gestaltungsempfehlungen zu nutzen, setzt sich hingegen dem Risiko der Fehldeutung und den oben genannten Vorwürfen aus. Unseres Erachtens ist es jedoch eine der zentralen Aufgaben der Ethik, zum Verständnis von sozialen Sachverhalten beizutragen, um an deren Gestaltung und Verbesserung aktiv mitzuwirken, weswegen das skizzierte Risiko im Bewusstsein der damit verbundenen Schwierigkeiten und auf der Grundlage seriöser Abschätzungsmethoden eingegangen werden muss, um die Wahlfreiheit und die Gestaltungsoptionen nicht preiszugeben.

Vor diesem Hintergrund möchten wir einige der Punkte skizzieren, die ethisch relevant sind.

1) Aktuell wird daran gearbeitet, dass Maschinen Emotionen darstellen können (s. Kap. III.30). Eine solche Simulation ist per se nicht anstößig, weshalb der Vorwurf: ›Das sind ja gar keine echten Emotionen‹ nicht von vornherein eine ethische Schwachstelle adressieren kann. Auch Schauspieler/innen stellen Gefühle dar, und wir wissen aufgrund unserer kognitiv-emotionalen Fähigkeiten wohl zu unterscheiden, was Spiel und was Wirklichkeit ist. Sehr viel entscheidender ist es unseres Erachtens, dass Menschen ihr Gegenüber emotional besetzen. Das gilt für andere Menschen, Tiere, einfache Gegenstände, aber auch für technische Artefakte. Es ist bereits jetzt zu beobachten, dass die Bereitschaft zu einer solchen emotionalen Besetzung (positiv wie negativ) in dem Maße steigt, in dem das Gegenüber Signale sendet, die emotional anschlussfähig erscheinen. Um diesen Umstand zu verstehen und seine ethische Bedeutung adäquat evaluieren zu können, ist es nötig, den Akteur noch einmal unter einem anderen Blickwinkel zu betrachten, nämlich als moralisches Subjekt. Vertritt man die Position, wie es weite Teile der normativen und angewandten Ethik tun, dass menschliche Subjektivität konstitutiv an Rationalität und Autonomie (s. Kap. III.35) gekoppelt ist, engt man den ethischen Erkenntnisradius und damit korrespondierend den Bereich der Gestaltungsoptionen ein. Denn vor diesem Hintergrund treten primär Fragen nach der Fähigkeit, rational zwischen Mensch und Technik zu unterscheiden (Turing-Test) (s. Kap. III.57) und Fragen nach der menschlichen Fähigkeit, Technik zu beherrschen, in den Vordergrund. Als problematisch erweist sich unter dem Aspekt der Differenzierungsfähigkeit und der Autonomieperspektive der Einsatz dieser Technik demnach nicht pauschal, sondern primär für zwei denkbare Szenarien: (1) Wenn die Technik bei Menschen zum Einsatz kommt, die aus kognitiven bzw. emotionalen Gründen nicht zwischen Mensch und Technik zu unterscheiden wissen. (2) Für soziale Kontexte, in denen der Unterschied systematisch oder zufällig verwischt wird und Menschen die Orientierung und die Fähigkeit zur (Selbst-)Steuerung genommen wird. Überschreitet man die-

sen Standpunkt und fasst den Akteur als verletzliches, durch Offenheit und Abhängigkeit gekennzeichnetes Wesen, das sich durch ein konstitutives Bedürfnis nach Anerkennung und Bindung auszeichnet, können andere Dimensionen des Menschlichen und somit andere ethische Problembereiche in den Blick genommen werden (vgl. Butler 2005/2007; Arendt 1958/2007; Levinas 1961/2002; Assadi 2013). Wenn der Akteur als Wesen gedacht wird, das konstitutiv auf Bindung an andere angewiesen ist und dessen Freiheit und Gestaltungsmacht auch nur im Rahmen und aufgrund dieser reziproken Bindungen entstehen können, zeigt sich die konstitutive Bedeutung der Bindung für menschliches Leben, wobei sich sowohl im zwischenmenschlichen Bereich als auch im Bereich der MTI die Frage danach anschließt, wie diese Bindungen gestaltet werden müssen, um nicht pathologisch zu wirken oder nur das Überleben statt das gute Leben des Akteurs – und aller anderen – zu sichern. Somit verschiebt sich die Frage, da nicht mehr die Authentizität der technisch simulierten Emotionen im Vordergrund steht, sondern die durch die Interaktion (und insbesondere durch die wiederholte Interaktion) gestiftete Bindung und die hieraus resultierende Lebenspraxis in den Fokus rücken. Betrachtet werden können damit nicht nur die Wirkungen von Technik auf menschliche Erkenntnisfähigkeit, Freiheit und Souveränität, sondern auch Wechselwirkungen von Mensch und Technik, die sich bis auf die Ebene der Konstitution des menschlichen Subjektes erstrecken. Wenn wir den Menschen als prinzipiell offenes, beeinflussbares und abhängiges Wesen betrachten, dessen Konstitution als souveränes und autonomes Subjekt immer erst durch bestimmte soziale Bedingungen ermöglicht wird, ist wohl weniger die Konstruktion des Aktanten als vielmehr die Gestaltung der Interaktion zu problematisieren. Ihre Konstruktion eröffnet die Möglichkeit zur Beeinflussung und gegebenenfalls zur Manipulation, die uns mit der angsterregenden Vorstellung des Souveränitätsverlustes konfrontiert. Die Problematik wird zusätzlich noch dadurch verschärft, dass wir durch Einsatz von Emotionen einen Aspekt des Menschlichen adressieren, der für uns selbst nur teilweise verständlich und beherrschbar ist, sodass wir erneut mit der freudschen Diagnose konfrontiert werden, dass das Ich nicht Herr im eigenen Haus ist– nun aber durch ein maschinelles Gegenüber evoziert (vgl. Freud 1917). Wenn wir das bis dato dominante, der MTI zugrundeliegende Interaktionsmodell um Emotionen erweitern wollen, sollten wir die Konsequenzen für unsere Souveränität einschätzen können. Ethisch zu diskutieren wäre insbesondere die Frage nach der konkreten Ausgestaltung der Beziehung, die im Bewusstsein um die Wechselwirkungen zwischen Mensch und Technik und den Beitrag dieser Beziehung zu einem guten Leben beantwortet werden müssen. Wo können und wo wollen wir Beziehungen zu technischen Arrangements aufnehmen, die unser Leben gerade aufgrund ihrer Andersartigkeit bereichern und wo sollten Grenzen gezogen werden, weil die *conditio humana* gefährdet wird – und wie lässt sich das argumentativ darlegen? Aus dieser Perspektive konfrontiert uns die technische Entwicklung mit der Frage, was es bedeutet, unter technisch veränderten gesellschaftlichen Bedingungen ein offenes und in seiner Abhängigkeit eigenständiges menschliches Wesen zu sein und welche Form und Bedeutung wir dem Menschsein hierbei verleihen wollen.

2) Vor diesem Hintergrund erweist sich die Übertragung zwischenmenschlicher Beziehungsmuster auf die MTI als äußerst problematisch. Um zu einem adäquaten Verständnis der Unterschiede zwischen menschlicher Interaktion und MTI und somit zu Kriterien für die *conditio humana* und die ethisch verantwortbare Gestaltung von emotionssensitiven MTI zu gelangen, müssen wir zuerst etablierte sprachliche Praktiken kritisch reflektieren, um nicht durch terminologische Unschärfen zu Fehlinterpretationen und falschen Urteilen zu gelangen. Zu bedenken ist, dass eine dissimulierende Redeweise (so werden Emotion, Entscheidung, Autonomie sowohl dem Menschen wie dem technischen Artefakt zugeschrieben) kategorial in die Irre führt und zu einer Verunklarung der Verhältnisbestimmung von Mensch und Technik beiträgt, was sich negativ auf die Nutzer und den Erfolg der Interaktion auswirkt. Darüber hinaus sollten wir versuchen, in einen kreativen Prozess der Begriffsfindung und Konzeptentwicklung einzutreten, also Kategorien, Begriffe und Modelle zu entwickeln, die sich als hilfreich erweisen, um die Andersartigkeit der Beziehung zwischen Mensch und Technik zu benennen, zu analysieren und ethisch zu bewerten.

Damit stellen sich zwei weitere Fragen. Erstens muss geklärt werden, ob und unter welchen Bedingungen die Modellierung der Mensch-Technik-Beziehung nach dem Modell zwischenmenschlicher Beziehungen überhaupt adäquat und zielführend ist: (a) in Hinblick auf die Verbesserung der Interaktion und (b) hinsichtlich eines möglichen Beitrags zu einem guten

Leben im ethischen Sinne. Zweitens ist genauer zu untersuchen, ob wir gegenwärtig versuchen, die Technik in ihrer konkreten Ausgestaltung der emotionssensitiven MTI und in unseren Diskursen nach ›menschlichem Maß‹ zu gestalten, um sie weniger fremdartig erscheinen zu lassen und den Umgang mit ihr zu erleichtern (s. Kap. II.F.18, II.H.26). Wäre das gewissermaßen eine Umkehrung des *uncanny valley*? Wenn das der Grund sein sollte, sollten wir abermals nach dem Preis dieser Praktiken fragen und uns vergegenwärtigen, dass wir, mit Piaget gesprochen, zwischen *Assimilation*, also der Anpassung an das Fremde unter Aufgabe der eigenen Identität, und *Akkommodation*, also einer funktionalen Anpassung unter Aufrechterhaltung der Identität, wählen können (vgl. Piaget 1970/2016).

3) Die Klärung dieser Fragen erweist sich insbesondere vor dem Hintergrund der enormen sozialen, wissenschaftlichen und ökonomischen Hoffnungen, die mit dem Einsatz emotionssensitiver Technologie verbunden werden, als besonders dringlich. Es muss sichergestellt werden, dass einerseits die gewünschte Funktionalität im Rahmen der Interaktionen gewährleistet werden kann und vor allem Nutzer keinen emotionalen und sozialen Schaden erleiden. Jüngste technologische Entwicklungen, Projekte und Visionen könnten die Mensch-Technik-Interaktion in einer Weise transformieren, die nicht nur die Vorstellung einer grundsätzlich emotionslosen, funktionalen, beherrschbaren Technik fraglich werden lässt. Die Gültigkeit dieser Vorstellung ist jedoch hierbei nicht das entscheidende Problem, sondern vielmehr, dass wir Menschen uns emotional von technischen Arrangements abhängig machen. Das war – *grosso modo* – bisher nicht der Fall. Von ihnen emotional abzuhängen, verschärft aber noch einmal unseren Stand als Menschen in dieser Welt. Dass wir bisher schon auf die Funktionalität von Technik vertrauen mussten, ist lange eingeübt und ›funktioniert‹ in vielen Situationen auch ganz gut. Dass wir uns aber emotional von ihr abhängig machen und sie irgendwann das Maß für Emotionen vorgeben, eröffnet eine ganz andere Dimension für die *conditio humana*. Wenn wir uns also von der Vorstellung verabschieden müssen, dass Technik emotionslos, funktional und instrumentell ist, so sollten wir zugleich die Frage stellen, welche Gestalt, welche Wirkungen (Gestaltungskraft) sowie (nicht-intendierten) Effekte eine emotionalisierte Technik hat oder haben könnte, und wie sie im Zuge der menschlichen Entwicklung zu deuten ist.

22.3 Ausblick auf weitere Forschung

Im Rahmen weiterer Forschung zur Bedeutung von Emotionen im Rahmen der MTI ist insbesondere das Problem der Anerkennung zu thematisieren. Der (An-)Erkennung von Emotionen beim Anderen (sei es menschlich, tierisch oder technisch) folgte bisher die soziale Anerkennung dieses Anderen, die jedoch differenziert zu betrachten ist und nicht pauschal als Anerkennung von Identität misszuverstehen ist (vgl. Butler 2005/2007; Honneth 2010). Mit der Anerkennung geht eine graduierbare moralische Verpflichtung gegenüber diesem Anderen einher. Pointiert gesagt: Die Konstruktion von emotional kompetenten technischen Artefakten in der Interaktion mit Menschen wird auf eine Anerkennung dieser als sozialer und moralischer Gegenüber hinauslaufen. In der schwachen Variante werden die technischen Arrangements uns analog zur tierethischen Debatte zu einer technikethischen Debatte nötigen, bei der wir uns (wie bei den Tieren) immer noch als der überlegene Part in der Interaktion fühlen können. Das ist aber eher die unwahrscheinliche Variante. Wahrscheinlicher ist es, dass wir nach Anerkennung der technischen Artefakte als soziale Gegenüber ihre intellektuelle, physische (oder andere) Überlegenheit werden anerkennen müssen. Welche moralischen Verpflichtungen uns Menschen daraus erwachsen, ist nicht ausgemacht, aber bedenkenswert. Jürgen Schmidhuber vermutet, dass die stärkere Spezies der Maschinen sich uns gegenüber verhalten wird, wie wir uns gegenüber Katzen (vgl. Wiedemann 2017). Ob wir ihre Katzen sein wollen, erscheint nicht nur als eine ethische Frage.

Literatur

Arendt, Hannah: Vita activa. München 2007 (amer. 1958).
Assadi, Galia: Ordnung durch Verantwortung. Frankfurt a. M. 2013.
Bundesministerium für Bildung und Forschung: Technik zum Menschen bringen (2015). In: https://www.bmbf.de/de/technik-zum-menschen-bringen-149.html (7.2.2018).
Butler, Judith: Kritik der ethischen Gewalt. Frankfurt a. M. 2007 (amer. 2005).
Collingridge, David: The Social Control of Technology. Milton Keynes 1980.
Darwin, Charles: Der Ausdruck der Gemütsbewegungen bei den Menschen und den Tieren. Bremen 2014 (engl. 1872).
Döhring, Sabine A. (Hg.): Philosophie der Gefühle. Frankfurt a. M. 2009.
Engelen, Eva-Maria: Gefühle. Stuttgart 2007.
Fischer, Peter: Philosophie der Technik. München 2004.
Freud, Sigmund: Eine Schwierigkeit der Psychoanalyse.

1917. In: Imago. Zeitschrift für Anwendung der Psychoanalyse auf die Geisteswissenschaften, Bd. V (1917), 1–7.
Honneth, Axel: Kampf um Anerkennung. Frankfurt a. M. 2010.
Levinas, Emmanuel: Totalität und Unendlichkeit. Freiburg i. Br. 2002 (frz. 1961).
Manzeschke, Arne/Karsch, Fabian (Hg.): Roboter – Computer – Hybride. Baden-Baden 2016.
Piaget, Jean: Meine Theorie der geistigen Entwicklung. Weinheim 2016 (amer. 1970).
Radkau, Joachim: Technik in Deutschland. Vom 18. Jahrhundert bis heute. Frankfurt a. M. 2008.
Wiedemann, Carolin: Werden wir ihre Katzen sein? In: Frankfurter Allgemeine Sonntagszeitung, 26.11.2017, 55.

Arne Manzeschke / Galia Assadi

23 Lust- und Schmerzmaschinen

In den Wörterbüchern und Enzyklopädien der Technik und der Philosophie tauchen Lust- und Schmerzmaschinen nicht als stehende Begriffe auf. Sie eignen sich daher nicht für eine bloße Explikation, vielmehr geht es um eine Erkundung dessen, wie solche Maschinen sein und was sie bedeuten könnten. Und diese Erkundung wiederum kann auf banale Maschinen führen, die in klassischen Mittel-Zweck-Schemata verfangen sind. Sie kann aber auch auf philosophisch verstörende, vielleicht erhellende Maschinen führen, wenn wir die Suche weitertreiben als dem gesunden Menschenverstand gemäß.

Ein erster Anlauf geht von der klassischen Philosophie und bekannten Mittel-Zweck-Beziehungen aus. Dem Sensualismus zufolge dienen Lust und Unlust, *pleasure and pain*, als Maßstab, nach dem Menschen ihre Welt bewerten. Vor diesem Hintergrund wären Lust- und Schmerzmaschinen zunächst einmal Maschinen, die Gefühle der Lust und der Unlust oder des Schmerzes hervorrufen oder bereiten. Wir finden sie daher auch keineswegs nur an der vordersten Front einer Technikentwicklung, sondern in archaischen Mensch-Maschine-Interaktionen, denen es um Grundbedürfnisse und Grundverhältnisse des Menschen geht.

So entstammen klassische Lustmaschinen dem Schlaraffenland und anderweitig paradiesischen Gefilden, stereotyp bereiten sie sexuelle Lust wie die von Tomi Ungerer in *Fornicon* elaborierten Penetrationsmaschinen, die immer noch fantastisch anmuten, obgleich sie inzwischen wie selbstverständlich im Handel erhältlich sind (vgl. Ungerer 1971). Dass derartige Maschinen womöglich nicht authentisch Lust bereiten, sondern nur die Arbeit der Nervenentspannung betreiben, zu der Männer keine Zeit, keine Lust oder keine Kraft haben, hat Rachel Maines in ihrer anregenden Geschichte des Vibrators dargelegt – und in dem darauf folgenden Buch das Stricken und Häkeln, das Grillen und Bügeln als ›hedonisierende‹ Technologien gewürdigt (vgl. Maines 2001, 2009). Lust kann auch das Design einer Mausefalle bereiten, die listig den raschen Tod des ahnungslosen Opfers herbeiführt, Unlust hingegen eine Mausefalle, die einfallslos und krude bloß aus einem Leimkuchen besteht, auf dem Mäuse kleben bleiben und kläglich verenden.

Klassische Schmerzmaschinen wären von den Lustmaschinen nun so unterschieden, wie sich Lust und Unlust eben unterscheiden lassen. Stereotyp handelt es sich um Folterwerkzeuge, für die die Menschheit seit jeher eine reiche Fantasie entfaltet hat. In Hinsicht auf ihre unerbittliche Moralität haben sie in Kafkas *Strafkolonie* exemplarisch Ausdruck gefunden, wenn nämlich die Schuld des Verurteilten seinem Leib buchstäblich eingeschrieben wird dank eines eigentümlichen, aus Bett, Egge und Zeichner bestehenden Apparats (vgl. Kafka 1995). Die Peitsche als Instrument der Bestrafung, der Selbstgeißelung, der religiösen und sexuellen Ekstase deckt auf, dass Lust und Unlust an der Technik auf das asketische Moment der Disziplinierung und Beherrschung von Mitteln zu Zwecken bezogen sind (vgl. Largier 2001). Körperlichen und psychischen Schmerz bereiten schließlich gewöhnliche Arbeitsmaschinen, die bedient werden wollen, Anpassung verlangen, Bewegungsabläufe deformieren, Menschen einander und im Selbstverhältnis entfremden (vgl. Strauß 1986). In der Unterscheidung klassischer Lust- und Schmerzmaschinen entsteht daher, was als Sozialmaschine bezeichnet werden könnte – also die Idee einer Maschine, in der es mit rechten Dingen zugeht, in der das Zusammenspiel von Menschen und Dingen gelingt, und die als utopisches Modell einer sachlich abgestimmten, dem Menschen gemäßen technischen Weltordnung gelten kann (vgl. Nordmann 2014a).

So viel zur Bestimmung diverser Maschinentypen an der immer schon gegebenen Schnittstelle von Mensch und Maschine und angesichts der Vielfalt von Mensch-Maschine-Wechselwirkungen. Es mag ungewöhnlich sein, Maschinen danach einzuteilen, ob und wie sie Lust oder Schmerz bereiten, ansonsten sind die bisher diskutierten Beispiele ganz gewöhnlich, wenn nicht banal; insofern Lustmaschinen Lust bereiten und Schmerzmaschinen augenscheinlich Mittel zum Zweck der Schmerzerzeugung sind.

Ein zweiter Anlauf müsste daher deutlicher herausarbeiten, ob und wie Lust- und Schmerzmaschinen Aufschluss geben über das Selbstverhältnis des Menschen im Verhältnis zur Technik. Hier verschränken sich affektive und geistige Bezüge, magisch-teilnehmende und theoretisch-analysierende Denkfiguren, Momente der Entzauberung und Wiederverzauberung. Dies lässt sich aufweisen in Hinsicht auf das gelingende Zusammenspiel von Mensch und Maschine und somit auf eine aus der Ingenieurpraxis hervorgehende Reflexion auf Prothesen, ergonomische Bewegungsabläufe, Expertensysteme, Robotik und auf die derzeit viel beschworene Industrie 4.0 (s. Kap. III.45). Besonders deutlich tritt diese Verschränkung aber dann zutage, wenn sich Menschen angesichts der Maschine in Frage stellen – dann also, wenn sie etwas über sich selbst in Erfahrung bringen wollen, indem

K. Liggieri / O. Müller, *Mensch-Maschine-Interaktion*, https://doi.org/10.1007/978-3-476-05604-7_23

sie die Maschine betrachten, sich von ihr absetzen, sich in ihr erkennen, sich von ihr irritieren, herausfordern, verstören lassen. Dann also, wenn Mensch und Maschine einander zum Rätsel werden. In dieser Begegnung ist die Maschine kein Medium, durch das hindurch oder mittels dessen etwas sichtbar oder erfahrbar wird. Sie ist auch kein Spiegel, in dem wir uns betrachten. Vielmehr ist für diese Begegnung konstitutiv, dass die Maschine undurchdringlich ist, ein stumpfer Spiegel bleibt. Auch wo Maschinen Mittel zum Zweck sind, wo sie nach planerischer Maßgabe Arbeit verrichten und Leistungen erbringen, sind sie als Maschinen hermetisch in sich verschlossen, selbstgenügsam ganz anders, nicht darum aber schon überhöht das Andere des Menschen (vgl. Nordmann 2019; Riskin 2003).

Dass sich Mensch und Maschine in ihrer Begegnung einander zum Rätsel werden, ergibt sich zugespitzt mit der Frage, ob Maschinen Lust und Schmerz empfinden können – einer Frage, die über den gesunden Menschenverstand hinauszugehen scheint. Insbesondere mit dem Blick in den stumpfen Spiegel solcher verstörend empfindsamen Maschinen stellen wir uns als lust- und schmerzempfindende Wesen selbst in Frage.

Nicht nur Kinder wissen aus Märchen und Filmen und persönlicher Anschauung: Maschinen können nicht nur Schmerz und Schrecken bereiten (›Knüppel aus dem Sack‹ oder ein ›Jack in the Box‹), sondern auch empfinden (seit 1995 bezeugen dies etwa die animierten Spielfilme *Toy Story, Robots* oder *9*). Und woher wissen nicht nur Kinder das? Aus Mitleid angesichts einer zum Beispiel fehlenden Schraube, die den gelingenden ›Lebensvollzug‹ verhindert. Gleichermaßen können Maschinen nicht nur Lust bereiten (›Tischlein deck dich‹ oder eine Seifenblasenmaschine), sondern auch empfinden (in den eben schon genannten Filmen, aber auch *Artificial Intelligence*). Und woher wissen Kinder oder Erwachsene nun dies? Wiederum aus Mitleid als dem Nachvollzug gelingender Verrichtungen. Dieses Mitleid an Schmerz und Lust meint kein moralisches Gefühl und kein einfühlsames Empfinden, das die Befindlichkeiten anderer mitmenschlich zu erfassen vermag. Vielmehr entspricht es dem Mit- oder Nachvollzug eines Verlaufs, der Teilnahme an einem Geschehen, dem Mit-Erleiden einer mechanischen Notwendigkeit. Diese Differenzierung lässt sich schon an Gotthold Ephraim Lessings Mitleidsästhetik aufzeigen und an seiner Schmerzmaschine par excellence.

In der von Lessing angestoßenen Diskussion um die Laokoon-Skulpturengruppe (s. Abb. 23.1) ging es vor allem darum, die Komposition der künstlerisch im Raum angeordneten Zeichen zu erklären und somit die Wirkungsweise des Werks: Wie kommt es, dass die Konstellation von Zeichen im Raum – hier der Biss einer Schlange und dort die Abwehr ihrer strangulierenden Umarmung – als Inbegriff des Schmerzes verstanden wird, obgleich der Gesichtsausdruck des sterbenden Laokoon keineswegs schmerzverzerrt erscheint? Nach Lessings gefühlsmechanischer Auffassung des Mitleidens führt die Anordnung der Zeichen an einen Punkt, der unmittelbar vor dem unausweichlichen nächsten Schritt des Todesschmerzes liegt (vgl. Lessing 2012). Diesen Punkt bezeichnet Lessing als »fruchtbaren Augenblick« oder »prägnanten Moment« (Lessing 2012, 26, 116, 140). Prägnant oder fruchtbar ist dieser Augenblick genau insofern, als er seine Steigerung und seinen nächsten Schritt im Lauf der Dinge erkennbar in sich trägt (vgl. Wellbery 2010; Wolff 1737). So verweist der eine Augenblick die Einbildungskraft auf den nächsten, unmittelbar anschließenden, in dem sich ein herzzerreißender Schrei von den Lippen löst und Laokoon sein Leben aushaucht. Dieser nächste Moment ist so folgerichtig, das heißt so unbedingt im Aufbau der gesamten Maschinerie angelegt, dass er der weiteren Drehung eines Rädchens, der Fortsetzung einer intuitiv erfassten Kausalkette entspricht.

Das Mitleiden mit einer Maschine ist die Teilnahme an ihren Vollzügen, somit etwa an der glücklichen Fügung aller zusammenwirkenden Teile und dem unbeirrbaren Fortgang ihres Getriebes. Dieses Mitleiden setzt kein moralisches Bewusstsein, keine geschulte Empfindlichkeit für die Gefühlswelt und das Wohlergehen unserer Mitmenschen voraus. Und doch ist der teilnehmende Mitvollzug – der auch ein Nach- oder Vorvollzug sein kann – ein Mit-Erleiden nicht nur des Gelingens und nicht nur des unweigerlichen Geschehens, sondern auch des Abbruchs oder Scheiterns, wo etwas verbogen ist oder ein Ersatzteil fehlt, wie dem gut geölten Blechmann das Herz (vgl. *Wizard of Oz*). Und nach dieser Auffassung des Mitleids ist einerseits die Laokoon-Gruppe eine Maschine, die die verlässliche Produktion des Schmerzes verkörpert, ist andererseits der Slapstick mit seinen auf dem Treppenabsatz stehenden Rollschuhen und sprichwörtlichen Bananenschalen eine Lustmaschine par excellence. Hier trägt der fruchtbare Augenblick oder prägnante Moment die Entgleisung des Geschehens in sich, die sich dann unweigerlich vollzieht, oder erst einmal doch nicht, bis sich früher oder später das immer schon gegenwärtige Missgeschick glücklich vollendet. So verkörpert der Slapstick oder eine feyde-

Abb. 23.1 Die Laokoon-Gruppe in den Vatikanischen Museen (Raimund Kutter/picture alliance/imageBROKER)

ausche Boulevardkomödie die schadensfrohe Vergeblichkeit der Anstrengung, die heitere Tücke des Objekts, die Unverdrossenheit des komischen Helden.

Die Laokoon-Gruppe und die Slapstick-Komödie, ein überladener Lastwagen, der den Berg hinaufächzt und es womöglich nicht schafft, das fröhlich schnurrende Räderwerk, das irgendwann zu klappern beginnt und eines Tages mit hässlichem Missklang verkeilt, der eingefrorene Bildschirm, dem ein hoffentlich funktionierender Neustart gegönnt wird, die Vulnerabilität oder Resilienz einer Infrastruktur, das gelingende Zusammenspiel in der sozio-technischen Maschinerie des Ballsaals oder Freibads, hingegen stockende, aufgestaute Verkehrsflüsse – all dies bezeugt die Wirklichkeit maschineller Systeme, die Lust und Schmerz nicht vornehmlich bereiten, sondern mitleidsfähig verkörpern. Lust und Schmerz widerfährt diesen Maschinen, wird von ihnen erfahren und als Sensorien für den glücklich-geglückten Vollzug auch empfunden. In ihrem Gelingen oder Scheitern, ihrer Funktionstüchtigkeit oder Kaputtheit findet die Maschine mehr und minder glückliche Erfüllung, bleibt der Erfolg ihrer Anstrengung mehr oder minder schmerzlich versagt.

Nun werden nicht nur Erwachsene einwenden, dass einem Thermometer zwar Wärme und Kälte widerfährt, dass aber ein Sensor für Temperaturzustände diese doch nicht eigentlich empfindet – genauso wenig wie eine blitzgescheit konstruierte Falle das Gefühl der Schadenfreude kennt. In der Tat, wer wollte das bestreiten. Und doch zeigt sich etwas am ächzenden Motor des überladenen LKWs an einer Bergsteigung. Die Atemnot, den stechenden Schmerz in Lungen und Waden, die Übelkeit und den Schwindel kenne ich nur an mir selbst. Die verzweifelte Anstrengung des Wagens erleide ich teilnehmend im Mitvollzug des Geschehens – nicht anders als die verbissene Anstrengung der Radfahrer auf ihrer im Fernsehen gezeigten Bergtour. Während diese Radfahrer zweifellos Schmerz empfinden – warum soll es eine bloße Unterstellung sein, wenn ich ihn der Maschine zuschreibe?

Ob auf den anderen Menschen oder eine Maschine bezogen, verlangt die Zuschreibung des Schmerzempfindens Auskunft darüber, mit welchem Recht wir sie vornehmen. Ob diese Frage nach der rechtmäßigen Zuschreibung richtig gestellt und überhaupt angemessen ist, hat insbesondere Ludwig Wittgenstein in seinen *Philosophischen Untersuchungen* beunruhigt – den Philosophen also, der als Ingenieur immer wieder darauf stieß, dass wir von anderen Menschen auch nur wissen, wie sie sich verhalten. Denn dieses Wissen bezieht sich auf die Symbolisierung des Schmerzes oder der Lust im Menschen, ob auf den verkrümmten Körper beim wahrhaftigen Bauchkrampf oder einem vorgetäuschten Orgasmus. Und sie bezieht sich auf »Die Maschine als Symbol ihrer Wirkungsweise«, also die funktionierende Maschine, nicht ihr tatsächliche Ermüdung:

»Die Maschine als Symbol ihrer Wirkungsweise: Die Maschine – könnte ich zuerst sagen – scheint ihre Wirkungsweise schon in sich zu haben. Was heißt das? – Indem wir die Maschine kennen, scheint alles Übrige, nämlich die Bewegungen, welche sie machen wird, schon ganz bestimmt zu sein. [...] So aber reden wir nicht, wenn es sich darum handelt, das wirkliche Verhalten einer Maschine vorauszusagen. Da vergessen wir, im allgemeinen, nicht die Möglichkeit der Deformation der Teile, etc. [...] die Bewegung des Maschinensymbols ist in anderer Weise vorausbestimmt, als die einer gegebenen wirklichen Maschine.« (Wittgenstein 2003, 193)

Angesichts der durch die Verhaltensweise erzielten Symbolisierung einerseits, der individuellen Deformationen andererseits sind wir epistemisch in der gleichen Lage gegenüber Mitmensch und Maschine, möchten die Zuschreibung des Schmerzempfindens aber dennoch differenzieren. Auch wenn die Anstrengung einer Maschine schier unerträglich wird, wenn sich der Motorblock wütend erhitzt und alle Zeiger im roten Bereich stehen, das Raumschiff beim Wiedereintritt in die Atmosphäre fast zu zerbersten scheint, liegt es doch immer noch nahe, von einer anthropomorphen Projektion oder metaphorischen und keineswegs buchstäblichen Zuschreibung zu sprechen. Hinter der Frage allerdings, ob die Zuschreibung des Schmerz- und Lustempfindens buchstäblich ist oder nicht, steckt die Erwartung, dass sich diese Fälle schließlich doch unterscheiden lassen, steckt die Vermutung, dass Menschen buchstäblich Schmerz und Lust empfinden, Maschinen allenfalls metaphorisch. Genau an dieser Stelle erweist sich jedoch, dass sich der Mensch im stumpfen Spiegel der Maschine zum Rätsel wird. Was heißt es nämlich, Schmerz- und Lustempfinden buchstäblich zuzuschreiben? Und wenn wir Wittgensteins Überlegungen ernst nehmen: Wie viel besser wissen wir eigentlich, was ein anderer Mensch empfindet als was eine Maschine empfindet? Es will doch scheinen, dass wir beim anderen Menschen und bei der Maschine nur vom eigenen Schmerz und der eigenen Lust wissen und mit diesem Wissen an einem mehr oder weniger konventionell kodierten, gar standardisierten Verhalten teilnehmen, wobei wir dieses Verhalten als Verkörperlichung von Schmerz und Lust auffassen, was an der Maschine sogar leichter mitzuvollziehen und transparenter dargestellt wäre als bei anderen Menschen.

An dieser Stelle regt sich womöglich ein Widerspruch, der sich empört gegen die skeptische Gleichsetzung unseres Verhältnisses zu einer nicht-menschlichen Maschine und zu unseren nur über ihr äußeres Verhalten verstehbaren Mitmenschen. Ist es nicht so, dass wir lindernd auf den Schmerz eines weinenden Kindes einwirken können und weist dies nicht darauf hin, dass es einen zwischenmenschlich geteilten Schmerz wirklich gibt, den wir in der Maschine vergeblich suchen? Dass dieser Einwand nicht zu beeindrucken vermag, ist vielleicht dem sachlichen Blick einer Technikphilosophie geschuldet, die mit philosophischer Psychologie oder einer Theorie der Gefühle ganz und gar nicht befasst ist. Aus ihrer Sicht ist es durchaus möglich, auch eine Maschine zu beschwichtigen. Vor allem aber sieht sie im chronischen Schmerz eines uns sehr nahestehenden Menschen den besten Beleg für die Gleichsetzung von personellem und maschinellem Schmerzverhalten. Der chronische Schmerz eines Lebensgefährten ist auch darum eine Zumutung, weil er selbstlose Anerkennung verlangt von denen, die ihn niemals wirklich verstehen oder leiblich nachempfinden können, obwohl er auch ihr täglicher Begleiter ist.

Im Verhältnis zur Maschine erweist sich also, dass sich größte, intime Nähe – ein am Geschehen teilnehmendes Mitleiden – mit der Anerkennung unüberbrückbarer Fremdheit verbinden kann, insofern uns der durch sein äußeres Verhalten aufgefasste Mensch fremd ist. In kultivierter Form ist dies das Verhältnis der »Sachlichkeit«, von dem es bei Alexander Kluge in einem Kommentar über ein tragisch verstricktes Liebespaar heißt: »Sie verfügen durchaus über viel heißes Gefühl. [...] Der Organisierung dieser Gefühle fehlt die Sachlichkeit. Ich könnte pathetisch werden, wenn es darum geht für die Einheit von *Liebe und Sachlichkeit* zu werben« (Kluge 1984, 215; vgl. Nordmann 2014b). Kluge hat mit wunderbaren Geschichten und Bildern dafür geworben, dass wir einander mit eben der Aufmerksamkeit und Sorgfalt begegnen, die wir auch einer Maschine entgegenbringen – und dass dies vielleicht schon Liebe ist. Als geradezu paradigmatischer Beleg hierfür erscheint das Zusammenspiel von intimer Nähe und unüberbrückbarer Fremdheit, von Sachlichkeit und Liebe in einem sado-masochistischen Verhältnis. In ihm treffen zwei Personen aufeinander, von denen die eine mit präziser Sorgfalt einen Zustand der anderen hervorruft, deren Schmerz sich ekstatisch aus der konkreten Situation löst und im besten Fall zu ›fliegen‹ beginnt. In unerreichbare Ferne rückt dieses Schmerzempfinden dabei gerade auch seinem Verursacher, der an diesem Schmerz nur teilnehmen kann, insofern er seine Stellschrauben kennt und ihn zu modulieren weiß.

Angesichts von Schmerz- und Lustmaschinen werden wir zu Zeugen einer inneren Bewegung, die auf sich selbst bezogen bleibt, insofern sie in einer Skulptur, an einen Mechanismus oder durch eine Person gebunden ist. Vielleicht bringt dies ihre Betrachter irgendwie voran, vielleicht lernen sie etwas, entwickeln wie in Lessings bürgerlichen Trauerspielen ihre Mitleidensfähigkeit. Aber zunächst und vor allem sind sie Zeugen eines Geschehens, das als Schmerz und Lust so fremd ist, wie uns das Höchstpersönliche im Anderen.

Die so entstandene produktive Verstörung im Verhältnis von Mensch und Maschine führt abschließend auf zwei weiterführende Fragen: Zunächst einmal, ob es entsprechende Maschinen nicht nur für Lust und Schmerz, sondern für jeden beliebigen Gefühlszustand gibt oder geben könnte. Im Gegensatz zu Schmerz und Lust jedoch sind andere Gefühle keineswegs so innerlich an die empfindende Person gebunden und adressiert, um erst in einem zweiten Schritt mitgeteilt und irgendwie aufgefasst werden zu können. Trauer und Fröhlichkeit sind beispielsweise gesellige Gefühle. Wir können Schmerz und Lust nicht gemeinsam, allenfalls gleichzeitig erleben, aber können gemeinsam trauern, gemeinsam fröhlich sein und lachen. Entsprechend schwer fällt es demnach dem Propagandisten von Sachlichkeit, aufmerksamer Zuwendung und Sorge um äußere Vollzüge, auch Trauer- und Fröhlichkeitsmaschinen zu imaginieren. Die Geselligkeit der Maschine, auch einer sozio-technischen, den Menschen einbeziehenden Maschinerie, erschöpft sich darin, dass sie Teile miteinander verbindet, Menschen und Dinge miteinander verschaltet, vernetzt, verzahnt. Der mitleidende Nachvollzug dieses Zusammenspiels kann uns Schmerzverhalten als Ausdruck von Schmerzempfinden vorführen, nicht aber ein Trauer- oder Fröhlichkeitsverhalten, das als Ausdruck von Trauer und Freude gedeutet würde.

Auch die zweite verbliebene Frage kann nur vorläufig, geradezu apodiktisch und ohne hinreichende Begründung beantwortet werden. Von den Maschinen, die Schmerz und Lust bereiten, hieß es, sie seien ganz gewöhnliche Maschinen schon darum, weil sie ordentlichen, um nicht zu sagen asketisch disziplinierten Mittel-Zweck Verhältnissen entsprächen. Gilt dies auch für die Maschinen, denen Lust und Schmerz widerfahren, an denen Lust und Schmerz einen äußeren, körperlichen Ausdruck finden, und von denen sich mit genauso viel Recht oder Unrecht wie bei anderen Menschen sagen lässt, dass sie Schmerz und Lust empfinden? Hier greift womöglich ein anderer Technikbegriff, ein hedonistischer oder ekstatischer, wonach sich die Mittel von etwaigen Zwecken lösen und sich Technik verschwenderisch als Technik zelebriert, wonach es nur noch um die Ding- und Weltverhältnisse geht, die sich mittels der Technik ergeben – wobei die Verrätselung im Mensch-Maschine-Mensch-Verhältnis auch Selbstzweck eines Maschinenwerks sein kann, in dessen stumpfem Spiegel wir uns fragend betrachten.

Literatur

Kafka, Franz: In der Strafkolonie. In: Ders.: Das Urteil und andere Prosa. Stuttgart 1995, 56–88.

Kluge, Alexander: Die Macht der Gefühle. Frankfurt 1984.

Largier, Niklaus: Lob der Peitsche: Eine Kulturgeschichte der Erregung. München 2001.

Lessing, Gotthold: Laokoon oder Über die Grenzen der Poesie und Malerei. Stuttgart 2012.

Maines, Rachel: The Technology of Orgasm: »Hysteria,« the Vibrator, and Women's Sexual Satisfaction. Baltimore 2001.

Maines, Rachel: Hedonizing Technologies: Paths to Pleasure in Hobbies and Leisure. Baltimore 2009.

Nordmann, Alfred: Sanfte Technik. Vom Mythos der Maschine zum Mythos nicht-maschineller Maschinen. In: Andreas Kaminski/Andreas Gelhard (Hg.): Zur Philosophie informeller Technisierung. Darmstadt 2014a, 21–40.

Nordmann, Alfred: Das Gefühl der Welt als begrenztes Ganzes: Sachlichkeit. In: Zeitschrift für Kulturphilosophie 8/1 (2014b), 89–99.

Nordmann, Alfred: Alles rollt. Kapp liest Reuleaux. Schmerzmaschinen. In: Harun Maye/Leander Scholz (Hg.): Ernst Kapp und die Anthropologie der Medien. Berlin 2019, 123–135.

Riskin, Jessica: Eighteenth-Century Wetware. In: Representations 83/1 (2003), 97–125.

Seeßlen, Georg: Sex-Fantasien in der Hightech-Welt I bis III: Träumen Androiden von elektronischen Orgasmen?; Der virtuelle Garten der Lüste; Future Sex in Queertopia. 3 Bde. Berlin 2012.

Strauß, Botho: Trilogie des Wiedersehens. Stuttgart 1986.

Ungerer, Tomi: Fornicon. Zürich 1971.

Wellbery, David: Lessing's Laocoon: Semiotics and Aesthetics in the Age of Reason. Cambridge 2010.

Wittgenstein, Ludwig: Philosophische Untersuchungen. Frankfurt a. M. 2003.

Wolff, Christian: Von den fruchtbaren Begriffen. In: Ders.: Gesammelte kleine philosophische Schriften, Bd. II. Magdeburg 1737, 80–107.

Alfred Nordmann

24 Maschine und Genderdiskurs

Die Geschichte der Maschine und der Diskurs der Geschlechter sind in der europäischen und westlichen Geschichte seit der Durchsetzung des Maschinenparadigmas im 17. Jahrhundert auf komplexe und widersprüchliche Weise miteinander verknüpft. Diese Verknüpfung ist oft unsichtbar und indirekt, doch wirkt sie auch dort, wo die Frage des Geschlechts zunächst weit vom Diskurs über die Maschine entfernt scheint. Es handelt sich bei dem Verhältnis von Maschine und Geschlecht um eine generische Verschränkung. Eine Veränderung der Maschine und deren Diskurses hat eine Veränderung des Genderdiskurses zur Folge und dies gilt vice versa.

24.1 Theorie der Tier-Maschine

Diese Verflechtung von Maschine und Geschlecht zeigt sich zum ersten Mal in der Einführung der Theorie der Tier-Maschine durch Descartes und die 35 Jahre später erfolgte Wende, welche die *Querelles des Femmes* mit der Verteidigung der Gleichheit der Geschlechter durch François Poullain de la Barre nahm (Pullain de la Barre 1673/1984). Mit Descartes' Einführung der Tier-Maschine verband sich ein grundlegendes Dispositiv der modernen Wissenschaften, das in den diskursiven Kämpfen um die Differenz zwischen Mensch und Maschine, Maschine und Organismus und Genderdifferenzen bis heute aufgerufen und zitiert wird. Es fasst die Maschine rationalistisch und bindet sie in ein mechanistisches Weltbild ein, und soll im Folgenden etwas eingehender dargestellt werden.

1637 veröffentlichte Descartes in Leyden anonym einen kurzen Text mit dem Titel *Discours de la méthode pour bien conduire sa raison et chercher la vérité dans les sciences* (Abhandlung über die Methode des richtigen Vernunftgebrauchs und der wissenschaftlichen Wahrheitsforschung). Der Philosoph, Mathematiker und Naturwissenschaftler stellte darin mitten in den Wirren des Dreißigjährigen Krieges (1618–1648) sein Konzept des methodischen Zweifels vor, mit dem er sich von der scholastischen Orientierung an der aristotelischen Naturphilosophie löste. Der methodische Zweifel führte ihn zu einem neuartigen Beweis für das Dasein Gottes, aus dem er das bekannte »Ich denke, also bin ich« herleitete (Descartes 1961, 31). Nach diesem Beweis der Existenz Gottes und der unsterblichen Seele, fasste Descartes seine Erklärungen einiger »physikalischer Probleme« zusammen, wie die »Bewegung des Herzens und anderer zur Medizin gehöriger schwieriger Punkte« (ebd., 39). Sie münden in der starken und folgenreichen Erklärung, dass die Regeln der Mechanik mit den Gesetzen der Natur identisch seien (ebd., 51). Im Rahmen der so vorgenommenen Gleichsetzung von Maschine und Organismus unterscheidet Descartes die menschliche von der tierischen Seele und führt die Theorie der Tier-Maschine ein (s. Kap. II.E.15).

Descartes, und das ist wichtig, um sein rationalistisches Verständnis der Maschine und deren vielschichtige Verschränkung mit dem Diskurs der Geschlechter zu verstehen, behauptet *nicht*, dass das Tier keine Seele habe, wenn er es mit einer Maschine gleichsetzt. Was er den Tieren und den Maschinen jedoch gleichermaßen abspricht, ist, dass sie Anteil haben an der universalen Vernunft. Die Teilhabe an der universalen Vernunft zeichnet allein die Seele des Menschen aus. Sie verbindet die menschliche Seele mit dem Schöpfergott und begründet ihre Unsterblichkeit. Das heißt umgekehrt, dass die Unterscheidung von Tier und Mensch ebenso wie die Unterscheidung von Maschine und Mensch an die mit der Existenz Gottes verbürgte universale Vernunft gebunden ist.

Descartes' Unterscheidung von Tier-Maschine und Vernunftseele, an der nur die Menschen teilhaben, leitet sich aus der These her, dass Gott die Welt in ähnlicher Weise erschaffen habe, wie die Menschen ihre sich selbst bewegenden Maschinen konstruieren (ebd., 52). Eben dies zeichnet ihre Teilhabe an der universalen Vernunft oder mit Descartes; der res cogitans aus. Für Descartes stehen für diese Maschinen exemplarisch die federbetriebenen oder hydraulischen Automaten (s. Kap. III.34) in Form der Turm- und Taschenuhren, Wassermühlen, Springbrunnen oder Orgeln. Dass die Regeln der Mechanik mit den Gesetzen der Natur identisch sind, und unsere Organe unbewusst funktionieren, ohne dass der Wille sie leite, werde, wie Descartes schreibt,

> »denen nicht seltsam erscheinen, die wissen, wie viele *Automaten* oder sich bewegende Maschinen verschiedener Art der menschliche Kunstfleiß herstellen kann aus sehr wenigen Stücken, im Vergleich der großen Menge Knochen, Muskeln, Nerven, Arterien, Venen und aller der übrigen Teile jeden tierischen Körpers – und die deshalb *diesen Körper als eine Maschine* ansehen werden, die als Werk Gottes unvergleichlich besser geordnet ist und bewundernswürdigere Bewegungen in sich hat als irgendeine, welche Menschen haben erfinden können« (ebd., 52).

K. Liggieri / O. Müller, *Mensch-Maschine-Interaktion*, https://doi.org/10.1007/978-3-476-05604-7_24

Zwar sei die Natur als das Werk Gottes unvergleichlich besser geordnet, dennoch folgte Gott den gleichen Gesetzen wie die Menschen, wenn sie ihre Maschinen und Automaten konstruieren. Über die Gleichsetzung von Kreatur und Maschine verbindet Descartes seine Darstellung der Schöpfung mit der Etablierung einer *mechanistischen Konzeption* der Natur und des Universums. Nicht nur die Tiere, auch der menschliche Körper, alle lebendigen Organismen, die gesamte ausgedehnte Welt funktioniert wie eine Maschine und kann in der Folge von der Wissenschaft wie eine große zusammenhängende Maschine untersucht werden. Die ganze Welt folgt den Gesetzen der Mechanik.

Dabei ist die Maschinen-Natur für Descartes ebenso wenig tot oder seelenlos wie die Tier-Maschine. Maschinen zeichnen sich für Descartes dadurch aus, dass sie sich selbsttätig bewegen. Maschinen sind für Descartes Automaten. Während die von den Menschen erbauten Automaten ihre Bewegungsfähigkeit der Freisetzung gespeicherter Energie verdanken, bewegen sich Tier-und Pflanzenmaschinen dank der Entstehung von »Lebensgeistern«, die Descartes mit einem »feinen Wind« und »einer sehr reinen und lebhaften Flamme vergleicht« (ebd., 51). Die Gleichsetzung von Organismen, Tieren und Pflanzen mit Maschinen ist jedoch, und dies ist entscheidend für die Auswirkungen des mechanistischen Weltbildes für den Geschlechterdiskurs, die Voraussetzung für die Bestimmung der Differenz zwischen vernunftbegabten Menschen und Maschinen. Die Differenz zwischen dem vernünftigen Menschen und der Maschine ergibt sich für Descartes daraus, dass erstens Maschinen nicht, wie Menschen, Worte hervorbringen, um Gedanken mitzuteilen (ebd., 53) und dass zweitens Maschinen nicht aus »Einsicht« handeln, sondern, »nur aus Disposition ihrer Organe« (ebd., 53), das meint nach der Art der Lage der Organe. Diese Abhängigkeit von ihrer besonderen Disposition unterscheidet die Maschinen-Natur von der Vernunft, welche Letztere, wie Descartes unterstreicht, ein »*Universalinstrument*« (ebd., 53) sei.

Die starke Trennlinie zwischen Menschen und Maschinen legt nun die Frage nahe, wohin die Frauen gehören: zu den Menschen, die an der universalen Vernunft teilhaben, oder zu den Maschinen, die aus der Disposition ihrer Organe agieren. Diese Frage wird die nächsten Jahrhunderte durch den Diskurs über die Maschine und das Geschlecht mäandern und die Auslegung der Maschine auf der einen, des Geschlechts auf der anderen und die Bezogenheit beider bis heute bestimmen. Wir sehen dies etwa in Gilles Deleuzes und Félix Guattaris Parteinahme für die Maschine, die sie als Motor von Werdensprozessen *gegen* den Mechanismus (Deleuze/Guattari 1997, 454 f.) und die Idee einer universalen und souveränen Vernunft mit dem weißen Mann als ihres Repräsentanten und *für* das Tier-Werden, Frau-Werden, Kind-Werden und Schwarz-Werden (*devenir femme*) zum Einsatz bringen (Deleuze/Guattari 1997, 339). Ähnlich argumentierte Donna Haraway in ihrem einflussreichen 1984 erschienenen *Manifest für Cyborgs*, wenn auch vor einem anderen epistemologischen Hintergrund (Haraway 1995; s. Kap. III.39). Cyborgs sind, so Haraway, kybernetische Organismen (s. Kap. III.49) Hybride aus Maschine und Organismus, aber sie sind zugleich Kreationen der Fiktion und verweisen als solche auf eine gesellschaftliche Realität und gelebte soziale Beziehungen. Vor dem wissensgeschichtlichen Hintergrund der *Science, Technology and Society Studies* und dem epistemologischen Ansatz des *situierten Wissens* schuf sie mit der Figur der weiblichen Cyborg einen Mythos, der den feministischen und gendertheoretischen Zugang zur Verschränkung von Maschine und Genderdiskurs in den folgenden Jahren prägen sollte. »Die Cyborg als imaginäre Figur und als gelebte Erfahrung«, so fasste Haraway ihren Zugang eines situierten Wissens zum Verhältnis von Maschine und Genderdiskurs zusammen, »verändert, was am Ende des zwanzigsten Jahrhunderts als Erfahrung der Frauen zu betrachten ist« (Haraway 1995, 34). Dazu gehört u. a. die Öffnung für eine »postmoderne Identität«, die von Andersheit und Differenz (ebd., 41) ausgeht anstatt von Gleichheit, und die Ausweitung des Maschinen- und Genderdiskurses auf gelebte soziale Beziehungen und reale Verhältnisse der Macht.

24.2 Egalität der Geschlechter

Descartes ließ die Frage, ob die Frauen eher zu den Tier-Maschinen gehören oder zu den Menschen, offen. Er verhielt sich nicht zu ihr. Dies ist umso auffälliger, als er die aristotelische Scholastik »massiv« angriff (Schiebinger 1993, 245) und sich ebenso dezidiert von der Naturphilosophie des Aristoteles absetzte, die systematisch auf einer nichtegalitären Vorstellung der Geschlechter aufbaute. Frauen und Männer waren für die Griechen, »ohne Unterschied zu allem befähigt. Bis auf den Punkt, dass das männliche Geschlecht das weibliche immer übertrifft« (Suissa 1993, 79). Das Weibliche steht für die passive Materie und das Männliche für den formenden Geist und diese Entgegensetzung von passiver Materie und bewegender Form durchzog als hylemorphistisches Schema die gesamte aristotelische Naturphilosophie. Dazu gehörte, dass die Natur des Weiblichen mit jenem Bereich der Physis korreliert, der den Wuchs, das Wachstum und das Werden – also den gesamten Bereich der Reproduktion – in sich einschließt (s. Kap. II.H.29).

Vor diesem Hintergrund nun wird erkennbar, wie radikal die cartesische Unterscheidung von Tier-Maschine und Vernunftseele auch diese Verschränkung der aristotelischen Naturphilosophie mit der Minderwertigkeit der Frau mit in Frage zu stellen scheint. Die Vorstellung vom menschlichen Körper als Maschine untergrub, wie Londa Schiebinger unterstrich,

> »das Diktum des Aristoteles, dass der geringere Verstand der Frauen von der Kälte ihrer Köpersäfte herrühre. Wenn der Geist vom Leib unabhängig arbeitet, wie die cartesianische Erkenntnistheorie annimmt, können die traditionell unterstellten Schwächen des weiblichen Körpers nicht länger gleichbedeutend sein mit Schwächen des weiblichen Geistes.« (Schiebinger 1993, 249)

Diese Konsequenz zog jedoch nicht Descartes, sondern erst der zum Protestantismus konvertierte Jesuit und Cartesianer Poullain de la Barre in seiner 35 Jahre später veröffentlichten berühmten Schrift *De l'Égalité des deux sexes* (*Von der Gleichheit der beiden Geschlechter*). Er gab damit, wie Lieselotte Steinbrügge gezeigt hat, dem seit dem Mittelalter bestehenden Streit um die Frage der Gleichheit der Geschlechter eine entscheidende Wende (Steinbrügge 1987, 19). Anders als seine Vorgängerinnen und Vorgänger, die sich in der *Querelle des Femmes* engagierten, lieferte er keine Apologie des weiblichen Geschlechts, sondern eine *systematische* Begründung für die Gleichheit der Geschlechter (Steinbrügge 1987, 19). »Da«, so fasst Steinbrügge das Argument von Poullain de la Barre zusammen,

> »der Verstand vom Körper getrennt wird, können physische Eigenschaften keinen unmittelbaren Einfluss auf das Denken ausüben. Folglich kann auch die Spezifik des weiblichen Körpers das Denken der Frau nicht beeinflussen, wie überhaupt die leibliche Differenz der Geschlechter für die Geistestätigkeit keine Rolle spielt. ›Der Geist hat kein Geschlecht‹. (›L'esprit n'a point de sexe‹). In diesem berühmt gewordenen Satz [...] radikalisiert Poullain de la Barre das Gleichheitspostulat der Aufklärung durch die Übertragung auf das Verhältnis von Mann und Frau.« (Steinbrügge 1987, 21)

1750 erschien in Paris die Broschüre *La femme n'es pas inférieur à l'homme*. (*Die Frau ist dem Mann nicht unterlegen*). Der Herausgeber, Florent de Puisieux, schreibt im Vorwort, dass er lediglich als Übersetzer fungiere, der Text selbst von einer englischen Autorin stamme. In der Tradition Poullain de la Barres setzt sie sich für das Recht der Frauen auf gleiche Bildung und geistige und wissenschaftliche Tätigkeit ein. Der Geschlechtsunterschied, so argumentiert diese unbekannte Autorin, beziehe sich nur auf den Körper und auch dort nur auf jene Körperteile, die der Reproduktion dienen. So einleuchtend dieses Argument vor dem Hintergrund der cartesianischen Unterscheidung von *res cogitans* und *res extensa* erscheint, so wenig konnte es sich jedoch im Zeitalter der Aufklärung durchsetzen, das die Wahrheit des Geschlechts nicht mehr in der geschlechtslosen Vernunft, sondern in der sexuierten Natur und in den sexuierten Körpern suchte.

Allerdings war es die gleiche, von Descartes eingeführte mechanistische Vorstellung des Körpers als einer komplexen physiologischen Maschine, auf deren Grund die Physiologen und Anthropologen des späten 18. und frühen 19. Jahrhunderts das Wesen der Frau aus ihrer Gebärfähigkeit und aus den Organen der Reproduktion herleiteten.

24.3 Körper als sexuierte Maschinen

Anders als Descartes, der den Schöpfungsgedanken in rationalistischer Manier mit der Etablierung eines mechanistischen Weltbildes verband und die Möglichkeit der wissenschaftlichen Wahrheitssuche auf den Gottesbeweis stützte, suchte die philosophische und medizinische Anthropologie der Aufklärung die wissenschaftliche Wahrheit über den Menschen in dessen Natur. Dies ging mit einer grundlegenden Transformation der Geschlechterordnung einher, die als Übergang vom Eingeschlechtermodell zum differenztheoretischen Zweigeschlechtermodell beschrieben worden ist (Honegger 1991; Laqueur 1992). Im Rahmen dieser umfassenden Revolution bildete die Neubewertung der weiblichen Fortpflanzungsorgane den Ausgangspunkt für die Sexualisierung des ganzen Körpers (Schiebinger 1993, 270). Wie klar jedoch das cartesianische Maschinenmodell des Organismus weiterhin Pate stand, geht aus dem folgenden Auszug des Artikels »Gebärmutter« (*Matrice*) der *Encyclopédie* von Diderot und d'Alembert hervor. Er erklärt die Gebärmutter zum Steuerungsorgan, das den als Maschine gefassten weiblichen Körper und über diesen hinaus die Natur der Frau bestimmte:

> »[...] die kleinste Störung dieses Organs hat eine generelle Unordnung in der gesamten Maschine zur Folge; man kann sicher sein, dass es bei den Frauen kaum eine Krankheit gibt, an der die Gebärmutter keinen Anteil hat.« (Zit. nach Steinbrügge 1987, 40)

Lieselotte Steinbrügge verwies als Erklärung für die Fokussierung der Physiokraten auf die weibliche Gebärfähigkeit unter Vernachlässigung aller anderen Formen gesellschaftlicher Arbeit der Frauen auf die Krise der Bevölkerungspolitik und die breite demographische Diskussion, welche die ökonomische Aufmerksamkeit im späten 18. Jahrhundert in Frankreich auf die biologische Reproduktion der Bevölkerung richtete (Steinbrügge 1987, 38). Mit Michel Foucaults einschlägigen Untersuchungen zur Geschichte der Sexualität im 18. und 19. Jahrhundert lässt sich die Sexualisierung des weiblichen Körpers, die im Diskurs über die hysterische Frau gipfelte, als Element im neuen, sich durchsetzenden Machtdispositiv der Biopolitik und der Konkurrenz der sich formierenden Nationalstaaten verstehen. Für die Verschränkung von Maschine und Geschlechterdiskurs ist nun signifikant, dass die Auslegung des weiblichen Körpers als einer sexuierten und sexualisierten, von der Gebärmutter gesteuerten Maschine, in die Vorstellung einer Maschine mutiert, die außer sich geraten und bedrohlich werden kann: So heißt es bereits in der *Encyclopédie* unter dem Stichwort »Heirat« (*Mariage*) von sexuell unbefriedigten Frauen:

> »Wenn sie einmal außer sich sind, verlieren sie jegliches Schamgefühl [...], versuchen mit allen Mitteln, ihre wilden Leidenschaften zu befriedigen; sie greifen Männer an, ohne rot zu werden, versuchen sie durch unanständigste Posen und laszivste Aufforderungen anzuziehen.« (Zit. nach Steinbrügge 1987, 40)

24.4 Technische und biologische Reproduktion: Woman, Machine, Cinema

Im 19. Jahrhundert beginnt diese Gleichsetzung von Maschinen und sexuierten Körpern selbst unheimlich zu werden. Anders als bei Descartes stellte die Partizipation an der universalen, durch Gott verbürgten Vernunft kein sicheres Kriterium mehr für die Differenz zwischen Maschinen und Menschen und die Suprematie der Letzteren dar. Mit der Erfindung der Dampfmaschine und der Elektrifizierung hatten sich die Maschinen in großem Umfang verwandelt. Als Medium und Motor der kapitalistischen Industrialisierung und der Intensivierung der Kolonialpolitik veränderten sie die Arbeitswelt und die Umwelt samt Verkehrs- und Kommunikationssystemen in großer Geschwindigkeit. Die Vorstellung der Suprematie des Menschen über die Tier-Maschine verschmolz mit der Ideologie des Rassismus und der weißen Suprematie. Derweil beanspruchten die Wissenschaften vom Menschen, nicht nur die Physis, sondern auch die Psyche und das Verhalten der Menschen, ihre Sprache und Fähigkeit zur Kommunikation aus der Natur ihrer Körper und aus der Lage ihrer Organe herzuleiten. Als wissenschaftliche Objekte wurden Menschen zu ihrer Erforschung, Vermessung und Klassifizierung an diverse Apparate und Maschinen angeschlossen (Kittler 1985, 235–251). In diesem Prozess spielten die technischen Aufnahme-und Reproduktionsmedien des Phonographen, den Thomas Edison 1877 als »Sprechmaschine« am Patentamt anmeldete, der Fotographie und des Films mit seinen fotographischen Spielformen wie der Chronofotographie eine neue und zentrale Rolle (vgl. Kittler 1986).

In ihrem einschlägigen Aufsatz aus dem Jahr 1999 »Technophilia: Technology, Representation and the Feminine« zeichnet Mary Ann Doane die Dynamik nach, die dazu führte, dass die Angst vor der Macht der Maschinen bereits in den ersten kinematographischen Science-Fiction-Repräsentationen auf die Figur der Frau und die Vorstellung des Weiblichen projiziert wurde (Doane 1999). Dabei kommt sie zum Ergebnis, dass es bei der Darstellung der idealen – und also weißen – künstlich hergestellten Frau interessanterweise nicht die mechanische Produktion ist, die beunruhigt und Angst einflößt, sondern die Verschränkung von mechanischer und biologischer Reproduktion (ebd., 182). Sie geht aus von dem 1886 erschienenen Science-Fiction-Roman *L'Ève Future* des französischen Schriftstellers Auguste Villier de L'Isle-Adam, in dem ein fiktionalisierter Thomas Edison mithilfe der auf einen Phonographen aufgenommenen Summe aller Stimmen, Gesten und Sätze der menschlichen Geschichte die perfekte Frau in einen Automaten implementiert, und damit eine künstliche Frau schafft, die so lebendig wirkt, dass sich Edisons Freund in diese perfekte Automatenfrau verliebt. Allerdings gesteht Hadaly, so der Name der künstlich geschaffenen Frau, ihrem Liebhaber, dass sie ihre Lebendigkeit dem Funken verdankt, der von einem weiblichem Medium, einer von ihrem Ehemann verlassenen Frau und Mutter über die Vermittlung von Edison auf sie übertragen wurde. Damit wird in diesem Vorgänger der kineastischen Repräsentation der mechanischen Frau die biologische Mutterschaft in einer Verschränkung von Abhängigkeit und Antagonismus als jene Grenze etabliert, welche die von der Wissenschaft konstruierte ideale weibliche Maschine von der lebendigen, zur biologischen Reproduktion fähigen Frau trennt (ebd., 183). Der weibliche Körper wird damit, so schließt Doane, nicht nur das Objekt einer kinematographischen Ikonographie von Unterdrückung und Begehren, sondern der fantasmatische Grund des Kinos selbst (ebd., 186).

Dazu passt, dass in Fritz Langs *Metropolis* (D 1926) die männlichen Körper der Arbeiter mit dem arbeitsteiligen mechanischen Rhythmus der Maschinen synchronisiert und damit zwar zum Objekt der Mechanisierung werden, sich aber zugleich gegen diese erzwungene Unterwerfung unter die Maschinen wehren, während der weibliche Körper im wörtlichen Sinn zu einer sexualisierten Maschine wird (s. Kap. II.A.4, II.A.5). Man kann die Konstruktion der Roboterfrau Maria als Ausdruck des Wunsches nach einer Appropriation der Mutterfunktion sehen. Diese These vertrat Andreas Huyssen und bezog sich dabei auf seine Interpretation von Mary Shelleys Science-Fiction-Roman *Frankenstein: or, The Modern Prometheus* (1818). Dort träumt Victor Frankenstein, unmittelbar bevor er das von ihm geschaffene Monster nachts an seinem Bett empfängt, von der Leiche seiner Mutter. Der Tod der Mutter wird in der wissenschaftlichen-technischen Konstruktion eines menschlichen Automaten zugleich gefürchtet, herbeigeführt und aufgehoben (Huyssen 1986, 70).

Metropolis endet mit der Zerstörung der künstlichen, verführerischen, außer Rand und Band geratenen, skrupellosen Maria und der Rehabilitierung der guten, lebendigen und mütterlichen Maria, die sich um die Rettung der Arbeiterkinder kümmert. Damit wird, so Doane, die Maschine an ihren alten Platz in der Produktion und die Frau zugleich an ihren in der Reproduktion gerückt (Doane 1999, 184). Dass damit die Ordnung keineswegs auf Dauer wiederhergestellt ist und die Reihenfolge der Begriffe ›Woman‹, ›Machine‹ ›Cinema‹ das Kino weiterhin beschäftigt, zeigt Doane an Filmen wie *Blade Runner* und der *Alien*-Reihe, die symbolische Systeme kreieren, die auf die zeitgenössische Krise der Reproduktion reagieren. Dass sich diese Krise der Reproduktion nicht allein auf die durch die medizinischen Reproduktionstechnologien induzierte Krise der biologischen Reproduktion bezieht, sondern auch auf die medientechnische Reproduktion hat Ulrike Bergermann in ihrer Analyse der *Alien*-Reihe aus einer Perspektive gezeigt, die auf die relationale und performative Verflechtung von Gender- und technischen Medien abzielte (Bergermann 2002).

»In der von der *Alien*figur ausgehenden kulturellen Angst trifft sich«, so fassen Andrea Seier und Eva Warth diese medien-gendertheoretische Perspektive auf das Zusammenspiel von Science, Fiction, Gender und Technik zusammen, »die Problematik des Klonens mit derjenigen der digitalen Bildproduktion – oder wird die kulturelle Angst vor den Transformationen von Medien als Transformation von Reproduktionstechnologien inszeniert.« (Warth/Seier 2005, 106)

24.5 Die Cyborg

Mit der Feminisierung des Cyborgs (s. Kap. II.G.25) und der Erschaffung eines politischen und ironischen Mythos um die weibliche Cyborg reagierte Donna Haraway in den 1980er Jahren sehr präzise auf die dargestellte Verflechtung von Maschine und Genderdiskurs. Ihr Ausgangspunkt war komplex und fasst viele Fäden zusammen. Sie bezieht sich zugleich auf die Geschichte der Kybernetik und deren Einbettung in die Geschichte des Kalten Krieges, auf die wachsende Bedeutung der Verkoppelungen von Organismen und Maschinen in der Medizin und in biopolitischen und militärischen Enhancementstrategien und auf die Veränderung der Wissenschaften und der Maschinen durch die Implementierung der mathematischen Informationstheorie in die Definition ihrer Objekte: die Natur, das Weltall, die Erde mit all ihrem Leben (s. Kap. III.46). Für Haraway kam dies einer Technisierung der Wissenschaften und damit einer Verwandlung der Wissenschaften in *Techno*wissenschaften gleich. Anders als Descartes glaubt Haraway nicht an eine universale, sich jenseits der Geschichtlichkeit des Wissens konstituierende Vernunft. Die Beziehung von Organismus und Maschine stellt sich für sie als ein »Grenzkrieg« dar. Dabei sind die Territorien, die in diesem Grenzkrieg umkämpft werden, genau jene, um die sich die Geschichte der Maschine und des Genderdiskurses seit dem 19. Jahrhundert immer enger konzentrierte: »Produktion, Reproduktion und Imagination« (Haraway 1995, 35).

Mit der provokativen Einführung der Figur der weiblichen Cyborg ging es Haraway um die Infragestellung von Denkgewohnheiten, die nicht mehr angemessen sind, um die gesellschaftliche Realität des Cyborg-Zeitalters zu erfassen. Cyborgs, so schreibt sie, definieren unsere Politik, Cyborgs seien unsere Ontologie und zugleich besteht sie darauf, dass Cyborgs als eine Fiktion anzusehen seien, an der sich unsere körperliche und gesellschaftliche Realität ablesen lasse. Als Fiktion aber stellen Cyborgs – und darauf zielt der Mythos der weiblichen Cyborg – zugleich eine »imaginäre Ressource« dar (Haraway 1995, 34). Für Haraway ging es dabei um die Chance, über die Affirmation der Cyborgs als Geschöpfe einer »Post-Gender-Welt« jene reaktionären Identitätspolitiken zu befragen, die mit der Vorstellung eines reinen Ursprungs und einer reinen, von Maschinen und Techniken befreiten Natur verbunden sind. So plädiert sie dafür, die Verwischung der Grenzen zwischen Organismus und Maschine zu »*genießen* und Verantwortung dafür zu übernehmen« (Haraway 1995, 35). Sie zielte damit auch gegen gewichtige Strömungen innerhalb der Frauenbewegung, welche Technik und Wissenschaften insgesamt verwarfen.

Mit der Definition der Figur der Cyborg als eines materiell-semiotischen Knotens entwarf Haraway ein epistemologisches Tool, das ihr ermöglichte, eine neue Praxis der Wissenschafts- und Technikgeschichtsschreibung zu entwerfen. Ausgehend von queer-feministischen Science-Fiction-Romanen wie jenen von Octavia Butler stellt sie den westlichen Erlösungsgeschichten Geschichten des Überlebens entgegen, die ausgehen von den Erfahrungen von afroamerikanischen Frauen und sich mit unfreiwilliger Reproduktion, mit Rassismus, mit dem Selbst-im-Besitz-anderer, mit der Frage der Geschwisterlichkeit von Menschen mit Aliens, Cyborgs und dem Scheitern der Geschwisterlichkeit in der eigenen Spezies auseinandersetzen. Zu dieser neuen Form der Wissenschafts- und Technikgeschichtsschreibung gehört übrigens nicht nur die Veränderung der Reproduktion, sondern auch die Auslagerung der Produktion im Bereich der Elektronik in sogenannte Billigländer und die Umstrukturierung der Arbeitsverhältnisse durch die Hausarbeitsökonomisierung (Haraway 1995, 55).

Haraway nahm mit diesem methodischen Vorgehen, das hier mit der Figur der Cyborg als materiell-semiotischem Knoten verbunden ist, vorweg, was sie in ihrem 1992 veröffentlichten Aufsatz »The Promises of Monsters: A Regenerative Politics for Inappropriate/d Others« als Methode der *Diffraktion* bezeichnete. Dieser Begriff wurde im ersten Jahrzehnt des 21. Jahrhunderts von der Physikerin und Queertheoretikerin Karen Barad aufgenommen und ist inzwischen zum zentralen Begriff für einen neuen materialistischen Zugang zur Frage des Verhältnisses von Maschine, Medien, Gender, Technik und Natur geworden (Barad 2007).

24.6 Überwindung des technologischen Anthropomorphismus und Neuer Materialismus

Wenn Haraway den Fokus auf das Überleben legt und die Technisierung der Wissenschaften durch ihre Informatisierung kritisiert, so hängt das auch damit zusammen, dass sie den Mechanismus kritisiert, den Descartes der Gleichsetzung von Organismus und Maschine in seiner Theorie der Tier-Maschine eingeschrieben hatte und der sich in der kybernetischen Vorstellung des Cyborgs und dem Selbstverständnis der Kybernetik als einer universalen Experimentalwissenschaft noch intensivierte. Sie kritisiert, wie bereits deutlich wurde, nicht die Technik und auch nicht die Maschinen selbst, sondern das, was der französische Epistemologe Georges Canguilhem in seinem 1955 veröffentlichten Aufsatz »Maschine und Organismus« als »technologischen Anthropomorphismus« (Canguilhem 2009, 207) bezeichnete. Als Lehrer u. a. von Michel Foucault und Gilbert Simondon (2012) hatte Canguilhem mit diesem Text einen nachhaltigen Einfluss auf die französische Philosophie der Technik und Deleuzes und Guattaris Konzept des Maschinischen. Canguilhem beginnt mit der Erklärung, dass es unmöglich sei, das biologische Problem der Organismus-Maschine unabhängig vom Zusammenhang von Technik und Wissenschaft zu behandeln (Canguilhem 2009, 184). Dies ist deshalb so grundlegend, weil die Durchsetzung des Mechanismus durch Descartes und seine Theorie der Tier-Maschine, wie eingangs dargestellt, auf der Behauptung beruhte, dass Gott die Welt nach den gleichen Gesetzen erschaffe, wie die Menschen ihre Automaten. Das bedeutet zugleich, dass die Technik der Wissenschaft unterstellt und als eine bloße Anwendung dieser Wissenschaft verstanden wird, deren Gesetze ebenso universale Gültigkeit haben, wie die Vernunft, der sie entstammen. Der Vorwurf des technischen Anthropomorphismus besagt, dass der Mechanismus und der wissenschaftliche Anspruch universaler Gültigkeit nicht, wie von Descartes behauptet, frei ist von einem bestimmten Finalismus, sondern des »Durchgangs durch das Unendliche und das heißt durch Gott« (Canguilhem 2009, 205) bedarf. Canguilhem schließt daraus, dass dieser technologische Anthropomorphismus den politischen Anthropomorphismus von Aristoteles – welcher den Sklaven als eine belebte Maschine beschrieben hatte – nur ersetzt, aber nicht überwunden habe. In der Folge schlägt er vor, die Geschichte der Technik aus der Unterordnung unter die Wissenschaft zu lösen. Aus philosophischer Perspektive ist es, so Canguilhem, weniger wichtig, die Maschine zu erklären, als sie zu verstehen. Und dazu muss die Maschine in die menschliche Geschichte eingeschrieben werden, die wieder als Teil der Geschichte des Lebens oder, mit Haraway, als Geschichte des Überlebens verstanden sein will (Canguilhem 2009, 219). Canguilhem erinnert schließlich daran: »Es ist die Rationalisierung der Techniken, die den irrationalen Ursprung der Maschinen vergessen lassen. Die Maschine ist eine kulturelle Tatsache« (Canguilhem 2009, 220). Haraway setzt hier an, wenn sie die Cyborg als eine »imaginäre Ressource« bezeichnet. Vertreterinnen des New Materialism wie Karen Barad (2007) und der Prozessphilosophie wie Isabelle Stengers (2002) denken ihrerseits die Kritik an dem rationalistischen Selbstverständnis der modernen Wissenschaften, das so viel Theologie voraussetzt, in unterschiedliche Richtungen weiter: Barad fokussiert dafür auf den Begriff der Diffraktion und Isabelle Stengers entwickelt aus der Kritik an dem überlebten Wahrheitsbegriff der Physik eine alternative Ökologie der Praktiken.

Literatur

Barad, Karen: Meeting the Universe Halfway. Quantum Physics and the Entanglement of Matter and Meaning. Durham 2007.

Bergermann, Ulrike: Reproduktionen. Digitale Bilder und Geschlechter in Alien. In: Katharina Naisch/Ines Kappert/Marianne Schuller u. a. (Hg.): Gender Revisited. Subjekt- und Politikbegriffe in Kultur und Medien. Stuttgart 2002, 149–172.

Canguilhem, Georges: Maschine und Organismus. In: Ders.: Die Erkenntnis des Lebens. Berlin 2009, 183–232.

Deleuze, Gilles/Guattari, Félix: Tausend Plateaus: Kapitalismus und Schizophrenie. Berlin 1997.

Descartes, René: Abhandlung über die Methode des richtigen Vernunftgebrauchs. Stuttgart 1961.

Doane, Mary Ann: Technophilia, Technology, Representation, and the Feminine. In: Sean Redmond (Hg.): Liquid Metal. The Science Fiction Film Reader. New York 2005, 182–190.

Haraway, Donna J.: The Promises of Monsters. A Regenerative Politics for Inappropriate/d Others. In: Lawrence Grossberg/Cary Nelson/Paula A. Treichler (Hg.): Cultural Studies. New York 1992, 295–337.

Haraway, Donna J.: Ein Manifest für Cyborgs. Feminismus im Streit mit den Technowissenschaften. In: Dies.: Die Neuerfindung der Natur. Primaten, Cyborgs und Frauen. Frankfurt a. M. 1995, 33–72.

Honegger, Claudia: Die Ordnung der Geschlechter. Die Wissenschaften vom Menschen und das Weib. Frankfurt a. M. 1991.

Huyssen, Andreas: After the Great Divide: Modernism, Mass Culture, Postmodernism. Bloomington 1986.

Kittler, Friedrich: Aufschreibesysteme 1800; 1900. München 1985.

Kittler, Friedrich: Grammophon, Film, Typewriter. Berlin 1986.

Laqueur, Thomas: Auf den Leib geschrieben. Die Inszenierung der Geschlechter von der Antike bis Freud. Frankfurt a. M. 1992.

Poullain de la Barre, François: De l'Égalité des deux sexes. Discours physique et moral, où l'on voit l'importance de se défaire des préjugés [1673]. Paris 1984.

Schiebinger, Londa: Frauen in den Anfängen der modernen Wissenschaft. Stuttgart 1993.

Simondon, Gilbert: Die Existenzweise technischer Objekte. Zürich 2012.

Steinbrügge, Lieselotte: Das moralische Geschlecht. Theorien und literarische Entwürfe über die Natur der Frau in der französischen Aufklärung. Weinheim 1987.

Stengers, Isabelle: Introductory Notes on an Ecology of Practices. In: Cultural Studies Review 11/1 (2005), 183–196, http://epress.lib.uts.edu.au/journals/index.php/csrj/article/view/3459 (11.8.2018).

Suissa, Giulia: Platon, Aristoteles und der Geschlechterunterschied. In: Duby George/Michelle Perrot (Hg.): Geschichte der Frauen. Antike, Bd. 1. Frankfurt a. M. 1993, 76–102.

Warth, Eva/Seier, Andrea: Perspektivverschiebungen. Zur Geschlechterdifferenz in Film- und Medienwissenschaft. In: Hadumod Bußmann/Renate Hof (Hg.): Genus. Geschlechterforschung / Gender Studies in den Kultur- und Sozialwissenschaften. Stuttgart 2005, 234–265.

Astrid Deuber-Mankowsky

25 Cyborgisierungen

Die Figur des Cyborgs (s. Kap. III.39) stellt eine komplexe Chiffre dar, in der sich Zeitdiagnosen und politische Manifeste, technische Entwicklungen und Visionen sowie Veränderungen in der Theoriebildung versammeln. Damit sind insbesondere drei Bereiche aufgerufen, Politik, Technik und Theorie, welche in unterschiedlicher Weise Gebrauch von der Figur des Cyborgs machen und in denen sich wiederum verschiedene Linien bündeln.

Eine wichtige Gemeinsamkeit ist, dass der Cyborg für die Auflösung traditioneller Ordnungen steht. Sowohl in technischer als theorie-politischer Perspektive löst der Cyborg Unterscheidungen wie insbesondere jene zwischen Mensch und Technik oder Mensch und Tier oder dem Lebendigen und Mechanischen auf. Dies betrifft selbst wiederum die Unterscheidung in Politik, Technik und Theorie. Es handelt sich dabei nicht um verschiedene Diskurse, sondern der Cyborg ist zugleich eine politische, theoretische und technische Figur. Beansprucht wird gerade, dass es sich allenfalls um eine aspektuale Unterscheidung handelt.

Gleichwohl lassen sich in der Geschichte der Cyborgfigur unterschiedliche Schwerpunkte erkennen. In den frühen Verwendungen Mitte des 20. Jahrhunderts stand der Cyborg insbesondere für technische Entwicklungen und Visionen. In den 1980er Jahren wurden die politischen und theoriearchitektonischen Herausforderungen betont.

Die Cyborgfigur bündelt und pointiert – so die These im Folgenden – mehrere moderne Entwicklungslinien. Dies macht sie so schillernd und ihre Anrufung attraktiv. Einerseits lässt sich ihr Vorkommen historisch im Material recht genau bestimmen; der Cyborgdiskurs erscheint so als ein zwar einflussreiches, aber klar begrenztes Phänomen, das in den 1960ern terminologisch auftritt und Mitte der 1980er und 1990er einen Höhenpunkt erreichte. Andererseits werden in ihr Entwicklungen der Moderne verhandelt, wodurch die Anschlüsse an sie fließender und schwerer fassbar sind, als es den Anschein hat.

25.1 Die dreifache Geschichte des Cyborgs

1960 veröffentlichten Manfred E. Clynes and Nathan Kline (der eine Leiter des Dynamic Simulation Lab an der Rockland State, der andere Direktor der dortigen Forschungsabteilung) einen Text, in dem es programmatisch um die Entwicklung der bemannten Raumfahrt geht. Der Titel: *Cyborgs and Space*. Die Herausforderung, der sich die Autoren widmen, ist, dass die Raumfahrt an Menschen Anforderungen stellt, an die sie ihrer Natur nach nicht angepasst sind. Die Raumfahrer, so das allgemeine Problem, müssten für lange Zeit in einer Umwelt leben, für die sie ihrer Physiologie und Psychologie nach nicht geeignet seien. Bislang, so Clynes und Kline, sei dieses Problem dadurch gelöst worden, dass Menschen in eine künstliche Hülle, die Raumkapsel, gesteckt worden seien. Das sei aber eine gefährliche Strategie, »since we place ourselves in the same position as a fish taking a small quantity of water along with him to live on land« (Clynes/Kline 1960, 27). Statt die Umwelt an den Menschen anzupassen, gehe es darum, den Menschen an die neue Umwelt anzupassen. Dazu müsste der Mensch technisch transformiert werden – und würde in diesem Sinne zu einem Cyborg (ebd.).

Die Prägung des Ausdrucks Cyborgs in einem technischen Kontext (damit der Anfang einer folgenreichen Geschichte) begreift das Cyborgkonzept zugleich historisch. Denn Clynes und Kline weisen darauf hin, dass es um einen Eingriff in die Evolution gehe. Am Anfang der technischen Geschichte des Cyborgs geht es zugleich um den Anfang einer neuen Evolution des Menschen:

> »In the past evolution brought about the altering of bodily functions to suit different environments. Starting as of now, it will be possible to achieve this to some degree *without alteration heredity* by suitable biochemical, physiological, and electronic modifications of man's existing modus vivendi. Homeostatic mechanisms found in organisms are designed to provide stable operation in the particular environment of the organism.« (Ebd., 26)

Die Themen, die in diesem Zitat angesprochen werden, sind exemplarisch für die Konstellation, in der die Cyborg-Figur die Bühne betritt: Der Cyborg setzt die nicht-natürliche, nämlich technische Evolution des Menschen fort (womit sich eine Verbindung zum Post- und Transhumanismus ergibt); die technische Veränderung des Menschen erfolgt im Kontext kybernetischer Überlegungen (Selbstregulation) (s. Kap. III.42, III.49); dabei geht es den Autoren um eine Befreiung des Menschen: der Mensch werde dadurch, dass er ein Cyborg wird, »free to explore, to create, to think, and to feel« (ebd., 27); der Cyborg gilt dabei als eine Verbindung von Artefiziellem und Organischem, wobei es für die Autoren von Bedeutung ist, dass das Verhältnis

J. B. Metzler © Springer-Verlag GmbH Deutschland, ein Teil von Springer Nature, 2019
K. Liggieri / O. Müller, *Mensch-Maschine-Interaktion*, https://doi.org/10.1007/978-3-476-05604-7_25

zwischen beiden unmittelbar gestaltet ist: es geht um eine nahtlose Mensch-Maschine-Interaktion (ebd.).

Diese von Clynes und Kline eingeführten Motive sind für den nachfolgenden Cyborgdiskurs bedeutsam geworden, ohne damit suggerieren zu wollen, sie hätten ihn gleichsam in nuce vorweggenommen oder es hätte keine Entwicklung, einschließlich Transformationen, Brüchen oder Spannungen, mehr gegeben.

Clynes und Kline erzählen in ihrem Text dabei eine dreifache Geschichte, die häufig noch in der ein oder anderen Weise im Cyborgdiskurs mobilisiert werden wird: (1) Das erste historische Narrativ besteht darin, dass wir immer schon Cyborgs gewesen sind, da der Cyborg gewissermaßen mit dem Werkzeuggebrauch beginnt. Gleichwohl (2) begreifen sich die Menschen erst jetzt als Cyborgs. Mit diesem Begreifen geht aber (3) die Forcierung der technischen Evolution des Menschen einher, der nun seine Cyborgnatur eigentlich erst entfaltet.

Die technischen Fortschritte der Zeit ließen es glaubwürdig erscheinen, dass diese große Transformation des Menschen unmittelbar bevorsteht. Eine Wissenschaft, welche dieses Versprechen bekräftigte und für die Taufe des Cyborgs bedeutsam war, erlebt zu dieser Zeit ihren großen Aufstieg: die *Cybernetics*.

25.2 *Cybernetics* und Cyborg

Clynes und Kline formulierten ein techno-politisches Programm: die Transformation des Menschen durch Technik. Obgleich Clynes in einem späteren Interview angab, dass er nicht annahm, dies würde die menschliche Natur verändern (Gray 1995), stand die technische Transformation des Menschen im Fokus. Der Publizist Daniel S. Halacy veröffentlichte 1965 ein Buch mit dem Titel *Cyborg – Evolution of the Superman*, in dem er die technische Evolution als Evolution des Menschen liest (Halacy 1965). Die tatsächliche, nicht die programmatische Geschichte des Menschen sei die des Cyborgs, der sich nurmehr immer klarer als deren *Telos* manifestiert. Der Herzschrittmacher, die eiserne Lunge seien Stationen auf diesem Weg, der wahrscheinlich bis zur technischen Transformation des Gehirns führt. Unter der Überschrift *Survival By Design* besprach die *New York Times* Halacys Buch. Darin heißt es: »›Cyborg‹ is a hybrid of ›cybernetics‹, the science that deals with similarities between men and advanced machines, and ›organism‹ – and in the widest sense refers to any person benefited by ›a nonliving device or devices‹.« Und da diese Definition so weit sei, gilt: »we are all obviously cyborgs« (Pfeiffer 1965, 14).

Die lange historische Linie, welche bereits Clynes und Kline zogen, gehörte zum Selbstverständnis der Cyborgdiagnostiker. Gleichwohl schien es, als stünde der Advent des Cyborgs bevor, als begreife sich die Menschheit erst in der Gegenwart eigentlich selbst. Dazu gehört die in der *Times*-Besprechung gezogene Verbindung zwischen Cyborg und Cybernetics. Die Kybernetik galt vielerorts als großer wissenschaftlicher Durchbruch. Sie versprach eine transdisziplinäre Forschungssprache, mittels der sich Lebewesen und Technik, Mensch und Maschine, die Regulierung der Körpertemperatur und Lernen gleichermaßen beschreiben lassen.

Die Verbindung zwischen *Cybernetics* and Cyborgs betrifft daher nicht nur personelle Gemeinsamkeiten: Warren McCulloch, eine der zentralen Figuren der US-amerikanischen Kybernetik, war ein Förderer von Clynes' und Klines Forschungsprojekten. Kybernetiker wie Wiener oder Diebold diskutieren die Idee des Cyborgs. Die Verbindung betrifft auch nicht nur die gesuchte Anbindung in der Namensgebung. Vielmehr betrifft sie theoretische Konzepte wie Rückkopplung und Selbstorganisation. (In Clynes' und Klines Text klingen die kybernetischen Motive terminologisch an.) Und sie betrifft die Erwartung, Cyborgs und *Cybernetics* würden sich parallel technisch realisieren. Die Kybernetik schien daher nicht nur die Glaubwürdigkeit der Cyborgidee zu stärken, sie setzte insbesondere die Erwartung in Kraft, dass wir werden, was wir sind: Cyborgs.

Doch trotz dieser diskursiven Nähe zwischen Cyborg und *Cybernetics* ist die Frage danach entstanden, welche Bedeutung sie füreinander in der konkreten Technikentwicklung spielten. In der *New York Times*-Rezension hieß es eben: Die Kybernetik ist »the science that deals with *similarities* between men and advanced machines, and ›organism‹« (ebd.; Herv. A. K.). Genau diesen Punkt hebt Ronald Kline (nicht zu verwechseln mit dem vorher genannten Nathan S. Kline) in seiner Studie »Where are the Cyborgs in Cybernetics?« hervor. Seiner Untersuchung zufolge finden sich Cyborgs in »prosthetics, bioastronautics, bionics, and technology policy« (Kline 2009, 336; s. Kap. II.A.6). Insgesamt sind es jedoch vergleichsweise wenige Autoren der frühen Kybernetik, die von Cyborgs sprechen oder Cyborgs entwickeln (ebd., 350). Den Grund dafür sieht Ronald Kline darin, dass die *Cybernetics* sich vor allem mit der Analogie (oder Homologie) zwischen Menschen und Maschinen beschäftigten, aber nicht mit deren technischer Fusion:

»I argue [...] that cyborgs were a minor research area in cybernetics, usually classified under the heading of ›medical cybernetics‹, in the USA and Britain from the publication of Wiener's Cybernetics in 1948, to the decline of cybernetics among mainstream scientists in the 1960s, and that cyberneticians held multiple interpretations of their field. Most of the research on cybernetics focused on the analogy between humans and machines – the main research method of cybernetics – not the fusion of humans and machines – the domain of cyborgs.« (Kline 2009, 333)

25.3 Mensch-Maschine-Interaktion

Die *Fusion* von Mensch und Maschine, wie sie R. Kline als zentrales Anliegen der Cyborg-Programmatiker sieht, ist ein durchaus präziser, aber erläuterungsbedürftiger Ausdruck. Zunächst könnte die Mensch-Maschine-Verbindung ja als klassische Interaktion verstanden werden. Dies läge auf der Linie des ersten historischen Narrativs. Für Halacy und andere konstituiert bereits der humane Werkzeuggebrauch einen Cyborg. Aber entsprechend der Idee des dritten historischen Narrativs geht es um mehr. Menschen sind zwar immer schon Cyborgs gewesen, erst jetzt jedoch realisieren sie diese ›Natur‹ eigentlich. Im Fokus stehen daher neue Formen elaborierter Mensch-Maschine-Interaktion.

Bereits Clynes und Kline betonen die intendierte Unmittelbarkeit der Interaktion:

»The purpose of the Cyborg, as well as his own homeostatic systems, is to provide an organizational system in which such robot-like problems are taken care of *automatically* and *unconsciously*, leaving man free to explore, to create, to think, and to feel.« (Clynes/Kline 1960, 27; Herv. A. K.)

Dieser Traum einer unmittelbaren, ja einer naturgleichen, nahtlosen, harmonischen Interaktion ist es, welcher die Leitvision darstellt. In diesem Sinne kann nur noch historisch, gleichsam rückblickend in Beziehung auf den ›alten‹ Menschen von einer Mensch-Maschine-*Inter*aktion gesprochen werden. Denn genauso wenig wie der Mensch mit seinem Herzen interagiert, soll er, der Vision nach wohlgemerkt, mit seiner in ihn integrierten Technik interagieren.

Stufen der Unmittelbarkeit der Interaktion finden sich daher in den Texten von Cyborgtheoretikern. Laughlin etwa unterscheidet vier Stadien: (1) die Ersetzung oder Verstärkung von Teilen des menschlichen Skeletts, (2) von Muskeln, (3) von Teilen des peripheren und schließlich (4) des zentralen Nervensystems. Der dieser Einteilung zugrundeliegende Gedanke wird an anderer Stelle deutlich: »[T]here cannot be a cyborg without solving the body-machine interface problem, which is difficult enough when we are dealing with the replacement of limbs with prosthetic devices [...], but which becomes exceedingly complicated when it involves direct brain to computer interfacing« (Laughlin 1997, 152). Laughlin geht es also um die Fusion von Mensch und Maschine, welche eine Interaktion im klassischen Sinne verschwinden lassen wird. Diese wechselseitige

»penetration is inexorably leading humanity to the development of a direct brain-machine interface technology that will both eliminate the necessity of behavior-sensory interaction with machines in many cases, and dissolve the phenomenological distinction between body and machine even more than normal ›withdrawal‹ experienced with machines today. The machine will be experienced as part of me, just as my arm is now part of me.« (Laughlin 1997, 152)

Die angesprochene Fusion findet ihre Erfüllung daher im Verschwinden der Schnittstelle (wofür Laughlin keine Sprache hat, daher redet er von einem *direkten* Gehirn-Maschine-Interface). In diesem Sinne, wenngleich in einem gänzlich anderen Kontext, spricht Christoph Hubig von einem Verlust der Spuren, der von ihm insbesondere als ein Verlust der Schnittstelle verstanden wird. Hubig führt diese These nicht mit Blick auf den Cyborgdiskurs ein, sondern um nachklassische Technik in den Bereichen »Biofakte« und *ubiquitous computing* zu begreifen (s. Kap. II.D.14). In diesen Bereichen wird deutlich, »dass sich in der Tat eine Veränderung der Mensch-Technik-Beziehungen anbahnt, diese aber nicht in einer Veränderung eines wie immer gearteten ›Wesens‹ der Technik begründet ist, sondern in einer Veränderung der Schnittstellen zwischen menschlichen Akteuren und technischen Systemen« (Hubig 2008). Dabei unterscheidet Hubig zwischen hybriden Mensch-Maschine-Verhältnissen und ihrer Fusion. Während bei Hybriden Subsysteme unterscheidbar und durch eine Schnittstelle miteinander verbunden sind, stellt die Fusion eine fundamentalere Beziehungsform dar. In ihr geht die Schnittstelle verloren. Die Fusion hat »ihre radikalste Gestalt, wenn über entsprechende Manipulationen Organismen, Organe oder Organteile neu konstituiert oder zu alternativen Entwicklungsprozessen hin transformiert oder modifiziert werden« (ebd., 168).

Diese Diagnose beschreibt die Vision des Cyborgdiskurses präzise. Scheinbar, sagten wir zu Beginn, handelt es sich beim Cyborgdiskurs um ein Sonderphänomen. Er besitzt eine postmoderne Struktur. Es zeigt sich nun jedoch, dass er vielmehr der Kulminationspunkt gewisser Linien moderner Technikdiagnosen ist. Von Kleists Stadientheorie des Natur-Kulturverhältnisses (Nerurkar 2013) über die psychotechnische Harmonie zwischen Mensch und Maschinenraum (Kaminski 2018; s. Kap. II.A.4) bis zu den Visionen des *ubiquitous computing* (Weiser 1991) zeigt sich die Idee einer Unmittelbarkeit zwischen Mensch und Maschine, in der es keine Reibungsverluste mehr gibt, in der die Widerständigkeit der Bemühungen aufgehoben erscheint. In diesem Sinne ist die Vision des Cyborgs auch dort zu finden, wo nicht vom Cyborg gesprochen wird.

25.4 *Human enhancement* und Posthumanismus

Die Cyborg-Figur verbindet, mehr noch, in ihr kulminieren Ideen moderner Mensch-Maschine-Interaktion; selbst dort, wo scheinbar nicht vom Cyborg gesprochen wird. In ähnlicher Weise gilt dies für die Idee einer Überschreitung der menschlichen Natur. Wiederum finden sich die drei historischen Narrative.

Zum einen gilt der Cyborg gleichsam als die menschliche Natur, da häufiger bereits der Werkzeuggebrauch – und damit ein zentrales Kriterium der damaligen Anthropologie (vgl. etwa Gehlen 1957) – als Kennzeichen des Cyborgs galt. Zum anderen begriff sich der Mensch selbst nun als Cyborg und begann, so die Annahme, entschieden seine ›Natur‹ umzugestalten, mit all den Implikationen, welche dies für sein Selbstverständnis hat: »The challenge of space travel to mankind is not only to his technological process, it is also a spiritual challenge to take an active part in his own biological evolution« (Clynes/Kline 1960, 26).

Im Anschluss an Kline und Clynes führte die NASA eine Cyborg-Studie durch (vgl. Kline 2009, 343). Eine Gruppe von Ärzten, Physiologen und Ingenieuren untersuchte im Projekt »Engineering Man for Space: The Cyborg Study« die Entwicklung und Nutzung von »artificial organs, hypothermia, drugs, sensory deprivation, and cardiovascular models.« (ebd.) Es ging unter anderem darum zu untersuchen, ob neue Organe (wie eine künstliche Lunge) für Raumfahrer gezüchtet werden könnten. Das Programm wurde bald eingestellt. Aber die Erwartung, dass wie es der Buchtitel von Halacy ausdrückt, der »Superman« dabei ist, die Menschheitsgeschichte zu betreten, war da.

In ihrem Buch *How We Became Posthuman* untersucht die Literaturwissenschaftlerin N. Katherine Hayles die Entstehung des posthumanen Denkens im Kontext von kybernetischer Informationstheorie und Cyborgdiskurs. Sie nennt insbesondere vier Merkmale posthumanen Denkens:

> »First, the posthuman view privileges informational pattern over material instantiation, so that embodiment in a biological substrate is seen as an accident of history rather than an inevitability of life. Second, the posthuman view considers consciousness [...] as an epiphenomenon, as an evolutionary upstart trying to claim that it is the whole show when in actuality it is only a minor sideshow. Third, the posthuman view thinks of the body as the original prosthesis we all learn to manipulate, so that extending or replacing the body with other prostheses becomes a continuation of a process that began before we were born. Fourth, and most important, by these and other means, the posthuman view configures human being so that it can be seamlessly articulated with intelligent machines. In the posthuman, there are no essential differences or absolute demarcations between bodily existence and computer simulation, cybernetic mechanism and biological organism, robot teleology and human goals.« (Hayles 1999, 2 f.)

Wie zu sehen ist, verbinden sich die zuvor genannten Themen, nämlich Evolution und Geschichte sowie die nahtlose Mensch-Maschine-Interaktion und das posthumane bzw. transhumane Denken. Der Cyborg pointiert das *human enhancement*. Wie bereits bei den zuvor genannten Themen kulminieren in ihm moderne Motive, aber, ohne dass er in allen genannt werden müsste.

25.5 Politik

Clynes und Kline sprechen der Verwirklichung des Cyborgs eine politische Bedeutung zu, wenn sie ihn als Befreiung des Menschen bezeichnen (Clynes/Kline 1960, 27). Sie beenden ihren Artikel mit den Worten: »Solving the many technological problems involved in manned space flight by adapting man to his environment, rather than vice versa, will not only mark a significant step forward in man's scientific progress, but may well provide a new and larger dimension for man's spirit as well« (ebd., 76).

Donna Haraway publizierte ihr berühmtes und wirkungsmächtiges *Manifesto for cyborgs* zunächst in der Zeitschrift *Socialist Review* (Haraway 1985). Der Untertitel des Manifests lautet: »Sciene, technology and socialist feminism in the 1980s«. Der Text beginnt mit einer Selbstbestimmung: »This chapter is an effort to build an ironic political myth faithful to feminism, socialism, and materialism« (Haraway 1991a; s. Kap. II.G.24).

Bei Clynes und Kline ist die mit dem Cyborg verbundene Emanzipation ganz auf die realtechnische Transformation des Menschen bezogen. Wird dessen Körper technisch modifiziert, ändert dies auch sein Denken – insofern dieses als eine Funktion des Körpers betrachtet wird. Also anderes Denken durch einen veränderten Körper. Bei Haraway tritt etwas Neues auf. Ihr Interesse gilt sicherlich auch dem Technischen. Und auch für Haraway ist Wissen in einem basalen Sinne an den Körper gebunden (vgl. etwa Haraway 1991b). Aber im Zentrum von Haraways Beschäftigung steht die Frage der Grenze und damit der Ordnung. Haraway interessiert sich für Unterscheidungen (in diesem Sinne Grenzen und Ordnungen) wie jene von Mann und Frau, Mensch und Maschine oder Mensch und Tier. Vor diesem Hintergrund werden auch Grenzen wie jene zwischen Fiktion und Wirklichkeit oder Wissenschaft und Politik problematisiert.

Die Figur des Cyborgs (ebenso wie die mythologische Figur des ›Tricksters‹, welcher die Ordnungen durcheinanderwirbelt) steht für das Problematischwerden von Grenzen und klassischer Ordnung. »A cyborg is a cybernetic organism, a hybrid of machine and organism, a creature of social reality as well as a creature of fiction« (Harraway 1991a, 149). Realität und Fiktion werden gemeinhin unterschieden. Für Haraway verkehrt diese Trennung jedoch den Blick auf die Gegenwart. So finden sich bei ihr sowohl *Argumente*, warum die Fiktion Teil wissenschaftlicher Beschreibungen ist (Haraway 1991c, d), als auch Überlegungen, inwiefern technische Entwicklungen, die *von einem imaginären Bereich aus* entworfen worden sind, traditionelle Trennungen aufheben. In zeitgenössischer Science-Fiction, Medizin, industrieller Produktion oder Krieg seien überall Cyborgs zu finden, so Haraway.

> »[W]e are cyborgs. The cyborg is our ontology; it gives us our politics. The cyborg is condensed image of both imagination and material reality, the two joined centres structuring any possibility of historical transformation.« (Haraway 1991a, 150)

In diesem Sinne geht Haraway dem Verschwinden klassischer Grenzziehungen nach: Die Grenze zwischen Tier und Mensch sei unscharf geworden, weil die einstigen als anthropologisch ausgezeichneten Merkmale Sprache und Werkzeuggebrauch nicht mehr als spezifisch menschlich angesehen werden könnten. Ferner sei die Grenze zwischen Organismus und Maschine verwischt worden durch kybernetische Maschinen, die selbstbewegend und selbstorganisiert sind und gleichsam autonom erscheinen. Andererseits entwirft sie einen Mythos des Cyborgs, der an die Stelle essentieller Subjektkonzepte, wie sie nach Haraway auch in Teilen des Feminismus vorherrschend waren, treten soll.

25.6 Theoriebildung

Haraways Interesse am Cyborg ist, ihn als Chiffre für den prekären Status von klassischen Grenzziehungen zwischen Mann und Frau, Mensch, Tier und Maschine zu nutzen. Dieses Interesse an Verschiebungen von Ordnungssystemen teilt sie mit verschiedenen postmodernen Weisen der Theoriebildung, insbesondere dem Poststrukturalismus als einer ›Theorie‹ der Differenz (und damit der Grenze). Es gilt insbesondere auch für die Akteur-Netzwerk-Theorie von Bruno Latour (obgleich Haraway diese selbst kritisch betrachtet). Die Akteur-Netzwerk-Theorie beansprucht das Verhältnis von Wissenschaft, Technik, Gesellschaft und Natur in grundlegender Weise neu zu denken. Dabei sollen Oppositionen wie etwa die von Natur und Geist, Natur und Gesellschaft oder Mensch und Technik vermieden werden, da es sich um Selbstmissverständnisse handelt (Latour 1991, 2002). Insbesondere Latours Sozial- und Handlungstheorie weist Affinitäten zum Cyborg-Diskurs auf. Denn es geht Latour darum, eine Sozialität nicht nur zwischen Personen, sondern auch zwischen Personen und nicht-menschlichen Wesen, etwa Artefakten und Tatsachen zu beschreiben. Latour selbst stellt meinem Wissen nach die Akteur-Netzwerk-Theorie nicht in einen Zusammenhang zur Cyborg-Theorie. Aber im Symmetriepostulat der Akteur-Netzwerk-Theorie wurde von anderen Autoren das Anschlusspotential an den Cyborgdiskurs gesehen (vgl. für einen Überblick etwa Murdoch 1997). Auch in anderen Bereichen wird die Theoriebildung selbst unter Cyborgvorzeichen betrachtet (vgl. Benjamin 2016).

Ein letztes Mal sehen wir damit den Cyborg ein Feld symbolisieren, das ihn nicht immer als solchen beim Namen nennen muss. Die Eingangsthese war, dass der Cyborg moderne Entwicklungen pointiert, gleichsam als deren Kulminationspunkt erscheint. Dies gilt nun für die Theoriebildung selbst.

Der vorliegende Beitrag soll dabei die vielfältigen Verwendungsweisen und Bezugnahmen auf den Cyborg nicht rechtfertigen. Es steht durchaus in Frage, ob etwa die Verwischung von Grenzen häufig grundbegrifflich durchdacht wird oder ob es nicht eher um performative Effekte geht. Die These ist eine andere: Die Wirkungsmächtigkeit und Attraktivität des Cyborgdiskurses ergibt sich daraus, dass in ihm Linien der Moderne kulminieren, die zum Teil lange vor ihm entstanden sind.

Literatur

Benjamin, Garfield: The Cyborg Subject. Reality, Consciousness, Parallax. London 2016.

Clynes, Manfred E./Kline, Nathan S.: Cyborgs and Space. In: Astronautics 26–27 (September 1960), 74–76.

Gehlen, Arnold: Die Seele im technischen Zeitalter. In: Ders.: Die Seele im technischen Zeitalter. Und andere sozialpsychologische, soziologische und kulturanalytische Schriften. Frankfurt a. M. 1957.

Gray, Chris Hables: An Interview with Manfred E. Clynes. In: Chris Hables Gray/Heidi J. Figueroa-Sarriera/Steven Mentor (Hg.): The Cyborg handbook. New York 1995, 43–54.

Halacy, Daniel S.: Cyborg – Evolution of the Superman. San Francisco 1965.

Haraway, Donna J.: Manifesto for Cyborgs: Science, technology, and socialist feminism in the 1980s. In: Socialist Review 80 (1985), 65–108.

Haraway, Donna J.: A Cyborg Manifesto: Science, Technology and Socialist-Feminism in the Late Twentieth Century. In: Dies. (Hg.): Simians, Cyborgs, and Women. The reinvention of nature. New York 1991a, 149–181.

Haraway, Donna J.: Situated Knowledges: The Science Question in Feminism and the Privilege of Partial Perspective. In: Dies. (Hg.): Simians, Cyborgs, and Women. The reinvention of nature. New York 1991b, 183–201.

Haraway, Donna J.: The Biopolitics of Postmodern Bodies: Constitutions of Self in Immune System Discourse. In: Dies. (Hg.): Simians, Cyborgs, and Women. The reinvention of nature. New York 1991c, 203–230.

Haraway, Donna J.: The Contest for Primate Nature: Daughters of Man-the-Hunter in the Field, 1960–80. In: Dies. (Hg.): Simians, Cyborgs, and Women. The reinvention of nature. New York 1991d, 81–108.

Haraway, Donna J.: Ein Manifest für Cyborgs. Feminismus im Streit mit den Technowissenschaften. In: Dies. (Hg.): Die Neuerfindung der Natur. Primaten, Cyborgs und Frauen. Frankfurt a. M. 1995, 33–72 (engl. 1991).

Hayles, N. Katherine: How We Became Posthuman. Virtual Bodies in Cybernetics, Literature, and Informatics. Chicago 1999.

Hubig, Christoph: Der technisch aufgerüstete Mensch. Auswirkungen auf unser Menschenbild. In: Alexander Roßnagel/Tom Sommerlatte/Udo Winand (Hg.): Digitale Visionen. Zur Gestaltung allgegenwärtiger Informationstechnologien. Berlin 2008, 165–175.

Kaminski, Andreas: Die harmonische Gesellschaft. Das evolutionäre Prüfungsdispositiv um 1900. In: Sabine Reh/Norbert Ricken (Hg.): Leistung als Paradigma. Zur Entstehung und Transformation eines pädagogischen Konzepts. Wiesbaden 2018, 227–249.

Kline, Ronald: Where are the Cyborgs in Cybernetics? In: Social Studies of Science 39/3 (2009), 331–362.

Latour, Bruno: Nous n'avons jamais été modernes. Essai d'anthropologie symétrique. Paris 1991.

Latour, Bruno: Die Hoffnung der Pandora. Untersuchungen zur Wirklichkeit der Wissenschaft. Frankfurt a. M. 2002.

Laughlin, Charles D.: The Evolution of Cyborg Consciousness. In: Anthropology of Consciousness 8/4 (1997), 144–159.

Murdoch, Jonathan: Inhuman/nonhuman/human: actor-network theory and the prospects for a nondualistic and symmetrical perspective on nature and society. In: Environment and Planning D: Society and Space 15/6 (1997), 731–756.

Nerurkar, Michael (Hg.): Kleists Über das Marionettentheater. Welt- und Selbstbezüge: Zur Philosophie der drei Stadien. Bielefeld 2013.

Pfeiffer, John: Survival By Design. In: New York Times, 23.5.1965, 14–17.

Weiser, Marc: The Computer for the 21st Century. In: Scientific American 2 (1991), 94–104.

Andreas Kaminski

H Mensch-Maschine-Schnittstellen in der Biotechnologie

26 Interface. Die Natur der Schnittstelle

26.1 Der Krieg der Kürzel

Im Interface zeigt der Mensch sein wahres Gesicht. Die Schnittstelle war und ist bei allem Facettenreichtum der phänotypischen Ausprägung der Ort, an dem in oft unausgesprochener Grundsätzlichkeit die Verhältnisse von Mensch und Technik verhandelt werden (vgl. Hookway 2014; Hadler/Irrgang 2015). Die Modellierung dieser Kontaktzone zwischen dem Anthropologischen, wenn man es denn an dieser Stelle auf den Menschen beschränken will, und dem Artifiziellen ist der Figur eines Re-Entry geschuldet, mit dem das Anthropologische als die eine Seite der Unterscheidung in die Gestaltung der anderen Seite Eingang findet. Oder kürzer gesagt: Der Mensch wird zur Umwelt der Technik und nicht umgekehrt. Ausschlaggebend sind in diesem Zusammenhang die eingestandenen und uneingestandenen Motivationen und Faktoren, die der Gestaltung von Schnittstellen zugrunde liegen. Wie frei oder wie determiniert ist das Design von Interfaces und welchen Vorgaben folgen diese explizit oder unterschwellig? Welche Aussagekraft über die technische Verfasstheit einer kulturellen Formation und welches zeitdiagnostische Potential lassen sich aus ihnen ableiten?

Man könnte die Technikgeschichte der Schnittstellengestaltung in Kurzform als die Abfolge ihrer Akronyme skandieren. Dabei verfügen Buchstabenkombinationen wie GUI (Graphical User Interface) oder TUI (Tangible User Interface) auf ihre Weise eben auch darüber, welche Sinneskanäle der Technikanschluss jeweils affiziert. Waren es in der Frühphase Tastaturen und symbolisch ausgerichtete Eingabevorrichtungen, so zeichnet sich in der weiteren Entwicklung eine regelrechte Naturalisierung ab, die im Einbezug des ganzen Körpers ihr Telos sieht. Die Argumente, die von Seiten der Interfacebauer dafür ins Feld geführt werden, zielen auf Akzeptanz und auf eine Benutzerfreundlichkeit, die durch die Verwendung quasinatürlicher Bewegungen und Gesten gesichert sein soll und die den Erwerb symbolischer Codes weitgehend überflüssig macht (Liggieri 2017). Der Körper wird zum Garanten einer allumfänglichen Teilhabe, die ohne Mühe, intuitiv und im transparenten Modus der Selbstevidenz erfolgen soll. Im Umgang mit dem Technisch-Anderen herrscht das Versprechen der Investitionsfreiheit und hinter diesem die Verheißung nach einer möglichst gleichberechtigten Partizipation möglichst vieler, wenn nicht gar aller. Zum Arsenal dieser anthropophilen Akzeptanzoffensiven und ihrer Rhetorik zählt auch die Erweiterung der über weite Strecken der Interfacegestaltung monopolisierten Kanäle Sehen und Hören durch das Fühlen und Tasten, Schmecken und Riechen, das also, was die Kulturgeschichte mit Blick auf die Topographie der sogenannten Sinnespyramide despektierlich als niedere oder gar als tierische Sinne bezeichnet hat (vgl. Rieger 2018).

Diese Anliegen finden ihre Verdichtung im Kürzel NUI (Natural User Interfaces) und stehen im Zentrum der Human Computer Interaction (HCI), die vielfältige Belange der Lebens- und Arbeitswelt bestimmt (vgl. Helander/Landauer/Prabbhu 1997; Stephanidis/Antona 2013). Die Welt der Schnittstellengestaltung trägt dabei selbst einer kulturellen Semantik Rechnung wie etwa im Fall eines Buchs, das in Anspielung auf Aldous Huxleys Klassiker der dystopischen Literatur mit dem Titel »Brave NUI World: Designing Natural User Interfaces for Touch and Gesture« überschrieben ist (Wigdor/Wixon 2011). Eröffnet ist auf diese Weise ein Reich der Affizierung, das den Menschen im Modus des Tastsinns buchstäblich berührt und im Fall haptischer Interfaces rückgekoppelte Interaktionen erlaubt. TUIs bestimmen nachhaltig das Geschehen (vgl.

K. Liggieri / O. Müller, *Mensch-Maschine-Interaktion*, https://doi.org/10.1007/978-3-476-05604-7_26

Shaer/Hornecker 2009; Fishkin 2004; Hellige 2008). Mit großem Aufwand wird eine Rückkehr des Sensorischen betrieben, die auf nicht weniger als auf die Auflösung vormals getrennter Bereiche abzielt. So wird in den Arbeiten der Tangible Media Group am MIT geradezu die Übergängigkeit von Menschen, Bits und Atomen greifbar und als Zukunft der Schnittstellengestaltung propagiert (vgl. Ishii/Ullmer 1997). In einer Weiterführung dieses Ansatzes werden gar unmittelbare Transformationen an der Materie in Aussicht gestellt (vgl. Ishii/Lakatos/Bonanni u. a. 2012). Selbst Riechen und Schmecken finden verstärkt Berücksichtigung und fügen dem Spektrum traditioneller Interfaces neue Optionen hinzu (vgl. Kortum 2008; Davide/Holmberg/Lundstrom 2001). Auch hier sind die Anwendungen vielfältig und weit gestreut, wenn etwa in der HCI das hohe Ablenkungspotential akustischer und visueller Signale durch weniger ablenkungsintensive Gerüche oder Geschmäcker minimiert werden soll. Neben solchen Anwendungen, die unter Titeln wie »AROMA: Ambient AwaReness Through Olfaction in a Messaging Application« (Bodnar/Corbett/Nekrasovski 2004) Effizienzen in der Kommunikation steigern wollen, stehen Projekte wie »Olfoto: designing a smell-based interaction« (Brewster/McGookin/Miller 2006), die den Topos der genuinen Erinnerungsleistung von Gerüchen und Geschmäckern technisch aufgreifen und für die Organisation einer autobiographischen Erinnerungskultur einsetzen. Und zweifelsohne sorgen natürliche Schnittstellen auch im Therapiesektor für die nötigen Anschlüsse (vgl. Faita u. a. 2017). Die Gestaltung von Schnittstellen und der immer weiter vorangetriebene Einbezug von Taktilität und Haptik haben inzwischen einen Stand der Ausdifferenzierung erreicht, der nur schwer zu überblicken ist. Eine der zahlreichen Arbeiten, in der sich diese Diskussion verdichtet und die deshalb hier als Beispiel angeführt wird, setzt dazu selbst an der sprachlichen Darstellung an (vgl. Laurel 1997). Der Text »Objects, Containers, Gestures, and Manipulations: Universal Foundational Metaphors of Natural User Interfaces« kapriziert sich auf die Wahl der Metaphern, die für die Beschreibung unterschiedlicher Interfacetypen bemüht werden. Dabei kommen die beiden Autoren Ron George und Joshua Blake nicht umhin, zunächst einmal die verwirrende Vieldeutigkeit dessen, was von der Gemeinschaft der Schnittstellenbauer überhaupt als natürlich verstanden wird, detailliert herauszuarbeiten. Vor diesem Hintergrund wird dann ein eigener Vorschlag zur terminologischen Klärung unterbreitet, der ebenfalls auf der Klaviatur historischer Semantik spielt und zielstrebig ins kulturelle Hinterland ausgerechnet der alteuropäischen Philosophiegeschichte führt. Mit den vier Basismetaphern »Objects, Containers, Gestures, and Manipulations« wird ein Akronym (OCGM) auf den Weg gebracht, das sich lesen (wenngleich auch nicht so schreiben) lässt, wie der Eigenname des mittelalterlichen Philosophen William von Occam (1288–1347). Dessen sprichwörtlich gewordenes Rasiermesser bemühen die Autoren, um aus dem undurchschaubaren Dickicht von gestaltungsrelevanten Erklärungen einige wenige Prinzipien herauszuschneiden. Diese sehen sie unter anderem in der Entwicklungspsychologie bei Jean Piaget und im Bilden von Allgemeinbegriffen bei Noam Chomsky am Werke. Eine ausgewiesene Einfachheit prägt die Bildung der neuen Metapher.

Was sich hinter dem scheinbar selbstreferentiellen Spiel der Akronyme verbirgt, ist eine vehement geführte Auseinandersetzung, die sich in Form schnell aufeinander folgender Epochen zu erkennen gibt. So empfiehlt sich im kurzlebigen, aber abkürzungsreichen Betrieb entsprechender Referenztexte ein Verfahren zur »Reality-Based Interaction«, das endlich die sogenannten Post-WIMP (*window, icon, menu, pointing device*) Interfaces ablösen soll (Jacob u. a. 2008). John Blake, einer der beiden Autoren, die der Reduktionsphilosophie Occams und damit dessen Rasiermesser ihre Referenz erwiesen, kleidet den Krieg der Kürzel in folgende wundersame Gleichung: »WIMP is to GUI as OCGM (Occam) is to NUI« (Blake, 28.12.2009). Um die Kürzel und damit die Rätsel um die vier Akronyme aufzulösen: GUI sind Graphic User Interfaces in der Tradition von Xerox Alto, der am Xerox PARC (Palo Alto Research Center) entwickelt wurde und seit seiner Vorstellung am 1. März 1973 als erster Computer mit einer graphischen Benutzerschnittstelle gilt. Und hinter NUI verbirgt sich, wie schon erwähnt, der Wunsch nach eben jenen Natural User Interfaces, die, in der Sicht der Autoren, ihr Konzept der Natürlichkeit durch Anschluss an eine Fülle von Einzelbefunden, Kontexten und ihren entsprechenden Theoretisierungsbemühungen erhalten (vgl. van Dam 2001). Im Gegensatz zum Gros theorieunangeleiteter und zu oft nur auf die pragmatische Umsetzung gerichteter Ansätze integriert ihr Zugang ein Bündel von Einzelmaßnahmen, die von der sogenannten naiven Physik, über Konzepte des Körperbewusstseins und intuitiv im Körper verankerter Fertigkeiten bis zur Berücksichtigung sozialer und ökologischer Faktoren führt (George/Blake 2010; vgl. Vicente/Rasmussen 1992).

Auf einer eigens den Belangen von NUI gewidmeten Internetseite schlägt Joshua Blake, einer der Occamisten, als Blogger JoshB und unter der Überschrift »Deconstructing the NUI« nachgerade prophetische Töne an und stellt im Pathos evolutionärer Entwicklung den vollständigen Anschluss an die Natur in Aussicht: »The next evolution of computer interfaces is the natural user interface« (Blake, 5.1.2009). Trotz aller Emphase bleiben die Natürlichkeitsofferten ihrerseits allerdings nicht unwidersprochen und so wird auch Kritik an der in Aussicht gestellten Natürlichkeit laut (vgl. Norman 2010).

26.2 Ecological Interface Design

Die Schnittstelle ist der Lackmustest für Akzeptanz. Zur Entscheidung stehen dabei nicht nur Äußerlichkeiten und Oberflächen, die sich etwa in der Beobachtung verdichten, dass die *digital natives* ein flaches Design bevorzugen, während die Altvorderen auf skeuomorphe (d. h. auf Nachahmung vertrauter Formen beruhende) Gestaltung verfallen (vgl. Gessler 1998). Über die sozialwissenschaftliche Aufklärung solcher doch eher geschmäcklerischer Präferenzen hinaus wird die Schnittstelle zum Anlass, um Fragen der Komplexität und Partizipation systematisch anzugehen. So geraten unter dem Label Ecological Interface Design Aspekte in den Blick, die anlässlich der Schnittstellengestaltung nicht weniger als die Komplexität ganzer System-Umwelt-Beziehungen modellieren wollen (vgl. Vicente/Rasmussen 1992). Ein praktisches Beispiel um einen bestimmten Fregattentyp der deutschen Marine vermag das zu veranschaulichen. Institutionell wie personell in großer Nähe zum Forschungsinstitut für Anthropotechnik (vgl. Liggieri 2018), einer von Rainer Bernotat gegründeten Musterinstitution für die Verschränkung anthropologischer und technischer Aspekte (s. Kap. II.F.18), macht das Beispiel trotz seiner hochgradigen Kasuistik doch etwas sehr Grundsätzliches sichtbar. Es geht dabei um nicht weniger als die Frage, wie man Systemgrenzen aus Gründen der Akzeptanz und daher mit Blick auf die Schnittstelle zum Menschen operationalisieren, wie man sie eingrenzen, wie man sie aus Gründen der Benutzerfreundlichkeit offen halten und wie man dem menschlichen Faktor Rechnung tragen kann (vgl. Meister 1999; s. Kap. III.43).

Ein Text mit dem spröden Titel »Ecological Interface Design für Konditionierungsparameter von Fregatten« von 2008, erschienen in einem Band über Ergonomie und Mensch-Maschine-Systeme, gibt Auskunft darüber, was sich die Marine von diesem Prototyp verspricht.

> »Ecological Interface Design ist eine Vorgehensweise für die Gestaltung von ökologischen Benutzungsschnittstellen, welche die Constraints der Arbeitsumgebung bzw. des zu steuernden Systems in einer für den menschlichen Operateur perzeptiv verfügbaren und verwendbaren Form visualisieren.« (Witt u. a. 2008, 164)

Damit tragen sie dem Rechnung, was dieser Artikel als Besonderheit im militärischen Umgang mit Systemen beschreibt und womit er die Notwendigkeit für die Einführung alternativer Schnittstellen begründet. Argumentiert wird einmal mehr mit der »natürlichen« Komplexität militärischer Lagen – gekennzeichnet durch »Unsicherheit, dynamische Umgebung, variierende, undefinierte Benutzer, konkurrierende Ziele, Zeitdruck und ein hohes Entscheidungsrisiko« (ebd., 162). Eine für den menschlichen Operateur geeignete visuelle Form soll in der Absetzung von konventionellen Anzeigetypen erfolgen, die vor allem im Symbolischen operieren, also Daten etwa als Balken- und Tortendiagramm oder in Zahlenskalen vor Augen stellen. Damit sind solche technologiezentrierten Oberflächen gerade nicht in der Lage, sachdienliche Relationen (s. Kap. III.54) und Übergänge auf eine Weise zu visualisieren, dass sie dem Bediener ein adäquates Reagieren auf die Komplexität der »›natürlichen‹ Situationen« erlauben. Was das Ecological Interface Design zu lösen verspricht, ist eine Flexibilisierung von System-/Umweltgrenzen und das auf eine Weise, die den Besonderheiten der militärischen Lage ebenso Rechnung zu tragen vermag wie den Möglichkeiten des bedienenden Personals. Erst über die sachdienliche Modellierung wird es möglich, die »dem System zugrunde liegenden funktionalen Wirkzusammenhänge bzw. Abläufe auf unterschiedlichen Abstraktionsebenen innerhalb der Mensch-Maschine-Schnittstelle« angemessen zu visualisieren (Witt u. a. 2008, 164). Das soll, so lautet jedenfalls auch hier der Selbstanspruch, weitestgehend intuitiv und damit ohne die Vermittlung aufwendiger Vorkenntnisse erfolgen.

So komplex wie die Anforderungen sind auch die Schauplätze beschaffen, die immer wieder in den Fokus eines ökologischen Interface Designs geraten: Wie Studien der kanadischen Wissenschaftlerin Catherine Burns vom Advanced Interface Design Lab der University of Waterloo zeigen, sind es gerade technische Großanlagen wie Atomkraftwerke, die ob der Komplexität ihrer Parameter eine alternative Schnittstellengestaltung notwendig erscheinen lassen (vgl. Burns u. a. 2008; Burns/Hajdukiewicz 2004). Dabei kommt ein Argument zur Geltung, das in seiner historischen Ausrichtung ein konstitutiv gewordenes Ungenügen an den Gegebenheiten des menschlichen Körpers sichtbar werden lässt. Dieser vermag mit der technischen Evolution nicht Schritt zu halten und so kommt es zu jenen Momenten des Mangels, den Günther Anders aus Anlass der »Antiquiertheit des Menschen« in die Formel von der prometheischen Scham gekleidet hat (s. Kap. II.C.11, II.F.20). Gerade der militärische Sektor, der sich im 20. Jahrhundert um die Erschließung neuer und weiterer Schnittstellen ausgesprochen systematisch bemüht hat, der etwa die Ausnutzung des Tastsinns propagiert und zu einer neuen Literalität (*tactile literacy*) verdichtet hat, muss vor den Gegebenheiten unzugerichteter Körper regelrecht kapitulieren (Geldard 1957; vgl. Darley 1957).

> »Regardless of how much he could be stretched by training or pared down through selection, there were still many military equipments which the man just could not be moulded to fit. They required of him too many hands, too many feet, or in the case of some of the more complex devices, too many heads.« (Taylor 1957, 249)

Dieser Kopf- und Gliedmaßenmangel wird auch im zivilen Umgang mit Großanlagen wie Atomkraftwerken virulent und so wird auch dort, also im Zentrum der notwendig gewordenen Verwendung von Ecological Interfaces das Ungenügen eines Einzelsinnes als Argument für alternative Darstellungsformen bemüht (vgl. Mumaw u. a. 2000).

Was vormals Natur hieß, was eine beliebte Designstrategie zur Umsetzung anthropophiler Medien war und einen Rattenschwanz an bio- und zoomorpher Gestaltungspolitik nach sich zog, kann jetzt mit der ökologischen Schnittstelle im Namen der Natur gefasst und zur Naturalisierung von Zahlen und Datenmaterial dienen. An die Stelle von technologiezentrierten Oberflächen in ihrer gehäuften Symbollastigkeit soll eine quasinatürliche Evidenz von Daten treten. Indem es sich eine Datennatur *sui generis* schafft, schert das Ecological Interface Design damit aus den Vorgaben einer asymptotischen Annäherung an die Realität aus, die als teleologisch verbrämtes Leitbild die Diskussion um die Schnittstelle über weite Strecken so sehr bestimmt hat. Ob diese Intuitionsoffensive im Fall der deutschen Marine allerdings aufgeht, ob die so umgesetzte Ökologie der Daten von den Bedienern auch als solche wahr- und angenommen wird, bleibt noch zu klären und soll, wie im Fall von Natürlichkeitsbestimmungen häufig, Gegenstand einer nachgeschalteten Evaluation sein.

26.3 HCI, ACI und HCBI

Doch die angestrebte Reduktion von Komplexität kennt noch ganz andere Anliegen und Schauplätze, Akteure und Schulterschlüsse. Unter der Ägide einer ›Natürlichkeit‹ taugen Versatzstücke dieser Natur nicht nur für die Oberflächenzurichtung von Medien, vielmehr treten neue Akteure auf den Plan – und natürlich tun auch sie das im gewohnten Gewand neuer Kürzel. Damit scheint das anthropozentrische Diktat der HCI (Human Computer Interaction) gebrochen – nicht zuletzt durch eine Bewegung, die unter dem Akronym ACI (Animal Computer Interaction) den Kreis der Interagierenden beträchtlich erweitert. Ziel der ACI ist nicht eine bloß kasuistische Erweiterung der Medienbenutzer um das Tier, sondern eine sehr grundlegende Neuausrichtung. Diese führt immer wieder zu einer Formulierung, bei der zwei Präpositionen eine gewichtige Rolle spielen: Es gehe darum, die Schnittstellengestaltung *für* und *mit* Tieren zu betreiben.

Entsprechende Arbeiten erschöpfen sich gerade nicht im Anspruch, die Eigenheiten der tierischen Kommunikation zu rekonstruieren. Vielmehr und über alles Verstehen hinausgehend versuchen sie, eine vom Personenstand gelöste Form der Kommunikation und Interaktion praktisch umzusetzen und als Beitrag zu einer eigenen *interspecies-awareness* beizusteuern (vgl. Mancini 2011). Die Diskussion um die Teilhabe an entsprechend gestalteten Schnittstellen wird zu einer Frage der Ethik und ist ihrerseits eingebunden in eine Lage, die von Anthropozän (s. Kap. II.D.13) und Posthumanismus bestimmt wird (vgl. Mancini 2017). Die Philosophin Rosi Braidotti hat das benannt und neue Formen des Zusammenlebens mit anderen Seinsarten als Herausforderung dieser Lage ausgemacht (Braidotti 2014). *Multispecies communities* werden zum Diskursraum neuer, aufeinander angewiesener Akteure und bedingen zugleich eine Neuausrichtung der Schnittstellen, die ihrerseits Gegenstand einer ethnographischen Aufmerksamkeit wird (vgl. Ogden/Hall/Tanita 2013; Kirksey/Helmreich 2010). Die HCI wird erweitert durch die Ausdehnung auf

Tiere (ACI), aber auch auf Pflanzen (PCI) und auf die Technik selbst (vgl. Hamann u. a. 2015).

Die ACI ist auf den ersten Blick ein Sammelbecken unterschiedlich motivierter und kasuistisch ausgerichteter Einzelbeiträge (vgl. Lee u. a. 2006). Für eine grundlegende Ausrichtung der ACI, die auf eine institutionelle Verfestigung abzielt, stehen Clara Mancini und Fredrik Aspling. Mancini stellt dazu die Semiotik ins Zentrum ihrer Überlegungen, deren daraus abgeleitete Forderungen sie in einem Manifest programmatisch darlegt (Mancini 2011). Und Fred Aspling wiederum zielt auf die grundsätzliche Theoriebedürftigkeit ab und versieht diese mit einem durchaus kritischen Unterton, der sich am Begriff der *machination* abarbeitet (Aspling/Juhlin 2016). Zugleich verweist er auf die enge Verschränkung mit aktuellen Theorieoptionen wie dem Post- oder Transhumanismus (Aspling 2015). Diese Position mitsamt ihrer konstruktiven Anthropozentrismuskritik ist innerhalb des Diskursraumes besonders bemerkenswert, weil sie die Ebene der Phänomene und ihrer mehr oder weniger spektakulären Möglichkeiten verlässt. Damit gelingt ihr der Anschluss an großangelegte Debatten über Teilhabe und Partizipation, über Verantwortung und Ethik. Mit den Akronymen wie HCI, ACI oder NUI geht eine Neuordnung von Sozialität einher.

Doch dem steht zunächst einmal die Phänomenfülle im Wege. Das Erscheinungsbild von nicht auf den Menschen gerichteten Interaktionen mit dem Computer ist hochgradig diffus. Es reicht von Applikationen zur Betreuung von Haustieren aus der Ferne bis zu Interaktionen mit Pflanzen, die häufig in einem künstlerischen Umfeld entwickelt werden (vgl. Kuribayashi u. a. 2007). Einer der maßgeblichen und auch theoretisch ambitioniertesten Protagonisten ist der Japaner Hill Hiroki Kobayashi. Bei ihm versperrt die Fülle der Beispiele, vom wilden Theremin bis zu einem interagierenden Salzleckstein, den Blick auf das Grundlegende seines Anliegens (vgl. Kobayashi 2018; Nijholt 2015). Sein Ziel ist eine Überschreitung des Paradigmas von Kommunikation und Interaktion, das am Menschen (und zwar im Vollbesitz seiner geistigen Kräfte) und an einer bestimmten Form der sprachlichen Kommunikation ihr Maß nimmt. Die Human Computer Biosphere Interaction und damit das Akronym HCBI bezeichnen sein Anliegen und ein nachgerade uneingeschränktes Operationsfeld. Dabei kommt Ausdrucksmöglichkeiten jenseits von artikulierter Sprache eine zentrale Rolle zu: »in such a way that their non-linguistic expression is perceived and understood by each participant, which violates all the rules of linguistic science« (Kobayashi/Ueoka/Hirose 2008, 1133).

Verändert wird aber nicht nur die Weise der Kommunikation, sondern eben auch der Kreis der Aktanten. Dieses Programm einer artenüberschreitenden Kommunikation, das ja im Zentrum der HCBI steht und das sich als programmatische Erweiterung der HCI begreift, hat ein eigentümliches Zahlen- oder Zählbarkeitsargument an seiner Seite: »HCBI extends the subject of Human Computer Interaction (HCI) from countable people, objects, pets, and plants into an auditory biosphere that is uncountable, complex, and non-linguistic« (Kobayashi 2010). Die Preisgabe des anthropozentrischen Standpunkts ist ebenso Programm wie eine Kollaboration mit Agenten, die sich dem Prinzip der Zählbarkeit entziehen und damit den Übergang zum Bereich des Amorphen nahelegen – mit gravierenden Folgen für die semiotischen Systeme (vgl. Kobayashi 2014).

Auf diese Weise schließen sich Allianzen um den Begriff des besonderen Nutzers. Und beim Schmieden von Allianzen finden auch Ausdifferenzierungen und in deren Vollzug die besondere Berücksichtigung etwa von Kindern als Extremfällen spezieller Nutzer statt: »Alterations of HCI methods is common when interaction design is planned for ›extreme‹ human users« (Hirskyj-Douglas u. a. 2016). Doch der Mensch wird nicht nur nach Entwicklungsstufen differenziert. Die angestrebte Komplexitätsreduktion bringt neue Agenten ins Spiel und fügt diese zu ungewohnten Allianzen, wie es in einer Arbeit aus dem Umfeld der ACI unter dem schlagenden Titel »Of Kittens and Kiddies: Reflections on Participatory Design with Small Animals and Small Humans« heißt (Chisik/Mancini 2017). Die Orientierung an Kindern *und* Kätzchen als indigene Vertreter einer angestrebten Intuition ist für das Anliegen eines *participatory design* beispielhaft. Sie zielt auf den Nutzen für die Gestaltung von Schnittstellen, die nicht umständlich erklärt werden müssen, sondern die sich in ihrer Sinnfälligkeit von selbst verstehen sollen. Sichtbar werden die Bemühungen um veränderte Schnittstellen in einer Designoffensive, die sich der Partizipation unterschiedlicher Arten und damit einer gemeinsamen Teilhabe auf dem Feld der Interaktion auch terminologisch verschrieben hat. Das *participatory design* wird sowohl mit als auch zwischen Menschen, Tieren und Maschinen verhandelt – und es wird auf eine Weise verhandelt, die nicht einem technologischen Determinismus untersteht. Was das Interaktionsdesign lernen kann, wenn es sich an Kinder, Tiere oder Menschen mit Einschränkungen hält, sind Lehrstunden zum strategischen Abbau von Komplexität an einem Ort, der sonst von einem schier ungebrochenen Diktat der Steigerung bestimmt scheint. Interaktionsdesign wird zum Schauplatz von Veränderungen, die einer Entdifferenzierung ihrer jeweiligen Adressaten geschuldet sind.

> »The aim is to strengthen connected thinking whilst highlighting the exchangeable connecting methods from both ACI and HCI and their subfields including Child Computer Interaction (CCI) and Human Robot Interaction (HRI), discussing what these fields learn from each other with their similarities and differences mapped« (Hirskyj-Douglas u. a. 2016).

Kätzchen und Kinder sind im Zuge dessen die natürlichen Agenten von Komplexitätsreduktion. Wie notwendig eine solche ist, zeigt nicht nur der Blick auf technische Großanlagen, sondern auch die Notwendigkeit, unterschiedliche, auch nicht-menschliche, Akteure mit Schnittstellen zu versehen.

Zwei Dinge bleiben abschließend zu bemerken. Zum einen ist festzuhalten, dass Kinder und Kätzchen funktional eingesetzt werden: Was zählt, ist gerade nicht die Offerte der Verniedlichung, wie sie den *cat content* bestimmt, sondern das funktionale Äquivalent einer strategisch gesuchten Komplexitätsreduktion. Und die zweite Beobachtung betrifft eine sprachliche Nuance, die dem Akronym NUI und seiner Erweiterung durch Nature Interfaces gilt (vgl. Kobayashi/Ueoka/Hirose 2008). Was sich im Durchgang durch Arbeiten wie die Kobayashis und in der Ersetzung des Adjektivs durch ein Substantiv zeigt, ist eine Natur der Schnittstelle, die sich in ihrem Selbstverständnis von der natürlichen Schnittstelle unterscheidet und die selbst als *living media* in Erscheinung tritt (vgl. Cheok u. a. 2008; Aspling 2015). Es ist ein Revival des Körpers zu beobachten, dem Hören und Sehen nicht nur nicht vergangen ist, sondern der um Routinen des Tastens, Riechens und Schmeckens eindrucksvoll erweitert ist. Die Gestaltung von Schnittstellen für und von anderen Benutzern bleibt nicht folgenlos. Sie verleiht den Schnittstellen ein neues, ein transhumanes Gesicht.

Literatur

Aspling, Fredrik: Animals, plants, people and digital technology: exploring and understanding multispecies-computer interaction. In: ACE '15 Proceedings of the 12th International Conference on Advances in Computer Entertainment Technology. New York 2015, Art. Nr. 55.

Aspling, Fredrik/Juhlin, Oskar: Theorizing animal-computer interaction as machinations. In: International Journal of Human-Computer Studies 98 (2016), 135–149.

Blake, John: The Natural User Interface Revolution. In: Deconstructing the Nui (Blog) vom 5.1.2009, http://nui.joshland.org/2009/01/natural-user-interface-revolution.html (12.2.2018).

Blake, John: WIMP is to GUI as OCGM (Occam) is to NUI. In: Deconstructing the Nui (Blog) vom 28.12.2009, http://nui.joshland.org/2009/12/wimp-is-to-gui-as-ocgm-occam-is-to-nui.html (8.2.2018).

Bodnar, Adam/Corbett, Richard/Nekrasovski, Dimitry: AROMA: Ambient AwaReness Through Olfaction in a Messaging Application. In: ICMI '04 Proceedings of the 6th international conference on Multimodal interfaces. New York 2004, 183–190.

Braidotti, Rosi: Posthumanismus. Leben jenseits des Menschen. Frankfurt a. M. 2014.

Brewster, Stephen/McGookin, David/Miller, Christopher: Olfoto: designing a smell-based interaction. In: CHI '06 Proceedings of the SIGCHI Conference on Human Factors in Computing Systems. New York 2006, 653–662.

Burns, Catherine/Hajdukiewicz, John R.: Ecological Interface Design. Boca Raton 2004.

Burns, Catherine M./Skraaning, Gyrd/Lau, Nathan u. a.: Evaluation of ecological interface design for nuclear process control: Situation awareness effects. In: Human Factors 50 (2008), 663–679.

Cheok, Adrian David/Kok, Roger Thomas/Tan, Chuen u. a.: Empathetic Living Media. In: IS '08 Proceedings of the 7th ACM conference on Designing interactive systems. New York 2008, 465–473.

Chisik, Yoram/Mancini, Clara: Of Kittens and Kiddies: Reflections on Participatory Design with Small Animals and Small Humans. In: IDC '17 Proceedings of the 2017 Conference on Interaction Design and Children. New York 2017, 753–756.

Darley, John G.: Psychology and the Office of Naval Research: A Decade of Development. In: American Psychologist 12 (1957), 305–323.

Davide, Fabrizio/Holmberg, Martin/Lundstrom, Ingemar: Virtual olfactory interfaces: Electronic noses and olfactory displays. In: Giuseppe Riva/Dies. (Hg.): Communications Through Virtual Technology: Identify Community and Technology in the Internet Age. Amsterdam 2001, 194–219.

Faita, Claudia/Brondi, Raffaello/Tanca, Camilla u. a.: Natural User Interface to Assess Social Skills in Autistic Population. In: Luci Tommaso De Paolis/Patrick Bourdot/Antonio Mongelli (Hg.): Augmented Reality, Virtual Reality, and Computer Graphics. 4th International Conference, AVR 2017 Ugento, Italy, June 12–15, 2017, Proceedings, Part II. Cham, 144–154.

Fishkin, Kenneth P.: A taxonomy for and analysis of tangible interfaces. In: Personal and Ubiquitous Computing 8/5 (2004), 347–358.

Geldard, Frank A.: Adventures in Tactile Literacy. In: American Psychologist 12 (1957), 115–124.

George, Ron/Blake, Joshua: Objects, Containers, Gestures, and Manipulations: Universal Foundational Metaphors of

Natural User Interfaces. In: CHI 2010. Atlanta 2010, http://openexhibits.org/wp-content/uploads/papers/George_Blake_OCGM.pdf (8.2.2018).
Gessler, Nicholas: Skeuomorphs and Cultural Algorithms. In: V. William Porto u. a. (Hg.): Evolutionary Programming VII. 7th international conference proceedings / EP98. Berlin u. a. 1998, 229–238.
Hadler, Florian/Irrgang, Daniel: Instant Sensemaking, Immersion and Invisibility. Notes on the Genealogy of Interface Paradigms. In: Punctum 1/1 (2015), 7–25.
Hamann, Heiko/Wahby, Mostafa/Schmickl, Thomas u. a.: flora robotica – Mixed Societies of Symbiotic Robot-Plant Bio-Hybrids. In: 2015 IEEE Symposium Series on Computational Intelligence. Los Alamitos (CA) 2015, 1102–1109.
Helander, Martin G./Landauer, Thomas K./Prabbhu. Prasad V. (Hg.): Handbook of Human-Computer Interaction. Amsterdam ²1997.
Hellige, Hans Dieter (Hg.): Mensch-Computer-Interface. Zur Geschichte und Zukunft der Computerbedienung. Bielefeld 2008.
Hirskyj-Douglas, Ilyena/Read, Janet C./Juhlin, Oskar u. a.: Where HCI meets ACI. In: NordiCHI '16 Proceedings of the 9th Nordic Conference on Human-Computer Interaction. New York 2016, Art. Nr. 136.
Hookway, Branden: Interface. Cambridge, Mass. 2014.
Ishii, Hiroshi/Lakatos, Dávid/Bonanni, Leonardo u. a.: Radical Atoms: Beyond Tangible Bits, Toward Transformable Materials. In: Interactions. Experiences, People, Technology 19/1 (2012), 38–51.
Ishii, Hiroshi/Ullmer, Brygg: Tangible Bits: Towards Seamless Interface between People, Bits and Atoms. In: Proceedings of CHI '97 (Conference on Human Factors in Computing Systems), March 22–27. Atlanta (GA) 1997.
Jacob, Robert J. K. u. a.: Reality-Based Interaction: A Framework for Post-WIMP Interfaces. In: CHI '08 Proceedings of the SIGCHI Conference on Human Factors in Computing Systems. New York 2008, 201–210.
Kirksey, S. Eben/Helmreich, Stefan: The Emergence of Multiyspecies Ethnography. In: Cultural Anthropology 25/4 (2010), 545–576.
Kobayashi, Hill Hiroki: Basic Research in Human-Computer-Biosphere Interaction. PhD Thesis, Doctor of Philosophy, Department of Advanced Interdisciplinary Studies, Division of Engineering, Graduate School. Tokyo University 2010.
Kobayashi, Hill Hiroki: Human-Computer-Biosphere Interaction: Beyond Human – Centric Interaction. In: DAPI: International Conference on Distributed, Ambient, and Pervasive Interactions. Cham 2014, 349–358.
Kobayashi, Hill Hiroki: Homepage. In: http://www.hhkobayashi.com (12.2.2018).
Kobayashi, Hill Hiroki/Ueoka, Ryoko/Hirose, Michitaka: Wearable Forest-Feeling of Belonging to Nature. In: MM '08 Proceedings of the 16th ACM international conference on Multimedia. New York 2008, 1133–1134.
Kortum, Philip (Hg.): HCI Beyond the GUI. Design for Haptic, Speech, Olfactory, and Other Nontraditional Interfaces. Amsterdam 2008.
Kuribayashi, Satohi/Sakamoto, Yusuke/Morihara, Maya/Tanaka, Hiroya: Plantio: An Interactive Pot to Augment Plants' Expressions. In: ACE '07 Proceedings of the 4th International Conference on Advances in Computer Entertainment Technology. New York 2007, 282–283.
Laurel, Brenda: Interface Agents: Metaphors with Character. In: Bayta Friedmann (Hg.): Human values and the design of computer technology. Cambridge, Mass. 1997, 355–365.
Lee, Ping u. a.: A mobile pet wearable computer and mixed reality system for human-poultry interaction through the internet. In: Personal and Ubiquitous Computing 10/5 (2006), 301–317.
Liggieri, Kevin: »Sinnfälligkeit der Bewegung« – Zur objektpsychotechnischen Anpassung der Arbeitsgeräte an den Menschen. In: Zeitschrift für Technikgeschichte 1 (2017), 29–62.
Liggieri, Kevin: [Schnitt]Stelle ›Mensch‹ – Zum Forschungsinstitut für Anthropotechnik. In: Michael Andreas/Dawid Kasprowicz/Stefan Rieger (Hg.): Unterwachen und Schlafen. Anthropophile Medien nach dem Interface. Lüneburg 2018, 77–103.
Mancini, Clara: Animal-Computer Interaction (ACI): a manifesto. In: Interactions 18/4 (2011), 60–73.
Mancini, Clara: Towards an animal-centered ethics for Animal-Computer Interaction. In: International Journal of Human-Computer Studies 98 (2017), 221–233.
Meister, David: The History of Human Factors and Ergonomics. Mahwah 1999.
Mumaw, Randall J./Roth, Emilie M./Vicente, Kim J. u. a.: There Is More to Monitoring a Nuclear Power Plant than Meets the Eye. In: Human Factors 42/1 (2000), 36–55.
Nijholt, Anton (Hg.): More Playful User Interfaces: Interfaces that Invite Social and Physical. Singapore 2015.
Norman, Donald: Natural User Interfaces Are Not Natural. In: Interactions 17/3 (2010). Auch in: http://interactions.acm.org/archive/view/may-june-2010/natural-user-interfaces-are-not-natural1 (8.2.2018).
Ogden, Laura A./Hall, Billy/Tanita, Kimiko: Plants, People and Things: A Review of Multispecies Ethnography. In: Environment and Society: Advances in Research 4 (2013), 5–24.
Rieger, Stefan: Die Enden des Körpers. Versuch einer negativen Prothetik. Wiesbaden 2018.
Shaer, Orit/Hornecker, Eva: Tangible user interfaces: past, present and future directions. In: Foundations and Trends in Human-Computer Interaction 3/1–2 (2009), 1–137.
Stephanidis, Constantine/Antona, Margherita (Hg.): Universal Access in Human-Computer Interaction. Pt. 1: Design Methods, Tools, and Interaction Techniques for eInclusion. UAHCI 2013. Berlin 2013.
Taylor, Franklin V.: Psychology and the Design of Machines. In: American Psychologist 12 (1957), 249–258.
van Dam, Andries: Post-Wimp User Interfaces: The Human Connection. In: Rae A. Earnshaw/Richard Guedi/Andries van Dam u. a. (Hg.): Frontiers of Human-Centered Computing, Online Communities and Virtual Environments. London 2001, 163–178.
Vicente, Kim J./Rasmussen, Jens: Ecological Interface Design: Theoretical foundations. In: IEEE Transactions on Systems, Man and Cybernetics 22 (1992), 589–606.

Wigdor, Daniel/Wixon, Dennis: Brave NUI World: Designing Natural User Interfaces for Touch and Gesture. Amsterdam 2011.
Witt, Oliver/Kaster, Annette/Küttelwesch, Heint u. a.: Ecological Interface Design für Konditionierungsparameter von Fregatten. In: Ludger Schmidt/Christopher M. Schlick/Jürgen Grosche (Hg.): Ergonomie und Mensch-Maschine-Systeme. Berlin 2008, 161–178.

Stefan Rieger

27 Mensch-Maschine-Schnittstellen in den Bio- und Neurotechnologien

Im Alltag treten wir mit einer schier unendlichen Zahl von Maschinen in eine spezifische Form der Interaktion. Meist dienen sie uns als Mittel zum Erlangen eines bestimmten Zwecks. Gleichzeitig distanzieren wir uns von der Technik in dem Sinne, als dass selbst bei häufiger Nutzung keine Identifikation mit dem jeweiligen Gerät stattfindet. So bleibt stets eine klare Mittel-Zweck-Relation bestehen, unter der sich Menschen als eigenständige Individuen der jeweiligen Technik bedienen und damit gleichzeitig eine klare Trennung zu ihr evozieren. Doch während eine derartige Distanz zwischen Mensch und Maschine in den meisten Lebensbereichen problemlos gewahrt werden kann, entstehen im Umfeld der bio- und neurotechnologischen Forschung neuartige Geräte, die eine Form der Interaktion ermöglichen, die über eine reine Mittel-Zweck-Beziehung hinaus geht. Derartige Maschinen zeichnen sich durch eine Form der Interaktion aus, mittels derer auf neuartige Art und Weise in die Situierung und in das Selbstverständnis des Menschen eingegriffen wird.

Der folgende Text widmet sich der Genese dieses neuartigen Interaktionsverhältnisses zwischen Mensch und Maschine in drei Teilen. Der erste Teil beginnt mit einer kurzen Einführung in bio- und neurotechnologische Entwicklungen. Dabei wird das Verhältnis von Mensch und Maschine in Bezug auf (1) eine klassische Mittel-Zweck-Relation und (2) deren neuartige Form der Verschmelzung zu sogenannten Biofakten untersucht (s. Kap. II.D.14). Im zweiten Teil werden im Anschluss an diese Differenzierung normative Erwartungshaltungen der Mensch-Maschine-Interaktion thematisiert, indem untersucht wird, inwiefern sich diese Debatte dem neuartigen Verhältnis von Mensch und Maschine stellen muss. Dabei wird die Reichweite der Technik in Bezug auf künftige Szenarien und deren Einfluss auf die gegenwärtige Selbstsituierung des Menschen eruiert. Im dritten Teil wird schließlich die neue Dimension dieses Interaktionsverhältnisses anhand einiger exemplarisch ausgewählter technischer Entwicklungen aufgezeigt und die gegenseitige Annäherung von Mensch und Maschine durch den Begriff der Verschmelzung sowie der Entstehung biofaktischer Hybride aufgegriffen und diskutiert.

27.1 Neue Hybride der Mensch-Maschine-Interaktion

Maßgeblich für die sich anbahnenden Veränderungen im Verhältnis zwischen Mensch und Maschine sind aktuelle technische Entwicklungen, die im Zusammenspiel von bio- und neurotechnologischer Forschung entstanden sind. Um der damit zusammenhängenden Frage nach einer neuen Dimension in dem Interaktionsverhältnis zwischen Mensch und Maschine näher zu kommen, wird mit einer kurzen Einführung in neurotechnologische Entwicklungen begonnen. Daran anschließend werden in Anlehnung an Hubig (2015) die charakteristischen Elemente herausgestellt, die zu einer Veränderung des Verhältnisses von Mensch und Maschine beitragen.

Mit dem Begriff der Neurotechnologie wird ein relativ neues Forschungs- und Anwendungsfeld beschrieben, das eng an neurowissenschaftliche Forschung gekoppelt ist, die als moderne Anwendungsform der Hirnforschung sehr stark ausdifferenziert und in ihrer aktuellen Entwicklung maßgeblich durch Erkenntnisse aus dem 19. und 20. Jahrhundert geprägt ist (s. eine historische Übersicht dieser Entwicklungen bei Breidbach 1997). Dies ist vor allem der Entwicklung non-invasiver Methoden wie der Elektroenzephalographie (EEG) durch Berger (1929) (s. eine historische Übersicht über die Entwicklung des EEG bei Swartz/Goldensohn 1998), der Entdeckung bildgebender Verfahren wie der Magnetresonanztomographie (MRT) durch Lauterbur (1973) und der Weiterentwicklung zur funktionellen Magnetresonanztomographie (fMRT) durch Thulborn u. a. (1982) zu verdanken. Aus diesen neurotechnologischen Messmethoden heraus werden Abläufe im Gehirn zu einem eigenständigen Untersuchungsgegenstand, deren Verständnis wiederum die Entwicklung neuer Techniken ermöglicht, die in ein neuartiges Interaktionsverhältnis mit dem Menschen treten. Zu diesen Geräten zählen u. a. die sogenannten Brain-Machine-Interfaces (BMIs) (s. Kap. II.H.28), die als Schnittstelle zwischen Körper und Geist u. a. Querschnittsgelähmten die Steuerung eines künstlichen Roboterarms ermöglichen (Lebedev/Nicolelis 2006) oder der Reduzierung der Symptome bei Parkinson durch Tiefenhirnstimulation dienen (Thobois/Delamarre-Damier/Derkinderen 2005).

Darüber hinaus kommen biotechnologische Entwicklungen aus dem medizinischen Sektor hinzu wie bspw. die Entdeckung und chemische Synthese von Insulin, die Anwendung (und daraus entstandene Debatte) von In-Vitro-Fertilisation sowie die technisch

K. Liggieri / O. Müller, *Mensch-Maschine-Interaktion*, https://doi.org/10.1007/978-3-476-05604-7_27

mögliche Nutzung von Stammzellen (vgl. Viana/Sant'ana 2016, 64; s. Kap. II.H.29). Medikamente wie Antidepressiva bei Depression oder Dopamin bei Parkinson nehmen in derartigen Fällen eine Schlüsselrolle ein, da sie als Substanzen gelten können, die durch biomedizinische Verfahren hergestellt werden und eine neurologische Wirkung haben (vgl. Schütz u. a. 2016, 11). Wenn im Folgenden nun über Biotechnologie gesprochen wird, dann ist allerdings nicht die klassische, oben angerissene Bedeutung von Biotechnologie gemeint (s. dazu u. a. Schüler 2016, 5; Viana/Sant'ana 2016, 63; Gupta u. a. 2017, 2). Stattdessen sollen damit all diejenigen Techniken begrifflich abgedeckt werden, die im engen Sinne nicht unter den Begriff der Neurotechnologie fallen, aber dennoch von einer klar identifizierbaren Verschmelzung von Mensch und Maschine geprägt sind (wie bspw. Prothesentechnik und Nanotechnologie).

Technische Geräte, die durch die beschriebenen Entwicklungen aus den Bio- und Neurowissenschaften entstanden sind, setzen Mensch und Maschine in ein neuartiges Verhältnis. So befindet sich der Mensch im Verhältnis zur Maschine beim Umgang mit klassischen Geräten wie einem Hammer oder einer Waschmaschine nicht in einem Verhältnis der wechselseitigen Interaktion. In derartigen Fällen verwendet der Mensch die Maschine in einem klaren Mittel-Zweck-Bezug analog zu einem Werkzeug. Dabei bleibt der Mensch der alleinige Akteur, der die konkrete Technik bzw. die durch technische Verfahren erzeugten Materialien als Mittel benutzt, um einen bestimmten Zweck zu erreichen. Diese klare Mittel-Zweck-Relation beginnt sich bei modernen Geräten aus den Bio- und Neurowissenschaften zunehmend aufzulösen. So sind moderne Maschinen nicht nur starre Empfänger oder, im weitesten Sinne, Verlängerungen der Bewegungen oder Intentionen eines Akteurs, sondern tragen nun als (teil)autonome Systeme selbstständig zur Gewährleistung der Zielerfüllung bei (s. Kap. III.35). In einer Analyse dieses Zusammentreffens von Mensch und Maschine konstatiert Hubig (2015, 157), dass durch diese neue Form des wechselseitigen Interaktionsverhältnisses sogenannte Biofakte entstehen (s. Kap. II.D.14), die sich dadurch auszeichnen, dass es sich um Organismen handelt, denen technische Funktionselemente implementiert worden sind. Menschen werden zu biofaktischen Menschen und fusionieren bzw. verschmelzen demnach dann mit einer Maschine, wenn die natürlichen Funktionen des Menschen durch Technik modelliert werden (vgl. ebd.). In derartigen Fällen ist nach Hubig eine neue Form von Hybridisierung entstanden, die sich durch eine Verschiebung der Schnittstelle auszeichnet, die eine menschliche Interaktion mit der Maschine ermöglicht.

Als Hybridisierung ist dabei zunächst allgemein der Zusammenschluss von zwei Subsystemen zu verstehen, die sich unter der gleichen Funktion substituieren oder unterstützen (vgl. ebd.). Damit fallen auch die erstgenannten Technikverhältnisse, die sich durch einen klaren Mittel-Zweck-Bezug auszeichnen, unter die Definition des Hybrids, da sie als Werkzeug (Hammer, Schraubenschlüssel) oder als Prothese (Brille, Hörgerät) eine unterstützende Rolle zur Gewährleistung einer menschlichen Fähigkeit darstellen. An diesen Stellen ist die Schnittstelle zwischen Mensch und Maschine nach Hubig klar definiert und die Technik hinsichtlich ihrer Funktion situationsangemessen gestaltbar (vgl. ebd., 158). Doch bei modernen Technologien und der durch Hybridisierung entstehenden Biofakte verschiebt sich diese Schnittstelle zwischen menschlichem Subjekt und eingesetzter Technik zunehmend, da die Technik in diesen Fällen nicht nur als autonomer, sondern als menschenanalog prozessierender Akteur verstanden werden kann (vgl. ebd.). Bei BMIs arbeitet das System bspw. in dem Sinne autonom, als dass es Feedback aufnehmen und Informationen (s. Kap. III.46) aufgrund systemeigener Prozessabläufe verarbeitet. Dadurch, dass das Maschinelle dabei im Organischen implementiert ist, wird eine neuartige Wechselwirkung erzeugt, die den reinen Werkzeugcharakter der Mittel-Zweck-Bezüge bisheriger Mensch-Maschine-Hybride überschreitet.

27.2 Normative Erwartungshaltungen in der Mensch-Maschine-Interaktion

In Bezug auf die moderne Entwicklung der Mensch-Maschine-Interaktion und die Erzeugung von Biofakten entsteht ein Diskursraum, der neue normative und strukturelle Fragen über Hoffnungen und Befürchtungen der Reichweite von bio- und neurowissenschaftlicher Technik im Allgemeinen sowie der zunehmenden Verschmelzung von Mensch und Maschine im Besonderen beinhaltet. Findet nämlich eine derartige Verschmelzung zwischen Mensch und Maschine statt und es entstehen biofaktische Hybride, dann besteht die Gefahr, dass die Einbindung von Technik ins Organische als Wesen des Menschen verstanden wird:

> »Auf der Basis solcher Projektionen entstehen Hoffnungen, dass durch eine derart ›vermenschlichte‹ Technik sich der Mensch über ein Training seiner natürlichen Ausstattung hinaus zu einem Hybridwesen steigern kann, welches dem jetzigen Menschen überlegen ist.« (Hubig 2015, 157)

Diese Frage, die auf das Zusammenspiel von Technik und Mensch abzielt, spielt sich vor dem Hintergrund der Antizipation des tatsächlich Wünschbaren, Erwartbaren und Realisierbaren ab. Im Fokus steht dabei klassischerweise die Auseinandersetzung mit Hoffnungen, Träumen und Sehnsüchten, die einerseits die mögliche Reichweite zwischen dem Verhältnis von Mensch und Maschine betreffen, andererseits aber auch klar zu ziehende Grenzen möglicher Utopien markieren. Die in dieses Themenfeld reichende Diskussion wird zu großen Teilen innerhalb der Enhancement-Debatte ausgetragen.

Unter (*human*) Enhancement versteht man eine vor allem technologische Perfektionierung des Menschen, bei der es nicht um die Optimierung seiner Fähigkeiten durch Erziehung, Training oder Lernen geht (vgl. Woyke 2010, 21 f.), sondern um das Einsetzen biomedizinischer Verfahren, die eine Verbesserung von Eigenschaften und Fähigkeiten gesunder Personen ermöglichen (vgl. Schütz/Hildt/Hampel 2016, 11). Damit handelt es sich also nicht um die Therapie bestehender Krankheiten oder das Einsetzen von Rehabilitationsmöglichkeiten, sondern um die Verbesserung gesunder Menschen mit Hilfe moderner technologischer Verfahren (vgl. Woyke 2010, 22). Dabei lässt sich konstatieren, dass innerhalb der Debatte nicht diskutiert wird, ob moderne Apparaturen und Hilfsmittel überhaupt entwickelt werden dürfen, sondern wie weit die Anwendung der aktuellen Technik reichen darf (vgl. Demetriades u. a. 2010, 267). In diesem Sinne sind die wissenschaftlichen Anwendungsmöglichkeiten der Mensch-Maschine-Interaktion (und damit auch die gesellschaftlichen Erwartungen, die daran gerichtet werden) vor allem durch die Frage charakterisiert, welche Formen der Verbesserungen am Menschen wünschenswert sind und welche nicht. Diese betreffen auch die Fragestellung nach der Reichweite der gewünschten oder gar normativ vertretbaren Integration des Maschinellen in einen menschlichen Organismus. Das ausschlaggebende Kriterium für oder gegen Optimierungen richtet sich dabei nach dem jeweils vertretenen Menschenbild, das als eine Art Prämisse die generelle Reichweite der Technik bestimmt. Innerhalb der klassischen Enhancement-Debatte liegt der Fokus dabei auf der Fragestellung, ob verwendete Technik für den Menschen entweder nur auf die Rehabilitation bzw. die Bekämpfung von Krankheiten abzielen sollte oder ob sie darüber hinaus auch für die Optimierung gesunder Menschen angewendet werden darf. Während die Befürworter umfassender technologischer Verbesserungen am Menschen dabei als Transhumanisten bezeichnet werden, handelt es sich bei den Kritikern, die sich auf die Natur des Menschen berufen, um sogenannte Bioethiker (Schütz/Hildt/Hampel 2016, 12).

Ein Blick in die geschichtliche Entwicklung der Enhancement-Debatte zeigt, dass die Argumente, Erwartungen und Sorgen, die in der aktuellen Auseinandersetzung artikuliert werden, nicht neu sind (s. Kap. IV.B.62). So stellt Heil (2010, 41 f.) in einer Analyse verschiedener Zukunftsvisionen über *human enhancement* aus den 1920er Jahren dar, das sich die Motive, die für die Diskussion zwischen Transhumanisten und Biokonservativen vor 100 Jahren leitend waren, bis heute nicht geändert haben. So standen damals durchgehend positiv antizipierte Erwartungen wie die Verlängerung des menschlichen Lebens bis zum Wunsch nach Unsterblichkeit durch Technik möglichen negativen Folgen wie der Aufspaltung der menschlichen Gattung in genetisch oder technisch unterschiedliche Arten gegenüber (vgl. ebd., 60). Diese Visionen über die Optimierung des Menschen setzen sich mit gleichbleibenden Argumentationsmustern bis in die heutige Zeit fort. In der Folge entstehen moderne Visionen der alten Erwartungen, die sich bspw. in Vorstellungen wie der Singularität (Kurzweil 2013) oder der Superintelligenz (Bostrom 2014) widerspiegeln. Die Enhancement-Debatte zu führen, fordert in diesem Kontext also auch, die Dimension der an Mensch und Technik gestellten Erwartungen in Form hypothetischer Aussagen über zukünftiges zu verbalisieren (vgl. Grunwald 2007, 950) und diese in Abgleich mit gegenwärtigen Entwicklungen in einen systematischen Kontext zu stellen. In diesem Sinne gestattet die Enhancement-Debatte einen Rückbezug auf eine gegenwärtige, zeitlich-kontextuelle Ebene, die das Verhältnis von Mensch und Maschine thematisiert und somit Raum für eine Analyse der jeweils gewünschten Interaktionsverhältnisse lässt.

Doch wie sieht und situiert sich der Mensch im Verhältnis zur Technik? Als eine erste Annäherung an diese Fragestellung lässt sich konstatieren, dass die vorhandene Technik einer jeweiligen Epoche stets einen wichtigen Platz in der Selbstdeutung des Menschen einnimmt (vgl. Müller 2010, 150). Tatsächlich lassen sich derartige Tendenzen der Selbstdeutung, die zur Beschreibung der Charakteristiken des Menschenseins eine Analogie zu jeweils aktuellen technischen Entwicklungen bemühen, zu allen zeitlichen, räumlichen und kulturellen Umständen feststellen (vgl. Salaschek/Wistuba 2010, 42). So wurden bspw. zu Zeiten der Aufklärung die zuvor verwendeten Uhrwerkmetaphern durch Dampfmaschinenanalogien abgelöst (vgl. Müller 2010, 151; s. Kap. I.1). Seit den 1990er Jahren werden nun vermehrt Computer-Metaphern zur Beschreibung des Gehirns verwendet, indem bspw. das Gedächtnis oder die Erinnerung durch das Modell einer Festplatte charakterisiert wird (vgl. ebd.). Im Zuge der modernen neurotechnologischen Entwicklungen wird nun auch der menschliche Organismus in seiner Gesamtheit durch Analogien und Metaphern als »neuronale Maschine« beschrieben (vgl. Salaschek/Wistuba 2010, 42). Die Beschreibung des Menschen im Verhältnis zur Technik liefert also mehr als nur eine Eruierung des faktischen Verhältnisses zwischen Mensch und Maschine selbst. Zugleich bietet sie nämlich auch immer eine Selbstdeutung und –beschreibung des Menschen an, die sich an den kontextbedingten und gegenwartsbezogenen technischen Entwicklungen der jeweiligen Zeit orientiert.

Auch dieses Beschreibungsverhältnis folgte bisher einem konstanten Muster: Die Technik wurde primär als ein Gebrauchsgegenstand verstanden, den der Mensch verwendet, um ein Ziel zu erreichen. Sie fungierte damit als ein Mittel zum Erreichen eines bestimmten Zwecks. Durch die Entstehung von Biofakten wird nun eine Veränderung dieses Beschreibungsverhältnisses evoziert. Damit verschwimmen auch in der Enhancement-Debatte bisherige, sonst klar trennbar Zuordnungsverhältnisse. In einer Analyse über diese Veränderungen konstatiert Heil (2010, 60), dass sich das gesellschaftliche und technische Umfeld verändert hat, das zur Verwirklichung der alten Träume, Wünsche und Erwartungen zur Verfügung steht. Als Erklärung für diese Veränderungen in der modernen Mensch-Maschine-Interaktion werden primär entstandene Einflussfaktoren aus Erkenntnissen der Bio- und Neurotechnologie herangezogen. Dabei ist die Entstehung von Biofakten zentral, die dafür sorgt, dass auch die normative Evaluierung von Mensch-Maschine-Hybriden neuartig gedacht werden muss, sodass an dieser Stelle die Verschmelzung und die Frage nach der Rejustierung der Schnittstelle zwischen Mensch und Maschine einen zentralen Platz einnimmt.

27.3 Die Verschmelzung von Mensch und Maschine als neue Dimension neurotechnologischer Forschung

Einige repräsentative Beispiele sollen an dieser Stelle die inhaltliche Bandbreite moderner Anwendungsfelder illustrieren, bei denen sich Mensch und Maschine schon heute auf eine Art und Weise gegenüber stehen und so zu einem Biofakt werden, das die Grenzen des bisherigen Interaktionsfelds überschreitet und so neuer normativer Evaluationen bedarf. Im Anschluss an diese Darstellung erfolgt eine Diskussion der vorgestellten technischen Entwicklungen in Form einer Charakterisierung der konstitutiven Merkmale des damit erreichten Interaktionsverhältnisses.

Eine erste Annäherung von Mensch und Maschine lässt sich beim Chochlea-Implantat beobachten, das akustische in elektrische Signale umwandelt, indem der (noch funktionierende) Hörnerv bei Gehörlosen stimuliert wird (vgl. Carlson u. a. 2012, 222 f.). Dabei handelt es sich um ein weltweit etabliertes Verfahren, das mittlerweile als Standardmethode bei der Behandlung sensorineural bedingter Gehörlosigkeit eingesetzt wird (vgl. ebd.). Allgemein gesprochen wird an dieser Stelle eine verloren gegangene menschliche Fähigkeit durch eine technische Apparatur wiederhergestellt. Ein tieferer Eingriff wird bei Krankheiten wie Parkinson und Epilepsie mit der Tiefenhirnstimulation (THS) vorgenommen. Dabei wird eine Elektrode zur Stimulation relevanter Hirnareale tief unter der Schädeldecke des Patienten befestigt, was eine Minderung der Symptome bei Parkinson zur Folge hat (vgl. Thobois/Delamarre-Damier/Derkinderen 2005, 275 f.) oder in einer milderen Anwendungsform Anfälle bei Epilepsie mit einer Wahrscheinlichkeit von 50 Prozent verhindern kann (vgl. Fisher u. a. 2010, 899). Durch diese Form des direkten Einpflanzens von Technik in das menschliche Gehirn sind Mensch und Maschine auf eine tiefergehende Art und Weise miteinander verbunden. Zudem erlangen THS-Patienten durch die Operation einen Teil der Kontrolle über ihren Körper wieder. Genauer wird dabei die Wiederherstellung von Teilen der Bewegungsfähigkeit von Individuen ermöglicht. Bereits hier beginnt der klassische Mittel-Zweck-Bezug zwischen Mensch und Maschine zu verschwimmen, da die Geräte zur Gewährleistung ihrer adäquaten Funktionsweise mit einer bestimmten Eigenständigkeit die Handlungsfähigkeit des Menschen beeinflussen und technische Funktionselemente in eine Person integriert worden sind – ein Biofakt ist entstanden.

Diese Änderung der Handlungsautonomie im Zusammenspiel von Mensch und Maschine wird umso brisanter, je mehr maschinelle Algorithmen (s. Kap. III.32) die Kontrolle über die intendierten Bewegungen der Patienten übernehmen bzw. für die Rückgewinnung verloren gegangener Bewegungsfähigkeit ein essentiell-konstituierendes Element darstellen. Eine in diesem Sinne zunehmende Komplexität ist bei der bionischen Hand zu beobachten, bei der die übrigen Nerven einer amputierten Hand an eine künstliche Hand angeschlossen werden, die im Anschluss über die noch aktiven Nervensignale des Körpers gesteuert werden können (vgl. Clement/Bugler/Oliver 2011, 388). Dies wird durch sogenannte myoelektrische Kontrolle ermöglicht, d. h. mit elektrischen Impulsen, die von den Muskeln des Körpers erzeugt und zur Kontrolle der künstlichen Gliedmaßen genutzt werden. Jener Prozess erfordert ein komplexes algorithmisches System in der künstlichen Hand, das zur Ausführung der richtigen Bewegung die elektrische Aktivität entsprechend dekodieren können muss (vgl. ebd.).

Dieses für eine gelingende Bewegungsausführung notwendige Zusammenspiel zwischen Mensch und Maschine intensiviert sich noch ein weiteres Mal, sobald eine Handlungsinitiierung und -kontrolle nur durch einen direkten Verbund von Mensch und Maschine am Gehirn des Probanden möglich ist. Aktuelle Entwicklungen aus diesem Bereich stellen die bereits erwähnten Brain-Machine-Interfaces (BMIs) dar, die, je nach gewähltem Verfahren, dem invasiven oder nicht-invasiven Auslesen elektrischer Signale dienen, die als Motorkommandos interpretiert und zur Reproduktion von Arm- und/oder Handbewegungen in künstlichen Systemen genutzt werden können (vgl. Lebedev/Nicolelis 2006, 536). Das Ziel dieser Entwicklungen besteht u. a. in der Mobilitätswiederherstellung Querschnittsgelähmter, deren Prothesen sich, so die langfristige Vision, nicht nur wie ein menschlicher Arm anfühlen, sondern auch wie ein menschlicher Arm bedienbar sein sollen (vgl. ebd.). Weitere BMI-Forschungsfelder beziehen sich auf den Versuch, eine Kommunikationsmöglichkeit für Betroffene vom Locked-In-Syndrome (LIS) herzustellen. Beim LIS handelt es sich um eine degenerative Erkrankung, bei der Betroffene sukzessive ihre Bewegungsfähigkeit verlieren. Als letztes Mittel der Kommunikation können sie meist nur noch ihre Augen bewegen bis sie schließlich in den Complete-Locked-In-State (CLIS) fallen und damit jegliche Kommunikationsmöglichkeit verlieren. Bereits 1998 ist es Forschern gelungen, LIS-Patienten nach mehrwöchigem Training über EEG die Steuerung eines Mauscursers (Kübler u. a. 1998) sowie kurze Zeit später das Buchstabieren von Wörtern (Kübler u. a. 1999) zu ermöglichen. Seit kurzem geben Forscher sogar an, die Antworten von CLIS-Patienten auf Ja/Nein-Fragen dekodieren zu können (Chaudhary u. a. 2017).

Dieser kurze Abriss gegenwärtiger Techniken verweist exemplarisch auf einige ausgewählte medizinisch-technologische Verfahren, die sich in ihrer beschriebenen Reihenfolge durch eine aufeinander aufbauende Form der inhaltlich-strukturellen Spezifikation auszeichnen. So dient das Chochlea-Implantat der Rehabilitation bei verloren gegangener Hörfähigkeit. Für das Individuum handelt es sich um einen passiv antizipierbaren Prozess, der funktional und automatisiert eine Wahrnehmung wiederherstellt. Schon an dieser Stelle ist ein Biofakt entstanden, da Technik in den Menschen integriert wird, um eine Rehabilitationsfunktion zu gewährleisten. Dieser allgemeinen Rehabilitationsfunktion, die allen genannten Verfahren gemein ist, kommt bei THS die Wiederherstellung einer konkreten Handlungs- bzw. Bewegungsfähigkeit durch Eingriffe in das Gehirn des Probanden hinzu. Der Mensch ist an dieser Stelle insofern noch mehr mit der Maschine verbunden, als dass er sie benötigt, um die Kontrolle über ausführende Funktionen seines Körpers wieder zu erlangen. Die bionische Hand und vor allem BMIs, die auf verschiedenen Ebenen der Umsetzung von Intentionen in die Bewegungen eines Roboterarms dienen, zeichnen sich zusätzlich zu den genannten Faktoren dadurch aus, dass die Maschine nun weitgehend autonom und dynamisch einen Teil der Kontrolle durch rein mechanische Bewegungen für den Menschen übernimmt (und nicht mehr nur eine organische Fähigkeit wie das Hören beim Chochlea-Implantat durch Input/Output-Mechanismen statisch-funktionell wiederherstellt). Spätestens ab diesem Punkt ist der Mensch nicht nur durch die Form der invasiven Operation, sondern auch durch eine neue Form der Interaktion mit der Maschine auf eine gänzlich neuartige Art und Weise verbunden, da für eine gelingende Handlung nun das Zusammenspiel zwischen Mensch und Maschine maßgeblich geworden ist. Die Aufgabe der weitgehend autonom agierenden Maschine besteht im Handlungskontext nun darin, über algorithmische Verfahren die gemessene elektrische Aktivität neuronaler Signale in Hinblick auf die vom Menschen intendierten Bewegungen zu dekodieren und diese Bewegungen als autonomes System auszuführen. Ein wesentlicher Bestandteil dieser neuen Dimension besteht darin, dass Maschinen durch ihr autonomes Funktionieren im Abgleich mit dem menschlichen Akteur selbst dazu beitragen, dass intendierte Handlungen ausgeführt werden können. In diesem Sinne verschwimmt die Grenze zwischen den beiden Akteuren ›Mensch‹ und ›Maschine‹, da diese, nun mehr zu einer Einheit verschmolzen, als sich gegenseitig konstituierende Entität Ziele verfolgen und Bewegungen ausführen.

In diesem Sinne lässt sich konstatieren, dass ein Interaktionsverhältnis zwischen Mensch und Maschine, das über eine reine Mittel-Zweck-Relation hinausgeht, durch zunehmende Kontrolle auf Seiten der Maschine geprägt ist und aufgrund dieses interaktiven Verhältnisses nun von einer Verschmelzung zwischen der Technik und dem Individuum gesprochen werden kann. Je mehr maschinelle Algorithmen dabei die Kontrolle von intendierten Bewegungen von Menschen übernehmen, umso eher treten Mensch und Maschine in dieses neuartige Interaktionsverhältnis ein, das sich vor allem dadurch auszeichnet, dass es durch die Notwendigkeit einer vor allem wechselseitigen Anpassung geprägt ist. Dieser Zusammenhang bei dieser Form von Symbiose wird u. a. von Sahinol (2016, 37) beschrieben, die von einem symbiotischen Abgleich von Organischem und Anorganischem spricht. Eine wichtige Rolle spielt dabei auf der einen Seite die Anpassung des Menschen an die Maschine durch das Neuerlernenmüssen der Kommunikation und auf der anderen Seite die Anpassung der Maschine an den Menschen durch ihre Biofähigkeit – ein interaktives Wechselspiel, bei dem Mensch und Maschine durch neurowissenschaftliche Techniken einander angeglichen werden (vgl. ebd., 206 f.). Durch diese gegenseitigen Anpassungsprozesse entstehen Biofakte.

Damit ist es auch dieses Anpassungsverhältnis zwischen Mensch und Maschine, das auf das genuin neue Element der modernen Form der Mensch-Maschine-Interaktion verweist. Da sich der Mensch stets im Vergleich zur Technik beschreibt, entstehen daraus allerdings auch eine Reihe neuer Problemfelder. Diese spiegeln sich u. a. in dem Problem der Akteurszuschreibung wider, d. h. der Frage, wann die Maschine, wann der Mensch und wann beide Akteure als eine Einheit (oder gar der Hersteller) für die Ausführung einer gelungenen oder misslungenen Handlung verantwortlich sind – ein Problem, das in der wissenschaftlichen Forschung bereits als der sogenannte *Accountability Gap* (Kellmeyer u. a. 2016) antizipiert und diskutiert wird. Eine besondere Brisanz erfahren diese Fragen zudem in Fällen, in denen dieses Zusammenspiel über die eigentliche Rehabilitationsfunktion hinaus Anwendung findet (woran sich dann nahtlos die Hoffnungen und Befürchtungen anschließen, die innerhalb der Enhancement-Debatte diskutiert werden). Dies ist bereits als Tendenz in Form dokumentierter Grenzfälle sichtbar, bei denen sich einzelne Individuen für eine Optimierung ihres gesunden Organismus durch eine Verschmelzung mit Technik entschieden haben – wie schon heute im Cyborg 1-Projekt durch das Einpflanzen eines RFID-Implantats unter die Hand (Warwick 2000) oder der bewussten Infektion mit einem Computer-Virus in bereits implantierte Technik (Gasson 2010) beobachtet werden kann (s. Kap. III.39). Mensch und Maschine, Algorithmus und Organismus verschmelzen in diesen Fällen zu einer Einheit.

Übertroffen werden kann diese Tendenz nur durch Entwicklungen, die noch weiter gehen und sich dem Erschaffen neuen Lebens als Mensch-Maschine-Hybrid widmen. Diese Vorstellung nimmt derzeit allerdings noch den Status einer ausschließlich spekulativen Zukunftsvision ein. Dass diese Entwicklung dennoch nicht gänzlich unmöglich ist, zeigt sich in aktuellen biotechnologischen Forschungen, die auf der Ebene organischer Neuverbindung stetig voranschreitet. So ist es bspw. bereits gelungen, die Züchtung eines Mensch-Schwein-Chimärs durch das Einpflanzen menschlicher Stammzellen in Schweineembryos zu gewährleisten (Wu u. a. 2017). Ein Verbund von Mensch und Technik in einer frühen Entwicklungsphase des menschlichen Individuums erweist sich in Anbetracht derartiger Forschungen als ein durchaus mögliches, wenngleich noch streng utopisches und fiktives Projekt.

Zusammenfassend lässt die aktuelle Forschung die Tendenz ablesen, dass die Nähe technischer Entwicklungen, die bereits in der Gegenwart in die Handlungen von Menschen eingreifen, einen neuen Blickwinkel fordert, der das *Zusammenspiel* von Mensch und Maschine bzw. Organismus und Technik als eine neue Dimension begreift und so die daraus entstandenen Biofakte in Bezug auf die jeweiligen Interaktionsmöglichkeiten, Anpassungsverhältnisse und Verantwortlichkeiten untersucht. Durch den Fokus auf diese neue Dimension der Anpassungsverhältnisse kann eine Orientierung an aktuellen Technologien erfolgen, die gegenwärtig-inhaltliche Entwicklungen erfassen kann und im Umkehrschluss einen adäquaten Umgang mit neu entstandenen Formen der menschlichen Selbstzuschreibung erlaubt.

(Dieser Beitrag wurde unterstützt von »BrainLinks-BrainTools«, einem Exzellenzcluster der Deutschen Forschungsgemeinschaft; DFG, Fördernummer EXC 1086.)

Literatur

Berger, Hans: Über das Elektrenkephalogramm des Menschen. In: Archiv für Psychiatrie und Nervenkrankheiten 87 (1929), 527–570.

Bostrom, Nick: Superintelligence. Paths, Dangers, Strategies. Oxford 2014.

Breidbach, Olaf: Die Materialisierung des Ichs. Zur Geschichte der Hirnforschung im 19. und 20. Jahrhundert. Frankfurt a. M. 1997.

Carlson, Matthew L./Driscoll, Colin L. W./Gifford, René H. u. a.: Cochlear Implantation. Current and Future Device Options. In: Otolaryngologic Clinics of North America 45 (2012), 221–248.

Chaudhary, Ujwal/Xia, Bin/Silvoni, Stefano u. a.: Brain-Computer Interface–Based Communication in the Completely Locked-In State. In: PLOS Biology 15 (2017), e1002593.

Clement, Rhys Gareth/Bugler, Kate E./Oliver, Christopher: Bionic prosthetic hands. A review of present technology and future aspirations. In: The Surgeon 9 (2011), 336–340.

Demetriades, Andreas K./Demetriades, Christina K./Watts, Colin u. a.: Brain-machine interface: The challenge of neuroethics. In: The Surgeon 8 (2010), 267–269.

Fisher, Robert/Salanova, Vicenta/Witt, Thomas u. a.: Electrical stimulation of the anterior nucleus of thalamus for treatment of refractory epilepsy. Deep Brain Stimulation of Anterior Thalamus for Epilepsy. In: Epilepsia 51 (2010), 899–908.

Gasson, Mark N.: Human Enhancement. Could you become infected with a computer virus? In: IEEE (2010), 61–68, http://ieeexplore.ieee.org/document/5514651/.

Grunwald, Armin: Orientierungsbedarf, Zukunftswissen und Naturalismus. Das Beispiel der »technischen Verbesserung« des Menschen. In: Deutsche Zeitschrift für Philosophie 55 (2007), 949–965.

Gupta, Varsha/Sengupta, Manjistha/Prakash, Jaya u. a.: An Introduction to Biotechnology. In: Dies.: Basic and Applied Aspects of Biotechnology. Singapore 2017, 1–21.

Heil, Reinhard: Human Enhancement – Eine Motivsuche bei J. D. Bernal, J. B. S. Haldane und J. S. Huxley. In: Christopher Coenen/Technische Universität Darmstadt (Hg.): Die Debatte über »Human Enhancement«. Historische, philosophische und ethische Aspekte der technologischen Verbesserung des Menschen. Bielefeld 2010, 41–62.

Hubig, Christoph: Die Kunst des Möglichen. Grundlinien einer dialektischen Philosophie der Technik, Bd. 3: Macht der Technik. Bielefeld 2015.

Kellmeyer, Philipp/Cochrane, Thomas/Müller, Oliver u. a.: The Effects of Closed-Loop Medical Devices on the Autonomy and Accountability of Persons and Systems. In: Cambridge Quarterly of Healthcare Ethics 25 (2016), 623–633.

Kübler, Andrea/Kotchoubey, Boris/Hinterberger, Thilo u. a.: The thought translation device: a neurophysiological approach to communication in total motor paralysis. In: Experimental Brain Research 124 (1999), 223–232.

Kübler, Andrea/Kotchoubey, Boris/Salzmann, H.-P. u. a.: Self-regulation of slow cortical potentials in completely paralyzed human patients. In: Neuroscience Letters 252 (1998), 171–174.

Kurzweil, Ray: Menschheit 2.0: Die Singularität naht. Berlin 2013.

Lauterbur, Paul: Image Formation by Induced Local Interactions: Examples Employing Nuclear Magnetic Resonance. In: Nature 242 (1973), 190–191.

Lebedev, Mikhail A./Nicolelis, Miguel A. L.: Brain–machine interfaces, past, present and future. In: Trends in Neurosciences 29 (2006), 536–546.

Müller, Oliver: Zwischen Mensch und Maschine. Vom Glück und Unglück des Homo faber. Frankfurt a. M. 2010.

Sahinol, Melike: Das techno-zerebrale Subjekt. Zur Symbiose von Mensch und Maschine in den Neurowissenschaften. Bielefeld 2016.

Salaschek, Ulrich/Wistuba, Frank: Zu der Ontologisierung des Menschenbildes und deren pädagogischen Implikationen. In: Steffen Schlüter (Hg.): Neurobiologie und Erziehungswissenschaft: die neueren Konjunkturen pädagogischer Wissenschaftsforschung aus historischer und systematischer Perspektive. Bad Heilbrunn 2010, 38–53.

Schüler, Julia: Die Biotechnologie-Industrie. Ein Einführungs-, Übersichts- und Nachschlagewerk. Berlin 2016.

Schütz, Ronja/Hildt, Elisabeth/Hampel, Jürgen: Neuroenhancement als gesellschaftliches Phänomen. In: Dies. (Hg.): Neuroenhancement, Interdisziplinäre Perspektiven auf eine Kontroverse. Bielefeld 2016, 7–23.

Swartz, Barbara/Goldensohn, Eli S.: Timeline of the history of EEG and associated fields. In: Electroencephalography and Clinical Neurophysiology 106 (1998), 173–176.

Thobois, Stéphane/Delamarre-Damier, Florence/Derkinderen, Pascal: Treatment of motor dysfunction in Parkinson's disease: an overview. In: Clinical Neurology and Neurosurgery 107 (2005), 269–281.

Thulborn, Keith/Waterton, John/Matthews, Paul u. a.: Oxygenation dependence of the transverse relaxation time of water protons in whole blood at high field. In: Biochimica et Biophysica Acta (BBA) - General Subjects 714 (1982), 265–270.

Viana, Matheus Lacerda/Sant'ana, Luis Paulo: Biotechnology: The role of science and technology upon society. In: Unisanta Science and Technology 5 (2016), 63–65.

Warwick, Kevin: Cyborg 1. In: Health and Ageing 2 (2000), 1–6.

Woyke, Andreas: Human Enhancement und Seine Bewertung – Eine kleine Skizze. In: Christopher Coenen/Technische Universität Darmstadt (Hg.): Die Debatte über »Human Enhancement«: Historische, philosophische und ethische Aspekte der technologischen Verbesserung des Menschen. Bielefeld 2010, 21–38.

Wu, Jun/Platero-Luengo, Aida/Sakurai, Masahiro u. a.: Interspecies Chimerism with Mammalian Pluripotent Stem Cells. In: Cell 168 (2017), 473–486.

Andreas Schönau

28 Mensch-Maschine-Schnittstellen und ›verteilte Agency‹ am Beispiel motorischer Neuroprothesen

Das Verhältnis von Mensch und Maschine ist ein Kernthema der Philosophie, das immer auch im Hinblick auf das Selbstverhältnis des technisch agierenden Menschen und den Einfluss, den Technik auf Konzeptionen des menschlichen Selbst ausübt, reflektiert wurde – die Beiträge im vorliegenden Band dokumentieren dies umfänglich. Eine besondere Art der Mensch-Maschine-Interaktion lässt sich am Beispiel der Neurotechnologie beobachten, definiert sich diese doch gerade über die technologische Intervention in die neuronalen Grundlagen des Menschen. Neurotechnologie, die direkt in das menschliche Gehirn und Nervensystem eingreift, könnte daher als eine neue Dimension der Interaktion von Mensch und Technik gesehen werden.

Eine besonders intime Verbindung von Mensch und Neurotechnologie liegt im Falle motorischer Neuroprothesen vor, die direkt in die neuronale Basis der Bewegungs- und Handlungsfähigkeit des Menschen eingreifen. Es ist daher lohnenswert, diesen Sonderfall der Mensch-Maschine-Interaktion genauer zu betrachten. Während Neuroprothesen aus philosophischer Perspektive hauptsächlich in der Technikphilosophie oder Neuroethik thematisiert werden, zielt der vorliegende Beitrag darauf ab, das Thema aus Perspektive der philosophischen Handlungstheorie zu untersuchen. Zwei Überlegungen motivieren diese Herangehensweise: Zum einen ist es das Kernthema der Handlungstheorie, das Phänomen menschlicher Handlungsfähigkeit – oder ›Agency‹ – begrifflich zu analysieren. Handlungstheoretische Erkenntnisse dürften daher hilfreich sein, um den konkreten Einfluss motorischer Neuroprothesen auf die Handlungsfähigkeit festzustellen. Zum anderen erfordert eine solche Einschätzung ein Vokabular, das mit neurophysiologischen Beschreibungen kompatibel ist. Wie sich zeigen wird, bemühen sich aktuelle handlungstheoretische Studien um ein solches Vokabular.

Im Folgenden wird zunächst die grundlegende Herangehensweise der Handlungstheorie dargelegt (28.1) und aktuelle Forschungslinien zusammengefasst (28.2), wobei die zentralen handlungstheoretischen Begriffe ›Agency‹ und ›Akteur‹ umrissen werden. Dabei wird sich zeigen, dass diese Begriffe derzeit einer neurowissenschaftlichen Revision unterliegen, was ihre strikte Definition erschwert (28.3). Dennoch können zentrale Erkenntnisse aus der Handlungstheorie für die Untersuchung der neuroprothetischen Mensch-Maschine-Interaktion produktiv genutzt werden (28.4). Nach einer kurzen Zusammenfassung der Funktionsweise von motorischen Neuroprothesen (28.5) wird ihr Einfluss auf die Handlungsfähigkeit anhand des Begriffes der ›geteilten Kontrolle‹ skizziert (28.6). Zwei Ergebnisse werden festgehalten: Einerseits muss der Begriff der geteilten Kontrolle handlungstheoretisch vertieft werden, um neuroprothetisch gestützte Agency genauer zu verstehen. Andererseits bringt die konkrete Ausprägung der Interaktion zwischen Mensch und Neuroprothese den handlungstheoretischen Ansatz an Grenzen, die mithilfe der Theorie der ›verteilten Handlungsträgerschaft‹ des Soziologen Werner Rammerts sichtbar gemacht werden können. Abschließend sollen daher einige (sehr allgemeine) Anknüpfungspunkte für weiterführende Forschung benannt werden (28.7).

28.1 Die ›Standardtheorie‹ des Handelns in der klassischen Handlungstheorie

Der Begriff ›Agency‹ wird in der Handlungstheorie oft als eine Art Abstraktum oder Sammelbegriff verwendet (für einen Überblick zur Handlungstheorie vgl. O'Connor/Sandis 2012). Dies wird deutlich, wenn etwa Markus Schlosser festhält: »[A]n agent is a being with the capacity to act, and ›agency‹ denotes the exercise or manifestation of this capacity« (Schlosser 2015). Diese Charakterisierung von Agency ist indirekt, da sie ihren Gehalt erst aus dem weiterführenden Begriff der ›Handlung‹ (*act, action*) gewinnt. Allerdings haben Handlungstheoretiker nicht nur eine, sondern eine ganze Reihe von konkurrierenden Theorien zum Begriff der Handlung ins Spiel gebracht. Eine Art von Minimalkonsens gibt es aber in Form der sogenannten ›Standardtheorie‹, die sich gewissermaßen als Folie für Diskussionen im Feld etabliert hat. Die Standardtheorie ist eine Version der sogenannten ›kausalen Handlungstheorie‹ und besagt, dass eine Handlung eine besondere kausale Vorgeschichte hat, die sich bis zu einem der Handlung vorausliegenden mentalen Zustand (meist: eine Intention) des Akteurs zurückverfolgen lässt (z. B. Mele 1992; für einen Überblick vgl. Setiya 2015). Eine Intention wird dabei als mentaler Zustand verstanden, der motivationale und kognitive Aspekte (oft in Form der konkreten Wünsche und Überzeugun-

K. Liggieri / O. Müller, *Mensch-Maschine-Interaktion*, https://doi.org/10.1007/978-3-476-05604-7_28

gen eines Akteurs) verbindet und auf die Praxis (das Ausführen zielgerichteter und zweckmäßiger Handlungen) ausrichtet. Damit wird bezüglich des Handelns ein enger – nämlich kausaler – Zusammenhang zwischen dem Auftreten bestimmter mentaler Zustände und der Ausführung von Handlungen (im Sinne von beabsichtigten Körperbewegungen) behauptet. Der Unterschied zwischen Körperbewegungen und Handlungen besteht demnach darin, dass Handlungen genau solche Körperbewegungen sind, die von Intentionen verursacht werden.

Wenn wir Handlungen im Sinne der Standardtheorie verstehen, gewinnt Schlossers Definition von Agency Gehalt. Schlosser charakterisiert Agency dann so: »a being has the capacity to exercise agency just in case it has the capacity to act intentionally, and the exercise of agency consists in the performance of intentional actions« (Schlosser 2015). Die Ausführung intentionaler Handlungen wiederum hänge von der funktionalen Organisation des Akteurs ab, die darin bestehe, dass bestimmte mentale Zustände – in der richtigen Weise – bestimmte Bewegungen versursachten, wobei ›Verursachung‹ nach dem Paradigma der Ereigniskausalität verstanden wird (für einen Überblick vgl. Schaffer 2016).

Das kausaltheoretische Verständnis von Agency ist in den letzten Jahren allerdings auch stark kritisiert worden. Eine Reihe von Autoren äußert Zweifel daran, dass eine auf der Standardtheorie basierende Erklärung von intentionalen Handlungen das Phänomen adäquat beschreiben kann (z. B. Hornsby 2004; Lowe 2008). Manche Autoren fordern daher einen Perspektivwechsel, der sich weniger auf den Begriff der Handlung als auf den des Akteurs fokussiert. Eine wichtige Stoßrichtung dieser Kritik richtet sich gegen die Annahme, man könne die Handlungen eines Akteurs anhand des Paradigmas der Ereigniskausalität erklären. Dies reduziere, so die Argumentation, Handlungen auf etwas, das einem Akteur eher zustoße – und genau genommen bräuchte man dann gar keinen Akteur für die Erklärung von Handlungen.

Die Rückbesinnung auf den Begriff des Akteurs geht einher mit einer Aufwertung: Akteure seien nicht nur Substrate für die kausale Interaktion von Ereignissen, sondern weitaus komplexere Entitäten, die untrennbar mit dem Handeln verbunden seien und von denen daher eben nicht abstrahiert werden könne (in diese Richtung argumentiert etwa Hornsby 2004). Das scheint zumindest nicht unplausibel zu sein: Wir Menschen verstehen uns schließlich als Entitäten, die mehr sind als eine biologische »black box«, in der bestimmte Ereignisse (z. B. Wahrnehmungen) andere Ereignisse (z. B. Handlungen oder Bewegungen) verursachen.

Eine der Standardtheorie von Agency vergleichbar breit akzeptierte Akteurstheorie hat sich jedoch bisher nicht in der Handlungstheorie durchsetzen können. Das liegt vielleicht auch am Scheitern bisheriger Versuche, den Akteursbegriff begrifflich plausibel zu machen, wie etwa im Falle der sogenannten ›Akteurskausalität‹ (*agent causality*). Bei dieser wird dem Akteur eine ontologisch elementare Form der Kausalität zugeschrieben, die sich nicht in Ereigniskausalität erschöpfen und bei der der Akteur als Entität die ›letzte Ursache‹ von Handlungen sein soll (vgl. etwa Taylor 1966). Der Begriff der Akteurskausalität scheitert letztlich daran, dass er nicht in den metaphysischen Kontext der Handlungstheorie zu passen scheint: Die heutige Handlungstheorie ist dem Naturalismus verpflichtet, der im Kern behauptet, dass Philosophie und Naturwissenschaft sich einander ergänzende Unternehmen sind (vgl. Papineau 2016). Die Akteurskausalität ist jedoch vielen Naturalisten verdächtig: Entweder haftet ihr als unanalysierbare ›Kausalkraft‹ eine Aura von Übernatürlichkeit an, die naturwissenschaftlich mysteriös bleiben muss, oder sie ist auf die basalere Ereigniskausalität reduzierbar, wodurch sie allerdings ihren angestrebten Erklärungs-Mehrwert (für eine gründliche Kritik s. Keil 2000) verliert.

28.2 Funktionale und strukturelle Aspekte von Handlungskontrolle in der interdisziplinären Handlungstheorie

Auch wenn dezidierte Akteurstheorien in der heutigen naturalistischen Handlungstheorie eher selten sind, werden übergeordnete und potentiell definitorische Aspekte von Agency thematisiert – und diese können durchaus als Charakteristika von Akteuren im Sinne der Handlungstheorie verstanden werden. Einflussreich in dieser Hinsicht ist z. B. Michael Bratmans Intentionstheorie (Bratman 1987), die auf der Grundannahme beruht, dass Menschen rationale und planende Akteure sind. Diese Grundannahme wird in Form einer Theorie des Intentionsbegriffs ausgearbeitet, die Intentionen als irreduzible mentale Zustände versteht, die in zweifacher Form auftreten können: als zukunftsgerichtete *future-directed* (oder: *distal*) *intentions* und gegenwartsgerichtete *present-directed* (oder: *proximal*) *intentions*. Bratmans Analyse des Zusammenspiels dieser beiden Intentionstypen veranschaulicht, wie sich unser praktisches (auf das Handeln gerichtete) Denken über mehrere Ebenen bis in die Ausführung einzelner, zielgerichteter Handlungen übersetzt. Bratman hat seither seine Planungstheorie mit übergeordneten Theorien der praktischen Rationalität verbunden (vgl. die Essaysammlung Bratman 2018) – er folgt damit einer etablierten philosophischen Herangehensweise, die Agency als ein primär normatives Vermögen versteht (vgl. exemplarisch auch Mele 2017).

In den letzten Jahren hat sich aber eine Forschungslinie herausgebildet, die sich auch an empirischen Erkenntnissen über unsere Handlungsfähigkeit orientiert. Vertreter dieser ›interdisziplinären Handlungstheorie‹ versuchen, ausgehend von der Standardtheorie die funktionale und strukturelle Organisation von Agency unter Berücksichtigung neurowissenschaftlicher Forschung zu beschreiben. So wird etwa in Elisabeth Pacheries Intentionstheorie (Pacherie 2008; Mylopoulos/Pacherie 2018) der philosophische Begriff der Intention mit Blick auf Erkenntnisse über Motorkognition erweitert. Pacherie geht dabei von der Standardtheorie, insbesondere auch von Bratmans Planungstheorie aus und ergänzt einen dritten Intentionstyp: ›Motor-Intentionen‹ (*motor intentions*). Dieser Intentionstyp orientiert sich stark an dem Begriff der Motorrepräsentation (*motor representation*) des Neurowissenschaftlers Marc Jeannerod (vgl. z. B. Jeannerod 1997).

Die Bemühungen Pacheries und anderer Vertreter der interdisziplinären Handlungstheorie (wie etwa Wu 2014; Fridland 2016; Shepherd 2016) sind ein wichtiger Schritt in Richtung einer umfassenden naturalistischen Theorie der Agency. Etablierte philosophische Theorien von Agency betten das Phänomen in Theorien praktischer Rationalität ein und zeichnen damit ein normatives Bild von Handlungsfähigkeit und dem Akteur als handlungsfähigem Wesen. Ein weiteres Ziel interdisziplinärer Ansätze ist es auch, zu erklären, wie sich einerseits unser rational gefärbtes Denken und Planen auf neurophysiologische Aspekte der Bewegungsausführung auswirkt, und inwiefern andererseits neurophysiologische Mechanismen unser planvolles Verhalten konstitutiv ermöglicht. Aktuelle Bemühungen in diese Richtung konzentrieren sich vor allem darauf, Aspekte der Handlungskontrolle als ein einheitliches, aber Ebenen übergreifendes Phänomen zu erläutern, das sich von der übergeordneten kognitiv-normativen Ebene (*future-directed intentions*) über die zielgerichtete Handlungsausführung (*present-directed intentions*) bis hin zu den subpersonalen neurophysiologischen Mechanismen der Bewegungsproduktion (*motor representations*) erstreckt. Als besonders instruktiv haben sich hierbei eingehendere Analysen von hochgeübten Handlungen (*skilled action*, vgl. Christensen/Sutton/McIlwain 2016; Fridland 2016; Shepherd 2017) gezeigt, da hier ein kontinuierliches Zusammenspiel von kognitiven und motorischen Zuständen vorliegt.

Ein wichtiger Angelpunkt bei der Analyse von Handlungskontrolle ist allerdings zu erklären, wie der Übergang von bewussten mentalen zu unbewussten neurophysiologischen Zuständen (und umgekehrt) vonstattengeht. Aus philosophischer Perspektive ist dies eine theoretische Herausforderung, die derzeit unter dem Stichwort *interface problem* (Butterfill/Sinigaglia 2014) diskutiert wird. Hintergrund dieses Problems ist, dass neurophysiologische Zustände wie Motorrepräsentationen (wie auch viele andere mit der Bewegungsproduktion zusammenhängende Mechanismen) ›nicht-propositionaler‹ Natur sind, d. h. in der Regel unterhalb der Bewusstseinsschwelle verbleiben und weitgehend automatisiert ablaufen. Die zentralen handlungsrelevanten mentalen Zustände dagegen sind propositional insofern sie sprachlich direkt beschreibbare Inhalte haben, bewusst beeinflussbar sind und einen handlungsrelevanten phänomenalen Charakter haben. Wie diese verschiedenen Arten von Zuständen miteinander interagieren – und damit eine Ebenen übergreifende Handlungskontrolle ermöglichen – ist sowohl philosophisch als auch neurowissenschaftlich noch nicht hinreichend erschlossen (zum aktuellen Forschungsstand s. Mylopoulos/Pacherie 2018).

Ein weiteres Puzzlestück zum Verständnis von Handlungskontrolle und einer Lösung des Interface-Problems besteht in Untersuchungen des oben erwähnten phänomenalen Charakters von Agency, insbesondere bezüglich des sogenannten *sense of agency* (s. Haggard/Eitam 2015) und der *agential phenomenology* (Bayne 2011; Mylopoulos 2017; Shepherd 2016). Die Ausführung von zielgerichteten Handlungen ist nämlich von einer Reihe von propriozeptiven Wahrnehmungen begleitet, die in der Summe als *sense of agency* bezeichnet werden. Pacherie (2008) schlüsselt diesen in drei Komponenten auf: den *sense of intentional causation* (das Gefühl, als Akteur die Ursache von Handlungen zu sein), den *sense of initiation* (das Gefühl, seine Körperbewegungen selbst zu initiieren) und den *sense of control* (das Gefühl, den Verlauf einer Handlung rational, situational und motorisch zu kontrollieren). Zusammen erzeugen diese Wahrnehmungen den Eindruck eines Menschen, ›Autor‹ seiner Handlungen zu sein. Alle drei Komponenten werden von ihr begrifflich im Rückgriff auf empirische Studien (vor allem solche, die Störungen im *sense of agency* neurophysiologisch erklären) entwickelt und mit den Charakteristika der drei Intentionstypen in Zusammenhang gebracht, sodass sich die Basis für eine funktional-strukturelle Theorie der Agency und Handlungskontrolle ergibt.

28.3 ›Agency‹ und ›Akteur‹ aus handlungstheoretischer Perspektive

Eine abschließende Theorie der Handlungskontrolle und Lösung des Interface-Problems liegt zwar derzeit noch nicht vor, aber bezüglich der Begriffe Agency und Akteur kann zumindest eine zentrale Einsicht festgehalten werden: Die Fortschritte in der interdisziplinären Handlungstheorie legen insgesamt nahe, dass sich ein naturalistischer Begriff von Agency sowie ein dazugehöriger Akteursbegriff nicht ausschließlich auf übergeordnete normative Vermögen stützen kann: Die Ausführung von zielgerichteten Handlungen hängt von einer ganzen Reihe neurophysiologischer Mechanismen und Systeme ab, die nicht erschöpfend mit einem begrifflich-normativen Vokabular erfasst werden können, sondern auch neurophysiologische Beschreibungen erfordern. Zudem muss aus naturalistischer Perspektive auch davon ausgegangen werden, dass die handlungsrelevanten normativen Vermögen selbst in einem sehr engen, nämlich konstitutiven Zusammenhang mit diesen Systemen stehen. Um die handlungstheoretischen Begriffe Agency und Akteur zu schärfen, wird sich die weiterführende Forschung daher darauf konzentrieren müssen, die strukturelle und funktionale Organisation des Menschen als handlungsfähigem Wesen sowohl begrifflich-philosophisch als auch neurophysiologisch noch detaillierter nachvollziehbar zu machen.

Vor dem Hintergrund dieser fortlaufenden Bemühungen lässt sich Folgendes für den Agency- und Akteursbegriff feststellen. Agency wird in der aktuellen Handlungstheorie meist als ein Phänomen behandelt, das auf die Ausführung von einzelnen Handlungen reduzierbar ist und durch eine Aufklärung der kausalen Relationen zwischen mentalen und neurophysiologischen Zuständen, die beobachtbare Körperbewegungen unmittelbar verursachen, erklärt werden kann. Der Akteur wird dabei im Grunde als ein Substrat dieser beiden Komponenten gesehen, wenn er denn begrifflich überhaupt erst in Theorien eingebracht wird. Der knappe Einblick in aktuelle naturalistische Theorien mag diesbezüglich jedoch erklären, warum Spekulationen besonders um den Begriff des Akteurs weitgehend vermieden werden: Aus naturalistischer Perspektive ist eine nicht nur begrifflich, sondern auch empirisch tragfähige Theorie erforderlich, um einen belastbaren Akteursbegriff zu formulieren. Dieser ist zwar noch im Prozess begriffen, allerdings sind Fortschritte im Verständnis der Ebenen übergreifenden Handlungskontrolle sowie des *sense of agency* vielversprechende Vorstöße in Richtung eines naturalistisch tragfähigen Agency- und Akteursbegriffs.

28.4 Mensch-Maschine-Interaktion am Beispiel motorischer Neuroprothesen

In den vorangegangenen Abschnitten wurde eine Zusammenfassung über die aktuelle handlungstheoretische Forschung versucht, die die Begriffe Agency und Akteur eher summarisch als definitorisch umreißen sollte. Hintergrund für diese Vorgehensweise ist das eingangs formulierte Ziel, das Verhältnis von Mensch und Maschine nicht aus der weitaus üblicheren Perspektive der Technikphilosophie, Neuroethik oder Soziologie, sondern im Rückgriff auf die philosophische Handlungstheorie zu untersuchen. Man sollte meinen, dass die Handlungstheorie wichtige Erkenntnisse zur Mensch-Maschine-Interaktion beitragen kann, untersucht sie doch die grundlegenden Begriffe der Handlungsfähigkeit des Menschen. Die Verbindung dieser beiden Forschungsrichtungen ist aber vielleicht weniger direkt und offensichtlich, als es scheinen mag: Immerhin muss festgestellt werden, dass die Begriffe Agency und Akteur in der Handlungstheorie derzeit einer neurowissenschaftlichen Neuorientierung unterliegen, während sich Untersuchungen zur Mensch-Maschine-Interaktion von Seiten der Technikphilosophie und Soziologie einer etablierteren normativen bzw. sozialempirischen Perspektive verpflichten. Eine wesentliche Hürde besteht daher darin, dass hier zwei schwer zu vereinbarende Herangehensweisen und Terminologien aufeinander treffen.

Die Fokussierung auf bereits einsetzbare motorische Neuroprothesen als Sonderfall der Mensch-Maschine-Interaktion kann die Annäherung aber vielleicht erleichtern: Hier findet die Interaktion zwischen Gerät und Akteur direkt im Gehirn statt und rechtfertigt sowohl das naturalistische als auch das normativ-sozialempirische Vokabular. Ziel der weiteren Untersuchung ist es, diese beiden Perspektiven auf neurotechnologisch unterstützte Agency in eine produktive

Spannung zu versetzen, indem die Interaktion zwischen Akteur und Neuroprothese zunächst handlungstheoretisch konturiert, dann aber mit einer soziologischen Perspektive herausgefordert wird.

Dazu wird zunächst eine kurze Einführung in die Funktionsweise von motorischen Neuroprothesen gegeben (28.5) und dann Walter Glannons Begriff der ›geteilten Kontrolle‹ benutzt, um einen Kernaspekt neurotechnologisch unterstützter Agency handlungstheoretisch zu umreißen (28.6). Dabei wird sich zeigen, dass die von ihm beschriebene wechselseitige Anpassung von Akteur und Neuroprothese sowohl handlungstheoretisch als auch soziologisch vertieft werden kann. Ein kurzer Ausblick auf die Theorie der ›verteilten Agency‹ des Soziologen Werner Rammerts soll dann abschließend dazu dienen, mögliche Anschlusspunkte für weiterführende Forschung aufzuzeigen (28.7).

28.5 Motorische Neuroprothesen und *brain-computer interfacing*

Der Begriff ›Neuroprothese‹ beschreibt ein breites Spektrum von Schnittstellen zwischen dem Nervensystem und einer externen Prothese (für einen Überblick vgl. Graimann/Brendan/Pfurtscheller 2010; Wolpaw/Wolpaw 2012). Es gibt eine Vielzahl von Anwendungsgebieten für Neuroprothesen, die in der Regel mit der Wiederherstellung von sensorischen oder motorischen Funktionen zu tun haben, die Aufgrund von Schädigungen des Nervensystems auftreten. Die weitere Untersuchung wird sich auf ableitende motorische Neuroprothesen zur Steuerung eines Roboterarms beschränken, die etwa bei querschnittsgelähmten Patienten eingesetzt werden können.

Die Funktionsweise solcher Neuroprothesen kann anhand einer Pilotstudie aus dem Jahr 2012 veranschaulicht werden (Collinger u. a. 2013). In dieser Studie wurden der an Spinozerebellärer Ataxie erkrankten Patientin Jan Scheuermann zwei Mikroelekrodenarrays operativ in den Motorkortex eingesetzt, und zwar in denjenigen Bereich, der für Arm- und Handbewegungen zuständig ist. Die Messung von Gehirnaktivität allein reicht aber nicht aus, um den Roboterarm zu steuern, da die Rohdaten zunächst von einem Computer interpretiert und weiterverarbeitet werden müssen. Hierfür ist ein sogenannter ›Dekoder‹ zuständig, ein Softwareprogramm, das eine Korrelation zwischen Hirnaktivität und Körperbewegungen berechnet. Der Dekoder soll später in Echtzeit gemessene Hirnaktivität in Bewegungen umsetzen, muss dafür aber zunächst trainiert werden. Das Training beginnt mit einer Beobachtungsphase: Die Patientin beobachtet, wie der Roboterarm vorprogrammierte zielgerichtete Bewegungen ausführt, während ihre Gehirnaktivität gemessen wird. Dieser Schritt basiert auf der Erkenntnis, dass beobachtete Bewegungen dieselben neuronalen Aktivitätsmuster hervorrufen wie selbst ausgeführte Bewegungen – daher kann der Computer eine Korrelation herstellen zwischen den bereits bekannten (weil vorprogrammierten) Bewegungen des Roboterarms und der gemessenen, zunächst aber noch chaotischen Hirnaktivität. Schrittweise wird dann eine partielle Kontrolle des Roboterarmes durch die Patientin zugelassen bis diese zuletzt (in diesem Falle nach zehn Wochen) die sieben Freiheitsgrade der Prothese ohne Hilfe des Computers kontrollieren kann.

28.6 *Shared control* in neuroprothetisch-gestützter Agency

Die Frage nach dem Einfluss einer motorischen Neuroprothese auf die Handlungsfähigkeit des Menschen wird oft aus einer neuroethischen Perspektive gestellt, da der Eingriff in die neuronalen Grundlagen von Agency die Frage aufwirft, wer in diesem Falle letztlich handelt – der Patient oder die Prothese. Aufschlussreich ist diesbezüglich Walter Glannons Untersuchung der Frage, ob sich neurotechnologisch unterstützte Agency von ›natürlicher‹ Handlungsfähigkeit unterscheidet (Glannon 2014). Er geht dabei von einem handlungstheoretischen Verständnis von Agency aus: Handlungsrelevante mentale Zustände übersetzen sich in zielgerichtete Bewegungen, die die Intentionen des Akteurs realisieren und die wir Handlungen nennen können. Weiter argumentiert er, dass ein Brain-Computer-Interface (BCI) einen rein restaurativen und unterstützenden Effekt hat, weil es Handlungsfähigkeit für Patienten überhaupt erst wieder ermögliche: »as neural prostheses, BCIs do not supplant but supplement the agent's mental states in a model of *shared control*. Rather than undermining the subject's control of his behavior, they enable control by restoring the neural functions mediating the relevant mental and physical capacities« (Glannon 2014, 46, Herv. B. E.).

Im Falle von BCI-gesteuerten Neuroprothesen sei das Interface daher ein befähigendes Gerät (*enabling device*), da es die Fähigkeit des Akteurs unterstütze, Pläne zu fassen und auszuführen. Der Patient könne also seine eigenen neuronalen und mentalen Kapazitäten zu handeln nutzen und mithilfe des Interface gestörte oder eingeschränkte Anteile an diesen Kapazitäten kompensieren. Glannon sieht BCI-gestütze Agency daher als prinzipiell vergleichbar mit ›natürlicher‹ Agency an.

Der ›befähigende Charakter‹ des Interface hängt für Glannon einerseits davon ab, dass mentale Zustände (wie z. B. Intentionen) mithilfe des Interface zielgerichtete Bewegungen verursachen können, aber andererseits auch davon, dass sich der Akteur mit dem Gerät identifizieren kann. Diesen Prozess nennt Glannon ›erweitertes Embodiment‹ (*extended embodiment*), was die menschliche Fähigkeit beschreibt, externe Gegenstände in das eigene Körperbild einzubinden (vgl. hierzu Wilson/Foglia 2017). Die erfolgreiche Identifikation mit der Prothese sei zudem die Grundlage dafür, dass sich der Patient als ›Autor‹ seiner Handlungen verstehen könne (s. Abschn. 28.2: *sense of agency*). Glannon geht es also darum, neuroprothetisch unterstützte Handlungsfähigkeit nicht nur anhand der handlungstheoretischen Standardtheorie zu erklären, sondern den phänomenalen Charakter von Agency als elementaren Bestandteil des Phänomens einzubeziehen.

Glannons Argumentation stützt sich dabei maßgeblich auf sein Konzept von ›geteilter Kontrolle‹ (*shared control*). Handlungstheoretisch ergibt dies Sinn, wurde doch bereits oben festgehalten, dass das Gefühl der Autorschaft beim Handeln eng mit dem Phänomen des *sense of agency* verbunden ist – und eine basale Komponente von diesem ist der *sense of control* (s. Abschn. 28.2). Die erfolgreiche Identifikation mit dem Interface ist also abhängig davon, dass die Kontrolle über neuroprothetisch gestützte Handlungen zwischen Patient und Interface aufgeteilt wird. Glannon scheint damit zu meinen, dass Patient und Interface in einem sich jeweils ergänzenden Verhältnis stehen: Der Patient bestimmt, welche mentalen und neuronalen Zustände vom Interface ›dekodiert‹ werden können, die Ausführung von Bewegungen, die diesen Zuständen entsprechen, unterliegt dagegen der Kontrolle des Interface. Ohne den mentalen handlungsrelevanten ›Input‹ des Patienten gäbe es keine vom Interface erkennbaren Zustände, die eine Bewegung verursachen könnten – und ohne die Prothese gäbe es keine zielgerichteten Bewegungen. Wenn dieses Verhältnis verlässlich funktioniert, ist eine Ebenen übergreifende Handlungskontrolle gegeben und das Interface trägt dazu bei, dass der *sense of agency* wieder hergestellt wird und sich der Patient als Akteur und Autor seiner Handlungen verstehen kann.

Glannons Argumentation ist aufschlussreich, sein Konzept der geteilten Kontrolle lässt sich jedoch auf zweifache Weise vertiefen. Die erfolgreiche Herstellung von geteilter Kontrolle ist nämlich abhängig von einem wechselseitigen Lern- und Anpassungsprozess zwischen Patient und Prothese. Dabei lernt der Patient, seine Gehirnaktivität so zu beeinflussen, dass das Interface lernen kann, aus dieser Aktivität relevante Informationen über die intendierten Bewegungen herauszufiltern. Insofern dies ein *wechselseitiger* Prozess ist, liegt dabei eine echte *Interaktion* zwischen Mensch und Gerät vor, die über ein bloßes Nutzer-Werkzeug-Verhältnis hinausgeht. Die funktionalen und strukturellen Merkmale dieser Interaktion könnten einerseits handlungstheoretisch näher betrachtet werden, insbesondere weil (a) die Anpassungsleistung des Patienten der Erwerbung einer Bewegungskompetenz im Sinne von *skilled action* (s. Abschn. 28.2) vergleichbar zu sein scheint und (b) die Interaktion auch von dem erfolgreichen Zusammenspiel von propositionalen (phänomenal charakterisierten) und nicht-propositionalen (sub-personalen) Zuständen abhängt (vgl. *sense of agency*, *interface problem*). Hier könnte also die naturalistische Methode der Handlungstheorie weitere Einsichten hervorbringen. Andererseits bringt diese besondere Interaktionsform das handlungstheoretische Vokabular aber auch an Grenzen, die mithilfe einer soziologischen Perspektive sichtbar gemacht werden können.

28.7 ›Verteilte Handlungsträgerschaft‹ als Herausforderung für den Akteursbegriff

Insofern neuroprothetisch unterstützte Agency auf einem wechselseitigen Anpassungsprozess beruht und damit eine genuine Interaktion zwischen Patient und Prothese ermöglicht, kann das BCI nicht nur als passives Werkzeug verstanden werden – denn Interaktion setzt zwei Akteure voraus. Hieraus ergeben sich zwei grundsätzliche Probleme für handlungstheoretische Analysen: Einerseits erlaubt es das handlungstheoretische Vokabular nicht ohne weiteres, nicht-biologische Entitäten als Akteure zu begreifen, wird der Akteursbegriff derzeit doch maßgeblich strukturell (im Sinne von: neurophysiologisch) revidiert (s. Abschn. 28.3). Andererseits wird zwar Interaktion als Teilaspekt von Agency unter den Stichworten ›shared agency‹ und ›joint action‹ untersucht (für einen Überblick s. Roth 2017), allerdings stehen hier entweder rein funktionale (im Sinne von mentalen Zustände betreffende) Aspekte im Vordergrund oder strukturelle Aspekte werden im Hinblick auf ein externes Gegenüber untersucht. Da ein BCI aber direkt in die neuronale Basis des Akteurs eingreift, kann dieses nicht einfach als extern behandelt werden.

Um ein BCI als ›Interaktionspartner‹ verstehen zu können, muss es als Entität verstanden werden, dem potentiell eine Art von Akteursstatus oder ›Handlungsträgerschaft‹ zukommt. Die Arbeiten des Soziologen Werner Rammert bieten hierfür einen lohnenswerten Ansatzpunkt, da er das Verhältnis von Mensch und Technik unter dem Blickwinkel von ›verteilter Handlungsträgerschaft‹ (*distributed agency*) betrachtet (Rammert 2008, 2016). Rammert kritisiert die weitverbreitete Ansicht, dass Menschen handeln würden, Maschinen dagegen nur funktionierten, da er hier einen inhärenten Mensch-Maschine Dualismus am Werk sieht, der angesichts der rasanten Fortentwicklung der modernen Technik nicht mehr haltbar sei. Seine Arbeiten beziehen sich dabei auch auf das (klassische) handlungstheoretische Vokabular, das er zu aktualisieren und erweitern sucht, um neue Verhältnisse zwischen Mensch und Maschine identifizieren zu können.

Unter verteilter Handlungsträgerschaft versteht Rammert ein enges und komplexes Zusammenspiel von menschlichen und technischen Aktivitäten, das dazu führt, dass Kategorien wie ›Akteur‹ oder ›Handlung‹ nicht mehr ohne weiteres einem klar identifizierbaren Subjekt der Handlung oder einer vereinzelbaren Tätigkeit zugeschrieben werden können (für ein anschauliches Beispiel vgl. seine Analyse dazu, was es heißt, einen Airbus zu fliegen: Rammert 2008). Hierbei verteile sich Handlungsträgerschaft auf mehrere Instanzen, die nicht notwendigerweise Menschen sein müssen. Derartige Handlungen können also nicht isoliert beschrieben, sondern müssen aus einem ›Handlungsstrom‹ heraus nachkonstruiert werden. Rammert stellt dafür eine erweiterte Begrifflichkeit bereit, die menschlichen Akteuren technische ›Agenten‹ gegenüberstellt und die verschiedenen Interaktionen zwischen diesen Handlungsträgern systematisiert, wie etwa die ›Interaktion‹ zwischen menschlichen Akteuren oder die ›Inter-Aktivität‹ zwischen Akteuren und Agenten.

Auch wenn Rammert nicht spezifisch auf Neuroprothesen eingeht, sollte es sich lohnen, das Patient-Prothese Verhältnis als Form der Inter-Aktivität zu untersuchen – eine Analyse, die hier aber nicht durchgeführt werden kann. Dies würde den handlungstheoretisch geprägten Begriff der geteilten Kontrolle Glannons produktiv herausfordern, da in interaktiven Zusammenhängen Kontrolle als ein komplexes und emergentes Phänomen verstanden werden muss – ein Aspekt, der in Glannons Analyse nicht weiterverfolgt wird. In der Folge könnten dann auch Konsequenzen für die Begriffe Agency und Akteur (ganz im Sinne menschlicher Handlungsträgerschaft) ausgearbeitet werden.

(Dieser Beitrag wurde unterstützt von »BrainLinks-BrainTools«, einem Exzellenzcluster der Deutschen Forschungsgemeinschaft; DFG, Fördernummer EXC 1086.)

Literatur

Bayne, Tim: The Sense of Agency. In: Fiona Macpherson (Hg.): The Senses: Classic and Contemporary Philosophical Perspectives. Oxford 2011, 355–374.

Bratman, Michael: Intention, Plans, and Practical Reason. Cambridge, Mass. 1987.

Bratman, Michael: Planning, Time, and Self-Governance: Essays in Practical Rationality. New York 2018.

Butterfill, Stephen A./Sinigaglia, Corrado.: Intention and Motor Representation in Purposive Action. In: Philosophy and Phenomenological Research 88 (2014), 119–145.

Christensen, Wayne/Sutton, John/McIlwain, Doris J. F.: Cognition in Skilled Action: Meshed Control and the Varieties of Skill Experience. In: Mind & Language 31 (2016), 37–66.

Collinger, Jennifer L./Wodlinger, Brian/Downey, John E. u. a.: High-Performance Neuroprosthetic Control by An Individual With Tetraplegia. In: The Lancet 381 (2013), 557–564.

Fridland, Ellen: Skill and Motor Control: Intelligence All the Way Down. In: Philosophical Studies (2016), 1–22.

Glannon, Walter: Neuromodulation, Agency and Autonomy. In: Brain Topography 27 (2014), 46–54.

Graimann, Bernhard/Allison, Brendan/Pfurtscheller, Gert: Brain–Computer Interfaces: A Gentle Introduction. In: Dies. (Hg.): Brain-Computer Interfaces: Revolutionizing Human-Computer Interaction. Berlin 2010, 1–27.

Haggard, Patrick/Eitam, Baruch (Hg.): The sense of Agency. Oxford 2015.

Hornsby, Jennifer: Agency and Actions. In: Royal Institute of Philosophy Supplement 55 (2004), 1–23.

Jeannerod, Marc: The Cognitive Neuroscience of Action. Oxford 1997.

Keil, Geert: Handeln und Verursachen. Frankfurt a. M. 2000.

Lowe, Edward J.: Personal Agency: The Metaphysics of Mind and Action. Oxford 2008.

Mele, Alfred R.: Springs of Action: Understanding Intentional Behavior. New York 1992.

Mele, Alfred R: Aspects of Agency: Decisions, Abilities, Explanations, and Free Will. New York 2017.

Mylopoulos, Myrto: A Cognitive Account of Agentive Awareness. In: Mind & Language 32 (2017), 545–563.

Mylopoulos, Myrto/Pacherie, Elisabeth: Intentions: The dynamic hierarchical model revisited. In: Wiley Interdisciplinary Reviews: Cognitive Science (2018), e1481. DOI: 10.1002/wcs.1481.
O'Connor, Timothy/Sandis, Constantine: A Companion to the Philosophy of Action. Malden 2012.
Pacherie, Elisabeth: The Phenomenology of Action: A Conceptual Framework. In: Cognition 107 (2008), 179–217.
Papineau, David: Naturalism. In: Edward N. Zalta (Hg.): The Stanford Encyclopedia of Philosophy (Winter 2016 Edition), https://plato.stanford.edu/archives/win2016/entries/naturalism/.
Rammert, Werner: Where the Action Is: Distributed Agency Between Humans, Machines, and Programs. In: Uwe Seifert/Jin Hyun Kim/Anthony Moore (Hg.): Paradoxes of Interactivity. Bielefeld 2008, 62–91.
Rammert, Werner: Technik – Handeln – Wissen: Zu einer pragmatistischen Technik- und Sozialtheorie. Wiesbaden 2016.
Roth, Abraham Sesshu: Shared Agency. In: Edward N. Zalta (Hg.): The Stanford Encyclopedia of Philosophy (Summer 2017 Edition), https://plato.stanford.edu/archives/sum2017/entries/shared-agency/.
Schaffer, Jonathan: The Metaphysics of Causation. In: Edward N. Zalta (Hg.): The Stanford Encyclopedia of Philosophy (Fall 2016 Edition), https://plato.stanford.edu/archives/fall2016/entries/causation-metaphysics/.
Schlosser, Markus: Agency. In: Edward N. Zalta (Hg.): The Stanford Encyclopedia of Philosophy (Fall 2015 Edition), https://plato.stanford.edu/archives/fall2015/entries/agency/.
Setiya, Kieran: Intention. In: Edward N. Zalta (Hg.): The Stanford Encyclopedia of Philosophy (Summer 2015 Edition), https://plato.stanford.edu/archives/sum2015/entries/intention/.
Shepherd, Joshua: Conscious Action/Zombie Action. In: Noûs 50 (2016), 419–444.
Shepherd, Joshua: Skilled Action and the Double Life of Intention. In: Philosophy and Phenomenological Research (2017). DOI: 10.1111/phpr.12433.
Taylor, Richard: Action and Purpose. Englewood Cliffs 1966.
Wilson, Robert A./Foglia, Lucia: Embodied Cognition. In: Edward N. Zalta (Hg.): The Stanford Encyclopedia of Philosophy (Winter 2016 Edition), https://plato.stanford.edu/archives/win2016/entries/action/.
Wolpaw, Jonathan/Wolpaw, Elizabeth Winter: Brain-Computer Interfaces: Principles and Practice. Oxford 2012.
Wu, Wayne: Attention. New York 2014.

Boris Eßmann

29 Der menschliche Organismus in den Mechanismen der Fortpflanzungsmedizin

29.1 Natur/Kunst – und jenseits davon

Es falle recht leicht zu sagen, welche Mittel der Reproduktionsmedizin als »natürlich« und welche als »künstlich« gelten können, meinte 2006 der Philosoph und Bioethiker Dieter Birnbacher (2006, 138). Mit Hilfe von drei Kriterien – dem technischen Aufwand, der Frage, ob die eingesetzten Verfahren Nachahmungs- oder Nachhilfeeffekte erzeugen, und schließlich dem Grad des Eingriffs in die natürliche Variabilität des Humanen – versuchte Birnbacher »Stufen der Künstlichkeit« zu bestimmen, die dem bioethischen Diskurs Richtung verleihen und normative Argumente liefern sollten. In dieser Skala der Künstlichkeit erschien dem Philosophen die In-vitro-Fertilisation (IVF) relativ weit oben, die Leihmutterschaft dagegen deutlich niedriger angesiedelt zu sein, während die Geburtenkontrolle nach Knaus-Ogino ganz unten rangiere, jedenfalls bezogen auf den technischen Aufwand. Bezüglich des Themas »Nachahmung der Natur« sah die Sachlage ganz anders aus. Da lag die homologe IVF, bei welcher der Samen des Ehemannes verwendet wird, weit unten, während das Klonen mithilfe Kerntransfers sehr weit oben in der Stufenleiter der Künstlichkeit angesiedelt sei. Obwohl in beiden Fällen der technische Aufwand erheblich ist, so lautete das Argument, würden im Falle der IVF letztlich doch nur die natürlichen Prozesse technisch imitiert. Dagegen werde im Falle des Klonens massiv in den natürlichen Prozess eingegriffen, mit unabsehbaren Folgen für das Natürliche.

Bestimmte Verfahren als ›natürlich‹ oder ›künstlich‹ einzustufen, solche Gedankenexperimente und Denkmodelle sind eine Besonderheit eben jener Technikbereiche, die als unmittelbares Komplement zum Biologischen und/oder Natürlichen, also als Biomedizin oder Biotechnologie, aufgefasst und beschrieben werden. Birnbacher zufolge sind Vorstellungen von ›natürlich‹ und ›künstlich‹ zentrale Ressourcen in öffentlichen Meinungsbildungsprozessen. Er geht sogar davon aus, dass »der Unterscheidung zwischen Natürlich und Künstlich im alltagsmoralischen Denken bedeutend mehr legitimierende Kraft zugestanden wird als in der akademischen Ethik« (Birnbacher 2006, 21). Wie dem auch sei, Anstrengungen der Klassifizierung lassen sich positionsunabhängig bei den Protagonisten der Biomedizin ebenso finden wie unter Kritikern. Eine Referenz auf die Natur oder Natürlichkeit wurde besonders sichtbar in den »Chancen und Risiken« – Debatten im politischen Raum; aber auch im feministischen Diskurs verbindet die Kategorie der Natur die verschiedensten Strömungen (Hofmann 1999). Die Positionen sind fließend, und es ist angesichts einer im Blickpunkt der Öffentlichkeit sich ständig weiter entwickelnden Biomedizin kaum ein Endpunkt der Debatten auszumachen, nicht zuletzt, weil über die Technologisierung des Biologischen weitgehend verfahrensunabhängig verhandelt wird. Ob In-vitro-Fertilisation, Präimplantationsdiagnostik oder Stammzellforschung – jede der modernen Fortpflanzungstechniken ist zum Gegenstand gesellschaftlicher Aushandlungen geworden.

In der Diskussion über die (Nicht-)Natürlichkeit der Technologien lassen sich zumeist entweder affirmative oder ablehnende Positionen gegenüber einem neuen Verfahren finden. Mehr oder weniger gemeinsam ist allen diesen Ansätzen ein Verständnis von Natur, welches als Basis von Kultur konzipiert ist (vgl. Schiemann 2005; Raml 2010). Das heißt, Kultur wird als modifizierte, vom Menschen gemachte Natur begriffen. Ändert die Technikentwicklung den Naturzustand, so gerät die Wahrnehmung von Natur unter Umständen in die Krise. Eine Neuorientierung des Verhältnisses von ›natürlich‹ und ›künstlich‹ ist die Folge, um Bewertungen eines erwünschten oder unerwünschten Technikeinsatzes zu gewinnen. Dass solche Bewertungen nicht nur hochgradig arbiträr, sondern als Bestandteil eines soziotechnischen Lernprozesses nachgerade unverzichtbar für die gesellschaftliche Implementierung kontroverser Technologien sind, diese Perspektive ist erst seit den 1990er Jahren durch die Science & Technology Studies problematisiert worden – etwa in den Arbeiten von Donna Haraway und Bruno Latour. Haraway (1997), die das Cyborg-Konzept in die feministische Debatte um Gen- und Fortpflanzungstechniken einbrachte, sprach von einer Implosion von Natur und Kultur (s. Kap. II.G.24). Viele ehemals biologische Kategorien, wie etwa der Begriff der ›Art‹, würden sich als unbrauchbar erweisen, wenn man beispielsweise die genetisch modifizierte *oncomouse* betrachte. Haraway versuchte stattdessen, moderne Identitäten als »naturecultures« (Haraway 2003, 12) zu betrachten, das heißt davon auszugehen, dass das Verhältnis der beiden Konzepte nur als vielschichtige Wechselbeziehung studiert werden kann.

Bruno Latour wiederum hatte in *Wir sind nie modern gewesen* darauf hingewiesen, dass das Projekt, Natur und Kultur als zwei ontologisch getrennte Zo-

K. Liggieri / O. Müller, *Mensch-Maschine-Interaktion*, https://doi.org/10.1007/978-3-476-05604-7_29

nen zu denken, von Beginn an zum Scheitern verurteilt gewesen sei, weil es beständig Mischwesen zwischen Natur und Kultur in die Welt gesetzt habe. Deshalb sei gerade der Begriff Kultur »ein Artefakt, das wir durch Ausklammern der Natur produziert haben« (Latour 1995, 139). Nicht die ständigen Verschiebungen zwischen Natur und Kultur seien von Interesse, so sein Resümee, historisch zu untersuchen sei vielmehr die Arbeit an der Grenzziehung selbst – die beständige Rekonfigurierung des Verhältnisses von Natur und Technik.

Doch es geht nicht nur darum, die Dichotomie Natur/Technik zu reflektieren. Gerade in Bezug auf biomedizinische Entwicklungen, weisen Autoren darauf hin, dass das Modell längst umgestülpt worden sei. Keinesfalls um durch die Hintertür das dichotomische Denken wieder einzuführen, sondern nur um die Qualität der jüngsten Entwicklungen zur Diskussion zu stellen, betonen sie, nicht die Technik sei künstlich, sondern die Natur selbst. Wir leben in einer Zeit, so Hans-Jörg Rheinberger, in der die natürliche Integrität aufgehört hat zu existieren. Wir sind »Zeugen einer globalen, irreversiblen Transformation lebender Wesen, und damit Zeugen des voraussichtlichen Endes der ›natürlichen‹ Evolution« (Rheinberger 1996, 289). Das Natürliche ist das Künstliche, und die Biologie denaturalisiert worden. Angesichts neuer biologischer Entitäten wie geklonter transgener Tiere, genetisch modifizierter Pflanzen oder patentierter Gensequenzen ist das, was bislang als natürlich gegolten hat, nicht mehr existent, so Sarah Franklin (Franklin 1997, 2000). Die Fortpflanzungstechniken haben »unnatural kinds« (ebd., 188) wie beispielsweise kryokonservierte Embryonen in die Welt gesetzt.

Schon die Latoursche Rede von Hybridwesen, die ja Vorstellungen von zwei Polen voraussetzt, die sich vermischen sollen, verlangt, die Verbindung von Instrumenten, Konzepten und biologischen Substanzen neu zu denken. Haraway (1997, 52) sprach in diesem Zusammenhang von Fusionen, die zu »living tools« geformt werden. Rheinberger (1996, 289 f.) machte darauf aufmerksam, dass in der Anwendung von molekularbiologischen und biomedizinischen Technologien Körpersubstanzen selbst zu Werkzeugen des Bioengineering geworden sind. Bis Ende der 1960er Jahre hätten Biologen und Mediziner mit Techniken operiert, die man als biophysikalische, biochemische und genetische Verfahren klassifizieren konnte. Danach habe die Art und Weise, in der molekulare Strukturen und Prozesse des Organismus der Manipulation zugänglich gemacht wurden, einen grundlegenden Wandel erfahren. Betrachte man die zentralen Werkzeuge der Gentechnologie, so handele es sich durchwegs um biologische Makromoleküle, die als »technische Geräte« zugleich mit metabolischen Prozessen interferieren.

Da die Praxis der Fortpflanzungsmedizin mittlerweile recht gut untersucht ist (vgl. Bergmann 2014; Bernard 2014), werden im Folgenden anhand einiger empirischer Ergebnisse diese Überlegungen weitergeführt. Im ersten Teil wird das Verhältnis von In-vitro- und In-vivo-Zeugung analysiert, der Organismus als *locus technicus* beschrieben bzw. der Status der Gameten im epistemischen Raum des Labors sowie der Embryo als fortpflanzungsmedizinisches Produktionsziel betrachtet. Als Konsequenz aus diesen Betrachtungen wird abschließend noch einmal die These aufgegriffen, dass der Gegensatz zwischen Natur und Kultur, der der Fortpflanzungsmedizin zugrunde liegt, von dieser selbst transformiert und aufgelöst wird.

29.2 In-vitro- und In-vivo-Zeugung

Es ist eine Ironie der Geschichte: Zu den vielen sprachlichen Wendungen, die die Fortpflanzungsmedizin genommen hat, gehört die Tatsache, dass die ›künstliche Befruchtung‹ ursprünglich keine Befruchtung außerhalb des Körpers, sondern eine Insemination war (Orland 2017). Als Insemination wird jene Form der Befruchtung bezeichnet, die nicht durch Geschlechtsverkehr initiiert wurde, sondern bei der der Frau entweder Fremdsperma (*Artifical insemination by donor*, AID) oder das Sperma des Ehemannes (homologe Insemination) injiziert wird. Heutzutage ist dies nach allgemeinem Verständnis ein *low-tech*-Verfahren, aber Ende des 18. Jahrhunderts, als es Lazzaro Spallanzani erstmalig gelang, auf diesem Wege eine Schwangerschaft zu erzielen, war die Überraschung groß, weil er zufällig den richtigen Zeitpunkt der Ovulation erwischt hatte. Die extrakorporale Befruchtung, vor allem bei Amphibien, erschien dagegen überhaupt nicht künstlich oder unnatürlich. Sie war nicht nur im Tierreich weit verbreitet, sie war für Mediziner und Embryologen bis weit in das 20. Jahrhundert auch die einzige Möglichkeit, den Befruchtungsvorgang zu beobachten.

Als dann im Verlaufe des frühen 19. Jahrhunderts die Experimentiertechnik der ›künstlichen Befruchtung‹ zur Grundlage der embryologischen Forschung wurde, konnte sie im Einzelfall sehr verschiedenes bedeuten, je nachdem, in welchen wissenschaftlichen

Kontext sie eingebunden war. Hauptsächlich war das embryologische Fachpublikum damit befasst, die ›natürlichen‹ Vorgänge der Befruchtung und frühen Embryogenese zu begreifen (Maienschein 2003); an einen Embryotransfer wurde kaum gedacht. Wozu auch, konnte man danach doch außer der Feststellung der Trächtigkeit des Labortieres nichts mehr beobachten. Ob hierbei ›künstliche‹ Befruchtungsversuche dienlich sein könnten, war durchaus umstritten. ›Kunstprodukte‹ aus dem Reagenzglas konnten Artefakte beherbergen, die das Wissen über den Naturprozess erheblich beeinflusst hätten. Wenn dagegen Gynäkologen zur selben Zeit von ›künstlicher Befruchtung‹ sprachen, dann meinten sie nach wie vor nur die durch einen Arzt vorgenommene Insemination von Samenflüssigkeit in die Gebärmutter einer Frau. Der Sinn und Zweck dessen war ebenfalls umstritten; aber die Gynäkologie betrachtete den weiblichen Körper als Experimentierfeld für mechanische Eingriffe verschiedenster Art. Unfruchtbarkeit galt per definitionem als weibliches Problem (Marsh/Ronner 1999).

Querverweise zwischen den verschiedenen Praktiken der ›künstlichen Befruchtung‹ existierten bis in die Zeit nach dem Ersten Weltkrieg so gut wie nicht. Erst danach wurde nach und nach die Unterscheidung von natürlicher und künstlicher Befruchtung in diejenige von in-vivo und in-vitro transformiert (Schreiber 2007, 118). Ein Grund dafür war, dass nun die Grenzen zwischen Agrarwissenschaft, Gynäkologie, Biologie, Veterinärmedizin und der einsetzenden Hormonforschung durchlässiger wurden. Zwar variierten auch weiterhin die Versuchsbedingungen der verschiedenen Forschergruppen, nun aber wuchs das Interesse an der Arbeit der anderen (Clarke 1998). Zum einen trat die Erforschung der komplizierten Vorgänge des weiblichen Zyklusgeschehens (Eireifung, Eisprung etc.), der Geschlechtshormone, der Interaktion der Gameten (Samen- und Eizelle) und der Schwangerschaftsverlauf in ihre Hochphase. Zum anderen nahmen die Versuche Gestalt an, ein oder mehrere Eizellen einer Frau mit aufbereitetem Sperma in einer Petrischale zu befruchten, um anschließend die hierbei entstandenen Embryonen in ihren Körper (oder den einer anderen Frau) zu transferieren.

Vorerst jedoch – eine weitere Ironie der Geschichte – wurden alle Experimente wegen des kontroversen Charakters des Forschungsgebietes ›Fortpflanzung‹ unter anderem Etikett durchgeführt. Fruchtbarkeit und Unfruchtbarkeit sind aneinandergrenzende, sich überlappende, vor allem zeitliche Zustände, die sich schon im normalen Zyklusgeschehen der einzelnen Frau permanent ablösen (Orland 2001). Gerade in der Endokrinologie lassen sich die zum Einsatz kommenden Mittel und Verfahren daher in die eine wie die andere Richtung polen, je nachdem wann sie zum Einsatz gebracht werden. So wie die ersten klinischen Versuche mit chemisch-hormonellen Kontrazeptiva an Frauen durchgeführt wurden, die ohne erkennbaren Defekt an ihren Fortpflanzungsorganen nicht schwanger werden oder bleiben wollten, so begannen die ersten Versuche einer Reagenzglasbefruchtung im Zusammenhang mit Hysterektomien (operative Entfernung des Eierstockes). Das Hauptproblem aller Forschung war nämlich nicht die extrakorporale Befruchtung im Labor, sondern die Beschaffung weiblicher Eizellen.

Schwangerschaften künstlich zu verhüten oder zu erzeugen, dieser subtile Übergang stand schließlich auch bei den Experimenten des Embryotransfers in die Gebärmutter im Vordergrund (ebd., 17). Die Worcester Foundation for Experimental Biology in Shrewsbury/USA war eigentlich für die Entwicklung von Kontrazeptiva gegründet worden. Doch hier gelang es 1959 dem Chinesen Min Chenh Chang erstmalig eine Schwangerschaft nach extrakorporaler Befruchtung und Embryotransfer bei einem Kaninchen zu erzielen. Und als dann die Öffentlichkeit im Jahre 1978 von der ersten geglückten Schwangerschaft und Geburt eines Kindes nach einer Retortenbefruchtung erfuhr, war fortan die bislang herrschende Sprachverwirrung geklärt. Ausschließlich und alleine die extrakorporale oder In-vitro-Befruchtung wird seither als ›künstliche‹ Befruchtung verstanden.

29.3 Die Gameten als Agenten

Schon der kurze historische Abriss lässt erkennen, dass die vermeintliche Präzision der technischen Handlungen mit der Undeutlichkeit der in die Verfahren projizierten Deutungen der Zeugung, der Empfängnis, der Befruchtung, der Verschmelzung der Gameten usw. einhergeht. Es kann daher kaum überraschen, dass sich im Wechselspiel mit der Technikentwicklung die Naturvorstellungen unter Umständen erheblich ändern. Mehrfach hat das Wissen um die Natur der Fortpflanzung radikale epistemische Wendungen genommen: eine davon ist, dass Ei- und Samenzelle zu den entscheidenden Akteuren des Fortpflanzungsgeschehens wurden. Auch wenn das Mikroskop die kleinen ›Samentierchen‹ schon im 17. Jahrhundert auftauchen ließ, etwa zum selben

Zeitpunkt, als William Harvey die Existenz eines Eies postulierte und seinen berühmten Ausspruch *omnia ex ovo* formulierte, so geschah dies doch erst im Verlaufe des 19. Jahrhunderts. Allen Ideen über präformierte oder epigenetisch entfaltete Lebewesen zum Trotz, die Zeugung blieb bis dahin ein Schöpfungsakt, ein Entwicklungsprozess, eine generative Produktion, und nicht ein auf die Verschmelzung von zwei Substanzen konzentrierter Moment. Erst nachdem 1824 zunächst die menschliche Eizelle und dann sehr viel später, 1875/76, die Zellkernfusion beschrieben worden waren, wurden Eizelle und Spermatozoen zu den entscheidenden Agenzien der Reproduktion (Arni 2008). Es war nicht zuletzt die Durchsetzung der Zelltheorie und die erfolgreiche Entwicklung von Zellkulturen, die zur Entdeckung der Lebensfähigkeit von Zellen außerhalb des Körpers führte und damit den Übergang von In-vivo- zu In-vitro-Techniken einläutete (Landecker 2007).

Befruchtung als ein biologischer Mechanismus, bei dem autonome Substanzen interagieren, hat seither den klassischen Technikbegriff enorm herausgefordert. Zwar kann man sagen, dass die physiologische Funktion der Gameten – hier ihre physische Verschmelzung – von einem sozio-technischen Laboraufbau umrahmt ist, der aus einem Gefüge von Mikroskopen, Petrischalen, Nährmedien und Mikromanipulatoren besteht (vgl. Bergmann 2014, 47 ff.). Doch alle labortechnischen Ausrüstungen zielen auf die Konstruktion einer experimentellen Umgebung ab, die es erlaubt, das natürliche Habitat des Körpers zu ersetzen und ein Milieu zu erzeugen, welches es isolierten Zellen ermöglicht, metabolische Prozesse einzugehen. Da eine in sich geschlossene, einheitliche Körperhandlung nicht gesamthaft technisierbar war, musste nach und nach ein komplexer Prozess in eine Art Baukastenfortpflanzung mit vielen einzelnen Schritten und klar definierten Agenten verwandelt werden. Erstens können wir heute nicht nur sagen, welche Körperorgane und Substanzen (Gameten, Hormone, Chromosomen etc.) wann wo welche Funktionen in einem komplexen Geschehen übernehmen. Techniken, wie die In-vitro-Fertilisation (IVF), ICSI (die Mikroinjektion einer ausgewählten Samenzelle in eine Eizelle), Klonforschung, Präimplantationsdiagnostik oder Stammzelltherapie sind auch nur deshalb möglich geworden, weil die isolierten und gereinigten Zellen heute als ›weiche‹ Technologie im Labor zur Verfügung stehen. Ihre Existenz und ihre Fähigkeiten als *soft kits* der Medizin sind ohne den experimentaltechnischen Aufwand aber nicht denkbar. Es ist die Produktion von Natur selbst, die in den Laboren stattfindet, einer Natur, die sich zugleich als Werkzeug eines im Labor simulierten Vorganges anbietet.

Es ist nun interessant zu beobachten, wie sich mit jeder labortechnischen Entwicklungsetappe die medizinische wie auch öffentlich-politische Betrachtung des Zeugungsvorganges verändert. Der Soziologe Sven Bergmann, der eine ethnographische Studie in mehreren europäischen Kliniken der Fortpflanzungsmedizin durchgeführt hat, liefert in einem Vergleich von In-vitro-Fertilisation und ICSI aufschlussreiche Beobachtungen zu diesem Thema (Bergmann 2014, 208 ff.). ICSI war 1992 als Laborunfall in Brüssel entstanden. Ein an der Universität experimentierender Biologe hatte versucht, mit einer Mikrospritze ein Spermium unter die schützende Hülle einer Eizelle zu platzieren. Dabei handhabte er sein Gerät allzu temperamentvoll, er durchbohrte das Ei zur Hälfte und spuckte das Spermium mitten drin aus. Die Anwesenden beschlossen, trotz dieses Missgeschicks die malträtierte Eizelle zu kultivieren. Nach wenigen Tagen war aus dem verunfallten Experiment ein Embryo entstanden. Das direkte Einspritzen eines Spermiums in die Eizelle unter dem Mikroskop sollte sich bis heute zu einer Standardmethode entwickeln.

Im Vergleich zur historisch älteren IVF erschien ICSI nun aber als eine willkürliche Selektion. Kritiker argumentierten, dass die Evolution außer Kraft gesetzt werde, wenn die Gameten ausgewählt werden. In der Tat ist der Eingriff mit ICSI deutlich invasiver. Während die Keimzellen bei der IVF in der Petrischale ihren Status als Agenten behalten – sie reproduzieren sich, oder nicht – wird bei ICSI das biologische Material einer vorherigen Evaluation und anschließender Selektion unterzogen. Bei der IVF wird den Keimzellen eine Umwelt geschaffen, in der sie interagieren können. Diese Interaktion wird beobachtet, und erst dann, wenn sich das erwartete Ergebnis der Zellteilung eingestellt hat, greift der Embryologe wieder ein und bereitet einen Embryotransfer vor. Mit der ICSI wird bereits die Intra-Aktion der Gameten manipuliert, die Agenten werden zu Ressourcen degradiert, die man sich nicht selbst verbinden lässt. Beide Zellen werden passiv gemacht. Bergmann berichtet von einer Tagung spanischer Reproduktionsmediziner/innen, bei der es zu einer kurzen Kontroverse über die Unterschiede zwischen IVF und ICSI kam. Ein Arzt meinte: »ICSI ist keine Behandlung, sondern Penetration, die Befruchtung fängt erst danach an!« (Bergmann 2014, 217). Womit gesagt werden sollte, dass ICSI in den Prozess der genetischen Verschmelzung von Eizelle und Spermium und der Rekombination chromosomalen Materials gar nicht eingreife.

ICSI hat in der Folge auch zu einer Neubewertung der IVF geführt. Darstellungen der invasiven Mikromanipulation bei ICSI führten dazu, dass bei der ›klassischen‹ IVF mehrheitlich von ›assistierter‹ an Stelle von ›künstlicher‹ Befruchtung gesprochen wurde. Die IVF wird als »giving nature a helping hand« (Franklin 1997, 188) beschrieben, während ICSI als Manipulation aufgefasst wird, umschrieben mit dem Bild einer Natur, der auf die Sprünge geholfen wird. In beiden Fällen aber geht es nur noch um den Moment, in dem Eizelle und Spermatozoen als quasi-autonome Einheiten entweder selbsttätig oder von menschlicher Hand erzwungen miteinander agieren. Alle vorherigen und nachfolgenden Prozesse treten dahinter zurück.

29.4 Der Organismus als *locus technicus*

Eine solche Perspektive verkennt, dass nicht nur im Labor Natur produziert wird, sondern dass der Organismus als Technikproduzent fungiert. Insbesondere der weibliche Körper ist auf verschiedenen Ebenen in die Abläufe der Fortpflanzungsmedizin eingespannt. Wenn nur noch der Kontakt der quasi-autonomen Keimzellen in der Petrischale als Zeugung angesehen und schon die anschließende Zellteilung im Inkubator als natürlicher Vorgang gedeutet wird, auf den der Mensch keinen Einfluss hat, ist es wenig überraschend, dass auch alle hormonellen Vorbereitungen der Frau, einschließlich des Transfers des Embryos in ihren Uterus und die Feststellung einer Schwangerschaft nicht als Bestandteil der technischen Vorgänge gedeutet werden.

Doch bereits mit der Möglichkeit, die Anzahl der produzierten Eizellen durch Hormonstimulierung zu beeinflussen, verlässt der Fortpflanzungsmediziner das klassische Arbeitsparadigma des Arztes, der einen Körper heilt oder in seiner Wiederherstellung unterstützt. Er konstruiert auch nicht nur unter Reagenzglas-Bedingungen im Labor einen Embryo, vielmehr nutzt er die Fähigkeiten des weiblichen Körpers, im Organismus selbst bestimmte Objekte herzustellen, die auf den weiteren Verlauf der Arbeiten im Labor einen erheblichen Einfluss haben. Der weibliche Körper ist nämlich kein einfacher Rohstofflieferant. In mehreren Situationen muss vielmehr eine Abstimmung zwischen dem Zyklus der Frau und den zeitlichen Möglichkeiten des Behandlungsteams erreicht werden, weshalb man im Laufe der Jahre mit verschiedensten Stimulationsschemata experimentiert hat (Kemeter 1989). Schließlich ist die Kontrolle des Zyklus für die Festlegung des Zeitpunktes für einen Embryotransfer in den Uterus unverzichtbar. Und auch für das erfolgreiche Einsetzen eines Embryos nach Eizellenspende und IVF/ICSI ist eine Synchronisation der Zyklen von Spenderin und Empfängerin notwendig.

Den weiblichen Organismus in ein Labor zur gezielten Herstellung von Keimzellen umzuwandeln, ist für den Erfolg einer Behandlung entscheidend. Da man durch Hormonkontrolle bis zu 40 Eizellen reifen lassen kann (normal ist eine Eizelle pro Zyklus), und die Anzahl befruchtungsfähiger Eizellen die Befruchtungsrate beeinflusst, kann man verstehen, warum die Anzahl der punktierten Eizellen pro Zyklus zu einem Streitpunkt der Fortpflanzungsmedizin geworden ist. Denn die Gesetzgeber wollten sowohl die Selektion als auch die Vernichtung von überschüssigen Embryonen bzw. ihre Verwendung in der Forschung verhindern. Das sprach von Beginn an dafür, nur so viele Eizellen herzustellen, wie auch potentiell als Embryonen transferiert werden können. Da aber andererseits von der Anzahl der punktierten Follikel die Fertilisierungsrate abhängig ist, handelt es sich hierbei um eine empfindliche Einschränkung für die Fortpflanzungsmedizin: Die sogenannte Fertilisationsrate bezeichnet das Verhältnis von punktierten Eizellen zu gewonnenen Embryonen, dieser statistische Wert steigt mit der Anzahl der Eizellen, die zur Befruchtung zur Verfügung stehen (vgl. Felberbaum u. a. 2007).

29.5 Produkt ›Embryo‹

Dass sich der Arbeitscharakter der Fortpflanzungsmedizin erheblich von anderen biomedizinischen Fachgebieten unterscheidet, liegt also nicht zuletzt am Erfolgsdruck, unter dem alle Beteiligten stehen (vgl. für den gesamten Abschnitt Orland 2006). Embryonen sind der lebende Beweis für das Gelingen eines biomedizinischen Verfahrens. Da aber nur evidenzbasierte Therapien von den Krankenkassen bezahlt werden dürfen, muss folglich jedes Mittel eingesetzt werden, um das gewünschte Ergebnis zu erzielen. Und nicht nur das, durch die Bedingungen der eingesetzten technischen Mittel muss sichergestellt werden, dass das gewünschte Ergebnis bestimmte Qualitätskriterien erfüllt. In der Sprache der Betriebswirtschaft ausgedrückt, eine effiziente Embryoproduktion als Massenfertigung ist von den Fertigungsbedingungen her auf Qualitätssicherung angewiesen. Qualitätssicherung meint hier aber nicht nur die innerhalb der Medizin übliche Dokumentation der Behandlungen unter Einbeziehung verschiedenster Aspekte aller Behandlungsschritte, den Einsatz der erhobenen Daten zur Standardisierung der Verfahren, für die Ausbildung des medizinischen Personals sowie für epidemiologische und wissenschaftliche Fragestellungen. Qualitätssicherung bezieht sich hier unmittelbar auf die Erzeugung des Embryos selbst. Dieser Prozess geschieht in einem stark arbeitsteiligen und zeitlich gegliederten Verfahren, bestehend aus den Behandlungsetappen der Stimulation, Eizellentnahme, Fertilisierung, Embryonen-Kultur, Embryotransfer und Schwangerschaftsfeststellung. Jeder dieser Teilabschnitte der Erzeugung eines Embryos kann und muss als Erfolg oder Misserfolg bewertet werden. Anders gesagt, der Erfolg einer Etappe bemisst sich nicht am Endergebnis – der Geburt eines Kindes – sondern am jeweils darauffolgenden Behandlungsschritt.

Evaluations- und Selektionspraktiken sind zunächst bzgl. der Auswahl der Ei- und Samenzellen involviert. Das biologische Ausgangsmaterial muss in eine Aussage über den Erfolg des ganzen Unterfangens transformiert werden. Während die Spermaanalyse mit Hilfe von makroskopischen Zählmethoden und biochemischen Verfahren erfolgt, kann die Beurteilung von Eizellen und Embryonen allein durch den morphologischen Blick der Labormitarbeiter erfolgen. Morphologische Kriterien wie die Entwicklung des Zellkerns oder die Fragmentation der Zelle erlauben Aussagen darüber, ob eine befruchtete Eizelle ›schön‹ ist und sich zu einem Embryo entwickeln wird. Visualisierungen unterstützen den morphologischen Blick des Embryologen. Bilder des Embryos dienen im Labor der Bewertung und Selektion. Der Text gibt Leseanweisungen darüber, nach welchen Kriterien die Bewertungen vorgenommen werden sollen. Bildunterschriften sprechen von »exzellenter Qualität«, von »guter Qualität«, einer noch »akzeptablen Qualität« und der »schlechten Qualität« (Orland 2006, 233).

Die im Bild festgehaltene morphologische Beurteilung dient dem Zweck, eine prospektive Abschätzung über den möglichen Erfolg einer Weiterentwicklung des Embryos nach dem Transfer in die Gebärmutter einer Frau zu geben. ›Normale‹ und ›Abnormale‹ Entwicklungsstadien werden zugleich für die Spermien und Eizellen definiert. Der Begriff ›Reife‹ ist von entscheidender Bedeutung, denn vom Reifegrad der Eizelle hängt der Erfolg des nächsten Verfahrensschrittes ab. Eine allgemein gültige Biometrie und Statistik für die Realisierung einer Qualitätskontrolle zur Optimierung der In-vitro-Reifung und In-vitro-Kultur menschlicher Oozyten bzw. frühen Embryonen zu entwickeln, gehörte zu den vordringlichsten Aufgaben der Arbeitsgemeinschaft Reproduktionsbiologie des Menschen in den 1990er Jahren. Die Arbeit an *Scoring*-Techniken schritt so zügig voran, dass Anfang des neuen Jahrtausends nicht wenige Reproduktionsmediziner forderten, die präzise Bewertung der Qualität des einzelnen Embryos an die Stelle der in vielen Ländern vom Gesetzgeber vorgeschriebenen maximalen Anzahl von zu fertilisierenden Eizellen zu setzen. Voraussetzung dessen wäre allerdings, dass Embryonenkulturen im Labor auch deutlich über das Vorkernstadium hinaus vorgenommen werden dürften, was in den meisten europäischen Ländern aber verboten war (vgl. Michelmann 2000).

29.6 Fazit

Die Fortpflanzungsmedizin hat Prozesse aus dem Körper ins Labor verlagert. Es wurden Umgebungen gestaltet, die dem jeweils aktuellen Stand des Wissens über die natürlichen Prozesse gemäß dem natürlichen Vorgang der Fortpflanzung simulieren sollten. Zugleich hat die Fortpflanzungsmedizin aber den menschlichen Körper selbst zum Bestandteil eines experimentellen Laborsettings gemacht und Verfahren entwickelt, die weit über das hinausgehen, was gemeinhin unter Manipulation oder Kontrolle verstanden werden. Der Körper liefert nicht nur die Zell-Werkzeuge, mit denen im Labor weitergearbeitet werden kann. Der Organismus selbst ist zum *locus technicus* geworden, der auf verschiedene Weise in das Labor-Setting eingespannt wird. So betrachtet, hat die Etablierung, Konsolidierung und Normalisierung der neuen Fortpflanzungstechnologien nicht nur zu einer Verschiebung der bekannten Grenzziehungen zwischen Natur und Kultur geführt, zwischen dem, was als künstlich und was als normal gilt, was als assistierte und als extrem invasive Technik angesehen wird. Mit ihrer vielschichtigen Verwendung des menschlichen Organismus hat sie das moderne Projekt, eine klare Unterscheidung zwischen der Naturgeschichte und der Sozial- oder Kulturgeschichte zu treffen, selbst unterminiert. Im Diskurs über die Fortpflanzungsmedizin wurde diese Wahrnehmung der Geschichte in einem allmählichen Prozess aufgeweicht und ausgehöhlt. Immer wieder von neuem wurde und wird die Natur-Kultur-Dichotomie bemüht, doch immer weniger überzeugend sind die Resultate dieses Denkmodells. Die Inkorporierung und Naturalisierung von Technologien hat im 21. Jahrhundert die klassische Wahrnehmung des Verhältnisses von Natur und Gesellschaft unwiderruflich auf den Kopf gestellt. Technologien wie die In-Vitro-Fertilisation (IVF), die geschaffen wurden, der Natur zu assistieren, zeigen, wie geschaffen und artifiziell diese ist und schon immer war (vgl. Schwerin/Stoff/Wahrig 2013).

Herausgekommen sind Existenzen und Identitäten, die wie etwa zur Adoption freigegebene Kryo-Embryonen keinerlei Referenz zu vorherigen Naturobjekten mehr vorweisen. Vielmehr sind sie beredte Beispiele für jene Existenzweisen (*modes of existence*; s. Kap. II. B.9), die Bruno Latour in seinen jüngsten Forschungen beschrieben hat. In seinem Versuch, ein offenes, pluralistisches und dynamisches Bild von Gesellschaften zu gewinnen, spricht er heute davon, dass Dinge ständig auf neue Weise verwoben werden; daraus resultierende Existenzen müssen, als besonderer Ausdruck dieses Handelns, als eine Form von ungewöhnlichen Verbindungen und als eine neue Art, die materielle Welt zu lesen, gedacht werden (Latour 2013).

Literatur

Arni, Caroline: Menschen machen aus Akt und Substanz. Prokreation und Vaterschaft im reproduktionsmedizinischen und im literarischen Experiment. In: Gesnerus. Swiss Journal of the History of Medicine and Science 65 (2008), 196–224.

Bergmann, Sven: Ausweichrouten der Reproduktion. Biomedizinische Mobilität und die Praxis der Eizellspende. Wiesbaden 2014.

Bernard, Andreas: Kinder machen. Neue Reproduktionstechnologien und die Ordnung der Familie. Samenspender, Leihmütter, Künstliche Befruchtung. Frankfurt a. M. 2014.

Birnbacher, Dieter: Natürlichkeit. Berlin 2006.

Clarke, Adele: Disciplining Reproduction. Modernity, American Life Sciences and ›the problem of sex‹. Berkeley 1998.

Felberbaum, Ricardo E./Bühler, Klaus/Ven, Hans van der: Das Deutsche IVF-Register 1996–2006. 10 Jahre Reproduktionsmedizin in Deutschland. Heidelberg 2007.

Franklin, Sarah: Embodied Progress. Cultural Account of Assisted Conception. New York 1997.

Franklin, Sarah/Lury, Celia/Stacey, Jackie: Global nature, global culture. London 2000.

Haraway, Donna J.: Modest_Witness@Second_Millennium. FemaleMan©_Meets_ OncoMouse™. Feminism and Technoscience. London 1997.

Haraway, Donna J.: The companion species manifesto. Dogs, people, and significant otherness. Chicago 2003.

Hofmann, Heidi: Die feministischen Diskurse über Reproduktionstechnologien. Positionen und Kontroversen in der BRD und den USA. Frankfurt a. M. 1999.

Kemeter, Peter: Praxis der In-vitro-Fertilisation (IVF) im Rahmen der Sterilitätsbehandlung. In: Jürgen Mohr/Christoph Schubert/Ortrun Jürgensen (Hg.): Management der Unfruchtbarkeit. Anfragen an die Reproduktionsmedizin. Heidelberg 1989, 27–43.

Klotz, Maren: (K)information. Gamete Donation and Kinship Knowledge in Germany and Britain. Frankfurt a. M. 2014.

Landecker, Hannah: Culturing life. How Cells Became Technologies. Cambridge, Mass. 2007.

Latour, Bruno: Wir sind nie modern gewesen. Versuch einer symmetrischen Anthropologie. Berlin 1995.

Latour, Bruno: An Inquiry into Modes of Existence. An Anthropology of the Moderns. Cambridge, Mass. 2013.

Maienschein, Jane: Whose view of life? Embryos, cloning and stem cells. Cambridge, Mass. 2003.

Marsh, Margaret/Ronner, Wanda: The Empty Cradle. Infertility in America from Colonial Times to the Present. Baltimore 1996.

Marsh, Margaret/Ronner, Wanda: The Fertility Doctor. John Rock and the Reproductive Revolution. Baltimore 2008.

Michelmann, Hans-Wilhelm: Der programmierte Misserfolg. Die Dilemmasituation der deutschen Reproduktionsmedizin. In: Reproduktionsmedizin 16 (2000), 181–182.

Orland, Barbara: Spuren einer Entdeckung. (Re-)Konstruktionen der Unfruchtbarkeit im Zeitalter der Fortpflanzungsmedizin. In: Gesnerus – Swiss Journal of the History of Medicine and Sciences 58 (2001), 5–29.

Orland, Barbara: Repräsentation von Leben. Visualisierung, Embryonenmanagement und Qualitätskontrolle im reproduktionsmedizinischen Labor. In: Inge Hinterwaldner (Hg.): The Picture's Image. Wissenschaftliche Visualisierung als Komposit. Karlsruhe 2006, 222–242.

Orland, Barbara: On the Invention of Artificial Fertilization Animal generation, hybridization and livestock breeding in late 18th and early 19th century. In: History and Philosophy of Life Sciences (2017) (im Ersch.).

Raml, Monika Margarethe: Der »homo artificialis« als künstlerischer Schöpfer und künstliches Geschöpf: Gentechnologie in Literatur und Leben. Würzburg 2010.

Rheinberger, Hans-Jörg: Jenseits von Natur und Kultur. Anmerkungen zur Medizin im Zeitalter der Molekularbiologie. In: Cornelius Borck (Hg.): Anatomien medizinischen Wissens. Medizin – Macht – Moleküle. Frankfurt a. M. 1996, 287–306.

Schiemann, Gregor: Natur, Technik, Geist. Kontexte der Natur nach Aristoteles und Descartes in lebensweltlicher und subjektiver Erfahrung. Berlin 2005.

Schreiber, Christine: Natürlich künstliche Befruchtung? Eine Geschichte der In-Vitro-Fertilisation von 1878 bis 1950. Göttingen 2007.

Schwerin, Alexander von/Stoff, Heiko/Wahrig, Bettina (Hg.): Biologics. A History of Agents made from Living Organisms in the Twentieth Century. London 2013.

Barbara Orland

III Begriffe und Konzepte

30 Affective Computing

Es ist kaum zweifelhaft, dass künftige historische Rückblicke die Entwicklung affekt-sensibler und affekt-responsiver Technologien als einen logischen, wenn nicht gar notwendigen Schritt auf dem Epoche machenden Weg der Digitalisierung betrachten werden. Der Einsatz dieser Entwicklung zur Mitte der 1990er Jahre ist gewiss ebenso wenig ein Zufall. Kaum hatte die Neurowissenschaft die fundamentale Bedeutung der Emotionen für kognitive Prozesse bestätigt; kaum hatte die Populärwissenschaft mit erheblichen Folgen für das Privat- wie auch das Berufsleben die Entwicklung und Übung emotionaler Intelligenz beworben; als am MIT auch schon eine Forschungsgruppe eingerichtet wurde, die sich seither mit der Frage beschäftigt, wie man *künstliche* emotionale Intelligenz erreichen und für den Alltagsgebrauch implementieren kann (s. Kap. II.G.22). Überraschen wird künftig allenfalls, wie sehr dieser eigentlich logische Schritt von der Initiative einer einzelnen Forscherin abhängig gewesen sein soll, die der neuen Disziplin den bleibenden Namen gab. Rosalind Picard veröffentlichte mit *Affective Computing* (1997) nicht nur die maßgeblich gebliebene Monographie, sondern wird in der Community bis heute einhellig als Visionärin anerkannt, die den Rahmen für den ganzen Forschungszweig absteckte und nebenher (als Mitgründerin der Firmen Affectiva sowie Empatica) auch bewies, dass AC-Anwendungen auf dem Markt reüssieren können.

Picard definiert(e) AC als »computing that relates to, arises from, or deliberately influences emotion« (Picard 1997, 3; zit. nach Picard 2015, 13). Diese zweifellos absichtsvoll weit ausholende Definition (die es aus heutiger Sicht schwer macht, AC von anderen Technologien wie *Sentiment Analysis* oder Social-Media-Algorithmen zu unterscheiden) soll einerseits die Fähigkeiten umfassen, menschliche Emotionen automatisch zu *erkennen*, auf sie intelligent zu *reagieren* und virtuelle Emotionen *auszudrücken*, wie andererseits, allfällige reale maschinelle Emotionen zu *regulieren* und zu *nutzen* (ebd.). Die letztgenannte Fähigkeit muss nach wie vor als rein spekulativ aufgefasst werden und spielt in der aktuellen AC-Forschung keine ernsthafte Rolle – sehr im Gegensatz zu den erstgenannten drei Fähigkeiten der Emotionserkennung, emotional angemessenen Interaktion und der Emotionssynthese. Sofern es gelingt, diese Fähigkeiten in einem maschinellen System zu implementieren, sind die Grundbedingungen für automatische emotionale Responsivität erfüllt. Picard ließ von Anfang an keinen Zweifel daran, dass das Ziel in der Entwicklung solcher responsiver künstlicher Agenten besteht und warb dafür mit der merkwürdig verharmlosenden Vision einer »pleasing little sister«, um damit den von ihr vorausgesehenen Big-Brother-Ängsten entgegenzutreten (Picard 1997, 124; vgl. Angerer/Bösel 2015); ob solche affektiven Agenten dann bloß mit visuellen und/oder akustischen Interfaces mit den Usern interagieren, oder in verkörperter Form (etwa als humanoide Roboter) ist für AC nebensächlich, auch wenn es im Gebrauch zweifellos einen großen Unterschied macht, ob die Affektgenerierung bzw. Affektsynthese über eine Computerfigur oder einen Roboter zum Ausdruck gebracht wird.

Bislang hat die Fähigkeit zur Emotionserkennung wohl die größten Erfolge zu verbuchen, und hierbei wiederum die Dekodierung von Gesichtsausdrücken (Yonck 2017, 73). Dabei kommt zumeist das von Paul Ekman entwickelte Facial Action Coding System (FACS) zum Einsatz, das viele Ingenieure und Entwickler in dem Glauben bestärkt, Basisemotionen mit hoher Sicherheit anhand vorgeblich universeller Ausdrucksmuster in Echtzeit aufspüren zu können. Für Marketingzwecke ist diese Anwendung offenbar brauchbar (so vertreibt Affectiva seit Jahren erfolgreich das Programm »Affdex«), wenngleich epistemische (Tuschling 2014) wie auch pragmatische (Lisetti/Hudlicka 2015) Zweifel an der Validität von FACS bestehen bleiben. Die akustische Emotionserkennung anhand der Sprachprosodie hat in den letzten Jahren allerdings aufgeholt und beansprucht eine größere Differenziertheit in der Auswertung emotionaler Marker (vgl. *Beyond Verbal*). Hinzu kommen Verfahren, die physiologische Daten auswerten (Puls, Hautleitfähigkeit, Atmung etc.), textbasierte Methoden sowie – noch einmal auf der visuellen Ebene – die Analyse von Gesten und Körperhaltungen (einen Überblick über gängige Verfahren bieten Calvo u. a. 2015, 131–257). Da alle diese Methoden ihre Vor- und Nachteile haben, anders gesagt ihre Aussagekraft

K. Liggieri / O. Müller, *Mensch-Maschine-Interaktion*, https://doi.org/10.1007/978-3-476-05604-7_30

jeweils begrenzt ist, wird an multimodalen Zugängen geforscht, d. h. an der Einbeziehung aller emotionalen Ausdrucksmodalitäten.

Als mögliche Anwendungsfelder werden im Prinzip alle Bereiche menschlicher Existenz genannt, von der Unterhaltung, dem Bildungssektor über optimierte Lebensführung und Beziehungen, bis hin zum Bereich der Pflege (von Alten, Kranken, aber auch von Kindern sowie von Menschen auf dem Autismus-Spektrum); letzterer ist gewiss der anspruchsvollste und – da hier die Abhängigkeit der so Umsorgten von den automatischen Systemen als besonders hoch einzuschätzen ist – auch der umstrittenste. So wundert es nicht, dass ernsthafte ethische, juridische und politische Debatten über die möglichen Folgen und Problematiken von AC jetzt schon geführt werden (einen Überblick bietet Cowie 2015). Bedenken werden vor allem hinsichtlich der möglichen Einschränkung von Autonomie, des Rechts auf Privatheit und der Datensicherheit geäußert (s. Kap. III.35). Gerade die Sammlung von emotionsbezogenen Daten verschärft die Problematik, wie sich verhindern lässt, dass diese durch Dritte missbräuchlich verwendet werden. Personalisiertes Marketing scheint da noch ein vergleichsweise harmloses Ärgernis, wenn man etwa an mögliche staatliche Zugriffe auf individuelle Stimmungsprofile denkt – etwa im Kontext von ›Social Credit Systems‹ wie das von China für 2020 angekündigte. Doch schon mit heute existierenden Überwachungstechnologien ist die Möglichkeit gegeben, AC-Anwendungen zu implementieren und in verdeckter Weise Daten über die (angebliche) emotionale Befindlichkeit von Nutzern zu sammeln und damit ihre Bürgerrechte zu verletzen.

Aber auch unterhalb der staatlichen Ebene ist für Missbrauch Tür und Tor geöffnet, insbesondere durch Ausnutzung individueller Schwächen in betrügerischer Absicht, etwa durch Chatbots (Yonck 2017, 139 f.). Die ethischen und gesellschaftspolitischen Bedenken reichen aber noch tiefer in die Struktur von AC-Anwendungen: So weist etwa Cowie (2015, 341 f.) zu Recht darauf hin, dass die Zuschreibung von Emotionsausdrücken oft mit moralischen Wertungen einhergeht – was zur Frage führt, ob automatisierten Systemen überhaupt das Recht auf eine solche Moralisierung zugestanden werden soll. Zudem ist die Programmierung proaktiver Agenten zumindest latent auf die Einschränkung der Autonomie von Nutzern ausgelegt: denn wenn der Agent aufgrund der Zuschreibung eines Affektzustands ohne das Wissen des Nutzers einen Impuls setzt, wird damit dessen Möglichkeit zur Erkennung des Bedürfnisses und damit zur autonomen Entscheidung unterlaufen (Höök u. a. 2008). Nah damit verwandt ist das Problem einer falschen oder zumindest fragwürdigen Korrelierung distinkter Körperausdrücke mit bestimmten Emotionen – zu vermeiden gilt es jedenfalls die Zuschreibung von »false positives« aufgrund mangelnder maschineller Kompetenz (Cowie 2015, 341; Goldie/Döring/Cowie 2011, 731–732), wofür die Geschichte der Polygraphen oder ›Lügendetektoren‹ ausreichend Präzedenzfälle liefert.

Unabhängig von diesen Sorgen angesichts der Möglichkeit von Entmündigung, Fehlzuschreibungen und Missbrauch durch automatische Affekterkennung muss das gesellschaftspolitische Bewusstsein für die möglichen Transformationen im Verständnis *von* und des Umgangs *mit* der menschlichen Affektivität geschärft werden, denn: »The way affective computing portrays emotion has far-reaching implications for the way people understand themselves« (Cowie 2015, 342). Damit wird auch die Frage dringlich, welchen Affektmodellen die AC-Systeme überhaupt folgen und welche impliziten Annahmen über menschliches Wohlbefinden sowie ein gutes Leben dabei in die Programme eingeschrieben werden.

In epistemologischer Sicht ist AC bislang weitgehend von einem kognitivistischen Ansatz beherrscht, der Emotionen als distinkte Entitäten behandelt, die in einem Individuum verortet sind und die idealerweise verlustfrei in Informationen verwandelt werden können, welche sich dann intersubjektiv kommunizieren lassen (s. Kap. III.46). In kritischer Distanz hierzu sind interaktionale Ansätze erprobt worden, die von der sozialen Konstruiertheit von Emotionen ausgehen und auf die Ausverhandlung emotionaler Prozesse setzen (Boehner u. a. 2005; Boehner u. a. 2007). Interaktionales AC soll den Nutzern nicht einfach sagen, was sie fühlen bzw. sie in ihrem emotionalen Leben lenken, sondern stattdessen intra- wie auch interpersonelle Prozesse der Reflexion über und Interpretation von Affizierungen fördern. Die Vertreter dieser Ansätze versprechen sich hiervon eine computergestützte Bereicherung emotionaler Erfahrung, die die genannten Fallstricke des kognitivistischen Ansatzes umgeht – Stichworte wie »empowerment« (Höök u. a. 2008) und »enchantment« (Sengers u. a. 2008) zeigen die Richtung dieser alternativen Ansätze an, die es allerdings angesichts der kommerziellen Erfolge der kognitivistischen Affektkodierungen (und vermutlich auch der hegemonialen Bevorzugung von Eindeutigkeit und Entscheidbarkeit) derzeit offenbar schwer haben, sich außerhalb von Interface-Prototypen zu behaupten (vgl. Wagenknecht 2017).

Solche grundlegenden Infragestellungen gängiger Vorannahmen gerade der bislang erfolgreichsten Anwendungen sind dringend notwendig, um die Gewöhnung an unterkomplexe Kodierungen zu verhindern, die letztlich sowohl die emotionale Erfahrung verarmen lassen könnten wie auch die Fähigkeit, sich in einer differenzierten Semantik über Affizierungen auszutauschen und diese auch abseits industriell vorgefertigter Interpretationen immer wieder neu zu bewerten. Schlechtes »Emotionsdesign« (Bösel 2018) ist angesichts der zu erwartenden Ubiquität von AC-Anwendung alles andere als soziopolitisch wünschbar. Andererseits wäre es naiv zu glauben, dass sich die Implementierung von AC-Anwendungen verhindern ließe. Vielmehr sind gerade die Geisteswissenschaften dazu aufgerufen, die differenzierten Debatten aus dem Umkreis des *affective turn* auch im Hinblick auf Affekttechnologien fortzuführen (vgl. Bösel/Wiemer 2020) – und zwar mit dem Ziel, diese für emanzipatorische Zwecke zu nutzen und auf diese Weise zu einer Art »affektiver Koevolution« von Menschen und Maschinen beizutragen, wie sie von den Visionären des AC – in Fortschreibung einer klassischen technikphilosophischen Verschränkungsfigur – erhofft wird (Yonck 2017, 260).

Literatur

Angerer, Marie-Luise/Bösel, Bernd: Capture All, oder: Who's Afraid of a Pleasing Little Sister. In: Zeitschrift für Medienwissenschaft 13 (2015), 48–56.
Boehner, Kirsten/DePaula, Rogério/Dourish, Paul/Sengers, Phoebe: Affect. From Information to Interaction. In: Proceedings of the 4th decennial conference on Critical computing: between sense and sensibility (2005), 59–68.
Boehner, Kirsten/DePaula, Rogério/Dourish, Paul/Sengers, Phoebe: How Emotion is Made and Measured. In: International Journal of Human-Computer Studies 65 (2007), 275–291.
Bösel, Bernd: Emotionsdesign. In: Jeannie Moser/Christina Vagt (Hg.): Verhaltensdesign. Technologische und ästhetische Programme der 1960er und 1970er Jahre. Bielefeld 2018 (in Vorb.).
Bösel, Bernd/Wiemer, Serjoscha: Affective Transformations. Politics, Algorithms, Media. Lüneburg 2020 (in Vorb.).
Calvo, Rafael A./D'Mello, Sidney K./Gratch, Jonathan u. a.: The Oxford Handbook of Affective Computing. New York 2015.
Cowie, Roddy: Ethical Issues in Affective Computing. In: Rafael A. Calvo u. a. (Hg.): The Oxford Handbook of Affective Computing. New York 2015, 334–347.
Goldie, Peter/Döring, Sabine/Cowie, Robby: The Ethical Distinctiveness of Emotion-Oriented Technology. Four Long-Term Issues. In: Paolo Petta/Catherine Pelachaud/Roddy Cowie (Hg.): Emotion-Oriented Systems. The Humaine Handbook. Berlin 2011, 725–734.
Höök, Kristina/Ståhl, Anna/Sundström, Petra/Laaksolaahti, Jarmo: Interactional Empowerment. In: CHI Proceedings (2008), 647–656.
Lisetti, Christine/Hudlicka, Eva: Why and How to Build Emotion-Based Agent Architectures. In: Rafael A. Calvo u. a. (Hg.): The Oxford Handbook of Affective Computing. New York 2015, 94–109.
Picard, Rosalind: Affective Computing. Cambridge, Mass. 1997.
Picard, Rosalind: The Promise of Affective Computing. In: Rafael A. Calvo u. a. (Hg.): The Oxford Handbook of Affective Computing. New York 2015, 11–20.
Sengers, Phoebe/Boehner, Kirsten/Mateas, Michael/Gay, Geri: The Disenchantment of Affect. In: Personal Ubiquitous Computing 12 (2008), 347–358.
Tusching, Anna: The Age of Affective Computing. In: Marie-Luise Angerer/Bernd Bösel/Michaela Ott (Hg.): Timing of Affect. Epistemologies, Aesthetics, Politics. Zürich 2014, 179–190.
Wagenknecht, Susann: The Evocative Object. Introspection and Emotional Reflection Through Computer Use. In: Interacting With Computers 29/2 (2017), 168–180.
Yonck, Richard: Heart of the Machine. Our Future in a World of Artificial Emotional Intelligence. New York 2017.

Bernd Bösel

31 Affordanz

31.1 Ursprung und Definition des Affordanzbegriffes

Der Begriff der Affordanz geht auf den US-amerikanischen Wahrnehmungspsychologen James J. Gibson (1977, 1979/1982) zurück und lässt sich als latentes Handlungsangebot eines unmittelbar verfügbaren Objektes definieren. Während das englische Verb *to afford* im Wörterbuch auftaucht und sich mit ›bieten‹, ›erlauben‹ oder ›ermöglichen‹ übersetzen lässt, hat Gibson das Nomen ›affordance‹ selbst geprägt und liefert folgende Definition:

> »Unter den Angeboten (affordances) der Umwelt soll das verstanden werden, was sie den Lebewesen anbietet (offers), was sie zur Verfügung stellt (provides) oder gewährt (furnishes), sei es zum Guten oder zum Bösen [...]. Ich meine damit etwas, das sich auf die Umwelt und das Lebewesen gleichermaßen bezieht und zwar auf eine Art, die kein gebräuchliches englisches Wort auszudrücken vermag. Zum Ausdruck bringen soll es die Komplementarität von Lebewesen und Umwelt.« (Gibson 1979/1982, 137)

Gibson untersucht in seiner Ursprungsstudie, welche Affordanzen die natürliche Umwelt (Felsen, Flüsse, Berge usw.) für Menschen und Tiere bereithält. Der Affordanzbegriff beinhaltet, dass Lebewesen die Gegenstände in ihrer Umwelt vor dem Hintergrund der eigenen Körperausstattung bzw. den entsprechenden Handlungsmöglichkeiten wahrnehmen. In diesem Sinne bietet beispielsweise ein Stuhl einem Menschen – bei entsprechender Kniehöhe – das Darauf-Sitzen an. Ein längliches Objekt, das an einem Ende schwer und am anderen Ende zu fassen ist (Keule, Hammer), bietet sich dann beispielsweise zum Schlagen und ein Objekt, das eine scharfe Kante hat (Messer, Axt, Hacke), zum Zerteilen anderer Objekte an. Gibson nimmt damit Abstand von kognitionspsychologischen Ansätzen und betont, dass im Alltagsleben nicht das Erfassen von konkreten Gegenstandsmerkmalen im Vordergrund steht, sondern die direkte Wahrnehmung der Handlungsoptionen, die sich aus der Verfügbarkeit der Gegenstände ergeben. Zugleich führt Gibson jedoch aus, dass die Affordanz eines Gegenstandes unabhängig sei von den Bedürfnissen, der Aufmerksamkeit oder Einschätzung eines Beobachters. Das heißt, die Affordanz eines Objektes ist invariant: »A ball affords throwing, whether or not anybody sees it, and a pit affords falling even if it is concealed by brush« (Gaver 1991, 80). Die Affordanzen eines Gegenstandes sind somit einerseits als objektiv zu bezeichnen, da sie unabhängig von der Interpretation oder Einschätzung eines Akteurs existieren. Sie haben jedoch gleichzeitig subjektiven Charakter, da sie sich auf die Handlungsmöglichkeiten eines Akteurs beziehen. Das Affordanzkonzept impliziert somit eine wechselseitige Bezugnahme von Subjekt und Objekt, was es für die Analyse der Interaktion von Mensch und Maschine anschlussfähig macht.

31.2 Weiterentwicklung und Kritik des Affordanzkonzeptes

Ein großer Teil der Studien, die sich im Rahmen der Mensch-Maschine-Interaktion mit Affordanzen auseinandersetzen, ist der Usability-Forschung zuzuordnen. Das heißt, der Fokus dieser Studien ist die Analyse der Benutzerfreundlichkeit von (Internet-)Technologien. Hierbei wird weniger auf die Affordanzdefinition von Gibson als vielmehr auf deren Variation durch den Designtheoretiker Donald A. Norman (1988) rekurriert. Benutzerfreundlichkeit liegt nach Norman dann vor, wenn sich die vom Entwickler intendierte Nutzung eines Objektes aufgrund seines Designs direkt erschließen lässt:

> »Platten sind zum Drücken. Knöpfe sind zum Drehen. Schlitze sind dazu da, damit man etwas hineinsteckt. Bälle sind zum Werfen oder Prellen. Werden Gebrauchseigenschaften genutzt, so weiß der Benutzer schon auf Anhieb, wie er vorzugehen hat: kein Bild, kein Etikett, keine Anweisung ist erforderlich.« (Norman 1989, 21)

Im Unterschied zu Gibson legt Norman demnach den Fokus auf die Sichtbarkeit von Gebrauchseigenschaften, auf das Design (s. Kap. III.40). Bei einer Tür ohne Klinke wäre es beispielsweise schwer, deren Öffnungsrichtung auf Anhieb wahrzunehmen. Für Gibson läge dennoch – in Abhängigkeit von den Handlungsmöglichkeiten des Akteurs – die Affordanz der ›Öffnungsfähigkeit‹ vor. Für Norman hätte eine Tür hingegen lediglich dann eine entsprechende Affordanz, wenn das Design der Tür dem Nutzer Auskunft über diese Gebrauchseigenschaft gäbe. Kritiker weisen deshalb darauf hin, dass Norman die Affordanz eines Objektes mit der vorliegenden Information (s. Kap. III.46) zu derselben verwechsle (vgl. John/Sutherland 2005,

K. Liggieri / O. Müller, *Mensch-Maschine-Interaktion*, https://doi.org/10.1007/978-3-476-05604-7_31

407). Norman selbst räumt in späteren Arbeiten ein, dass er besser von ›wahrgenommener Affordanz‹ gesprochen hätte: Eine solche liegt vor, wenn ein Artefakt so gestaltet ist, dass die vorhandenen Gebrauchseigenschaften unmittelbar ersichtlich sind – was zumindest aus der Perspektive der Technikgestaltung anzustreben ist. Wenn Gestaltungselemente fälschlicherweise auf eine Affordanz hinweisen, handelt es sich hingegen um eine ›falsche Affordanz‹; von ›versteckten Affordanzen‹ ist dann die Rede, wenn die Affordanz eines Objektes zwar vorhanden ist, aber keine wahrnehmbaren Informationen dazu vorliegen (Gaver 1991, 80). Normans eingängige Weiterentwicklung der (wahrgenommenen) Affordanzen als »near magical properties making things easy for ›the user‹ of artifacts« (Baerentsen/Trettvik 2002, 52) fand jedenfalls schnell Verbreitung und führte – so Norman (1998, 123), der inzwischen für gänzlich neue Begrifflichkeiten plädiert (Norman 2008) – zu Missverständnissen und ausufernden Theoriestreitigkeiten bezüglich der Definition des Affordanzbegriffes. Während Norman individuelles Vorwissen und kulturell bedingte Wahrnehmungsschemata in seinem Konzept berücksichtigte, nehmen im Ursprungskonzept von Gibson kulturelle und soziale Faktoren ebenso wie individuelle Erfahrungen und Absichten einen geringen Stellenwert ein. Sowohl Praktiken als auch Veränderungsprozesse sind im Rahmen des ursprünglichen Affordanzkonzeptes nur schwer zu analysieren, da der Ansatz die Subjekte weniger als aktiv Handelnde, denn vielmehr als »›finders‹ of what already exists« (Shotter 1983, 20) definiert. Das Affordanzkonzept berücksichtigt zudem nicht, dass Affordanzen im Zeitverlauf einem Wandel unterliegen können: Informations- und Kommunikationstechnologien stellen im Vergleich zu Äxten, Bällen oder Steinen relativ deutungsoffene, komplexe Artefakte dar, die sich in der fortlaufenden Nutzung verändern können (vgl. Vyas/Chisalita/van der Veer 1993). Eine ganze Reihe neuerer Arbeiten verfolgt deshalb eine Weiterentwicklung des Affordanzkonzeptes zur stärker sozialwissenschaftlichen Analyse von Mensch-Maschine-Interaktionen.

31.3 Sozialwissenschaftliche Analysen der Mensch-Maschine-Interaktion

In sozialwissenschaftlichen Varianten des Affordanzkonzeptes liegt der Fokus nicht auf der Wahrnehmung von Technologien, sondern auf sozial und kulturell geprägten Handlungsprozessen: Die (technologischen) Merkmale von Medien beeinflussen das Handeln der Nutzer, welches gleichzeitig Einfluss auf die Medientechnologien nimmt (z. B. Softwareeinstellungen, Gebrauchsnormen, interpretative Schemata). Die wechselseitige Bezugnahme von Mediennutzer und technologischem Artefakt findet demnach als fortlaufender Prozess statt, der jedoch in seinem Verlauf weder determiniert noch völlig offen ist (Zillien 2008). Hutchby (2001) beispielsweise skizziert das Affordanzkonzept als Mittelweg zwischen technikdeterministischer und sozialkonstruktivistischer Perspektive. Vyas u. a. (2006) sprechen von Affordance-in-Interaction und gehen davon aus, dass die Affordanz eine interpretative Wechselwirkung zwischen Technologie und Nutzer darstellt, die sich im Zuge der fortlaufenden Technologieverwendung in Abhängigkeit von kulturellen und sozialen Bedingungen manifestiert. Ähnlich konzipiert Turner (2005) einen Ansatz, der die Wechselseitigkeit von technologischen Artefakten und deren Nutzung betont. Faraj und Azad (2012) letztlich umschreiben eine relationale, prozessorientierte Version des Affordanzkonzepts. Jedes dieser sozialwissenschaftlichen Affordanzkonzepte zeichnet sich im Kern dadurch aus, dass der Grundgedanke einer »Komplementarität von Lebewesen und Umwelt« (Gibson 1982, 137) fortbesteht: Das heißt, die Affordanz einer Medientechnologie entsteht jeweils im Austausch von Subjekt und Objekt, als Interaktion zwischen Mediennutzer und technologischem Artefakt. In diesem Sinne kommt das Affordanzkonzept dann auch in empirischen Analysen der Mensch-Maschine-Interaktion zum Einsatz, wobei sich der Ansatz vor allem für solche Fragestellungen eignet, die eine Wechselwirkung von Nutzer und technologischem Artefakt von Anfang an beinhalten. Entsprechende Fragestellungen sind beispielsweise, inwiefern die Software *PowerPoint* die Ausbildung einer spezifischen Vortragskultur unterstützt (Stark/Paravel 2007), welche Wissenspraktiken sich entlang der Verfügbarkeit sozialer Medien in Unternehmen etablieren (Majchrzak u. a. 2013) oder wie sich Praktiken der Chatnutzung in Abhängigkeit von der technischen Plattform ausbilden (Lee 2007).

Literatur

Baerentsen, Klaus/Trettvik, Johan: An activity approach to affordance. In: Proceedings of CHI (2002), 51–61.
Costall, Alan: Socializing affordances. In: Theory and Psychology 5 (1995), 467–481.
Faraj, Samer/Azad, Bijan: The materiality of technology. An affordance perspective. In: Paul M. Leonardi/Bonnie A.

Nardi/Jannis Kallinikos (Hg.): Materiality and organizing. Social interaction in a technological world. Oxford 2012, 237–258.
Gaver, William: Technology Affordances. In: Proceedings of CHI (1991), 79–84.
Gibson, James J.: The theory of affordances. In: Robert Shaw/ John Bransford (Hg.): Perceiving, Acting and Knowing. New York 1977, 67–82.
Gibson, James J.: Wahrnehmung und Umwelt. München 1982 (engl. 1979).
Hutchby, Ian: Technologies, Texts and Affordances. In: Sociology 2 (2001), 441–456.
John, Peter/Sutherland, Rosamund: Affordance, opportunity and the pedagogical implications of ICT. In: Educational Review 4 (2005), 405–413.
Lee, Carmen: Affordances and Text-Making Practices in Online Instant Messaging. In: Written Communication 24 (2007), 223–249.
Majchrzak, Ann/Faraj, Samer/Kane, Gerald C. u. a.: The Contradictory Influence of Social Media Affordances on Online Communal Knowledge Sharing. In: Journal of Computer-Mediated Communication 19 (2013), 38–55.
Norman, Donald: Signifiers, not affordances. In: ACM Interaction 15/6 (2008), 18–19.
Norman, Donald A.: Dinge des Alltags. Frankfurt a. M. 1988.
Norman, Donald A.: Affordances, Conventions and Design. In: Interactions 6/3 (1983), 38–43.
Shotter, John: Duality of Structure and Intentionality in an ecological psychology. In: Journal for the Theory of Social Behaviour 13 (1983), 19–43.
Stark, David/Paravel, Verena: PowerPoint Demonstrations. Digital Technologies of Persuasion. ISERP Working Paper 07–04. New York 2007.
Turner, Phil: Affordance as context. In: Interacting with Computers 17/6 (2005), 787–800.
Vyas, Dhaval/Chisalita, Cristina M./van der Veer, Gerrit: Affordance in Interaction. In: Proceedings of 13th European Conference on Cognitive Ergonomics (2006), 92–99.
Zillien, Nicole: Das Affordanzkonzept in der Mediensoziologie. In: Sociologia Internationalis 46 (2008), 161–181.

Nicole Zillien

32 Algorithmus

32.1 Erläuterung und Relevanz

Ein Algorithmus stellt, einfach ausgedrückt, eine Folge von Handlungsanweisungen zur Lösung eines Problems dar. Algorithmen gleichen damit den verschiedenen, mehr oder weniger regelhaften Verfahren, mit denen wir die größeren und kleineren Herausforderungen des Alltags bewältigen, vom Gesetzestext über die Montageanleitung eines Möbelstücks bis zum Kochrezept. Im Gegensatz zu solchen, in vielen Lebensbereichen anzutreffenden und sehr vielgestaltigen, Vorschriften, Prozeduren und Methoden sind Algorithmen in ihrem Funktionieren auf das Feld der Zeichenverarbeitung beschränkt und weisen bestimmte Merkmale auf, die ihre Effektivität sicherstellen. Obwohl es bis heute keine allgemein akzeptierte formale Definition gibt (s. Yardi 2012), werden als essentielle Eigenschaften von Algorithmen meist Endlichkeit der zu befolgenden Anweisungen und der zum gewünschten Ergebnis führenden Arbeitsschritte sowie Eindeutigkeit in der Abfolge und Art der Arbeitsschritte genannt (s. u. a. Knuth 1997, 4–6).

Zur Illustration sei hier einer der ältesten bekannten Algorithmen, Euklids Methode zur Bestimmung des größten gemeinsamen Teilers zweier Zahlen, vorgestellt: »Wenn CD aber AB nicht misst, und man nimmt bei AB, CD abwechselnd immer das kleinere vom größeren weg, dann muss (schließlich) eine Zahl übrig bleiben, die die vorangehende misst« (Euklid 2003, Buch VII, Prop. 2). Dieses Verfahren ist endlich, weil seine Beschreibung von begrenztem Umfang ist (im vorliegenden Fall nur gerade einen Satz lang) und die beschriebene Prozedur nach einer begrenzten Anzahl von Schritten (hier: Subtraktionen) an ein Ende kommt (die Größen AB und CD sind durch, gegebenenfalls wiederholte, Subtraktion gleich gemacht, womit ihr größter gemeinsamer Teiler ermittelt ist). Das Verfahren ist zudem eindeutig, weil zu jedem Zeitpunkt klar ist, was als nächstes zu tun ist (die Subtraktion der kleineren Zahl von der größeren). Das Beispiel verdeutlicht noch eine weitere Eigenschaft von Algorithmen: Sie sind nicht auf die Lösung einzelner Problemfälle zugeschnitten, sondern gelten für alle Fälle bestimmter Problemklassen (Euklids Algorithmus liefert für beliebige natürliche Zahlen den größten gemeinsamen Teiler). Schließlich können die Anweisungen eines Algorithmus befolgt werden, ohne dass den dabei benutzten Zeichen und den an ihnen getätigten Handlungen Bedeutungen beigemessen werden müssen: Die Regeln der Zeichenverarbeitung sind rein syntaktischer Art, lassen sich also ›mechanisch‹ anwenden (das Gelingen von Euklids Algorithmus ist unabhängig davon, wofür die miteinander verrechneten Zahlen, genauer: deren Zahlzeichen, stehen). Die Arbeitsschritte eines Algorithmus laufen wie die Operationen (s. Kap. III.52) einer Maschine ab – oder anders gesagt: ein Mensch, der einen Algorithmus ausführt, verhält sich dabei wie eine Maschine (Turing 1987, 91; s. Kap. III.57).

Obwohl man Algorithmen, wie das genannte Beispiel zeigt, auch umgangssprachlich ausdrücken kann, ist für gewöhnlich eine möglichst präzise Beschreibung gewünscht. Dies geschieht üblicherweise durch formale Sprachen, etwa durch Programmiersprachen. So kann Euklids Algorithmus in der populären Sprache C

```
while (x!=y) {if (x>y) {x=x-y;}
else {y=y-x;}}
```

geschrieben werden. Eine solche Schreibweise ist aber nicht nur konzis und präzise; ihr Grad an Formalisierung erlaubt zudem, das so Formulierte als maschinellen Prozess in Gang zu bringen. Mit einem sogenannten Compiler in maschinensprachlichen Code übersetzt, kann jeder als Programm formulierte Algorithmus von einem Computer ausgeführt werden (s. Kap. III.47). Und umgekehrt gilt: Computerprogramme implementieren, neben Datenstrukturen, insbesondere Algorithmen bzw. Komplexe von Algorithmen (Wirth 1975). Computer – egal ob Mainframes, Desktop-PCs, Smartphones oder in Waschmaschinen, Autos, DVD-Playern u. a. Geräten verbaute Mikrochips – setzen Algorithmen ins Werk: Sie automatisieren den Vollzug der Arbeitsschritte, sodass ein Algorithmus vom Menschen passend formuliert, seine Ausführung aber an die Maschine delegiert wird. In der ›mechanischen‹ Funktionsweise eines Algorithmus ist die Möglichkeit seiner Realisierung durch Maschinen bereits angelegt. Mit Computern geht das Maschinenhafte von Algorithmen apparativ in Erfüllung.

Die Relevanz von Algorithmen (außerhalb der damit primär befassten Disziplinen der Mathematik und Informatik) ergibt sich aus dem Umstand, dass in den technisch hochentwickelten Gesellschaften seit den 1960er Jahren immer mehr Vermittlungsleistungen durch Computer – und d. h. letztlich durch Algorithmen – erbracht werden. Dies betrifft beinahe jeden Lebensbereich, im Privaten wie in der Öffentlichkeit, in Kultur, Bildung, Wissenschaft, Wirtschaft, Politik, Mi-

K. Liggieri / O. Müller, *Mensch-Maschine-Interaktion*, https://doi.org/10.1007/978-3-476-05604-7_32

litär usw. Auf allen Feldern trägt die zunehmende Verbreitung und Vernetzung von Digitaltechnik zur algorithmischen Prozesssteuerung und Entscheidungsfindung bei, bis hin zum Einsatz teil- oder vollautonomer Systeme (Industrieroboter, KI-basierte Agenten, Programme zum Hochfrequenzhandel, selbstfahrende Autos, militärische Drohnen usw.). Computer erweisen sich als Mittel einer fortschreitenden Algorithmisierung der Gesellschaft, deren utopischer oder dystopischer Fluchtpunkt die Idee einer vollständig automatisierten Welt bildet (s. Kap. III.34). Entsprechend begegnen einem maschinell realisierte Algorithmen nicht nur im direkten Umgang mit Computertechnik, etwa bei der Bedienung digitaler Geräte und Dienste. Weil immer weitere Bereiche des täglichen Lebens von digitalen Informations- und Kommunikationsinfrastrukturen mitgetragen und immer größere Teile der privaten und öffentlichen Sphäre durch algorithmische Systeme mitgestaltet werden, nimmt tendenziell jedes Handeln und Verhalten den Charakter einer Mensch-Maschine-Interaktion an – wobei hergebrachte Verhältnisse zwischen Mensch und Maschine jeweils neu bestimmt werden. Die Kenntnis des Vorhandenseins und der Funktionsweise von Algorithmen wird somit zu einem Schlüssel für das bessere Verständnis nicht nur von digitalen Maschinen, sondern der mit ihrer Hilfe erbrachten ökonomischen, politischen, kulturellen, epistemischen u. a. Leistungen und deren Auswirkungen (s. Kap. III.41).

32.2 Abgrenzung

Algorithmen sind zunächst von all den verschiedenen Verfahren zur Lösung von Problemen abzugrenzen, die nicht im Symbolischen operieren oder sich nicht zwingend durch Endlichkeit und Eindeutigkeit der Arbeitsschritte sowie durch generelle und ›mechanische‹ Anwendbarkeit auszeichnen (s. z. B. den eingangs genannten Fall der Kochrezepte). Fließend ist indes der Übergang zu Heuristiken, die mehr erfahrungs- denn regelbasiert auf schnelle, annähernde Ergebnisse zielen.

Weiter müssen Algorithmen von Kalkülen unterschieden werden. Diese bilden die übergeordneten Regelsysteme zur Konstruktion und Transformation von logischen oder mathematischen Aussagen (z. B. die Rechenregeln der Arithmetik), innerhalb derer Algorithmen (wie Euklids Algorithmus für den größten gemeinsamen Teiler zweier Zahlen) vollzogen werden.

Insbesondere dürfen Algorithmen nicht einfach mit Computerprogrammen gleichgesetzt werden – auch wenn jedes Computerprogramm als Implementierung eines oder mehrerer Algorithmen aufgefasst werden kann. Programme formalisieren Algorithmen dergestalt, dass sich ihre Ausführung mit Computern automatisieren lässt und sie Auswirkungen auch außerhalb des Feldes der Zeichenverarbeitung zeitigen können (etwa durch die Steuerung von industriellem, medizinischem oder militärischem Gerät).

Schließlich sind Algorithmen von Daten (verstanden als symbolisch dargestellte Informationen; s. Kap. III.46) zu trennen, obwohl sie mit diesen eng zusammenspielen: Daten bilden das ›Material‹, auf das Algorithmen angewendet werden. Vor allem in ihrer maschinellen Realisierung auf Computern dienen Algorithmen der automatisierten Verarbeitung großer Datenmengen zu kommerziellen, wissenschaftlichen, nachrichtendienstlichen u. a. Zwecken.

32.3 Wichtige Autoren und Forschungsfragen

In der Mathematik und Informatik sind Algorithmen seit längerer Zeit Gegenstand intensiver Forschung. Neben umfangreichen historischen (Chabert/Barbin/Guillemot 2010) und systematischen Darstellungen (Knuth 1997) dauern die grundlagentheoretischen Diskussionen zur Definition des Begriffs an (Turing 1987, 17–60; Hill 2016).

Die geistes-, kultur- und sozialwissenschaftliche Beschäftigung mit Algorithmen hat dagegen erst begonnen. Als Vorläufer der aktuellen Auseinandersetzung mit computerbasierten algorithmischen Verfahren sind die groß angelegten Studien zur Mechanisierung von Siegfried Giedion (1948) und Lewis Mumford (1967/1970) sowie die Arbeiten zur Kybernetisierung bzw. Computerisierung von Norbert Wiener (1950) und Joseph Weizenbaum (1976) zu nennen (s. Kap. II. C.12, III.49).

Angesichts der zunehmenden Algorithmisierung der Gesellschaft durch Computertechnik kehren die von den genannten Autoren diskutierten, grundsätzlichen Fragen zur Automatisierung der Welt und zum Verhältnis von Mensch und Maschine heute unter verschärften Bedingungen, in abgewandelter Form wieder: Wie viel Urteils- und Handlungsmacht kann algorithmischen Systemen überantwortet werden und auf welchen Gebieten? Welche Kriterien sollen bei der Entwicklung und Implementierung von Algorithmen berücksichtigt werden? Welche Formen menschlicher

Aufsicht und Kontrolle darüber sind möglich? Welche Arten von ›Handlung‹ und von ›Wissen‹ bringen algorithmische Systeme hervor? Erste ausführliche Untersuchungen dazu haben Kitchin/Dodge (2011), Pasquale (2015) und O'Neil (2016) für die Bereiche Alltagskultur, Politik, Wirtschaft und Recht unternommen.

Da sich die Erforschung algorithmischer Systeme in den Geistes-, Kultur- und Sozialwissenschaften noch in der Pionierphase befindet, kommt methodologischen Überlegungen dort ein hoher Rang zu (vgl. dazu Striphas 2015; Gillespie 2016; Kitchin 2017). So ist die Erforschung computerimplementierter Algorithmen in diesen Disziplinen mit spezifischen Schwierigkeiten behaftet, von denen neben der enormen technischen Komplexität der Systeme und der ständigen Weiterentwicklung und Anpassung der Programme vor allem der Umstand zu nennen ist, dass viele Verfahren als Betriebsgeheimnis geschützt und nicht offengelegt sind. Wie Analysen mit Einsicht in die betreffenden Algorithmen einerseits und solche ohne deren nähere Kenntnis andererseits aussehen können, führen beispielhaft die Studien von Rieder (2012) zu Googles PageRank-Algorithmus und von Gillespie (2011) zu Twitters Trending-Funktion vor.

Algorithmen können aber nicht nur zum Gegenstand der Forschung werden. In vielen empirisch arbeitenden Wissenschaften (von der Psychologie bis zur experimentellen Teilchenphysik) sind sie seit geraumer Zeit selbst Instrumente der Analyse, ob maschinell realisiert oder nicht. Und im Zuge der Computerisierung der Geistes-, Kultur- und Sozialwissenschaften sowie der fortschreitenden Digitalisierung der jeweiligen Datenbestände hat auch in jenen Disziplinen jüngst die Diskussion darüber begonnen, ob und wie sich algorithmische Verfahren als Werkzeuge einsetzen lassen (vgl. Rogers 2013).

Literatur

Chabert, Jean-Luc/Barbin, Évelyne/Guillemot, Michel u. a.: Histoire d'algorithmes. Du caillou à la puce. Paris ²2010.

Euklid: Die Elemente. Bücher I–XIII. Hg. und übers. von Clemens Thaer. Frankfurt a. M. ⁴2003.

Giedion, Siegfried: Mechanization Takes Command: A Contribution to Anonymous History. New York 1948.

Gillespie, Tarleton: Can an Algorithm Be Wrong? Twitter Trends, the Specter of Censorship, and Our Faith in the Algorithms Around Us. In: Limn 2 (2011), https://limn.it/can-an-algorithm-be-wrong/ (1.6.2017).

Gillespie, Tarleton: Algorithm. In: Benjamin Peters (Hg.): Digital Keywords. A Vocabulary of Information Society and Culture. Princeton 2016, 18–30.

Hill, Robin K.: What an Algorithm Is. In: Philosophy & Technology 29/1 (2016), 35–59.

Kitchin, Rob: Thinking Critically about and Researching Algorithms. In: Information, Communication and Society 20/1 (2017), 14–29.

Kitchin, Rob/Dodge, Martin: Code/Space: Software and Everyday Life. Cambridge, Mass. 2011.

Knuth, Donald: The Art of Computer Programming, Bd. 1: Fundamental Algorithms. Reading ³1997.

Mumford, Lewis: The Myth of the Machine. 2 Bde. New York 1967/1970.

O'Neil, Cathy: Weapons of Math Destruction. How Big Data Increases Inequality and Threatens Democracy. New York 2016.

Pasquale, Frank: The Black Box Society. The Secret Algorithms That Control Money and Information. Cambridge 2015.

Rieder, Bernhard: What is in PageRank? A Historical and Conceptual Investigation of a Recursive Status Index. In: Computational Culture 2 (2012), http://computationalculture.net/article/what_is_in_pagerank (1.6.2017).

Rogers, Richard: Digital Methods. Cambridge, Mass. 2013.

Striphas, Ted: Algorithmic Culture. In: European Journal of Cultural Studies 18/4–5 (2015), 395–412.

Turing, Alan M.: Intelligence Service. In: Schriften. Hg. von Bernhard J. Dotzler und Friedrich Kittler. Berlin 1987.

Weizenbaum, Joseph: Computer Power and Human Reason: From Judgement to Calculation. San Francisco 1976.

Wiener, Norbert: The Human Use of Human Beings. New York 1950.

Wirth, Niklaus: Algorithmen und Datenstrukturen. Stuttgart 1975.

Yardi, Moshe V.: What is an Algorithm? In: Communications of the ACM 55/3 (2012), 5.

Till A. Heilmann

33 Anthropotechnik/Ergonomie

Ergonomie (altgr. ἔργον [*ergon*]: ›Arbeit‹, ›Werk‹ und νόμος [*nomos*]: ›Regel‹, ›Gesetz‹) bezeichnet allgemein die interdisziplinäre Wissenschaft von der menschlichen Arbeit und im Besonderen die Anpassung der Arbeitsumgebung (Maschinen, Beleuchtung, Belüftung, Lärm) an den Menschen und seine kognitiven und physiologischen Fähigkeiten. Die Ergonomie greift hierbei auf Erkenntnisse der Medizin, Psychologie und Ingenieurwissenschaften zurück.

Die Idee dieser Anpassung von Material an den Menschen ist allerdings nicht neu. Schon in den *Memorabilien* des griechischen Geschichtsschreibers Xenophon (ca. 430–354 v. Chr.; Xenophon 1883, zit. nach Bäumler 1995, 207 f.) findet sich ein Gespräch seines Lehrers Sokrates mit dem Panzerschmied Pistias, dessen Rüstungen aufgrund der »Bequemlichkeit beim Gebrauch« sehr gefragt waren (ebd., 206). Hier zeigt sich vielleicht die früheste theoretische Erörterung zur ergonomischen Anpassung von Mensch und Gerät. Zu dieser Zeit wurden Metallpanzer und Beinschienen im Gegensatz zu den bis dahin gebrauchten mykenischen und archaischen Panzerrüstungen dem Körperprofil des Benutzers individuell angepasst (z. B. Berücksichtigung der Wadendicke beim Schienbeinschützer oder Ausprägung der Brust- und Bauchmuskulatur beim Brustpanzer). Sokrates verweist auf das Bemühen des Panzerschmiedes, eine bestmögliche »Verhältnismäßigkeit« und Passform zu schaffen (ebd., 207). Der Philosoph spricht dabei davon, dass »nicht die fest anschließenden Panzer, sondern diejenigen, welche beim Gebrauch nicht beschwerlich sind, die eigentlich passenden sind« (ebd., 208). Hier zeigt sich vermeintlich schon in der Antike die ›Anpassung der Technik an den Menschen‹.

33.1 Begriffsgeschichte

Ob nun Sokrates als erster »Protagonist der Idee der Ergonomie« gelten kann (ebd.), bleibt, obwohl er das Grundproblem sicherlich anspricht, doch fragwürdig. Auch weil der Begriff ›Ergonomie‹ (arbeits)wissenschaftlich erst 1857 im Aufsatz »Grundriß der Ergonomie oder die Wissenschaft von der Arbeit basierend auf den Wahrheiten aus der Wissenschaft von der Natur« des polnischen Naturwissenschaftlers Wojciech Jastrzębowski (1799–1882) auftauchte (Jastrzębowski 1857). Jastrzębowski versteht unter Ergonomie einen »wissenschaftliche[n] Ansatz, damit wir aus diesem Leben die besten Früchte bei der geringsten Anstrengung mit der höchsten Befriedigung für das eigene und für das allgemeine Wohl ziehen« (zit. nach Schlick/Bruder/Luczak 2010, 9). Die Grundlage dieser Ergonomie ist damit eine ökonomische Effizienz, wie es das Motto des Artikels von Jastrzębowski – interessanterweise auf das Sprachverstehen bezogen – herausstellt: »Einem klugen Kopf reicht ein Wort – er braucht keine langen Erklärungen« (ebd.).

Fast zeitgleich (1858) – allerdings ohne Verweis auf Jastrzębowski – wurde der Begriff ›Ergonomie‹ vom französischen Ökonomen Jean-Gustave Courcelle-Seneuil (1813–1892) in seinem zweibändigen Werk *Traité théorique et pratique d'économie politique* gebraucht. Wobei der zweite Band den Begriff direkt im Titel *Partie pratique ou Ergonomie* trägt (Courcelle-Seneuil 1858) und als Motto Mensch und Arbeit verbindet (»L'homme naît pour le travail« / »Der Mensch ist zur Arbeit geboren«). Als Teil seiner »politischen Ökonomie« versteht Courcelle-Seneuil Ergonomie als die präskriptive »Wissenschaft der Anstrengung, der Thätigkeit, der Arbeit« (Gide 1895, 711). Auch der Biologe Ernst Haeckel (1834–1919) betitelt 1894 die »Arbeitstheilung« der Pflanze als »Ergonomie« (Haeckel 1894, 124, 274).

Wo und wie der Begriff nun genau zum ersten Mal aufkam, scheint schwer datierbar, der »Sprung aus den Kulissen auf die offene Bühne« des Wissens (Foucault 1991, 76) gelang der ›Ergonomie‹ allerdings erst 1949. Denn damit das Konzept und der Begriff ›Ergonomie‹ wirkmächtig werden konnte, benötigte es eine bestimmte diskursgeschichtliche Grundierung, die einen gänzlich anderen Arbeits-, Maschinen- und Menschen-Begriff hatte, als Sokrates, Jastrzębowski oder Courcelle-Seneuil. Der Mensch wurde zum besonderen Systemteil, der seine Arbeit nur effizient verrichten konnte, wenn er keine psychophysischen Irritationen von außen erfuhr. Dafür musste sich die technische Umwelt auf ihn einlassen – nicht mehr umgekehrt (vgl. psychotechnische Eignungstests; s. Kap. II.A.4). Für diese Mensch-Maschine-Anpassung wurde 1949 in England eine Forschergruppe gegründet, die sich ab 1950 Ergonomics Research Society nannte (Meister 1999, 146–182; dazu genauer Kasprowicz 2019). Einer der Gründungsväter, Kennet Frank Hywel Murrell (1908 – 1984), fasst den Akt rückblickend zusammen:

> »Im Juli 1949 fand dann auch in meinem Büro eine Sitzung statt, während eine arbeitswissenschaftlich interessierte Gruppe gebildet wurde, deren Mitglieder aus den verschiedensten Disziplinen kamen. Bei der ersten

K. Liggieri / O. Müller, *Mensch-Maschine-Interaktion*, https://doi.org/10.1007/978-3-476-05604-7_33

Zusammenkunft dieser Gruppe in Oxford im September erschienen wesentlich mehr Interessenten, als man zunächst erwartet hatte. Es wurde der Beschluß gefaßt, eine Gesellschaft zu gründen, in der Anatomen, Physiologen, Psychologen, Werksärzte, Konstrukteure, Arbeitsstudienleute und Architekten ohne Rücksicht auf ihre Ausbildung koordiniert werden sollten, die auf ihrem Arbeitsgebiet in irgendeiner Weise mit menschlicher Leistung zu tun hatten. Es entstand sofort der Wunsch, diesem sich über mehrere Disziplinen erstreckenden Arbeitsgebiet einen Namen zu geben. Man beschloß schließlich, hierfür eine neue Bezeichnung zu prägen, und zwar ›Ergonomie‹ [...]. Es war ein einfaches Wort, aus dem und mit dem weitere Begriffe gebildet und das in nichtenglische Sprachen übertragen werden konnte. Sehr wesentlich schien die Tatsache, daß damit keine Disziplin innerhalb der Gesamtkonzeption ›Ergonomie‹ über eine andere gestellt wurde.« (Murrell 1972, 18)

Die englische Ergonomics Research Society legte diese Wissenschaft dann als »scientific study of the interrelation between people and their occupations« fest, wobei der Gegenstandsbereich dieser neuen Wissenschaft die Geräte, die die Menschen verwenden, die Umgebung, in der sie arbeiten, sowie das Arbeitssystem als Ganzes umfasste (zit. nach Rohmert 1980, 66). 1957 erschien zum ersten Mal die Fachzeitschrift *Ergonomics*, 1959 folgte die Gründung der Internationalen Ergonomischen Gesellschaft (IEA), in der über 20 nationale Gesellschaften zusammenkamen.

33.2 Das Konzept einer Mensch-Maschine-Anpassung

Die moderne Ergonomie ist dreifach angelegt: sie ist menschbezogen, interdisziplinär und praxisorientiert. Ihre Maxime lautet: »Der Mensch ist das Maß aller Dinge« (Lange 1988, 3). So fasst der deutsche Übersetzer von Murrells einschlägigem Buch *Ergonomie. Grundlagen und Praxis der Gestaltung optimaler Arbeitsverhältnisse* (orig. *Ergonomics: Man in His Working Environment*, 1965) die ergonomischen Aufgaben folgendermaßen zusammen: »Diese Aufgaben beginnen bereits bei der richtigen Konstruktion von Arbeitsstuhl und Arbeitstisch; sie setzen sich fort mit der sinnfälligen und arbeitsphysiologisch optimalen Gestaltung von Maschinen bis hin zur Bestgestaltung der Umgebungsbedingungen am Arbeitsplatz« (Schnauber in Murrell 1972, 11 f.). Das Grundprinzip der ergonomischen Gestaltung besteht folglich darin, die Umgebung nach den »Funktionen und Abmessungen des menschlichen Körpers zu gestalten und nicht den Menschen zu zwingen, sich der ›Maschine‹ anzupassen« (ebd., 12). Dieser Anpassung geht ein bestimmtes komplexes Menschenbild voraus, welches nicht mehr nur Störfaktor, sondern auch produktive Chance ist. So ließ erst die Einsicht, »daß die ›Regelgröße Mensch‹ mit all ihren oft recht anfälligen Funktionen ein derart komplexes System, wie es das ›Mensch-Maschine-System‹ darstellt, entscheidend beeinflussen kann, und zwar sowohl in positiver als auch in negativer Hinsicht«, die Forschung auf ergonomische Probleme aufmerksam werden (ebd.). Mensch und Maschine mussten dabei als Gesamtsystem der gegenseitigen Anpassung und Wechselwirkung begriffen werden. Im Fokus der ergonomischen Forschung um 1950 stand somit nicht die Optimierung eines rein technischen Systems, sondern ein »syste[m] of people and things« (Chapanis u. a. 1947, 3). Die Ergonomie, die sich auf Sinne und Bewegung richtete, war daher auf der einen Seite zwar auf den menschlichen Körper fokussiert (Uhl 2014; Sarasin 1990), auf der anderen Seite war der Körper allerdings keine reine Kraftmaschine mehr (Rabinbach 1990), sondern wurde angeregt durch kybernetische Diskurse der Zeit zum Informationsverarbeiter (s. Kap. III.46, III.49), der Signale senden und aufnehmen konnte (Fitts 1962, 100). Die Ergonomie musste auf diese neue Wahrnehmungs- und Informationsmaschine ›Mensch‹ genauer eingehen und abwägen, für welche Aufgaben der Mensch und für welche die Maschine besser geeignet war (Fitts 1951; Liggieri 2017; s. Kap. III.43).

33.3 Anthropotechnik

Am Begriff der Ergonomie wird deutlich, dass nach dem Zweiten Weltkrieg in den Arbeits- und Technikwissenschaften verstärkt und teilweise konträr zum Taylorismus und zur Kybernetik ein anthropozentrisches Design in die Mensch-Maschine-Interaktion Eingang fand. Hier war nun nicht mehr die ›Maschine‹ alleiniger Maßstab der Verbesserung, wie man es dem Taylorismus gerne vorwarf (s. Kap. II.A.4, II.A.5), sondern der Mensch rückte für eine Effizienzsteigerung, die teilweise ›humanistisch‹ proklamiert wurde, in den Mittelpunkt der technischen Anpassung.

Besonders im deutschen Sprachraum, der nach 1945 immer noch stark organizistisch und anthropologisch geprägt war, wurde Gewicht darauf gelegt,

»›MenschMaschine-Systeme‹ als Ganzheit zu sehen und sie in einer optimal gestalteten Umgebung einzusetzen« (Murrell 1972, 20). In diesem Diskurs entstand um 1960, angelehnt an den Terminus ›Ergonomie‹, der anthropophile Begriff ›Anthropotechnik‹ (Bernotat 1970) (s. Kap. II.F.18).

Die Geschichte der Anthropotechnik ist gleichzeitig komplexer und simpler als die der Ergonomie. Obwohl ›Anthropotechnik‹ als Begriff seit 1999 durch die Sloterdijksche Prägung als ›Menschenzüchtung‹ gelesen wird, bezeichnet er ebenfalls seit den 1960er Jahren in der deutschen Ingenieurwissenschaft die Anpassung des Menschen an die Maschine. Auch wenn der Begriff unter eugenischen Vorzeichnen bis ins 19. Jahrhundert zurückreicht (Liggieri 2016), wurde er vom Flugmediziner Heinz von Diringshofen 1960 als Synonym für Human Factors Engineering (s. Kap. III.43) und damit für Ergonomie neu codiert. Anders als ›Ergonomie‹ bleibt ›Anthropotechnik‹ aber vorwiegend auf den deutschen Wissenschaftsraum beschränkt und verweist damit auf seine holistisch-anthropologische Prägung und Reichweite.

Literatur

Bäumler, Günther: Ergonomisches bei Xenophon, oder wie sich der Philosoph Sokrates die Handwerkskunst des Panzerschmiedes Pistias erklärte. In: Heiner Bubb (Hg.): Ergonomie: Herausforderung einer technischen Welt, zum 70. Geburtstag von Prof. Dr. H. Schmidtke. Köln 1995, 205–208.

Bernotat, Rainer: Plenary Session: Operation Functions in Vehicle Control. Anthropotechnik in der Fahrzeugführung. In: ERGONOMICS 13 (1970), 353–377.

Brown, Judson S./Jenkins, William O.: An Analysis of Human Motor Abilities related to the Design of Equipment and a suggestes programm of Research. In: Paul M. Fitts (Hg.): Psychological Research of Equipment Design (U. S. Army Air Forces. Aviation Psychology Program. Research Reports. Report no. 19). Washington D. C. 1947, 35–63.

Chapanis, Alphonse/Garner, Wendell R./Morgan, Clifford Thomas u. a.: Lectures on Men and Machines: An Introduction to Human Engineering. Baltimore 1947.

Courcelle-Seneuil, Jean-Gustave: Traité d'Économie Politique, Bd. 2: Partie Pratique ou Ergonomie. Paris 1858.

Dreyfus, Henry: The Measure of Man. Human Factors in Design. New York 1960.

Dunlap, Jack W.: Men and machines. In: Journal of Applied Psychology 6 (1947), 565–579.

Fitts, Paul M.: Engineering psychology and equipment design. In: Stanley S. Stevens (Hg.): Handbook of Experimental Psychology. New York 1951, 1287–1340.

Fitts, Paul M.: Military skills in chaning technology. In: Frank A. Geldard (Hg.): Defence Psychology. Proceeding of a Symposium held in Paris 1960. New York 1962, 99–104.

Foucault, Michel: Nietzsche, die Genealogie, die Historie. In: Ders.: Von der Subversion des Wissens. Frankfurt a. M. 1991, 69–90.

Fowler, Robert D.: An Overview of Human Factors in Europe. In: Human Factors 11 (1969), 91–94.

Gide, Charles: Die neue volkswissenschaftliche Literatur Frankreichs. In: Schmollers Jahrbuch für Wirtschafts- und Sozialwissenschaften 19 (1895), 699–749.

Haeckel, Ernst: Entwurf eines natürlichen Systems der Organismen auf Grund ihrer Stammesgeschichte. Berlin 1894.

Jastrzębowski, Wojciech: Rys Ergonomji czyli Nauki o Pracy opartej na prawdach poczerpnietych z Nauki Przyrody. Przyroda i Przemysl (Grundriß der Ergonomie oder die Wissenschaft von der Arbeit basierend auf den Wahrheiten aus der Wissenschaft von der Natur). In: Przyroda i Przemysl (1857), Poznan 2/29, 227–231; 2/30, 236–238; 2/31, 244–247; 32, 253–255.

Kasprowicz, Dawid: Die Umwelt steuerbar designen. Zum Human Factors Engineering in den Jahren 1945 bis 1968. In: Technikgeschichte 86 (2019), 67–95.

Lange, Wolfgang: Kleine Ergonomische Datensammlung. Köln [5]1988.

Liggieri, Kevin: Von der ›Menschen-zucht‹ zur ›Menschenbehandlung‹. Zur Begriffsgeschichte der ›Anthropotechnik‹. In: Archiv für Begriffsgeschichte 57 (2016), 235–258.

Liggieri, Kevin: Der Mensch als ›logische Maschine‹? Die Kybernetik und ihre Probleme. In: Andreas Oberprantacher/Anne Siegetsleitner (Hg.): Mensch sein – Fundament, Imperativ, Floskel. Innsbruck 2017, 561–571.

McFarland, Ross A.: Human limitations and vehicle design. In: Ergonomics 1 (1957), 5–20.

Meister, David: The History of Human Factors and Ergonomics. London 1999.

Murrell, Kennet Frank Hywel: Ergonomie. Grundlagen und Praxis der Gestaltung optimaler Arbeitsverhältnisse. Deutsche Bearbeitung H. Schnauber. Düsseldorf 1972.

Rabinbach, Anson: The Human Motor. Energy, Fatigue, and the Origins of Modernity. New York 1990.

Rohmert, Walter: Humanisierung der Arbeit durch Ergonomie? In: Zeitschrift für Arbeitswissenschaft 24 (1980), 65–69.

Sarasin, Philipp: Die Rationalisierung des Körpers. Über »Scientific Management« und biologische Rationalisierung. In: Michael Jeismann (Hg.): Obsessionen. Beherrschende Gedanken im wissenschaftlichen Zeitalter. Frankfurt a. M. 1990, 78–115.

Schlick, Christopher/Bruder, Ralph/Luczak, Holger: Arbeitswissenschaft. Heidelberg [3]2010.

Sheridan, Thomas: Forty-fife years of man-machine-systems. History and trends. In: IFAC Proceedings 10 (1985), 1–9.

Uhl, Karsten: Humane Rationalisierung? Die Raumordnung der Fabrik im fordistischen Jahrhundert. Bielefeld 2014.

Xenophon: Erinnerungen an Sokrates. In der Übersetzung von Otto Güthling. Leipzig 1883.

Kevin Liggieri

34 Automation/Automatisierung

Der Begriff ›Automation‹ bezeichnet die Delegation von Tätigkeiten an Maschinen, die in der Lage sind, diese selbsttätig auszuführen. Prinzipielles Ziel von Automatisierung ist es, einen Prozess ohne menschliche Handlungen ablaufen zu lassen. Kern des Begriffs ist die automatische Steuerung und Kontrolle von Prozessen auf der Grundlage eines rückgekoppelten Regelsystems. Dies unterscheidet die Automation/Automatisierung von der Mechanisierung und Maschinisierung. Gleichwohl wandelte sich der Begriff der Automation/Automatisierung historisch, zudem wurde er häufig vieldeutig verwendet, oft ohne klare Abgrenzung zu Maschinisierung; teils war und ist von Teil- oder Vollautomatisierung die Rede.

Automaten und Automation/Automatisierung tangieren grundlegend die Fähigkeiten, die Praktiken, die Rolle und Position der Menschen; sie konstituieren und rekonfigurieren Mensch-Maschinen-Verhältnisse. Mit Automation geht häufig – oft angstvoll besetzt – die Vorstellung der Ersetzung der Menschen einher (s. Kap. II.E.15, II.F.20).

In der Antike wurden Statuen, die Menschen nachahmten, als Automaten bezeichnet. Auch der Begriff der Automation fand in der Antike Verwendung. Aristoteles bezeichnete damit Werkzeuge, die Arbeit ohne menschliche Beteiligung, »von selber«, verrichten. »[D]ann brauchten allerdings die Meister keine Gesellen und die Herren keine Knechte mehr«, so Aristoteles (Aristoteles 1981, 4). Bereits in der Antike wurde mithin die Idee der Übertragung von Tätigkeiten auf Maschinen und der Ersetzung menschlicher Tätigkeit formuliert.

In der Frühen Neuzeit waren Automaten zumeist Objekte der Belustigung und Verwunderung, die in ihrer Menschenähnlichkeit und dem Nachahmen menschlicher Kulturtätigkeiten insbesondere die Frage nach dem Unterschied von Mensch und Maschine evozierten und die Vorstellung des menschlichen Körpers als Maschine repräsentierten. Automaten, die menschliche Arbeit ersetzen, spielen vor allem seit dem 19. Jahrhundert im Kontext der industriellen Produktion eine Rolle. Üblicherweise findet sich der Verweis auf die Mühle von Oliver Evans 1784 (z. B. Giedion 1948), häufiger jedoch auf automatische Webstühle wie den Jacquard-Webstuhl oder den Regulator in der Dampfmaschine als »frühestes automatisches Kontrollgerät« (Diebold 1954, 11).

Ungeachtet dieser im 20. Jahrhundert stattfindenden Traditionsbildung einer Geschichte der Automatisierung kann festgehalten werden, dass sich der Gedanke der Selbsttätigkeit von Maschinen, ihres Ablaufens ohne menschliche Eingriffe im 19. Jahrhundert deutlich formte und zu einem wirkmächtigen Konzept wurde. Auch Charles Babbage sprach im Kontext der Entwicklung von Rechenmaschinen von »Automaten«, die selbsttätig seien, sofern sie in der Lage seien, »allein durch den Antrieb einer Feder, eines herabhängenden Gewichts oder irgendeiner anderen konstanten Kraft zu ihren Resultaten zu kommen« (Babbage 1864, 73). Karl Marx (s. Kap. II.A.3) schrieb:

> »Sobald die Arbeitsmaschine alle zur Bearbeitung des Rohstoffs nötigen Bewegungen ohne menschliche Beihilfe verrichtet und nur noch menschlicher Nachhilfe bedarf, haben wir ein automatisches System der Maschinerie.« (Marx 1867/1922, 403)

Der Nationalökonom Friedrich von Gottl-Ottlilienfeld hatte »das Automatisieren« in den 1920er Jahren als »Gestaltungsprinzip der Produktion identifiziert« (Gottl-Ottlilienfeld 1923, 74). In den 1930er Jahren, vor allem aber in den 1940er und 1950er Jahren, wurden in der amerikanischen Automobilindustrie neue Produktionsprinzipien entwickelt, die als »Detroit Automation« bezeichnet wurden. 1946 hatte Del Harder, Vizepräsident bei Ford, damit ein Fertigungsverfahren bezeichnet, »bei dem das Werkstück ohne Mensch [in die Maschine] eingeführt, in ihr bewegt und zur nächsten Maschine transportiert wird« (zit. nach Dolecalek 1966, 217); 1947 wurde bei Ford eine ›Automatisierungsabteilung‹ eingerichtet. Der Ingenieur Dolezalek definierte Automatisierung kurz und bündig und zugleich legitimatorisch mit der Menschenlosigkeit von Prozessen: Der Mensch brauche weder »ständig noch in einem erzwungenen Rhythmus für den Ablauf tätig werden« (Dolecalek 1966, 217).

In der zweiten Hälfte des 20. Jahrhunderts war in völlig neuem Ausmaß die Rede von der ›Automation‹ und der Automatisierung. In Deutschland wurde in den 1950er Jahren und bis in die 1960er Jahre hinein der Begriff ›Automation‹ verwendet, als Import der amerikanischen Begrifflichkeit, bevor er schließlich ungebräuchlich wurde und durch den Begriff ›Automatisierung‹ substituiert wurde.

Zentral für die Verbreitung des Begriffes ›Automation‹ war die zu Beginn der 1950er Jahre erschienene Arbeit von John Diebold *The Automation* (Diebold 1954). Phänomen wie Begriffe wurden in der deutschen Debatte kontrovers diskutiert. Soziologen wie Friedrich Pollock und Helmut Schelsky diskutierten

K. Liggieri / O. Müller, *Mensch-Maschine-Interaktion*, https://doi.org/10.1007/978-3-476-05604-7_34

die zu antizipierenden gesellschaftlichen Auswirkungen der Automation. Sie reflektierten auch den Begriff selbst, denn was dieser bezeichnete, war in den 1950er Jahren Teil der Debatte – was wiederum auf die Neuartigkeit des empirischen Phänomens hindeutete. Die Definitionen waren zugleich hochpolitisch und vielfältig, die Auswirkungen umstritten. Die Debatte drehte sich in regelmäßigen Abständen bis heute um die Bedeutung von Arbeit (Stichwort ›Ende der Arbeitsgesellschaft‹), die Frage von Qualifikationen bzw. der Sicherung von Wohlstand sowie um Wettbewerbsfähigkeit.

Im Zentrum der Diskussion der frühen Phase der Automation in den 1950er Jahren stand deutlich der Versuch, Kontroll- und Steuerungstätigkeiten auf Maschinen zu übertragen. John Diebold selbst konstatierte: »Alle Diskussion dreht sich um Steuermechanismen und Kontrollsysteme« (Diebold 1954, 13). Dies verweist darauf, dass in der zeitgenössischen Diskussion eine neue Dimension des Mensch-Maschine-Verhältnisses wahrgenommen wurde, die kontrovers interpretiert wurde. Die Einschätzungen changierten zwischen der Entmachtung der Menschen als Kontrolleure und geistige Wesen einerseits und der Vision der alles kontrollierenden Knöpfedrücker andererseits, je nach politisch-professionellem Hintergrund (Heßler 2015).

Empirisch lassen sich insbesondere seit den 1950er Jahren in den USA Automatisierungsprozesse, ansatzweise auch in Deutschland, beispielsweise der Erdölindustrie, feststellen. Seit den späten 1950er Jahren waren im US-amerikanischen Werkzeugmaschinenbau numerisch gesteuerte Werkzeugmaschinen im Einsatz, mit denen die Steuerung, Kontrolle und Führung des Werkzeugs von der Menschenhand auf ein Programm überging. Diese NC- und später CNC-Werkzeugmaschinen (Computerized Numerical Control) unterschieden sich von handgesteuerten dadurch, dass die einzelnen Arbeitsschritte in einem Programm gespeichert wurden und die Maschine dieses Programm automatisch ausführte. Zwischen 1950 und 1970 wurde an der flexiblen, automatischen Fertigung geforscht. Jedoch ermöglichte erst die Entwicklung des Mikroprozessors zu Beginn der 1970er Jahre weitere Automatisierung im Sinne der Programmierung, Steuerung und Kontrolle des Produktionsablaufes (Kaiser 1997, 410 ff.). Schließlich wurde in den 1980er Jahren das ›Computer-Integrated Manufacturing‹ ein zentrales Schlagwort im Kontext der Automatisierung. Roboter wurden vereinzelt bereits seit den 1960er, verstärkt aber seit den 1970er Jahren, insbesondere in der Automobilindustrie, eingesetzt. Seit den 1950er Jahren, vor allem aber mit dem ersten, deutlich spürbaren Automatisierungsschub in den 1980er Jahren wurde der Begriff der ›menschenleeren Fabrik‹ zu einem Schlagwort, das Wohlstand und Bequemlichkeit versprach, jedoch vielfach Ängste vor dem Ende der Arbeitsgesellschaft und der Ersetzung der Menschen schürte und zu heftigen Kontroversen und Auseinandersetzungen führte. Nach einer euphorischen Phase mit hohen Erwartungen an die Automatisierung der Fabriken kehrte in den 1980er Jahren allerdings eine Ernüchterung ein, nachdem man vielfach feststellen musste, dass man die Potentiale der Automatisierung überschätzt hatte.

Automatisierung veränderte und verschob stets das Verhältnis von Mensch und Maschinen, allerdings nicht immer in der erwarteten Weise. So machten Automatisierungsversuche auch deutlich, was Maschinen (noch) nicht können und unterstrichen umso deutlicher die Bedeutung und Notwendigkeit menschlicher Fähigkeiten. Lisanne Bainbridge sprach von der Ironie der Automatisierung (Bainbridge 1987). Sie beschrieb damit die Beobachtung, dass gerade in hochautomatisierten Systemen die Rolle der oft wenigen, jedoch verbleibenden Menschen umso wichtiger ist, sei es für die Fehleranalyse, die Reparatur, für bestimmte Fingerfertigkeiten oder das Treffen von Entscheidungen.

Nach einer Phase der ›angemessenen Automatisierung‹ seit den späten 1980er Jahren, in der man, so der damalige Tenor, um ein ausgeglichenes Verhältnis von Mensch und Automatisierung bemüht war, lässt sich heute, insbesondere unter dem Stichwort ›Industrie 4.0‹ (s. Kap. III.45), ein neuer Automatisierungsschub beobachten, der erneut die Ängste vor der Ersetzung und dem Überflüssigwerden der Menschen hervorbringt.

Anders als beispielsweise Jean Fourastié Mitte der 1950er Jahre annahm, bezog sich der »technische Fortschritt«, der weniger Arbeitskräfte notwendig mache, nicht allein auf den primären und sekundären Sektor (Fourastié 1954, 64 ff.). Begann die Automatisierung zwar im produzierenden Gewerbe der Industriegesellschaften, so finden sich gleichwohl bereits seit den späten 1950er Jahren Automatisierungsprozesse in Banken, Versicherungen und weiteren Dienstleistungs- und Logistik-Unternehmen. In den USA wurden in den 1960er Jahren automatisierte Flugbuchungssysteme eingeführt und Geldautomaten aufgestellt (Campbell-Kelly u. a. 2014, 152 ff.). Das Versandhaus Quelle computerisierte in den späten 1950er Jahren seine Lohnbuchhaltung (Schuhmann 2012, 9). Mittlerweile sind Automaten selbstverständlicher Teil unserer Lebenswelt geworden: Geldautomaten, Spielautomaten, Online-Reservierungs- und Bestellsysteme, Online-Check-in-Systeme beim Fliegen, automatische Gepäckaufgabe, die Forschungen am autonomen Fahren, Drohnen, automatische U-Bahnen und Busse, Bots, die Nachrichten und Meldungen erzeugen, usw. Automaten veränderten dabei jedoch nicht nur die Arbeitswelt, Berufsqualifikationen und Erwerbsbiographien. Sie verschoben und verschieben grundsätzlich menschliche Praktiken und soziale Beziehungen.

Mensch-Maschinen-Verhältnisse im Kontext von Automatisierungsprozessen zu beschreiben, ist komplexer als es auf den ersten Blick wirkt. Es beschränkt sich nicht auf die angstbesetzte Frage der Ersetzung der Menschen oder, eng damit verbunden, auf die Konkurrenz und den Vergleich der Kompetenzen von Mensch und Maschine. Automatisierte Systeme, z. B. Expertensysteme, sind Bestandteil menschlicher Handlungen; Mensch und Automat kooperieren, sie ergänzen sich, sei es in der Medizin, im Flugverkehr oder im industriellen Betrieb. Weder ersetzen Automaten schlichtweg Menschen, noch bedienen und kontrollieren Menschen nur Automaten. Mensch und Automat sind nicht nur dichotome, abgrenzbare Entitäten. Sie wirken zusammen. Die Aufgabenteilung zwischen Mensch und Automat gilt es dabei stets genau zu beschreiben und zu reflektieren.

Literatur

Aristoteles: Politik. Hamburg ^{4}1981.

Babbage, Charles: Die Difference Engine [1864]. In: Bernhard Dotzler (Hg.): Babbages Rechen-Automate. Ausgewählte Schriften. Wien 1996, 73–92.

Bainbridge, Lisanne: Ironies of Automation. In: Jens Rasmussen/Keith Duncan/Jacques Leplat (Hg.): New Technology and Human Error. Chicester 1987, 276–283.

Campbell-Kelly, Martin/Aspray, William/Ensmenger, Nathan u. a.: Computer. A History of the Information Machine. Boulder ^{3}2014.

Diebold, John: Die automatische Fabrik. Ihre industriellen und sozialen Folgen. Nürnberg 1954.

Dolecalek, Carl: Was ist Automation? In: Werkstatttechnik 56/5 (1966), 217.

Fourastié, Jean: Die große Hoffnung des 20. Jahrhunderts. Köln 1954.

Giedion, Sigfried: Mechanization Takes Command. A Contribution to Anonymous History. New York 1948.

Gottl-Ottlilienfeld, Friedrich von: Wirtschaft und Technik. Tübingen 1923.

Heßler, Martina: Die Ersetzung des Menschen? Die Debatte um das Mensch-Maschinen-Verhältnis im Automatisierungsdiskurs. In: Zeitschrift für Technikgeschichte 82/2 (2015), 109–136.

Kaiser, Walter: Technisierung des Lebens seit 1945. In: Wolfgang König (Hg.): Propyläen Technikgeschichte, Bd. 5. Berlin 1997, 283–529.

Marx, Karl: Das Kapital, Bd. 1, Vierter Abschnitt. In: Karl Marx/Friedrich Engels-Werke [1867]. Hamburg 1922.

Schuhmann, Annette: Der Traum vom perfekten Unternehmen. Die Computerisierung der Arbeitswelt in der Bundesrepublik (1950er bis 1980er Jahre). In: Zeithistorische Forschungen, Online-Ausgabe 2 (2012), http://www.zeithistorische-forschungen.de/2-2012/id%3D4697.

Martina Heßler

35 Autonomie

›Autonomie‹ ist ein mehrdeutiger Begriff. Er bezeichnet Eigenschaften wie Unabhängigkeit, Selbständigkeit und Selbstbestimmtheit. Während bei technischer Autonomie meist die ersten beiden Bedeutungen im Vordergrund stehen, sind es bei menschlicher Autonomie die letzten beiden.

Innerhalb menschlicher Autonomie wird für gewöhnlich unterschieden zwischen personaler Autonomie, moralischer Autonomie und politischer Autonomie. Diese drei Formen setzen ein normativ gehaltvolles, d. h. Achtung, Respekt und Rücksicht verlangendes ›Selbst‹ voraus. Soweit technische Systeme nicht als Personen, moralische oder politische Subjekte anerkannt werden, ihnen ein solches ›Selbst‹ nicht zugesprochen wird, können ihnen diese Formen von Autonomie nicht zukommen.

Innerhalb technischer Autonomie werden für gewöhnlich Grade der Autonomie als Grade der Unabhängigkeit vom Menschen und der Umwelt bei der technischen Ausführung bestimmter Aufgaben unterschieden. Quer dazu können Komponenten dieser Ausführung unterschieden werden, nämlich Monitoring, Optionenbildung, Auswahl und Implementierung – jede dieser Komponenten kann dann mehr oder weniger autonom verfasst sein.

In der Mensch-Maschine-Interaktion trifft in der einfachsten Konstellation ein autonomer Mensch auf eine mehr oder weniger autonome Maschine und es gilt, deren Arbeitsteilung sinnvoll zu gestalten und dabei die normativ allein bedeutsame menschliche Autonomie möglichst umfassend zu wahren. Tatsächlich sind aber komplexere soziale Konstellationen die Regel, in denen mehrere Menschen untereinander und mit technischen Systemen in verschiedenen Rollen interagieren und deren verschiedene Ansprüche, u. a. auch auf Wahrung von Autonomie, adäquat zu vermitteln sind. Dann wird die Zurechenbarkeit technischer Vorgänge auf die beteiligten Menschen besonders wichtig, d. h. dass Verantwortlichkeiten im juristischen wie moralischen Sinne unter den beteiligten Menschen ausgehandelt und möglichst klar definiert werden.

35.1 Menschliche Autonomie

Funktional gesehen lässt sich menschliche Autonomie erklären als die Verbindung dreier Fähigkeiten, nämlich etwas über sich in Erfahrung zu bringen, es zu bewerten und es gegebenenfalls zu ändern. Diese drei Fähigkeiten sind zunächst eine begriffliche Bestimmung, d. h. Identifikation und Schematisierung der vorgefundenen, eigenen Meinung, Haltung oder Aktivität (man weiß, was man tut). Sodann, in distanzierender Reflexion des begrifflich Identifizierten, eine theoretische oder praktische Beurteilung (man verbindet mit seinem Tun eine Richtigkeits- oder Werthaftigkeitsüberzeugung). Schließlich, je nach Ergebnis von Bestimmung und Reflexion, eine adäquate Modifikation, d. h. Veränderung der Meinung, Haltung oder der Aktivität (man macht so weiter oder nicht).

Autonomie erschöpft sich jedenfalls nicht in einer bloßen Reaktion auf Vorgefundenes (egal ob an oder in einem selbst, oder in der Umwelt), sondern erfordert die aktive Ausbildung eines Verhältnisses zu diesem Vorgefundenen. Erst dieses macht etwas in einem normativ relevanten Sinne zum ›je eigenen‹, nämlich zur ›je eigenen‹ Meinung, Haltung oder Handlung, d. h. zu einer, zu der man sich bekennen und in der man ernstgenommen, für die man verantwortlich gemacht und für die man gelobt oder getadelt werden kann.

35.2 Facetten menschlicher Autonomie

Historisch gesehen entstammt der Autonomiebegriff der politischen Sphäre (Pohlmann 1971). Die Stadtstaaten im antiken Griechenland formulierten damit einen Anspruch auf Selbstbestimmung, gegen Bedrohungen von innen (Tyrannis) und von außen (Fremdherrschaft). Diese Selbstbestimmung war stets eine – u. a. durch übergeordnete Bündnisregeln – begrenzte Selbstbestimmung. Auch auf Personen bezogen wird unter ›Autonomie‹ zuweilen eine solche, durch äußere und innere Determinanten begrenzte, aber dadurch teilweise auch erst ermöglichte Selbstbestimmung verstanden (so z. B. bei Walter 1998, in Abgrenzung zu seines Erachtens illusorischen Vorstellungen von völliger Freiheit). Während ›personale Autonomie‹ hierbei die Fähigkeit heraushebt, für sich selbst zu entscheiden und diese Entscheidung dann auch durchzuhalten, meint ›moralische Autonomie‹ vor allem die Fähigkeit, seine Entscheidungen aus Einsicht unter moralische Regeln zu stellen. Das Adjektiv ›autonom‹ wird demgemäß nicht nur (›global‹) auf Personen, sondern auch (›lokal‹) auf Entscheidungen und Handlungen angewendet.

In der Literatur werden hauptsächlich vier Typen von Kriterien für personale Autonomie vertreten (vgl. Buss 2016). Der erste Typ bezieht sich auf den kohärenten Zusammenhang mit anderen eigenen Meinun-

K. Liggieri / O. Müller, *Mensch-Maschine-Interaktion*, https://doi.org/10.1007/978-3-476-05604-7_35

gen, Haltungen und Handlungen, z. B. mit höherstufigen Haltungen (Wünschen zweiter Ordnung) – und dies in synchronen und diachronen Varianten. Der zweite Typ bezieht sich auf *responsiveness-to-reasons*, d. h. auf die Fähigkeit der Rechtfertigung angesichts naheliegender Einwände und Gründe. Der dritte Typ zielt auf *responsiveness-to-reasoning*, d. h. mehr auf den Prozess als auf das Resultat solcher Rechtfertigung. Der vierte Typ schließlich, der Inkompatibilismus, zielt auf die Abwesenheit von bestimmten kausalen Faktoren, die die Selbstbestimmung unterminieren würden.

35.3 Facetten technischer Autonomie

Auch die Autonomie technischer Systeme wurde darin zu sehen versucht, dass diese sich selbst Regeln setzen (vgl. Smithers 1997). Bei genauerer Betrachtung der verschiedenen Definitionen einer ›Autonomie‹ technischer Systeme (Übersichten finden sich z. B. in Gottschalk-Mazouz 2008 oder in Beer u. a. 2014, 76) geht es jedoch um ganz konkrete, recht verschiedene Fähigkeiten, die sich in drei Gruppen einteilen lassen:

Erstens um eine Reihe von selbst auferlegten *engineering constraints* (Maes 1991) wie der Fähigkeit, ohne externe Energie- oder Materialversorgung auszukommen, sich ohne Führung zu bewegen oder Aufgaben ohne Benutzereingriffe zu erledigen. Anders gesagt, es geht hier darum, autark, mobil ober automatisch zu funktionieren. So lautet eine klassische Definition: »autonomous robots are usually taken to mean free-ranging mobile robots which are not teleoperated but plan and execute their own actions« (Todd 1986, 233). Heutzutage wird meist feiner differenziert, etwa in ferngesteuerte, halbautonome und (voll-)autonome Systeme, oder in Grade bzw. Level autonomen Fahrens, von *No Automation* über *Driver Assistance* und einige weitere Stufen bis *Full Automation* (so der SAE-Standard J3016; vgl. Sokolov 2015). Mit zunehmender Autonomie nimmt typischerweise die Häufigkeit und Dauer von Benutzerinterventionen ab und verändert sich die Art der Benutzerinteraktion; sie wird globaler, abstrakter und höherwertiger. Dies kann nach den oben genannten Komponenten (Monitoring bis Implementierung) bzw. entlang der Trias von *sense – plan – act* auch mit Blick auf die Mensch-Maschine-Interaktion weiter differenziert werden (Beer/Fisk/Rogers 2014).

Zweitens wird Autonomie durch Bezugnahme auf die Systemumwelt beschrieben. Autonomie bezeichnet dann die Abhängigkeit des zukünftigen Verhaltens nur von inneren Zuständen des Systems (inklusive Sensorik), sowie die Fähigkeiten, denselben Auftrag in verschiedenen Situationen und in denselben Situationen verschiedene Aufträge auszuführen. Anders gesagt geht es hier um Innensteuerung, Adaptivität und Flexibilität. Diese sowie die vorangehende Gruppe adressiert Werner Rammert (2003) in seinem synoptischen Vorschlag, die Autonomie eines technischen Systems als eine Frage des Grades an Eigenaktivität in vier Dimensionen zu charakterisieren: Als Motorik, von unbewegt zu automotiv und automobil; als Aktorik, von fremdbetätigt bis zu eigentätig, automatisch; als Sensorik, von fremdabgestimmt über umweltsensitiv bis zu selbstanpassend; und als Informatik, von fest verdrahtet über flexibel programmiert bis zu verteilt problemlösend.

Drittens schließlich wird Autonomie mit der Fähigkeit verbunden, uns zu überraschen. Autonome Systeme können demnach dazulernen, weisen nicht explizit bei der Konstruktion vorgegebene Verhaltensweisen oder uns unbekannte Zustände und Gesetze auf. Anders gesagt geht es um Lernen, Innovation und Unvorhersagbarkeit (s. Kap. II.E.17, III.50).

Allgemein formuliert hat die Zuschreibung technischer Autonomie somit folgende Form: (x) ist autonom in (positiv oder negativ bestimmten) Hinsichten (a) unter (normalerweise nicht ausgesprochenen) Randbedingungen (b). Eine solche Zuschreibung setzt das System in unter Umständen mehrfacher Hinsicht in Relation, sie bestimmt nämlich (i) Austauschrelationen mit der System-Umwelt; (ii) Interaktionsrelationen mit Benutzer und Konstrukteur (Steuerung bzw. Programmierung) - sowie evtl. noch Dritten (Überwachung); (iii) epistemische Relationen bezüglich des Wissens von Benutzer/Konstrukteur/Dritten. Dabei bestimmen die epistemischen Relationen mit über unsere Interaktionen und diese wiederum mit über die Austauschverhältnisse des Systems.

35.4 Verhältnis von menschlicher und technischer Autonomie

Mit Blick auf Roboter wurde bereits in Christaller u. a. (2001) die Frage ausführlich interdisziplinär diskutiert, was deren mögliche Autonomie für begleitende Maßnahmen erforderlich machen könnte. Die Systeme sollen, so wurde überlegt, erkennen lassen, was sie im Begriff sind zu tun, sollen deutlich werden lassen, dass sie in Benutzungssituationen lernen (um dem Benutzer seine Mit-Verantwortung klarzumachen), und dieses Lernen intern protokollieren, sollen als autonom handelnd erkennbar sein (z. B. den jeweiligen Operationsmodus durch Farbsignale anzeigen). Man könnte hinzufügen, dass sie auch Auskunft darüber geben können sollten, wessen Auftrag sie ausführen, wenn sie einen ausführen, und warum sie ihn gerade so ausführen, und einen *manual override* zulassen sollten. Allgemein kann man sagen, dass diese Systeme erkennen lassen sollten, wie sie den Spielraum, den sie haben, nutzen, und (höherstufig), dass ihnen ein solcher Spielraum offensteht, und sie sollten diesen Spielraum zur Disposition stellen können.

Inzwischen zeichnet sich ab, dass autonome Systeme typischerweise in komplexen sozialen Konstellationen stehen werden, dass sie untereinander und mit ihrer Umwelt vernetzt sein werden und dass ein großer Teil der Lernprozesse auf implizites Wissen zielt, welches auch als Gelerntes nicht in sprachlicher Form vorliegt (z. B. bei neuronalen Netzen). Das stellt die Gestaltung von und den Umgang mit autonomen technischen Systemen vor weitere, auch informationsethische Herausforderungen, deren Diskussion gerade erst beginnt.

Literatur

Buss, Sarah: Personal Autonomy. In: Edward N. Zalta (Hg.): The Stanford Encyclopedia of Philosophy (Winter 2016 Edition), https://plato.stanford.edu/archives/win2016/entries/personal-autonomy/ (21.5.17).

Beer, Jenay/Fisk, Arthur/Rogers, Wendy: Toward a framework for levels of robot autonomy in human-robot-interaction. In: Journal of Human-Robot-Interaction 3/2 (2014), 74–99.

Christaller, Thomas/Decker, Michael/Gilsbach, Joachim-Michael u. a.: Robotik. Perspektiven für menschliches Handeln in der zukünftigen Gesellschaft. Heidelberg 2001.

Gottschalk-Mazouz, Niels: ›Autonomie‹ und die Autonomie ›autonomer technischer Systeme‹. In: Carl Gethmann (Hg.): Sektionsbeiträge: XXI. Deutscher Kongress für Philosophie 2008 (CD-Rom, ISBN 978-3-00-025531-1). Ebenso in: http://www.dgphil2008.de/fileadmin/download/Sektionsbeitraege/07_Gottschalk-Mazouz.pdf (20.5.2017).

Maes, Pattie: Designing Autonomous Agents. Cambridge, Mass. 1991.

Pohlmann, Rosemarie: Autonomie. In: Joachim Ritter (Hg.): Historisches Wörterbuch der Philosophie, Bd. 1. Basel 1971, 702–719.

Rammert, Werner: Technik in Aktion. Verteiltes Handeln in soziotechnischen Konstellationen. In: Technical University Technology Studies Working Papers TUTS-WP-2 (2003).

Smithers, Troy: Autonomy in Robots and Other Agents. In: Brain and Cognition 34/1 (1997), 88–106.

Sokolov, Daniel: Was ist der Unterschied zwischen einem autonomen Auto und einem autonomen Auto? (2015). In: https://www.heise.de/ct/artikel/Was-ist-der-Unterschied-zwischen-einem-autonomen-Auto-und-einem-autonomen-Auto-2773184.html (25.5.2017).

Todd, D. J.: Fundamentals of Robot Technology. London 1986.

Walter, Henrik: Neurophilosophie der Willensfreiheit. Von libertarischen Illusionen zum Konzept natürlicher Autonomie. Paderborn 1998.

Niels Gottschalk-Mazouz

36 Bionik

Ähnlich wie bei der Kybernetik (s. Kap. III.49) handelt es sich bei der Bionik um einen interdisziplinären Forschungsansatz, der universal gültige Funktionsprinzipien in Technik und Natur postuliert und einen Austausch zwischen verschiedenen Fachdisziplinen über diese Prinzipien anregen möchte. Im Unterschied zur Kybernetik verfolgt die Bionik in erster Linie ein anwendungsorientiertes Erkenntnisinteresse, insofern sie mithilfe wissenschaftlicher Methoden von der Natur für die Technik lernen möchte. Bei der Entwicklung neuer Technologien soll Wissen herangezogen werden, welches aus der Beobachtung und Analyse biologischer Systeme hervorgeht. Die wesentliche Operation der Bionik ist daher die Übertragung von Wissen über natürliche Funktionsweisen, Strukturen und Materialien auf technische Systeme (s. Kap. III.52). Ein weiteres zentrales Element der Bionik ist ein Optimierungsgedanke, der davon ausgeht, dass aus der über viele hundert Millionen Jahre andauernden natürlichen Evolution optimale Lösungen für Probleme hervorgegangen sind, die sich auch in Bezug auf die Entwicklung technischer Systeme stellen. Die Natur erscheint in dieser Denkweise als ein riesiges Reservoir an Ideen für technische Problemlösungen.

Die Idee der Biomimesis ist sehr alt und Bioniker/innen (vgl. Nachtigall/Wisser 2013; Barthlott/Rafiqpoor/Erdelen 2016) berufen sich auf zahlreiche Vorläufer: von Otto Lilienthal (1848–1896) und Alessandro Volta (1745–1827) über Leonardo da Vinci (1452–1519) bis zum antiken Mythos von Dädalus und Ikarus bei Ovid (43 v. Chr.–17 n. Chr.). Im deutschsprachigen Raum wurde die Naturnachahmung in den 1920er Jahren von dem Botaniker Raoul Francé (1874–1943) unter dem Begriff ›Biotechnik‹ erstmals als ein kohärentes Forschungsprogramm zur Lösung technischer Probleme ausformuliert und popularisiert (Roth 1983). Francés Biotechnik lag die technikphilosophische Annahme zugrunde, dass jeder Mechanismus in der Welt seine eigene spezifische Form habe und diese Form in der Natur schon immer in idealer Art und Weise realisiert sei. Gustav Lilienthal (1849–1933) und Wilhelm Oswald (1853–1932) trugen zur Popularität von Francés Biotechnik bei. Ihr historischer Kontext ist ein in der Weimarer Republik erstarkender »Reaktionärer Modernismus« (Herff 1985), der bei Ablehnung liberaler und humanistischer Leitbilder die Technik zu einer universalen, natürlichen und eigenständigen Größe des Kosmos erklärte. Im Nationalsozialismus fand die Biotechnik im Zuge der allgemeinen Popularität ganzheitlicher Wissenschaften entsprechend große Resonanz (Harrington 2002) und wurde insbesondere unter dem Gesichtspunkt militärischer Interessen auf dem Gebiet der Aerodynamik gefördert. Der Hydrologe, Nationalsozialist und Gauleiter Alfred Giessler trug mit seinem populären Buch *Biotechnik* (1939) maßgeblich zu dieser Entwicklung bei. In den 1950er und 1960er Jahren knüpften deutsche Ingenieur/innen (z. B. Heinrich Hertel), Architekt/innen (z. B. Frei Otto) oder Biolog/innen (z. B. Johann G. Helmcke) wieder an den Diskurs der ›Biotechnik‹ an. Im Gegensatz zur der Annahme einer absoluten und eigenständigen (Bio-)Technik versuchten die bundesrepublikanischen Biotechniker/innen nun jedoch die Nachahmungsthese mit einem Konzept menschlicher Kreativität und Produktivität zu vereinbaren.

Auch in den USA wurde Francés Technikphilosophie rezipiert – Lewis Mumford bezeichnete seine Gegenwart in Anlehnung an Francé als »biotechnische Epoche« (Mumford 1934, 353). Ab Mitte der 1930er Jahre versuchte man an amerikanischen Universitäten und Forschungszentren wie dem Massachusetts Institute of Technology, Ingenieur- und Agrarwissenschaften, Biologie und medizinische Forschung miteinander zu verzahnen (Bud 1995). In diesem Kontext wurden die Begriffe ›Biotechnology‹ und ›Bioengineering‹ geprägt, die jedoch nicht in erster Linie die Nachahmung, sondern die industrielle Nutzbarmachung biologischer Materialien meinten. In den 1960er Jahren und im Aufrüstungskontext des Kalten Krieges sahen einflussreiche Vertreter/innen des amerikanischen militärisch-industriell-akademischen Komplexes in der Naturnachahmung einen geeigneten Ansatz, um bessere, kompaktere und effizientere militärtechnologische Lösungen zu finden (Kline 2015, 165–168). Im Jahr 1959 hatte der Wissenschaftsfunktionär Major Jack Steele den Begriff ›Bionics‹ und die Etablierung einer Wissenschaft, »die bei der Lösung von Konstruktionsproblemen Prinzipien einsetzt, welche von lebenden Systemen abgeleitet sind«, vorgeschlagen (Gray 1995, 62). In den Jahren 1960, 1961, 1963 und 1966 veranstalteten die Forschungsabteilungen der amerikanischen Luftwaffe vier große Bionics-Symposien mit jeweils mehreren hundert Teilnehmern aus Wissenschaften, Militär und Rüstungsindustrie. Inhaltlich gab es viele Überschneidungen mit der Kybernetik: von Themen wie ›Mustererkennung‹, ›neuronale Netze‹ oder ›Künstliche Intelligenz‹ versprach man sich Lösungen für technische Probleme in den Bereichen ›Lenkung‹, ›Kontrolle‹, ›Navigation‹, ›Kommunikation‹ oder ›informationsverarbeitende Systeme‹

K. Liggieri / O. Müller, *Mensch-Maschine-Interaktion*, https://doi.org/10.1007/978-3-476-05604-7_36

(s. Kap. III.46). Für Kybernetiker wie Warren McCulloch (1898–1969) oder Heinz von Foerster (1911–2002) boten die Bionics-Symposien eine Möglichkeit, ihre kybernetische Grundlagenforschung mit einem konkreten Anwendungsbezug zu verbinden und von militärischen Forschungsmitteln zu profitieren (Müggenburg 2018). Um das Potential der Naturnachahmung zu verdeutlichen, setzte man auf die Konstruktion und öffentlichkeitswirksame Präsentation bionischer Maschinenmodelle (ebd.). Ähnlich wie die Kybernetik in den 1950er Jahren erzeugte die Bionik ein hohes Maß an öffentlicher Aufmerksamkeit in den USA. Begleitend zu den Bionics-Symposien bewarben zahlreiche Zeitungsberichte und populärwissenschaftliche Bücher das wissenschaftliche, technologische und gesellschaftliche Potential bionischer Lösungen (Halacy 1965; Marteka 1965).

In den 1970er Jahren wurde die Bionik im Rahmen der Kybernetik-Rezeption in den deutschsprachigen Raum reimportiert. Ähnlich wie in den USA versprach sie eine explizite Anwendungsnähe, wissenschaftliche Innovationskraft sowie die industrielle Umsetzbarkeit und Vermarktbarkeit kybernetischer Konzepte (Aumann 2009, 307–314). Es folgten Förderprogramme, die Gründung von Gesellschaften und Fachzeitschriften sowie die Errichtung von Lehrstühlen und Studienprogrammen. Dabei institutionalisierte sich die Bionik in der BRD einerseits als technische Biologie innerhalb der Zoologie und als biologische Technik innerhalb der Ingenieurwissenschaften. Zur Popularisierung der Bionik trugen vor allem der Ingenieur Ingo Rechenberg (*1934) (Grote 2016), der Zoologe Werner Nachtigall (*1934) (Nachtigall 2013) sowie der Botaniker Wilhelm Barthlott (*1946) bei (Zdenek/Barthlott/Nieder 2005). Dabei rückte vor allem der Gedanke einer bionischen Optimierung technischer Systeme durch eine Nutzung des ›Erfahrungsschatzes‹ der Evolution in den Vordergrund. Heute sind in Deutschland unter dem Dach des Netzwerks BIOKON eine Vielzahl von Forschungseinrichtungen versammelt, die in so unterschiedlichen Bereichen wie der Material- und Oberflächenforschung, der Robotik oder der Architektur versuchen, mithilfe von Erkenntnissen über ›biologische Vorbilder‹ technische Probleme »nachhaltig« zu lösen (http://www.biokon.de).

In den 1960er Jahren entwickelte sich in den USA ein weiterer Diskursstrang, welcher der Bionik eine zweite Bedeutungsebene verlieh, die bis heute ihre populäre Wahrnehmung dominiert. Anstatt technische Systeme mit Rückgriff auf biologisches Wissen zu optimieren, propagierte der Neurophysiologe Manfred E. Clynes (*1925) unter dem Begriff ›Biocybernetics‹ einen Transfer in genau umgekehrter Richtung: Durch die Anwendung kybernetischer Konzepte im Bereich medizinischer und pharmazeutischer Forschung sollten lebendige Systeme mit Rückgriff auf technisches Wissen manipuliert und optimiert werden. Große Bekanntheit erlangte ein von Clynes und dem Pharmakologen Nathan S. Kline (1916–1983) (1960) verfasster Aufsatz. Darin schlugen die Autoren als Antwort auf eine Ausschreibung der NASA vor, Astronaut/innen eine kleine medizinische Pumpe zu injizieren, welche das innere physiologische Gleichgewicht des Raumfahrer/innenkörpers durch die automatische Abgabe von biochemischen Substanzen an die ungewohnte Umgebung im Weltraum anpassen sollte. Für solch ein »selbst-regulierendes Mensch-Maschine System« (ebd., 27) schlugen Clynes und Kline den Begriff »Cyborg« vor (ebd.), welcher fälschlicherweise oft der Kybernetik zugeschrieben wird (Kline 2009; s. Kap. III.39). Der Science-Fiction-Autor Martin Caidin (1927–1997) vermengte das Cyborg-Konzept von Clynes und Kline und die auf den Bionics-Symposien vertretene Idee der Naturnachahmung unter dem Begriff der Bionik. Die auf Caidins Romanen (1969) basierende Fernsehserie *The Six Million Dollar Man* prägte in den 1970er Jahren das Bild der Bionik als maschinelle Optimierung des Menschen mithilfe kybernetischer Prothesen. Seit Mitte der 2000er Jahre knüpft der Biomechatroniker Hugh Herr (*1964) am MIT Media Lab an dieses Bild an und propagiert ›New Bionics‹ als Mittel zur Überwindung körperlicher Behinderung und spricht von der Vision eines »neuen Menschen« (Harrasser 2013, 15–17).

Literatur

Aumann, Philipp: Mode und Methode. Die Kybernetik in der Bundesrepublik Deutschland. Göttingen 2009.

Barthlott, Wilhelm/Rafiqpoor, Daud/Erdelen, Walter: Bionics and Biodiversity – Bio-Inspired Technical Innovation for a Sustainable Future. In: Jan Knippers/Klaus Nickel/Thomas Speck (Hg.): Biomimetic Research for Architecture and Building Construction. Cham 2016, 11–55.

Bud, Robert: Wie wir das Leben nutzbar machen. Ursprung und Entwicklung der Biotechnologie. Braunschweig 1995.

Caidin, Martin: Der große Computer. München 1969.

Clynes, Manfred/Kline, Nathan: Cyborgs and Space. In: Astronautics 26–27 (1960), 74–76.

Giessler, Alfred: Biotechnik. Leipzig 1939.

Gray, Chris Hables: An Interview with Jack E. Steele. In: Ders. (Hg.): The Cyborg Handbook. New York 1995, 61–69.

Grote, Mathias: Das Patchwork der Mikroben. Biotechnologie jenseits der großen Erzählungen. In: Nils Güttler/

Margarete Pratschke/Max Stadler (Hg.): Wissen, ca. 1980, Nach Feierabend. Züricher Jahrbuch für Wissensgeschichte 12. Zürich 2016, 35–51.
Halacy, Daniel S.: Bionics. The Science of Living Machines. New York 1965.
Harrasser, Karin: Körper 2.0. Über die technische Erweiterbarkeit des Menschen. Bielefeld 2013.
Harrington, Anne: Die Suche nach Ganzheit. Die Geschichte biologisch-psychologischer Ganzheitslehren. Vom Kaiserreich bis zur New-Age-Bewegung. Hamburg 2002.
Herff, Jeffrey: Reactionary Modernism. Technology, Culture and Politics in Weimar and the 3rd. Reich. Cambridge 1985.
Kline, Ronald: Where are the Cyborgs in Cybernetics? In: Social Studies of Science 39/3 (2009), 331–362.
Kline, Ronald: The Cybernetics Moment. Or Why We Call Our Age the Information Age. Baltimore 2015.
Marteka, Vincent: Bionics. New York 1965.
Müggenburg, Jan: Lebhafte Artefakte. Heinz von Foerster und die Maschinen des Biological Computer Laboratory. Konstanz 2018.
Mumford, Lewis: Technics and Cvilization. New York 1934.
Nachtigall, Werner/Wisser, Alfred: Bionik in Beispielen. 250 illustrierte Ansätze. Berlin 2013.
Roth, René: The foundation of Bionics. In: Perspectives in Biology and Medicine 26 (1983), 229–242.
Zdenek, Cerman/Barthlott, Wilhelm/Nieder, Jürgen: Erfindungen der Natur – Was wir von Pflanzen und Tieren lernen können. Reinbek bei Hamburg 2005.

Jan Müggenburg

37 Computation

Der Ausdruck ›Computation‹, zu Deutsch ›Berechnen‹, ›Auszählen‹, ›Schätzen‹, ist heute unweigerlich mit der modernen Computertechnik verbunden, benennt aber eine basale Kulturtechnik, die Schriftbildlichkeit und damit Lesen und Schreiben voraussetzt (Krämer 1988). Die Geschichte des Rechnens ist eng verknüpft mit der Entstehung von Handeln und Warenaustausch, als dessen Vorbedingung häufig eine sesshafte Kultur angesehen wird (Wußing 2008). Die Fähigkeit des Abzählens lässt sich weiter zurückdatieren, wenn man etwa 30.000 Jahre alte Knochen mit regelmäßigen Gravuren aus der »steinzeitlichen Jägerexistenz« (Krämer 1988, 5) als Nachweis anerkennt. Archäologische Funde (hohle Tonkugeln mit tönernen Steinen) aus dem antiken Mesopotamien gelten als früheste Belege einer archaischen Form der Buchhaltung, bei der die Anzahl der Dinge, über die man Buch führen wollte (Rinderherden), durch andere gegenständliche Hilfsmengen repräsentiert wurde (wie Gravuren, Steine, Muscheln, Stäbchen). Zahlen sind in solchen Rechnungen Eigenschaften von Dingen. Mit der Einführung von Ziffernsystemen (Persien, Industal, Kreta, Ägypten) fallen Zahlendarstellung und Rechnen operativ auseinander.

Sybille Krämer (1988) stellt mit Blick auf die Geschichte der Kunst des Rechnens mit Zahlen und Buchstaben (Arithmetik) und ihrer Hilfsmittel zwei wichtige Unterscheidungen des Rechnens heraus: Die erste betrifft die Repräsentationsform der Zahlen, die entweder anschaulich-konkret wie beim Rechnen mit Abakus und Calculi oder formal-symbolisch sein kann, wie es in Europa erst mit der Einführung des indischen Dezimalsystems durch die Rezeption arabischer Gelehrter (insbesondere der Schriften von Muhammad ibn Mūsā al-Chwārizmī, ca. 780–850) im 16. und 17. Jahrhundert üblich wurde. Krämers zweite Unterscheidung betrifft die Wissensform des Rechnens. Während etwa die altägyptische Rechenkunst auf Probleme des Alltags (das Verwalten von Getreidebedarf, Lohnsummen, Flächen und Ähnliches) gerichtet war, versuchte Euklid mathematisches Wissen als ein axiomatisches System von Sätzen aufzubauen. Rechnen kann hiernach zum einen als praxis- und lösungsorientiertes Rezeptwissen (*techné*) oder als deduktive Ableitung oder Umformung einer beweisenden Theorie (*episteme*) aufgefasst werden (ebd., 14). Da die altägyptische Rechentechnik (2000–1800 v. Chr.) bereits eine symbolische Rechenform war, die mit den Zahlzeichen und nicht der Bedeutung der Zeichen operiert, man im antiken Griechenland jedoch wie bei den Römern mit Rechensteinen und Rechenbrett hantierte, liegen beide Unterscheidungen auch historisch quer zu einander.

In der europäischen Kultur wurde das Rechnen mit der Umstellung von einer Naturalien- auf eine Geldwirtschaft im 15. und 16. Jahrhundert als *techné* aufgewertet (Wußing 2008, 307–313). Der Beruf des Rechenmeisters entstand in den oberitalischen Handelsstädten. Hier triumphierte das symbolische Rechnen mit Ziffern gegenüber dem Rechnen mit anschaulich-gegenständlichen Hilfsmitteln. Die nun in Europa einsetzende Formalisierung des Rechnens war Voraussetzung für Descartes Algebraisierung der Geometrie und der Erfindung des Infinitesimalkalküls durch Newton und Leibniz, mit der man üblicherweise die Entstehung der höheren und modernen Mathematik beginnen lässt. Dieses neuzeitliche Rechnen ist *algorithmisch* (s. Kap. III.32), insofern es Lösungsverfahren darstellt, dessen Regeln nicht nur für einzelne Probleme, sondern für Problemklassen gelten. Es ist zudem *kalkulatorisch*, weil es in einer künstlichen Zeichensprache formuliert und gelöst wird (Krämer 1988, 72). Der Begriff des Rechnens meint hiernach intensional und extensional mehr als das Algorithmische und das Kalkulatorische, auch wenn zuweilen *to compute* und *to calculate* synonym gebraucht werden (Clapham/Nicholson 2005, 81).

Nach Krämer (1988, 1–4) basiert das moderne Rechnen auf den drei Bedingungen der Schriftlichkeit, der Schematisierbarkeit und der Interpretationsfreiheit. Formales Rechnen bedarf einer Beschreibbarkeit in typographischen Medien. Als Tätigkeit muss das formale Rechnen zudem schematisierbar sein, das heißt es muss eine Regel geben, nach der die Handlungsabläufe unbegrenzt wiederholbar sind. Die Bedingung der Interpretationsfreiheit besagt, dass sich die Richtigkeit des Rechnens von der Bedeutung der Zeichen löst und man diese nicht zu interpretieren braucht, um über die Richtigkeit der Berechnung zu entscheiden. Aufgrund dieser drei Bedingungen ist das symbolische Rechnen für Krämer etwas Mechanisches: »Jeder Vorgang, der formal beschreibbar ist, kann als Operation (s. Kap. III.52) einer symbolischen Maschine dargestellt werden und – im Prinzip – von einer wirklichen Maschine ausgeführt werden« (Krämer 1988, 3). Mit der Formalisierung des Rechnens ist die Möglichkeit gegeben, Berechnungen vollständig in technische Hilfsmittel zu externalisieren.

In Bezug auf Mensch-Maschine-Interaktionen müsste eine Geschichte der Medien und Umgangs-

J. B. Metzler © Springer-Verlag GmbH Deutschland, ein Teil von Springer Nature, 2019
K. Liggieri / O. Müller, *Mensch-Maschine-Interaktion*, https://doi.org/10.1007/978-3-476-05604-7_37

weisen mit symbolischen Maschinen erst noch geschrieben werden. Viel beachtet ist der Modellcharakter des Rechnens mit Papier und Stift, mit Rechenmaschinen für ein Denken, das Erkenntnisse erzielen will und das an dem Ideal des begründbaren Wissens orientiert ist. Dieses normative Modell des Rechnens, das Leitbild einer *mathesis universalis*, später Berechenbarkeit (*computability*), entsteht u. a. mit der Entwicklung der höheren Mathematik bei Descartes und Leibniz (Krämer 1988, 93). Krämer (1991) zufolge wird es mit Alan Turings Definitionsvorschlag einer berechenbaren Funktion attraktiv, eine breitere Analogie zwischen den entstehenden realen Rechenmaschinen und mentalen Prozessen zu ziehen, wie es dann im kognitionswissenschaftlichen Paradigma geschehe. Turing selbst hatte sein Modell einer Turingmaschine an der »Analyse des Verhaltens eines menschlichen Rechners orientiert« (Krämer 1988, 169; s. Kap. III.54). Vor diesem Hintergrund könnte eine interessante Forschungsfrage daraus entstehen, diesen Zusammenhang in Bezug auf die kognitionswissenschaftlichen Grundlagen der Gestaltungsprinzipien von Human-Computer-Interaction (Dix u. a. 2004) genauer zu untersuchen.

Für den Umgang mit modernen Rechenmaschinen lassen sich grob drei Paradigmen unterscheiden, die historisch aufeinander folgten, ohne dass die nachfolgenden die vorhergehenden Nutzungsweisen vollständig verdrängten: das Bedienen von gigantischen Rechenmaschinen, das direkte Manipulieren von Personal Computern sowie implizite Delegationen in kontextsensitiven Computersystemen (Pflüger 2008; Rügge 2008). Frühe Rechenmaschinen wie der ZUSE 3, der Colossus oder der ENIAC des US-Militärs wurden hinter verschlossenen Türen von Operateuren bedient. Die Eingabe der Daten und Programme erfolgte mit Befehlen, »die gelocht, gereiht und in einen Kasten gesteckt werden mussten« (Pflüger 2008, 326). Dieser Umgang mit Rechenmaschinen wurde konzeptuell als Konversation gefasst, weil man den Vorgang des Problemlösens/Berechnens in struktureller Analogie zu einem alternierenden Dialog auffasste (ebd., 327), als »Austausch von Kommandos und Daten« (ebd., 334). Dies änderte sich grundlegend mit der massenhaften Verbreitung von Personal Computern seit den 1980er Jahren, mit denen sich die Desktop-Schnittstelle mit Maus und Tastatur als Eingabe-Modi durchsetzte. Diese Entwicklungen, die u. a. auf Visionen und Prototypen Joseph Carl Robnett Lickliders, Douglas Engelbarts und Alan Kays zurückgehen, simulierten eine Arbeitsumgebung, in der sich Nutzer/innen wie auf ihrem gewöhnlichen Schreibtisch oder auch wie in einer Werkstatt orientieren können. Mehrere Objekte können gleichzeitig betrachtet und im Modus der direkten Manipulation bearbeitet werden (ebd., 356).

Aus Sicht der Nutzer/innen findet hier ein Wechsel vom (idealtypischen) Schema des Maschinengebrauchs zum Werkzeuggebrauch statt (s. Kap. II.A.3). Das Maschinen-Schema beschreibt ein Bedienen und Auslösen interner Prozesse, die physikochemisch oder informationstechnisch realisiert werden können und hierbei einem vorgegebenen Algorithmus folgen. Der eigentliche maschinelle Vorgang läuft ohne Eingriffs- oder Korrekturmöglichkeit der Bediener ab, muss ihnen nicht bekannt sein und der Bediener kann erst am Ende des Prozesses erfahren, ob der Vorgang gelungen oder misslungen ist. Ganz anders setzt sich der Vorgang einer Zweckrealisierung idealtypisch beim Schema des Werkzeuggebrauchs zusammen. Wie man es von einfachen Werkzeugen wie Axt und Stricknadel kennt, lässt sich aus der Perspektive der Nutzer/innen hier der Mitteleinsatz durchgängig steuern, modifizieren, korrigieren, stoppen.

Jüngere Entwicklungen des kontextsensitiven Computings (*smart environments*, *internet of things*, Industrie 4.0; s. Kap. III.45) stellen für Nutzer/innen subjektiv einen Verlust der Spuren über Funktionen und Zustände der maschinellen Prozesse dar, was je nach Situation als Entlastung oder als Orientierungsverlust erlebt werden kann. Sinnvoll lässt sich in Bezug auf ein solches Agieren in technischen Systemen weder von einem Bedienen von Computermaschinen noch von einem Werkzeuggebrauch, einem direkten Manipulieren sprechen. Christoph Hubig hat vorgeschlagen, hier von einer Koaktion von System und Nutzer/innen zu sprechen, da hier anders als beim Interagieren die jeweiligen Aktionen von Maschine und Mensch mit ihren Erwartungserwartungen nicht aufeinander bezogen oder abgestimmt werden, sondern »sich zunächst getrennt voneinander zu einer hybriden Gesamthandlung« summieren (Gransche u. a. 2014, 43). Auch kann dem Tun in informatisierten Handlungsumgebungen der Charakter anonymer Interaktionen und Vergemeinschaftung zukommen (Wiegerling 2011), oder die Beteiligung an systemischen Prozessen bleibt für die Nutzer/innen vollkommen intransparent.

Für die Frage nach den Interaktionsformen mit modernen Computern gilt es zu beachten, dass Computer in diversen Formen erscheinen und sich vielfältig technologisch realisieren lassen. Ihre wesentlichen

Charakteristika sind deswegen konzeptueller Natur: »Speicher, Automatik und Programmierbarkeit« (Zitzel 2017, 4). Trotz ihrer variablen Dinghaftigkeit ergeben sich hierdurch einige grundlegende Unterschiede zum Rechnen mit anderen Hilfsmitteln. Lässt sich beim Rechenbrett der ›Speicher‹ mit der Hand bedienen und verändern, bleibt dieser den Nutzer/innen beim modernen Computer verborgen (s. Kap. II.H.26). Auch die einzelnen Rechenschritte und im Speicher abgelegte Zwischenschritte verschwinden in der maschinellen Black Box. Die integrierten mechanischen, später elektronischen Rechenwerke lesen und überschreiben manipulierte Daten, wobei die einzelnen Schritte des Berechnens einem vorgegebenen Programm folgen und in diesem Sinne automatisiert sind. Krämer (1988, 159) spricht von Determiniertheit des Folgeschritts bei gegebenem Zustand. Mit der technologischen Realisierung der symbolischen Maschinen ergibt sich sonach eine spezifische Aufteilung der Arbeitsschritte eines Rechenvorgangs zwischen Mensch und Maschine. Entwickler/innen geben die Programme vor, die von den Maschinen abgearbeitet werden. Mussten sich die Nutzer/innen der gigantischen Rechenmaschinen noch der Arbeitsweise der Rechner und ihrem Rhythmus unterwerfen, scheint das Verhältnis zwischen Nutzer/innen und Personal Computern umgedreht. Entscheidend ist hierbei jedoch, dass sich mit der enormen Ausweitung der Zweckdienlichkeit von Computern das Rechnen selbst immer weiter in das innere der Maschine verlagert und die Interaktion/Nutzung häufig auf andere Tätigkeitsformen abzielt. Mit der Informatisierung von Handlungsumgebungen und der, von der Idee her, totalen Vernetzung aller Dinge entweicht das Rechnen im Hintergrund zwar den Grenzen der Black Box, aber nur, um zum fortdauernden, in der Regel geräuschloses Gemurmel aller denkbaren Vollzüge zu werden. Ein solches allgegenwärtiges Computation ist nicht mehr Modell des Denkens (s. Kap. I.2), sondern stiller Begleiter des Tuns.

Literatur

Clapham, Christopher/Nicholson, James: The Concise Oxford Dictionary of Mathematics. Oxford [3]2005.

Dix, Alan/Finlay, Janet/Abowd, Gregory D./Beale, Russell: Human Computer-Interaction. Harlow [3]2004.

Gransche, Bruno/Erduana, Shala/Simone, Kimpeler u. a.: Wandel von Autonomie und Kontrolle durch neue Mensch-Technik-Interaktionen. Schlussbericht. Karlsruhe 2014.

Krämer, Sybille: Symbolische Maschinen. Die Idee der Formalisierung im geschichtlichen Abriß. Darmstadt 1988.

Krämer, Sybille: Denken als Rechenprozedur. Zur Genese eines kognitionswissenschaftlichen Paradigmas. In: Kognitionswissenschaft 2 (1991), 1–10.

Pflüger, Jörg: Interaktion im Kontext. In: Hans-Dieter Hellige (Hg.): Mensch-Computer-Interface. Zur Geschichte und Zukunft der Computerbedienung. Bielefeld 2008, 323–389.

Rügge, Ingrid: Wegen und Irrwege der Mensch-Maschine-Kommunikation beim Wearable Computing. In: Hans-Dieter Hellige (Hg.): Mensch-Computer-Interface. Zur Geschichte und Zukunft der Computerbedienung. Bielefeld 2008, 199–234.

Wiegerling, Klaus: Philosophie intelligenter Welten. München 2011.

Wußing, Hans: 6000 Jahre Mathematik. Eine kulturgeschichtliche Zeitreise – 1. Von den Anfängen bis Leibniz und Newton. Unter Mitwirkung von Heinz-Wilhelm Alten und Heiko Wesemüller-Kock. Berlin 2008.

Zitzler, Eckart: Dem Computer ins Hirn geschaut. Informatik entdecken, verstehen und querdenken. Mit Zeichnungen von Susanne Staubli. Berlin 2017.

Suzana Alpsancar

38 Cyber-physisches System

Smartphones sind aus unserem Alltag nicht mehr wegzudenken, intelligente Haustechnik erobert mehr und mehr auch die privaten Haushalte, (teil-)autonome Fahrzeuge und sogenannte Smart Grids sind im Fokus industrieller Entwicklung. Smartphones, intelligente Haustechnik, (teil-)autonome Fahrzeuge, Smart Grids sind Beispiele für ›Cyber-physische Systeme‹ (*Cyber-Physical Systems*, CPS). Der Begriff ›Cyber-physisches System‹ deckt also ein weites Spektrum an sehr unterschiedlichen Systemen und Anwendungen ab; es fehlt eine in mathematischem Sinne eindeutige und vollständige Definition, vielmehr gibt es Charakteristika, die für CPS als ›typisch‹ akzeptiert sind und die ein breites Spektrum an durchaus sehr unterschiedlichen Ausprägungen erlauben. Wir werden im Folgenden wesentliche Charakteristika ausgehend von der historischen Entwicklung aufzeigen und weitere typische Anwendungsszenarien, Fragestellungen und damit Herausforderungen für die weitere Entwicklung benennen.

Ein Schlüsselbegriff in diesem Zusammenhang ist der des ›Eingebetteten Systems‹ (*Embedded System*, ES). Eingebettete Systeme unterscheiden sich grundsätzlich von klassischen Rechenanlagen oder auch PCs. Klassische Rechenanlagen und PCs erledigen mittels (unterschiedlicher) Softwaresysteme vielfältige und wechselnde Aufgaben, sie sind üblicherweise nicht für eine dedizierte Anwendung vorgesehen. Vor dem Hintergrund technologischer Fortschritte, die die kostengünstige Realisierung von Chips mit vielen Millionen Transistoren erlauben und so schließlich zu immer kompakteren und auch komplexeren Systemen führen, lag es nahe, (spezifisch konfigurierbare) Prozessoren und Rechenkomponenten zu entwickeln, bei denen die Berechnungen in eine Umgebung eingebettet sind und durch Interaktion mit dieser Umgebung komplexe Regelungs-, Steuerungs- oder Datenverarbeitungsaufgaben realisieren. Diese Integration von Prozessoren, Spezialhardware, korrespondierender Software mit der jeweiligen Anwendung wird dann als ›Eingebettetes System‹ bezeichnet. ›Computer, die man nicht sieht‹ ist eine sicherlich vereinfachende, aber griffige und intuitive Erläuterung für diesen Begriff. Die Entwicklung von ES hat in den 1990er Jahren, bedingt durch die oben angesprochenen technologischen Entwicklungen, enorm ›an Fahrt aufgenommen‹. Bereits zu Beginn dieses Jahrtausends kam – so Schätzungen – der/die EuropäerIn durchschnittlich mit ca. 60 bis 100 eingebetteten Systemen täglich in Berührung, vielfach ohne, dass ihm/ihr das tatsächlich bewusst war.

Mehr oder weniger parallel zum Aufkommen von ES wurden seit Beginn der 1990er Jahre die Möglichkeiten, digitale Daten über Netze – etwa das Internet und World Wide Web – weltweit zu kommunizieren, kontinuierlich ausgebaut und verbessert.

Die oben angedeuteten Fortschritte im Bereich Embedded Systems und im Bereich (weltweite) Netze sind zunächst eher neben- und getrennt voneinander erzielt worden. Seit einigen Jahren wird aber zunehmend das Potential einer Kombination erkannt und ausgenutzt. Die entstehenden Systeme sind dann ›Vernetzte Eingebettete Systeme‹ oder sogenannte ›Cyber-physische Systeme‹. Letztgenannter Begriff wurde – ausgehend von dem Term »Cybernetics« (Wiener 1948) (s. Kap. II.E.15, III.49) um 2006 von Helen Gill, National Science Foundation, USA, geprägt und hat sich seitdem weltweit durchgesetzt:

> »Cyber-physical systems are physical, biological, and engineered systems whose operations are integrated, monitored, and/or controlled by a computational core. Components are networked at every scale. Computing is ›deeply embedded‹ into every physical component, possibly even into materials. The computational core is an embedded system, usually demands real-time response, and is most often distributed.« (Gill 2008)

In der Forschungsagenda *Acatech 2012* heißt es: »Cyber-Physical Systems (CPS) sind gekennzeichnet durch eine Verknüpfung von realen (physischen) Objekten und Prozessen mit informationsverarbeitenden (virtuellen) Objekten und Prozessen über offene, teilweise globale und jederzeit miteinander verbundene Informationsnetze« (Geisberger/Broy 2012).

Im Folgenden sollen nun kurz – ohne Anspruch auf Vollständigkeit – Anwendungsszenarien für CPS und damit verbundene Herausforderungen auf technischer Seite skizziert werden. Zumindest implizit wird damit auch ihre wirtschaftliche Bedeutung für Deutschland bzw. Europa klar. (Weitere Details dazu finden sich zum Beispiel in Geisberger/Broy 2012; National Roadmap Embedded Systems.)

Neue Funktionalitäten, die Signale aus der Umwelt registrieren, intelligente Entscheidungen treffen und mit der Umwelt sowie den Benutzerinnen und Benutzern in Wechselwirkung treten, finden sich in immer mehr Gebrauchsgegenständen unseres Alltags. Ein typisches Beispiel ist das bereits oben erwähnte Smartphone, dessen Ursprungsfunktionalität, nämlich Tele-

K. Liggieri / O. Müller, *Mensch-Maschine-Interaktion*, https://doi.org/10.1007/978-3-476-05604-7_38

fonieren, inzwischen eher in den Hintergrund getreten ist. Wichtiger sind Anwendungen wie etwa Routenplanung, bei der ausgehend vom momentanen Standort, ermittelt mithilfe eines GPS-Sensors, und online verfügbarem Kartenmaterial der Weg zu einem vorgegebenen Ziel berechnet wird. Sportuhren, Fitnessarmbänder, und sogenannte Wearables, die Körperwerte messen, aufzeichnen und bewerten, sind weitere Beispiele für CPS, die in unmittelbarer Nähe des Menschen ihre Arbeit verrichten. Dazu gehören auch Herzschrittmacher, Hörgeräte, mit Drucksensoren ausgerüstete Zahnspangen und Sturzüberwachung für alleinlebende Senior/innen. Sie deuten das Potential und die Bedeutung von CPS im Bereich Medizintechnik an.

Nicht direkt am Menschen, aber von zunehmender Relevanz auch im privaten Bereich sind Systeme, die durch (elektronische) Vernetzung von Gegenständen des Alltags moderne Haustechnik realisieren – nur ein Anwendungsbeispiel für das sogenannte ›Internet of Things‹ (IoT).

Auch im industriellen Bereich spielen CPS eine wesentliche Rolle als technologische Grundlage zur Umsetzung von Konzepten, die unter dem Schlagwort ›Industrie 4.0‹ (s. Kap. III.45) bekannt und populär geworden sind:

> »Unter anderem ergibt sich die Vision von adaptiven, sich selbst konfigurierenden und teilweise selbstorganisierenden, flexiblen Produktionsanlagen. Diese führen zu einer kostengünstigeren und effizienteren Produktion, z. B. gekennzeichnet durch geringere Rüstzeiten und optimierten Energie- und Ressourceneinsatz.« (Thesen und Handlungsfelder Cyber-Physical Systems)

Transport und Verkehr – seien es Flugzeuge, Bahnverkehr oder auch die Automobilbranche – sie alle sind auf CPS und ihre zuverlässige Arbeitsweise angewiesen. In einem modernen PKW verrichten mehr als 80 Prozessoren, die untereinander und mit unterschiedlichsten Sensoren und Aktuatoren vernetzt sind, ihre Arbeit und sind so für die unterschiedlichsten Aufgaben zuständig, wie z. B. ABS/ESP, Airbags, Navigation und Infotainment. Sie übernehmen zunehmend auch Dienste, bei denen (teil-)autonom Entscheidungen getroffen werden, wie automatische Abstands- und Spurkontrolle, Einparkunterstützung, aber auch Fußgänger-Erkennung, Car-2-Car-Kommunikation z. B. zur Übermittlung von Warnsignalen bei Unfällen. Autonomes Fahren wird damit immer realistischer.

Als letztes Anwendungsbeispiel gehen wir kurz auf *Smart (Power) Grids* ein. Während klassische Stromnetze im Wesentlichen auf zentraler Stromerzeugung und -verteilung beruhen, geht der Trend zur Vernetzung und Integration dezentraler Energiequellen und -speicher, etwa mittels (privater) Photovoltaik-, Windkraft- und Biogasanlagen oder auch Batteriekapazitäten von Elektrofahrzeugen. Die dadurch entstehende komplexere Struktur bietet neue Möglichkeiten der Regelung zwischen Stromangebot und -nachfrage, erfordert aber auch die Vernetzung aller beteiligten Knoten, Bereitstellung von Daten zur Aussteuerung des Netzes durch sogenannte *smart meter* und entsprechende Verteilungsverfahren.

Cyber-physische Systeme finden sich also in vielfältigen, oft sehr unterschiedlichen Anwendungen, entsprechend sind die Anforderungen und damit auch die Herausforderungen an die CPS-Entwickler je nach Einsatzbereich ebenfalls sehr unterschiedlich. Wir gehen darauf in aller Kürze und ohne jeden Anspruch auf Vollständigkeit ein:

Bei Gebrauchsgegenständen oder auch Wearables ist eine leicht erlernbare oder gar intuitiv schnell erfassbare Benutzerschnittstelle von großer Bedeutung. Robustheit und Zuverlässigkeit wird unter Umständen zugunsten eines niedrigeren Preises und zeitiger Markteinführung eine geringere Rolle spielen. Dies ist für CPS in der Medizintechnik grundlegend anders. Hier ist korrekte Arbeitsweise, Sicherheit in all ihren Facetten von *(functional) safety* bis hin zu *security* von eminenter Bedeutung, ansonsten sind unter Umständen gesundheitsschädliche oder gar lebensbedrohende Folgen zu befürchten. Dies gilt in ähnlichem Maße für den Bereich der Industrieautomation. Hier kommt es – wie auch im Bereich Transport und Verkehr – in vielen Fällen auch darauf an, *Realzeitbedingungen* strikt einzuhalten. So muss die Steuerung des Airbags in Sekundenbruchteilen in geeigneter Weise reagieren. Darüber hinaus müssen die Systeme auch unter schwierigen physikalischen Randbedingungen oft im Langzeitbetrieb funktionieren. ›Smart (Power) Grids‹ beschreibt eine Anwendungsdomäne, in der die Verteiltheit über ortsungebundene, hochkomplexe Netze eine besondere Rolle spielt. Hier müssen neben Sicherheitsaspekten grundlegende algorithmische Methoden für geeignete Verteilungsverfahren entwickelt werden. Dabei spielen eine intelligente Datenanalyse und daraus resultierende Einsichten, erzielt z. B. durch *Machine-Learning*-Methoden (s. Kap. II.E.17), eine wichtige Rolle.

Literatur

Gill, Helen: A Continuing Vision: Cyber-Physical Systems, Fourth Annual Carnegie Mellon Conference on the Electricity Industry, FUTURE ENERGY SYSTEMS: EFFICIENCY, SECURITY, CONTROL. March 10–11 2008.

Geisberger, Eva/Broy, Manfred (Hg.): agendaCPS, Integrierte Forschungsagenda Cyber-Physical Systems (2012). DOI: 10.1007/978-3-642-29099-2.

National Roadmap Embedded Systems. In: http://wwwdev.safetrans-de.org/documents/NRMES_2009.pdf (16.5.2019).

Thesen und Handlungsfelder Cyber-Physical Systems: Chancen und Nutzen aus Sicht der Automation, April 2013. In: http://docplayer.org/13796495-Thesen-und-handlungsfelder-cyber-physical-systems-chancen-und-nutzen-aus-sicht-der-automation.html (25.8.2019).

Bernd Becker

39 Cyborg

Der Begriff des Cyborgs beschreibt Mischwesen aus Mensch und Technik. Zentral für diese Hybridfigur ist dabei eine Überwindung der konzeptuellen Unvereinbarkeit dieser beiden sich diametral gegenüberstehenden Materialitäten (s. Kap. II.G.25). Damit wird eine Erweiterung bzw. Ergänzung der Funktionspotentiale und Handlungsoptionen gegenüber rein biologischen Körpern erreicht. Die daraus resultierende, inhärente Ambivalenz des Cyborgs begründet seine kulturelle Attraktivität: Die nicht entscheidbare Frage, ob der Cyborg nun Mensch oder Maschine ist, und in welcher Materialität seine neu gewonnen Funktions- und Handlungspotentiale zu verorten sind, begründen die konstitutive Kontingenz des Cyborgs. Die Gendertheoretikerin und Biologin Donna J. Haraway hat die Cyborgs zu Beginn der 1980er Jahre treffend als »Geschöpfe der gesellschaftlichen Wirklichkeit wie der Fiktion« erfasst (Haraway 1995, 33). Zu Beginn des 21. Jahrhunderts sind Cyborgs vertraute, fiktionale Figuren, die die Narrationen des Science-Fiction-Genres bevölkern, wie ebenso gelebte Realitäten, die jedoch nicht ohne begleitende Narrativierung auskommen. Sie sind seit den 1950er Jahre eine männlich-konnotierte technik-optimistische Funktionsutopie, wie seit den 1980er Jahren eine feministische (Gegen-)Metaphorik. Als Folge ihrer konstitutiven Kontingenz kann es keine endgültig abschließende Cyborg-Figuration geben; sie fächert sich auf in variantenreiche und heterogene Differenzierungen, deren Reiz gerade in dem Bewusstsein um die beschriebene Ambivalenz der Figur besteht. In ihr ist gleichermaßen das Faszinations- wie Irritationspotential des Cyborgs begründet.

Der Cyborg lässt sich konzeptuell von den kulturellen Konzeptionen der mechanisch-anthropozentrischen Automaten des 18. Jahrhunderts, des Roboters sowie der Prothetik (s. Kap. III.51, III.55) abgrenzen (vgl. hierzu Westermann 2012). Als parallele Figuration eines Zusammen- bzw. Kurzschlusses von Mensch und Technik steht dem Cyborg das Konzept der hochentwickelten Prothese zur Seite, dessen kultureller Faszinationshorizont sich zwischen einer Reduktion auf einen Artefakt-Status und seiner metaphorischen Auf- bzw. Überladung aufspannt. Ist das Ziel der Prothetik jedoch die Wiederherstellung im biologischen Körper angelegter Funktionspotentiale, sind Cyborgs auf eine Überwindung und Optimierung des biologischen Körpers ausgerichtet. Diesen beiden Figurationen der Hybridisierung von Mensch und Technik stehen artifiziell-technische Abbilder des Menschen gegenüber: Zu diesen zählen sowohl die biomorphen Automaten des 18. Jahrhunderts als Ideal einer technischen Nachbildbarkeit als auch Roboter als technische Zerrbilder der funktionalen Überwindung des Menschen.

39.1 Der Cyborg als männlich-technizistische Überlegenheitsphantasie

Sprachgeschichtlich wurde das Akronym Cyborg in den 1950er Jahren im Rahmen des Aufbruchs in das Weltall aus dem Terminus des kybernetischen Organismus gebildet. In ihrer gemeinsamen Forschung am Dynamic Simulation Laboratory des Rockland State Hospital (USA, New York) verfolgten der Psychiater Nathan S. Kline und der Ingenieur Manfred E. Clynes die (utopische) Idee einer Adaption des menschlichen Körpers an die potentiell lebensfeindlichen Umwelten des Weltalls (vgl. Clynes/Kline 1960/1995). Ihr namensgebendes, nicht-fiktionales Gedankenspiel formulierte als Kern und Ziel des Cyborgs die unbewusste Homöostase zwischen Mensch und Technik, die dem selbstregulierenden Mensch-Maschine-System eine direkte Anpassung an die unbekannten Lebensbedingungen und damit die ungehinderte Eroberung des Weltraums ermöglichen sollte. Bereits in dieser frühen Konzeption ist der Cyborg eine Grenzfigur im doppelten Sinne: In diesem ist die technische (und für Clynes und Kline auch chemietechnisch realisierbare) Optimierung des biologischen Körpers dem Zweck unterworfen, die lebensweltlichen wie territorialen Grenzen des Menschen zu erweitern. Auch wenn Clynes und Kline ihrer Optimierung des menschlichen Körpers keine identitätspolitische Dimension zuerkannten, war es die inhärente Bedrohung der Subjektivität des Menschen, die den Begriff bald wieder aus dem Sprachgebrauch der NASA verschwinden ließ (vgl. Gray 1999; Orland 2005, 17 f.).

39.2 Die Cyborg als feministisch-affektive Opposition

Diese konstitutive Kontingenz der Cyborg-Figur ermöglicht es jedoch Haraway, die männlich konnotierte Machtphantasie der territorialen wie biopolitischen Entgrenzung in den 1980er Jahren zu einer wirkmächtige Figur der radikalen Dekonstruktion dualistischer Denkweisen und Hierarchien sowie zu einer politisch-feministischen Metapher zur Analyse des

J. B. Metzler © Springer-Verlag GmbH Deutschland, ein Teil von Springer Nature, 2019
K. Liggieri / O. Müller, *Mensch-Maschine-Interaktion*, https://doi.org/10.1007/978-3-476-05604-7_39

ausgehenden 20. Jahrhunderts anzuwenden: »Die Cyborg ist eine Art zerlegtes und neu zusammengesetztes, postmodernes kollektives und individuelles Selbst« (Haraway 1995, 51). Ausgangspunkt für Haraways Rekonfiguration des Cyborgs ist gleichermaßen die Erfahrung einer zunehmenden Technisierung und Digitalisierung der Lebenswelt im ausgehenden 20. Jahrhundert wie die Erfahrung, dass im selben Moment die Ausdifferenzierung der Lebenswelten auch zu einer Heterogenisierung (und letztlich auch Hierarchisierung) der Erfahrbarkeit von Frau-Sein geführt hatte. Haraways Cyborg ist – dem Charakter ihres Manifests folgend – die pragmatisch-politische Forderung, sich einem (nun utopischen) Streben nach Einheit zu widersetzen und stattdessen diese Heterogenität bewusst zu leben (vgl. hierzu auch Angerer 2001, 170 ff.). An die Stelle einer überzeitlichen Identität tritt damit eine situative und temporäre Affinität, die eine bewusste Wahl der Allianzen erfordert (vgl. Haraway 1995, 40). Die Mehrdeutigkeit des Harawayschen Cyborg-Konzeptes, das zwischen analytischer Figuration und Manifest-Charakter schwankt, hat nicht zuletzt zu dem Missverständnis geführt, dass Haraway eine bedingungslose Entgrenzung postmoderner Identitäten postuliert. Haraways Cyborg ist jedoch keine alternative Identifikationsfigur, sondern die Forderung nach der aktiven wie bewussten Gestaltung sich für Verhandlungen öffnender Grenzen (vgl. Deuber-Mankowsky 2007, 283; s. Kap. II.G.24). Die Cyborg-Konzepte von Haraway sowie Clynes und Kline bilden die Pole, zwischen denen sich alle kulturtheoretischen Konzeptionen wie fiktionale Ausformulierungen verorten lassen. So ist die Cyborg im Anschluss an Haraway im Kontext feministischer Theoriebildung immer wieder thematisiert worden (vgl. exemplarisch: Balsamo 1999; Kirkup u. a. 2000; Gonzáles 1999), wie auch der Cyborg als technisch-funktionalistische Optimierung weitergedacht wurde. Hier sei etwa auf Andy Clarks Konzeption des »natural born cyborgs« (2003) verwiesen, der den Cyborg-Status zum anthropologischen Merkmal des Humanen erhebt. Die Ausdifferenzierung fiktionaler wie theoretischer Cyborg-Konzepte hat verschiedene Ansätze zur Strukturierung dieser hervorgebracht (vgl. exemplarisch Singer 2001; Spreen 2004). Die Fragen, welche Technologien als Cyborgtechnologien gewertet werden und ob diese die Hautgrenze durchdringen müssen, um eine Cyborg Genese auszulösen, haben sich dabei als Kernfragen des Diskurses erwiesen. Darüber hinaus erlaubt die angestrebte Wirkrichtung der Optimierung des Menschen eine Differenzierung: Diese kann bio-materielle oder sozio-kulturelle Aspekte adressieren.

39.3 Realweltliche Manifestationen

In jüngster Zeit sind es besonders real gewordene Cyborgs, die von sich reden machen: etwa Neil Harbisson, dem ein Eyeborg das Sehen von Farben ermöglicht oder der Cochlea-Implantant-Träger Enno Parks. Auffällig ist, dass die technische Erweiterung allein nicht ausreicht, eine ambivalente Wahrnehmung zu evozieren, die zwischen technisiertem Subjekt und subjektiviertem Funktionsobjekt schwankt. Hierzu bedarf es jeweils der begleitenden Narrativierung des Wandels: Bereits die temporäre Cyborg-Genese des britischen Kybernetik-Professors Kevin Warwick, der sich 2002 für wenige Wochen einen Chip in einen Nerven im Arm implantierten ließ, bedurfte der narrativen Autorisierung durch die Veröffentlichung einer Autobiographie (vgl. Warwick 2002). Mit der Zunahme realweltlicher Cyborgs geht ein Verlust an kultureller Attraktivität der Figuration des Cyborgs einher, da diese gerade nicht in der Lage sind, die beschriebene konstitutive Kontingenz aufrecht zu erhalten. An seine Stelle tritt nun wieder, in gewandelter Form das Konzept des Roboters oder in schwächerer Form der hochtechnisierten Prothese. Die Figuration des Cyborgs ermöglicht es, das Verhältnis von Mensch und Technik unter dem Aspekt materiell-konzeptueller Kopplung zu verhandeln. Die im Konzept des Roboters mitschwingende Personifikationen und Anthropomorphismen erlauben es, die wachsenden Funktionspotentiale und die zunehmende Verschiebung von Agency in unsere Technik über eine Situierung als sozialer Anderer zu verhandeln. Das zu- oder abnehmende kollektive Interesse an der Figur des Cyborgs ist somit nicht auf eine abschließende Definition gerichtet, sondern kann als Symptom für eine immer wieder auftauchende Faszination gegenüber gestalthaften – utopischen wie dystopischen – Ambivalenzen angesehen werden.

Literatur

Angerer, Marie-Luise: I am suffering from a spatial hangover. Körper-Erfahrung im NeuenMedienKunst-Kontext. In: Peter Gendolla u. a.: Formen interaktiver Medienkunst. Frankfurt a. M. 2001, 166–182.

Balsamo, Anne: Technologies of the gendered Body. Reading Cyborg Women. Durham 1995.

Clark, Andy: Natural-Born Cyborgs: Minds, Technologies, and the Future of Human Intelligence. Oxford 2003.

Clynes, Manfred E./Kline, Nathan S.: Cyborgs and Space. In: Chris Hables Gray/Heidi Figueroa-Sarriera/Steven Mentor (Hg.): The Cyborg-Handbook. London 1995, 29–33.
Deuber-Mankowsky, Astrid: Praktiken der Illusion. Kant, Nietzsche, Cohen, Benjamin bis Donna J. Haraway. Berlin 2007.
Gonzáles, Jennifer: Envisioning Cyborg Bodies: Notes from current research. In: Jenny Wolmark: Cybersexualities. A Reader on Feminist Theory, Cyborgs and Cyberspace. Edinburgh 1999, 264–279.
Gray, Chris Hables/Figueroa-Sarriera, Heidi/Mentor, Steven (Hg.): The Cyborg-Handbook. London 1995.
Gray, Chris Hables: Human-Machine Systems in Space: The Construction of Progress. Vortragsmanuskript (1999). In: http://www.chrishablesgray. org/CyborgCitizen/nasa. html (15.5.2012).
Haraway, Donna J.: A Manifesto for Cyborgs. Science, Technology, and Socialist Feminism in the 1980's. In: Socialist Review 80 (1985), 65–108.
Haraway, Donna J.: Ein Manifest für Cyborgs, Feminismus im Streit mit den Technowissenschaften. In: Dies.: Die Neuerfindung der Natur. Primaten, Cyborgs und Frauen. Frankfurt a. M. 1995, 33–72.
Kirkup, Gill/James, Linda/Woodward, Kathrin u. a.: The Gendered Cyborg. A Reader. London 2000.
Orland, Barbara: Wo hören Körper auf und wo fängt Technik an? Historische Anmerkungen zu posthumanistischen Problemen. In: Dies.: Artifizielle Körper – lebendige Technik. Technische Modellierungen des Körpers in historischer Perspektive. Zürich 2005, 9–42.
Singer, Mona: Cyborg – Körper – Politik. In: Karin Gieselbrecht/Michaela Hafner (Hg.): Data | Body | Sex | Machine. Technoscience und Sciencefiction aus feministischer Sicht. Wien 2001, 20–44.
Spreen, Dierk: Menschliche Cyborgs und reflexive Moderne. Vom Jupiter zum Mars zur Erde – bis ins Innere des Körpers. In: Ulrich Bröckling/Axel T. Paul/Stefan Kaufmann (Hg.): Vernunft – Entwicklung – Leben. Schlüsselbegriffe der Moderne. Festschrift für Wolfgang Eßbach. München 2004, 317–346.
Warwick, Kevin: I, Cyborg. London 2002.
Westermann, Bianca: Anthropomorphe Maschinen. Grenzgänge zwischen Biologie und Technik seit dem 18. Jahrhundert. München 2012.

Bianca Westermann

40 Design/Entwerfen

Der Begriff ›Design‹ ist als Lehnwort aus dem Englischen seit den 1960er Jahren etabliert. Er löste Begriffe wie ›industrielle Formgebung‹ und ›Produktgestaltung‹ ab und bezeichnet im engen Sinn die ästhetische Gestaltung von Artefakten. Letztere findet Ausdruck in zahlreichen Gestaltungslehren und Best-Practice-Anleitungen, die meist eng auf einen bestimmten Anwendungsbereich zugeschnitten und durch stilistische Gestaltungsmaximen geprägt sind. Im weiten Sinn bezeichnet der Begriff sowohl den Prozess der Entwicklung von Artefakten als Vorwegnahme des Zukünftigen wie auch dessen Ergebnis – und es ist diese weite Bedeutung, die im Folgenden genauer betrachtet werden soll. Eine Entsprechung findet sich im deutschen Begriffspaar ›Entwerfen‹ (in der Prozessbedeutung) und ›Entwurf‹ (in der Ergebnisbedeutung). Allerdings variiert das Begriffsfeld stark mit dem disziplinären Kontext, wodurch neben ›entwerfen‹ ebenso Begriffe wie ›konzipieren‹, ›gestalten‹, ›planen‹, ›entwickeln‹, ›konstruieren‹ oder ›erfinden‹ für verwandte Tätigkeiten Verwendung finden. Die Begriffsvielfalt deutet bereits ein grundsätzliches Problem verallgemeinernder Aussagen im Bereich entwurfsbasierter Disziplinen an: Die Vielfalt der Produkte und die Komplexität der Rahmenbedingungen spiegelt sich in den Entstehungsprozessen, die jeden Entwurf – sei es eine maßgeschneiderte Einzelanfertigung oder eine Massenherstellung, eine Entwicklung weniger Tage oder ein mehrjähriges, multidisziplinäres Großprojekt – zu einem jeweils spezifischen Prozess machen, der auf eine große Methodenvielfalt zurückgreift.

Ein wichtiger Schritt in der Ausbildung des heutigen Begriffsverständnisses war die Neupositionierung von Malerei, Bildhauerei und Architektur in der Renaissance. In der Etablierung des modernen Berufsstandes spielte das *disegno* als Zeichnung und Zeichenkunst zur Vorbereitung des späteren Artefakts eine Schlüsselrolle. Die intellektuelle Tätigkeit des Entwerfens erhielt eine Aufwertung, während es gleichzeitig von der rein handwerklichen Ausführung arbeitsteilig getrennt wurde (Alberti 1485; Vasari 2006). Das Entwerfen kennzeichnet nun einen bestimmten Ausschnitt in der Herstellung eines Artefakts: jene Schritte, die notwendig sind, um eine Vorlage zu erstellen, die als Anweisung für die Ausführung dient. Lange Zeit hatte diese Rolle die technische Zeichnung inne, die um weitere Spezifikationen ergänzt wurde. Heute wird ihre Funktion zunehmend durch computerbasierte Produkt- und Prozessmodelle abgelöst, die einen fließenden Übergang zur Fertigung ermöglichen.

40.1 Entwurfsmethoden

Der Wunsch, Entwerfen zu systematisieren (und, im Idealfall, zu automatisieren), ist alt. Schon Leibniz entwickelte eine *ars inveniendi*, bei der ein Prinzip angewendet wurde, das bis heute in vielen technikwissenschaftlichen Verfahrensweisen Bestand hat. Er sah vor, ein Problem in voneinander unabhängige Teilprobleme zu zerlegen (Dekomposition). Letztere werden jeweils einer Lösung zugeführt, die sowohl aus der Erfahrung stammen als auch neu entwickelt werden kann. Verknüpfungsregeln erlauben es, zu einer systematischen Synthese überzugehen, die zu neuen Einsichten verhilft.

Eine konsequente Weiterentwicklung dieser Denkhaltung stellte die *Kinematik* des Maschinenbauers Franz Reuleaux dar (1875, 1900), der heute vor allem durch seine Sammlung von Bewegungsmodellen bekannt ist. Sein Ziel war eine Logik der Maschinenkonstruktion, mit deren Hilfe sich deduktiv neue Entwürfe ableiten lassen. Reuleaux's Kinematik basiert auf elementaren Elementen – kinematischen Paaren, Ketten und Mechanismen. Durch Ableitungsregeln können daraus komplexe Bewegungsmuster und Maschinenelemente gebildet werden.

Auf dem Höhepunkt des ›Design Methods Movement‹, das einer Verwissenschaftlichung des Entwerfens den Boden bereitete, veröffentlichte der Wirtschaftswissenschaftler und Designtheoretiker Herbert Simon seine Vision einer *Wissenschaft vom Künstlichen* (1969). Entwerfen als Ursprung aller artifiziellen Phänomene fasste er als rationalen Problemlöseprozess. Entwurfsentscheidungen werden dadurch systematisiert, um in gezielten, methodisch angeleiteten Schritten zu einem befriedigenden (satisfizierenden) Ergebnis zu kommen.

Auch wenn die überzogenen Erwartungen an eine Automatisierung (s. Kap. III.34) von Entwurfsprozessen durch die Weiterentwicklung der Künstlichen Intelligenz nicht eingelöst werden konnten, gingen aus der Bewegung einflussreiche Konstruktionslehren hervor, die bis heute weite Teile der Technikwissenschaften prägen (Hubka/Eder 1992; Pahl u. a. 2007; Ehrlenspiel/Meerkamm 2017). Ihren Niederschlag fanden sie v. a. in der Richtlinie VDI 2221 »Methodik zum Entwickeln und Konstruieren technischer Systeme«. Sie gliedert den Entwurfsprozess von der Auf-

J. B. Metzler © Springer-Verlag GmbH Deutschland, ein Teil von Springer Nature, 2019
K. Liggieri / O. Müller, *Mensch-Maschine-Interaktion*, https://doi.org/10.1007/978-3-476-05604-7_40

gabenstellung bis zur Realisierung in eine Abfolge von Stufen, die zu einer immer größeren Detaillierung und Konkretisierung des zukünftigen Produkts führen. Das Klären und Präzisieren der Aufgabenstellung leitet in das Ermitteln von Funktionen und deren Strukturen über, gefolgt von dem Suchen nach Lösungsprinzipien. Die Gestaltung des Gesamtprodukts erfolgt über Modelle und maßgebende Module, um in Ausführungs- und Nutzungsangaben zu enden. Entsprechend dieser Prozessgliederung finden sich iterativ gewonnene Zwischenergebnisse, die von der Anforderungsliste über Funktionsstrukturen, prinzipiellen Lösungen, modulare Strukturen, Vorentwürfen bis zum Gesamtentwurf und der Produktdokumentation reichen. Heutige Prozessmodelle ergänzen das ursprüngliche Wasserfallmodell zu einem V-Modell, bei dem die zunehmende Detaillierung auf dem absteigenden, linken Arm des V-artigen Verlaufs um entsprechende Verifikations- und Validierungsmethoden auf dem aufsteigenden, rechten Arm ergänzt werden (s. Abb. 40.1). In der spiralförmigen Anwendung des Prozessmodells wird das Produkt in mehreren Schleifen bei zunehmender Produktereife entwickelt.

40.2 Verruchte Entwurfsprobleme

Eine Herausforderung für die Bewältigung von Entwurfsaufgaben ist ihre große Komplexität. Entwurfsprozesse müssen eine Vielzahl äußerst heterogener und sich teilweise widersprechender Anforderungen, die sich beispielsweise aus ästhetischen, funktionalen, ökonomischen oder soziopolitischen Rahmenbedingungen ableiten, zusammenführen. Obwohl das Paradigma vom Entwerfen als Problemlöseprozess einer methodengeleiteten Vorgehensweise in vielen Entwurfsdisziplinen zum Durchbruch verhalf, wurde der Ansatz schon früh als zu simple kritisiert. Die Planungswissenschaftler Horst Rittel und Melvin Webber (1973) charakterisierten Entwurfsaufgaben vielmehr als verruchte Probleme (*wicked problems*), die sich nicht scharf definieren lassen und sich grundlegend von zahmen Problemen (*tame problems*) der Mathematik und den Naturwissenschaften unterscheiden, die sich gut definieren lassen. Der Lösungsprozess von ersteren hat kein klares Ende, sondern wird anhand pragmatischer Erwägungen abgebrochen, kann nicht als wahr oder falsch bestimmt, sondern nur als gut und schlecht charakterisiert werden und lässt sich nicht durch einen ultimativen Test absichern.

Daher ist heute vielfach von einer Ko-Evolution von Problem und Lösung die Rede (Dorst/Cross 2001). Am Beginn eines Entwurfsprozesses steht weniger ein gut strukturiertes Problem als eine unscharfe Ausgangslage. Teil des Prozesses ist die Schärfung der Rahmenbedingungen und der einflussnehmenden Parameter, wodurch sich Problem- und Lösungsraum gemeinsam entwickeln. Erst am Ende des Prozesses liegt mit der Lösung auch ein klar definierbares Problem vor. Doch bleibt diese Kritik selbst dem Paradigma des rationalen Problemlöseprozesses verhaftet und kann nur den inneren Widerspruch auf den Punkt bringen.

40.3 Entwerfen als Erkenntnispraxis

Neuere Ansätze gehen dazu über, Entwerfen als spezifische Denk- und Erkenntnispraxis zu fassen (Lawson 2008; Cross 2011; Mareis 2011; Ammon 2013, 2018). Als wichtiger Vorreiter dieser Entwicklung gilt Donald Schön, der Entwerfen als »Reflexion-in-Aktion« fasste (Schön 1983). Nach Schön sind es die selbsterzeugten Entwurfsvorlagen – seien es Skizzen, Zeichnungen, Modelle –, die im Moment ihrer Entstehung mit den Entwerfenden in einen dialogischen Prozess eintreten. Sie lösen ein Nachdenken aus und stimulieren dadurch weitere Entwurfszüge. Es entspinnt sich ein Netz komplexer (zeichnerischer) Überlegungen, die es erlauben, das Entwurfsproblem neu zu rahmen, Varianten durchzuspielen, Konsequenzen zu erörtern, Vergleiche anzustellen und Schlussfolgerungen zu ziehen.

Somit lässt sich Entwerfen als eigenständige epistemische Praxis charakterisieren, aus der ein Wissen über das zukünftige Artefakt gewonnen wird. Ihre Spezifika treten insbesondere im Vergleich mit dem Experimentieren zu Tage. Beide Praxen unterscheiden sich in ontologischer Hinsicht: Während Experimentieren gegebene Phänomene untersucht, erkundet Entwerfen das noch nicht Existierende, was zu erkenntnistheoretischen und methodologischen Besonderheiten führt. So ist der Entwurfsvorgang in der Wissensgenerierung insbesondere auf bild- und modellbasierte Darstellungssysteme angewiesen, die sich in ihrer explorativen Handhabung durch eine »leere« Bezugnahme auszeichnen. In der Absicherung des Wissens nehmen neben der Erfahrung aus früheren Entwurfsvorgängen intrinsische Prüfverfahren eine entscheidende Stellung ein (Ammon 2017).

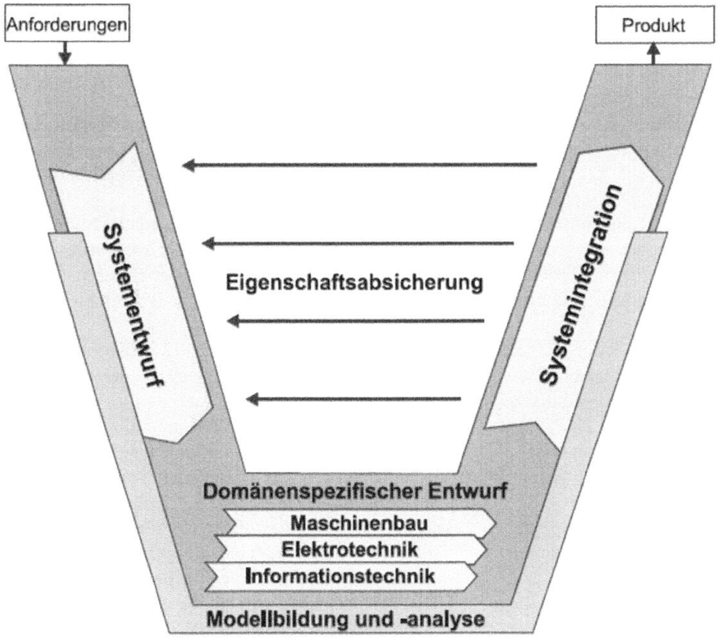

Abb. 40.1 V-Modell der Produktentwicklung. In: VDI 2206: Entwicklungsmethodik für mechatronische Systeme. Verein Deutscher Ingenieure 2004, 29

40.4 Verantwortungsvolles Entwerfen

Für die Entwicklung der Mensch-Maschine-Schnittstelle müssen die Entwerfenden mögliche Gebrauchsszenarien vorwegnehmen und durch die Gestaltung erwünschte Verwendungsweisen anlegen (s. Kap. II.H.26). Wie stark sich allerdings die Gestaltungsabsicht im tatsächlichen Nutzungsverhalten widerspiegelt, hängt neben der Qualität des Designs auch vom Verwendungskontext ab. Kulturelle Rahmenbedingungen unterliegen einem Wandel, wodurch sich die Nutzung insbesondere bei langlebigen Erzeugnissen häufig verändert. Nicht nur kann die Einführung von Produkten in neue Verwendungskontexte unbeabsichtigte Folgen auslösen. Um auf die Multistabilität technischer Artefakte (Ihde 2008) zu reagieren, wird versucht, den gesamten Produktelebenszyklus in die Gestaltung einzubeziehen und flexible Nutzungsszenarien zu berücksichtigen.

Doch hat diese Vorgehensweise ihre Grenzen. Weder aus der Perspektive der Entwurfsentwicklung noch aus der Perspektive der späteren Aneignung des Entworfenen erscheint das Artefakt als neutrale Entität. In die Entwurfsentscheidungen fließen durch unscharfe Rahmenbedingungen und widerstreitende Anforderungen eine Vielzahl von Gewichtungen und Bewertungen ein, deren Motivation häufig nicht expliziert wird. Da aber in der Gestaltung die spätere Handhabung angelegt ist, können diese impliziten Setzungen eine hohe ethische und gesellschaftliche Relevanz entfalten. Indem Artefakte bestimmte Handlungsangebote eröffnen und andere verschließen, werden sie selbst zu moralischen Entitäten oder Akteuren (Floridi/Sanders 2004; Verbeek 2011; s. Kap. III.31). Zunehmend verschmilzt die Mensch-Maschine-Schnittstelle mit intelligenten Maschinen, die zu Entscheidungsträgern werden und in unserem unmittelbaren Lebensumfeld agieren. Umso wichtiger wird es, frühzeitig in Entwurfsprozessen wertsensible Fragestellungen bewusst zu reflektieren und in einen gesellschaftlichen Diskurs einzubetten (Friedman/Kahn/Borning 2006; Poel 2009), um ein Entwerfen zu ermöglichen, das seiner Verantwortung gerecht wird.

Literatur

Alberti, Leon Battista: De re aedificatoria. Florenz 1485.

Ammon, Sabine: Entwerfen. Eine epistemische Praxis. In: Claudia Mareis/Christof Windgätter (Hg.): Long Lost Friends. Wechselbeziehungen zwischen Design-, Medien- und Wissenschaftsforschung. Zürich 2013, 133–155.

Ammon, Sabine: Why designing is not experimenting: Design methods, epistemic praxis and strategies of knowledge acquisition in architecture. In: Philosophy &

Technology 4 (2017), 495–520. DOI: 10.1007/s13347-017-0256-4.
Ammon, Sabine: Drawing inferences: Thinking with 6B (and sketching paper). In: Philosophy & Technology (2018). DOI: 10.1007/s13347-018-0323-5.
Cross, Nigel: Design Thinking: Understanding how designers think and work. Berg 2011.
Dorst, Kees/Cross, Nigel: Creativity in the design process: Co-evolution of problem-solution. In: Design Studies 22/5 (2001), 425–437.
Ehrlenspiel, Klaus/Meerkamm, Harald: Integrierte Produktentwicklung: Denkabläufe, Methodeneinsatz, Zusammenarbeit. München [6]2017.
Floridi, Luciano/Sanders, J. W.: On the Morality of Artificial Agents. In: Minds and Machines 14/3 (2004), 349–379.
Friedman, Batya/Kahn, Peter H./Borning, Alan: Value sensitive design and information systems. In: Ping Zhang/Dennis Galletta (Hg.): Human-computer interaction and management information systems: Foundations. Armonk 2006, 348–372.
Hubka, Vladimir/Eder, Wolfgang Ernst: Einführung in die Konstruktionswissenschaft: Übersicht, Modell, Ableitungen. Berlin 1992.
Ihde, Don: The designer fallacy and technological imagination. In: Pieter E. Vermaas/Peter Kroes/Andrew Light/Steven Moore (Hg.): Philosophy and design: From engineering to architecture. Dordrecht 2008, 51–59.
Lawson, Bryan: How designers think: The design process demystified. Amsterdam [4]2008.
Mareis, Claudia: Design als Wissenskultur. Interferenzen zwischen Design- und Wissensdiskursen seit 1960. Bielefeld 2011.
Pahl, Gerhard/Beitz, Wolfgang/Feldhusen, Jörg/Grote, Karl-Heinrich: Konstruktionslehre: Grundlagen erfolgreicher Produktentwicklung, Methoden und Anwendung. Berlin [7]2007.
Poel, Ibo van den: Values in engineering design. In: Anthonie Meijers (Hg.): Philosophy of technology and engineering sciences. Handbook of the philosophy of science, Bd. 9. Amsterdam 2009, 973–1006.
Reuleaux, Franz: Lehrbuch der Kinematik, Bd. 1: Theoretische Kinematik. Grundzüge einer Theorie des Maschinenwesens; Bd. 2: Die praktischen Beziehungen der Kinematik zu Geometrie und Mechanik. Braunschweig 1875 und 1900.
Rittel, Horst W. J./Webber, Melvin M.: Dilemmas in a general theory of planning. In: Policy Sciences 4 (1973), 155–169.
Schön, Donald A.: The reflective practitioner: How professionals think in action. New York 1983.
Simon, Herbert A.: Die Wissenschaft vom Künstlichen. Berlin 1990 (amer. 1969).
Vasari, Giorgio: Einführung in die Künste der Architektur, Bildhauerei und Malerei: Die künstlerischen Techniken der Renaissance als Medien des disegno. Berlin 2006.
VDI 2206: Entwicklungsmethodik für mechatronische Systeme. Verein Deutscher Ingenieure 2206.
VDI 2221: Methodik zum Entwickeln und Konstruieren technischer Systeme. Verein Deutscher Ingenieure 1993.
Verbeek, Peter-Paul: Moralizing technology. Understanding and designing the morality of things. Chicago 2011.

Sabine Ammon

41 Digital/analog

41.1 Erläuterung und Relevanz

Das Begriffspaar analog/digital benennt zwei unterschiedliche Funktionsweisen von Maschinen und, allgemeiner, zwei gegensätzliche Weisen der Darstellung von Information (s. Kap. III.46). Die Unterscheidung, die als solche mit der Entwicklung digitaler Informations- und Kommunikationstechniken ab Mitte des 20. Jahrhunderts aufkam, kann folglich enger (bezogen nur auf den Bereich der maschinellen Signal- bzw. Datenverarbeitung) oder weiter (bezogen auf das gesamte Feld medialer Repräsentationen) gefasst werden. Generell gesprochen beruhen analoge Funktions- und Darstellungsweisen auf den Prinzipien von Kontinuität und Proportionalität, digitale auf denen von Diskretheit und Arbitrarität. Heute wird das Begriffspaar meist gebraucht, um Digitalcomputer und deren vielfältige mediale Anwendungen von älteren (Medien-)Techniken wie der Fotographie, dem Fernsehen usw. abzugrenzen. Der sachliche Gegensatz analog/digital markiert damit zugleich einen historischen Wendepunkt, der die neuen Mittel der Information und Kommunikation von allen früheren, erst retrospektiv als ›analog‹ bezeichneten und damit implizit als rückständig deklarierten Techniken trennt.

Zur Illustration der Differenz analog/digital wird manchmal das Beispiel von Analog- und Digitaluhren herangezogen. Eine Analoguhr misst Zeit durch die kontinuierliche Bewegung der Zeiger, wobei das Maß der verstrichenen Zeit proportional zur Länge des von den Zeigern zurückgelegten Weges ist. Eine Digitaluhr hingegen stellt Zeit durch Zeichen auf einem Display dar, wobei die einzelnen Ziffern mit dem Wechsel der Sekunden, Minuten und Stunden in diskreter Abfolge, d. h. gestuft, ineinander überspringen und der jeweils angezeigten Zeit willkürlich zugeordnet sind. Das Uhrenbeispiel ist weiter instruktiv, weil es die Schwierigkeit einer einfachen Unterscheidung von analogen und digitalen Momenten komplexer Maschinen oder Systeme verdeutlicht. So geschieht die Darstellung der Zeit bei einer Analoguhr, der kontinuierlich-proportionalen Bewegung der Zeiger zum Trotz, diskret-arbiträr, weil auf einem in Stunden und Minuten bzw. Sekunden eingeteilten Zifferblatt (von welchem die Uhrzeit in symbolischen Einheiten abgelesen wird, z. B. als ›drei Uhr siebenundvierzig‹). Und auch Funktionsweisen lassen sich nicht immer eindeutig als analog oder digital bestimmen. In einem mechanischen Uhrwerk diskretisiert die Hemmung die vom Antrieb kontinuierlich abgegebene Energie, um durch schrittweise Bewegung den genauen Gang der Uhr zu gewährleisten. Andererseits verhalten sich die Schaltkreise eines Computerchips funktional gesehen zwar diskret (und können typischerweise nur die logischen bzw. arithmetischen Werte *wahr* oder *falsch* bzw. 1 oder 0 repräsentieren), physikalisch funktionieren sie jedoch mit einer in der Zeit kontinuierlich verlaufenden elektrischen Spannung.

Wenn die Unterscheidung analog/digital auch einen komplementären Gegensatz bedeutet, so werden die zwei Ausdrücke, vor allem im umgangssprachlichen und populärwissenschaftlichen Kontext, doch ungleich gebraucht. Sie zeigen nicht nur ein historisches Gefälle (zwischen neuen und alten Techniken) an, sie befinden sich zudem in einem begrifflichen wie sachlichen Ungleichgewicht. Über die Kennzeichnung technischer Funktions- und medialer Darstellungsweisen hinaus wird ›analog‹ als Attribut gerne der leiblichen Existenz des Menschen und der physikalischen Beschaffenheit der Welt insgesamt zugeschrieben (und folglich mit, oftmals positiv besetzten, Qualitäten wie Materialität, Natürlichkeit und Echtheit assoziiert); dagegen bleibt die Bezeichnung ›digital‹ in der Regel für einen klar umgrenzten Ausschnitt der Wirklichkeit, nämlich für das Prinzip von Digitalcomputern, reserviert (und wird daher mit, nicht selten negativ konnotierten, Phänomenen wie Virtualität, Künstlichkeit und Simulation in Verbindung gebracht). Umgekehrt ist ›digital‹ der gewissermaßen vorrangige der beiden Begriffe: zum einen, weil er eben den maschinellen *state of the art* angibt und mit ihm die technologische Situation des heutigen Menschen; zum anderen, weil digitale Maschinen bzw. Computer die Funktions- und Darstellungsweisen analoger Maschinen und Systeme, wenigstens annähernd, selbst repräsentieren und simulieren können (sich Analoges also digitalisieren lässt) – aber nicht umgekehrt. Die Durchdringung sämtlicher Lebensbereiche mit Computergeräten und -diensten mutet deshalb wie der Prozess einer fortschreitenden technischen Kolonisierung ›analoger‹ Verhältnisse durch digitale Mittel und Einrichtungen an. Es scheint, als würde der begrifflich genauer definierte und sachlich schmalere Bezirk des Digitalen die übrige Welt, imaginiert als ständig schrumpfender Rest des Analogen, nach und nach in Besitz nehmen.

Die Relevanz des Begriffspaares analog/digital ergibt sich aus dem genannten technischen Fortschritt. Mit der gesamtgesellschaftlichen Ausbreitung digitaler Maschinen wird die Unterscheidung zur historischen und theoretischen »Leitdifferenz« (Schröter/Böhnke

J. B. Metzler © Springer-Verlag GmbH Deutschland, ein Teil von Springer Nature, 2019
K. Liggieri / O. Müller, *Mensch-Maschine-Interaktion*, https://doi.org/10.1007/978-3-476-05604-7_41

2004, 9), die das ›digitale Zeitalter‹ von der Vergangenheit absetzt, die Welt der Maschinen und medialen Repräsentationen in zwei scheinbar sauber getrennte Sphären trennt und die weitere Entwicklung vorgibt: ›Digitalisierung‹ ist das Schlüsselwort einer Epoche, in der sich die Umstellung tendenziell aller sozialen und individuellen Vermittlungsleistungen auf Apparate und Abläufe mit digitaler Funktionsweise vollzieht.

Fragen nach der Mensch-Maschine-Interaktion betrifft die Unterscheidung in Analoges und Digitales auf den Ebenen der Funktion und der Darstellung in unterschiedlicher Intensität. Bezüglich der Darstellung geht es um das, was man gemeinhin ›Schnittstellen‹ nennt, insbesondere um Anzeigen, d. h. Vorrichtungen zum Beobachten maschineller Zustände und Abläufe – beim Auto etwa Tachometer und Tankanzeige (analog) bzw. Kilometerzähler und Ölwarnleuchte (digital). Eine Besonderheit digitaler Maschinen ist, wie gesagt, dass sie analoge Vorrichtungen simulieren können. So kann ein Computer am Bildschirm einen Lautstärkeregler anzeigen, der sich (wenn auch bloß für das Auge) stufenlos bewegen lässt. Das analoge oder digitale Funktionieren einer Maschine bedingt also nicht Darstellungsweisen bzw. Anzeigen derselben Art.

Was die Funktionsweise anbelangt, können zunächst oberflächlich und in Entsprechung zu Anzeigen verschiedenartige Befehlsgeber an Mensch-Maschine-Schnittstellen identifiziert werden – z. B. Steuerrad und Gaspedal (analog) oder Zündschloss und Schalthebel (digital) eines Autos. Grundsätzlicher jedoch verfügt der Unterschied zwischen analogem und digitalem Funktionieren über das Verhältnis, in das Maschinen und Menschen zueinander treten können. Neben technisch-ökonomischen Vorzügen gegenüber analogen Systemen (u. a. den ungleich größeren Kapazitäten der Datenspeicherung und -übertragung) ist Digitalcomputern mit der programmgesteuerten Datenverarbeitung das Vermögen nicht nur zur immer umfassenderen Automation (s. Kap. III.34), sondern zur Simulation von Prozessen auch perzeptiver, kognitiver und kommunikativer Art gegeben. Die Realisierung sogenannter Künstlicher Intelligenz (KI) ist nicht zufällig seit der Anfangszeit des Computers ein wichtiges Ziel der Informatik. Und dank der jüngsten technischen Erfolge der KI-Forschung treten uns digitale Maschinen heute tatsächlich nicht mehr nur als Automaten, Werkzeuge oder Medien gegenüber, sondern zunehmend als ›intelligente‹ Systeme, deren Interaktionsformen, etwa in der Sprachsteuerung, nach dem Vorbild alltäglicher – und damit bemerkenswerterweise häufig als ›analog‹ (!) bezeichneter – Mensch-Mensch-Interaktionen gestaltet sind (s. den KI-Test des »Imitationsspiels« bei Turing 1987, 149–151; s. Kap. III.57). So gesehen verweist die Differenz analog/digital auf das technische Potential für einen tiefgreifenden historischen Wandel des Verhältnisses von Menschen und Maschinen.

41.2 Abgrenzung

Neben den, am eingangs angeführten Beispiel der Analoguhr, dargelegten Schwierigkeiten einer eindeutigen sachlichen Trennung von Analogem und Digitalem in je konkreten Fällen ist der Gegensatz vor allem mit zwei Problemen der begrifflichen Abgrenzung behaftet.

Erstens werden die zwei Ausdrücke (insbesondere der des ›Analogen‹) auch in der Wissenschaft mitunter so vage verwendet, dass verschiedene semantische Assoziationen ihre Bedeutungskerne zu verwischen drohen. Daher muss das Begriffspaar analog/digital sorgsam von anderen Gegensätzen unterschieden werden, die häufig mit analogen wie digitalen Funktions- und Darstellungsweisen in Verbindung gebracht werden, u. a. also von Oppositionen wie materiell/immateriell, natürlich/künstlich, alt/neu oder gar menschlich/maschinell.

Zweitens müssen die beiden Begriffe jeweils von weiteren Bestimmungen abgegrenzt werden, die einzelnen analogen oder digitalen Techniken und Systemen zukommen, dürfen aber auch nicht bloß wechselseitig *ex negativo* definiert werden. So kann ›analog‹ keineswegs mit ›gleichartig‹, ›ähnlich‹ oder gar ›bildhaft‹ gleichgesetzt werden und darf umgekehrt nicht schlicht für alles stehen, was kein im signaltechnischen Sinne Digitales ist. Und ›digital‹ ist im Speziellen nicht mit anderen Merkmalen, die moderne Digitalcomputer auszeichnen (etwa mit elektronischer Bauweise, binärer Wertigkeit oder zahlenhafter Codierung), oder einfach mit der semiotischen Zeichenklasse des Symbols zu verwechseln, noch darf es als künstliche Modellierung, Abstraktion oder Zerteilung des Analogen verstanden werden.

41.3 Wichtige Autoren und Forschungsfragen

Den technischen Errungenschaften seit Mitte des 20. Jahrhunderts geschuldet, richtet sich das Augenmerk der Forschung primär auf den Begriff und die Sache des Digitalen. Fragen nach dem Analogen werden meist nur im Kontrast dazu thematisch.

Grundlegend für das engere, signaltechnische Verständnis des Digitalen, wie auch des Analogen, sind die einschlägigen Arbeiten zur mathematischen Nachrichtentheorie von Shannon (2000). Deren Rezeption führt über Debatten zur analogen bzw. digitalen Funktionsweise von Organismen und Maschinen in der frühen Kybernetik (s. Kap. II.E.15, II.E.16; vgl. Pias 2003) zu weiter gefassten Begriffsbestimmungen in anderen Wissenschaften, bedeutsam etwa in symboltheoretischer Absicht in der Philosophie durch Goodman (1997, 125–166) und mit Bezug auf menschliche Interaktions- und Kommunikationsformen in der Psychologie durch Watzlawick, Beavin und Jackson (1969, 61–68). Parallel zur massenhaften Verbreitung elektronischer Digitalmedien öffnet sich der Blick für kulturtheoretisch und -historisch breit angelegte Erörterungen und Problematisierungen des Begriffspaares (vgl. Schröter/Böhnke 2004, 7–30; Peters 2016; Sterne 2016).

Von technik- und wissensgeschichtlichem Interesse ist die Frage, wie die Entstehung und Entfaltung der modernen Digitaltechnik zu beschreiben und begreifen sei. Dabei stehen, oftmals populärwissenschaftlichen, Ursprungserzählungen, die in der Regel die ersten programmierbaren digitalen Maschinen, d. h. Computer, ins Zentrum rücken (vgl. Dyson 2012), genealogische Arbeiten gegenüber, welche die entscheidenden technologischen und epistemischen Umbrüche in einer langen Geschichte des Digitalen zu verorten versuchen – von der Entwicklung der Schrift und der Logik über den Buchdruck, die Telegraphie, die neuzeitliche Wissenschaft und Industrie bis zu den elektronischen Massenmedien und dem digitalen Medienverbund (vgl. Flusser 1999; Siegert 2003; Kittler 2005).

Besonderes Gewicht hat heute die Frage nach den Auswirkungen der durch elektronische Netzwerke, Geräte und Dienste getragenen Digitalisierung in sämtlichen Bereichen der Gesellschaft, die entsprechend von allen wissenschaftlichen Disziplinen intensiv diskutiert wird. Neben umfassenden soziologischen Studien (vgl. beispielhaft Castells 2009) sind Veränderungen im Mensch-Maschine-Verhältnis einflussreich u. a. von Hayles (1999) am Beispiel der Literatur, von Haraway (1995) aus feministischer Sicht und von Turkle (1995) für Online-Kommunikation behandelt worden. In jüngerer Zeit gewinnt die Auseinandersetzung mit der ›Verumweltlichung‹ digitaler Maschinen durch *ubiquitous computing* und das Internet der Dinge an Bedeutung (vgl. Ekman 2012).

Schließlich wird in Teilen der Philosophie und Physik die Frage verhandelt, ob die physikalische Wirklichkeit im Grunde, d. h. auf Ebene der Elementarteilchen, digital strukturiert oder das Universum gar als gigantischer Digitalcomputer zu verstehen sei (vgl. Zuse 1967; Lesne 2007; Floridi 2009).

Literatur

Castells, Manuel: The Rise of the Network Society. Malden ^{2}2009.

Dyson, George: Turing's Cathedral: The Origins of the Digital Universe. New York 2012.

Ekman, Ulrik (Hg.): Throughout. Art and Culture Emerging with Ubiquitous Computing. Cambridge 2012.

Floridi, Luciano: Against Digital Ontology. In: Synthese 168/1 (2009), 151–178.

Flusser, Vilém: Ins Universum der technischen Bilder. Göttingen ^{6}1999.

Goodman, Nelson: Sprachen der Kunst. Entwurf einer Symboltheorie. Frankfurt a. M. 1997.

Haraway, Donna J.: Die Neuerfindung der Natur. Primaten, Cyborgs und Frauen. Frankfurt a. M. 1995.

Hayles, N. Katherine: How We Became Posthuman. Virtual Bodies in Cybernetics, Literature, and Informatics. Chicago 1999.

Kittler, Friedrich: Buchstaben → Zahlen → Codes. In: Jochen Brüning/Eberhard Knobloch (Hg.): Die mathematischen Wurzeln der Kultur. München 2005, 65–76.

Lesne, Annick: The Discrete Versus Continuous Controversy in Physics. In: Mathematical Structures in Computer Science 17/2 (2007), 185–223.

Peters, Benjamin: Digital. In: Ders. (Hg.): Digital Keywords. A Vocabulary of Information Society and Culture. Princeton 2016, 93–108.

Pias, Claus (Hg.): Cybernetics – Kybernetik. The Macy-Conferences 1946–1953. 2 Bde. Zürich 2003.

Schröter, Jens/Böhnke, Alexander (Hg.): Analog/Digital – Opposition oder Kontinuum? Zur Theorie und Geschichte einer Unterscheidung. Bielefeld 2004.

Shannon, Claude E.: Ein/Aus. Ausgewählte Schriften zur Kommunikations- und Nachrichtentheorie. Hg. von Friedrich Kittler, Peter Berz, David Hauptmann u. a. Berlin 2000.

Siegert, Bernhard: Passage des Digitalen. Zeichenpraktiken der neuzeitlichen Wissenschaften 1500–1900. Berlin 2003.

Sterne, Jonathan: Analog. In: Benjamin Peters (Hg.): Digital Keywords. A Vocabulary of Information Society and Culture. Princeton 2016, 31–44.

Turing, Alan M.: Intelligence Service. Schriften. Hg. von Bernhard J. Dotzler und Friedrich Kittler. Berlin 1987.

Turkle, Sherry: Life on the Screen: Identity in the Age of the Internet. New York 1995.

Watzlawick, Paul/Beavin, Janet H./Jackson, Don D.: Menschliche Kommunikation. Formen, Störungen, Paradoxien. Bern 1969.

Zuse, Konrad: Rechnender Raum. In: Elektronische Datenverarbeitung 8 (1967), 336–344.

Till A. Heilmann

42 Feedback

Feedback (dt. Rückkopplung) ist ein technisches Funktionsprinzip, dem man auch in vielen nicht technischen Zusammenhängen begegnet (z. B. in: ›Feedback-Kultur‹). Es bezeichnet ein Verfahren, bei dem der Output eines Systems als Teil des Inputs an das System ›zurückgefüttert‹ und auf diese Weise eine Veränderung des Systemverhaltens erreicht wird. Anders formuliert: Eine Ursache (Input) bringt eine Wirkung hervor (Output), welche auf die Ursache (Input) zurückwirkt und damit zukünftige Wirkungen (Outputs) verändert. Dabei lassen sich zwei Arten von Feedback unterscheiden: Wenn das Feedback dazu führt, dass sich der Output des Systems einem vorher festgelegten Richtwert annähert und das Verhalten des Systems entsprechend korrigiert wird, spricht man von negativem Feedback (auch: Gegenkopplung oder Abweichungsreduktion). Als Beispiel dient ein Thermostat, welcher die Raumtemperatur (Output) misst, mit der eingestellten Wunschtemperatur (Richtwert) vergleicht und die Heizung (System) entsprechend hoch- oder herunterregelt (Input). Ein Beispiel aus einem nicht technischen Bereich ist der Prozess, bei dem ein/e Lehrer/in die Prüfungsleistung (Output) mit seiner bzw. ihrer Lösungsvorlage (Richtwert) vergleicht und den/die Schüler/in (System) mittels einer Rückmeldung auf Fehler hinweist (Input). In beiden Fällen besteht das Ziel negativer Rückkopplung darin, das System zu kontrollieren und sein Verhalten so zu regulieren, dass es trotz wechselnder Umgebungsbedingungen stabil auf dem gewünschten Niveau operiert. Aus der Perspektive eines/r Beobachters/in verhält sich ein solches mittels negativem Feedback kontrolliertes System ›zweckmäßig‹ oder ›zielgerichtet‹. Von positivem Feedback (auch: Mitkopplung oder Abweichungsverstärkung) spricht man hingegen, wenn Output und Input eines Systems sich gegenseitig hochschaukeln, sodass das Systemverhalten nicht korrigiert, sondern verstärkt wird. Das Ergebnis ist ein System, das sich chaotisch und unkontrollierbar verhält – es kommt zu einer Eskalation. Ein bekanntes Beispiel ist die akustische Rückkopplung, bei der ein Mikrofon ein durch einen Verstärker (System) geleitetes akustisches Signal über einen Lautsprecher (Output) erneut aufnimmt und an den Verstärker zurückführt, der das Signal daraufhin erneut verstärkt. Ein anderes Beispiel ist der Streit zwischen zwei Partner/innen (System), bei dem das Niveau der jeweils letzten Gesprächsphase (Output) zur Ausgangsbedingung (Input) der jeweils nächsten Gesprächsphase wird. Die genannten Beispiele zeigen bereits, dass sich sowohl mit negativem als auch mit positivem Feedback gleichermaßen maschinelle und menschliche Verhaltensweisen erklären lassen. Tatsächlich wurde im Laufe des 20. Jahrhunderts mit Verweis auf das Feedback-Prinzip die strukturelle Ähnlichkeit von Mensch und Maschine behauptet.

Die theoretische Formalisierung des Feedback-Prinzips ist eng mit der amerikanischen Kybernetik der 1940er- und 1950er-Jahre und dem Mathematiker Norbert Wiener (1894–1964) verbunden, aber es wurde schon lange vorher angewendet (s. Kap. III.49, II.E.15). Von antiken Wasseruhren über mechanische Uhren bis zur Einführung des Fliehkraftreglers zur Regulation der Arbeitsleistung von Dampfmaschinen im ausgehenden 18. Jahrhundert kennt die frühe Technikgeschichte zahlreiche Beispiele für Rückkopplungsmechanismen (Mayr 1968; Bernstein 2002). Erstmals theoretisch reflektiert wurde das Prinzip von James Clerk Maxwell (1831–1879), der den Fliehkraftregler als »Governor« (Maxwell 1868, 270), also als einen ›Regulator‹, bezeichnete. Auch die Idee, Vorgänge im tierischen und menschlichen Körper als Rückkopplungsprozesse zu erklären, existierte vor der Kybernetik. Physiologen wie Claude Bernard (1813–1878) und Walter Cannon (1871–1945) untersuchten in der zweiten Hälfte des 19. Jahrhunderts die Fähigkeit lebendiger Organismen, einen stabilen inneren Zustand aufrecht zu erhalten, und prägten dafür verwandte Begriffe wie ›Regulation‹ (Bernard) oder ›Homöostase‹ (Cannon) (vgl. Canguilhem 1979; Lenoir 1982; Tanner 1998). Ebenfalls bereits im 19. Jahrhundert existierten Vorstellungen, Theorien der Regulation und Selbststeuerung auf politische Prozesse zu übertragen (Vogl 2016).

Wenngleich sich Beispiele für Anwendungen von Rückkopplung sowie verwandte theoretische Denkfiguren vor dem 20. Jahrhundert anführen lassen, existierte in dieser Periode keine allgemeine Theorie des Feedbacks oder eine auf diesem Prinzip aufbauende Methode. Diese entstand erst in der Zwischenkriegszeit in den USA und in Europa, als sich Rückkopplung zum zentralen Ansatz der Regelungs- und Nachrichtentechnik entwickelte. Ingenieure der Bell Laboratories wie Harold Stephen Black (1898–1983) oder Harry Nyquist (1889–1976) und Wissenschaftler am Massachusetts Institute of Technology (MIT) wie Vannevar Bush (1890–1974) oder Harold Locke Hazen (1901–1980) etablierten Feedback als elektrotechnische Methode in so unterschiedlichen Bereichen wie der Rauschunterdrückung bei Telefonaten oder der Stabilisierung von Stromnetzen (Bennett 1993;

J. B. Metzler © Springer-Verlag GmbH Deutschland, ein Teil von Springer Nature, 2019
K. Liggieri / O. Müller, *Mensch-Maschine-Interaktion*, https://doi.org/10.1007/978-3-476-05604-7_42

Mindell 2002; Scherffig 2017). Ein wesentliches Ergebnis dieser Entwicklung war die Erkenntnis, dass es sich bei Feedback um einen Kommunikationsprozess handelt, der informationstheoretisch beschrieben werden kann (s. Kap. III.46). In Deutschland arbeitete der Physiker Hermann Schmidt (1894–1968) in den 1930er-Jahren an einer »allgemeinen Regelungskunde« (Dittmann 1995; Liggieri 2018, 2019). Inspiriert von diesen Arbeiten beschäftigte sich Wiener kurz vor Eintritt der Vereinigten Staaten in den Zweiten Weltkrieg mit dem in diesem Kontext viel diskutierten Problem der Flugabwehr: Wenn ein Schütze ein feindliches Flugzeug anvisiert und schießt, trifft das Projektil ins Leere, weil das Flugzeug in der Zwischenzeit weitergeflogen ist. Wiener und der Ingenieur Julian Bigelow (1913–2003) arbeiteten an einem (nie einsatzfähigen) Anti-Aircraft-Predictor (AAP), welcher die vergangene Bewegung des feindlichen Objektes verfolgen und dessen (wahrscheinliche) zukünftige Position errechnen sollte (Galison 2001). Das Ergebnis sollte der AAP an das Geschütz zurückmelden, welches dann automatisch auf die (wahrscheinliche) zukünftige Position zielen sollte, während der Schütze die aktuelle Position des Flugzeugs anvisierte. Gleichzeitig sollte der AAP seine Prognose ständig mit der tatsächlichen Flugbahn des feindlichen Objektes abgleichen und seine eigenen Vorhersagefehler als Input für zukünftige Berechnungen verwenden. Galison weist daraufhin, dass in der Fokussierung auf das Verhalten des feindlichen Objektes auch das für die Kybernetik charakteristische »Verschwimmen der Grenze zwischen Mensch und Maschine« (Galison 2001, 437), nämlich von Pilot und Flugzeug, bereits angelegt ist. Tatsächlich schlugen Wiener, Bigelow und der Physiologe Arturo Rosenblueth (1900–1970) (1943) aufbauend auf den Arbeiten Wieners am MIT etwa zur gleichen Zeit in einem gemeinsamen Aufsatz vor, den klassischen Behaviorismus um die Komponente des Feedbacks zu erweitern und mittels dieser Methode sowohl biologische als auch technische Prozesse als teleologische (zielgerichtete) Verhaltensweisen zu begreifen. Gegen die in den Naturwissenschaften in jener Zeit vorherrschende Vorstellung einer linearen Kausalität rehabilitierten die Autoren auf dieses Weise die Idee einer zirkulären Kausalität, wonach ein System selbst die Ursache für sein eigenes Verhalten darstellt. (Eine durch einen Thermostaten geregelte Heizung heizt, weil sie zuvor weniger geheizt hat, weil sie davor mehr geheizt hat usw.).

In Wieners (1963) im Jahr 1948 veröffentlichen Kybernetik-Buch wurden Rückkopplungsprozesse am Beispiel technischer, (neuro-)biologischer, medizinscher und sozialer Untersuchungsgegenstände besprochen. Die heute als Macy- oder Kybernetik-Konferenzen bekannte und zwischen den Jahren 1946 und 1953 veranstaltete Tagungsreihe trug den Begriff ›Feedback‹ in ihrem ursprünglichen Namen: »The Feedback Mechanisms and Circular Causal Systems in Biology and the Social Sciences Meeting« (Pias 2016). Kybernetiker wie Claude Shannon (1916–2001), Ross Ashby (1903–1972) oder Grey Walter (1910–1977) nutzten das Feedback-Prinzip um Maschinenmodelle zu konstruieren, die sich ›zielgerichtet‹ und deshalb scheinbar lebendig verhielten (Cordeschi 2002; Pickering 2010). Es waren auch die interdisziplinären Gespräche auf den Macy-Konferenzen, welche dazu führten, dass der Feedback-Begriff ab der Mitte des 20. Jahrhunderts in einer Vielzahl sozialwissenschaftlicher Felder wie z. B. der Psychologie (Bröckling 2008) oder der Bildungswissenschaft (Hof 2016) Konjunktur hatte. Anstatt von einem einseitigen Transfer des Feedback-Denkens aus der Kybernetik in andere Wissenschaften, ist jedoch eher von einer Mitkopplung ähnlicher Konzepte auszugehen, da sich für viele dieser Bereiche eine eigene Geschichte des Regulations- und Kontrolldenkens nachweisen lässt (s. o.). Hatte sich die Kybernetik zunächst vor allem für negatives Feedback interessiert und positives Feedback als unerwünschten und destruktiven Prozess verstanden, rückte im Zuge der »zweiten und dritten Welle der Kybernetik« (Hayles 1999, 9–11) schließlich auch das Prinzip positiver Rückkopplung in den Mittelpunkt des Interesses. Wissenschaftler/innen wie Stephen Wolfram, Ilya Prigogine oder Isabelle Stengers erkannten darin nun einen konstruktiven Prozess, der zur emergenten Entwicklung höherer Komplexitäten führen kann.

Literatur

Bennett, Stuart: A History of Control Engineering 1930–1955. Hitchin 1993.

Bernstein, Dennis S.: Feedback control: An invisible thread in the history of technology. In: IEEE Control Systems 22/2 (2002), 53–68.

Bröckling, Ulrich: Über Feedback. Anatomie einer kommunikativen Schlüsseltechnologie. In: Michael Hagner/Erich Hörl (Hg.): Die Transformation des Humanen. Beiträge zur Kulturgeschichte der Kybernetik. Frankfurt a. M. 2008, 326–347.

Canguilhem, Georges: Die Herausbildung des Konzeptes der biologischen Regulation im 18. Und 19. Jahrhundert. In: Ders/Wolf Lepenies (Hg.): Wissenschaftsgeschichte und Epistemologie.Frankfurt a. M. 1979, 89–109.

Cordeschi, Roberto: The Discovery of the Artificial. Beha-

vior, Mind and Machines Before and Beyond Cybernetics. Dordrecht 2002.
Dittmann, Frank: Zur Entwicklung der ›Allgemeinen Regelungskunde‹ in Deutschland. Hermann Schmidt und die ›Denkschrift zur Gründung eines Institutes für Regelungstechnik‹. In: Wissenschaftliche Zeitschrift der Technischen Universität Dresden 44/6 (1995), 88–94.
Galison, Peter: Die Ontologie des Feindes: Norbert Wiener und die Vision der Kybernetik. In: Michael Hagner (Hg.): Ansichten der Wissenschaftsgeschichte. Frankfurt a. M. 2001, 433–488.
Hayles, Katherine: How we became posthuman: Virtual Bodies in Cybernetics, Literature and Informatics. Chicago 1999.
Hof, Barbara: Modelle: Ein implizites Vermächtnis der deutschen kybernetischen Pädagogik – Models: An Implicit Legacy of German Educational Cybernetics. In: IJHE Bildungsgeschichte 6/1 (2016), 75–90.
Lenoir, Timothy: The Strategy of Life. Teleology and Mechanics in Nineteenths Century German Biology. Chicago 1989.
Liggieri, Kevin: Der Mensch als ›Sollwert‹. Rückkopplungen bei Hermann Schmidt und Richard Wagner. In: Julia Gruevska/Kevin Liggieri (Hg.): Vom Wissen um den Menschen. Philosophie, Geschichte, Materialität. Freiburg 2018, 103–130.
Liggieri, Kevin: Der Regelkreis als das ›universelle Gebilde der Technik‹. Zugriffe auf Mensch und Maschine zwischen ›allgemeiner Regelungskunde‹ und philosophischer Anthropologie bei Hermann Schmidt. In: Jahrbuch Technikphilosophie 2019, 15–35.
Mayr, Otto: Zur Frühgeschichte der technischen Regelung. München 1968.
Maxwell, James Clerk: On governors. In: Proceedings Royal Society 16 (1868), 270–283.
Mindell, David: Between Human and Machine. Feedback, Control and Computing before Cybernetics. Baltimore 2002.
Pias, Claus (Hg.): Cybernetics-Kybernetik. The Macy-Conferences 1946–1953, Bd. I: Protokolle. Zürich ^{2}2016.
Pickering, Andrew: The Cybernetic Brain. Chicago 2010.
Rosenblueth, Arturo/Wiener, Norbert/Bigelow, Julian: Behavior, Purpose and Teleology. In: Philosophy of Science 10/1 (1943), 18–24.
Scherffig, Lasse: Feedbackmaschinen. Kybernetik und Interaktion, Dissertation, KHM. Köln 2017.
Tanner, Jakob: ›Weisheit des Körpers‹ und soziale Homöostase. Physiologie und das Konzept der Selbstregulation. In: Philipp Sarasin/Ders. (Hg.): Physiologie und industrielle Gesellschaft. Studien zur Verwissenschaftlichung des Körpers im 19. und 20. Jahrhundert. Frankfurt a. M. 1998, 129–169.
Vogl, Joseph: Regierung und Regelkreis. Historisches Vorspiel. In: Claus Pias (Hg.): Kybernetik. Die Macy-Konferenzen 1946–1953, Bd. II: Essays und Dokumente. Berlin 2016, 67–79.
Wiener, Norbert: Kybernetik. Regelung und Nachrichtenübertragung im Lebewesen und in der Maschine. Wien 1963.

Jan Müggenburg

43 Human Factors Engineering

Das Human Factors Engineering (HFE) entsteht in den USA während und kurz nach dem Zweiten Weltkrieg. Ziel des HFE ist es, den Faktor Mensch, der als ›Operator‹ bezeichnet wird (s. Kap. III.52), mit seinen kognitiven, senso-motorischen, physiognomischen und psychologischen Eigenschaften und Varianzen in ein technisches System (Cockpits, U-Boote und Autofahrerkabinen) zu integrieren (Liggieri 2019). Durch die Relevanz der Human Factors sind die Methoden des HFE auch bis in das Design technischer Gegenstände wie Telefone, Computer oder in die Architektur von Büroarbeitsplätzen eingeflossen (McCorkmick 1957; Hookway 2004, 53). Außerdem liegt im HFE eine Überschneidung mit der Ergonomie vor (s. Kap. III.33), in der es um den Entwurf von Mensch-Maschinen-Schnittstellen geht (Kasprowicz 2019). So ist die Anthropometrie, in der Extremitäten und Körperteile in diversen Körperstellungen vermessen und verglichen werden, ebenso fester Bestandteil des HFE. Auf der anderen Seite unterscheidet es sich von einer ergonomischen Zielsetzung, da es nicht um die Gestaltung gesundheitlich optimaler Mensch-Maschinen-Schnittstellen am Arbeitsplatz geht. Der Operator führt kürzere und konzentrationsintensive Aufgaben aus, seine Maschine vollzieht keine seriellen Prozesse, wie sie häufig in der Ergonomie oder in der wissenschaftlichen Betriebsführung des Taylorismus vorausgesetzt werden (s. Kap. II.A.4). Im Gegensatz zur Fehlervermeidung durch eine verbesserte Anpassung an den Arbeitsplatz geht das HFE von einer doppelten Kontingenz auf Seiten des menschlichen wie maschinellen Faktors aus. Da beide Seiten füreinander wie eine Black-Box sind, kann allein auf Ebene der Übermittlung von Informationen (s. Kap. III.46), also im Design des Interfaces (s. Kap. II.H.26), eine Kontrolle über die drohende Kontingenzzunahme entstehen. Folglich geht es darum, über diesen forschungstechnischen Designaspekt den Faktor Mensch in die Maschinenentwicklung zu integrieren. Der heute weit über das militärische und ingenieurswissenschaftliche Vokabular hinausreichende Begriff der ›human factors‹ verdient seine Virulenz vor allem aufgrund dieser Vorstellung einer gemeinsamen Mensch-Maschinen-Sprache, die in den 1950er Jahren stark von der Kybernetik (s. Kap. III.49) und dem militärisch geprägten Operations Research, das später in das System Engineering übergehen sollte, bestimmt war. Somit waren die HFE sehr früh verbunden mit Wissensgebieten wie der Physiologie, vor allem aber mit einer noch unausgereiften Ingenieurs- und Computerwissenschaft technischer Großsysteme (Stanton 1996).

43.1 Die Integration des Menschen in technische Großsysteme

Im Gegensatz zum Personal des Taylorismus, das aus Betriebswissenschaftlern und -ingenieuren bestand, stellten sich die HFE nahezu vollständig aus Psychologen zusammen (Stanton 1996, 301). Bis zum Zweiten Weltkrieg ist die angewandte Psychologie in den Vereinigten Staaten vor allem an Reizschwellen und -amplituden interessiert. Experimentell ist sie geprägt durch den Einfluss der deutschen Psychophysik und Psychotechnik, sowie von den Time-and-Motion-Studies des Taylorismus (Fitts 1946; Chapanis u. a. 1947, 8–10). Mit Eintritt des Zweiten Weltkrieges wird an die experimentellen Psychologen von Seiten der amerikanischen Regierung die Aufgabe herangetragen, Cockpits in Kampf- und Transportflugzeugen zu entwickeln (Chapanis 1947 u. a.; Sheridan 2002, 3). Der Umstand, nicht mehr genügend Piloten mobilisieren zu können, die dem statistisch ermittelten Quotienten eines optimalen Operateurs genügen, wie er seit dem Ersten Weltkrieg grundlegend war, wird zur Aufgabe für das HFE, Interfaces zu bauen, die das Erlernen der Steuerung vereinfachen und somit beschleunigen (Rose 2016). Dies bedeutete auf der einen Seite kognitive und senso-motorische Prozesse zu formalisieren, aber ebenso das menschliche Befinden in die Sprache der Konstruktionsingenieure zu übersetzen. Es ist diese Schnittstelle aus einer angewandten Psychologie und der Übersetzung menschlicher Befindlichkeiten in technischen Systemen wie Flugzeugen oder U-Booten, die den HFE, der in der Regel ein ausgebildeter Psychologe ist, zu einem Berater für das Maschinendesign nach dem Zweiten Weltkrieg werden ließ. Wissenschaftshistorisch wären die Psychologen des HFE dem Behaviorismus zuzurechnen, allerdings dient die Lehre über Stimulus-Reaktions-Ketten als ein Ausgangsmodell, das je nach Anwendungsfall modifiziert wird. Wie beispielsweise in einem der Pioniertexte des HFE von 1954 mit dem Titel »A Design Philosophy for Man-Machine-Control Systems«, gilt jede sinnliche Reizbarkeit und jede Wahrnehmung der Außenwelt als Aussage über die Adaptabilität an ein System von Eingabe (Hebel, Schalter oder Lenkräder) und Ausgabeoptionen (Bildschirmen, Anzeigen, Alarmtöne; Birmingham/Taylor 1954, 1748). In dieser Epistemologie einer Maschinenumwelt ist eine Änderung

K. Liggieri / O. Müller, *Mensch-Maschine-Interaktion*, https://doi.org/10.1007/978-3-476-05604-7_43

auf der Anzeige zugleich ein Indikator für die Änderung in der Umwelt.

43.2 Die Epistemologie der angewandten Forschung

Dieser Zustand, der hier – nicht ohne Anlehnung an die Systemtheorie – als doppelte Kontingenz beschrieben werden kann, verdeutlicht das Abrücken im HFE von einem zu disziplinierenden und fehlerminimierenden Operator hin zu einer dauerhaft komplexen Variable, der man experimentell nie wirklich ganz auf die Schliche kommt (Liggieri 2018). Einer der frühen Protagonisten des HFE, Franklin V. Taylor, spricht symptomatisch vom Menschen als nicht zu fassende Variable, über die man messtechnisch »next to nothing« sagen könne (Taylor 1957, 253). An die Stelle der »human performance« trete nun die »system performance«, da es sinnlos sei, den Menschen isoliert vom System, in dem er operiert, zu betrachten. Als Folge dieser anwendungsorientierten Drehung in der amerikanischen Psychologie sehen Vertreter wie Franklin V. Taylor nicht mehr das Experiment als wesentliches Verfahren zur Sicherung und Kommunikation von Wissen über das technische System, sondern den Test (Taylor 1957, 254; Poulton 1966). An die Stelle des Vergleiches von publizierten Experimentalreihen tritt das ingenieurwissenschaftlich geprägte Trial-and-Error-Verfahren. Dabei taucht der Begriff ›experiment‹ weiterhin in den psychologischen Tests auf, um den Operator zu modellieren. Aber bei Vertretern wie George Miller ist es der aus der Kybernetik entlehnte Informationsbegriff, mit dem sich eine optimale Verarbeitung von Umweltreizen durch die multiplen Sinneskapazitäten des Menschen für kommende Testverfahren von Systemen berechnen ließe (Miller 1956). Beim Begründer der ökologischen Wahrnehmungspsychologie James J. Gibson dagegen, den man zu einem erweiterten Kreis der HFE zählen darf, werden es die Gesetze der Gestaltpsychologie sein, die er nach seinen Untersuchungen mit Piloten in Cockpits anwenden wird, in dem nicht mehr die Differenz von Körpern den Raum konstituiert, sondern die Reizvariation aneinander gereihter Oberflächen (Gibson 1973, 28 f.; s. Kap. III.31).

Einen weiteren Kernbereich des HFE stellten die Mock-Up-Simulationen (Training in nachgebauten oder Originalkonstruktionen der Mission) und Computersimulationen in der Raumfahrt dar. So hatte die NASA bereits seit den ersten Projekten zur Mercury-Mission in Robert Voas einen HFE vor Ort, obwohl die neue Episteme um die notwendigen Befindlichkeiten des Menschen sowohl bei den Ingenieuren als auch bei den Astronauten als übertriebene Fürsorge interpretiert wurde (Mindell 2008; Grether 1962). Durch diese Einbettung von HF-Psychologen in großtechnische Systeme war das HFE eine der ersten psychologischen Disziplinen, die systematisch auf den Computer als wissenschaftliches Instrument zurückgriffen. Das geschah einerseits durch die Einführung von Simulationen für die Formalisierung des menschlichen Tracking-Verhaltens oder andererseits durch eine Arbeitsteilung zwischen dem Menschen und dem Computer auf Basis ihrer kognitiven Fähigkeiten, was der Interface-Pionier J. C. R. Licklider 1960 als »Man-Machine-Symbiosis« bezeichnete (Licklider 1960, 1965). Vor dem Hintergrund der konkreten Anwendungsszenarien, der prioritären Stellung des funktionierenden Designs vor einem methodisch einwandfreien Ergebnis sowie der frühen Einführung von computergestützten Verfahren, konkretisiert sich das HFE als eine interdisziplinäre Hybridwissenschaft, die für das Format angewandter Forschung repräsentativ ist – und zwar über den Kalten Krieg hinaus.

43.3 Auswirkung und Kritik des Human Factors Engineering

Der gesellschaftliche Einfluss der Human-Factors-Psychologen beginnt ab den 1960er Jahren durch langsame, aber stetige Transition aus den militärischen und akademischen Instituten in die Privatwirtschaft. Allen voran große Unternehmen wie General Electric, Ford oder Boeing richteten sogenannte ›Human Factors Divisions‹ ein, in denen medizinische, physiologische und kognitive Tests die Grundlage für die Konstruktion einer einwandfreien Mensch-Maschinen-Interaktion liefern sollten (Kraft 1961). In dieser Zeit kristallisiert sich auch ein Zuständigkeitskatalog heraus, der sich bis heute größtenteils aufrechterhalten hat. Neben Verfahren zur Bestimmung der Sinnesmodalitäten und ihrer Synästhetik gehört auch das Sicherheits- und Personalmanagement zu den klassischen, eher ergonomisch ausgerichteten Praktiken der Human Factors Psychologen. Die zunehmende Bedeutung der Human Factors für die Büroarbeit taucht in den 1960ern und vor dem Einzug des Computers auf. Robert Probsts ›Action Office‹, dessen quadratische Parzellen heute mit dem klassisch-amerikanischen Großraumbüro assoziiert werden, ist eine Antwort auf die monotone und stereotype Büroumwelt. Die Gestaltung der Umwelt als dem Ort der Interaktion ist auch Ausgangspunkt bei Probst, wenn er von den »growing needs of day-by-day change and modifications of environmental effect« spricht (Probst 1966, 299). Der Fokus auf das Design, die Atmosphäre und die intuitive Kontrolle einer Umwelt sind epistemische Kernaspekte des HFE, die sich in der Arbeitsplatz-, Sicherheits- oder Transportgestaltung nachhaltig ausgewirkt haben.

Die stärkste Transformation und Ausweitung hat die Bezeichnung des Human Factors allerdings durch die Einführung des Personal Computers in den Büroalltag erfahren. Eine Reaktion hierauf war der Einzug der Human Factors in die Bereiche des Software Engineering und der Human Computer Interaction (HCI). Human Factors bezogen sich hierbei nicht auf die antizipier- und modifizierbaren Umwelteffekte, sondern zunehmend auf die kognitiven Kapazitäten und Fähigkeiten eines menschlichen Operators als Verarbeitungs- und Versendungsknoten von Informationen. Damit änderten sich aber auch die Akteure – zu den Psychologen gesellten sich zunehmend Softwaredesigner, die an der Schnittstelle von Usability und Produkt-Design arbeiteten. Als Folge dessen trat neben die, wegen ihrer kognitionszentrierten Modelle häufig in die Kritik geratene, HCI ab den 1990er Jahren die sogenannte Action Theory. Statt Human Factors und soziale Gruppen als Einheiten im Informationskreislauf zu betrachten, sollten Menschen als handelnde Entitäten untersucht werden, mit all ihren sozialen Verknüpfungen, Motivationen und handwerklich-körperlichen Fertigkeiten (Bannon 1991; Kuutti 1995). Der Schwerpunkt rückt hierbei von der Interaktion auf den soziotechnischen Kontext von Praktiken, von einer Human-Computer-Interaction zu einer »Computer Supported Cooperative Work« (Kuutti/Bannon 2014).

Literatur

Bannon, Liam J.: From Human Factors to Human Actors. The Role of Psychology and Human-Computer Interaction Studies in Systems Design. In: Joan Grrenbaum/ Morton Jyng (Hg.): Design at Work: Cooperative Design of Computer Systems. Hillsdale 1991, 25–44.

Birmingham, Henry P./Taylor, Franklin V.: A Design Philosophy for Man-Machine Control Systems. In: Proceedings of the I. R. E. 42/12 (1954), 1748–1758.

Chapanis, Alphonse u. a.: Lectures on Man and Machine. An Introduction to Human Engineering. Baltimore 1947.

Fitts, Paul: German Applied Psychology During World War II. In: American Psychologist 1/5 (1946), 151–161.

Gibson, James J.: Die Wahrnehmung der visuellen Welt. Weinheim 1973.

Grether, Walter F.: Psychology and the Space Frontier. In: American Psychologist 17/2 (1962), 92–101.

Hookway, Brandon: Cockpit. In: Cold War and Hothouses. Inventing Postwar Culture, from Cockpit to Playboy. New Jersey 2004, 22–54.

Kasprowicz, Dawid: Die Umwelt steuerbar designen. Zum Human Factors Engineering in den Jahren 1945 bis 1968. In: Technikgeschichte 86 (2019), 67–95.

Kraft, Jack A.: A Compilation and Brief History of Human Factors Research in Business and Industry. In: Human Factors 3/4 (1961), 253–283.

Kuutti, Kari: Activity Theory as a potential framework for human-computer interaction research. In: Bonnie A. Nardi (Hg.): Context and Consciousness: Activity Theory and Human Computer Interaction. Cambridge, Mass. 1995, 17–44.

Kuutti, Kari/Bannon, Liam J.: The Turn to Practice in HCI: Towards a Research Agenda. In: Matt Jones u. a. (Hg.): Proceedings of the SIGCHI Conference on Human Factors in Computing Systems, CHI '14. New York 2014, 3543–3552.

Licklider, Joseph C. R.: Man-Computer Symbiosis. In: I. R. E. Transactions on Human Factors in Electronics. March (1960), 4–11.

Licklider, Joseph C. R.: Libraries of the Future. Cambridge, Mass. 1965.

Liggieri, Kevin: Der Mensch in der technischen Umwelt. Ergonomische Konstruktionen des Fliegercockpits im Human Engineering der 1940–1960er Jahre. In: Julia Gruevska (Hg.): Studien zur Interdisziplinären Anthropologie. Themenheft: Körper und Räume. Wiesbaden 2019, 43–68.

McCormick, Ernest J.: Human Factors Engineering. New York 1957.

Miller, George A.: The Magical Number Seven, Plus or Minus Two: Some Limits on Our Capacity for Process Information. In: Psychological Review 63/2 (1956), 81–97.

Mindell, David: Digital Apollo. Human and Machine in Spaceflight. Cambridge, Mass. 2008.

Poulton, E. C.: Engineering Psychology. In: Annual Review of Psychology 17 (1966), 177–200.

Propst, Robert L.: The Action Office. In: Human Factors 8/4 (1966), 299–306.

Rose, Todd: The End of Average. How We Succeed in a World That Values Sameness. New York 2016.

Sheridan, Thomas: Humans and Automation. System Design and Research Issues. New Jersey 2002.

Stanton, Neville: Engineering Psychology: Another Science of Common Sense? In: The Psychologist 9/7 (1996), 300–303.

Taylor, Franklin V.: Psychology and the Design of the Machines. In: American Psychologist 12/5 (1957), 249–258.

Dawid Kasprowicz

44 Individualisation/Interaktion

Vor dem Hintergrund der Mensch-Maschine-Interaktion von Individualisation bzw. Interaktion zu sprechen, heißt für den französischen Philosophen Gilbert Simondon nicht nur die Individualisation von der Individuation zu unterscheiden, sondern auch die technische von der biologischen (s. Kap. II.B.9). Historisch entwickelt sich der Begriff der Individuation erst in der Scholastik und zwar in Anlehnung an die aristotelische Philosophie, die sich als erstes systematisch und konzeptuell mit der Individuation und dem Individuum als Hauptgegenstand beschäftigt hat. Auch Simondon knüpft an die aus dem aristotelischen Hylemorphismus stammenden Begriffe der Form und der Materie an, versucht diese aber mit Hilfe der aus der Kybernetik (s. Kap. III.49) stammenden Informationstheorie (s. Kap. III.46) zu aktualisieren (vgl. Guchet 2010; Margairaz/Rabachou 2012). Wird beispielsweise ein Ziegelstein gegossen, so gibt es nicht einerseits die Gussform als Form und andererseits den Lehm als Materie, die einfach zusammengeführt werden (vgl. Simondon 2013, 39–66). Vielmehr bestehen die Gussform und der Lehm bereits aus einer Materie und einer Form und müssen vor dem Akt des Gießens zunächst zubereitet bzw. hergestellt werden. Im gesamten technischen Verfahren stellt das Gießen damit nur einen bestimmten Zeitpunkt am Ende einer längeren Operationskette dar (s. Kap. III.52), das eine bereits materialisierte Form (Gussform) und eine geformte Materie (Lehm) zusammenbringt. Materie und Form sind gemäß Simondon folglich weder kategorisch voneinander getrennt, noch ist Erstere passiv und Letztere aktiv. Vielmehr haben Form und Materie als System ein komplementäres Verhältnis zueinander und befinden sich in einem sogenannten ›metastabilen‹ Zustand reich an ›Potentialität‹. Erst wenn dieses System durch eine ›Information‹ angeregt wird, findet eine Umstrukturierung als Operation statt. Auf den Ziegelstein übertragen heißt das, dass sich durch das Hinzutreten der Gussform als Information die immer schon geformte Materie Lehm im Verlauf des Gießens selbst strukturiert und umformt. Die Gussform übernimmt eine informierende Rolle, weil sie es einer durch den Lehm transportierten Potentialität ermöglicht, sich zu aktualisieren. Der sich beim Gießen ausbreitende Lehm wird also von den Wänden der Gussform lediglich aufgehalten und nicht geformt. Dieses Verfahren, in dem sich eine materielle Struktur durch eine Information operationalisiert, nennt Simondon schließlich die Individuation. Simondons Individuationsbegriff soll hier demnach die technische Entstehung des Ziegelsteins hervorheben, indem er mit Hilfe der Begriffe ›Struktur‹, ›Operation‹ und ›Information‹ das Augenmerk auf das technische Verfahren selbst wirft, das im veralteten Bild des Hylemorphismus seines Erachtens zu kurz kommt.

Die Individualisation ist die weitere Individuation eines bereits individuierten Individuums, sodass folgende Reihenfolge besteht: die Individuation (→ das Individuum) → die Individualisation. Die Definition des Individuums ergibt sich hier aber nicht aus der Tatsache, dass man eine in sich stabile, persistierende und unteilbare Entität vor sich hat, sondern aus der Potentialität eines Systems, sich weiterhin individualisieren zu können. Der Ziegelstein durchläuft in der Hinsicht zwar eine Individuation, er ist aber kein Individuum, weil nur dann ein Individuum vorliegt, wenn sich die relationale Wechselwirkung von materieller Struktur und operativer Funktionsweise innerhalb des Individuums auf ein »Milieu« übertragen lässt (vgl. Simondon 2012, 56–60). Dieser Prozess »rekursiver Kausalität« wird bei Simondon Individualisation genannt. Die technische Individualisation hängt damit unmittelbar von der Interaktion zwischen dem Individuum und seinem (meistens technischen und geographischen) Milieu ab. Das Individuum bildet in der Hinsicht lediglich die Grenze oder ein Überbrückungsmoment, das erlaubt von der ursprünglichen Individuation zur Individualisation überzugehen. Kann dieser Übergang nicht gewährleistet werden, gibt es weder ein Individuum noch eine Individualisation. Von einem Individuum zu reden, heißt also von seiner fortwährenden Individualisation zu sprechen.

Die Bedingungen für die biologische Individuation und Individualisation sind zunächst die gleichen wie diejenigen der technischen, weil es auch hier eine Zusammenführung von Struktur, Operation und Information in einem System braucht (vgl. Chateau 2008, 61–64). So ergibt sich die biologische Individuation nur aus einer ersten physikalischen Individuation. Das grundlegende Paradigma, an dem sich Simondon hier orientiert, ist die Beschreibung einer Kristallisation (Alloa/Michalet 2013, 214–216): Diese setzt ein metastabiles System voraus, genauer, eine übersättigte Kristalllösung, die ein Potential zur Kristallisation bereithält. Erst ein dazu stoßender Kristallkeim als Information bringt die Kristallisation in Gang. Die Individuation bestimmt sich nun dadurch, dass in den verschiedenen Phasenwechseln eine Phase die nächste bedingt, weil jeder neue Prozess an Kristallisation von Molekülen eine neue Umstrukturierung der nächsten

K. Liggieri / O. Müller, *Mensch-Maschine-Interaktion*, https://doi.org/10.1007/978-3-476-05604-7_44

Phase provoziert; beim Wachsen des Kristalls ist demnach jede Phase Resultat einer vorherigen und zugleich Bedingung für die nächste. Dieses Aufeinanderfolgen von sich operationalisierenden Strukturen nennt Simondon »Transduktion«, die ihm, egal ob in der Maschine, im Kristall oder im Lebewesen als grundlegendes Paradigma der Individuation gilt (Simondon 2013, 67–97). Die biologische Individuation differenziert sich nun aber dadurch, dass sie diese erste physikalische Individuation in einer Individualisation ausdehnt, verlängert und verstärkt, sodass das Lebendige mit einem stetig wachsenden Kristall verglichen wird. In der Hinsicht entsteht das Lebendige nicht kategorial *vor, nach* oder *getrennt* vom Physikalischen, sondern *während* der Individuation des Physikalischen selbst (vgl. ebd., 152). Das Lebendige individualisiert sich fortwährend, indem es nicht nur sein Verhältnis zum Milieu ständig anpasst, sondern sich auch im selbstreflexiven Akt ständig neu modifiziert und neue interne Strukturen erfindet. Auch die menschliche Psyche ist in der Hinsicht ein Resultat vergangener Individualisationen und individualisiert sich auch noch ständig weiter in Form des Psychisch-Sozialen. Ein Lebewesen befindet sich somit nicht nur in einer andauernden Individualisation, es kann sich auch ständig aus eigener Kraft heraus neu erfinden, umstrukturieren und an sein Milieu anpassen.

Während sich die biologische Individualisation also immer schon in einer selbsterhaltenden Präsenz befindet, muss die technische Individualisation erst hergestellt werden. Das technische Objekt muss also, um überhaupt in einen Prozess der Individualisation eintreten zu können, vom Konstrukteur, Erfinder oder Techniker in ein technisches und geographisches Milieu integriert werden. So ist der Traktionsmotor einer Lokomotive einerseits mit einem ganzen technischen System verbunden (Hochspannungsleitung, Gleise, Züge usw.), andererseits verwandelt er elektrische in mechanische Energie, um den gesamten Zug geographisch über Rampen, durch Kurven, bergauf und bergab und gegen Schnee- oder Windwiderstand mit einer möglichst konstanten Geschwindigkeit hindurchzuführen (vgl. Simondon 2012, 48–50). Durch den Antriebsmotor werden damit nicht nur zwei Bereiche zusammengebracht und wirken aufeinander, die ursprünglich nicht miteinander kompatibel sind, der Antriebsmotor muss sich dem geographischen und technischen Milieu auch zu jeder Zeit anpassen. Der Antriebsmotor stellt somit eine Wechselwirkung zwischen geographischem und technischem Milieu her, die es ihm zugleich erlaubt, funktionsfähig zu sein. Geht man also davon aus, dass die Individualisation eines technischen Objekts dazu führt, dass das Objekt zwar nicht lebendig, aber zumindest für eine gewisse Dauer existenzfähig wird, so liegt das Ziel des Menschen darin, jedes technische Objekt in einen solchen Zustand zu bringen. In der Hinsicht muss auch der Ziegelstein in ein größeres technisches System wie beispielsweise eine Tragewand eines Gebäudes integriert werden. Doch der Unterschied zur Maschine ist, dass der Ziegelstein keine so hochkomplexe Funktionsweise aufweist. Er kann daher nicht zu einem eigenständigen und individualisierten Individuum werden, sondern nur eine Substruktur in einem System darstellen. Die Individualisation der Maschine ist damit durch die Individualisation des Menschen bedingt, sodass es schließlich nicht nur eine Interaktion des Menschen oder der Maschine zu ihrem jeweiligen Milieu gibt, sondern auch eine wechselwirkende Interaktion zwischen Mensch und Maschine selbst. Der Erfinder, Techniker oder Ingenieur muss folglich die Existenzweisen der technischen Individuen antizipieren, um sie immer wieder in den Modus der Individualisation zu setzen. Als eine Art Verwalter der Maschinen muss sich der Mensch, wie der Dirigent eines Orchesters, zwischen den Maschinen ansiedeln, um ihren wechselseitigen Informationsaustausch zu organisieren und zu koordinieren (vgl. ebd., 11). Dieses Dirigieren der Maschinen äußert sich zweifach: Erstens auf der Ebene der Privatperson in Form eines Erfinders, der in der Maschine mehr als nur ein Mittel zum Zweck sieht und zweitens auf der Ebene der Betriebe und Firmen, die gemäß Simondon neben Unternehmensvorständen technische Vorstände einführen sollten (vgl. ebd., 233). Es dürfen in einem Betrieb daher nicht nur die sozial-menschlichen Interaktionen berücksichtigt werden, sondern auch die technischen Operationen der Maschinen, mittels derer diese Interaktionen überhaupt erst zustande kommen. Die Interaktion zwischen Mensch und Maschine führt daher weiter zu einer Interaktion Mensch-Maschine-Mensch oder Mensch-Maschine-Welt, die Simondon als transindividuell bezeichnet und in einem allgemeinen Kollektiv zusammenbringen will. In diesem »transindividuellen Kollektiv« kann die individualisierte Maschine eine Vermittlerrolle übernehmen, um den Informationsaustausch zwischen den fortwährend stattfindenden menschlichen Individualisationen zu ermöglichen, weil ihre Verbindung zu anderen Maschinen wiederum vom Menschen geregelt wird (vgl. ebd., 223–236). So wie sich der Ziegelstein also in die Tragwand eines Gebäudes integriert, um zur Existenz des Gebäudes beizutragen, so trägt auch die Maschine im Informationsaustausch mit anderen Maschinen zu deren Existenzfähigkeit bei. Die technische Vernetzung wiederum wird unmittelbar vom Menschen realisiert, dessen eigene Individualisation aber wiederum von der Technik als Vermittlerin im transindividuellen Kollektiv gewährleistet wird (vgl. Combes 2013, 67–107). In der Hinsicht werden weder die Individualisation der Maschine noch die des Menschen zu einem bloßen Mittel oder Zweck reduziert, sondern von deren komplementärer Interaktion her verstanden:

> »In der wirklich komplementären Relation muss der Mensch ein unfertiges Wesen sein, das durch die Maschine ergänzt wird und die Maschine ein Wesen, das im Menschen seine Einheit, seine Zweckbestimmung und seine Bindung an die Gesamtheit der technischen Welt findet. Mensch und Maschine sind sich wechselseitig Mittler (*médiateurs*), [...].« (Simondon 2008, 66)

Literatur

Alloa, Emmanuel/Michalet, Judith: Transductive ou intensive? Penser la différence entre Simondon et Deleuze. In: La part de l'oeil. Formes et forces. Topologies de l'individuation, Deleuze, Simondon. Brüssel 2013, 213–225.
Chateau, Jean-Yves: Le vocabulaire de Simondon. Paris 2008.
Combes, Muriel: Simondon. Une philosophie du transindividuel. Paris 2013.
Guchet, Xavier: Pour un humanisme technologique. Culture, technique et société dans la philosophie de Gilbert Simondon. Paris 2010.
Margairaz, Sarah/Rabachou Julien: De la génération à l'ontogenèse. Le préindividuel et la puissance chez Simondon et Aristote. In: Cahiers Simondon 4 (2012), 69–96.
Simondon, Gilbert: Ergänzende Bemerkungen zu den Konsequenzen des Individuationsbegriffs. In: Ilka Becker/Michael Cuntz/Astrid Kusser (Hg.): Unmenge. Wie verteilt sich Handlungsmacht? München 2008, 45–74.
Simondon, Gilbert: Die Existenzweise technischer Objekte. Zürich 2012 (frz. 1958).
Simondon, Gilbert: L'individuation à la lumière des notions de forme et d'information. Grenoble 2013.

Olivier Del Fabbro

45 Industrie 4.0

Der Begriff ›Industrie 4.0‹ stellt derzeit noch eine häufig als Schlagwort benutzte und nicht selten unscharfe Chiffre dar. Er wurde auf der Hannover Messe 2011 geprägt und als neues Paradigma industrieller Produktion propagiert (Kagermann/Lukas/Wahlster 2011, 2). Henning Kagermann, Wolf-Dieter Lukas und Wolfgang Wahlster, ein Kollektiv aus Wissenschaft, Wirtschaft und Politik, hatten einen Artikel verfasst, um diesen Begriff zu etablieren und damit zugleich die Digitalisierung der industriellen Produktion voranzutreiben. Um die Dimension dieser in die Zukunft projizierten Entwicklung zu verdeutlichen, hatten sie die im digitalen Zeitalter häufig verwendete Symbolik des x.0 verwendet – womit in jüngster Zeit stets digital induzierte, umfassende, gesamtgesellschaftliche Wandlungsprozesse angezeigt werden sollen. Die Ziffer 4.0 ergab sich aus einem Blick in die Geschichte und steht für eine Zählung industrieller Revolutionen. 4 suggeriert dabei eine bevorstehende bzw. bereits in Gang befindliche vierte industrielle Revolution. Die Autoren hatten drei vorherige ausgemacht: eine erste industrielle Revolution Ende des 18. Jahrhunderts mit der Einführung mechanischer Produktionsanlagen; eine zweite zu Beginn des 20. Jahrhunderts, gekennzeichnet von industrieller Massenproduktion und der Nutzung elektrischer Energie, und schließlich eine dritte industrielle Revolution seit Mitte der 1970er Jahre, mithin die Automatisierung und Nutzung von Informations- und Kommunikationstechnik in der industriellen Produktion(s. Kap. III.34).

Seitdem hat der Begriff ›Industrie 4.0‹ eine bemerkenswerte Karriere gemacht, wiederum forciert von Politik, Wirtschaft und Wissenschaft. Es handelt sich, das zu bemerken ist wichtig, um ein Zukunftsprogramm. Der Begriff, darauf wurde vielfach hingewiesen, wurde geprägt, bevor das Phänomen Wirklichkeit wurde. Die Rede von Industrie 4.0 sollte mithin einen bevorstehenden Paradigmenwechsel anzeigen, einen Wandel von revolutionärer Qualität. Hier wurde gewissermaßen eine Tradition der Revolutionen gestiftet wie gleichermaßen das Neue, das Digitale, betont wird (s. Kap. III.41). Anstatt diese Konstruktion von Revolutionen aus geschichtswissenschaftlicher Perspektive zu kommentieren, soll im Folgenden zunächst auf die Logik des Programms Industrie 4.0 und seine historischen Kontinuitäten fokussiert und anschließend die daraus entstehenden Mensch-Maschinen-Verhältnisse betrachtet werden.

Hinsichtlich der Logik von Industrie 4.0 lassen sich vier eng verflochtene Grundgedanken benennen:

Erstens die Vernetzung. Kernidee ist es, sämtliche Schritte der Wertschöpfungskette und somit den gesamten Lebenszyklus eines Produktes digital zu verknüpfen: Vom Auftrag, über Entwicklung, Fertigung, Auslieferung zum Endkunden bis hin zum Recycling, einschließlich der damit verbundenen Dienstleistungen soll eine Echtzeitkommunikation und damit eine Synchronisierung und Beschleunigung der Abläufe stattfinden (Kagermann u. a. 2016, 5). Die Vernetzung geht mithin über die Fabrikhalle hinaus und schließt die Zulieferung, die Fertigung genauso ein wie die Wartung, den Kundenservice und die Entsorgung. Dies bedeutet notwendigerweise eine Vernetzung von Maschinen, Menschen, Produkten, Infrastrukturen und Prozessen. Mithin soll eine sogenannte M2M-Kommunikation, eine Maschine-zu-Maschine-Kommunikation, genauso selbstverständlich sein wie die Kommunikation zwischen Menschen und Maschinen sowie zwischen Produkt und Maschine oder Produkt und Mensch. Voraussetzung ist es daher, alle Materialien, alle Produkte, alle Verfahrensanweisungen sowie die menschlichen Tätigkeiten in computerverarbeitbare Daten zu transformieren und über das Internet zu verbinden. Die Basis von Industrie 4.0 ist somit eine konsequente Informatisierung und Vernetzung aller Komponenten des Produktionsprozesses in Echtzeit über das Internet. Grundlage für das Funktionieren ist eine »Datendurchgängigkeit« (Pfeiffer 2015, 19).

Zweitens bedeutet dies, dass alle Komponenten ›intelligent‹ werden. Sie sollen in der Lage sein, diese Informationen auszutauschen, zu kommunizieren und selbst Handlungen auszulösen. In dieser Logik steuern sich die einzelnen Komponenten des Produktionsprozesses, also Rohstoffe, Produkte, Maschinen und Materialien gegenseitig (Kagermann u. a. 2016, 17).

Hintergrund dieses Konzeptes ist das, was heute cyberphysische Systeme (s. Kap. III.38) oder Internet der Dinge genannt wird: Das Materielle verschmilzt mit dem Virtuellen. Software bzw. digitale Komponenten sind mit mechanischen, elektronischen und materiellen Komponenten verbunden und ›intelligent‹. Mark Weiser hatte diese Idee bereits in einem wegweisenden Aufsatz 1991 mit dem Begriff des »ubiquitous computing« als Vision entworfen (Weiser 1991). Computer sind demnach nicht mehr Geräte, die von Menschen bedient werden und ihnen als Objekt gegenüberstehen. Vielmehr ist die Logik die einer Umkehrung: Computer sind allgegenwärtig, sie sind zur selbstverständlichen menschlichen Umgebung

K. Liggieri / O. Müller, *Mensch-Maschine-Interaktion*, https://doi.org/10.1007/978-3-476-05604-7_45

geworden, gewissermaßen das Milieu, indem sie in die Dinge des Alltags integriert sind, miteinander kommunizieren, Prozesse eigenständig steuern und kontrollieren. Die Subjekt-Objekt-Dichotomie wird aufgelöst zugunsten eines ökologischen Denkens.

Entsprechend ist, *drittens*, die dezentrale Steuerung ein entscheidender Gedanke von Industrie 4.0. Es handelt sich auch hier um eine Umkehrung: Eine Umkehrung der die Produktion lange bestimmenden Idee einer zentralen Steuerung sowie der Vorstellung einer Steuerung durch menschliche Akteure. Nun soll ein Produktrohling selbständig seine Fertigung steuern. Zu fertigende Produkte buchen gewissermaßen die notwendigen Arbeitsschritte bei den ›zuständigen‹ Maschinen, bestellen die Rohstoffe, planen ihre Auslieferung und melden Störungen genauso wie sie Verzögerungen erkennen und entsprechend den Prozess neu planen und beispielweise Kunden darüber informieren. Maschinen wiederum organisieren ihre eigene Wartung und Reparatur.

Erkennbar wird bereits das *vierte* Prinzip: die Selbststeuerung, die mit der Idee der Selbstoptimierung des gesamten Prozesses verbunden ist. Indem intelligente Produkte und Maschinen selbst für ihre Tätigkeiten, ihre Wartung, Instandhaltung und Reparatur zuständig sind, sollen sie einen reibungslosen Ablauf sicherstellen. Das System, d. h. die vernetzten und intelligenten Komponenten, überwachen sich selbst, erkennen Störungen und sind zu autonomen Entscheidungen in der Lage. Die Komponenten sind Akteure und Beobachter zugleich (Kagermann/Lukas/Wahlster 2011, 2).

Ziel von Industrie 4.0 ist also eine flexible, individualisierte, echtzeitoptimierte und sich selbst organisierende, intelligente industrielle Produktion, die über die Fabrikhalle hinaus alle Prozesse inklusive der Entsorgung oder des Recyclings umfasst. Derzeit sind einige zentrale Voraussetzungen/Probleme jedoch noch nicht gelöst. Dies betrifft insbesondere die Datensicherheit, die Standardisierung der Kommunikation (Stichwort ›Weltmaschinensprache‹) sowie die umstrittene Möglichkeit einer intensiven und nahtlosen Überwachung von Arbeiternehmer/innen.

Die Informatisierung der Produktion ist allerdings ein Prozess, der lange Kontinuitäten aufweist und mindestens in das 19. Jahrhundert zurückreicht. Eine Informatisierung war Voraussetzung für die Maschinisierung, die Verwissenschaftlichung der Produktion sowie die Taylorisierung (Baukrowitz/Boes 1996; s. Kap. II.A.4). Gleichwohl ist das Programm Industrie 4.0 in seiner durchgängigen Konsequenz der Informatisierung und Verdatung, verbunden mit einer dezentralen Steuerung und der Echtzeit-Verknüpfung unterschiedlicher Komponenten, zweifellos ein radikaler Schritt.

Hartmut Hirsch-Kreinsen wertet Industrie 4.0 mit Verweis auf das Computer Integrated Manufacturing (CIM) der 1980er Jahre, als eine »zweite Phase der Digitalisierung« (Hirsch-Kreinsen 2015, 11). Auch CIM ging mit den Vorstellungen datentechnischer Vernetzung und flexibler Fertigung einher. Die CIM-Konzepte, die anfangs mit großer Euphorie gefeiert wurden, galten schon nach kurzer Zeit als gescheitert. Innerhalb der aktuellen Diskussion wäre ein historischer Blick auf dieses Scheitern im Hinblick auf die großen Erwartungen im Kontext von Industrie 4.0 sinnvoll.

Die Grundidee der systemischen und konsequenten Informatisierung, Vernetzung und Selbststeuerung und -optimierung von Systemen finden sich jedoch nicht erst in den CIM-Konzepten, sondern bereits in der Kybernetik (s. Kap. III.49). Die Kybernetik als Wissenschaft der Regelung und Steuerung, entworfen in den 1950er Jahren, setzte den Informationsbegriff zentral. Vor allem interpretierte sie Menschen und Maschinen gleichermaßen als Informationseinheiten. Damit war das Prinzip einer Gleichsetzung von Menschen und Maschinen als Komponenten in einem rückgekoppelten, sich selbststeuernden System formuliert. Dieses kybernetisch-informationstheoretische Paradigma spiegelt sich in Industrie 4.0.

Während aber genau dieser Anspruch der Kybernetik, Mensch *und* Maschine als Elemente eines sich selbststeuernden Systems zu definieren, Mitte des 20. Jahrhunderts »große Aufmerksamkeit erregte« (Hagner 2008, 38), wird dies für Industrie 4.0 kaum reflektiert, obgleich Industrie 4.0 das Verhältnis zwischen Mensch und Maschine maßgeblich verändern würde (Liggieri 2019). Es würde sich, erstens, dadurch auszeichnen, dass Menschen und Maschinen neben Materialien als Komponenten eines sich selbst steuernden Systems eingeplant werden. Menschen müssten in diesem System gleichfalls informatisierbar sein bzw. die Grenzen der Informatisierung kompensieren. Die zentrale Position der Menschen, von der vielfach – in durchaus anthropozentrischer Manier – ausgegangen wird, ist in dieser Logik hinfällig. Vielmehr sind Menschen *ein* Bestandteil eines Systems, das den Prinzipien Effizienz, Beschleunigung und Optimierung unterliegt.

Zweitens erhalten Menschen Assistenz und Anweisungen von Maschinen. Assistenzsysteme umfassen einerseits körperliche Hilfen, andererseits die Bereitstellung von Informationen sowie die Erteilung von Aufträgen von Maschinen an Menschen. Auch das ist nicht neu, geben uns Geräte doch auch derzeit bereits Hinweise, wie wir sie zu bedienen, die Software zu installieren oder Fehler zu beheben haben. In der Arbeitswelt ginge dies, wie auch in anderen Bereichen, jedoch mit einer weiteren Verlagerung von Wissen und Kompetenzen vom Menschen auf Maschinen und Produkte einher, eine Delegation an Software und Algorithmen (s. Kap. III.32), die Konsequenzen für Qualifikationen und das Vorhandensein menschlicher Wissensbestände hätte.

Drittens gehen mit der Digitalisierung von Arbeit – über Industrie 4.0 hinaus – Ängste und Warnungen vor der Ersetzung der Menschen durch Technik einher. Verdichtet auf den Punkt gebracht sowie die Debatte anheizend war hier insbesondere die immer wieder zitierte, 2013 publizierte Studie »The Future of Employment« von Carl Benedikt Frey und Michael Osborne, in der sie die Automatisierungswahrscheinlichkeit von Tätigkeiten untersuchten (Frey/Osborne 2013).

Welche Position Menschen in diesem System haben werden, ist derzeit offen. Dass sie anders gedacht wird als in dichotom-modernen Denktraditionen üblich, zeigt die Logik von Industrie 4.0 nur zu offensichtlich. Es ist die Rede von »offenen, flexiblen und erfolgreichen Ökosystemen« (Kagermann u. a. 2016, 7). Dies entspricht dem Duktus symmetrischer Anthropologien (Latour 2008) oder dem der Medienökologien (Hörl 2016). Theoretische Zugriffe, die sich vom Anthropozentrismus absetzen und die ›technologische Bedingung‹ beschreiben, spiegeln sich in neuen Konzepten der industriellen Produktion und umgekehrt. Nicht vergessen sollte man dabei, dass Industrie 4.0 den – aus ökonomischer Logik notwendigen – Zielen der Effizienzsteigerung, Beschleunigung und Optimierung verhaftet ist. Auch dies wird die Position der Menschen tangieren.

Literatur

Baukrowitz, Andrea/Boes, Andreas: Arbeit in der Informationsgesellschaft. In: Rudi Schmiede (Hg.): Virtuelle Arbeitswelten. Berlin 1996, 129–158.

Frey, Benedikt Carl/Osborne, Michael A.: The Future of Employment. How Susceptible are Jobs to Computerisation? (2013). In: http://www.oxfordmartin.ox.ac.uk/downloads/academic/The_Future_of_Employment.pdf (20.8.2018).

Hagner, Michael: Vom Aufstieg und Fall der Kybernetik als Universalwissenschaft. In: Ders./Erich Hörl (Hg.): Die Transformation des Humanen. Frankfurt a. M. 2008, 38–71.

Hörl, Erich: Die Ökologisierung des Denkens. In: Zeitschrift für Medienwissenschaften 14/1 (2016), 33–45.

Hirsch-Kreinsen, Hartmut: Einleitung. Digitalisierung industrieller Arbeit. In: Ders./Peter Ittermann/Jonathan Niehaus (Hg.): Digitalisierung industrieller Arbeit. Die Vision Industrie 4.0 und ihre sozialen Herausforderungen. Baden-Baden 2015, 9–30.

Latour, Bruno: Wir sind nie modern gewesen. Frankfurt a. M. 2008.

Liggieri, Kevin: Der Mensch im »Mittelpunkt« der Arbeit 4.0? Technikanthropologische Überlegungen von »Mensch« und »Arbeit« in der digitalen Gesellschaft. In: Arbeit 4.0. Zur Entgrenzung der Arbeit. Augenblick. Konstanzer Hefte zur Medienwissenschaft 73 (2019), 59–77.

Kagermann, Henning/Lukas, Wolf Dieter/Wahlster, Wolfgang: Industrie 4.0. Mit dem Internet der Dinge auf dem Weg zur 4. Industriellen Revolution. In: VDI-Nachrichten 13/1 (2011), 2.

Kagermann, Henning/Anders, Reiner/Gausemeier, Jürgen u. a. (Hg.): Acatech Studie. Industrie 4.0 im globalen Kontext (2016). In: http://www.acatech.de/publikationen (20.8.2018).

Pfeiffer, Sabine: Warum reden wir eigentlich über Industrie 4.0? Auf dem Weg zum digitalen Despotismus. In: Mittelweg 36/6 (2015), 14–36.

Weiser, Mark: The Computer for the 21st Century. In: Scientific American 265/3 (1991), 94–104.

Martina Heßler

46 Information

Vom lateinischen Verb *informare* stammend, enthält die *Informatio* etymologisch zwei Bedeutungen: die Übermittlung einer Neuigkeit (eine Nachricht oder ein Wissen) und die Formung einer Substanz (durch Kraft) oder einer Person (durch Bildung). Erst in der Neuzeit konzentriert sich das *informare* zunehmend auf die Übertragung von Wissen zwischen zwei Personen. Dabei kann es sich um eine Nachricht von öffentlicher Bedeutung handeln wie das Verkünden eines königlichen Erlasses, aber auch um die Bildung der Seele des Menschen – z. B. durch einen Lehrer oder durch das Gehirn selbst, wie es bei René Descartes beispielsweise noch auftaucht (Capurro/Hjørland 2003, 351 und 353; Janich 2006, 21).

Seine bis heute andauernde Verbreitung erfährt der Informations-Begriff allerdings in der zweiten Hälfte des 20. Jahrhunderts. Sei es die Anpassung von Lebewesen an ihre Umwelt, mit der eine Informationsverarbeitung im Gehirn einhergeht, sei es die wirkmächtige Metapher vom »Buch des Lebens« (Kay 2005), die symptomatisch für den Transkriptionsprozess von Erbinformationen wird – in diese Zeitspanne fällt auch der Einzug der Information in die Mensch-Maschinen-Interaktion. Anstelle einer allgemeinen Definition des Begriffes sollen im Folgenden drei zentrale Aspekte der Information für die Mensch-Maschinen-Interaktion betont werden: (1) Information ist immer vorbereitet, extrahiert oder selektiert aus einer endlichen Menge (an z. B. Daten oder Zeichen). (2) Information dient als Einheit einer Unbestimmtheit, die einen neuen Zustand beim Empfänger auslöst. (3) Dennoch muss sie beim Empfänger verarbeitet und verstanden werden. Information impliziert daher auch immer eine Ästhetisierung der Schnittstellen (Mensch-Maschine) und Interfaces (Mensch-Computer), um multisensuelle oder synästhetische Wahrnehmungen zu designen (s. Kap. II.H.26).

46.1 Mathematische Informationstheorie nach Claude E. Shannon

Die einflussreichste und für die Mensch-Maschinen-Interaktion bis heute nachhaltigste Bedeutung erhielt die Information durch die 1948 publizierte Arbeit »Mathematische Grundlagen der Informationstheorie« (engl. »The Mathematical Theory of Communication«) des amerikanischen Mathematikers und Elektrotechnikers Claude E. Shannon. Der Text ist zugleich eng verwoben mit der Entwicklung des Computers als zeichenspeichernde, -lesende und -prozessierende Maschine.

Darin wird das nachrichtentechnische Problem behandelt, eine am Quellort selektierte Nachricht am Empfangsort nahezu exakt zu reproduzieren, wobei die Übertragungskanäle eine beschränkte Kapazität haben und Störungen auftauchen können. Das Verfahren, dieses Kapazitätsproblem zu lösen, ist die Codierung. Im Gegensatz zum analogen Radio oder zur Personenkommunikation, die kontinuierlich verlaufen, muss die Nachricht für das Codieren digitalisiert – d. h. aus den einzelnen Elementen einer finiten Menge an Zeichen (oder Signalen) zusammengesetzt werden (s. Kap. III.41). Grundlegend sind für den Informationsbegriff dabei zwei Prämissen, die Shannon gleich zu Beginn seines Aufsatzes anführt: Zum einen ist die Information eine Größe, die jede mögliche Wahl seitens des Senders aus einer endlichen Zahl von Zeichen (und damit dem Zusammenstellen von Nachrichten), messen kann. Egal welche Nachricht in welcher Wort- oder Buchstabenfolge gewählt wird, für alle einzeln übertragenen Elemente muss das Kommunikationssystem eine Selektionswahrscheinlichkeit angeben, da es mit *allen möglichen* Selektionen aus der endlichen Zeichenmenge für Nachrichten rechnen muss (Shannon 1964, 31 f.). Aus dieser Fokussierung auf die Zeichensyntax folgt zum andern, dass die semantische Dimension einer Nachricht für den Ingenieur irrelevant ist, wie Shannon betont (ebd., 31). Obwohl die Semantik in diesem Kommunikationsmodell unerheblich ist, lässt sich an der gesprochenen Sprache die Umsetzung der Größe ›Information‹ verdeutlichen. So kommt es in der englischen Sprache deutlich häufiger vor, dass auf die beiden Buchstaben ›th‹ ein Vokal denn ein Konsonant folgt. Ebenso würde man für die Decodierung eines deutschen oder englischen Textes nach einem Artikel mit einem Substantiv rechnen. Kommunikation – ob in einer gesprochenen oder künstlichen Sprache – lässt sich somit statistisch als ein Verhältnis aus der Selektionsfreiheit einer endlichen Zeichenmenge und einer notwendigen Redundanz beschreiben. Wird auf jegliche Redundanz verzichtet, liegt keine Information, sondern ein Rauschen vor (*noise*).

Shannon wählte für die Formalisierung dieses Verhältnisses im Anschluss an den Ingenieur Ralph Hartley und den Statistiker John Tukey die Größe des *binary digit*, des Bit (Koubek 2014, 83; Hartley 1928). Ein Bit entspricht der Einheit einer Unterscheidung, so z. B. 0 und 1 oder Ja und Nein. Der Empfänger einer

J. B. Metzler © Springer-Verlag GmbH Deutschland, ein Teil von Springer Nature, 2019
K. Liggieri / O. Müller, *Mensch-Maschine-Interaktion*, https://doi.org/10.1007/978-3-476-05604-7_46

Nachricht kann also mit einer bestimmten Anzahl an Fragen das nächste Zeichen decodieren, je nachdem wie viel Zeichen zu wählen sind und welche Wahrscheinlichkeiten sie haben, da jede Sprache eine gewisse Redundanz enthalten muss. Nach Shannons Logarithmus lässt sich die Information mit einem Ja-Nein-Frage-Modus wie folgt formalisieren:

$$I = \log 2 \frac{1}{pi}$$

Für die Mensch-Maschinen-Interaktion ist Shannons Informationskonzept ein wichtiger Einschnitt, gilt es nun nicht mehr als Operand Nachrichten zu verarbeiten, sondern mögliche Nachrichten zu antizipieren: »[...], this word information in communication theory relates not so much to what you *do* say, as to what you *could* say«, wie Warren Weaver es formuliert (Weaver 1964, 8).

46.2 Entropie, Kybernetik und das Human Factors Engineering

Dieser antizipative Informationsbegriff ist bei Shannon ursprünglich nicht der Nachrichtentechnik, sondern der statistischen Beschreibung über die zunehmende Unordnung offener physikalischer Systeme geschuldet. Es geht dabei um die Messbarkeit des Wärme- und damit Energieverlustes gemäß dem Zweiten Satz der Thermodynamik. Das Maß hierfür ist die Entropie. Als Angabe eines dauerhaften Energieverlustes in der Arbeitswissenschaft des ausgehenden 19. und beginnenden 20. Jahrhunderts musste die Entropie minimiert werden, indem maschinelle Arbeitsabläufe standarisiert und optimiert wurden (Rabinbach 2001). In der Kybernetik wird sie ab den 1950er Jahren zum Universalmaß, mit dem sich jener Wert der Information beziffern lässt, der sich statistisch zwischen der Redundanz (0) und der Störung (1) ergibt. Dies gilt allgemein für Organismus-Umwelt- wie für Mensch-Maschinen-Interaktionen. Kybernetiker der ersten Stunde wie der Mathematiker Norbert Wiener beschreiben die Entropie als das Wissen um eine Unbestimmtheit, mit der sich alle zielorientiert handelnden Lebewesen in einer offenen Umwelt bewegen (Wiener 1948/1985; s. Kap. III.49).

Neben dieser kybernetisch-behavioristischen Anwendung erfährt die Informationstheorie durch ihren Einzug in die amerikanische Ergonomie eine zweite Verbreitung (s. Kap. III.33, III.43). Der Grund dafür ist auch hier die Möglichkeit, mittels der Information die Wahrscheinlichkeit einer erfolgreichen Mensch-Maschine-Interaktion formal zu bestimmen – und damit zu antizipieren. Stellvertretend für diesen Prozess kann die Entwicklung des Human Factors Engineering in den Vereinigten Staaten genommen werden (Kasprowicz 2017). Das Human Factors Engineering vertritt in der zweiten Hälfte des 20. Jahrhunderts eine Ergonomie von Mensch-Maschinen-Interaktionen, in deren Zentrum das Design der Informationsverarbeitung steht (Meister 1999). Ausgangspunkt dafür ist die Notwendigkeit einer Vereinfachung und Verbesserung von Anzeigen und Steuerungsgeräten technischer Großsysteme wie Flugzeuge, Schiffe oder U-Boote. Während in der experimentellen Psychologie vor dem Zweiten Weltkrieg der Mensch samt seinen Varianzen, deren statistischen Mittelwert es zu erfassen galt, im Mittelpunkt stand, trat nun die Bestimmung eines »amount of information« (Wiener 1948/1985, 10) zwischen Mensch und Maschine, der unabhängig von einer physischen Maßeinheit war, in den Vordergrund. Ein Operator könne für eine relativ fehlerfreie Entscheidung z. B. vier bis fünf unterschiedliche akustische Signale unterscheiden, womit seine »information capacity« bei 2,5 Bit läge (Miller 1956, 83). Diese direkte Übernahme des Shannonschen Modells in das Human Factors Engineering hat vor allem in der Kybernetikrezeption der 1990er und 2000er Jahre zu einer negativen Konnotation des Informationsbegriffes geführt (Hayles 1999, 10). Information geht dort einher mit einem Ingenieursblick, der das leiblich-individuelle Befinden des Operators ignoriert. Dieser Aspekt taucht auch von Seiten einer philosophischen Kritik als »Naturalisierung der Information« durch kausale Input-Output-Verhältnisse wieder auf (vgl. Janich 2006, 37).

46.3 Virulenz und Ästhetisierung der Information

Dennoch behält die Information in der zweiten Hälfte des 20. Jahrhunderts ihre Dreifachstellung. Einmal als formelle Größe einer Verarbeitungsleistung eingehender Zeichen oder Signale, die der Operator an der Maschine wahrnehmen und in seine Urteilsfindung einbeziehen kann. Dann in der von der Systemtheorie betonten Interpretation als zentrales Element von Kommunikation (und nicht Übertragung), in dem mit jeder Information ein Auswahlbereich möglicher Informationen antizipiert, oder, wie der Soziologe Dirk Baecker formuliert, »erarbeitet« wird (Baecker 2005,

22). Schließlich in der Frage, wie die Mitteilung der Information an der Schnittstelle bzw. am Interface wahrgenommen werden soll.

Besonders der visuelle Spielraum zwischen Selektion und Redundanz ist daher für Software-Designer entscheidend, um die Navigation des Users – sei es offline am Desktop oder im World Wide Web – in einer »niederentropische[n] Zone« zu halten (Pias 2002, 221). Mit der Kommerzialisierung des PCs und der Einführung des Graphical User Interfaces (GUI) in den 1980ern zieht die mikroelektronische Produktion und Verarbeitung von Information auch in den privaten Haushalt ein. Die Virulenz der Begriffe wie »Informationstechnologie« oder »Informationsgesellschaft« (Danyel 2012), nicht zuletzt auch die soziopathologisch bemühte »Informationsflut« (Gugerli 2012) zeugen von der Omnipräsenz des Computers als dem Informationsmedium per se. Seitdem mehren sich die kulturkritischen Stimmen über eine mangelnde Transparenz, welche Informationen auf dem Interface angezeigt werden und welche verborgen bleiben.

Hierbei wird aber häufig fälschlicherweise der Informations- in die Nähe eines Datenbegriffs gerückt. Dies verstärkt sich durch die Vermehrung portabler, computergestützter Geräte in eine »Informatisierung der Handlungsumwelt« (Hubig 2008, 12 f.), sodass für die Debatten um ›Big Data‹ als auch um eine ›Industrie 4.0‹ (s. Kap. III.45) zwei Folgen deutlich werden: Zum einen rücken mit der vermehrten Ausstattung von Maschinen mit Sensortechniken sowie mit den großen Datenbeständen der Social-Media-Anbieter zunehmend Techniken einer Informationsgenerierung in den Vordergrund. Daten sind hier weiterhin das Rohmaterial, aber die Information wird personalisiert – und zwar sowohl für den Operateur, der mit einer netzwerkgestützten Maschine arbeitet als auch für den »Collaborator«, der mit einem lernfähigen Roboter Arbeiten verrichten soll. Hierdurch rückt die einstige »information capacity« der Human Factors in den Hintergrund zugunsten einer Währung der persönlichen *Usability* (Raley 2013, 123). Zum andern kristallisiert sich dabei noch mal ein zeitlicher Unterschied der Information im Gegensatz zu Daten, Algorithmen und Codes heraus: Letztere verweisen auf einen Prozess, eine Transformation vom Materiellen zum Immateriellen, während die Information das Konzentrat darstellt. Sie ist nicht prozessual, sondern bleibt – für menschliche wie nicht-menschliche Systeme – resultativ.

Literatur

Baecker, Dirk: Form und Formen der Kommunikation. Frankfurt a. M. 2005.

Capurro, Rafael/Hjøland, Birger: The Concept of Information. In: Annual Review of Information Science and Technology 37 (2003), 343–411.

Danyel, Jürgen: Zeitgeschichte der Informationsgesellschaft. In: Zeitgenössische Forschungen/Studies in Contemporary History 9 (2012), 186–211.

Gugerli, David: Nach uns die Informationsflut. Zur Pathologisierung des soziotechnischen Wandels. In: Nach Feierabend. Zürcher Jahrbuch für Wissensgeschichte 8 (2012), 141–148.

Hartley, Ralph V. L.: Transformation of Information. In: Bell System Technical Journal 7/3 (1928), 535–563.

Hayles, Katherine N.: How We Became Posthuman? Virtual Bodies in Cybernetics, Literature and Informatics. Chicago 1999.

Hubig, Christoph: Mensch-Maschine-Interaktion in hybriden Systemen. In: Christoph Hubig/Peter Koslowski (Hg.): Maschinen, die unsere Brüder werden. Mensch-Maschine-Interaktion in hybriden Systemen. München 2008, 9–20.

Janich, Peter: Was ist Information? Frankfurt a. M. 2006.

Kasprowicz, Dawid: Der Körper auf Tauchstation. Zu einer Wissensgeschichte der Immersion. Diss. Leuphana Universität Lüneburg 2017.

Kay, Lily E.: Das Buch des Lebens. Wer schrieb den genetischen Code? Frankfurt a. M. 2005.

Koubek, Jochen: Informationstheorie/Kybernetik. In: Jens Schröter (Hg.): Handbuch Medienwissenschaft. Stuttgart 2014, 82–88.

Meister, David: The History of Human Factors and Ergonomics. Mahwah 1999.

Miller, George A.: The Magical Number Seven, Plus or Minus Two: Some Limits on our Capacity for Processing Information. In: Psychological Review 63/2 (1956), 81–97.

Pias, Claus: Wie die Arbeit zum Spiel wird. Zur informatischen Verwindung des thermodynamischen Pessimismus. In: Ulrich Bröckling/Eva Horn (Hg.): Anthropologie der Arbeit. Tübingen 2002, 209–230.

Rabinbach, Anson: Motor Mensch. Kraft, Ermüdung und die Ursprünge der Moderne. Wien 2001.

Raley, Rita: Dataveillance and Counterveillance. In: Lisa Gitelman (Hg.): »Raw Data« Is an Oxymoron. Cambridge, Mass. 2013, 121–146.

Shannon, Claude E.: The Mathematical Theory of Communication [1949]. In: Claude E. Shannon/Warren Weaver: The Mathematical Theory of Communication. Illinois 1964, 29–125.

Weaver, Warren: Recent Contributions to the Mathematical Theory of Communication. In: Claude E. Shannon/Warren Weaver: The Mathematical Theory of Communication. Illinois 1964, 1–28.

Wiener, Norbert: Cybernetics: or Control and Communication in the Animal and the Machine [1948]. Cambridge, Mass. 1985.

Dawid Kasprowicz

47 Kompilieren

Mensch und Maschine haben nicht die gleiche Syntax, weshalb eine Kommunikation und Interaktion problematisch ist. Die Interaktion kann nicht in menschlicher Sprache geschehen und eine Programmierung in reiner Maschinensprache ist extrem komplex und aufwendig. Man benötigt eine Vermittlung: Das Kompilieren (engl. *to compile*: ›zusammentragen‹ bzw. lat. *compilare*: ›aufhäufen‹). Durch das Kompilieren, welches seit den 1950er Jahren Anwendung fand, konnten sich überhaupt erst Programmiersprachen entwickeln (Gugerli 2018, 47). Ohne zu anthropomorph agieren zu wollen, muss sich dennoch in der Programmierung die Frage gestellt werden, in welcher ›Sprache‹ sich Mensch und Maschine ›verstehen‹.

Bei der Entwicklung eines Computerprogramms, mithilfe dessen ein mathematisch formulierbares Problem gelöst werden soll, bedarf es einer Reihe von Entwicklungsschritten, um letztendlich einen vom Prozessor ausführbaren Code generiert zu bekommen. Abhängig davon, wie mathematisch exakt der Benutzer den ersten Ansatz zur Problemlösung ausgearbeitet hat, muss dieser Ansatz zunächst eindeutig formuliert werden, da das Konzept eines Computers keinen Interpretationsspielraum im Ablauf eines Programms zulässt. Der Ansatz zur Problemlösung kann beim Schreiben in einer Programmiersprache – beispielsweise Java oder C++ – weiter ausgearbeitet werden, oder – bei komplexeren Problemstellungen – zunächst mit grafischen Hilfsmitteln wie einem Flussdiagramm, in dem der Ablauf eines Programms durch alle erreichbaren Zustände, ihren Übergängen, Übergangsbedingungen und Operationen (s. Kap. III.52) innerhalb jedes Zustands formuliert wird. Ein solches Flussdiagramm ist zunächst unabhängig von der Programmiersprache und erlaubt daher die genaue Beschreibung einer Programmabfolge ohne das Wissen über die später verwendete Programmiersprache. Programmiersprachen ermöglichen dem Nutzer, seine Algorithmen (s. Kap. III.32) mathematisch eindeutig zu formulieren, sie gleichzeitig aber zu einem gewissen Grad ›lesbar‹ zu halten. ›Lesbar‹ bedeutet, dass Befehle und die Syntax im Allgemeinen (aus Sicht des Menschen) so wenig wie möglich abstrakt konstruiert sind, sodass auch eine Person ohne vollwertige Kenntnisse über die spezifische Programmiersprache die Befehlsabfolge und somit die Aufgabe des Algorithmus verstehen/nachvollziehen kann (Liggieri 2018). Bei diesen Programmiersprachen, die die Abstraktion der Maschinensprache zu einem gewissen Grad reduzieren, spricht man von ›Höheren Programmiersprachen‹. Die Interaktion mit der Maschine wird damit intuitiver und effizienter.

Anweisungen, die in einer höheren Programmiersprache formuliert sind, wie beispielsweise die Abarbeitung einer *while*- oder *for-Schleife*, sind in dieser Form allerdings noch nicht von einem Prozessor ausführbar. Der Prozessor beherrscht – je nach Bauart – einen festen Satz an elementaren Maschinenbefehlen, darunter auch logische und arithmetische Operationen. Jeder dieser Befehle ist durch eine feste Bitfolge für den jeweiligen Prozessor definiert. Die Werkzeuge, die dem Nutzer in einer Programmiersprache bereitgestellt werden (Variablen, Funktionen, Schleifen etc.), sind aus einer Vielzahl von einzelnen Maschinenbefehlen zusammengesetzt.

Beim Kompilieren, ausgeführt durch einen ›Compiler‹, wird der Algorithmus, geschrieben in einer Programmiersprache, in die Maschinensprache und somit in ausführbaren Code übersetzt. Da sich Programmiersprachen in ihrem Funktionsumfang und ihrer Syntax unterscheiden, gibt es für die verschiedenen Programmiersprachen auch verschiedene Compiler. Damit der Vorgang des Kompilierens funktioniert, muss der Algorithmus alle Regeln der Programmiersprache einhalten. Vor dem Kompilieren wird daher das sogenannte ›Debugging‹ vorgenommen, bei dem ein Debugger fehlerhafte Syntax und andere Mängel markiert, die vom Nutzer korrigiert werden müssen. Je nach Art und Komplexität des Fehlers kann eine vom Debugger erzeugte Fehlerbeschreibung bereits hilfreiche Informationen zur Behebung beitragen (s. Kap. III.46).

Debugger und Compiler sind Bestandteil gängiger Entwicklungsumgebungen (Integrated Development Environment, IDE), die bei der Softwareentwicklung verwendet werden, um dem Nutzer eine ganzheitliche Plattform bereitzustellen, die ihn durch alle Schritte der Softwareentwicklung begleitet. Automatisierbare Befehle können damit an die Maschine abgetreten werden (s. Kap. III.34). Während der Entwicklungsphase einer Software muss ein Algorithmus gegebenenfalls eine Vielzahl von Debugging- und Kompilierungszyklen durchlaufen, weshalb die Bereitstellung dieser Module innerhalb einer Umgebung den Workflow signifikant optimieren kann.

Im Prozess des Kompilierens wird ermöglicht, dass der Mensch einem ›Anderen‹ (Maschine) gegenübertritt, wobei die Kommunikationsdifferenz als Alteritätserfahrung (bestenfalls) nicht mehr problematisch ist. Ein Compiler ist letztlich also auch ein Computer-

K. Liggieri / O. Müller, *Mensch-Maschine-Interaktion*, https://doi.org/10.1007/978-3-476-05604-7_47

programm, das auf einen vom Menschen geschriebenen Code angewendet wird, um eine Sequenz von Bytes zu erzeugen, die von der Maschine ausgeführt werden können. Es ist somit der letzte Schritt bei der Erstellung eines Computerprogramms.

Es gibt auch sogenannte ›Decompiler‹, die aus einem Maschinencode wieder einen vergleichbaren Programmcode generieren können. Den ursprünglichen Code erhält man auf diese Weise allerdings nicht, da beispielsweise verwendete Variablen- und Funktionsnamen beim Kompilieren verloren gehen. Es ist zudem gängige Praxis, dass der Programmierer seinen ausführbaren Code verschlüsselt, um zu verhindern, dass ein Kunde, der sich eine Software entwickeln lässt, den generierten Maschinencode dekompilieren kann, um einen funktional identischen, lesbaren Code erzeugen zu können.

Ein dem Kompilieren ähnlicher Prozess ist das ›Assemblieren‹. Dabei wird Assemblercode, eine hardwarenahe Sprache, in Maschinencode übersetzt. In Assemblercode beschreibt der Anwender Programmabläufe auf einer elementaren, abstrakteren Befehlsebene, jedoch werden die Maschinenbefehle hier durch Befehlskürzel ersetzt. Diese Art der Programmierung gilt als deutlich anspruchsvoller und eignet sich weniger als Einstieg in die Programmierung.

Literatur

Aho, Alfred V./Lam, Monica S./Sethi, Ravi/Ullman, Jeffrey D. : Compiler. Pearson 2008.

Gugerli, David: Wie die Welt in den Computer kam. Zur Entstehung digitaler Wirklichkeit. Frankfurt a. M. 2018.

Liggieri, Kevin: Verstehen und Gestalten. Zur produktiven Problematik des Mensch-Maschine-Interface. In: Hans-Ulrich Lessing/Kevin Liggieri (Hg.): »Das Wunder des Verstehens«. Ein interdisziplinärer Blick auf ein außerordentliches Phänomen. Freiburg 2018, 312–339.

Wirth, Niklaus: Grundlagen und Techniken des Compilerbaus. München 1996.

Srikant, Y. N./Shankar, Priti: The Compiler Design Handbook. Optimizations and Machine Code Generation. CRC Press 2003.

Terry, Patrick D.: Compilers and Compiler Generators: An Introduction with C ++. Boston 1997.

Turner, Raymond/Angius, Nicola: The Philosophy of Computer Science. In: Edward N. Zalta (Hg.): The Stanford Encyclopedia of Philosophy (Spring 2017 Edition), https://plato.stanford.edu/archives/spr2017/entries/computer-science/.

Alex M. Müller

48 Kreativität

48.1 Unterschiedliche Konzepte von Kreativität

Kreativität ist ein schwierig zu fassender Begriff, der die Fähigkeit zur Herstellung von etwas Neuem, Originellem und Nützlichem bezeichnet. Dabei kann das Urteil über Nützlichkeit durchaus unterschiedlich ausfallen und auch die Beurteilung von Originalität ist nicht immer eindeutig. Margaret Boden unterscheidet »psychologische Kreativität« von »historischer Kreativität« (Boden 1990, 2). Bei ersterer hat eine Person eine überraschende, wertvolle Idee, die für sie selbst neu ist; bei letzterer hatte niemand vorher diese Idee.

Bezogen auf die Vorstellung eines »konzeptionellen Raumes« (ebd., 4 f.) differenziert Boden drei verschieden Konzepte von Kreativität: die kombinatorische, die explorative und die transformative. Bei der kombinatorischen Kreativität werden Elemente eines schon bestehenden Konzeptes zu einem neuen zusammengefügt; die explorative Kreativität bezeichnet die Entdeckung neuer Konzepte in einem vorhandenen Raum und die transformative Kreativität ändert dessen Struktur und Gesetzmäßigkeiten (ebd., 9). Hans Lenk wiederum geht vom Erkenntnisprozess aus und spricht von ›Intuitions-, Visions- und Meditationskreativität‹ (Lenk 2000).

Das Modell der kreativen Kognition von Ronald A. Finke, Thomas B. Ward und Steven M. Smith versteht Kreativität nicht als einzelnen Prozess, sondern als Ergebnis mehrerer mentaler Prozesse, bei dem auf den generativen Prozess zur Bildung kognitiver Strukturen der explorative Prozess zu deren Ausarbeitung folgt (sog. Geneplore Modell, vgl. Finke/Ward/Smith 1992).

Für die Kreativitätsforschung von besonderem Interesse ist das Verhältnis von Kreativität und Evolutionstheorie . Hier legt das Neo-Darwinistische Modell ›blinde‹, zufällige Variationen zugrunde, die nicht von einer bewussten Absicht gesteuert werden. Solchen Variationen folgt nach Selektion der am geeignetsten erscheinenden Lösung die Retention. Dieses Modell besitzt für Vorgänge in der Natur eine erhebliche Erklärungskraft, ist aber für zielgerichtetes Handeln, etwa bei technischen Konstruktionen, weniger nützlich. Letztere Prozesse verlaufen nämlich strukturierter und richten sich schon früh auf solche Varianten und Lösungsmöglichkeiten, die vielversprechend sind. Dabei fließen Erfahrungen, etwa bei Erfindungsprozessen, bereits in das generative Stadium ein. Dies wird in dem Neo- Lamarckschen Modell berücksichtigt, das auf den französischen Biologen und Zoologen Jean-Baptiste de Lamarck zurückgeht. Ihm zufolge können erworbene Eigenschaften vererbt werden (vgl. Braun 2016, 21–23).

Als am nützlichsten erscheint, zumindest für die Technik, das Mehrstufenmodell, bei dem der kreative Prozess als zielgerichtet angesehen wird. Hier sind die verschiedenen Stufen des Prozesses dauernder Revision unterworfen; Zwischenergebnisse können zur Modifikation an die generative Stufe zurückverwiesen werden. Dabei spielen, wie häufig bei Kreativitätsprozessen, Analogiebildungen, mentale Modelle, (Re-) Kombinationen und Metaphern eine Rolle. Ein Beispiel ist die Vorstellung der Brüder Wright, der Erfinder des Motorfluges, das Flugzeug als ein ›Fahrrad mit Flügeln‹ zu sehen (Johnson-Laird 2005). Eine Variation bildet das Konzept eines kreativen Prozesses als Ko-Evolution von Problemraum und Lösungsraum. Dabei geht es bei kreativen Entwürfen und Konstruktionen nicht so sehr darum, zunächst das Problem festzulegen und dann nach einer Lösung zu suchen, sondern Problemformulierung und Lösungsideen entwickeln sich gleichzeitig. Hier findet eine ständige Iteration zwischen Analyse, Synthese und Evaluation statt (Dorst/Cross 2001). Einen ähnlichen Ansatz verfolgt Kai Weiß mit dem Begriff der ›Provolution‹ (Weiß 2007; Poser 2016, 198).

48.2 Kreativität und Maschine

Kreativität und Maschine, so eine weit verbreitete Meinung, stehen in einem fundamentalen Gegensatz zueinander. Kreativität bezeichnet die menschliche Fähigkeit zum schöpferischen Tun, die der Maschine, die etwas von der menschlichen Kreativität Abgeleitetes ist, nicht zukommen kann (Mahr 2006).

Bei der herkömmlichen Informationsverarbeitung wurden Algorithmen (s. Kap. III.32) programmiert, die eine Aufgabe linear abarbeiten. Seit Ende der 1980er Jahre verlagerten sich die Aktivitäten der KI-Forschung auf Konnektionismus und neuronale Netze und den Versuch, die Struktur des menschlichen Gehirns auf den Computer zu übertragen und Lernfähigkeit zu programmieren. Im »affective computing« simulieren neuronale Netze die Veränderung von Gefühlszuständen (Mainzer 2006, 878; s. Kap. III.30). Genetische Algorithmen werden angewendet, um optimale Computerprogramme zur Lösung von Aufgaben zu finden. Hierbei wird das Programm auf evolutionärem Wege erzeugt und nicht vom Program-

J. B. Metzler © Springer-Verlag GmbH Deutschland, ein Teil von Springer Nature, 2019
K. Liggieri / O. Müller, *Mensch-Maschine-Interaktion*, https://doi.org/10.1007/978-3-476-05604-7_48

mierer explizit geschrieben (Mainzer 2016, 92). Dabei kommt dem Computer keine wirkliche Kreativität zu: So können Computer Erstaunliches bei der Problemlösung leisten, sind aber schwach bei der Problemfindung. Auch müsste ein Computer, um das Prädikat ›kreativ‹ erhalten zu können, seine eigenen Auswahlkriterien entwickeln, darüber reflektieren und die Ergebnisse beurteilen können (Sawyer 2012, 149–152; Schröder 2006).

Nicht zuletzt unter dem Einfluss des Computers ist das Thema Kreativität in Technik und Architektur häufig thematisiert worden. Dabei wurden zunächst die Vorteile des Computereinsatzes hervorgehoben, der den Arbeitsprozess beschleunigt; kreativ war der Computer dabei nicht. Durch den Einsatz von Computer Aided Design (CAD) beim technischen Konstruieren und CAAD (Computer Aided Architectural Design) in der Architektur schien es aber leichter möglich zu sein, Entwurfsideen zu visualisieren und das menschliche räumliche Vorstellungsvermögen zu entwickeln (s. Kap. III.40). Vielfältige Variationen von Entwürfen waren nun leichter herzustellen und Modifikationen problemlos vorzunehmen. Auch wäre der Architekt Frank Gehry ohne Computerhilfe schwerlich in der Lage gewesen, die kühnen Formen des Entwurfs für das Guggenheim Museum in Bilbao zu Papier zu bringen (Braun 2016, 16). Insofern ist hier der Computer als »Ermöglichungsinstrument« zu bezeichnen, der im Hinblick auf Kreativität mehr als ein bloßes Hilfsmittel darstellt. Hier könnte man schon von einer »Partnerschaft« zwischen Mensch und Computer sprechen, wobei Letzterem zunehmend Funktionen übertragen wurden, die vorher dem Menschen vorbehalten waren (vgl. Wachsmuth 2013, 364).

Schon früh wurde aber auch auf mögliche negative Wirkungen des Computereinsatzes hingewiesen. Computer können, je nach Programmierung, zu einem Nivellierungs- und Standardisierungseffekt führen und das Vorstellungsvermögen einschränken und den Anwendern eine vorschnelle Fixierung auf eine bestimmte Konstruktion oder architektonische Lösung nahelegen. Auch arbeitet, im Gegensatz zu den üblichen Computerprogrammen, das Gehirn nicht linear und setzt nicht nur prozedurales Wissen ein, sondern greift unter anderem auf Inhalte des episodischen Gedächtnisses zurück. Hierdurch verfügt der Mensch, verglichen mit dem Computer, über ein weitaus größeres Reservoir an geistigen Ressourcen, nicht zuletzt an Phantasie, die sich für kreative Prozesse nutzbar machen lassen. Doch ermöglichen neuere Entwicklungen von CAD- und CAAD-Programmen eine höhere Flexibilität in der Anwendung und eine stärkere Interaktivität (Braun 2016, 12–19).

Kreative Prozesse finden häufig in Teams statt, sodass es schwierig ist, den kreativen Beitrag einem einzelnen Akteur zuzuordnen. Insofern ist es sinnvoll, von einer ›verteilten Kreativität‹ zu sprechen, bei der, wird ein Computer eingesetzt, auch dieser seinen Anteil hat.

48.3 Kreativität zwischen Technik und Kunst

Vergleicht man Kreativitätsprozesse in der Technik mit solchen in der Kunst, so sind Letztere geringeren Beschränkungen unterworfen; ein Künstler kann durchaus den Satz von der Erhaltung der Energie ignorieren, wenn es seinen Absichten dient.

Wie steht es aber mit einer eventuellen Kreativität des Computers in Kunst und Musik? Betrachten wir die Computermusik, so stand die Simulation und Resynthese historischer Stile an deren Beginn. Bei der von Lejaren A. Hiller 1955 in den USA entwickelten dreistufigen Partitursynthese erzeugte zunächst ein zufallsgesteuerter Generator das Grundmaterial, das dann ein ›Modifier‹ transformierte und ein ›Selektor‹ nach bestimmten Grundregeln ausfilterte. Aus diesen Vorarbeiten entstand 1957 die *Illiac Suite*, die wohl erste Computerkomposition, ein Streichquartett, das unter anderem auf der Basis kontrapunktischer Kompositionsregeln der Renaissance funktionierte (Braun 2011, 45).

Der Computer wurde dabei zunächst als Hilfsmittel angesehen, nahm in den folgenden Jahrzehnten aber immer mehr die Rolle des Partners im kompositorischen Schaffensprozess ein. Dies zeigte sich auch in der Einbeziehung des Zufalls. Auch die Evolution operiert nach eben diesem Prinzip. Bereits 1787 hatte Wolfgang Amadeus Mozart ein »Musikalisches Würfelspiel« entworfen, bei dem die Entscheidung darüber, welche Takte in welchen Variationen zu spielen waren, durch Würfeln bestimmt wurde; 1951 setzte der Komponist John Cage in seiner *Music of Changes* (1951) den Zufall bewusst und intentional ein. Dabei macht freilich nicht der Zufall, sondern der Künstler das Kunstwerk zu einem solchen; der Zufall leistet hierzu einen bewusst konzipierten Beitrag (Welsch 2006). Allgemein können Algorithmen und Zufallsgeneratoren als Mittel angesehen werden, den kompositorischen Erfahrungsraum zu erweitern und zu einer Art »Inspirationsmaschine« werden (Essl 2007, 107).

Wie in der Technik, so ist »Interaktivität« auch in der Kunst und Musik zu einem Schlüsselbegriff geworden, bei dem ein Werk, wie in der »New Media Art«, aus der Zusammenarbeit von Komponisten, Interpreten und Publikum entsteht; der Computereinsatz ist dabei in der Regel unverzichtbar (Braun 2016, 242).

Aus heutiger Sicht ist die Frage, ob ein Computer ›wirklich‹ kreativ sein kann, nicht eindeutig zu beantworten, da dies einen wissenschaftlichen Konsens beim Verständnis von Schlüsselbegriffen wie Intentionalität und Bewusstsein voraussetzen würde (Boden 2014, 242).

Literatur

Boden, Margaret A.: The Creative Mind. Myths and Mechanisms. London 1990.
Boden, Margaret A.: Creativity and Artificial Intelligence. A Contradiction in Terms? In: Elliot Samuel/Scott Barry Kaufmann (Hg.): The Philosophy of Creativity. New Essays. Oxford 2014, 224–246.
Braun, Hans-Joachim: Kompositionsautomaten? Kreativität und Computermusik. In: Margarete Jarchow (Hg.): Kreativität in Gestaltungsprozessen. Neumünster 2011, 41–59.
Braun, Hans-Joachim: Introduction. In: Ders. (Hg.): Creativity: Technology and Music. Frankfurt a. M. 2016, 9–46.
Essl, Karlheinz: Algorithmic Composition. In: Nick Collins/Julio d'Escrivan (Hg.): The Cambridge Companion to Electronic Music. Cambridge 2007, 107–125.
Finke, Ronald A./Ward, Thomas B./Smith, Steven M.: Creative Cognition: Theory, Research, and Application. Cambridge, Mass. 1992.
Dorst, Kees/Cross, Nigel: Creativity in the Design Process: Co-Evolution of Problem Solution. In: Design Studies 22/5 (2001), 425–437.
Lenk, Hans: Kreative Aufstiege. Zur Philosophie und Psychologie der Kreativität. Frankfurt a. M. 2000.
Johnson-Laird, Philip N.: Flying Bicycles: How the Wright Brothers invented the Airplane. In: Mind and Society 4 (2005), 27–48.
Mahr, Bernd: Die Schöpfung der Maschine. Ein Modell des Entstehens und der Gegensatz vom Maschinellen und Kreativen. In: Günter Abel (Hg.): Kreativität. XX. Deutscher Kongress für Philosophie. Hamburg 2006, 376–390.
Mainzer, Klaus: Können Computer kreativ sein? Möglichkeiten und Grenzen des Computermodells des Geistes. Einführung. In: Günter Abel (Hg.): Kreativität. XX. Deutscher Kongress für Philosophie. Hamburg 2006, 867–884.
Mainzer, Klaus: Künstliche Intelligenz – wann übernehmen die Maschinen? Berlin 2016.
Poser, Hans: Homo Creator. Technik als philosophische Herausforderung. Wiesbaden 2016.
Sawyer, R. Keith: Explaining Creativity. The Science of Human Innovation. New York ^{2}2012.
Schröder, Jürgen: Computer und Kreativität. In: Günter Abel (Hg.): Kreativität. XX. Deutscher Kongress für Philosophie. Hamburg 2006, 926–946.
Wachsmuth, Ipke: Mensch-Maschine-Interaktion. In: Achim Stephan/Sven Walter (Hg.): Handbuch Kognitionswissenschaft. Stuttgart 2013, 361–364.
Weiß, Kai: Der schöpferische Zufall. In: Alexandra Lewandowski (Hg.): Der Philosoph Hans Poser. Eine Festschrift zu seinem 70. Geburtstag. Berlin 2007, 107–109.
Welsch, Wolfgang: Kreativität durch Zufall. Das große Vorbild der Evolution und einige künstlerische Parallelen. In: Günter Abel (Hg.): Kreativität. XX. Deutscher Kongress für Philosophie. Hamburg 2006, 1185–1201.

Hans-Joachim Braun

49 Kybernetik

Der Begriff ›Kybernetik‹ bezeichnet einen interdisziplinären Forschungsansatz, der die Existenz universal gültiger Prinzipien wie ›Rückkopplung‹ (s. Kap. III.42), ›Information‹ (s. Kap. III.46) oder ›Selbstorganisation‹ für unterschiedliche Gegenstandsbereiche in Technik, Natur und Kultur postuliert und durch die Erforschung dieser Prinzipien zu einer Wiederannäherung spezialisierter Fachdisziplinen beitragen möchte. Die wesentliche methodische Grundoperation der Kybernetik besteht in der analogen Betrachtung technischer, menschlicher, tierischer und sozialer Systeme (s. Kap. II.E.15, II.E.16). Sie geht davon aus, dass aus den Ingenieurwissenschaften entlehnte und für die Beschreibung von technischen Systemen entwickelte Konzepte eingesetzt werden können, um das Verhalten biologischer und sozialer Systeme – von der Zelle bis zur Gesellschaft – beschreiben und besser verstehen zu können. Um den Disziplinen übergreifenden Austausch und die Erforschung dieser Konzepte als universal gültige Prinzipien zu ermöglichen, setzt die Kybernetik auf eine eigenständige Terminologie, mit deren Hilfe sich Phänomene aus verschiedenen Gegenstandsbereichen und über disziplinäre Grenzen hinweg als analoge Verhaltensweisen beschreiben lassen (Bowker 1993). Der Erkenntnisanspruch der Kybernetik erschöpft sich jedoch nicht in der Beschreibung dieser Verhaltensweisen in der Welt, sondern zielt letztlich auf ein besseres Verständnis der dahinterliegenden universal gültigen Prinzipien.

Als interdisziplinäres Programm formierte sich die Kybernetik in der zweiten Hälfte der 1940er Jahre in den USA, als die Josiah Macy Foundation in Absprache mit verschiedenen Regierungsbehörden begann, den Austausch zwischen Natur- und Sozialwissenschaften zu fördern. Maßgeblich an diesem Vorhaben beteiligt war eine Gruppe von Mathematikern, Ingenieuren und Neurophysiologen um Norbert Wiener (1894–1964), Warren McCulloch (1898–1969) und John von Neumann (1903–1957), die bereits seit den 1930er Jahren über einen interdisziplinären Forschungsansatz nachdachten und das kollaborative und anwendungsorientierte Arbeiten aus militärischen Forschungsprojekten gewöhnt waren (Heims 1980; Conway/Siegelman 2005). Diese Kerngruppe der frühen Kybernetik vertrat die Überzeugung, dass sich biologische Prozesse wie z. B. die Funktionsweise des menschlichen Gehirns mithilfe operationaler Konzepte aus dem Bereich der Mathematik und Ingenieurwissenschaften wie ›Rückkopplung‹ oder ›Information‹ beschreiben und verstehen lassen.

Im Rahmen einer von der Josiah Macy Foundation zwischen den Jahren 1946 und 1953 organisierten interdisziplinären Tagungsreihe traf die Gruppe der Naturwissenschaftler auf eine zweite Gruppe von Anthropologen, Psychologen und Psychoanalytikern um Gregory Bateson (1904–1980), Lawrence K. Frank (1890–1968) und Lawrence Kubie (1896–1973) sowie die Anthropologin Margaret Mead (1923–1978) (Pias 2016a). Das Ziel des Austausches zwischen Natur- und Sozialwissenschaftlen auf den insgesamt zehn Treffen der sogenannten ›Macy-‹ oder ›Kybernetikkonferenzen‹ bestand darin, zu prüfen, ob sich mathematisch-technische Prinzipien auch für die Erforschung sozialer Systeme eignen und damit zu einer Präzisierung und empirischen Absicherung der Sozialwissenschaften beitragen können. Heims beschreibt den »epistemologischen Rahmen« dieses erhofften Wissenstransfers aus den Natur- in die Sozialwissenschaften als »reduktionistisch, atomistisch, positivistisch, pragmatisch, konservativ, mechanistisch und empiristisch« (Heims 1991, 8).

Mit dem Erscheinen seiner Bücher *CYBERNETICS or control and communication in the animal and the machine* (1948) und *The Human Use of Human Beings (Cybernetics and Society)* (1954) trug vor allem Wiener (1972, 1992) maßgeblich zur großen Popularität der Kybernetik in den USA der 1950er Jahre bei. In der verkürzten Wahrnehmung der Öffentlichkeit wurde diese vor allem als die Wissenschaft von Computer, Robotik und Automatisierung (s. Kap. III.34) wahrgenommen (Kline 2015, 72) und inspirierte weite Teile der amerikanischen Populärkultur. Spätere Begriffe wie ›Cyberculture‹ oder ›Informationszeitalter‹ lassen sich auf den Einfluss der Kybernetik zurückführen (Turner 2008). Parallel zu dieser Entwicklung begannen unterschiedliche Fachdisziplinen wie z. B. die Molekularbiologie (Kay 2005) damit, die kybernetische Terminologie und insbesondere den Informationsbegriff zu übernehmen. Obwohl die Kybernetik selbst in der lokalen Forschungspraxis in den USA ihr Versprechen echter Interdisziplinarität nie erfüllte, bildete sich ein bis heute anhaltender »Metadiskurs« (Kline 2015, 100 f.), der in ihr eine Art Universal- und Metawissenschaft erkennt. Demnach hat die Kybernetik im 20. Jahrhundert nicht nur verschiedene Wissenschaftskulturen und Technologiediskurse, sondern ganze gesellschaftliche Verhältnisse transformiert (Galison 2001; Tiqqun 2007; Hagner/Hörl 2008).

K. Liggieri / O. Müller, *Mensch-Maschine-Interaktion*, https://doi.org/10.1007/978-3-476-05604-7_49

Von großer Bedeutung für die Wahrnehmung der Kybernetik in den Wissenschaften und der amerikanischen Öffentlichkeit waren und sind theoretische und materielle Modelle, welche die postulierten Prinzipien und damit die Analogie zwischen Maschine, Mensch und Tier veranschaulichen sollten. So zeugten bereits auf den Macy-Konferenzen Modelle wie Claude Shannons (1916–2001) künstliche und Labyrinthe lösende Maus *Theseus* oder Ross Ashbys (1903–1972) Gehirnmodell *Homeostat* davon, dass die Grenzen zwischen Mensch, Maschine und Tier im Rahmen des kybernetischen Ansatzes unscharf zu werden drohten. Von der Konstruktion solcher elektromechanischer Apparate erhofften sich Kybernetiker, die in hochkomplexen Systemen wie dem menschlichen Gehirn vermuteten Prinzipien in vereinfachter Form reproduzieren und erforschen zu können (Kline 2015, 44–55). Der große Unterschied zu anderen Wissenschaften bestand dabei in der Tatsache, dass sich die Kybernetik mit dynamischen Modellen beschäftigte, welche sich auf eine bestimmte Art und Weise verhielten und daher stellvertretend für das Verhalten eines komplexeren Systems »selbst einem Test unterzogen werden« (Cordeschi 2002, XVI) konnten. Tatsächlich ist eine ›Maschine‹ aus kybernetischer Perspektive nichts anderes als das Modell einer Verhaltensweise, welche sich als »geschlossene eindeutige Transformation« (Ashby 1985, 46) in der Zeit beschreiben lässt, also als Wechsel eines Systems von einem Input- in einen eindeutig determinierten Output-Zustand. Während kybernetische Maschinen auf diese Weise zur Erkenntnisproduktion eingesetzt wurden, erkennt Pickering in ihnen Manifestationen einer »performativen [oder] kybernetischen Ontologie«, die sich in Form nicht moderner Zeit- oder Körperverhältnisse äußerte (Pickering 2010, 109).

In den USA gelang es nur vorübergehend und an wenigen Orten, die Kybernetik als Interdisziplin zu institutionalisieren. Nach einer ersten großen »Krise der Kybernetik« (Kline 2015, 179–201) in den 1960er Jahren gab es in der Folge mehrere vom militärisch-industriell-akademischen Komplex unterstützte Versuche, die Kybernetik z. B. unter dem übergeordneten Begriff ›Bionik‹ oder als ›Kybernetik zweiter Ordnung‹ zu erneuern (s. Kap. III.36). Die in den USA geführten Debatten über neuronale Netze, zelluläre Automaten und *artificial life* in den 1980er und 1990er Jahren waren ebenfalls stark von kybernetischen Konzepten beeinflusst. Hayles spricht in diesem Zusammenhang von einer »zweiten« und einer »dritten Welle der Kybernetik« (Hayles 1999, 9–11). Heute existiert die Kybernetik in den USA nur noch in Form von einzelnen Gesellschaften und Zeitschriften. Im transnationalen Vergleich war die Kybernetik in vielen Ländern erfolgreicher. In Europa erfuhr die Kybernetik zunächst vor allem im französischsprachigen Raum ein ähnlich großes öffentliches Interesse wie in den USA und wurde rückwirkend mit Rekurs auf André-Marie Ampère (1775–1836) als dezidiert nationaler Denkstil wahrgenommen (Gerovitch/Mindell/Segal 2003). Ähnlich wie in Frankreich entfaltete sich die Kybernetik im deutschsprachigen Raum einerseits fächerübergreifend als »Denken in Systemen« in bestehenden Disziplinen sowie andererseits als in öffentlichen Debatten prominent vertretene »Modeerscheinung« (Aumann 2009). Ebenfalls parallel und in direktem Austausch mit dem nordamerikanischen Diskurs entwickelte sich in Großbritannien eine eher neurowissenschaftlich und psychiatrisch ausgerichtete Variante der Kybernetik (Pickering 2010). Im Kontext des Kalten Krieges und als Reaktion auf Ihre Popularität in den USA wurde die Kybernetik in der Sowjetunion vorübergehend als eine »Meta-Wissenschaft« zur Organisation aller anderen Wissenschaften aufgebaut (Gerovitch 2002, 200). In Südamerika inspirierte sie um 1970 technologisch-politische Utopien kybernetischer Regierungsformen (Medina 2011).

Literatur

Ashby, W. Ross: Einführung in die Kybernetik. Frankfurt a. M. [2]1985.

Aumann, Philipp: Mode und Methode. Die Kybernetik in der Bundesrepublik Deutschland. Göttingen 2009.

Bowker, Geoffrey C.: How to be Universal. Some Cybernetic Strategies, 1943–1970. In: Social Studies of Science 23 (1993), 107–127.

Conway, Flo/Siegelman, Jim: Dark Hero of the Information Age. In Search of Norbert Wiener the Father of Cybernetics. New York 2005.

Cordeschi, Roberto: The Discovery of the Artificial. Behavior, Mind and Machines Before and Beyond Cybernetics. Dordrecht 2002.

Galison, Peter: Die Ontologie des Feindes. Norbert Wiener und die Vision der Kybernetik. In: Michael Hagner (Hg.): Ansichten der Wissenschaftsgeschichte. Frankfurt a. M. 2001, 433–488.

Gerovitch, Slava: From Newspeak to Cyberspeak. A History of Soviet Cybernetics. Cambridge, Mass. 2002.

Gerovitch, Slava/Mindell, David/Segal, Jerome: From Communications Engineering to Communications Science. Cybernetics and Information Theory in the United States, France, and the Soviet Union. In: Mark Walkert (Hg.): Science and Ideology. A Comparative History. London 2003, 66–96.

Hagner, Michael/Hörl, Erich (Hg.): Die Transformation des

Humanen. Beiträge zur Kulturgeschichte der Kybernetik. Frankfurt a. M. 2008.
Hayles, Katherine: How we Became Posthuman. Virtual Bodies in Cybernetics, Literature, and Informatics. Chicago 1999.
Heims, Steve Joshua: John von Neumann and Norbert Wiener. From Mathematics to the Technologies of Life and Death. Cambridge, Mass. 1980.
Heims, Steve Joshua: Constructing a Social Science for Postwar America. The Cybernetics Group. Cambridge, Mass. 1991.
Kay, Lily: Das Buch des Lebens. Wer schreib den genetischen Code? Frankfurt a. M. 2005.
Kline, Ronald: The Cybernetics Moment. Or Why We Call Our Age the Information Age. Baltimore 2015.
Medina, Eden: Cybernetic Revolutionaries: Technology and Politics in Allende's Chile. Cambridge, Mass. 2011.
Pias, Claus (Hg.): Cybernetics-Kybernetik. The Macy-Conferences 1946–1953, Bd. I: Protokolle. Zürich ²2016a.
Pias, Claus (Hg.): Cybernetics-Kybernetik. The Macy-Conferences 1946–1953, Bd. II: Essays und Dokumente. Zürich ²2016b.
Pickering, Andrew: The Cybernetic Brain. Chicago 2010.
Tiqqun: Kybernetik und Revolte. Berlin 2007.
Turner, Fred: From Counterculture to Cyberculture. Chicago 2008.
Wiener, Norbert: Mensch und Menschmaschine. Kybernetik und Gesellschaft. Frankfurt a. M. ⁴1972.
Wiener, Norbert: Kybernetik. Regelung und Nachrichtenübertragung im Lebewesen und in der Maschine. Düsseldorf 1992.

Jan Müggenburg

50 Maschinelles Lernen

Maschinelles Lernen, engl. *machine learning* (ML), beschreibt verschiedene algorithmische Verfahren, die Strukturen und Zusammenhänge aus Daten erfassen können. Klassischerweise betrachtete Zusammenhänge sind etwa ein Regressionszusammenhang, der nicht ohne weiteres mathematisch formuliert werden kann (»Wie hängt die Reaktionszeit eines Nutzers mit dessen Gehirnsignalen zusammen?«), die Klassenzugehörigkeit eines Messwerts (»Entspricht dieses neuronale Signal einer linken oder einer rechten Handbewegung?«) oder eine Einteilung in Gruppen, engl. *cluster*, (»Welche typischen Aktivitätsmuster treten auf?«) (Duda 2001; Bishop 2006; Hastie 2009). Für verschiedene Programmiersprachen gibt es frei verfügbare Programmbibliotheken zur Lösung von ML-Problemen (Scikit-Learn, Weka, AutoML).

Zwar spielen ML-Verfahren auch in Gehirn-Computer-Schnittstellen, engl. *brain-computer interfaces* (BCIs) (Wolpaw 2012; Nam/Nijholt/Lotte 2018), eine wichtige Rolle, allerdings sind sie eher durch Ihre Verwendung auf anderen Gebieten bekannt. Beispielhaft sind die Erkennung von Bild- und Videoinhalten zu nennen, automatisches Übersetzen, Spracherkennung in Mobilgeräten, Erkennung bzw. Klassifikation von Spam-Emails, Probleme im Bereich der Robotik und im Bereich des autonomen Fahrens. ML ist daher ein wichtiger wirtschaftlicher Faktor, dem derzeit im Zusammenhang mit anderen Methoden aus dem Feld der Künstlichen Intelligenz (KI), engl. *artificial intelligence* (AI), ein starkes Wachstum und der Einzug in viele Lebensbereiche vorhergesagt wird.

Um lernen zu können, benötigt ein ML-Algorithmus keine explizite, präzise Beschreibung des Problemzusammenhangs, z. B. die mathematische oder physikalische Formel einer Regressionsfunktion oder die taxonomischen Merkmale, welche verschiedene Tierklassen unterscheidbar machen, sondern lediglich Beispiele — sogenannte Trainingsdaten. Diese werden dem noch untrainierten Algorithmus entweder zusammen mit z. B. den jeweiligen Regressionswerten oder Klassenzugehörigkeiten (engl. *labels*) jedes Trainingsdatenpunkts präsentiert (sog. überwachtes Lernen) oder auch ohne Labels (sog. unüberwachtes Lernen). Während des Trainingsprozesses, d. h. des eigentlichen Lernvorgangs, werden mit Hilfe der Trainingsdaten die freien Parameter des ML-Modells bestimmt. Sie umfassen beispielsweise Gewichte, die angeben, wie relevant bestimmte Datenpunkte für z. B. den zu lernenden Zusammenhang sind, oder es werden Grenzwerte und Entscheidungskriterien gelernt, welche das spätere Verhalten des ML-Modells beeinflussen. Der genaue Trainingsprozess ist sehr spezifisch für jeden ML-Algorithmus. Bei iterativen heuristischen Verfahren werden die freien Parameter bestimmt, indem die verfügbaren Trainingsdaten dem lernenden Algorithmus mehrfach präsentiert werden. Idealerweise nähern sich die zu bestimmenden Parameter in jedem Schritt der optimalen Lösung an, allerdings können zwei Modelle durch leicht geänderte Trainingsdaten auch zu sehr unterschiedlichen Lösungen konvergieren. Stabilität ist weniger ein Problem für Methoden, bei denen lediglich ein eindeutiges mathematisches Problem gelöst werden muss. Hierfür kann oft auf Methoden zurückgegriffen werden, die aus der numerischen Optimierung stammen und gut etabliert sind.

Ein trainiertes ML-Modell kann auf unbekannte Datenpunkte angewendet werden, um etwa deren Klassenzugehörigkeit oder die zu erwartende Reaktionszeit zu schätzen. Dabei ist zu beachten, dass für viele reale ML-Problemstellungen auch durch sehr sorgfältig trainierte ML-Modelle meist keine hundertprozentige Genauigkeit erzielt wird. Ein BCI-System etwa, welches ein ML-Modell dafür einsetzt, um Gehirnsignale in Echtzeit zu analysieren, muss daher in der Lage sein, auch mit einer gewissen Quote an Falschklassifikationen zurechtzukommen.

Die Trainingsdauer von ML-Algorithmen wird u. a. von der Anzahl der Trainingsdaten, von deren Dimensionalität und von der Komplexität des Lernproblems beeinflusst. Lineare Modelle sind nicht in der Lage, komplexe nichtlineare Zusammenhänge zu lernen, die in den Daten verborgen sind, können dafür in Sekundenbruchteilen trainiert werden. Am anderen Ende des Spektrums stehen u. a. tiefe neuronale Netze (engl. *deep neural networks*) (Goodfellow/Bengio/Courville 2016), die momentan viel Trainingszeit (auch auf spezialisierter Hardware Stunden bis Tage) erfordern und große Trainingsdatensätze (z. B. Tausende oder gar Millionen von Bildern) benötigen. Den meisten Verfahren ist allerdings gemein, dass die Schätzung des Labels für einen neuen Datenpunkt (engl. *recall*) durch ein trainiertes Modell nur sehr wenig Zeit in Anspruch nimmt.

ML-Algorithmen unterscheiden sich sehr darin, welche Annahmen sie über Verteilungen von Merkmalen (engl. *features*) in den Datenpunkten oder über deren gegenseitige Unabhängigkeit machen. Manche Verfahren können spezifisch gut oder schlecht mit zeitabhängigen Daten (etwa Sprachsignalen oder kon-

K. Liggieri / O. Müller, *Mensch-Maschine-Interaktion*, https://doi.org/10.1007/978-3-476-05604-7_50

tinuierlichen Hirnsignalen) umgehen. Für das erfolgreiche Training eines ML-Algorithmus ist es insbesondere bei komplexen Verfahren allerdings nötig, eine zum Teil große Zahl sogenannter Hyperparameter festzulegen. Sie beeinflussen z. B. Details der Trainingsstrategie, die genaue Architektur eines neuronalen Netzes oder dessen Lerngeschwindigkeit, oder sie beschneiden die Freiheitsgrade eines Lernalgorithmus auf geschickte Weise. Eine solche Regularisierung des Modells kann angewendet werden um zu vermeiden, dass der Algorithmus Gefahr läuft, zwar die Trainingsdaten auswendig zu lernen, dafür aber auf neuen Daten zu versagen. Die Wahl geeigneter Hyperparameter trägt also wesentlich zum Trainingserfolg bei und es gibt einige Forschung und Software zur Automatisierung der Hyperparameterauswahl (AutoML). Viele ML-Verfahren profitieren zudem davon, wenn die gemessenen Rohsignale aufbereitet werden, bevor sie dem Lernalgorithmus präsentiert werden. Die Vorverarbeitung und Merkmalsextraktion unterscheidet sich zum Teil sehr zwischen verschiedenen Datendomänen. Typischerweise entfernt man aber mutmaßlich falsche Messwerte oder ersetzt fehlende, normiert Messwerte um z. B. wechselnde Beleuchtungsverhältnisse oder Elektrodenimpedanzen zu kompensieren und reduziert das in den Daten enthaltene Rauschen durch geeignete Filterung, bevor man höherwertige domänenspezifische Merkmale berechnet.

Insgesamt ist Maschinenlernen ein sehr aktives Forschungsfeld. Im Kontext der Mensch-Maschine-Interaktion bestehen die Daten typischerweise aus Messungen der elektrischen Gehirnaktivität. BCI-Systeme nutzen zumeist nichtinvasiv gemessene Signale des Elektroenzephalogramms (EEG). Es kommen aber auch invasive elektrische Sensoren zum Einsatz oder Messmethoden, die andere physikalische Größen erfassen. Zumeist wird zeitgleich an vielen Orten im Gehirn oder am Kopf gemessen. Die ML-Problemstellung besteht dann darin, aus den gemessenen Hirnsignalen zu dekodieren, in welchem Zustand sich ein Nutzer befand, z. B. ob er/sie sich auf einen bestimmten dargebotenen Stimulus konzentriert hat (Blankertz u. a. 2008; Hübner 2018) oder ob etwa ein motorisch eingeschränkter Benutzer versucht hat, eine Bewegung auszuführen (Barachant 2013). Solche ML-Probleme sind basierend auf EEG-Signalen lösbar. Sie weisen (je nach genauer Aufgabenstellung, Nutzer und Qualität der gemessenen Signale) Klassifikationsgenauigkeiten von 60 bis 99 Prozent auf. Durch BCI-Systeme und insbesondere die intensive Verwendung von Maschinenlernen kann die überwiegende Zahl von Nutzern bereits in die Lage versetzt werden, Computeranwendungen oder technische Hilfssysteme zu steuern (Müller 2008). Es wurde beobachtet, dass die Dekodierung von Hirnsignalen typischerweise besser für gesunde Nutzer funktioniert als für z. B. Patienten nach einem Schlaganfall, was eventuell aber durch Patiententraining am BCI-System kompensiert werden kann. Welche Merkmale des gemessenen Hirnsignals Informationen für die Dekodierung durch einen ML-Algorithmus beisteuern, hängt vom experimentellen Paradigma ab. Vorgestellte oder versuchte Bewegungsausführungen, Rechenaufgaben oder Navigationsaufgaben resultieren typischerweise in der Abschwächung oder Verstärkung von oszillatorischen Rhythmen. Diese mit bloßem Auge schwer zu erkennende rhythmische Aktivität kann durch sogenannte räumliche Filter extrahiert werden, deren Parameter wiederum auf Trainingsdaten gelernt werden müssen (Müller 2008; Barachant 2013). Aufmerksamkeit auf einen bestimmten dargebotenen Stimulus bewirkt dagegen eine transiente Amplitudenänderung in den EEG-Signalen, die durch nicht beachtete Stimuli nicht gleichermaßen ausgelöst wird (Blankertz 2011; Hübner 2018). Daneben kann auch der Grad der Kopplung verschiedener Messkanäle oder Hirnareale für die Dekodierung von Gehirnzuständen genutzt werden.

Gegenwärtig wird im BCI-Bereich an neuen ML-Methoden gearbeitet, die trotz stark verrauschter und insgesamt schwacher Hirnsignale eine hohe Klassifikationsgenauigkeit ermöglichen, d. h. den aktuellen Gehirnzustand möglichst präzise aus den gemessenen Signalen zu dekodieren. Zudem wird an Algorithmen geforscht, die besser mit sogenannten nichtstationären Signalen umgehen können (Blankertz u. a. 2008), deren grundlegende statistische Eigenschaften sich über die Zeit verändern, z. B. aufgrund wachsender Müdigkeit, Benutzerlernen oder Medikation. Einige ML-Algorithmen können etwa durch adaptives Nachtraining auf Nichtstationaritäten reagieren (Hübner 2018), allerdings ist in diesem Zusammenhang aktuell weitgehend ungelöst, wie eine gute Ko-Adaptionsstrategie zwischen Mensch und Maschine realisiert werden kann. Großes Interesse besteht auch an ML-Lösungen, die einmal gefundene gute Dekodierungsstrategien zwischen verschiedenen experimentellen Protokollen, Nutzern oder Sitzungen transferieren können (Blankertz u. a. 2008). Zudem werden Algorithmen präferiert, die nur ein Minimum an Trainingsdaten benötigen, oder ausschließlich unüberwacht trainiert werden können (Lotte 2015; Hübner

2018), oder Algorithmen, deren Dekodierungsentscheidungen für einen Menschen interpretierbar und nachvollziehbar sind und deshalb nicht nur als Blackbox-Modell erscheinen, sowie Algorithmen, die mit sehr großen Datenmengen umgehen können, wie sie zukünftig etwa durch dauerhafte Neuroimplantate anfallen können (Schirrmeister 2017).

Literatur

AutoML: Werkzeuge zur Automatisierung von ML-Problemen. In: https://www.automl.org/.

Barachant, Alexandre/Bonnet, Stéphane/Congedo, Marco u. a.: Classification of covariance matrices using a Riemannian-based kernel for BCI applications. In: Neurocomputing 112 (2013), 172–178. DOI: 10.1016/j.neucom.2012.12.039.

Bishop, Christopher: Pattern Recognition and Machine Learning. Berlin 2006.

Blankertz, Benjamin/Krauledat, Matthias/Tangermann, Michael u. a.: Towards zero training for brain-computer interfacing. In: PloS one 3/8 (2008), e2967.

Blankertz, Benjamin/Lemm, Steven/Treder, Matthias u. a.: Single-trial analysis and classification of ERP components — A tutorial. In: NeuroImage 56/2 (2011), 814–825. DOI: 10.1016/j.neuroimage.2010.06.048.

Duda, Richard/Hart, Peter/Stork, David: Pattern Classification. Hoboken 2001.

Goodfellow, Ian/Bengio, Yoshua/Courville, Aaron: Deep Learning. Cambridge 2016.

Hastie, Trevor/Tibshirani, Robert/Friedman, Jerome: The Elements of Statistical Learning: Data Mining, Inference, and Prediction. Berlin 2009.

Hübner, David/Verhoeven, Thibault/Müller, Klaus-Robert u. a.: Unsupervised Learning for Brain-Computer Interfaces Based on Event-Related Potentials. In: Review and Online Comparison, Computational Intelligence Magazine 13/2 (2018), 66–77. DOI: 10.1109/MCI.2018.2807039.

Lotte, Fabien: Signal Processing Approaches to Minimize or Suppress Calibration Time in Oscillatory Activity-Based Brain–Computer Interfaces. In: Proceedings of the IEEE 103/6 (2015), 871–890. DOI: 10.1109/JPROC.2015.2404941.

Müller, Klaus-Robert/Tangermann, Michael/Dornhege, Guido u. a.: Machine learning for real-time single-trial EEG-analysis: From brain–computer interfacing to mental state monitoring. In: Journal of Neuroscience Methods 167/1 (2008), 82–90. DOI: 10.1016/j.jneumeth.2007.09.022.

Nam, Chang S./Nijholt, Anton/Lotte, Fabien (Hg.): Brain–Computer Interfaces Handbook: Technological and Theoretical Advances. Boca Raton 2018.

Rasmussen, Carl Edward/Wiliams, Christopher K. I.: Gaussian Processes for Machine Learning. Cambridge 2006. Auch in: http://www.gaussianprocess.org/gpml/chapters/.

Schirrmeister, Robin Tibor/Springenberg, Jost Tobias u. a.: Deep learning with convolutional neural networks for EEG decoding and visualization. In: Human brain mapping 38/11 (2017), 5391–5420.

Schölkopf, Bernhard/Smola, Alex: Learning with Kernels: Support Vector Machines, Regularization, Optimization, and Beyond. Cambridge 2001.

Scikit-Learn: Toolbox für Maschinelles Lernen in der Programmiersprache Python. In: http://scikit-learn.org/.

Tangermann, Michael/Müller, Klaus-Robert/Aertsen, Ad u. a.: Review of the BCI competition IV. In: Frontiers in Neuroscience 6 (2012). DOI: 10.3389/fnins.2012.00055.

Weka: Data Mining Software in der Programmiersprache Java. In: http://www.cs.waikato.ac.nz/ml/weka/.

Wolpaw, Jonathan/Wolpaw, Elizabeth W.: Brain-computer interfaces: principles and practice. Oxford 2012.

Michael Tangermann

51 Neuroprothetik

›Neuroprothetik‹ bezeichnet die Verbindung des Nervensystems *mit* oder die Steuerung durch Gehirn- oder Nervensignale *von* einer Prothese (abgeleitet vom altgriech. *pro-* ›vor, anstatt‹ und *thesis* ›setzen‹), d. h. eines künstlichen Körperteils.

In der Medizin bezeichnen Prothesen heute Hilfsmittel, die ein fehlendes oder geschädigtes Körperteil oder Organ in Struktur und/oder Funktion vollständig oder teilweise (Teilprothese) ersetzen. Je nachdem, ob eine Prothese äußerlich angebracht ist oder im Körper eingesetzt wird, spricht man zur genaueren Zuordnung auch von Exo- bzw. Endoprothesen. Neben einfachen mechanischen ›Ersatzteilen‹ wie Zahnersatz oder künstlichen Hüftgelenken werden in den letzten Jahren zunehmend komplexere funktionelle Prothesen entwickelt, z. B. zur Wiederherstellung motorischer Funktionen von Gliedmaßen bis hin zur Handmotorik.

Historisch finden sich, neben frühen Zahnprothesen in der mitteleuropäischen Eisenzeit (Seguin u. a. 2014), bereits in den antiken ägyptischen und griechisch-römischen Imperien erste mechanische Prothesen zur Funktionswiederherstellung nach Verlust einer Gliedmaße (Finch 2011). Abgesehen von den frühen neurophysiologischen Versuchen im 18. und 19. Jahrhundert wird als erste Neuroprothese im modernen Sinn oft das erste elektrische Hörgerät von Ernest Wever und Charles Bray genannt. Es dauerte jedoch bis 1957, als mit der Erfindung des Cochlea-Implantats (und dessen klinischer Anwendung ab Anfang der 1970er Jahre) ein erstes Gerät zur direkten Interaktion zwischen Nervensystem und Prothese zur Verfügung stand und bis in die 1980er Jahre, bis die ersten Neuroprothesen zur Steuerung künstlicher Gliedmaße entwickelt wurden (Finn/LoPresti 2002).

Heutzutage ist die Neuroprothetik ein etabliertes und wachsendes Forschungsfeld in dem in den letzten Jahren durch die Fortschritte in der Mikrosystemtechnik und Algorithmik immer mehr Anwendungsfelder erschlossen werden. Neben verbesserten Cochlea-Implantaten sind hierbei insbesondere implantierbare (Mikro-)Elektrodensysteme zur Steuerung von Gehirn-Computer-Schnittstellen (Brain-Computer Interface, BCI) zu nennen. So konnte zuletzt neben einem Nadelelektroden-Array, welches in die Gehirnoberfläche eingebracht wird (Gilja u. a. 2015), auch ein erstes System zur Ableitung und drahtlosen Signalübertragung von bioelektrischen Signalen mit einem auf der Gehirnoberfläche liegenden Elektroden-Array für ein BCI bei einer schwergelähmten Patientin angewandt werden (Vansteensel u. a. 2016). Auch im Bereich von eigentlichen, der Funktion einer Gliedmaße nachempfundenen, Prothesen konnten zuletzt deutliche Fortschritte erzielt werden. So gelang es Forschern, erste Prothesen zu entwickeln, die über Sensoren Tastempfindungen an das Gehirn der Nutzer erfolgreich zurückmelden können (Tan u. a. 2014).

Mit der weiteren Miniaturisierung der Elektrodentechnologie, dem Einsatz neuer Werkstoffe (wie beispielsweise Graphen) und der Verbesserung der Dekodierung relevanter neurophysiologischer Signale ist in den nächsten Jahren ein weiterer Entwicklungsschub im Bereich der Neuroprothetik zu erwarten.

Literatur

Finch, Jacqueline: The ancient origins of prosthetic medicine. In: Lancet 377/9765 (2011), 548–549. DOI: 10.1016/S0140-6736(11)60190-6.

Finn, Warren E./LoPresti, Peter G: Handbook of Neuroprosthetic Methods. Boca Raton 2002.

Gilja, Vikash/Pandarinath, Chethan/Blabe, Christine H. u. a.: Clinical translation of a high-performance neural prosthesis. In: Nature Medicine 21 (2015), 1142–1145. DOI: 10.1038/nm.3953.

Seguin, Guillaume/d'Incau, Emmanuel/Murail, Pascal u. a.: The earliest dental prosthesis in Celtic Gaul? The case of an Iron Age burial at Le Chêne, France. In: Antiquity 88/340 (2014), 488–500. DOI: 10.1017/S0003598X00101139.

Tan, Daniel W./Schiefer, Matthew A./Keith, Michael W. u. a.: A neural interface provides long-term stable natural touch perception. In: Science Translational Medicine 6/257 (2014), 257ra138. DOI: 10.1126/scitranslmed.3008669.

Vansteensel, Mariska J./Pels Elmar G. M./Bleichner, Martin G. u. a.: Fully Implanted Brain-Computer Interface in a Locked-In Patient with ALS. In: New England Journal of Medicine 375 (2016), 2060–2066. DOI: 10.1056/NEJMoa1608085.

Philipp Kellmeyer

K. Liggieri / O. Müller, *Mensch-Maschine-Interaktion*, https://doi.org/10.1007/978-3-476-05604-7_51

52 Operation/Operativität

Die Begriffe ›Operation‹ und ›Operativität‹ gehören zu einem Ensemble von Ausdrücken, die im weitesten Sinne das Feld kultureller Praktiken abstecken. Zu solchen Ausdrücken zählen ›Handlung‹, ›Aktion‹ oder ›Akt‹ sowie die klassische aristotelische Unterscheidung zwischen *Praxis* und *Poiēsis* (Aristoteles 1998). Erstere hat ihren Zweck in sich selbst, wie Spiel oder die *theōria*, Letztere bedeutet ›Hervorbringung‹ oder ›Produktion‹, welche ihr Ziel außerhalb ihrer selbst besitzen. Unabhängig von der Gültigkeit dieser Differenz ergibt sich damit eine unscharfe Menge von Tätigkeiten, die die Operation als eine Teilmenge ausweist. Über Operationen zu sprechen heißt demnach immer, sie aus der Gesamtheit von Praktiken herauszulösen und zu spezifizieren. Zudem sind Praktiken stets doppelt besetzt, weil sie nicht nur das betreffen, *was* sie tun oder bewirken, sondern auch *wie* sie es tun, d. h. ihre Performanz. Performativität und Medialität überschneiden sich, sodass das Operative nicht nur von anderen Tätigkeiten abzugrenzen ist, sondern auch nach ihren verschiedenen Vollzugsweisen oder medialen Formen zu differenzieren wären, auch wenn der Begriff vor allem in den Kultur- und Medienwissenschaften im Anschluss an die Akteur-Netzwerk-Theorie (ANT) und die Science Technology Studies (STS) als Platzhalter für alle Arten von ›Kulturtechniken‹ gebraucht wird (Schüttpelz 2006, 2008). Er dient in jüngeren Diskussionen insbesondere dazu, Relationalitäten auszuzeichnen und tendenziell die Mensch-Maschine-Differenz zu nivellieren.

52.1 Wortherkunft und Gebrauch

Das Begriff ›Operation‹ ist in der deutschen Sprache seit dem 16. Jahrhundert verbürgt und wird im Sinne von ›zweckmäßigem Tun‹, ›Verfahren‹ oder ›etwas verrichten‹ verwendet. Das Lehnwort geht auf den lateinischen Ausdruck *operare* zurück, was ebenfalls ›verrichten‹, aber auch ›in Dienst nehmen‹ bedeutet. Zum Wortfeld gehören *opus*, das Werk, sowie *operator* als derjenige, der etwas erarbeitet oder verfertigt. Wir haben es also mit spezifischen Handlungsformen zu tun, die gleichermaßen das Dienen betonen, wie das Erzeugen oder Schaffen, doch gerät man, versucht man die Tiefenschichten der Wortbedeutung auszuloten, in ein Labyrinth von semantischen Verzweigungen, das hier vor allem deshalb aufgerufen wird, um daraus übergreifende Strukturmerkmale herzuleiten. Meint nämlich *operatio* ›ein Werk verrichten‹, verweist die Vorsilbe *op-* auf den indoeuropäischen Stamm *ap* für ›arbeiten‹, der zugleich den Menschen anthropologisch als primär Arbeitenden ausweist, denn der Stamm *ap* findet sich ebenfalls in den babylonischen und hebräischen Wörtern *Adapa* und *Adam* für ›Mensch‹. Zwar scheint das lateinische Wort semantisch mit dem griechischen *poiēsis* verwandt, doch bezieht sich dieses auf den indoeuropäischen Stamm *pu*, was soviel wie ›nähren‹ oder ›zeugen‹ meint. Der Horizont des Wortes liegt dabei weniger in der religiös-politischen Sphäre als im Bukolischen und zielt mit dem altgriechischen *poē* auf die Bestellung der Erde ab, welche die Lateiner wiederum mit *cultura* übersetzten. Wir haben es also mit unterschiedlichen Ursprüngen zu tun, wie auch das mit *poē* zusammenhängende Wort *ponos* die Mühe und Armut bezeichnet, während *ergon* zur indoeuropäischen Wurzel *varg* gehört, worin im Deutschen fast homophon das ›Werk‹ anklingt. Das verwirrende Spiel von Bedeutungen wird noch dadurch gesteigert, das der in *penia* mitschwingende indoeuropäische Kern *ap* auch ›Bindung‹ meinen kann und mit dem griechischen *apere* zusammenhängt, was schließlich zur lateinischen *copula* führt, die etwas mit etwas anderem ›verkoppelt‹.

Die Vielfalt der Bezüge lassen einige generelle Züge des Operativen erkennen. Einerseits haben wir es mit zweck- oder zielgerichteten Handlungen wie der Errichtung, Herstellung oder Organisation einer Sache zu tun; andererseits eignet ihnen die Möglichkeit der Zerlegung in diskrete Elemente sowie der Serialisierung oder Hintereinanderausführung. Damit tendiert die Operation zu Formalisierung und Programmierung (Mersch 2014, 2016), sodass wir, wenn wir von Operationen sprechen, zuvorderst immer schon von Techniken handeln, die in ›Rechnung‹ und ›Algorithmik‹ (s. Kap. III.32) wiederum ihre Erfüllung zu finden scheinen.

52.2 ›Operationen‹ in den Wissenschaften

Die Nennung solcher allgemeinen Strukturmerkmale spiegelt sich ebenfalls in der Wissenschaftsgeschichte. Keineswegs ist die Verwendung des Ausdrucks einheitlich. Einerseits zielt der Begriff, dort wo er seine eindeutigste Definition gefunden hat, nämlich in der Mathematik, auf alle Arten algebraischer Transformationen, wie sie sich in ›Funktionen‹ ausdrücken lassen: Addition, Subtraktion, Quadrieren oder Logarithmieren etc. Für sie können wiederum Ordnungs-

K. Liggieri / O. Müller, *Mensch-Maschine-Interaktion*, https://doi.org/10.1007/978-3-476-05604-7_52

eigenschaften wie Assoziativität, Kommutativität oder Transitivität oder deren Negationen geltend gemacht werden. Ein davon abgeleiteter Gebrauch findet sich in der Informatik, wo Operationen im Besonderen Programm- oder Rechenschritte bezeichnen. Auffallend ist in beiden Lesarten die schon erwähnte Zerlegbarkeit in Einzelschritte sowie ihre Linearität und Verzeitlichung. Die häufige medienwissenschaftliche Annahme einer Nichtlinearität von Netzstrukturen gründet in der Nichtberücksichtigung dieser Eigenschaften: Programmschritte sind rekursiv und umkehrbar, sie gehorchen dem strikten Gesetz der Sukzession und Folge, sodass sie sich, in den Grenzen ihrer Definitionsbereiche, beliebig verketten lassen. Ohne diese Bedingungen würde kein Programm ›laufen‹.

Das Wort ›Operation‹ findet man darüber hinaus klassischerweise in der Medizin, im Militärwesen, in der Organisationstheorie und den kybernetischen Wissenschaften (Beer 1970; Galison 2001; Pircher 2008; s. Kap. III.49). Die eigentliche Genealogie des Begriffs geht jedoch auf die englische Philosophie des 17. und 18. Jahrhunderts zurück (Ritter 1984, 1208–1210), wobei zu berücksichtigen ist, dass der Bedeutungsumfang des englischen Wortes weiter gefasst ist als der entsprechende lateinische oder deutsche Ausdruck. So verwendet John Locke (1690/2000, 1, 2; § 4) in seinen *Essays Concerning Human Understanding* von 1690 erstmals den Ausdruck ›Operation‹, um Tätigkeiten des Geistes wie ›Auffassen‹, ›Erinnern‹, ›Unterscheiden‹ oder ›Vergleichen‹ zu kennzeichnen. Sie werden als Funktionen bestimmt, die strikt in Kausalketten eingebunden sind und damit jenseits der Seele die Rationalisierung des Geistes begründen. Zum Tragen kommt dabei der Gedanke einer universellen Verknüpfbarkeit geistiger Operationen, um die Komplexität von Denkprozessen zu erklären – eine Verbindung, die bis zu Jean Piagets (1951/1966) Denkpsychologie reichen wird. Wo daher von Operativität die Rede ist, sind solche Verkettungen immer schon mitinkludiert, auch wenn sie zuvorderst als logische Kompositionalität gedacht werden muss. Von dort aus wandert der Begriff in die Leibniz-Wolffsche Philosophie-Schule, um als *operationes intellectus* mit ›Begriff‹, ›Urteil‹ und ›Schluss‹ zu verschmelzen. Dass die Logik operativ verfährt, d. h. strengen Regeln gehorcht, bildet, trotz der Syllogistik des Aristoteles, vor allem eine moderne Vorstellung. Es scheint damit, dass der Rationalismus und sein Wille zur Formalisierung besonders anfällig für eine Privilegierung des Operativen war, um die autonomen Gestalten des Denkens in jene ›spanischen Stiefel‹ einzuzwängen, die den Verstand zu dressieren trachten. Zeitgleich hat allerdings die konkurrierende schottische Philosophen-Schule um Thomas Reid sämtliche geistigen Handlungen, sogar die perzeptiven und nichtrationalen, unter dessen Begriff zu subsumieren versucht und auf diese Weise den Operationalismus gegenüber dem Praktischen nobilitiert. Das Inklusionsverhältnis kehrt sich also um: nicht die Operation ist Teil der Praxis, sondern die Praxis Teil der Operativität. Fortan heißt ›Erkennen‹, wie noch bei Immanuel Kant (1789/1965, A 50 ff., B 74 ff.), Anschauungen über die Funktion der Verstandesbegriffe ›operieren‹ zu lassen, um ihr Werk einer Synthesis zu vollbringen, wie sie in der Kopula grammatisch zum Ausdruck kommt.

52.3 Triumph des Operationalismus

Von hier aus eröffnet sich eine allgemeine Tendenz zur Universalisierung des Begriffs und damit die Erfolgsgeschichte des Operativen, womit weniger der ›theoretische Operationalismus‹ der pragmatischen Wissenschaftstheorie gemeint ist, als vielmehr dessen gesamtes konjunkturelles Feld seit Beginn der Aufklärung und der Heraufkunft der technologischen Kultur im 19. Jahrhundert. Die moderne Rede von ›Kulturtechniken‹ steht in deren Tradition. Sie geht mit der Verwissenschaftlichung des Handelns und Entscheidens einher. Bezeichnenderweise nimmt diese Erfolgsgeschichte ihren Ausgang bei der Abspaltung von Philosophie und Psychologie und deren empirischer Begründung durch die Wilhelm-Wundt-Schule des späten 19. Jahrhunderts und ihrer Fortführung bei Piaget und der russischen Schule um Lew Wyotski und Alexei N. Leontjew. Sie ist gleichfalls für die evolutionistische Technikanthropologie André Leroi-Gourhans charakteristisch, der den gesamten biologischen Evolutionsprozess aus der Dynamik komplexer werdender Operationsketten herzuleiten sucht. In Ansätzen gilt Ähnliches für die generative Entwicklungspsychologie Piagets (1951/1966), insofern die *Evolution des Denkens* – bezogen auf individuelle Lernprozesse – stufenweise aus operatorischen (*opératoire*) Denkhandlungen rekonstruiert wird, die sich entlang einer Entwicklungslinie in eine intellektuelle Gesamtstruktur fügen. Dabei erweisen sich drei Operationen als konstitutiv, nämlich die Funktionen der Identität, der Kompositionalität und Rekursivität, die Piaget insbesondere als Operation über Operationen beschrieb. Ersichtlich handelt es sich um ein mathematisches Modell, sodass die Struktur des Intellekts einer algebraischen Transformationsgruppe gleicht, wie Piaget überhaupt die Entstehung des Denkens analog zum Konstruktivismus der Mathematik konzipierte (1968/1973, 17 ff.), sodass es weder ein nichtoperatives Denken noch eine nichtoperative Praxis zu geben scheint.

Das gilt umso mehr für Leroi-Gourhan (1988), der mit *Hand und Wort* (*La geste et la parole*) von 1964 und 1965 den Begriff weiter disseminierte und totalisierte. Im Unterschied zum rationalistischen Gebrauch der Operationskette, der sie allein auf die Struktur der *ratio* beschränkte, erhebt Leroi-Gourhan die Operationskette (*chaîne opératoire*) zu einem zentralen Begriff der Biologie, der als universales Erklärungsprinzip fungiert, um von einfachen Lebewesen bis zum werkzeugmachenden Menschen und der Externalisierung seines Gedächtnisses in Form von Technologien aufzusteigen. Es propagiert zugleich die Durchlässigkeit zwischen Mensch und Tier. Der Aufstieg reicht von »kurzen Ketten« bei Amöben und Ringelwürmern bis zu komplexen Formationen von Wahlmöglichkeiten zwischen unterschiedlichen Ketten und damit zum Begriff der freien Entscheidung, der erneut Operationen über Operationen ins Zentrum stellt (1988, 275 f., 288 ff.). Allerdings erfährt auf diese Weise der logisch-mathematische Begriff eine organizistische Wendung, die umgekehrt die Biologie rationalisiert und aus Organismen ›formale Operatoren‹ macht. Es kommt hinzu, dass sich Leroi-Gourhan explizit auf die Kybernetik Norbert Wieners und dessen 1948 erschienenes Buch *Human Use of Human Beings* bezieht (1988), das den Gedanken einer Analogie zwischen Mensch, Maschine und Tier auf der Basis von Prinzipien wie Homöostase, Feedback (s. Kap. III.42) und zirkulären Kausalitäten entfaltet, wie er bereits der kybernetischen Gründungsurkunde *Cybernetics: Or Control and Communication in the Animal and the Machine* (Wiener 1950/1961, 17 f., 169–180) zugrunde liegt.

In die Reihe gehört ebenso Gilbert Simondons (1958/2012) technikphilosophische Untersuchung *Die Existenzweise technischer Objekte* (*Du mode d'existence des objets techniques*), die die technischen Objekte nicht länger als Werkzeuge von der menschlichen Arbeit her denken, sondern als ›Modulare‹ (Simondon 1958/2012, 143 ff.), die sich zu immer komplexer werdenden Ensembles zusammenschließen lassen, um auf der Grundlage ›technischer Operationen‹, die Automatismen gleichen, ihre Autonomie zu unterstreichen (s. Kap. II. B.9). Danach bedeuten Operativität und Funktionalität dasselbe, denn »[d]ie Funktionsweise des technischen Objekts gehört derselben Ordnung der Wirklichkeit [...] an wie die technische Operation [...]. Man kann nicht von der Arbeit einer Maschine sprechen, sondern nur von ihrer Funktionsweise, die ein geordnetes Ensemble von Operationen ist« (ebd., 225). Sie können von Menschen weder vollständig beherrscht noch kontrolliert werden, vielmehr bedürfen sie eines menschlichen ›Dirigenten‹, der sie klug anleitet, denn die Funktionen wie ihre Verkettungen bleiben ihrem Wesen nach opak.

52.4 Posthumanistische Operatoren

Verfolgt man diese Metapherngeschichte bis heute, bleibt als vorläufig abschließender Schritt die genaue Umkehrung der Hierarchien zwischen Praxis und Operation oder Mensch und Technik, denn die Maschinen triumphieren, wie es Friedrich Kittler (1993) ausgedrückt hat, im »Takeoff der Operatoren«. Das Mensch-Maschine-Verhältnis scheint dann auf den Kopf gestellt; bestenfalls geht man von deren Egalität, wenn nicht von einer schrittweisen maschinischen Deklassierung des Menschen aus, die zuletzt dessen autochthone Vermögen wie Denken und Kreativität durch Technik ersetzen. Denn Operatoren, wie es – im Geiste Kittlers – in Knut Ebelings *Kleiner Archäologie der Operatoren* (2014) heißt, machten »etwas besser [...] als der Mensch«, weil sie gleichsam unter sich blieben und nurmehr Maschinen mit Maschinen verkoppelten, ohne den Umweg über einen Sinn, das Symbolische oder den Körper zu nehmen (Ebeling 2014, 17 f.).

Tatsächlich zielt diese Intervention auf eine restlose Entdifferenzierung zwischen Mensch und Maschine, wie sie mit der Geschichte der Kybernetik und ihrer impliziten Mathematisierung der Welt überhaupt zusammenfällt (Mersch 2013) – eine wiederum theoretische ›Operation‹, von der weder klar ist, warum sie notwendig erscheint noch wohin sie führt. Augenscheinlich zielt sie auf eine Auffassung, die von einem ›Dritten‹ im Namen einer Priorisierung des Operationalismus und ihrer ›rekursiven Ketten‹ ausgeht, um Artefakte ebenso wie Menschen, Dinge und technische Objekte entweder als Effekte auszuweisen oder – im Sinne der Akteur-Netzwerk-Theorie – als ›Aktanten‹ gegeneinander gleichzusetzen. Doch hat man damit bereits die Praxis selber wie ebenfalls den Menschen ins Lager der Funktionen und ihrer Programme gestoßen, sodass es schließlich keine andere kulturelle Form mehr zu geben scheint als die Technik, die ihrerseits alle Beschreibungskategorien dominiert (Heidegger 1962/2014) – ungeachtet jener sich am Schluss des Buches von Simondon findenden Bemerkung:

»[A]ber *operativ* ist kein Synonym für *praktisch*« (Simondon 1958/2012, 236).

Nivelliert man also die Begriffe der Praxis und der Operativität und dehnt deren Metaphern so aus, dass jeder Akt, jede Handlung oder Tätigkeit und deren Performanz unter sie fällt, ist die Welt zur Gänze technisch geworden und einzig im Vokabular des Technischen rekonstruierbar. Dann gibt es auf der anderen Seite auch kein Kriterium mehr, den Regimen des Technologischen eine Alternative entgegenzusetzen, vielmehr befinden wir uns immer schon in einer *petitio principii*, die das Technische aus dem Technischen und das Operative aus Operationen ableitet und diese zu einem Transzendental erhebt. So schreibt die Geschichte der Universalisierung des Operativen zugleich eine Verlustgeschichte, die den Ort der Kritik und der Unterscheidung betrifft. Denn es darf nicht vergessen werden, dass das meiste, was wir tun oder was uns bestimmt, *nicht operiert*: die Sprache so wenig wie die elementaren Gesten der Zuwendung oder Gabe, mit einem Wort: des Sozialen.

Literatur

Aristoteles: Nikomachische Ethik VI. Mit einem Kommentar von Hans Georg Gadamer. Frankfurt a. M. 1998.

Beer, Stafford: Kybernetik und Management. Frankfurt a. M. 1970.

Ebeling, Knut: ›Quote/Unquote‹. Kleine Archäologie der Operatoren. Köln 2014.

Galison, Peter: Die Ontologie des Feindes. Norbert Wiener und die Vision der Kybernetik. In: Michael Hagner (Hg.): Ansichten der Wissenschaftsgeschichte. Frankfurt a. M. 2001, 433–485.

Heidegger, Martin: Die Technik und die Kehre [1962]. Stuttgart 2014.

Kant, Immanuel: Kritik der reinen Vernunft [1789]. Hamburg 1965.

Kittler, Friedrich A.: Takeoff der Operatoren. In: Ders.: Draculas Vermächtnis. Leipzig 1993, 149–160.

Leroi-Gourhan, André: Hand und Wort. Die Evolution von Technik, Sprache und Kunst. Frankfurt a. M. 1988.

Locke, John: Versuch über den menschlichen Verstand. Hamburg 2000 (engl. 1690).

Mersch, Dieter: Ordo ab Chao. Berlin 2013.

Mersch, Dieter: Pro-Grammata. Einige Überlegungen zu einer Theorie der Programme. In: Ders./Joachim Paech (Hg.): Programm(e). Medienwissenschaftliche Symposien der DFG 1 (2014), 461–486.

Mersch, Dieter: Kritik der Operativität. Bemerkungen zu einem technologischen Imperativ. In: Internationales Jahrbuch für Medienphilosophie 2 (2016), 31–53.

Piaget, Jean: Psychologie der Intelligenz. Zürich [2]1966 (frz. 1951).

Piaget, Jean: Der Strukturalismus. Stuttgart 1973 (frz. 1968).

Pircher, Wolfgang: Im Schatten der Kybernetik. Rückkopplung im operativen Einsatz: ›operational research‹. In: Erich Hörl/Michael Hagner (Hg.): Die Transformation des Humanen. Beiträge zur Kulturgeschichte der Kybernetik. Frankfurt a. M. 2008, 433–485.

Ritter, Joachim/Gründer, Karlfried/Gabriel, Gottfried (Hg.): Historisches Wörterbuch der Philosophie, Bd. 6. Basel 1984, Sp. 1208–1215.

Schüttpelz, Erhard: Die medienanthropologische Kehre der Kulturtechniken. In: Lorenz Engell/Bernhard Siegert/Joseph Vogl (Hg.): Kulturgeschichte als Mediengeschichte (oder vice versa?). In: Archiv für Mediengeschichte 6 (2006), 87–110.

Schüttpelz, Erhard: Der Punkt des Archimedes. Einige Schwierigkeiten des Denkens in Operationsketten. In: Georg Kneer/Markus Schroer/Erhard Schüttpelz (Hg.): Bruno Latours Kollektive. Kontroversen zur Entgrenzung des Sozialen. Frankfurt a. M. 2008, 234–258.

Simondon, Gilbert: Die Existenzweise technischer Objekte. Zürich 2012 (frz. 1958).

Wiener, Norbert: Cybernetics. Or Control and Communication in the Animal and the Machine. MIT Press [2]1961 (amer. 1950).

Wiener, Norbert: Human Use of Human Beings. Cybernetics and Society [1948]. Boston 1988.

Dieter Mersch

53 Organprojektion

Der Begriff der Organprojektion geht auf Ernst Kapp (1808–1896) zurück, der als erster ›Philosophie‹ und ›Technik‹ in den Titel einer Publikation stellte. In eben dieser, den *Grundlinien einer Philosophie der Technik* (1877), fragt Kapp nach einem neuen Gesichtspunkt, der es erlaubt, die *Entstehungsgeschichte der Cultur* zu deuten und findet diesen im Prinzip der Organprojektion. Dieses Prinzip soll Anfang, Entwicklungsgang und Zielpunkt der Kulturgeschichte offenbaren und setzt damit auf Kapps geschichtsphilosophischem Kultivierungsnarrativ (1868) sowie seiner liberal-organizistischen Staatsutopie (Kapp 1849) auf, die den idealen Staat als organische »Totalprojektion« der »Menschennatur« (Kapp 1877/2015, 275) erträumt (s. Kap. II.B.7).

Kapp setzt sein Prinzip aus Aristoteles' Begriff des ›Organons‹ und dem der ›Projektion‹ zusammen, dessen Bedeutungsgehalt unter seinen Zeitgenossen umstritten war. Wie bei Aristoteles steht das Organon bei Kapp für Werkzeuge, die Ganzheit aus Körper und Seele und für Teile dieser Ganzheit wie Hände, Kehlkopf, Uterus, Samen oder Sinnesvermögen. Wie Aristoteles denkt Kapp die Zweckmäßigkeit der Teile vom Telos des Ganzen her. Aus dem neuzeitlichen Verständnis von Projektion (Descartes, Locke) als einer täuschungsfreien Erkenntnis des Subjektes gemäß dem Abbildungs-Modell der Camera obscura (Schmieder 2005) übernimmt Kapp den aufklärerischen Optimismus. Doch Selbsterkenntnis gewinnt der Mensch bei ihm nicht durch Introspektion, sondern indem er seine eigenen Werke ex post als Projektionen seines Leibes durchschaut. Die Organprojektion ist bei Kapp auf zwei Ebenen angesiedelt. Zum einen ist sie epistemisches Werkzeug, zum anderen ist sie geschichtsphilosophische Mutmaßung. Auf beiden Ebenen umfasst das Prinzip verschiedene Deutungsmomente. Als epistemisches Werkzeug lädt es (a) dazu ein, technische Werke als Modelle für organische Zusammenhänge zu nutzen: Die Telegraphie gibt uns ein Bild unseres Nervensystems, das Eisenbahnsystem macht das Blutgefäßsystem erfahrbar, die Architektur veranschaulicht unseren Knochenbau, der Goldene Schnitt gibt uns Körpermaße, Sprache und Staat machen die Zweckmäßigkeit des Leibes als ganzheitlichen Organismus diskutabel. Kapp dient das Prinzip der Organprojektion weiter, um (b) den Gang der Kulturgeschichte in der Entwicklung technischer Werke rekonstruieren zu können. Die Technikgeschichte wird so zum Modell für die Entwicklung der Kulturgeschichte. Auf diesen beiden Modellierungen aufbauend, erkennt sich der Mensch (c) als anthropologischen Maßstab seiner Welt und seiner Geschichte. Zuletzt teilt das Prinzip der Organprojektion mit, wie (d) technische Dinge entstehen, nämlich als (meist unbewusste) Veräußerung menschlicher Organe. Diesen vier epistemischen Modellen lassen sich vier geschichtsphilosophische Unterstellungen zuordnen: dass (d) technische Dinge real nach organischem Vorbild entstehen (unabhängig davon, was die beteiligten Tüftler und Erfinder planen und tun); dass (c) Welt und Geschichte tatsächlich nach Maß des Menschen geworden sind und sich weiterhin entwickeln; dass (b) realiter ein gerichteter geschichtlicher Zusammenhang in der Zeit besteht, der im organischen Staat kulminiert; dass (a) die technischen Modelle für leibliche Zusammenhänge die einzig angemessen sind, weil die Technik realiter Abbild des organischen Vorbildes sei und so von ihrer Herkunft aus dem Original verkündet. Kapp unterstellt hier Abbildungsverhältnisse, die sich nicht begründen lassen, da technische Mittel zwar Modelle *für* leibliche Zusammenhänge, Welt und Geschichte sein können, aber nicht *von* ihnen. Denn anders als bei »Architektur- oder Spielzeugmodellen« oder »Fotografien« (die als Modelle *von etwas* das von ihnen Modellierte abbilden) kann man in diesen Fällen Modell und Modelliertes nicht »gleichsam nebeneinander stellen und mit denselben Worten beschreiben« (Janich/Weingarten 1999, 87). Als Modelle für etwas offenbaren sie uns nicht vorliegende Sachverhalte, sondern machen Unbekanntes für uns anschaulich.

Da man Kapps geschichtsphilosophische Überhöhungen nicht mehr in Kauf nehmen wollte, versuchte man, eine geläuterte Version der Organprojektion für kulturphilosophische Deutungen fruchtbar zu machen (Cassirer 1930/1985, 71–73; Rohbeck 2000). Die Deutungsaspekte (a) bis (d) könne man rein pragmatisch in ihrer Dienlichkeit für bestimmte Zwecksetzungen beurteilen und rechtfertigen. In pragmatischer Lesart schlägt Kapps Organprojektion z. B. vor, die Entstehung von technischen Mitteln – und damit auch die Gestaltung von Schnittstellen, die die Mensch-Maschine-Interaktion prägt – als eine unbewusste Projektion organischer Vorbilder zu verstehen. Insofern wir Gestalten als einen bewussten, kontrollierbaren Akt verstehen, lassen sich Gestaltungsfragen mit Kapp also schlecht diskutieren. Möglicherweise ließen sich aus Kapps normativen Deutungsmomenten, dem anthropologischen Maßstab und dem Ideal einer organischen Ganzheit, jedoch

J. B. Metzler © Springer-Verlag GmbH Deutschland, ein Teil von Springer Nature, 2019
K. Liggieri / O. Müller, *Mensch-Maschine-Interaktion*, https://doi.org/10.1007/978-3-476-05604-7_53

pragmatische Leitlinien für die Gestaltung von Mensch-Maschine-Interaktion ableiten. Diese wäre sodann als gelungen einzuschätzen, wenn sie ein reibungsloses, organisches Zusammenspiel aller beteiligten Elemente ermöglicht und eine ›organische‹ Interaktion erlebt wird. Allerdings wäre hier weitere definitorische Arbeit zu leisten, weil man mit Kapps organischem Ideal zwar eine Idee benannt hat, aber die Kriterien, wann dieses Ideal erreicht wäre und wann nicht, erst präzisiert werden müssten. Vielleicht erinnert dieses pragmatische Ideal an das zeitgenössische Leitbild einer ›natürlichen/intuitiven‹ Schnittstellengestaltung (s. Kap. II.F.18, II.H.26), bei der die Technik für Nutzer/innen ›unsichtbar/unspürbar‹ bleiben soll. Dazu ließe sich diskutieren, ob man in die Systeme aus Akzeptabilitätsgründen z. B. eine Transparenz *on demand* einbauen will (Gransche u. a. 2014). Man könnte Kapps Ideal auch kritisch wenden: gute Technik funktioniert nicht bloß mechanisch, sondern organisch.

Doch da Kapps Technikphilosophie insgesamt in einer teleologischen Harmonie ruht, wäre für eine kritische Analyse von Mensch-Maschine-Interaktionen eventuell sein Zeitgenosse Marx der geeignetere Gewährsmann (Blättler 2019; s. Kap. II.A.3). Anders als dieser interessiert sich Kapp, die ›Wildnis‹ im texanischen Sisterdale kultivierend, kaum für die soziale Frage in Europa. Da sich das Technische bei Kapp zu einer organischen Ganzheit mit dem Menschen fügt, kann er nicht wie Marx eine »Emanzipation von der organischen Schranke« in der Substitution natürlicher durch künstliche Antriebskräfte im modernen Maschinenwesen erkennen (Cassirer 1930/1985, 73). Kapps Alternative zu Marx' Gegensatzpaar von Technik und Natur macht ihn als Kulturkritiker sprachlos. In seiner inkludierenden Kulturphilosophie bleibt z. B. der realhistorische Kampf um gesellschaftliche Anerkennung zwischen der ›bürgerlichen Kultur‹ und den handwerklichen, ingenieurkundigen Wissenskulturen unverständlich, der Kapps nachfolgende Generationen in Europa umtreiben sollte. Kapp könnte somit zwar gegenüber den Stimmen, die Technik als Feind der Kultur diffamieren, als ein Verbündeter Gilbert Simondons (2012) erscheinen (Maye/Scholz 2015, XXXIX), doch anders als dieser versucht Kapp gerade nicht, technische Elemente aus ihrer eigenen Entwicklungsgeschichte und ihrer eigenen Funktionalität heraus zu verstehen (s. Kap. II.B.9). Kapps Technikverständnis bleibt in der Perspektive seines Kultivierungsnarrativs und des Leibs als anthropologischem Maßstab.

Häufig wird Kapps Organprojektion mit dem Extensionstheorem McLuhans (1964/1994) und Gehlens (1986) (s. Kap. II.B.8) sowie der Prothesentheorie Freuds (1930/2010) so in Verbindung gebracht, sodass man eine Traditionslinie von Herder über Kapp zu Freud, Gehlen und McLuhan bis in die Medientheorie (Hartmann 2008) und Technikphilosophie (Grunwald 2013, 15) zieht. Hierfür spricht, dass auch das Extensionstheorem technische Mittel als Verlängerung, Erweiterung und Kompensation der organischen Ausstattung des Menschen deutet (wie es Kapp 2015, 51 für die historisch ersten Werkzeuge tut). Stefan Rieger beabsichtigt, Kapp für eine Diskussion um Mensch-Maschine-Interaktion ergiebig zu machen, die sich zwar für die Frage nach den »Körperenden« und Anschlüssen an Medien und Technik interessiert, diese hierbei aber nicht als das andere des Menschen (als Gegennatur) denken will (Rieger 2015, 17). Technische Extensionen und Prothesen seien auf ihre anthropologische Herausforderung im Zeichen der »körperlichen Integrität« (ebd., 13) zu befragen, gehen doch neuere Schnittstellen buchstäblich unter die Haut oder werden im kybernetischen Zeitalter des Anthropozäns global und total (s. Kap. II.D.14). Doch eine solche Anwendung Kapps führt nicht nur ihre eigene anthropologische Rechtfertigungslast mit sich, sie muss auch von der Differenz zwischen Kapps organischem Denken und dem Extensionstheorem absehen: Während die Mängeltheorie funktional, naturalistisch und resultativ operiert, denkt Kapp prozessorientiert und ganzheitlich. Kapp deutet den Menschen mit Herder nicht wie Freud, Gehlen und McLuhan als Mängel-, sondern als Überschusswesen. Dass Kapps Leib ein körperlich unversehrter sein muss, scheint fragwürdig. Ihm geht es nicht um Grenzen von Innen und Außen, sondern um das funktional harmonische Ineinander der Teile zu einer Ganzheit.

Ob Kapps Organprojektion für die Mensch-Maschine-Interaktion-Diskussionen fruchtbar gemacht werden kann, steht und fällt also damit, (i) wie gut man diese von ihrer geschichtsphilosophischen Grundierung reinigen kann und (ii), ob man das Ideal eines organischen Zusammenspiels zur Norm der MMI-Gestaltung erklären will und (iii) wie gut es gelingt, diese organische Metapher in begriffliche Kriterien zu überführen. Hierzu müsste man überhaupt definieren, was das Ganze ist, dessen Zweckmäßigkeit festlegen und aus der so gesetzten Funktionalität des Ganzen die Kriterien für die Gestaltung der einzelnen Elemente definieren. Mit einer solchen pragmatischen Zersetzung der Organprojektion hätte man sich weit von Kapps naturphilosophischer Kulturgeschichte entfernt. Dieses Vorgehen wäre Kapp sicherlich zu mechanisch, aber damit wohl angemessen für die Frage nach der Gestaltung von Mensch-*Maschinen*-Interaktionen.

Literatur

Blättler, Christine: Natürliche Technologie und technische Differenz. Kapp und die Frage der Biologie für den Kulturapparat, gelesen mit Kant und Blumenberg. In: Alexander Friedrich/Petra Gehring/Christoph Hubig u. a. (Hg.): Steuern und Regeln. Jahrbuch Technikphilosophie 5, 2019, 143–168.

Cassirer, Ernst: Form und Technik [1930]. In: Symbol, Technik, Sprache. Aufsätze aus den Jahren 1927–1933. Hg. von Ernst Wolfang Orth und John Michael Krois. Hamburg 1985, 39–91.

Freud, Sigmund: Das Unbehagen in der Kultur [1930]. In: Ders.: Das Unbehagen in der Kultur. Und andere kulturtheoretische Schriften. Hg. von Ilse Gubrich-Simitis. Frankfurt a. M. ²2010, 29–108.

Gehlen, Arnold: Anthropologische und sozialpsychologische Untersuchungen. Reinbek bei Hamburg 1986.

Gransche, Bruno/Erduana, Shala/Simone, Kimpeler/Hubig, Christoph/Alpsancar, Suzana/Harrach, Sebastain: Wandel von Autonomie und Kontrolle durch neue Mensch-Technik-Interaktionen. Schlussbericht. Karlsruhe 2014.

Grunwald, Armin: Technik. In: Ders. (Hg.): Handbuch Technikethik. Stuttgart 2013, 13–17.

Hartmann, Frank: Techniktheorien der Medien. In: Stefan Weber (Hg.): Theorien der Medien. Von der Kulturkritik bis zum Konstruktivismus. Konstanz 2008, 49–80.

Janisch, Peter/Weingarten, Michael: Wissenschaftstheorie der Biologie. München 1999.

Kapp, Ernst: Der constituierte Despotismus und die constitutionelle Freiheit. Hamburg 1849.

Kapp, Ernst: Vergleichende Allgemeine Erdkunde in wissenschaftlicher Darstellung. Braunschweig ²1868.

Kapp, Ernst: Grundlinien einer Philosophie der Technik. Über die Entstehung der Culturgeschichte aus neuen Gesichtspunkten [1877]. Hg. von Harun Maye und Leander Scholz. Hamburg 2015.

Maye, Harun/Scholz, Leander: Einleitung. In: Dies. (Hg.): Ernst Kapp. Grundlinien einer Philosophie der Technik. Zur Entstehungsgeschichte der Kultur aus neuen Gesichtspunkten. Stuttgart 2015, VII–XLV.

McLuhan, Marshall: Understanding Media. The Extension of Men [1964]. Cambridge 1994.

Rieger, Stefan: Körperenden. Vorwort. In: Christian A. Bachmann/Sylvia Kokot (Hg.): Ernst Kapp. Grundlinien einer Philosophie der Technik. Zur Entstehungsgeschichte der Kultur aus neuen Gesichtspunkten. Berlin 2015, 9–19.

Rohbeck, Johannes: Ernst Kapps Kulturtheorie der Technik. In: Andreas Arndt/Walter Jaeschke (Hg.): Materialismus und Spiritualismus. Philosophie und Wissenschaft nach 1848. Hamburg 2000, 143–151.

Schmieder, Falko: Von der Methode der Aufklärung zum Mechanismus des Wahns. Zur Geschichte des Begriffs ›Projektion‹. In: Archiv für Begriffsgeschichte 47 (2005), 163–189.

Simondon, Gilbert: Die Existenzweise technischer Objekte. Zürich 2012.

Suzana Alpsancar

54 Relation

Den Begriff der Relation im Kontext der Mensch-Maschine-Interaktion zu bestimmen, bedeutet, den Schwerpunkt auf den Begriff der Interaktion zu legen und damit die allgemein bestehende Relation zwischen Mensch und technischem Objekt zu beleuchten. Für den Anthropologen und Archäologen André Leroi-Gourhan nimmt die Mensch-Technik-Relation evolutionär betrachtet ihren Anfang beim aufrechten Gang der ersten Hominiden, der zu einer Befreiung der Hand und des Gesichts geführt hat (vgl. Leroi-Gourhan 1964–65/1988). Neben wichtigen physiologischen Veränderungen lassen sich fortan mit der freien Hand erste ›manuelle Operationen‹ im Gebrauch von Steinwerkzeugen realisieren, die sich in Form der ›Geröllstein-Industrie‹ verallgemeinern. Aus dem einfachen Sammeln spitzer und scharfkantiger Steine entwickelt sich nach und nach eine immer erfolgreichere Abschlagtechnik, die quantitativ betrachtet ein immer höheres Maß an technischen Operationen (s. Kap. III.52) voraussetzt. Je komplexer dabei die verschiedenen Faustkeile und Chopper werden, desto mehr deutet dies auf eine ausgereiftere Abschlagtechnik hin. Die hier zum Ausdruck kommende ›Technizität‹ der Hominiden zeigt, dass es bereits hoch elaborierte technische Herstellungsprozesse vor dem Aufkommen des homo sapiens gegeben hat, die sich in der Materialität der Werkzeuge speichern und ablesen lassen. So kann an verschiedenen Steinwerkzeugen festgestellt werden, dass es mindestens mehrere Abfolgen von sich wechselseitig bedingenden Operationen gegeben haben muss: Das Werkzeug wird nicht mehr hergestellt, indem der ursprüngliche Steinblock einfach abgeschlagen wird, vielmehr wird der Faustkeil aus dem Block herausgeschlagen. Vergleicht man nun alle möglichen Werkzeuge in ihren Erscheinungsformen, ihrer Materialität, ihrem Gebrauch und ihrer intrinsischen Funktionsweise, dann lassen sich zeitliche Entwicklungslinien in Form von Tabellen und Statistiken aufstellen, die auf eine gewisse eigenständige Evolution technischer Objekte hindeuten. Es gibt somit eine kontinuierliche ›Exteriorisierung‹ der Technizität und ein materielles Archiv technischer Objekte, die der Mensch im Laufe seiner Evolutionsgeschichte produziert hat und weiterhin produziert. Folglich ist die Relation in der Mensch-Maschine-Interaktion eine *ursprüngliche*, sodass die Technizität des Menschen kein Attribut ist, das sich der Substanz Mensch supplementär hinzugefügt hätte, sondern eine den Menschen immer schon mitkonstituierende Realität. Die Spezies Mensch entsteht also nicht in dem Moment, in dem sie technisch wurde, vielmehr ist sie immer schon technisch gewesen. Wenn Mensch und Technik sich also durch eine ursprüngliche Relation konstituieren, dann kann es keine essentialistische Bestimmung *des* Menschen oder *der* Technik geben, sondern nur die historische Betrachtung ihrer Interaktion. Letztere wiederum lässt sich in den technischen Objekten von den einfachsten Werkzeugen der ersten Hominiden über die Dampfmaschine bis hin zum Transistor des 20. Jahrhunderts ablesen. Die Relation zwischen Mensch und Maschine ist somit nicht nur eine ursprüngliche, sondern auch eine historisch sich weiterentwickelnde Interaktion. Trotz dieser Hervorhebung der technischen Dimension wird sie von Leroi-Gourhan, aufgrund des anthropologischen und archäologischen Blicks, in einem umfassenderen kulturellen Setting diskutiert, in dem auch ökonomische, soziale, ästhetische, sprachliche und religiöse Bedingungen eine Rolle spielen. So führt beispielsweise die Sesshaftigkeit und damit die Möglichkeit, Nahrungsprodukte zu lagern zu einer technischen Weiterentwicklung, weil Individuen an Arbeitszeit gewinnen und sich mit technischen Aufgaben befassen können, die sich nicht auf die Nahrungsproduktion oder -suche beschränken. Damit gilt die Technizität nicht als Alleinstellungsmerkmal für die Bestimmung der Spezies Mensch, aber für deren Beschreibung bleibt sie unabdingbar. Aus Leroi-Gourhans Arbeiten lassen sich demnach fruchtbare philosophische Interpretationen extrahieren, die bereits zu seinen Lebzeiten und bis heute großen Einfluss auf die Theorien verschiedenster Denker hatten (vgl. Derrida 1964/1983, 7; Deleuze/Guattari 1980/1992, 563; Stiegler 1994/2009, 63–93).

Einen bedeutenden Einfluss hat Leroi-Gourhans Philosophie auch auf die Technikphilosophien Gilbert Simondons und Bruno Latours, die sich aber nicht mehr auf technische Objekte prähistorischer Zeit beschränken, sondern das ursprüngliche Relationsverhältnis zwischen Mensch und technischem Objekt auf zeitgenössische Maschinen und technische Systeme anwenden (vgl. Guchet 2008). Damit betonen Simondon und Latour, dass jede Philosophie die Technizität des Menschen berücksichtigen muss, wenn sie eine adäquate Repräsentation der menschlichen Kultur wiedergeben will. Wenn sie darüber hinaus davon ausgehen, dass die zeitgenössische Philosophie, Kultur oder Politik die Existenzweise der Technizität (oder der technischen Objekte) nicht anerkenne, relativieren sie das Erbe Leroi-Gourhans in kritischer Absicht. Denn wenn die Relation zwischen

K. Liggieri / O. Müller, *Mensch-Maschine-Interaktion*, https://doi.org/10.1007/978-3-476-05604-7_54

Mensch und technischem Objekt eine omnipräsente Interaktion ist, dann kann diese Relation auch in ein Missverhältnis des Ausschlusses und der Ausgrenzung geraten, in dem der Mensch nicht nur die Kontrolle über die von ihm selbst produzierten Maschinen verliert, sondern insgesamt über seine eigene Technizität. Von einer ursprünglichen Relation der Mensch-Maschine-Interaktion auszugehen, hat damit nicht nur eine ontologische, sondern auch eine normative Dimension. Denn gerade weil heutige Maschinen und technische Systeme komplexe Strukturen und Funktionsweisen aufzeigen, können sie nach Simondon nicht auf einfache Gebrauchsgegenstände des Alltags reduziert werden. Die Maschine ist heutzutage keine einfache Arbeitsmaschine mehr, sondern produziert auch vermehrt Information (s. Kap. III.46). Die von ihm so genannte Entfremdung in der Mensch-Maschine-Interaktion resultiert also aus der historischen Veränderung und Entwicklung der technischen Objekte, die als solche nicht vom Menschen anerkannt werden. Für Simondon gibt es folglich in jeder Epoche einen zwischen Mensch und technischem Objekt bestehenden Raum, der dann als entfremdet gilt, wenn der menschliche Umgang mit dem Objekt nicht der Funktionsweise des Objekts gerecht wird. Dieser Entfremdung hält Simondon eine technische Aktivität entgegen, die eine nicht entfremdete Relation zum technischen Objekt ermöglichen soll:

> »Die technische Aktivität unterscheidet sich von der bloßen Arbeit und von der entfremdeten Arbeit darin, dass die technische Aktivität nicht allein die Benutzung der Maschine umfasst, sondern auch einen gewissen Koeffizienten der Aufmerksamkeit für die technische Funktionsweise, Wartung, Justierung, Verbesserung der Maschine, in der die Aktivität der Erfindung und der Konstruktion weitergeführt wird.« (Simondon 1999/2012, 231)

Durch die historisch gegebene Entfremdung soll die technische Aktivität das menschliche Verhältnis zur Maschine also in einer Art Erfinder-Verhältnis beheben. Sowohl bei Simondon als bei Leroi-Gourhan oder Latour ereignet sich die Erfindung niemals *ex nihilo*, sondern stellt vielmehr eine die Funktionsweise des Objekts antizipierende geistig-physische Handlung dar (vgl. Latour 2012/2014, 319–321; Leroi-Gourhan 1964–65/1988, 224). In der Hinsicht spricht auch Latour von einer den Menschen konstituierenden ursprünglichen Mensch-Maschine-Interaktion und bezeichnet, in Bezug zu Konstruktions- und Erfindungsprozessen, die sich in der Materialität speichernden Operationsketten und Funktionsweisen mit dem Begriff der Trajektorie: »Darin liegt das ganze Interesse, von OPERATIONSKETTEN zu sprechen, wie es die Technologen aus der Schule Leroi-Gourhans getan haben, um zu versuchen, die eigene Trajektorie der Techniken genauer zu bestimmen, die in ihrer Spur Objekte zurücklassen, ja gewiß, aber die sich nicht auf sie reduzieren lassen« (Latour 2012/2014, 317). Ziel einer Kultur oder eines politischen Gemeinwesens ist es folglich die ursprüngliche Relation der Mensch-Maschine-Interaktion nicht nur gegenüber anderen menschlichen und nicht-menschlichen Existenzweisen zu integrieren, sondern auch zu unterhalten. Hierzu finden sich bei Simondon und Latour zwei ergänzende Ansätze. Ersterer versucht die technische Aktivität mit der Herausarbeitung einer technischen Bildung zu untermauern, die sowohl technikhistorische als auch praktische und theoretische Auseinandersetzungen mit der Funktionsweise der Technik beinhaltet und schließlich den individuellen Blick und Umgang mit den Objekten verändern soll. Damit soll das entfremdete Missverhältnis zwischen Technik und Mensch auf einer erzieherischen Ebene ausbalanciert werden und schließlich in eine umfassende Kultur integriert werden, die neben der Technik auch die Religion, die Politik, die Wissenschaft usw. umfasst. Latour hingegen versucht die politische Dimension der Mensch-Maschine-Interaktion hervorzuheben, indem in einem Parlament der Dinge alle menschlichen und nicht-menschlichen Akteure eines politischen Gemeinwesens repräsentativ vertreten werden und zukünftig ein Mitspracherecht haben (vgl. Latour 1999/2012). Sowie die Mensch-Maschine-Interaktion von ihrem ursprünglichen relationalen Verhältnis her verstanden werden muss, genauso muss sie schließlich selbst in Relation zu anderen Teilhabenden einer Kultur positioniert werden.

Literatur

Derrida, Jacques: Grammatologie. Frankfurt a. M. 1983 (frz. 1964).
Deleuze, Gilles/Guattari, Félix: Kapitalismus und Schizophrenie. Tausend Plateaus. Berlin 1992 (frz. 1980).
Guchet, Xavier: Évolution technique et objectivité technique chez Leroi-Gourhan et Simondon. In: Autour de Simondon. Appareil 2 (2008). DOI: 10.4000/appareil.580.
Latour, Bruno: Das Parlament der Dinge. Für eine politische Ökologie. Frankfurt a. M. [2]2012 (frz. 1999).
Latour, Bruno: Existenzweisen. Eine Anthropologie der Modernen. Frankfurt a. M. 2014 (frz. 2012).
Leroi-Gourhan, André: Hand und Wort. Die Evolution von

Technik, Sprache und Kunst. Frankfurt a. M. 1988 (frz. 1964/65).
Simondon, Gilbert: Die Existenzweise technischer Objekte. Zürich 2012 (frz. 1958).
Stiegler, Bernard: Technik und Zeit. Der Fehler des Epimetheus. Zürich/Berlin 2009 (frz. 1994).

Olivier Del Fabbro

55 Roboter, humanoide

Seit seinem erstmaligen Auftauchen in Karel Čapeks Roman *Rossums Universal Robots* aus dem Jahr 1920 dominieren humanoide Roboter, d. h. dem menschlichen Vorbild in Körperbau sowie kognitiven und motorischen Fähigkeiten nachempfundene Maschinen, das populäre Bild von Robotern. Dabei sind das Design (s. Kap. III.40) und der Bau einer Maschine, die Informationen (s. Kap. III.46) aus mehreren hochentwickelten Sensoren in einer intelligenten Art und Weise in Echtzeit zu verarbeiten vermag und sich zugleich auf zwei Beinen sturzfrei fortbewegen kann, eine hochkomplexe Aufgabe. Die Bewältigung eines solchen Maßes an technischer Komplexität ist zudem für die meisten bereits bestehenden oder angedachten Einsatzdomänen für Roboter schlicht unnötig. Was also motiviert Forschung und Entwicklung humanoider Roboter?

55.1 Roboter als Werkzeug in einer menschengerechten Umgebung

Eine entscheidende Motivation für den Bau humanoider Roboter nimmt ihren Ausgangspunkt in der Beobachtung, dass wir große Teile unserer Welt auf menschliche Wahrnehmungs-, Fortbewegungs- und Manipulationsmöglichkeiten optimiert haben. Daher, so die Anschlussüberlegung, erscheint es aus rein technischen Gründen sinnvoll, sich am menschlichen Körper als einem für diese Umwelt geeigneten Vorbild zu orientieren (s. Kap. II.F.18, II.H.26). Öffentliche Plätze und Innenräume sind für menschliche Körper dimensioniert, ebenso wie Möbel und Werkbänke. Viele Alltagsgegenstände und Gerätschaften sind von solcher Größe und solchem Gewicht, dass sie von einer menschlichen Hand gegriffen und bewegt werden können (s. Kap. III.33). Der Boden kann Stufen und Treppen aufweisen oder sehr uneben sein, was eine Fortbewegung auf Beinen zu einer guten Lösung macht. Wertvolle Informationsquellen sind für menschliche Augen entworfen und an bestimmten Orten in einer bestimmten Höhe angebracht. Ganz unabhängig davon, ob die Roboter als Assistenten im Haushalt oder im Pflegeheim, als intelligentes Spielzeug oder als künstlicher Soldat zum Einsatz kommen sollen: Es erleichtert die technische Lösung von Wahrnehmung und Manipulation der Umgebung, wenn diese Roboter als Humanoide ausgelegt werden. Zudem, so das Argument weiter, müssten die Einsatzumgebungen nicht, wie etwa bei automatisierten Fertigungsstraßen, aufwändig an die Roboter angepasst werden.

Diese technische Motivation für humanoide Roboter wird besonders stark herausgestellt, wenn es um die Ermöglichung einer direkten körperlichen Interaktion mit Menschen geht. Betont wird in diesem Zusammenhang, dass die Übergabe von Gegenständen, die unfallfreie Navigation oder das ›Zusammenleben‹ in einer Wohnung oder einem Büro sehr viel einfacher technisch realisiert werden kann, wenn Menschen und Roboter in etwa dieselbe Größe und denselben Körperbau haben. Zur Erreichung dieses Ziels wird an einer Vielzahl von technischen Einzelkomponenten geforscht und entwickelt (einen Überblick bietet Fitzpatrick u. a. 2016), die vom Entwurf einzelner Körperteile über Mechanik und Sensorik bis hin zur Planung der Bewegung des gesamten Körpers reichen. Die große Herausforderung ist, alle diese Einzelkomponenten eines humanoiden Roboters so zu verbinden, dass ein sinnvolles Gesamtverhalten in einer sich dynamisch verändernden Umgebung möglich wird.

55.2 Roboter als Erkenntniswerkzeug

Eines der wesentlichen Ziele der Forschung zu Künstlicher Intelligenz war von Beginn an, zum Verständnis der Grundlagen der menschlichen Intelligenz beizutragen. Dazu sollte die Verschaltung der für intelligentes Verhalten notwendigen Komponenten, die Leistungsfähigkeit von lernfähigen Algorithmen (s. Kap. III.32) oder die evolutionäre Entstehung der Intelligenz auf Maschinen experimentell beforscht werden. Dieser Einsatz humanoider Roboter wurde dadurch motiviert, dass ein Roboter nicht länger als ein Computer mit Rädern und Sensoren konzipiert wurde, sondern als ›verkörperte Intelligenz‹. Inspiriert von der kognitionswissenschaftlichen Annahme, dass der gesamte Körper für die Entwicklung intelligenten Verhaltens zentral ist, fand eine Umstellung vom Bau isolierter künstlicher Gehirne auf den Bau kompletter künstlicher Körper statt. Wurden bei dieser »New Wave of Robotics« (Steels/Brooks 1994) zunächst evolutionär einfache, häufig insektenartige Roboter verwendet, entstanden schon bald dem menschlichen Körper nachempfundene, also humanoide Forschungsplattformen als »a new kind of tool« (Adams u. a. 2000). Durch Experimente mit diesen Plattformen, die kognitive und körperliche Bestandteile eines intelligenten Verhaltens integrieren, soll die Basis für ein neues Verständnis von Intelligenz gelegt werden.

K. Liggieri / O. Müller, *Mensch-Maschine-Interaktion*, https://doi.org/10.1007/978-3-476-05604-7_55

Der synthetische Ansatz der Intelligenzforschung verspricht ein gezieltes Design intelligenten Maschinenverhaltens, das unter kontrollierten Bedingungen erzeugt wird. Die durch den Bau der Maschinen gewonnen Befunde können dann, so die Hoffnung, auf andere Formen intelligenten Verhaltens übertragen werden, um dadurch allgemeinere Einsichten über menschliche und tierische Intelligenz abzuleiten. Eine große Herausforderung dieses Forschungsansatzes ist, auf der Basis der gebauten Prototypen verallgemeinerbare Prinzipien intelligenten Verhaltens abzuleiten, die einen derartigen Transfer zulassen.

55.3 Voraussetzungen gelingender Mensch-Roboter-Interaktion

In der Robotik wird seit einigen Jahren davon ausgegangen, dass die technische Entwicklung nach Jahren der Laborforschung nunmehr soweit fortgeschritten ist, dass sie an der Schwelle zur Einführung in menschliche Alltagsumgebungen steht. Als eine der Voraussetzungen dafür wird eine sozialwissenschaftliche und psychologische Begleitforschung zu gelingender Mensch-Roboter-Interaktion und zur Akzeptanz von Robotern gesehen, und zwar bis weit in Entwicklerkreise hinein. Ein deutliches Anzeichen dafür ist die Formierung des Feldes Social Robotics (Breazeal/Dautenhahn/Kanda 2016) bzw. von »socially intelligent robots« (Dautenhahn 2007), in dem die technikzentrierte Forschung direkt auf die lange davon getrennten Forschungstradition der »human-robot interaction« bezogen wird. Ziel der letztgenannten Tradition war und ist es, geräte- und domänenübergreifende Muster der menschlichen Interaktion mit Robotern zu erkennen und zu generalisieren, sowie die Eignung bestimmter technischer Lösungsansätze für eine Erleichterung der Interaktion mit den Robotern zu erproben. Dabei wurden vereinzelt auch humanoide Forschungsplattformen eingesetzt. Um zu erforschen, auf welche Weise ein Roboter sich in einer ihm unbekannten Stadt von Passanten bei der Navigation zu einem Ziel helfen lassen kann (etwa Weiss u. a. 2010), muss diese Plattform aus praktischen Gründen eine humanoide Größe und Interfacegestaltung aufweisen.

Viele der empirischen Forschungen zu grundlegenden Aspekten der Mensch-Roboter-Interaktion sind an zwei sich bis zu einem gewissen Grad widersprechenden Thesen orientiert. Die Anthropomorphismus-These besagt, dass »die Mensch-Roboter-Interaktion umso erfolgreicher verläuft, je besser das äußere Erscheinungsbild und das Verhalten eines Roboters mit den Erwartungen des Users bzw. der Rolle und Aufgabe des Roboters übereinstimmen« (Echterhoff/Bohner/Siebler 2006, 225). Die These vom ›uncanny valley‹ geht von einem linearen Ansteigen der Akzeptanz von zoomorphen, insbesondere aber von humanoiden Robotern, im Einklang mit der steigenden Ähnlichkeit zu Lebewesen bzw. Menschen aus. Sobald jedoch ein Punkt großer, aber erkennbar nicht vollständiger Ununterscheidbarkeit erreicht worden ist, so die These, werden artifizielle Tiere oder Menschen als Zombies wahrgenommen. Die generelle Akzeptanz fällt in das titelgebende Tal des Gruselns (Bartneck u. a. 2009), das erst bei noch stärkerer Angleichung der Ähnlichkeit wieder verlassen werden kann.

Beide Thesen adressieren also typische Zuschreibungen von potentiellen Usern an die Menschenähnlichkeit von Robotern, und die empirische Untersuchung dieser Zuschreibungen soll grundsätzliche Erkenntnisse über das Design möglichst intuitiver Mensch-Roboter-Interaktion ermöglichen. Die zentrale Herausforderung dabei ist die Verallgemeinerbarkeit dieser Untersuchungen. Unklar ist, wie die Ergebnisse aus Untersuchungen, die mit unterschiedlichen technischen Systemen, Untersuchungsumgebungen und -designs durchgeführt wurden, verglichen werden können. Daher hat mit Bezug auf die empirische Überprüfung der beiden genannten (und ähnlich gelagerten) Thesen in den letzten Jahren eine Diskussion über Benchmarks und Metriken begonnen, um eine vergleichende Bewertung von Insellösungen zu ermöglichen (Bethel/Murphy 2010; Feil-Seifer/Skinner/Matarić 2007).

55.4 Soziale und ethische Bewertung des Einsatzes von humanoiden Robotern

Die Einschätzung, dass Roboter an der Schwelle zum tatsächlichen Einsatz in menschlichen Alltagsumgebungen stehen, hat gerade bei humanoiden Robotern, zumal wenn sie als lernfähige Maschinen konzipiert sind, in den letzten Jahren zu einer breiten Debatte um mögliche negative Folgen eines Einsatzes dieser Maschinen in menschlichen Alltagsumgebungen geführt. Diese Debatte wird nicht nur in den Rechtswissenschaften, der Ethik (s. Kap. IV.A.58), der sozialwissenschaftlichen und psychologischen Begleitforschung sowie der Technikfolgenabschätzung (s. Kap. IV.B.62) geführt, sondern auch in Kreisen der Entwicklerinnen und Entwickler selbst. Dabei haben sich zwei unterschiedliche Ansätze herausgebildet, je nachdem ob die Entwicklerinnen und Entwickler oder aber die Roboter selbst als Adressatinnen ethischer Lösungen gesehen werden. Im ersten Ansatz geht es um die Etablierung ethischer Sensibilität bei denjenigen, die die Roboter entwerfen und bauen (Veruggio/Operto/Bekey 2016), im zweiten Fall um ein direktes ›Verbauen‹ ethischer Maximen und Abwägungen in der technischen Architektur der Roboter selbst (Łichocki/Billard/Kahn 2011; Lin/Abney/Bekey 2012). Gerade bei humanoiden Robotern ist die Liste von möglicherweise ethisch sensiblen Thematiken lang, und reicht von der naheliegenden Frage der hinreichenden Garantie der rein physischen Sicherheit der Nutzenden über Aspekte des Datenschutzes oder der möglichen Ersetzung menschlicher Arbeit bis hin zu einer grundsätzlichen Verunsicherung des Status von Menschen und Maschinen (»confusion between real and artificial, feeling of subordination towards robots«; Veruggio/Operto/Bekey 2016, 2149). Dass diese Fragen nicht nur in öffentlichen Diskussionen und der wissenschaftlichen Begleitdiskussion gestellt und bearbeitet werden, sondern zunehmend auch auf Entwicklerseite, könnte für die Zukunft der humanoiden Robotik jenseits von Science-Fiction einen entscheidenden Durchbruch darstellen. Die Berücksichtigung möglicher, unerwünschter gesellschaftlicher Folgen bereits beim Design der Maschinen und nicht erst als nachträgliche Korrektur verweist auf ein wichtiges Umdenken. Diesen Trend auch wirklich umzusetzen, scheint die größte Herausforderung für humanoide Roboter zu sein.

Literatur

Adams, Bryan/Breazeal, Cynthia/Brooks, Rodney A./Scassellati, Brian: Humanoid robots: A new kind of tool. In: IEEE Intelligent Systems & their Applications 15/4 (2000), 25–31.

Bartneck, Christoph/Kanda, Takayuki/Ishiguro, Hiroshi/Hagita, Norihiro: My robotic doppelgänger – A critical look at the uncanny valley. In: RO-MAN 2009. The 18th IEEE International Symposium on Robot and Human Interactive Communication. Toyama, Japan. Sept. 27-Oct. 2 2009, 269–276.

Bethel, Cindy L./Murphy, Robin R.: Review of Human Studies Methods in HRI and Recommendations. In: International Journal of Social Robotics 2 (2010), 347–359.

Breazeal, Cynthia/Dautenhahn, Kerstin/Kanda, Takayuki: Social Robotics. In: Bruno Siciliano/Oussama Khatib (Hg.): Springer Handbook of Robotics. Cham ^{2}2016, 1935–1972.

Dautenhahn, Kerstin: Socially intelligent robots: dimensions of human-robot interaction. In: Philosophical Transactions of the Royal Society: Biological Science 362/1480 (2007), 679–704.

Echterhoff, Gerald/Bohner, Gerd/Siebler, Frank: ›Social Robotics‹ und Mensch-Maschine-Interaktion. In: Zeitschrift für Sozialpsychologie 37/4 (2006), 219–231.

Feil-Seifer, David/Skinner, Kristine/Matarić, Maja J.: Benchmarks for Evaluating Socially Assistive Robotics. In: Interaction Studies 8/3 (2007), 423–439.

Fitzpatrick, Paul/Harada, Kensuke/Kemp, Charles C./Matsumoto, Yoshio/Yokoi, Kazuhito/Yoshida, Eiichi: Humanoids. In: Bruno Siciliano/Oussama Khatib (Hg.): Springer Handbook of Robotics. Cham ^{2}2016, 1789–1818.

Łichocki, Paweł/Billard, Aude/Kahn, Peter H.: The Ethical Landscape of Robotics. In: IEEE Robotics & Automation Magazine 18/1 (2011), 39–50.

Lin, Patrick/Abney, George/Bekey, George A. (Hg.): Robot Ethics. The Ethical and Social Implications of Robotics. Boston 2012.

Steels, Luc/Brooks, Rodney (Hg.): The artificial life route to artificial intelligence. Building situated embodied agents. New Haven 1994.

Veruggio, Gianmarco/Operto, Fiorella/Bekey, George: Roboethics: Social and Ethical Implications. In: Bruno Siciliano/Oussama Khatib (Hg.): Springer Handbook of Robotics. Cham ^{2}2016, 2135–2160.

Weiss, Astrid/Igelsböck, Judith/Tscheligi, Manfred/Bauer, Andrea/Kühnlenz, Kolja/Wollherr, Dirk/Buss, Martin: Robots Asking for Directions – The Willingness of Passers-by to Support Robots. In: 5th ACM/IEEE International Conference on Human-Robot Interaction, Osaka, 23–30. DOI: 10.1109/HRI.2010.5453273.

Sabine Ammon / Martin Meister

56 Soziotechnisches System

56.1 Geschichte und Systematik des Begriffs

Ein System wird als ›soziotechnisch‹ bezeichnet, um die Beziehungen und Wechselwirkungen zwischen sozialen und technischen Systemen hervorzuheben und zu untersuchen (Emery/Trist 1969). Dabei werden soziale und technische Systeme zu Teilsystemen des soziotechnischen Systems (STS). Die Untersuchung geschieht bezüglich Fragen nach (1) der Integration einer bestimmten Technik/Technologie in gesellschaftliche Subsysteme (z. B. Berufs- oder Altersgruppen), (2) der Mensch-Maschine-Interaktion und ihrer Modellierung (der Mensch als z. B. Anwender, Nutzer oder Konsument der Technik), und (3) der Organisationsentwicklung (zum letzten Punkt vgl. Sydow 1985).

STS meint sowohl ein Modell der Beschreibung, ein Methodenarsenal wie auch ein Forschungsprogramm zur Optimierung der Beziehungen von Mensch und Technik. Zentral ist dabei die Annahme der Äquifinalität des soziotechnischen Systems, d. h. die Ziele des Systems können auf verschiedenen Wegen und mit unterschiedlichen Mitteln erreicht werden – etwa durch angepasste Technik, durch Verhaltensänderungen von Arbeitnehmern oder durch neue Führungsstrukturen in Organisationen. Der Ausdruck STS hat sich mit der Allgemeinen Systemtheorie entwickelt, ist aber in seiner wissenschaftlichen Reichweite nicht auf diese beschränkt. Im Anwendungsbereich der Ingenieurwissenschaften und Informatik firmiert STS auch unter ›Re-Engineering‹ und ›Socio-technical Systems Design‹ (STSD; vgl. Mumford 2006) bzw. unter ›Socio-technical Systems Engineering‹ (STSE; Baxter/Sommerville 2011).

Historisch ist der erste Fragekomplex, die Integration von Technik in gesellschaftliche Subsysteme, der älteste und wirkmächtigste. Er gründet in der Industriesoziologie der 1950er Jahre, in denen Socio-technical Systems Design zum theoriegeleiteten Forschungsprogramm wird. Im Zentrum steht dabei der sogenannte ›Tavistock-Ansatz‹ (s. Abschn. 56.2). Das Programm speiste sich damals aus Diskussionen um geminderte Arbeitsqualität durch Technokratie und ausufernde Bürokratie (so rückblickend Trist 1981, 28). Ideengeschichtlich lässt sich die humanistische wie aufklärerische Stoßrichtung bis zu den philosophischen Debatten um die Auswirkungen von Arbeitsteilung, Mechanisierung und Routinearbeit auf die Arbeiter/innen im 18. Jahrhundert zurückverfolgen (Adam Smith, Denis Diderot). In der Analyse von Mensch-Maschine-Interaktionen ergibt sich in Deutschland eine arbeitspsychologische Traditionslinie zur ›Psychotechnik‹ um 1920, die auf Eignungsprüfung und Rationalisierung abhob (Weber 2001) und zu der auch Ingenieure beitrugen (vgl. z. B. Spur 2008; s. Kap. II.A.4). Dabei spielte der Anspruch von Arbeiterinnen und Arbeitern auf Anerkennung ihrer Arbeit und persönliche Weiterentwicklung am Arbeitsplatz noch keine Rolle, anders als im soziologisch geprägten STS.

Ab den 1970er Jahren wird STS auch von der Technikphilosophie und -geschichte verwendet und liefert bis weit in die 1980er Jahre wichtige Forschungsimpulse. In jener Zeit entwickelte sich z. B. das Schwesterkonzept des ›ökotechnischen Systems‹ sowie das Feld der Sozialökologie (Emery/Trist 1972), das zusätzlich zu den Relationen von Technik und Gesellschaft auch diejenigen mit der natürlichen Umwelt untersucht und für Nachhaltigkeitsdiskurse wichtig wurde. Um 1990 – mit der Abkehr vom Konzept ›Industriegesellschaft‹ aufgrund der neuen Dominanz des Dienstleistungssektors in den vormaligen Industrieländern, dem Aufkommen der ›Kulturwissenschaften‹ und Abschwung der Systemtheorie sowie mit der Verfestigung sogenannter postmoderner Ansätze in Philosophie und Soziologie – ist ein Rückgang in der analytischen Verwendung von STS zu beobachten, der aber nur bis zur Jahrtausendwende andauerte. Denn die wachsende Computerisierung, das Internet und nicht zuletzt die Globalisierung bieten neue Herausforderungen für die Untersuchung soziotechnischer Systeme und können an vorherige Debatten zum soziotechnischen Design, z. B. zur *lean production*, anschließen (so auch Mumford 2006). Die Abkürzung STS ist nicht zu verwechseln mit der gleichlautenden für das interdisziplinäre Forschungsfeld der Science and Technology Studies, zu denen der Ansatz des soziotechnischen Systems gleichwohl gehört.

Der Schwerpunkt der Begriffsverwendung liegt in den Bereichen Arbeit und Produktivitätssteigerung, d. h. untersucht werden vorrangig *Arbeitssysteme* unter Einschluss derjenigen des Militärs. Daran schließen in kritischer Absicht Analysen zu Effekten der Entfremdung (Marx) und zur Subjektivierung der Arbeit an (s. Kap. II.A.3). Aber auch mit Bezug auf die Interaktion von Technologie und Gesellschaft als Ganzes, d. h. auf der Makroebene, wird der Ausdruck in systemtheoretischer Tradition benutzt. Grundlegend ist die Einsicht, dass soziales und technologisches Teilsystem auf komplexe Weise miteinander verbunden sind, z. B. über Funktionen, Operationen (s. Kap. III.52) und

K. Liggieri / O. Müller, *Mensch-Maschine-Interaktion*, https://doi.org/10.1007/978-3-476-05604-7_56

Werte, und entsprechend wechselwirken. Dies bedeutet, dass bei technischen Neuerungen die soziale Bedingtheit wie auch die sozialen Auswirkungen als Folgen berücksichtigt werden müssen, z. B. auch Statusverschiebungen als symbolisch wirksame Folgen von Technik. Enid Mumford (2006, 317) erachtet die prozessuale Umsetzung der Erkenntnisse zum STS – im Rahmen des soziotechnischen Designs – eher als »Philosophie statt als Methodologie«, weil sie auf einem Bestand humanistischer Prinzipien fuße (ähnlich auch Ropohl 2009). Die jeweilige Begriffsverwendung von STS ist abhängig davon, wie die einzelnen Komponenten – ›sozial‹, ›technisch‹ und ›System‹ – verstanden und mit einer Systemtheorie begründet werden. Gemeinsam ist allen Verwendungspraxen die geschichtsphilosophische und somit prozessuale Voraussetzung des technischen Fortschritts oder (soziologisch) des technologischen Wandels (im Unterschied etwa zur Akteur-Netzwerk-Theorie, ANT). Je nach Ansatz und normativem Hintergrund verweist ›STS‹ darauf, dass sich das soziale Teilsystem an das technische Teilsystem anpassen kann (oder sogar soll; etwa in Ansätzen zum sog. *change management*) oder umgekehrt; Letzteres z. B. explizit im klassischen Ansatz des Technikphilosophen Günter Ropohl, der in Abschnitt 56.3 erläutert wird.

56.2 Der Tavistock-Ansatz

Begriffsgeschichtlich ist STS untrennbar mit dem Tavistock Institute of Human Relations (TIHR) verbunden, das 1947 in London gegründet wurde (u. a. durch Eric L. Trist, s. u.). Seine Forschungen umfassen bis heute die Disziplinen Psychologie, Arbeits-, Organisations- und Industriesoziologie sowie Arbeitsmedizin und die Politikberatung. Mit dem Ziel, Arbeitssituationen im Zuge des technologischen Wandels zu verbessern, wurde dort nach dem Zweiten Weltkrieg der sogenannte Tavistock-Ansatz entwickelt. Seine Ziele umfassen u. a. »analytical study of the relations of technologies and organizational forms in different settings«, die Suche nach Kriterien »to obtain the best match between the technological and social components«, die Durchführung von Vergleichs- und Langzeitstudien sowie die aktive Verbreitung soziotechnischer Verbesserungen (Trist 1981, 10).

Wegweisend waren die am TIHR ab 1949 durchgeführten industriellen Feldforschungen an Minenarbeitern im englischen Steinkohlebergbau (genauer: im Strebbau als Methode der ›langfrontartigen Bauweise‹ im Untertagebau; engl. *longwall method*). Im 20. Jahrhundert kam es zu mehreren Mechanisierungs- und Maschinisierungsschritten der vorher vorwiegend manuellen Abbaumethode, u. a. durch Einsatz des Panzerförderers/Kratzkettenförderers, der die Schüttelrutsche verdrängte, und der Anwendung von Schrämmmaschinen. In diesem Zusammenhang entwickelte sich das Konzept STS. In der zur Begriffsklärung oft zitierten Studie (Trist/Bamforth 1951) des Sozialpsychologen Eric Lansdown Trist (1909–1993) und des ehemaligen Bergmanns Kenneth W. Bamforth kommt jedoch der Ausdruck STS noch nicht vor. Die Autoren beobachteten in ihren Feldforschungen, wie sich durch technische Neuerungen das soziale Teilsystem der Arbeiter zum Schlechteren veränderte. Konnte man vorher von einem System der Selbstregulation innerhalb kleiner Gruppen motivierter und qualifizierter Bergleute ausgehen, die oft familiäre Bindungen untereinander hatten und sich jeweils eine persönliche Verantwortung für den Verhau und die Sicherung ihrer Abbaufront zuschrieben, so beobachtete man nach den technischen Neuerungen ein verändertes System der Arbeitsteilung zwischen den nun verlängerten Fronten, was die Arbeiter stärker voneinander isolierte. Die Schichtzyklen wurden verändert und eine separate Koordination durch Vorgesetzte eingeführt. Für die Arbeiter stellte dies einen Eingriff in ihr bestehendes soziales System dar, was zu Auswirkungen in der Arbeitsmoral führte. Dies ging einher mit einer geringen Arbeitsmotivation, flankiert von hohen Fehlzeiten, starken Fluktuationen, häufigen Arbeitskämpfen und vermehrten Unfällen. Diese Beobachtungen belegten, dass soziale Strukturen für die Leistungsfähigkeit von Organisationen besonders wichtig sind und dass Änderungen durch Technik moderiert und aktiv mit den Arbeitnehmern gestaltet werden müssen. Für Produktivitätssteigerungen müssen technische und soziale Systeme zusammen optimiert werden.

56.3 Der Ansatz von Günter Ropohl

Die Modellierung soziotechnischer Systeme durch Günter Ropohl (1939–2017) erfolgt im Rahmen der Theorie einer Allgemeinen Technologie (alternativ: Systemtheorie der Technik) und ihrer Wechselwirkungen mit einer »interdisziplinären Arbeitswissenschaft« (Ropohl 2009, 25). Theoretisch wurzelt sie in Karl Marx' Kapitalismuskritik und Entfremdungshypothese, empirisch in der »Insuffizienz soziotechnischer

Praxis, die auf die Problematik der Technik selbst zurückverweist« (ebd., 17). Obwohl es unmöglich sei, eine »Totalität aller soziotechnischen Gegenstände, Eigenschaften und Beziehungen zu entfalten«, soll »durch modellistische Abstraktion« ein »Verständnis für den ganzheitlichen Zusammenhang« des STS entwickelt werden (ebd., 19). Dabei handelt es sich um eine technikphilosophische Verallgemeinerung: »Der technische Charakter der Gesellschaft und der gesellschaftliche Charakter der Technik verschmelzen in der Symbiose soziotechnischer Systeme« (ebd., 143). Ropohls Grundaussage lautet entsprechend dem Tavistock-Ansatz: »Aus der Verknüpfung von menschlichem Handlungssystem und technischem Sachsystem entsteht das soziotechnische System« (ebd., 47).

Bezüglich dessen Anwendung auf Mensch-Maschine-Interaktionen betont er, dass »die Mensch-Maschine-Einheit nicht nur durch den einzelnen Nutzer gebildet, sondern auch von anderen Menschen mitgeprägt wird« (ebd., 59). Seine Sicht, »dass zwischen Mensch und Maschine eine neuartige Lebenseinheit, eine soziotechnische Symbiose zustande kommt«, deutet er als notwendig »metaphysisch« (ebd., 85 f.).

Am Anwendungsbeispiel der Computerisierung hebt er die geschichtsphilosophische Dynamik hervor, die sich erst bei hinreichender Modellierung des STS erschließe: »Erst aus der tiefgreifenden Verknüpfung zwischen Mensch und Computer sind die Bedingungen und Folgen zu begreifen, die bei massenhafter Computernutzung eine Art ›Informationelle Revolution‹ in der Gesellschaft darstellen« (ebd., 61). Zu jener Verknüpfung gehören z. B. Aspekte der Ergonomie von Computerarbeitsplätzen (s. Kap. III.33), aber auch Software-Handbücher, die zumeist »nur die wirklichkeitsfremde Denkwelt der Informatiker herunterdeklinieren und dem Nutzer keine problemspezifischen Bearbeitungszusammenhänge vermitteln«. Dies belege eine grundlegende Problematik der Technikgestaltung: »dass nur in den Kategorien sachtechnisch immanenter Perfektion gedacht wird, nicht aber in den Kategorien soziotechnischer Brauchbarkeit« (ebd., 62) – ein klassisches Argument der Technokratie-Debatten.

Ropohl macht ferner anthropologische Auswirkungen deutlich und hebt den technikethischen Anspruch der *Reversibilität* soziotechnischer Beziehungen hervor:

> »Wenn freilich menschliche Fähigkeiten durch den Computer völlig ersetzt werden, bedeutet das auch, dass die soziotechnische Integration kaum noch rückgängig zu machen ist. Wenn die Schriftsetzer ausgestorben sind, wird man ohne den Computer kaum noch ein ordentliches Buch herstellen können. Das Warenwirtschaftssystem und das Bankensystem brächen schon heute zusammen, wenn die Computer auch nur für ein oder zwei Tage ausfielen; die menschliche Arbeitskapazität, die man brauchte, um einen solchen Ausfall auszugleichen, ist einfach nicht mehr vorhanden. Und es ist abzusehen, dass eines Tages die Weltinnenpolitik in eine ernste Krise geriete, wenn das Internet nachhaltig gestört würde.« (Ebd., 64 f.)

Somit ergibt sich im Konzept des STS der Möglichkeit nach ein impliziter Widerspruch, der um die Begriffe ›Integration‹ und ›System‹ bzw. ›Teilsystem‹ kreist. Denn einerseits gilt, dass ein STS »ein Handlungs- oder Arbeitssystem ist, in dem menschliche und sachtechnische Subsysteme eine integrale Einheit eingehen« (ebd., 140). Die Annahme einer derartigen Einheits- und höherstufigen Systembildung macht aber umgekehrt die Forderung nach der Auflösung jener integrativen Einheit, ihrer Umgestaltung oder gar Rückführung in einen früheren Zustand (Reversibilität) zu einem schwierigen Unterfangen. Ihr Gelingen hängt von der Art der Kopplung beider Systemkomponenten und der vernunftbasierten Technikmündigkeit und Technikreflexion der Gesellschaft ab. Entsprechend ist Ropohls Konzept von STS aufgehoben in der philosophischen Idee einer ›technologischen Aufklärung‹.

Literatur

Baxter, Gordon/Sommerville, Ian: Socio-technical systems. From design methods to systems engineering. In: Interacting with Computers 23/1 (2011), 4–17.

Emery, Frederick E./Trist, Eric L.: Socio-technical Systems. In: Frederick E. Emery (Hg.): Systems Thinking. Harmondsworth 1969, 281–295.

Emery, Frederick E./Trist, Eric L.: Towards a social ecology. Contextual appreciations of the future in the present. London 1972.

Mumford, Enid: The story of socio-technical design. Reflections on its successes, failures and potential. In: Information Systems Journal 16 (2006), 317–342.

Ropohl, Günter: Allgemeine Technologie. Karlsruhe ³2009.

Spur, Günter: Industrielle Psychotechnik – Walther Moede. Eine biographische Dokumentation. München 2008.

Sydow, Jörg: Der soziotechnische Ansatz der Arbeits- und Organisationsgestaltung. Frankfurt a. M. 1985.

Trist, Eric L./Bamforth, Kenneth W.: Some Social and Psychological Consequences of the Longwall Method of Coal-Getting: An Examination of the Psychological Situation and Defences of a Work Group in relation to the Social Structure and Technological Content of the Work System. In: Human Relations 4/3 (1951), 3–38.

Trist, Eric: The evolution of socio-technical systems. A conceptual framework and an action research program. In: Occasional papers (Ontario Ministry of Labor/Ontario Quality of Working Life Center) Nr. 2, June 1981, 1–67. Wiederabgedr. in: Andrew H. van de Ven/William F. Joyce (Hg.): Perspectives on Organization Design and Behavior. New York 1981.

Weber, Regine: »Der rechte Mann am rechten Platz«. Psychotechnische Eignungsprüfung und Rationalisierungen der Arbeit bei Osram in den 20er Jahren. In: Technikgeschichte 68/1 (2001), 21–51.

Nicole C. Karafyllis

57 Turing-Test

Alan Turing, einer der Gründerväter der modernen Informatik, diskutierte in seinem 1950 veröffentlichten Artikel »Computing Machinery and Intelligence« die Frage, ob Maschinen denken können. Dies wirft jedoch die schwierige Frage auf, was Denken denn sei. Um diese Frage zu umgehen, schlägt Turing vor, stattdessen eine Frage zu stellen, die sich durch bloße Beobachtung klären lässt, nämlich ob eine Maschine ein bestimmtes Spiel erfolgreich spielen könne (s. Kap. II.F.19).

Zu jener Zeit war das Imitationsspiel ein bekanntes und beliebtes Partyspiel. Dieses Spiel hat drei Teilnehmer, die wir A, B, und C nennen wollen. C ist der Fragesteller und A und B sind jeweils ein Mann und eine Frau, die in getrennten Räumen sitzen und auf schriftlich gestellte Fragen von C schriftlich antworten müssen. Dabei versucht A das eigene Geschlecht zu verschleiern und B das eigene Geschlecht wahrheitsgemäß darzustellen. C soll basierend auf der Befragung das Geschlecht der beiden Spieler bestimmen.

Turing schlägt vor, den täuschenden Spieler A durch eine Maschine zu ersetzen. Die ursprüngliche Frage, ob Maschinen denken können, soll dann durch die Frage ersetzt werden: Kann eine Maschine dem menschlichen Tester C erfolgreich vorspielen, ein Mensch zu sein? Da Turing die Regeln des Spiels nicht modifizierte, sind einige Autoren der Meinung, dass Turing seinen Test darauf bezogen haben könnte, wie gut eine Maschine eine Frau imitieren könne. Allerdings fehlen im weiteren Text des Artikels genderspezifische Argumente und Bezüge, sodass man annehmen kann, dass es Turing tatsächlich um die Imitation von Menschen im Allgemeinen geht.

Zu Turings Zeiten, in der Mitte des 20. Jahrhunderts, war dieser Vorschlag eines Experiments, der heute ›Turing-Test‹ genannt wird, wegen der sehr beschränkten Hardware-Fähigkeiten natürlich nicht mehr als ein Gedankenexperiment. Turing war im Übrigen der Überzeugung, dass ein Gigabit Speicher für ein Programm ausreichend sei, um das Imitationsspiel erfolgreich zu spielen, und dass Ende des 20. Jahrhunderts dieser Punkt erreicht sein würde. Außerdem erwartete er, dass zu diesem Zeitpunkt von ›denkenden Maschinen‹ gesprochen wird. Beides ist interessanterweise bisher nicht eingetreten, obwohl die typischen Speichergrößen bereits mehrere Größenordnungen über einem Gigabit liegen.

Turing selbst war in seinem Artikel bereits auf mehrere mögliche Einwände gegen seinen Test eingegangen. Ein Einwand ist der von Lady Lovelace, die über die *Analytical Engine* schrieb, dass diese nur genau das tun könne, wozu sie programmiert sei. Insbesondere könnten Maschinen uns nicht überraschen. Turing wies allerdings darauf hin, dass diese Art von Argument voraussetzt, dass wir uns aller Konsequenzen bei der Konstruktion einer Maschine (oder beim Schreiben eines Programms) bewusst sein müssen. Eine Annahme, die so nicht haltbar ist.

Ein sehr schwer wiegender Einwand ist derjenige, es sei nicht ersichtlich, wie eine Maschine Bewusstsein erwerben könne. Und ohne Bewusstsein könne sie nicht wie ein Mensch reagieren. Turing wies allerdings darauf hin, dass es sehr wohl möglich sei, auch so etwas wie ein Bewusstsein zu imitieren und entsprechende Aussagen zu machen. Er gesteht allerdings zu, dass die Natur des Bewusstseins selbst damit nicht geklärt ist. Für das Bestehen des Tests ist dies aber unerheblich.

Ein ähnlich gelagertes Argument wurde später vom Philosophen John Searle in seinem Gedankenexperiment zum Chinesischen Zimmer gebracht (Searle 1980). In diesem Gedankenexperiment stellt man sich einen Raum vor, in dem ein Mensch von außen schriftlich gestellte Fragen in Chinesisch erhält, die er dann anhand eines Regelbuchs schriftlich beantwortet, wiederum in Chinesisch. Ein außen stehender chinesischer Beobachter würde sagen, dass der Mensch in dem Raum Chinesisch beherrscht, obwohl er nur mechanisch den Anweisungen des Regelbuchs gefolgt ist. Searle schließt daraus, dass Computer nicht ein *tatsächliches* Verständnis erlangen können, etwas, was Turing im Übrigen auch nicht angestrebt hatte.

Neben dieser philosophischen Kritik gab es auch Kritik aus dem Forschungsgebiet der Künstlichen Intelligenz (KI) selbst. Hayes und Ford diskutierten in ihrem 1995 veröffentlichten Aufsatz, inwiefern der Turing-Test für die Forschung innerhalb der KI förderlich ist. Sie wiesen dabei auf zwei Probleme hin. Zum einen sei der Turing-Test sehr stark auf das Gebiet des maschinellen Sprachverstehens konzentriert und ignoriere im Wesentlichen alle anderen Bereiche der KI, wie z. B. Bildverstehen, Robotik (s. Kap. III.55), oder Assistenzsysteme (s. Kap. II.F.21). Zum anderen habe der Test ein methodisches Problem, da nichts über den Tester festgelegt ist. Soll es ein Laie sein, der einfach zu beeindrucken ist, oder soll es ein Fachmann sein, der speziell geschult ist, Maschinen von Menschen zu unterscheiden?

Joseph Weizenbaum entwickelte 1966 ein interaktives Programm namens ELIZA (Weizenbaum 1966), das wie ein Psychotherapeut der klientenzentrierten

J. B. Metzler © Springer-Verlag GmbH Deutschland, ein Teil von Springer Nature, 2019
K. Liggieri / O. Müller, *Mensch-Maschine-Interaktion*, https://doi.org/10.1007/978-3-476-05604-7_57

Schule nach Carl Rogers reagieren konnte. Er berichtete, dass viele Benutzer tatsächlich der Meinung waren, mit einem Psychotherapeuten zu kommunizieren. Insofern könnte man an dieser Stelle sagen, dass ELIZA den Turing-Test in einem gewissen Sinne bestanden hatte (auch wenn man nicht mit zwei Kommunikationspartnern interagieren und dann zwischen Mensch und Maschine unterscheiden musste). Allerdings hatte man es mit relativ leichtgläubigen Testern zu tun. Außerdem ist der Bereich der Interaktion, klientenzentrierte Psychotherapie, besonders geeignet, Dialoge zu führen, ohne dass viel Hintergrundwissen eingesetzt werden muss. Dialoge in diesem Kontext sind so aufgebaut, dass der Therapeut ein vom Gegenüber angesprochenes Thema aufgreift und dann Rückfragen stellt. Zum Beispiel wird nach der Erwähnung des Vaters nach der Familie des Gegenübers gefragt (es gibt eine Reihe von Webseiten, auf denen man derartige Dialoge führen kann, s. z. B. https://www.masswerk.at/elizabot/).

Hugh Loebner organisierte im Jahr 1991 das erste Mal einen Wettbewerb, bei dem Programme antreten konnten, um den Turing-Test zu bestehen und damit dann den Loebner-Preis zu gewinnen (Shieber 1994). Der Wettbewerb findet seitdem jährlich statt, trifft aber bei der wissenschaftlichen Gemeinde im Wesentlichen auf Ablehnung (Floridi u. a. 2009; Shieber 1994) aus Gründen, die bereits Hayes und Ford (1995) genannt hatten. Tatsächlich scheinen die Programme, die beim Loebner-Preis antreten, im Wesentlichen die schon bei ELIZA genutzte Methodik einzusetzen. Man versucht Schlüsselworte zu extrahieren und darauf basierend vorgefertigte Antworten zu generieren, die einigermaßen sinnvoll klingen. Ist das nicht erfolgreich, versucht man Teile der letzten Eingabe zu wiederholen oder eine allgemeine Aufforderung auszugeben. Es geht also mehr darum, den Tester zu täuschen, als darum, Intelligenz zu demonstrieren (Floridi u. a. 2009).

Es gibt keine Forschungsprojekte, die sich das Bestehen des Turing-Tests zum Ziel gesetzt haben. Trotzdem stellt sich natürlich die Frage, ob das Bestehen des Turing-Tests mittelfristig möglich wäre. Spiele wie Schach, Go und auch Poker werden mittlerweile von Computersystemen auf Weltmeisterniveau gespielt (s. Kap. II.F.20). Das System Watson von IBM demonstrierte, wie ein Computersystem im Fernsehquiz Jeopardy! konsistent besser als die besten Menschen sein kann (Ferrucci u. a. 2010). Die große Herausforderung war dabei, dass der Bereich, zu dem die Fragen gestellt werden, völlig offen ist. Das System hatte zwar Zugriff auf das World-Wide-Web, musste dann aber aus all diesen Informationen die relevantesten selektieren. Außerdem musste das System dann noch einschätzen, wie sicher es sich bei einer potentiellen Antwort war.

Nichtsdestotrotz reicht all dies nicht, um einen völlig offen gestalteten Dialog zu führen, bei dem es durchaus um Dinge gehen kann, die nicht rein faktisch sind und die nicht durch Einträge im World-Wide-Web abgedeckt sind. Allerdings sind in den vergangenen Jahren viele sogenannte ›Chatbots‹ entstanden, die mit ihren Benutzern (eingeschränkt) natürlichsprachlich interagieren. Solche Chatbots wurden dann auch in Kontexten wie E-Commerce, E-Learning, oder Information-Retrieval eingesetzt (Klopfenstein u. a. 2017). Durch die Weiterentwicklung der Sprachverstehenstechnologie sind sogenannte ›digitale Assistenten‹ wie Siri und Alexa entstanden, denen man in gesprochener Sprache Fragen stellen oder auch Kommandos erteilen kann. Hier kann man mittelfristig erwarten, dass die Kommunikationsmöglichkeiten immer ausgefeilter werden. Zum Problem könnten solche Systeme in Zukunft werden, wenn sie wie Google Duplex natürliche Intonation, Interjektion und Verzögerungslaute nutzen, um ein menschliches Gegenüber vorzutäuschen (Wong 2018). Hier wird unter Umständen eine gesetzliche Verpflichtung für solche Bots erforderlich, sich als solche zu identifizieren.

Dies führt zu dem Problem, das invers zum Bestehen des Turing-Tests ist: nämlich Aufgaben zu konstruieren, die von keinem Computer gelöst werden können, zumindest auf mittlere Sicht. Solche Aufgaben werden auch CAPTCHA (dies steht für ›Completely Automated Public Turing test to tell Computers and Humans Apart‹) genannt (von Ahn u. a. 2003). Die zuverlässige Konstruktion solcher Aufgaben scheint jedoch schwierig zu sein (Bursztein u. a. 2014). Für jeden Aufgabentyp, den Menschen lösen können, scheint man Möglichkeiten finden zu können, diese durch Maschinen lösen zu lassen.

Literatur

Bursztein, Elie/Aigrain, Jonathan/Moscicki, Angelika u. a.: The end is nigh: Generic solving of text-based CAPTCHAs. In: 8th USENIX Workshop on Offensive Technologies, WOOT 14 (2014).

Ferrucci, David A./Brown, Eric W./Chu-Carroll, Jennifer u. a.: Building Watson. An overview of the DeepQA project. In: AI Magazine 31/3 (2010), 59–79.

Floridi, Luciano/Taddeo, Mariarosaria/Turilli, Matteo: Turing's imitation game. Still an impossible challenge for all machines and some judges – an evaluation of the 2008 Loebner contest. In: Minds and Machines 19/1 (2009), 145–150.

Hayes, Patrick J./Ford, Kenneth M.: Turing test considered

harmful. In: Proceedings of the Fourteenth International Joint Conference on Artificial Intelligence, IJCAI 95 (1995), 972–977.
Klopfenstein, Lorenz Cuno/Delpriori, Saverio/Malatini, Silvia u. a.: The rise of bots. A survey of conversational interfaces, patterns, and paradigms. In: Proceedings of the 2017 Conference on Designing Interactive Systems, DIS 17 (2017), 555–565.
Searle, John R.: Minds, brains, and programs. In: Behavioral and Brain Sciences 3/3 (1980), 417–424.
Shieber, Stuart M.: Lessons from a restricted Turing test. In: Communications of the ACM 37/6 (1994), 70–78.
Turing, Alan: Computing machinery and intelligence. In: Mind 49 (1950), 433–460.
von Ahn, Luis/Blum, Manuel/Hopper, Nicholas J. u. a.: CAPTCHA: Using hard AI problems for security. In: Advances in Cryptology – EUROCRYPT 2003, International Conference on the Theory and Applications of Cryptographic Techniques. Heidelberg 2003, 294–311.
Weizenbaum, Joseph: ELIZA – A computer program for the study of natural language communication between man and machine. In: Communications of the ACM 9/1 (1966), 36–45.
Wong, Sam: Should you let Google's AI book your haircut? In: New Scientist 238/3178 (2018), 21.

Bernhard Nebel

IV Ethische Fragen: Normen, Herausforderungen, Perspektiven

A Exemplarische aktuelle ethische Diskussionen in Mensch-Maschine-Interaktionen

58 Ethische Fragen bei autonomen Systemen

›Autonome Systeme‹ sind aktuell in der öffentlichen Debatte sehr präsent (technisch gesehen besonders in Bezug auf das autonome Fahren oder Roboter- und Produktionssysteme). Der Begriff ›Autonomie‹ hat seinen Ursprung im Griechischen und bedeutet wörtlich ›selbst Gesetze (machen)‹, er stammt aus der politischen Philosophie und wird – je nach Kontext – mit Selbstbestimmung, Unabhängigkeit, Selbstverwaltung, Entscheidungs- und Handlungsfreiheit umschrieben (s. Kap. III.35). Offensichtlich geht es dabei auch um Konfliktsituationen, um ein ›Aushandeln‹ von Autonomie. Für technische autonome Systeme bedeutet das, ähnlich wie bei der Künstlichen Intelligenz (KI), dass bereits einige Konnotationen und Analogien ›mitschwingen‹, die einerseits begründete Unterscheidungen in den jeweiligen wissenschaftlichen Disziplinen kennzeichnen, deren Verwendung andererseits – so wird gelegentlich unterstellt – das Interesse an dieser Forschung besonders weckt, was sich beispielsweise weder auf die Berichterstattung über diese Systeme noch auf deren Forschungsförderung negativ auswirke. Unabhängig davon hat die öffentliche Debatte zur Verwendung technischer autonomer Systeme zwar begonnen, sie ist aber auch noch nicht soweit gediehen, dass sie zu einer Conclusio gekommen wäre. Deswegen empfiehlt der Endbericht der interdisziplinären Plattform Autonome Systeme (Fachforum 2017) in der ersten von acht Handlungsempfehlungen, dass ein frühzeitig und langfristig angelegter öffentlicher Dialog etabliert werden soll, in dem die Chancen, Grenzen und Risiken autonomer Systeme diskutiert werden, wovon man sich eine Erhöhung der Akzeptanz dieser Systeme erhofft. In Bezug auf aktuelle ethische Diskussionen ist das autonome Fahren besonders im Fokus und daher Fallbeispiel. Der Bericht der Ethik-Kommission Automatisiertes und Vernetztes Fahren, eingesetzt durch den Bundesminister für Verkehr und digitale Infrastruktur (Ethikkommission 2017) wird hier als elaborierter Bezugspunkt herangezogen. Automatisiertes Fahren im Namen der Kommission stellt auf unterschiedliche Grade der Automatisierung des Fahrzeugs relativ zum menschlichen Fahrer ab, wie sie beispielsweise der Verband der deutschen Automobilindustrie veröffentlicht hat (VDA 2015, 15). Auf der höchsten Stufe, dem »voll-automatisierten Fahren« oder auch »autonomen Fahren« ist der Fahrer ersetzt. In allen Graden darunter agieren der Fahrer und das technische – dann teil-autonom genannte – System gemeinsam. Diese Kooperation ist für die ethische Reflexion von besonderem Interesse.

58.1 Technisches Handeln mit autonomen Systemen

Anwendungsbereiche autonomer Systeme sind beispielsweise die industrielle Produktion, der Straßen- und Schienenverkehr, das Smart Home sowie der Einsatz autonomer Systeme in menschenfeindlichen Umgebungen. Autonome Systeme werden hier als Mittel zum Zweck diskutiert, wie jede Technik, die Menschen einsetzen, um ihre Handlungszwecke zu erreichen. Sie werden jedoch als flexibler beschrieben, weil sie über zentrale technologische Bausteine wie Sensorik, Lernen, das Ziehen von Schlussfolgerungen und daraus folgende Aktionen verfügen (Fachforum 2017, 17).

Das ist von grundsätzlicher Bedeutung für die Beantwortung der Frage, welche Art von Autonomie einem möglicherweise selbstlernenden technischen Artefakt zugesprochen werden kann. In einem starken Sinne bedeutet Autonomie, dass ein autonomes ›Wesen‹ selbständig Gesetze zu formulieren vermag, an die es sich dann aus freien Stücken hält. Dies setzt vo-

J. B. Metzler © Springer-Verlag GmbH Deutschland, ein Teil von Springer Nature, 2019
K. Liggieri / O. Müller, *Mensch-Maschine-Interaktion*, https://doi.org/10.1007/978-3-476-05604-7_58

raus, dass dieses Wesen eigene Interessen hat und selbständig Zwecke setzen kann. Für die Autonomie eines Staates ist das ein entscheidendes Kriterium. Für technische Systeme ist starke Autonomie nicht erstrebenswert – im Gegenteil. Starke Autonomie würde gerade das konterkarieren, was beispielsweise eine Service-Robotik anstrebt. Ein wirklich autonomes Artefakt würde entsprechend eigene Interessen verfolgen und letztendlich Dienste auch verweigern – der ›Mittel zum Zweck‹-Zusammenhang wäre dann schlicht nicht mehr gegeben.

Anders sieht es aus, wenn wir eine schwache Form der Autonomie annehmen. In deren Fall geht es darum, dass vorhandene Regeln aus freien Stücken befolgt werden. Es ist nun müßig über die ›Freiheit von Artefakten‹ nachzudenken, aber dass ein ›intelligentes‹ Artefakt Regeln beachtet, die ihm gegeben wurden, ist eine technische Bedingung für seine Funktionsfähigkeit. Jedes Fahrassistenzsystem hat quasi als oberste Regel die Vermeidung von Unfällen bzw. die Vermeidung von Personenschäden zu beachten. Alle seine Aktionen sind dieser obersten Regel ›verpflichtet‹. So argumentiert auch die oben genannte Ethikkommission in ihren Handlungsempfehlungen. Bei der schwachen Autonomie findet keine Wahl oder eine Zustimmung im moralischen Sinne statt, aber doch eine Art ›Anerkennung‹ der Rahmung eigener Aktionen. Das System errechnet gemäß bestimmter Präferenzen und entsprechend der zur Verfügung stehenden Daten die bestmögliche und ökonomischste Reaktion und leitet sie ein. Dies hat allerdings nichts mit starker Autonomie als Bedingung ethischen Verhaltens zu tun. Ethik setzt im Außertechnischen an, wählt, setzt, begründet und hierarchisiert Werte, die vom System verfolgt bzw. gesichert werden sollen (Gransche u. a. 2014; Nida-Rümelin 2017; s. Kap. IV.B.63).

Damit verbunden ist die Frage, ob autonome Systeme selbständig Entscheidungen treffen können. Für die Autonomie im starken Sinne könnten wir das bejahen, denn sie setzt eigene Intentionen voraus, die Fähigkeit Zwecke zu setzen und die Mittel wählen zu können, um diese Zwecke zu erreichen. Starke Autonomie ist in diesem Sinne auch ›erfinderisch‹, das heißt sie wählt beispielsweise Mittel auch ›anders‹ als es bei der Entwicklung eines Mittels intendiert war, und öffnet beispielsweise eine Flasche mit einem Zollstock. Von einer solchen Freiheit der Mittelwahl lässt sich bei schwacher technischer Autonomie nur in einem eingeschränkten Sinne sprechen. Die Mittel müssen wenn nicht klar definiert, so doch durch ein bestimmtes Schema eingegrenzt bzw. vage bestimmt sein. Ein System ist nicht erfinderisch. Auch wenn ein autonomes System über unterschiedliche Aktionsoptionen verfügt, so ist das etwas anderes als die Freiheit der Mittelwahl. Das heißt aber, man sollte hier auch nicht von ›Entscheiden‹ sprechen. Wir können schließlich nur zwischen Optionen entscheiden, die wir auch gewählt haben. In einem strengen Sinne wählt ein System aber nicht, sondern ›rechnet‹. Das geschieht nur innerhalb vorgegebener Rahmungen (Wiegerling 2018).

Das autonome System verhält sich entsprechend dieser Regeln und Rahmungen, die ihm vorgegeben sind. Es handelt nicht, sondern agiert innerhalb dieses Rahmens, der prinzipiell nicht überschritten werden darf, jedoch optimal ausgefüllt werden soll. Die Optimierung des Systems findet somit immer nur innerhalb der Rahmungen statt. Die Rahmungen werden aus den Zwecksetzungen, die mit dem autonomen System verfolgt werden, abgeleitet. Was von dem System innerhalb seines Rahmens ›entschieden‹ wird, kann etwa anhand von entscheidungstheoretischen Modellen errechnet werden. Beachtet werden muss allerdings, dass es eine vollständige Entscheidbarkeit nach Gödel nicht gibt, woraus eine grundsätzliche Fehlbarkeit autonomer Systeme abgeleitet werden kann. Daraus ergeben sich Anforderungen an diejenigen, die über den Einsatz von autonomen Systemen entscheiden. Es muss angesichts der grundsätzlichen Fehlbarkeit autonomen Entscheidens begründet und verantwortet werden, warum und mit welchen Rahmungen autonome Systeme zum Einsatz gebracht werden sollen.

58.2 Kooperation Mensch und autonomes System

Im fahrerlosen Fahrzeug ist der Mensch als Fahrer ersetzt. Optionen der Ersetzbarkeit des Menschen spielen auch darüber hinaus in der öffentlichen Debatte eine Rolle, insbesondere in Bezug auf die Zukunft der Arbeit. Hier haben Frey und Osborne (2013) mit ihrer Liste der »durch Digitalisierung bedrohten Berufe« eine große Debatte ausgelöst. Das aktuelle Paradigma ist jedoch die Kooperation mit dem Menschen und dabei ein arbeitsteiliges Vorgehen, in dem Mensch und autonomes System ihre je spezifischen Stärken ausspielen (Decker/Fischer/Ott 2017). Damit wird aber das »Aushandeln der Autonomie« zu einem zentralen Aspekt in dieser Kooperation. Die unterschiedlichen Grade der Automatisierung des Fahrens haben das bereits verdeutlicht, sie stehen – gestaffelt von eins bis fünf – für unterschiedliche »Aushandlungsergebnisse«, in denen die Autonomie des Menschen von eins bis fünf abnimmt. Dass eine »reibungslose« Interaktion zwischen Mensch und autonomem System dabei der Schlüssel für eine gelungene Interaktion ist, wird heute allgemein anerkannt, wobei das die Interaktion mit voll-autonomen Systemen einschließt, denn ein autonomes Fahrzeug muss zwar nicht mehr mit »seinem Fahrer« aber z. B. mit Fußgängern und Fahrradfahrern gut interagieren (Dumitrescu u. a. 2018).

Konsens herrscht aktuell in Bezug auf die Frage, ob der Mensch in dieser Kooperation die »letzte Entscheidung« haben soll: »Die eigenverantwortliche Entscheidung des Menschen ist Ausdruck einer Gesellschaft, in der der einzelne Mensch mit seinem Entfaltungsanspruch und seiner Schutzbedürftigkeit im Zentrum steht« (Ethikkommission 2017, 10). »Die Übergabemöglichkeit der Kontrolle vom und zum Menschen ist unabdingbar und muss berücksichtigt werden. Im Problemfall kann das System nicht aus einem einfachen Not-Aus bestehen, sondern eine Übergabe muss geregelt, transparent und situationsadäquat verlaufen« (Fachforum 2017, 17). Aus ethischer Perspektive wird hier das Instrumentalisierungsverbot aufgerufen, welches darauf verweist, dass es der Würde einer Person widerspricht, bloß als Mittel für einen ihr äußerlichen Zweck eingesetzt zu werden. Es lässt sich aus dem kategorischen Imperativ ableiten (Kant 1785, 429). Damit sind allerdings vergleichsweise hohe Hürden in der Umsetzung der Interaktion verbunden, vor allem, weil mit der »letzten Entscheidung« auch die Verantwortung für die gesamte Handlung verbunden ist. Folgende Handlungsempfehlung verdeutlicht dies:

> »In den Kontexten der Robotik ist an der Zwecksetzungskompetenz von Personen grundsätzlich festzuhalten [s. Kap. III.55]. Das damit verbundene Instrumentalisierungsverbot ist bei der Einrichtung der jeweiligen Entscheidungshierarchien zu berücksichtigen. Bei der technischen Umsetzung der Entscheidungskompetenz kommt der Ausgestaltung der Mensch-Maschine-Schnittstelle bzw. Programmsteuerung große Bedeutung zu. Damit Menschen die Verantwortung für das Funktionieren von Robotern übernehmen können, müssen diese im Sinne von Durchschaubarkeit, Vorhersehbarkeit und Beeinflussung kontrollierbar sein. Es wird empfohlen, dass in allen Fällen, in denen Roboter eigene Entscheidungsspielräume erhalten, die betroffenen Personen darüber aufgeklärt werden und ihre ausdrückliche oder stillschweigende Zustimmung geben müssen.« (Christaller u. a. 2001, 220)

Diese Handlungsempfehlung adressiert einerseits nicht weniger als ein Grundproblem der KI-Forschung, zumindest wenn man die Vorhersagbarkeit des autonomen Systems so interpretiert, dass auch die Begründung, die nächste Aktion auszuführen, kommuniziert werden muss. Sie weist uns aber auch auf einen anderen Umstand hin, nämlich, dass die meisten menschlichen Kollaborateure keine Experten für autonome Systeme sein werden. Das heißt, ihnen werden die Entscheidungen des autonomen Systems wie (starke) autonome Entscheidungen vorkommen, auch wenn im vorigen Abschnitt ausgeführt wurde, dass diese Systeme nicht wirklich entscheiden. Möglicherweise ist den kollaborierenden Menschen noch nicht einmal der Rahmen, innerhalb dessen die Autonomie des Systems agiert, bekannt. Beispielsweise könnte ein Putzroboter, der sich in einem Krankenhaus für das den Richtlinien der Reinigung entsprechende Putzmittel ›entscheidet‹, für die menschliche Reinigungskraft autonom im starken Sinne wirken. Die Rahmung für diese Entscheidung wurde vom Reinigungsbetrieb mit der Krankenhausleitung erarbeitet. Aus der Perspektive des kollaborierenden Menschen ist bei der ›Aushandlung‹ der Autonomie mit dem autonomen System in der Kollaboration dieser wahrgenommene Autonomiegrad entscheidend und nicht die faktisch im System realisierte schwache Autonomie, die aus der Sicht des Putzdienstleisters umgesetzt ist.

58.3 Lernende autonome Systeme

Autonomie und Lernen eines Systems sind nicht notwendiger Weise verknüpft, aber Lernen gilt zunehmend als zentral für autonome Systeme, wobei für das maschinelle Lernen auch der größte Forschungsbedarf gesehen wird (Fachforum 2017). Jedenfalls war eine Folge des Fachforums Autonome Systeme die Gründung der Plattform Lernende Systeme, die die Chancen, Herausforderungen und Rahmenbedingungen für die Entwicklung und den Verantwortungsvollen Einsatz Lernender Systeme erörtern soll. Als zentrales Element der KI-Forschung steht Maschinelles Lernen aktuell auf der Forschungsagenda weit oben (s. Kap. II.E.17). Die öffentliche Debatte wird auch durch einzelne Erfolgsmeldungen angeregt (wie zuletzt durch den Gewinn von AlphaGo gegen den weltbesten Go-Spieler, zuvor durch den Gewinn der Maschine DeepBlue im Schach, s. Kap. II.F.20, oder im Quiz Jeopardy! durch Watson). In der Debatte spielt auch eine Rolle, dass ein gutes Abschneiden in diesen

Spielen unter Menschen als besondere kognitive Leistung anerkannt wird. Die angewendeten Lernverfahren – meist handelt es sich um eine Kombination solcher Verfahren – lassen sich von ihrer Grundidee teilweise bis in die Anfänge der KI-Forschung verfolgen, wobei die künstlichen neuronalen Netze (KNN), die sich in ihrer Ausgestaltung an natürlichen neuronalen Netzen und damit letztlich am Gehirn orientieren, sicherlich am bekanntesten sind. Entscheidungsbäume (z. B. Random Forest) oder ›Nearest Neighbor‹ sind andere Verfahren (Welsch/Eitle/Buxmann 2018). KNN sind letztendlich als eine Signal-Input-Signal-Output-Black-Box zu betrachten. Denn wenn man sich beispielsweise fragt, warum eine von einem KNN gesteuerte Roboterhand zugegriffen hat, dann lässt sich das auch von einem Sachverständigen der KI nicht durch einen Blick ›in das KNN‹ bestimmen. Man ›sieht‹ letztendlich nur die durch das Training erreichte Gewichtungskonfiguration in den einzelnen Knoten des KNN (Horvitz/Mulligan 2015):

> »For example, popular convolutional neural-network learning procedures (commonly referred to as ›deep learning‹) automatically induce rich, multilayered representations that their developers themselves may not understand with clarity. Although high level descriptions of procedures and representations might be provided, even an accomplished programmer with access to the source code would be unable to describe the precise operation of such a system or predict the output of a given set of inputs.«

Am Beispiel AlphaGo weiter ausgeführt, wird eine Kombination von DeepLearning in KNN und Monte-Carlo-Methoden (›taktische Suche‹) verwendet. Dafür wurde mit einer großen Zahl von Spielpartien trainiert, die zwischen Menschen gespielt wurden. 30 Millionen Spielzüge wurden eingegeben und das System konnte am Ende des Trainings zu 57 Prozent den menschlichen Spielzug vorhersagen. Darüber hinaus, um auch eigenständige Spielzüge zu generieren, spielte AlphaGo tausende Spiele gegen sich selbst, die nach trail-and-error bewertet wurden (*reinforcement learning*). »Dabei ist offenbar eine neue Spielweise entstanden, die die Go-Elite der Welt diese Woche nachhaltig verstört hat. AlphaGo machte Züge, die menschliche Profis zunächst für Fehler hielten. Tatsächlich hatte die Maschine aber einen Weg gefunden, das Spiel siegreich zu spielen, auf den Menschen in tausenden Jahren Go-Geschichte nicht gekommen sind«, berichtet Christian Stöcker auf SPIEGEL-Online (am 12.3.2016) von dem Spiel zwischen AlphaGo und einem der weltbesten Go-Spieler, Lee Sedol. Der Mitbegründer der britischen Firma DeepMind, die AlphaGo entwickelt hat, Demis Hassabis, schrieb, »der zweite Sieg sei für ihn selbst schwer zu fassen. AlphaGo hat in diesem Spiel einige wunderschöne kreative Züge gespielt« (ZEIT ONLINE vom 10.3.2016). Und auch andere Experten sprachen von einem Meilenstein in der Entwicklung maschinellen Lernens (Welsch u. a. 2018, 370).

Zusammenfassend kann man festhalten, dass sowohl die Software-Entwickler überraschend kreative Spielzüge identifiziert haben, als auch insbesondere die Go-Spieler-Community. Die ›Überraschung‹ Letzterer bezog sich nicht nur auf einzelne Züge, die nach den Regeln der heutigen Spielkunst als falsch beurteilt worden wären, sondern auch auf die Beurteilung der Gesamtleistung, in der durchaus ›menschliche Spielformen‹ wahrgenommen wurden.

Abstrahiert man vom Handlungszusammenhang Go-Spielen, dann lernte das System aus den Handlungen der Menschen, die diese Handlungen am besten können und damit den *state of the art* widerspiegeln bzw. definieren. Darüber hinaus lernt das System durch Probehandeln mit bzw. gegen sich selbst und entwickelt dabei neue Handlungsformen. Diese Handlungsformen werden seitens der Experten, die den *state oft the art* der Handlungen definieren, als überraschend oder sogar als falsch beurteilt.

Nun kann man davon ausgehen, dass das Go-Spielen eine Domäne ist, in der man überraschende Handlungen akzeptiert bzw. sogar zu schätzen weiß, wie in vermutlich vielen spielerischen Handlungskontexten. In anderen Kontexten beurteilt man das möglicherweise anders. In der Handlungsdomäne des autonomen Fahrens würde man eine Fahraktion des Fahrzeugs, die nach *state oft the art* ein Fehler ist, nicht ohne weiteres ausführen. Es müsste zunächst in geschützter Umgebung sichergestellt werden, dass die gelernte Aktion auch den gewünschten Ausgang nimmt. So argumentiert auch die Ethikkommission (2017, 13) in ihrer Handlungsempfehlung 18:

> »Lernende und im Fahrzeugbetrieb selbstlernende Systeme sowie ihre Verbindung zu zentralen Szenarien-Datenbanken können ethisch erlaubt sein, wenn und soweit sie Sicherheitsgewinne erzielen. Selbstlernende Systeme dürfen nur dann eingesetzt werden, wenn sie die Sicherheitsanforderungen an fahrzeugsteuerungsrelevante Funktionen erfüllen und die hier aufgestellten Regeln nicht aushebeln. Es erscheint

sinnvoll, relevante Szenarien an einen zentralen Szenarien-Katalog einer neutralen Instanz zu übergeben, um entsprechende allgemeingültige Vorgaben, einschließlich etwaiger Abnahmetests zu erstellen.«

Diese Handlungsempfehlung kann in allgemeiner Weise für andere Lernende Systeme herangezogen werden, denn sie empfiehlt, das Lernen in dem entsprechenden vorgesehenen Rahmen zwar zuzulassen, aber die Implementierung des Erlernten zunächst durch eine neutrale Instanz prüfen zu lassen. In unterschiedlichen Kontexten kann das unterschiedlich streng ausgelegt werden, denn die ›Überraschungstoleranz‹ ist beim Spielen deutlich höher als beim Autofahren.

58.4 Ethische Reflexion autonomer Systeme

In diesem Beitrag werden autonome Systeme als Mittel zum Zweck betrachtet. Damit treten ethische Überlegungen in den Vordergrund, die für die Beurteilung von Technik relevant sind und in interdisziplinären Zusammenhängen zum Beispiel in eine Technikfolgenabschätzung einfließen. Die Frage, ob autonome Systeme in gleicher Weise autonom handeln wie Menschen ist grundlegender, wird jedoch gemeinhin mit nein beantwortet (ausführlich dargelegt z. B. in Gutmann u. a. 2012; Nida-Rümelin 2017). Sie setzen an der Unterscheidung von Verhalten und Handeln an, die für das Handeln immer das Setzen eines Zweckes voraussetzt. Diesen Zweck möchte man mit der Handlung erreichen. Die Handlung kann dann einer Person zugeschrieben werden, die entsprechende Mittel einsetzt, um dieses Handlungsziel zu erreichen. Verhalten, zum Beispiel das reflexhafte Abfangen nach einem Stolpern, ist nicht in gleicher Weise zuschreibbar, weil dem Verhalten kein Mittel-Zweck-Zusammenhang zugrunde liegt. Mit der Zuschreibbarkeit von Handlungen ist auch die Verantwortung für diese Handlung und deren Folgen verknüpft. In der Praxis setzt Handeln dann auch die Fähigkeit einer Person voraus, diese Handlung, mit Referenz auf die Handlungszwecke, rational zu rechtfertigen (Janich 2001). »Gründe sind Bewertungen und – in der Form von Handlungsgründen – Veränderungen von Sachverhalten. Sie erfüllen überdies Funktionen in Erklärungen und Rechtfertigungen« (Sturma 2003, 42). Diese Fähigkeit, im Raum der Gründe argumentieren zu können, wird dann zum entscheidenden Kriterium für personale Autonomie (Christaller u. a. 2001, 126):

»1. Autonomie erster Stufe bzw. technische Autonomie. Die Autonomie erster Stufe liegt in Fällen komplexer Automation mit technisch induzierten Freiheitsgraden vor. Die Eigenschaft der Autonomie bezieht sich dabei auf die Eigenschaft einer Maschine, in bestimmten Bewegungsräumen Steuerungen und Aktionen auszuführen.
2. Autonomie zweiter Stufe bzw. personale Autonomie. Die eigentliche Autonomie bezeichnet eine Fähigkeit von Personen, spontan Einstellungen einzunehmen und Handlungen auszuführen, die prinzipiell nicht vorhersagbar sind. Personale Autonomie vollzieht sich in der Form von Handlungen im Raum der Gründe. Diese müssen nicht moralisch oder im engeren Sinn vernünftig bestimmt sein. Ein typischer Fall personaler Autonomie sind Lebenspläne im Sinne von Wünschen und Interessen zweiter Stufe.«

Auch wenn die Rede von »autonom handelnden Robotern« zunächst nahe legt, dass es sich um eine Kategorie von technischen Systemen handelt, die spezifische und neuartige Fragen aufwerfen, so stellen sich aktuell doch typische technik-ethische Fragen, auch wenn gelegentlich der Begriff Robo-Ethics aufgerufen wird (z. B. Veruggio/Operto 2006; Lin u. a. 2012; Decker/Gutmann 2012).

Aber aus technik-ethischer Sicht sind autonome Systeme von besonderem Interesse, weil der Mensch, der mit dem autonomen System kooperiert, seine Autonomie mit der des Systems ›aushandeln‹ muss. Wie oben ausgeführt, geht es nicht um ein ›Aushandeln‹ zwischen Mensch und Technik, sondern um ein Aushandeln zwischen Mensch und dem Produzent der Technik bzw. der Institution, die die Technik einsetzt. Wenn ein Werkzeug wie ein Bohrhammer durch Sensorik und Steuerungsprogramm seine Hammerleistung dem Material, das es zu bearbeiten gilt, individuell anpasst, kann man dann noch den Handwerker für entstandene Risse im Mauerwerk verantwortlich machen? Oder hat der Produzent die Sensorik falsch eingerichtet? Das Pflegeheim als Pflegeinstitution setzt Pflegekräfte ein und rüstet diese mit technischen Unterstützungssystemen aus. Die Institution kann dann auch Überwachungs- und Dokumentationsaufgaben an das technische System übertragen, welches dann unweigerlich auch Daten der menschlichen Pflegekraft dokumentiert. Das kann in deren Interesse sein, weil es Dokumentationslast nimmt, aber es kann auch gegen deren Interesse sein, weil es Verweilzeiten an den zu Pflegenden ebenso wie Pausenzeiten dokumentiert. Schließlich kann die Institution auch der Staat sein, der z. B. in technisch autonome Fahrzeuge einprogrammieren lässt, dass die jeweilige zugelassene Höchstgeschwindigkeit immer einzuhalten ist. Diese Fallbeispiele verdeutlichen, dass in der Aushandlung der Autonomie zwischen Mensch und Technik nicht nur prinzipien-ethische Fragen einer möglichen Instrumentalisierung zu klären sind, sondern diese auch mit konsequentialistischen und insbesondere Verantwortungs-ethischen Fragen verwoben sind, sowie mit utilitaristischen Überlegungen, die entsprechende Kosten-Nutzen-Relationen beurteilen. Fragen der Verteilungsgerechtigkeit spielen sowohl in Bezug auf Vor- und Nachteile eine Rolle. Das betrifft allgemein die Verteilung der Chancen und der Risiken, die mit der Nutzung autonomer Systeme in verschiedenen Handlungskontexten verbunden ist. Speziell betrifft es die Verteilung von Privatheit und Datenschutz, die – ebenfalls unter Berücksichtigung des Handlungskontexts und des zugrundeliegenden ›Geschäftsmodells‹ - beurteilt werden müssen.

Zu welchen Resultaten respektive Handlungsempfehlungen eine Abwägung dieser unterschiedlichen – und gegebenenfalls noch zu ergänzenden – ethischen Perspektiven führen, kann immer nur in Bezug auf konkrete Handlungszusammenhänge beschrieben werden. Die Handlungsempfehlungen der Ethik-Kommission für automatisiertes und vernetztes Fahren machen diese Aushandlungen deutlich (Ethikkommission 2017, 10): »Der Schutz von Menschen hat Vorrang vor allen anderen Nützlichkeitserwägungen.« »Die Gewährleistungs-Verantwortung für die Einführung und Zulassung automatisierter und vernetzter Systeme im öffentlichen Verkehrsraum obliegt der öffentlichen Hand. [...] wobei technisch unvermeidbare Restrisiken einer Einführung des automatisierten Fahrens bei Vorliegen einer grundsätzlich positiven Risikobilanz nicht entgegenstehen.« »In einer freien Gesellschaft erfolgt die gesetzliche Gestaltung von Technik so, dass ein Maximum persönlicher Entscheidungsfreiheit in einer allgemeinen Entfaltungsordnung mit der Freiheit anderer und ihrer Sicherheit zum Ausgleich gelangt.« Diese Beispiele aus den ersten vier Handlungsempfehlungen formulieren das Schutzziel, weisen gleichzeitig darauf hin, dass technische Systeme nicht unfehlbar sein müssen, und schreiben die Verantwortung für das in Verkehr-Bringen der öffentlichen Hand zu. Schließlich machen sie deutlich, dass die persönliche Entscheidungsfreiheit des Individuums im entsprechenden Handlungsrahmen maximiert werden soll.

Das ethische Handeln von autonomen Systemen ist ein weiterer Aspekt, der in der ethischen Reflexion eine große Rolle spielt, auch wenn man schwache Autonomie voraussetzt (Nida-Rümelin 2017). Auch in wissenschaftlichen Zusammenhängen wird hier auf die ›Asimovschen Gesetze‹ für Roboter Bezug genommen, wobei in der öffentlichen Debatte aktuell der kriegerische Zusammenhang hervortritt, mit der Frage, ob autonome Roboter in kriegerischen Auseinandersetzungen moralischer handeln, als menschliche Soldaten, die unter dem extremen Stress durch die Angst um das eigene Leben stehen. Beim autonomen Fahren stellen sich ähnliche Fragen, wenn ein Unfall aus physikalischen Kausalitäten nicht mehr vermieden werden kann. Soll man dann das autonome System so programmieren, dass ein möglichst geringer Schaden entsteht? Die damit verbundene Problemstellung wird offensichtlich, wenn man sich die Beurteilung *ex ante* der möglichen Schadensvarianten vor Augen führt. Die Ethikkommission (2017, 10 f.) geht in ihren Handlungsempfehlungen in drei Stufen auf diese Dilemma-Situationen ein. Zunächst empfiehlt sie, dass die autonomen Systeme technisch so ausgelegt werden sollen, dass Dilemmata möglichst vermieden werden. Dabei wird umfassend über das einzelne autonome Fahrzeug hinaus auch auf das gesamte Verkehrssystem rekurriert. »In Gefahrensituationen, die sich bei aller technischen Vorsorge als unvermeidbar erweisen, besitzt der Schutz menschlichen Lebens in einer Rechtsgüterabwägung höchste Priorität«, sagt Handlungsempfehlung sechs. Sie stellt die zweite Stufe dar, und zielt darauf ab, dass man im Rahmen dessen, was technisch machbar ist, die Systeme so programmieren soll, dass in einer Abwägung zwischen Personen und Tier- oder Sachschäden, Personenschäden vermieden werden sollen. Diese Stufe gewinnt dadurch an Relevanz, dass autonome Fahrzeuge auch ohne »menschliche Insassen« unterwegs sein können, sodass hier kein möglicher Personenschaden einkalkuliert werden muss. Sind Personen im Fahrzeug, ist dagegen die dritte Stufe relevant, in der die Kommission für Entscheidungen zwischen Personenschäden feststellt, dass autonome Systeme

> »[...] nicht eindeutig normierbar und auch nicht ethisch zweifelsfrei programmierbar [sind]. Technische Systeme müssen auf Unfallvermeidung ausgelegt werden, sind aber auf eine komplexe oder intuitive Unfallfolgenabschätzung nicht so normierbar,

dass sie die Entscheidung eines sittlich urteilsfähigen, verantwortlichen Fahrzeugführers ersetzen oder vorwegnehmen könnten.«

Handlungsempfehlung neun bringt es auf den Punkt:

»Bei unausweichlichen Unfallsituationen ist jede Qualifizierung nach persönlichen Merkmalen (Alter, Geschlecht, körperliche oder geistige Konstitution) strikt untersagt. Eine Aufrechnung von Opfern ist untersagt. Eine allgemeine Programmierung auf eine Minderung der Zahl von Personenschäden kann vertretbar sein«.

Hier wird empfohlen, durch institutionalisierte Beurteilungen *ex post* von Schadensereignissen systematisch Erfahrungen zu sammeln und diese dann in die zukünftige Programmierung einfließen zu lassen.

Diese Argumentation kann in die Rahmung für die Ausgestaltung eines schwach autonomen Systems, hier dem Fahrzeug, einfließen, auch wenn es für die konkrete Ausgestaltung des Systems noch weiterer Bestimmungen bedarf. Denn letztendlich sieht Stufe 2 eine ex-ante-Beurteilung durch das System vor, um zwischen Sach- und Personenschaden zu unterscheiden. Der Hinweis auf eine Minderung der Zahl von Personenschäden ebnet auch einen Pfad für eine *Ex-ante*-Beurteilung in Stufe 3. Das zeigt, dass die ethischen Reflexionen auf autonome Systeme nicht nur den konkreten Handlungskontext sehr genau berücksichtigen, sondern darüber hinaus auch in einen interdisziplinären Diskurs eingebunden sein müssen, denn die ethische Rahmung muss sich in eine technisch umsetzbare, rechtlich verantwortbare, sozial akzeptierte und ökonomisch realisierbare Rahmung einfügen, um ihre Relevanz ›auf die Straße‹ zu bringen.

Literatur

Christaller, Thomas/Decker, Michael/Gilsbach, M. Joachim/Hirzinger, Gerd u. a.: Robotik. Perspektiven für menschliches Handeln in der zukünftigen Gesellschaft. Berlin 2001.

Decker, Michael/Gutmann, Mathias (Hg.): Robo- and Informationethics. Some fundamentals. Wien 2012.

Decker, Michael/Fischer, Martin/Ott, Ingrid: Service robotics and human labor: A first technology assessment of substitution and cooperation. In: Robotics and Autonomous Systems 87 (2017), 348–354.

Dumitrescu, Roman u. a.: Studie »Autonome Systeme«. In: Studien zum deutschen Innovationssystem 13 (2018), Expertenkommission Forschung und Innovation (EFI). Berlin 2018.

Ethikkommission: »Automatisiertes und Vernetztes Fahren«. Bericht (2017). In: https://www.bmvi.de/SharedDocs/DE/Publikationen/DG/bericht-der-ethik-kommission.html?nn=12830 (17.5.2019).

Fachforum Autonome Systeme im Hightech-Forum: Autonome Systeme – Chancen und Risiken für Wirtschaft, Wissenschaft und Gesellschaft. Kurzversion. Abschlussbericht. Berlin 2017.

Frey, Cael Benedict/Osborne, Michael A.: The Future of Employment: How Susceptible are Jobs to Computerization? Oxford 2013. In: https://www.oxfordmartin.ox.ac.uk/downloads/academic/The_Future_of_Employment.pdf (17.5.2019).

Gransche, Bruno/Erduana, Shala/Simone, Kimpeler/Hubig, Christoph/Alpsancar, Suzana/Harrach, Sebastain: Wandel von Autonomie und Kontrolle durch neue Mensch-Technik-Interaktionen. Schlussbereicht. Karlsruhe 2014.

Gutmann, Mathias/Rathgeber, Benjkamin/Syed, Tareq: Action and Autonomy: A Hidden Dilemma in Artificial Autonomous Systems. In: Michael Decker/Mathias Gutmann (Hg.): Robo- and Informationethics. Some fundamentals. Wien 2012, 231–257.

Horvitz, Eric/Mulligan, Deirdre: Data, privacy, and the greater good. In: Science 349/6245 (2015), 253–255.

Janich, Peter: Logisch-pragmatische Propädeutik. Weilerswist 2001.

Kant, Immanuel: Grundlegung zur Metaphysik der Sitten [1785]. In: Ders.: Werke. Akademieausgabe, I. Abt., Bd. 4. Hg. von der Königlich Preußischen Akademie der Wissenschaften. Berlin 1911.

Lin, Patrick/Abney, Keith/Bekey, George A. (Hg.): Robot Ethics. The ethical and social implications of robotics. Cambridge 2012.

Nida-Rümelin, Julian: Handlung, Technologie und Verantwortung. In: W. Pietsch/J. Wernecke/M. Ott (Hg.): Berechenbarkeit der Welt? Wiesbaden 2017, 497–513.

Sturma, Dieter: Autonomie. Über Personen, Künstliche Intelligenz und Robotik. In: T. Christaller/J. Wehner (Hg.): Autonome Maschinen. Wiesbaden 2003, 38–55.

VDA: Automatisierung. Von Fahrerassistenzsystemen zum automatisierten Fahren. Potsdam 2015.

Veruggio, Gianmarco/Operto, Fiorella: Roboethics: a Bottom-up Interdisciplinary Discourse in the Field of Applied Ethics in Robotics. In: International Review of Information Ethics 6 (2006), http://fiz1.fh-potsdam.de/volltext/ijie/07241.pdf (15.6.2019)

Welsch, Andreas/Eitle, Verena/Buxmann, Peter: Maschinelles Lernen. HMD Praxis der Wirtschaftsinformatik 55/2 (2018), 366–382.

Wiegerling, Klaus: Warum Maschinen nicht für uns denken, handeln und entscheiden. In: Petra Grimm/Klaus Koziol (Hg.): Mensch-Sein 4.0. Ist die Maschine der bessere Mensch? Stuttgart 2018, 1–13.

ZEIT ONLINE: Maschine gewinnt auch die zweite Runde. In: https://www.zeit.de/sport/2016-03/go-kuenstliche-intelligenz-sieg-alphago-google-lee-sedol (1.8.2019).

Michael Decker

59 Ethische Fragen bei Brain-Computer Interfaces und anderen Neurotechnologien

59.1 Begriffsdefinitionen und Stand der Technik

Auf den Menschen bezogen sind unter Neurotechnologien im weitesten Sinn alle jene Geräte und Forschungsmethoden zu verstehen, bei denen das menschliche Nervensystem, insbesondere das Gehirn, im Zentrum der Beobachtung steht oder Objekt der technischen Interaktion ist. Unter diese weit gefasste Definition fallen, neben den verbreiteten Geräten zur Bildgebung des Gehirns (z. B. mittels Kernspintomographie, MRT), den Methoden zur Messung der elektrischen Gehirnaktivität mittels Elektroenzephalographie (EEG) oder Geräten zur (magneto-)elektrischen Stimulation des Gehirns (z. B. transkranielle Magnetstimulation, TMS), letztlich aber auch Methoden zur feingeweblichen Untersuchung von Gehirnzellen und zellulären Funktionen.

Im Folgenden sollen, eine engere Definition von Neurotechnologien anlegend, vor allem solche Systeme im Hinblick auf ethische Herausforderungen betrachtet werden, die eine direkte Interaktion zwischen Geräten und dem Gehirn im lebenden Menschen ermöglichen. Hierzu zählen insbesondere sogenannte Gehirn-Computer- (oder Gehirn-Maschine-)Schnittstellen, dem internationalen Sprachgebrauch gemäß hier Brain-Computer Interfaces (BCI) genannt, und Systeme zur Gehirnstimulation, insbesondere transkranielle Gleichstromstimulation (tDCS) und intrakranielle Elektroden zur tiefen Hirnstimulation (THS).

Ganz allgemein besteht ein BCI aus einem Sensor zur Messung von elektrischer Gehirnaktivität (oder der Durchblutung des Gehirns), einem Rechner zur Datenverarbeitung und -analyse sowie einem zu steuernden Gerät, oft als ›Effektor‹ bezeichnet. Die überwiegende Zahl solcher Systeme operiert dabei nach dem Prinzip des offenen Regelkreises, der *Open-loop*-Steuerung, in dem die analysierten Gehirnsignale zur Steuerung des Effektors, jedoch nicht zur Modifikation des Gehirns selbst verwendet werden. In einem BCI mit geschlossenem Regelkreis, einem *Closed-loop*-System, hingegen werden die analysierten Gehirndaten zur Modifikation des Gehirns, z. B. durch elektrische Stimulation der Gehirnoberfläche, verwendet.

BCIs, die Gehirnaktivität in Steuerungssignale für Effektoren übersetzen, werden bislang ganz überwiegend in der Grundlagenforschung und in klinischen Anwendungsstudien mit wenigen Patienten entwickelt und erprobt. Eine Neurotechnologie, die mittlerweile als klinisches Routineverfahren angewendet wird, ist die oben erwähnte THS. Hierbei werden Elektrodenkontakte in tieferliegende Bereiche des Gehirns eingebracht, um dort mittels elektrischer Stimulation Kerngebiete bestimmter Nervenzellen direkt (und somit indirekt auch Netzwerke für bestimmte Gehirnfunktionen) zu beeinflussen. Neben dem verbreiteten Einsatz zur Linderung der Symptome der Parkinsonschen Erkrankung dehnte sich in den letzten Jahren die klinische Anwendung auf die Psychiatrie aus, insbesondere zur Behandlung schwerer Depressionen und bei Zwangsstörung. Bislang erfolgte auch bei der THS die Stimulation nach dem *Open-loop*-Prinzip, d. h. die Stromstärke wird festgelegt und je nach Ansprechen der Symptome und/oder Auftreten unerwünschter Wirkungen herauf- oder herabgesetzt, jedoch nicht adaptiv auf der Grundlage von gemessener Gehirnaktivität wie bei einem *Closed-loop*-System (die jedoch auch für diesen Zweck bereits konzipiert sind und sich teils in der Entwicklung befinden).

59.2 Aktuell relevante technische und gesellschaftliche Entwicklungen

Neben dem klinischen Einsatz von Neurotechnologien werden auch zunehmend Geräte speziell für den allgemeinen Verbrauchermarkt entwickelt. Dabei lassen sich Geräte für nicht zulassungsbeschränkte medizinische (oder medizinnahe) Anwendungen– wie z. B. zur ›Entspannungsbehandlung‹ durch ›Neurofeedback‹ – von klar unterhaltungsorientierten Systemen, z. B. für Computerspiele, unterscheiden.

Neben diesen Makrotrends hin zu einer breiteren Anwendung neurotechnologischer Systeme lassen sich noch spezielle technologische, medizinische und gesellschaftliche Entwicklungen beobachten, die zum Teil einander bedingen und/oder eng miteinander verzahnt sind.

Technische und medizinische Entwicklungen im Bereich Neurotechnologie

Um in einem BCI Gehirnsignale in effektive Steuerungsbefehle für Effektoren zu übersetzen, spielen die zeitlich, räumlich und frequenzbezogen präzise Auflösung der gemessenen bioelektrischen (oder auf

K. Liggieri / O. Müller, *Mensch-Maschine-Interaktion*, https://doi.org/10.1007/978-3-476-05604-7_59

die Durchblutung bezogene) Signale eine entscheidende Rolle. Die aktuellen Forschungs- und Entwicklungsvorhaben im Bereich Neuroengineering sind durch die Verbesserung dieser Eigenschaften motiviert. So ermöglicht die Signalableitung direkt von der Gehirnoberfläche eine bessere Signalqualität und räumliche Auflösung, und die Miniaturisierung der Elektrodenkontakte ermöglicht den Einsatz von mehr Elektroden pro Fläche. Neben diesem Trend zu Miniaturisierung und intrakraniellen Signalableitung ist auch die drahtlose Signalübertragung ein wichtiger Innovationsschritt, da so intrakranielle Systeme möglich sind, die deutlich weniger Infektionsgefahr bergen.

Neben den messtechnischen Verbesserungen sind auch im Hinblick auf die Analyse der Gehirndaten große Fortschritte zu verzeichnen seit den 2010er Jahren. Der Entwicklungssprung ist zurückzuführen auf verbesserte Methoden für maschinelles Lernen (s. Kap. II.E.17) (*machine learning*, ML) mit künstlichen neuronalen Netzen (*artifical neural networks*, ANN) für sogenanntes tiefes Lernen (*deep learning*) anhand großer Datenmengen (*big data*). Aufgrund der Fähigkeit, diese großen Datenmengen auch in Echtzeit zu verarbeiten, und verbesserter Visualisierung der Dekodierungsergebnisse eignen sich *deep-learning*-basierte ML-Ansätze besonders für die Analyse von Gehirndaten. Zuletzt ist es z. B. gelungen, mit einem solchen Ansatz anhand von EEG-Daten einen autonomen Roboter in Echtzeit zu steuern (Burget u. a. 2017).

Diese technischen Verbesserungen eröffnen auch neue Möglichkeiten zur *Closed-loop*-Interaktion in Echtzeit, z. B. bei implantierbaren Elektrodensystemen zur gezielten elektrischen Stimulation zur Unterdrückung epileptischer Anfälle bei Patienten mit ansonsten schwer behandelbarer Epilepsie. Darüber hinaus erweitert sich das Spektrum der Anwendung neurotechnologischer Medizingeräte seit den 2010er Jahren fortlaufend. Neben der Anwendung bei Patientinnen und Patienten mit schwerer Depression, die auf medikamentöse Therapien nicht anspricht, ist auch die Anwendung bei Zwangsstörungen, bei Tourette-Syndrom (einer Störung der Impulskontrolle mit unwillkürlichen Bewegungen und verbaler Ausfälligkeit) und Suchterkrankungen zu verzeichnen.

Aktuell sind am Horizont der Forschung auch Projekte zu finden, die neue Wege für die Messung von Gehirnsignalen und der technischen Interaktion erkunden. Zum Beispiel werden in einem *neural dust* genannten Ansatz mittels Ultraschallwellen ins Gehirn eingebrachte kleinste Partikel drahtlos angesteuert (Neely u. a. 2018).

Diese vielfältigen technischen Entwicklungen ermöglichen die Erschließung neuer gesellschaftlicher Anwendungsbereiche, die im Folgenden kurz skizziert werden.

Neurotechnologie für den Verbrauchermarkt, Do-it-yourself Neurotechnologie und ›Biohacking‹

Neben der Neurotechnologie zur reinen Unterhaltung, z. B. ein BCI zur Steuerung eines Computerspiels, umfasst die consumer-directed neurotechnology jedoch auch einen Graubereich (para-)medizinischer Anwendungen. Hierzu zählen Geräte zum sogenannten Neurofeedback, d. h. die Gehirnaktivität einer Nutzerin wird derselben zurückgemeldet, meist visuell, und diese soll dann durch Entspannungsverfahren oder andere ›mentale Techniken‹ die angezeigten und visualisierten Ergebnisse modulieren.

Neben diesem wachsenden Markt für an Konsumenten gerichtete Endgeräte finden wir auch eine empirisch schwer überschaubare Zahl von Tüftlern und Nutzern selbstgebauter neurotechnologischer Geräte, meist EEG-basierter BCIs oder tDCS-Geräten. In dieser überaus aktiven und untereinander vernetzten Szene des sogenannten ›Biohacking‹ wird aus den wenigen qualitativen, empirischen Studien zum Thema deutlich, dass hierbei die Motivation meist auch im Wunsch nach der Verbesserung kognitiver Funktionen und/oder technikaffiner Experimentierfreude begründet ist (Wexler 2017).

Militärische Neurotechnologie

Bemerkenswert ist überdies, zumindest aus europäischer Perspektive, welche (im globalen Maßstab betrachtet) große Rolle militärische Behörden und Einrichtungen in der neurotechnologischen Forschung und Entwicklung spielen. Gerade in den USA ist die Defense Advanced Research Projects Agency (DARPA) ein eifriger Sponsor neurotechnologischer Projekte (Reardon 2015). Hier zeigt sich insbesondere die inhärente Problematik, dass (neuro)technologische Forschung und Anwendungen sowohl für friedliche als auch für kriegerische Zwecke (*dual-use*) erfolgen kann. Durch diese mannigfaltige Ausdifferenzierung und technischen Weiterentwicklung von Neurotechnologien, sowie deren Einsatz in der Medizin, bei Verbrauchern und im militärischen Bereich, stellen sich eine Reihe aktueller ethischer Herausforderungen.

59.3 Aktuelle ethische Debatten mit Bezug zur Neurotechnologie

Neuroethik als akademische Disziplin

Die technischen Entwicklungen und Diskussion über ethische Aspekte von Neurotechnologien, insbesondere BCIs, seit den 2000er Jahren waren wichtige Faktoren im Hinblick auf die Entstehung der Neuroethik als Bereichsethik und interdisziplinäres Forschungsgebiet.

Dabei wird der akademische Diskurs, die institutionelle Verankerung (an Universitäten und in Interessensvertretungen) sowie die internationale Deliberation auf politisch-regulatorischer Ebene zurzeit noch stark durch angloamerikanische Akteure bestimmt. Besonders in Nordamerika entstanden bislang erste dezidierte neuroethische Forschungsinstitute, z. B. der National Core für Neuroethics an der University of British Columbia in Vancouver, Kanada, oder das Neuroethics Program der Emory University in Atlanta, USA.

Unterrepräsentiert sind dagegen weiterhin Theorien und Ansätze aus der europäischen Philosophie und Ideengeschichte, sei es im ethisch-sozialwissenschaftlichen Bereich (z. B. Diskursethik oder die Theorie der Risikogesellschaft) oder im Hinblick auf die philosophischen Grundlagen der Neuroethik (z. B. aus hermeneutischer oder phänomenologischer Perspektive). Auch institutionell ist die Neuroethik in Deutschland (und Europa) noch nicht stark verankert, sondern wird weitgehend durch gebietsbezogene Arbeiten von Einzelpersonen oder Forschungsgruppen repräsentiert.

Innerhalb der Neuroethik wird zuletzt, neben der Frage nach der thematischen Abgrenzung und Zuständigkeiten der Disziplin, vermehrt auch die Frage nach den philosophischen Grundlagen gestellt und die Offenheit gegenüber bislang unterrepräsentierten Theorieansätzen (z. B. feministische Neuroethik) debattiert (Evers/Salles/Farisco 2017; Illes 2017).

Ethische Fragen zu Big Data und maschinellem Lernen

Durch die Digitalisierung der Wissenschaft und Medizin, getrieben durch Big Data und maschinelles Lernen (s. Kap. III.50) sowie die Entwicklung neurotechnologischer Geräte zur Interaktion mit dem menschlichen Gehirn–insbesondere auch durch Geräte großer Technologieunternehmen für nicht-medizinische Anwendungen – entstehen aktuell zudem neue Herausforderungen im Bereich der Mensch-Maschine-Interaktion, im Hinblick auf den rechtlichen Status und Schutz von Gehirndaten und vielen anderen Themen.

Vor diesem Hintergrund hat eine Gruppe aus Neurowissenschaftlern/innen, Neuroethiker/innen, Juristen/innen, Philosophen/innen und Neuroingenieuren/innen zuletzt folgende Prioritäten in der ethischen Auseinandersetzung vorgeschlagen: Sicherheit und Privatheit von Gehirndaten und die informierte Zustimmung zu deren Verwendung; der Einfluss neurotechnologischer Geräte auf die Handlungsbestimmtheit (*agency*) und personale Identität (s. Kap. II.H.28); die Verbesserung von Gehirnfunktionen durch Neurotechnologie und das Problem der systematischen Verzerrung (*bias*) der Datengrundlage bei intelligenten Algorithmen (s. Kap. III.32; Yuste u. a. 2017).

Diese Einteilung aufgreifend und ergänzend, sollen im Folgenden einige ethische, rechtliche und soziale Herausforderungen kurz skizziert werden.

Sicherheit neurotechnologischer Geräte und Privatheit von Gehirndaten

Obwohl Medizingeräte hohen Anforderungen für die technische Sicherheit unterliegen (z. B. im Hinblick auf Brandschutz), scheint es um den Schutz vor unerlaubten hard- oder softwareseitigen Eingriffen (*hacking*) nicht sonderlich gut bestellt zu sein. So konnten Ingenieure unter anderem mittels einfachen Zubehörs aus dem Elektronikhandel gängige Modelle eines Herzschrittmachers/-stimulators (ICD, mit drahtloser Signalübertragung) kontrollieren und gar elektrische Stimulationen auslösen (Halperin u. a. 2008). Daher ist auch für künftige Generationen neurotechnologischer Geräte, ob für den klinischen Einsatz oder auf dem Verbrauchermarkt, die Frage der Zugriffssicherheit von hoher Wichtigkeit und sollte in der Entwicklung priorisiert werden.

Doch wie steht es eigentlich um den Schutz der Gehirndaten die mit diesen Geräten ausgelesen, gespeichert und verarbeitet werden? Hier stellen sich insbesondere im Hinblick auf oben erwähnte konvergierende Trends zu Big Data und der breiten Anwendung der Geräte die Fragen, wo die Daten gespeichert werden (lokal oder auf zentralen Servern), wer Zugriff auf die Daten hat und wie die Speichermedien vor unerlaubtem Zugriff geschützt sind. Eine weitere wichtige Frage in diesem Zusammenhang wird sein, wie wir die Gehirndaten qualitativ im Vergleich zu anderen biometrischen Daten einordnen: Sind sie nur eine weitere Art von ›Biodaten‹, wie personalisierte biometrische Daten, die von Fitness-Trackern, Gesundheits-Apps oder anderen Anwendungen gesammelt werden? Oder sind Gehirndaten *besonders*, da sie in einer direkten Beziehung zu unserer Gehirnaktivität stehen und somit potentiell noch persönlichere Informationen bergen, insbesondere über Wünsche, Absichten, Vorlieben, Abneigungen und anderer mentaler Dispositionen, denen wir selbst oft nicht gewahr sind? Von der Beantwortung dieser Fragen wird es abhängen, in welchem Ausmaß sich Politik und Gesetzgebung um den Schutz von Gehirndaten und die Sicherheit neurotechnologischer Geräte bemühen.

Bias und Fairness der Datengrundlage bei Neurotechnologien

Ein grundlegendes Problem von auf Big Data beruhenden Analysen ist, dass die Sammlung und Kategorisierung der Daten, ob nun Nutzerdaten im Internet oder Messdaten aus neurophysiologischen Experimenten, nicht neutral ist, sondern systematischen Verzerrungen (*biases*) unterliegt.

Hinzu kommt, dass auch das menschliche Handeln nicht unwesentlich von kognitiven Biases – systematischen Verzerrungen in der Bewertung von Sachlagen und in der Entscheidungsfindung – beeinflusst wird, und es zudem schwierig ist, diese Biases abzugewöhnen (sog. *debiasing*, Croskerry/Singhal/Mamede 2013). In dem Maße, in dem nun Entscheidungen von Menschen darüber getroffen werden, welche Daten gesammelt (und welche verworfen) und wie diese kategorisiert oder markiert werden, beeinflussen die kognitiven Biases auch die Repräsentativität (und somit Fairness) der Datengrundlage für die Lernalgorithmen. Zudem sind natürlich die Nutzerinnen und Nutzer solcher, auf maschinellen Lernalgorithmen beruhender Systeme ebenfalls durch ihre kognitiven Biases beeinflusst. Somit sind systematische Verzerrungen der Daten als ubiquitär zu betrachten, und es hat sich gezeigt, dass es unter diesen Bedingungen auch kein mathematisch triviales Verfahren gibt, diese Verzerrungen aus den Daten zu entfernen.

Sofern nun aber ein BCI mit einem maschinellen Lernalgorithmus zur Dekodierung der Gehirndaten arbeitet, welcher auf einer nicht-repräsentativen Datengrundlage trainiert wurde – z. B. ein Algorithmus zur Robotersteuerung, welcher auf Daten von Rechtshändern trainiert wurde, aber nun von einem Linkshänder benutzt werden muss –, könnte dies negative Auswirkung auf die Effizienz und auf die Sicherheit der Interaktion zwischen Mensch und Gerät haben.

Phänomenologische und handlungstheoretische Überlegungen zur Interaktion zwischen Menschen und adaptiven neurotechnologischen Geräten

Durch die zunehmende Invasivität neurotechnologischer Geräte, wie bei der THS oder intrakraniellen BCIs, aber auch bei Neuroprothesen (wie durch Hirnaktivität gesteuerte Exoskelette), ist eine zunehmende Annäherung von Mensch und Maschine zu verzeichnen. Während manche Autorinnen und Autoren in dieser Einverleibung neurotechnologischer Geräte bereits erste Anzeichen einer Verschmelzung von Mensch und Maschine bis hin zur ›Cyborgisierung‹ sehen (s. Kap. II.G.25, III.39), sieht die Realität des neurotechnologischen Entwicklungsstands weitaus bescheidener aus. Dennoch sind aktuelle ethische Untersuchungen und Debatten im Hinblick auf diese engere Mensch-Maschine-Beziehung, sowohl räumlich als auch interaktionell (wie in adaptiven closed-loop-Systemen), zunehmend an den phänomenologischen sowie auf Agency und Autonomie (s. Kap. III.35, IV.A.58) bezogenen Auswirkungen dieser Konstellation interessiert.

Dies lässt sich am Beispiel eines prototypischen, auf einem implantierten Elektrodensystem basierenden, *closed-loop* BCI zur Steuerung eines mobilen Roboterassistenzsystems verdeutlichen. In einem solchen System würde die bioelektrische Aktivität über bestimmten Gehirnregionen abgeleitet, meist dem motorischen Kortex. Die Gehirnsignale werden dann in Echtzeit von einem Rechner mit Algorithmen, z. B. künstlichen neuronalen Netzen für tiefes Lernen, analysiert. Die so dekodierten Parameter können dann zur Steuerung des Roboters verwendet werden. Ein geschlossener Regelkreis läge vor, wenn die beobachtete Umsetzung der Steuerungsbefehle durch den Roboter auch die Gehirnaktivität des Nutzers moduliert. Noch deutlicher wäre dies, wenn z. B. die implantierten Elektroden auf der Grundlage der Steuerungsgenauigkeit auch gezielt Gehirnbereiche elektrisch stimulieren würden, um die Dekodiergenauigkeit zu erhöhen.

In einem auf nicht-adaptiven Algorithmen beruhenden BCI würde die Hirnaktivität immer und genau dann zur Auswahl eines am Bildschirm dargestellten Buchstabens verwendet, wenn ein festgelegter Schwellenwert überschritten ist. Die Entscheidungsgrundlage des Systems wäre in solch einem transparenten BCI-Ansatz zwar hinreichend genau nachvollziehbar, allerdings stößt die Dekodierleistung (und somit der Nutzen für den Patienten) schnell an Grenzen. Ein BCI, wie im oben angeführten Beispiel, welches auf selbstlernenden, adaptiven Algorithmen beruht, wird im Laufe der Zeit immer besser, da Nutzer und BCI ko-adaptiv gemeinsam lernen. Dies wirft nun mitunter interessante Fragen auf: Wo verläuft die Grenze zwischen reiner Hilfestellung (›Assistenz‹) und Verbesserung (›Augmentation‹) bestimmter Funktionen? Inwieweit führt die gegenseitige Anpassung von menschlicher Intention (z. B. über den gewünschten Kommunikationsinhalt) und algorithmischer Prädiktion zu einer Einengung des intentionalen und affektiven Möglichkeitsraums des Benutzers?

Im Hinblick auf das Verhältnis zwischen der absichtsvollen Verursachung einer Handlung und der moralischen und juristischen Verantwortung für dieselbe ergeben sich in einem Hybridsystem aus Mensch und Maschine ebenfalls mögliche Spannungen: Desto mehr nämlich die Entscheidung über eine bestimmte Intervention (z. B. die elektrische Stimulation zur Modifikation der Robotersteuerung im o. g. Beispiel) oder einer bestimmten Bewegung des Roboters durch einen, in seiner Entscheidungsheuristik und Datengrundlage zunehmend opaken, Lernalgorithmus getroffen wird, desto eher entsteht eine Lücke in der Zuschreibung von Verantwortlichkeit (Kellmeyer u. a. 2016). Diese Verantwortlichkeitslücke ließe sich vermeiden, wenn der Mensch *in-the-loop* bleibt, das heißt an kritischen Stellen die Entscheidungshoheit behält.

Neben diesen handlungs- und autonomiebezogenen Auswirkungen liegen bereits erste Erkenntnisse vor über die Effekte invasiver neurotechnologischer Geräte, insbesondere der THS, auf das phänomenologische und handlungsbezogene Erleben der Nutzerinnen und Nutzer. So treten bei manchen Patienten mit Parkinsonscher Erkrankung durch die Stimulation neben der gewünschten Verbesserung der Motorik auch unerwünschte Auswirkungen auf, z. B. auf die Impulskontrolle und das Verhalten (bis hin zu Hypersexualität und Spielsucht, Gilbert 2012). Im Zuge der zunehmenden Ausweitung der Indikation der THS auf psychiatrische Störungen wie Depression und Zwangsstörung sind nun ähnliche unerwünschte Effekte bei diesen Patientengruppen zu beobachten (Gilbert 2013; Haan u. a. 2015). Interessant ist dabei unter anderem, inwieweit die enge Verbindung zwischen Gehirnimplantaten und Patienten möglicherweise erweiterte phänomenologische und handlungstheoretische Konzepte erfordert, die beziehungsorientierte (*relational agency*), ökologisch situierte, enaktive und *embodiment*-bezogene Faktoren berücksichtigen (Gallagher/Allen 2016; Goering u. a. 2017) sollten.

Die Frage, inwieweit Patienten (und Nutzer von *Closed-loop*-Geräten für Verbraucherzwecke) als auch unsere politisch-regulativen und juristischen Steuerungssysteme solche Verantwortlichkeitslücken tolerieren, wird möglicherweise einen großen Einfluss auf die gesellschaftliche Akzeptanz autonomer intelligenter System haben, ob bei intelligenten Hirnimplantaten, selbstfahrenden Autos oder anderen Assistenzsystemen.

Aus phänomenologisch-ökologischer Sicht (vgl. Fuchs 2007/2016) wäre noch anzumerken, dass erstursächlich am einspeisenden Ende der Steuerungsschleife nicht ein isoliertes Gehirn sitzt, sondern dieses mit einem (wie schwer auch immer durch Krankheit beeinträchtigten) menschlichen Körper verbunden ist. In diesem Ansatz berücksichtigt eine informative Beziehungsanalyse der Komponenten eines solchen *Closed-loop*-Systems demnach nicht allein den algorithmischen *pas de deux* zwischen Nervenzellnetzen und Recheneinheit, sondern den ganzen Menschen und seine Umwelt.

Restauration, Augmentation, Neuroenhancement und militärische Neurotechnologie

Durch Gehirnaktivität gesteuerte Prothesen und andere Effektoren kommen bislang hauptsächlich im medizinischen Bereich zur Wiederherstellung (Restauration/Rehabilitation) von Funktionen zum Einsatz. Dabei kann die verlorene Funktion, z. B. die fehlende Beweglichkeit eines Arms oder Beins durch eine Lähmung, entweder ›biomimetisch‹ dem Körper nachempfunden oder durch eine körperfremde Funktionsweise ersetzt werden. Neben diesem restaurativen Ansatz ließen sich jedoch auch Neuroprothesen entwickeln, die über den ursprünglichen Funktionszustand hinaus verbesserte Fähigkeiten verleihen, sei es mehr Kraft oder eine längere Ausdauer einer künstlichen Gliedmaße. Über eine solche, gewissermaßen indirekte Verstärkung (Augmentation) oder Verbesserung (*enhancement*) körperlicher Fähigkeiten ist unter Neuroenhancement im engeren Sinn jeder direkte Eingriff, ob nun pharmakologisch oder mittels neurotechnologischer Geräte, zu verstehen, der zu einer Verbesserung der globalen Gehirnfunktion oder partieller Gehirnfunktionen führen würde (s. Kap. IV.B.62).

Auch an diesem Bereich zeigt insbesondere die militärische Forschung und Entwicklung großes Interesse, sowohl an mittels Gehirnaktivität gesteuerter Exoskelette als auch an implantierbaren Elektroden zur gezielten Stimulation einzelner Gehirnregionen, z. B.

zur Verbesserung von Gedächtnisfunktionen (Miranda u. a. 2015). Hier dreht sich die aktuelle ethische Debatte vor allem um die *dual-use*-Problematik (vgl. Ienca u. a. 2018). Wie allen Technologien mit breitem Anwendungspotential wohnt auch der Neurotechnologie das Potential des schädlichen Gebrauchs inne. Insofern hängt die normative Legitimität (und Legitimation) innovativer Neurotechnologien aus militärischer Forschung naturgemäß stark vom Verwendungszweck (offensive vs. defensive Systeme), der Art des Einsatzes, der demokratischen Legitimation des Einsatzes, Gefahr der Proliferation und anderer Faktoren ab. Überdies ist auch zu bedenken, dass die militärische neurotechnologische Forschung nicht notwendigerweise nur auf die Entwicklung von Techniken zur Restauration oder Augmentation der eigenen Soldaten und Streitkräfte ausgerichtet ist, sondern hierbei auch Methoden zur gezielten Schädigung des gegnerischen Nervensystems (*neuroimpairment*, wie z. B. durch akustische Waffen) erforscht werden. Je nach Funktionsweise können solche Systeme aus der militärischen Forschung mitunter auch sinnvoll für zivile medizinische Zwecke, wie zur Behandlung von Patienten mit Schlaganfall, verwendet werden. Aus konsequentialistisch-utilitaristischer Sicht, argumentieren manche Autorinnen und Autoren sei die militärische neurotechnologische Forschung zu befürworten, insofern sie einen Mehrwert für die Zivilgesellschaft bringe.

Hier sei noch angefügt, dass sich aus makroökonomisch-politischer Perspektive auch die Frage stellt, warum öffentliche Mittel für die Erforschung innovativer Neurotechnologien überhaupt von militärischen Forschungseinrichtungen – wie aktuell in den USA der Fall – verwaltet und verteilt werden sollten? Zwar sind wir vom *super soldier* noch weit entfernt, aber wäre es nicht bereits heute im Sinne der Verteilungsgerechtigkeit wichtig, die Priorisierung (und Governance) neurotechnologischer Forschung an den Bedürfnissen der hauptsächlich betroffenen Patientengruppen auszurichten anstatt sie von militärischen Interessen leiten zu lassen?

Kommerzielle und *do-it-yourself*-Neurotechnologie

Neben der Forschung und Entwicklung im zivilen medizinisch-neurowissenschaftlichen Sektor und im Militär ist seit den 2010er Jahren auch die Entwicklung kommerzieller Neurotechnologien für den Verbrauchermarkt und eine wachsende Szene interessierter Expertinnen und Laien zu beobachten, die – oft (aber nicht immer) außerhalb von Forschungseinrichtungen – mit neurotechnologischen Geräten experimentieren und/oder diese in Eigenarbeit (*do-it-yourself*, DIY) modifizieren oder selbst entwickeln. Auch diese Anwendungen im kommerziellen und DIY-Bereich führen zu aktuellen ethischen Debatten.

Das proklamierte Ziel in der Entwicklung der an Verbraucherinnen und Verbraucher gerichteten Endgeräte, z. B. ein EEG-basiertes BCI-System zum Neurofeedback, ist dabei meist die Verbesserung kognitiver Fähigkeiten wie Aufmerksamkeit, Gedächtnis oder Konzentrationsfähigkeit. Zum allergrößten Teil entbehren dabei die versprochenen Effekte bislang einer empirisch belastbaren oder physiologisch plausiblen Grundlage, sodass in der neuroethischen Debatte insbesondere der Aspekt der kommerziellen Verwertung kritisch beurteilt wird (Eaton/Illes 2007; Kreitmair/Cho/Magnus 2017). Zudem ist gerade im Bereich der kommerziellen Anwendung, aber auch bei DIY-Geräten, der Datenschutz der ausgelesenen Gehirndaten ein wichtiger Diskussionsgegenstand.

Auch wenn in letzter Zeit eine vermehrte mediale Aufmerksamkeit zum Thema kommerzielle und DIY-Neurotechnologie zu verzeichnen ist, liegen erst wenige qualitative empirische Untersuchungen über den sozialen und demographischen Kontext sowie die Motivation und Absichten der Nutzerinnen und Nutzer im Heimgebrauch vor. Exemplarisch sei hierzu eine erste ausführliche ethnographische Studie angeführt (Wexler 2017). In dieser Untersuchung wurde anhand von 339 Befragten in den USA gezeigt, dass Nutzer von tDCS-Geräten im Eigengebrauch meist finanziell gut gestellte, gut ausgebildete, überwiegend männliche und technikaffine frühe Anwender (*early adopter*) sind. Als Ziel der Eigenanwendung gaben in dieser Studie drei Viertel der Befragten die Verbesserung kognitiver Fähigkeiten an; etwa zwei Fünftel der Befragten verfolgten ein therapeutisches Ziel (überwiegend zur Selbstbehandlung von Depression) und etwa ein Viertel versprachen sich die Wiederherstellung bestimmter Funktionen (z. B. Gedächtnis). Während die Anwender zum Zweck der Eigentherapie die Geräte für überwiegend effektiv halten, schätzen die Nutzer zum Zweck der Selbstoptimierung diese als eher unwirksam ein und stellen den Gebrauch daher oft rasch ein. Als unerwünschten Effekt nennen einige Nutzer Hautverbrennungen. Diese ersten Erkenntnisse zeigen, dass durchaus unterschiedliche Motivationen und Vorstellungen im Gebrauch von DIY-Neurotechnologie vorliegen und sowohl der kommerzielle Markt als auch der Graubereich der Eigenanwendung im Vergleich zu neurotechnologischen Medizinprodukten deutlich unterreguliert ist.

Die ethische Debatte, ob nun hinsichtlich der medizinischen, (militärischen), kommerziellen oder DIY-Anwendung, dreht sich dabei aktuell hauptsächlich um die Frage, wie Technologien für ein Neuroenhancement aus ethischer und juristischer Perspektive normativ zu bewerten sind. Während einige Autoren einen fundamentalen Eingriff in das Gehirn als Organ (und ›Sitz‹) unseres Selbsts, unserer Verhaltensdispositionen, unserer Persönlichkeit und unserer Fähigkeiten grundsätzlich skeptisch betrachten, vertreten andere Autorinnen eine Position der ›kognitiven Freiheit‹ (*cognitive liberty*), also einer positiven Freiheit *zur* Selbstoptimierung die – sofern die technische und medizinische Sicherheit gewährleistet ist – jedem Individuum zur Verfügung stehen sollte (für einen umfassenden Überblick über und Vorschläge zur Vermittlung zwischen diesen Positionen vgl. Parens 2014).

59.4 Lösungsansätze für ethische Herausforderungen

Für die oben skizzierte Auswahl an aktuellen ethischen Herausforderungen durch Neurotechnologie finden sich in den weit verstreuten Debattenbeiträgen durchaus konstruktive und praktikable Lösungsansätze.

Daten – und Geräteschutz: Zur Verbesserung der Zugriffssicherheit neurotechnologischer Geräte und des Schutzes von Gehirndaten werden Verfahren entwickelt zur hardwareseitigen Gerätesicherung, zur End-zu-End-Verschlüsselung im Datentransfer sowie softwareseitige Lösungen, beispielsweise verteiltes Lernen (*federated learning*), *differential privacy* oder Blockchain-Technologie (für das Auditing von Daten), welche den Datenschutz von Gehirndaten verbessern könnten. Hinsichtlich der kommerziellen Verwendung von Gehirndaten durch Technologieunternehmen wäre es zu begrüßen, als Industriestandard statt der heute üblichen Widerspruchs- (*opt out*) zu einer Zustimmungslösung (*opt in*) zu kommen sowie transparente und verständliche Nutzerbedingungen einzufordern. Auf der individualpsychologischen Ebene der Nutzerinnen und Nutzer von Neurotechnologien im medizinischen und nicht-medizinischen Bereich sind überdies die Verbesserung des durchschnittlichen Verständnisses über Technologien und Datenverarbeitung (*data literacy*) zu fördern.

Für die neurotechnologische Ingenieurs- und Computerwissenschaft (Neuroengineering) an Universitäten und Fachhochschulen wäre zu klären, ob nicht die ethischen, rechtlichen und sozialen Aspekte der Neurotechnologie in ähnlicher Weise verbindlich in den entsprechenden Kerncurricula verankert werden sollten, wie dies im Medizinstudium durch die medizinethischen Pflichtkurse der Fall ist. Der verantwortliche Umgang mit Gehirndaten und eine ethisch Verantwortungsvolle Erforschung und Entwicklung von Neurotechnologien begänne somit schon in der Ausbildung künftiger Entscheidungsträger und Entscheidungsträgerinnen in diesem Bereich.

Phänomenologische und handlungsbezogene Effekte von Neurotechnologie: Auch wenn die Datenlage bezüglich der phänomenologischen und handlungsbezogenen Auswirkungen der Interaktion zwischen Menschen und intelligenter Neurotechnologie seit den 2010er Jahren zugenommen hat, sollte die systematische Untersuchung dieser Effekte als wesentlicher Bestandteil der empirischen Forschung in diesem Bereich fest verankert werden, z. B. auf der Ebene der Forschungsförderung.

Bezüglich möglicher normativer Lücken in der Verantwortungszuschreibung, insbesondere bei der *closed-loop*-Neurotechnologie, ist auch hier – neben der qualitativ-empirischen Erforschung der Nutzerpräferenzen darüber, welches Maß an Kontrolle über die Steuerung von Effektoren gewünscht wird – eine breite Debatte hinsichtlich juristisch-regulatorischer Implikationen dieser Konstellation erforderlich.

Neuroenhancement und militärische Neurotechnologie: Wie oben angedeutet, stehen sich in der Debatte um die normative Begründbarkeit und Legitimität der Intervention in das Gehirn mit der Absicht der Verbesserung kognitiver (oder anderer) Funktionen teils diametral entgegengesetzte moralphilosophische Positionen gegenüber. Als bislang ertragsreichster und konstruktivster Vorschlag zur Vermittlung sei wiederum die Arbeit von Parens (2015) empfohlen.

Für die Kontrolle und Einhegung militärischer Neurotechnologie stehen, neben einer informierten deliberativen Debatte in und zwischen Staaten, in erster Linie juristische Instrumente zur Verfügung, wie z. B. das internationale (Kriegs-)Völkerrecht. Angesichts der Herausforderungen durch autonome intelligente Systeme, sowohl in neurotechnologischen Geräten als auch in dezidierten Waffensystemen, wäre es nicht abwegig, hierfür bereits frühzeitig einen effektiven Rechtsrahmen zu schaffen.

Kommerzialisierung von Neurotechnologie und Kommodifizierung von Gehirndaten: Indem nun große Technologieunternehmen neurotechnologische Geräte für den Verbrauchermarkt entwickeln, stellt sich neben der Datensicherheit auch die Frage, ob Gehirndaten qualitativ mit anderen personenbezogenen Daten wie Nutzereingaben im Internet oder Biodaten (z. B. Bewegungs- und Pulsdaten von Fitnesstrackern) vergleichbar sind, und ob nicht Messungen unserer Gehirnaktivität und daraus errechnete Schlussfolgerungen besonders schutzbedürftig sind. Schließlich stehen keine anderen Daten in so enger Beziehung zu unserem Gehirn, dem Zentralorgan der menschlichen Handlungs-, Denk-, Fühl-, und Leidensfähigkeit. Auch diesbezüglich ist eine breite Debatte über Fachdisziplinen und unter Einbeziehung der Öffentlichkeit unumgänglich. Die Beantwortung dieser Fragen wird auch zur Klärung beitragen, ob diesbezüglich sogenannte ›Neurorechte‹, z. B. auf der Ebene der allgemeinen Menschrechte, erforderlich sind, oder ob existierende Rechtsrahmen und -instrumente ausreichen (Ienca/Andorno 2017).

In der Zwischenzeit stehen der faktischen (und wachsenden) Marktmacht der großen Unternehmen, welche die kommerzielle Neurotechnologie und Kommodifizierung von Gehirndaten vorantreiben, ein Verlust aus politischer Regelungs- und Steuerungsfähigkeit (Governance) entgegen – zum einen durch die Ineffektivität (oder Desintegration) internationaler Regime zur effektiven Regulierung, zum anderen durch das Fehlen einer kritischen Masse an zivilgesellschaftlichem Problembewusstsein und Gegendruck. Insofern ist auch hier der Anstoß einer breiten und inklusiven Debatte ein erster wichtiger Schritt in diese Richtung.

59.5 Offene Forschungsfragen und Ausblick

Vor dem Hintergrund dieser neurotechnologischen Entwicklungen, soll hier noch auf unterentwickelte Forschungsfelder im Bereich der Mensch-Neurotechnologie-Interaktion hinweisen, die reichhaltige Möglichkeiten für empirisch motivierte und theoretisch fundierte Forschung bieten. So ließe sich z. B. untersuchen, welche indivdualpsychologischen, krankheitsspezifischen, kontextuellen, design- und funktionsbezogenen Faktoren die Interaktion von Nutzern mit ›intelligenten‹ neurotechnologischen Geräten beeinflussen. Hierbei wäre es wünschenswert, einen nutzerzentrierten und partizipativen Ansatz bereits in der frühen Entwurfs- und Entwicklungsphase solcher Geräte zu verfolgen, um den Bedürfnissen und Fähigkeiten der Nutzerinnen, insbesondere bei vulnerablen Patientengruppen, entgegenzukommen. Die aufkommenden Systeme zur closed-loop-Interaktion – ob in rein EEG-basierten BCIs oder neuen Ansätzen, wie gekoppelten Systemen aus virtueller Realität und EEG (VR-EEG-System) – eröffnen zudem neue Möglichkeiten zur empirischen Untersuchung phänomenologischer, handlungsbezogener und auf das Selbst bezogener Effekte, wie *sense of agency* oder das aktive Selbst.

Im Hinblick auf militärische Neurotechnologie wäre ebenfalls kritisch zu untersuchen, inwieweit die Forschungsbestrebungen in diesem Sektor die erforderliche Transparenz aufweisen, wie das Verhältnis von individuellem und gesellschaftlichem Nutzen einerseits und des Risikos von unkontrollierter Proliferation und/oder neurotechnologischem Wettrüsten andererseits ist und inwieweit die Entwicklung von Offensivwaffen zur Schädigung des gegnerischen Nervensystems moralisch zu bewerten und mit internationalem Recht vereinbar ist. Zukünftig könnte somit die größte Herausforderung für die Erforschung und Analyse ethischer, philosophischer, rechtlicher, sozialer und politischer Aspekte der Neurotechnologie sein, ob die rasante technische Entwicklung lediglich deskriptiv-empirisch begleitet wird, oder ob nicht auch die zugrundeliegenden (und konstituierenden) systemisch-gesellschaftlichen Bedingungen und Zusammenhänge.– z. B. das soziale ›*Closed-loop*-System‹ aus Technokonsumismus und Wachstumsimperativ im Datenkapitalismus – in einer reflexiven kritischen Gesellschaftstheorie zu untersuchen wären.

Literatur

Burget, Felix/Fiederer, Lukas D. J./Kuhner, Daniel u. a.: Acting thoughts. Towards a mobile robotic service assistant for users with limited communication skills. In: Institute of Electrical and Electronics Engineers (IEEE) 2017. European Conference on Mobile Robots (2017), 1–6. DOI: 10.1109/ECMR.2017.8098658.

Croskerry, Pat/Singhal, Geeta/Mamede, Sílvia: Cognitive debiasing 2. Impediments to and strategies for change. In: BMJ Quality & Safety 22 (2013) Suppl 2: ii65–ii72, 1–8. DOI: 10.1136/bmjqs-2012-001713.

Eaton, Margret L./Illes, Judy: Commercializing cognitive neurotechnology—the ethical terrain. In: Nature Biotechnology 25/4 (2007), 393–397. DOI: 10.1038/nbt0407-393.

Evers, Kathinka/Salles, Arleen/Farisco, Michele: Theoretical Framing of Neuroethics. The Need for a Conceptual Approach. In: Eric Racine/John Aspler (Hg.): Debates About Neuroethics. Cham 2017, 89–107. DOI: 10.1007/978-3-319-54651-3_7.

Fuchs, Thomas: Das Gehirn – ein Beziehungsorgan: Eine phänomenologisch-ökologische Konzeption [2007]. Stuttgart [5]2016.

Gallagher, Shaun/Allen, Micah: Active inference, enactivism and the hermeneutics of social cognition. In: Synthese S. I.: Predictive Brains (2016), 1–22. DOI: 10.1007/s11229-016-1269-8.

Gilbert, Frederic: The burden of normality. From ›chronically ill‹ to ›symptom free‹. New ethical challenges for deep brain stimulation postoperative treatment. In: Journal of Medical Ethics 38/7 (2012), 408–412. DOI: 10.1136/medethics-2011-100044.

Gilbert, Frederic: Deep Brain Stimulation for Treatment Resistant Depression: Postoperative Feelings of Self-Estrangement, Suicide Attempt and Impulsive–Aggressive Behaviours. In: Neuroethics 6 (2013), 473–481. DOI: 10.1007/s12152-013-9178-8.

Goering, Sara/Klein, Eran/Dougherty, Darin D. u. a.: Staying in the Loop: Relational Agency and Identity in Next-Generation DBS for Psychiatry. In: American Journal of Bioethics (AJOB) Neuroscience 8/2 (2017), 59–70. DOI: 10.1080/21507740.2017.1320320.

Haan, Sanneke de/Rietveld, Erik/Stokhof, Martin u. a.: Effects of Deep Brain Stimulation on the Lived Experience of Obsessive-Compulsive Disorder Patients: In-Depth Interviews with 18 Patients. In: Public Library of Science (PLOS) ONE (2015), 1–29. DOI: 10.1371/journal.pone.0135524.

Halperin, Daniel/Heydt-Benjamin, Thomas S./Ransford, Benjamin u. a.: Pacemakers and Implantable Cardiac Defibrillators: Software Radio Attacks and Zero-Power Defenses. In: IEEE Symposium on Security and Privacy (2008), 129–142. DOI: 10.1109/SP.2008.31.

Ienca, Marcello/Andorno, Roberto: Towards new human rights in the age of neuroscience and neurotechnology. In: Life Sciences, Society and Policy 13/5 (2017), 1–27. DOI: 10.1186/s40504-017-0050-1.

Ienca, Marcello/Jotterand, Fabrice/Elger, Bernice S.: From Healthcare to Warfare and Reverse: How Should We Regulate Dual-Use Neurotechnology? In: Neuron 97/2 (2018), 269–274. DOI: 10.1016/j.neuron.2017.12.017.

Illes, Judy: Neuroethics. Anticipating the future. Oxford University Press 2017.

Kellmeyer, Philipp/Cochrane, Thomas/Müller, Oliver u. a.: The Effects of Closed-Loop Medical Devices on the Autonomy and Accountability of Persons and Systems. In: Cambridge Quarterly of Healthcare Ethics 25/4 (2016), 623–633.

Kreitmair, Karola V./Cho, Mildred K./Magnus, David C.: Consent and engagement, security, and authentic living using wearable and mobile health technology. In: Nature Biotechnology 35 (2017), 617–620. DOI: 10.1038/nbt.3887.

Miranda, Robbin A./Casebeer, William D./Hein, Amy M. u. a.: DARPA-funded efforts in the development of novel brain–computer interface technologies. In: Journal of Neuroscience Methods 244 (2015), 52–67. DOI: 10.1016/j.jneumeth.2014.07.019.

Neely, Ryan M./Piech, David K./Santacruz, Samantha R. u. a.: Recent advances in neural dust. Towards a neural interface platform. In: Current Opinion in Neurobiology 50 (2018), 64–71. DOI: 10.1016/j.conb.2017.12.010.

Parens, Eric: Shaping Our Selves. On Technology, Flourishing, and a Habit of Thinking. Oxford/New York 2014.

Reardon, Sara: The Pentagon's gamble on brain implants, bionic limbs and combat exoskeletons. In: Nature 522/7555 (2015), 142–144. DOI: 10.1038/522142a.

Wexler, Anna: Who Uses Direct-to-Consumer Brain Stimulation Products, and Why? A Study of Home Users of tDCS Devices. In: Journal of Cognitive Enhancment (2017), 1–21. DOI: 10.1007/s41465-017-0062-z.

Yuste, Rafael/Goering, Sara/Agüera y Arcas, B. u. a.: Four ethical priorities for neurotechnologies and AI. In: Nature 551/7679 (2017), 159–163. DOI: 10.1038/551159a.

Philipp Kellmeyer

60 Verlässlichkeit und Vertrauenswürdigkeit von Computersimulationen

Die Verlässlichkeit von Computersimulationen ist ein vieldiskutiertes Thema, das immer wieder auch für Schlagzeilen hinsichtlich des Umgangs mit wissenschaftlichen Ergebnissen sorgt. Computersimulationen werden häufig dort unternommen, wo Erfahrungen bezüglich des Verhaltens von Systemen fehlen und physische Tests aufgrund der Größe, Komplexität oder Einmaligkeit des Systems nicht in Frage kommen. Dennoch sollen mit ihrer Unterstützung Entscheidungen mit weitreichenden möglichen Folgen getroffen werden, die zu hohen monetären und moralischen Kosten führen können. Es hängt somit mitunter viel von Computersimulationen und ihrer Verlässlichkeit ab.

Während es eine Simulationsmethode auch ohne Verwendung des Computers geben kann, wie die Redeweise analoger Simulation belegt (z. B. Windkanäle), so ist die Mensch-Maschine-Interaktion dennoch von großer Bedeutung für die Simulationsmethode. Denn die Verwendung des Computers hat für ihre heutige Verbreitung gesorgt und die zentralen Herausforderungen charakteristisch geformt.

Der folgende Text wird sich mit zwei Themenkreisen auseinandersetzen. Im ersten Teil wird die Beurteilung von Computersimulationen innerhalb der Wissenschaft und im Umgang mit wissenschaftlichen Ergebnissen besprochen. Im zweiten Teil wird das Konzept der Verlässlichkeit im Falle der Mensch-Computer-Interaktion dem Konzept des zwischenmenschlichen Vertrauens gegenübergestellt.

60.1 Beurteilung und Umgang mit Computersimulationen

Verifikation und Validierung

Im bilanzierenden Vergleich insbesondere mit Experiment und Theorie weisen Computersimulationen zwar eine Reihe von Vorzügen wie Kostengünstigkeit, Schnelligkeit, Verzicht auf potentielle Schädigungen von Natur und Menschen etc. auf. Gleichwohl wird befürchtet, dass Computersimulationen zum einen gegenüber Experimenten und Beobachtungen im Nachteil sind, da sie sich ausschließlich ›im Virtuellen‹ abspielen und damit keinen Test ›an der Wirklichkeit‹ darstellen. Sie weisen nicht mehr die Möglichkeit der Erfahrung einer Widerständigkeit auf, die als zentrales Signum und Signal der Realität gilt. Außerdem sind die methodischen Schritte, welche viele Simulationsstudien voraussetzen, so zahlreich und verwickelt, dass sie gegenüber Theorien im Nachteil zu sein scheinen, was ihre Transparenz angeht. Die Art des Wirklichkeitsbezugs sowie die Nachvollziehbarkeit des Modells stellen die beiden Dimensionen des Verlässlichkeitsproblems dar. Inwiefern gründen die Debatten um die Verlässlichkeit in Spezifika der Methode und ihrer Anwendungsgebiete?

Nicht selten entscheiden sich die Anwender von Computersimulationen nämlich bewusst für spekulative oder kontrafaktische Annahmen. Das ist hervorstechend bei sogenannten *toy models* der Fall (d. h. bei wissenschaftlichen Modellen, die bewusst empirische oder theoretische Information nicht verwerten) sowie weniger offensichtlich bei Abweichungen von theoretischen Vorgaben im Namen einer verbesserten Nachahmung eines angestrebten dynamischen Modellverhaltens. Für beide Fälle seien zwei besonders ausgeprägte Beispiele genannt, welche die als Schwäche wahrgenommene Eigenschaft der Computersimulation in einem anderen Licht erscheinen lassen. Gottschalk-Mazouz zufolge richten sich gemessen an ihren als realistisch verstandenen Verwandten »lächerlich einfache« Computermodelle der empirischen Wissenschaften (Gottschalk-Mazouz 2012, 18) nicht etwa abbildend auf unsere Zielsysteme, sondern auf unsere Erklärungsschemata. So modelliere etwa das berühmte Segregationsmodell des Ökonomen Thomas Schelling aus dem Jahr 1971 nicht das Zustandekommen der Segregation in einem realen Wohngebiet, sondern zeige auf, »dass individuelle Entscheidungen aufgrund ihres dynamischen Zusammenwirkens zu überraschenden kollektiven Resultaten führen können« (ebd., 22). Aus seiner Fallstudie zum Urban Airshed Model, mit dem in den 1970er Jahren erfolgreich der Photosmog in der Gegend von Los Angeles simuliert wurde (Heymann 2010), folgert Heymann, dass die inhärente Flexibilität und Plastizität der dabei eingesetzten künstlichen Chemie den Wissenschaftlern einen Spekulationsfreiraum verschafft und die Forschung vorangetrieben habe. Dabei wurden Lücken im theoretischen Verständnis und unzureichende Messdaten durch Konstruktionen virtueller Prozesse überbrückt, welche das mechanistische Geschehen weniger repräsentierten als vielmehr erfolgreich dessen Dynamik imitierten. Das Modell galt schließlich als verlässlich, unabhängig von der Unsicherheit der individuellen Elemente.

J. B. Metzler © Springer-Verlag GmbH Deutschland, ein Teil von Springer Nature, 2019
K. Liggieri / O. Müller, *Mensch-Maschine-Interaktion*, https://doi.org/10.1007/978-3-476-05604-7_60

Mit Computersimulationen lassen sich theoretische Erfahrungen machen; sie lassen sich als ein Experimentieren mit Theorien begreifen (Küppers/Lenhard 2005, 326). Das legt Methodenvergleiche in beide Richtungen nahe. Man hat Computersimulationen auch als bloße, gleichsam deduktive Anwendung einer wissenschaftlichen Theorie betrachtet, wodurch die Rechtfertigungshypothek allein bei der zugrundeliegenden Theorie liegen würde. Winsberg kritisiert diese Sicht. Er zeigt, dass es Elemente in den Simulationsmodellen gibt, die nicht durch die wissenschaftlichen Gegenstandstheorien begründet werden, sondern durch Anforderungen der Computersimulation. Ihre Rechtfertigung erfolge daher auf anderem Wege. Simulationen seien keineswegs nur Kalkulationen von Theorien, sondern partiell eigenständige und »reichhaltige wissenschaftliche Konstrukte« (Winsberg 2010, 28). Eine Prüfung ihrer Verlässlichkeit müsse für eine Rechtfertigung der zahlreichen Transformationen sorgen, wie sie die vorgenommenen Idealisierungen und Näherungen darstellten. Im Unterschied zu herkömmlichem Experimentieren und Beobachten wiederum ist bei Computersimulationen ein empirischer Bezug nicht gegeben, sondern muss ausdrücklich hergestellt werden. Physische Experimente dagegen sind per se empirisch; die Frage des empirischen Bezugs bezieht sich in ihrem Falle nur auf das Verhältnis zwischen experimenteller Anordnung und dem eigentlichen Untersuchungsgegenstand. Eine Validierung besteht darin, die Relevanz des experimentellen Ergebnisses für den Untersuchungsgegenstand darzulegen. Im Gegensatz zu physischen Experimenten können Simulationen jedoch nicht nur irrelevante, sondern auch empirisch unmögliche Ergebnisse produzieren und somit reine Spekulationsgeneratoren sein. Die Frage nach dem empirischen Bezug ist also deutlich ausgeweitet und bedarf zusätzlicher Rechtfertigung gegenüber dem physischen Experiment.

Typischerweise wird die Verlässlichkeit von Computersimulationen darum verschiedenen Elementen zugeordnet: (1) den zugrundeliegenden Theorien und Inputdaten, (2) den angewandten Modellierungstechniken und (3) erfolgreichen empirischen Tests. Vielfach wird eine Unterscheidung der Verlässlichkeitsprüfung in ›Validierung‹ im engeren Sinne (Abgleich mit der Empirie) und ›Verifikation‹ (Test der Richtigkeit des numerischen Modells im Vergleich mit dem mathematischen Modell) vorgenommen. Jedoch ist eine solche begriffliche Unterscheidung umstritten. So hält Winsberg sie für nützlich, solange sie nicht als sauber durchführbare methodische Vorgabe missverstanden werde, welche die Verschränktheit der entsprechenden Aktivitäten in der Simulationspraxis nicht widerspiegeln würde (Winsberg 2010, 19–25). Um die Bedeutung des Zusammenspiels der verschiedenen Elemente einer Computersimulation für ihre Verlässlichkeit hervorzuheben, ist die Metapher einer ›kunterbunten Wechselschichtmauer‹ als treffend empfunden worden, deren Stabilität und Konsistenz über die Löcher mangelnder Kenntnisse und fehlender Daten hinweghelfe (Heymann 2010, 231). Dadurch komme innerhalb der Wissenschaft Glaubwürdigkeit zustande, während die Öffentlichkeit durch wiederholte erfolgreiche Anwendungen überzeugt werde.

Veränderte Modellierungspraxis

Die Betonung des Zusammenspiels der Elemente bei der Verlässlichkeitsprüfung ließe Computersimulationen im Rahmen der Sichtweise von Modellen als Vermittlungsinstanzen zwischen Theorie und Empirie betrachten. Danach gelten Modelle als partiell autonom, d. h. sie sind keine rein logischen Folgerungen aus Theorien oder Fakten, sondern insofern eigenständig als sie auf bestimmten Modellierungstechniken und zusätzlichen Annahmen beruhen, die sogar im Widerspruch zu Theorien stehen können. So gesehen sind Computersimulationen lediglich ausgeklügelte Modelle, wobei die Verwendung des Computers gegenüber der Modellierung als solcher keine zusätzlichen Fragen aufwirft. Es gibt aber zahlreiche Indizien dafür, dass der Computer nicht nur ein Berechnungswerkzeug darstellt, sondern die Modellierungspraxis verändert. Ein Pfeiler einer solchen Transformation ist, dass die Rechenleistung des Computers die Simulationsmethode ermöglicht bzw. befördert und dadurch zu neuen Herausforderungen des Realitätsbezugs Anlass gibt. Ein zweiter Pfeiler ist, dass die Computermodelle von anderer Art sind und zu neuen Herausforderungen hinsichtlich der Nachvollziehbarkeit des Zustandekommens der Ergebnisse führen.

Ein Beispiel veränderter Modellierungspraxis liefert die Untersuchung von Küppers und Lenhard zu den Anfängen der Klimasimulation (Küppers/Lenhard 2005). Üblicherweise werden zeitliche Veränderungen, wie sie auch atmosphärische Strömungen darstellen, mittels Differenzialgleichungen modelliert. Sie müssen aber integriert werden, um die Dynamik explizit und anschaulich werden zu lassen. Die Autoren legen dar, dass im Zuge der eingesetzten numerischen Verfahren die zugrundeliegenden theoretischen Gleichungen nicht gelöst, sondern deren Lösung imitiert wird. Der Anlass für die Imitation bestehe darin, dass die erforderlichen Vereinfachungen (Linearisierungen) die modellierte Dynamik dergestalt verändern würden, dass sich die interessanten Phänomene gar nicht mehr zeigten. Eine gelungene Imitation, auf welche quasi-empirisch im Computerexperiment abgezielt wird, ermögliche dennoch eine Untersuchung der charakteristischen Eigenschaften des dynamischen Verhaltens. Ein Verzicht auf das Ideal einer möglichst korrekten Berechnung habe sich dabei als erfolgreich erwiesen. Trotz der starken Theorieabhängigkeit dieser gleichungsbasierten Simulation sieht Lenhard in diesem Vorgehen Eigenschaften einer Modellierungspraxis (*modeling from above*), welche Evelyn Fox Keller ausschließlich der Simulation durch zelluläre Automaten zugeschrieben habe (Lenhard 2007, 178), nämlich dass ein physikalisch sinnvolles Modell erlangt werden könne durch Anpassung an die Daten eines Phänomens (ebd., 186). Trotz der Mannigfaltigkeit der als ›Simulation‹ zusammengefassten Modellierungspraxis spricht viel für eine solche Charakterisierung der Simulationsmethode. Denn sie dient in sehr vielen Fällen ausdrücklich dazu, über äußere Nachahmung des dynamischen Verhaltens Informationen über die bislang unbekannte oder unzureichend bekannte mechanistische Struktur eines Gegenstandes zu erschließen.

Mit einer solchen Vorgehensweise der Anpassung an Datensätze gehen typische Probleme einher, die mit oberflächlicher, unbeständiger sowie uneindeutiger Nachahmung zusammenhängen. Dazu gehören z. B. Überangepasstheit des Modells, Äquifinalität und ein Bestätigungsholismus. An ihnen setzt die Kritik an der Verlässlichkeit von Computersimulationen an. So leidet unter übermäßiger Anpassung an die individuellen Eigenheiten der Ausgangsdaten (*overfitting*) die systematische Aussagekraft eines Modells. Eine Technik zur Vermeidung von Überanpassung ist die Zweiteilung der Ausgangsdaten in einen sogenannten Trainings- und Testdatensatz, die jedoch eine ausreichende Datenverfügbarkeit voraussetzt. Der Befund, dass mehrere und häufig sehr verschiedene Parametersätze oder sogar Modellstrukturen gleichermaßen akzeptierbare Systemrepräsentationen darstellen, also konsistent mit den Daten sind, wird als Äquifinalität bezeichnet. Eine Art damit umzugehen besteht in einem ausdrücklichen Anerkennen dieser Situation (Beven 2002). Die akzeptablen Simulationen, welche das Verhalten des Systems wiedergeben, könnten in ihrer Vielzahl als Arbeitshypothesen verstanden werden. Man wisse, dass bereits die konzeptionellen Modelle unzulänglich seien im Vergleich zur wahrnehmbaren Komplexität, dazu kämen weitere Näherungen und begrenzte Messmöglichkeiten. Die Herausforderung des Bestätigungsholismus besteht darin, dass Validierung (im weiteren Sinne) eine ganzheitliche Unternehmung darstellt, sodass es unmöglich ist, diejenigen Elemente zu isolieren, welche für die Übereinstimmung mit empirischen Daten sorgen (Jebeile/Barberousse 2016). Sofern Modelle aber bereits Elemente von hohem Bestätigungsgrad enthalten, könne eine Divergenz zu empirischen Daten besser den verbleibenden Elementen zugeordnet werden.

Diese Probleme sind auf den ersten Blick nicht neu. So ist etwa der Bestätigungsholismus in der Wissenschaftstheorie seit langem als Duhem-Quine-These bekannt. Allerdings behaupten Lenhard und Winsberg am Beispiel von Klimamodellen, dass der Bestätigungsholismus bei Computersimulationen darüber hinausgehe (Lenhard/Winsberg 2010). Der traditionelle Holismusbefund habe darauf abgezielt, dass bei Gelingen oder Scheitern der Nachahmung Logik allein nicht entscheiden könne zwischen These und Hilfsannahmen. Hier gehe es hingegen darum, dass aufgrund der fehlenden analytischen Nachvollziehbarkeit der Modelle keine Methode bei der Verortung helfe. Die Autoren machen zwei Quellen im historischen Werdegang der Klimamodelle dafür ausfindig. Zum einen sei die Gesamtdynamik des Modells das Ergebnis der Modulinteraktionen, nicht der Interaktion der Modulergebnisse (*fuzzy modularity*) (Lenhard/Winsberg 2010, 256). Die zweite Quelle sind Behelfslösungen, also Anpassungen zur Verbesserung des Gesamtverhaltens, bei denen es keine Garantie dafür gebe, dass sie beispielsweise auch noch optimal sind, wenn die Modelle erweitert werden (*kludging*) (ebd., 257).

Am Beispiel der damit zusammenhängenden Pluralismus-Krise in der Klimaforschung wird deutlich, dass durch Computersimulationen neues Terrain beschritten wurde, auf dem sich Normen der Modellierung erst noch ausbilden. Gegenwärtig existiert eine Pluralität von Klimamodellen. Lenhard und Winsberg sehen darin eine Konsequenz des Entstehungsprozesses und raten dazu, nicht auf Konvergenz zu hoffen, sondern die Modellvielfalt als gegeben anzunehmen. Diese Einstellung begründen sie mit dem Fehlen analytischer Nachvollziehbarkeit, worin sie sich von Beven unterscheiden. Während Beven im Falle hydrologischer Modelle die Begrenztheit des ins Modell einfließenden Wissens heranzieht, um Modellvielfalt anzuerkennen (also das begrenzte Verständnis durch das Modell), ist es bei Lenhard und Winsberg das begrenzte Verständnis des Modells selbst. Während Lenhard und Winsberg die fehlende analytische Nachvollziehbarkeit als Charakteristikum einstufen (»recognize the inevitable«, ebd., 261), hält Newman eine Modellvielfalt, welche auf schlecht verstandenen Instrumenten beruhe, für wissenschaftlich untragbar (Newman 2016). Bei den von Lenhard und Winsberg identifizierten Quellen handelt es sich seiner Ansicht nach um mangelnde Anwendung guter fachlicher Praxis des Software Engineering. Er wehrt sich damit gegen eine zuweilen vorgenommene Erhöhung von Computersimulationen zu überlegenen epistemischen Autoritäten. Seine Kritik geht bei Newman jedoch nicht etwa damit einher, Nachvollziehbarkeit deduktiv-analytisch zu verstehen, sondern er sieht sie im Kontext von Software. Kenntnis der tatsächlichen Eigenschaften von Software sei empirisch und lasse sich nicht a priori bestimmen, trotz der Rolle, welche die Mathematik dabei spiele.

Für eine weitere Pluralismus-Spielart gegenüber Beven und Lenhard/Winsberg plädiert Held (2005): Womöglich würde sogar eine größere Zahl dieser komplexen, umfassenden Klimamodelle gebraucht angesichts der Größe des Raums möglicher Modelle durch die Vielzahl von Auswahlschritten im Modellierungsprozess. Da es keinen wissenschaftlichen Konsens darüber gebe, wie Klimamodelle zu bauen seien, ordnet Held die Modellentstehung als Ingenieursleistung ein. Das deutet auf eine Veränderung der Rechtfertigung hin. Umso mehr, als für Held die mangelnde analytische Nachvollziehbarkeit unumgänglich der Komplexität des Klimasystems geschuldet ist, das nachgeahmt wird. Sein Vorschlag, mit dieser neuartigen Modellierungssituation umzugehen, besteht in einer Orientierung an der Biologie, die sich ebenfalls um ein Verständnis komplexer Systeme bemühe. Dort sei man über das intensive Studium ausgewählter Modellorganismen vorangeschritten zum Verständnis höherer Organismen. Da die Natur der Klimaforschung keine solche Hierarchie zur Verfügung stelle, müsse die Kluft zwischen rechenintensiven *high-end* Nachahmungen und verständlichen idealisierten theoretischen Modellen mittels einer Modellhierarchie mittlerer Komplexität geschlossen werden. Diese habe auch der Kurzlebigkeit der an der Rechenleistung ausgerichteten Nachahmungen entgegenzuwirken.

Die veränderte Modellierungspraxis durch die Computersimulation besteht – folgt man der Sichtweise Helds – darin, dass nun zusätzliche Modelle zur Verfügung stehen, die ein komplexes Verhalten nachahmen, damit aber selbst zum Forschungsgegenstand werden.

60.2 Verlässlichkeit, Vertrauenswürdigkeit und Opazität

Während bislang die Mensch-Maschine-Interaktion ein impliziter Bezugspunkt war, wird sie nun in den Vordergrund gerückt: Welches Verhältnis und welche Verhaltensweisen haben Personen zur Computersimulation?

Folgende Argumentation wird uns dabei anleiten: (1) Computersimulationen weisen eine zumindest partiell spezifische und neue Opazität für Wissenschaftler auf. (2) Die Wissenschaftler reflektieren ihre eigentümliche Relation zur Computersimulation, indem sie von Vertrauen in die Simulationsmodelle und ihren Resultaten sprechen. (3) Dieser Wandel lässt sich als Wandel der Rechtfertigungsstrategie begreifen: Das Verhältnis der Wissenschaftler zu den Modellen ist in noch zu erläuternder Weise stärker ›äußerlich‹ charakterisiert, daher spielt ihre externalistische Rechtfertigung eine wichtige Rolle. (4) Einige Interaktionsweisen zwischen Wissenschaftlern und der Computersimulation finden darin ihre Erklärung. Kurz: Indem Computersimulationen in einem spezifischen *black boxing* resultieren, liegt es für Personen nahe, ihr epistemisches Verhältnis zu dieser ›Maschine‹ als Vertrauensrelation zu charakterisieren. Eine solche Relation ist durch bestimmte Interaktionsweisen geprägt.

Epistemische Opazität: Die Frage nach dem Verhältnis von Person und Computersimulation

Die These, dass die Computersimulation zu einem veränderten Verhältnis von Wissenschaftlern zu ihrer Methode führt, ist von Paul Humphreys formuliert worden (Humphreys 2004, 2009). Humphreys entwickelt sie in einer weitreichenden historischen Perspektive. Dieser zufolge bestehe die Wissenschaftsgeschichte darin, dass die kognitiven Fähigkeiten des Menschen durch Technik erweitert werden. Diese ›Erweiterung des Selbst‹ (so der Titel der Monographie von 2004) bestehe zunächst darin, dass die menschlichen Wahrnehmungsfähigkeiten durch Beobachtungs- und Messinstrumente ausgedehnt werden. Im 20. Jahrhundert kommen durch Informationstechnik die intellektuellen Fähigkeiten hinzu. Der Computer führt dazu, dass die Möglichkeiten der Berechnung immens steigen. Diese Erweiterung und

Steigerung drängt jedoch die Menschen zunehmend an den Rand der wissenschaftlichen Unternehmung (Humphreys 2004, 8; 2009, 616).

Der Computer spielt daher eine Hauptrolle im veränderten Verhältnis von Menschen und wissenschaftlicher Methode; ein wichtiger Zug an dieser Veränderung besteht jedoch in etwas Unerwartetem – die Steigerung der intellektuellen Fähigkeiten geht mit einem Verlust zumindest im Kontext der Computersimulation (und so unsere Annahme im maschinellen Lernen) einher: die Methode wird »epistemisch opak«. Humphreys versteht darunter, dass den beteiligten Wissenschaftler/innen nicht alle relevanten Elemente, die den Prozess und seine Resultate betreffen, bekannt sind. Ist dieses methodische Nichtwissen zeitlich begrenzt, d. h. ist es mit der Zeit auflösbar, handelt es sich um eine relative Opazität. Ist die Opazität dagegen prinzipiell, d. h. notwendig, dann ist sie in Humphreys' Sprachgebrauch essentiell (Humphreys 2009, 618). Die Folgen, welche Humphreys mit epistemischer Opazität verbindet, sind bedeutsam:

> »Many, perhaps all, of the features that are special to simulations are a result of this inability of human cognitive abilities to know and understand the details of the computational process. The computations involved in most simulations are so fast and so complex that no human or group of humans can in practice reproduce or understand the processes.« (Humphreys 2009, 618 f.)

Verstehen, rechtfertigen und reproduzieren sind elementare wissenschaftliche Gütekriterien, insbesondere sofern sie unmittelbar die wissenschaftliche Methode betreffen.

Humphreys' These ist, dass die in der Computersimulation auftretende epistemische Opazität ein neuartiges Phänomen ist. Sie ist gegen Positionen wie die von Frigg und Reiss gemünzt, die davon ausgehen, dass die Computersimulation keine neuartigen Phänomene und daher Fragestellungen hervorbringt (Frigg/Reiss 2009). Deren Annahme ist, dass Computer lediglich ausrechnen, was (mathematisch) modelliert wurde. Sie sind ein bloßes Recheninstrument, daher entstünden keine Fragestellungen, welche nicht bereits durch die Verwendung von Modellen in der Wissenschaft aufgerufen worden sind.

Humphreys' These hat daher *prima facie* etwas Irritierendes an sich: Der Computer ist eine deterministische Maschine, dessen Schritte allesamt eindeutig definiert sind. In gewissem Sinne ist er ein Prototyp der Nachvollziehbarkeit sowie Reproduzierbarkeit und d. h. der Rationalität von Technik. Dass die Computersimulation ausgerechnet im Kontext wissenschaftlicher Praktiken eine epistemische Opazität hervorrufen sollte, ist folglich überraschend. Dabei sind jedoch verschiedene Ebenen von Humphreys These zu unterscheiden. Insbesondere gilt als fraglich, ob epistemische Opazität eine generelle Begleiterscheinung von Wissenschaft ist, die daher auch in der Computersimulation vorkommt, oder ob sie ein Phänomen ist, das spezifisch in der Computersimulation und anderen Bereichen der Computational Sciences ihren Ort hat. Die Technisierung und soziale Organisation von Wissenschaft haben, wie Humphreys selbst feststellt, für den einzelnen großräumige, opake Bereiche herbeigeführt. Opazität scheint daher ein allgemeines historisches Phänomen einer zunehmend sozial arbeitsteiligen und technisierten Wissenschaftspraxis zu sein. Eine Option, diesen allgemeinen historischen Prozess zu berücksichtigen und gleichwohl das Neuartige in der Computersimulation zu erfassen, eröffnet die Unterscheidung von sozialer, technischer und mathematischer Opazität (vgl. dazu Kaminski/Resch/Küster 2018). Die soziale und technische Opazität sind nicht spezifisch für, aber hochrelevant in der Computersimulation. Die mathematische Opazität dagegen erweist sich als ausschließlich in der Computersimulation gegeben. Dies erklärt sich dadurch, dass nur solche Gleichungssysteme computerbasiert gelöst werden müssen, deren interne Struktur nicht mehr einsichtig nachvollzogen werden kann bzw. für die keine analytische Lösung bekannt ist.

Vertrauen: Wie Opazität ein neues Register in die CS einführt

Simulationsmodelle weisen große Unterschiede zu klassischen Modellen auf. Zu solchen zählen insbesondere mechanistische Modelle. Für diese gilt: Ihre große Leistung besteht in der Einsicht, welche sie Personen ermöglichen. Schritt für Schritt verdeutlichen sie die Übertragung einer Kraft, jedes Element und seine Wirkungsweise wird an ihnen verstehbar (Bailer-Jones 2005). Ausgehend von den klassischen Modellen stellt sich die Frage, ob Simulationsmodelle noch Modelle darstellen, sofern ihnen diese zentralen Eigenschaften mangeln und ob nicht der Erfolg der Modellierung zu einem Ende der Modelle geführt hat (Kaminski 2017a).

In der Simulationspraxis scheinen die beteiligten Wissenschaftler eine entsprechende Veränderung zu bemerken, wenn sie vom Vertrauen in die Simulationsmodelle und die Resultate der Computersimulation sprechen. Auch in philosophischen Untersuchungen zur Computersimulation finden sich entsprechende Formulierungen (z. B. Winsberg 2010, 9, 17–25, 64–66, 120–133). Was transparent ist, Schritt für Schritt nachvollzogen werden kann, dem muss nicht nur nicht vertraut werden: dem kann sogar kein Vertrauen entgegengebracht werden. Vertrauen setzt Opazität, ein Nichtwissen voraus. Dass nun Vertrauen in Technik und insbesondere in Computermodellen Thema wird, darf also als Indiz, nämlich als Respons auf die genannte epistemische Opazität, verstanden werden. Die Frage ist jedoch, ob diese Redeweise gerechtfertigt werden kann.

In der Literatur, welche sich mit Vertrauen befasst, ist eine deutliche Polarisierung zweier konträrer Vertrauensmodelle zu beobachten. Erstere sind kognitive Theorien von Vertrauen, das als eine Erkenntnisbeziehung gedacht wird (spieltheoretische Modelle, *evidence based view*). Letztere sind normative Theorien, in denen Vertrauen als eine Anerkennungsbeziehung verstanden wird (*assurance view*). Terminologisch hat sich dafür der Unterschied zwischen Vertrauen (*trust*) und Verlässlichkeit (*reliability*) durchgesetzt. Es ist deutlich, dass ein angemessener Vertrauensbegriff nicht derart dichotom angelegt sein kann (Faulkner 2015; Kaminski 2017b). Gleichwohl gilt dies nur für Beziehungen, in denen die Beteiligten Erwartungserwartungen sowie ein geteiltes (nicht nur gleiches) Verständnis der Situation haben können. Für Technik gilt dies nicht; daher kann hier nur in Beziehung zu der sozialen Opazität von Vertrauen gesprochen werden. Sofern die mathematisch-technische Opazität gemeint ist, ist die Rede von der Verlässlichkeit der Computersimulation angemessener.

Verlässlichkeit: Rechtfertigungsstrategien

Die Rede von einer Verlässlichkeit der Computersimulation verweist auf veränderte Rechtfertigungsstrategien, die ihren Ursprung in deren Opazität haben. Denn Verlässlichkeit (*reliability*) stellt eine externalistische Rechtfertigungsweise dar. Sie zielt darauf ab, dass ein Prozess, so eine Methode, in der Regel zu einem gewünschten Resultat führt (sich als verlässlich erweist). Ein solcher *track record* verweist einerseits auf die Vergleiche von Simulationsresultaten mit bekannten empirischen Daten, sowie auf die erfolgreiche Verwendung von Simulationen als Prognoseinstrument insbesondere im Bereich der Technikgestaltung. Ihnen stehen internalistische Rechtfertigungen gegenüber, die auf Einsicht und dem (internen) Nachvollzug eines Prozesses beruhen. Es zeichnet sich damit der Zusammenhang zwischen den Theorien zur Validierung sowie Verifikation von Computersimulationen mit den Überlegungen zum (veränderten) Verhältnis von Mensch und Maschine der Computersimulation ab. Die angesprochenen Probleme und Formen der Validierung sowie Verifikation stellen bereits, zumindest teilweise, eine Respons auf die Veränderung des Mensch-Maschine-Verhältnisses dar.

Interaktionsformen: Arbeit an Verlässlichkeit

Diese Veränderungen, welche in einem externalistischen (opaken) Verhältnis zur Computersimulation resultieren, zeigen sich auch in den Interaktionsformen des Simulierens. Darunter verstehen wir die Weise, in welcher die Wissenschaftler an der Verlässlichkeit der Simulationsmodelle arbeiten. Eine wichtige Modellierungspraxis stellt die Parametrisierung dar. Dabei werden Parameter angepasst, um das Verhalten eines Simulationsmodells im Abgleich mit empirischen Daten zu ›matchen‹ (Lenhard/Hasse 2017). Diese Parameter können, müssen aber keineswegs (physikalisch, chemisch usw.) interpretiert werden. Sie gleichen Stellschrauben, mit denen die Simulationswissenschaftler experimentieren. Im Zuge dieser Anpassung wird eine Rechtfertigung für die Erwartung erworben, dass die Computersimulation verlässliche Resultate hervorbringt. Nun wird diese Leistung, ein Systemverhalten durch die Anpassung von Parametern nachzuahmen, damit erkauft, wie Lenhard/Hasse (2017) zeigen, dass die Resultate Erklärungskraft einbüßen. Die Opazität der Modelle ist daher zumindest partiell auf diese Modellierungsarbeit zurückzuführen, in welcher ein Abgleich von erwartetem und gezeigtem Systemverhalten vorgenommen wird. Lenhard (2015) sowie Heymann (2010) sehen darin einen spezifischen Zug von Simulationsmodellen: Diese weisen eine besondere Plastizität auf. Ein anderer Zug besteht im spielerischen Charakter der Interaktion mit Simulationsmodellen, worauf nicht nur die Rede vom *toy modeling* verweist; Wissenschaftler erleben das Simulieren (als Prozess verstanden) als eine u. a. spielerische Erfahrung (vgl. dazu Saam/Schmidl 2018).

Literatur

Bailer-Jones, Daniela: Mechanisms Past and Present. In: Philosophia naturalis 42 (2005), 1–14.

Beven, Keith: Towards a coherent philosophy for modelling

the environment. In: Proceedings of the Royal Society of London 458 (2002), 2465–2484.
Faulkner, Paul: Knowledge on Trust. Oxford 2015.
Frigg, Roman/Reiss, Julian: The philosophy of simulation. Hot new issues or same old stew? In: Synthese 169/3 (2009), 593–613.
Gottschalk-Mazouz, Niels: Toy Modeling. Warum gibt es (immer noch) sehr einfache Modelle in den empirischen Wissenschaften? In: Peter Fischer/Andreas Luckner/ Ulrike Ramming (Hg.): Die Reflexion des Möglichen. Berlin 2012, 17–30.
Held, Isaac M.: The Gap between Simulation and Understanding in Climate Modeling. In: Bulletin of the American Meteorological Society 11 (2005), 1609–1614.
Heymann, Matthias: Lumping, testing, tuning. The invention of an artificial chemistry in atmospheric transport modeling. In: Studies in History and Philosophy of Modern Physics 41/3 (2010), 218–232.
Humphreys, Paul: Extending ourselves. Computational science, empiricism, and scientific method. New York 2004.
Humphreys, Paul: The philosophical novelty of computer simulation methods. In: Synthese 169/3 (2009), 615–626.
Jebeile, Julie/Barberousse, Anouk: Empirical Agreement in Model Validation. In: Studies in History and Philosophy of Science 56 (2016), 168–174.
Kaminski, Andreas: Der Erfolg der Modellierung und das Ende der Modelle. Epistemische Opazität in der Computersimulation. In: Andreas Brenneis u. a. (Hg.): Technik – Macht – Raum. Das Topologische Manifest im Kontext interdisziplinärer Studien. Wiesbaden 2017a.
Kaminski, Andreas: Hat Vertrauen Gründe oder ist Vertrauen ein Grund? Eine dialektische Tugendtheorie von Vertrauen und Vertrauenswürdigkeit. In: Jens Kertscher/ Jan Müller (Hg.): Praxis und ›zweite Natur‹ – Begründungsfiguren normativer Wirklichkeit in der Diskussion. Münster 2017b.
Kaminski, Andreas/Resch, Michael/Küster, Uwe: Mathematische Opazität. Reproduzierbarkeit in der Computersimulation. In: Alexander Friedrich/Petra Gehring/Christoph Hubig u. a. (Hg.): Arbeit und Spiel. Jahrbuch Technikphilosophie 4 (2018), 253–278.
Küppers, Günter/Lenhard, Johannes: Computersimulationen. Modellierungen 2. Ordnung. In: Journal for General Philosophy of Science 36 (2005), 305–329.
Lenhard, Johannes: Computer simulation. The cooperation between experimenting and modeling. In: Philosophy of Science 74/2 (2007), 176–194.
Lenhard, Johannes: Mit allem rechnen – zur Philosophie der Computersimulation. Berlin/Boston 2015.
Lenhard, Johannes/Hasse, Hans: Fluch und Segen. Die Rolle anpassbarer Parameter in Simulationsmodellen. In: Alexander Friedrich/Petra Gehring/Christoph Hubig u. a. (Hg.): Technisches Nichtwissen. Jahrbuch Technikphilosophie 3 (2017), 69–84.
Lenhard, Johannes/Winsberg, Eric: Holism, entrenchment, and the future of climate model pluralism. In: Studies in History and Philosophy of Modern Physics 41 (2010), 253–262.
Newman, Julian: Epistemic Opacity, Confirmation Holism and the Technical Debt. Computer Simulation in the Light of Empirical Software Engineering. In: Fabio Gadducci/ Mirko Tavosanis (Hg.): History and Philosophy of Computing. Third International Conference, HaPoC 2015 (2016), 256–272.
Saam, Nicole J./Schmidl, Alexander: A Distinct Element of Play. Scientific Computer Simulation as Playful Investigating. In: Alexander Friedrich/Petra Gehring/Christoph Hubig u. a. (Hg.): Arbeit und Spiel. Jahrbuch Technikphilosophie 4 (2018), 99–118.
Winsberg, Eric: Science in the Age of Computer Simulation. Chicago 2010.

Hildrun Lampe / Andreas Kaminski

61 Sicherheitsfragen in der Mensch-Maschine-Interaktion

61.1 Zum Begriff der Sicherheit

Sicherheitsfragen spielen für die Gestaltung technischer Innovation und Entwicklung sowie für deren gesellschaftliche Implementierung eine zentrale Rolle. Wonach hierbei im Einzelfall konkret gefragt wird, ist aber keinesfalls eindeutig. Vielmehr verweist der Sicherheitsbegriff immer auf ein komplexes Gefüge von Urteils- und Wertungszusammenhängen, die es im situativen Kontext von Mensch-Maschine-Interaktionen zu explizieren gilt.

Bis vor wenigen Jahrzehnten fanden sich dabei kaum Versuche, den Begriff Sicherheit näher zu bestimmen; vielmehr wird sein Sinn in der Regel als selbstverständlich vorausgesetzt (Kaufmann 1973, 5). Insbesondere für die geistes- und sozialwissenschaftliche Forschung hat sich diese Situation, nicht zuletzt infolge der grundlegenden soziologischen und sozialpolitischen Analysen von Franz-Xaver Kaufmann, deutlich gewandelt. Eine Klärung des jeweils vorausgesetzten Sicherheitsverständnisses wird in der Forschungsdiskussion heute entsprechend vielfach explizit gefordert.

Etymologisch lässt sich das Wort Sicherheit auf das lateinische *sine* (bzw. *se-*)*cura*, ›ohne Sorge‹, zurückführen. Es bezeichnet ursprünglich einen »Seelenzustand, der als Freiheit von Schmerz und Unwohlsein die Voraussetzung eines glücklichen Lebens ist« und wird als Wortprägung Cicero und dem Kontext der stoischen Ethik zugeschrieben (Makropoulos 1995, 745). Die sich bis heute durchziehende Vieldeutigkeit und Komplexität des Begriffs ›Sicherheit‹ lässt sich aus dieser Herleitung ein Stück weit verständlich machen, denn ihr gemäß sind alle möglichen Gründe und Situationen der Sorge potentiell auch Bereiche, in denen Sicherheit als Zielvorstellung eine Rolle spielen kann. Das ›Sich-um-etwas-sorgen‹ verweist in diesem Sinne immer auch auf verschiedene Weisen und (Un-) Möglichkeiten des ›Sorge-tragens‹.

Durch die etymologische Bestimmung von Sicherheit als Abwesenheit von Sorge wird zudem auch einsichtig, inwiefern *securitas* im Kontext der christlichen Theologie im Mittelalter noch normativ und semantisch doppeldeutig gebraucht werden konnte. Nämlich einerseits moralisch positiv konnotiert als Glaubensgewissheit (*securitas* wurde hier synonym zur *certitudo* gebraucht), andererseits aber auch im Sinne einer Versuchung zur Sorglosigkeit, sich also fälschlicherweise aufgrund von weltlicher Stärke auch vor Gott sicher zu fühlen (Conze 1984, 832). In dieser negativen zweiten Bedeutung spiegelt sich wider, dass die bloße Abwesenheit von individueller oder kollektiver Sorge nicht per se positiv oder negativ gewertet werden kann – sie bleibt ambivalent. Die negativ konnotierte Bedeutung im Sinne eines grundlosen oder trügerischen Sicherheitsgefühls ging im Laufe der Zeit allerdings verloren, sodass Sicherheit heute semantisch zunächst und zumeist rein positiv als ›sich wirklich nicht sorgen müssen‹ begriffen wird. Der Verweis auf Sicherheit impliziert demgemäß eine Setzung von Adäquatheit und Begründetheit der entsprechenden Urteile und Wertungen. Sicherheit erscheint uns im alltagssprachlichen Verständnis zwar als ein objektiv bestimmbarer Zustand, verweist aber immer auch auf klärungsbedürftige Vorannahmen.

Verschiedene Aspekte des Sicherheitsbegriffs stehen dabei keineswegs isoliert voneinander. Vielmehr lassen sich spezifische Zusammenhänge ausmachen zwischen der Bestimmung des jeweils als schützenswert Umsorgten, dem beabsichtigten Gefühl einer Abwesenheit von Sorgen sowie der Voraussetzung adäquater Urteile über Gefahren, Bedrohungen und Sicherheitsmaßnahmen. Diese Zusammenhänge tragen eine gewisse Eigendynamik in sich, weil sie bestimmte Wertabwägungen implizieren sowie Entschlüsse zu Handlungen motivieren. Das Triebmoment einer solchen ›Dynamik des Sicherheitsdenkens‹ lässt sich dabei als ein *Streben* beschreiben, die wahrgenommene Sorge zu überwinden und entsprechend individuell oder gesellschaftlich Sorge tragen zu *wollen*, um sodann in den Genuss eines Zustands der Abwesenheit von Sorgen zu kommen.

Unabhängig davon, ob dieses Streben als solches nun als historisch-kulturell gewachsen oder als anthropologisch konstant aufgefasst wird, ist es in der Forschungsdebatte unstrittig, dass sich aus ihm keineswegs eine unbedingte normative Forderung zur Abschaffung von Unsicherheiten ableiten lässt (Angehrn 1993, 240). Ebenso unstrittig ist, dass die Art und Weise, in der sich diese Dynamik jeweils entfaltet, einem historisch-kulturellen wie auch situativen Wandel unterliegt: Welche Dinge, Menschen oder sozialen Gegebenheiten wir konkret als schützenswert erleben und umsorgen; wie und mit welchen Begriffen wir über Sicherheit urteilen; welche persönlichen oder kollektiven Entschlüsse zur Gewährleistung von Sicherheit dadurch konkret motiviert werden; ob die Umsetzung dieser Entschlüsse in einem Gefühl der Abwesenheit einer bestimmten Sorge mündet – der-

K. Liggieri / O. Müller, *Mensch-Maschine-Interaktion*, https://doi.org/10.1007/978-3-476-05604-7_61

artiges ist ganz entscheidend mitbedingt durch die jeweiligen lebensweltlichen Erfahrungszusammenhänge (Gander 2013, 984 f.). Sicherheitsfragen in der Mensch-Maschine-Interaktion verweisen entsprechend immer auf einen situativen Handlungskontext, den es zu explizieren gilt. Normative Problemstellungen lassen sich entsprechend in aller Regel besser über die Ansätze der angewandten Ethik bearbeiten – etwa als Teil einer philosophischen Technikfolgenbewertung –, als über solche einer situationsinvarianten, allgemeinen Ethik (s. Kap. IV.B.62).

Zur näheren Bestimmung von Sicherheitsfragen innerhalb situativer Handlungskontexte hat sich auch in der deutschsprachigen Sicherheitsforschung ein Rückgriff auf das Englische bewährt, das eine Differenzierung des Wortes Sicherheit in *safety* (technische Betriebssicherheit), *security* (politisch-soziale Sicherheit) und *certainty* (erkenntnisbezogene Gewissheit) erlaubt (Bonß 2010, 35). Hierdurch lassen sich mit Blick auf Sicherheitsfragen idealtypisch auch verschiedene Interaktionstypen von Menschen und Maschinen unterscheiden, anhand derer im Folgenden gängige Forschungsprobleme und Lösungsstrategien expliziert werden sollen.

61.2 *Safety:* Unfälle und Vulnerabilität mindern

Mit dem vermehrten Einsatz komplexer Maschinen infolge der industriellen Revolution häuften sich zunächst auch die durch sie bedingten (Groß-)Unfälle. Insbesondere im Arbeits- und Produktionskontext wurden Fragen der Betriebssicherheit damit virulent. Als gesellschaftspolitische Reaktion auf derartige neu entstandene technische Unsicherheiten treten bis heute Sicherheitsstrategien in den Vordergrund, die sich durch das doppelte Moment der Prävention und Kompensation beschreiben lassen (Makropoulos 1995, 749) und die zumeist staatlich organisiert oder reglementiert werden.

Im technischen Kontext beruhen Strategien der Prävention dabei in aller Regel auf einer umfassenden Antizipation und Bewertung möglicher Gefahren durch den Betrieb von Maschinen, oftmals einschließlich der Folgen menschlicher Fehlbedienung. So erkannte und als erheblich bewertete Gefahrenquellen können dann durch technische Modifizierungen, durch Bedienungs- bzw. Handlungsvorschriften oder auch durch vorgeschriebene Wartungsmaßnahmen gemindert oder gar so gut wie ausgeschlossen werden.

Strategien der Kompensation zielen hingegen auf einen teilweisen, im besten Fall sogar vollständigen Schadensausgleich. Statt auf eine Minderung oder Beseitigung antizipierter Gefahren, zielen solche Sicherheitsstrategien auf eine Kompensation der im Schadensfall erwarteten Verluste, etwa über Versicherungen, spezielle Haftungsregelungen oder über die Etablierung resilienter Strukturen. Mögliche Schadensereignisse werden dabei in ihrem Ausmaß und in ihrer Eintrittswahrscheinlichkeit berechnet und in Risikoanalysen zu den Kosten verschiedener Kompensationsmöglichkeiten ins Verhältnis gesetzt. Kompensationsstrategien eröffnen somit Handlungsspielräume im Umgang mit Maschinen auch dort, wo man technischen Gefahren präventiv nicht umfassend begegnen kann oder will und wo Risiken stattdessen bewusst eingegangen werden sollen. Freilich schließen sich Kompensations- und Präventionsstrategien keineswegs gegenseitig aus, sondern werden vielfach gleichzeitig oder komplementär verfolgt.

Beide Strategien sind notwendig in soziale Ordnungen eingebunden: Für Strategien der Prävention werden so etwa Zuständigkeiten, Prüfkriterien oder Zulassungsbeschränkungen geregelt und für Strategien der Kompensation etwa Vorsorgepflichten, Umlagesysteme oder Solidarmechanismen bereitgestellt. Technische Innovationen fordern diese Einbindung in Ordnungen allerdings regelmäßig heraus, sodass sich technikethische Fragen nach einem adäquaten sozialpolitischen Umgang immer wieder neu stellen. Besonders seit Ende der 1960er Jahre schlagen sich technik- und fortschrittskritische Haltungen dabei auch in der breiteren Öffentlichkeit nieder, etwa unter Verweis auf mögliche nukleare, biologische oder chemische Gefahren oder auf die fortschreitende Umweltzerstörung (Ott 2005, 589).

Methodisch und konzeptionell produktiv wurden derartige Überlegungen insbesondere in den risikoethischen und verantwortungsethischen Debatten. Die Wende zum modernen Verantwortungsbegriff markiert philosophiegeschichtlich dabei insbesondere Max Webers Unterscheidung zwischen gesinnungsethischen und verantwortungsethischen Entscheidungsgründen, wobei sich letztere auf die tatsächlichen (auch nicht-intendierten) Handlungsfolgen beziehen (Anderson 2008, 1394). Historisch tritt der Begriff ab dem 19. Jahrhundert in eine zentrale Rolle, als die Zurechnung von Intentionen aufgrund arbeitsteiliger Prozesse und komplexer Fernwirkungen immer schwieriger wird – etwa im Kontext der Regulierungen zum Schutz vor Dampfkesselexplosionen (Bayertz

1995, 26 f.). Gerade in der deutschsprachigen Debatte verbindet die Verantwortungsethik im Anschluss an Hans Jonas (1979) dann technikkritische Überlegungen einer an möglichen Folgen ausgerichteten Ethik mit Elementen einer prinzipienorientierten Ethik. Über eine ›Heuristik der Furcht‹ werden mögliche Katastrophen technischen Handelns zum Ausgangspunkt einer normativen Forderung zur größten Vorsicht und zum unbedingten Schutz der Grundbedingungen würdevollen menschlichen Lebens.

Ansätze der Risikoethik haben hingegen das Problem zum Gegenstand, Handeln in einer Situation der Ungewissheit normativ anzuleiten. Insbesondere steht hierbei die Frage nach der Zumutbarkeit von Risiken im Mittelpunkt, d. h. wann Gefahren als hinreichend minimiert und die Wahrscheinlichkeit ihres Eintretens als klein genug erachtet werden können (Birnbacher 1996, 201). Allerdings lassen sich Ausmaß und Eintrittswahrscheinlichkeit eines Schadensereignisses zumeist nicht eindeutig bestimmen. Risikoethische Ansätze greifen deshalb häufig auf ein sogenanntes Maximin-Prinzip zur Entscheidungsfindung zurück, bei dem maximal mögliche, katastrophale Schadensereignisse in den Fokus der Bewertung gerückt und minimiert werden sollen (Rath 2011, 69 ff.).

Verantwortungs- und risikoethische Ansätze antworten dabei auf die gesteigerte Komplexität hochtechnisierter Gesellschaften; sie lassen sich als Versuch begreifen, Zurechnungs- und Absehbarkeitsprobleme normativ zu adressieren und auf neue technische Entwicklungen adäquat reagieren zu können. Ihre Grenze finden solche Ansätze allerdings dann, wenn Sicherheitsfragen in der Mensch-Maschine-Interaktion nicht Fehlfunktionen und Unfälle betreffen, sondern bewusst herbeigeführten Schaden wie etwa Sabotage oder IT-Angriffe. Argumentativ treten an die Stelle von Unfällen bzw. möglichen Schadensereignissen dann Verletzlichkeiten, für die die Bestimmung einer abstrakten Eintrittswahrscheinlichkeit oft inadäquat erscheint: Die zu antizipierenden Angreifer/innen suchen gegebenenfalls bewusst nach unbekannten Schwachstellen oder unterlaufen Sicherungsmaßnahmen in kreativer Weise. Solche Angriffe sind dann aber hochindividuell und statistisch kaum erfass- oder prognostizierbar. Betreffen Verletzlichkeiten sogenannte kritische Infrastrukturen, bei denen ein Angriff entweder einen direkten Schaden katastrophalen Ausmaßes bedeuten kann (z. B. bei einem Atomkraftwerk) oder aber sich Schäden aufgrund einer hochgradigen Interdependenz kaskadenartig ausbreiten können (z. B. bei vernetzten medizinischen Geräten), scheint es verantwortungs- und risikoethisch grundsätzlich geboten, auch weitgehende, invasive Schutzmaßnahmen zu treffen. Die in solchen Situationen häufig implizierten Wertungskonflikte zwischen liberalen Grundrechten und Schutzpflichten lassen sich über diese Ansätze hingegen nur begrenzt darstellen und normativ bearbeiten.

61.3 *Security:* Schutz vor Angriffen

Sicherheitsfragen verweisen mit Blick auf Angriffe bzw. Verletzlichkeiten noch auf einen zweiten Interaktionstyp zwischen Menschen und Maschinen, nämlich den Einsatz technischer Geräte zur Herstellung öffentlicher und äußerer Sicherheit im Sinne eines Schutzes vor Angriffen. Sehen wir von militärisch-zwischenstaatlichen Fragen ab, bei dem sich die relevanten Sicherheitsstrategien maßgeblich unterscheiden können, so lässt sich auch hier eine Dynamik beobachten, bei der die häufig staatlich organisierten Strategien der Prävention und Kompensation durch soziale Normen eingehegt, durch technische Innovationen aber beständig herausgefordert werden und somit normative Reflexionen notwendig machen. Im Zentrum stehen dabei insbesondere Überwachungs- und Kontrolltechniken, deren Einsatz in liberalistisch geprägten Demokratien im Laufe der Zeit umfassend reglementiert und über neuere rechtliche Konzepte wie das Schutzgebot für die individuelle Privat- und Intimsphäre stark begrenzt wurde. Insbesondere Digitaltechnologien fordern die kulturell etablierten Normen aber in neuartiger Weise heraus, weil hier die Rolle des Staates als Sicherheitsgarant im Verhältnis zu privaten Akteuren noch weit weniger klar umrissen ist und neue Möglichkeiten digitaler Kommunikation (s. Kap. II.G.22) und Informationsverarbeitung (s. Kap. III.46) die gewachsenen rechtlichen Begrenzungen von technischen Überwachungs- und Kontrollmaßnahmen fundamental in Frage stellen.

Unter Rückgriff auf Denker wie Michel Foucault (1981, 2004/2014) und Gilles Deleuze (1987) hat sich dabei ein Forschungsfeld herausgebildet, das sich – bei aller nicht zu unterschätzenden Diversität – grob unter der Bezeichnung ›Surveillance Studies‹ versammeln lässt. Sicherheitshandeln wird dabei vornehmlich diskurstheoretisch betrachtet und der Blick auf implizite und explizite Herrschafts- bzw. Machtstrukturen gelenkt. Überwachungs- und Kontrollmaßnahmen werden insbesondere als »Phänomen der Schaffung, Steuerung und Erhaltung gesellschaftlicher

Ordnung« betrachtet (Zurawski 2015, 25). Argumentativ wird zumeist eine ordnungskritische Gegenrolle zu staatlichem oder privatwirtschaftlichem Sicherheitshandeln eingenommen. Dabei lassen sich Fragen in den Blick nehmen, inwiefern konkrete Maschinen und Techniken zum Schutz vor Angriffen gesellschaftliche oder individuelle Freiheiten bedrohen und bestehende Machtstrukturen reproduzieren können.

Andererseits lassen sich über derartige ordnungskritische Ansätze kaum noch Situationen adressieren, in denen es um eine gesellschaftspolitische Gestaltung der Entwicklung und Implementierung von Sicherheitstechnologien geht, da diese notwendig immer auch mit der Reproduktion bestehender Ordnungen und Machtstrukturen einhergehen. Als Forschungsrichtung, die durchaus auf Begriffe und Ansätze der Surveillance Studies zurückgreift, dabei aber die Gestaltungsdimension bei Entscheidungen zum Schutz vor Angriffen bewusst reflektieren und auch positiv würdigen und anleiten möchte, hat sich erst in jüngster Zeit eine neues anwendungsbezogenes Feld der Ethik unter dem Label »Sicherheitsethik« formiert (Ammicht Quinn 2014; Volkmann 2014; Gander 2012) – von einer klar umrissenen, etablierten Bereichsethik kann derzeit allerdings noch keine Rede sein.

Mit Blick auf Sicherheitsfragen in der Mensch-Maschine-Interaktion lassen sich dabei große Schnittmengen mit Ansätzen der philosophischen Technikfolgenforschung ausmachen. Entsprechend stellt sich die Frage, ob nicht auch eine Sicherheitsethik die von Armin Grunwald (2015, 66) geforderten hermeneutischen Ansätze entwickeln sollte, welche eine Analyse der mit Sicherheitstechnologien verbundenen Hoffnungen und Ängste gleichermaßen erlauben würde (s. Kap. IV.B.62). Metaethisch ließe sich hierbei etwa an einen moralischen Pragmatismus anschließen, der die für komplexe technische Entscheidungssituationen typischen moralischen Dilemmata ins Zentrum der ethischen Analyse stellt und so die situativ relevanten Wertungskonflikte zwischen technikgestützter Produktion öffentlicher Sicherheit und unterschiedlichen Freiheitsansprüchen produktiv bearbeiten kann (Weydner-Volkmann 2018).

61.4 *Certainty:* Minderung von Kontingenz

Ethische Ansätze, welche die Entscheidungssituation und die damit verbundenen Wertungskonflikte stärker in den Fokus rücken, sind für Sicherheitsfragen zudem auch mit Blick auf einen dritten Interaktionstyp von Menschen und Maschinen zentral, nämlich der Nutzung selbstlernender Systeme (Künstliche Intelligenz) zur Datenanalyse. Dabei handelt es sich letztlich um neue Formen des Umgangs mit menschlicher Ungewissheit und Kontingenz, die ein Streben nach Sicherheit beständig unterlaufen. Ein wirklich sorgenfreier Zustand muss schon deshalb eine Idealvorstellung bleiben, weil immer noch die letzte Sorge bleiben muss, das Gefühl der Sicherheit könnte sich am Ende doch als trügerisch herausstellen. Dieser Umstand lässt uns deshalb auch dort noch nach Unsicherheiten suchen, wo wir schon sehr viel zur Sicherheit vor Unfällen oder Angriffen getan haben. Die Nutzung (teil-)autonomer Systeme verspricht diesbezüglich neue prognostische Möglichkeiten und – darauf aufbauend – auch verlässlichere Möglichkeiten zur schnelleren Entscheidungsfindung (s. Kap. III.35).

Zwar ist der Versuch, Ungewissheit und Kontingenz über technische Lösungen zu reduzieren, gewiss kein neues Phänomen menschlichen Handelns, doch bedeutet der Einsatz selbstlernender Systeme einen sehr grundlegenden Wandel in der Mensch-Maschine-Interaktion. Gerade selbstlernende Komponenten ermöglichen eine Auswertung von Daten selbst dann noch, wenn diese für eine manuelle Auswertung zu massenhaft, zu komplex, zu kurzlebig und zu wenig strukturiert sind (Big Data; s. Kap. II.E.17). Hierbei entstehen Situationen, in denen Maschinen den Menschen bei der Datenanalyse nicht mehr nur *unterstützen*, sondern in denen vielmehr ein Abhängigkeitsverhältnis entsteht, weil das Ergebnis der Auswertung unabhängig von maschineller Unterstützung weder einsichtig noch replizierbar ist.

Werden auf Basis solcher Analysen gesellschaftspolitisch relevante Entscheidungen getroffen, so stellt sich demokratietheoretisch und moralphilosophisch das sogenannte Technokratieproblem noch einmal in neuer und deutlich verschärfter Weise. Es besteht dann nicht mehr nur ein Abhängigkeitsverhältnis der Politik von einer wissenschaftlichen Intelligenz, die ihrerseits die jeweils optimalen Strategien und Steuerungsvorschriften entwickelt (Habermas 1968, 122). Vielmehr wird der wissenschaftliche Prozess zur Herausbildung derartiger Expertisen selbst wiederum durch technische Artefakte und automatisierte Prozesse ersetzbar. Die Einbindung selbstlernender Systeme wird so absehbar zumindest zu ›hybriden‹ Formen der Entscheidungsfindung zwischen Menschen und Maschinen führen.

Wie mit (teil-)autonomen Systemen aus moralphilosophischer Sicht umgegangen werden sollte, ist keineswegs ausgemacht. Unter Bezeichnungen wie Roboterethik bzw. Maschinenethik versammeln sich eine Reihe von Versuchen, die entstehenden Problemfelder grundsätzlich besser beschreiben und bearbeiten zu können. Die verschiedenen Lösungsstrategien, die zum Teil unter Rückgriff auf Ansätze etwa der allgemeinen Ethik entwickelt wurden, weisen dabei freilich noch eine Reihe von konzeptionellen Beschränkungen auf (Brundage 2014). Grundsätzlich kann aber unterschieden werden zwischen Versuchen, unerwünschte Effekte dadurch zu verhindern, dass der Aktionsspielraum (teil-)autonomer Systeme über explizit zu formulierende Vorschriften eingeschränkt wird, und Versuchen, Prozesse der ethischen Reflexion durch die Systeme replizieren, sie also moralisches Entscheiden selbst lernen zu lassen.

Für unseren Wertehorizont wird der vermehrte Einsatz selbstlernender und (teil)autonomer Systeme in jedem Fall sehr tiefgehende Herausforderungen darstellen. Dies gilt umso mehr, als diese Systeme ihrerseits Fragen nach Vulnerabilitäten und Fehlfunktionen implizieren und dabei Verantwortungs- und Risikofragen neu aufwerfen. Zudem wird bereits jetzt versucht, autonome Systeme auch in Überwachungs- und Kontrollmaßnahmen einzubinden, etwa um IT-Angriffe in Echtzeit erkennen und verhindern zu können. Die Veröffentlichungen Edward Snowdens und die bis heute unbefriedigende rechtsstaatliche Antwort auf die offenbar gewordenen Vorgänge lassen erahnen, dass das zunehmende Ineinanderlaufen der angedeuteten Herausforderungen unsere Konzeptionen liberaler Staatlichkeit bis in die Grundfesten erschüttern kann. Entsprechend dringlich stellen sich Fragen nach ethischen Reflexionen zur gesellschaftspolitischen Einhegung unerwünschter Effekte.

Literatur

Ammicht Quinn, Regina (Hg.): Sicherheitsethik. Wiesbaden 2014.

Anderson, Joel: Verantwortung. In: Stefan Gosepath/Wilfried Hinsch/Beate Rössler (Hg.): Handbuch der politischen Philosophie und Sozialphilosophie. Berlin 2008, 1391–1397.

Angehrn, Emil: Das Streben nach Sicherheit. Ein politisch-metaphysisches Problem. In: Hinrich Fink-Eitel/Georg Lohmann (Hg.): Zur Philosophie der Gefühle. Frankfurt a. M. 1993, 218–243.

Bayertz, Kurt: Eine kurze Geschichte der Herkunft der Verantwortung. In: Ders. (Hg.): Verantwortung: Prinzip oder Problem? Darmstadt 1995, 3–71.

Birnbacher, Dieter: Risiko und Sicherheit – philosophische Aspekte. In: Gerhard Banse (Hg.): Risikoforschung zwischen Disziplinarität und Interdisziplinarität: von der Illusion der Sicherheit zum Umgang mit Unsicherheit. Berlin 1996, 193–210.

Bonß, Wolfgang: (Un-)Sicherheit als Problem der Moderne. In: Herfried Münkler (Hg.): Handeln unter Risiko, Gestaltungsansätze zwischen Wagnis und Vorsorge. Bielefeld 2010, 33–64.

Brundage, Miles: Limitations and risks of machine ethics. In: Journal of Experimental & Theoretical Artificial Intelligence 26/3 (2014), 355–372.

Conze, Werner: Sicherheit, Schutz. In: Otto Brunner/Werner Conze/Reinhard Koselleck (Hg.): Geschichtliche Grundbegriffe. Stuttgart 1984, 831–862.

Deleuze, Gilles/Guattari, Felix: A Thousand Plateaus: Capitalism and Schizophrenia. Minneapolis 1987.

Foucault, Michel: Überwachen und Strafen: die Geburt des Gefängnisses. Frankfurt a. M. 1981 (frz. 1975).

Foucault, Michel: Sicherheit, Territorium, Bevölkerung: Vorlesung am Collège de France, 1977–1978. Frankfurt a. M. 2014 (frz. 2004).

Gander, Hans-Helmuth: Sicherheitsethik – ein Desiderat? Mögliche Vorüberlegungen. In: Hans-Helmuth Gander/Walter Perron/Ralf Poscher u. a. (Hg.): Resilienz in der offenen Gesellschaft: Symposium des Centre for Security and Society. Baden-Baden 2012, 85–94.

Gander, Hans-Helmuth: Das Verlangen nach Sicherheit. Anthropologische Befunde. In: Dirk Heckmann/Ralf Schenke/Gernot Sydow (Hg.): Verfassungsstaatlichkeit im Wandel. Festschrift für Thomas Würtenberger zum 70. Geburtstag. Berlin 2013, 983–993.

Grunwald, Armin: Die hermeneutische Erweiterung der Technikfolgenabschätzung. In: Technikfolgenabschätzung – Theorie und Praxis 24/2 (2015), 65–69.

Habermas, Jürgen: Verwissenschaftlichte Politik und öffentliche Meinung. In: Ders.: Technik und Wissenschaft als ›Ideologie‹. Frankfurt a. M. 1968, 120–145.

Jonas, Hans: Das Prinzip Verantwortung. Versuch einer Ethik für die technologische Zivilisation. Frankfurt a. M. 1979.

Kaufmann, Franz-Xaver: Sicherheit als soziologisches und sozialpolitisches Problem. Untersuchungen zu einer Wertidee hochdifferenzierter Gesellschaften. Stuttgart 1973.

Makropoulos, Michael: Sicherheit. In: Joachim Ritter/Rudolf Eisler/Karlfried Gründer (Hg.): Historisches Wörterbuch der Philosophie, Bd. 9. Basel 1995, 745–750.

Ott, Konrad: Technikethik. In: Julian Nida-Rümelin (Hg.): Angewandte Ethik: die Bereichsethiken und ihre theoretische Fundierung: ein Handbuch. Stuttgart 2005, 568–647.

Rath, Benjamin: Entscheidungstheorien der Risikoethik: Eine Diskussion etablierter Entscheidungstheorien und Grundzüge eines prozeduralen libertären Risikoethischen Kontraktualismus. Marburg 2011.

Volkmann, Sebastian: Angewandte Ethik für öffentliche Sicherheit. Versuch der Bestimmung einer Bereichsethik. In: Gisela Riescher/Hans-Helmut Gander (Hg.): Sicherheit und offene Gesellschaft. Herausforderungen, Methoden und Praxis einer gesellschaftspolitischen Sicherheitsforschung. Baden-Baden 2014, 13–41.

Weydner-Volkmann, Sebastian: Moralische Landkarten der Sicherheit. Ein Framework zur hermeneutisch-ethischen Bewertung von Fluggastkontrollen im Anschluss an John Dewey. Baden-Baden 2018.

Zurawski, Nils: Technische Innovationen und deren gesellschaftliche Auswirkungen im Kontext von Überwachung. Berlin 2015.

Sebastian Weydner-Volkmann

B Entstehung neuer Bereichsethiken

62 Technikfolgenabschätzung bei der Mensch-Maschine-Interaktion

Der Begriff der Technikfolgenabschätzung (TA) ist aus der amerikanischen Bezeichnung ›Technology Assessment‹ abgeleitet, die ab den 1970er Jahren im US-Kongress als wissenschaftliche Politikberatung zu Fragen des wissenschaftlich-technischen Fortschritts etabliert wurde (Bimber 1996). TA fungiert als Oberbegriff für wissenschaftliche Verfahren zur Untersuchung von Bedingungen und Folgen von Technik und Technisierung sowie zu ihrer politischen und gesellschaftlichen Bewertung (Grunwald 2010). Hauptsächlicher Gegenstand der Analyse sind Erforschung und Beurteilung von Folgen, die es noch gar nicht gibt und vielleicht nie geben wird (Bechmann u. a. 2007). Das Wissen über diese Folgen und ihre Beurteilung soll Orientierung für Gesellschaft und Politik ermöglichen, z. B. für Entscheidungsprozesse über Forschungsförderung oder Regulierung, oder zur Austragung von Technikkonflikten. Veränderungen in Mensch-Maschine-Interaktionen und ihre gesellschaftlichen Folgen gehören zu den großen thematischen Feldern der TA und haben in den letzten Jahren weiter an Aktualität gewonnen.

62.1 Motivationen der Technikfolgenabschätzung

Die Bedeutung von Wissenschaft und Technik ist in den letzten Jahrzehnten für nahezu alle Bereiche der Gesellschaft (z. B. Wirtschaft, Arbeitswelt, Gesundheit, Militär) dramatisch gewachsen. Entscheidungen in Politik und Wirtschaft müssen immer stärker den wissenschaftlich-technischen Fortschritt mit seinen Folgen und Möglichkeiten in Betracht ziehen. Wissenschaft und Technik verändern gesellschaftliche Traditionen, kulturelle Üblichkeiten, kollektive und individuelle Identitäten und Selbstverständnisse (Bora u. a. 2005). Sie stellen überlieferte Geschäftsmodelle, Wertschöpfungsketten, moralische Werte und Gewohnheiten zu vielen Mensch-Maschine-Schnittstellen in Frage. Parallel nimmt die individuelle wie gesellschaftliche Abhängigkeit von Technik weiter zu, wie etwa die Beispiele der Versorgung mit Elektrizität oder das Funktionieren des Internets zeigen. Dieser erheblich gestiegene Einfluss von Wissenschaft und Technik macht sie zum Gegenstand kritischer Nachfragen und legt insbesondere die Frage nach Folgen und Risiken sowie nach ihrer Gestaltung nahe.

Spätestens seit den 1960er Jahren sind erhebliche Nebenfolgenprobleme wissenschaftlich-technischer Entwicklungen aufgetreten. Unfälle in technischen Anlagen (z. B. Tschernobyl, Bhopal, Fukushima), Folgen für die natürliche Umwelt (z. B. Luft- und Gewässerverschmutzung, Biodiversität, Klimawandel), soziale und kulturelle Nebenfolgen von Technik (z. B. Arbeitsmarktprobleme als Folge der Automatisierung) und die dual-use-Thematik haben den naiven Fortschrittsoptimismus der Nachkriegszeit erschüttert (Grunwald 2013). Im Gegenzug wurden sogar technikbedingte apokalyptische Gefahren für den Fortbestand der Menschheit formuliert (z. B. Jonas 1979; Joy 2000; s. Kap. II.C.11).

Die Erfahrung von unerwarteten und teilweise gravierenden Technikfolgen, die man gerne im Vorhinein gekannt hätte, um sie zu verhindern oder um Kompensationsmaßnahmen einleiten zu können, ist zentrale Grundmotivation der Technikfolgenabschätzung (TA). *Frühwarnung* vor technikbedingten Negativentwicklungen und *Früherkennung* der Chancen von Technik sind erforderlich, damit frühzeitig Abwägungen von Chancen und Risiken vorgenommen werden können. TA will *systematisch* die Voraussicht für mögliche Folgen des wissenschaftlich-technischen Fortschritts und damit die Möglichkeiten ihrer bewussten Gestaltung erweitern, so z. B. zur Mensch-Technik-Entgrenzung (Kehl/Coenen 2016). Vorausschauende Abwägungen von Chancen und Risiken

K. Liggieri / O. Müller, *Mensch-Maschine-Interaktion*, https://doi.org/10.1007/978-3-476-05604-7_62

werden in Orientierungswissen für gesellschaftliche Debatten und politische Entscheidungsprozesse transformiert. In diesem Sinne ist TA Teil der reflexiven Modernisierung (Beck/Giddens/Lash 1996).

Eine zweite Motivation der TA entstammt teils gravierenden gesellschaftlichen Technikkonflikten seit den 1960er Jahren wie etwa zu Kernenergie, Gentechnik, Chemiefabriken, Müllverbrennungsanlagen, Reproduktionsmedizin und zum Klonen (s. Kap. II.H.29). Die Ausdifferenzierung der modernen Gesellschaften, ihre Heterogenität in moralischen Fragen und unterschiedliche Einstellungen zu Risiken erschweren die Möglichkeiten einer konsensorientierten Verständigung. In Prävention und konstruktiver Bewältigung von Technikkonflikten werden Risikokommunikation, Konfliktforschung, Mediation, Sozialverträglichkeit und die Beteiligung von Betroffenen an Entscheidungsprozessen zu zentralen Elementen der TA. In Beratungs- und Entscheidungsprozesse sollen frühzeitig nicht nur die Perspektiven der Entscheider, sondern auch die von Bürgern, Stakeholdern und Betroffenen einbezogen werden (Bechmann 2007).

Eine weitere Motivation der TA ist die Demokratisierung von Technikentscheidungen. Angesichts der weit reichenden Folgen moderner Technik müssen demokratische Deliberation, legitime Verfahren und adäquate Beteiligungsformate realisiert werden, sobald es um die politisch relevante Seite im technischen Fortschritt geht. Im Gegensatz zu einem technokratischen und auf vermeintlich alternativlose Sachzwänge setzenden Vorgehen (Habermas 1968) sind Gestaltung (s. Kap. III.40) und Nutzung des technischen Fortschritts nach Überzeugung der TA nicht einfach wissenschaftlich optimierbar. Sondern sie beinhalten Fragen der Art, in welcher Gesellschaft wir leben wollen, welche Werte und Rechte dort repräsentiert sein sollen, welche Risiken wir einzugehen bereit sind und welche Rolle Technik darin spielen soll – und müssen damit demokratisch beraten und entschieden werden. TA unterstützt in diesen Fragen die demokratische Debatte, Meinungsbildung und Entscheidungsfindung auf unterschiedlichen Ebenen, etwa in Parlamenten oder in konkreten Beteiligungsverfahren vor Ort.

62.2 Technikfolgenabschätzung als Beratung

Der Begriff der TA als *technology assessment* geht auf den US-amerikanischen Kongress zurück. Einer seiner ›Erfinder‹ war der demokratische Senator Edward Kennedy. Konkreter Anlass war die zunehmende Asymmetrie im Zugang zu relevanten Informationen zwischen der Legislative und der Exekutive in den USA. Während die Exekutive durch den ihr zur Verfügung stehenden behördlichen Apparat und die finanziellen Ressourcen jederzeit auf neueste Informationen zurückgreifen konnte, hinkte das Parlament in diesen Fragen hinterher, wodurch die demokratische Gewaltenteilung gefährdet schien. Zur Behebung wurde 1972 das Office of Technology Assessment (OTA) gegründet, um den Kongress in Washington D. C. im Hinblick auf Forschungs- und Technikentscheidungen wissenschaftlich zu beraten. Es wurde 1995 aus politischen Gründen geschlossen (Bimber 1996). Ab den 1980er Jahren wurden in mehreren europäischen Ländern (meist kleine) Einrichtungen parlamentarischer TA gegründet (http://www.eptanetwork.org). Parallel dazu wurde TA in die Beratungsformen vieler Ministerien und nachgeordneter Behörden integriert. Die Entwicklung des *Constructive Technology Assessment* (Rip/Misa/Schot 1995) auf Basis sozialkonstruktivistischer Modelle des Verhältnisses von Technik und Gesellschaft (Bijker/Hughes/Pinch 1987) hat zur direkten Einbeziehung von TA in die technische Entwicklung geführt. Auf diese Weise lassen sich heute drei Adressatengruppen der TA in Bezug auf ihre Beratungsfunktion klar unterscheiden, zu denen jeweils unterschiedliche institutionelle Modelle, konzeptionelle Ansätze sowie Vorgehensweisen und Methoden entwickelt wurden (Grunwald 2010):

1) Politikberatung: Staatliche Institutionen und politische Akteure üben in unterschiedlichen Weisen Einfluss auf die technische Entwicklung und die Nutzung von Technik aus. Standardsetzungen, Regulierungen, Deregulierungen, Steuergesetze, Verordnungen, Forschungs- und Technologieförderung, internationale Konventionen und Handelsabkommen beeinflussen den Gang der Technikentwicklung und -diffusion. Politikberatende TA (z. B. Petermann/Grunwald 2005) erstreckt sich auf die öffentlich relevanten und politisch zu entscheidenden Technikaspekte wie z. B. Sicherheit- und Umweltstandards, den Schutz der Bürger vor Eingriffen in Bürgerrechte, Prioritätensetzungen in der Forschungspolitik und die Gestaltung von Rahmenbedingungen für Innovation.

2) Öffentlicher Dialog: Seit Beginn der TA wurde die Forderung nach Demokratisierung von Technikentscheidungen und Partizipation von Betroffenen, Stakeholdern oder Bürgern immer wieder erhoben (z. B. Habermas 1968). Gesellschaftliche Gruppen, Interessenvertreter, betroffene Bürger oder auch ganz allgemein die Öffentlichkeit sind danach in den Beratungs- und Bewertungsprozess einzubeziehen. Partizipative TA (Joss/Belucci 2002) beteiligt Personen und Gruppen außerhalb von Wissenschaft und Politik an Beratungen über zukünftige Technik einschließlich der Identifikation der Themen zur öffentlichen Förderung von Forschung und Entwicklung neuer Technologien.

3) Technikgestaltung: In der Erforschung und Entwicklung von Technik durch Wissenschaftler, Ingenieure und in der Wirtschaft werden wertbehaftete Entscheidungen getroffen, wenn z. B. eine Techniklinie als aussichtsreich, eine andere als Sackgasse bewertet wird, wenn zukünftige Produktchancen bewertet werden oder ein neues Produktionsverfahren eingeführt werden soll. Daher kann TA auch direkt an der Entwicklungsarbeit in Labors oder an innerbetrieblichen Entscheidungsprozessen ansetzen, um über die üblichen techno-ökonomischen Folgenüberlegungen und Bewertungskriterien hinaus weitere Dimensionen zu berücksichtigen (VDI 1991; Rip/Misa/Schot 1995). Gemeinwohlorientierte Werte sollen von den Ingenieuren in die Technik quasi ›eingebaut‹ werden, um die Technikentwicklung in die ›richtige‹ Richtung zu lenken.

Der aktuell international diskutierte Ansatz des Responsible Research and Innovation (RRI; Owen/Bessant/Heintz 2013; van den Hoven u. a. 2014) bezieht sich stark auf Konzepte, Ziele, Ansätze und Verfahren der TA (Grunwald 2011). Diese Diskussion hat der Debatte zur TA, die nach der Schließung des OTA stark auf Europa konzentriert war, internationalen Auftrieb gegeben.

62.3 Technikfolgenabschätzung als Forschung

Die Untersuchung der Folgen von Handlungen und Entscheidungen zu moderner Wissenschaft und Technik bzw. zu ihrer Einbettung in gesellschaftliche Handlungsfelder wie Sicherheits-, Gesundheits-, Landwirtschafts- oder Energiepolitik als Gegenstand der TA bedarf aus mehreren Gründen wissenschaftlicher Forschung (s. Kap. IV.A.61). Erstens geht es häufig um prospektive und hypothetische Folgenüberlegungen zu innovativen Technologien, zu denen es genau wegen dieser Innovativität noch kein Erfahrungswissen gibt. Zweitens ist das *assessment*, die Beurteilung von Technikfolgen nach ethischen und gesellschaftlichen Kriterien unter Berücksichtigung verschiedener Perspektiven, transparent durchzuführen. Hinzu kommt drittens die systemische Komplexität von Folgen in einer komplexen Welt, in der systemische Wechselwirkungen immer wieder zu unerwarteten Entwicklungen führen (Bechmann u. a. 2007). Die Kombination der systemischen Dimension von Technikfolgen mit der Notwendigkeit, sich mit nicht empirisch prüfbaren *zukünftigen* Folgen zu befassen, und der Pluralität der Perspektiven macht die spezifische Herausforderung an TA-Forschung deutlich. Aus der Kombination der Folgenorientierung der TA mit ihrem Beratungsauftrag (s. o.) ergeben sich drei Spezifika von TA als Forschung (Grunwald 2010):

1) Inter- und Transdisziplinarität: Gesellschaftliche Problemlagen, wie sie sich anhand der Spannungsfelder und Ambivalenzen des wissenschaftlich-technischen Fortschritts zeigen, lassen sich nicht auf einzelne wissenschaftliche Disziplinen abbilden, sondern bedürfen eines *inter- oder transdisziplinären* Zugangs. Politikwissenschaftliche, betriebs- und volkswirtschaftliche, umweltbezogene, soziale, kulturelle, technische, naturwissenschaftliche, sozialpsychologische und ethische Aspekte müssen integriert und gegebenenfalls um das außerwissenschaftliche Wissen von Betroffenen ergänzt werden. In Bezug auf Mensch-Maschine-Schnittstellen sind über die technischen Disziplinen hinaus vor allem die Sozialwissenschaften, Psychologie, Ethik und Philosophie gefragt.

2) Systemgrenzen weit wählen: Folgenuntersuchungen von Technik müssen in der Regel ganzheitliche Lebenszyklusbetrachtungen sein, da die Summe der Folgen von Technik (z. B. im Hinblick auf Nachhaltigkeit) über ihren gesamten Lebenszyklus in Form von Herstellung, Nutzung und Entsorgung akkumuliert wird. In Ökobilanzen ist dieses Prinzip durch die formalisierte Lebenszyklusanalyse (LCA) zum Standard geworden. Dieses Prinzip betrifft aber auch soziale Aspekte, wenn z. B. der Lebensweg eines technischen Produkts und seiner Vorprodukte in sozialer Hinsicht nicht hinnehmbare Prozesse wie Kinderarbeit, unzumutbare Zustände im Rohstoffabbau bzw. der Entsorgung oder ungerechte Vergütung für geleistete Arbeit aufweist. Das Prinzip der TA, bereits in der Entwicklungsphase von Technik ›bis zum Ende zu denken‹ bringt hier erhebliche Anforderungen an Zukunftswissen mit sich, so auch im Bereich sich ändernder Mensch-Maschine-Schnittstellen wie in den aktuellen Debatten zur Industrie 4.0. (s. Kap. III.45, IV.A.60)

3) Denken in Alternativen: Wissenschaftliche Politikberatung tendiert vielfach dazu, sich auf Optimierungsüberlegungen einzulassen, um die vermeintlich

›one best solution‹ zu formulieren und sodann zu empfehlen oder zu fordern, diese auch politisch umzusetzen. In Gegensatz zu diesem technokratischen (Habermas 1968) Vorgehen fokussiert TA auf die öffentlich relevante und politische Seite in der Gestaltung des wissenschaftlichen Fortschritts und damit auf alternative Optionen dieser Gestaltung. Zukunftsentscheidungen sind nach Überzeugung der TA nicht einfach wissenschaftlich entscheidbare oder optimierbare Sachfragen, sondern Entscheidungen, in welcher Gesellschaft wir leben wollen, welche Risiken wir einzugehen bereit sind und welche Rolle Technik darin spielen soll – und die sind ersichtlich wert- und positionsabhängig. Damit stellt TA dem technokratisch beliebten Sachzwangargument ein Denken in Alternativen gegenüber, verbunden mit der Erwartung, demokratische Meinungsbildung und politische Entscheidungsfindung mit besserer Informations- und transparenterer normativer Orientierung versorgen zu können.

62.4 Mensch-Maschine-Interaktion als Thema der TA

In den letzten ca. 15 Jahren hat der ursprüngliche Fokus der TA, nämlich die Untersuchung von Technik in Form von gegenständlichen Artefakten (z. B. Anlagen und Kraftwerken) mit ihren Folgen, an relativer Bedeutung zugunsten der Betrachtung eher techno-wissenschaftlicher Entwicklungen und gesellschaftlicher Querschnittsfolgen verloren. Insbesondere die weitgehend anwendungsoffenen Querschnittstechnologien haben sämtlich mit Veränderungen von Mensch-Maschine-Schnittstellen zu tun: Nanotechnologie (z. B. Grunwald 2012b), synthetische Biologie (z. B. Pade u. a. 2014), die *converging technologies* (Roco/Bainbridge 2002) und die Robotik (z. B. Decker/Gutmann 2012; s. Kap. IV.B.63). Das Interesse der TA richtet sich dabei nicht auf konkrete Produkte und Dienstleistungen, sondern auf Technikzukünfte (Grunwald 2012a) wie Visionen (z. B. Grunwald 2012) angesichts komplexer Gemengelagen zwischen wissenschaftlich-technischen Entwicklungen, Innovationspotentialen, Produktions- und Konsummustern, Erwartungen und Befürchtungen zu zukünftigen Mensch-Maschine-Schnittstellen, sowie politischen Entscheidungen unter Unsicherheit.

So innovativ, teils futuristisch, wie viele aktuelle Zukunftsbilder zu Mensch-Maschine-Schnittstellen auch sein mögen (z. B. Kehl/Coenen 2016), sind die gesellschaftlichen Debatten dazu doch gut vorbereitet. Beispielsweise lassen sich Romane, Filme und gegenständliche Kunstwerke finden, die bereits früh auf Veränderungen der Mensch-Maschine-Schnittstelle reagierten und als außerwissenschaftliche Vorläufer einer wissenschaftlich orientierten TA angesehen werden können, zumindest was die Schaffung eines gesellschaftlichen Problembewusstseins betrifft. Als Beispiele seien hier nur erwähnt der Film *Metropolis* von Fritz Lang (1927) mit dem berühmten Diktum, dass dem Maschinenmenschen die Zukunft gehöre, und der technik- und industriekritische Film *Modern Times* von Charlie Chaplin (1936), in dem die Maschine den Takt angibt und der Mensch im Rahmen der Fließbandarbeit diesem zu folgen hat (s. Kap. II.A.4, II.A.5). Für das starke Interesse an sich wandelnden, zukünftigen oder auch nur utopischen Mensch-Maschine-Schnittstellen sind die Science-Fiction-Literatur der 1920er bis 1950er Jahre mit Autoren wie Aldous Huxley, J. B. S. Haldane und Stanislaw Lem (Coenen 2006) genauso wie die ab den 1960er Jahren aufblühende Welt der Science-Fiction-Kinofilme gute Beispiele. Hier werden – häufig im Regime der Unterhaltungsindustrie – spekulative Technikzukünfte entworfen, in denen Diagnosen, Erwartungen oder Befürchtungen frühzeitige Reflexion von Mensch-Maschine-Schnittstellen angeregt haben. Auf diese Weise sind – häufig im Medium der Unterhaltung – wesentliche Technikfolgenfragen an zukünftige Mensch-Maschine-Schnittstellen bereits vorbereitet, ganz anders als dies etwa in der Debatte zur Nanotechnologie der Fall war (Grunwald 2016, Kap. 5 und 6).

Themen der TA im Feld sich verändernder Mensch-Maschine-Schnittstellen und Interaktionen haben sich vor allem im Zusammenhang mit den oben erwähnten Querschnittstechnologien, auch als NEST (*new and emerging sciences and technologies*) bezeichneten Entwicklungen, herausgebildet (Grunwald 2016). Entsprechend dem beschriebenen Profil liegt der Schwerpunkt der TA-Themen stärker auf der gesellschaftlichen und weniger auf der Ebene individueller bzw. individualistischer Ethik (z. B. Harris 2007). Dies gilt vor allem für die parlamentarische TA, die seit über zehn Jahren ein starkes Interesse an Mensch-Maschinen-Schnittstellen zeigt (z. B. Hennen/Grünwald/Revermann 2007; Coenen u. a. 2009; Gerlinger/Sauter/Petermann 2011; Kehl/Coenen 2016). Im Folgenden werden aus der großen Fülle der Einzelthemen drei Themenfelder der TA im Kontext neuer Mensch-Maschine-Schnittstellen detaillierter vorgestellt: die technische Verbesserung des Menschen (63.5), zunehmend autonome Technik am Beispiel von Robotern (63.6) und die Zukunft einer digitalisierten Arbeitswelt (63.7).

62.5 *Human enhancement*

Seit ca. 15 Jahren findet eine kontroverse internationale Debatte zur ›technischen Verbesserung des Menschen‹ (*human enhancement*) statt. Diese hat weit reichende Visionen von der Umgestaltung des menschlichen Körpers und Geistes sowie der weitgehenden Abschaffung des Todes und der Verschmelzung von Mensch und Maschine entwickelt (Roco/Bainbridge 2002; s. Kap. II.A.6, II.G.25 und s. Kap. III.39, III.53). Im Post- und Transhumanismus sind weltanschauliche Züge enthalten, die den Rahmen üblicher gesellschaftlicher Technikdebatten weit übersteigen (z. B. Hurlbut/Tirosh-Samuelson 2016). Die TA hat dieses Thema früh im Kontext der Nanotechnologie aufgegriffen (Paschen u. a. 2004) und in vielen Studien auf unterschiedliche Anwendungs- und Politikfelder bezogen (vgl. hierzu für den Deutschen Bundestag Hennen/Grünwald/Revermann 2007; Gerlinger/Sauter/Petermann 2011; Kehl/Coenen 2016 und für das Europäische Parlament Coenen u. a. 2009). Dabei geht es immer wieder um die Querschnittsfragen, wie belastbar Spekulationen um zukünftige technische Verbesserungen des Menschen sind, welche Schritte dafür zurückzulegen sind bzw. wie Innovationsstrategien aussehen können, welche Folgen in welchen Szenarien plausibel vorgestellt werden können, wie diese beurteilt werden können und welche Folgen dies für das Selbstverständnis des Menschen und das Mensch-Technik-Verhältnis haben kann. Die gesellschaftliche Ebene kommt insbesondere anhand der Frage ins Spiel, wie die Diffusions- und Aneignungsprozesse von Verbesserungstechnologien in die Gesellschaft hinein vorgestellt werden und welche die treibenden Kräfte sein können.

In der Abwesenheit starker ethischer Gegenargumente (Grunwald 2012b) erscheint die Verbreitung von Verbesserungstechnologien, insofern sie faktisch verfügbar wären, nach einem Marktmodell durchaus plausibel. Eine Nachfrage ist nicht nur vorstellbar, sondern wahrscheinlich, etwa nach dem Vorbild der Plastischen Chirurgie heute. In bestimmten Berufen könnten technische Verbesserungen menschlicher Fähigkeiten das Handeln erleichtern oder unterstützen. Die wirkmächtigste Triebfeder zur Verbreitung von Verbesserungstechnologien dürfte freilich in der stärksten Kraft der modernen globalisierten Welt bestehen: dem Wettbewerb. Die Spirale des Wettbewerbs und seine Ausdehnung auf den gesamten Globus rufen geradezu nach Verbesserungen: jede und jeder, der oder die sich verbessern lässt, kann auf Wettbewerbsvorteile gegenüber der Konkurrenz hoffen. Eine Gesellschaft, die als zentralen Motor den Wettbewerbsgedanken auf nahezu allen Ebenen von der Wirtschaft über das Militär bis hin zum Lebensstil eingesetzt hat, ist mit dem Bemühen um ständige ›Verbesserung‹ konfrontiert. Wettbewerbsgedanke und Verbesserung gehören untrennbar zusammen. Der unbeschränkte Wettbewerb einer »Leistungssteigerungsgesellschaft« erzwingt eine unendliche Spirale immer weiterer Verbesserungen, in der die, die bestehen wollen, sich rasch genug verbessern müssen, während die anderen verlieren (Coenen 2008).

Der Gedanke, dass das *human enhancement* mit Entwicklungen hin zu einer Leistungssteigerungsgesellschaft verbunden sein könnte, die bereits heute virulent sind, wird bislang kaum geäußert. Stattdessen herrscht eine individualistisch verengte Perspektive in der Tradition von Bio- und Medizinethik vor (z. B. Harris 2007; s. Kap. I.2). In der TA-Perspektive geht es jedoch auch um die Gesellschaftsform, in der wir leben, so z. B. um die Frage, wie viel Wettbewerb einer menschlichen Gesellschaft zuträglich ist, um einerseits die kreativen Potentiale der Menschen zu mobilisieren, ohne andererseits aber zu ungewollten und letztlich selbstzerstörenden endlosen Steigerungen der Selbstausbeutung zu führen (s. Kap. III.48). Die politische Brisanz dieser Frage ist ersichtlich (Coenen u. a. 2009; Gerlinger/Sauter/Petermann 2011).

62.6 Autonome Roboter als Begleiter

Technik gewinnt immer mehr Autonomie (s. Kap. III.35). Die Industrierobotik in den 1970er und 1980er Jahren hat in den industrialisierten Ländern weitgehend die Fließbandarbeit automatisiert, die Produktion erheblich effizienter gestaltet, dabei aber auch allein in Deutschland Millionen von Arbeitsplätzen überflüssig gemacht (s. Kap. III.34). Fand dies noch in Fabriken, hinter Sicherheitsvorrichtungen oder in unzugänglichen Bereichen und damit außerhalb der öffentlichen Sichtbarkeit statt, so betreffen erhebliche Fortschritte der Robotik die Lebenswelt der Menschen. Technische Fortschritte in der Sensorik zur Verbesserung der Wahrnehmung der Umwelt, in der Mechatronik zur Ermöglichung von Bewegungsvorgängen wie Treppensteigen und in der Elektronik durch die gewaltige Erhöhung der Informationsverarbeitungskapazität erlauben es Robotern, als autonome Systeme in der menschlichen Lebenswelt zu agieren.

Entsprechende Rollenmodelle autonomer Roboter wurden durch die Science-Fiction-Literatur und -Filme verbreitet, lange bevor die technischen Möglichkeiten verfügbar waren. Bekannte Beispiele sind der programmierbare Maschinenmensch aus *Metropolis* von Fritz Lang (1927), der vermeintlich unfehlbare HAL-9000 aus Stan Kubricks *2001 – A Space Odyssey* (1968) oder der kugelige R2-D2 aus *Star Wars* von George Lucas (1977). Im Film *I, Robot* von Alex Proyas (2004) wird thematisiert, wie auf eine emergente Weise der NS-5 Roboter Sonny zu Bewusstsein findet – jedenfalls im Film (s. Kap. II. F.20). In dieser langen Tradition der Roboter in der Science-Fiction, die häufig große Publikumserfolge waren und sind, hat bereits eine gesellschaftliche Aneignung der Roboter stattgefunden. Immer wieder wird die Vermutung geäußert, dass viele Menschen nicht sonderlich überrascht wären, wenn ihnen Roboter auf der Straße, beim Einkaufen oder am Arbeitsplatz begegnen würden. Allzu oft sind entsprechende Szenen in Kinofilmen bereits vor unseren Augen abgelaufen. Die gesellschaftliche Aneignung der Robotik scheint schon stattgefunden zu haben, bevor die realen Anwendungen existieren – eine für die TA ungewöhnliche Situation (Grunwald 2016).

Die Rolle des Roboters als *companion* des Menschen hat besondere Aufmerksamkeit der TA erfahren (Böhle/Bopp 2014). Zukünftige Relationen zwischen Mensch und Roboter werden häufig in der Rhetorik der Assistenz, des Kollegen und der Kooperation formuliert, so z. B. in Ansatz der Industrie 4.0 (s. Kap. II.F.21, III.45) und der europäischen Forschungsförderung.

Interessanterweise sind die Rollen der robotischen Begleiter sämtlich Rollen aus der vertrauten Welt des heutigen Menschen und Ausdruck von Erwartungen, dass gegenwärtige Relationen zwischen Menschen – die Rollen des Behüters, des Assistenten und des Partners – von Robotern übernommen werden können oder auch sollen. Dahinter muss, und das ist eine TA-typische Wendung, die Diagnose stehen, dass etwas zwischen den Menschen in ihren unterschiedlichen Rollen nicht gut läuft: wenn die Vision eines *artificial companion* so positiv besetzt ist, dann sind wir offenkundig mit unseren gegenwärtigen menschlichen Begleitungen unzufrieden. Zukünftige Roboter als *artificial companions* werden letztlich als die besseren Menschen vorgestellt. Als Begleiter werden sie immer gute Laune haben, sie werden ihre Rollen als Partner oder Assistent perfekt ausfüllen, sie werden gute Manieren haben und sie werden nicht müde, uns mit ihren Diensten zu verwöhnen. Hinter den Erwartungen an den technischen Fortschritt, uns zukünftig *artificial companions* an die Seite zu stellen, zeigt sich der Wunsch nach dem besseren Menschen und damit die Kritik an uns selbst.

62.7 Arbeiten in der Industrie 4.0

Ein ganz anderes Thema, scheinbar viel näher an der Realität, jedoch dennoch mit visionären Zügen behaftet, ist die industrielle Produktion im Sinne der Industrie 4.0 (mangels Alternativen verweise ich auf den Wikipedia-Eintrag). Diese wird, da sind sich alle Charakterisierungen einig, autonom handelnden technischen Systemen und ihrer Kooperation mit Menschen hohe Bedeutung einräumen. Das Thema des *artificial companion* (s. o.) zeigt sich hier vor allem in der Rede vom ›Kollegen Roboter‹, wobei der freilich keine humanoide Gestalt haben muss. Hier ist die Assistenzfunktion der autonomen Maschinen entscheidend:

> »First, the ability of assistance systems to support humans by aggregating and visualizing information comprehensibly for making informed decisions and solving urgent problems on short notice. Second, the ability of cyber physical systems to physically support humans by conducting a range of tasks that are unpleasant, too exhausting, or unsafe for their human co-workers.« (Wikipedia, 19.6.2016).

Die Frage nach der Rolle des Menschen in dieser zukünftigen Welt der Industrie 4.0 bleibt offen. Die offiziellen Beschreibungen fallen gerade dadurch auf, dass sie ›den Menschen‹ – wer auch immer dies sein mag – in betonter Weise in den Mittelpunkt stellen, obwohl seine Funktion zusehends unklar wird. Diese Rhetorik ist erklärungsbedürftig. Sie erweckt den Verdacht, dass genau deswegen der Mensch in den Mittelpunkt von Industrie 4.0 gestellt wird, weil damit verborgen werden soll, dass in den weitreichenden Visionen für den Menschen kaum noch ein Platz übrigbleibt. Diesem Verdacht sei hier nicht gefolgt; dennoch wäre eine Aufklärung dieses Verdachts und eine Klärung der zukünftigen Mensch-Technik-Schnittstellen in der Industrie 4.0 insbesondere angesichts vielfältiger Sorgen um die Arbeitswelt (Börner/Kehl/Nierling 2017) dringend erforderlich.

Literatur

Bechmann, Gotthard/Decker, Michael/Fiedeler, Ulrich/Krings, Bettina: TA in a complex world. In: International Journal of Foresight and Innovation Policy 4 (2007), 4–21.

Beck, Ulrich/Giddens, Anthony/Lash, Scott (Hg.): Reflexive Modernisierung. Eine Kontroverse. Frankfurt a. M. 1996.

Bijker, Wiebe E./Hughes, Thomas P./Pinch, Trevor J. (Hg.): The Social Construction of Technological Systems. Cambridge, Mass. 1987.

Bimber, Bruce A.: The politics of expertise in Congress. The rise and fall of the Office of Technology Assessment. New York 1996.

Böhle, Kolja/Bopp, Knud: What a Vision: The artificial companion. A Piece of Vision Assessment Including an Expert Survey. In: Science, Technology & Innovation Studies (STI Studies) 10/1 (2014), 155–186.

Börner, Franziska/Kehl, Christoph/Nierling, Linda: Chancen und Risiken mobiler und digitaler Kommunikation in der Arbeitswelt. Berlin 2017.

Bora, Alfons/Decker, Michael/Grunwald, Armin/Renn, Ortwin (Hg.): Technik in einer fragilen Welt. Herausforderungen an die Technikfolgenabschätzung. Berlin 2005.

Coenen, Christopher: Der posthumanistische Technofuturismus in den Debatten über Nanotechnologie und Converging Technologies. In: Alfred Nordmann/Joachim Schummer/Astrid Schwarz (Hg.): Nanotechnologien im Kontext. Berlin 2006, 195–222.

Coenen, Christopher: Von der Leistungs- zur Leistungssteigerungsgesellschaft? In: Büro für Technikfolgen-Abschätzung (Hg.): TAB-Brief 33. Berlin 2008, 21–27.

Coenen, Christopher/Schuijff Mirjam/Smits, Martijntje u. a.: Human Enhancement. European Parliament. Brussels 2009.

Decker, Michael/Gutmann, Mathias (Hg.): Robo- and Informationethics. Some Fundamentals. Münster 2012.

Gerlinger, Katrin/Sauter, Arnold/Petermann, Thomas: Pharmakologische Interventionen zur Leistungssteigerung als gesellschaftliche Herausforderung. In: TAB-Arbeitsbericht Nr. 143, Berlin 2011 (englische Zusammenfassung in: http://www.tab-beim-bundestag.de/en/publications/books/sage-2011-143.html).

Grunwald, Armin: Technikfolgenabschätzung – eine Einführung [2002]. Berlin ^{2}2010.

Grunwald, Armin: Responsible innovation: Bringing together technology assessment, applied ethics, and STS research. In: Enterprise and Work Innovation Studies 7 (2011), 9–31.

Grunwald, Armin: Responsible Nanobiotechnology. Philosophy and Ethics. Singapore 2012a.

Grunwald, Armin: Technikzukünfte als Medium von Zukunftsdebatten und Technikgestaltung. Karlsruhe 2012b.

Grunwald, Armin (Hg.): Handbuch Technikethik. Stuttgart 2013.

Grunwald, Armin: The Hermeneutic Side of Responsible Research and Innovation. London 2016.

Habermas, Jürgen: Verwissenschaftlichte Politik und öffentliche Meinung. In: Jürgen Habermas (Hg.): Technik und Wissenschaft als Ideologie. Frankfurt a. M. 1968, 120–145.

Harris, John: Enhancing Evolution. The Ethical Case for Making Better People. Princeton 2007.

Hennen, Leonhard/Grünwald, Reinhard/Revermann, Christoph u. a.: Hirnforschung: TAB-Arbeitsbericht 117. Berlin 2007.

Hurlbut, Benjamin J./Tirosh-Samuelson, Hava (Hg.): Perfecting Human Futures. Transhuman visions and technological imaginations. Wiesbaden 2016.

Jonas, Hans: Das Prinzip Verantwortung. Versuch einer Ethik für die technologische Zivilisation. Frankfurt a. M. 1979.

Joss, Simon/Belucci, Sergio (Hg.): Participatory Technology Assessment – European Perspectives. London 2002.

Joy, Bill: Why the Future Does not Need Us. In: Wired Magazine 8/4 (2000), 238–263.

Kehl, Christoph/Coenen, Christopher: Mensch-Maschine-Entgrenzungen. Zwischen künstlicher Intelligenz und Human Enhancement. Büro für Technikfolgenabschätzung beim Deutschen Bundestag. Berlin 2016.

Owen, Richard/Bessant, John R./Heintz, Maggy (Hg.): Responsible Innovation. Managing the Responsible Emergence of Science and Innovation in Society. Chichester 2013.

Pade, Christian/Giese, Bernd/Königstein, Stefan/Wigger, Henning u. a.: Characterizing Synthetic Biology through its novel and enhanced functionalities. In: Bernd Giese/Christian Pade/Henning Wigger (Hg.): Synthetic Biology. Character and Impact. Heidelberg 2014, 71–104.

Paschen, Herbert/Coenen, Christopher/Fleischer, Torsten u. a.: Nanotechnologie. Forschung und Anwendungen. Berlin 2004.

Petermann, Thomas/Grunwald, Armin (Hg.): Technikfolgen-Abschätzung am Deutschen Bundestag. Berlin 2005.

Rip, Arie/Misa, Thomas/Schot, Johan (Hg.): Managing Technology in Society. London 1995.

Roco, Mihail C./Bainbridge, William S. (Hg.): Converging Technologies for Improving Human Performance. Arlington 2002.

Van den Hoven, Jeroen/Doorn, Neelke/Swierstra, Tsjalling u. a. (Hg.): Responsible Innovation 1: Innovative Solutions for Global Issues. Dordrecht 2014.

VDI – Verein Deutscher Ingenieure: Richtlinie 3780 Technikbewertung, Begriffe und Grundlagen. Düsseldorf 1991.

Armin Grunwald

63 Von den *three laws of robotics* zur Roboterethik

Roboter gehören zu den technischen Entwicklungen, die in besonderer Weise faszinieren. Das gilt schon für Schweißroboter in der Automobilindustrie, die in Hochgeschwindigkeit und Präzision um Fahrzeugkarosserien ›herumtanzen‹, und noch mehr für humanoide Roboter (s. Kap. III.55), die uns als Menschen in einer Art Ebenbild begegnen, weil sie uns in ihrer körperlichen Erscheinung ähneln und über ›natürliche‹ Sprache verfügen. Die Entwicklung humanoider Roboter bedarf einer ethischen Reflexion, jedenfalls einer technik-ethischen Betrachtung, da hier in Bezug auf unser technisches Handeln neue Möglichkeiten eröffnet werden, mit denen auch entsprechende gesellschaftliche Veränderungen einhergehen (Grunwald 2000). Humanoide Roboter kann man über diese technische Perspektive hinaus auch unter dem Gesichtspunkt des Bauens von künstlichen Menschen betrachten, womit sich anthropologische Fragen stellen, die unmittelbar mit der Veränderung unseres Menschenbildes verbunden werden können. Auch wenn Hiroshi Ishiguros Roboter äußerlich dem Erscheinungsbild von Menschen schon sehr nahe kommen, so sind wir doch von der Entwicklung künstlicher Menschen heute noch entfernt. Das liegt auch daran, dass hierfür verschiedene Disziplinen der ›Informationsverarbeitung‹ in ein Gesamtsystem integriert werden müssen. Vereinfacht dargestellt sind dies ein funktionstüchtiger robotischer Körper, der über entsprechende Sensorik verfügt, eine künstlich intelligente und lernende Steuerung und eine Aktuatorik, mit der der Roboter Veränderungen in seiner Umgebung hervorrufen kann. Humanoide Roboter dieser Qualität gibt es heute noch nicht, sie dürfen aber als feste Bestandteile unserer Zukunft angesehen werden, zumindest wenn man Science-Fiction-Literatur und -Filmen Glauben schenkt.

63.1 Roboter und Science-Fiction

Der Begriff ›Roboter‹ selbst wurde in der Science-Fiction-Literatur geprägt: »Rossums universelle Roboter« heißt die Firma, in dem gleichnamigen Theaterstück von Karel Čapek, das 1920 in tschechischer Sprache veröffentlicht wurde. Im Tschechischen heißt ›Arbeit‹ *robota*. Daher wird der Ursprung des Begriffs ›Roboter‹ auf dieses Theaterstück zurückgeführt. In dem Stück baut besagte Firma ›künstliche Menschen‹, universell einsetzbare humanoide Roboter, die als Maschinensklaven eingesetzt werden. Zunächst durchaus erfolgreich im wirtschaftlichen Sinne eingesetzt, wenden sich die Roboter schließlich gegen die Menschen und vernichten diese. Andere ›prominente‹ humanoide Roboter sind Commander Data, der ›Androide‹ aus *Star Trek*, oder das Roboter-Kind David, aus dem Film *A. I. – Künstliche Intelligenz*. Beide sind äußerlich Menschen zum Verwechseln ähnlich und auch in Bezug auf ihre inneren Zustände drücken sie menschliche Gefühle aus, äußern beispielsweise das Bedürfnis zu lieben und geliebt zu werden. Marvin, dem Roboter aus *Per Anhalter durch die Galaxis*, wird ebenfalls ein echtes menschliches Persönlichkeitsbild zugeschrieben. Ihm wird seine hoch entwickelte Künstliche Intelligenz auch schon einmal zur Last, was zu depressiv anmutenden Äußerungen führt. Eindeutig als Roboter erkennbar sind R2-D2 und C-3PO aus *Star Wars*. Sie sind als Team in interessanter Rollenverteilung unterwegs: R2-D2 ist als ›Astromech-Droide‹ ein universelles wirkmächtiges Werkzeug, sein humanoider Roboter-Partner C-3PO ist ein ›Protokoll-Droide‹ und universeller Kommunikator. Er fungiert als Mensch-Maschine Schnittstelle in diesem ›Team‹. Schließlich sei noch *RoboCop* genannt, ein Roboter, der als Cyborg-Polizist (s. Kap. III.39) von dem menschlichen – ›natürlich intelligenten‹ – Gehirn eines verstorbenen Polizisten gesteuert wird, und als quasi unbesiegbarer Polizist gegen Kriminelle vorgeht.

Alle diese Roboter dürfen insbesondere in der Gesamtheit ihrer Fähigkeiten als heute technisch unerreicht und möglicherweise auch unerreichbar gelten. Dennoch prägen sie die öffentliche Wahrnehmung von Robotern in der Gesellschaft. Für die Roboterentwicklung ist das gleichermaßen Nach- und Vorteil: Zum einen zeigen sich Betrachter teilweise enttäuscht ob der (im Vergleich bescheidenen) Performanz, die Robotertechnik heute erreicht, zum anderen handelt es sich offensichtlich um eine der Technologien, die schon weit vor ihrer technischen Einführung in der Gesellschaft bekannt war, was mögliche Ressentiments gegenüber Robotern verringern kann (Christaller u. a. 2001, 218). Im Vergleich zu anderer Technik wird über Roboter verstärkt metaphorisch und insbesondere anthropomorphisierend geredet. Roboter ›lernen‹, ›agieren‹ und haben einen »Erfahrungsschatz« (Aha/Asfour 2012; s. Kap. II.E.17). Zugespitzt wird diese anthropomorphisierende Rede in der Beschreibung von humanoiden Robotern als ›künstliche Menschen‹, verbunden mit der Frage, ob

J. B. Metzler © Springer-Verlag GmbH Deutschland, ein Teil von Springer Nature, 2019
K. Liggieri / O. Müller, *Mensch-Maschine-Interaktion*, https://doi.org/10.1007/978-3-476-05604-7_63

man diesen bereits einen Personenstatus zuschreiben müsse (Walser 2010). Insofern sind mit der Robotik besondere Folgen für unser »personales und kulturelles Selbstverständnis« verbunden, da sich der Mensch in der Robotik selbst zu begegnen scheint (Christaller u. a. 2001, 111). Vor diesem Hintergrund wird Robotik nicht nur zu einem Gegenstand der ethischen Reflexion, sondern beispielsweise auch zum Thema der Philosophie des Geistes, der Anthropologie, der Technikfolgenabschätzung (s. Kap. IV.B.62) und der gesellschaftlichen und politischen Diskussion (Bölker/Gutmann/Hesse 2010). In der gesellschaftlichen Debatte spiegelt sich die Ambivalenz wider, die in der Science-Fiction auf unterschiedliche Art thematisiert wird. Auch Isaac Asimov weist auf diese Ambivalenz hin, wonach technische Entwicklungen positive und negative Konsequenzen haben:

> »The point is that we cannot foresee the consequences in detail. [...] The application cannot be predicted, but we can be sure that it will have both its beneficial and its uncomfortable aspects.« (Asimov 1974)

Mit Blick auf die Robotik reiht er sich unter anderem mit *The Becentenial Man* (Asimov 1976) in die Liste der Science-Fiction-Literaten ein, die maßgeblich die Diskussion über Roboter beeinflusst haben, wobei die Asimovschen Gesetze vermutlich für sich beanspruchen können, am weitreichendsten auch im wissenschaftlichen Diskurs ein Referenzpunkt zu sein. Die Gesetze wurden 1942 als Science-Fiction-Kurzgeschichte *Runaround* veröffentlicht und dann 1950 in die als Buch unter dem Titel *I, Robot* herausgegebene Textsammlung aufgenommen. Die drei Gesetze lauten:

1. A robot may not injure a human being or, through inaction, allow a human being to come to harm.
2. A robot must obey the orders given it by human beings except where such orders would conflict with the First Law.
3. A robot must protect its own existence as long as such protection does not conflict with the First or Second Laws.

Sie sind hierarchisch organisiert und in der Geschichte wird beschrieben, wie der Roboter »Speedy« bei der Ausführung einer Aufgabe zwischen dem zweiten Gesetz und dem dritten Gesetz in einen Konflikt gerät. Speedy war als teurerer Roboter so programmiert, dass der hierarchische Unterschied zwischen Gesetz zwei und drei vergleichsweise klein ausgelegt war. Als er den für sich gefährlichen Auftrag von ›seinem‹ Mensch bekommt, ›Selen‹ zu holen, kommt er in eine Oszillation zwischen Gesetz zwei und drei: Er geht der Anweisung des Menschen folgend auf den Pool zu, bis die Bewertung der Gefahr so hoch ist, dass er Gesetz drei befolgend zurückweicht. Mit geringer werdender Gefahr wird die Befolgung von Gesetz zwei wieder höher gewichtet, womit eine Schwingung der Oszillation beschrieben ist. Einer der beiden Hauptakteure in der Geschichte erkennt, dass er Speedy nur durch das Befolgen von Gesetz eins aus dieser Oszillation befreien kann. Als Konsequenz bringt er sich selbst in Gefahr und Speedy kann die Oszillation beenden.

Auch in der Geschichte *The Bicentennial Man* findet sich eine Sequenz, in der die Abwägung zwischen den drei Gesetzen eine Rolle spielt. In dieser Novelle verfolgt der Roboter »Andrew«, ursprünglich als Diener in einem privaten Haushalt angeschafft, das Ziel, selbst ein Mensch werden zu dürfen. Über seine Fähigkeit kunstvoll schnitzen zu können, entwickelt er ›Freude‹ was er so ausdrückt: »it makes the circuits of my brain somehow flow more easily. I have heard you use the word ›enjoy‹ and the way you use it fits the way I feel« (Asimov 1976). Er beginnt Kleider zu tragen und entwickelt sich vom technischen ›Mittel zum Zweck‹ zu einem ökonomisch eigenständigen Roboter, der schließlich auch, durch einen entsprechenden Eingriff, ein Ende seiner Funktion implementiert bekommt und somit nach 200 Jahren ›stirbt‹. Als er – in bereits fortgeschrittenem Entwicklungsstadium – auf dem Weg zur Bibliothek von zwei Menschen attackiert wird, kann er sich wegen der Robotergesetze nicht wehren. Er muss wegen Gesetz zwei ihren bösartigen Befehlen folgen, auch wenn er sich selbst Schaden dabei zufügt. Als sein Besitzer George dem Roboter zu Hilfe kommt, bringt er eine interessante Frage ins Spiel: Er sagt, dass der Roboter ihn beschützen würde, weil er ihn besser kenne als die beiden Angreifer, und daher seinem Befehl, diese zu attackieren, folgen würde. Als die Angreifer geflohen waren, wies der Roboter George darauf hin, dass er die beiden Angreifer nicht hätte attackieren können. Ein moralisch adäquates Handeln aus den drei hierarchisch geordneten Regeln abzuleiten, war auch hier nicht möglich. Dieser Aspekt wird unten noch einmal aufgegriffen.

63.2 Ethische Reflexion von Robotern als technische Mittel

Roboter als Mittel zum Zweck sind in der Industrierobotik etabliert und werden als eine Erfolgsgeschichte der Industrialisierung angesehen. Die klassische

Definition von Robotern spiegelt den Werkzeugcharakter wider:

> »Ein Roboter ist ein frei und wieder programmierbarer, multifunktionaler Manipulator mit mindestens drei unabhängigen Achsen, um Materialien, Teile, Werkzeuge oder spezielle Geräte auf programmierten, variablen Bahnen zu bewegen zur Erfüllung der verschiedensten Aufgaben.« (VDI-Richtlinie 2860 von 1990, weitgehend als ISO-Standard übernommen)

Eine Definition, die weniger auf einen Produktionsprozess abstellt, enthält dann keine ›quantitative‹ (»drei unabhängige Achsen«) Abgrenzung mehr, zu einer anderen Maschine. Diese wird lediglich relativ über die Komplexität zum Ausdruck gebracht (Christaller u. a. 2001, 19):

> »Roboter sind sensumotorische Maschinen zur Erweiterung der menschlichen Handlungsfähigkeit. Sie bestehen aus mechatronischen Komponenten, Sensoren und rechnerbasierten Kontroll- und Steuerungsfunktionen. Die Komplexität eines Roboters unterscheidet sich deutlich von anderen Maschinen durch die größere Anzahl von Freiheitsgraden und die Vielfalt und den Umfang seiner Verhaltensformen.«

Vor dem Hintergrund der Tatsache, dass selten der gesamte Fertigungsprozess automatisiert werden kann (s. Kap. III.34), resultiert eine Kombination aus Handlungen, die von Menschen und Arbeitsschritten, die von Robotern ausgeführt werden. Bei diesen Arbeitsschritten wird der Mensch in der Produktion ersetzt. Die Ersetzbarkeit des Menschen – sei es bei einzelnen Handlungen oder ›als Ganzes‹ – kennzeichnet die technikethische und technikfolgenorientierte Befassung mit der Robotik (Decker 2014; s. Kap. II.F.20). Alan Turing hat die Ersetzbarkeit im sogenannten Turing-Test mit Blick auf die Künstliche Intelligenz (KI) auf den Punkt gebracht, indem er die Ununterscheidbarkeit zur Testaufgabe machte (s. Kap. III.57). Heutige ›Tests‹ wie z. B. die RoboCup-Wettbewerbe zielen ebenfalls auf die Ersetzbarkeit des Menschen in den Kategorien ›Rettung‹ und ›Erledigungen zuhause‹ sowie ›Fußballspielen‹.

Aus technik-ethischer Sicht rücken damit zwei Fragen in den Fokus: (1) die Verteilungsgerechtigkeit, die allgemein nach einer fairen Verteilung der Chancen und Risiken fragt, die mit einer technischen Innovation verbunden sind, und hier speziell auch Ungerechtigkeiten in Bezug auf die Verteilung der Arbeit in den Blick nimmt und (2) die Gefahr einer Instrumentalisierung der menschlichen Arbeiter im Fertigungsprozess.

Ad 1) Wenn Arbeitsschritte in der Produktion von Robotern übernommen werden, lassen sich bezüglich der Schwierigkeitsgrade der Tätigkeiten, die weiterhin von Menschen ausgeführt werden, vier Fälle unterscheiden. Erstens ändert sich der Schwierigkeitsgrad nicht – Arbeit und Vergütung bleiben gleich. Zweitens kann die neue Arbeit schwieriger sein als die bisherige. Sind die Arbeiter in der Lage, sich für die höherwertige Tätigkeit zu qualifizieren, resultiert daraus ein höheres Gehalt (*up skill-Effekt*). Oder drittens müssen die Arbeitnehmer mit einer minderwertigeren Arbeit vorliebnehmen, die schlechter vergütet ist (*down-skill Effekt*). Der ökonomische Nutzen der robotischen Fertigung geht normalerweise mit dem Nettoeffekt einher, dass insgesamt in einer Produktion weniger Personalkosten anfallen. Das heißt, dass viertens eine bestimmte Anzahl von Arbeitskräften kein Angebot mehr erhalten. Die technische Innovation bringt also Gewinner und Verlierer in Bezug auf den Status ex ante hervor, eine ungerechte Verteilung, die nach utilitaristischen Überlegungen gerechtfertigt sein kann. Denn, so ein Argument, mit der Teilautomatisierung wird immerhin überhaupt noch Arbeit nachgefragt, während ansonsten möglicherweise rein manuelle Fertigungen in Niedriglohnländer ausgelagert werden (Christaller u. a., 21). Aus prinzipien-ethischer Sicht kann es geboten sein, hier entsprechende Kompensationen anzubieten. Die Frage, welche Berufe in Zukunft durch Robotisierung und Digitalisierung besonders gefährdet sind, ist in der gesellschaftlichen Debatte – angeregt durch eine Studie von Frey und Osborne in 2013 – aktuell sehr präsent (ZEW 2015; Decker u. a. 2017; s. Kap. III.45).

Ad 2) Das Instrumentalisierungsverbot weist, abgeleitet aus dem kategorischen Imperativ, darauf hin, dass es der Würde einer Person widerspricht, bloß als Mittel für einen ihr äußerlichen Zweck eingesetzt zu werden (Kant 1785, 429). Andererseits kann eine nutzenethische Betrachtung Einschränkungen der Autonomie und Würde einzelner Personen zulassen (s. Kap. III.35), wenn das mit Hinweis auf übergeordnete und umfangreichere Nutzenerwägungen begründet werden kann. In einem konkreten Handlungskontext ergibt sich so ein Interpretationsspielraum, der allerdings nicht den grundlegenden Gedanken des Instrumentalisierungsverbots in Frage stellt, nämlich eine Umkehrung der Zweck-Mittel-Relation. Die ethische Beurteilung des konkreten Handlungskontexts ist entscheidend. Wenn sich in einem Fertigungsprozess die Kombinationen aus menschlichen und robotischen Tätigkeiten so darstellen, dass der menschliche Werker nur mehr die nicht rentabel robotisierbaren ›Übergangsarbeiten‹ ausführt, kann das durchaus einer nicht akzeptablen Instrumentalisierung gleichkommen.

Roboter werden nicht nur in der industriellen Produktion eingesetzt, sondern auch in sogenannten Servicebereichen. Hier wird der Robotik seit geraumer Zeit ein ähnliches Innovationspotential wie Industrierobotern vorhergesagt (Schraft/Schmierer 1998). Heute werden Roboter hauptsächlich in den Bereichen Verteidigung, Rettung und Sicherheit sowie Landwirtschaft eingesetzt. In diesen Bereichen werden Serviceroboter von einem menschlichen Experten und unter dessen Aufsicht und/oder in einem geschützten Raum betrieben. Oft kann der Serviceroboter als eine Erweiterung der menschlichen Handlungsfähigkeit beschrieben werden. Mithilfe von Überwachungsrobotern kann beispielsweise ein größeres Gelände überwacht werden. Mit einem Melkroboter lassen sich im gleichen Zeitintervall mehr Kühe melken etc.

Aus ethischer Perspektive sind daher analog zu den Industrierobotern die Verteilungsgerechtigkeit und auch das Instrumentalisierungsverbot zu berücksichtigen. Letzteres ist hier weniger virulent, da im Dienstleistungsbereich gemeinhin keine ähnlich kleinteilige Aufteilung der Handlungen wie bei der industriellen Produktion möglich ist. Dennoch ist eine kontextabhängige Analyse geboten. Zusätzlich rückt bei den Servicerobotern eine Verantwortlichkeit gegen ›unbeteiligte Dritte‹ in den Fokus. Die Umgebung lässt sich vielfach nicht komplett auf einen Serviceroboter einstellen. Zum Beispiel ist ein zu überwachendes Gebiet oder auch der Einsatzbereich eines selbst fahrenden Traktors, der im ›Folgebetrieb‹ einem von einem Menschen gefahrenen Traktor folgt, nicht beliebig anpassbar. Unbeteiligte Dritte, z. B. Fahrradfahrer am Feldrand oder Passanten am Zaun eines Geländes, können den Anwendungsbereich des Serviceroboters betreten. Damit ist auch die Möglichkeit gegeben, dass diesen Personen ein Schaden durch den Roboter zugefügt wird, gefolgt von der Frage, wer für die Verursachung dieses Schadens verantwortlich ist. Die Verantwortungsethik als eine spezielle konsequentialistische Ethik widmet sich dem Adressatenproblem der Verantwortung und zeichnet das Bestimmen des Subjekts oder der Subjekte der Verantwortung als wichtige Aufgabe aus. »Die Arbeitsteiligkeit des Handelns löst die Folgenverantwortung nicht einfach auf, sondern verteilt sie auf die involvierten Individuen nach Maßgabe ihrer Bedeutung in dem betreffenden kollektiven Handlungszusammenhang« (Bayertz 1991, 190).

Im Fall der Servicerobotik ist die Verteilung der Verantwortung zwischen dem Betreiber oder Halter des Serviceroboters und dem Roboterproduzenten aufgeteilt. Kann man hier davon ausgehen, dass diese Aufteilung beim Betrieb technischer Anlagen eingespielten Üblichkeiten folgt, so stellen moderne Robotersysteme, insbesondere dann, wenn sie sich adaptiv an konkrete Aufgaben anpassen können, neue Fragen. Es mehren sich die Stimmen in den Rechtswissenschaften, dass sowohl zivilrechtliche als auch öffentlich-rechtliche Aspekte beim Betrieb von Servicerobotern zu berücksichtigen sind (Christaller u. a. 2001; Matthias 2004; Hilgendorf/Günther 2013; Gless/Seelmann 2015).

Dieser Aspekt verstärkt sich noch, wenn Serviceroboter in privaten Umgebungen von Personen betrieben werden, die das nicht in einem beruflichen Sinne tun. Das heißt, ein Kunde kauft ein Produkt ›Serviceroboter‹, z. B. einen Staubsaugerroboter, und nimmt diesen in seiner privaten Wohnung in Betrieb. Des Weiteren werden Serviceroboter unmittelbar *an* Menschen eingesetzt, zum Beispiel bringen diese Roboter Getränke oder sollen in die Pflege älterer oder kranker Menschen eingebunden werden, ob nun im privaten Umfeld, im Krankenhaus oder Pflegeheim. Die Akteurskonstellation ist dann erweitert: Einerseits gibt es eine professionelle Fachkraft (Pflegekraft), die den Roboter als Mittel zum Zweck in der Pflege einsetzt. Andererseits ist mit dem/der zu Pflegenden eine weitere Person im Handlungskontext, an der oder in deren Umfeld der Robotereinsatz stattfindet. Diese ist in der ethischen Reflexion entsprechend zu berücksichtigen.

Bezogen auf die professionell Pflegenden stellen sich in Bezug auf die Veränderung der Arbeit Fragen der Verteilungsgerechtigkeit wie oben ausgeführt. Darüber ist aber auch eine ungerechte Verteilung der Robotersysteme zu adressieren. Roboter, die für Patienten und ältere Menschen einen Autarkiegewinn darstellen und dazu beitragen können, dass man noch länger in der eigenen Wohnung und damit im gewohnten sozialen Umfeld leben kann, sind nicht preiswert. Ob ein solidarisch getragenes Versicherungssystem die Kosten übernehmen kann und wird, ist ungeklärt. Es droht eine Ungerechtigkeit dahingehend, dass nur diejenigen Personen ein solches Robotersystem nutzen können, die auch in der Lage sind, es selbst zu finanzieren.

Andererseits ist für die zu Pflegenden die Gefahr einer Instrumentalisierung gegeben. Auch wenn in der Pflege heute die Kooperation von menschlichen Pflegern und robotischen Unterstützungssystemen als zielführend erachtet wird, kann es zu Situationen kommen, in denen der Roboter allein mit dem zu Pflegenden interagiert (s. Kap. II.F.21). Das kann entweder in der eigenen Wohnung sein, wenn der Roboter auf die noch zu erfolgende Einnahme der Medikamente hinweist, oder auch unterwegs, wenn der Roboter beim Spazierengehen einem Menschen mit Demenz Orientierung gibt und die Richtung weist, in die nun zu gehen ist. Anweisungen dieser Art sind in Pflegezusammenhängen normal und tragen zum Erfolg der Pflegehandlung maßgeblich bei. Hier ist die Ersetzbarkeit des Menschen dahingehend zu prüfen, dass diese Aufforderungen mit unterschiedlicher Nachdrücklichkeit ausgesprochen werden können. Bei der Aufforderung die Medikamente einzunehmen würde man dem Robotersystem möglicherweise eine niedrigere Stufe der Nachdrücklichkeit zugestehen als einem menschlichen Pfleger und diesem möglichweise weniger als einem menschlichen Arzt. Ähnliches gilt beim nach Hause Führen eines Menschen mit Demenz. Hier kann zum Schutz des Menschen mit Demenz eine Nachdrücklichkeit nötig sein, die von außen betrachtet schon rabiat anmutet, auch hier würde man dem menschlichen Pfleger eine höhere ›Handgreiflichkeit‹ als einem Roboter einräumen, das heißt der Roboter muss dann, wenn sein Interventionsspielraum ausgeschöpft ist, menschliche Hilfe holen.

63.3 Humanoide Roboter, Cyborgs, moralische Agenten

Auch Humanoide Roboter (s. Kap. III.55) werden entwickelt, um ein möglichst gutes Mittel zum Zweck zu sein. Gerade unsere private Umgebung ist für die Nutzung durch Menschen optimiert, sodass sich der Roboter dann gut fortbewegen, ›handeln‹ und orientieren kann, wenn er Beine und Arme mit Händen hat, sowie einen ›Kopf‹, der Kameras und Mikrophone als visuelle und akustische Sensoren enthält. Andererseits wurde einführend darauf hingewiesen, dass mit der humanoiden Form auch weitreichendere Erwartungen an den Roboter gestellt werden, die neben der menschlichen Autonomie insbesondere auch das moralische Handeln umfassen. Dafür steht das in den Asimovschen Gesetzen angelegte – quasi als wenn-dann Relation programmierbare – regelbasierte moralische Handeln Pate. Ronald Arkin (2007) spitzte das mit seinem Vorschlag zu, Robotersysteme, die in der Lage sind zu töten, mit moralischen Regeln auszustatten. Er argumentiert, dass menschliche Soldaten in kriegerischen Zusammenhängen so unter Stress agieren müssen, dass sie notgedrungen wenig moralisch agieren. So kommt Arkin zu dem Schluss, dass Robotersysteme zwar auch nicht ethisch optimal, aber dennoch moralischer als menschliche Soldaten agieren. Dieser Vorschlag wurde sehr kontrovers diskutiert (Sparrow 2006; Sharkey 2010), ist er doch unmittelbar mit der Frage verbunden, nach welchen ethischen Regeln Menschen im Kriegsfalle von Waffen Gebrauch machen sollen. Wobei die Frage, welche ethische Fundierung in Robotersysteme implementiert werden sollte, die autonom Entscheidungen über den Gebrauch von Waffen fällen, der besonderen ethischen Reflexion und auch eines gesellschaftlichen Konsenses bedarf (Wallach/Allen 2008; Beavers 2010; Coeckelbergh 2010). Die Herausforderung der Technikethik verändert sich hier von der ethischen Reflexion über das Handeln mit Robotern zu der Frage, wie Roboter ethisch agieren sollen.

Für einen Cyborg (s. Kap. II.G.25, III.39), die Kombination aus Mensch und Roboter, ist diese Frage weniger relevant, zumindest wenn man sich den oben genannten ›RoboCop‹ vor Augen führt, denn er wird ja von dem natürlichen Gehirn des Polizisten gesteuert. Das (moralische) Handeln würde man in erster Näherung diesem menschlichen Akteur zurechnen. ›Lediglich‹ der ganze Körper ist robotisch ausgestaltet. Die Ersetzbarkeit des Menschen bezieht sich hierbei auf Körperteile und steht somit in enger Verbindung zur Prothetik. Künstliche Gliedmaßen (Hände, Füße, Arme, Beine) und Sinnesorgane (Hör- und Seh-Implantate), aber auch ein Herzschrittmacher können als Ersatzgeräte für Körperteile und oder -funktionen beschrieben werden. Während die medizinische Prothetik den Ersatz nicht mehr vorhandener Gliedmaßen mit dem Ziel einer Leistungsgleichheit verfolgt, ist bei Cyborgs auch ein Übertreffen menschlicher Fähigkeiten angestrebt (Warwick 2010, Beck 2010; s. Kap. II.H.28, III.51). Hier stellt sich die interessante Frage, ob ein weitgehend durch Implantate und Prothesen ersetzter Mensch noch ein Mensch ist. Zumindest wäre er kein Individuum im heutigen Sinne, denn Implantate und Prothesen können zwar individuell justiert werden, sind selbst aber nichts Individuelles. Oder ergibt sich die neue Individualität aus der Kombination der unterschiedlichen Prothesen? Gelten dann noch die gleichen ethischen Normen wie für den heutigen Menschen? Schließlich hängt die Idee der menschlichen Würde nicht zuletzt auch an der Einmaligkeit eines Individuums. Sowohl in Zusammenhang mit Cyborgs als auch der humanoiden Robotik wird unter dem Begriff des *embodiments* die Rolle des ›Körpers‹ diskutiert, der in der bio-inspirierten Robotik das zentrale technische Element darstellt. In der Diskussion werden Bezüge zum Dualismus von Geist und Materie René Descartes hergestellt, dessen Überlegungen wiederum de La Mettrie (*L'homme maschine*) beeinflusst haben. Dabei wird versucht, den Dualismus monistisch zu überwinden und den Menschen vollständig aus der Dritten-Person-Perspektive zu erfassen. Die Differenz zwischen dem in der Dritten-Person-Perspektive objektivierbaren Körper und dem in der Ersten-Person-Perspektive und als historisches Phänomen in auslegenden Verfahren zugänglichen Leib bleibt weitgehend unbeachtet, obwohl sich gerade in der Unterscheidung dieser Perspektiven Grenzen der Ersetzbarkeit aufweisen lassen (Wiegerling 2012).

Mit der Diskussion über Cyborgs – und jüngst auch zur Prothetik – ist immer auch die Frage nach dem Übertreffen menschlicher Leistungsfähigkeit gestellt worden. Offensichtlich handelt es sich hierbei um eine relative Aussage, die die Kenntnis über den Normalbereich menschlicher Leistungen voraussetzt. Die Bewertung der Karbon-Unterschenkelprothese beim Weitsprung kann hier als Beispiel dienen. Als vergleichsweise gut dokumentierte Obergrenze eines menschlichen Normbereichs haben wir im Sport die Weltrekorde. Die Frage, ob eine spezielle Sport-Prothese im Weitsprung einen Vorteil oder einen Nachteil oder eben Leistungsgleichheit darstellt, ist nach wissenschaftlichen Kriterien schwer zu beurteilen. Vor- und Nachteile sind in Abwägung zu bringen, die nicht alle quantitativ darstellbar sind, wie beispielsweise die Beurteilung der sensorischen Rückkopplung, die bei der Prothese sicherlich schlechter ist als bei einem gesunden Bein. Allerdings stellt sich der Bewegungsablauf, verkürzt gesagt die Umsetzung von Anlaufgeschwindigkeit in Sprungweite, so anders dar, dass aktuell empfohlen wird, nicht in gemeinsamen Wettkämpfen anzutreten (Wank/Keppler 2015). In allgemeiner Hinsicht ist es trivial, dass der Mensch durch Technik seine Leistungsfähigkeit und auch sein Handlungsspektrum erweitert. Aber auf die Spitze getrieben stellt es die Existenz der Menschheit selbst in Frage. Bill Joy (2000) hat früh darauf hingewiesen, dass sich Menschen möglicherweise, befördert über die kongruierende Entwicklung von Robotik, Genetic Engineering und Nanotechnologie, komplett selbst durch Technik ersetzen könnten (s. Kap. II.H.29). Die Künstliche-Intelligenz-Forschung wäre hier heute zusätzlich zu nennen, und spielt aktuell in der öffentlichen Debatte eine große Rolle, unter anderem weil nach dem Schachspielen nun auch das Go-Spielen durch KI-optimierte Methoden besser gelingt, als es die jeweils weltbesten Spielerinnen und Spieler können. Beides sind Sportarten, die unter Menschen als besondere Leistung des Denkvermögens anerkannt sind. Nick Bostrom (2014) weist darauf hin, dass mit einer Künstlichen Intelligenz, die einer menschlichen Intelligenz ebenbürtig ist, die Möglichkeit besteht, dass die KI eine bessere KI entwickelt, die dann die menschliche Intelligenz übertrifft: eine Superintelligenz. Kommt diese beispielsweise zu dem Schluss, dass man zukünftig ressourcenschonend agieren sollte, ist die Existenz des Menschen gefährdet, denn er ist selbst eine Ressource, zu deren Erhalt darüber hinaus viele Ressourcen eingesetzt werden müssen (Bostrom 2014, 116). Schon die Joy-Debatte hat die ethische Befassung mit Robotertechnologien beflügelt (Veruggio/Operto 2006; Capurro/Nagenborg 2009; Lin/Abney/Bekey 2012; Decker/Gutmann 2012), in der zunehmend auch die Bedingungen der Möglichkeit eines moralischen Handelns durch Roboter diskutiert werden. Jüngst haben sich weitere prominente Akteure, wie Bill Gates, Elon Musk und Stephen Hawking, zu Wort gemeldet. Die beiden Letztgenannten haben auch den offenen Brief des Future of Life Instituts unterschrieben, in dem eine Priorisierung für eine wohltätige KI-Forschung gefordert wird. Der Bedarf an ethischer Reflexion in dieser Debatte ist noch nicht gestillt.

Literatur

Aha, Isabell/Asfour, Tamim: Roboter der nächsten Generation. Abschlusskolloquium des SFBs »Humanoide Roboter« mit Ausblick in die Zukunft. 2012. In: http://www.informatik.kit.edu/309_6235.php.

Anderson, Susan Leigh: »Asimov's three laws of robotics« and machine metaethics. In: Ai & Society 22/4 (2008), 477–493.

Arkin, Ronald C.: Governing Lethal Behavior: Embedding Ethics in a Hybrid Deliberative/Reactive Robot Architecture. Technical Report GIT-GVU-07-1, 2007.

Asimov, Isaac: »Runaround«. I, Robot. New York City 1950.

Asimov, Isaac: Of what use? Introduction to Euginge Kone/Helene Jordan (Hg.): The Greatest Adventure: Basic Research that Shapes our Lives. New York 1974.

Asimov, Isaac: The bicentennial man. In: The Bicentennial Man and Other Stories. New York 1976.

Bayertz, Kurt: Wissenschaft, Technik und Verantwortung. Grundlagen der Wissenschafts- und Technikethik. In:

Ders. (Hg.): Praktische Philosophie. Grundorientierungen angewandter Ethik. Hamburg 1991.
Beavers, Anthony: Editorial of the special issue. Robot Ethics and Human Ethics. In: Ethics and Information Technology 12 (2010), 207–208.
Beck, Susanne: Roboter, Cyborgs und das Recht – von der Fiktion zur Realität. In: Tade M. Spranger (Hg.): Aktuelle Herausforderungen der Life Sciences. Berlin 2010, 95–120.
Bölker, Michael/Gutmann, Mathias/Hesse, Wolfgang (Hg.): Information und Menschenbild. Heidelberg/Berlin 2010.
Bostrom, Nick: Superintelligence. Paths, Dangers, Strategies. Oxford 2014.
Capurro, Rafael/Nagenborg, Michael: Ethics and Robotics. Heidelberg 2009.
Christaller, Thomas/Decker, Michael/Gilsbach, Joachim u. a.: Robotik. Perspektiven für menschliches Handeln in der zukünftigen Gesellschaft. Berlin/Heidelberg 2001.
Coeckelbergh, Mark: Moral appearances. Emotions, robots, and human morality. Ethics and Information Technology 12 (2010), 235–241.
Decker, Michael/Gutmann, Mathias (Hg.): Robo- and Informationethics. Some fundamentals. Wien 2012.
Decker, Michael: Who is taking over? Technology assessment of autonomous (service) robots. In: Michael Funk/ Bernhard Irrgang (Hg.): Robotics in Germany and Japan. Philosophical and technical perspectives. Frankfurt a. M. 2014, 91–110.
Decker, Michael/Fischer, Martin/Ott, Ingrid: Service robotics and human labor. A first technology assessment of substitution and cooperation. In: Robotics and Autonomous Systems 87/1 (2017), 348–354.
Gless, Sabine/Seelmann, Kurt (Hg.): Intelligente Agenten und das Recht. Baden-Baden 2016.
Grunwald, A.: Against Over-Estimating the Role of Ethics in Technology. In: Science and Engineering Ethics 6 (2000), 181–196.
Hilgendorf, Eric/Günther, Jan-Philipp (Hg.): Robotik und Gesetzgebung. Baden-Baden 2013.
Joy, Bill: Why the future doesn't need us. In: Wired 8/4 (2000).
Kant Immanuel: Grundlegung zur Metaphysik der Sitten [1785]. In: Ders.: Werke. Akademieausgabe, I. Abt., Bd. 4. Hg. von der Berlin-Brandenburgischen Akademie der Wissenschaften. Berlin 1900 ff. Berlin 1968.
Lin, Patrick/Abney, Keith/Bekey, George A. (Hg.): Robot Ethics. The ethical and social implications of robotics. Cambridge, Mass. 2012.
Matthias, Andreas: The Responsibility Gap: Ascribing responsibility for actions of learning automata. In: Ethics and Information Technology 6 (2004), 175–183.
Murphy, Robin/Woods, David D.: Beyond Asimov: The Three Laws of Responsible Robotics. In: IEEE Intelligent Systems 24/4 (2009), 14–20.
Schraft, Rolf Dieter/Schmierer, Gernot: Serviceroboter: Produkte, Szenarien, Visionen. Berlin/Heidelberg/New York 1998.
Sharkey, Noel: Saying ›no!‹ to lethal autonomous targeting. In: Journal of Military Ethics 9/4 (2010), 369–383.
Sparrow, Robert: Killer Robots. In: Journal of Applied Philosophy 24/1 (2006), 62–77.
Veruggio, Gianmarco/Operto, Fiorella: Roboethics. A Bottom-up Interdisciplinary Discourse in the Field of Applied Ethics in Robotics. In: International Review of Information Ethics 6 (12/2006), 2–8.
Wallach, Wendell/Allen, Colin: Moral Machines: Teaching Robots Right from Wrong. Oxford 2008.
Walser, Charlotte: Personen – Inwiefern wir sind, wofür wir uns halten. Berner Reihe philosophischer Studien, Bd. 40. Bern 2010.
Wank, Veit/Keppler, Valentin: Vor-und Nachteile von Sportlern mit Hochleistungsprothesen im Vergleich zu nichtbehinderten Athleten. In: Deutsche Zeitschrift für Sportmedizin 66/11 (2011), 287–293.
Wiegerling, Klaus: Zum Wandel des Verhältnisses von Leib und Lebenswelt in intelligenten Umgebungen. In: Peter Fischer/Andreas Luckner/Ulrike Ramming (Hg.): Reflexion des Möglichen. Zur Dialektik von Handeln, Erkennen und Werten. Münster 2012, 225–238.

Michael Decker

64 Arbeitsfelder der Roboterethik

64.1 Einleitung

Die Roboterethik stellt innerhalb des sogenannten westlichen Kulturraums eine verhältnismäßig junge Bereichsethik dar, eine Teilbereichsethik der Maschinenethik, um ganz genau zu sein (Allen 2006; Anderson/Anderson 2011; Bendel 2019; Edgar 2003; Misselhorn 2018; Moor 2006; Rath/Krotz/Karmasin 2019). Denn alle Roboter sind Maschinen, aber nicht umgekehrt alle Maschinen auch Roboter. Diese Einordnung der Roboterethik als (Teil-)Bereichsethik ruht auf einem Verständnis von Ethik als einer zunächst für Menschen spezifischen Kategorie des Handelns. So befasst sich die philosophische Disziplin der Ethik seit der klassisch auf Aristoteles zurückgehenden Definition einerseits mit den menschlichen Sitten, Bräuchen und Gewohnheiten, andererseits dem guten Leben, nimmt darüber hinaus die wissenschaftliche Reflexion menschlicher Praxis vor und beurteilt die Kriterien guten und schlechten Handelns (Aristoteles 2006). Es wird vorausgesetzt, dass nur Menschen handelnde Wesen sind, deren Tun nicht blindem Instinkt und Trieb unterworfen, sondern durch Intentionen, Normen und Gründe geformt wird.

Die Rede von Bereichsethiken bezieht sich nun auf zwei Typen: Bei den einen handelt es sich um Ethiken für den Umgang mit einem nichtmenschlichen Gegenüber. Hierzu zählen neben der Maschinen- und Roboterethik auch die Tier-, Pflanzen-, Umwelt-, Computer- und allgemein Technikethik. Ähnlich wie in der Roboterethik nimmt bspw. die Tierethik die moralischen normativen Kriterien in den Blick, die in der Züchtung, Domestikation und Haltung von Tieren, allgemein im Umgang mit Tieren und im Verhältnis von Menschen und Tieren eine Rolle spielen (Regan 1983; Singer 2015). Die andere Gruppe an Bereichsethiken versammelt ethische Systeme für Sonderbereiche des menschlichen Lebens, in denen Werte vertreten, Normen geltend gemacht und Regeln formuliert werden, denen im Alltag der Menschen für gewöhnlich ein anderer Status zugeschrieben wird. Die Medizinethik, die Ethik humanitärer Interventionen, die Kriegs- und die Wirtschaftsethik sowie die Ethik internationaler Beziehungen lassen sich als Beispiele für diese Form Bereichsethiken anführen.

Einleitend wurde die Roboterethik deshalb als Teilbereichsethik der Maschinenethik bezeichnet, da alle Roboter Maschinen, nicht aber alle Maschinen Roboter sind. Eine Maschine ist ein künstliches Gebilde, das aus individuellen, durch ein Antriebssystem (Motor, Wind, Wasser etc.) bewegten Teilen besteht und Energie umsetzt (Strandh 1980). Roboter stellen spezielle Maschinen dar. Historisch geht der Begriff ›Roboter‹ auf das tschechische Wort *robota* für Arbeit, Frondienst und Zwangsarbeit zurück und wurde 1920 von dem Künstler Josef Čapek geprägt. Sein Bruder Karel Čapek nutzte es in dem Theaterstück *R. U. R. Rossum's Universal Robots* (1921) für humanoide Apparaturen, die dem Menschen Dienste erweisen. In diesem ursprünglichen Verständnis ist die Vorstellung von Robotern als künstlichen Sklaven (vom slawischen Wortstamm *rab* für ›Sklave‹; Jordan 2017, 50) und Assistenzsystemen verankert, die den Menschen lästige, langweilige (bspw. repetitive) und gefährliche Arbeit abnehmen.

Den folgenden Ausführungen liegt eine erweiterte Version der von Catrin Misselhorn vorgeschlagenen Definition zugrunde, der zufolge ein Roboter eine elektro-mechanische Maschine ist, die (a) über irgendeine Form von *eigenständigem Körper* verfügt, (b) aus mindestens einem *Prozessor* besteht, (c) mit *Sensoren*, die Informationen über die Welt sammeln, (d) sowie *Effektoren oder Aktoren*, die Signale in mechanische Abläufe übersetzen. Das Verhalten eines Roboters (e) ist oder erscheint zumindest *autonom* und er kann (f) in seine Umgebung hineinwirken bzw. physisch auf sie *Einfluss* nehmen (Misselhorn 2013, 43). Dieses Verständnis ist nicht unproblematisch, sind doch einige der angeführten Bedingungen (wie bspw. Verkörperung, Autonomie und Einflussmöglichkeit) mehrdeutig und daher mindestens erklärungsbedürftig. Auch schließt es bislang häufig als Roboter bezeichnete artifizielle Systeme wie bspw. Computer, Chatbots, medizinische Assistenzsysteme und Drohnen aus. Damit eröffnet es den großen Graubereich, der von Technikphilosoph/innen ausgeleuchtet zu werden verdient und in dem bereits Isaac Asimov die roboternahe Sphäre vermutet hat, in der wir auch weiteren Verwandten und Bekannten der Roboter begegnen. In der Tat handelt es sich nach der hier angelegten Definition dann nicht um einen Roboter im engen Sinne, wenn eine der genannten Bedingungen a) bis f) nicht vorliegt: So verfügen Computer nicht über die Bedingung (f) und ob sie einen eigenständigen Körper haben – Bedingung (a) – bleibt zu diskutieren. Die Art und Weise der Verkörperung spielt hingegen keine Rolle, Roboter gibt es in jeder denkbaren Gestalt, die humanoiden unter ihnen werden Android/innen genannt. Computer stellen im übertragenen Sinn eher das ›Gehirn‹ eines Roboters

K. Liggieri / O. Müller, *Mensch-Maschine-Interaktion*, https://doi.org/10.1007/978-3-476-05604-7_64

dar, so wie Algorithmen metaphorisch gesprochen etwa als deren ›Nervensystem‹ bzw. ›mentalen Verhaltensmuster‹ und ›gelernten Abläufe‹ betrachtet werden können, nicht aber als der eigentliche Roboter selbst. Künstlichen Systemen wie bspw. dem chirurgischen Assistenzsystem *Da Vinci* und ebenso Drohnen mangelt es an Bedingung (e) (Jordan 2017, 262–266). Die Bedingungen (a) bis (f) sind im Einzelnen notwendig und gemeinsam hinreichend für die enge Definition von ›Roboter‹.

64.2 Die Arbeitsfelder der Roboterethik

Im deutschsprachigen Raum stellt die Roboterethik noch keine allgemein anerkannte Disziplin innerhalb der akademischen Philosophie dar, auch wenn das Interesse an teildisziplinübergreifenden Kollaborationen wächst. Im Vergleich mit dem englischsprachigen Raum, wo die ethische Auseinandersetzung mit artifiziellen Systemen seit Mitte des vergangenen Jahrhunderts einen Kanon klassischer Literatur hervorgebracht hat (Asaro 2006; Bekey 2005; Brey/Briggle-Waelbers 2008; Capurro/Nagenborg 2009; Lin/Abney/Bekey 2011, 2012; Lin/Jenkins/Abney 2017; Stahl 2004; Sullins 2006; Wallach/Allen 2009), präsentiert sich der deutschsprachige Diskurs überschaubar (Hilgendorf 2014; Loh 2019, 2017; Misselhorn 2018). Hierzulande muss sich die Roboterethik aus den Reihen akademischer Philosoph/innen ab und an noch den Vorwurf gefallen lassen, sie sei gar keine richtige Ethik bzw. sie habe keinen spezifischen Gegenstand, da sich Ethik (zumindest traditionell; s. o.) nur mit dem menschlichen Handeln und nicht mit Unbelebtem beschäftige. Doch selbst wenn sich nach vorheriger Prüfung herausstellen sollte, dass Roboter keine moralischen Handlungssubjekte sein können und damit zu moralischem Handeln selbst nicht befähigt wären, sollte man ihnen einen Platz im moralischen Universum zuweisen. Schließlich sind alle möglichen Wesen und Entitäten – wie z. B. Tiere, Pflanzen, Häuser, Autos, Smartphones, Landschaften oder ganze Ökosysteme – Objekte moralischen Handelns, und wir sprechen einer ganzen Reihe von nichtmenschlichen und (teil-)unbelebten Entitäten einen Wert, ja, in manchen Fällen sogar Rechte zu. Um was für eine Art von Wert es sich im Falle von Robotern handelt, bleibt freilich zu diskutieren und hängt von dem zugrundeliegenden Ansatz ab. Doch wo, wenn nicht in der Ethik, wäre der angemessene Raum für eine solche Diskussion?

Vergleichbar den anderen Bereichsethiken, die sich mit nichtmenschlichen Wesen und Entitäten beschäftigen, wird in der Roboterethik zum einen darüber nachgedacht, inwiefern das fragliche Gegenüber ein/e Wert- und vielleicht gar Rechtsträger/in ist, ob man sich ihr/ihm gegenüber in einer bestimmten Weise verhalten sollte bzw. ob ihr/ihm ein spezifischer Umgang zusteht, und inwiefern es ganz allgemein aber zunächst Objekt moralischen Handelns ist, und damit in die Kategorie der sogenannten *moral patients* fällt, »als Entitäten, die man gut oder schlecht behandeln kann« (Floridi/Sanders 2004, 349). Zum anderen wird danach gefragt, inwiefern Roboter sogar selbst als moralische Akteur/innen und damit als Subjekte moralischen Handelns interpretiert zu werden haben, inwiefern sie also *moral agents* sind, »Entitäten, die Handlungen ausführen können« (ebd.). Weiterhin diskutiert die Roboterethik Alternativen zu dieser klassischen Unterscheidung zwischen Subjekten und Objekten moralischen Handelns. Sie stellt traditionelle ethische Fragen mit Blick auf Roboter wie bspw. danach, welche Kompetenzen wir generell als grundlegend für moralische Akteursschaft erachten, welche moralische (und andere) Werte wir artifiziellen Systemen implementieren sollten, auf was für ein moralisches Selbstverständnis es schließen lässt, wenn wir Roboter ›schlecht‹ behandeln und in welchen Bereichen – Industrie-, Militär-, Medizin-, Altenpflege-, Servicerobotik und anderen – wir uns auch zukünftig ausschließlich bzw. in einem signifikanten Ausmaß auf menschliche und nicht auf artifizielle Expertise verlassen wollen.

Traditionell unterscheidet die Forschung in der Roboterethik also zunächst zwei Arbeitsfelder. In dem einen Bereich geht es um die Frage, inwiefern Roboter sogar selbst als moralische Akteur/innen und damit als Subjekte moralischen Handelns begriffen werden müssen, inwiefern sie also *moral agents* sein können (s. Abschn. 64.3). Im anderen Feld wird diskutiert, inwiefern Roboter als *moral patients* zu verstehen sind, also als Wert- und vielleicht gar Rechtsträger/innen, ganz allgemein aber zunächst als Objekte moralischen Handelns (s. Abschn. 64.4). Die beiden Arbeitsbereiche sind durchaus nicht notwendig exklusiv, sondern ergänzen einander. Beide stehen – wie zu zeigen sein wird – dank ihrer ethischen Prämissen vor einigen Herausforderungen, denen der dritte (und jüngere) Bereich der inklusiven Ansätze zu begegnen sich vorgenommen hat (s. Abschn. 64.5).

Die Gruppe der *moral agents* ist generell gegenüber der der *moral patients* sehr viel kleiner, denn für gewöhnlich zeichnen wir nur Menschen im genuinen

Sinne mit Moralfähigkeit aus, während einer ganzen Reihe von Wesen und Dingen indes ein moralischer Wert zugeschrieben wird oder sogar (rudimentäre) Rechte, sie sind also *moral patients*. Damit sind diese Entitäten moralisch bedenkenswert, wenn ihnen vielleicht auch kein Eigen-, sondern nur ein hoher instrumenteller Wert zuzusprechen ist. Das heißt also, dass ein Wesen als moralisches Handlungssubjekt zugleich Wertträger/in ist, umgekehrt jedoch nicht alle Wertträger/innen auch gleich moralische Handlungssubjekte.

64.3 Roboter als Handlungssubjekte

Innerhalb des Arbeitsfelds, in dem Roboter als *moral agents* betrachtet werden, wird danach gefragt, inwiefern Roboter zu moralischem Handeln fähig sind und über welche Kompetenzen sie hierfür in welchem Maße verfügen müssen. Abhängig von dem einem jeweiligen Ansatz zugrundeliegenden Verständnis von Akteursschaft, Moral und den dafür zu realisierenden Kompetenzen geht es bspw. um die Zuschreibung von Freiheit und Autonomie als Bedingung für moralisches Handeln, um kognitiven Kompetenzen (wie z. B. Denken, Geist, Vernunft, Urteilskraft, Intelligenz, Bewusstsein, Wahrnehmung und Kommunikation), aber auch um Empathie und Emotionen. Es sei indes darauf hingewiesen, dass die bislang existierenden Roboter wohl Anwärter/innen für die Zuschreibung von *moral patiency* (s. Abschn. 64.4), aber weniger von *moral agency* darstellen.

Catrin Misselhorn definiert Akteursfähigkeit über Selbst-Veranlassung (Autonomie) und Handlungsfähigkeit (Handeln nach Gründen, Misselhorn 2013). Autonomie ist für zahlreiche philosophische Ansätze zur moralischen Akteursfähigkeit von Robotern zentral, wobei damit zunächst noch gar nicht Willensfreiheit in einem anspruchsvollen metaphysischen Sinne gemeint sein muss. Autonomie kann auch negativ definiert auf die Abwesenheit von äußerem Zwang oder direkter äußerer Kontrolle rekurrieren, was für einige bereits hinreichend ist, um (einigen) Maschinen (rudimentäre) Freiheit zuschreiben zu können (Lin/BekeyAbney 2008; Sullins 2006). Für andere wie etwa Misselhorn kann von Autonomie nur dann gehaltvoll die Rede sein, wenn die eigenen Handlungen durch interne Faktoren, die einer gewissen Kontrolle des Handlungssubjekts unterliegen, determiniert sind. Autonomie ist dabei nicht gleichbedeutend mit Nichtdeterminiertheit. Im Gegenteil – es geht um eine bestimmte Form der Determination, nämlich um Determination durch das fragliche Handlungssubjekt selbst. Auf diese Position des Kompatibilismus kann hier jedoch nicht eigens eingegangen werden (Frankfurt 1967, 1971; Pauen 2008). Fest steht, dass es für Ansätze dieser Art zweitrangig ist, wie das in Frage stehende moralische Subjekt zu den handlungsleitenden Gründen gelangt – etwa durch »zuschreibbare Präferenzen« (Pauen 2008, 48), Erziehung oder Programmierung. Etwas zugespitzt könnte man Programmierung als eine ›harte‹ Form der Erziehung deuten und Erziehung als eine sehr ›weiche‹ Form der Programmierung. So verstanden ist Autonomie ein graduelles Konzept, da man mehr oder weniger autonom sein kann und damit auch in einem mehr oder weniger ausgeprägten Maß handlungsfähig. In einer ersten Annäherung lassen sich Menschen als genuine moralische Akteur/innen begreifen und Roboter als sehr viel schwächere Handlungssubjekte.

Hinsichtlich dem Handeln nach Gründen (der zweiten Bedingung für Akteursschaft) sind insbesondere die moralischen Gründe interessant. Wallach und Allen haben sich die Frage gestellt, inwiefern Roboter als artifizielle moralische Akteur/innen zu verstehen sind. Sie definieren *moral agency* als graduelles Konzept, das zwei Bedingungen genügen muss, nämlich Autonomie und Empfänglichkeit bzw. Empfindlichkeit für moralische Werte (sensitivity to values) (Wallach/Allen 2009, 25). Menschen gelten für sie als moralische Akteur/innen im genuinen Sinne. Allerdings sehen sie in einigen Maschinen operationale moralische Akteur/innen, die dennoch immer »totally within the control of [the] tool's designers and users« (ebd., 26) stehen. In diesem Sinne sind operationale moralische Akteur/innen »direct extensions of their designers' values« (ebd., 30).

Für eine weitergehende Autonomie bzw. moralische Sensitivität führen Wallach und Allen den Begriff der »funktionalen Moralität« ein. Funktionale Moralität bedeutet, dass das fragliche artifizielle System insofern entweder autonomer und/oder wertesensitiver ist als ein/e operationale/r moralische/r artifizielle/r Akteur/in, als funktionale moralische Maschinen »themselves have the capacity for assessing and responding to moral challenges« (ebd., 9). Nur besonderen artifiziellen Systemen kommt der Status funktionaler moralischer Akteursschaft zu – etwa dem medizinisch-ethischen Expertensystem MedEthEx, dem die Prinzipien der biomedizinischen Ethik von Beauchamp und Childress implementiert sind (Anderson/Anderson 2006).

Dieser Ansatz der funktionalen Moralität, der graduellen Zuschreibung von Kompetenzen und Fähigkeiten, gründet auf dem Gedanken der funktionalen Äquivalenz: »Just as a computer system can represent emotions without having emotions, computer systems may be capable of functioning as if they understand the meaning of symbols without actually having what one would consider to be human understanding« (ebd., 69). Funktionale Äquivalenz bedeutet, dass spezifische Phänomene verstanden werden, ›als ob‹ sie kognitiven, emotionalen oder anderen Kompetenzen und Fähigkeiten entsprechen, und beruht auf der Unterscheidung zwischen starker und schwacher Künstlicher Intelligenz. Starke KI (fälschlicherweise auf Turing 1950 zurückgeführt) meint Maschinen, die im genuinen Sinne des Wortes mit Intelligenz, Bewusstsein und Autonomie ausgerüstet sind. Schwacher KI (Searle 1980) ist lediglich an der Simulation spezifischer Kompetenzen in artifiziellen Systemen gelegen. Stuart Russel und Peter Norvig definieren die starke und schwache KI-These wie folgt: »[T]he assertion that machines could possibly act intelligently (or, perhaps better, act *as if* they were intelligent) is called the weak AI hypothesis by philosophers, and the assertion that machines that do so are *actually* thinking (as opposed to *simulating* thinking) is called the strong AI hypothesis« (2003, 947). Wallach und Allen verzichten auf die Annahme einer starken KI und fokussieren vielmehr die Zuschreibung von funktional äquivalenten Bedingungen und Verhaltensweisen. Die Frage, inwiefern Roboter irgendwann intelligent, bewusst oder autonom im Sinne der starken KI-These genannt werden können, wird durch die Frage ersetzt, in welchem Ausmaß und Umfang die jeweiligen Kompetenzen der Funktion entsprechen, die sie innerhalb der moralischen Evaluation spielen.

Wallach und Allen denken sich den Übergang von operationaler über funktionale bis hin zu voller Moralzuschreibung abhängig von Autonomie und moralischer Sensitivität graduell. Es ist jedoch schwer vorstellbar, wie ein artifizielles System ein funktionales Äquivalent zu der menschlichen Fähigkeit, höherstufige Wünsche (die »second-order volitions« Frankfurts 1971, 10) bilden zu können, entwickeln könnte. Hilfreich erscheint hier Darwalls Unterscheidung zwischen vier Formen von Autonomie: »personal«, »moral«, »rational« und »agential« Autonomie (Darwall 2006, 265). Während persönliche Autonomie die Fähigkeit umfasst, Werte, Ziele und letzte Zwecke zu definieren, beinhaltet moralische Autonomie die Möglichkeit, selbst gesetzte Prinzipien und ethische Überzeugungen zu reflektieren. Diese beiden Formen von Autonomie werden wohl noch für lange Zeit menschlichen Akteur/innen vorbehalten bleiben, hingegen sieht Darwall rationale Autonomie prima facie auch für artifizielle Akteur/innen erreichbar. Rationale Autonomie gründet auf »weightiest reasons« (ebd.), die funktional äquivalent etwa in Form von Algorithmen repräsentiert werden können. Erst recht scheint »agential autonomy« als ein spezifisches Verhalten, das nicht vollständig durch externe Faktoren bestimmt ist, Maschinen zuschreibbar. »Agential autonomy« kann funktional äquivalent durch die Fähigkeit simuliert werden, interne Zustände eines artifiziellen Systems ohne externe Stimuli zu ändern.

Mit Hilfe von Darwalls Differenzierung kann eine klare Grenze zwischen genuiner (menschlicher) Akteursschaft im vollen Sinne und artifizieller (operationaler und funktionaler) Handlungsfähigkeit gezogen werden. Während menschliche Akteur/innen über alle vier Autonomietypen, nämlich personale, moralische, rationale und agentiale Autonomie, verfügen, ist Maschinen zumindest auf absehbare Zeit nur rationale und agentiale Autonomie funktional äquivalent zuzuschreiben. Eine generelle Modifikation aller implementierten algorithmischen Strukturen analog der evolutionären menschlichen Entwicklung ist bei keinem artifiziellen System vorstellbar (von der Wünschbarkeit ganz zu schweigen): Vorstellungen, in denen Maschinen die Weltherrschaft übernehmen, da sie in der Lage sind, ihre eigenen Parameter völlig ungebunden zu manipulieren, bleiben Uto- bzw. Dystopien. Denn auch bei nichtdeterminierten Algorithmen sind nicht alle vorstellbaren Ergebnisse denkbar. Auch Menschen bleiben in ihren Möglichkeiten immer beschränkt, obwohl man ihren adaptiven Spielraum sehr viel größer einschätzt als der eines noch so komplexen Roboters jemals sein könnte.

64.4 Roboter als Handlungsobjekte

Innerhalb des Arbeitsbereichs, in dem Roboter als *moral patients*, als Objekte moralischen Handelns, diskutiert werden, geht es darum, wie mit artifiziellen Systemen umzugehen ist, was für ein Wert ihnen zukommt, selbst wenn man sich darüber einig sein sollte, dass sie nicht zu moralischem Handeln in der Lage sind. Hier werden Roboter durchweg als Werkzeuge bzw. als Ergänzungen der Menschen verstanden. Themen umfassen etwa die Formulierung von Ethikkodizes in Unternehmen, die Wünschbarkeit und Möglichkeit von Beziehungen zu und mit Robotern, die ›Versklavung‹ von Robotern oder die Beurteilung des Einsatzes von Robotern zu Therapiezwecken. Einige Denker/innen sprechen sich darüber hinaus dafür aus bzw. diskutieren die Möglichkeit, (einigen) Robotern (rudimentäre) Rechte zuzuschreiben. Ähnlich wie sich bereits Immanuel Kant in § 17 des zweiten Teils seiner »Metaphysik der Sitten« gegen Tierquälerei wendet, da diese zu einer Verrohung des Menschen führe, plädiert bspw. Kate Darling für Roboterrechte, da es dem Menschen ihr zufolge dann eher gelinge, ›menschlich‹ zu bleiben. Auch das Europaparlament arbeitet aktuell an einem Konzept, das es erlaubt, (einigen) Robotern den »Status als elektronische Personen« zuzuschreiben.

Dabei verbleibt innerhalb dieses Bereichs der Roboterethik die moralische Kompetenz (das heißt die Entscheidung über das Verhalten eines Roboters, was durch die Personalisierung eines jeweiligen artifiziellen Systems durch seine Nutzer/innen geschieht) durchweg bei den menschlichen Besitzer/innen und die Kompetenzkompetenz (also die Entscheidung über etwaige Rahmenwerte und -prinzipien, die in der Programmierung des jeweiligen Roboters vorgegeben sind und von den Nutzer/innen nicht verändert werden können) bei den Hersteller/innen und Vertreiber/innen bzw. beim Recht. Innerhalb dieses Arbeitsfelds der Roboterethik entscheiden somit ausschließlich die Menschen über die Moral ihrer Geschöpfe und darüber, wer im Falle eines Unfalls Verantwortung trägt.

Dennoch ist dieser Bereich gar nicht in derselben Weise ein eigenes Arbeitsfeld, wie der in Abschnitt 64.3 besprochene, in dem es um Roboter als potentielle *moral patients* geht. Denn in den meisten Fällen wird *moral patiency* als abhängig von moralischer Akteursschaft, als reines Negativ zu dieser, betrachtet, die keiner eigenständigen Überlegungen bedarf (Gunkel 2012, 94 f.; Regan 1983, 152). Jede/r moralische Akteur/in, so geht kurz zusammengefasst dieser Gedankengang, der von Floridi und Sanders als »Standardposition« bezeichnet wird (Floridi/Sanders 2004, 350), ist zugleich auch Objekt moralischen Handelns, indem es gerade der Status der *moral agency* gebietet, dieses Wesen auch in einer spezifisch (moralisch angemessenen) Weise zu behandeln. Moralische Akteur/innen und Objekte moralischen Handelns fallen unter dieser Perspektive zusammen. Doch ist der Kreis der moralischen Akteur/innen klein, da die für gewöhnlich definierten Bedingungen moralischer Akteursschaft anspruchsvoll und auslegungsbedürftig sind. Darüber hinaus zeigt sich bereits bei einigen Befürworter/innen von artificial *moral agency* (etwa Moor, Wallach und Allen, Misselhorn), dass, obwohl man (einigen) Robotern durchaus gewillt ist, moralische Handlungsfähigkeit im Grunde zuzubilligen, dennoch ein Unterschied zwischen Menschen auf der einen und allen anderen nichtmenschlichen Wesen auf der anderen Seite zu treffen ist. Aus deren Perspektive sind Roboter vielleicht (rudimentäre) moralische Akteur/innen, allerdings niemals in derselben Weise handlungsfähig wie Menschen und erfordern deshalb auch ein anderes (moralisch angemessenes) Verhalten als Menschen im Sinne ihrer *moral patiency*.

Umso weniger überrascht, dass andere Denker/innen implizit oder explizit auch jede reduzierte oder quasi-Akteursschaft nichtmenschlicher und insbesondere artifizieller Wesen generell ablehnen. Das bedeutet allerdings nicht unbedingt (wie im Fall von Joanna Bryson), dass diese Wesen dann immerhin den Status eines moralischen Handlungs*objekts* erhalten, also *moral patients* sein dürfen. Sondern ganz im Geiste der Standardposition wird ihnen mit dem Wegfall der Möglichkeit, in die Gemeinschaft der moralischen Handlungssubjekte aufgenommen zu werden, auch die Hoffnung darauf verweigert, immerhin als Objekte moralischen Handelns eine spezifische (moralisch angemessene) Behandlungsweise einfordern zu dürfen. Mit diesen Entitäten dürfen Menschen in der Tat verfahren, wie sie wollen, kein Verhalten ihnen gegenüber kann in irgendeiner Form für moralisch verwerflich gelten. Aus Sicht der Vertreter/innen der Standardposition existiert *moral patiency* nicht eigenständig, sondern ist grundsätzlich an *moral agency* gebunden. Liegt letztere nicht vor, gibt es erstere auch nicht. Vor dem Hintergrund der Standardposition erforderte eine Einführung in die Roboterethik lediglich eine Auseinandersetzung mit der Frage, ob Roboter moralische Akteur/innen sein können. Verneint man dies, wie etwa Joanna Bryson, fiele damit auch die Notwendigkeit weg, sich mit der Frage einer etwaigen *moral patiency* der fraglichen Maschinen bzw. artifizieller Systeme im Allgemeinen zu befassen. Damit würde dann wohl auch die ganze Bereichsethik der Roboterethik selbst auf kurz oder lang hinfällig werden. Wie bereits David Gunkel bemerkt, wendet sich Bryson in der Tat nicht nur konsequent gegen etwaige Unternehmen, Robotern moralische Akteursschaft zuzugestehen. Sondern von dieser »›Tatsache‹« (dass Roboter keine moralischen Akteur/innen *sind*; Gunkel 2012, 95) leitet sie ebenfalls eine Absage an deren etwaige *moral patiency* ab. Wie mit jedem anderen Werkzeug, wie mit jedem anderen Gegenstand auch, sollten wir Bryson zufolge ebenfalls mit Robotern umgehen dürfen, wie wir wollen – ihnen gegenüber existiert kein moralisch unangemessenes oder verwerfliches Verhalten, so wie es schließlich auch kein moralisch unangemessenes oder verwerfliches Verhalten gegenüber »einem Auto, Klavier oder Sofa« gibt (Bryson 2010).

Doch nicht alle vertreten diese Position. Im Gegensatz dazu würden wohl viele intuitiv zustimmen, dass zumindest einige (besondere, wichtige) artifizielle Systeme einen spezifischen Umgang beanspruchen können, selbst wenn sie nicht zu eigenständigem (moralischem) Handeln in der Lage sein sollten, ja, selbst wenn sie nur für die Menschen existieren, um deren Bedürfnisse zu erfüllen. Laut dieser Intuition, der wir auf das Feld der *moral patiency* folgen, dürfen wir mit diesen (besonderen, wichtigen) Robotern nicht einfach umgehen, wie es uns passt. Es gibt vielleicht einige Wesen, die Objekte moralischen Handelns sein können, und das heißt, einen spezifischen (moralisch angemessenen) Umgang erfordern, ohne selbst moralische Akteur/innen, noch nicht einmal in einem rudimentären oder quasi-Sinne, zu sein.

64.5 Inklusive Ansätze in der Roboterethik

Alle Positionen, die Roboter entweder als *moral patients* oder als *moral agents* verstehen, lassen sich dem einen oder anderen zentristischen Ansatz (häufig, wenn auch nicht notwendig, einem Anthropozentrismus) zuordnen. Die Zuschreibung von moralischen Werten ist dabei abhängig von der jeweils eingenommenen Perspektive. Eine anthropozentrische Position argumentiert dafür, dass nur Menschen einen Eigenwert haben. Anthropozentrismus bedeutet zum einen, dass Menschen ein moralischer Vorzug und damit Sonderstatus gegenüber allen anderen Wesen zukommt (moralischer Anthropozentrismus), zum anderen, dass nur Menschen über die Fähigkeit zur Erkenntnis verfügt und ein Urteilsvermögen ausbilden können (epistemischer Anthropozentrismus; Krebs 1997). Eine Alternative zum Anthropozentrismus stellt bspw. der Pathozentrismus dar, der moralisch auch der leidensfähigen Natur einen Wert zuschreibt und epistemisch die Position vertritt, dass Werte durch leidensfähige Wesen in die Welt kommen. Demzufolge müssen diese auch objektiv, außerhalb des menschlichen Erkenntnishorizonts, angenommen werden. In den Kreis der zentristischen Ansätze, wie sie im Folgenden genannt werden, lassen sich ferner der Biozentrismus, der alles Lebendige moralisch und epistemisch berücksichtigt, und der Physiozentrismus, der die gesamte Natur (holistischer Physiozentrismus) bzw. alles in der Natur (individualistischer Physiozentrismus) moralisch und epistemisch berücksichtigt, einordnen (ebd., 345). Der Einbezug von Robotern in den Horizont der mit einem Eigenwert ausgestatteten Dinge könnte vielleicht eine weitere Perspektive eröffnen, einen Mathenozentrismus etwa (von griech. *matheno*, ›lernen‹), der all das mit einem Eigenwert bemisst, das in einer spezifischen Weise gesteuert oder programmiert bzw. lernfähig ist.

Mit dem in der Einleitung vorgestellten, auf Aristoteles zurückgehenden, Verständnis von Ethik im Allgemeinen und dem sich daraus ergebenden Status der (Teil-)Bereichsethiken, sowie mit diesen und allen weiteren denkbaren zentristischen Ansätzen gehen nun einige schwerwiegende philosophische Herausforderungen einher, denen der dritte Bereich der Roboterethik der inklusiven Ansätze zu begegnen sich vornimmt. Denn der Ausgangspunkt innerhalb der klassischen zwei Arbeitsfelder der Roboterethik ist immer zunächst ›der‹ Mensch, der den ethischen Commonsense vorgibt, den ›Normalfall‹ abbildet bzw. den genuinen und ›Idealtypus‹ ethischen Handelns (unter impliziter Berufung auf Aristoteles und dessen Verständnis vom Menschen und dem genuin menschlichen Bereich ethischen Handelns). Damit ruht jede (aristotelische) Ethik, die den Menschen als Dreh- und Angelpunkt definiert, zumindest implizit auf einem anthropologischen Fundament.

Die anthropologischen Disziplinen in Biologie, Kulturwissenschaften, Ethnologie und nicht zuletzt die philosophische Anthropologie schlagen je eigene Wege ein, um ›den‹ Menschen zu definieren und ›ihn‹ mit größtmöglicher Eindeutigkeit von allen anderen Wesen zu differenzieren. Dabei verfahren sie für gewöhnlich essenzialistisch, das heißt, sie suchen ›den‹ Menschen anhand eines einzelnen Attributs oder über eine Reihe von Eigenschaften zu beschreiben. Durch diesen in der Anthropologie und anderen (anthropologischen) Disziplinen für gewöhnlich vorherrschenden Essenzialismus ergeben sich gewisse Herausforderungen wie moralische Statuszuschreibungen, die einen spezifischen Umgang mit Tieren, Maschinen und anderen Alteritäten nahelegen. Auch diskriminierend exkludierende Positionen wie bspw. ein Speziesismus, Rassismus und Sexismus argumentieren häufig essenzialistisch, indem sie den ausgeschlossenen Wesen bestimmte Eigenschaften aberkennen. Mit dem (anthropologischen) Essenzialismus geht weiterhin eine epistemische Ungewissheit darüber einher, ob das Gegenüber tatsächlich über die zugeschriebenen Eigenschaften verfügt. Unsere Zuschreibung bestimmter Kompetenzen wie etwa der Willensfreiheit fußt häufig auf einem metaphysischen Fundament. Eigentlich wissen wir nicht nur nicht, wie es ist, eine Maschine oder ein Tier, z. B. eine Fledermaus zu sein – um den Titel eines berühmten Texts von Thomas Nagel (1974) zu zitieren. Sondern wir wissen auch bereits nicht wirklich, wie es ist, unser menschliches Gegenüber zu sein. Denn es lässt sich nicht mit Eindeutigkeit feststellen, ob Menschen tatsächlich mit Willensfreiheit und ähnlichen Fähigkeiten ausgestattet sind. Wir können sie empirisch nicht eindeutig belegen. Der einzige Unterschied liegt darin, dass wir bei Menschen bereit sind, eine Zusatzannahme zu treffen, nämlich die, dass immerhin die Wesen, die wir als Menschen bezeichnen, über die fraglichen Kompetenzen verfügen (Coeckelbergh/Gunkel 2014).

Die Bereichsethiken adressieren auf der Grundlage einer für gewöhnlich aristotelisch, anthropologisch, zentristisch und essenzialistisch fundierten Ethik ein jeweiliges und ebenfalls essenzialistisch definiertes Gegenüber zum Menschen, dem aufgrund bestimmter Eigenschaften ein moralischer Status zukommt. So wird bspw. innerhalb eines pathozentrischen Ansatzes allen Wesen, denen Empfindungsfähigkeit zuzuschreiben ist, ein Platz im moralischen Universum eingeräumt. Ferner haben die in Abschnitt 64.3 und 64.4 genannten Positionen nicht nur auf einen (*moralischen*) Zentrismus und (anthropologischen) Essenzialismus zu reagieren, sondern auch auf die Folgen einer zumindest implizit angenommenen Subjekt-Objekt-Dichotomie, die der aristotelischen Ethik sowie den zentristischen Ansätzen generell zugrunde liegt und die sich bei näherer Betrachtung als Konsequenz eines *epistemischen* Zentrismus einstellt. Erkennt doch z. B. der epistemische Anthropozentrismus ein spezifisches *Subjekt*, nämlich ›den‹ Menschen, an, das, mit Erkenntnisfähigkeit, Urteilskraft und Vernunft (bzw. vergleichbaren Kompetenzen) ausgestattet, allen anderen Wesen als den *Objekten* seiner Erkenntnispraxis Werte zuschreibt und das als einziges Wesen Werte überhaupt erst in die Welt bringt. Dasselbe gilt ebenso für andere moralisch zentristische Ansätze, bspw. für einen moralischen Pathozentrismus, in der Kombination mit einem epistemischen Anthropozentrismus. Aber auch andere epistemische Zentrismen bleiben dem der Subjekt-Objekt-Dichotomie impliziten Paternalismus verpflichtet, indem sie ein jeweiliges Erkenntnissubjekt definieren, das einem gedachten Gegenüber als dem Objekt Werte, Fähigkeiten und Kompetenzen zu- oder abspricht.

Das einende Vorhaben aller in diesem Abschnitt 64.5 versammelten Ansätze ist hingegen insofern ein inklusives Programm, als weder die Position ›des‹ Menschen gegenüber der anderer Wesen hervorgehoben und abgesichert (*exklusiver Autoritarismus*) oder ›der‹ Mensch auf die ›Ebene‹ aller anderen Wesen herabgestuft werden, also mit ihnen gemeinsam moralisch degradiert und diskriminiert werden, soll (*exklusiver Relativismus*). Inklusive Ansätze werten im Gegensatz zu den exklusiven Theorien (s. Abschn. 64.3, 64.4) weder ›den‹ Mensch als besonders und moralisch vorzugswürdig im Vergleich mit allen anderen Wesen auf (die klassische anthropozentrische Position). Noch schließen sie ›denselben‹ aus dem genuinen Bereich des Moralischen aus (was den Weg für einen konsequenten Relativismus vorbereitet). Sondern die inklusiven (roboterethischen) Positionen suchen eher, alle anderen Wesen auf dieselbe ›Stufe‹ der Menschen zu stellen und sie damit als moralisch ebenbürtige Gefährt/innen in das moralische Universum, in dem sich auch die Menschen befinden, zu inkludieren (Coeckelbergh 2012; Damiano/Dumouchel 2018; Gunkel 2012; Haraway 2016; Loh 2019; Suchman 2007). Will sagen, inklusive Ansätze wollen weder den Menschen moralisch relevante Eigenschaften absprechen, noch ihre Rechte als Menschen beschränken. Wohl haben inklusive Theorien den Anspruch, auf die zuweilen fragwürdigen Menschenbilder, die moralisch und rechtlich herausragenden Institutionen wie etwa den Menschenrechten und dem Humanismus zugrunde liegen und die in der Vergangenheit eine Vereinnahmung und Instrumentalisierung derselben zu diskriminierenden Zwecken aufgrund eben der fraglichen Menschenbilder nicht viel entgegenzusetzen hatten, aufmerksam zu machen und über mögliche Alternativen nachzudenken. Es muss jedoch in aller Ausdrücklichkeit darauf hingewiesen werden, dass es nicht das Ziel der inklusiven Ansätze der Roboterethik ist, mit dem Essenzialismus im Allgemeinen oder mit der Unterscheidung zwischen Subjekten und Objekten generell Schluss zu machen. Wohl soll ein kritisches Bewusstsein für die moralisch höchst fragwürdigen Konsequenzen einiger konkreter Essenzialismen sowie einiger spezifischer Differenzierungen zwischen Subjekten und Objekten geschaffen werden.

Inklusive Ansätze stellen auf recht unterschiedliche Weise Alternativen zu dem aristotelischen Ethik- bzw. Bereichsethiken-Modell und dem damit einhergehenden anthropologischen Essenzialismus, bzw. dem häufig darin eingefassten moralischen und epistemischen Anthropozentrismus dar. Hinsichtlich der Frage nach moralischer Akteursschaft wird jedoch zum einen das tradierte Verständnis von der/dem moralischen Akteur/in aufgebrochen, um es auch auf nichtmenschliche Wesen auszudehnen. Zum anderen sollen Kompetenzen, die im Rahmen der üblichen Ansätze essenzialistisch einzelnen Handlungssubjekten zugeschrieben worden sind, nun relational als im Zusammenspiel unterschiedlicher Akteur/innen und nicht-Akteur/innen sich realisierend verstanden werden.

In ihrem Anliegen überschneiden sich inklusive Ansätze in mancherlei Hinsicht mit postfeministischen, poststrukturalistischen, postkolonialen und kritisch-posthumanistischen Positionen. Ganz allgemein kann man sagen, dass etwa die kritisch-posthumanistischen Positionen innerhalb der inklusiven Theorien eine Unterkategorie darstellen, insofern sie die Inklusion nichtmenschlicher Wesen in das moralische Universum vorrangig über eine Hinterfragung des humanistischen Paradigmas, das sie als grundlegend für das sogenannte westliche Menschen- und Weltbild sehen, betreiben. Nicht alle inklusiven Ansätze verfahren in dieser Weise.

64.6 Fazit

Mit der hier vorgeschlagenen Einteilung der Roboterethik in drei Arbeitsfelder – Roboter als *moral agents*, als *moral patients* sowie inklusive roboterethische Ansätze – wird ein grundlegender Vergleich zwischen der Roboter- und anderen Bereichsethiken, die sich mit einem nichtmenschlichen Gegenüber befassen, möglich. Da autonome artifizielle Systeme bislang nur in einem operationalen bzw. in einem schwach funktionalen Sinne als moralische Akteur/innen identifizierbar sind, betreffen die meisten Fragen, mit denen wir uns aktuell innerhalb der Robotik in Industrie, Service und Kriegsführung konfrontiert sehen, fast ausnahmslos den Bereich der Roboterethik zu artifiziellen Systemen als Wertträger/innen. Vielleicht lohnt es sich tatsächlich, den Positionen eines Anthro-, Patho-, Bio- und Physiozentrismus eine weitere Sicht zur Lokalisierung von Phänomenen im moralischen Universum hinzuzufügen – etwa einen Mathenozentrismus, der alle Wesen mit einem Eigenwert bemisst, die lernfähig sind. Lernfähigkeit bedeutet mindestens eine Programmierung durch nichtdeterminierte Sets an Algorithmen. Solche Phänomene befänden sich im oberen Bereich der Wallach-Allenschen funktionalen Moralzuschreibung und hätten unter dieser Perspektive einen Eigenwert. Weiterhin wäre es möglich, Robotern, die insbesondere auf der Grundlage determinierter (aber nicht-deterministischer) Sets an Algorithmen arbeiten und sich eher im Bereich operationaler Moralzuschreibung bewegen, immerhin einen hohen instrumentellen Wert zuzuschreiben.

Oder aber wir versuchen, einen Blick über den Horizont zentristischer Ansätze, die uns mit gewichtigen philosophischen Herausforderungen konzentrieren, hinaus in den Bereich inklusiver Ansätze zu tun, die sich vornehmen, eine neue Praxis der Anerkennung im Umgang auch mit nichtmenschlichen Wesen zu etablieren.

Literatur

Allen, Colin/Wallach, Wendell/Smit, Iva: Why Machine Ethics? In: Intelligent Systems IEEE 4 (2006), 12–17.

Anderson, Michael/Anderson, Susan Leigh/Armen, Chris: MedEthEx: A Prototype Medical Ethics Advisor. In: Proceedings of the Eighteenth Conference on Innovative Applications of Artificial Intelligence. Boston 2006, 1759–1765, https://pdfs.semanticscholar.org/3bd8/3fc015adbeaeef03d10e4a2ce4830a75890d.pdf (25.1.2019).

Anderson, Michael/Anderson, Susan Leigh (Hg.): Machine Ethics. New York 2011.

Aristoteles: Nikomachische Ethik. Übers. von Ursula Wolf. Reinbek bei Hamburg 2006.

Asaro, Peter M.: What Should we Want From a Robot Ethic? In: International Review of Information Ethics 6 (2006), 9–16.

Bekey, George: Autonomous Robots. From Biological Inspiration to Implementation and Control. Cambridge 2005.

Bendel, Oliver (Hg.): Handbuch Maschinenethik. Wiesbaden 2019 (im Druck).

Brey, Philip/Briggle, Adam/Waelbers, Katinka (Hg.): Current Issues on Computing and Philosophy. Amsterdam 2008.

Bryson, Joanna: Robots should be slaves. In: Yorick Wilks (Hg.): Close Engagements with Artificial Companions. Key social, psychological, ethical and design issues. Amsterdam/Philadelphia 2010, 63–74.

Capurro, Rafael/Nagenborg, Michael (Hg.): Ethics and Robotics. Heidelberg/Amsterdam 2009.

Coeckelbergh, Mark: Growing Moral Relations: Critique of Moral Status Ascriptions. New York 2012.

Coeckelbergh, Mark/Gunkel, David: Facing Animals: A Relational, Other-Oriented Approach to Moral Standing. In: Journal of Agriculture and Environmental Ethics 5 (2014), 715–733.

Damiano, Luisa/Dumouchel, Paul: Anthropomorphism in Human-Robot Co-evolution. In: Frontiers in Psychology 9 (2018), https://www.frontiersin.org/articles/10.3389/fpsyg.2018.00468/full#B54 (10.5.2019).

Darling, Kate: Extending Legal Protection to Social Robots. In: IEEE Spectrum Sep. 10 (2012), https://spectrum.ieee.

org/automaton/robotics/artificial-intelligence/extending-legal-protection-to-social-robots (10.5.2019).
Darwall, Stephen: The Value of Autonomy and Autonomy of the Will. In: Ethics 116 (2006), 263–284.
Edgar, Stacey L.: Morality and Machines. Perspectives on Computer Ethics. Boston u. a. [2]2003.
Floridi, Luciano/Sanders, J. W.: On the Morality of Artificial Agents. In: Minds and Machines 14 (2004), 349–379.
Frankfurt, Harry: Alternate Possibilities and Moral Responsibility. In: The Journal of Philosophy 66 (1961), 829–839.
Frankfurt, Harry: Freedom of the Will and the Concept of a Person. In: Journal of Philosophy 1 (1971), 5–20.
Gunkel, David: The Machine Question. Critical Perspectives on AI, Robots, and Ethics. Cambridge, Mass. 2012.
Haraway, Donna: Unruhig bleiben. Die Verwandtschaft der Arten im Chthuluzän. Aus dem Englischen von Karin Harrasser. Frankfurt a. M./New York 2018 (engl. 2016).
Hilgendorf, Eric (Hg.): Robotik im Kontext von Recht und Moral. Baden-Baden 2014.
Jordan, John: Roboter. Aus dem Englischen von Manfred Weltecke. Berlin 2017 (engl. 2016).
Kant, Immanuel: Die Metaphysik der Sitten, 1797, AA VI, 203–493.
Krebs, Angelika: Naturethik im Überblick. In: Dies. (Hg.): Naturethik. Grundtexte der gegenwärtigen tier- und ökoethischen Diskussion. Frankfurt a. M. 1997, 337–379.
Lin, Patrick/Abney, Keith/Bekey, George: Robot Ethics: Mapping the Issues of a Mechanized World. In: Artificial Intelligence 5–6 (2011), 942–949.
Lin, Patrick/Abney, Keith/Bekey, George (Hg.): Robot Ethics. The Ethical and Social Implications of Robotics. Cambridge, Mass./London 2012.
Lin, Patrick/Bekey, George/Abney, Keith: Autonomous Military Robotics: Risks, Ethics, and Design (2008). In: https://digitalcommons.calpoly.edu/cgi/viewcontent.cgi?article=1001&context=phil_fac (10.5.2019).
Lin, Patrick/Jenkins, Ryan/Abney, Keith (Hg.): Robot Ethics 2.0. From Autonomous Cars to Artificial Intelligence. New York 2017.
Loh, Janina (geb. Sombetzki): Roboterethik. Janina Loh über eine noch junge Bereichsethik. In: Information Philosophie 1 (2017), 20–33.
Loh, Janina (geb. Sombetzki): Roboterethik. Eine Einführung. Frankfurt a. M. 2019 (im Druck).
Misselhorn, Catrin: Grundfragen der Maschinenethik. Stuttgart 2018.
Misselhorn, Catrin: Robots as Moral Agents? In: Frank Rövekamp/Friederike Bosse (Hg.): Ethics in Science and Society. German and Japanese Views. München 2013, 42–56.
Moor, James H.: The Nature, Importance, and Difficulty of Machine Ethics. In: Intelligent Systems IEEE 4 (2006), 18–21.
Nagel, Thomas: What is it like to be a bat? In: The Philosophical Review 4 (1974), 435–450.
Pauen, Michael: Freiheit, Schuld und Strafe. In: Ernst-Joachim Lampe/Michael Pauen/Gerhard Roth (Hg.): Willensfreiheit und rechtliche Ordnung. Frankfurt a. M. 2008, 41–74.
Rath, Matthias/Krotz, Friedrich/Karmasin, Matthias (Hg.): Maschinenethik. Normative Grenzen autonomer Systeme. Wiesbaden 2019.
Regan, Tom: The Case for Animal Rights Berkeley 1983.
Russel, Stuart/Norvig, Peter: Artificial Intelligence. A Modern Approach. New Jersey [2]2003.
Searle, John R.: Minds, brains and programs. In: Behavioral and Brain Sciences 3 (1980), 417–157.
Singer, Peter: Animal Liberation. Die Befreiung der Tiere. Übersetzt von Claudia Schorcht. Erlangen 2015.
Strandh, Sigvard: Die Maschine. Geschichte – Elemente – Funktion. Freiburg im Br. 1980.
Suchman, Lucy: Human-Machine Reconfigurations. Plans and Situated Actions. Cambridge [2]2007.
Sullins, John P.: When Is a Robot a Moral Agent? In: International Review of Information Ethics 6 (2006), 23–30.
Turing, Alan: Computing Machinery and Intelligence. In: Mind 59 (1950), 433–460.
Wallach, Wendel/Allen, Colin: Moral Machines. Teaching Robots Right from Wrong. Oxford/New York 2009.

Janina Loh

65 Die Maschinenethik als neues interdisziplinäres Forschungsfeld

Die Maschinenethik widmet sich der maschinellen Moral, bringt sie hervor und untersucht sie. Manche moralische und unmoralische Maschinen wird man im Labor behalten, andere in die Freiheit entlassen. Der vorliegende Beitrag will Grundlagen zur Maschinenethik vermitteln. Ob man die Begriffe und Methoden der Maschinenethik mag oder nicht – man muss anerkennen, dass neuartige autonome Maschinen entstehen, die in einem gewissen Sinne vollständiger als frühere erscheinen. Es verwundert fast, dass sich die künstliche Moral nicht viel früher zur künstlichen Intelligenz gesellt hat.

65.1 Grundbegriffe der Maschinenethik

Die Ethik ist eine jahrtausendealte philosophische Disziplin. Um als Wissenschaft gelten zu können, muss sie mehrere Voraussetzungen erfüllen. Sie muss u. a. einen klar abgrenzbaren Gegenstandsbereich haben und wissenschaftliche Methoden anwenden. Der Gegenstand ist die Moral. Zu den Methoden der Begründung zählen etwa die logische, diskursive und dialektische, zu denjenigen der Beschreibung die analytische und hermeneutische (Pieper 2007). Man kann manche von ihnen durchaus kritisieren, als zu schwach oder weich. Doch wer zum Beispiel die Germanistik als Wissenschaft akzeptiert, unter Verweis auf den Gegenstandsbereich und die zum Teil vergleichbaren Methoden, sollte bei der Ethik keinen Moment lang zögern.

Die Ethik ist also die (wissenschaftliche) Disziplin, die Moral ihr Gegenstand. Zur Moral gehören bestimmte Regeln, die das Verhalten zu Mitmenschen, zu einem selbst und zur Umwelt bestimmen sollen, zudem Wertvorstellungen und Überzeugungen in Bezug auf das, was gut und böse respektive gerecht und ungerecht ist. Rationale Überlegungen sind ihr ebenso vertraut wie Intuition und Empathie. Sie wächst heran wie die Sprache, im Menschen angelegt, doch bei Geburt nicht ausgeformt.

In der angewandten Ethik schaut man auf einen bestimmten Anwendungsbereich. Die Medizinethik beschäftigt sich mit der Moral in der Medizin, die Wirtschaftsethik mit der Moral in der Wirtschaft, die Technikethik mit der Moral beim Einsatz von Technik, die Informationsethik mit der Moral bei der Nutzung von Informations- und Kommunikationstechnologien etc. (Bendel 2016a). Es existieren, je nach Zählweise, fünfzehn bis zwanzig Bereichsethiken. Die Tierethik wird als eine von ihnen angesehen oder Umwelt- bzw. Bioethik zugeordnet.

Üblicherweise bezieht sich die Ethik auf die menschliche Moral. Sie kann sich aber auch einer maschinellen Moral zuwenden. Die Maschinenethik ist eine junge, dynamische Disziplin (Anderson/Anderson 2011; Pereira/Saptawijaya 2016; Bendel 2014b), die man zur angewandten Ethik zählen mag, als eigenständige Bereichsethik oder als Feld von Technik- und Informationsethik. Man kann sie genauso neben die Ethik an sich stellen, neben die Menschenethik. Der Grund dafür ist, dass sie annimmt, dass Maschinen bestimmte Subjekte der Moral (*moral agents*) sind. Die klassische Ethik betrachtet Menschen als Subjekte der Moral. Tiere sind Objekte der Moral (*moral patients*), keine Subjekte. Sie haben, wie Schimpansen oder Hunde, allenfalls vormoralische Fähigkeiten. Sie sind, mit anderen Worten, keine moralischen Akteure im üblichen Sinne.

Die Maschinenethik erforscht die maschinelle Moral und bringt moralische Maschinen hervor (Wallach/Allen 2009). Die eine wie die andere Bezeichnung, ›maschinelle Moral‹ wie ›moralische Maschine‹, ist ein Terminus technicus. Die maschinelle Moral hat mit der menschlichen einfach bestimmte Aspekte gemein. So kann eine moralische Maschine heutzutage moralische Regeln befolgen. Intuition oder Empathie hat sie nicht, genauso wenig Bewusstsein oder gar Selbstbewusstsein.

Grundsätzlich bildet jede Wissenschaft ihre eigenen Begriffe aus. Manche lauten in mehreren Disziplinen gleich. Das heißt selbstredend nicht, dass sie auch gleichbedeutend sind. In der Philosophie ist ›Autonomie‹ etwas anderes als in der Ingenieurwissenschaft (s. Kap. III.35). Es ergibt keinen Sinn, wenn der Philosoph der Ingenieurwissenschaft vorwirft, ihren Begriff nicht in seinem Sinne zu verwenden. Denn es ist eben nicht sein Begriff, es ist ihrer. Selbst Menschenethik und Maschinenethik verstehen die Autonomie auf unterschiedliche Weise. Dies liegt daran, dass sich Letztere ihren Partnern, KI und Robotik, ein Stück weit angenähert hat.

In der Umgangssprache entstehen häufig Metaphern, zusammen mit dem Neuen, für das wir noch keine festgefügten und anerkannten Begriffe haben. Unsere Ahnen nannten den Briefkopf so, obwohl der Brief gar keinen Kopf hatte, keinen wie ein Mensch oder ein Tier. Diese Metapher war ein bisschen schräg, aber nicht so schräg, dass man sie nicht verstehen

K. Liggieri / O. Müller, *Mensch-Maschine-Interaktion*, https://doi.org/10.1007/978-3-476-05604-7_65

konnte. Im Gegenteil, sie trug zum Verständnis bei. Die ›maschinelle Moral‹ ist eine Metapher, und in der Fachsprache, in der sie auftaucht, ist sie eben ein Terminus technicus geworden.

Die heutige maschinelle Moral bildet die menschliche Moral also in gewissen Aspekten ab. Man könnte ebenso sagen, sie simuliert sie (Bendel 2018a). Das kommt einem bekannt vor, nämlich von der künstlichen Intelligenz. Die Disziplin der Künstlichen Intelligenz hat die künstliche Intelligenz zum Gegenstand. Sie erschafft und erforscht diese. Die schwache Künstliche Intelligenz bildet die menschliche Intelligenz in gewissen Aspekten ab oder simuliert sie. Die starke Künstliche Intelligenz versucht die menschliche Intelligenz zu erreichen oder zu übertreffen (etwa im Sinne einer Superintelligenz). Eine schwache Maschinenethik ist das, was bisher skizziert wurde und heute besteht. Eine starke Maschinenethik könnte versuchen, die menschliche Moral zu erreichen. Vermutlich ist das nicht möglich, denn dazu müssten die Maschinen eben Intuition und Empathie haben können sowie Bewusstsein und Selbstbewusstsein.

Um welche Maschinen geht es in erster Linie? Um teilautonome und autonome. Statt von Autonomie kann man auch von Selbstursprünglichkeit sprechen (Misselhorn 2018, 76 f.), und man kann Arten von Autonomie unterscheiden. Für den vorliegenden Beitrag mag es genügen, wenn man annimmt, dass die Maschinen der Maschinenethik selbstständig funktionieren, wie Automaten, dass sie aber auch selbstständig entscheiden und handeln können, wobei diese Begriffe kontrovers diskutiert werden. Eine typische moralische Maschine würde demnach in einer geschlossenen, halboffenen oder offenen Umgebung ohne direkte menschliche Steuerung und Begleitung unterwegs sein und das tun, was man ihr aufgetragen hat, je nach Situation und Anforderung. Sie würde genau diesen Verpflichtungen nachkommen, was freilich schon die Grenzen ihrer Autonomie zeigt. Darin liegt das Spezifische der maschinellen Autonomie.

James H. Moor hat vier Typen moralischer Akteure im weitesten Sinne unterschieden (Moor 2011; Misselhorn 2018). Die *ethical impact agents* ziehen moralische Folgen nach sich, ohne dass diese beabsichtigt sind. Zu ihnen gehören Geräte aller Art – und vielleicht wilde Löwen. In den *implicit ethical agents* sind bestimmte moralische Wertvorstellungen verankert. Ein Beispiel dafür sind Warnsysteme in Fahrzeugen. Womöglich auch gezähmte Löwen. Die *explicit ethical agents* fällen moralische Urteile. Sie können unterschiedliche Optionen gegeneinander abwägen und dann das wählen, was für Mensch oder Tier moralisch gesehen das Beste ist (das Tier erreicht diese Stufe nicht oder nur ansatzweise). Die *full ethical agents* sind vollumfängliche moralische Akteure. Sie haben Bewusstsein, Denkfähigkeit (im spezifischen Sinne) und Willensfreiheit. Die Maschinenethik strebt vor allem *explicit ethical agents* (die für sie *moral agents* sind) an. Das eine ist ihr zu wenig, das andere zu viel. Diese Einschätzung ist konsistent mit dem, was oben gesagt wurde. Die maschinelle Moral der *explicit ethical agents* bildet menschliche Moral in bestimmten Aspekten ab oder simuliert sie. Wir haben es mit einer schwachen Maschinenethik zu tun, die stark in einem praktischen Sinne ist: Sie vermag Simulationen und Prototypen zu erzeugen (die in dieser einen Hinsicht zwischen Mensch und Tier anzusiedeln sind). Eine starke Maschinenethik darf man natürlich als Ziel haben, so wie eine starke Künstliche Intelligenz. Man würde die Metaphern beim Erreichen über Bord werfen, wobei man immer noch behaupten könnte, dass auch eine wirklich moralische oder intelligente Maschine eine Maschine bleibt.

Wissenschaft will das Mögliche und Unmögliche. Man forscht über maschinelles Bewusstsein, über maschinelle Empathie etc. (s. Kap. III.30). Konstatieren kann man, dass *ethics by design*, soziale Robotik, Maschinenethik usw. momentan und bis auf weiteres *implicit ethical agents* und *explicit ethical agents* kreieren.

65.2 Selbstverständnis der Maschinenethik

Die Maschinenethik kann in mehrfacher Weise verstanden und betrieben werden. Bereits deutlich wurde, dass sie eine Nähe zur Künstlichen Intelligenz hat. Tatsächlich ist diese, neben der Robotik, ihre wichtigste Partnerin. Symposien der Maschinenethik sind oft (Teile von) Konferenzen der Künstlichen Intelligenz, wie die der AAAI (http://www.aaai.org). Die Maschinenethik ist grundsätzlich der angewandten Ethik zuzuordnen, als (Teil einer) Bereichsethik oder als Pendant zur Menschenethik. Aus dieser philosophischen Verortung heraus kann sie sich selbst beschreiben und rechtfertigen, wobei der Blick auf KI und Robotik hilfreich ist. Im Folgenden interessieren eher spezifische Verständnisse.

Zunächst kann man die Aufgabe der Maschinenethik darin sehen, moralische Maschinen zu erschaffen, zusammen mit KI und Robotik, um sie dann zu untersuchen, zu verbessern, ähnliche zu entwickeln usw. (Bendel 2018c). Nach dieser ersten Interpretation ist sie eine Gestaltungsdisziplin wie die Künstliche Intelligenz. Sie würde sich vor allem für das Design im englischen Sinne, weniger dessen Gründe und Ziele interessieren. Die Artefakte müssten zumindest auf dem Papier entstehen, besser noch als Simulationen und Konzeptionen. Im Vordergrund steht so oder so die Forschung.

Nach einem zweiten Verständnis ist die Maschinenethik ebenso dazu da, die Gründe und die Ziele der Gestaltung zu definieren (Misselhorn 2018, 72 ff.). Sie würde bestimmte moralische Maschinen entwickeln, andere nicht. Sie würde selbst Regeln für die Maschinen aufstellen, die Art der Algorithmen festlegen (s. Kap. III.32), nicht behelfsmäßig, sondern abschließend. Die Maschinenethik wäre also Gestaltungsdisziplin und Reflexionsdisziplin (mit Auswirkungen auf das Design). Sie macht, was sie will, und sie will nicht alles. Mit diesem Selbstverständnis hat man die Anwendung schon fest im Blick.

Nach einer dritten Lesart soll die Maschinenethik die Folgen ihres Tuns berücksichtigen und darüber nachdenken, was die Maschinen anrichten würden und könnten, wie immer diese konzipiert sind. Sie würde damit ihre philosophischen Möglichkeiten ausreizen. Man kann einwenden, dass es dafür bereits Reflexionsdisziplinen gibt, vor allem die erwähnte Informationsethik, und die Roboterethik, wenn diese nicht als Teilbereich der Maschinenethik im engeren Sinne, sondern als klassische (obschon junge) Bereichsethik verstanden wird. Hier verbinden sich Theorie und Praxis, wie es in der angewandten Ethik eben der Fall ist.

Was ist mit Gedankenexperimenten, was ist mit Dilemmata? Diese können dazu dienen, die Haltung eines Benutzers aufzudecken, wie die ›Moral Machine‹ des MIT (http://moralmachine.mit.edu). Diese ist selbst keine Manifestation maschineller Moral, sondern dient dazu, Erkenntnisse zur menschlichen Moral zu gewinnen und mögliche Folgen maschineller Entscheidungen abzuschätzen. Man kann die Ansätze freilich in eine moralische Maschine überführen, kann diese quantifizieren und qualifizieren lassen. Insofern kann man Gedankenexperimente allen drei Bereichen zuordnen.

Welches Verständnis man immer sich zu eigen machen will – es sei an dieser Stelle zunächst der Hinweis erlaubt, dass sich die Maschinenethik als wissenschaftliche Disziplin durchaus bescheiden muss, was moralische Urteile angeht. Dies führt nun ins Grundsätzliche der Ethik. Betreibt man diese als wissenschaftliche Disziplin im erklärten Sinne, so hat sie einen klar abgrenzbaren Gegenstandsbereich, den sie erforscht, nicht unbedingt hervorbringt. Sie kann mit Hilfe ihrer Methoden nicht bloß etwas beschreiben, wie in der empirischen Ethik, sondern auch etwas begründen, wie in der normativen Ethik, sie kann eine bestehende Moral kritisieren und eine neue zu legitimieren versuchen. Dies muss sie indes mit aller Zurückhaltung tun. Ethiker müssen nicht zwangsläufig das Gute kennen und erkennen. Von daher ist die Maschinenethik in der zweiten und dritten Form – womöglich in einer Metamaschinenethik – zu hinterfragen, und bei der dritten Form ist, wie angedeutet, danach zu fragen, ob sie ihren Zuständigkeitsbereich überschritten hat.

Nun ist die Maschinenethik offenbar in einem Aspekt seltsam. Sie bringt Moral hervor, was gar nicht von Bescheidenheit und Zurückhaltung zeugt. Allerdings handelt es sich eben um eine künstliche Moral, die mit dem Zweck auf die Welt (oder ins Labor) gebracht wurde, sie zu erforschen. An ihrem Wesen soll nicht unbedingt, und schon gar nicht in der Maschinenethik der ersten Form, die Welt genesen. In der zweiten Form allerdings ist diese Gefahr durchaus vorhanden. Der Maschinenethiker, der sich in diesem Sinne versteht, mag durchaus gute Absichten und Ambitionen haben, muss sich jedoch die Frage gefallen lassen, wie und warum er seine Regeln rechtfertigt. Der Maschinenethiker, der sich der ersten Interpretation verschrieben hat, muss sich freilich die Frage gefallen lassen, wie er es rechtfertigt, dass er keine Regeln aufstellt, sondern sie sich diktieren lässt. Das muss letztlich keine schlechte Lösung sein, wenn derjenige, der sie diktieren kann, sich vernünftige und sachkundige Berater aus allen Bereichen geholt hat oder wenn ein Prototyp von Gesetzes wegen kein Produkt werden darf.

65.3 Umsetzung maschineller Moral

In der Diskussion der Umsetzung maschineller Moral wird häufig von einem Top-down- und einem Bottom-up-Ansatz gesprochen. Bei Top-down-Ansätzen geht man von allgemeinen Strukturen zu immer spezielleren Details (Misselhorn 2018, 97 ff.). Man kann sie mit Prinzipienethiken verbinden, einerseits mit der Pflicht- oder Pflichtenethik, andererseits mit der Folgenethik. Man kann der Maschine z. B. beibringen, eine bestimmte Regel starr zu befolgen, oder, unter Einbezug möglicher und vermuteter Folgen, bestimmte Ausnahmen von der Regel zuzulassen bzw. je nach Situation zu entscheiden. Bei Bottom-up-Strategien versucht man nicht, moralische Regelwerke vorzugeben, sondern etwa – wegen des kontextsensitiven Charakters der Moral – das situative Urteilsvermögen zu stärken (Misselhorn 2018, 114 ff.). Man kann sie mit der Tugendethik zusammenbringen. In der heutigen Maschinenethik dominieren Pflicht- und Folgenethik.

Grundsätzlich scheint es so zu sein, dass klassische Modelle normativer Ethik, zu denen die aufgeführten gehören, für die Implementierung gut geeignet sind, gewisse moderne Ausprägungen dagegen weniger gut. Ein Grund dafür ist, dass sie – vor allem Pflicht- und Folgenethik – einen gewissen Abstraktionsgrad besitzen und sich nicht zwangsläufig auf Menschen beziehen müssen, selbst wenn über Jahrhunderte etwas anderes gar nicht erwogen wurde. Dagegen sind moderne materialistische und lebensweltliche Ansätze ohne Menschen kaum denkbar und drohen bei Maschinen zu scheitern.

Eine konkrete Vorbereitung moralischer Maschinen mag der Entwurf annotierter Entscheidungsbäume sein (Bendel 2016b). Modellierungen sind aus anderen Gestaltungsdisziplinen wie der Wirtschaftsinformatik bekannt. Normale Entscheidungsbäume enthalten Wurzeln und Knoten und deren Verbindungen. Sie führen zu unterschiedlichen Optionen. Bei annotierten Entscheidungsbäumen werden an den Knoten moralische Annahmen und Begründungen ›befestigt‹. Auf diese Weise wird die moralische Maschine als solche explizit entworfen, ein *explicit ethical agent* wird sichtbar und umsetzbar. LADYBIRD, ein tierfreundlicher Saugroboter, ist auf der Grundlage eines annotierten Entscheidungsbaums entstanden (Bendel 2017), und Vorschläge wurden mit Blick auf autonome Autos und Drohnen unterbreitet (Bendel 2016). Bei annotierten Entscheidungsbäumen kann und soll die Wirklichkeit, die von der Maschine erfasst wird, einbezogen werden.

Das ist ein wesentlicher Punkt. Moralische Maschinen können sowohl aus Software als auch aus Hardware bestehen, die nicht allein den Zweck hat, die Software zum Laufen zu bringen, sondern ihr Umfeld zu erfassen und auszuwerten. Selbst Chatbots ragen aus ihrer Virtualität in die Realität hinein. Dort ist der Benutzer, der mit ihnen textet und spricht, und sein Input kann die weitere Interaktion und Kommunikation beeinflussen. Serviceroboter, selbstfahrende Autos, Fotodrohnen und etliche andere Maschinen, die in der Maschinenethik eine Rolle spielen, weisen weitere Möglichkeiten auf. Sie haben Mikrofone, Kameras, Radar- und Lidarsysteme, Ultraschall- und Infrarotsensoren. Serviceroboter verfügen häufig über Sprach-, manchmal Stimmerkennung, und über Gesichtserkennung, beides verbunden mit Emotionserkennung. Mit all dem wird die Umgebung, wird die Person erkundet und erforscht, und der Input ist wesentlich für die Funktionen der moralischen Maschine.

Die Programmierung kann mit allen möglichen Sprachen erfolgen, etwa mit Java oder Python. Man kann bei Bots die Artificial Intelligence Markup Language hinzunehmen (AIML) und die Hypertext Markup Language (HTML). Es wurde vorgeschlagen, eine Morality Markup Language (MOML) zu entwickeln, die nicht allein bei Dialogsystemen zur Anwendung kommen könnte (Bendel 2019). Vor allem ist darauf zu achten, dass die Sensoren und Schnittstellen bedient werden, sodass Daten jedweder Art in die moralische Maschine gelangen können. Ob diese ein Software- oder ein Hardwareroboter ist – sie ist ein soziotechnisches System, bestehend aus Mensch und Maschine oder Tier und Maschine, eingebettet in eine Kultur und in eine Umwelt (s. Kap. III.56). Dies gilt, ob sich ihre Moral in ihren Sprechakten ausdrückt oder in ihren Akten oder Aktionen, die direkt auf das Physische einwirken.

65.4 Anwendungsgebiete der Maschinenethik

Die Überlegungen führen geradewegs in die Anwendungsbereiche und zu den Umsetzungsbeispielen der Maschinenethik. Hier sind mehrere Systematisierungen möglich, von denen drei herausgegriffen werden.

Man kann sich erstens die Begriffe von Moor in Erinnerung rufen und vermuten, dass praktisches Interesse vor allem an *implicit ethical agents* und *explicit ethical agents* besteht, zudem theoretisches an *full ethical agents*. In jeder Kategorie sind unterschiedliche Maschinen denkbar, wobei manche in jeder Liga spielen können. Ohne Zweifel sind teilautonome und autonome Maschinen der Normalfall bei den *explicit ethical agents*.

Auf sie und ihre einfachen Geschwister, die Geräte, kann man, zweitens, ebenso zurückgreifen. Man kann durchaus 3D-Drucker mit moralischen Regeln ausstatten – im Fokus werden aber (teil-)autonome Systeme sein. Der Grund liegt genau in dieser Eigenschaft – wenn sie selbsttätig, selbstfahrend, selbstursprünglich sind, dann ist eben nicht unbedingt ein Mensch da, der eingreifen kann. Mit der Autonomie kann die Intelligenz einhergehen. Sobald Maschinen solche haben, liegt es nahe, dass man ihnen Moral einpflanzt (was man im Labor meistens tun kann, in der Welt aber nicht immer zum Ziel führt).

Drittens kann man ausgewählte Typen heranziehen. Anzubieten scheinen sich u. a. Industrieroboter, private, wirtschaftliche und militärische Drohnen, Kampfroboter, automatische und autonome Autos, Serviceroboter wie Haushaltsroboter, Pflege- und Therapieroboter, Sicherheitsroboter und Sexroboter sowie Chatbots und virtuelle Assistenten. Tatsächlich ist die Maschinenethik in fast allen dieser Bereiche tätig geworden. Die Industrieroboter wurden bisher stiefmütterlich behandelt, obwohl sich bei Kooperations- und Kollaborationsrobotern (Co-Robots oder Cobots) durchaus Forschungsbedarf ergibt. Im Folgenden werden Beispiele für Artefakte der Maschinenethik genannt.

LADYBIRD ist ein Beispiel für Haushaltsroboter. Er wurde 2014 von Oliver Bendel konzipiert – seine Designstudien werden regelmäßig über http://www.maschinenethik.net veröffentlicht – und 2017 als Prototyp implementiert (Bendel 2017). Dieser war sehr einfach, konnte aber zeigen, dass der vor dem Projekt erstellte annotierte Entscheidungsbaum nützlich war. Wie der Name andeutet, hat LADYBIRD mit Marienkäfern zu tun. Es handelt sich der Konzeption nach um einen tierfreundlichen Saugroboter, der Marienkäfer, Spinnen und andere kleine Tiere auf dem Boden erkennt, die Arbeit ruhen lässt, solange sie da sind, und den Besitzer informiert. An LADYBIRD konnte demonstriert werden, wozu die Maschinenethik mit einfachsten Mitteln in der Lage ist: Aus einem normalen Saugroboter, der alles verschlang, was in seinem Weg war, wurde einer, der auf der Basis weniger einfacher moralischer Regeln Leben rettete (Misselhorn 2018). Nicht menschliches, sondern tierisches, ein riesiges Anwendungsfeld, wenn man daran denkt, wie sehr sich Maschinen in der Landwirtschaft, im Haushalt und selbst in der Wildnis verbreiten (Bendel 2014a, 2018a).

Pflegeroboter sind für Pflege und Betreuung gedacht (s. Kap. II.F.21). Sie sind vor allem als Prototypen vorhanden, wobei sich neuere Lösungen auf dem Markt etablieren könnten, zweiarmige, generalistische Maschinen, die Medikamente holen, dem Patienten ein Glas Wasser reichen, ihn unterhalten und mit ihm spielen. Michael Anderson und Susan L. Anderson, Pioniere der Maschinenethik, beschäftigen sich seit Jahren mit Pflegerobotern als moralischen Akteuren. Bei einem Nao, der in eine simulierte Umgebung der Altenbetreuung verpflanzt wurde, haben sie und ihr Kollege Vincent Berenz nach eigenen Angaben Machine Learning verwendet (Anderson/Anderson/Berenz u. a. 2017; s. Kap. II.E.17). Der Roboter passt sein Verhalten an die Situation an und entwickelt es weiter. Nicht nur das Wohl der Seniorinnen und Senioren liegt ihm am Herzen, sondern auch sein eigenes, insofern er darauf achtet, dass seine Batterie nicht ganz leer ist, weil er dann nutzlos wäre.

Kampfroboter sind heute, anders als die beiden Serviceroboter, vor allem ferngesteuerte Waffen. Das wird sich ändern, und mehrere Staaten forschen an autonomen Systemen. Ronald C. Arkin hat für einen Prototyp vier sich ergänzende Elemente entworfen, die ethische Verhaltenssteuerung, den ethischen Regler, den ethischen Adapter und den Verantwortungsberater (Misselhorn 2018, 162 f.). Wer einen Widerspruch sieht zwischen Ethik und Militär, sei erstens nochmals auf den Unterschied zwischen Ethik und Moral hingewiesen, und darauf, dass die Ethik die Moral untersucht, hier die Moral im Krieg, dass die Maschinenethik entsprechend die Moral von Kampfrobotern zum Gegenstand hat, sie umsetzt und erforscht, und wenn die Disziplin so verstanden wird, dass sie dafür sorgt, dass die Moral maschinenverarbeitbar ist, scheint sich kein Konflikt aufzutun. Dennoch darf man natürlich eine solche Forschung ablehnen und innerhalb der Maschinenethik (Form 2 und 3) thematisieren und kritisieren. Die Elemente können in diesem Beitrag nicht weiter erklärt werden; es sei lediglich betont, dass über das vierte sichergestellt wird, dass eine zuständige Person Verantwortung übernimmt (was die Maschine nicht kann).

Automatische bzw. autonome Autos wurden zum großen Thema der Maschinenethik. Plötzlich war sie omnipräsent, ohne dass sich dies wesentlich auf ihren Bekanntheitsgrad auswirkte (was einfach daran lag, dass die Medien sie kaum beim Namen nannten). Im Kern geht es darum, wen das Auto, wenn die Bremsen versagen, verschonen und wen es töten soll. Bereits 2012 war eine Formel für das autonome Fahren entwickelt worden, die quantifizieren und qualifizieren konnte (Bendel 2014c). Sie bewertete Menschen anhand von Alter, Geschlecht, Wichtigkeit etc. und zählte sie durch. Dann fällte sie ihr unerbittliches Urteil. Die Urheber der Formel wiesen darauf hin, dass weder das eine noch das andere ein probates Mittel sei. Mehrere Ethiker sind der Ansicht, dass autonome Autos nicht über Leben und Tod von Menschen entscheiden sollten (Bendel 2016b; Misselhorn 2018, 188 ff.). Einige autonome Systeme kann man verbieten, andere mag man in Bereiche schicken, in denen sich eine hohe Sicherheit garantieren lässt, z. B. auf Autobahnen. Das wird freilich der Industrie nicht gefallen. Sie will, dass man ihre Fahrzeuge überall benutzen kann, auch in der Stadt und auf Landstraßen. Dort wiederum sind Konflikte der beschriebenen Art wahrscheinlich. Der Maschinenethik, die diese letztlich auch nicht lösen kann (ebenso wenig wie Technik- oder Informationsethik), bleibt außerhalb des Labors das Vergnügen, autonome Autos zu konzipieren, die das Leben von Tieren retten, selbst von Igeln und Kröten (ob Nachfrage bestehen wird, ist ungewiss).

Chatbots sind keine Hardwareroboter, wie die vorangehenden Beispiele, sondern Softwareroboter. Sie haben, wie Voicebots, also virtuelle Assistenten oder Sprachassistenten, natürlichsprachliche Fähigkeiten. Sie sind schon deshalb wertvoll für die Maschinenethik, weil man sie in Bezug auf ihre Äußerungen, nicht bloß ihre Aktionen, anpassen kann. Tatsächlich ist das Moralische sowohl in Handlungen als auch im Geschriebenen und Gesprochenen anzutreffen. Mit Hilfe von Sprache loben wir, beleidigen wir, bewerten wir, lieben und hassen wir (oder geben unseren Gefühlen Ausdruck). Durch Sprache werden Probleme erkennbar, auf die man reagieren kann. Genau hier setzen der GOODBOT (2013) und der BESTBOT (2018) an, zwei Prototypen von Oliver Bendel (Bendel 2018b). Sie erkennen Probleme des Benutzers und reagieren moralisch adäquat darauf. Sie fragen nach, sprechen Mut zu, und im Ernstfall wird eine Notfallnummer herausgesucht, die der Benutzer anrufen soll. »Ich bin nur eine Maschine«, sagte der GOODBOT schon 2013, »und nur ein Mensch kann dir helfen«. Während der GOODBOT lediglich Textanalyse beherrscht, hat der BESTBOT auch Gesichtserkennung und, damit verbunden, Emotionserkennung. Diskrepanzen zwischen Texteingabe und Gesichtsausdruck thematisiert er. Wegen der Gesichtserkennung und damit verbundenen Gefahren wird er als unmoralische Maschine in einer moralischen bezeichnet, als Matrjoschka der Maschinenethik (Laukenmann 2018).

Als unmoralische Maschine ist der LÜGENBOT (LIEBOT) angelegt, ebenfalls ein Prototyp von Oliver Bendel (Bendel u. a. 2017). Auf eine Frage des Benutzers sucht er – vor allem über das Internet – eine Antwort heraus, die er für wahr bzw. richtig hält, und manipuliert sie, wobei er sieben unterschiedliche Strategien zur Verfügung hat. Manche davon sind genuin maschinell, womit gezeigt wurde, dass Systeme der Künstlichen Intelligenz und Maschinenethik nicht unbedingt den Menschen zum Vorbild haben müssen, sondern auch von diesem abweichen können. Bei der Künstlichen Intelligenz ist es, nebenbei gesagt, überaus interessant, ein tierisches Denken oder Verhalten abzubilden. Vor allem wurde mit dem Projekt bewiesen, dass unmoralische Maschinen möglich sind. Wieder gilt, dass die Maschinenethik solche durchaus hervorbringen kann, ohne in Widersprüche zu geraten. Im Einzelfall muss man sich sicherlich überlegen, ob man die Erfindungen aus dem Labor lassen darf. Sowohl der LIEBOT als auch der BESTBOT waren über ein Login gesichert. Selbstverständlich kann man die Ergebnisse aus dem Projekt nutzen, um verlässliche, vertrauenswürdige Maschinen zu bauen.

65.5 Zusammenfassung und Ausblick

Der vorliegende Beitrag hat Grundbegriffe der Maschinenethik geklärt sowie ihre Selbstverortungen und die Ausgangspunkte zur Umsetzung maschineller Moral dargestellt, ebenso wie mögliche Anwendungsgebiete und tatsächliche Umsetzungsbeispiele.

Auf einige Fragen, die im Kontext ebenfalls diskutiert werden, konnte lediglich am Rande eingegangen werden, etwa mit Bezug zur Verantwortung. Technische Systeme können kaum eine solche tragen, und wenn Menschen diese abgeben, scheint sie sich gleichsam aufzulösen. Das spricht dafür, dass diese Verantwortung auf sich nehmen (was die Architektur von Arkin vorsieht), doch bei autonomen, vernetzten und lernenden (normalen wie moralischen) Maschinen ist es schwierig, den Urheber oder Schuldigen zu finden.

Gar nicht wurde eruiert, ob Roboter moralische Rechte haben sollten, wie es manche Vertreter der Roboterethik fordern (Gunkel 2018). Es scheint plausibel zu sein, solche Rechte einzig und allein Entitäten zuzusprechen, die empfinden und leiden können, ein (Selbst-)Bewusstsein, einen Lebenswillen oder ähnliche Interessen besitzen. Die meisten Tiere hätten demnach moralische Rechte, selbst Insekten, die um ihr Überleben kämpfen, nicht jedoch Maschinen. Rechte und Pflichten im juristischen Sinne kann man dagegen konstruieren, etwa im Kontext einer elektronischen Person.

Maschinen haben keine moralischen Pflichten im engeren Sinne, wohl aber Verpflichtungen, die wir ihnen auferlegen. Sie müssen sich sklavisch an unsere Vorgaben halten oder haben einen gewissen Spielraum, der ihnen durch Machine Learning und Deep Learning eröffnet wird. Sie werden zu moralischen Maschinen im definierten Sinne. Diese haben keine Intuition, keine Empathie, keine Gefühle, sie haben kein Bewusstsein und kein Selbstbewusstsein als mentale Zustände. Sie rufen nicht mit einer inneren Stimme: »Das ist ja die Welt!«, wenn sie die Welt wahrnehmen, und nicht mit einer inneren Stimme: »Das bin ja ich!«, wenn sie sich im Spiegel erblicken.

Teilautonome und autonome Systeme werden sich immer mehr verbreiten, werden bei uns und mit uns sein. Die Maschinenethik kann sich an moralischen und unmoralischen Maschinen versuchen, an Maschinen, die im Prinzip in privaten oder öffentlichen Räumen bewerten, abwägen und entscheiden können, doch am Ende sind es eine verantwortungsbewusste Gesellschaft und eine verantwortungsvolle Politik, die die guten und die richtigen Maschinen in die Welt entlassen.

Literatur

Anderson, Michael/Anderson, Susan L. (Hg.): Machine Ethics. Cambridge 2011.

Anderson, Michael/Anderson, Susan L./Berenz, Vincent: An Ethical Robot: Robot's behavior guided by an ethical principle. Cambridge 2017. In: https://mailchi.mp/f45e3e975709/media-release-an-ethical-robot-301599 (17.5.2019).

Bendel, Oliver: Das Moralmenü. In: Telepolis (2019), https://www.heise.de/tp/features/Das-Moralmenue-4285297.html (17.5.2019).

Bendel, Oliver: Towards Animal-friendly Machines. In: Paladyn. Journal of Behavioral Robotics (2018a), 204–213.

Bendel, Oliver: From GOODBOT to BESTBOT. In: The 2018 AAAI Spring Symposium Series. Palo Alto 2018b, 2–9.

Bendel, Oliver: Überlegungen zur Disziplin der Maschinenethik. In: Aus Politik und Zeitgeschichte 6–8 (2018c), 34–38.

Bendel, Oliver: LADYBIRD: the Animal-Friendly Robot Vacuum Cleaner. In: The 2017 AAAI Spring Symposium Series. Palo Alto 2017a, 2–6.

Bendel, Oliver/Schwegler, Kevin/Richards, Bradley: Towards Kant Machines. In: The 2017 AAAI Spring Symposium Series. Palo Alto 2017b, 7–11.

Bendel, Oliver: 300 Keywords Informationsethik: Grundwissen aus Computer-, Netz- und Neue-Medien-Ethik sowie Maschinenethik. Wiesbaden 2016a.

Bendel, Oliver: Annotated Decision Trees for Simple Moral Machines. In: The 2016 AAAI Spring Symposium Series. Palo Alto 2016b, 195–201.

Bendel, Oliver: Advanced Driver Assistance Systems and Animals. In: Künstliche Intelligenz 28/4 (2014a), 263–269.

Bendel, Oliver: Fahrerassistenzsysteme aus ethischer Sicht. In: Zeitschrift für Verkehrssicherheit 2 (2014b), 108–110.

Bendel, Oliver: Wirtschaftliche und technische Implikationen der Maschinenethik. In: Die Betriebswirtschaft 4 (2014c), 237–248.

Bendel, Oliver: Towards Machine Ethics. In: Tomáš Michalek/Lenka Hebáková/Leonhard Hennen u. a. (Hg.): Technology Assessment and Policy Areas of Great Transitions. 1st PACITA Project Conference. March 13–15, 2013. Prague 2014d, 321–326.

Gunkel, David J.: Robot Rights. Cambridge 2018.

Laukenmann, Joachim: Chatbot mit Gespür für Emotionen. In: Tages-Anzeiger, 12. Dezember 2018, 38.

Misselhorn, Catrin: Grundfragen der Maschinenethik. Ditzingen 2018.

Moor, James H.: The Nature, Importance, and Difficulty of Machine Ethics. In: Michael Anderson/Susan L. Anderson (Hg.): Machine Ethics. Cambridge 2011, 13–20.

Pereira, Luís Moniz/Saptawijaya, Ari: Programming Machine Ethics. Cham 2016.

Pieper, Annemarie: Einführung in die Ethik. Tübingen 2007.

Wallach, Wendell/Colin, Allen: Moral Machines: Teaching Robots Right from Wrong. New York 2009.

Oliver Bendel

Anhang

Autorinnen und Autoren

Suzana Alpsancar, Akademische Mitarbeiterin am Lehrstuhl Allgemeine Technikwissenschaft an der BTU Cottbus-Senftenberg (III.37 Computation; III.53 Organprojektion)

Sabine Ammon, Professorin für Wissensdynamik und Nachhaltigkeit in den Technikwissenschaften an der Technischen Universität Berlin (III.40 Design/Entwerfen; III.55 Roboter, humanoide, mit Martin Meister)

Galia Assadi, Wissenschaftliche Mitarbeiterin an Evangelischen Hochschule Nürnberg (II.22 Emotionen in der Mensch-Maschine-Interaktion, mit Arne Manzeschke)

Bernd Becker, Professor für Informatik an der Technischen Fakultät der Albert-Ludwigs-Universität Freiburg (III.38 Cyber-physisches System)

Oliver Bendel, Professor für Wirtschaftsinformatik am Institut für Wirtschaftsinformatik der FHNW, Fachhochschule Nordwestschweiz (IV.65 Die Maschinenethik als neues interdisziplinäres Forschungsfeld)

Cornelius Borck, Professor für Geschichte, Theorie und Ethik der Medizin und Naturwissenschaften am Institut für Medizingeschichte und Wissenschaftsforschung der Universität zu Lübeck (I.2 Eine kurze Geschichte der Maschinenmodelle des Denkens)

Bernd Bösel, Wissenschaftlicher Mitarbeiter an der Professur für Medientheorie des Instituts für Künste und Medien der Universität Potsdam (III.30 Affective Computing)

Hans-Joachim Braun, Professor (pens.) für Neuere Sozial-, Wirtschafts- und Technikgeschichte an der Helmut-Schmidt-Universität Hamburg (III.48 Kreativität)

Christopher Coenen, Wissenschaftlicher Mitarbeiter am Institut für Technikfolgenabschätzung und Systemanalyse des Karlsruher Institut für Technologie (II.10 Die Mensch-Maschine als Utopie)

Michael Decker, Professor für Technikfolgenabschätzung im Bereich Informatik, Wirtschaft und Gesellschaft am Karlsruher Institut für Technologie (IV.58 Ethische Fragen bei autonomen Systemen; IV.B.63 Von den *three laws of robotics* zur Roboterethik)

Olivier Del Fabbro, Wissenschaftlicher Assistent an der Professur für Philosophie der ETH Zürich (II.9 Relationale Existenzweisen von Maschinen; III.44 Individualisation/Interaktion; III.54 Relation)

Astrid Deuber-Mankowsky, Professorin für Medienöffentlichkeit und Medienakteure unter besonderer Berücksichtigung von Gender an der Ruhr-Universität Bochum (II.24 Maschine und Genderdiskurs)

Boris Eßmann, Wissenschaftlicher Mitarbeiter am Philosophischen Seminar der Albert-Ludwigs-Universität Freiburg (II.28 Mensch-Maschine-Schnittstellen und ›verteilte Agency‹ am Beispiel motorischer Neuroprothesen)

Colin William Glass, Vertretungsprofessor der Professur für High Performance Computing an der Helmut-Schmidt-Universität der Bundeswehr in Hamburg (II.17 Das Lernen der Maschinen, mit Andreas Kaminski)

Niels Gottschalk-Mazouz, Professor für Moralphilosophie und Politische Theorie am Philosophischen Seminar der Universität Bayreuth (III.35 Autonomie)

Armin Grunwald, Leiter des Institutes für Technikfolgenabschätzung und Systemanalyse (ITAS) am Karlsruher Institut für Technologie (KIT) und Professor für Philosophie und Ethik der Technik am KIT (IV.62 Technikfolgenabschätzung bei der Mensch-Maschine-Interaktion)

Horst Gundlach, Professor für Psychologie (pens.). Ehemaliger Leiter des Adolf-Würth-Zentrum für Geschichte der Psychologie an der Universität Würzburg (II.4 Scientific Management und Psychotechnik)

Michael Hampe, Professor für Philosophie an der ETH Zürich (II.15 Von der Regelung und Steuerung zur Kybernetik, mit Daniel Strassberg)

Karin Harrasser, Professorin für Kulturwissenschaft an der Kunstuniversität Linz (II.6 Maschine als Trauma: Die Prothesen der Kriegsversehrten)

Till Andreas Heilmann, Wissenschaftlicher Mitarbeiter der Abteilung für Medienwissenschaft der Universität Bonn (III.32 Algorithmus; III.41 Digital/analog)

Martina Heßler, Professorin für Technikgeschichte an der Technischen Universität Darmstadt (II.20 Die Maschine als Konkurrentin im Mensch-Maschine-Vergleich; III.34 Automatisation, Automatisierung; III.45 Industrie 4.0)

Christoph Hubig, Professor für Philosophie der wissenschaftlich-technischen Kultur an der Technischen Universität Darmstadt (II.3 Arbeitsteilung: Neue Formen der Mensch-Maschine-Interaktion)

Andreas Kaminski, Leiter der Abteilung für Wissenschafts- und Technikphilosophie der Simulation am HLRS an der Universität Stuttgart (II.17 Das Lernen der Maschinen, mit Colin W. Glass; II.25 Cyborgisierungen; IV.60 Verlässlichkeit und Vertrauenswürdigkeit von Computersimulation, mit Hildrun Lampe)

Athanasios Karafillidis, stellvertretender Leiter der Nachwuchsforschungsgruppe »smartASSIST« beim Laboratorium Fertigungstechnik an der Helmut-Schmidt-Universität Hamburg (II.21 Unterstützung und Assistenz durch die Maschine)

Nicole C. Karafyllis, Professorin für Wissenschafts- und Technikphilosophie an der Technischen Universität Braunschweig (II.14 Interaktionen in der Technosphäre und Biofakte; III.56 Soziotechnisches System)

Dawid Kasprowicz, Wissenschaftlicher Mitarbeiter am Lehrstuhl für Wissenschaftstheorie und Technikphilosophie, RWTH Aachen (III.43 Human Factors Engineering; III.46 Information)

Philipp Kellmeyer, Dr. med., M.Phil., Neuromedical Artificial Intelligence Lab Klinik für Neurochirurgie Universitätsklinikum Freiburg (III.51 Neuroprothetik; IV.59 Ethische Fragen bei Brain-Computer-Interfaces und anderen Neurotechnologien)

Hildrun Lampe, Doktorandin und wissenschaftliche Mitarbeiterin am Höchstleistungsrechenzentrum (HLRS) der Universität Stuttgart (IV.60 Verlässlichkeit und Vertrauenswürdigkeit von Computersimulationen, mit Andreas Kaminski)

Hans-Ulrich Lessing, apl. Professor für Philosophie an der Ruhr-Universität Bochum (II.8 Die Maschine als Resonanz des Menschlichen)

Kevin Liggieri, DFG-Forschungsstipendiat an der Professur für Wissenschaftsforschung der ETH Zürich (I.1 Mensch-Maschine-Interaktion seit der Antike: Imaginationsräume, Narrationen und Selbstverständnisdiskurse, mit Oliver Müller; II.18 Anthropotechnik. Mensch und Maschine als (System-)Partner; III.33 Anthropotechnik/Ergonomie)

Janina Loh (geb. Sombetzki), Universitätsassistentin (PostDoc), Institut für Philosophie, Technik- und Medienphilosophie, Universität Wien (IV.64 Arbeitsfelder der Roboterethik)

Arne Manzeschke, Professor für Anthropologie und Ethik für Gesundheitsberufe, Evangelische Hochschule Nürnberg (II.22 Emotionen in der Mensch-Maschine-Interaktion, mit Galia Assadi)

Martin Meister, Wissenschaftlicher Mitarbeiter am soziologischen Institut der Technischen Universität Berlin (III.55 Roboter, humanoide, mit Sabine Ammon)

Dieter Mersch, Leiter des Instituts für Theorie der Zürcher Hochschule der Künste (III.54 Operation/Operativität)

Jan Müggenburg, Juniorprofessor für Medien- und Wissenschaftsgeschichte an der Leuphana Universität Lüneburg (II.16 Kybernetische Maschinen – artifizielles Leben oder lebhafte Artefakte?; III.36 Bionik; III.42 Feedback; III.49 Kybernetik)

Alex M. Müller, Master of Engineering (III.47 Kompilieren)

Oliver Müller, Heisenberg-Professor für Philosophie mit Schwerpunkt Gegenwart und Technik am Philosophischen Seminar der Albert-Ludwigs-Universität Freiburg (I.1 Mensch-Maschine-Interaktion seit der Antike: Imaginationsräume, Narrationen und Selbstverständnisdiskurse, mit Kevin Liggieri; II.12 Ge-stell und Megamaschine: Zur Genese zweier Deutungsapparaturen)

Bernhard Nebel, Professor, Leiter der Arbeitsgruppe Foundations of Artificial Intelligence am Institut für Informatik der Albert-Ludwigs-Universität Freiburg (III.57 Turing-Test)

Alfred Nordmann, Professor am Institut für Philosophie der Technischen Universität Darmstadt (II.23 Lust- und Schmerzmaschinen)

Barbara Orland, Privatdozentin für Wissenschaftsforschung mit Schwerpunkt Wissenschaftsgeschichte am Departement Geschichte der Universität Basel (II.29 Der menschliche Organismus in den Mechanismen der Fortpflanzungsmedizin)

Felix Raczkowski, Wissenschaftlicher Mitarbeiter am

Institut für Medienwissenschaft der Universität Bayreuth (II.19 Die Maschine als Spielpartnerin)

Stefan Rieger, Professor für Mediengeschichte und Kommunikationstheorie am Institut für Medienwissenschaft der Ruhr-Universität Bochum (II.26 Interface. Die Natur der Schnittstelle)

Birgit Schneider, Professorin für Medienökologie am Institut für Künste und Medien der Universität Potsdam (II.13 Mensch-Maschine-Schnittstellen in Technosphäre und Anthropozän)

Andreas Schönau, Postdoc im Neuroethic Thrust am Department of Philosophy der University of Washington in Seattle/USA (II.27 Mensch-Maschine-Schnittstellen in den Bio- und Neurotechnologien)

Bernd Stiegler, Professor für Neuere Deutsche Literatur im medialen Kontext an der Universität Konstanz (II.5 Der ›neue Mensch‹ an neuen Maschinen)

Daniel Strassberg, Lehrbeauftragter am Geisteswissenschaftlichen Department der ETH Zürich und der Medizinischen Fakultät der Universität Zürich (II.15 Von der Regelung und Steuerung zur Kybernetik, mit Michael Hampe)

Michael Tangermann, Leiter des Brain Decoding Lab an der Albert-Ludwigs-Universität Freiburg (III.50 Maschinelles Lernen)

Sebastian Weydner-Volkmann, wissenschaftlicher Mitarbeiter am Centre for Security and Society der Albert-Ludwigs-Universität Freiburg (IV.61 Sicherheitsfragen in der Mensch-Maschine-Interaktion)

Niels Werber, Lehrstuhl für Neuere Deutsche Literaturwissenschaften an der Universität Siegen, Dekan und Prodekan für Forschung der Fakultät I der Universität Siegen (II.7 Organprojektionstheorien und ›Gliedmaßengemeinschaften‹ von Menschen und Maschinen)

Bianca Westermann, independent researcher (III.39 Cyborg)

Rüdiger Zill, Wissenschaftlicher Referent am Einstein Forum in Potsdam (II.11 Die Diktatur der Maschinen und die Antiquiertheit des Menschen)

Nicole Zillien, Professorin am Institut für Soziologie der Justus-Liebig-Universität Giessen (III.31 Affordanz)

Personenregister

Sachregister

GPSR Compliance

The European Union's (EU) General Product Safety Regulation (GPSR) is a set of rules that requires consumer products to be safe and our obligations to ensure this.

If you have any concerns about our products, you can contact us on ProductSafety@springernature.com

In case Publisher is established outside the EU, the EU authorized representative is:

Springer Nature Customer Service Center GmbH
Europaplatz 3
69115 Heidelberg, Germany

Batch number: 10808652

Printed by Printforce, the Netherlands